本书部分案例

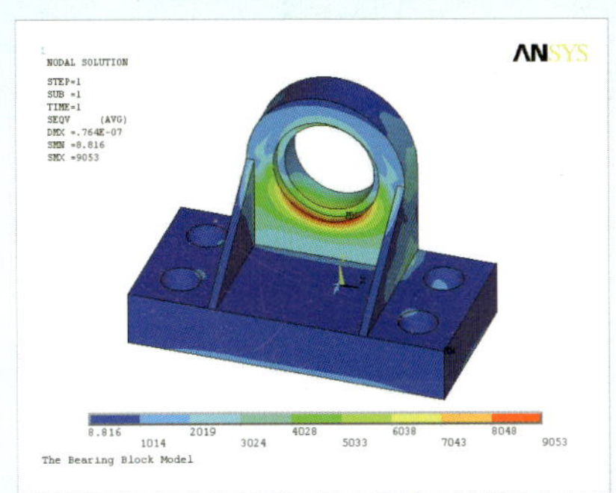

轴承座计算结果后处理1

轴承座计算结果后处理2

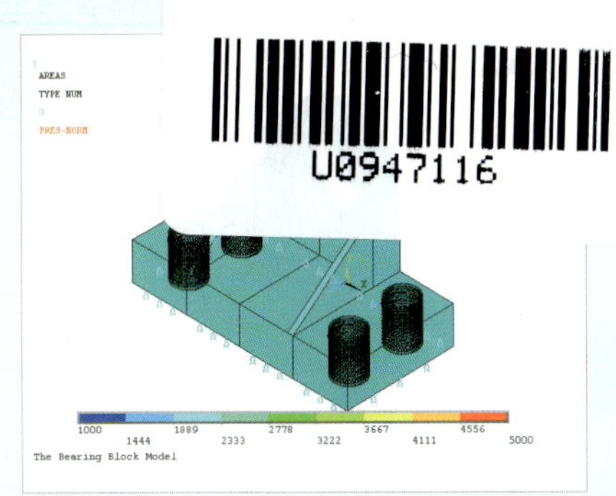

轴承座的载荷和约束施加

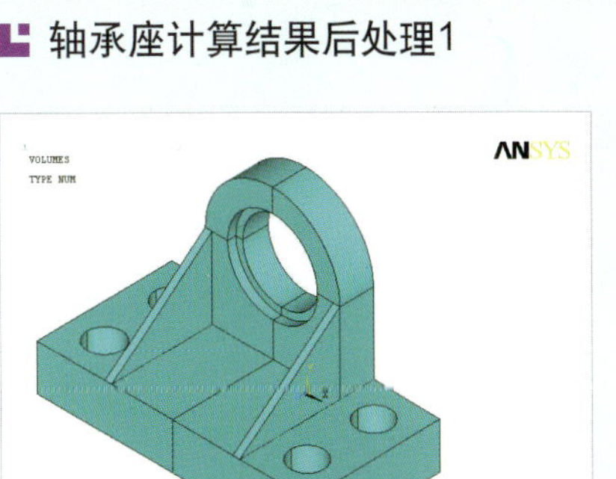

轴承座的实体建模

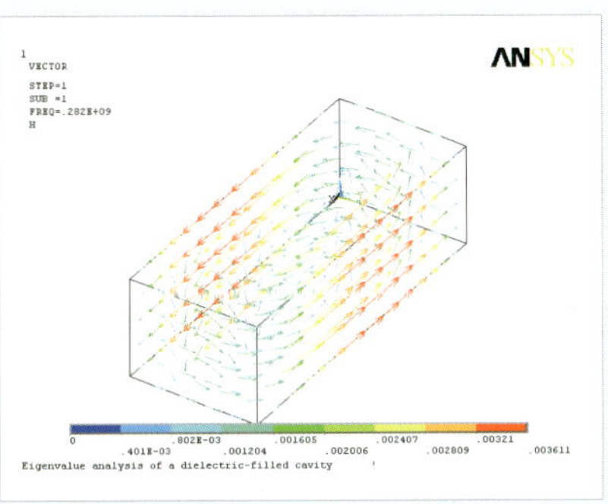

腔体高频模态分析1

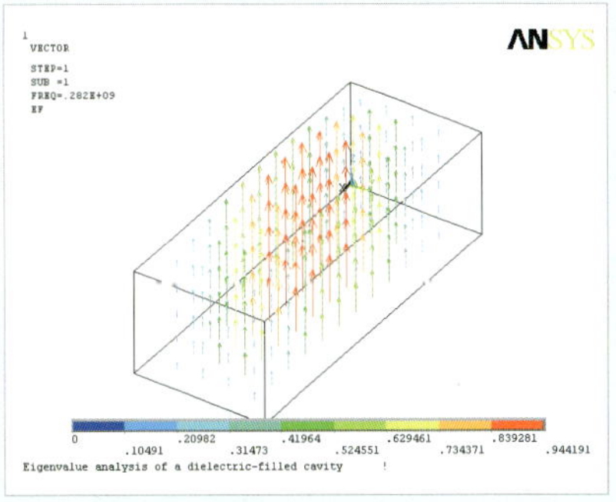

腔体高频模态分析2

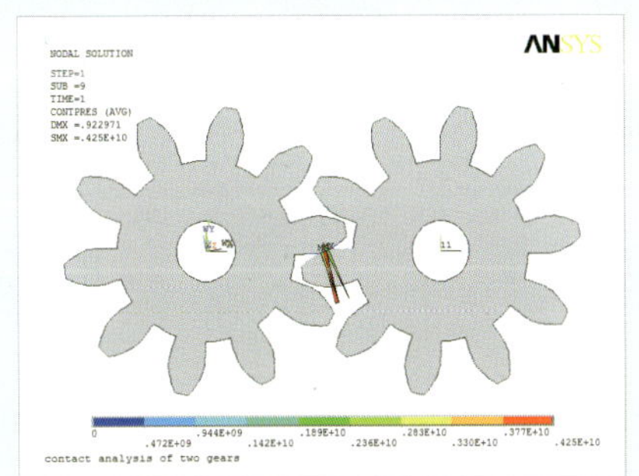

齿轮副的接触分析1

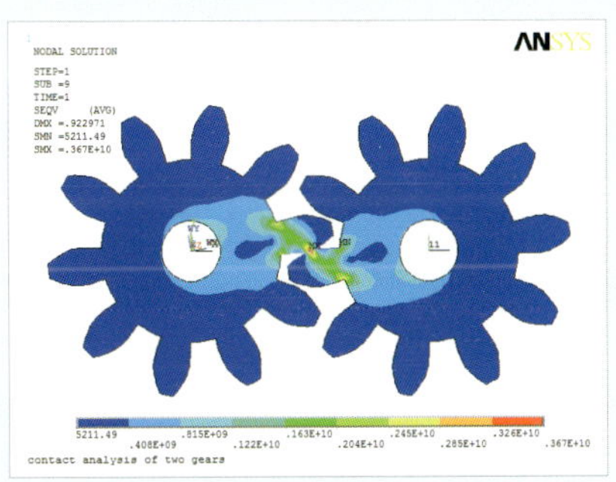

齿轮副的接触分析2

高速齿轮模态分析1

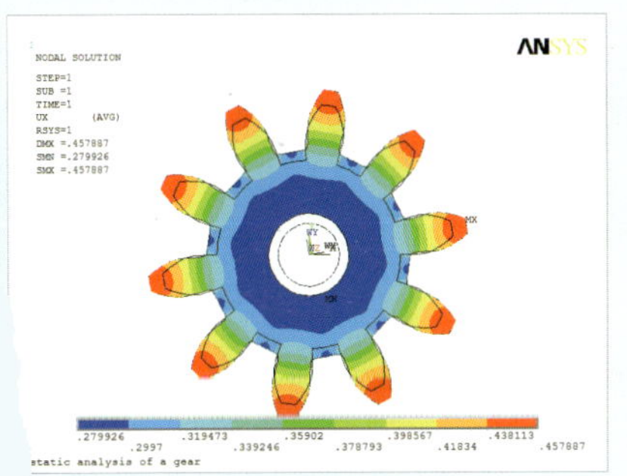

高速齿轮应力分析1

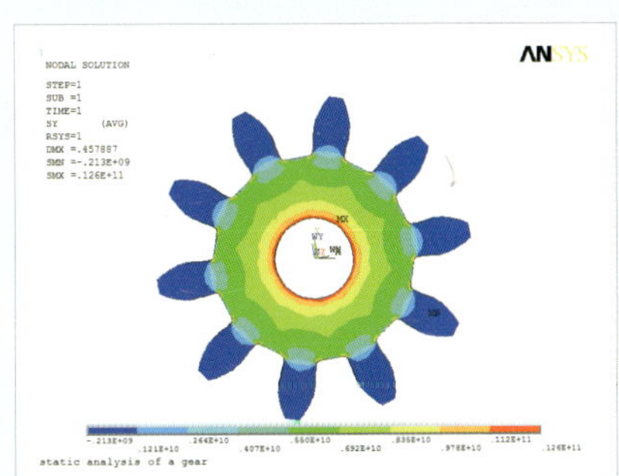

高速齿轮应力分析2

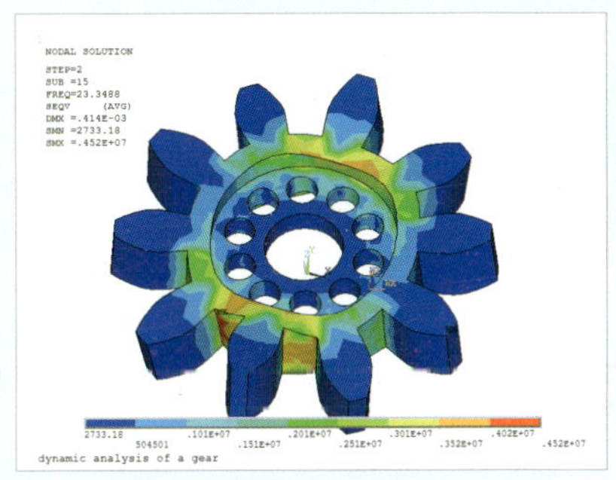

高速齿轮模态分析2

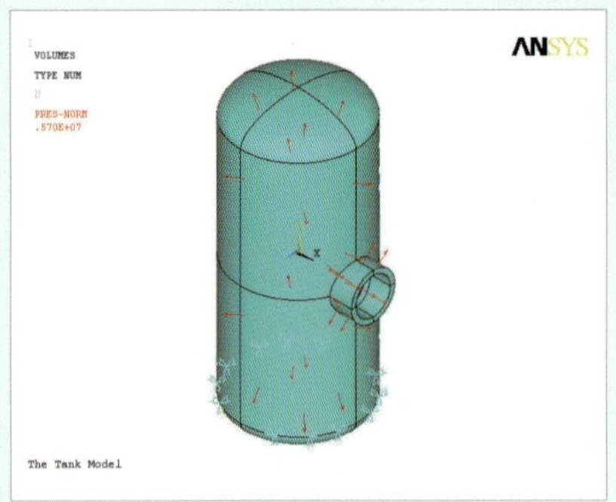

储液罐的载荷和约束施加

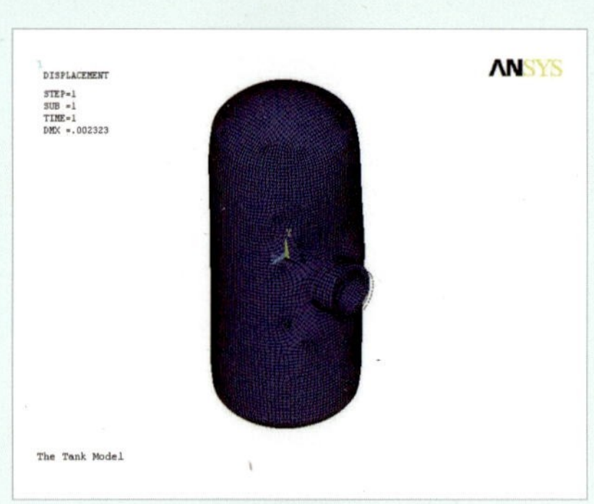

储液罐计算结果后处理1

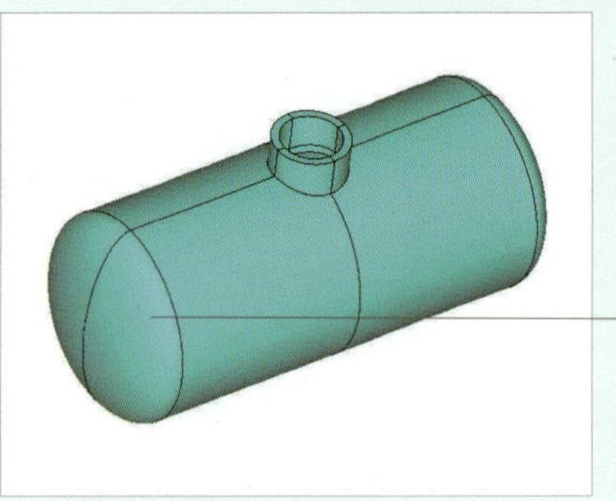

储液罐的实体建模

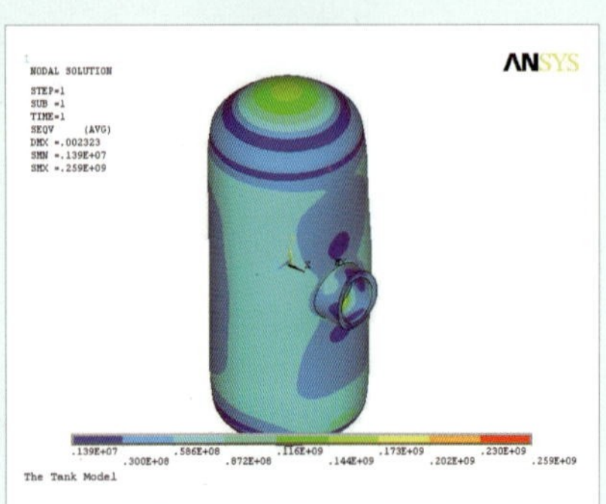

储液罐计算结果后处理2

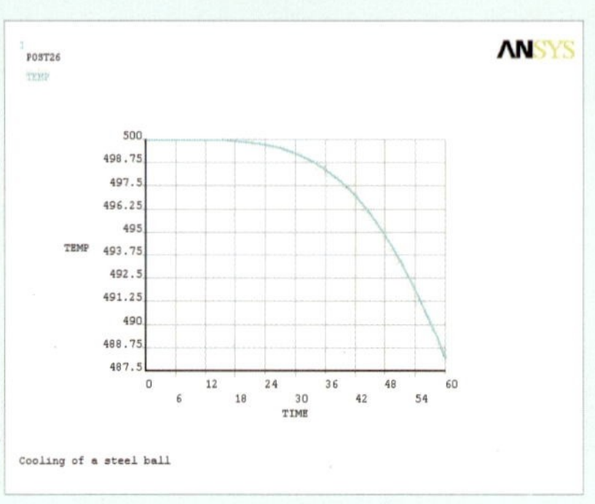

钢球淬火过程温度分析1

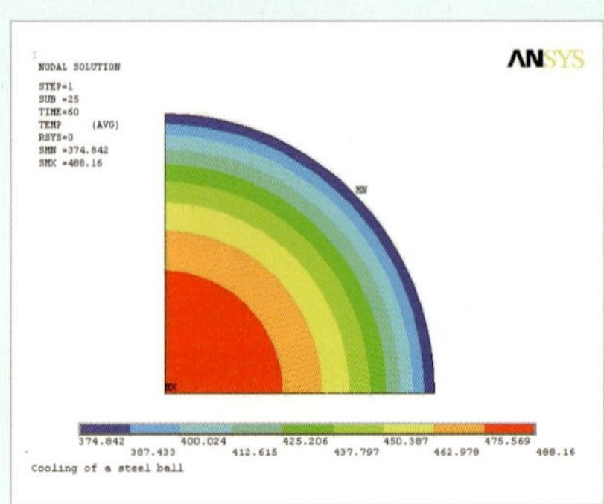

钢球淬火过程温度分析2

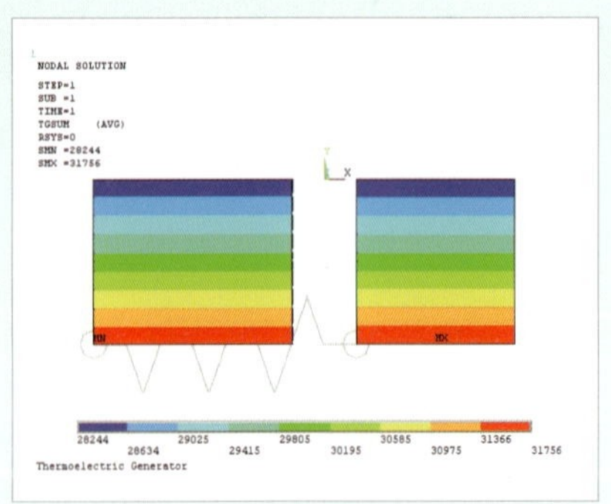

热电发电机耦合分析

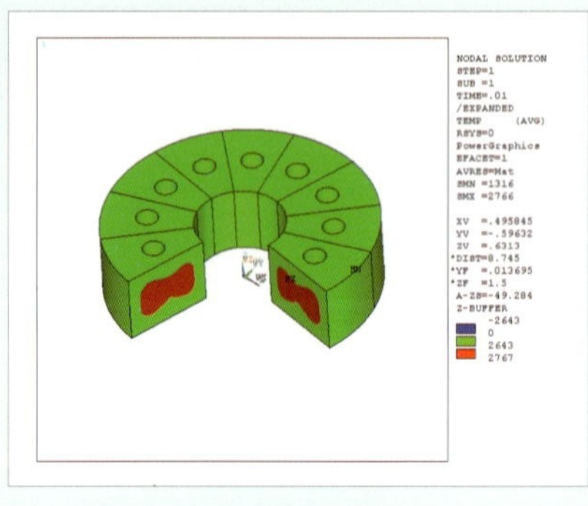

某零件铸造过程分析1

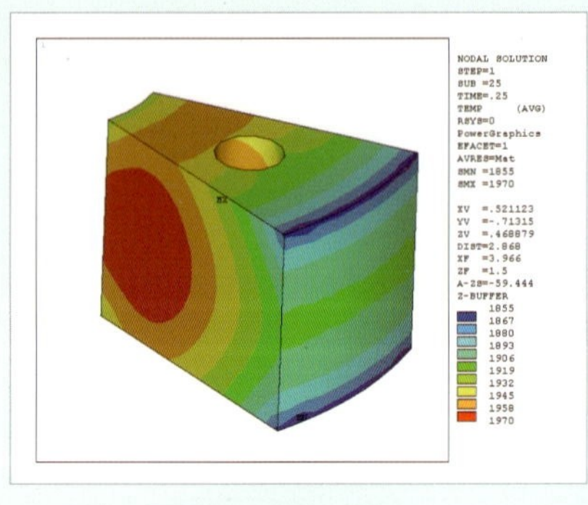

某零件铸造过程分析2

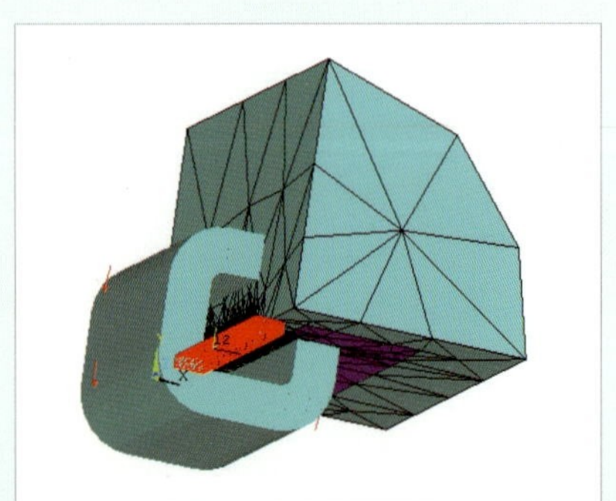

三维螺线管静态磁分析

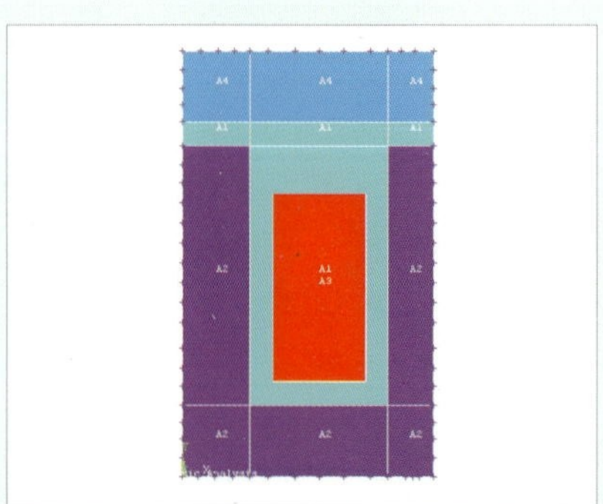

二维螺线管制动器内瞬态磁场的分析1

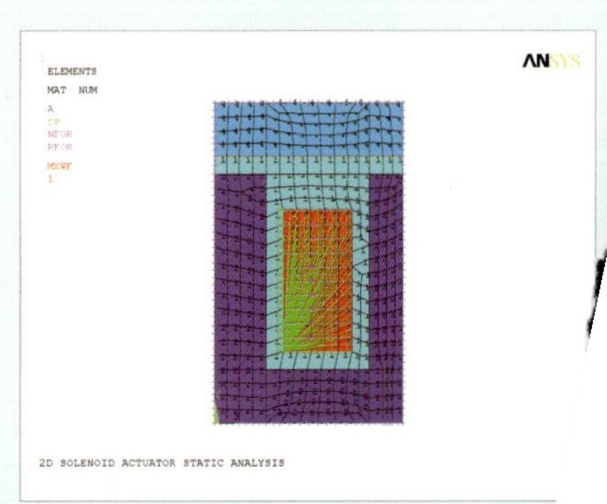

二维螺线管制动器内瞬态磁场的分析2

本书部分案例

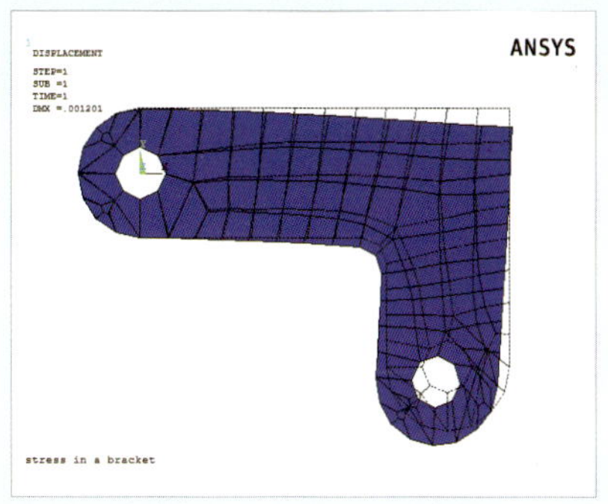

螺托架受力分析

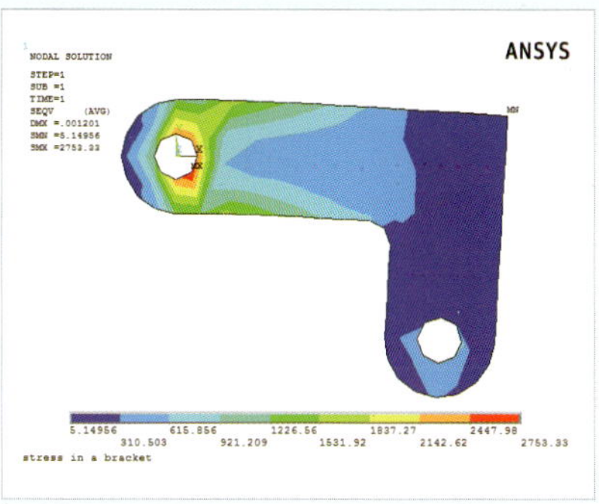

托架受力分析

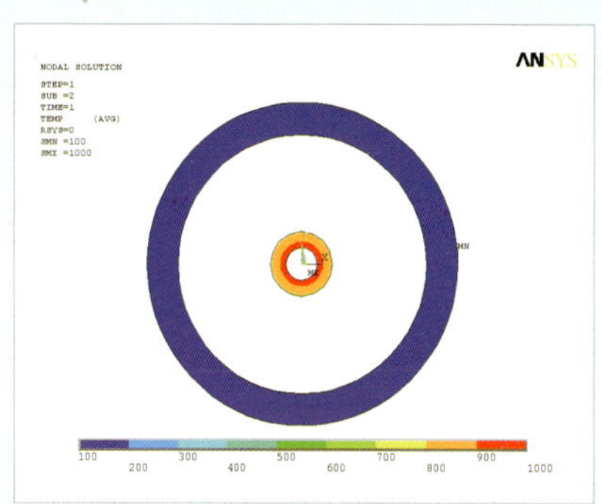

两同心圆柱体间热辐射分析

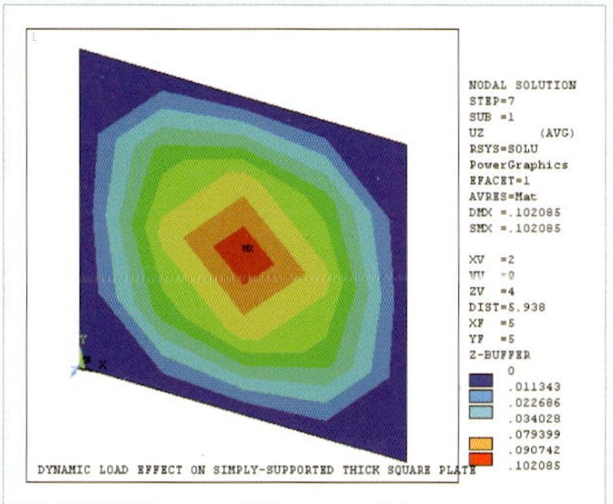

支撑平板动力效果谱分析1

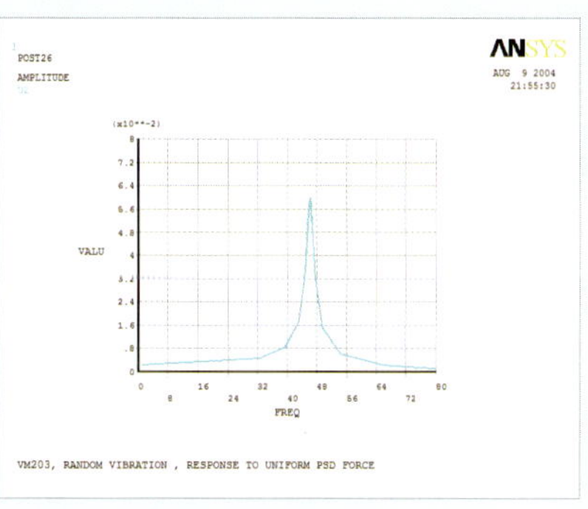

支撑平板动力效果谱分析2

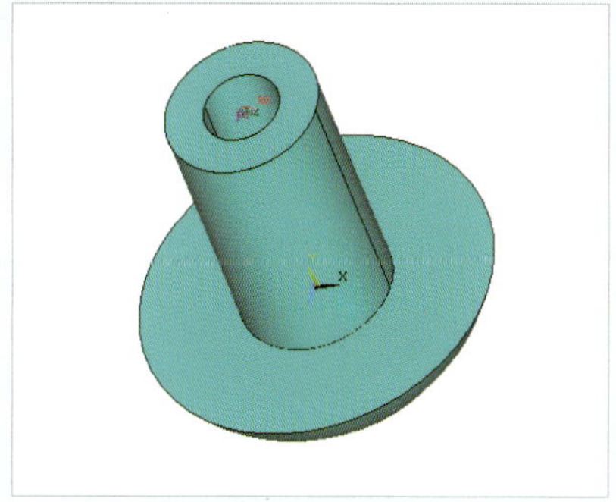

铆钉冲压应力分析1

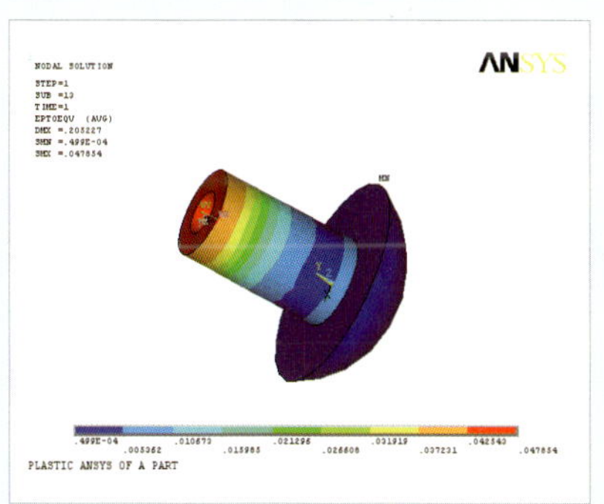

铆钉冲压应力分析2

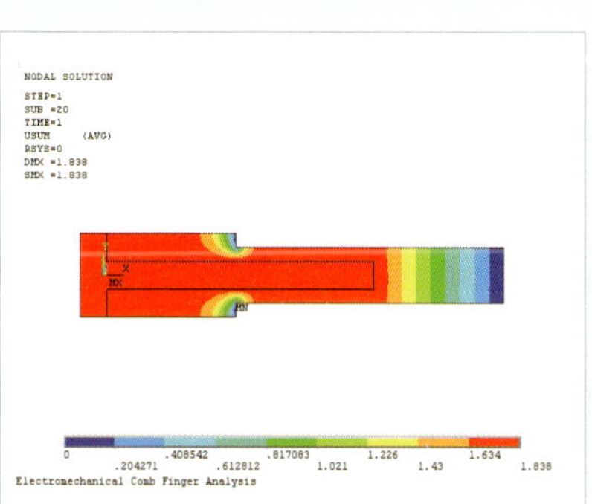

梳齿式电机耦合分析1

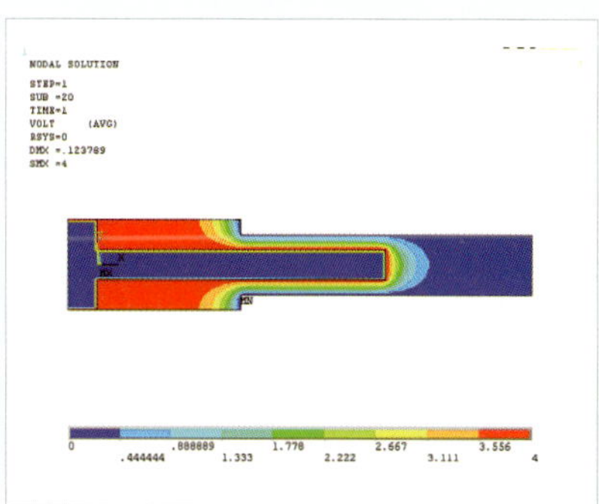

梳齿式电机耦合分析2

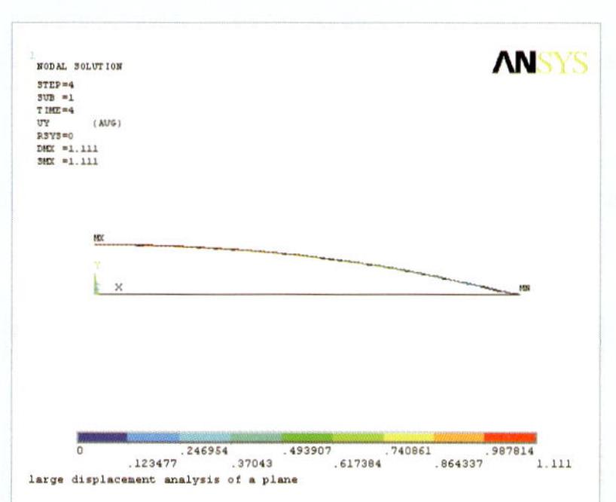

圆盘边缘屈曲分析

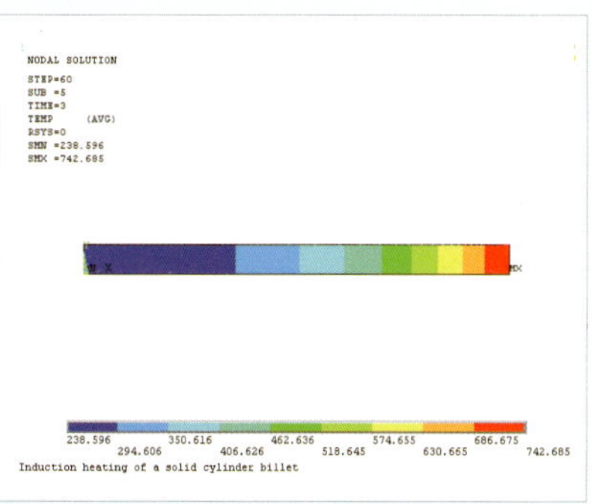

圆钢坯的感应加热分析

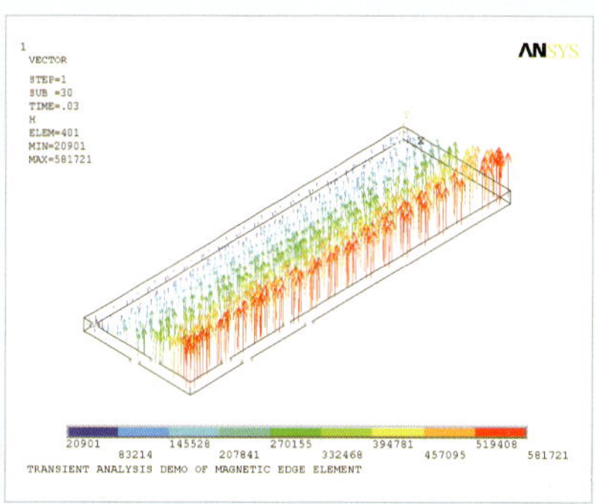

电动机沟槽中瞬态磁场分布

本书部分案例

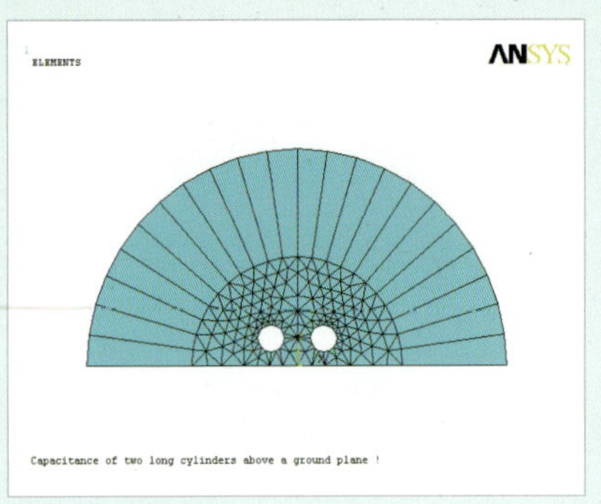

电容计算

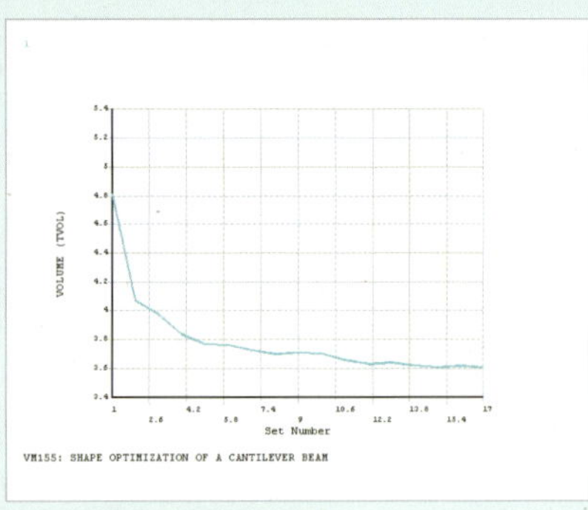

梁结构优化设计

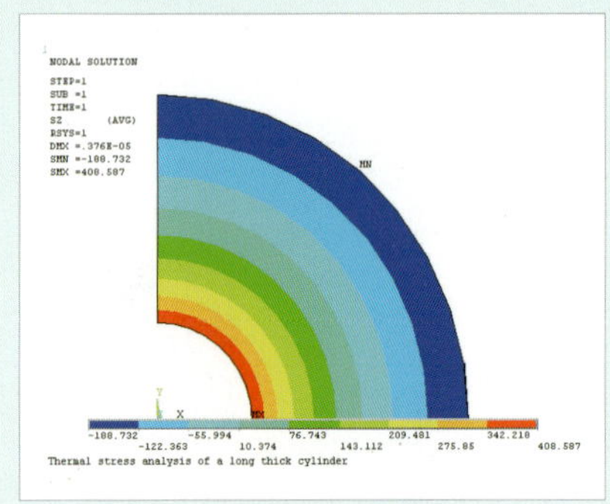

厚壁圆筒的热应力分析

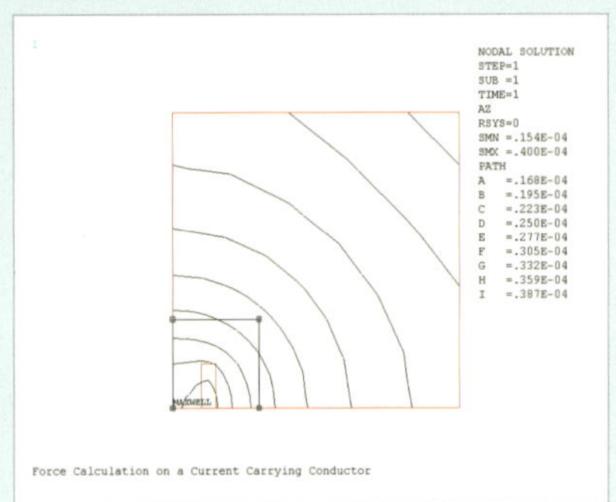

载流导体的电磁力分析

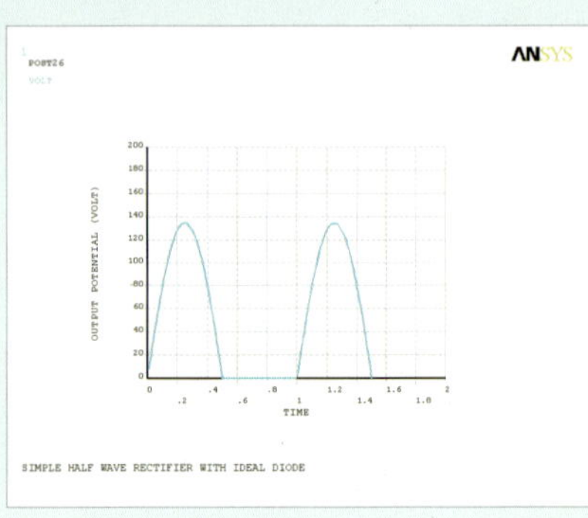

瞬态电路分析

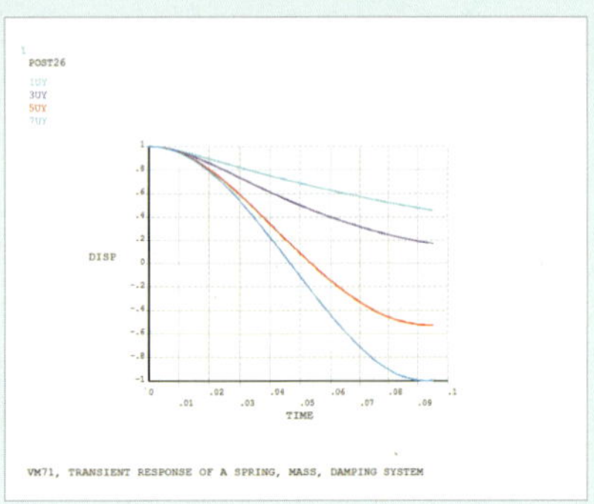

弹簧阻尼系统的自由振动分析

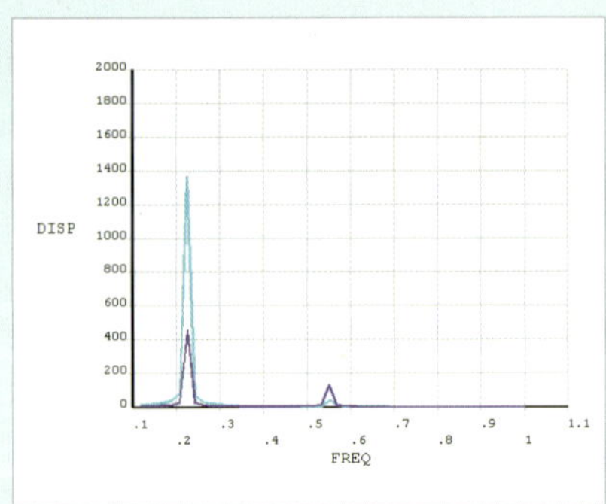

弹簧质子系统的谐响应分析

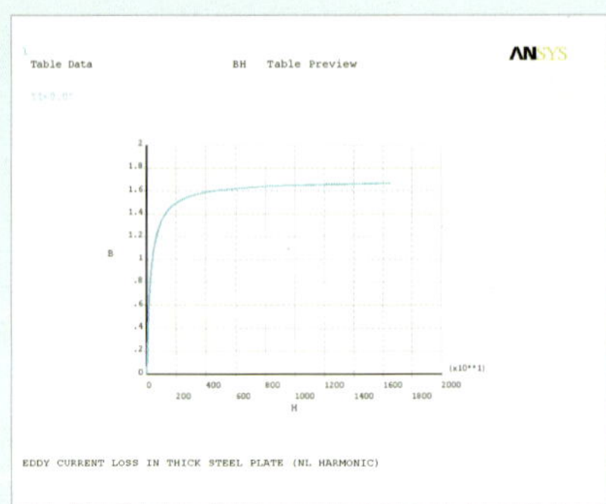

二维非线性谐波分析1

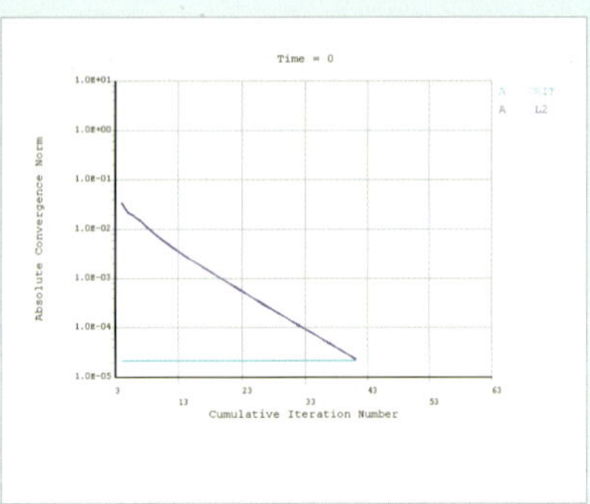

二维非线性谐波分析2

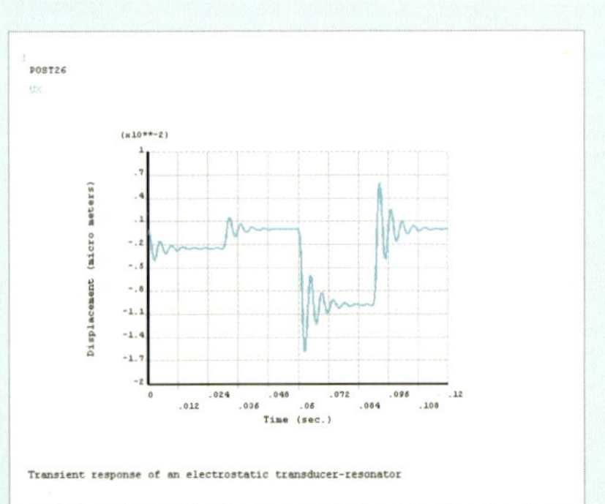

机电-电路耦合分析实例

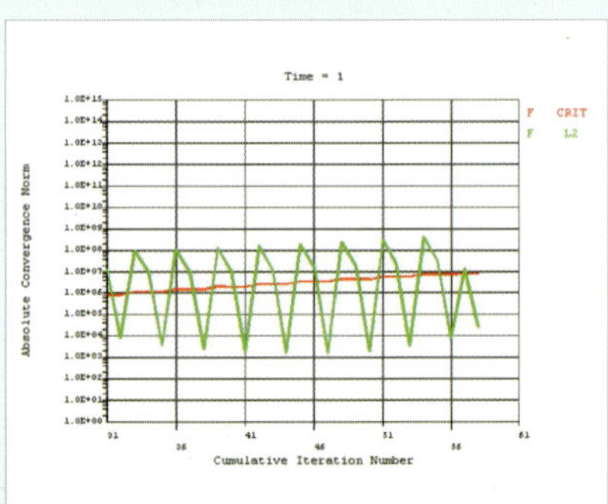

圆盘边缘屈曲分析

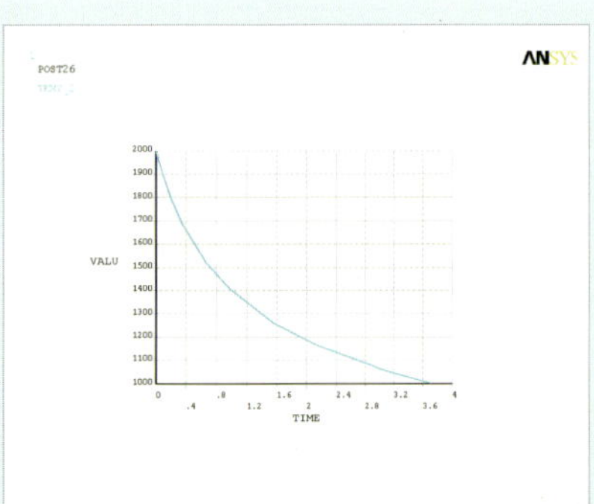

长方体形坯料空冷过程分析

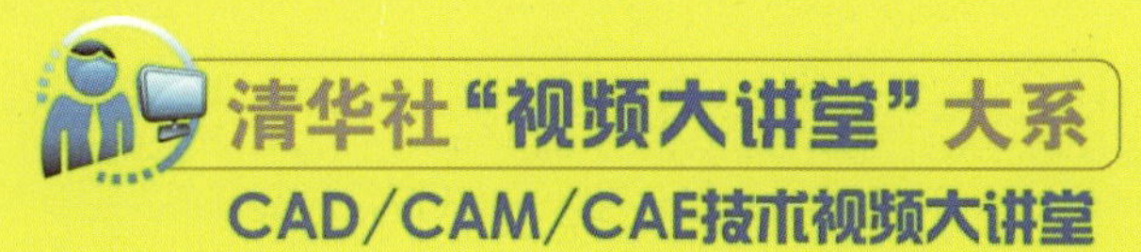

ANSYS 15.0 有限元分析从入门到精通

CAD/CAM/CAE 技术联盟　编著

清华大学出版社

北　京

内 容 简 介

《ANSYS 15.0 有限元分析从入门到精通》以 ANSYS 15.0 为依据，对 ANSYS 分析的基本思路、操作步骤和应用技巧进行了详细介绍，并结合典型工程应用实例详细讲述了 ANSYS 具体工程应用方法。书中尽量避开了烦琐的理论描述，从实际应用出发，结合作者使用该软件的经验，实例部分采用 GUI 方式一步步地对操作过程和步骤进行了讲解。为了帮助读者熟悉 ANSYS 的相关操作命令，在每个实例的后面都列出了分析过程的命令流文件。

本书分为 5 篇，共 24 章，第 1 篇为操作基础篇，共 6 章，详细介绍了 ANSYS 分析全流程的基本步骤和方法；第 2 篇为专题实例篇，共 9 章，讲解了各种分析专题的参数设置方法与技巧；第 3 篇为热分析篇，共 2 章，分别介绍了热分析、热辐射和相变分析；第 4 篇为电磁分析篇，共 4 章，分别介绍了电磁场分析、二维磁场分析、三维磁场分析和电场分析；第 5 篇为耦合场分析篇，共 3 章，分别介绍了耦合场分析、直接耦合场分析和多场求解-MFS 单码的耦合分析。

本书适用于 ANSYS 软件的初、中级用户，以及有初步使用经验的技术人员；可作为理工科类院校相关专业的本科生、研究生及教师学习 ANSYS 软件的培训教材；也可作为从事结构分析相关行业的工程技术人员使用 ANSYS 软件的参考书。

图书在版编目（CIP）数据

ANSYS 15.0 有限元分析从入门到精通/CAD/CAM/CAE 技术联盟编著．—北京：清华大学出版社，2016
（清华社“视频大讲堂”大系．CAD/CAM/CAE 技术视频大讲堂）　（2017. 11重印）
ISBN 978-7-302-41372-1

Ⅰ．①A…　Ⅱ．①C…　Ⅲ．①有限元分析-应用软件　Ⅳ．①O241.82-39

中国版本图书馆 CIP 数据核字（2015）第 209098 号

责任编辑：赵洛育
封面设计：李志伟
版式设计：魏　远
责任校对：王　云
责任印制：刘海龙

出版发行：清华大学出版社
网　　址：http://www.tup.com.cn，http://www.wqbook.com
地　　址：北京清华大学学研大厦 A 座　　邮　　编：100084
社 总 机：010-62770175　　邮　　购：010-62786544
投稿与读者服务：010-62776969，c-service@tup.tsinghua.edu.cn
质量反馈：010-62772015，zhiliang@tup.tsinghua.edu.cn

印 装 者：三河市铭诚印务有限公司
经　　销：全国新华书店
开　　本：203mm×260mm　**印　　张**：41.25　**插　　页**：5　**字　　数**：1191 千字
（附 DVD 光盘 1 张）
版　　次：2016 年 1 月第 1 版　　**印　　次**：2017年11月第4次印刷
印　　数：7001～8500
定　　价：79.80元

产品编号：062251-01

前　言

Preface

现代工业的典型特征是大量使用计算机进行操作，无论是产品的开发、设计，还是分析、制造过程中，计算机的应用都极大地提高了工作效率和质量。计算机辅助工程（CAE）就是其中必不可少的一个环节，它是计算机技术和现代工程方法的完美结合。

有限元法作为数值计算方法是在工程分析领域应用较为广泛的一种计算方法，自 20 世纪中叶以来，以其独有的计算优势得到了广泛发展和应用，同时也出现了不同的有限元算法，并由此产生了一批非常成熟的通用和专业有限元商业软件。随着计算机技术的飞速发展，各种工程软件也得以广泛应用。ANSYS 软件以它的多物理场耦合分析功能而成为 CAE 软件的应用主流，在工程分析中得到了较为广泛的应用。

ANSYS 软件是美国 ANSYS 公司研制的大型通用有限元分析（FEA）软件，是世界范围内增长最快的 CAE 软件，能够进行包括结构、热、声、流体以及电磁场等学科的研究，在核工业、铁道、石油化工、航空航天、机械制造、能源、汽车交通、国防军工、电子、土木工程、造船、生物医药、轻工、地矿、水利、日用家电等领域有着广泛的应用。ANSYS 因其功能强大，操作简单方便，现已成为国际最流行的有限元分析软件，并且在历年 FEA 评比中均名列第一。目前，中国一百多所理工院校已采用 ANSYS 软件进行有限元分析或者作为标准教学软件。

一、编写目的

鉴于 ANSYS 软件强大的功能和深厚的工程应用底蕴，我们力图编写一本全方位介绍 ANSYS 软件在各个工程行业应用情况的书籍，但因篇幅有限，我们着重选择 ANSYS 经常应用的几个方面，利用 ANSYS 大体知识脉络作为线索，以实例作为“抓手”，帮助读者掌握利用 ANSYS 软件进行工程分析的基本技能和技巧。

二、本书特点

☑　**专业性强**

本书的编者都是高校从事计算机图形教学研究多年的一线人员，具有丰富的教学实践经验与教材编写经验，有一些执笔者是国内 ANSYS 图书出版界知名的作者，前期出版的一些相关书籍经过市场检验很受读者欢迎。多年的教学工作使他们能够准确地把握学生的心理与实际需求，本书是作者总结多年的设计经验以及教学的心得体会，历时多年的精心准备，力求全面、细致地展现 ANSYS 软件在工程分析应用领域的各种功能和使用方法。

☑　**涵盖面广**

就本书而言，我们的目的是编写一本对工科各专业具有普遍适用性的基础应用学习书籍。因为读者的专业学习方向不同，我们不可能机械地将本书归类为结构、热力学或电磁学的某一个专业领域内，又因为有的读者可能不只是在某一个专业方向内应用，所以我们在本书中对知识点的讲解尽量全面，在一本书的篇幅内，包罗了 ANSYS 软件常用的全部功能的讲解，内容涵盖了 ANSYS 分析基本流程、

Note

机械与结构分析、热力学分析、电磁学分析和耦合场分析等知识。对每个知识点，我们不求过于深入，只要求读者能够掌握可以满足一般工程分析的知识即可，并且在语言上尽量做到浅显易懂，言简意赅。

☑ 实例丰富

本书的实例不管是数量还是种类，都非常丰富。从数量上说，本书结合大量的工程分析实例，详细讲解了 ANSYS 知识要点，全书包含 40 个大型工程案例，让读者在学习案例的过程中潜移默化地掌握 ANSYS 软件操作技巧。从种类上说，针对本书专业面宽泛的特点，我们在组织实例的过程中，注意实例的行业分布广泛性，以普通机械和结构分析为主，辅助一些热力学分析、电磁学分析和耦合场分析等工程方向的实例。

☑ 突出提升技能

本书从全面提升 ANSYS 工程分析能力的角度出发，结合大量的案例来讲解如何利用 ANSYS 软件进行有限元分析，使读者了解计算机辅助分析并能够独立地完成各种工程分析。

本书中有很多实例本身就是工程分析项目案例，经过作者精心提炼和改编，不仅保证了读者能够学好知识点，更重要的是能够帮助读者掌握实际的操作技能，同时培养工程分析实践能力。

三、本书的基本内容

本书以 ANSYS 15.0 为依据，对 ANSYS 分析的基本思路、操作步骤、应用技巧进行了详细介绍，并结合典型工程应用实例详细讲述了 ANSYS 具体工程应用方法。

书中尽量避开了繁琐的理论描述，从实际应用出发，结合作者使用该软件的经验，实例部分采用 GUI 方式一步一步地对操作过程和步骤进行讲解。为了帮助用户熟悉 ANSYS 的相关操作命令，在实例的后面还列出了分析过程的命令流文件。

本书分为 5 篇，第 1 篇为操作基础篇，详细介绍 ANSYS 分析全流程的基本步骤和方法，共 6 章，依次介绍 ANSYS 概述、几何建模、划分网格、施加载荷、求解、后处理。

第 2 篇为专题实例篇，按不同的分析专题讲解各种分析专题的参数设置方法与技巧，共 9 章，依次介绍结构静力分析、模态分析、谐响应分析、瞬态动力学分析、谱分析、非线性分析、结构屈曲分析、接触问题分析、结构优化。

第 3 篇为热分析篇，共 2 章，依次介绍热分析、热辐射和相变分析。

第 4 篇为电磁分析篇，共 4 章，依次介绍电磁场分析、二维磁场分析、三维磁场分析、电场分析。

第 5 篇为耦合场分析篇，共 3 章，依次介绍耦合场分析、直接耦合场分析、多场求解-MFS 单码的耦合分析。

除利用传统的书面讲解外，本书还随书配送了多媒体学习光盘。光盘中包含全书讲解实例和练习实例的源文件和素材，并制作了全程所有实例的同步 AVI 文件。为了增强教学效果，更进一步方便读者的学习，作者亲自对实例动画进行了配音讲解，读者可以像看电影一样轻松愉悦地学习本书。

四、关于本书的服务

1. 安装软件的获取

按照本书上的实例进行操作练习，以及使用 ANSYS 进行有限元分析时，需要事先在电脑上安装相应的软件。读者可从网络中下载相应软件，或者从当地电脑城、软件经销商处购买。

2. 关于本书的技术问题或有关本书信息的发布

读者朋友遇到有关本书的技术问题，可以登录 www.tup.com.cn，找到该书后单击下部的“网络资源”下载，看该书的留言是否已经对相关问题进行了回复，如果没有请直接留言或者将问题发到邮箱 win760520@126.com 或 CADCAMCAE7510@163.com，我们将及时回复。

Note

3．关于本书光盘的使用

本书光盘可以放在电脑 DVD 格式光驱中使用，其中的视频文件可以用播放软件进行播放，但不能在家用 DVD 播放机上播放，也不能在 CD 格式光驱的电脑上使用（现在 CD 格式的光驱已经很少）。如果光盘仍然无法读取，最快的办法是建议换一台电脑读取，然后复制过来，极个别光驱与光盘不兼容的现象是有的。另外，盘面有脏物建议要先行擦拭干净。

五、关于作者

本书由 CAD/CAM/CAE 技术联盟组织编写。CAD/CAM/CAE 技术联盟是一个 CAD/CAM/CAE 技术研讨、工程开发、培训咨询和图书创作的工程技术人员协作联盟，包含 20 多位专职和众多兼职 CAD/CAM/CAE 工程技术专家。其中赵志超、张辉、赵黎黎、朱玉莲、徐声杰、张琪、卢园、杨雪静、孟培、闫聪聪、李兵、甘勤涛、孙立明、李亚莉、王敏、宫鹏涵、左昉、李谨等参与了具体章节的编写工作，对他们的付出表示真诚的感谢。

CAD/CAM/CAE 技术联盟负责人由 Autodesk 中国认证考试中心首席专家担任，全面负责 Autodesk 中国官方认证考试大纲制定、题库建设、技术咨询和师资力量培训工作，成员精通 Autodesk 系列软件。其创作的很多教材成为国内具有引导性的旗帜作品，在国内相关专业方向图书创作领域具有举足轻重的地位。

六、致谢

在本书的写作过程中，策划编辑刘利民先生和杨静华女士给予了很大的帮助和支持，提出了很多中肯的建议，在此表示感谢。同时，还要感谢清华大学出版社的所有编审人员为本书的出版所付出的辛勤劳动。本书的成功出版是大家共同努力的结果，谢谢所有给予支持和帮助的人们。

编　者

目 录

Contents

第 1 篇 操作基础篇

Note

Note

第 2 篇 专题实例篇

第 3 篇 热分析篇

第 4 篇　电磁分析篇

Note

第5篇　耦合场分析篇

▶▶第 1 篇

操作基础篇

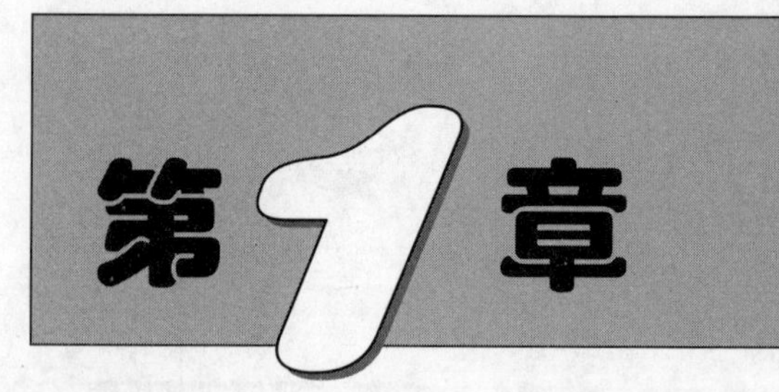

第1章 ANSYS 15.0 入门

本章简要介绍有限元分析软件ANSYS的最新版本15.0，包括ANSYS的用户界面以及ANSYS的启动、配置与程序结构，最后用一个简单的例子来认识ANSYS分析的过程。

- ☑ ANSYS 15.0 的用户界面
- ☑ ANSYS 文件系统
- ☑ ANSYS 分析过程

任务驱动&项目案例

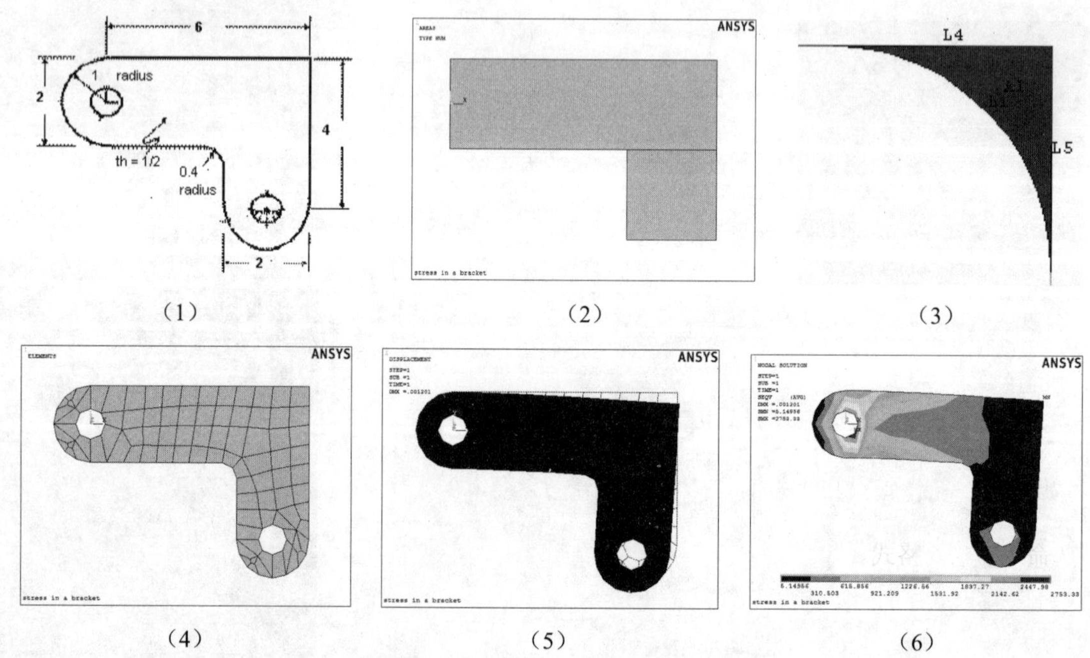

（1） （2） （3）

（4） （5） （6）

Note

1.1 ANSYS 15.0 的用户界面

启动 ANSYS 15.0 并设定工作目录和工作文件名之后，将进入如图 1-1 所示 ANSYS 15.0 的 GUI（Graphical User Interface）图形用户界面，主要包括以下几个部分。

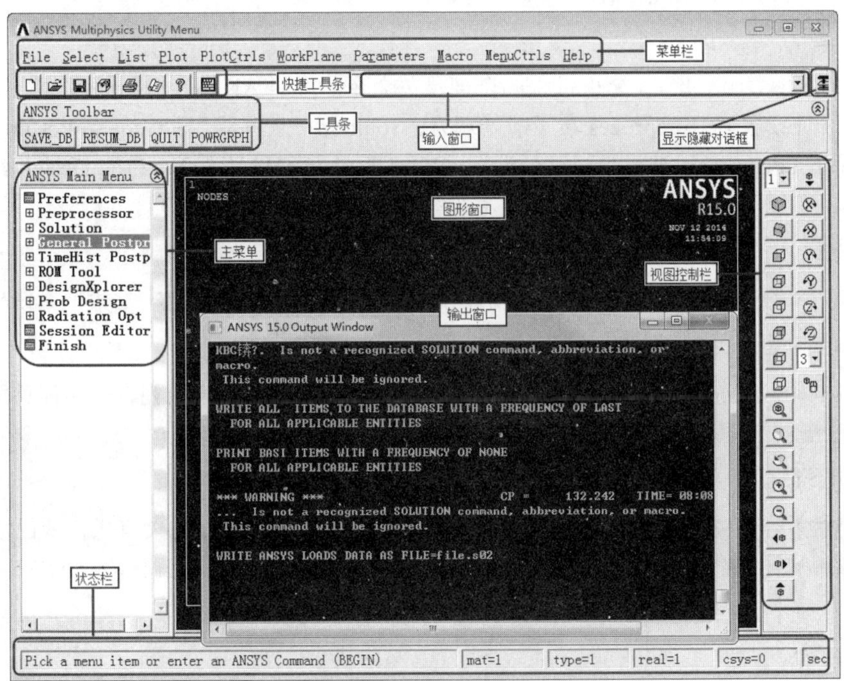

图 1-1 ANSYS 15.0 图形用户界面

1. 实用菜单

包括 File（文件操作）、Select（选择功能）、List（数据列表）、Plot（图形显示）、PlotCtrls（视图环境控制）、WorkPlane（工作平面）、Parameters（参数）、Macro（宏命令）、MenuCtrls（菜单控制）和 Help（帮助）共 10 个菜单，囊括了 ANSYS 的绝大部分系统环境配置功能。在 ANSYS 运行的任何时候均可以访问这些菜单。

2. 快捷工具栏

对于常用的新建、打开、保存数据文件、视图旋转、抓图软件、报告生成器和帮助操作，提供了方便的快捷方式。

3. 输入窗口

ANSYS 提供了 4 种输入方式：常用的 GUI（图形用户界面）输入、命令流输入、使用工具条和调用批处理文件。在这个窗口可以输入 ANSYS 的各种命令，在输入命令过程中，ANSYS 自动匹配待选命令的输入格式。

4. 图形窗口

显示 ANSYS 的分析模型、网格、求解收敛过程、计算结果云图、等值线和动画等图形信息。

Note

5．工具条

包括一些常用的 ANSYS 命令和函数，是执行命令的快捷方式。用户可以根据需要对其中的快捷命令进行编辑、修改和删除等操作，最多可设置 100 个命令按钮。

6．显示隐藏对话框

在对 ANSYS 进行操作过程中，会弹出很多对话框，重叠的对话框会隐藏，单击输入栏右侧第一个按钮，可以迅速显示隐藏的对话框。

7．主菜单

主菜单几乎涵盖了 ANSYS 分析过程的全部菜单命令，按照 ANSYS 分析过程进行排列，依次是 Preferences（个性设置）、Preprocessor（前处理）、Solution（求解器）、General Postproc（通用后处理器）、TimeHist Postproc（时间历程后处理）、ROM Tool（ROM 工具）、Prob Design（概率设计）、Radiation Opt（辐射选项）、Session Editior（进程编辑）和 Finish（完成）。

8．状态栏

显示 ANSYS 的一些当前信息，如当前所在的模块、材料属性、单元实常数及系统坐标等。

9．视图控制栏

用户可以利用这些快捷方式方便地进行视图操作，如前视、后视、俯视、旋转任意角度、放大或缩小、移动图形等，调整到用户最佳的视图角度。

10．输出窗口

如图 1-1 所示，该窗口的主要功能在于同步显示 ANSYS 对已进行的菜单操作或已输入命令的反馈信息，以及用户输入命令或菜单操作的出错信息和警告信息等，关闭此窗口，ANSYS 将强行退出。

注意：用户可利用输出窗口的提示信息，随时改正自己的操作错误，对修改用户编写的命令流特别有用。

1.2 ANSYS 文件系统

本节将简要讲述 ANSYS 文件的类型和文件管理的相关知识。

1.2.1 文件类型

ANSYS 程序广泛应用文件来存储和恢复数据，特别是在求解分析时。这些文件被命名为 jobname.ext，其中 jobname 是默认的工作名，默认作业名为 File，用户可以更改，最大长度可达 32 个字符，但必须是英文名，ANSYS 不支持中文的文件名；ext 是由 ANSYS 定义的唯一的由 2～4 个字符组成的扩展名，用于表明文件的内容。

ANSYS 程序运行产生的文件中，有一些文件在 ANSYS 运行结束前产生但在某一时刻会自动删除，这些文件称为临时文件，如表 1-1 所示；另外一些在运行结束后保留的文件则称为永久文件，如表 1-2 所示。

临时文件一般是计算过程中存储某些中间信息的文件，如 ANSYS 虚拟内存页（Jobname.PAGE）以及旋转某些中间信息的文件（Jobname.EROT）等。

表 1-1 ANSYS 产生的临时文件

文 件 名	类 型	内 容
Jobname.ano	文本	图形注释命令
Jobname.bat	文本	从批处理输入文件中复制的输入数据
Jobname.don	文本	嵌套层（级）的循环命令
Jobname.erot	二进制	旋转单元矩阵文件
Jobname.page	二进制	ANSYS 虚拟内存页文件

表 1-2 ANSYS 产生的永久性文件

文 件 名	类 型	内 容
Jobname.out	文本	输出文件
Jobname.db	二进制	数据文件
Jobname.rst	二进制	结构与耦合分析文件
Jobname.rth	二进制	热分析文件
Jobname.rmg	二进制	磁场分析文件
Jobname.rfl	二进制	流体分析文件
Jobname.sn	文本	载荷步文件
Jobname.grph	文本	图形文件
Jobname.emat	二进制	单元矩阵文件
Jobname.log	文本	日志文件
Jobname.err	文本	错误文件
Jobname.elem	文本	单元定义文件
Jobname.esav	二进制	单元数据存储文件

1.2.2 文件管理

1．指定文件名

ANSYS 的文件名由以下 3 种方式来指定。

（1）进入 ANSYS 后，通过以下方式实现更改工作文件名。

命令流方式：/FILNAME，fname。

或 GUI 方式：Utility Menu > File > Change Jobname…。

（2）由 ANSYS 启动器交互式进入 ANSYS 后，直接运行，则 ANSYS 的文件名默认为 file。

（3）由 ANSYS 启动器交互式进入 ANSYS 后，在运行环境设置窗口 job name 项中把系统默认的 file 更改为用户想要输入的文件名。

2．保存数据库文件

ANSYS 数据库文件包含了建模、求解、后处理所产生的保存在内存中的数据，一般指存储几何信息、节点单元信息、边界条件、载荷信息、材料信息、位移、应变、应力和温度等数据库文件，后缀为.db。

存储操作将 ANSYS 数据库文件从内存中写入数据库文件 jobnamc.db，作为数据库当前状态的个备份。由于 ANSYS 软件没有其他有限元软件的即时 UNDO 功能以及 ANSYS 没有自动保存功能，因此，建议用户在不能确定下一个操作是否正确的情况下，保存当前数据库，以便及时恢复。

Note

ANSYS 提供以下 3 种方式存储数据库。

（1）利用工具栏上的 SAVE_DB 命令，如图 1-2 所示。

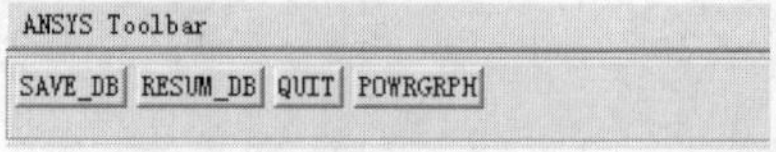

图 1-2　ANSYS 文件的存储与读取快捷方式

（2）使用命令流方式存储数据库。

```
命令：SAVE，Fname，ext，dir，slab。
```

（3）用菜单方式保存数据库。

```
GUI 方式：Utility Menu > File > Save as jobname.db。
      或 Utility Menu > File > Save as …。
```

注意：Save as jobname.db 表示以工作文件名保存数据库；而 Save as…程序将数据保存到另外一个文件名中，当前的文件内容并不会发生改变，保存之后进行的操作仍记录到原来的工作文件的数据库中。

如果保存以后再次以一个同名数据库文件进行保存的话，ANSYS 会先将旧文件命名为 jobname.db 作为备份，此备份用户可以恢复它，相当于执行一次 Undo 操作。

在求解之前保存数据库。

3. 恢复数据库文件

ANSYS 提供以下 3 种方式恢复数据库。

（1）利用工具栏上的 RESUME_DB 命令，如图 1-2 所示。

（2）使用命令流方式恢复数据库。

```
命令：Resume，Fname，ext，dir，slab。
```

（3）用下拉菜单方式恢复数据库。

```
GUI 方式：Utility Menu > File > Resume jobname.db。
      或 Utility Menu > File > Resume from…。
```

4. 读入文本文件

ANSYS 程序经常需要读入一些文本文件，如参数文件、命令文件、单元文件、材料文件等，常见读入文本文件的操作如下。

（1）读取 ANSYS 命令记录文件。

```
命令方式：/Input，fname，ext，…，line，log。
GUI 方式：Utility Menu > File > Read input from。
```

（2）读取宏文件。

```
命令方式：*Use，name，arg1，arg2，…，arg18。
GUI 方式：Utility Menu > Macro > Execute Data Block。
```

（3）读取材料参数文件。

```
命令方式：Parres，lab，fname，ext，…。
GUI 方式：Utility Menu > Parameters > Restore Parameters。
```

（4）读取材料特性文件。

```
命令方式：Mpread，fname，ext，…，lib。
GUI 方式：Main Menu > Preprocess > Material Props > Read from File。
      或 Main Menu > Preprocess > Loads > Other > Change Mat Props > Read from
         File。
```

或 Main Menu > Solution > Load step opts > Other > change Mat Props > Read from File。

（5）读取单元文件。

命令方式：Nread，fname，ext，…。
GUI 方式：Main Menu > Preprocess > Modeling > Creat > Elements > Read Elem File。

（6）读取节点文件。

命令方式：Nread，fname，ext，…。
GUI 方式：Main Menu > Preprocess > Modeling > Creat > Nodes > Read Node File。

5．写出文本文件

（1）写入参数文件。

命令方式：Parsav，lab，fname，ext，…。
GUI 方式：Utility Menu > Parameters > Save Parameters。

（2）写入材料特性文件。

命令方式：Mpwrite，fname，ext，…，lib，mat。
GUI 方式：Main Menu > Preprocess > Material Props > Write to File。
或 Main Menu > Preprocess > Loads > Other > Change Mat Props > Write to File。
或 Main Menu > Solution > Load step opts > Other > change Mat Props > Write to File。

（3）写入单元文件。

命令方式：Ewrite，fname，ext，…，kappnd，format。
GUI 方式：Main Menu > Preprocess > Modeling > Creat > Elements > Write Elem File。

（4）写入节点文件。

命令方式：Nwrite，fname，ext，…，kappnd。
GUI 方式：Main Menu > Preprocess > Modeling > Creat > Elements > Write Node File。

6．文件操作

ANSYS 的文件操作相当于操作系统中的文件操作功能，如重命名文件、复制文件和删除文件等。

（1）重命名文件。

命令方式：/rename，fname，ext，…，fname2，ext2，…。
GUI 方式：Utility Menu > File > File Operation > Rename。

（2）复制文件。

命令方式：/copy，fname，ext1，…，fname2，ext2，…。
GUI 方式：Utility Menu > File > File Operation > Copy。

（3）删除文件。

命令方式：/delete，fname，ext，…。
GUI 方式：Utility Menu > File > File Operation > Delete。

7．列表显示文件信息

（1）列表显示 Log 文件。

GUI 方式：Utility Menu > File > List > Log Files。
或 Utility Menu > List > File s > Log Files。

（2）列表显示二进制文件。

GUI 方式：Utility Menu > File > List > Binary Files。
或 Utility Menu > List > File s > Binary Files。

（3）列表显示错误信息文件。

```
GUI 方式：Utility Menu > File > List > Error Files。
    或 Utility Menu > List > File s > Error Files。
```

Note

1.3 ANSYS 分析过程

从总体上讲，ANSYS 软件有限元分析包含前处理、求解和后处理 3 个基本过程，如图 1-3 所示，它们分别对应 ANSYS 主菜单系统中的 Preprocessor（前处理）、Solution（求解器）、General Postproc（通用后处理器）与 TimeHist Postproc（时间历程后处理器）。

ANSYS 软件包含多种有限元分析功能，从简单的线性静态分析到复杂的非线性动态分析，以及热分析、流固耦合分析、电磁分析、流体分析等。ANSYS 具体应用到每一个不同的工程领域时，其分析方法和步骤有所差别，本节主要讲述对大多数分析过程都适用的一般步骤。

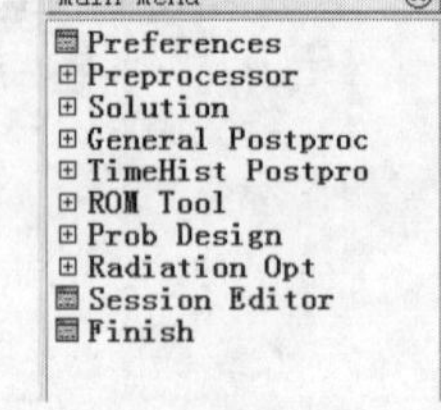

图 1-3　分析主菜单

一个典型的 ANSYS 分析过程可分为以下 3 个步骤。

（1）建立模型。

（2）加载求解。

（3）查看分析结果。

其中，建立模型包括参数定义、实体建模和划分网格；加载求解包括施加载荷、边界条件和进行求解运算；查看分析结果包括查看分析结果和分析处理并评估结果。

1.3.1 建立模型

建立模型包括创建实体模型、定义单元属性、划分有限元网格和修正模型等几项内容。现今大部分的有限元模型都是用实体模型建模，类似于 CAD，ANSYS 以数学的方式表达结构的几何形状，然后在里面划分节点和单元，还可以在几何模型边界上方便地施加载荷，但是实体模型并不参与有限元分析，所以施加在几何实体边界上的载荷或约束必须最终传递到有限元模型上（单元或节点）进行求解，这个过程通常是 ANSYS 程序自动完成的。

用户可以通过 4 种途径创建 ANSYS 模型。

☑ 在 ANSYS 环境中创建实体模型，然后划分有限元网格。

☑ 在其他软件（如 CAD）中创建实体模型，然后读入 ANSYS 环境，经过修正后划分有限元网格。

☑ 在 ANSYS 环境中直接创建节点和单元。

☑ 在其他软件中创建有限元模型，然后将节点和单元数据读入 ANSYS。

单元属性是指划分网格以前必须指定的所分析对象的特征，这些特征包括材料属性、单元类型和实常数等。需要强调的是，除了磁场分析以外，用户不需要告诉 ANSYS 使用的是什么单位制，只需要自己决定使用何种单位制，然后确保所有输入值的单位统一即可。单位制影响输入的实体模型尺寸、材料属性、实常数及载荷等。

1.3.2 加载并求解

ANSYS 中的载荷可分为以下几类。

- ☑ 自由度 DOF——定义节点的自由度（DOF）值（例如结构分析的位移、热分析的温度和电磁分析的磁势等）。
- ☑ 面载荷（包括线载荷）——作用在表面的分布载荷（例如结构分析的压力、热分析的热对流和电磁分析的麦克斯韦尔表面等）。
- ☑ 体积载荷——作用在体积上或场域内（例如热分析的体积膨胀和内生成热、电磁分析的磁流密度等）。
- ☑ 惯性载荷——结构质量或惯性引起的载荷（例如重力和加速度等）。

在进行求解之前，用户应进行分析数据检查，包括以下内容。

- ☑ 单元类型和选项，材料性质参数，实常数以及统一的单位制。
- ☑ 单元实常数和材料类型的设置，实体模型的质量特性。
- ☑ 确保模型中没有不应存在的缝隙（特别是从 CAD 中输入的模型）。
- ☑ 壳单元的法向，以及节点坐标系。
- ☑ 集中载荷和体积载荷，以及面载荷的方向。
- ☑ 温度场的分布和范围，以及热膨胀分析的参考温度。

1.3.3 后处理

ANSYS 提供了以下两个后处理器。

- ☑ 通用后处理（POST1）：用来观看整个模型在某一时刻的结果。
- ☑ 时间历程后处理（POST26）：用来观看模型在不同时间段或载荷步上的结果，常用于处理瞬态分析和动力分析的结果。

1.4 实例入门——托架受力分析

为了使读者能够更清楚地了解 ANSYS 程序的有限元分析和计算过程，本节以一个角托架实例来详细介绍 ANSYS 分析问题的全过程。

1.4.1 分析实例描述

本实例是关于一个角托架的简单加载，线性静态结构分析问题，托架的具体形状和尺寸如图 1-4 所示。托架左上方的销孔被焊接完全固定，其右下角的销孔受到锥形的压力载荷，角托架的材料为 A36 优质钢。因为角托架在 Z 方向的尺寸相对于其在 X 和 Y 方向的尺寸来说很小，并且压力载荷仅作用在 X、Y 平面上，因此可以认为这个分析为平面应力状态。角托架的材料参数为弹性模量 E=30e6psi，泊松比 $v=0.27$。

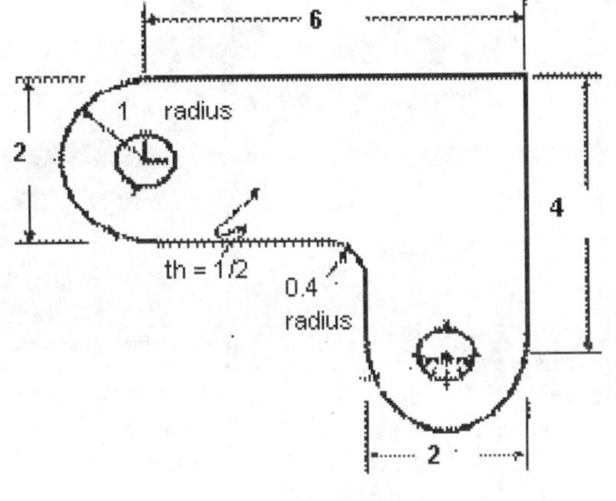

图 1-4 托架图

1.4.2 建立模型

Note

1. 指定工作文件名和分析标题

（1）指定工作文件名。

GUI 方式：“开始” > “所有程序” > ANSYS 15.0 > Mechanical APDL Product Launcher 15.0。

以交互式启动 ANSYS 程序，将初始工作文件名设置为 Bracket，并单击 Run 按钮进入 ANSYS 用户界面。

（2）定义分析标题。

GUI 方式：Utility Menu > File > Change Title。

执行以上命令后，弹出如图 1-5 所示对话框，在其中输入 stress in a bracket 作为 ANSYS 图形显示时的标题。

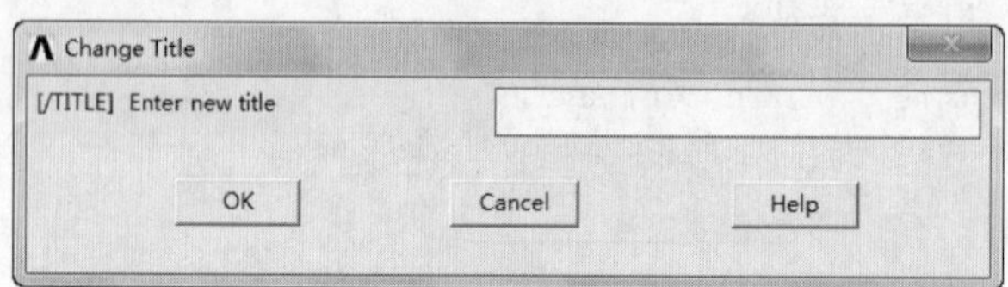

图 1-5　修改标题对话框

2. 定义单元类型

每一个 ANSYS 分析中都必须定义单元类型，本例中需要用到的单元类型为 PLANE183 单元，是一个 8 节点的二维二次结构单元。

GUI 方式：Main Menu > Preprocessor > Element Type > Add/Edit/Delete。

执行以上命令后，弹出如图 1-6 所示对话框。

单击 Add 按钮，弹出如图 1-7 所示对话框，在左侧的列表框中选择 Solid 单元，在右侧列表框中选择 8 node 183 单元，也就是 PLANE183 单元。

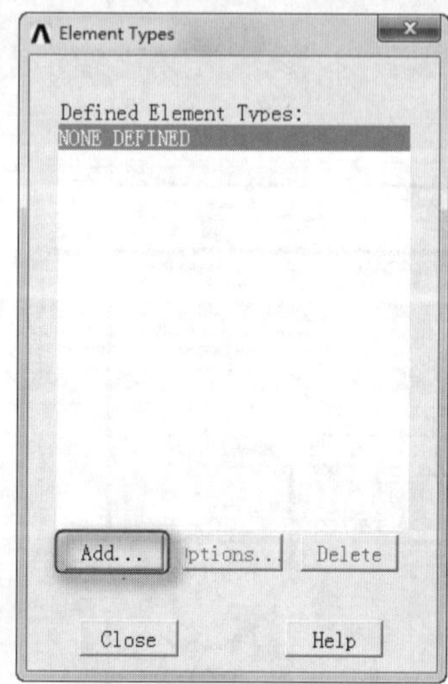

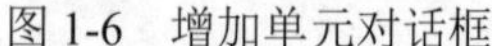

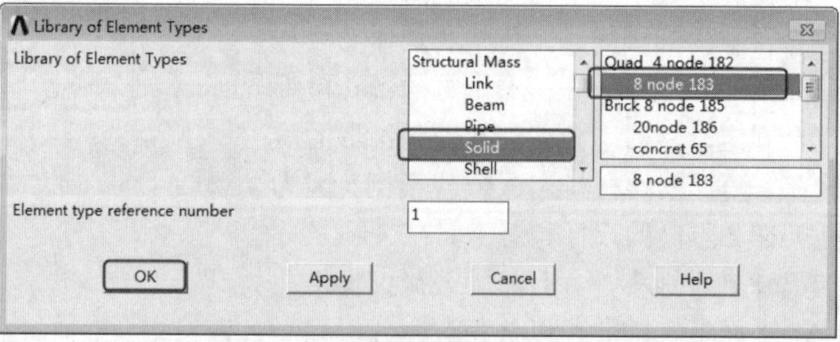

图 1-6　增加单元对话框

图 1-7　单元类型选择单元对话框

单击 OK 按钮，这时返回到图 1-6 所示对话框，单击 Options 按钮，弹出如图 1-8 所示定义 PLANE183 单元选项对话框。在 Element behavior 后面的下拉列表框中选择 Plane strs w/thk 选项后，单击 OK 按

钮完成定义单元类型。

3．定义单元实常数

GUI 方式：Main Menu > Preprocessor > Real Constants > Add/Edit/Delete。

Note

执行以上命令后，弹出如图 1-9 所示定义实常数对话框，单击 Add 按钮，弹出如图 1-10 所示要定义实常数单元对话框，选中 PLANE183 单元后，单击 OK 按钮，弹出如图 1-11 所示定义单元厚度对话框，在 THK 后面的文本框中输入 0.5。

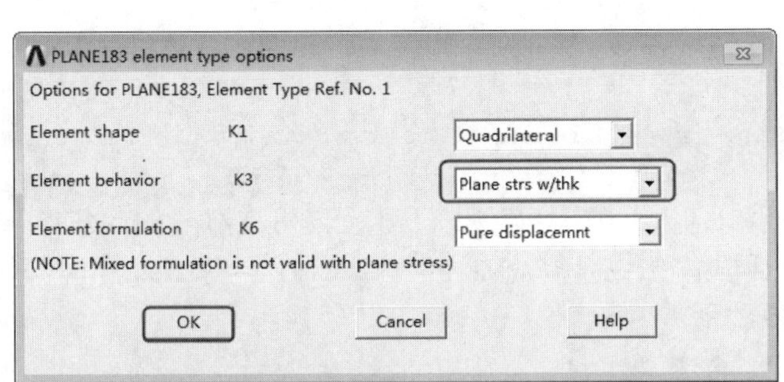

图 1-8　定义 PLANE183 单元选项对话框

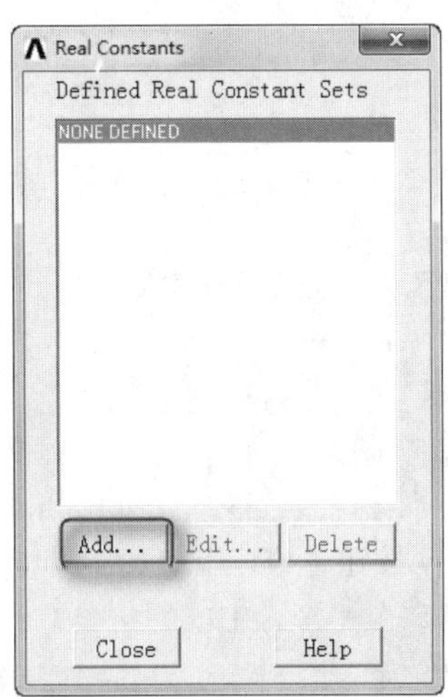

图 1-9　定义实常数对话框

图 1-10　选择要定义实常数单元对话框

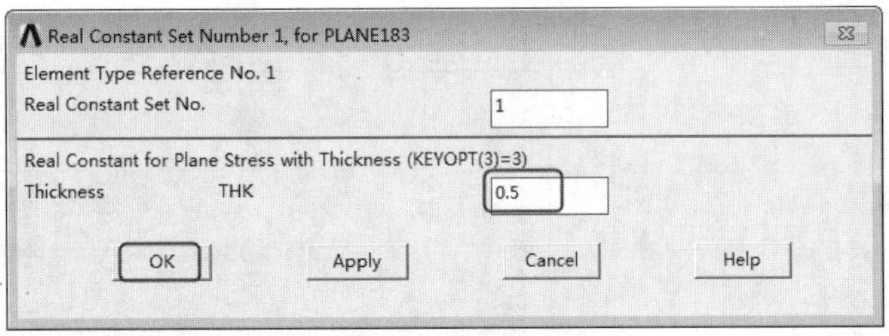

图 1-11　定义单元厚度对话框

4．定义材料特性

托架的材料为 A36 钢，需要定义托架的弹性模量和泊松比。

GUI 方式：Main Menu > Preprocessor > Material Props > Material Models。

执行完以上命令后，弹出如图 1-12 所示定义材料属性对话框。

在这个对话框中依次选择 Structural > Linear > Elastic > Isotropic 选项，表示选中结构分析中的线弹性各向同性材料。这时弹出如图 1-13 所示定义弹性模量和泊松比对话框，在其中输入弹性模量 EX 为 30E6，泊松比 PRXY 为 0.27，再单击 OK 按钮关闭该对话框。

Note

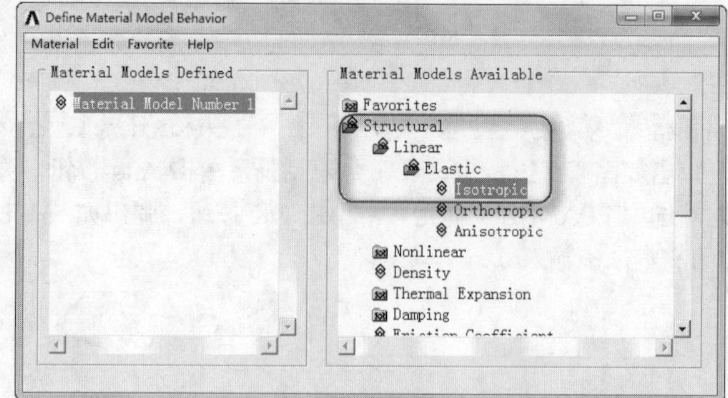

图 1-12 定义材料属性对话框

5. 建立几何模型

（1）定义矩形。

GUI 方式：Main Menu > Preprocessor > Modeling > Create > Area > Rectangle > by Dimensions。

执行以上命令后，弹出如图 1-14 所示对话框，在其中输入 X1=0，X2=6，Y1=−1，Y2=1。单击 Apply 按钮生成一个矩形。接着继续在对话框中输入 X1=4，X2=6，Y1=−1，Y2=−3，单击 OK 按钮生成第二个矩形。生成的两个矩形如图 1-15 所示。

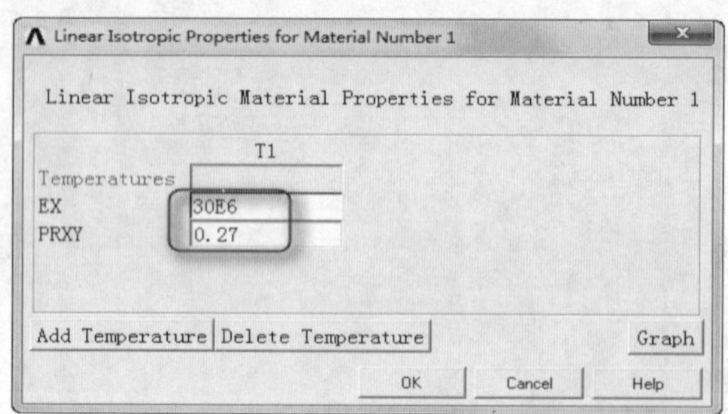

图 1-13 定义弹性模量和泊松比对话框

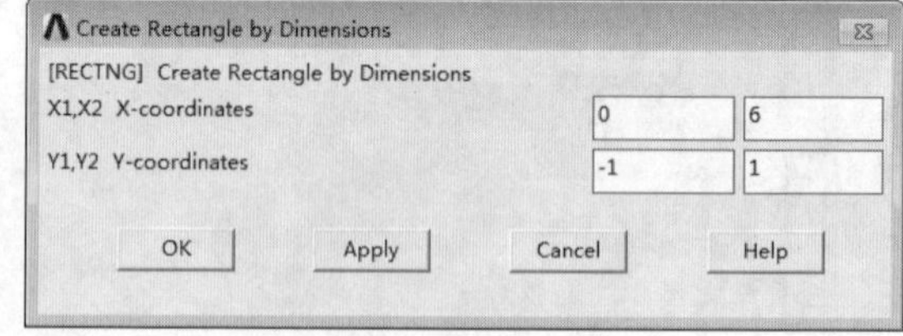

图 1-14 创建矩形对话框

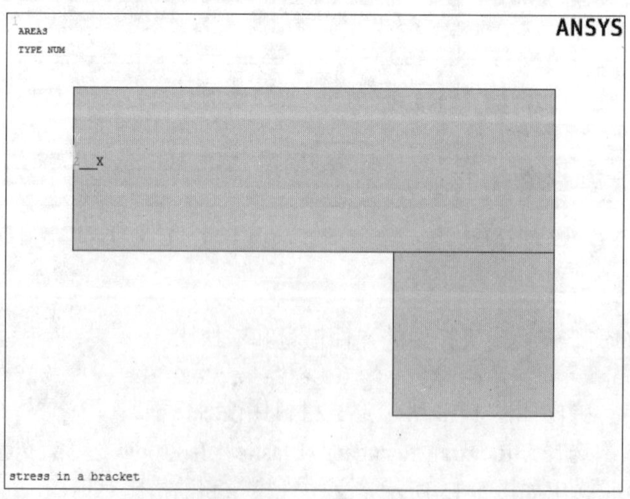

图 1-15 矩形示意图

（2）改变图形控制。为了将不同的面积用不同颜色的图形进行区分，可以在 ANSYS 中用以下菜单命令进行设置。

GUI 方式：Utility Menu > PlotCtrls > Numbering。

执行完以上命令后，弹出如图 1-16 所示对话框，将 Area numbers 设置为 On，单击 OK 按钮。此时，两个矩形即可以不同的颜色显示，如图 1-17 所示。

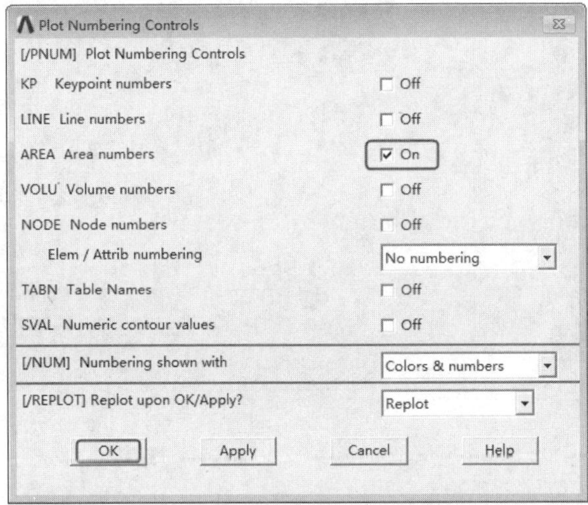

图 1-16　图形编号对话框

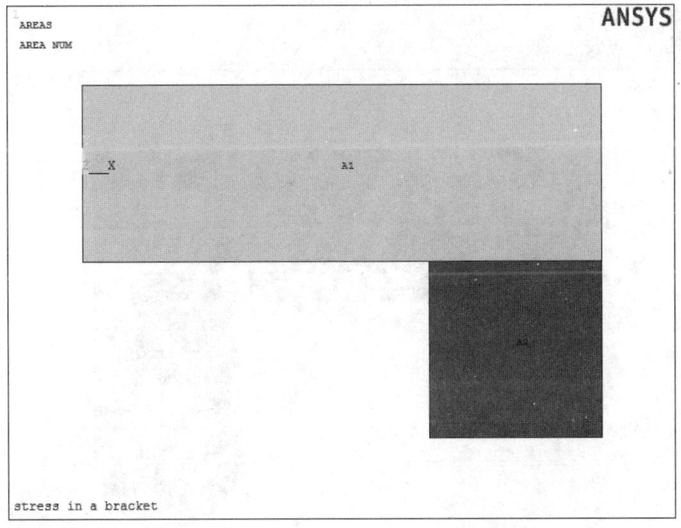

图 1-17　不同颜色显示的矩形示意图

（3）绘制圆形。

GUI 方式：Main Menu > Preprocessor > Modeling > Create > Area > Circle > Solid Circle。

执行完以上命令后，弹出如图 1-18 所示对话框，在对话框中设置 X=0，Y=0，Radius=1，单击 Apply 按钮，生成托架左上角圆。接着继续在对话框中设置 X=5，Y=−3，Radius=1，单击 OK 按钮生成托架右下角圆，如图 1-19 所示。

接着单击 ANSYS Toolbar 工具条中的 SAVE_DB 按钮进行存盘。在 ANSYS 操作中经常进行存盘

Note

是很重要的，这样可在出现操作错误时，用 RESUME 命令恢复到以前的数据文件状态。

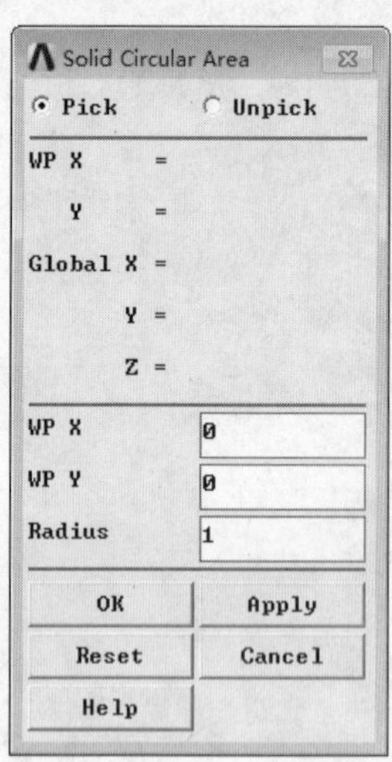

图 1-18　绘制圆形对话框

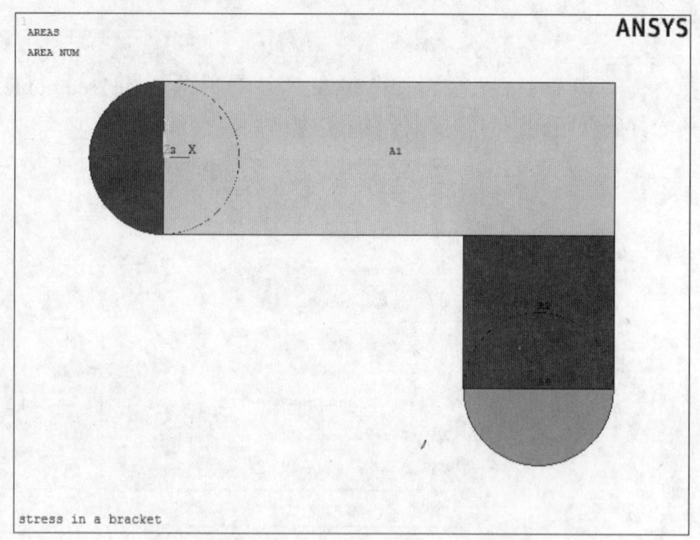

图 1-19　圆形和矩形示意图

（4）布尔加运算。

GUI 方式：Main Menu > Preprocessor > Modeling > Operate > Booleans > Add > Areas。

执行完这个命令后，在弹出的对话框中单击 Pick All 按钮，这时两个矩形和两个圆形就组合为一个整体，如图 1-20 所示。

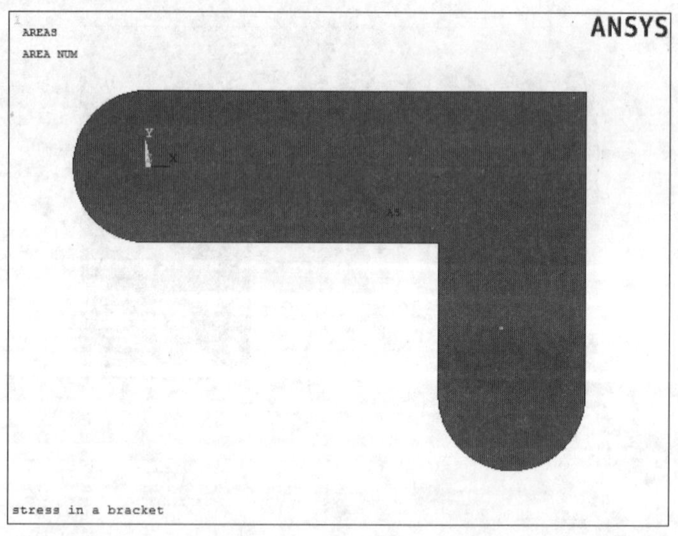

图 1-20　布尔加运算结果

（5）创建倒角。

执行 GUI 方式：Utility Menu > PlotCtrls > Numbering 命令后，弹出如图 1-21 所示对话框，打开其中的 Line numbers 设置，这样图形中每条线会显示一个标号。

接着执行 GUI 方式：Main Menu > Preprocessor > Modeling > Create > Lines > Line Fillet 命令后，在弹出的对话框中选择 L17 和 L8 两条线，单击 OK 按钮，然后在 Fillet radius 文本框中输入 0.4，如

图 1-22 所示，再单击 OK 按钮便生成这两条直线的倒角，如图 1-23 所示。

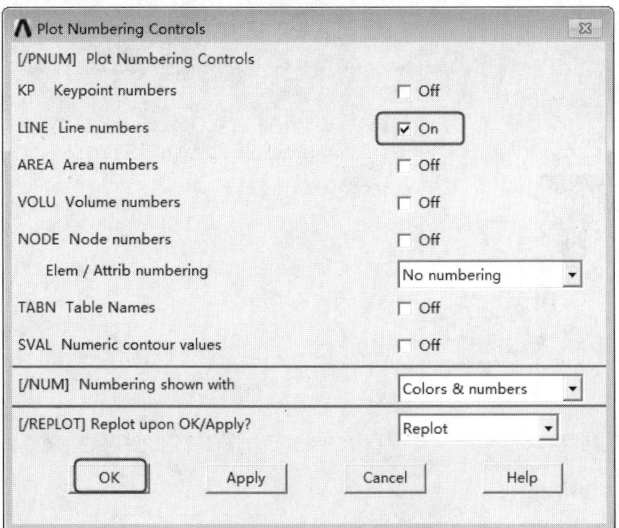

图 1-21 图形编号对话框

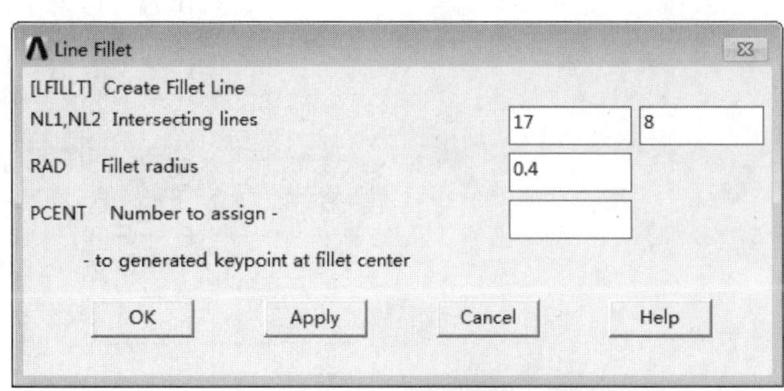

图 1-22 创建倒角对话框

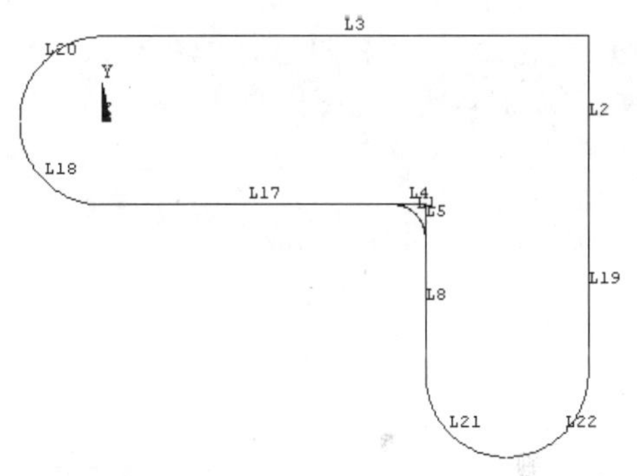

图 1-23 创建生成的两直线倒角

执行 GUI 方式：Main Menu > Preprocessor > Modeling > Create > Area > Arbitrary > By Lines 命令，在弹出的对话框中选择 L1、L4 和 L5 这 3 条直线，单击 OK 按钮，即生成如图 1-24 所示倒角面积。

执行 GUI 方式：Main Menu > Preprocessor > Modeling > Operate > Booleans > Add > Areas 命令后，在弹出的对话框中单击 Pick All 按钮，将所有面积组合在一起。

单击 ANSYS Toolbar 工具条中的 SAVE_DB 按钮进行存盘。

（6）创建托架的圆孔。

GUI 方式：Main Menu > Preprocessor > Modeling > Create > Areas > Circle > Solid Circle。

执行完以上命令后，弹出绘制圆形对话框，在对话框中设置 X=0，Y=0，Radius=0.4。单击 Apply 按钮，生成托架左上角小圆。接着继续在对话框中设置 X=5，Y=−3，Radius=0.4，单击 OK 按钮生成托架右下角小圆，如图 1-25 所示。

执行 GUI 方式：Main Menu > Preprocessor > Modeling > Operate > Booleans > Subtract > Areas 命令后，在弹出的对话框中选择托架为布尔减运算基体，单击 Apply 按钮，接着选择刚创建的两个小圆作为被减去的部分，单击 OK 按钮后即生成托架的两个圆孔，如图 1-26 所示。

单击 ANSYS Toolbar 工具条中的 SAVE_DB 按钮进行存盘。

Note

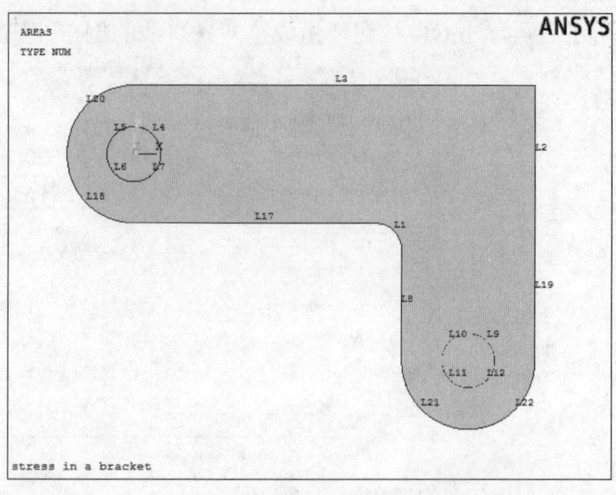

图 1-24　创建生成的倒角面积　　　　图 1-25　创建两个小圆

6．网格划分生成有限元模型

执行 GUI 方式：Main Menu > Preprocessor > Meshing > Mesh Tool 命令，在弹出如图 1-27 所示的 MeshTool 工具条中，单击 Size Controls 组中 Global 后的 Set 按钮，弹出如图 1-28 所示的划分网格单元尺寸对话框，在 SIZE 文本框中输入 0.5，单击 OK 按钮。返回到图 1-27 所示的 MeshTool 工具条中，单击 Mesh 按钮，在弹出的对话框中单击 Pick All 按钮，生成有限元模型，如图 1-29 所示。

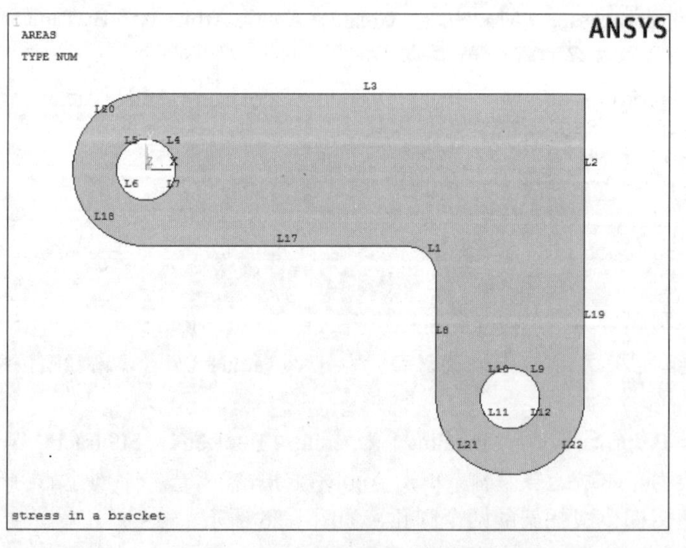

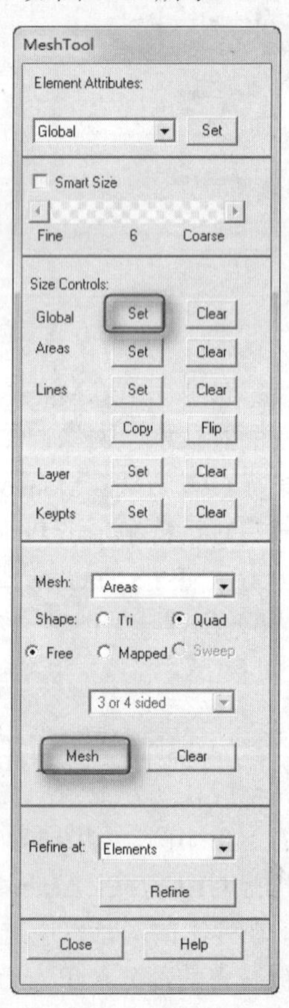

图 1-26　布尔减运算生成托架圆孔　　　　图 1-27　网格划分工具栏

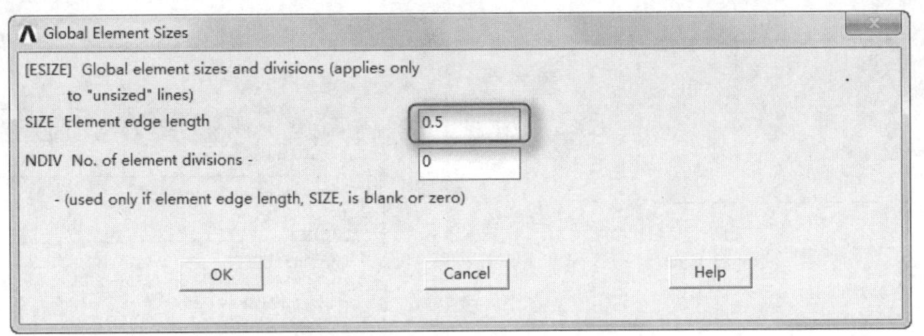

图 1-28 划分网格单元尺寸对话框

Note

单击 ANSYS Toolbar 工具条中的 SAVE_DB 按钮进行存盘。

（1）选择分析选项。

执行 GUI 方式：Main Menu > Solution > Analysis Type > New Analysis 命令，在弹出的选择分析选项对话框中选择 Static，单击 OK 按钮。

（2）施加位移约束。

执行 GUI 方式：Main Menu > Solution > Define Load > Apply > Structural > Displacement > On Lines 命令，在弹出的对话框中选择托架左圆孔处 4 根线（L4、L5、L6、L7），单击 OK 按钮，弹出如图 1-30 所示对话框，在 DOFs to be constrained 后的列表框中选择 ALL DOF 选项，在 Displacement value 文本框中输入 0，单击 OK 按钮，就完成托架左上角圆孔施加位移约束，如图 1-31 所示。

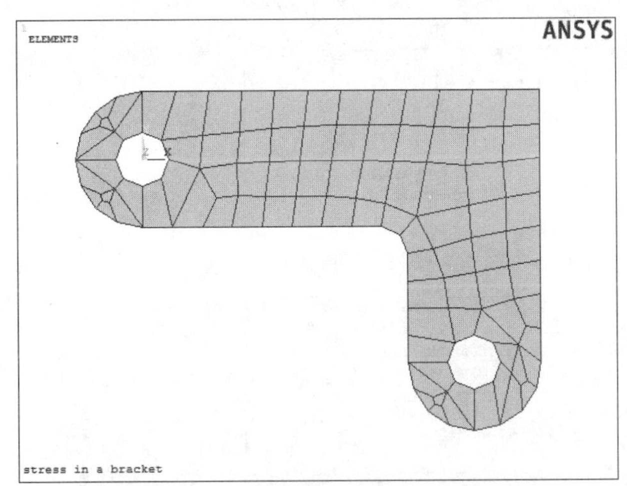

图 1-29 划分网格后的托架有限元模型

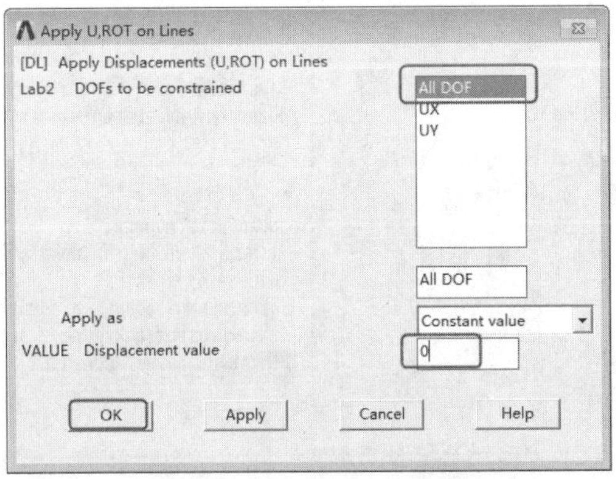

图 1-30 施加位移约束对话框

单击 ANSYS Toolbar 工具条中的 SAVE_DB 按钮进行存盘。

（3）施加压力载荷。

执行 GUI 方式：Main Menu > Solution > Define Load > Apply > Structural > Pressure > On Lines 命令，弹出对话框后，选择托架右下角圆孔的左下弧线 L11，单击 OK 按钮，弹出如图 1-32 所示对话框。在上面的文本框中输入 50，在下面的文本框中输入 500，单击 Apply 按钮，弹出对话框后，选择托架右下角圆孔的右下弧线 L12，单击 OK 按钮，再次弹出如图 1-32 所示对话框，在上面的文本框中输入 500，在下面的文本框中输入 50，单击 OK 按钮就完成了对圆孔的压力载荷施加。

Note

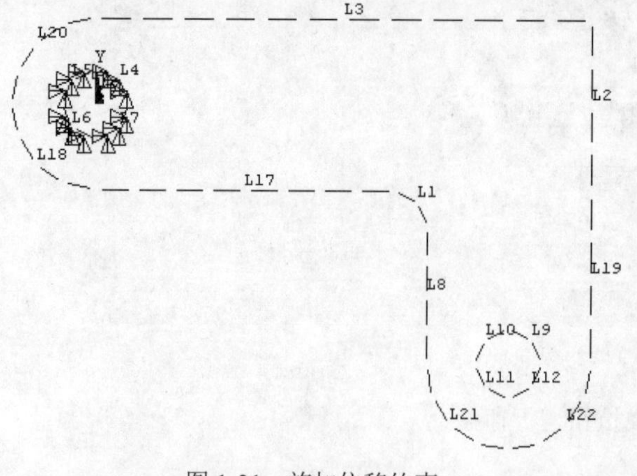

图 1-31　施加位移约束

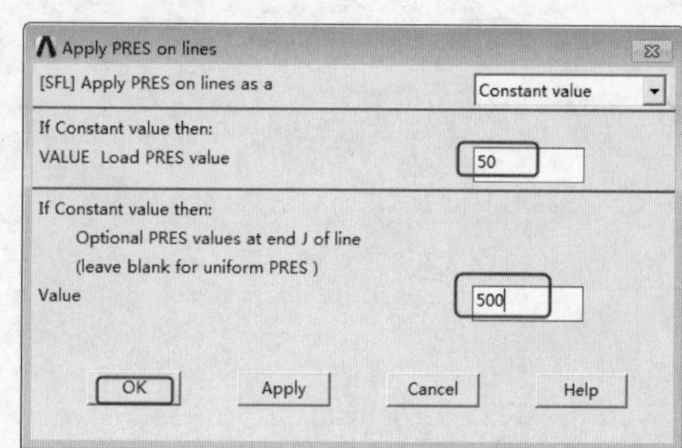

图 1-32　施加压力载荷对话框

（4）保存模型。

单击 ANSYS Toolbar 工具条中的 SAVE_DB 按钮，保存文件。

（5）求解。

执行 GUI 方式：Main Menu > Solution > Solve > Current LS 命令后，弹出/STATUS Command 对话框和 Solve Current Load Step 对话框，如图 1-33 和图 1-34 所示。核查/STATUS Command 对话框中的内容，确认正确后，单击 Solve Current Load Step 对话框中的 OK 按钮，ANSYS 程序就开始计算。

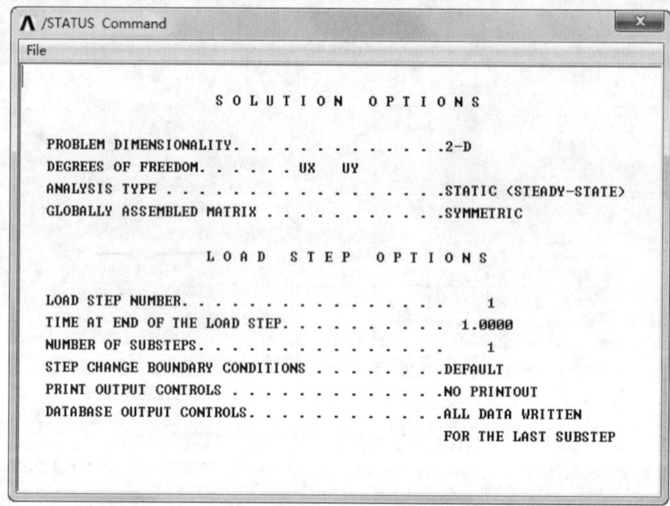

图 1-33　/STATUS Command 对话框

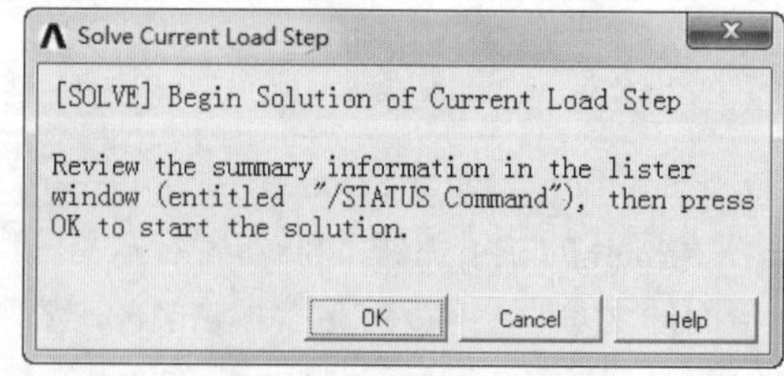

图 1-34　Solve Current Load Step 对话框

计算完成后，会出现一个信息框，提示求解已经完成，单击 OK 按钮关闭提示框。

Note

1.4.3　查看计算结果

1．读入结果文件

GUI 方式：Main Menu > General Postproc > Read Results > first set。

2．绘制变形图

GUI 方式：Main Menu > General Postproc > Plot Results > Deformed Shape。

执行这个命令后，弹出如图 1-35 所示对话框，选中 Def+undeformed 单选按钮，单击 OK 按钮，得到如图 1-36 所示的托架受载荷作用下的变形图。

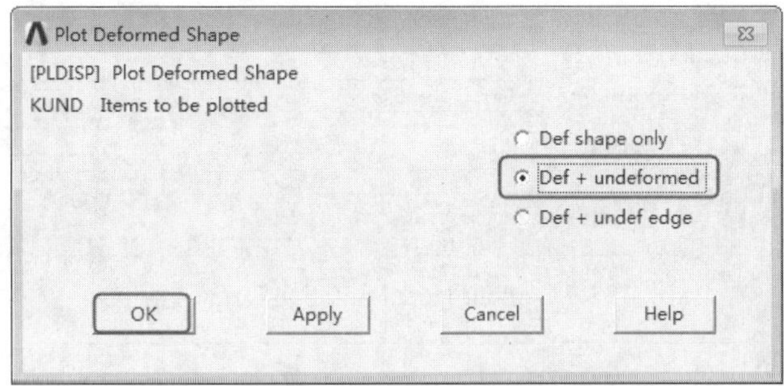

图 1-35　画变形图对话框

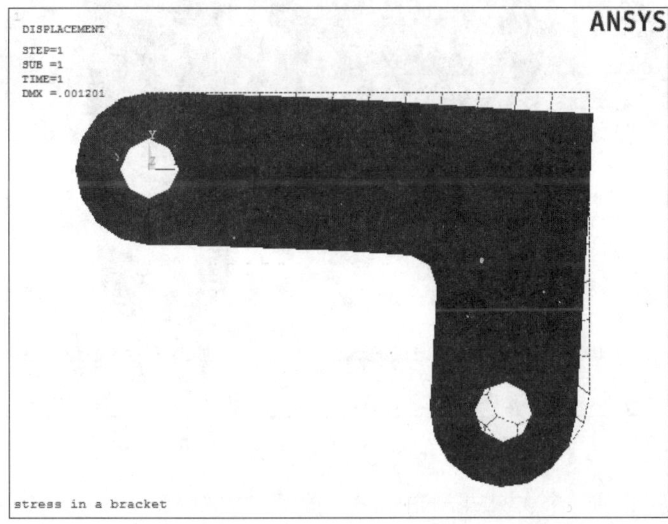

图 1-36　变形图

3．画托架等效应力分布图

GUI 方式：Main Menu > General Postproc > Plot Results > Contour Plot > Nodal Solu。

执行这个命令后，弹出如图 1-37 所示对话框，在 Item to be contoured 栏中先单击 Stress，再单击 von Mises stress，然后单击 OK 按钮，得到如图 1-38 所示的托架等效应力分布图。

4．保存结果文件

单击 ANSYS Toolbar 工具条中的 SAVE_DB 按钮保存文件。

Note

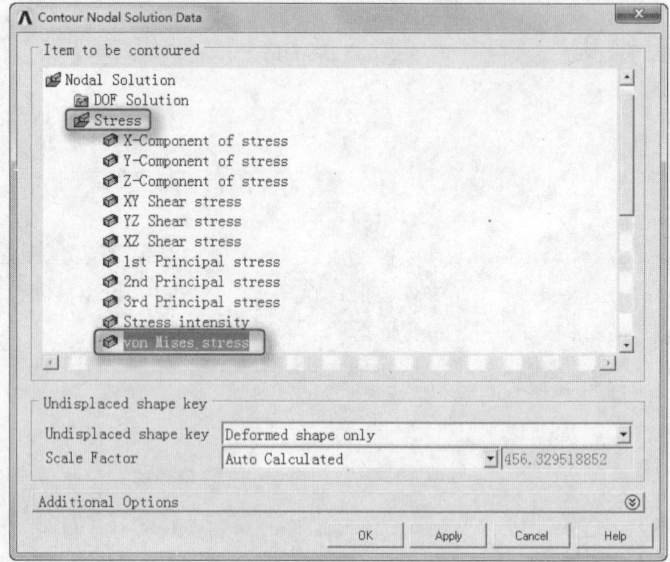

图 1-37　Contour Nodal Solution Data 对话框

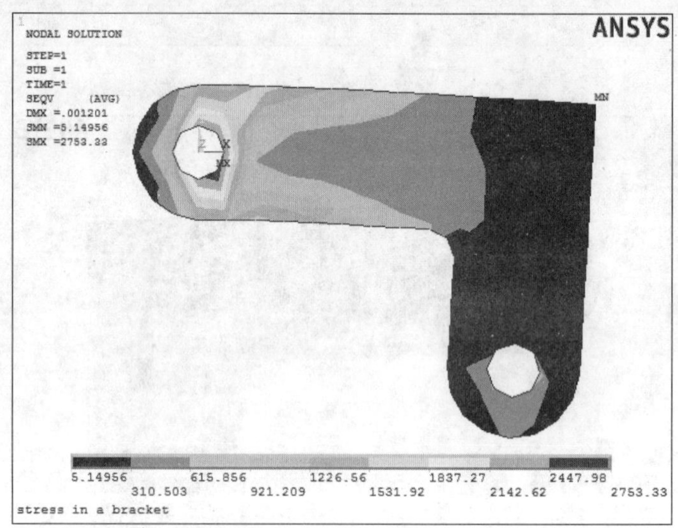

图 1-38　等效应力分布图

通过以上操作就完成了一个实例的 ANSYS 分析过程，用户可以单击 ANSYS Toolbar 工具条中的 QUIT 按钮退出 ANSYS 程序。

第2章 几何建模

有限元分析是针对特定的模型进行的，因此，用户必须建立一个准确的模型。通过几何建模，可以描述模型的几何边界，为之后的网格划分和施加载荷建立模型基础，因此它是全部有限元分析的基础。

☑ 坐标系简介
☑ 工作平面的使用
☑ 布尔操作
☑ 编辑几何模型
☑ 自底向上创建几何模型

任务驱动&项目案例

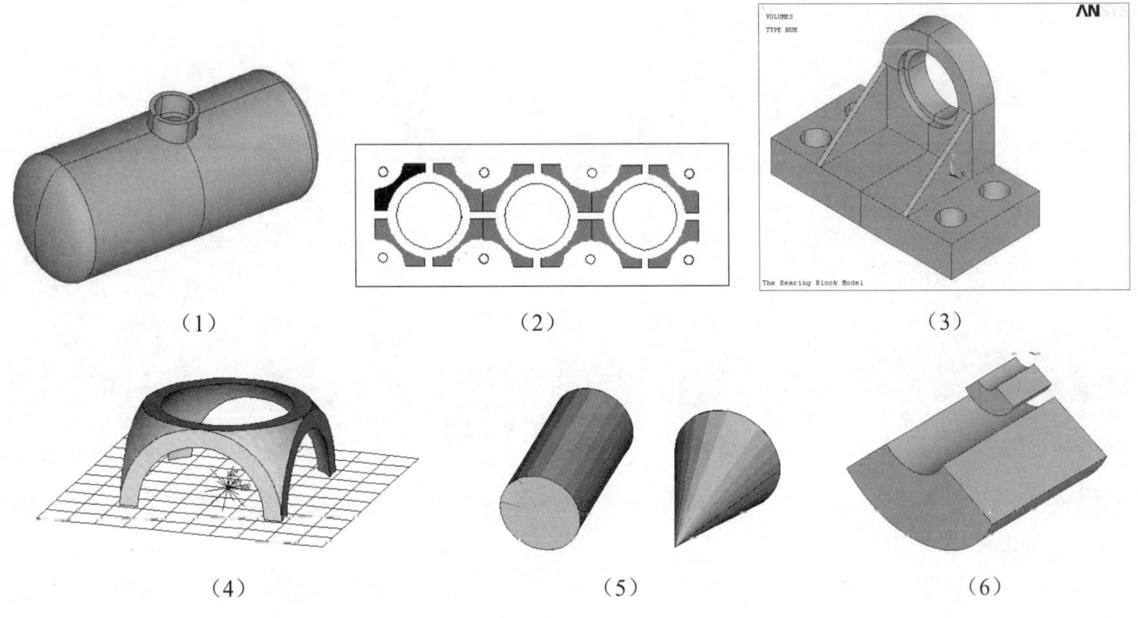

（1）　（2）　（3）

（4）　（5）　（6）

2.1 坐标系简介

ANSYS 有多种坐标系供用户选择。

☑ 总体和局部坐标系：用来定位几何形状参数（节点、关键点等）和空间位置。

☑ 显示坐标系：用于几何形状参数的列表和显示。

☑ 节点坐标系：定义每个节点的自由度和节点结果数据的方向。

☑ 单元坐标系：确定材料特性主轴和单元结果数据的方向。

☑ 结果坐标系：用来列表、显示或在通用后处理操作中将节点和单元结果转换到一个特定的坐标系中。

另外，工作平面与本章的坐标系分开讨论，详见 2.2 节。

2.1.1 总体和局部坐标系

总体坐标系和局部坐标系用来定位几何体。默认地，当定义一个节点或关键点时，其坐标系为总体笛卡儿坐标系。可是对有些模型，定义为不是总体笛卡儿坐标系的其他坐标系可能更方便。ANSYS 程序允许用任意预定义的 3 种（总体）坐标系的任意一种来输入几何数据，或者在用户定义的任何（局部）坐标系中进行此项工作。

1. 总体坐标系

总体坐标系被认为是一个绝对的参考系。ANSYS 程序提供了 3 种总体坐标系，即笛卡儿坐标系、柱坐标系和球坐标系，所有这 3 种坐标系都是右手系，而且有共同的原点。它们由其坐标号来识别：0 是笛卡儿坐标系，1 是柱坐标系，2 是球坐标系，另外，还有一种以笛卡儿坐标系的 Y 轴为 Z 轴的柱坐标系，其坐标号是 3，如图 2-1 所示。

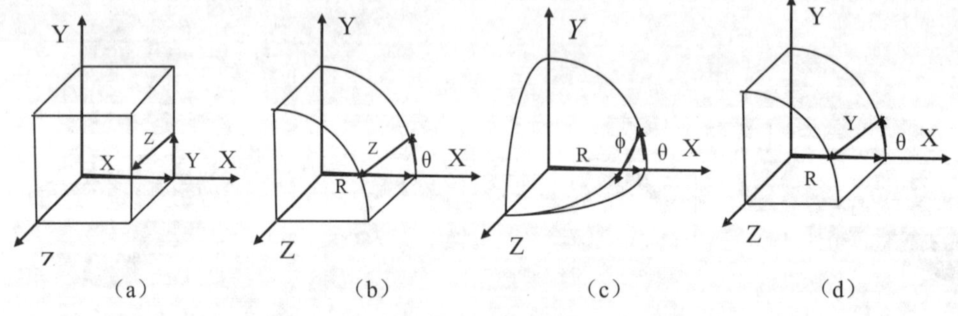

图 2-1 总体坐标系

> 注意：图 2-1（a）表示笛卡儿坐标系，坐标系统标号是 0；图 2-1（b）表示一类圆柱坐标系（其 Z 轴同笛卡儿系的 Z 轴一致），坐标系统标号是 1；图 2-1（c）表示球坐标系，坐标系统标号是 2；图 2-1（d）表示二类圆柱坐标系（其 Z 轴与笛卡儿系的 Y 轴一致），坐标系统标号是 3。

2. 局部坐标系

在许多情况下，用户必须要建立自己的坐标系。其原点与总体坐标系的原点偏移一定距离，或其方位不同于先前定义的总体坐标系，如图 2-2 表示一个局部坐标系的示例，它是通过用于局部、节点

或工作平面坐标系旋转的欧拉旋转角来定义的。

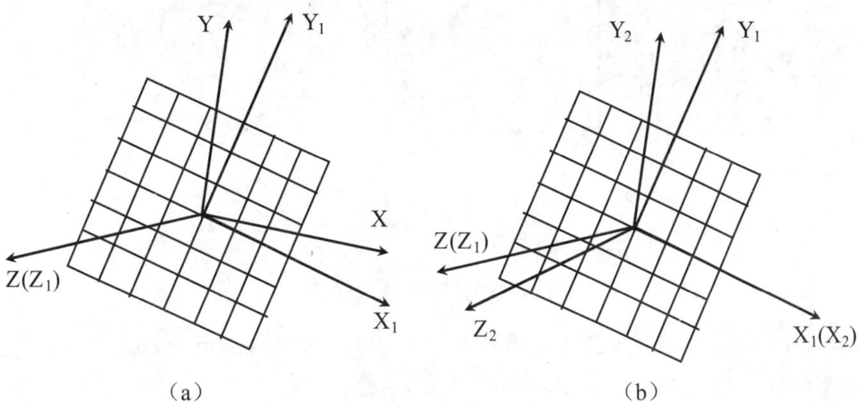

图 2-2 欧拉旋转角

用户可以按以下方式定义局部坐标系。

（1）按总体笛卡儿坐标定义局部坐标系。

命令：LOCAL。

GUI：Utility Menu > WorkPlane > Local Coordinate Systems > Create Local CS > At Specified Loc +。

（2）通过已有节点定义局部坐标系。

命令：CS。

GUI：Utility Menu > WorkPlane > Local Coordinate Systems > Create Local CS > By 3 Nodes +。

（3）通过已有关键点定义局部坐标系。

命令：CSKP。

GUI：Utility Menu > WorkPlane > Local Coordinate Systems > Create Local CS > By 3 Keypoints +。

（4）以当前定义的工作平面的原点为中心定义局部坐标系。

命令：CSWPLA。

GUI：Utility Menu > WorkPlane > Local Coordinate Systems > Create Local CS > At WP Origin。

注意：图 2-2 中 X，Y，Z 表示总体坐标系，然后通过旋转该总体坐标系来建立局部坐标系。图 2-2（a）表示将总体坐标系绕 Z 轴旋转一个角度得到 X_1，Y_1，Z（Z_1）；图 2-2（b）表示将 X_1，Y_1，Z（Z_1）绕 X_1 轴旋转一个角度得到 X_1（X_2），Y_2，Z_2。

当用户定义了一个局部坐标系后，它就会被激活。当创建了局部坐标系后，分配给它一个坐标系号（必须是 11 或更大），可以在 ANSYS 程序中的任何阶段建立或删除局部坐标系。若要删除一个局部坐标系，可以利用下面的方法。

命令：CSDELE。

GUI：Utility Menu > WorkPlane > Local Coordinate Systems > Delete Local CS。

若要查看所有的总体和局部坐标系，可以使用下面的方法。

命令：CSLIST。

GUI：Utility Menu > List > Other > Local Coord Sys。

与 3 个预定义的总体坐标系类似，局部坐标系可以是笛卡儿坐标系、柱坐标系或球坐标系。局部坐标系可以是圆的，也可以是椭圆的，另外，还可以建立环形局部坐标系，如图 2-3 所示。

Note

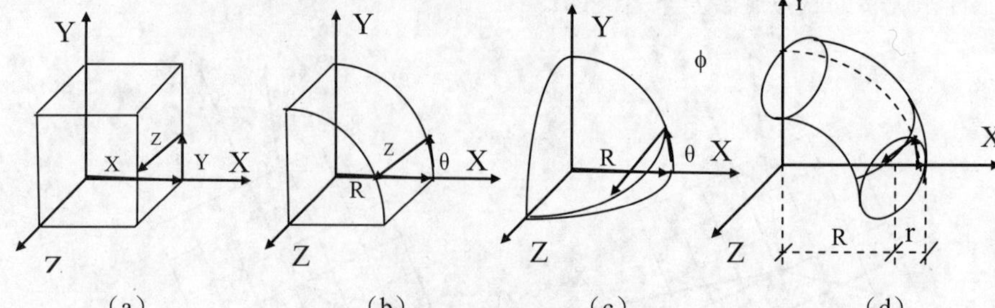

图 2-3　局部坐标系类型

注意：图 2-3（a）表示局部笛卡儿坐标系；图 2-3（b）表示局部圆柱坐标系；图 2-3（c）表示局部球坐标系；图 2-3（d）表示局部环形坐标系。

3．坐标系的激活

用户可以定义多个坐标系，但某一时刻只能有一个坐标系被激活。激活坐标系的方法如下：首先自动激活总体笛卡儿坐标系，当用户定义一个新的局部坐标系时，这个新的坐标系就会自动被激活，如果要激活一个总体坐标系或以前定义的坐标系，可用下列方法。

```
命令：CSYS。
GUI：Utility Menu > WorkPlane > Change Active CS to > Global Cartesian。
     Utility Menu > WorkPlane > Change Active CS to > Global Cylindrical。
     Utility Menu > WorkPlane > Change Active CS to > Global Spherical。
     Utility Menu > WorkPlane > Change Active CS to > Specified Coord Sys。
     Utility Menu > WorkPlane > Change Active CS to > Working Plane。
```

在 ANSYS 程序运行的任何阶段都可以激活某个坐标系，若没有明确地改变激活的坐标系，当前激活的坐标系将一直保持不变。

在定义节点或关键点时，不管哪个坐标系是激活的，程序都将坐标标为 X、Y 和 Z，如果激活的不是笛卡儿坐标系，用户应将 X、Y 和 Z 理解为柱坐标中的 R、θ、Z 或球坐标系中的 R、θ、ϕ。

2.1.2　显示坐标系

在默认情况下，即使是在其他坐标系中定义的节点和关键点，其列表都显示它们在总体笛卡儿坐标系，用户可以用下列方法改变显示的坐标系。

```
命令：DSYS。
GUI：Utility Menu > WorkPlane > Change Display CS to > Global Cartesian。
     Utility Menu > WorkPlane > Change Display CS to > Global Cylindrical。
     Utility Menu > WorkPlane > Change Display CS to > Global Spherical。
     Utility Menu > WorkPlane > Change Display CS to > Specified Coord Sys。
```

改变显示坐标系也会影响图形显示。除非用户有特殊的需要，一般在用如 NPLOT 和 EPLOT 命令显示图形时，应将显示坐标系重置为总体笛卡儿坐标系。DSYS 命令对 LPLOT、APLOT 和 VPLOT 命令无影响。

2.1.3　节点坐标系

总体和局部坐标系用于几何体的定位，而节点坐标系则用于定义节点自由度的方向。每个节点都

有自己的节点坐标系，默认情况下，它总是平行于总体笛卡儿坐标系（与定义节点的激活坐标系无关）。用户可用下列方法将任意节点坐标系旋转到所需方向。

（1）将节点坐标系旋转到激活坐标系的方向。即节点坐标系的 X 轴转成平行于激活坐标系的 X 轴或 R 轴，节点坐标系的 Y 轴旋转到平行于激活坐标系的 Y 轴或 θ 轴，节点坐标系的 Z 轴转成平行于激活坐标系的 Z 轴或 φ 轴。

命令：NROTAT。

GUI：Main Menu > Preprocessor > Modeling > Create > Nodes > Rotate Node CS > To Active CS。

Main Menu > Preprocessor > Modeling > Move/Modify > Rotate Node CS > To Active CS。

（2）按给定的旋转角旋转节点坐标系（因为通常不易得到旋转角，因此 NROTAT 命令可能更有用），在生成节点时可以定义旋转角，或对已有节点指定旋转角（NMODIF 命令）。

命令：N。

GUI：Main Menu > Preprocessor > Modeling > Create > Nodes > In Active CS。

命令：NMODIF。

GUI：Main Menu > Preprocessor > Modeling > Create > Nodes > Rotate Node CS > By Angles。

Main Menu > Preprocessor > Modeling > Move/Modify > Rotate Node CS > By Angles。

用户可以用下列方法列出节点坐标系相对于总体笛卡儿坐标系旋转的角度。

命令：NANG。

GUI：Main Menu > Preprocessor > Modeling > Create > Nodes > Rotate Node CS > By Vectors。

Main Menu > Preprocessor > Modeling > Move/Modify > Rotate Node CS > By Vectors。

命令：NLIST。

GUI：Utility Menu > List > Nodes。

Utility Menu > List > Picked Entities > Nodes。

如图 2-4 所示为节点坐标系旋转实例。

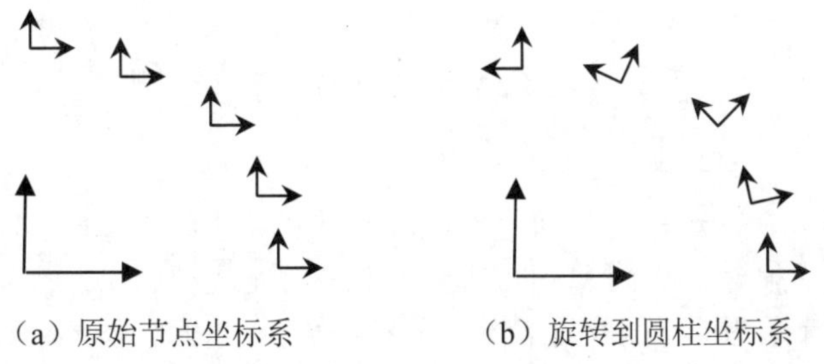

（a）原始节点坐标系　　（b）旋转到圆柱坐标系

图 2-4　节点坐标系

2.1.4　单元坐标系

每个单元都有自己的坐标系，单元坐标系用于规定正交材料特性的方向，以及施加压力和显示结果（如应力应变）的输出方向。所有的单元坐标系都是正交右手系。

多数单元坐标系的默认方向遵循以下规则。

☑　线单元的 X 轴通常从该单元的 I 节点指向 J 节点。

☑ 壳单元的 X 轴通常也取 I 节点到 J 节点的方向，Z 轴过 I 点且与壳面垂直，其正方向由单元的 I、J 和 K 节点按右手法则确定，Y 轴垂直于 X 轴和 Z 轴。

☑ 对二维和三维实体单元的单元坐标系总是平行于总体笛卡儿坐标系。

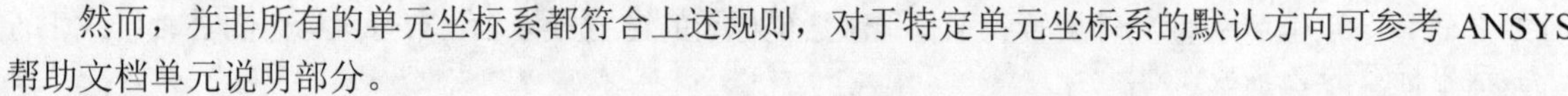

然而，并非所有的单元坐标系都符合上述规则，对于特定单元坐标系的默认方向可参考 ANSYS 帮助文档单元说明部分。

Note

许多单元类型都有选项（KEYOPTS，在 DT 或 KETOPT 命令中输入），这些选项用于修改单元坐标系的默认方向。对面单元和体单元而言，可用下列命令将单元坐标的方向调整到已定义的局部坐标系上。

命令：ESYS。
GUI：Main Menu > Preprocessor > Meshing > Mesh Attributes > Default Attributes。
　　Main Menu > Preprocessor > Modeling > Create > Elements > Elem Attributes。

如果既用了 KEYOPT 命令又用了 ESYS 命令，则 KEYOPT 命令的定义有效。对某些单元而言，通过输入角度可相对先前的方向做进一步旋转，例如 SHELL63 单元中的实常数 THETA。

2.1.5 结果坐标系

在求解过程中，计算的结果数据有位移（UX、UY、ROTS 等）、梯度（TGX、TGY 等）、应力（SX、SY、SZ 等）和应变（EPPLX、EPPLXY 等）等，这些数据存储在数据库和结果文件中，要么是在节点坐标系（初始或节点数据），要么是在单元坐标系（导出或单元数据）。但是，结果数据通常是旋转到激活的坐标系（默认为总体坐标系）中进行云图显示、列表显示和单元数据存储（ETABLE 命令）等操作。

用户可以将活动的结果坐标系转到另一个坐标系（如总体坐标系或一个局部坐标系），或转到在求解时所用的坐标系下（例如，节点和单元坐标系）。如果用户列表、显示或操作这些结果数据，则它们将首先被旋转到结果坐标系下。利用下列方法可改变结果坐标系。

命令：RSYS。
GUI：Main Menu > General Postproc > Options for Output。
　　Utility Menu > List > Results > Options。

2.2 工作平面的使用

尽管光标在屏幕上只表现为一个点，但它实际上代表的是空间中垂直于屏幕的一条线。为了能用光标拾取一个点，首先必须定义一个假想的平面，当该平面与光标所代表的垂线相交时，能唯一地确定空间中的一个点，这个假想的平面就是工作平面。从另一种角度想象光标与工作平面的关系，可以描述为光标就像一个点在工作平面上来回游荡，工作平面就如同可以在上面写字的平板一样，工作平面可以不平行于显示屏，如图 2-5 所示。

工作平面是一个无限平面，有原点、二维坐标系、捕捉增量和显示栅格。在同一时刻只能定义一个工作平面（当定义一个新的工作平面时就会删除已有的工作平面）。工作平面是与坐标系独立使用的。例如，工作平面与激活的坐标系可以有不同的原点和旋转方向。

进入 ANSYS 程序时，有一个默认的工作平面，即总体笛卡儿坐标系的 X-Y 平面。工作平面的 X、Y 轴分别取为总体笛卡儿坐标系的 X 轴和 Y 轴。

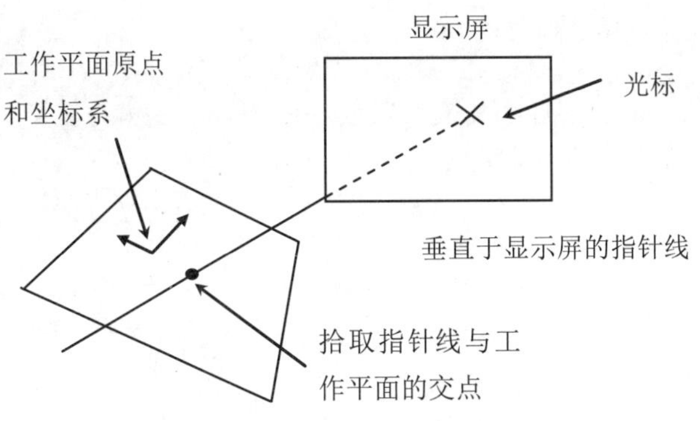

图 2-5 显示屏、光标、工作平面及拾取点之间的关系

2.2.1 定义一个新的工作平面

用户可以用下列方法定义一个新的工作平面。

（1）由 3 个点定义一个工作平面。

命令：WPLANE。
GUI：Utility Menu > WorkPlane > Align WP with > XYZ Locations。

（2）由 3 个节点定义一个工作平面。

命令：NWPLAN。
GUI：Utility Menu > WorkPlane > Align WP with > Nodes。

（3）由 3 个关键点定义一个工作平面。

命令：KWPLAN。
GUI：Utility Menu > WorkPlane > Align WP with > Keypoints。

（4）由过一指定线上的点且垂直于该直线的平面定义为工作平面。

命令：LWPLAN。
GUI：Utility Menu > WorkPlane > Align WP with > Plane Normal to Line。

（5）通过现有坐标系的 X-Y（或 R-θ）平面定义工作平面。

命令：WPCSYS。
GUI：Utility Menu > WorkPlane > Align WP with > Active Coord Sys。
Utility Menu > WorkPlane > Align WP with > Global Cartesian。
Utility Menu > WorkPlane > Align WP with > Specified Coord Sys。

2.2.2 控制工作平面的显示和样式

为获得工作平面的状态（即位置、方向、增量），可用下面的方法。

命令：WPSTYL,STAT。
GUI：Utility Menu > List > Status > Working Plane。

将工作平面重置为默认状态下的位置和样式，可利用命令 WPSTYL 和 DEFA 实现。

2.2.3 移动工作平面

用户可以将工作平面移动到与原位置平行的新的位置，方法如下。

（1）将工作平面的原点移动到关键点。

命令：KWPAVE。
GUI：Utility Menu > WorkPlane > Offset WP to > Keypoints。

（2）将工作平面的原点移动到节点。

```
命令：NWPAVE。
GUI：Utility Menu > WorkPlane > Offset WP to > Nodes。
```

（3）将工作平面的原点移动到指定点。

```
命令：WPAVE。
GUI：Utility Menu > WorkPlane > Offset WP to > Global Origin。
     Utility Menu > WorkPlane > Offset WP to > Origin of Active CS。
     Utility Menu > WorkPlane > Offset WP to > XYZ Locations。
```

（4）偏移工作平面。

```
命令：WPOFFS。
GUI：Utility Menu > WorkPlane > Offset WP by Increments。
```

2.2.4 旋转工作平面

用户可以将工作平面旋转到一个新的方向，可以在工作平面内旋转 X-Y 轴，也可以使整个工作平面都旋转到一个新的位置。如果用户不清楚旋转角度，利用前面的方法可以很容易地在正确的方向上创建一个新的工作平面。旋转工作平面的方法如下。

```
命令：WPROTA。
GUI：Utility Menu > WorkPlane > Offset WP by Increments。
```

2.2.5 还原一个已定义的工作平面

尽管实际上不能存储一个工作平面，但用户可以在工作平面的原点创建一个局部坐标系，然后利用这个局部坐标系还原一个已定义的工作平面。

在工作平面的原点创建局部坐标系的方法如下。

```
命令：CSWPLA。
GUI：Utility Menu > WorkPlane > Local Coordinate Systems > Create Local CS >
At WP Origin。
```

利用局部坐标系还原一个已定义的工作平面的方法如下。

```
命令：WPCSYS。
GUI：Utility Menu > WorkPlane > Align WP with > Active Coord Sys。
     Utility Menu > WorkPlane > Align WP with > Global Cartesian。
     Utility Menu > WorkPlane > Align WP with > Specified Coord Sys。
```

2.3 布尔操作

用户可以使用求交、相减或其他布尔操作来雕刻实体模型。通过布尔操作，用户可以直接用较高级的图元生成复杂的形体，如图 2-6 所示。布尔运算对于通过自底向上或自顶向下方法生成的图元均有效。

在布尔运算中，对一组数据可用诸如交、并、减等逻辑运算处理，ANSYS 程序也允许用户对实体模型进行同样的操作，这样修改实体模型就更加容易。

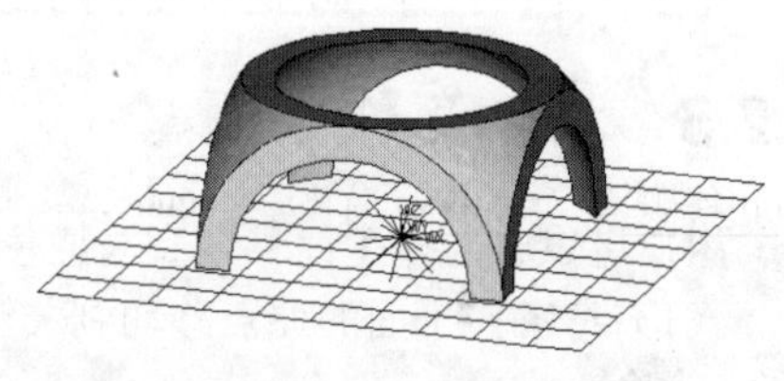

图 2-6　使用布尔运算生成的复杂形体

无论是自顶向下还是自底向上构造的实体模型，用户都可以对它进行布尔运算操作。

注意：凡是通过连接生成的图元对布尔运算无效，对退化的图元也不能进行某些布尔运算。通常，完成布尔运算之后，紧接着就是实体模型的加载和单元属性的定义，如果用布尔运算修改了已有的模型，用户需注意重新进行单元属性和加载的定义。

Note

2.3.1　布尔运算的设置

对两个或多个图元进行布尔运算时，用户可以通过以下方式确定是否保留原始图元，操作示例如图 2-7 所示。

命令：BOPTN。

GUI：Main Menu > Preprocessor > Modeling > Operate > Booleans > Settings。

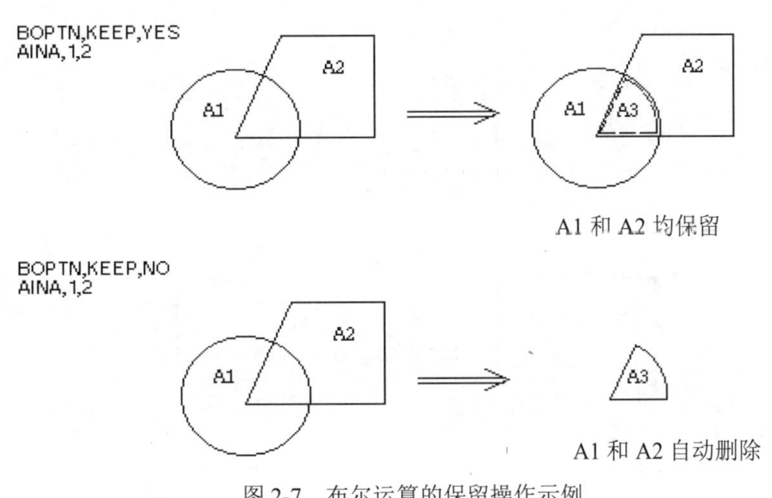

图 2-7　布尔运算的保留操作示例

注意：一般来说，对依附于高级图元的低级图元进行布尔运算是允许的，但不能对已划分网格的图元进行布尔操作，必须在执行布尔操作之前将网格清除。

2.3.2　交运算

布尔交运算的命令及 GUI 菜单路径如表 2-1 所示。

表 2-1　交运算

用　法	命　令	GUI 菜单路径
线相交	LINL	Main Menu > Preprocessor > Modeling > Operate > Booleans > Intersect > Common > Lines
面相交	AINA	Main Menu > Preprocessor > Modeling > Operate > Booleans > Intersect > Common > Areas
体相交	VINV	Main Menu > Preprocessor > Modeling > Operate > Booleans > Intersect > Common > Volumes
线和面相交	LINA	Main Menu > Preprocessor > Modeling > Operate > Booleans > Intersect > Line with Area
面和体相交	AINV	Main Menu > Preprocessor > Modeling > Operate > Booleans > Intersect > Area with Volume
线和体相交	LINV	Main Menu > Preprocessor > Modeling > Operate > Booleans > Intersect > Line with Volume

如图 2-8～图 2-12 所示为一些图元相交的示例。

Note

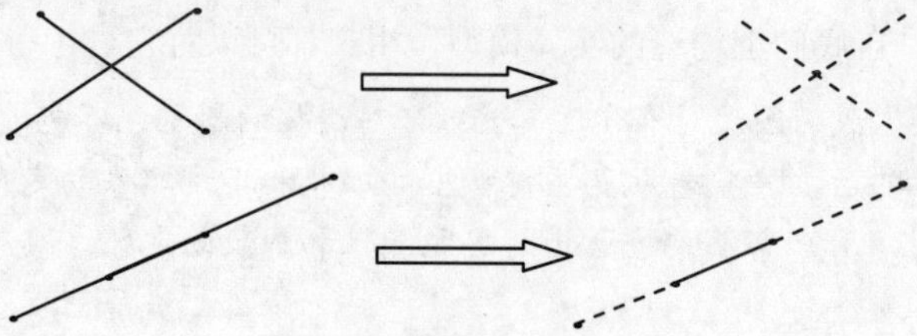

图 2-8　线与线相交

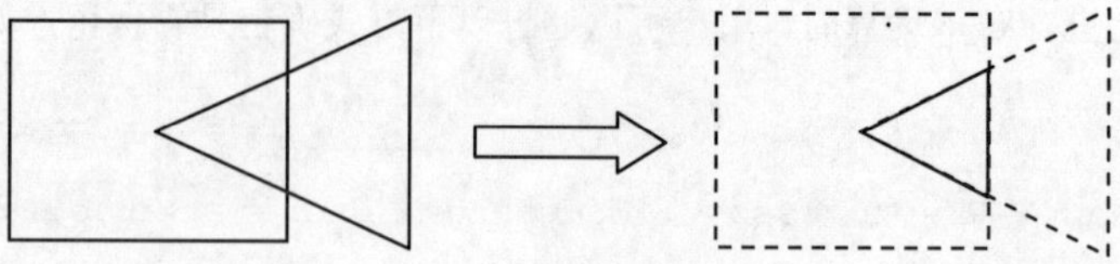

图 2-9　面与面相交

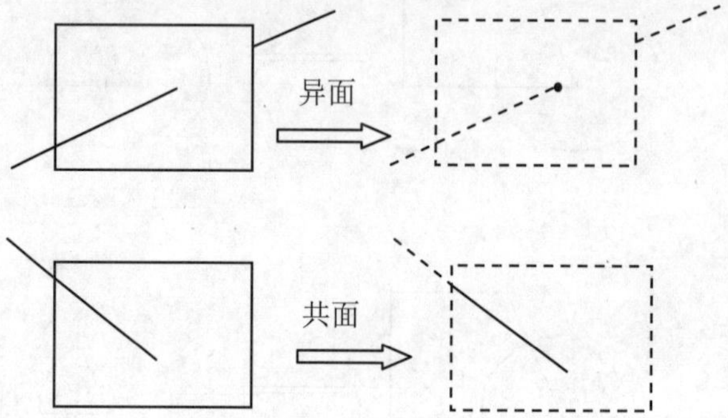

异面

共面

图 2-10　线与面相交

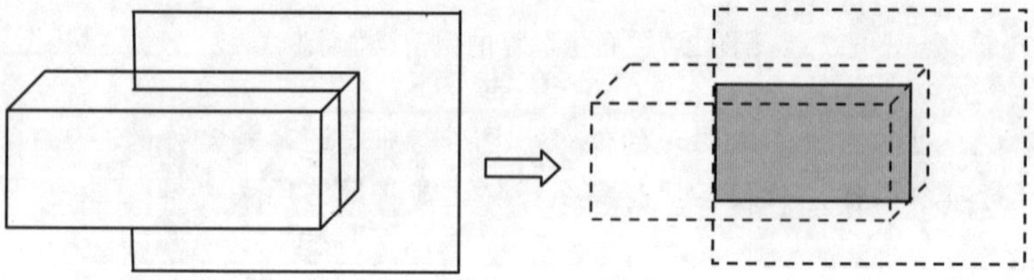

图 2-11　面与体相交

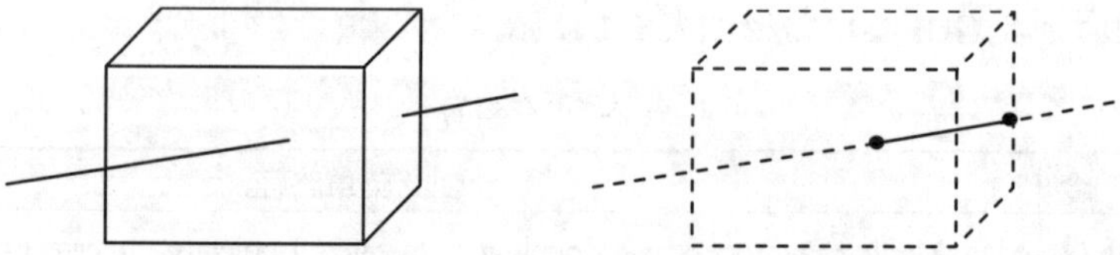

图 2-12　线与体相交

2.3.3　两两相交

两两相交是由图元集叠加而形成的一个新的图元集。也就是说，两两相交表示至少任意两个原图元的相交区域。例如，线集的两两相交可能是一个关键点（或关键点的集合），或是一条线（或线的集合）。

布尔两两相交运算的命令及 GUI 菜单路径如表 2-2 所示。

表 2-2　两两相交

用　法	命　令	GUI 菜单路径
线两两相交	LINP	Main Menu > Preprocessor > Modeling > Operate > Booleans > Intersect > Pairwise > Lines
面两两相交	AINP	Main Menu > Preprocessor > Modeling > Operate > Booleans > Intersect > Pairwise > Areas
体两两相交	VINP	Main Menu > Preprocessor > Modeling > Operate > Booleans > Intersect > Pairwise > Volumes

如图 2-13 和图 2-14 所示为一些两两相交的示例。

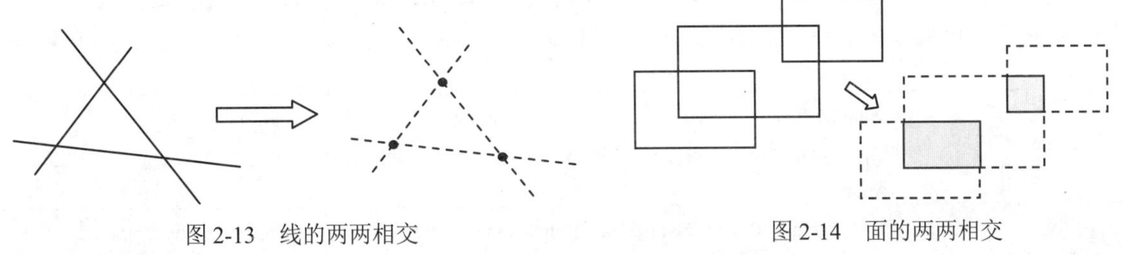

图 2-13　线的两两相交　　图 2-14　面的两两相交

2.3.4　相加

加运算的结果是得到一个包含各个原始图元所有部分的新图元，这样形成的新图元是一个单一的整体，没有接缝。在 ANSYS 程序中，只能对三维实体或二维共面的面进行加操作，面相加可以包含面内的孔即内环。

注意：加运算形成的图元在网格划分时通常不如搭接形成的图元。

布尔相加运算的命令及 GUI 菜单路径如表 2-3 所示。

表 2-3　相加运算

用　法	命　令	GUI 菜单路径
面相加	AADD	Main Menu > Preprocessor > Modeling > Operate > Booleans > Add > Areas
体相加	VADD	Main Menu > Preprocessor > Modeling > Operate > Booleans > Add > Volumes

2.3.5　相减

如果从某个图元（E1）减去另一个图元（E2），其结果可能有两种情况：一种是生成一个新图元 E3（E1−E2=E3），E3 和 E1 有同样的维数，且与 E2 无搭接部分；另一种是 E1 与 E2 的搭接部分是个低维的实体，其结果是将 E1 分成两个或多个新的实体（E1−E2=E3,E4）。

布尔相减运算的命令及 GUI 菜单路径如表 2-4 所示。

表 2-4　相减运算

用　法	命　令	GUI 菜单路径
线减去线	LSBL	Main Menu > Preprocessor > Modeling > Operate > Booleans > Subtract > Lines Main Menu > Preprocessor > Modeling > Operate > Booleans > Subtract > With Options > Lines Main Menu > Preprocessor > Modeling > Operate > Booleans > Divide > Line by Line Main Menu > Preprocessor > Modeling > Operate > Booleans > Divide > With Options > Line by Line

Note

续表

用　法	命　令	GUI 菜单路径
面减去面	ASBA	Main Menu > Preprocessor > Modeling > Operate > Booleans > Subtract > Areas Main Menu > Preprocessor > Modeling > Operate > Booleans > Subtract > With Options > Areas Main Menu > Preprocessor > Modeling > Operate > Booleans > Divide > Area by Area Main Menu > Preprocessor > Modeling > Operate > Booleans > Divide > With Options > Area by Area
体减去体	VSBV	Main Menu > Preprocessor > Modeling > Operate > Booleans > Subtract > Volumes Main Menu > Preprocessor > Modeling > Operate > Booleans > Subtract > With Options > Volumes
线减去面	LSBA	Main Menu > Preprocessor > Modeling > Operate > Booleans > Divide > Line by Area Main Menu > Preprocessor > Modeling > Operate > Booleans > Divide > With Options > Line by Area
线减去体	LSBV	Main Menu > Preprocessor > Modeling > Operate > Booleans > Divide > Line by Volume Main Menu > Preprocessor > Modeling > Operate > Booleans > Divide > With Options > Line by Volume
体减去面	ASBV	Main Menu > Preprocessor > Modeling > Operate > Booleans > Divide > Area by Volume Main Menu > Preprocessor > Modeling > Operate > Booleans > Divide > With Options > Area by Volume
面减去线	ASBL[1]	Main Menu > Preprocessor > Modeling > Operate > Booleans > Divide > Area by Line Main Menu > Preprocessor > Modeling > Operate > Booleans > Divide > With Options > Area by Line
体减去面	VSBA	Main Menu > Preprocessor > Modeling > Operate > Booleans > Divide > Volume by Area Main Menu > Preprocessor > Modeling > Operate > Booleans > Divide > With Options > Volume by Area

如图 2-15 和图 2-16 所示为一些相减的示例。

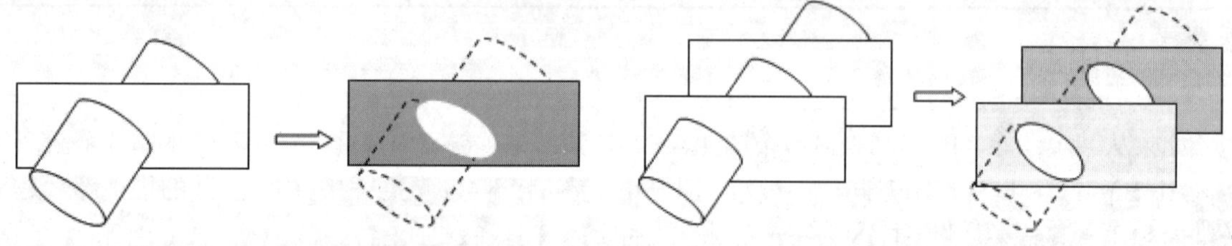

图 2-15　ASBV 面减去体　　　图 2-16　ASBV 多个面减去一个体

2.3.6　利用工作平面做减运算

工作平面可以用来做减运算，将一个图元分成两个或多个图元。用户可以将线、面或体利用命令或相应的 GUI 路径用工作平面去减。对于以下的每个减命令，SEPO 用来确定生成的图元有公共边界或者独立但恰好重合的边界，KEEP 用来确定保留或者删除图元，而不管 BOPTN 命令（GUI：Main Menu > Preprocessor > Modeling > Operate > Booleans > Settings）的设置如何。

利用工作平面进行减运算的命令及 GUI 菜单路径如表 2-5 所示。

表 2-5 减运算

用 法	命 令	GUI 菜单路径
利用工作平面减去线	LSBW	Main Menu > Preprocessor > Modeling > Operate > Booleans > Divide > Line by WrkPlane Main Menu > Preprocessor > Modeling > Operate > Booleans > Divide > With Options > Line by WrkPlane
利用工作平面减去面	ASBW	Main Menu > Preprocessor > Operate > Divide > Area by WrkPlane Main Menu > Preprocessor > Modeling > Operate > Booleans > Divide > With Options > Area by WrkPlane
利用工作平面减去体	VSBW	Main Menu > Preprocessor > Modeling > Operate > Booleans > Divide > Volu by WrkPlane Main Menu > Preprocessor > Modeling > Operate > Booleans > Divide > With Options > Volu by WrkPlane

2.3.7 搭接

搭接命令用于连接两个或多个图元，以生成 3 个或更多新的图元的集合。搭接命令除了在搭接域周围生成多个边界外，与加运算非常类似。也就是说，搭接操作生成的是多个相对简单的区域，加运算生成的是一个相对复杂的区域。因而，搭接生成的图元比加运算生成的图元更容易划分网格。

注意：搭接区域必须与原始图元有相同的维数。

布尔搭接运算的命令及 GUI 菜单路径如表 2-6 所示。

表 2-6 搭接运算

用 法	命 令	GUI 菜单路径
线的搭接	LOVLAP	Main Menu > Preprocessor > Modeling > Operate > Booleans > Overlap > Lines
面的搭接	AOVLAP	Main Menu > Preprocessor > Modeling > Operate > Booleans > Overlap > Areas
体的搭接	VOVLAP	Main Menu > Preprocessor > Modeling > Operate > Booleans > Overlap > Volumes

2.3.8 分割

分割命令用于连接两个或多个图元，以生成 3 个或更多的新图元。如果分割区域与原始图元有相同的维数，那么分割结果与搭接结果相同。分割操作与搭接操作不同的是，没有参加分割命令的图元将不被删除。

布尔分割运算的命令及 GUI 菜单路径如表 2-7 所示。

表 2-7 分割运算

用 法	命 令	GUI 菜单路径
线分割	LPTN	Main Menu > Preprocessor > Modeling > Operate > Booleans > Partition > Lines
面分割	APTN	Main Menu > Preprocessor > Modeling > Operate > Booleans > Partition > Areas
体分割	VPTN	Main Menu > Preprocessor > Modeling > Operate > Booleans > Partition > Volumes

2.3.9 粘接（或合并）

粘接命令与搭接命令类似，只是图元之间仅在公共边界处相关，且公共边界的维数低于原始图元

Note

的维数。这些图元之间在执行粘接操作后仍然相互独立，只是在边界上连接。

布尔粘接运算的命令及GUI菜单路径如表2-8所示。

表2-8 粘接运算

用 法	命 令	GUI菜单路径
线的粘接	LGLUE	Main Menu > Preprocessor > Modeling > Operate > Booleans > Glue > Lines
面的粘接	AGLUE	Main Menu > Preprocessor > Modeling > Operate > Booleans > Glue > Areas
体的粘接	VGLUE	Main Menu > Preprocessor > Modeling > Operate > Booleans > Glue > Volumes

2.4 编辑几何模型

一个复杂的面或体在模型中重复出现时仅需构造一次，之后可以移动、旋转或者复制到所需的地方。用户会发现在方便之处生成几何体素再将其移动到所需之处，比直接改变工作平面生成所需体素更方便，如图2-17所示。

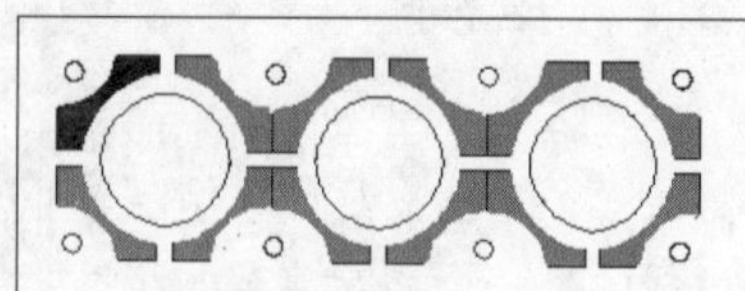

图2-17 复制一个面

注意：图2-17中黑色区域表示原始图元，其余都是复制生成的。

几何体素也可被看作部分。生成几何体素时，其位置和方向由当前工作平面决定。因为对生成的每一个新体素都重新定义工作平面很不方便，因此允许体素在错误的位置生成，然后将该体素移动到正确的位置，这样可使操作更简便。当然，这种操作并不局限于几何体素，任何实体模型图元都可以复制或移动。

对实体图元进行移动和复制的命令有xGEN、xSYM（M）和xTRAN（相应的有GUI路径）。其中xGEN和xTRAN命令对复制的图元进行移动和旋转可能最有用。另外需注意，复制一个高级图元将会自动把它所有附带的低级图元都一起复制，如果复制图元的单元（NOELEM=0或相应的GUI路径），则所有的单元及其附属的低级图元都将被复制。在xGEN、xSYM（M）和xTRAN命令中，设置IMOVE=1即可实现移动操作。

2.4.1 按照样本生成图元

（1）从关键点的样本生成另外的关键点。

```
命令：KGEN。
GUI：Main Menu > Preprocessor > Modeling > Copy > Keypoints。
```

（2）从线的样本生成另外的线。

```
命令：LGEN。
GUI：Main Menu > Preprocessor > Modeling > Copy > Lines。
     Main Menu > Preprocessor > Modeling > Move/Modify > Lines。
```

（3）从面的样本生成另外的面。

```
命令：AGEN。
GUI：Main Menu > Preprocessor > Modeling > Copy > Areas。
     Main Menu > Preprocessor > Modeling > Move/Modify > Areas > Areas。
```

（4）从体的样本生成另外的体。

```
命令：VGEN。
GUI：Main Menu > Preprocessor > Modeling > Copy > Volumes。
     Main Menu > Preprocessor > Modeling > Move/Modify > Volumes。
```

Note

2.4.2 由对称映像生成图元

（1）生成关键点的映像集。

```
命令：KSYMM。
GUI：Main Menu > Preprocessor > Modeling > Reflect > Keypoints。
```

（2）样本线通过对称映像生成线。

```
命令：LSYMM。
GUI：Main Menu > Preprocessor > Modeling > Reflect > Lines。
```

（3）样本面通过对称映像生成面。

```
命令：ARSYM。
GUI：Main Menu > Preprocessor > Modeling > Reflect > Areas。
```

（4）样本体通过对称映像生成体。

```
命令：VSYMM。
GUI：Main Menu > Preprocessor > Modeling > Reflect > Volumes。
```

2.4.3 将样本图元转换坐标系

（1）将样本关键点转到另外一个坐标系。

```
命令：KTRAN。
GUI：Main Menu > Preprocessor > Modeling > Move/Modify > Transfer Coord > Keypoints。
```

（2）将样本线转到另外一个坐标系。

```
命令：LTRAN。
GUI：Main Menu > Preprocessor > Modeling > Move/Modify > Transfer Coord > Lines。
```

（3）将样本面转到另外一个坐标系。

```
命令：ATRAN。
GUI：Main Menu > Preprocessor > Modeling > Move/Modify > Transfer Coord > Areas。
```

（4）将样本体转到另外一个坐标系。

```
命令：VTRAN。
GUI：Main Menu > Preprocessor > Modeling > Move/Modify > Transfer Coord > Volumes。
```

2.4.4 实体模型图元的缩放

已定义的图元可以进行放大或缩小。xSCALE 命令族可用来将激活坐标系下的单个或多个图元进行比例缩放。

4 个定比例命令每个都是将比例因子用到关键点坐标 X、Y、Z 上。如果是柱坐标系，X、Y 和 Z 分别代表 R、θ 和 Z，其中 θ 是偏转角，如果是球坐标系，X、Y 和 Z 分别表示 R、θ 和 ϕ，其中 θ 和 ϕ 都是偏转角。

（1）从样本关键点（也划分网格）生成一定比例的关键点。

```
命令：KPSCALE。
GUI：Main Menu > Preprocessor > Modeling > Operate > Scale > Keypoints。
```

Note

（2）从样本线生成一定比例的线。

命令：LSSCALE。

GUI：Main Menu > Preprocessor > Modeling > Operate > Scale > Lines。

（3）从样本面生成一定比例的面。

命令：ARSCALE。

GUI：Main Menu > Preprocessor > Modeling > Operate > Scale > Areas。

（4）从样本体生成一定比例的体。

命令：VLSCALE。

GUI：Main Menu > Preprocessor > Modeling > Operate > Scale > Volumes。

如图 2-18 所示为这几个命令的实际应用示例。

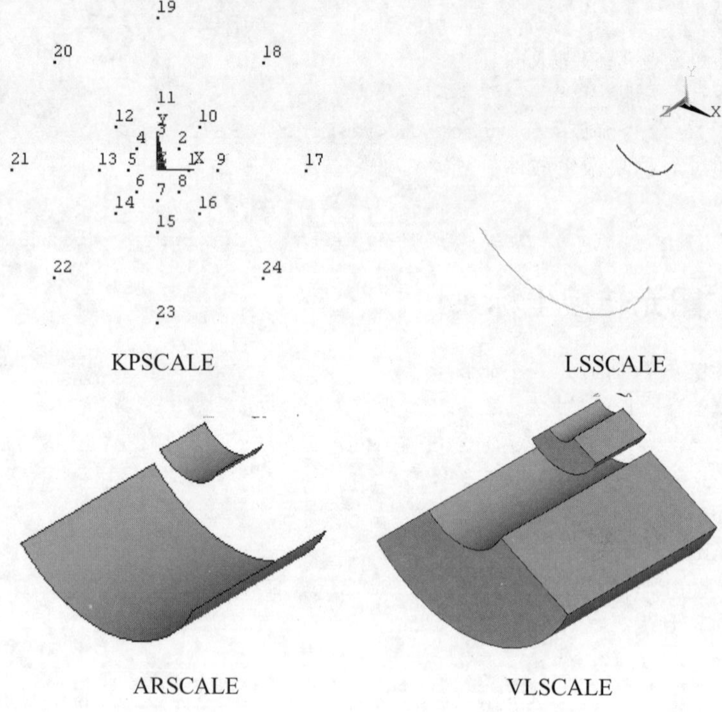

图 2-18　给图元定比例缩放

2.5　自底向上创建几何模型

所谓的自底向上，顾名思义就是由建立模型的最低单元的点到最高单元的体来构造实体模型。即首先定义关键点（Keypoints），然后利用这些关键点定义较高级的实体图元，如线（Lines）、面（Areas）和体（Volumes），这就是自底向上的建模方法，如图 2-19 所示。

注意：一定要牢记自底向上构造的有限元模型是在当前激活坐标系内定义的。

实体模型由关键点（Keypoints）、线（Lines）、面（Areas）和体（Volumes）组成，如图 2-20 所示。

顶点为关键点，边为线，表面为面，而整个物体内部为体。这些图元的层次关系是：最高级的体图元以次高级的面图元为边界，面图元又以线图元为边界，线图元则以关键点图元为端点。

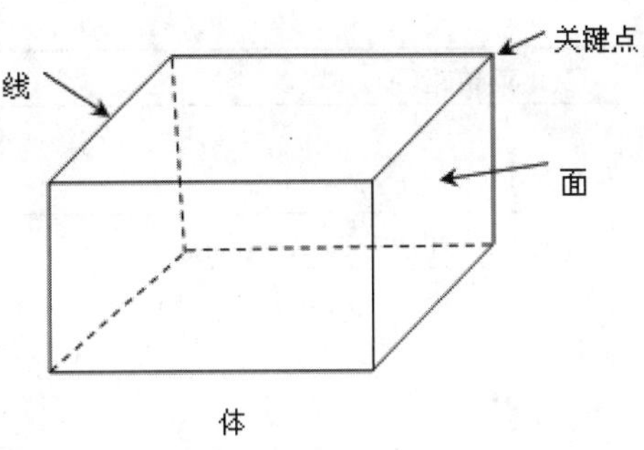

图 2-19 自底向上构造模型

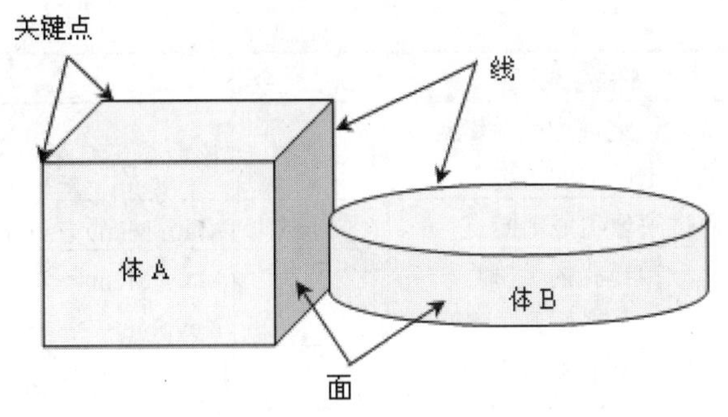

图 2-20 基本实体模型图元

2.5.1 关键点

用自底向上的方法构造模型时，首先定义最低级的图元，即关键点。关键点是在当前激活的坐标系内定义的。用户不必总是按从低级到高级的办法定义所有的图元来生成高级图元，可以直接在它们的顶点由关键点来直接定义面和体。中间的图元需要时可自动生成。例如，定义一个长方体可用 8 个角的关键点来定义，ANSYS 程序会自动生成该长方形中所有的面和线。用户可以直接定义关键点，也可以从已有的关键点生成新的关键点，定义好关键点后，可以对它进行查看、选择和删除等操作。

1. 定义关键点

定义关键点的命令及 GUI 菜单路径如表 2-9 所示。

表 2-9 定义关键点

位 置	命 令	GUI 路径模式
在当前坐标系下	K	Main Menu > Preprocessor > Modeling > Create > Keypoints > In Active CS Main Menu > Preprocessor > Modeling > Create > Keypoints > On Working Plane
在线上的指定位置	KL	Main Menu > Preprocessor > Modeling > Create > Keypoints > On Line Main Menu > Preprocessor > Modeling > Create > Keypoints > On Line w/Ratio

2. 从已有的关键点生成关键点

从已有的关键点生成关键点的命令及 GUI 菜单路径如表 2-10 所示。

表 2-10 从已有的关键点生成关键点

位 置	命 令	GUI 菜单路径
在两个关键点之间创建一个新的关键点	KEBTW	Main Menu > Preprocessor > Modeling > Create > Keypoints > KP between KPs
在两个关键点之间填充多个关键点	KFILL	Main Menu > Preprocessor > Modeling > Create > Keypoints > Fill between KPs
在三点定义的圆弧中心定义关键点	KCENTER	Main Menu > Preprocessor > Modeling > Create > Keypoints > KP at Center
由一种模式的关键点生成另外的关键点	KGEN	Main Menu > Preprocessor > Modeling > Copy > Keypoints

Note

续表

位　置	命　令	GUI 菜单路径
从以给定模型的关键点生成一定比例的关键点	KSCALE	该命令没有菜单模式
通过映像生成关键点	KSYMM	Main Menu > Preprocessor > Modeling > Reflect > Keypoints
将一种模式的关键点转到另外一个坐标系中	KTRAN	Main Menu > Preprocessor > Modeling > Move/Modify > Transfer Coord > Keypoints
给未定义的关键点定义一个默认位置	SOURCE	该命令没有菜单模式
计算并移动一个关键点到一个交点上	KMOVE	Main Menu > Preprocessor > Modeling > Move/Modify > Keypoint > To Intersect
在已有节点处定义一个关键点	KNODE	Main Menu > Preprocessor > Modeling > Create > Keypoints > On Node
计算两关键点之间的距离	KDIST	Main Menu > Preprocessor > Modeling > Check Geom > KP Distances
修改关键点的坐标系	KMODIF	MainMenu > Preprocessor > Modeling > Move/Modify > Keypoints > Set of KPs MainMenu > Preprocessor > Modeling > Move/Modify > Keypoints > Single KP

3．查看、选择和删除关键点

查看、选择和删除关键点的命令及 GUI 菜单路径如表 2-11 所示。

表 2-11　查看、选择和删除关键点

用　途	命　令	GUI 菜单路径
列表显示关键点	KLIST	Utility Menu > List > Keypoint > Coordinates +Attributes Utility Menu > List > Keypoint > Coordinates Only Utility Menu > List > Keypoint > Hard Points
选择关键点	KSEL	Utility Menu > Select > Entities
屏幕显示关键点	KPLOT	Utility Menu > Plot > Keypoints > Keypoints Utility Menu > Plot > Specified Entities > Keypoints
删除关键点	KDELE	Main Menu > Preprocessor > Modeling > Delete > Keypoints

2.5.2　硬点

硬点实际上是一种特殊的关键点，它表示网格必须通过的点。硬点不会改变模型的几何形状和拓扑结构，大多数关键点命令如 FK、KLIST 和 KSEL 等都适用于硬点，而且它还有自己的命令集和 GUI 路径。

注意：如果用户发出更新图元几何形状的命令，例如布尔操作或者简化命令，任何与图元相连的硬点都将自动删除；不能用复制、移动或修改关键点的命令操作硬点；当使用硬点时，不支持映射网格划分。

1．定义硬点

定义硬点的命令及 GUI 菜单路径如表 2-12 所示。

表 2-12　定义硬点

位　置	命　令	GUI 菜单路径
在线上定义硬点	HPTCREATE LINE	Main Menu > Preprocessor > Modeling > Create > Keypoints > Hard PT on Line > Hard PT by Ratio Main Menu > Preprocessor > Modeling > Create > Keypoints > Hard PT on Line > Hard PT by Coordinates Main Menu > Preprocessor > Modeling > Create > Keypoints > Hard PT on Line > Hard PT by Picking
在面上定义硬点	HPTCREATE AREA	Main Menu > Preprocessor > Modeling > Create > Keypoints > Hard PT on Area > Hard PT by Coordinates Main Menu > Preprocessor > Modeling > Create > Keypoints > Hard PT on Area > Hard PT by Picking

2．选择硬点

选择硬点的命令及 GUI 菜单路径如表 2-13 所示。

表 2-13　选择硬点

位　置	命　令	GUI 菜单路径
硬点	KSEL	Utility Menu > Select > Entities
附在线上的硬点	LSEL	Utility Menu > Select > Entities
附在面上的硬点	ASEL	Utility Menu > Select > Entities

3．查看和删除硬点

查看和删除硬点的命令及 GUI 菜单路径如表 2-14 所示。

表 2-14　查看和删除硬点

用　途	命　令	GUI 菜单路径
列表显示硬点	KLIST	Utility Menu > List > Keypoint > Hard Points
列表显示线及附属的硬点	LLIST	该命令没有相应的 GUI 路径
列表显示面及附属的硬点	ALIST	该命令没有相应的 GUI 路径
屏幕显示硬点	KPLOT	Utility Menu > Plot > Keypoints > Hard Points
删除硬点	HPTDELETE	Main Menu > Preprocessor > Modeling > Delete > Hard Points

2.5.3　线

线主要用于表示实体的边。像关键点一样，线是在当前激活的坐标系内定义的。不需要总是明确地定义所有的线，因为 ANSYS 程序在定义面和体时，会自动生成相关的线。只有在生成线单元（例如梁）或想通过线来定义面时，才需要专门定义线。

1．定义线

定义线的命令及 GUI 菜单路径如表 2-15 所示。

Note

表 2-15　定义线

用　法	命　令	GUI 菜单路径
在指定的关键点之间创建直线（与坐标系有关）	L	Main Menu > Preprocessor > Modeling > Create > Lines > Lines > In Active Coord
通过 3 个关键点创建弧线（或者是通过两个关键点和指定半径创建弧线）	LARC	Main Menu > Preprocessor > Modeling > Create > Lines > Arcs > By End KPs & Rad Main Menu > Preprocessor > Modeling > Create > Lines > Arcs > Through 3 KPs
创建多义线	BSPLIN	Main Menu > Preprocessor > Modeling > Create > Lines > Splines > Spline thru KPs Main Menu > Preprocessor > Modeling > Create > Lines > Splines > Spline thru Locs Main Menu > Preprocessor > Modeling > Create > Lines > Splines > With Options > Spline thru KPs Main Menu > Preprocessor > Modeling > Create > Lines > Splines > With Options > Spline thru Locs
创建圆弧线	CIRCLE	Main Menu > Preprocessor > Modeling > Create > Lines > Arcs > By Cent & Radius Main Menu > Preprocessor > Modeling > Create > Lines > Arcs > Full Circle
创建分段式多义线	SPLINE	Main Menu > Preprocessor > Modeling > Create > Lines > Splines > Segmented Spline Main Menu > Preprocessor > Modeling > Create > Lines > Splines > With Options > Segmented Spline
创建与另一条直线呈一定角度的直线	LANG	Main Menu > Preprocessor > Modeling > Create > Lines > Lines > At Angle to Line Main Menu > Preprocessor > Modeling > Create > Lines > Lines > Normal to Line
创建与另外两条直线呈一定角度的直线	L2ANG	Main Menu > Preprocessor > Modeling > Create > Lines > Lines > Angle to 2 Lines Main Menu > Preprocessor > Modeling > Create > Lines > Lines > Norm to 2 Lines
创建一条与已有线共终点且相切的线	LTAN	Main Menu > Preprocessor > Modeling > Create > Lines > Lines > Tan to 2 Lines
生成一个面上两关键点之间最短的线	LAREA	Main Menu > Preprocessor > Modeling > Create > Lines > Lines > Overlaid on Area
通过一个关键点按一定路径延伸成线	LDRAG	Main Menu > Preprocessor > Modeling > Operate > Extrude > Lines > Along Lines
使一个关键点按一条轴旋转生成线	LROTAT	Main Menu > Preprocessor > Modeling > Operate > Extrude > Lines > About Axis
在两相交线之间生成倒角线	LFILLT	Main Menu > Preprocessor > Modeling > Create > Lines > Line Fillet
生成与激活坐标系无关的直线	LSTR	Main Menu > Preprocessor > Create > Lines > Lines > Straight Line

2. 从已有线生成新的线

从已有的线生成新的线的命令及 GUI 菜单路径如表 2-16 所示。

表 2-16 生成新的线

用　　法	命　　令	GUI 菜单路径
通过已有线生成新的线	LGEN	Main Menu > Preprocessor > Modeling > Copy > Lines Main Menu > Preprocessor > Modeling > Move/Modify > Lines
从已有线对称映像生成新的线	LSYMM	Main Menu > Preprocessor > Modeling > Reflect > Lines
将已有线转到另外一个坐标系	LTRAN	Main Menu > Preprocessor > Modeling > Move/Modify > Transfer Coord > Lines

3. 修改线

修改线的命令及 GUI 菜单路径如表 2-17 所示。

表 2-17 修改线

用　　法	命　　令	GUI 菜单路径
将一条线分成更小的线段	LDIV	Main Menu > Preprocessor > Modeling > Operate > Booleans > Divide > Line into 2 Ln's Main Menu > Preprocessor > Modeling > Operate > Booleans > Divide > Line into N Ln's Main Menu > Preprocessor > Modeling > Operate > Booleans > Divide > Lines w/ Options
将一条线与另一条线合并	LCOMB	Main Menu > Preprocessor > Modeling > Operate > Booleans > Add > Lines
将线的一端延长	LEXTND	Main Menu > Preprocessor > Modeling > Operate > Extend Line

4. 查看和删除线

查看和删除线的命令及 GUI 菜单路径如表 2-18 所示。

表 2-18 查看和删除线

用　　法	命　　令	GUI 菜单路径
列表显示线	LLIST	Utility Menu > List > Lines Utility Menu > List > Picked Entities > Lines
屏幕显示线	LPLOT	Utility Menu > Plot > Lines Utility Menu > Plot > Specified Entities > Lines
选择线	LSEL	Utility Menu > Select > Entities
删除线	LDELE	Main Menu > Preprocessor > Modeling > Delete > Line and Below Main Menu > Preprocessor > Modeling > Delete > Lines Only

2.5.4 面

平面可以表示二维实体（例如平板和轴对称实体）。曲面和平面都可以表示三维的面，例如壳、三维实体的面等。与线类似，只有用到面单元或者由面生成体时，才需要专门定义面。生成面的命令将自动生成依附于该面的线和关键点，同样，面也可以在定义体时自动生成。

Note

1. 定义面

定义面的命令及 GUI 菜单路径如表 2-19 所示。

表 2-19　定义面

用　　法	命　　令	GUI 菜单路径
通过顶点定义一个面（即通过关键点）	A	Main Menu > Preprocessor > Modeling > Create > Areas > Arbitrary > Through KPs
通过其边界线定义一个面	AL	Main Menu > Preprocessor > Modeling > Create > Areas > Arbitrary > By Lines
沿一条路径拖动一条线生成面	ADRAG	Main Menu > Preprocessor > Modeling > Operate > Extrude > Along Lines
在两面之间生成倒角面	AFILLT	Main Menu > Preprocessor > Modeling > Create > Areas > Area Fillet
通过引导线生成光滑曲面	ASKIN	Main Menu > Preprocessor > Modeling > Create > Areas > Arbitrary > By Skinning
通过偏移一个面生成新的面	AOFFST	Main Menu > Preprocessor > Modeling > Create > Areas > Arbitrary > By Offset

2. 通过已有面生成面

通过已有面生成面的命令及 GUI 菜单路径如表 2-20 所示。

表 2-20　生成新的面

用　　法	命　　令	GUI 菜单路径
通过已有面生成另外的面	AGEN	Main Menu > Preprocessor > Modeling > Copy > Areas Main Menu > Preprocessor > Modeling > Move/Modify > Areas > Areas
通过对称映像生成面	ARSYM	Main Menu > Preprocessor > Modeling > Reflect > Areas
将面转到另外的坐标系下	ATRAN	Main Menu > Preprocessor > Modeling > Move/Modify > Transfer Coord > Areas
复制一个面的部分	ASUB	Main Menu > Preprocessor > Modeling > Create > Areas > Arbitrary > Overlaid on Area

3. 查看、选择和删除面

查看、选择和删除面的命令及 GUI 菜单路径如表 2-21 所示。

表 2-21　查看、选择和删除面

用　　法	命　　令	GUI 菜单路径
列表显示面	ALIST	Utility Menu > List > Areas Utility Menu > List > Picked Entities > Areas
屏幕显示面	APLOT	Utility Menu > Plot > Areas Utility Menu > Plot > Specified Entities > Areas
选择面	ASEL	Utility Menu > Select > Entities
删除面	ADELE	Main Menu > Preprocessor > Modeling > Delete > Area and Below Main Menu > Preprocessor > Modeling > Delete > Areas Only

2.5.5　体

体用于描述三维实体，仅当需要用体单元时才必须建立体，生成体的命令将自动生成低级的图元。

1. 定义体

定义体的命令及 GUI 菜单路径如表 2-22 所示。

表 2-22　定义体

用　　法	命　　令	GUI 菜单路径
通过顶点定义体（即通过关键点）	V	Main Menu > Preprocessor > Modeling > Create > Volumes > Arbitrary > Through KPs
通过边界定义体（即用一系列的面来定义）	VA	Main Menu > Preprocessor > Modeling > Create > Volumes > Arbitrary > By Areas
将面沿某个路径拖拉生成体	VDRAG	Main Menu > Preprocessor > Operate > Extrude > Along Lines
将面沿某根轴旋转生成体	VROTAT	Main Menu > Preprocessor > Modeling > Operate > Extrude > About Axis
将面沿其法向偏移生成体	VOFFST	Main Menu > Preprocessor > Modeling > Operate > Extrude > Areas > Along Normal
在当前坐标系下对面进行拖拉和缩放生成体	VEXT	Main Menu > Preprocessor > Modeling > Operate > Extrude > Areas > By XYZ Offset

其中，VOFFST 和 VEXT 操作示意图如图 2-21 所示。

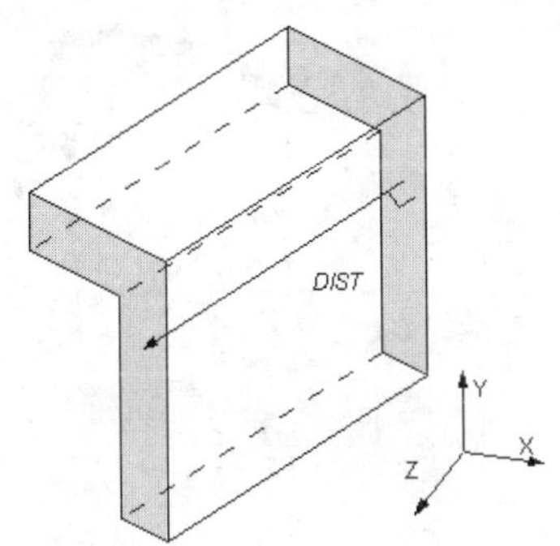

（a）VOFFST,NAREA,DIST,KINC

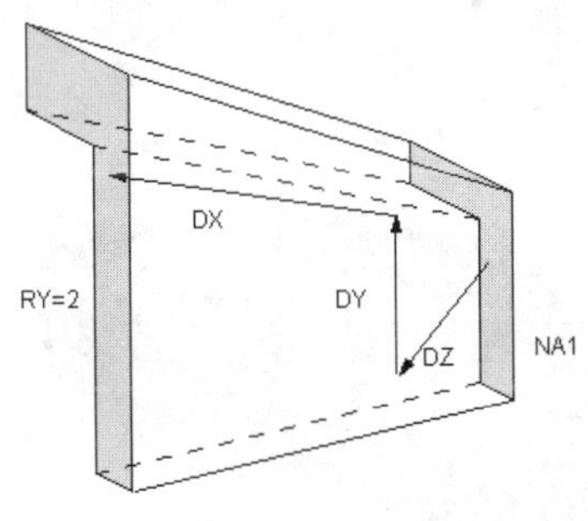

（b）VEXT,NA1,NA2,NINC,DX,DY,DZ,RX,RY,RZ

图 2-21　VOFFST 和 VEXT 操作示意图

2. 通过已有的体生成新的体

通过已有的体生成新的体的命令及 GUI 菜单路径如表 2-23 所示。

表 2-23　生成新的体

用　　法	命　　令	GUI 菜单路径
由一种模式的体生成另外的体	VGEN	Main Menu > Preprocessor > Modeling > Copy > Volumes Main Menu > Preprocessor > Modeling > Move/Modify > Volumes
通过对称映像生成体	VSYMM	Main Menu > Preprocessor > Modeling > Reflect > Volumes
将体转到另外的坐标系	VTRAN	Main Menu > Preprocessor > Modeling > Move/Modify > Transfer Coord > Volumes

Note

3．查看、选择和删除体

查看、选择和删除体的命令及 GUI 菜单路径如表 2-24 所示。

表 2-24　查看、选择和删除体

用　法	命　令	GUI 菜单路径
列表显示体	VLIST	Utility Menu > List > Picked Entities > Volumes Utility Menu > List > Volumes
屏幕显示体	VPLOT	Utility Menu > Plot > Specified Entities > Volumes Utility Menu > Plot > Volumes
选择体	VSEL	Utility Menu > Select > Entities
删除体	VDELE	Main Menu > Preprocessor > Modeling > Delete > Volume and Below Main Menu > Preprocessor > Modeling > Delete > Volumes Only

2.6　实例——储液罐的实体建模

如图 2-22 所示为储液罐示意图，各个尺寸如图 2-23 所示，储液罐内储存某种液体，设计压力为 5.7MPa，试分析该储液罐的应力分布。

材料的弹性模量为 1.73E11Pa，泊松比为 0.3。

在本章和以后的几章中将依次介绍该实例的整个分析过程，本章先介绍几何模型的建立过程。

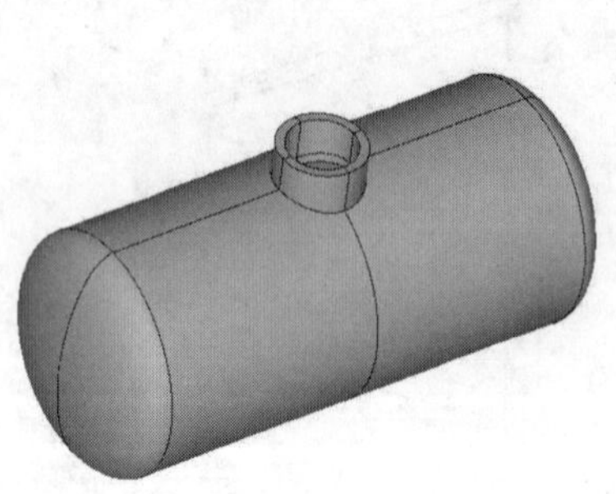

图 2-22　储液罐几何模型示意图

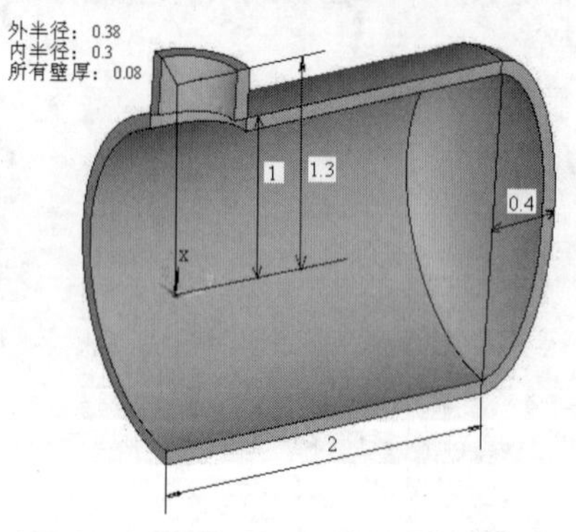

图 2-23　1/4 罐体几何尺寸示意图

2.6.1　GUI 方式

1．定义工作文件名和工作标题

（1）定义工作文件名。执行实用菜单中的 Utility Menu > Change Jobname 命令，在弹出的 Change Jobname 对话框中输入 Tank 并选中 New log and error files 复选框，单击 OK 按钮。

（2）定义工作标题。执行实用菜单中的 Utility Menu > File > Change Title 命令，在弹出的 Change Title 对话框中输入 The Tank Model，单击 OK 按钮。

（3）重新显示。执行实用菜单中的 Utility Menu > Plot > Replot 命令。

2．生成椭圆封头截面

（1）生成 4 个关键点。执行主菜单中的 Main Menu > Preprocessor > Modeling > Create >

Keypoints > In Active CS 命令，弹出如图 2-24 所示的对话框，输入如图 2-24 所示的数据，单击 Apply 按钮。

之后再依次输入 0、2.4、0；0.92、2、0；0、2.32、0；单击 OK 按钮。

（2）显示工作平面。执行 Unitity Menu > WorkPlane > Display Working Plane 命令。

（3）将工作平面平移 2 个单位的距离。执行 Unitity Menu > WorkPlane > Offset WP by Increments 命令，弹出 Offset WP 对话框，在 X,Y,Z Offsets 文本框中输入 0,2,0，如图 2-25 所示，单击 OK 按钮。

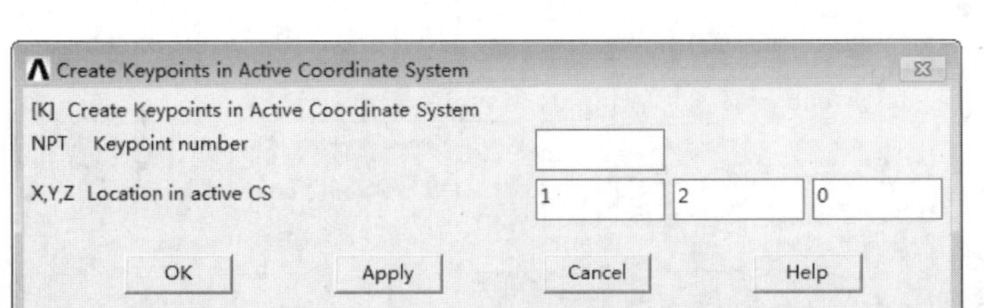

图 2-24　Create Keypoints in Active Coordinate System 对话框

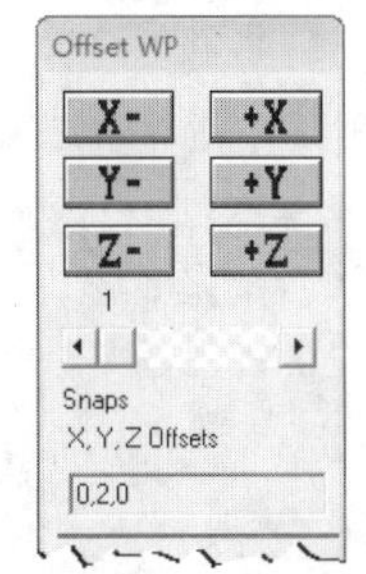

图 2-25　Offset WP 对话框

（4）建立椭圆局部柱坐标系 11。执行实用菜单中的 Unitity Menu > WorkPlane > Local Coordinate Systems > Create Local CS > At WP Origin 命令，弹出如图 2-26 所示的对话框，输入如图 2-26 所示的数据，单击 OK 按钮，局部坐标系建立完毕，创建完的局部坐标系自动成为当前坐标系。

（5）在局部坐标系 11 中创建椭圆线。执行主菜单中的 Main Menu > Preprocessor > Modeling > Create > Lines > Lines > In Active Coord 命令，弹出关键点拾取框，依次拾取关键点 1 和 2，再依次拾取 3 和 4，单击 OK 按钮。

（6）创建关键点之间的连线。执行主菜单中的 Main Menu > Preprocessor > Modeling > Create > Lines > Lines > Straight Line 命令，弹出拾取关键点的对话框，依次拾取关键点 3 和 1，单击 Apply 按钮；然后拾取关键点 4 和 2，单击 OK 按钮。

（7）生成椭圆封头截面。执行主菜单中的 Main Menu > Preprocessor > Modeling > Create > Areas > Arbitrary > By Lines 命令，弹出拾取线对话框，用鼠标拾取刚刚生成的 4 条线，单击 OK 按钮，生成的结果如图 2-27 所示。

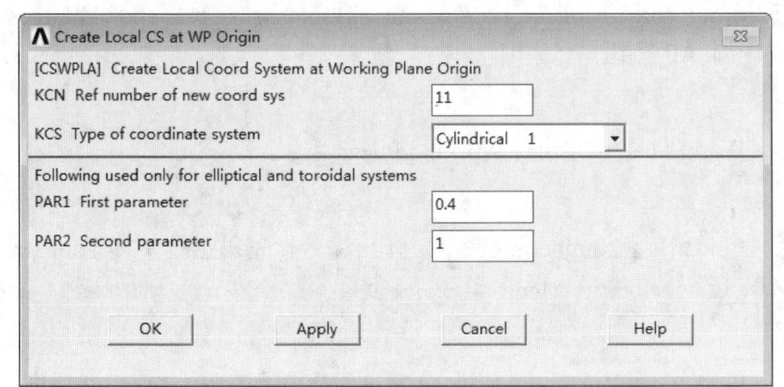

图 2-26　Create Local CS at WP Origin 对话框

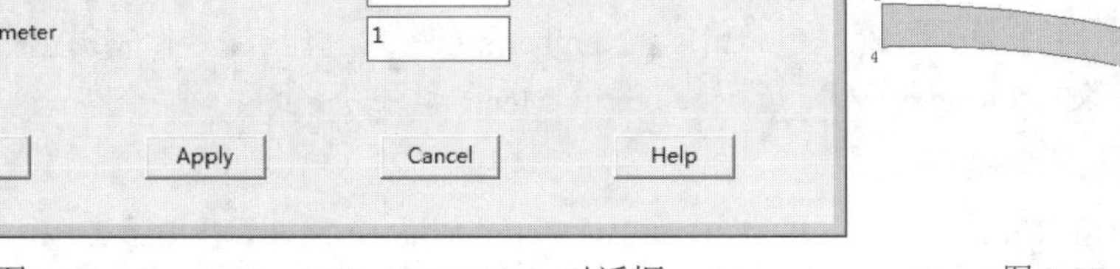

图 2-27　生成结果

3．生成储液罐圆柱部分截面

执行主菜单中的 Main Menu > Preprocessor > Modeling > Create > Areas > Rectangle > By Dimensions 命令，弹出 Create Rectangle by Dimensions 对话框，输入如图 2-28 所示的数据，单击 OK 按钮。

4. 合并两个截面边界上的重合关键点

执行主菜单中的 Main Menu > Preprocessor > Numbering Ctrls > Merge Items 命令，弹出合并重合项对话框，在 Label 项中选择 Keypoints，其他项保持默认设置即可，单击 OK 按钮。

Note

5. 生成 1/4 罐体

执行主菜单中的 Main Menu > Preprocessor > Modeling > Operate > Extrude > Areas > About Axis 命令，弹出拾取旋转面对话框，单击 Pick All 按钮，接着弹出拾取定义轴线两个关键点对话框，用鼠标选取椭圆封头截面上左上端的两个关键点（即关键点 4 和 2），单击 OK 按钮，弹出如图 2-29 所示对话框，在其中进行如图 2-29 所示设置，然后单击 OK 按钮，生成的结果如图 2-30 所示。

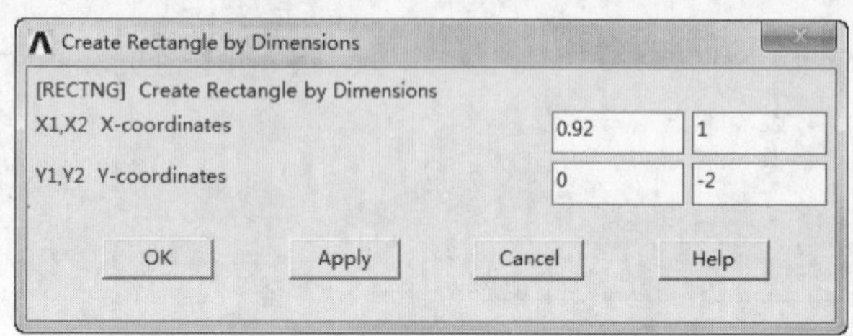

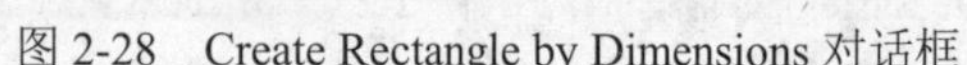

图 2-28 Create Rectangle by Dimensions 对话框

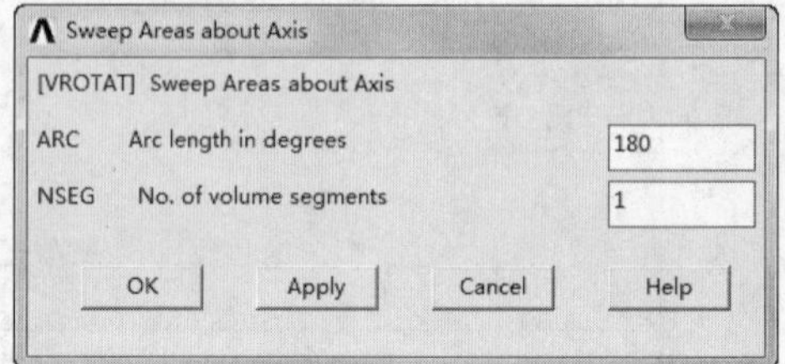

图 2-29 Sweep Areas about Axis 对话框

6. 将工作平面与总体直角坐标系重合

执行实用菜单中的 Utility Menu > WorkPlane > Align WP with > Global Cartesian 命令，即可实现工作平面与总体直角坐标系重合。

7. 将工作平面绕 Y 轴旋转 90°

执行实用菜单中的 Unitity Menu > WorkPlane > Offset WP by Increments 命令，弹出 Offset WP 对话框，在 XY,YZ,ZX Angles 文本框中输入 0,0,90，如图 2-31 所示，单击 OK 按钮。

8. 创建空心圆柱体

执行主菜单中的 Main Menu > Preprocessor > Modeling > Create > Volumes > Cylinder > Partial Cylinder 命令，弹出 Partial Cylinder 对话框，如图 2-32 所示，输入数据后，单击 OK 按钮。

9. 所有几何体之间执行互分运算

执行主菜单中的 Main Menu > Preprocessor > Modeling > Operate > Booleans > Overlap > Volumes 命令，弹出拾取几何体对话框，单击 Pick All 按钮。

10. 隐藏工作平面

执行实用菜单中的 Utility Menu > WorkPlane > Display Wprking Plane 命令。

11. 打开体编号控制器

执行实用菜单中的 Utility Menu > PlotCtrls > Numbering 命令，弹出编号控制对话框，将 Volumes numbers 后面的 Off 改为 On，单击 OK 按钮。

12. 将视图调整为等轴视图

执行实用菜单中的 Utility Menu > PlotCtrls > Pan Zoom Rotate 命令，弹出 Pan Zoom Rotate 对话框，单击 Iso 按钮，结果如图 2-33 所示。

13. 删除多余的体

执行主菜单中的 Main Menu > Preprocessor > Modeling > Delete > Volume and Below 命令，弹出 Delete Volume & Below 对话框，用鼠标拾取编号为 V4 和 V5 的体，单击 OK 按钮。

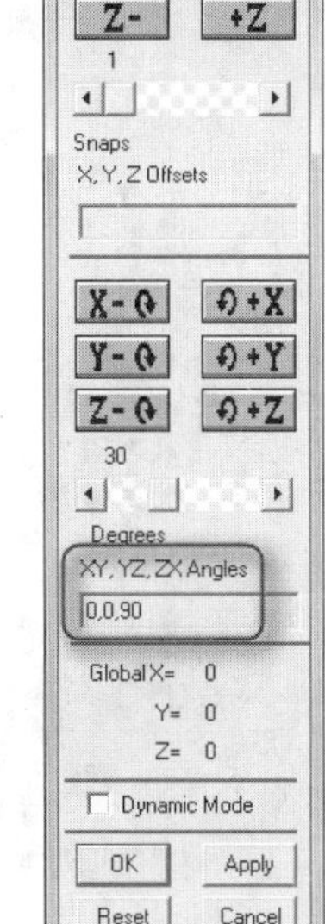

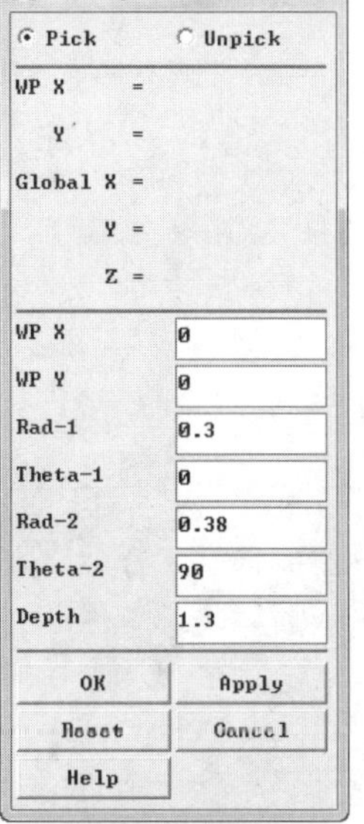

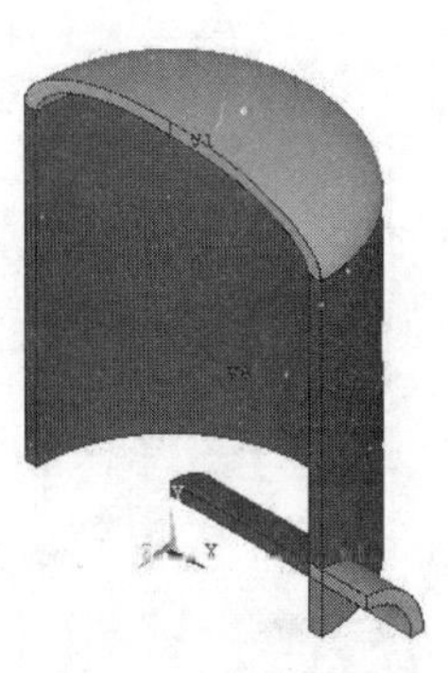

图 2-30　生成结果　图 2-31　Offset WP 对话框　图 2-32　Partial Cylinder 对话框　图 2-33　生成结果

14．激活总体直角坐标系

执行实用菜单中的 Utility Menu > WorkPlane > Change Active CS to > Global Cartesian 命令，即可激活总体直角坐标系。

15．映射几何体

执行主菜单中的Main Menu > Preprocessor > Modeling > Reflect > Volumes命令，弹出几何体拾取框，单击 Pick All 按钮，弹出 Reflect Volumes 对话框，如图 2-34 所示，在 Ncomp Plane of symmetry 后面选中 X-Z plane Y 单选按钮，单击 OK 按钮。再次执行主菜单中的 Main Menu > Preprocessor > Modeling > Reflect > Volumes 命令，弹出几何体拾取框，单击 Pick All 按钮，弹出 Reflect Volumes 对话框，在 Ncomp Plane of symmetry 后面选中 X-Y plane Z 单选按钮，单击 OK 按钮，生成的结果如图 2-35 所示。

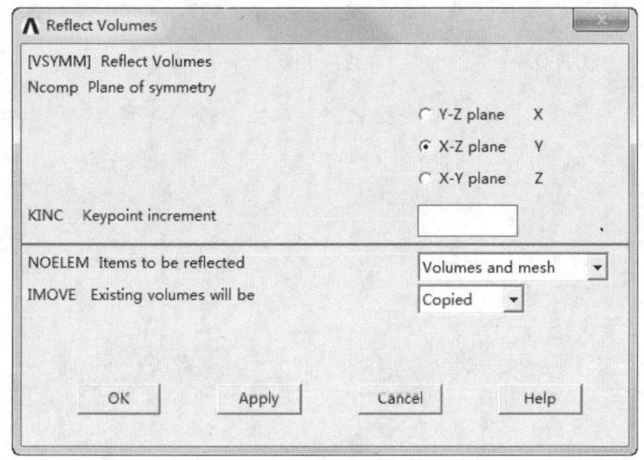

图 2-34　Reflect Volumes 对话框

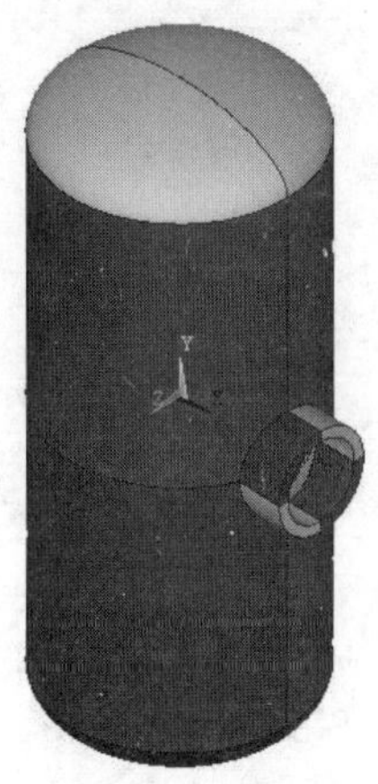

图 2-35　生成结果

Note

16. 合并所有几何体边界上的重合关键点

执行主菜单中的 Main Menu > Preprocessor > Numbering Ctrls > Merge Items 命令，弹出合并重合项对话框，在 Label 项中选择 Keypoints 选项，其他项保持默认设置即可，单击 OK 按钮。

17. 保存几何模型

单击 ANSYS Toolbar 工具条中的 SAVE_DB 按钮，保存文件。

2.6.2 命令流方式

```
/FILNAME,Tank
/TITLE,The Tank Model
/PREP7
K, ,1,2,,
K, ,0,2.4,,
K, ,0.92,2,,
K, ,0,2.32,,
WPSTYLE,,,,,,,,1
wpoff,0,2,0
CSWPLA,11,1,0.4,1,
L,      1,      2
L,      3,      4
LSTR,      4,      2
LSTR,      3,      1
FLST,2,4,4
FITEM,2,1
FITEM,2,2
FITEM,2,3
FITEM,2,4
AL,P51X
RECTNG,0.92,1,0,-2,
NUMMRG,KP, , , ,LOW
FLST,2,2,5,ORDE,2
FITEM,2,1
FITEM,2,-2
FLST,8,2,3
FITEM,8,4
FITEM,8,2
VROTAT,P51X, , , , , ,P51X, ,180,1,
WPCSYS,-1,0
wprot,0,0,90
CYL4,0,0,0.3,0,0.38,90,1.3
FLST,2,3,6,ORDE,2
FITEM,2,1
FITEM,2,-3
VOVLAP,P51X
```

Note

```
WPSTYLE,,,,,,,,0
/PNUM,VOLU,1
/VIEW, 1 ,1,1,1
FLST,2,2,6,ORDE,2
FITEM,2,4
FITEM,2,-5
VDELE,P51X, , ,1
CSYS,0
FLST,3,4,6,ORDE,3
FITEM,3,1
FITEM,3,6
FITEM,3,-8
FLST,3,4,6,ORDE,3
FITEM,3,1
FITEM,3,6
FITEM,3,-8
VSYMM,Y,P51X, , , ,0,0
FLST,3,8,6,ORDE,2
FITEM,3,1
FITEM,3,-8
VSYMM,Z,P51X, , , ,0,0
NUMMRG,KP, , , ,LOW
SAVE
```

2.7 自顶向下创建几何模型（体素）

ANSYS 软件允许通过汇集线、面、体等几何体素的方法构造模型。当生成一种体素时，ANSYS 程序会自动生成所有从属于该体素的较低级图元，这种一开始就从较高级的实体图元构造模型的方法就是所谓的自顶向下的建模方法。用户可以根据需要自由组合自底向上和自顶向下的建模技术，如图 2-36 所示。

注意：几何体素是在工作平面内建立的，而自底向上的建模技术是在激活的坐标系上定义的。如果用户混合使用这两种技术，那么应该考虑使用“CSYS，WP”或“CSYS，4”命令强迫坐标系跟随工作平面变化。另外，建议用户不要在环坐标系中进行实体建模操作，因为会生成不想要的面或体。

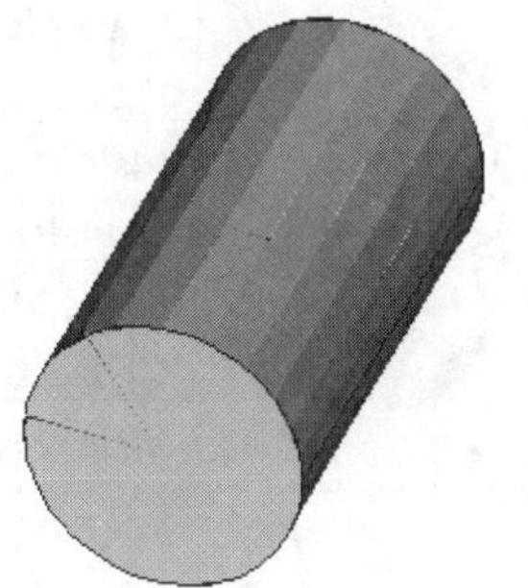

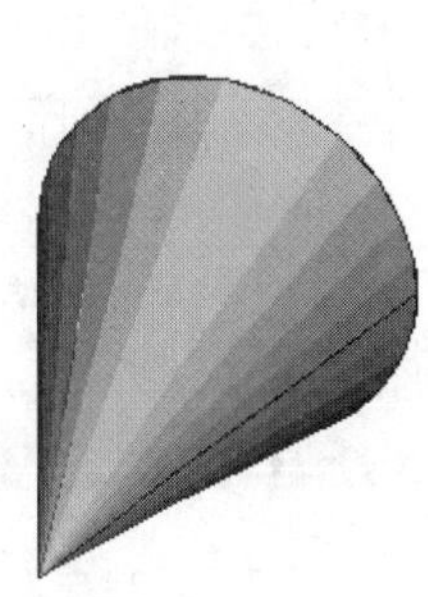

图 2-36　自顶向下构造模型（几何体素）

2.7.1 创建面体素

创建面体素的命令及 GUI 菜单路径如表 2-25 所示。

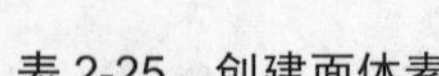

Note

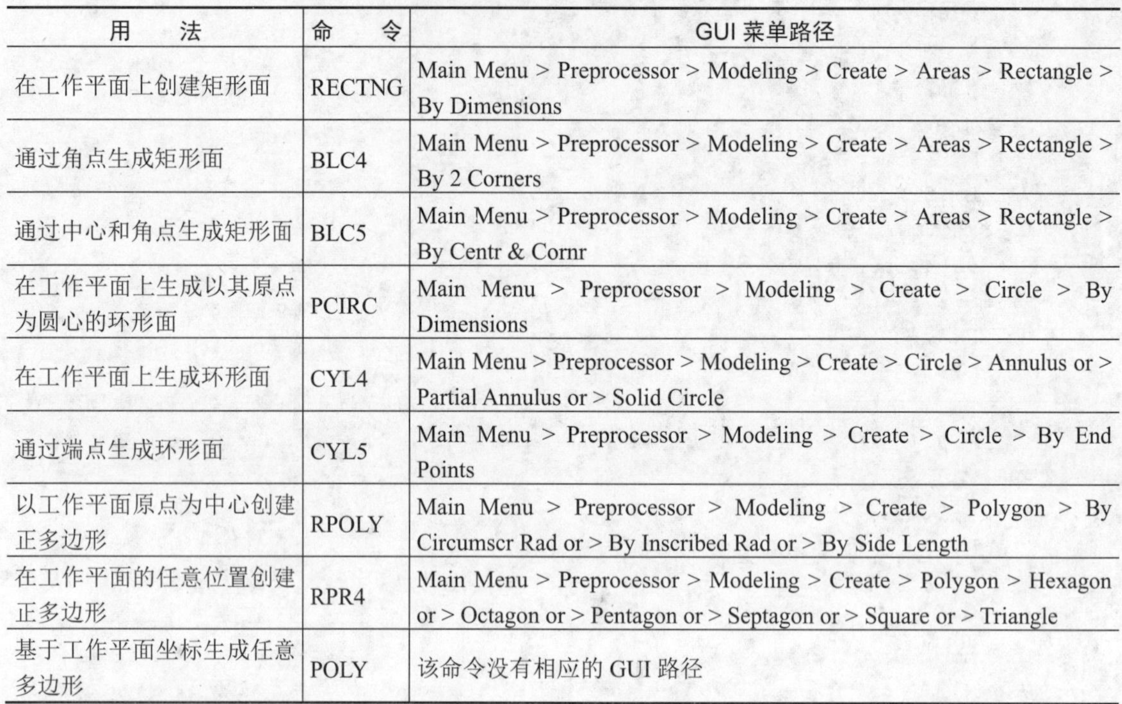
表 2-25　创建面体素

用　　法	命　　令	GUI 菜单路径
在工作平面上创建矩形面	RECTNG	Main Menu > Preprocessor > Modeling > Create > Areas > Rectangle > By Dimensions
通过角点生成矩形面	BLC4	Main Menu > Preprocessor > Modeling > Create > Areas > Rectangle > By 2 Corners
通过中心和角点生成矩形面	BLC5	Main Menu > Preprocessor > Modeling > Create > Areas > Rectangle > By Centr & Cornr
在工作平面上生成以其原点为圆心的环形面	PCIRC	Main Menu > Preprocessor > Modeling > Create > Circle > By Dimensions
在工作平面上生成环形面	CYL4	Main Menu > Preprocessor > Modeling > Create > Circle > Annulus or > Partial Annulus or > Solid Circle
通过端点生成环形面	CYL5	Main Menu > Preprocessor > Modeling > Create > Circle > By End Points
以工作平面原点为中心创建正多边形	RPOLY	Main Menu > Preprocessor > Modeling > Create > Polygon > By Circumscr Rad or > By Inscribed Rad or > By Side Length
在工作平面的任意位置创建正多边形	RPR4	Main Menu > Preprocessor > Modeling > Create > Polygon > Hexagon or > Octagon or > Pentagon or > Septagon or > Square or > Triangle
基于工作平面坐标生成任意多边形	POLY	该命令没有相应的 GUI 路径

2.7.2　创建实体体素

创建实体体素的命令及 GUI 菜单路径如表 2-26 所示。

表 2-26　创建实体体素

用　　法	命　　令	GUI 菜单路径
在工作平面上创建长方体	BLOCK	Main Menu > Preprocessor > Modeling > Create > Volumes > Block > By Dimensions
通过角点生成长方体	BLC4	Main Menu > Preprocessor > Modeling > Create > Volumes > Block > By 2 Corners & Z
通过中心和角点生成长方体	BLC5	Main Menu > Preprocessor > Modeling > Create > Volumes > Block > By Centr,Cornr,Z
以工作平面原点为圆心生成圆柱体	CYLIND	Main Menu > Preprocessor > Modeling > Create > Volumes > Cylinder > By Dimensions
在工作平面的任意位置创建圆柱体	CYL4	Main Menu > Preprocessor > Modeling > Create > Volumes > Cylinder > Hollow Cylinder or > Partial Cylinder or > Solid Cylinder
通过端点创建圆柱体	CYL5	Main Menu > Preprocessor > Modeling > Create > Volumes > Cylinder > By End Pts & Z
以工作平面的原点为中心创建正棱柱体	RPRISM	Main Menu > Preprocessor > Modeling > Create > Volumes > Prism > By Circumscr Rad or > By Inscribed Rad or > By Side Length
在工作平面的任意位置创建正棱柱体	RPR4	Main Menu > Preprocessor > Modeling > Create > Volumes > Prism > Hexagonal or > Octagonal or > Pentagonal or > Septagonal or > Square or > Triangular

续表

用　　法	命　令	GUI 菜单路径
基于工作平面坐标创建任意多棱柱体	PRISM	该命令没有相应的 GUI 路径
以工作平面原点为中心创建球体	SPHERE	Main Menu > Preprocessor > Modeling > Create > Volumes > Sphere > By Dimensions
在工作平面的任意位置创建球体	SPH4	Main Menu > Preprocessor > Modeling > Create > Volumes > Sphere > Hollow Sphere or > Solid Sphere
通过直径的端点生成球体	SPH5	Main Menu > Preprocessor > Modeling > Create > Volumes > Sphere > By End Points
以工作平面原点为中心生成圆锥体	CONE	Main Menu > Preprocessor > Modeling > Create > Volumes > Cone > By Dimensions
在工作平面的任意位置创建圆锥体	CON4	Main Menu > Preprocessor > Modeling > Create > Volumes > Cone > By Picking
生成环体	TORUS	Main Menu > Preprocessor > Modeling > Create > Volumes > Torus

如图 2-37 和图 2-38 所示为环形体素和环形扇区体素的创建示例。

如图 2-39 和图 2-40 所示为空心圆球体素和圆台体素的创建示例。

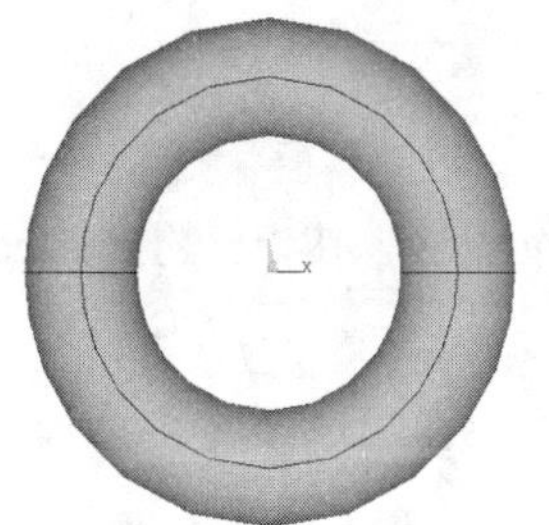

图 2-37　环形体素

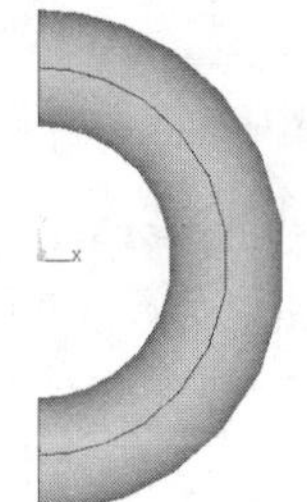

图 2-38　环形扇区体素

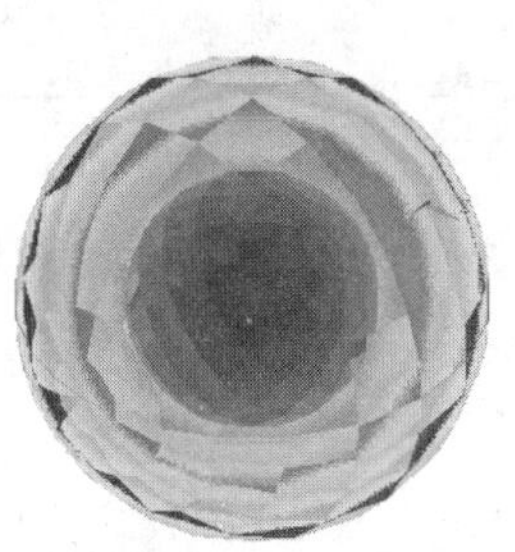

图 2-39　空心圆球体素

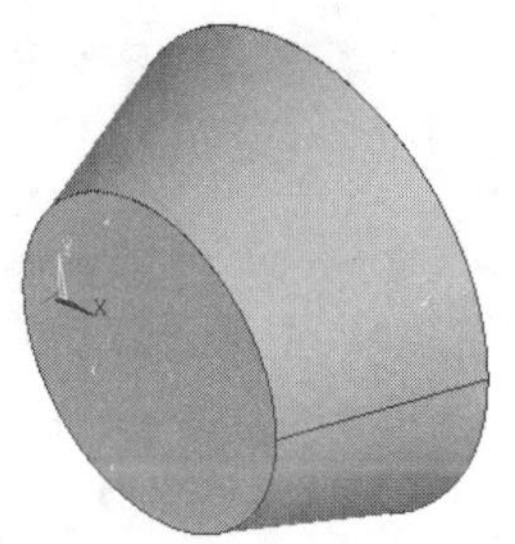

图 2-40　圆台体素

2.8　实例——轴承座的实体建模

如图 2-41 所示为轴承座示意图，有 4 个安装孔，两个肋板，各部分尺寸是：底座长度、宽度、厚度分别为 6、3、1；安装孔直径为 0.75，孔中心距两边距离均为 0.75。支撑部分：下部分长、厚、高分别为 3、0.75、1.75；上部分半径为 1.5，厚度为 0.75。轴承孔中心位于支撑部分上下部分的连接处，两个沉孔尺寸分别为：大孔直径为 2，深度为 0.1875；小孔直径为 1.7，深度为 0.5625；肋板厚度为 0.15。整个结构整体上具有对称性。

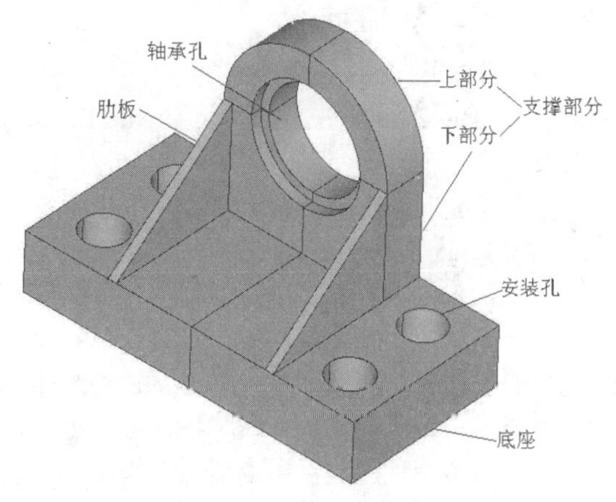

图 2-41　轴承座示意图

轴承孔大沉孔承受轴瓦推力作用，大小为 1000Pa，大沉孔承受轴承重力作用，大小为

5000Pa，轴承座材料弹性模量为 1.7×10^{11}Pa，泊松比为 0.3。分析轴承座的应力分布。

本例将按照建立几何模型，划分网格、加载、求解以及后处理查看结果的顺序在本章和以后的几章中依次介绍，以使读者对 ANSYS 的分析过程有一个初步的认识和了解，本章只介绍建立几何模型部分。

Note

注意：本例作为参考例子，没有给出尺寸单位，读者在自己建立模型时，务必要选择好尺寸单位。

2.8.1 GUI 方式

1. 定义工作文件名和工作标题

（1）定义工作文件名。执行实用菜单中的 Utility Menu > File > Change Jobname 命令，在弹出的 Change Jobname 对话框中输入 Bearing Block 并选中 New log and error files 后面的复选框，单击 OK 按钮，如图 2-42 所示。

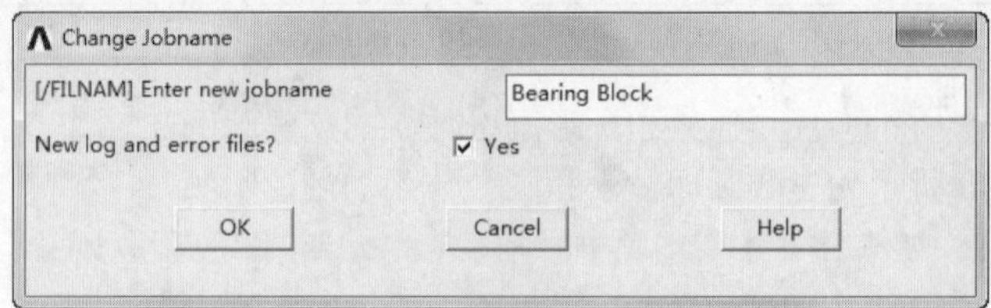

图 2-42 Change Jobname 对话框

（2）定义工作标题。执行实用菜单中的 Utility Menu > File > Change Title 命令，在弹出的 Change Title 对话框中输入 The Bearing Block Model，单击 OK 按钮，如图 2-43 所示。

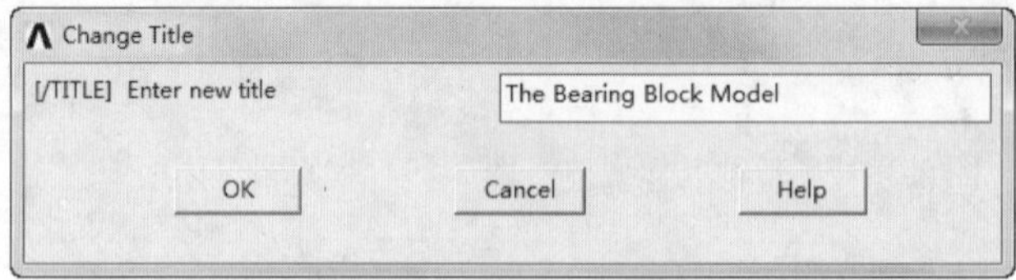

图 2-43 Change Title 对话框

（3）重新显示。执行实用菜单中的 Utility Menu > Plot > Replot 命令。

2. 生成轴承座底板

（1）生成矩形块。执行主菜单中的 Main Menu > Preprocessor > Modeling > Create > Volumes > Block > By Dimensions 命令，弹出 Create Block by Dimensions 对话框，按如图 2-44 所示输入数据，单击 OK 按钮。

（2）打开 Pan-Zoom-Rotate 工具栏。执行实用菜单中的 Utility Menu > PlotCtrls > Pan Zoom Rotate 命令，弹出 Pan-Zoom-Rotate 工具栏，单击 Iso 按钮，生成结果如图 2-45 所示。

（3）显示工作平面。执行实用菜单中的 Utility Menu > WorkPlane > Display Working Plane 命令。

（4）平移工作平面。执行实用菜单中的 Utility Menu > WorkPlane > Offset WP by Increments 命令，弹出 Offset WP 对话框，在 X,Y,Z Offsets 文本框中输入 2.25,1.25,0.75，单击 Apply 按钮；在 XY,YZ,ZX Angles 下面的文本框中输入 0,-90,0，单击 OK 按钮。

（5）生成圆柱体。执行主菜单中的 Main Menu > Preprocessor > Create > Volumes > Cylinder > Solid Cylinder 命令，弹出 Solid Cylinder 对话框，按如图 2-46 所示输入数据，单击 OK 按钮。

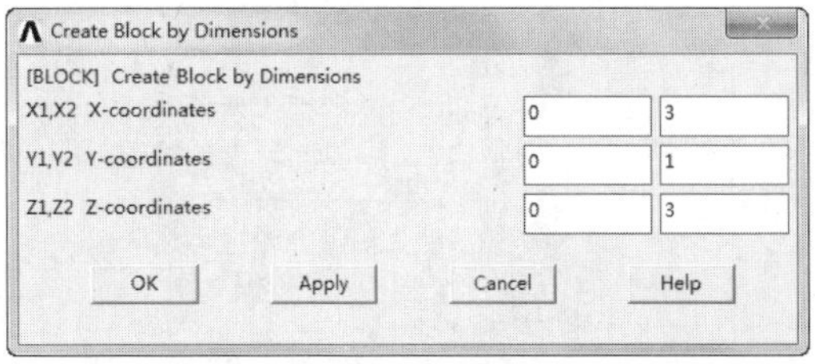

Note

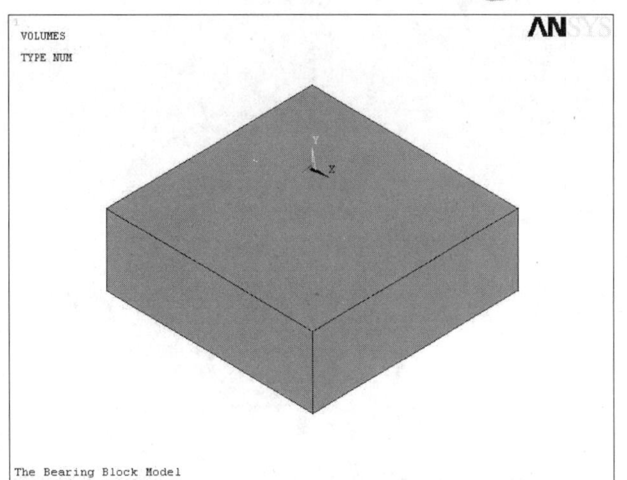

Create Block by Dimensions
[BLOCK] Create Block by Dimensions
X1,X2 X-coordinates　0　3
Y1,Y2 Y-coordinates　0　1
Z1,Z2 Z-coordinates　0　3
OK　Apply　Cancel　Help

图 2-44　Create Block by Dimensions 对话框

图 2-45　生成结果

（6）复制生成另一个圆柱体。执行主菜单中的 Main Menu > Preprocessor > Modeling > Copy > Volumes 命令，弹出 Copy Volumes 拾取框，用鼠标拾取刚生成的圆柱体，然后单击 OK 按钮，弹出 Copy Volumes 对话框，如图 2-47 所示，在 DZ 后面的文本框中输入 1.5，单击 OK 按钮。

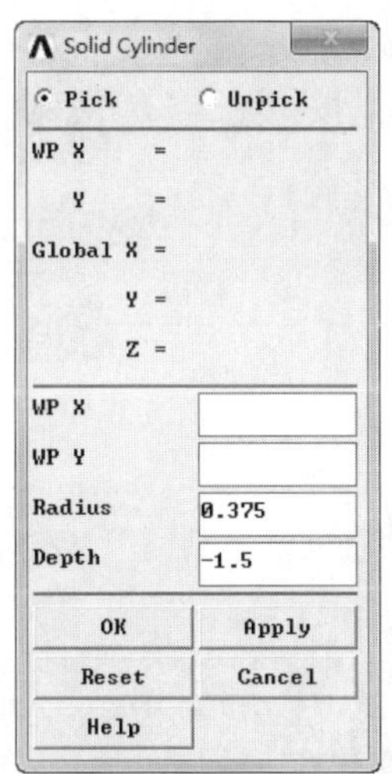

图 2-46　Solid Cylinder 对话框

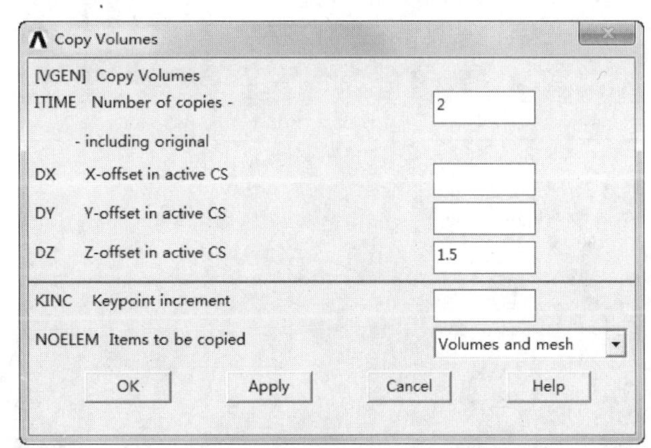

图 2-47　Copy Volumes 对话框

（7）进行体相减操作。执行主菜单中的 Main Menu > Preprocessor > Modeling > Operate > Booleans > Subtract > Volumes 命令，弹出 Subtract Volumes 拾取框，拾取矩形块，单击 OK 按钮，然后拾取两个圆柱体，单击 OK 按钮，生成结果如图 2-48 所示。

3．生成支撑部分

（1）执行实用菜单中的 Utility Menu > WorkPlane > Align WP with > Global Cartesian 命令，使工作平面与总体笛卡儿坐标一致。

（2）生成支撑板。执行主菜单中的 Main Menu > Preprocessor > Modeling > Create > Volumes > Block > By 2 Corners & Z 命令，弹出 Block by 2 Corners & Z 对话框，按如图 2-49 所示输入数据，单击 OK 按钮。

Note

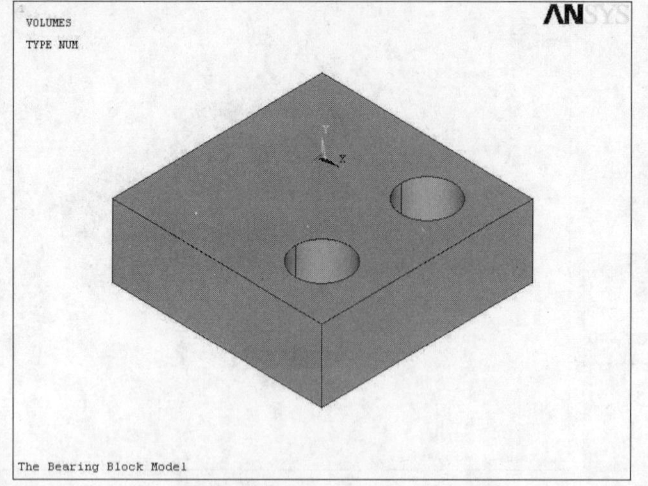

图 2-48 生成结果

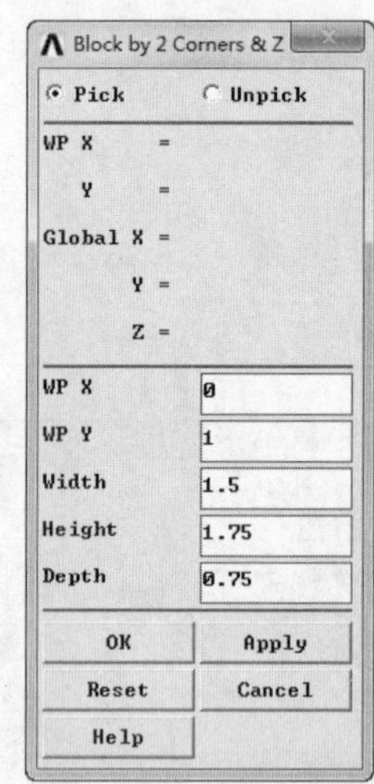

图 2-49 Block by 2 Corners & Z 对话框

（3）偏移工作平面到支撑部分的前表面。执行实用菜单中的 Utility Menu > WorkPlane > Offset WP to > Keypoints 命令，弹出 Offset WP to Keypoints 拾取框，拾取刚创建的实体块左上角的点，单击 OK 按钮。

（4）生成支撑部分的上部分。执行主菜单中的 Main Menu > Preprocessor > Modeling > Create > Volumes > Cylinder > Partial Cylinder 命令，弹出 Partial Cylinder 对话框，按如图 2-50 所示输入数据，单击 OK 按钮，生成的结果如图 2-51 所示。

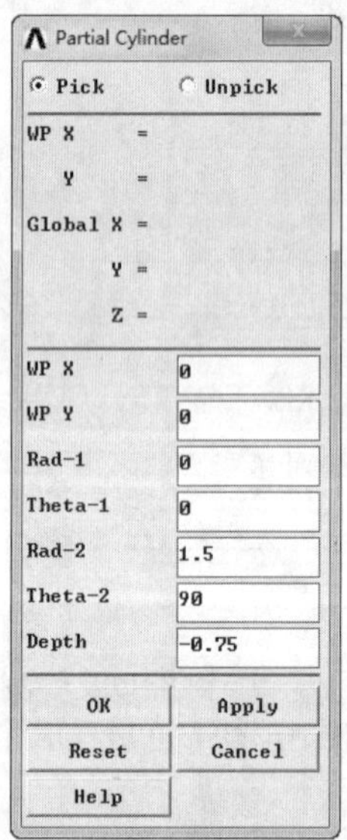

图 2-50 Partial Cylinder 对话框

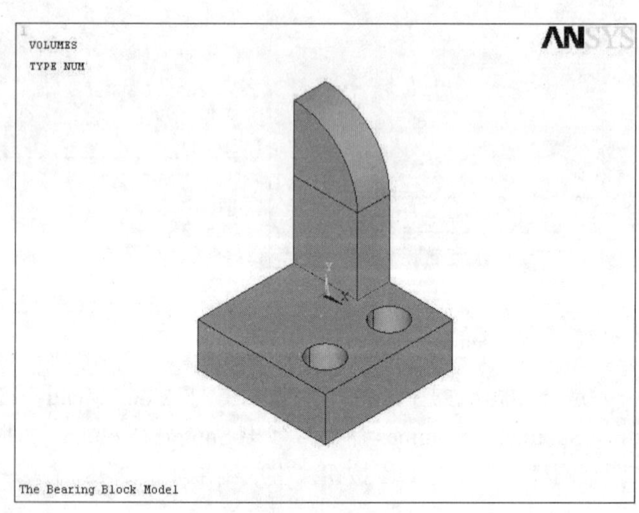

图 2-51 生成结果

4．在轴承孔位置建立圆柱体

执行主菜单中的 Main Menu > Preprocessor > Modeling > Create > Volume > Cylinder > Solid Cylinder 命令，弹出如图 2-46 所示的 Solid Cylinder 对话框，在 WP X、WP Y、Radius、Depth 文本框中依次输入 0、0、1、-0.1875，单击 Apply 按钮应用设置；再次输入 0、0、0.85、-2，单击 OK 按钮。

Note

5．体相减操作

（1）打开体编号控制器。执行实用菜单中的 Utility Menu > PlotCtrls > Numbering 命令，弹出 Plot Numbering Controls 对话框，选中 Volume numbers 后面的复选框，把 Off 改为 On，单击 OK 按钮。

（2）执行主菜单中的 Main Menu > Preprocessor > Modeling > Operate > Booleans > Subtract > Volumes 命令，弹出 Subtract Volumes 拾取框，先拾取编号为 V1 和 V2 的两个体，单击 Apply 按钮，然后拾取编号为 V3 的体，单击 Apply 按钮；再拾取编号为 V6 和 V7 的两个体，单击 Apply 按钮，拾取编号为 V5 的体，单击 OK 按钮。生成的结果如图 2-52 所示。

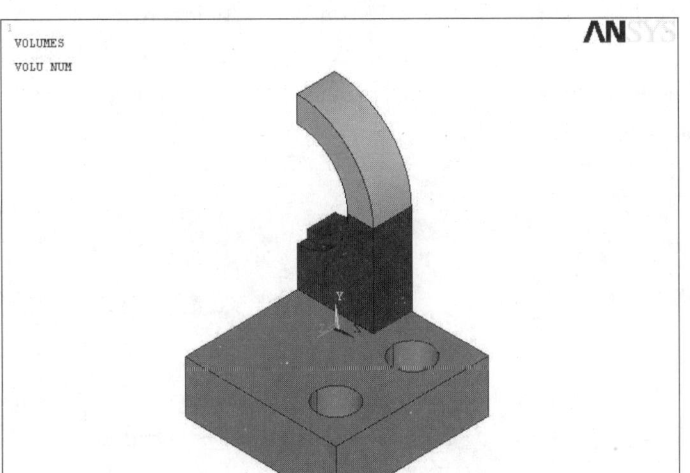

图 2-52　生成结果

6．合并重合的关键点

执行主菜单中的 Main Menu > Preprocessor > Numbering Ctrls > Merge Items 命令，弹出 Merge Coincident or Equivalently Defined Items 对话框，在 Label 后面的下拉列表框中选择 Keypoints 选项，如图 2-53 所示，单击 OK 按钮。

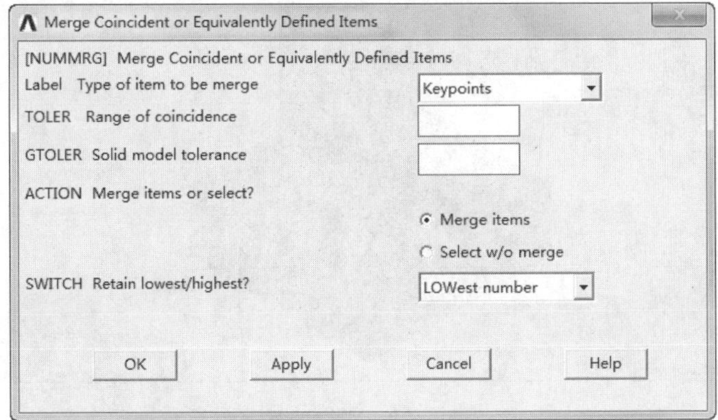

图 2-53　Merge Coincident or Equivalently Defined Items 对话框

7．生成肋板

（1）打开点编号控制器。执行实用菜单中的 Utility Menu > PlotCtrls > Numbering 命令，弹出 Plot

Numbering Controls 对话框，选中 Keypoint numbers 后面的复选框，把 Off 改为 On，单击 OK 按钮。

（2）创建一个关键点。执行主菜单中的 Main Menu > Preprocessor > Modeling > Create > Keypoints > KP between KPs 命令，弹出 KP between KPs 拾取框，用鼠标拾取编号为 7 和 8 的关键点，单击 OK 按钮，弹出如图 2-54 所示的对话框，单击 OK 按钮。

Note

（3）创建一个三角形面。执行主菜单中的 Main Menu > Preprocessor > Modeling > Create > Areas > Arbitrary > Through KPs 命令，弹出 Create Areas through KPs 拾取框，用鼠标拾取编号为 9、14、15 的关键点，单击 OK 按钮，生成三角形面。

（4）生成三棱柱肋板。执行主菜单中的 Main Menu > Preprocessor > Modeling > Operate > Extrude > Areas > Along Normal 命令，弹出 Extrude Areas by..对话框，拾取刚生成的三角形面，单击 OK 按钮，弹出 Extrude Area along Normal 对话框，如图 2-55 所示，在 DIST 后面的文本框中输入-0.15，单击 OK 按钮，生成的结果如图 2-56 所示。

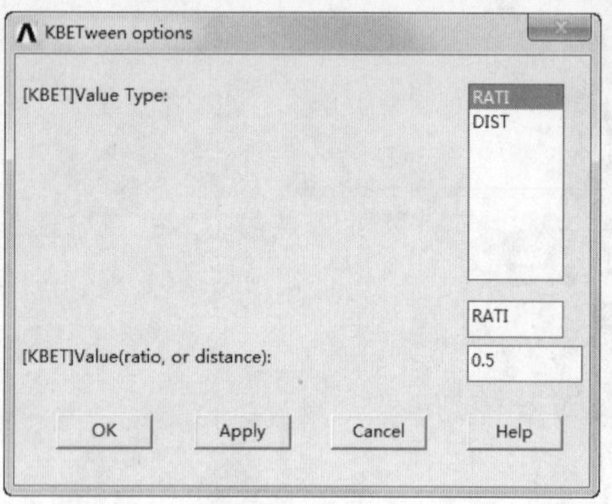

图 2-54　KBETween options 对话框

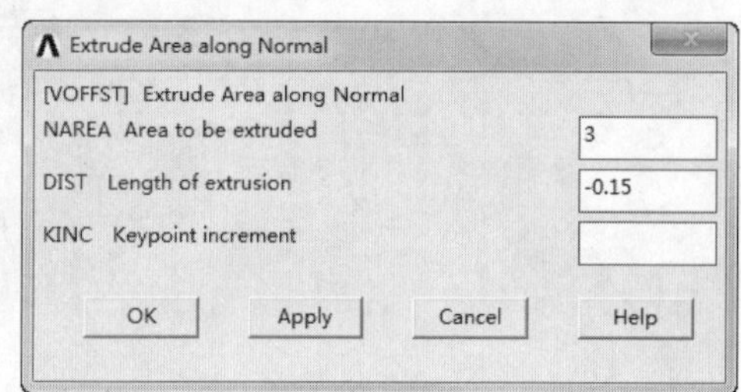

图 2-55　Extrude Area along Normal 对话框

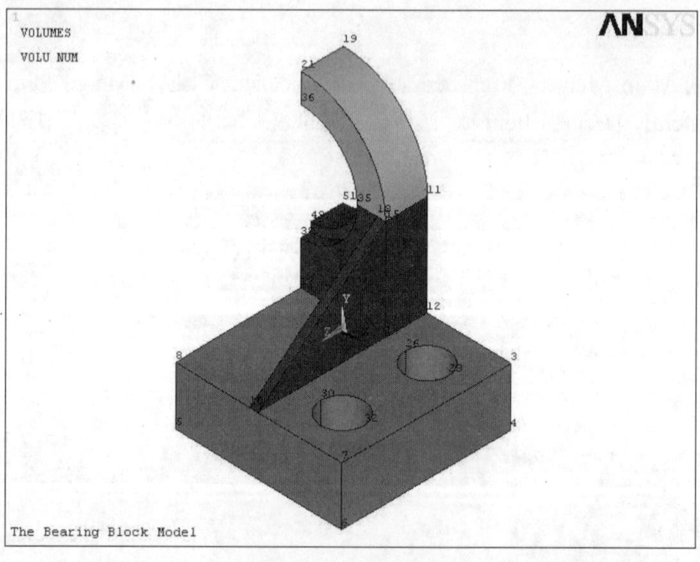

图 2-56　生成结果

8．关闭工作平面及体、点编号控制器

执行实用菜单中的 Utility Menu > WorkPlane > Display Working Plane 命令关闭工作平面。执行实用菜单中的 Utility Menu > PlotCtrls > Numbering 命令，弹出 Plot Numbering Controls 对话框，选中

Volume numbers 和 Keypoint numbers 后面的复选框，把 On 改为 Off，单击 OK 按钮。

9．镜像生成全部轴承座模型

执行主菜单中的 Main Menu > Preprocessor > Modeling > Reflect > Volumes 命令，弹出 Reflect Volumes 拾取框，单击 Pick All 按钮，出现 Reflect Volumes 对话框，如图 2-57 所示，单击 OK 按钮，生成的结果如图 2-58 所示。

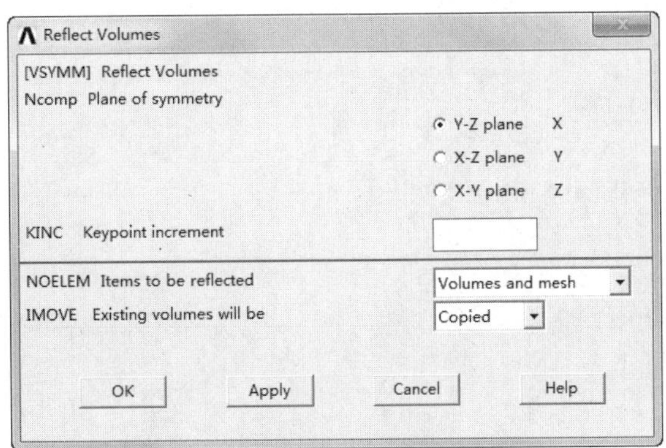

图 2-57　Reflect Volumes 对话框

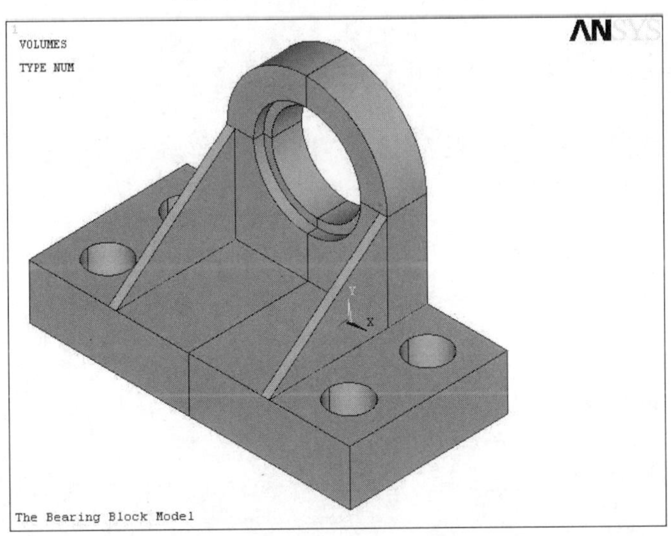

图 2-58　生成结果

10．粘接所有体

执行主菜单中的 Main Menu > Preprocessor > Modeling > Operate > Booleans > Glue > Volumes 命令，弹出 Glue Volumes 拾取框，单击 Pick All 按钮。至此，几何模型创建完毕。

11．保存几何模型

单击 ANSYS Toolbar 工具条中的 SAVE_DB 按钮，保存文件。

2.8.2　命令流方式

```
/FILNAME,Bearing Block
/TITLE,The Bearing Block Model
```

Note

```
/PREP7
BLOCK,,3,,1,,3,
/VIEW, 1 ,1,1,1
WPSTYLE,,,,,,,,1
wpoff,2.25,1.25,0.75
wprot,0,-90,0
CYL4, , ,0.375, , , ,-1.5
FLST,3,1,6,ORDE,1
FITEM,3,2
VGEN,2,P51X, , , , ,1.5, ,0
FLST,3,2,6,ORDE,2
FITEM,3,2
FITEM,3,-3
VSBV,      1,P51X
WPCSYS,-1,0
BLC4,0,1,1.5,1.75,0.75
KWPAVE,     16
CYL4,0,0,0,0,1.5,90,-0.75
CYL4,0,0,1, , , ,-0.1875
CYL4,0,0,0.85, , , ,-2
FLST,2,2,6,ORDE,2
FITEM,2,1
FITEM,2,-2
VSBV,P51X,      3
FLST,2,2,6,ORDE,2
FITEM,2,6
FITEM,2,-7
VSBV,P51X,      5
NUMMRG,KP, , , ,LOW
KBETW,8,7,0,RATI,0.5,
FLST,2,3,3
FITEM,2,9
FITEM,2,14
FITEM,2,15
A,P51X
VOFFST,3,-0.15, ,
WPSTYLE,,,,,,,,0
FLST,3,4,6,ORDE,2
FITEM,3,1
FITEM,3,-4
VSYMM,X,P51X, , , ,0,0
FLST,2,8,6,ORDE,2
FITEM,2,1
FITEM,2,-8
VGLUE,P51X
SAVE
```

2.9 从 IGES 文件中将几何模型导入 ANSYS

用户可以在 ANSYS 中直接建立模型，也可以先在 CAD 系统中建立实体模型，然后把模型保存为 IGES 文件格式，再把这个模型输入到 ANSYS 系统中，一旦模型成功地输入后，就可以像在 ANSYS 中创建的模型那样对这个模型进行修改和划分网格。

IGES（Initial Graphics Exchange Specification）是一种被广泛接受的中间标准格式，用来在不同的 CAD 和 CAE 系统之间交换几何模型。该过滤器可以输入部分文件，所以用户至少可以通过它来输入模型的一部分从而减轻建模工作量。用户也可以输入多个文件至同一个模型，但必须设定相同的输入选项。

1．设定输入 IGES 文件的选项

```
命令：IOPTN。
GUI：Utility Menu > File > Import > IGES。
```

执行以上命令后，弹出 Import IGES File 对话框，如图 2-59 所示，单击 OK 按钮。

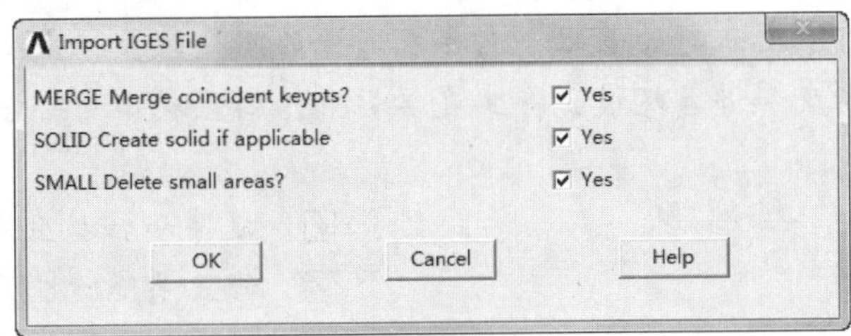

图 2-59 Import IGES File 对话框

2．选择 IGES 文件

```
命令：IGESIN。
```

在上述 GUI 操作之后，会弹出如图 2-60 所示的 Import IGES File 对话框，输入适当的文件名，单击 OK 按钮，在弹出的询问对话框中单击 Yes 按钮执行 IGES 文件输入操作。

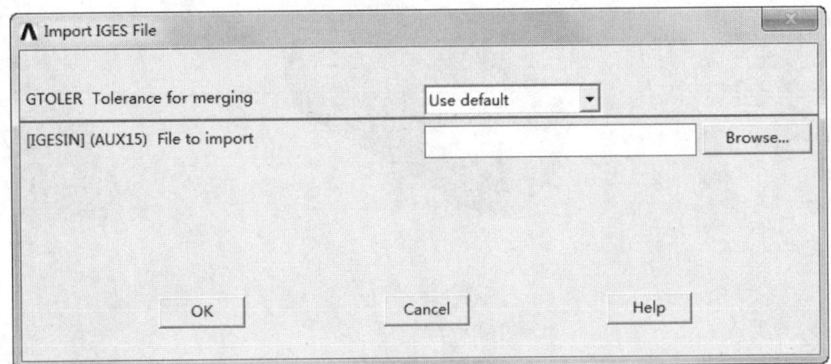

图 2-60 Import IGES File 对话框

第3章

划分网格

划分网格是进行有限元分析的基础，它要求考虑的问题较多，需要的工作量较大，所划分的网格形式对计算精度和计算规模会产生直接影响，因此我们需要学习正确、合理的网格划分方法。

- ☑ 有限元网格概论
- ☑ 设定单元属性
- ☑ 网格划分的控制
- ☑ 自由网络划分和映射网格划分控制
- ☑ 给实体模型划分有限元网格
- ☑ 延伸和扫掠生成有限元模型
- ☑ 修正有限元模型
- ☑ 直接通过节点和单元生成有限元模型
- ☑ 编号控制

任务驱动&项目案例

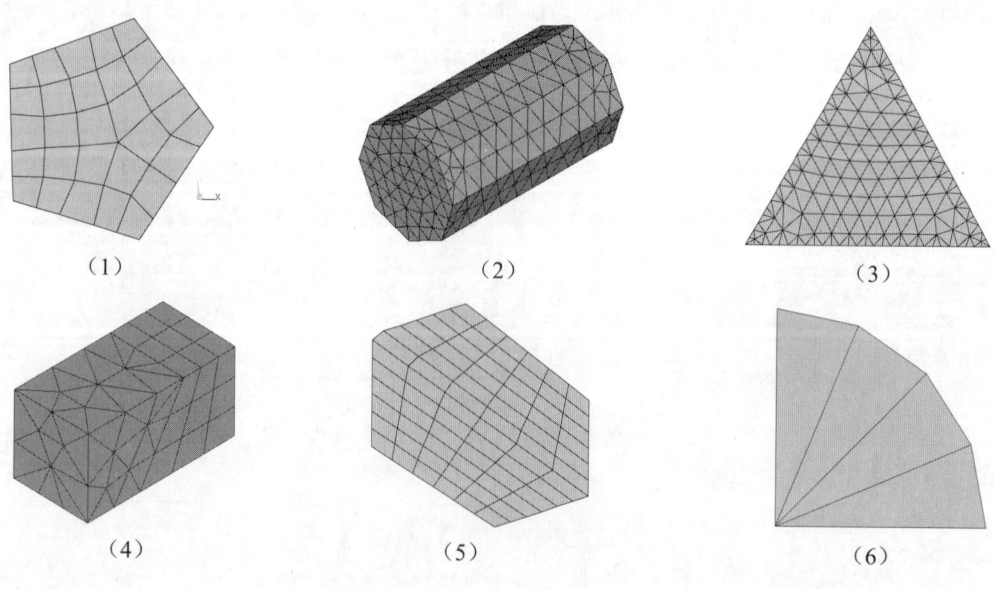

(1) (2) (3) (4) (5) (6)

3.1　有限元网格概论

生成节点和单元的网格划分过程包括 3 个步骤。

（1）定义单元属性。

（2）定义网格生成控制（非必需），ANSYS 程序提供了大量的网格生成控制，用户可按需要选择。

（3）生成网格。

注意：第（2）步的定义网格控制不是必需的，因为默认的网格生成控制对多数模型生成都是合适的。如果没有指定网格生成控制，程序会用 DSIZE 命令使用默认设置生成网格。当然，用户也可以手动控制生成质量更好的自由网格。

在对模型进行网格划分之前，甚至在建立模型之前，用户要明确是采用自由网格还是采用映射网格来分析。自由网格对单元形状无限制，并且没有特定的准则。而映射网格则对包含的单元形状有限制，而且必须满足特定的规则。如图 3-1 所示，映射面网格只包含四边形或三角形单元，映射体网格只包含六面体单元。另外，映射网格具有规则的排列形状，如果想要这种网格类型，所生成的几何模型必须具有一系列相当规则的体或面。

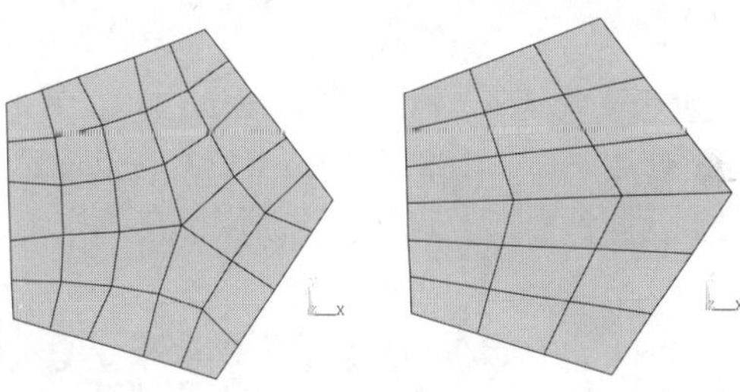

图 3-1　自由网格和映射网格示意图

用户可用 MSHKEY 命令或相应的 GUI 路径选择自由网格或映射网格。注意，所用网格控制将随自由网格或映射网格划分而不同。

3.2　设定单元属性

在生成节点和单元网格之前，必须定义合适的单元属性，包括如下几项。

☑　单元类型。

☑　实常数（例如厚度和横截面积）。

☑　材料性质（例如杨氏模量、热传导系数等）。

☑　单元坐标系。

☑　截面号（只对 BEAM161、BEAM188 和 BEAM189 等单元有效）。

注意：对于梁单元网格的划分，用户有时需要指定方向关键点。

3.2.1　生成单元属性表

为了定义单元属性，首先必须建立一些单元属性表。典型的包括单元类型（命令 ET 或者 GUI 路径：Main Menu > Preprocessor > Element Type > Add/Edit/Delete）、实常数（命令 R 或者 GUI 路径：Main Menu > Preprocessor > Real Constants）、材料性质（命令 MP 和 TB 或者 GUI 路径：Main Menu >

Preprocessor > Material Props > Material Option）。

利用 LOCAL、CLOCAL 等命令可以组集坐标系表（GUI 路径：Utility Menu > Work Plane > Local Coordinate Systems > Create Local CS > Option），该表用来给单元分配单元坐标系。

Note

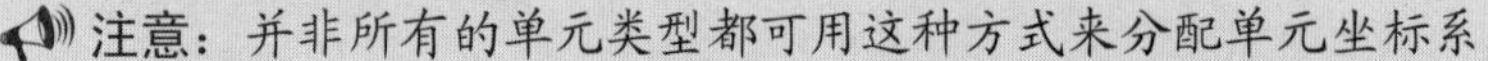

注意：并非所有的单元类型都可用这种方式来分配单元坐标系。

对于用 BEAM188、BEAM189 单元划分的梁网格，可利用命令 SECTYPE 和 SECDATA（GUI 路径：Main Menu > Preprocessor > Sections）创建截面号表格。

注意：方向关键点是线的属性而不是单元的属性，用户不能创建方向关键点表格。

用户可以用命令 ETLIST 来显示单元类型，命令 RLIST 来显示实常数，MPLIST 来显示材料属性。上述操作对应的 GUI 路径是：Utility Menu > List > Properties > Property Type。另外，用户还可以用命令 CSLIST（GUI 路径：Utility Menu > List > Other > Local Coord Sys）来显示坐标系，用命令 SLIST（GUI 路径：Main Menu > Preprocessor > Sections > List Sections）来显示截面号。

3.2.2 在划分网格之前分配单元属性

一旦建立了单元属性表，通过指向表中合适的条目即可对模型的不同部分分配单元属性。指针就是参考号码集，包括材料号（MAT）、实常数号（TEAL）、单元类型号（TYPE）、坐标系号（ESYS），以及使用 BEAM188 和 BEAM189 单元时的截面号（SECNUM）。可以直接给所选的实体模型图元分配单元属性，或者定义默认的属性在生成单元的网格划分中使用。

注意：如前面所提到的，在给梁划分网格时给线分配的方向关键点是线的属性而不是单元属性，所以必须是直接分配给所选线，而不能定义默认的方向关键点以备后面划分网格时直接使用。

1. 直接给实体模型图元分配单元属性

给实体模型分配单元属性时，允许对模型的每个区域预置单元属性，从而避免在网格划分过程中重置单元属性。清除实体模型的节点和单元不会删除直接分配给图元的属性。

利用下列命令和相应的 GUI 路径可直接给实体模型分配单元属性。

（1）给关键点分配属性。

```
命令：KATT。
GUI：Main Menu > Preprocessor > Meshing > Mesh Attributes > All Keypoints。
     Main Menu > Preprocessor > Meshing > Mesh Attributes > Picked KPs。
```

（2）给线分配属性。

```
命令：LATT。
GUI：Main Menu > Preprocessor > Meshing > Mesh Attributes > All Lines。
     Main Menu > Preprocessor > Meshing > Mesh Attributes > Picked Lines。
```

（3）给面分配属性。

```
命令：AATT。
GUI：Main Menu > Preprocessor > Meshing > Mesh Attributes > All Areas。
     Main Menu > Preprocessor > Meshing > Mesh Attributes > Picked Areas。
```

（4）给体分配属性。

```
命令：VATT。
GUI：Main Menu > Preprocessor > Meshing > Mesh Attributes > All Volumes。
     Main Menu > Preprocessor > Meshing > Mesh Attributes > Picked Volumes。
```

2. 分配默认属性

用户可以通过指向属性表的不同条目来分配默认的属性，在开始划分网格时，ANSYS 程序会自动将默认属性分配给模型。直接分配给模型的单元属性将取代上述默认属性，而且，当清除实体模型图元的节点和单元时，其默认的单元属性也将被删除。

用户可利用如下方式分配默认的单元属性。

```
命令：TYPE, REAL, MAT, ESYS, SECNUM。
GUI：Main Menu > Preprocessor > Meshing > Mesh Attributes > Default Attribs。
     Main Menu > Preprocessor > Modeling > Create > Elements > Elem Attributes。
```

3. 自动选择维数正确的单元类型

有些情况下，ANSYS 程序能对网格划分或拖拉操作选择正确的单元类型，当选择明显正确时，用户不必人为地转换单元类型。

特殊的情况是，当未将单元属性（xATT）直接分配给实体模型时，或者默认的单元属性（TYPE）对于要执行的操作维数不对时，而且已定义的单元属性表中只有一个维数正确的单元，ANSYS 程序会自动利用该种单元类型执行这个操作。

受此影响的网格划分和拖拉操作命令有 KMESH、LMESH、AMESH、VMESH、FVMESH、VOFFST、VEXT、VDRAG、VROTAT、VSWEEP。

4. 在节点处定义不同的厚度

用户可以利用下列方式对壳单元在节点处定义不同的厚度。

```
命令：RTHICK。
GUI：Main Menu > Preprocessor > Real Constants > Thickness Func。
```

壳单元可以模拟复杂的厚度分布，以 SHELL181 为例，允许给每个单元的四个角点指定不同的厚度，单元内部的厚度假定是在四个角点厚度之间光滑变化。给一组单元指定复杂的厚度变化是有一定难度的，特别是每一个单元都需要单独指定其角点厚度时，在这种情况下，利用 RTHICH 命令能大大简化模型定义。

下面用一个实例来详细说明该过程，该实例的模型为 10×10 的矩形板，用 0.5×0.5 的方形 SHELL181 单元划分网格。在 ANSYS 程序中输入如下命令流。

```
/TITLE, RTHICK Example
/PREP7
ET,1,181,,,2
RECT,,10,,10
ESHAPE,2
ESIZE,,20
AMESH,1
EPLO
```

得到初始的网格图如图 3-2 所示。

假定板厚按 $h= 0.5 + 0.2x + 0.02y^2$ 公式变化，为了模拟该厚度变化，我们创建一组参数给节点设定相应的厚度值。换句话说，数组里的第 N 个数对应于第 N 个节点的厚度，命令流如下。

```
MXNODE = NDINQR(0,14)
*DIM,THICK,,MXNODE
*DO,NODE,1,MXNODE
  *IF,NSEL(NODE),EQ,1,THEN
    THICK(node) = 0.5 + 0.2*NX(NODE) + 0.02*NY(NODE)**2
```

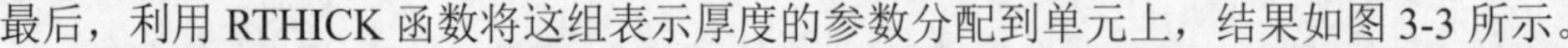

```
   *ENDIF
*ENDDO
NODE = $MXNODE
```

最后，利用 RTHICK 函数将这组表示厚度的参数分配到单元上，结果如图 3-3 所示。

```
RTHICK,THICK(1),1,2,3,4
/ESHAPE,1.0  $ /USER,1  $ /DIST,1,7
/VIEW,1,-0.75,-0.28,0.6  $ /ANG,1,-1
/FOC,1,5.3,5.3,0.27  $ EPLO
```

Note

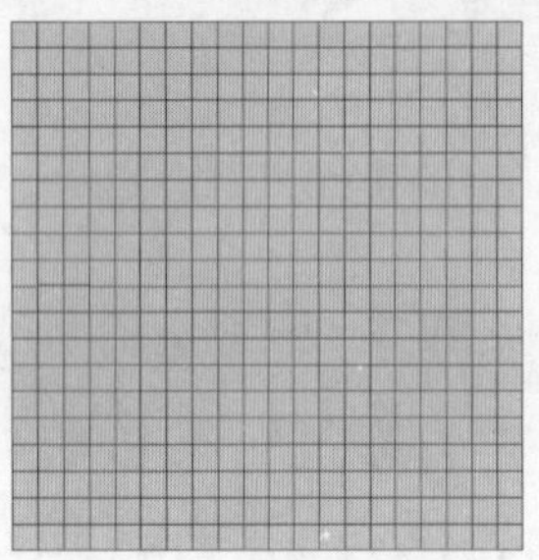

图 3-2　初始的网格图

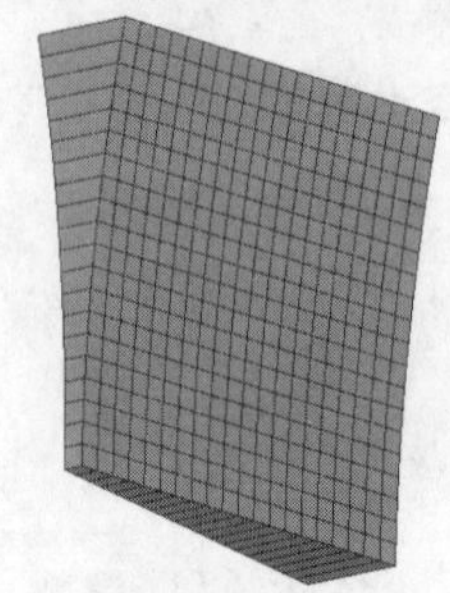

图 3-3　不同厚度的壳单元

3.3　网格划分的控制

网格划分控制能建立用在实体模型划分网格的因素，例如单元形状、中间节点位置、单元大小等。此步骤是整个分析中最重要的步骤之一，因为此阶段得到的有限元网格将对分析的准确性和经济性起决定作用。

3.3.1　ANSYS 网格划分工具（MeshTool）

ANSYS 网格划分工具（GUI 路径：Main Menu > Preprocessor > Meshing > MeshTool）提供了最常用的网格划分控制和最常用的网格划分操作的便捷途径。其功能主要包括以下方面。

☑ 控制 SmartSizing 水平。
☑ 设置单元尺寸控制。
☑ 指定单元形状。
☑ 指定网格划分类型（自由或映射）。
☑ 对实体模型图元划分网格。
☑ 清除网格。
☑ 细化网格。

3.3.2　单元形状

ANSYS 程序允许在同一个划分区域出现多种单元形状，例如同一区域的面单元可以是四边形也可以是三角形，但建议尽量不要在同一个模型中混用六面体和四面体单元。

下面简单介绍单元形状的退化，如图 3-4 所示，用户在划分网格时，应该尽量避免使用退化单元。

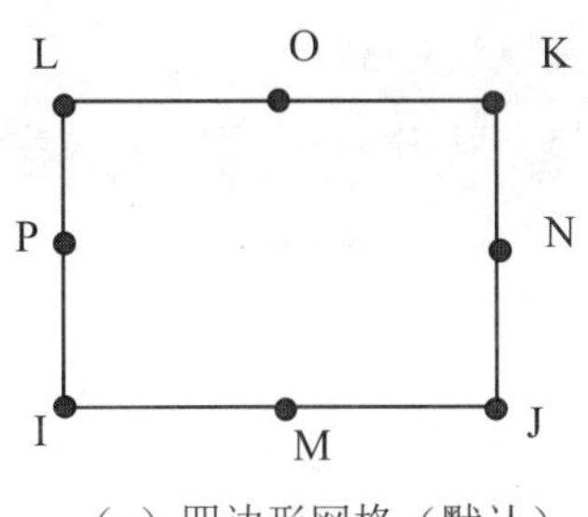

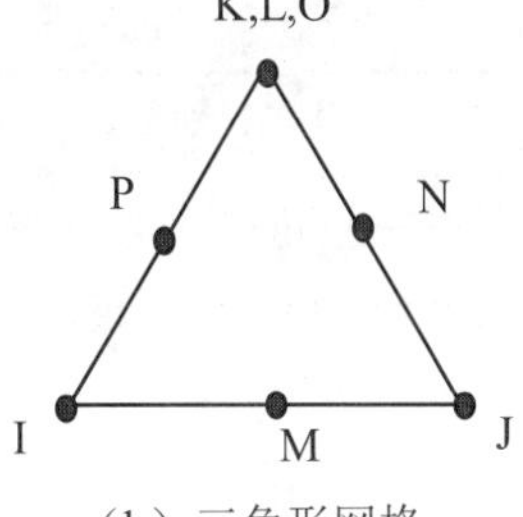

（a）四边形网格（默认）　　　（b）三角形网格

图 3-4　四边形单元形状的退化

Note

用下列方法指定单元形状。

```
命令：MSHAPE,KEY,Dimension。
GUI：Main Menu > Preprocessor > Meshing > MeshTool。
     Main Menu > Preprocessor > Meshing > Mesher Opts。
     Main Menu > Preprocessor > Meshing > Mesh > Volumes > Mapped > 4 to 6 sided。
```

如果正在使用 MSHAPE 命令，维数（2D 或 3D）的值表明待划分的网格模型的维数，KEY 值（0 或 1）表示划分网格的形状。

☑ KEY=0，如果 Dimension=2D，ANSYS 将用四边形单元划分网格，如果 Dimension=3D，ANSYS 将用六面体单元划分网格。

☑ KEY=1，如果 Dimension=2D，ANSYS 将用三角形单元划分网格，如果 Dimension=3D，ANSYS 将用四面体单元划分网格。

有些情况下，MSHAPE 命令及合适的网格划分命令（AMESH、YMESH 或相应的 GUI 路径：Main Menu > Preprocessor > Meshing > Mesh > Meshing Option）就是对模型划分网格的全部所需。每个单元的大小由指定的默认单元大小（AMRTSIZE 或 DSIZE）确定。例如图 3-5 左边的模型用 VMESH 命令生成右边的网格。

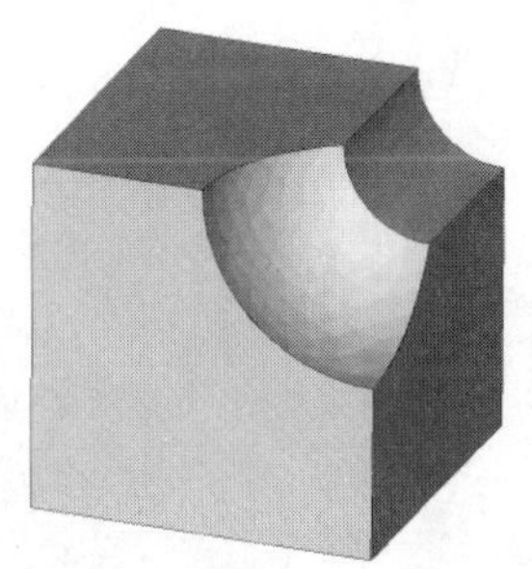

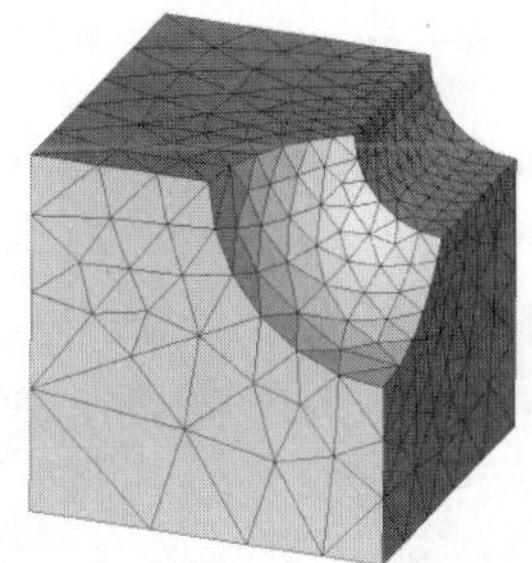

图 3-5　默认单元尺寸

3.3.3　选择自由或映射网格划分

除了指定单元形状之外，还需指定对模型进行网格划分的类型（自由划分或映射划分），方法如下。

```
命令：MSHKEY。
GUI：Main Menu > Preprocessor > Meshing > MeshTool。
     Main Menu > Preprocessor > Meshing > Mesher Opts。
```

单元形状（MSHAPE）和网格划分类型（MSHEKEY）的设置共同影响网格的生成，如表 3-1 所示为 ANSYS 程序支持的单元形状和网格划分类型。

表 3-1　ANSYS 支持的单元形状和网格划分类型

单元形状	自由划分	映射划分	既可以映射划分又可以自由划分
四边形	Yes	Yes	Yes
三角形	Yes	Yes	Yes
六面体	No	Yes	No
四面体	Yes	No	No

3.3.4　控制单元边中节点的位置

当使用二次单元划分网格时，可以控制中间节点的位置，有以下两种选择。

☑　边界区域单元在中间节点沿着边界线或者面的弯曲方向，这是默认设置。

☑　设置所有单元的中间节点和单元边是直的，此选项允许沿曲线进行粗糙的网格划分，但是模型的弯曲并不与之相配。

可用如下方法控制中间节点的位置。

命令：MSHMID。
GUI：Main Menu > Preprocessor > Meshing > Mesher Opts。

3.3.5　划分自由网格时的单元尺寸控制（SmartSizing）

默认情况下，DESIZE 命令方法控制单元大小在自由网格划分中的使用，但一般推荐使用 SmartSizing，为打开 SmartSizing，只要在 SMARTSIZE 命令中指定单元大小即可。

ANSYS 中有两种 SmartSizing 控制，即基本的和高级的。

（1）基本的控制

利用基本的控制，可以简单地指定网格划分的粗细程度，从 1（细网格）到 10（粗网格），程序会自动设置一系列独立的控制值用来生成想要的网格大小，方法如下。

命令：SMRTSIZE,SIZLVL。
GUI：Main Menu > Preprocessor > Meshing > MeshTool。

如图 3-6 所示为利用几个不同的 SmartSizing 设置所生成的网格。

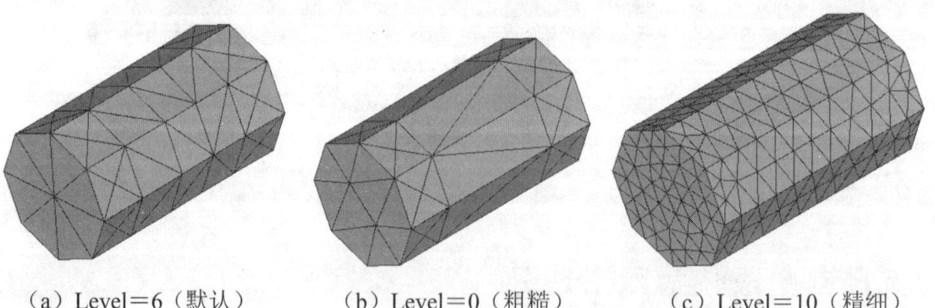

（a）Level＝6（默认）　　（b）Level＝0（粗糙）　　（c）Level＝10（精细）

图 3-6　对同一模型面 SmartSize 的划分结果

（2）高级的控制

ANSYS 还允许用户使用高级方法专门设置人工控制网格质量，方法如下。

命令：SMRTSIZE and ESIZE。
GUI：Main Menu > Preprocessor > Meshing > Size Cntrls > SmartSize > Adv Opts。

3.3.6　映射网格划分中单元的默认尺寸

DESIZE 命令（GUI 路径：Main Menu > Preprocessor > Meshing > Size Cntrls >Global > Other）常用来控制映射网格划分的单元尺寸，同时也可用在自由网格划分的默认设置，但是对于自由网格划分，建议使用 SmartSizing（SMRTSIZE）。

对于较大的模型，通过 DESIZE 命令查看默认的网格尺寸是明智的，可通过显示线的分割来观察将要划分的网格情况。预查看网格划分的步骤如下。

（1）建立实体模型。

（2）选择单元类型。

（3）选择容许的单元形状（MSHAPE）。

（4）选择网格划分类型，即自由或映射（MSHKEY）。

（5）输入 LESIZE、ALL（通过 DESIZE 规定调整线的分割数）。

（6）显示线（LPLOT）。

下面结合如图 3-7 所示实例来说明。

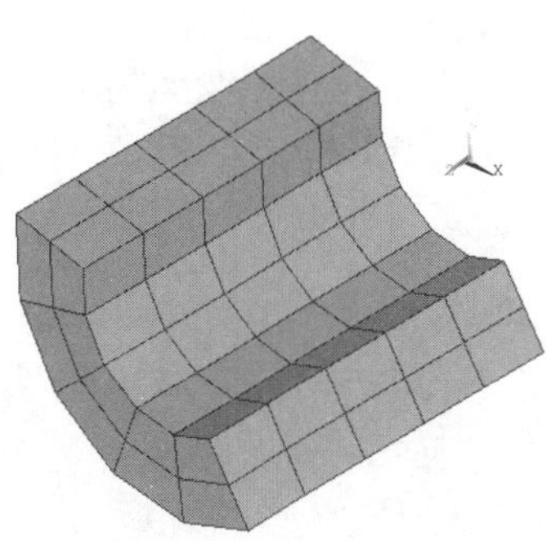

图 3-7　粗糙的网格

如果觉得网格太粗糙，可用通过改变单元尺寸或者线上的单元份数来加密网格，方法如下。

```
GUI：Main Menu > Preprocessor > Meshing > Size Cntrls >Layers > Picked Lines。
```

弹出 Elements Sizes on Picked Lines 拾取菜单，用鼠标单击拾取屏幕上的相应线段，单击 OK 按钮，弹出 Area Layer-Mesh Controls on Picked Lines 对话框，如图 3-8 所示，在 SIZE Element edge length 后面的文本框中输入具体数值（即单元的尺寸），或者在 NDIV No.of line divisions 后面的文本框中输入正整数（即所选择的线段上的单元份数），单击 OK 按钮。然后重新划分网格，效果如图 3-9 所示。

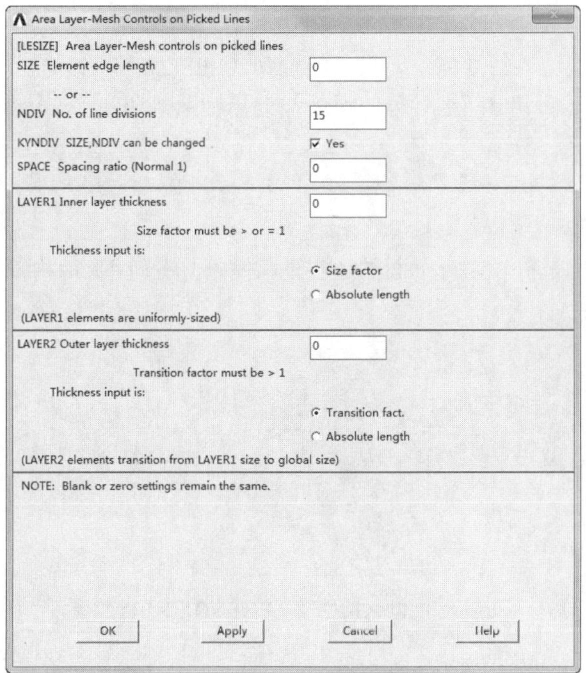

图 3-8　Area Layer-Mesh Controls on Picked Lines 对话框

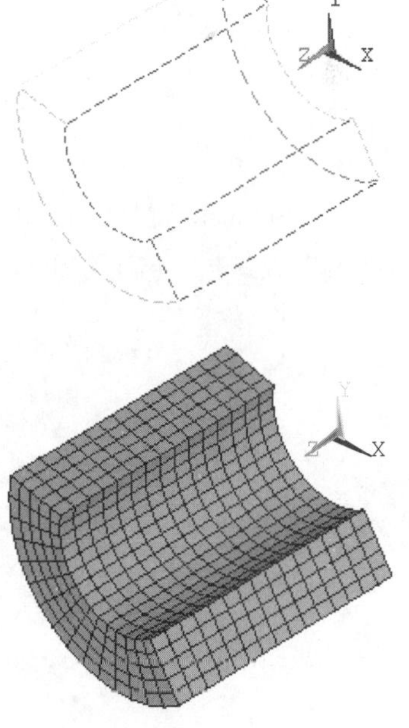

图 3-9　预览改进的网格

Note

3.3.7 局部网格划分控制

在许多情况下，对结构的物理性质而言用默认单元尺寸生成的网格不合适，例如有应力集中或奇异的模型。在这个情况下，需要将网格局部细化，详细说明如下。

（1）通过表面的边界所用的单元尺寸控制总体的单元尺寸，或者控制每条线划分的单元数。

```
命令：ESIZE。
GUI：Main Menu > Preprocessor > Meshing > Size Cntrls >Global > Size。
```

（2）控制关键点附近的单元尺寸。

```
命令：KESIZE。
GUI：Main Menu > Preprocessor > Meshing > Size Cntrls >Keypoints > All KPs。
     Main Menu > Preprocessor > Meshing > Size Cntrls >Keypoints > Picked KPs。
     Main Menu > Preprocessor > Meshing > Size Cntrls >Keypoints > Clr Size。
```

（3）控制给定线上的单元数。

```
命令：LESIZE。
GUI：Main Menu > Preprocessor > Meshing > Size Cntrls >Lines > All Lines。
     Main Menu > Preprocessor > Meshing > Size Cntrls >Lines > Picked Lines。
     Main Menu > Preprocessor > Meshing > Size Cntrls >Lines > Clr Size。
```

以上叙述的所有定义尺寸的方法都可以一起使用，但遵循一定的优先级别，具体说明如下。

☑ 用 DESIZE 定义单元尺寸时，对任何给定线，沿线定义的单元尺寸优先级是用 LESIZE 指定的为最高级，KESIZE 次之，ESIZE 再次之，DESIZE 为最低级。

☑ 用 SMRTSIZE 定义单元尺寸时，优先级是 LESIZE 为最高级，KESIZE 次之，SMRTSIZE 为最低级。

3.3.8 内部网格划分控制

前面关于网格尺寸的讨论集中在实体模型边界的外部单元尺寸的定义（LESIZE 和 ESIZE 等），然而也可以在面的内部（即非边界处）没有可以引导网格划分的尺寸线处控制网格划分，方法如下。

```
命令：MOPT。
GUI：Main Menu > Preprocessor > Meshing > Size Cntrls >Global > Area Cntrls。
```

1. 控制网格的扩展

MOPT 命令中的 Lab=EXPND 选项可以用来引导在一个面的边界处将网格划分较细，而内部则较粗，如图 3-10 所示。

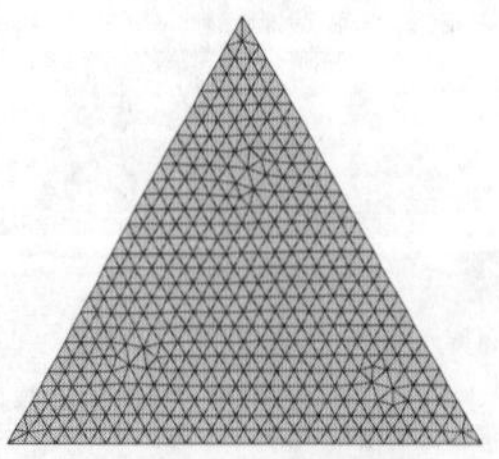

（a）没有扩张网格

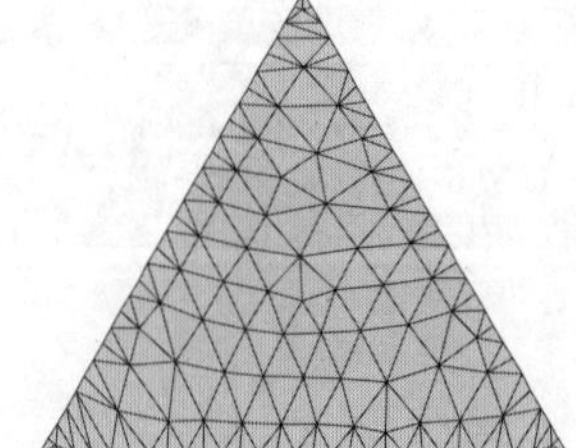

（b）扩展网（MOPT，EXPND，2.5）

图 3-10 网格扩展示意图

在图 3-10 中，左边网格是由 ESIZE 命令（GUI 路径：Main Menu > Preprocessor > Meshing > Size

Cntrls >Global > Size）对面进行设定生成的，右边网格是利用 MOPT 命令的扩展功能（Lab=EXPND）生成的，其区别显而易见。

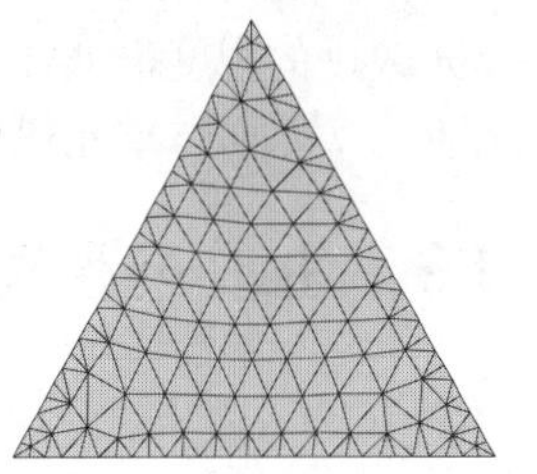
图 3-11 控制网格的过渡（MOPT,EXPND,1.5）

2. 控制网格过渡

图 3-10（b）中的网格还可以进一步改善，MOPT 命令中的 Lab=TRANS 项可以用来控制网格从细到粗的过渡，如图 3-11 所示。

3. 控制 ANSYS 的网格划分器

可用 MOPT 命令控制表面网格划分器（三角形和四边形）和四面体网格划分器，使 ANSYS 执行网格划分操作（AMESH 和 VMESH）。

```
命令：MOPT。
GUI：Main Menu > Preprocessor > Meshing > Mesher Opts。
```

执行上述命令后弹出的 Mesher Options 对话框如图 3-12 所示，在该对话框中，AMESH 后面的下拉列表框中的选项对应三角形表面网格划分，包括 Program chooses（默认）、main、Alternate 和 Alternate2 共 4 个选项；QMESH 后面的下拉列表框中的选项对应四边形表面网格划分，包括 Program chooses（默认）、main 和 Alternate 共 3 个选项，其中 main 又称为 Q-Morph（quad-morphing）网格划分器，多数情况下能得到高质量的单元，如图 3-13 所示，另外，Q-Morph 网格划分器要求面的边界线的分割总数是偶数，否则将产生三角形单元；VMESH 后面的下拉列表框中的选项对应四面体网格划分，包括 Program chooses（默认）、Alternate 和 main 这 3 个选项。

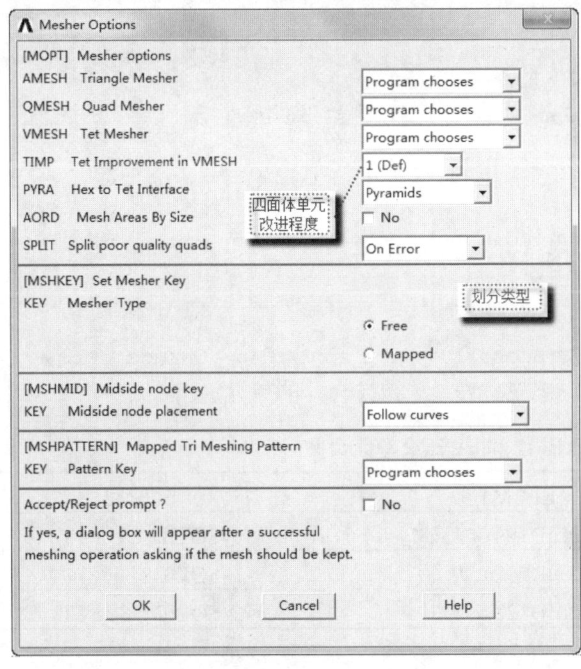

图 3-12 网格化选项对话框

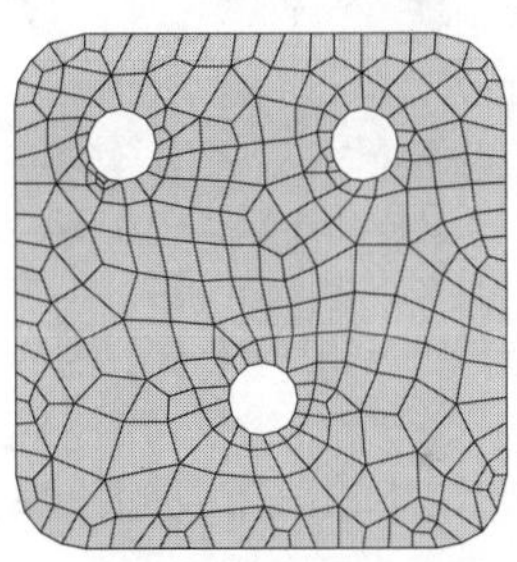
（a）Alternate 网格划分器

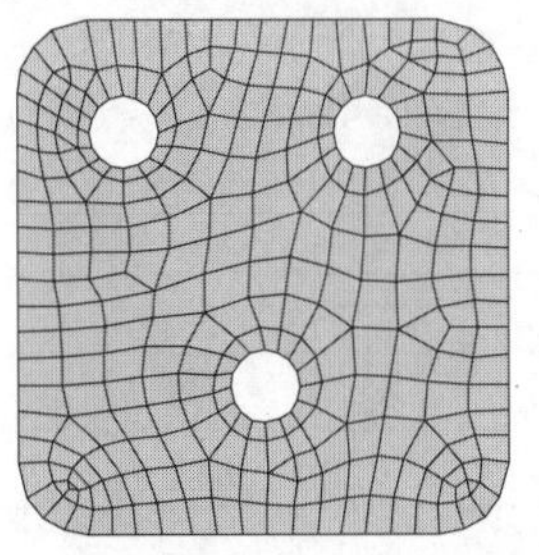
（b）Q-Morph 网格划分器

图 3-13 网格划分器

4. 控制四面体单元的改进

ANSYS 程序允许对四面体单元做进一步改进，方法如下。

```
命令：MOPT,TIMP,Value。
GUI：Main Menu > Preprocessor > Meshing > Mesher Opts。
```

弹出的 Mesher Options 对话框如图 3-12 所示，在该对话框中，TIMP 后面的下拉列表框表示四面体单元改进的程度，从 1～6，1 表示提供最小的改进，5 表示对线性四面体单元提供最大的改进，6 表示对二次四面体单元提供最大的改进。

Note

3.3.9 生成过渡棱锥单元

ANSYS 程序在下列情况下会生成过渡的棱锥单元。

☑ 用户准备对体用四面体单元划分网格，待划分的体直接与已用六面体单元划分网格的体相连。

☑ 用户准备用四面体单元划分网格，而目标体上至少有一个面已经用四边形网格划分。

如图 3-14 所示为一个过渡网格的示例。

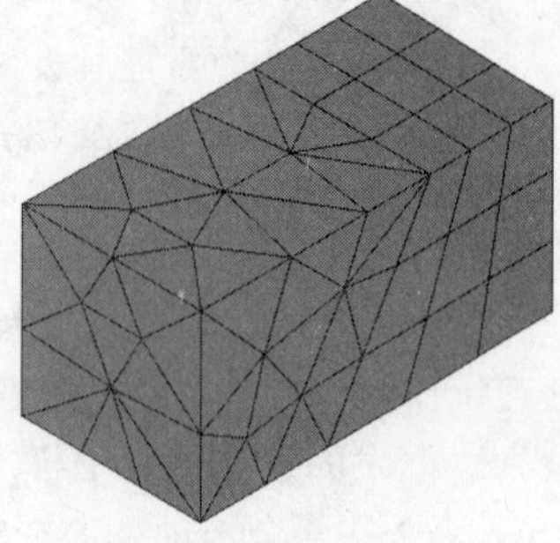
图 3-14 过渡网格示例

当对体用四面体单元进行网格划分时，为生成过渡棱锥单元，应事先满足以下条件。

☑ 设定单元属性时，需确定给体分配的单元类型可以退化为棱锥形状。

☑ 设置网格划分时，激活过渡单元表面让三维单元退化。

激活过渡单元（默认）的方法如下。

```
命令：MOPT,PYRA,ON。
GUI：Main Menu > Preprocessor > Meshing > Mesher Opts。
```

生成退化三维单元的方法如下。

```
命令：MSHAPE,1,3D。
GUI：Main Menu > Preprocessor > Meshing > Mesher Opts。
```

3.3.10 将退化的四面体单元转化为非退化的形式

在模型中生成过渡的棱锥单元之后，可将模型中的 20 节点退化四面体单元转化成相应的 10 节点非退化单元，方法如下。

```
命令：TCHG,ELEM1,ELEM2,ETYPE2。
GUI：Main Menu > Preprocessor > Meshing > Modify Mesh > Change Tets。
```

不论是使用命令方法还是 GUI 路径，用户都应按表 3-2 转换合并的单元。

表 3-2 允许 ELEM1 和 ELEM2 单元合并

物 理 特 性	ELEM1	ELEM2
结构	SOLID186 or 186	SOLID187 or 187
热学	SOLID90 or 90	SOLID87 or 87
静电学	SOLID122 or 122	SOLID123 or 123

执行单元转化的好处在于节省内存空间，加快求解速度。

3.3.11 执行层网格划分

ANSYS 程序的层网格划分功能（当前只能对二维面）能生成线性梯度的自由网格：

（1）沿线只有均匀的单元尺寸（或适当的变化）。

（2）垂直于线的方向单元尺寸和数量有急剧过渡。

这样的网格适于模拟 CFD 边界层的影响以及电磁表面层的影响等。

用户可以通过 ANSYS GUI 也可以通过命令对选定的线设置层网格划分控制。如果用 GUI 路径，则选择主菜单中的 Main Menu > Preprocessor > Meshing > Mesh Tool 命令，显示网格划分工具，单击 Layer 相邻的设置按钮，打开选择线对话框，接下来是 Area Layer Mesh Controls on Picked Lines 对话框，可在其上指定单元尺寸（SIZE）和线分割数（NDIV）、线间距比率（SPACE）、内部网格的厚度（LAYER1）和外部网格的厚度（LAYER2）。

注意：LAYER1 的单元是均匀尺寸的，等于在线上给定的单元尺寸；LAYER2 的单元尺寸会从 LAYER1 的尺寸缓慢增加到总体单元的尺寸；另外，LAYER1 的厚度可以用数值指定也可以利用尺寸系数（表示网格层数），如果是数值，则应该大于或等于给定线的单元尺寸，如果是尺寸系数，则应该大于 1，如图 3-15 所示为层网格的示例。

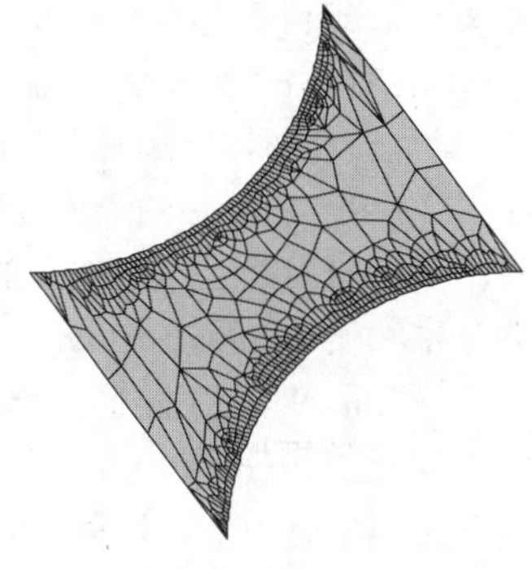

图 3-15　层网格示例

如果想删除选定线上的层网格划分控制，选择网格划分工具控制器上包含 Layer 的清除按钮即可。

用户也可以用 LESIZE 命令定义层网格划分控制和其他单元特性，在此不再赘述。

用下列方法可查看层网格划分尺寸规格。

```
命令：LLIST。
GUI：Utility Menu > List > Lines。
```

3.4　自由网格划分和映射网格划分控制

前面主要讲述可用的不同网格划分控制，现在集中讨论适合于自由网格划分和映射网格划分的控制。

3.4.1　自由网格划分

自由网格划分操作，对实体模型无特殊要求。任何几何模型，尽管有些是不规则的，也可以进行自由网格划分。所用单元形状依赖于是对面还是对体进行网格划分，对面划分时，自由网格可以是四边形也可以是三角形，或两者混合；对体划分时，自由网格一般是四面体单元，棱锥单元作为过渡单元也可以加入到四面体网格中。

如果选择的单元类型严格地限定为三角形或四面体，程序划分网格时只用这种单元。但是，如果选择的单元类型允许多于一种形状（例如 PLANE183 和 SOLID186），可通过下列方法指定用哪一种（或几种）形状。

```
命令：MSHAPE。
GUI：Main Menu > Preprocessor > Meshing > Mesher Opts。
```

另外还必须指定对模型用自由网格划分：

```
命令：MSHKEY,0。
GUI：Main Menu > Preprocessor > Meshing > Mesher Opts。
```

对于支持多于一种形状的单元，默认会生成混合形状（通常是四边形单元占多数）。可用

"MSHAPE,1,2D 和 MSHKEY,0"来要求全部生成三角形网格。

注意：可能会遇到全部网格都必须为四边形网格这一情况。当面边界上总的线分割数为偶数时，面的自由网格划分会全部生成四边形网格，并且四边形单元质量还比较好。通过打开 SmartSizing 项并让它来决定合适的单元数，可以增加面边界线的缝总数为偶数的几率（而不是通过 LESIZE 命令人为地设置任何边界划分的单元数）。应保证四边形分裂项关闭"MOPT,SPLIT,OFF"，以使 ANSYS 不会将形状较差的四边形单元分裂成三角形。

使体生成一种自由网格，应当选择只允许一种四面体形状的单元类型，或利用支持多种形状的单元类型并设置四面体一种形状功能 MSHAPE,1,3D 和 MSHKEY,0。

对自由网格划分操作，生成的单元尺寸依赖于 DESIZE、ESIZE、KESIZE 和 LESIZE 的当前设置。如果 SmartSizing 打开，单元尺寸将由 AMRTSIZE 及 ESZIE、DESIZE 和 LESIZE 决定，对自由网格划分推荐使用 SmartSizing。

另外，ANSYS 程序有一种扇形网格划分的特殊自由网格划分，适于涉及 TARGE170 单元对三边面进行网格划分的特殊接触分析。当 3 个边中有两个边只有一个单元分割数，另外一边有任意单元分割数时，其结果为扇形网格，如图 3-16 所示。

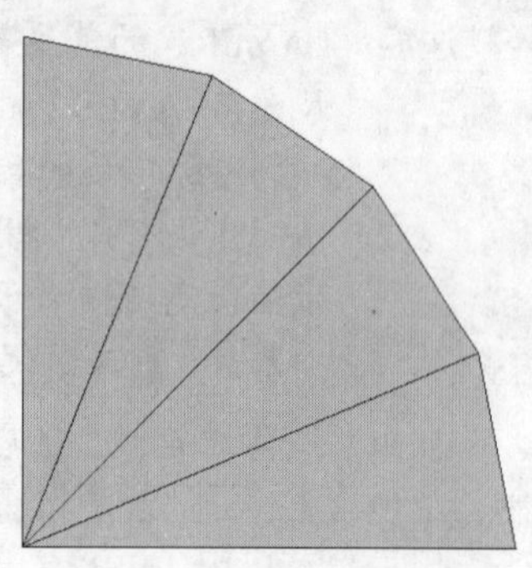

图 3-16　扇形网格划分示例

注意：使用扇形网格必须满足下列条件。

（1）必须对三边面进行网格划分，其中两边必须只分一个网格，第三边分任何数目。

（2）必须使用 TARGE170 单元进行网格划分。

（3）必须使用自由网格划分。

3.4.2　映射网格划分

映射网格划分要求面或体有一定的形状规则，它可以指定程序全部用四边形面单元、三角形面单元或者六面体单元生成网格模型。

对映射网格划分时，生成的单元尺寸依赖于 DESIZE、ESIZE、KESIZE、LESIZE 和 AESIZE 的设置（或相应 GUI 路径：Main Menu > Preprocessor > Meshing > Size Cntrls > option）。

注意：SmartSizing（SMARTSIZE）不能用于映射网格划分，另外，硬点不支持映射网格划分。

1. 面映射网格划分

面映射网格包括全部是四边形单元或者全部是三角形单元，面映射网格必须满足以下条件。

☑　该面必须是 3 条边或者 4 条边（有无连接均可）。

☑　如果是 4 条边，面的对边必须划分为相同数目的单元，或者是划分一个过渡型网格。如果是 3 条边，则线分割总数必须为偶数且每条边的分割数相同。

☑　网格划分必须设置为映射网格。

如图 3-17 所示为面映射网格的示例。

图 3-17　面映射网格示例

如果一个面多于 4 条边，则不能直接用映射

Note

网格划分，但可以将某些线合并或者连接总线数减少到 4 条之后再用映射网格划分，示例图如图 3-18 所示，方法如下。

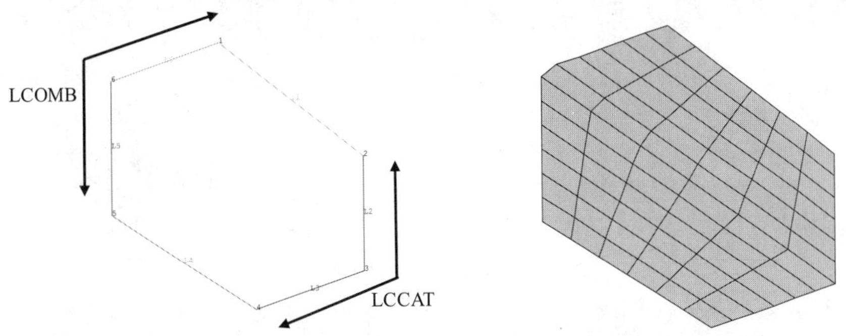

图 3-18　合并和连接线进行映射网格划分

（1）连接线。

命令：LCCAT。

GUI：Main Menu > Preprocessor > Meshing > Mesh > Areas > Mapped > Concatenate > Lines。

（2）合并线。

命令：LCOMB。

GUI：Main Menu > Preprocessor > Modeling > Operate > Booleans > Add > Lines。

需要指出的是，线、面或体上的关键点将生成节点，因此，一条连接线至少有线上已定义的关键点数同样多的分割数，而且指定的总体单元尺寸（ESIZE）是针对原始线而不是针对连接线，如图 3-19 所示。用户不能直接给连接线指定线分割数，但可以对合并线（LCOMB）指定分割数，所以通常来说，合并线比连接线较有优势。

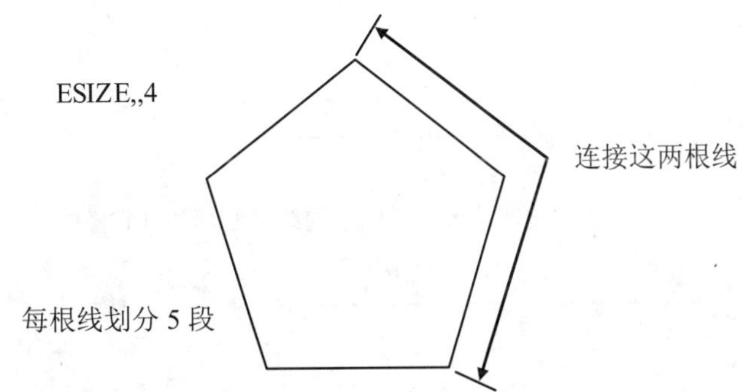

图 3-19　ESIZE 针对原始线而不是连接线示意图

命令 AMAP（GUI：Main Menu > Preprocessor > Meshing > Mesh > Areas > Mapped > By Corners）提供了获得映射网格划分的最便捷途径，它使用指定的关键点作为角点并连接关键点之间的所有线，面自动地全部用三角形或四边形单元进行网格划分。

考察前面连接的例子，现利用 AMAP 方法进行网格划分。注意到在已选定的几个关键点之间有多条线，在选定面之后，已按任意顺序拾取关键点 1、3、4 和 6，则得到映射网格如图 3-20 所示。

另一种生成映射面网格的途径是指定面的对边的分割数，以生成过渡映射四边形网格，如图 3-21 所示。需要指出的是，指定的线分割数必须与图 3-22 和图 3-23 所示的模型相对应。

Note

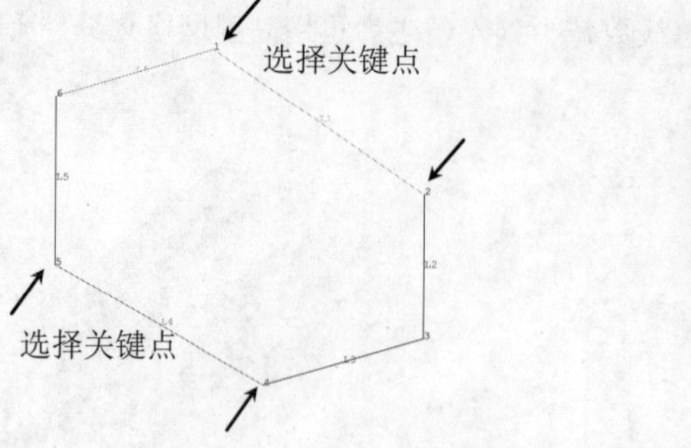

图 3-20　AMAP 方法得到映射网格

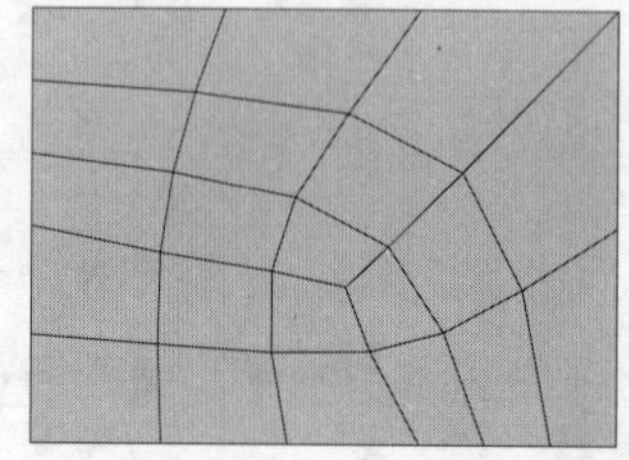
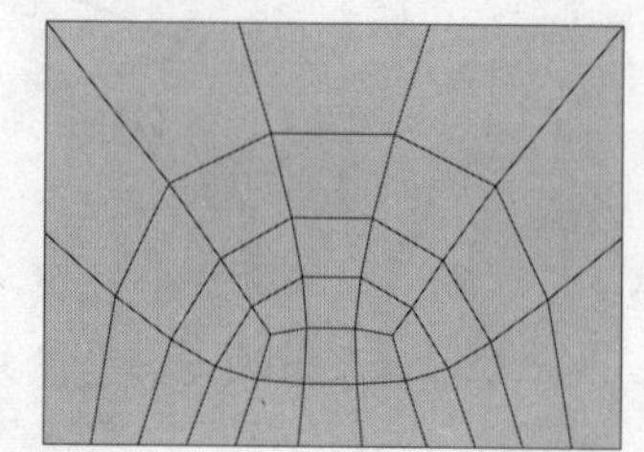

图 3-21　过渡映射网格

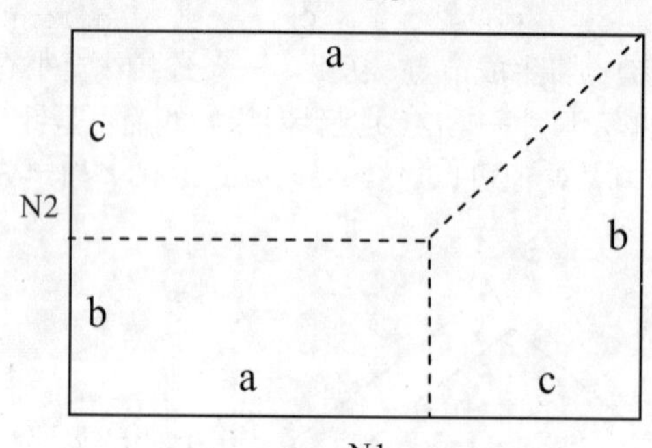

图 3-22　过渡四边形映射网格的线分割模型（1）

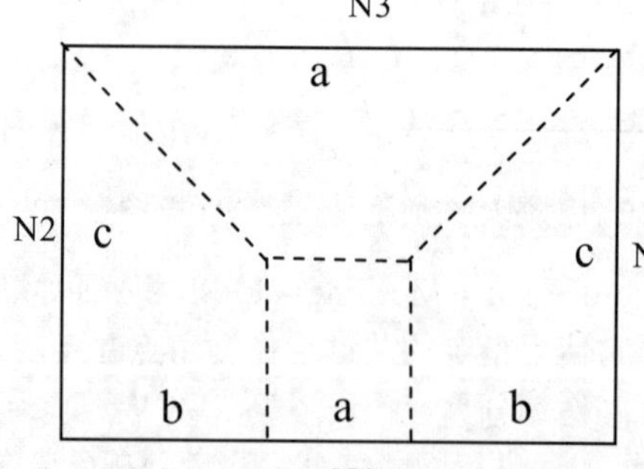

图 3-23　过渡四边形映射网格的线分割模型（2）

除了过渡映射四边形网格之外，还可以生成过渡映射三角形网格。为生成过渡映射三角形网格，必须使用支持三角形的单元类型，且必须设定为映射划分（MSHKEY,1），并指定形状为容许三角形

（MSHAPE,1,2D）。实际上，过渡映射三角形网格的划分是在过渡映射四边形网格划分的基础上自动将四边形网格分割成三角形，如图 3-24 所示，所以，各边的线分割数目依然必须满足图 3-22 和图 3-23 所示的模型。

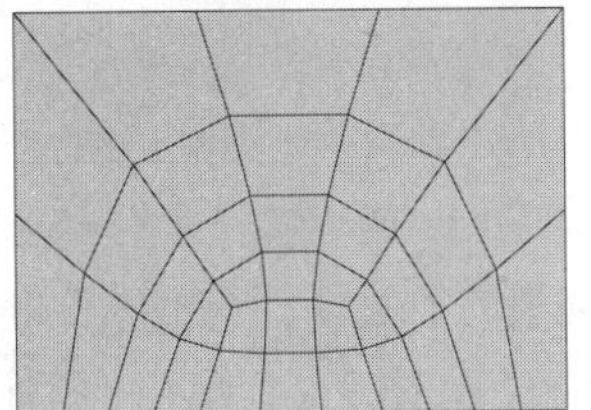

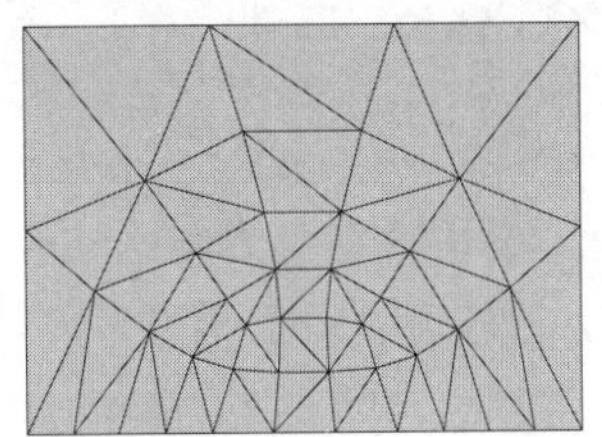

图 3-24　过渡映射三角形网格示意图

2．体映射网格划分

要将体全部划分为六面体单元，必须满足以下条件。

☑　该体的外形应为块状（6 个面）、楔形或棱柱（5 个面）、四面体（4 个面）。

☑　对边上必须划分相同的单元数，或分割符合过渡网格形式适合六面体网格划分。

☑　如果是棱柱或者四面体，三角形面上的单元分割数必须是偶数，如图 3-25 所示。

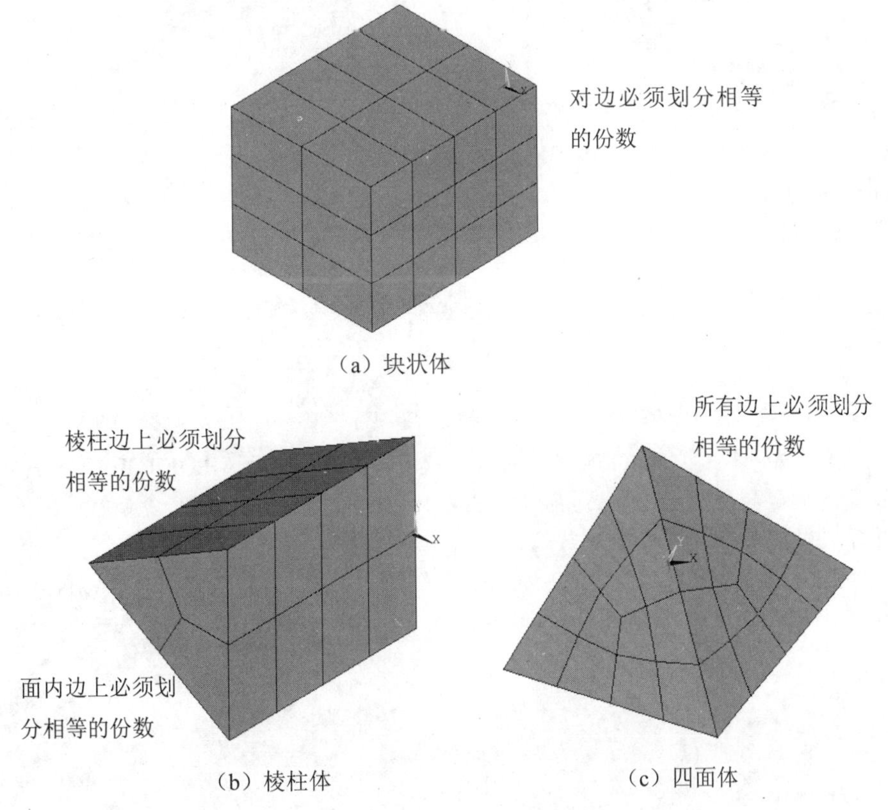

图 3-25　映射体网格划分示例

与面网格划分的连接线一样，当需要减少围成体的面数以进行映射网格划分时，可以对面进行加（AADD）或者连接（ACCAT）。如果连接面有边界线，线也必须连接在一起，必须线连接面，再连接线，举例如下（命令流格式）。

```
! first, concatenate areas for mapped volume meshing:
ACCAT,...
! next, concatenate lines for mapped meshing of bounding areas:
LCCAT,...
LCCAT,...
VMESH,...
```

Note

注意：一般来说，AADD（面为平面或者共面时）的连接效果优于 ACCAT。

如上所述，在连接面（ACCAT）之后一般需要连接线（LCCAT），但是，如果相连接的两个面都是由 4 条线组成（无连接线），则连接线操作会自动进行，如图 3-26 所示。另外必须注意，删除连接面并不会自动删除相关的连接线。

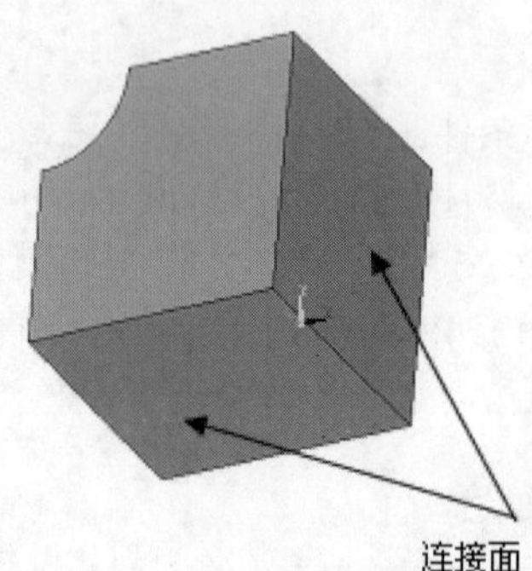

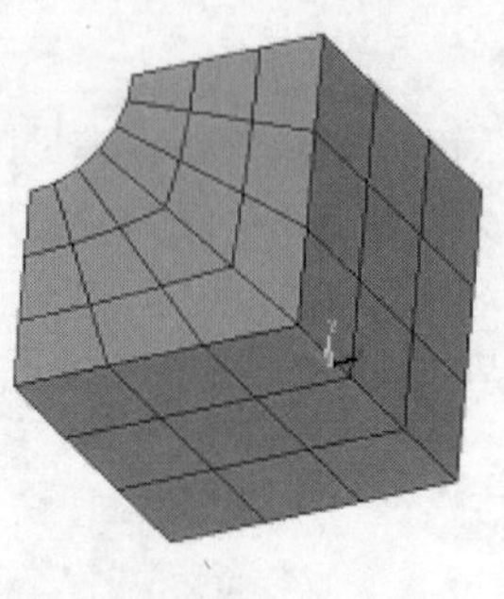

图 3-26　连接线操作自动进行

连接面的方法如下。

命令：ACCAT。
GUI：Main Menu > Preprocessor > Meshing > Concatenate > Areas。
　　 Main Menu > Preprocessor > Meshing > Mesh > Areas > Mapped。

将面相加的方法如下。

命令：AADD。
GUI：Main Menu > Preprocessor > Modeling > Operate > Booleans > Add > Areas。

注意：ACCAT 命令不支持用 IGES 功能输入的模型，但是，可用 ARMERGE 命令合并由 CAD 文件输入模型的两个或更多面。而且，当以此方法使用 ARMERGE 命令时，在合并线之间删除了关键点的位置不会有节点。

与生成过渡映射面网格类似，ANSYS 程序允许生成过渡映射体网格。过渡映射体网格的划分只适合于 6 个面的体（有无连接面均可），如图 3-27 所示。

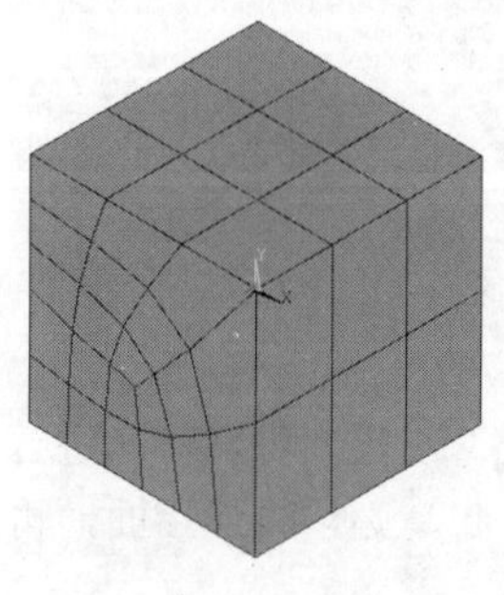
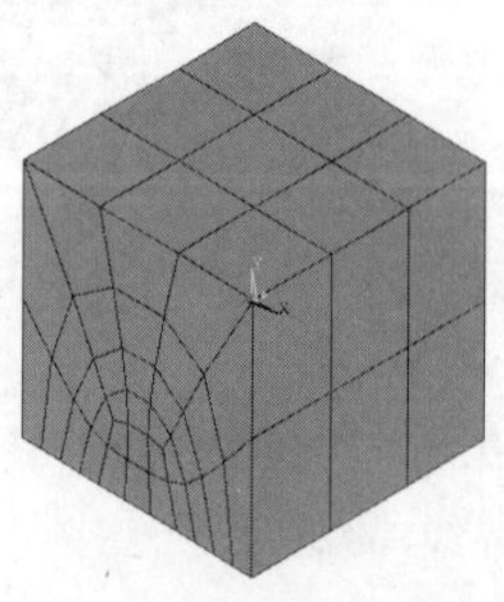
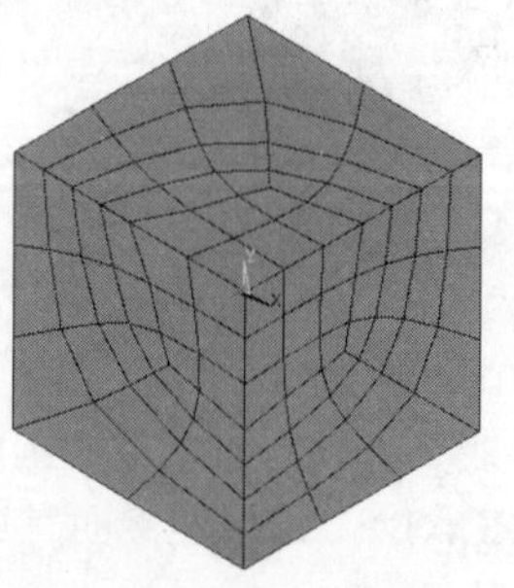
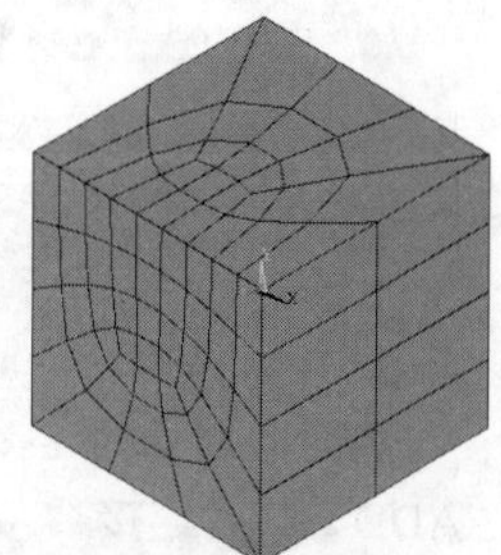

图 3-27　过渡映射体网格示例

3.5　给实体模型划分有限元网格

Note

构造好几何模型，定义了单元属性和网格划分控制之后，即可生成有限元网格，通常建议用户在划分网格之前先保存模型。

```
命令：SAVE。
GUI：Utility Menu > File > Save as Jobname.db。
```

3.5.1　用 xMESH 命令生成网格

为了对模型进行网格划分，必须使用适合于待划分网格图元类型的网格划分操作，对关键点、线、面和体分别使用下列命令和 GUI 途径进行网格划分。

（1）在关键点处生成点单元（如 MASS21）。

```
命令：KMESH。
GUI：Main Menu > Preprocessor > Meshing > Mesh > Keypoints。
```

（2）在线上生成线单元（如 LINK31）。

```
命令：LMESH。
GUI：Main Menu > Preprocessor > Meshing > Mesh > Lines。
```

（3）在面上生成面单元（如 PLANE82）。

```
命令：AMESH, AMAP。
GUI：Main Menu > Preprocessor > Meshing > Mesh > Areas > Mapped > 3 or 4 sided。
     Main Menu > Preprocessor > Meshing > Mesh > Areas > Free。
     Main Menu > Preprocessor > Meshing > Mesh > Areas > Target Surf。
     Main Menu > Preprocessor > Meshing > Mesh > Areas > Mapped > By Corners。
```

（4）在体上生成体单元（如 SOLID90）。

```
命令：VMESH。
GUI：Main Menu > Preprocessor > Meshing > Mesh > Volumes > Mapped > 4 to 6 sided。
     Main Menu > Preprocessor > Meshing > Mesh > Volumes > Free。
```

（5）在分界线或者分界面处生成单位厚度的界面单元（如 INTER192）。

```
命令：IMESH。
GUI：Main Menu > Preprocessor > Meshing > Mesh > Interface Mesh > 2D Interface。
     Main Menu > Preprocessor > Meshing > Mesh > Interface Mesh > 3D Interface。
```

另外还需说明的是，使用 xMESH 命令有以下几点注意事项。

（1）有时需要对实体模型用不同维数的多种单元划分网格。例如，带筋的壳有梁单元（线单元）和壳单元（面单元），另外还有用表面作用单元（面单元）覆盖于三维实体单元（体单元）。这种情况可按任意顺序使用相应的网格划分操作（KMESH、LMESH、AMESH 和 VMESH），只需在划分网格之前设置合适的单元属性。

（2）无论选取何种网格划分器（MOPT、VMESH 和 Value），在不同的硬件平台上对同一模型划分可能会得到不同的网格结果，这是正常的。

3.5.2　生成带方向节点的梁单元网格

可定义方向关键点作为线的属性对梁进行网格划分，方向关键点与待划分的线是独立的，在这些关键点位置处，ANSYS 会沿着梁单元自动生成方向节点。支持这种方向节点的单元有 BEAM161、BEAM188、BEAM189、PIPE288、PIPE289 和 ELBOW290。定义方向关键点的方法如下。

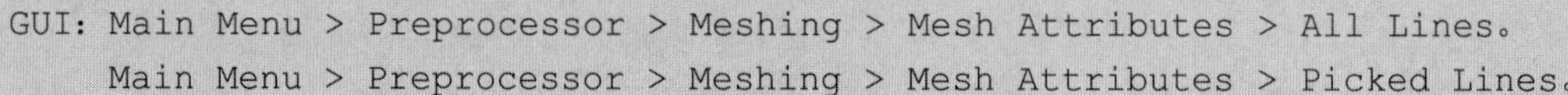

```
命令：LATT。
GUI: Main Menu > Preprocessor > Meshing > Mesh Attributes > All Lines。
     Main Menu > Preprocessor > Meshing > Mesh Attributes > Picked Lines。
```

如果一条线由两个关键点（KP1 和 KP2）组成且两个方向关键点（KB 和 KE）已定义为线的属性，方向矢量在线的开始从 KP1 延伸到 KB，在线的末端从 KP2 延伸到 KE。ANSYS 通过上面给定两个方向矢量的插入方向来计算方向节点，如图 3-28～图 3-31 所示。

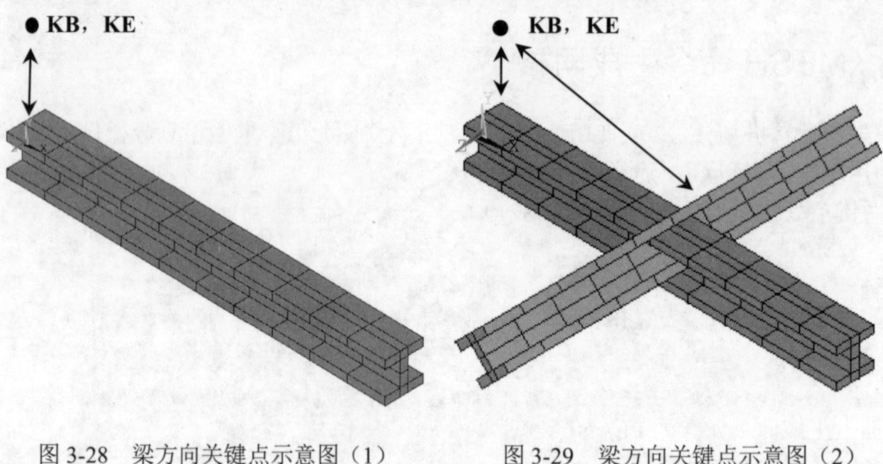

图 3-28　梁方向关键点示意图（1）　　图 3-29　梁方向关键点示意图（2）

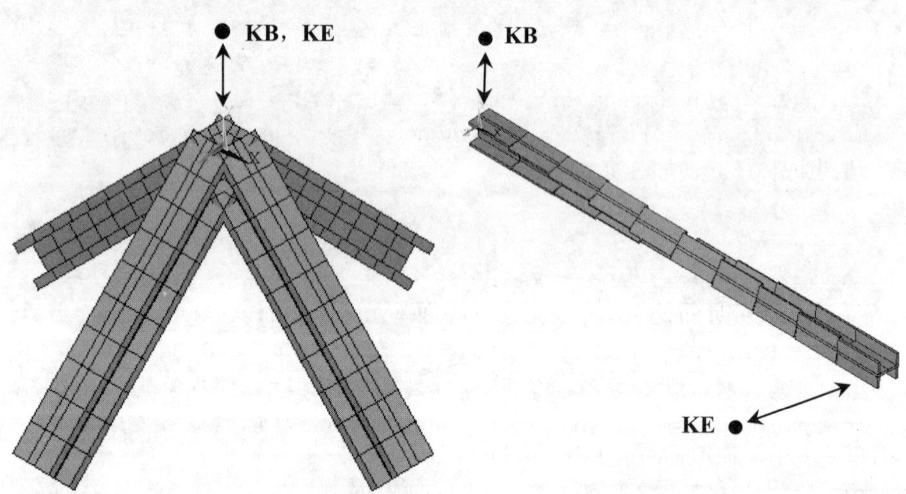

图 3-30　梁方向关键点示意图（3）　　图 3-31　梁方向关键点示意图（4）

下面简单介绍定义带方向节点梁单元的 GUI 菜单路径。

（1）选择主菜单中的 Main Menu > Preprocessor > Meshing > Mesh Attributes > Picked Lines 命令，弹出 Line Attributes 对话框，如图 3-32 所示，在其中选择相应材料号（MAT）、实常数号（REAL）、单元类型号（TYPE）和梁截面号（SECT），然后在 Pick Orientation Keypoint(s)后面单击使其显示为 Yes，单击 OK 按钮，继续弹出选择关键点对话框，选择适当的关键点作为方向关键点。

注意： 第一个选中的关键点将作为 KB，第二个将作为 KE，如果只选择了一个，那么 KE=KB。之后就可以按普通的梁那样划分梁单元，在此不再详述。

（2）如果想屏幕显示带方向点的梁单元，选择实用菜单中的 Utility Menu > PlotCtrls > Style > Size and Shape 命令，弹出 Size and Shape 对话框，如图 3-33 所示，在 ESHAPE 后面选中 On 复选框，再单击 OK 按钮，屏幕即会显示类似图 3-31 所示的梁单元。

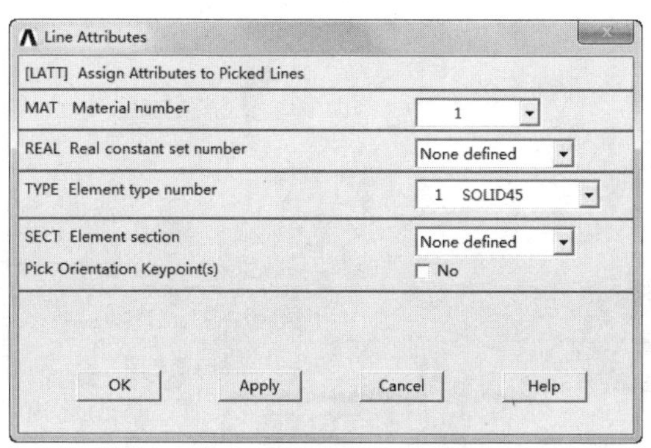

图 3-32　Line Attributes 对话框

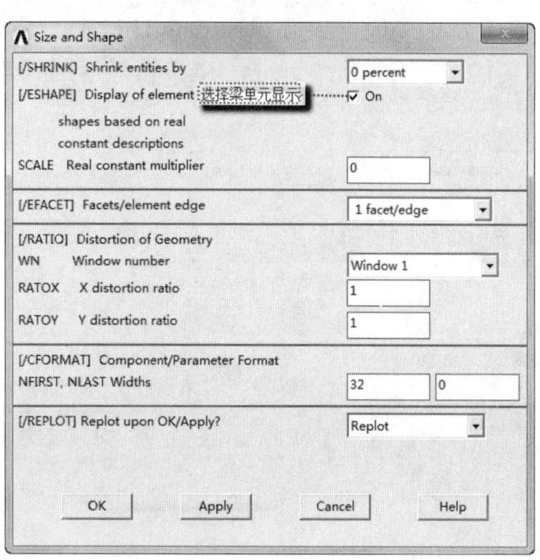

图 3-33　Size and Shape 对话框

3.5.3　在分界线或者分界面处生成单位厚度的界面单元

为了真实模拟模型的接缝，有时必须划分界面单元，用户可以用线性的或者非线性的 3-D 或者 3-D 分界面单元在结构单元之间的接缝层划分网格。如图 3-34 所示为一个接缝模型的实例，下面针对该模型简单介绍如何划分界面网格。

☑　定义相应的材料属性和单元属性。

☑　利用 AMESH 或者 VMESH（或者相应的 GUI 路径）给包含源面（如图 3-34 所示）的实体划分单元。

☑　利用 IMESH、LINE 或者 IMESH，AREA 或者 VDRAG 命令（或者相应的 GUI 路径）给接缝处（即分界层）划分单元。

☑　利用 AMESH 或者 VMESH（或者相应的 GUI 路径）给包含目标面（如图 3-34 所示）的实体划分单元。

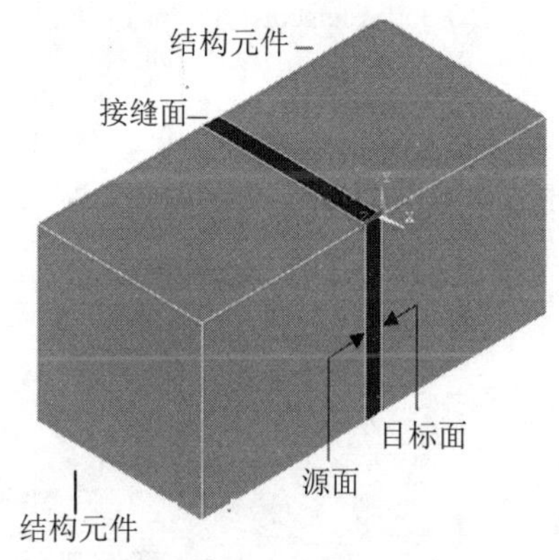

图 3-34　分界面处的网格划分

3.6　实例——储液罐的网格划分

本节将在第 2 章中建立的储液罐实体模型的基础上对储液罐进行网格划分。

3.6.1　GUI 方式

（1）打开储液罐几何模型 Tank.db 文件。

Note

（2）选择单元类型。

执行主菜单中的 Main Menu > Preprocessor > Element Type > Add/Edit/Delete 命令，弹出 Element Types 对话框，如图 3-35 所示。单击 Add 按钮，弹出 Library of Element Types 对话框，如图 3-36 所示。在左边的列表框中选择 Structural Mass > Solid 选项，在右边的列表框中选择 Brick 8 node 185，即选择实体 185 号单元。单击 OK 按钮，返回到 Element Types 对话框中，此时会出现所选单元的相应信息。

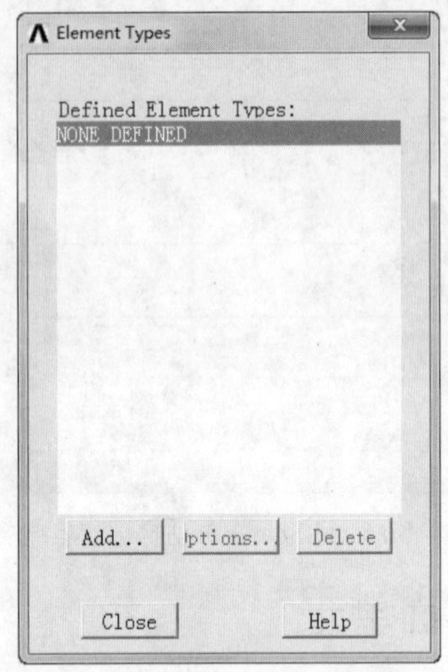

图 3-35　Element Types 对话框

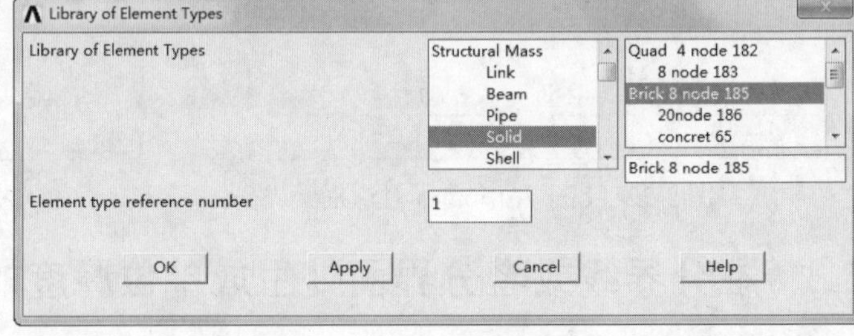

图 3-36　Library of Element Types 对话框

（3）定义单元选项。在图 3-35 所示的 Element Types 对话框中单击 Options 按钮，弹出 SOLID185 element type options 对话框，在 Element technology K2 后面的下拉列表框中选择 Simple Enhanced Strn 选项，如图 3-37 所示，单击 OK 按钮，回到图 3-35 所示的 Element Types 对话框中。单击 Close 按钮关闭该对话框。

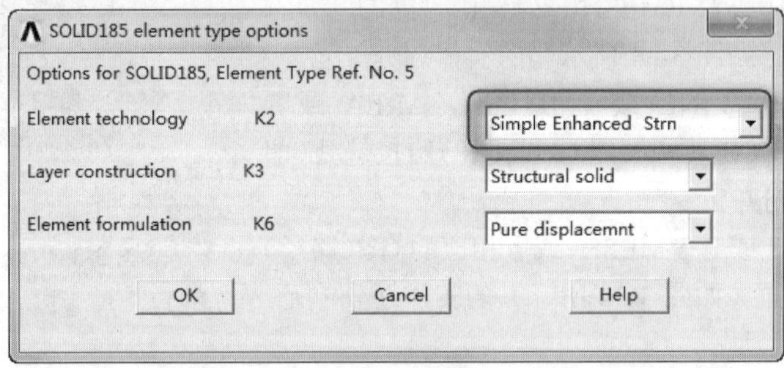

图 3-37　SOLID185 element type options 对话框

（4）定义材料属性。

执行主菜单中的 Main Menu > Preprocessor > Material Props > Material Models 命令，弹出 Define Material Model Behavior 窗口，如图 3-38 所示，在右边的 Material Models Available 列表框中依次选择 Structural > Linear > Elastic > Isotropic 选项，弹出 Linear Isotropic Properties for Material Number 1 对话框，如图 3-38 所示，在 EX 后面的文本框中输入 1.73E+011（弹性模量），在 PRXY 后面的文本框中输入 0.3（泊松比），单击 OK 按钮，然后选择 Define Material Model Behavior 窗口左上角的 Material > Exit 命令退出，材料属性定义完毕。

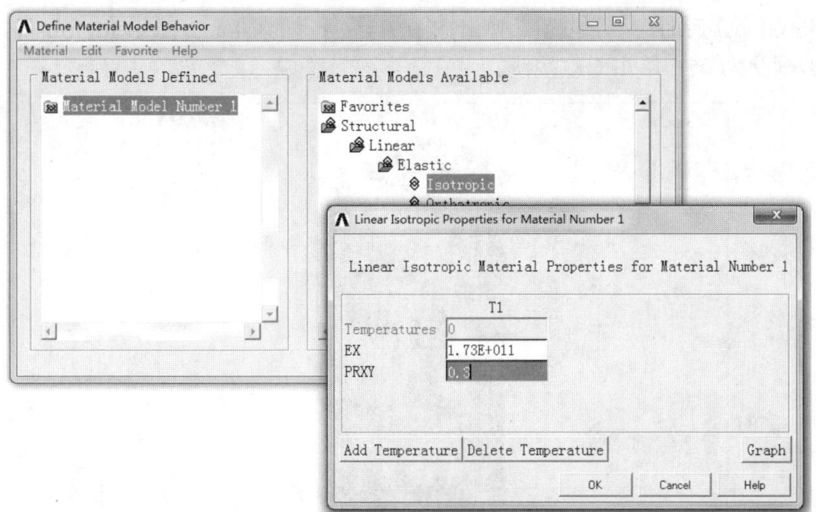

图 3-38 定义材料属性

（5）关闭体编号控制器。

执行实用菜单中的 Utity Menu > PlotCtrls > Numbering 命令，弹出 Plot Numbering Controls 对话框，如图 3-39 所示，选中 VOLU 后面的复选框，把 On 改成 Off，单击 OK 按钮。

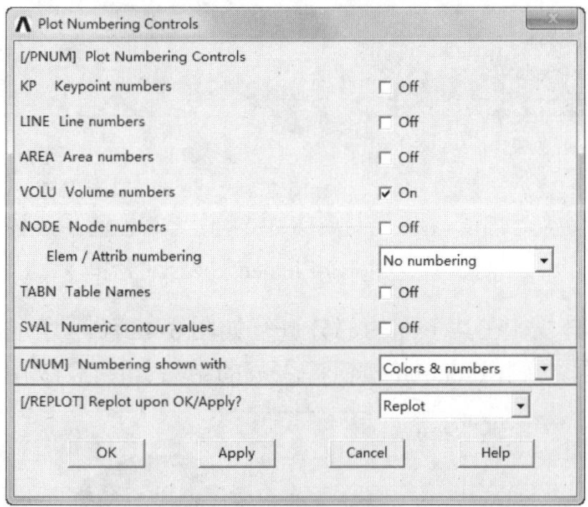

图 3-39 Plot Numbering Controls 对话框

（6）显示工作平面。

执行菜单栏中的 Utity Menu > WorkPlane > Display Working Plane 命令。

（7）切分储液罐模型。

执行主菜单中的 Main Menu > Preprocessor > Modeling > Operate > Booleans > Divide > Volu by WorkPlane 命令，弹出 Divide Vol by WorkPlane 拾取框，单击 Pick All 按钮，即可完成相应切分，切分后的结果如图 3-40 所示。

（8）关闭工作平面。

执行菜单栏中的 Utity Menu > WorkPlane > Display Working Plane 命令。

（9）划分网格尺寸设置。

执行主菜单中的 Main Menu > Preprocessor > Meshing > MeshTool 命令，弹出网格划分工具栏

MeshTool，单击 Global 后面的 Set 按钮，弹出如图 3-41 所示的 Global Element Sizes 对话框，在 SIZE 后面的文本框中输入 0.05，单击 OK 按钮。

Note

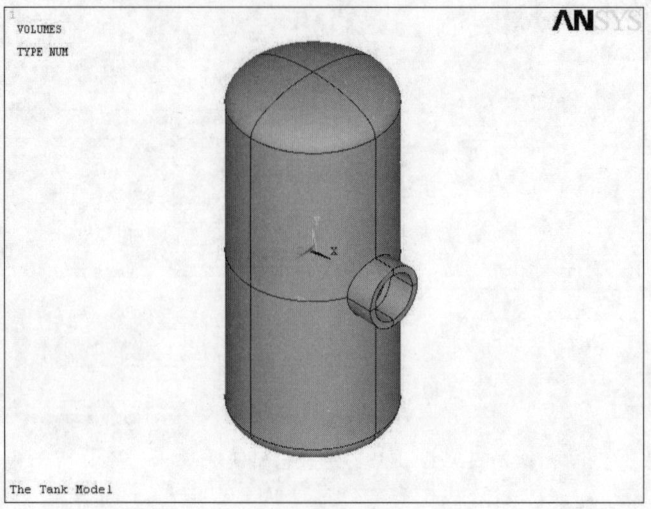

图 3-40　生成的结果

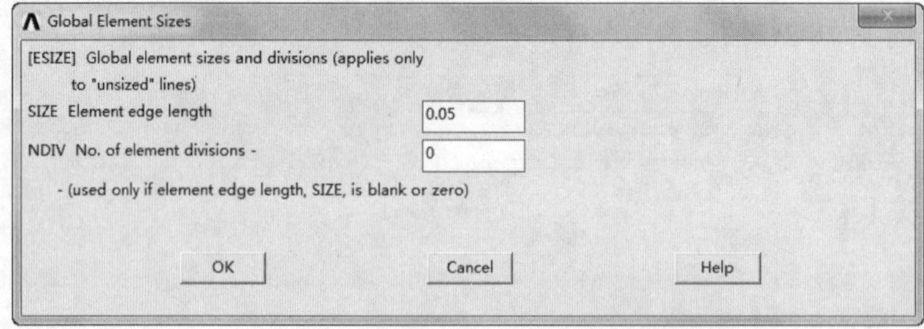

图 3-41　Global Element Sizes 对话框

再次回到 MeshTool 工具栏，在其下面的部分进行如图 3-42 所示设定，然后单击 Sweep 按钮，弹出 Volume Sweeping 拾取框，单击 Pick All 按钮，生成的结果如图 3-43 所示。

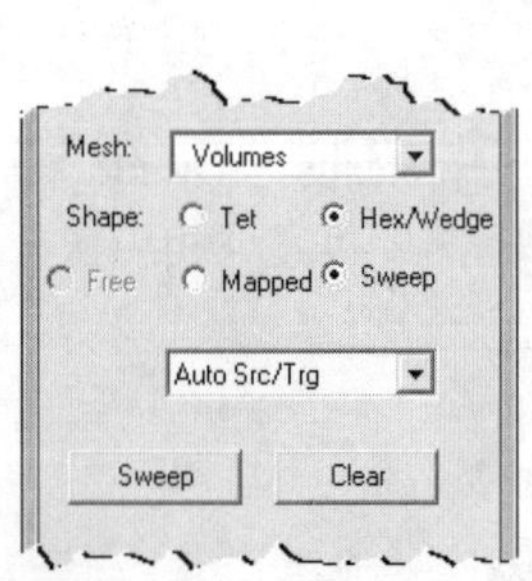

图 3-42　MeshTool 工具栏

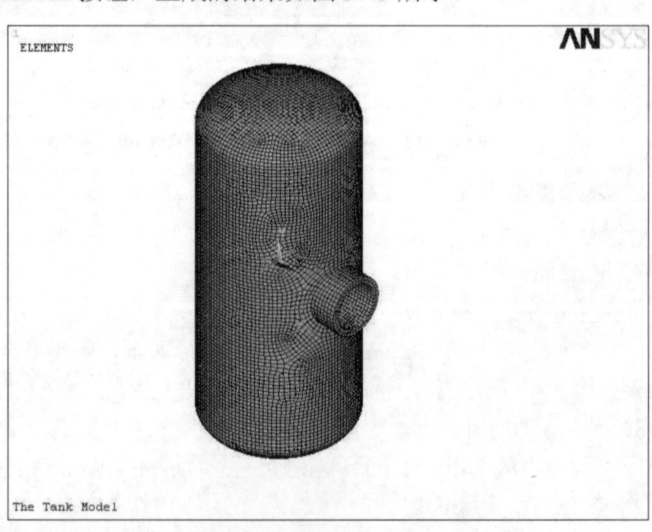

图 3-43　储液罐有限元模型

（10）保存有限元模型。

单击 ANSYS Toolbar 工具条中的 SAVE_DB 按钮，保存文件。

3.6.2 命令流方式

Note

```
RESUME, Tank,db,
/PREP7
ET,1,SOLID185
KEYOPT,1,2,3
MPTEMP,,,,,,,,
MPTEMP,1,0
MPDATA,EX,1,,1.73E11
MPDATA,PRXY,1,,0.3
/PNUM,VOLU,0
WPSTYLE,,,,,,,,1
FLST,2,16,6,ORDE,2
FITEM,2,1
FITEM,2,-16
VSBW,P51X
WPSTYLE,,,,,,,,0
ESIZE,0.05,0,
FLST,5,24,6,ORDE,10
FITEM,5,3
FITEM,5,-4
FITEM,5,6
FITEM,5,-7
FITEM,5,11
FITEM,5,-12
FITEM,5,14
FITEM,5,-15
FITEM,5,17
FITEM,5,-32
CM,_Y,VOLU
VSEL, , , ,P51X
CM,_Y1,VOLU
CHKMSH,'VOLU'
CMSEL,S,_Y
VSWEEP,_Y1
CMDELE,_Y
CMDELE,_Y1
CMDELE,_Y2
SAVE
```

3.7 延伸和扫掠生成有限元模型

下面介绍一些相对前面方法而言更为简便的划分网格模式——拖拉、旋转和扫掠生成有限元网格模型。其中延伸方法主要用于利用二维模型和二维单元生成三维模型和三维单元，如果不指定单元，

那么只会生成三维几何模型，有时它可以成为布尔操作的替代方法，而且通常更简便。扫掠方法是利用二维单元在已有的三维几何模型上生成三维单元，该方法对于从 CAD 中输入的实体模型通常特别有用。延伸方法与扫掠方法最大的区别在于，前者能在二维几何模型的基础上生成新的三维模型同时划分好网格，而后者必须是在完整的几何模型基础上来划分网格。

Note

3.7.1 延伸（Extrude）生成网格

先用下面方法指定延伸（Extrude）的单元属性，如果不指定，后面的延伸操作都只会产生相应的几何模型而不会划分网格。另外值得注意的是，如果想生成网格模型，在源面（或者线）上必须划分相应的面网格（或者线网格）。

```
命令：EXTOPT。
GUI：Main Menu > Preprocessor > Modeling > Operate > Extrude > Elem Ext Opts。
```

执行上述命令后，弹出 Element Extrusion Options 对话框，如图 3-44 所示，指定想要生成的单元类型（TYPE）、材料号（MAT）、实常数（REAL）、单元坐标系（ESYS）、单元数（VAL1）、单元比率（VAL2），以及指定是否要删除源面（ACLEAR）。

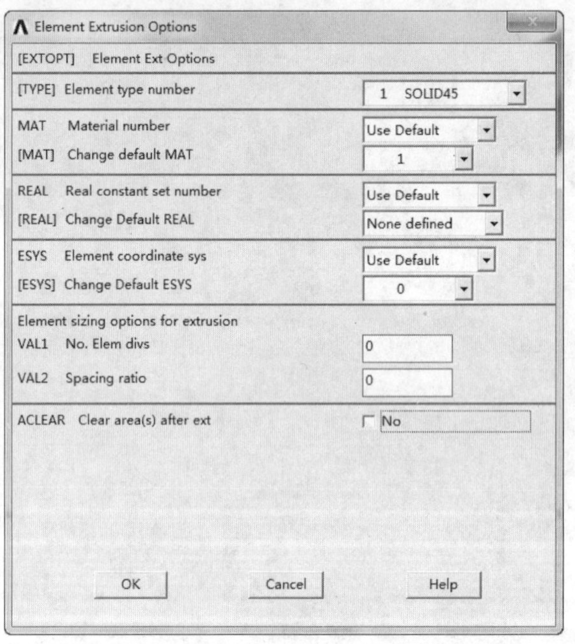

图 3-44 Element Extrusion Options 对话框

用以下命令可以执行具体的延伸操作。

（1）面沿指定轴线旋转生成体。

```
命令：VROTATE。
GUI：Main Menu > Preprocessor > Modeling > Operate > Extrude > Areas > About Axis。
```

（2）面沿指定方向延伸生成体。

```
命令：VEXT。
GUI：Main Menu > Preprocessor > Modeling > Operate > Extrude > Areas > By XYZ Offset。
```

（3）面沿其法线生成体。

命令：VOFFST。

GUI：Main Menu > Preprocessor > Modeling > Operate > Extrude > Areas > Along Normal。

注意：当使用 VEXT 或者相应的 GUI 时，弹出 Extrude Areas by XYZ Offset 对话框，如图 3-45 所示，其中 DX、DY、DZ 表示延伸的方向和长度，而 RX、RY、RZ 表示延伸时的放大倍数，示例如图 3-46 所示。

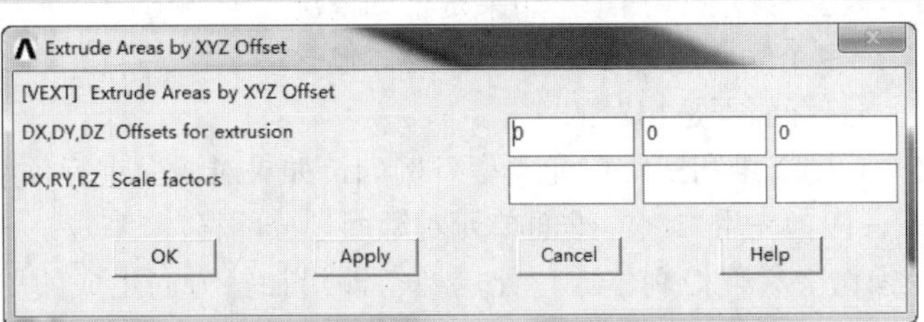

图 3-45 Extrude Areas by XYZ Offset 对话框

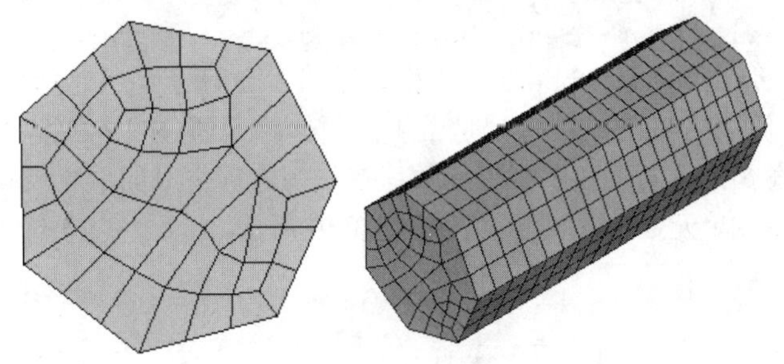

图 3-46 将网格面延伸生成网格体

（4）面沿指定路径延伸生成体。

命令：VDRAG。

GUI：Main Menu > Preprocessor > Modeling > Operate > Extrude > Areas > Along Lines。

（5）线沿指定轴线旋转生成面。

命令：AROTATE。

GUI：Main Menu > Preprocessor > Modeling > Operate > Extrude > Lines > About Axis。

（6）线沿指定路径延伸生成面。

命令：ADRAG。

GUI：Main Menu > Preprocessor > Modeling > Operate > Extrude > Lines > Along Lines。

（7）关键点沿指定轴线旋转生成线。

命令：LROTATE。

GUI：Main Menu > Preprocessor > Modeling > Operate > Extrude > Keypoints > About Axis。

（8）关键点沿指定路径延伸生成线。

命令：LDRAG。

GUI：Main Menu > Preprocessor > Modeling > Operate > Extrude > Keypoints > Along Lines。

Note

如果不在 EXTOPT 中指定单元属性，那么上述方法只会生成相应的几何模型，有时可以将它们作为布尔操作的替代方法，如图 3-47 所示，可以将空心球截面绕直径旋转一定角度直接生成。

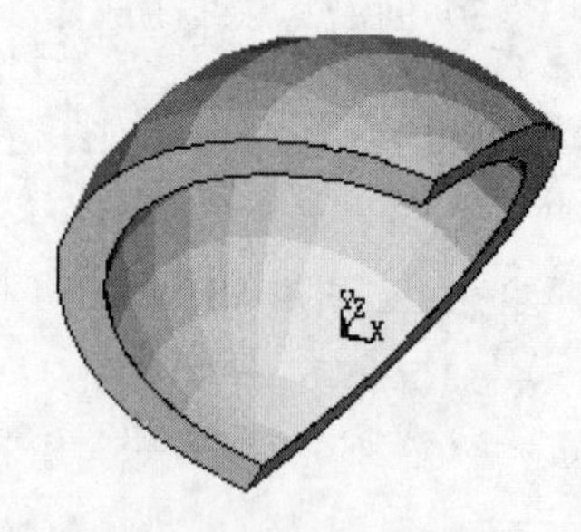
图 3-47　用延伸方法生成空心圆球

3.7.2　扫掠（VSWEEP）生成网格

在激活体扫掠之前按以下步骤进行。

（1）确定体的拓扑模型能够进行扫掠，如果是下列情况之一则不能扫掠：体的一个或多个侧面包含多于一个环；体包含多于一个壳；体的拓扑源面与目标面不是相对的。

（2）确定已定义合适的二维和三维单元类型。例如，如果对源面进行预网格划分，并想扫掠成包含二次六面体的单元，应当先用二次二维面单元对源面划分网格。

（3）确定在扫掠操作中如何控制生成单元层数，即沿扫掠方向生成的单元数。可用如下方法控制。

```
命令：EXTOPT，ESIZE，Val1，Val2。
GUI：Main Menu > Preprocessor > Meshing > Mesh > Volume Sweep > Sweep Opts。
```

执行上述命令后，弹出 Sweep Options 对话框，如图 3-48 所示。该对话框中各选项的含义依次如下：是否清除源面的面网格；在无法扫掠处是否用四面体单元划分网格；程序自动选择源面和目标面还是用户手动选择；在扫掠方向生成多少单元数；在扫掠方向生成的单元尺寸比率。其中关于源面、目标面、扫掠方向和生成单元数的含义示意图如图 3-49 所示。

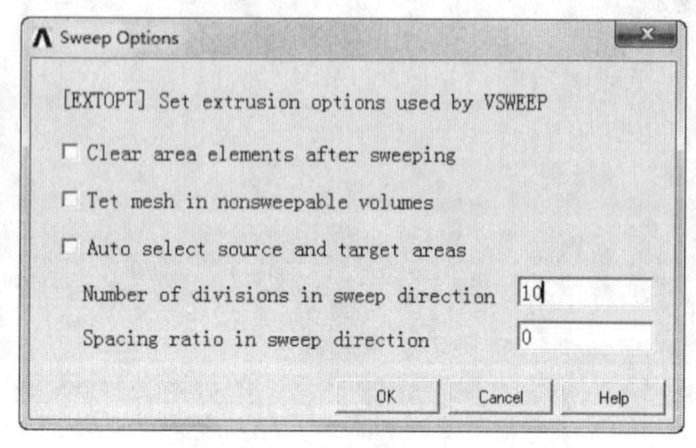

图 3-48　Sweep Options 对话框

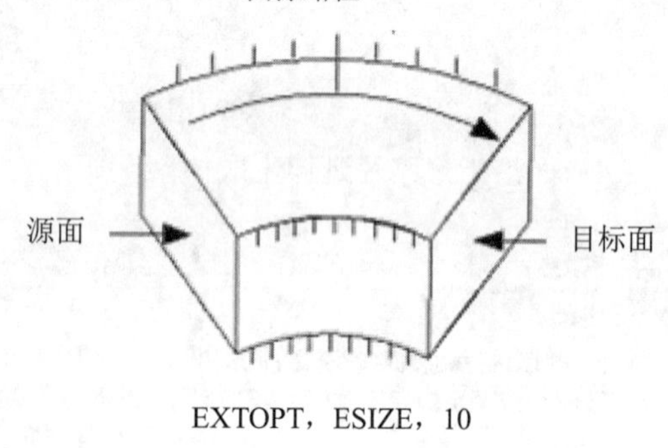

图 3-49　扫掠示意图

（4）确定体的源面和目标面。ANSYS 在源面上使用的是面单元模式（三角形或者四边形），用六面体或者楔形单元填充体。目标面是仅与源面相对的面。

（5）有选择地对源面、目标面和边界面划分网格。

体扫掠操作的结果会因在扫掠前是否对模型的任何面（源面、目标面和边界面）划分网格而不同。典型情况是用户在扫掠之前对源面划分网格，如果不划分，则 ANSYS 程序会自动生成临时面单元，在确定了体扫掠模式之后就会自动清除。

在扫掠前确定是否预划分网格应当考虑以下因素。

☑　如果想让源面用四边形或者三角形映射网格划分，那么应当预划分网格。

☑　如果想让源面用初始单元尺寸划分网格，那么应当预划分。

☑　如果不预划分网格，ANSYS 通常用自由网格划分。

☑　如果不预划分网格，ANSYS 使用有 MSHAPE 设置的单元形状来确定对源面的网格划分。

Note

MSHAPE，0，2D 生成四边形单元，MSHAPE，1，2D 生成三角形单元。

☑ 如果与体关联的面或者线上出现硬点则扫掠操作失败，除非对包含硬点的面或者线预划分网格。

☑ 如果源面和目标面都进行预划分网格，那么面网格必须相匹配。不过，源面和目标面并不要求一定都划分成映射网格。

☑ 在扫掠之前，体的所有侧面（可以有连接线）必须是映射网格划分或者四边形网格划分，如果侧面为划分网格，则必须有一条线在源面上，还有一条线在目标面上。

☑ 有时尽管源面和目标面的拓扑结构不同，但扫掠操作依然可以成功，只需采用适当的方法即可。如图 3-50 所示，将模型分解成两个模型，分别从不同方向扫掠即可生成合适的网格。

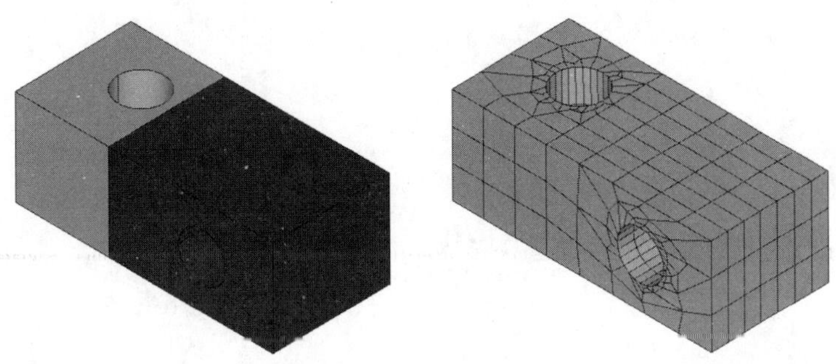

图 3-50　扫掠相邻体

用户可用如下方法激活体扫掠。

```
命令：VSWEEP，VNUM，SRCA，TRGA,LSMO。
GUI：Main Menu > Preprocessor > Meshing > Mesh > Volume Sweep > Sweep。
```

如果用 VSWEEP 命令扫掠体，须指定下列变量值：待扫掠体（VNUM）、源面（SRCA）、目标面（TRGA），另外可选用 LSMO 变量指定 ANSYS 在扫掠体操作中是否执行线的光滑处理。

如果采用 GUI 途径，则按下列步骤。

（1）选择主菜单中的 Main Menu > Preprocessor > Meshing > Mesh > Volume Sweep > Sweep 命令，弹出体扫掠选择框。

（2）选择待扫掠的体并单击 Apply 按钮。

（3）选择源面并单击 Apply 按钮。

（4）选择目标面，单击 OK 按钮。

如图 3-51 所示为一个体扫掠网格的示例，图 3-51（a）、图 3-51（c）表示没有预网格直接执行体扫掠的结果，图 3-51（b）、图 3-51（d）表示在源面上划分映射预网格然后执行体扫掠的结果，如果用户觉得这两种网格结果都不满意，则可以考虑图 3-51（e）～图 3-51（g）形式，步骤如下。

（1）清除网格（VCLEAR）。

（2）通过在想要分割的位置创建关键点对源面的线和目标面的线进行分割（LDIV），如图 3-51（e）所示。

（3）按图 3-51（e）将源面上增线的线分割复制到目标面的相应新增线上（新增线是步骤（2）产生的）。该步骤可以通过网格划分工具实现，可选择主菜单中的 Main Menu > Preprocessor > Meshing > MeshTool 命令。

（4）手工对步骤（2）修改过的边界面划分映射网格，如图 3-51（f）所示。

（5）重新激活和执行体扫掠，结果如图 3-51（g）所示。

Note

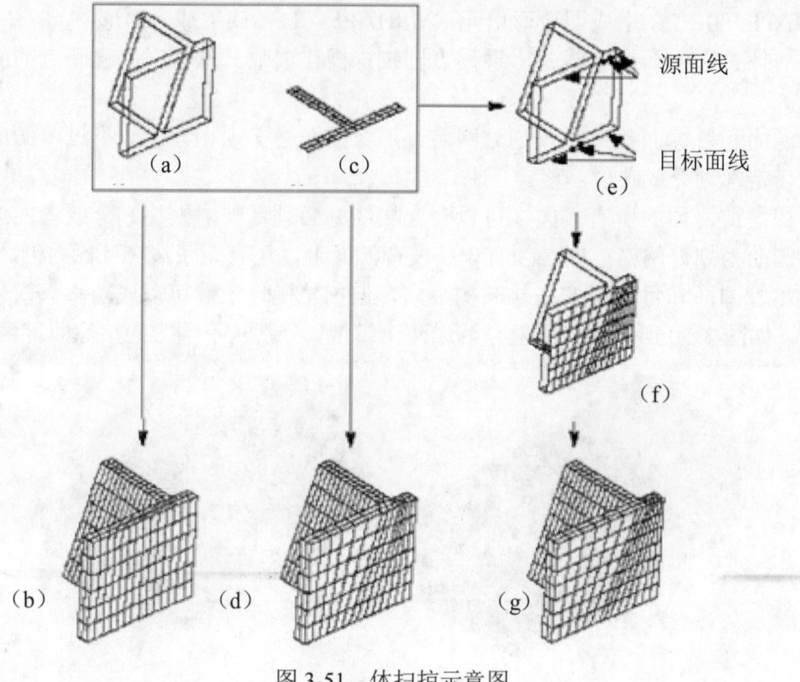

图 3-51　体扫掠示意图

3.8　修正有限元模型

本节主要叙述一些常用的修改有限元模型的方法，主要包括以下方面。

☑　局部细化网格。

☑　移动和复制节点和单元。

☑　控制面、线和单元的法向。

☑　修改单元属性。

3.8.1　局部细化网格

通常，碰到下面两种情况时，用户需要考虑对局部区域进行网格细化。

☑　用户已经将一个模型划分了网格，但想在模型的指定区域内得到更好的网格。

☑　用户已经完成分析，同时根据结果想在感兴趣的区域得到更精确的解。

注意：对于由四面体组成的体网格，ANSYS 程序允许用户在指定的节点、单元、关键点、线或者面的周围进行局部细化网格，但非四面体单元（例如六面体、楔形、棱锥等）不能进行局部细化网格。

下面具体介绍利用命令或者相应 GUI 菜单途径，进行网格细化并设置细化控制。

（1）围绕节点细化网格。

```
命令：NREFINE。
GUI: Main Menu > Preprocessor > Meshing > Modify Mesh > Refine At > Nodes。
```

（2）围绕单元细化网格。

命令：EREFINE。

GUI：Main Menu > Preprocessor > Meshing > Modify Mesh > Refine At > Elements。
Main Menu > Preprocessor > Meshing > Modify Mesh > Refine At > All。

（3）围绕关键点细化网格。

命令：KREFINE。

GUI：Main Menu > Preprocessor > Meshing > Modify Mesh > Refine At > Keypoints。

（4）围绕线细化网格。

命令：LREFINE。

GUI：Main Menu > Preprocessor > Meshing > Modify Mesh > Refine At > Lines。

（5）围绕面细化网格。

命令：AREFINE。

GUI：Main Menu > Preprocessor > Meshing > Modify Mesh > Refine At > Areas。

如图3-52～图3-55所示为一些网格细化的范例。

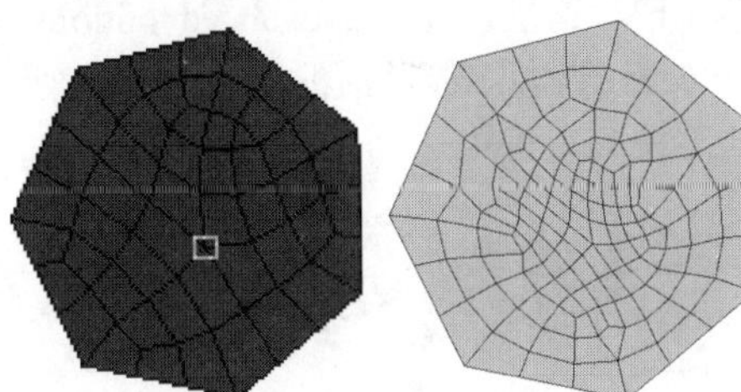

（a）在节点处细化网格（NREFINE）

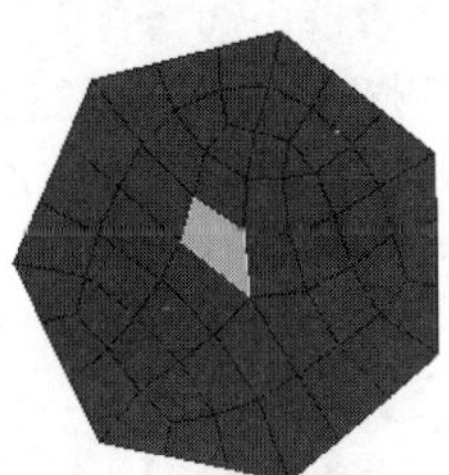

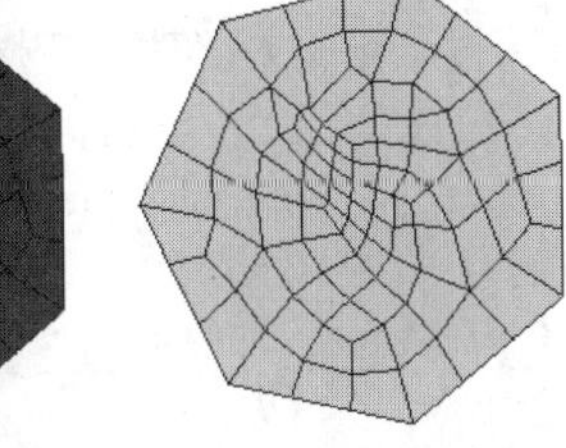

（b）在单元处细化网格（EREFINE）

图3-52　网格细化范例（1）

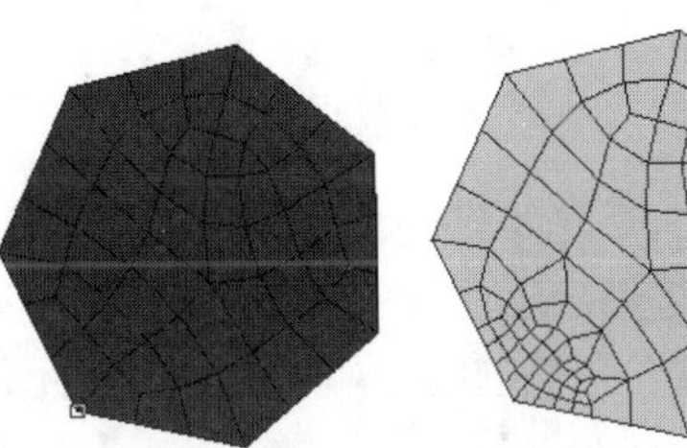

（a）在关键点处细化网格（KREFINE）

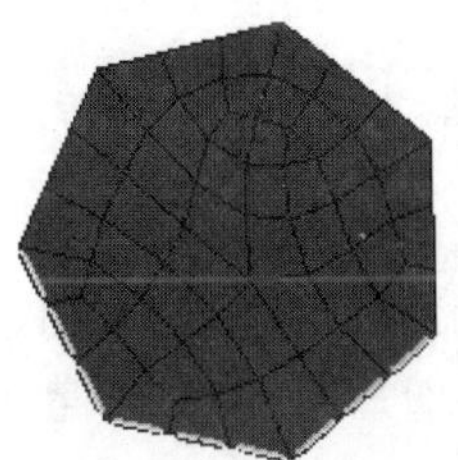

（b）在线附近细化网格（LREFINE）

图3-53　网格细化范例（2）

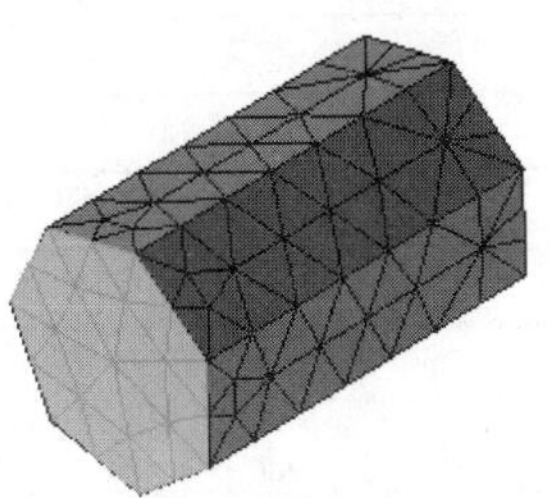

图3-54　网格细化范例（3）

Note

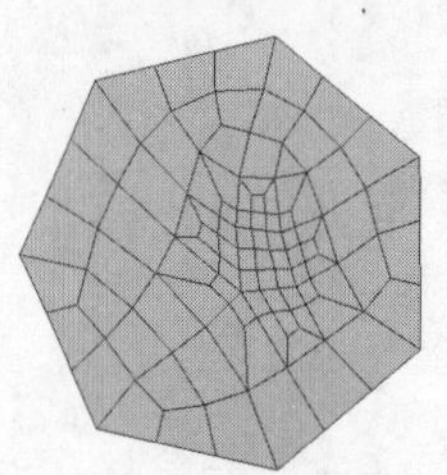
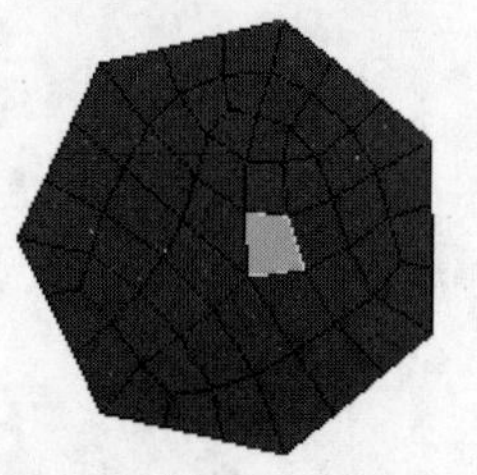
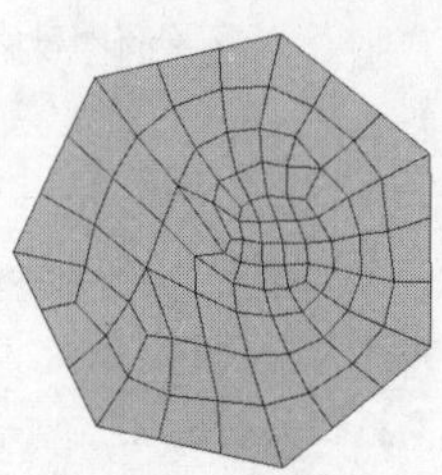

（a）原始网格　（b）细化（不清除）（POST=OFF）　（c）原始网格　（d）细化（清除）（POST=CLEAN）

图 3-55　网格细化范例（4）

从图 3-52～图 3-55 中可以看出，控制网格细化时常用的 3 个变量为 LEVEL、DEPTH 和 POST。下面对 3 个变量分别进行介绍，在此之前，先介绍在何处定义这 3 个变量值。

以用菜单路径围绕节点细化网格为例。

```
GUI: Main Menu > Preprocessor > Meshing > Modify Mesh > Refine At > Nodes。
```

弹出拾取节点对话框，在模型上拾取相应节点，弹出 Refine Mesh at Node 对话框，如图 3-56 所示，在 LEVEL 后面的下拉列表框中选择合适的数值作为 LEVEL 值，选中 Advanced options 后面的 Yes 复选框，单击 OK 按钮，弹出 Refine mesh at nodes advanced options 对话框，如图 3-57 所示。在 DEPTH 后面的文本框中输入相应数值，在 POST 后面的下拉列表框中选择相应选项，其余选项保持默认，单击 OK 按钮即可执行网格细化操作。

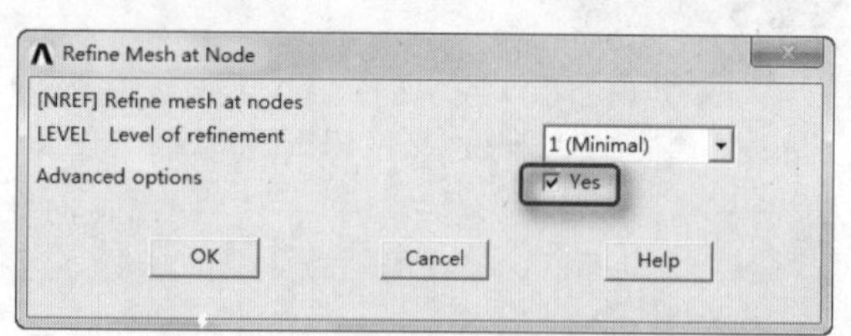

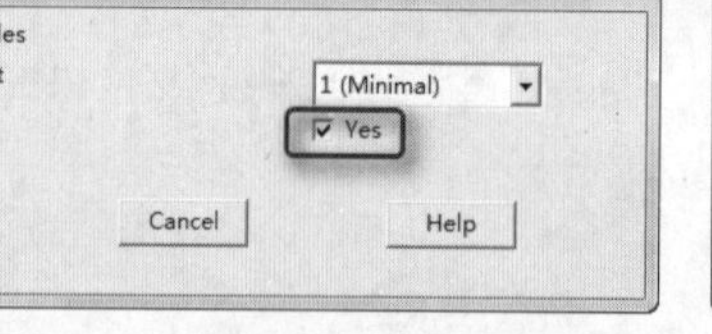

图 3-56　局部细化网格对话框（1）

图 3-57　局部细化网格对话框（2）

下面对 3 个变量分别解释。LEVEL 变量用来指定网格细化的程度，必须是从 1～5 的整数，1 表示最小程度的细化，其细化区域单元边界的长度大约为原单元边界长度的 1/2；5 表示最大程度的细化，其细化区域单元边界的长度大约为原单元边界长度的 1/9，其余值的细化程度如表 3-3 所示。

表 3-3　细化程度

LEVEL 值	细化后单元与原单元边长的比值
1	1/2
2	1/3
3	1/4
4	1/8
5	1/9

DEPTH 变量表示网格细化的范围，默认 DEPTH=0，表示只细化选择点（或者单元、线、面等）处一层网格，当然，DEPTH=0 时也可能细化一层之外的网格，那是因为网格过渡的要求所致。

POST 变量表示是否对网格细化区域进行光滑和清理处理。光滑处理表示调整细化区域的节点位置以改善单元形状，清理处理表示 ANSYS 程序对那些细化区域或者直接与细化区域相连的单元执行清理命令，通常可以改善单元质量。默认情况是进行光滑和清理处理。

Note

另外，图 3-57 中的 RETAIN 变量通常设置为 On（默认形式），这样可以防止四边形网格裂变成三角形。

3.8.2　移动和复制节点及单元

当一个已经划分了网格的实体模型图元被复制时，用户可以选择是否连同单元和节点一起复制，以复制面为例，选择主菜单中的 Main Menu > Preprocessor > Modeling > Copy > Areas 命令之后，弹出 Copy Areas 对话框，如图 3-58 所示，可以在 NOELEM 后面的下拉列表框中选择是否复制单元和节点。

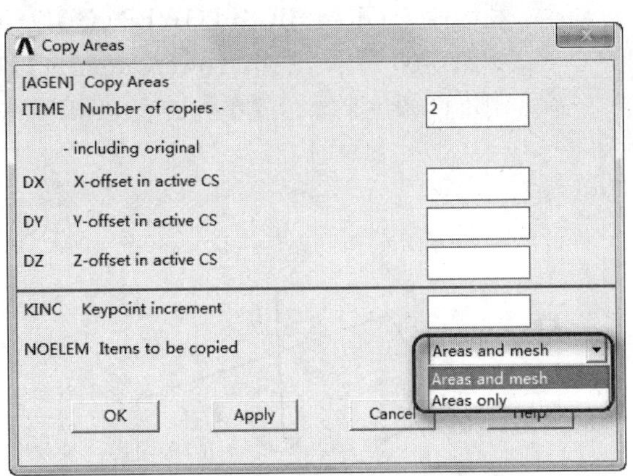

图 3-58　复制面（Copy Areas）对话框

（1）移动和复制面。

命令：AGEN。
GUI：Main Menu > Preprocessor > Modeling > Copy > Areas。
Main Menu > Preprocessor > Modeling > Move/Modify > Areas > Areas。

（2）移动和复制体。

命令：VGEN。
GUI：Main Menu > Preprocessor > Modeling > Copy > Volumes。
Main Menu > Preprocessor > Modeling > Move/Modify > Volumes。

（3）对称映像生成面。

命令：ARSYM。
GUI：Main Menu > Preprocessor > Modeling > Reflect > Areas。

（4）对称映像生成体。

命令：VSYMM。
GUI：Main Menu > Preprocessor > Modeling > Reflect > Volumes。

（5）转换面的坐标系。

命令：ATRAN。
GUI：Main Menu > Preprocessor > Modeling > Move/Modify > Transfer Coord > Areas。

（6）转换体的坐标系。

命令：VTRAN。
GUI：Main Menu > Preprocessor > Modeling > Move/Modify > Transfer Coord > Volumes。

3.8.3　控制面、线和单元的法向

如果模型中包含壳单元，并且加的是面载荷，那么用户就需要了解单元面以便能对载荷定义正确的方向。通常，壳的表面载荷将加在单元的某一个面上，并根据右手法则（I，J，K，L 节点序号方向，如图 3-59 所示）确定正向。如果用户是用实体模型面进行网格划分的方法生成壳单元，那么单元的正方向将与面的正方向一致。

有以下几种方法进行图形检查。

☑ 壳执行/NORMAL 命令（GUI：Utility Menu > PlotCtrls > Style > Shell Normals），接着再执行 EPLOT 命令（GUI：Utility Menu > Plot > Elements），该方法可以对壳单元的正法线方向进行一次快速的图形检查。

Note

☑ 利用命令 GRAPHICS，POWER（GUI: Utility Menu > PlotCtrls > Style > Hidden-Line Options，如图 3-60 所示）打开 PowerGraphics 选项（通常该选项是默认打开的），PowerGraphics 将用不同颜色来显示壳单元的底面和顶面。

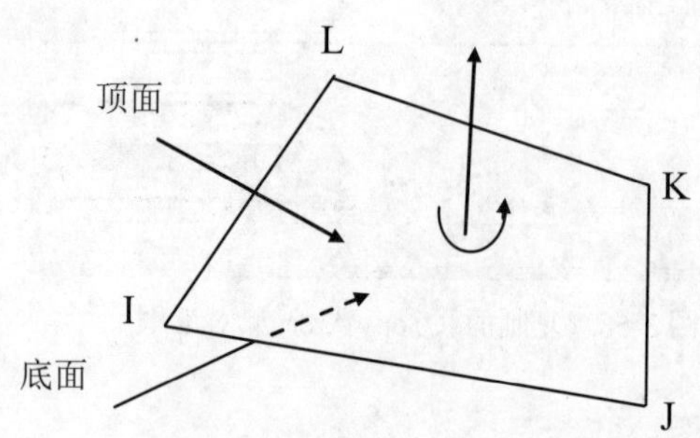

图 3-59　面的正方向

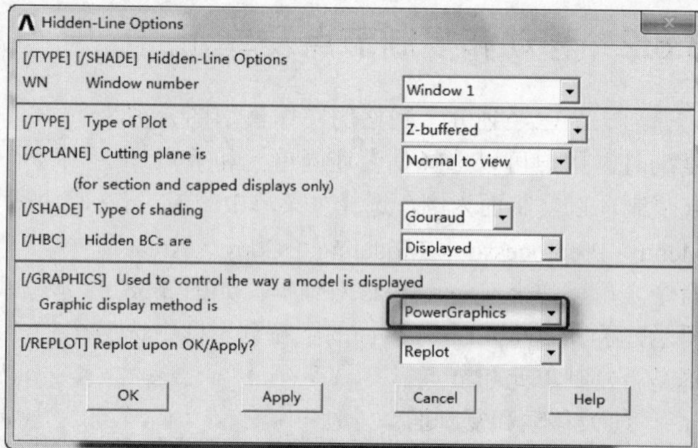

图 3-60　打开 PowerGraphics 选项

☑ 用假定正确的表面载荷加到模型上，然后在执行 EPLOT 命令之前先打开显示表面载荷符号的选项[/PSF,Item,Comp,2]（相应 GUI：Utility Menu > PlotCtrls > Symbols）以检验方向的正确性。

有时用户需要修改或者控制面、线和单元的法向，ANSYS 程序提供了如下方法。

（1）重新设定壳单元的法向。

命令：ENORM。

GUI：Main Menu > Preprocessor > Modeling > Move/Modify > Elements > Shell Normals。

（2）重新设定面的法向。

命令：ANORM。

GUI：Main Menu > Preprocessor > Modeling > Move/Modify > Areas > Area Normals。

（3）将壳单元的法向反向。

命令：ENSYM。

GUI：Main Menu > Preprocessor > Modeling > Move/Modify > Reverse Normals > of Shell Elems。

（4）将线的法向反向。

命令：LREVERSE。

GUI：Main Menu > Preprocessor > Modeling > Move/Modify > Reverse Normals > of Lines。

（5）将面的法向反向。

命令：AREVERSE。

GUI：Main Menu > Preprocessor > Modeling > Move/Modify > Reverse Normals > of Areas。

3.8.4　修改单元属性

通常，要修改单元属性时，用户可以直接删除单元，重新设定单元属性后再执行网格划分操作，这个方法最直观，但也最费时、最不方便。下面提供另外一种不必删除网格的简便方法。

命令：EMODIFY。

GUI：Main Menu > Preprocessor > Modeling > Move/Modify > Elements > Modify Attrib。

执行上述命令后弹出拾取单元对话框，用鼠标在模型上拾取相应单元之后即弹出 Modify Elem Attributes 对话框，如图 3-61 所示，在 STLOC 后面的下拉列表框中选择适当选项（例如单元类型、材料号和实常数等），然后在 I1 后面的文本框中输入新的序号（表示修改后的单元类型号、材料号或者实常数等）。

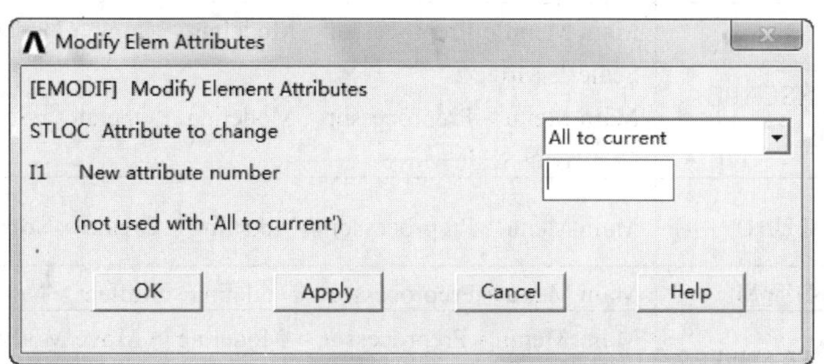

图 3-61　修改单元属性对话框

3.9　直接通过节点和单元生成有限元模型

如前面所述，ANSYS 程序已经提供了许多方便的命令用于通过几何模型生成有限元网格模型，以及对节点和单元的复制、移动等操作，但同时，ANSYS 还提供了直接通过节点和单元生成有限元模型的方法，有时，这种直接方法更便捷有效。

由直接生成法生成的模型严格按节点和单元的顺序定义，单元必须在相应节点全部生成之后才能定义。

3.9.1　节点

本节讲述的内容主要包括以下方面。

☑　定义节点。
☑　从已有节点生成其他的节点。
☑　查看和删除节点。
☑　移动节点。
☑　读写包含节点数据的文本文件。
☑　旋转节点的坐标系。

用户可以按表 3-4～表 3-9 提供的方法执行上述操作。

表 3-4　定义节点

用　　法	命　　令	GUI 菜单路径
在激活的坐标系中定义单个节点	N	Main Menu > Preprocessor > Modeling > Create > Nodes > In Active CS or > On Working Plane
在关键点上生成节点	NKPT	Main Menu > Preprocessor > Modeling > Create > Nodes > On Keypoint

Note

表 3-5 从已有节点生成其他的节点

用　　法	命　　令	GUI 菜单路径
在两节点连线上生成节点	FILL	Main Menu > Preprocessor > Modeling > Create > Nodes > Fill between Nds
由一种模式的节点生成其他的节点	NGEN	Main Menu > Preprocessor > Modeling > Copy > Nodes > Copy
由一种模式的节点生成缩放的节点	NSCALE	Main Menu > Preprocessor > Modeling > Copy > Nodes > Scale & Copy or > Scale & Move Main Menu > Preprocessor > Modeling > Operate > Scale > Nodes > Scale & Copy or > Scale Move
在三节点的二次线上生成节点	QUAD	Main Menu > Preprocessor > Modeling > Create > Nodes > Quadratic Fill
生成镜像映射节点	NSYM	Main Menu > Preprocessor > Modeling > Reflect > Nodes
将一种模式的节点转换坐标系	TRANSFER	Main Menu > Preprocessor > Modeling > Move/Modify > Transfer Coord > Nodes
在曲线的曲率中心定义节点	CENTER	Main Menu > Preprocessor > Modeling > Create > Nodes > At Curvature Ctr

表 3-6 查看和删除节点

用　　法	命　　令	GUI 菜单路径
列表显示节点	NLIST	Utility Menu > List > Nodes Utility Menu > List > Picked Entities > Nodes
屏幕显示节点	NPLOT	Utility Menu > Plot > Nodes
删除节点	NDELE	Main Menu > Preprocessor > Modeling > Delete > Nodes

表 3-7 移动节点

用　　法	命　　令	GUI 菜单路径
通过编辑节点坐标来移动节点	NMODIF	Main Menu > Modeling > Preprocessor > Create > Nodes > Rotate Node CS > By Angles Main Menu > Preprocessor > Modeling > Move/Modify > Rotate Node CS > By Angles or > Set of Nodes or > Single Node
移动节点到坐标面的交点	MOVE	Main Menu > Preprocessor > Modeling > Move/Modify > Nodes > To Intersect

表 3-8 旋转节点的坐标系

用　　法	命　　令	GUI 菜单路径
旋转到当前激活的坐标系	NROTAT	Main Menu > Preprocessor > Modeling > Create > Nodes > Rotate Node CS > To Active CS Main Menu > Preprocessor > Modeling > Move/Modify > Rotate Node CS > To Active CS
通过方向余弦来旋转节点坐标系	NANG	Main Menu > Preprocessor > Modeling > Create > Nodes > Rotate Node CS > By Vectors Main Menu > Preprocessor > Modeling > Move/Modify > Rotate Node CS > By Vectors

续表

用　　法	命　　令	GUI 菜单路径
通过角度来旋转节点坐标系	N; NMODIF	Main Menu > Preprocessor > Modeling > Create > Nodes > In Active CS or > On Working Plane Main Menu > Modeling > Preprocessor > Create > Nodes > Rotate Node CS > By Angles Main Menu > Preprocessor > Modeling > Move/Modify > Rotate Node CS > By Angles or > Set of Nodes or > Single Node

表 3-9　读写包含节点数据的文本文件

用　　法	命　　令	GUI 菜单路径
从文件中读取一部分节点	NRRANG	Main Menu > Preprocessor > Modeling > Create > Nodes > Read Node File
从文件中读取节点	NREAD	Main Menu > Preprocessor > Modeling > Create > Nodes > Read Node File
将节点写入文件	NWRITE	Main Menu > Preprocessor > Modeling > Create > Nodes > Write Node File

3.9.2　单元

本节讲述的内容主要包括以下方面。

☑　组集单元表。

☑　指向单元表中的项。

☑　查看单元列表。

☑　定义单元。

☑　查看和删除单元。

☑　从已有单元生成另外的单元。

☑　利用特殊方法生成单元。

☑　读写包含单元数据的文本文件。

注意：定义单元的前提条件是：用户已经定义了该单元所需的最少节点并且已指定了合适的单元属性。

可以按照表 3-10～表 3-17 提供的方法执行上述操作。

表 3-10　组集单元表

用　　法	命　　令	GUI 菜单路径
定义单元类型	ET	Main Menu > Preprocessor > Element Type > Add/Edit/Delete
定义实常数	R	Main Menu > Preprocessor > Real Constants
定义线性材料属性	MP; MPDATA; MPTEMP	Main Menu > Preprocessor > Material Props > Material Models > analysis type

表 3-11　指向单元属性

用　　法	命　　令	GUI 菜单路径
指定单元类型	TYPE	Main Menu > Preprocessor > Modeling > Create > Elements > Elem Attributes
指定实常数	REAL	Main Menu > Preprocessor > Modeling > Create > Elements > Elem Attributes
指定材料号	MAT	Main Menu > Preprocessor > Modeling > Create > Elements > Elem Attributes
指定单元坐标系	ESYS	Main Menu > Preprocessor > Modeling > Create > Elements > Elem Attributes

Note

表 3-12　查看单元列表

用　　法	命　　令	GUI 菜单路径
列表显示单元类型	ETLIST	Utility Menu > List > Properties > Element Types
列表显示实常数的设置	RLIST	Utility Menu > List > Properties > All Real Constants or > Specified Real Constants
列表显示线性材料属性	MPLIST	Utility Menu > List > Properties > All Materials or > All Matls, All Temps or > All Matls, Specified Temp or > Specified Matl, All Temps
列表显示数据表	TBLIST	Main Menu > Preprocessor > Material Props > Material Models Utility Menu > List > Properties > Data Tables
列表显示坐标系	CSLIST	Utility Menu > List > Other > Local Coord Sys

表 3-13　定义单元

用　　法	命　　令	GUI 菜单路径
定义单元	E	Main Menu > Preprocessor > Modeling > Create > Elements > Auto Numbered > Thru Nodes Main Menu > Preprocessor > Modeling > Create > Elements > User Numbered > Thru Nodes

表 3-14　查看和删除单元

用　　法	命　　令	GUI 菜单路径
列表显示单元	ELIST	Utility Menu > List > Elements Utility Menu > List > Picked Entities > Elements
屏幕显示单元	EPLOT	Utility Menu > Plot > Elements
删除单元	EDELE	Main Menu > Preprocessor > Modeling > Delete > Elements

表 3-15　从已有单元生成其他的单元

用　　法	命　　令	GUI 菜单路径
从已有模式的单元生成其他的单元	EGEN	Main Menu > Preprocessor > Modeling > Copy > Elements > Auto Numbered
手工控制编号从已有模式的单元生成其他的单元	ENGEN	Main Menu > Preprocessor > Modeling > Copy > Elements > User Numbered
镜像映射生成单元	ESYM	Main Menu > Preprocessor > Modeling > Reflect > Elements > Auto Numbered
手工控制编号镜像映射生成单元	ENSYM	Main Menu > Preprocessor > Modeling > Reflect > Elements > User Numbered Main Menu > Preprocessor > Modeling > Move/Modify > Reverse Normals > of Shell Elements

表 3-16　利用特殊方法生成单元

用　　法	命　　令	GUI 菜单路径
在已有单元的外表面生成表面单元（SURF151 和 SURF152）	ESURF	Main Menu > Preprocessor > Modeling > Create > Elements > Surf/Contact > option
用表面单元覆盖于平面单元的边界上并分配额外节点作为最近的流体单元节点（SURF151）	LFSURF	Main Menu > Preprocessor > Modeling > Create > Elements > Surf/Contact > Surface Effect > Attach to Fluid > Line to Fluid

Note

续表

用　法	命　令	GUI 菜单路径
用表面单元覆盖于实体单元的表面上并分配额外的节点作为最近的流体单元的节点（SURF152）	AFSURF	Main Menu > Preprocessor > Modeling > Create > Elements > Surf/Contact > Surf Effect > Attach to Fluid > Area to Fluid
用表面单元覆盖于已有单元的表面并指定额外的节点作为最近的流体单元的节点（SURF151 和 SURF152）	NDSURF	Main Menu > Preprocessor > Modeling > Create > Elements > Surf/Contact > Surf Effect > Attach to Fluid > Node to Fluid
在重合位置处产生两节点单元	EINTF	Main Menu > Preprocessor > Modeling > Create > Elements > Auto Numbered > At Coincid Nd
产生接触单元	GCGEN	Main Menu > Preprocessor > Modeling > Create > Elements > Surf/Contact > Node to Surf

表 3-17　读写包含单元数据的文本文件

用　法	命　令	GUI 菜单路径
从单元文件中读取部分单元	ERRANG	Main Menu > Preprocessor > Modeling > Create > Elements > Read Elem File
从文件中读取单元	EREAD	Main Menu > Preprocessor > Modeling > Create > Elements > Read Elem File
将单元写入文件	EWRITE	Main Menu > Preprocessor > Modeling > Create > Elements > Write Elem File

3.10 编号控制

本节主要讲述用于编号控制（包括关键点、线、面、体、单元、节点、单元类型、实常数、材料号、耦合自由度、约束方程、坐标系等）的命令和 GUI 途径。这种编号控制对于将模型的各个独立部分组合起来是非常有用且必要的。

注意：布尔运算输出图元的编号并非完全可以预估，在不同的计算机系统中，执行同样的布尔运算，其生成图元的编号可能会不同。

3.10.1 合并重复项

如果两个独立的图元在相同或者非常相近的位置，可用下列方法将它们合并成一个图元。

命令：NUMMRG。
GUI：Main Menu > Preprocessor > Numbering Ctrls > Merge Items。

执行上述命令后弹出 Merge Coincident or Equivalently Defined Items 对话框，如图 3-62 所示。在 Label 后面的下拉列表框中选择合适的选项（例如关键点、线、面、体、单元、节点、单元类型、时常数、材料号等）；TOLER 后面的输入值表示条件公差（相对公差），GTOLER 后面的输入值表示总体公差（绝对公差），通常采用默认值（即不输入具体数值），如图 3-63 和图 3-64 所示为两个合并的示例；ACTION 变量表示是直接合并选择项还是先提示用户然后再合并（默认是直接合并）；SWITCH 变量表示是保留合并图元中较高的编号还是较低的编号（默认是较低的编号）。

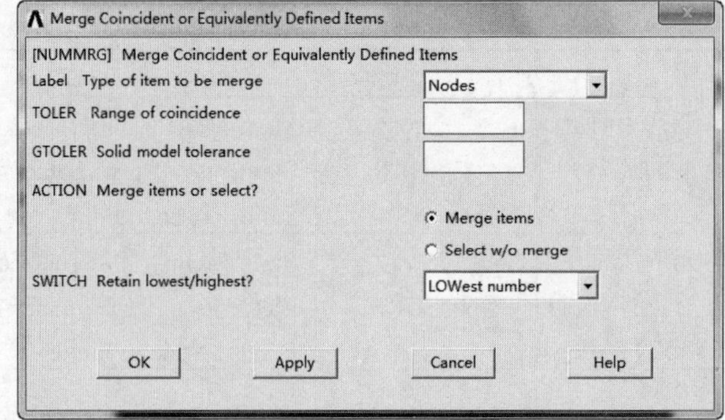

图 3-62　Merge Coincident or Equivalently Defined Items 对话框

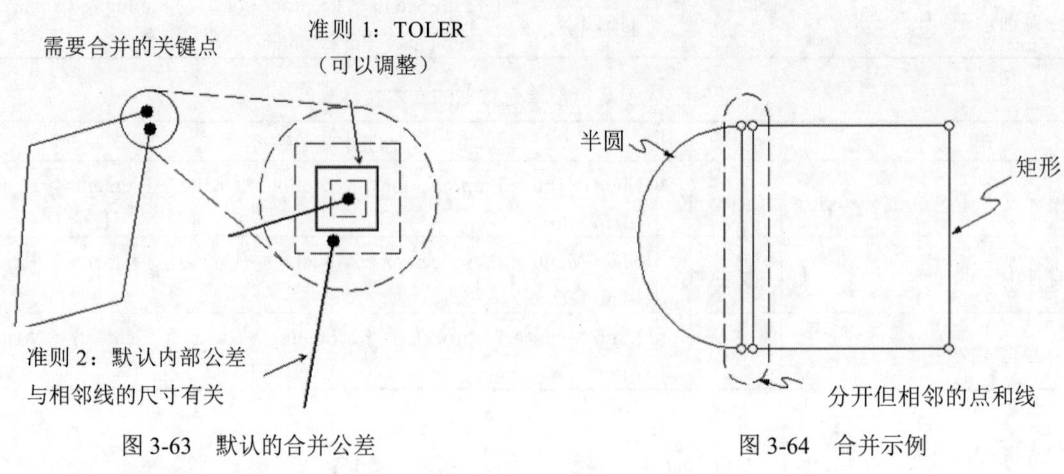

图 3-63　默认的合并公差　　　　图 3-64　合并示例

3.10.2　编号压缩

在构造模型时，由于删除、清除、合并或者其他操作可能在编号中产生许多空号，可采用如下方法清除空号并且保证编号的连续性。

命令：NUMCMP。

GUI：Main Menu > Preprocessor > Numbering Ctrls > Compress Numbers。

执行上述命令后弹出 Compress Numbers 对话框，如图 3-65 所示，在 Label 后面的下拉列表框中选择适当的选项（例如关键点、线、面、体、单元、节点、单元类型、时常数、材料号等）即可执行编号压缩操作。

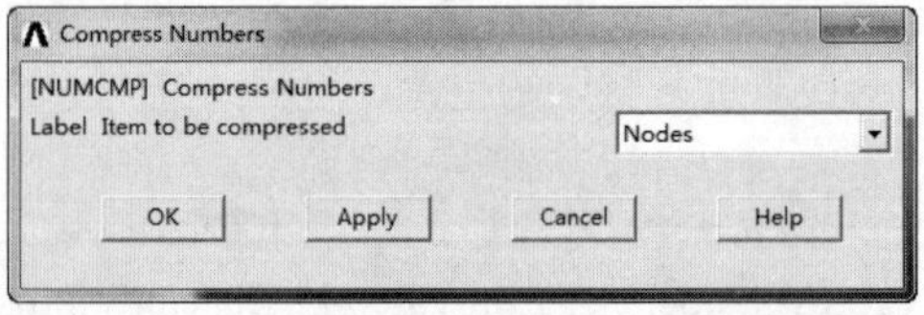

图 3-65　Compress Numbers 对话框

3.10.3　设定起始编号

在生成新的编号项时，用户可以控制新生成的系列项的起始编号大于已有图元的最大编号。这样做可以保证新生成图元的连续编号，不会占用已有编号序列中的空号。这样做的另一个理由可以使生

成的模型的某个区域在编号上与其他区域保持独立，从而避免将这些区域连接到一块已有的编号冲突。设定起始编号的方法如下。

命令：NUMSTR。
GUI: Main Menu > Preprocessor > Numbering Ctrls > Set Start Number。

Note

执行上述命令后弹出 Starting Number Specifications 对话框，如图 3-66 所示，在节点、单元、关键点、线、面后面指定相应的起始编号即可。

如果想恢复默认的起始编号，可用如下方法。

命令：NUMSTR，DEFA。
GUI: Main Menu > Preprocessor > Numbering Ctrls > Reset Start Number。

执行上述命令后弹出 Reset Starting Number Specifications 对话框，如图 3-67 所示，单击 OK 按钮即可。

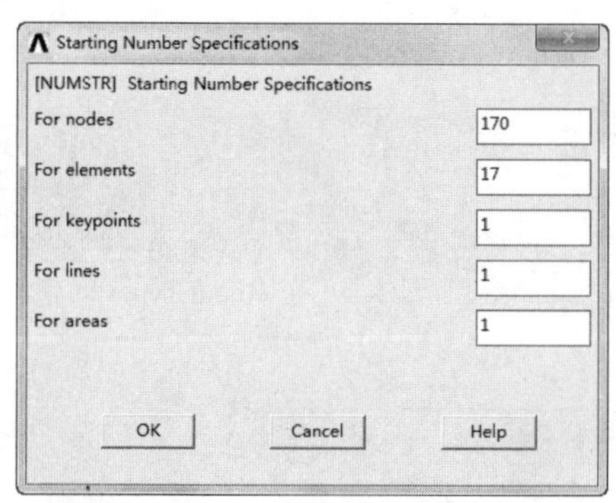

图 3-66 Starting Number Specifications 对话框

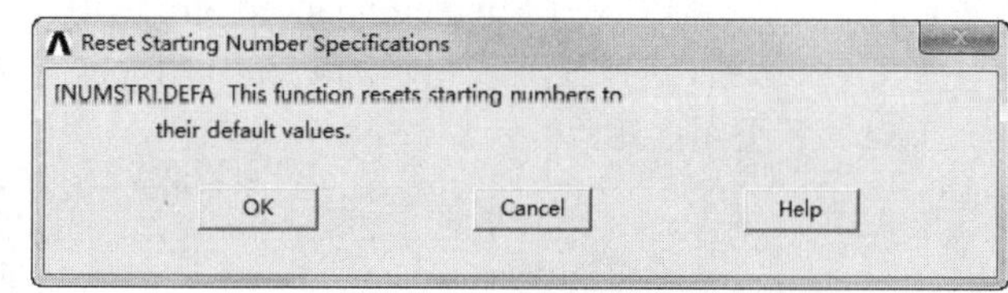

图 3-67 Reset Starting Number Specifications 对话框

3.10.4 编号偏差

在连接模型中两个独立的区域时，为避免编号冲突，可对当前已选取的编号加一个偏差值来重新编号，方法如下。

命令：NUMOFF。
GUI: Main Menu > Preprocessor > Numbering Ctrls > Add Num Offset。

执行上述命令后弹出 Add an Offset to Item Numbers 对话框，如图 3-68 所示，在 Label 后面的下拉列表框中选择想要执行编号偏差的选项（例如关键点、线、面、体、单元、节点、单元类型、时常数、材料号等），在 VALUE 后面的文本框中输入具体数值即可。

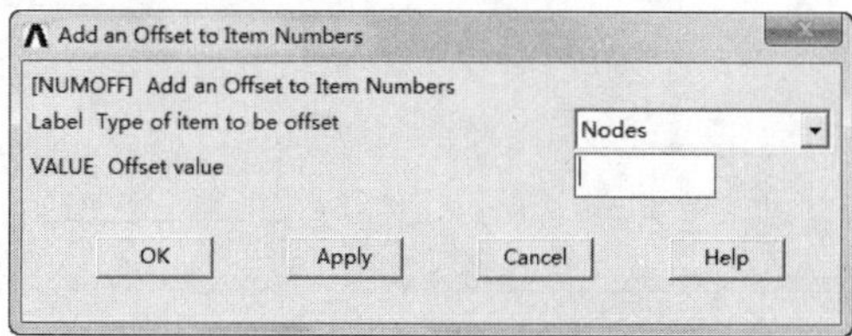

图 3-68 Add an Offset to Item Numbers 对话框

3.11 实例——轴承座的网格划分

本节将继续对第 2 章中建立的轴承座进行网格划分，生成有限元模型。

3.11.1　GUI 方式

Note

（1）打开轴承座几何模型 BearingBlock.db 文件。

（2）选择单元类型。

执行主菜单中的 Main Menu > Preprocessor > Element Type > Add/Edit/Delete 命令，弹出 Element Types 对话框，如图 3-69 所示。单击 Add 按钮，弹出 Library of Element Types 对话框，如图 3-70 所示，在左边的列表框中选择 Structural Mass > Solid 选项，在右边的列表框中选择 Brick 8 node 185 选项，即选择实体 185 号单元。单击 OK 按钮，如图 3-69 所示。此时在 Element Types 对话框中会出现所选单元的相应信息。

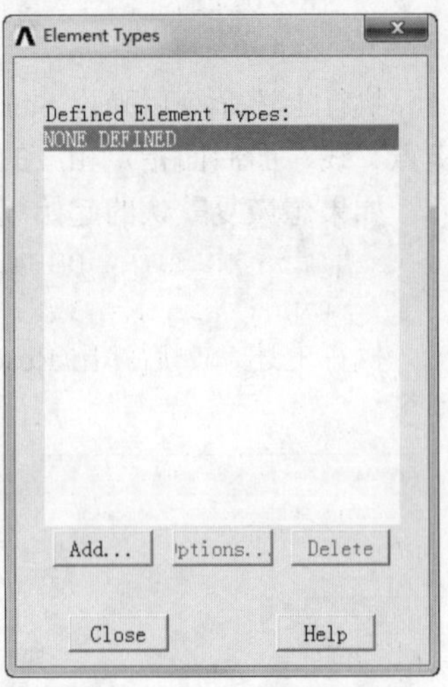

图 3-69　Element Types 对话框

（3）定义单元选项。

在图 3-69 所示的 Element Types 对话框中单击 Options 按钮，弹出 SOLID185 element type options 对话框，在 Element technology K2 后面的下拉列表框中选择 Simple Enhanced Strn 选项，如图 3-71 所示，单击 OK 按钮，回到图 3-69 所示的 Element Types 对话框中，单击 Close 按钮关闭该对话框。

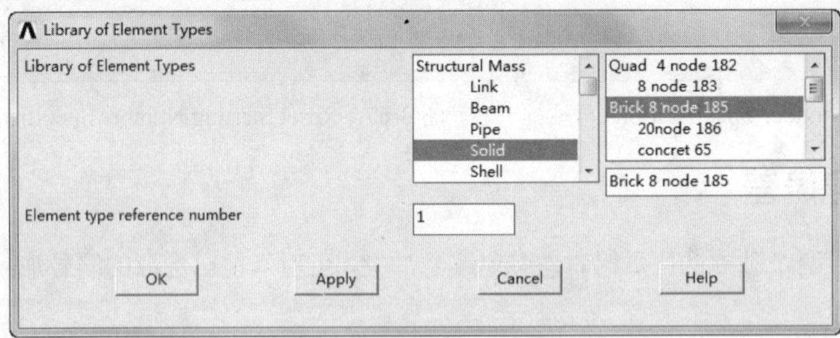

图 3-70　Library of Element Types 对话框

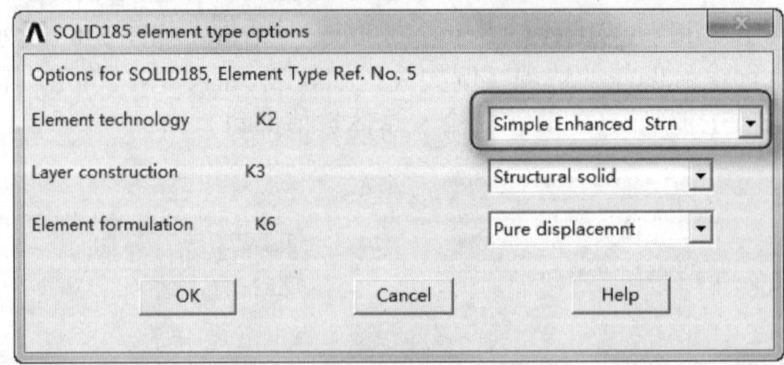

图 3-71　SOLID185 element type options 对话框

（4）定义材料属性。

执行主菜单中的 Main Menu > Preprocessor > Material Props > Material Models 命令，弹出 Define Material Model Behavior 窗口，如图 3-72 所示。在右边的 Material Models Available 列表框中依次选择 Structural > Linear > Elastic > Isotropic 选项，弹出 Linear Isotropic Properties for Material Number 1 对话框，如图 3-72 所示。在 EX 后面的文本框中输入 1.73E+011（弹性模量），在 PRXY 后面的文本框中

输入 0.3（泊松比），单击 OK 按钮，然后选择 Define Material Model Behavior 窗口左上角的 Material > Exit 命令退出，材料属性定义完毕。

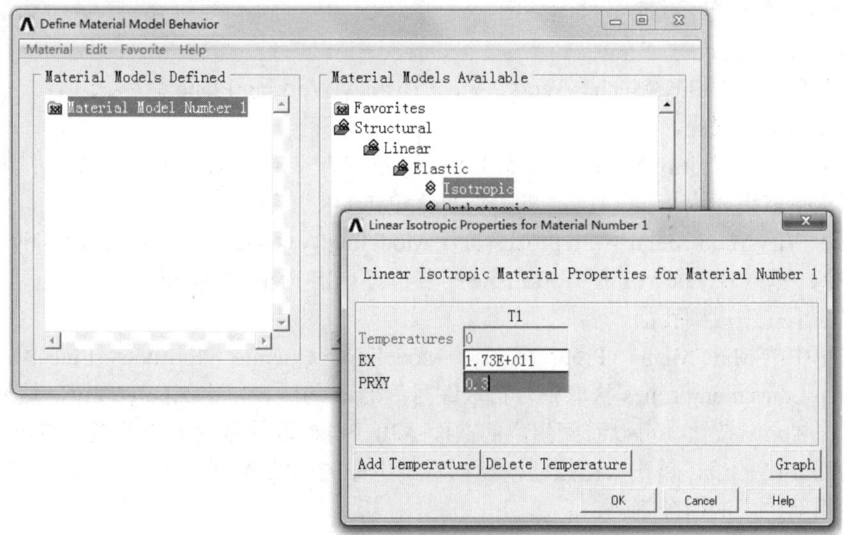

图 3-72　定义材料属性

（5）转换视图。

执行实用菜单中的 Unitity Menu > PlotCtrls > Pan Zoom Rotate 命令，弹出 Pan-Zoom-Rotate 对话框，单击Front按钮，然后单击 Close 按钮关闭。

（6）根据对称性删除一半体。

执行主菜单中的 Main Menu > Preprocessor > Modeling > Delete > Volume and Below 命令，弹出 Delete Volume & Below 拾取框，用鼠标拾取对称面左边的体，如图 3-73 所示，单击 OK 按钮。

（7）打开点、线、面、体编号控制器

执行实用菜单中的 Unitity Menu > PlotCtrls > Numbering 命令，弹出 Plot Numbering Controls 对话框，如图 3-74 所示，分别选中 KP、LINE、AREA、VOLU 后面的复选框，把 Off 改为 On，单击 OK 按钮。

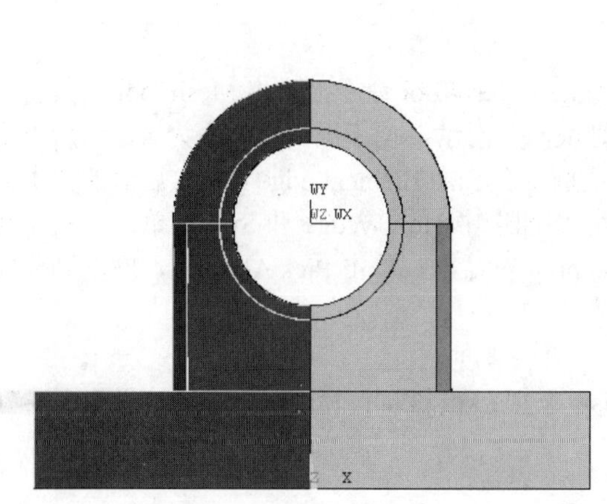

图 3-73　选择要删除的体

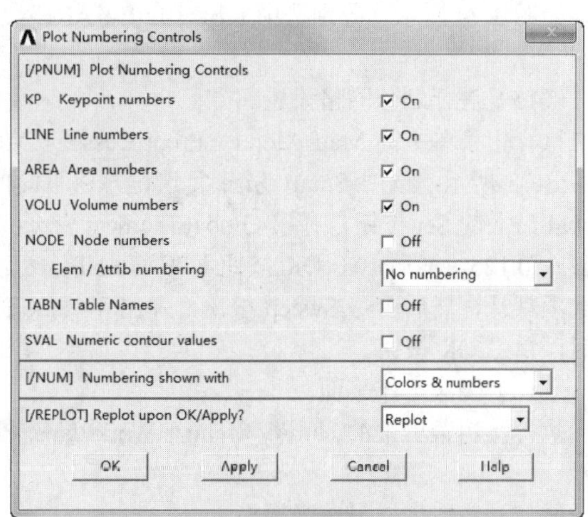

图 3-74　Plot Numbering Controls 对话框

（8）转换视图。

执行实用菜单中的 Unitity Menu > PlotCtrls > Pan Zoom Rotate 命令，弹出 Pan-Zoom-Rotate 对话框，单击Obliq按钮，然后单击 Close 按钮关闭。

Note

（9）显示工作平面。

执行实用菜单中的 Utility Menu > WorkPlane > Display Working Plane 命令。

（10）切分轴承座底座。

执行实用菜单中的 Unitity Menu > WorkPlane > Align WP with > Keypoints 命令，弹出关键点拾取框，用鼠标依次拾取编号为 12、14、11 的关键点，单击 OK 按钮。

执行主菜单中的 Main Menu > Preprocessor > Modeling > Operate > Booleans > Divide > Volu by WorkPlane 命令，弹出 Divide Vol by WorkPlane 拾取框，单击 Pick All 按钮。

（11）对轴承孔生成圆孔面。

执行主菜单中的 Main Menu > Preprocessor > Modeling > Operate > Extrude > Lines > Along lines 命令，弹出 Sweep Lines along Lines 拾取框，拾取编号为 L46 的线，单击 Apply 按钮，然后拾取编号为 L78 的线，单击 Apply 按钮，可以看到生成的曲面 A20。再拾取编号为 L49 的线，单击 Apply 按钮，然后拾取编号为 L47 的线，单击 OK 按钮，可以看到生成的曲面 A29。

（12）利用新生成的面分割体。

执行主菜单中的 Main Menu > Preprocessor > Modeling > Operate > Booleans > Divide > Volu by Area 命令，弹出 Divide Vol by Area 拾取框，用鼠标拾取编号为 V11 的体（可以随时关注拾取框中的拾取反馈，例如 Volu NO.就显示了鼠标拾取体的编号），单击 Apply 按钮，然后拾取刚刚生成的面 A20，再单击 Apply 按钮，再拾取编号为 V9 的体，单击 Apply 按钮，拾取刚刚生成的面 A29，单击 OK 按钮。

（13）平移工作平面、对体进行分割。

执行实用菜单中的 Unitity Menu > WorkPlane > Offset WP to > Keypoints 命令，弹出 Offset WP to > Keypoints 拾取框，用鼠标拾取编号为 18 的点，单击 OK 按钮。

然后执行主菜单中的 Main Menu > Preprocessor > Modeling > Operate > Booleans > Divide > Volu by WorkPlane 命令，弹出 Divide Vol by WorkPlane 拾取框，拾取编号为 V5 的体，单击 OK 按钮。

（14）关闭点、线、面、体编号控制器。

执行实用菜单中的 Unitity Menu > PlotCtrls > Numbering 命令，弹出 Plot Numbering Controls 对话框，如图 3-74 所示，分别选中 KP、LINE、AREA、VOLU 后面的复选框，把 On 改为 Off，单击 OK 按钮。

（15）进行划分网格设置。

执行主菜单中的 Main Menu > Preprocessor > Meshing > MeshTool 命令，弹出 MeshTool 工具栏，如图 3-75 所示，选中 Smart Size 复选框，将下面的划块向左滑动，使下面的数值变为 4，然后单击 Global 后面的 Set 按钮，弹出 Global Element Sizes 对话框，在 Size Element edge length 后面的文本框中输入 0.125，然后单击 OK 按钮。在 MeshTool 工具栏下面选中 Hex/Wedge 和 Sweep 单选按钮，其他选项默认，然后单击 Sweep 按钮，弹出 Volume Sweeping 对话框，单击 Pick All 按钮，网格划分完毕后，单击 OK 按钮。

（16）隐藏工作平面。

执行实用菜单中的 Unitity Menu > WorkPlane > Display Working Plane 命令，生成的结果如图 3-76 所示。

（17）镜像生成另一半模型。

执行主菜单中的 Main Menu > Preprocessor > Modeling > Reflect > Volumes 命令，弹出 Reflect

Volumes 拾取框，单击 Pick All 按钮，弹出 Reflect Volumes 对话框，如图 3-77 所示，单击 OK 按钮。

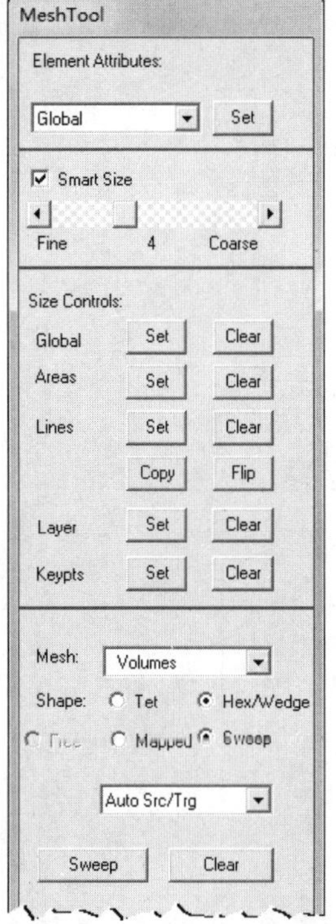

图 3-75 MeshTool 工具栏

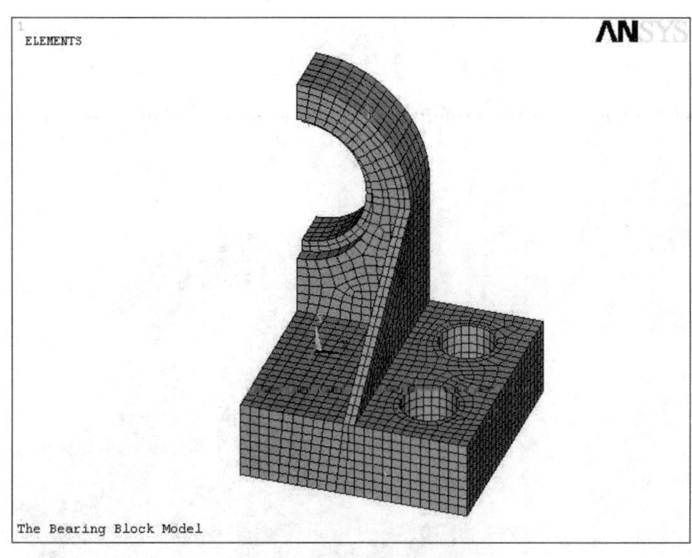

图 3-76 网格划分结果

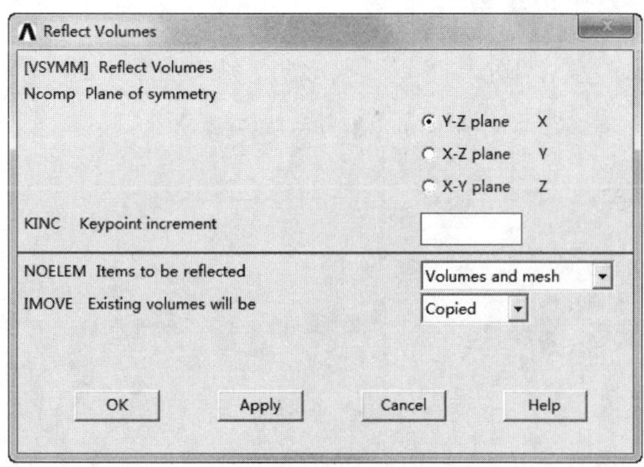

图 3-77 Reflect Volumes 对话框

（18）合并重合面上的关键点和节点。

执行主菜单中的 Main Menu > Preprocessor > Numbering Ctrls > Merge Items 命令，如图 3-78 所示，在 Label 后面的下拉列表框中选择 All 选项，单击 OK 按钮。

（19）显示有限元网格。

执行实用菜单中的 Unitity Menu > Plot > Elements 命令，最后生成的结果如图 3-79 所示。

（20）保存有限元模型。

单击 ANSYS Toolbar 工具条中的 SAVE_DB 按钮，保存文件。

Note

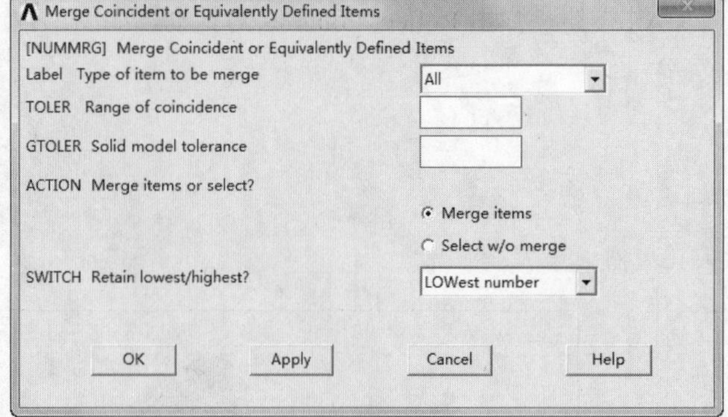

图 3-78 Merge Coincident or Equivalently Defined Items 对话框

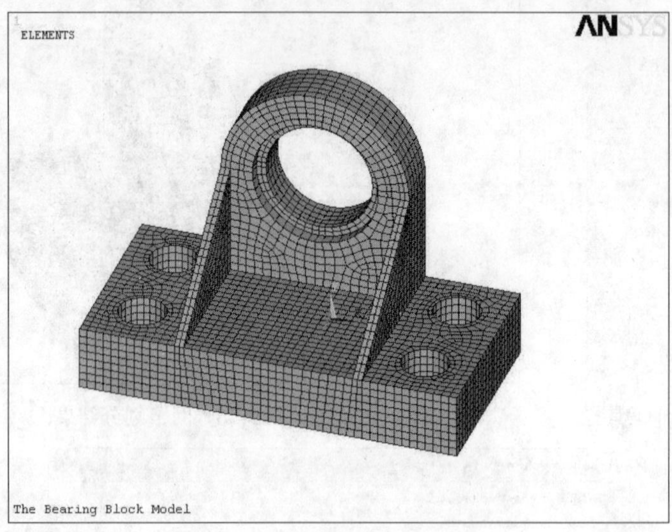

图 3-79 轴承座有限元模型

3.11.2 命令流方式

```
RESUME, BearingBlock,db,
/PREP7
ET,1,SOLID185
KEYOPT,1,2,3
MPTEMP,,,,,,,,
MPTEMP,1,0
MPDATA,EX,1,,1.7E11
MPDATA,PRXY,1,,0.3
FLST,2,4,6,ORDE,4
FITEM,2,7
FITEM,2,10
FITEM,2,12
FITEM,2,14
VDELE,P51X, , ,1
/PNUM,ELEM,0
```

```
/VIEW, 1 ,1,2,3
WPSTYLE,,,,,,,,1
KWPLAN,-1,     12,     14,     11
FLST,2,4,6,ORDE,4
FITEM,2,3
FITEM,2,9
FITEM,2,11
FITEM,2,13
VSBW,P51X
ADRAG,     46, , , , , ,     78
ADRAG,     49, , , , , ,     47
VSBA,     11,     20
VSBA,      9,      8
VSBA,      9,     29
KWPAVE,     18
VSBW,      5
SMRT,6
SMRT,4
ESIZE,0.125,0,
FLST,5,8,6,ORDE,4
FITEM,5,1
FITEM,5,-4
FITEM,5,6
FITEM,5,-9
CM,_Y,VOLU
VSEL, , , ,P51X
CM,_Y1,VOLU
CHKMSH,'VOLU'
CMSEL,S,_Y
VSWEEP,_Y1
CMDELE,_Y
CMDELE,_Y1
CMDELE,_Y2
WPSTYLE,,,,,,,,0
FLST,3,8,6,ORDE,4
FITEM,3,1
FITEM,3,-4
FITEM,3,6
FITEM,3,-9
VSYMM,X,P51X, , , ,0,0
NUMMRG,ALL, , , ,LOW
EPLOT
SAVE
```

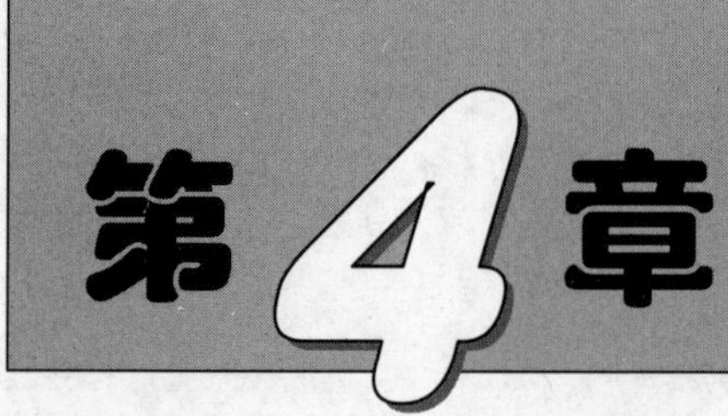

第4章 施加载荷

载荷是指加在有限单元模型（或实体模型，但最终要将载荷转化到有限元模型上）上的位移、力、温度、热、电磁等。建立完有限元分析模型之后，就需要在模型上施加载荷以此来检查结构或构件对一定载荷条件的响应。

通过本章的学习，可以帮助用户对ANSYS中的载荷建立全新的认识，并全面了解施加载荷和载荷步选项。

- ☑ 载荷概论
- ☑ 施加载荷
- ☑ 设定载荷步选项

任务驱动&项目案例

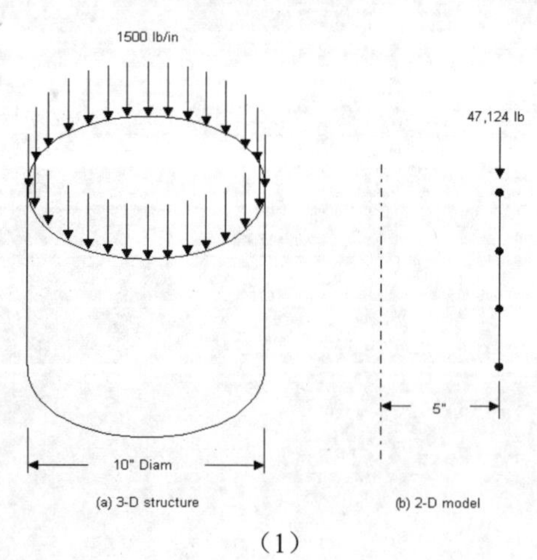

（1）

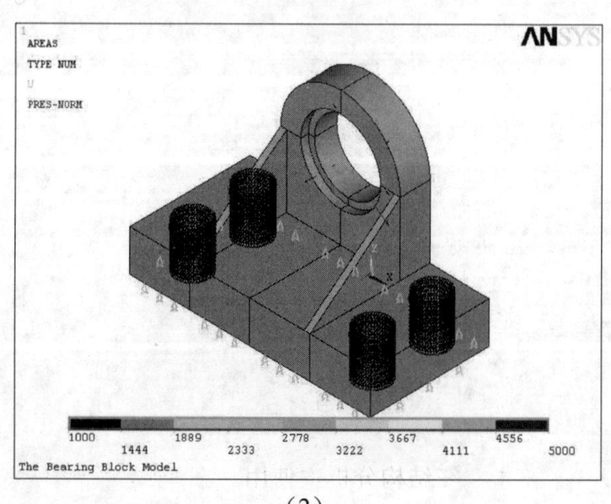

（2）

Note

4.1　载荷概论

有限元分析的主要目的是检查结构或构件对一定载荷条件的响应。因此，在分析中指定合适的载荷条件是关键的一步。在 ANSYS 程序中，可以用各种方式对模型施加载荷，而且借助于载荷步选项，可以控制在求解中载荷如何使用。

4.1.1　什么是载荷

在 ANSYS 术语中，载荷包括边界条件和外部或内部作用力函数，如图 4-1 所示。不同学科中的载荷实例如下。

- ☑ 结构分析：位移、力、压力、温度（热应力）和重力。
- ☑ 热力分析：温度、热流速率、对流、内部热生成、无限表面。
- ☑ 磁场分析：磁势、磁通量、磁场段、源流密度、无限表面。
- ☑ 电场分析：电势（电压）、电流、电荷、电荷密度、无限表面。
- ☑ 流体分析：速度、压力。

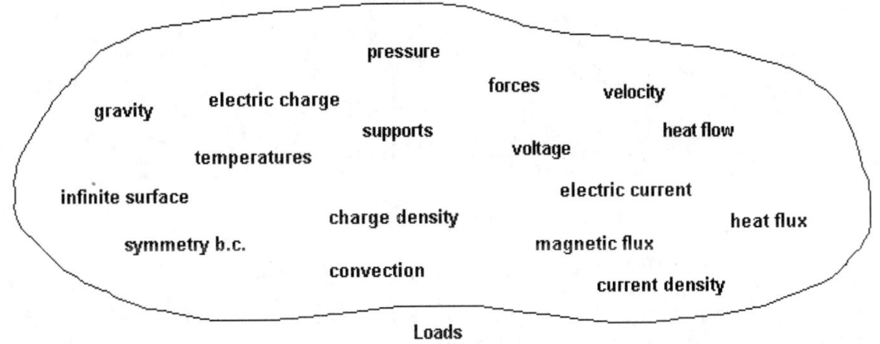

图 4-1　“载荷”包括边界条件以及其他类型的载荷

载荷分为 6 类：DOF（约束自由度）、力（集中载荷）、表面载荷、体积载荷、惯性载荷及耦合场载荷。

- ☑ DOF（约束自由度）：某些自由度为给定的已知值。例如，结构分析中指定节点位移或者对称边界条件等，热分析中指定节点温度等。
- ☑ 力（集中载荷）：施加于模型节点上的集中载荷。例如，结构分析中的力和力矩、热分析中的热流率、磁场分析中的电流。
- ☑ 表面载荷：施加于某个表面上的分布载荷。例如，结构分析中的压力、热力分析中的对流量和热通量。
- ☑ 体积载荷：施加在体积上的载荷或者场载荷。例如，结构分析中的温度、热力分析中的内部热源密度、磁场分析中的磁场通量。
- ☑ 惯性载荷：由物体惯性引起的载荷，如重力加速度引起的重力、角速度引起的离心力等，主要在结构分析中使用。
- ☑ 耦合场载荷：可以认为是以上载荷的一种特殊情况，从一种分析中得到的结果用作另一种分析的载荷。例如，可施加磁场分析中计算所得的磁力作为结构分析中的载荷，也可以将热分析中的温度结果作为结构分析的载荷。

4.1.2 载荷步、子步和平衡迭代

Note

载荷步仅仅是为了获得解答的载荷配置。在线性静态或稳态分析中，可以使用不同的载荷步施加不同的载荷组合：在第 1 个载荷步中施加风载荷，在第 2 个载荷步中施加重力载荷，在第 3 个载荷步中施加风和重力载荷以及一个不同的支承条件等。在瞬态分析中，多个载荷步加到载荷历程曲线的不同区段。

ANSYS 程序将为第一个载荷步选择的单元组用于随后的载荷步，而不论用户为随后的载荷步指定哪个单元组。要选择一个单元组，可使用下列两种方法之一。

```
GUI: Utility Menu > Select > Entities。
命令：ESEL。
```

如图 4-2 所示为一个需要 3 个载荷步的载荷历程曲线：第 1 个载荷步用于线性载荷，第 2 个载荷步用于不变载荷部分，第 3 个载荷步用于卸载。

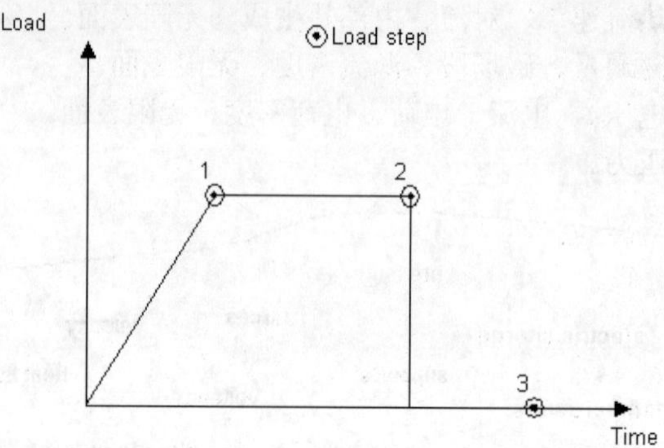

图 4-2 使用多个载荷步表示瞬态载荷历程

子步为执行求解载荷步中的点。由于不同的原因需要使用子步。

☑ 在非线性静态或稳态分析中，使用子步逐渐施加载荷以便能获得精确解。

☑ 在线性或非线性瞬态分析中，使用子步满足瞬态时间累积法则（为获得精确解通常规定一个最小累积时间步长）。

☑ 在谐波分析中，使用子步获得谐波频率范围内多个频率处的解。

平衡迭代是在给定子步下为了收敛而计算的附加解。仅用于收敛起重要作用的非线性分析中的迭代修正。例如，对二维非线性静态磁场分析，为获得精确解，通常使用两个载荷步（如图 4-3 所示）。

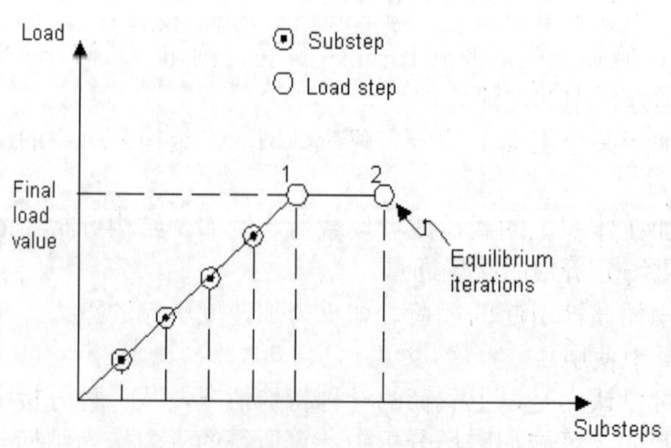

图 4-3 载荷步、子步和平衡迭代

☑　第 1 个载荷步，将载荷逐渐加到 5～10 个子步以上，每个子步仅用一个平衡迭代。

☑　第 2 个载荷步，得到最终收敛解，且仅有一个使用 15～25 次平衡迭代的子步。

4.1.3　时间参数

在所有静态和瞬态分析中，ANSYS 使用时间作为跟踪参数，而不论分析是否依赖于时间。其好处是：在所有情况下可以使用一个不变的“计数器”或“跟踪器”，不需要依赖于分析的术语。此外，时间总是单调增加的，且自然界中大多数事情的发生都会经历一段时间，不论该时间多么短暂。

显然，在瞬态分析或与速率有关的静态分析（蠕变或者粘塑性）中，时间代表实际的、按年月顺序的时间，用秒、分钟或小时表示。在指定载荷历程曲线的同时（使用 TIME 命令），在每个载荷步的结束点赋予时间值。使用如下方法之一赋予时间值。

```
GUI: Main Menu > Preprocessor > Load > Time/Frequenc > Time and Substps。
GUI: Main Menu > Preprocessor > Loads > Time/Frequec > Time-Time Step。
GUI: Main Menu > Solution > Time/Frequec > Time and Substps。
GUI: Main Menu > Solution > Time/Frequec > Time-Time Step。
命令：TIME。
```

然而，在不依赖于速率的分析中，时间仅为一个识别载荷步和子步的计数器。默认情况下，程序自动地对 time 赋值，在载荷步 1 结束时，赋 time=1；在载荷步 2 结束时，赋 time=2；依次类推。载荷步中的任何子步将被赋给合适的、用线性插值得到的时间值。在这样的分析中，通过赋给自定义的时间值，就可建立自己的跟踪参数。例如，若要将 1000 个单位的载荷增加到一个载荷步上，可以在该载荷步的结束时将时间指定为 1000，以使载荷和时间值完全同步。

那么，在后处理器中，如果得到一个变形-时间关系图，其含义与变形-载荷关系相同。这种技术非常有用，例如，在大变形分析以及屈曲分析中，其任务是跟踪结构载荷增加时结构的变形。

当求解中使用弧长方法时，时间还表示另一含义。在这种情况下，时间等于载荷步开始时的时间值加上弧长载荷系数（当前所施加载荷的放大系数）的数值。ALLF 不必单调增加（即它可以增加、减少甚至为负），且在每个载荷步的开始时被重新设置为 0。因此，在弧长求解中，时间不作为“计数器”。

载荷步为作用在给定时间间隔内的一系列载荷。子步为载荷步中的时间点，在这些时间点中求得中间解。两个连续的子步之间的时间差称为时间步长或时间增量。平衡迭代是为了收敛而在给定时间点进行计算的迭代求解。

4.1.4　阶跃载荷与坡道载荷

当在一个载荷步中指定一个以上的子步时，就出现了载荷应为阶跃载荷或是线性载荷的问题。

☑　如果载荷是阶跃的，那么，全部载荷施加于第一个载荷子步，且在载荷步的其余部分，载荷保持不变，如图 4-4（a）所示。

☑　如果载荷是逐渐递增的，那么，在每个载荷子步，载荷值逐渐增加，且全部载荷出现在载荷步结束时，如图 4-4（b）所示。

用户可以通过如下方法表示载荷为坡道载荷还是阶跃载荷。

```
GUI: Main Menu > Solution > Load Step Opts > Time/Frequenc > Freq & Substeps。
GUI: Main Menu > Solution > Load Step Opts > Time/Frequenc > Time and Substps。
GUI: Main Menu > Solution > Load Step Opts > Time/Frequenc > Time & Time Step。
命令：KBC。
```

Note

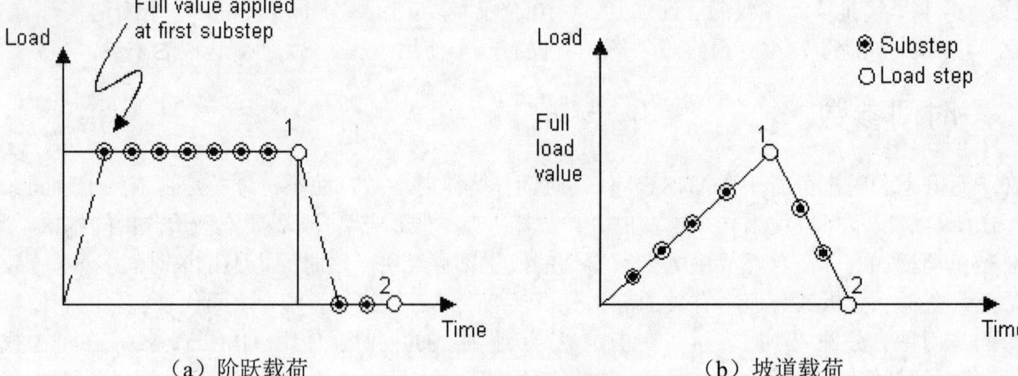

（a）阶跃载荷　　（b）坡道载荷

图 4-4　阶跃载荷与坡道载荷

KBC 为 0 表示载荷为坡道载荷；KBC 为 1 表示载荷为阶跃载荷。默认值取决于学科和分析类型以及 SOLCONTROL 处于 ON 或 OFF 状态。

载荷步选项是用于表示控制载荷应用的各选项（如时间、子步数、时间步、载荷为阶跃或逐渐递增）的总称。其他类型的载荷步选项包括收敛公差（用于非线性分析）、结构分析中的阻尼规范，以及输出控制。

4.2　施加载荷

用户可以将大多数载荷施加于实体模型（如关键点、线和面）上或有限元模型（节点和单元）上。用户施加于实体模型上的载荷称为实体模型载荷，而直接施加于有限元模型上的载荷称为有限单元载荷。例如，可在关键点或节点施加指定集中力。同样地，可以在线和面或在节点和单元面上指定对流（和其他表面载荷）。无论怎样指定载荷，求解器期望所有载荷应依据有限元模型。因此，如果将载荷施加于实体模型，在开始求解时，程序会自动将这些载荷转换到节点和单元上。

4.2.1　载荷分类

本节主要讨论如何施加 DOF 约束、集中力、表面载荷、体积载荷、惯性载荷和耦合场载荷。

1．DOF 约束

如表 4-1 所示为每个学科中可被约束的自由度和相应的 ANSYS 标识符。标识符（如 UX、ROTZ、AY 等）所包含的任何方向都在节点坐标系中。

表 4-1　每个学科中可用的 DOF 约束

学　科	自　由　度	ANSYS 标识符
结构分析	平移 旋转	UX、UY、UZ ROTX、ROTY、ROTZ
热力分析	温度	TEMP
磁场分析	矢量势 标量势	AX、AY、AZ MAG
电场分析	电压	VOLT

续表

学　　科	自 由 度	ANSYS 标识符
流体分析	速度 压力 紊流动能 紊流扩散速率	VX、VY、VZ PRES ENKE ENDS

如表 4-2 所示为施加、列表显示和删除 DOF 约束的命令。需要注意的是，可以将约束施加于节点、关键点、线和面上。

表 4-2　DOF 约束的命令

位　　置	基 本 命 令	附 加 命 令
节点	D，DLIST，DDELE	DSYM，DSCALE，DCUM
关键点	DK，DKLIST，DKDELE	无
线	DL，DLLIST，DLDELE	无
面	DA，DALIST，DADELE	无
转换	SBCTRAN	DTRAN

下面是一些可用于施加 DOF 约束的 GUI 路径的例子。

```
GUI: Main Menu > Preprocessor > Loads > Apply > load type > On Nodes。
GUI: Utility Menu > List > Loads > DOF Constraints > On Keypoints。
GUI: Main Menu > Solution > Apply > load type > On Lines。
```

2. 集中力

如表 4-3 所示为每个学科中可用的集中载荷和相应的 ANSYS 标识符。标识符（如 FX、MZ 和 CSGY 等）所包含的任何方向都在节点坐标系中。

表 4-3　每个学科中的集中力

学　　科	力	ANSYS 标识符
结构分析	力 力矩	FX、FY、FZ MX、MY、MZ
热力分析	热流速率	HEAT
磁场分析	Current Segments 磁通量	CSGX、CSGY、CSGZ FLUX
电场分析	电流 电荷	AMPS CHRG
流体分析	流体流动速率	FLOW

如表 4-4 所示为施加、列表显示和删除集中载荷的命令。需要注意的是，可以将集中载荷施加于节点和关键点上。

表 4-4　用于施加集中力载荷的命令

位　　置	基 本 命 令	附 加 命 令
节点	F，FLIST，FDELE	FSCALE，FCUM
关键点	FK，FKLIST，FKDELE	无
转换	SBCTRAN	FTRAN

下面是一些用于施加集中力载荷的 GUI 路径的例子。

```
GUI: Main Menu > Preprocessor > Loads > Apply > load type > On Nodes。
GUI: Utility Menu > List > Loads > Forces > On Keypoints。
GUI: Main Menu > Solution > Apply > load type > On Lines。
```

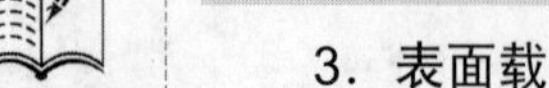

3．表面载荷

如表 4-5 所示为每个学科中可用的表面载荷和相应的 ANSYS 标识符。

表 4-5 每个学科中可用的表面载荷

学　科	表 面 载 荷	ANSYS 标识符
结构分析	压力	PRES
热力分析	对流 热流量 无限表面	CONV HFLUX INF
磁场分析	麦克斯韦表面 无限表面	MXWF INF
电场分析	麦克斯韦表面 表面电荷密度 无限表面	A MXWF CHRGS INF
流体分析	流体结构界面 阻抗	FSI IMPD
所有学科	超级单元载荷矢量	SELV

如表 4-6 所示为施加、列表显示和删除表面载荷的命令。需要注意的是，不仅可以将表面载荷施加在线和面上，还可以施加于节点和单元上。

表 4-6 用于施加表面载荷的命令

位　置	基 本 命 令	附 加 命 令
节点	SF，SFLIST，SFDELE	SFSCALE，SFCUM，SFFUN
单元	SFE，SFELIST，SFEDELE	SEBEAM，SFFUN，SFGRAD
线	SFL，SFLLIST，SFLDELE	SFGRAD
面	SFA，SFALIST，SFADELE	SFGRAD
转换	SFTRAN	无

下面是一些用于施加表面载荷的 GUI 路径的例子。

```
GUI: Main Menu > Preprocessor > Loads > Apply > load type > On Nodes。
GUI: Utility Menu > List > Loads > Surface Loads > On Elements。
GUI: Main Menu > Solution > Loads > Apply > load type > On Lines。
```

注意：ANSYS 程序根据单元和单元面存储在节点上指定面的载荷。因此，如果对同一表面使用节点面载荷命令和单元面载荷命令，则使用帮助文件中 ANSYS Commands Reference 的规定。

4．体积载荷

如表 4-7 所示为每个学科中可用的体积载荷和相应的 ANSYS 标识符。

表 4-7　每个学科中可用的体积载荷

学　科	体 积 载 荷	ANSYS 标识符
结构分析	温度 热流量	TEMP FLUE
热力分析	热生成速率	HGEN
磁场分析	温度 磁场密度 虚位移 电压降	TEMP JS MVDI VLTG
电场分析	温度 体积电荷密度	TEMP CHRGD
流体分析	热生成速率 力速率	HGEN FORC

如表 4-8 所示为施加、列表显示和删除表面载荷的命令。需要注意的是，可以将体积载荷施加在节点、单元、关键点、线、面和体上。

表 4-8　用于施加体积载荷的命令

位　置	基 本 命 令	附 加 命 令
节点	BF，BFLIST，BFDELE	BFSCALE，BFCUM，BFUNIF
单元	BFE，BFELIST，BFEDELE	BEESCAL，BFECUM
关键点	BFK，BFKLIST，BFKDELE	无
线	BFL，BFLLIST，BFLDELE	无
面	BFA，BFALIST，BFADELE	无
体	BFV，BFVLIST，BFVDELE	无
转换	BFTRAN	无

下面是一些用于施加体积载荷的 GUI 路径的例子。

```
GUI: Main Menu > Preprocessor > Loads > Apply > load type > On Nodes。
GUI: Utility Menu > List > Loads > Body Loads > On Picked Elems。
GUI: Main Menu > Solution > Loads > Apply > load type > On Keypoints。
GUI: Utility Menu > List > Load > Body Loads > On Picked Lines。
GUI: Main Menu > Solution > Load > Apply > load type > On Volumes。
```

注意：在节点指定的体积载荷独立于单元上的载荷。对于给定的单元，ANSYS 程序按下列方法决定使用哪个载荷。

（1）ANSYS 程序检查用户是否对单元指定体积载荷。

（2）如果不是，则使用指定给节点的体积载荷。

（3）如果单元或节点上没有体积载荷，则通过 BFUNIF 命令指定的体积载荷生效。

5．惯性载荷

施加惯性载荷的命令如表 4-9 所示。

Note

表 4-9 惯性载荷命令

命　　令	GUI 菜单路径
ACEL	Main Menu > Preprocessor > FLOTRAN Set Up > Flow Environment > Gravity Main Menu > Preprocessor > Loads > Define Loads > Apply > Structural > Inertia > Gravity Main Menu > Preprocessor > Loads > Define Loads > Delete > Structural > Inertia > Gravity Main Menu > Solution > Define Loads > Apply > Structural > Inertia > Gravity Main Menu > Solution > Define Loads > Delete > Structural > Inertia > Gravity
CGLOC	Main Menu > Preprocessor > FLOTRAN Set Up > Flow Environment > Rotating Coords Main Menu > Preprocessor > Loads > Define Loads > Apply > Structural > Inertia > Coriolis Effects Main Menu > Preprocessor > Loads > Define Loads > Delete > Structural > Inertia > Coriolis Effects MainMenu > Preprocessor > LS-DYNAOptions > LoadingOptions > AccelerationCS > Delete Accel CS Main Menu > Preprocessor > LS-DYNA Options > Loading Options > AccelerationCS > Set Accel CS Main Menu > Solution > Define Loads > Apply > Structural > Inertia > Coriolis Effects Main Menu > Solution > Define Loads > Delete > Structural > Inertia > Coriolis Effects Main Menu > Solution > Loading Options > Acceleration CS > Delete Accel CS Main Menu > Solution > Loading Options > Acceleration CS > Set Accel CS
CGOMGA	Main Menu > Preprocessor > FLOTRAN Set Up > Flow Environment > Rotating Coords Main Menu > Preprocessor > Loads > Define Loads > Apply > Structural > Inertia > Coriolis Effects Main Menu > Preprocessor > Loads > Define Loads > Delete > Structural > Inertia > Coriolis Effects Main Menu > Solution > Define Loads > Apply > Structural > Inertia > Coriolis Effects Main Menu > Solution > Define Loads > Delete > Structural > Inertia > Coriolis Effects
DCGOMG	Main Menu > Preprocessor > Loads > Define Loads > Apply > Structural > Inertia > Coriolis Effects Main Menu > Preprocessor > Loads > Define Loads > Delete > Structural > Inertia > Coriolis Effects Main Menu > Solution > Define Loads > Apply > Structural > Inertia > Coriolis Effects Main Menu > Solution > Define Loads > Delete > Structural > Inertia > Coriolis Effects
DOMEGA	MainMenu > Preprocessor > Loads > DefineLoads > Apply > Structural > Inertia > AngularAccel > Global MainMenu > Preprocessor > Loads > DefineLoads > Delete > Structural > Inertia > AngularAccel > Global Main Menu > Solution > Define Loads > Apply > Structural > Inertia > Angular Accel > Global Main Menu > Solution > Define Loads > Delete > Structural > Inertia > Angular Accel > Global
IRLF	Main Menu > Preprocessor > Loads > Define Loads > Apply > Structural > Inertia > Inertia Relief Main Menu > Preprocessor > Loads > Load Step Opts > Output Ctrls > Incl Mass Summry Main Menu > Solution > Define Loads > Apply > Structural > Inertia > Inertia Relief Main Menu > Solution > Load Step Opts > Output Ctrls > Incl Mass Summry
OMEGA	MainMenu > Preprocessor > Loads > DefineLoads > Apply > Structural > Inertia > AngularVelocity > Global MainMenu > Preprocessor > Loads > DefineLoads > Delete > Structural > Inertia > AngularVeloc > Global Main Menu > Solution > Define Loads > Apply > Structural > Inertia > Angular Velocity > Global Main Menu > Solution > Define Loads > Delete > Structural > Inertia > Angular Veloc > Global

> 注意：没有用于列表显示或删除惯性载荷的专门命令。要想列表显示惯性载荷，可执行 STAT，INRTIA（Utility Menu > List > Status > Soluion > Inerti Loads）命令。要去除惯性载荷，只要将载荷值设置为 0。可以将惯性载荷设置为 0，但是不能删除惯性载荷。对逐步上升的载荷步，惯性载荷的斜率为 0。

ACEL、OMEGA 和 DOMEGA 命令分别用于指定在整体笛卡儿坐标系中的加速度、角速度和角加速度。

> 注意：ACEL 命令用于对物体施加加速场（非重力场）。因此，要施加作用于负 Y 方向的重力，应指定一个和正 Y 方向的加速度。

使用 CGOMGA 和 DCGOMG 命令指定旋转物体的角速度和角加速度，该物体本身正相对于另一个参考坐标系旋转。CGLOC 命令用于指定参照系相对于整体笛卡儿坐标系的位置。例如，在静态分析中，为了考虑 Coriolis 效果，可以使用这些命令。

惯性载荷当模型具有质量时有效。惯性载荷通常是通过指定密度来施加的（还可以通过使用质量单元，如 MASS21 对模型施加质量，但通过密度的方法施加惯性载荷更常用、更有效）。对其他数据，ANSYS 程序要求质量为恒定单位。如果习惯于英制单位，为了方便起见，有时希望使用重量密度（lb/in^3）来代替质量密度（$lb\text{-}sec^2/in/in^3$）。

只有在下列情况下可以使用重量密度来代替质量密度。

- ☑ 模型仅用于静态分析。
- ☑ 没有施加角速度或角加速度。
- ☑ 重力加速度为单位值（g＝1.0）。

为了能够以“方便的”重力密度形式或以“一致的”质量密度形式使用密度，指定密度的一种简便的方法是将重力加速度 g 定义为参数，如表 4-10 所示。

表 4-10　指定密度的方式

方便形式	一致形式	说　明
g=1.0	g=386.0	参数定义
MP，DENS，1，0.283/g	MP，DENS，1，0.283/g	钢的密度
ACEL，，g	ACEL，，g	重力载荷

6．耦合场载荷

在耦合场分析中，通常包含将一个分析中的结果数据施加于第二个分析中作为第二个分析的载荷。例如，可以将热力分析中计算的节点温度施加于结构分析（热应力分析）中，作为体积载荷。同样，可以将磁场分析中计算的磁力施加于结构分析中，作为节点力。要施加这样的耦合场载荷，可使用下列方法之一。

```
GUI：Main Menu > Preprocessor > Loads > Define Loads > Apply > load type > From source。
GUI：Main Menu > Solution > Define Loads > Apply > load type > From source。
命令：LDREAD。
```

4.2.2　轴对称载荷与反作用力

对约束、表面载荷、体积载荷和 Y 方向加速度，可以像对任何非轴对称模型上定义载荷一样来精确地定义这些载荷。然而，对集中载荷的定义，过程有所不同。因为这些载荷大小、输入的力、力矩等数值是在 360° 范围内进行的，即根据沿周边的总载荷输入载荷值。例如，如果 1500 磅/单位英寸沿周边的轴对称轴向载荷被施加到直径为 10 英寸的管上（如图 4-5 所示），47124lb（1500×2π×5=47124）的总载荷将按下列方法被施加到节点 N 上：F，N，FY，47124。

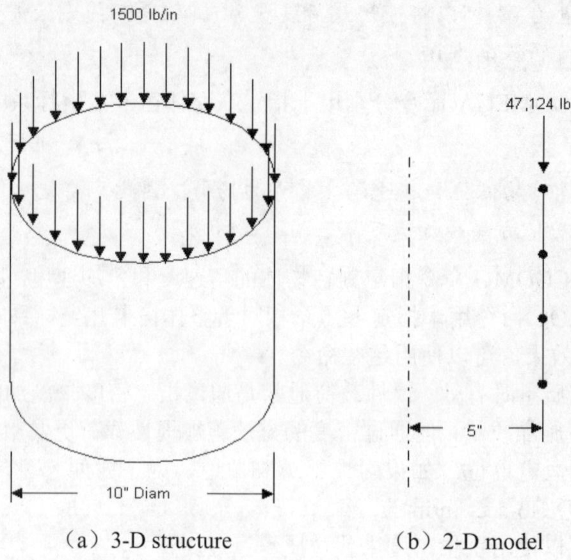

（a）3-D structure　　（b）2-D model

图 4-5　在 360° 范围内定义集中轴对称载荷

轴对称结果也按对应的输入载荷相同的方式解释，即输出的反作用力、力矩等按总载荷（360° ）计。

轴对称协调单元要求其载荷表示成傅里叶级数形式来施加。对这些单元，要求用 MODE 命令（Main Menu > Preprocessor > Loads > Load Step Opts > Other > For Harmonic Ele 或 Main Menu > Solution > Load Step Opts > Other > For Harmonic Ele），以及其他载荷命令（D、F、SF 等）。

注意：一定要指定足够数量的约束防止产生不期望的刚体运动、不连续或奇异性。例如，对实心杆这样的实体结构的轴对称模型，缺少沿对称轴的 UX 约束，在结构分析中，就可能形成虚位移（不真实的位移），如图 4-6 所示。

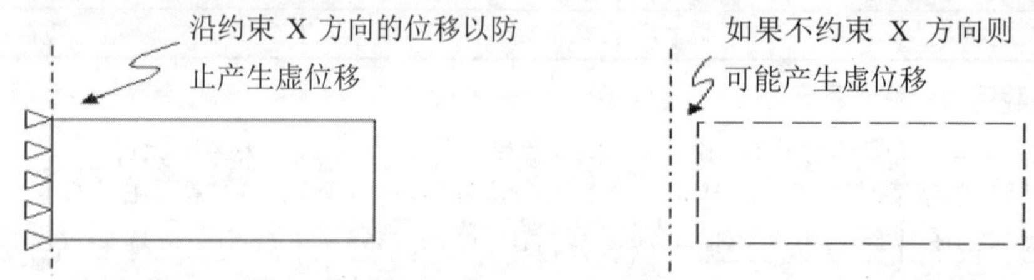

图 4-6　实体轴对称结构的中心约束

4.2.3　利用表格施加载荷

通过一定的命令和菜单路径，用户能够利用表格参数来施加载荷，即通过指定列表参数名来代替指定特殊载荷的实际值。然而，并不是所有的边界条件都支持这种制表载荷，因此，用户在使用表格施加载荷时一般先参考一定的文件来确定指定的载荷是否支持表格参数。

注意：当用户使用命令来定义载荷时，必须使用%表格名%格式。例如，当确定描述对流值表格时，有如下命令表达式：

SF, all, conv, %sycnv%, tbulk

在施加载荷的同时，用户可以通过选择 new table 选项定义新的表格。同样，用户在施加载荷之前还可以通过如下方式之一来定义表格。

GUI：Utility Menu > Parameters > Array Parameters > Define/Edit。
命令：*DIM。

Note

1. 定义初始变量

当用户定义一个列表参数表格时，根据不同的分析类型，可以定义各种各样的初始参数。如表 4-11 所示为不同分析类型的边界条件、初始变量及对应的命令。

表 4-11　边界条件类型及其相应的初始变量

边界条件	初始变量	命令
热分析		
固定温度	TIME, X, Y, Z	D,,(TEMP, TBOT, TE2, TE3, . . ., TTOP)
热流	TIME, X, Y, Z, TEMP	F,,(HEAT, HBOT, HE2, HE3, . . ., HTOP)
对流	TIME, X, Y, Z, TEMP, VELOCITY	SF,,CONV
体积温度	TIME, X, Y, Z	SF,,,TBULK
热通量	TIME, X, Y, Z, TEMP	SF,,HFLU
热源	TIME, X, Y, Z, TEMP	BFE,,HGEN
结构分析		
位移	TIME, X, Y, Z, TEMP	D,(UX, UY, UZ, ROTX, ROTY, ROTZ)
力和力矩	TIME, X, Y, Z, TEMP, SECTOR	F,(FX, FY, FZ, MX, MY, MZ)
压力	TIME, X, Y, Z, TEMP, SECTOR	SF,,PRES
温度	TIME	BF,,TEMP
电场分析		
电压	TIME, X, Y, Z	D,,VOLT
电流	TIME, X, Y, Z	F,,AMPS
流体分析		
压力	TIME, X, Y, Z	D,,PRES
流速	TIME, X, Y, Z	F,,FLOW

单元 SURF151、SURF152 和单元 FLUID116 的实常数与初始变量相关联，如表 4-12 所示。

表 4-12　实常数与相应的初始变量

实常数	初始变量
SURF151、SURF152	
旋转速率	TIME，X，Y，Z
FLUID116	
旋转速率	TIME，X，Y，Z
滑动因子	TIME，X，Y，Z

2. 定义独立变量

当用户需要指定不同于列表显示的初始变量时，可以定义一个独立的参数变量。当用户指定独立参数变量的同时，定义了一个附加表格来表示独立参数，这个表格必须与独立参数变量同名，并且同时是一个初始变量或者另外一个独立参数变量的函数。用户能够定义许多必需的独立参数，但是所有

的独立参数必须与初始变量有一定的关系。

例如，考虑一对流系数（HF），其变化为旋转速率（RPM）和温度（TEMP）的函数。此时，初始变量为 TEMP，独立参数变量为 RPM，而 RPM 是随着时间的变化而变化。因此，用户需要两个表格，一个关联 RPM 与 TIME，另一个关联 HF 与 RPM 和 TEMP，其命令流如下：

```
*DIM,SYCNV,TABLE,3,3,,RPM,TEMP
SYCNV(1,0)=0.0,20.0,40.0
SYCNV(0,1)=0.0,10.0,20.0,40.0
SYCNV(0,2)=0.5,15.0,30.0,60.0
SYCNV(0,3)=1.0,20.0,40.0,80.0
*DIM,RPM,TABLE,4,1,1,TIME
RPM(1,0)=0.0,10.0,40.0,60.0
RPM(1,1)=0.0,5.0,20.0,30.0
SF,ALL,CONV,%SYCNV%
```

3. 表格参数操作

用户可以通过如下方式对表格进行一定的数学运算，如加法、减法与乘法。

GUI：Utility Menu > Parameters > Array Operations > Table Operations。
命令：*TOPER

注意：两个参与运算的表格必须具有相同的尺寸，每行、每列的变量名必须相同等。

4. 确定边界条件

当用户利用列表参数来定义边界条件时，可以通过如下 5 种方式检验其是否正确。

☑ 检查输出窗口。当用户使用制表边界条件于有限单元或实体模型时，于输出窗口显示的是表格名称而不是一定的数值。

☑ 列表显示边界条件。当用户在前处理过程中列表显示边界条件时，列表显示表格名称；而当用户在求解或后处理过程中列表显示边界条件时，显示的却是位置或时间。

☑ 检查图形显示。在制表边界条件运用的地方，用户可以通过标准的 ANSYS 图形显示功能（/PBC，/PSF 等）显示出表格名称和一些符号（箭头），当然前提是表格编号显示处于工作状态（/PNUM，TABNAM，ON）。

☑ 在通用后处理中检查表格的代替数值。

☑ 通过命令*STATUS 或者 GUI 菜单路径（Utility Menu > List > Other > Parameters）可以重新获得任意变量结合的表格参数值。

4.2.4 利用函数施加载荷和边界条件

用户可以通过一些函数工具对模型施加复杂的边界条件。函数工具包括两个部分，一部分是函数编辑器，用于创建任意的方程或者多重函数；另一部分是函数装载器，用于获取创建的函数并制成表格。用户可以分别通过以下两种方式进入函数编辑器和函数装载器。

GUI：Utility Menu > Parameters > Functions > Define/Edit，或者 GUI：Main Menu > Solution > Define Loads > Apply > Functions > Define/Edit。

GUI：Utility Menu > Parameters > Functions > Read from file，或者 GUI：Main Menu > Solution > Define Loads > Apply > Functions > Read file。

当然，在使用函数边界条件之前，用户应该了解以下一些要点。

☑ 当用户的数据能够方便地用表格表示时，推荐用户使用表格边界条件。

☑　在表格中，函数呈现等式的形式而不是一系列的离散数值。

☑　用户不能通过函数边界条件来避免一些限制性边界条件，并且这些函数对应的初始变量是被表格边界条件支持的。

同样，当使用函数工具时，用户还必须熟悉如下几个特定的情况。

☑　函数：一系列方程定义了高级边界条件。

☑　初始变量：在求解过程中被使用和评估的独立变量。

☑　域：以单一的域变量为特征的操作范围或设计空间的一部分。域变量在整个域中是连续的，每个域包含一个唯一的方程来评估函数。

☑　域变量：支配方程用于函数的评估而定义的变量。

☑　方程变量：在方程中用户指定的一个变量，此变量在函数装载过程中被赋值。

1．函数编辑器的使用

函数编辑器定义了域和方程。用户通过一系列的初始变量、方程变量和数学函数来建立方程。用户能够创建一个单一的等式，也可以创建包含一系列方程等式的函数，而这些方程等式对应于不同的域。

使用函数编辑器的步骤如下。

（1）打开函数编辑器。GUI：Utiltity Menu > Parameters > Functions > Define/Edit 或者 Main Menu > Solution > Define Loads > Apply > Functions > Define/Edit。

（2）选择函数类型。选择单一方程或者一个复合函数。如果用户选择后者，则必须输入域变量的名称。当用户选择复合函数时，6 个域标签被激活。

（3）选择 degrees 或者 radians。这个选择仅仅决定了方程如何被评估，对命令*AFUN 没有任何影响。

（4）定义结果方程或者使用初始变量和方程变量来描述域变量的方程。如果用户定义一个单一方程的函数，则跳到第（10）步。

（5）选择第一个域标签，输入域变量的最小和最大值。

（6）在此域中定义方程。

（7）选择第二个域标签（注意，第二个域变量的最小值已被赋值了，且不能被改变，这样就保证了整个域的连续性）输入域变量的最大值。

（8）在此域中定义方程。

（9）重复前面步骤直到最后一个域。

（10）对函数进行注释。选择编辑器菜单栏中的 Editor > Comment，输入用户对函数的注释。

（11）保存函数。选择编辑器菜单栏中的 Editor > Save 并输入文件名，文件名必须以.func 为后缀名。

一旦函数被定义且保存了，用户可以在任何一个 ANSYS 分析中使用这些函数。为了使用这些函数，用户必须装载它们并对方程变量进行赋值，同时赋予其表格参数名称是为了在特定的分析中使用它们。

2．函数装载器的使用

当用户在分析中准备对方程变量进行赋值、对表格参数指定名称和使用函数时，需要把函数装入函数装载器中，其步骤如下。

（1）打开函数装载器。GUI：Utility Menu > Parameters > Functions > Read from file。

（2）打开用户保存函数的目录，选择正确的文件并打开。

（3）在函数装载对话框中，输入表格参数名。

（4）在对话框的底部，用户将看到一个函数标签和构成函数的所有域标签及每个指定方程变量的数据输入区，在其中输入合适的数值。

注意：在函数装载对话框中，仅数值数据可以作为常数值，而字符数据和表达式不能被作为常数值。

Note

（5）重复每个域的过程。

（6）单击保存。直到用户已经为函数中每个域中的所有变量赋值后，才能以表格参数的形式来保存。

注意：函数作为一个代码方程被制成表格，在 ANSYS 中，当表格被评估时，这种代码方程才起作用。

3．图形或列表显示边界条件函数

用户可以图形显示定义的函数，可视化当前的边界条件函数，还可以列表显示方程的结果。通过这种方式，可以检验用户定义的方程是否和用户所期待的一样。无论图形显示还是列表显示，用户都需要先选择一个要图形显示其结果的变量，并且必须设置其 X 轴的范围和图形显示点的数量。

4.3 实例——轴承座的载荷和约束施加

前面章节对轴承座模型进行了网格划分，生成了可用于计算分析的有限元模型。接下来需要对有限元模型施加载荷和约束，以考察其对于载荷作用的响应。

4.3.1 GUI 方式

（1）打开上次保存的轴承座几何模型 BearingBlock.db 文件。

（2）设定分析类型。

执行主菜单中的 Main Menu > Preprocessor > Loads > Analysis Type > New Analysis 命令，弹出 New Analysis 对话框，如图 4-7 所示，系统默认是稳态分析，单击 OK 按钮。

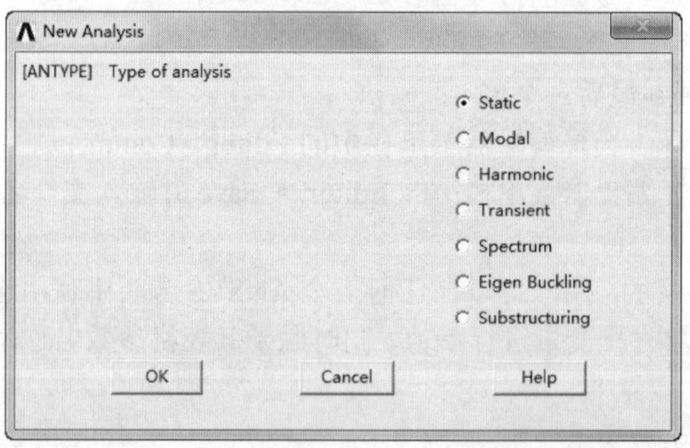

图 4-7 设定分析类型

（3）打开线、面编号控制器。

执行实用菜单中的 Utility Menu > PlotCtrls > Numbering 命令，弹出 Plot Numbering Controls 对话框，选中 LINE、AREA 后面的复选框，将 Off 改为 On。

（4）显示面。

执行实用菜单中的 Utility Menu > Plot > Areas 命令。

（5）施加约束条件。

① 约束 4 个安装孔。执行主菜单中的 Main Menu > Solution > Define Loads > Apply > Structural > Displacement > Symmetry B.C. > On Areas 命令，弹出 Apply SYMM on Areas 拾取框，拾取 4 个安装孔的 8 个柱面，即编号为 A56、A57、A52、A54、A15、A16、A17、A18 的面，单击 OK 按钮。

② 整个底座底部施加位移约束。执行主菜单中的 Main Menu > Solution > Define Loads > Apply > Structural > Displacement > on Lines 命令，弹出 Apply U,ROT on Lines 拾取框，拾取底座底面的所有外边界线，即编号为 L105、L89、L12、L60、L10、L59、L2、L87、L103、L104 的线，单击 OK 按钮，弹出 Apply U,ROT on Lines 对话框，如图 4-8 所示。在 Lab2 后面的列表框中选择 UY 选项，即约束 Y 方向的位移，单击 OK 按钮。施加完约束的结果如图 4-9 所示。

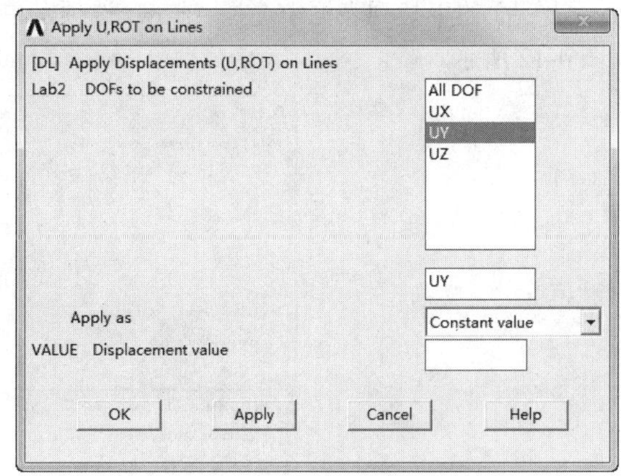

图 4-8　Apply U,ROT on Lines 对话框

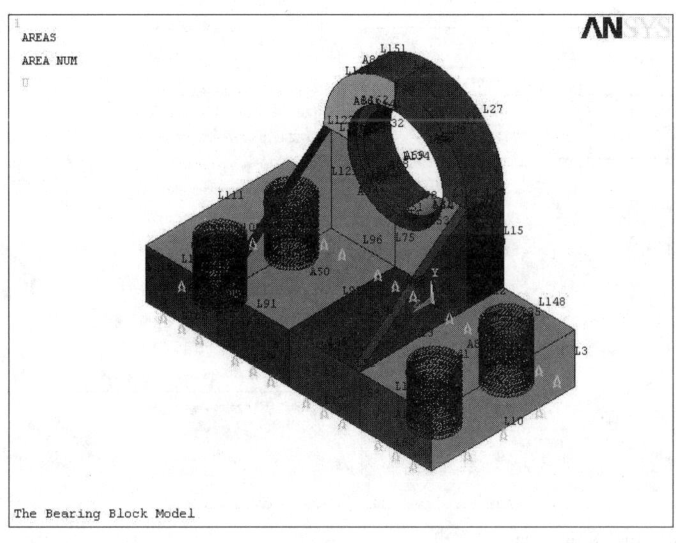

图 4-9　施加完约束的模型

（6）施加载荷。

① 在轴承孔圆周上施加推力载荷。执行主菜单中的 Main Menu > Solution > Define Loads > Apply > Structural > Pressure > On Areas 命令，弹出 Apply PRES on Areas 拾取框，拾取编号为 A22、

Note

A68、A76、A9 的面，单击 OK 按钮，弹出 Apply PRES on areas 对话框，如图 4-10 所示。在 VALUE 后面的文本框中输入 1000，单击 OK 按钮退出。

② 在轴承孔的下半部分施加径向压力载荷。执行主菜单中的 Main Menu > Solution > Define Loads > Apply > Structural > Pressure > On Areas 命令，弹出 Apply PRES on Areas 拾取框，拾取编号为 A36、A91 的面，单击 OK 按钮，再次弹出如图 4-10 所示的对话框，在 VALUE 后面的文本框中输入 5000，单击 OK 按钮退出即可。

（7）关闭线、面编号控制器。

执行实用菜单中的 Utility Menu > PlotCtrls > Numbering 命令，弹出 Plot Numbering Controls 对话框，选中 LINE、AREA 后面的复选框，将 On 变为 Off。

（8）用箭头显示压力值。

执行实用菜单中的 Utility Menu > PlotCtrls > Symbols 命令，弹出 Symbols 对话框，如图 4-11 所示，在 Show pres and convect as 后面的下拉列表框中选择 Arrows 选项，单击 OK 按钮。至此，约束和载荷施加完毕，其结果如图 4-12 所示。

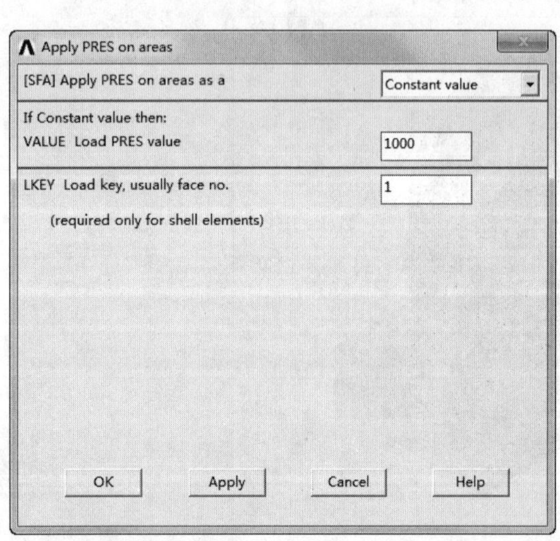

图 4-10　Apply PRES on areas 对话框

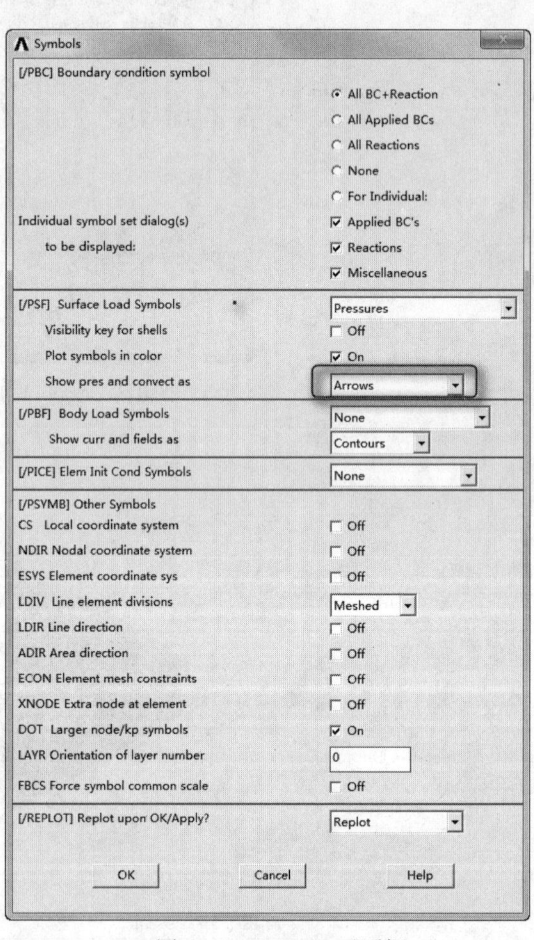

图 4-11　Symbols 对话框

（9）保存模型。

单击 ANSYS Toolbar 工具条中的 SAVE_DB 按钮，保存文件。

Note

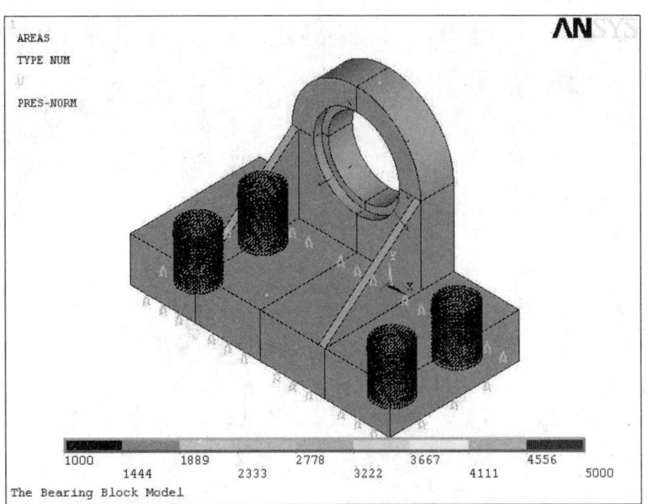

图 4-12　施加完约束和载荷的模型

4.3.2　命令流方式

```
RESUME, BearingBlock,db,
/PREP7
ANTYPE,0
/PNUM,LINE,1
/PNUM,AREA,1
APLOT
FINISH
/SOL
FLST,2,8,5,ORDE,6
FITEM,2,15
FITEM,2,-18
FITEM,2,52
FITEM,2,54
FITEM,2,56
FITEM,2,-57
DA,P51X,SYMM
FLST,2,10,4,ORDE,9
FITEM,2,2
FITEM,2,10
FITEM,2,12
FITEM,2,59
FITEM,2,-60
FITEM,2,87
FITEM,2,89
FITEM,2,103
FITEM,2, 105
DL,P51X, ,UY,
FLST,2,4,5,ORDE,4
```

Note

```
FITEM,2,22
FITEM,2,9
FITEM,2,68
FITEM,2,76
SFA,P51X,1,PRES,1000
FLST,2,2,5,ORDE,2
FITEM,2,36
FITEM,2,91
SFA,P51X,1,PRES,5000
/PNUM,LINE,0
/PNUM,AREA,0
/PSF,PRES,NORM,2,0,1
SAVE
```

4.4 设定载荷步选项

载荷步选项（Load step options）是各选项的总称，这些选项用于在求解选项中及其他选项（如输出控制、阻尼特性和响应频谱数据）中控制如何使用载荷。载荷步选项随载荷步的不同而异。有 6 种类型的载荷步选项。

☑ 通用选项。
☑ 动态选项。
☑ 非线性选项。
☑ 输出控制。
☑ Biot-Savart 选项。
☑ 谱选项。

4.4.1 通用选项

通用选项包括瞬态或静态分析中载荷步结束的时间，子步数或时间步大小，载荷阶跃或递增，以及热应力计算的参考温度。以下是对每个选项的简要说明。

1．时间选项

TIME 命令用于指定在瞬态或静态分析中载荷步结束的时间。在瞬态或其他与速率有关的分析中，TIME 命令指定实际的、按年月顺序的时间，且要求指定时间值。在与非速率无关的分析中，时间作为跟踪参数。在 ANSYS 分析中，决不能将时间设置为 0。如果执行 TIME,0 或 TIME,<空 > 命令，或者根本就没有发出 TIME 命令，ANSYS 使用默认时间值：第一个载荷步为 1.0，其他载荷步为 1.0 加前一个时间。要在 0 时间开始分析，如在瞬态分析中，应指定一个非常小的值，如 TIME,1E-6。

2．子步数与时间步大小

对于非线性或瞬态分析，要指定一个载荷步中需要的子步数。指定子步的方法如下。

```
    GUI: Main Menu > Preprocessor > Loads > Load Step Opts > Time/Frequenc > Time & Time Step。
    GUI: Main Menu > Solution > Load Step Opts > Sol'n Control。
    GUI: Main Menu > Solution > Load Step Opts > Time/Frequenc > Time & Time Step。
```

```
GUI: Main Menu > Solution > Load Step Opts > Time/Frequenc > Time & Time Step。
命令：DELTIM。
GUI: Main Menu > Preprocessor > Loads > Load Step Opts > Time/Frequenc > Freq & Substeps。
GUI: Main Menu > Solution > Load Step Opts > Sol'n Control。
GUI: Main Menu > Solution > Load Step Opts > Time/Frequenc > Freq & Substeps。
GUI: Main Menu > Solution > Unabridged Menu > Time/Frequenc > Freq & Substeps。
命令：NSUBST。
```

NSUBST 命令指定子步数，DELTIM 命令指定时间步的大小。在默认情况下，ANSYS 程序在每个载荷步中使用一个子步。

3．时间步自动阶跃

AUTOTS 命令激活时间步自动阶跃。等价的 GUI 路径如下。

```
GUI: Main Menu > Preprocessor > Loads > Load Step Opts > Time/Frequenc > Time & Time Step。
GUI: Main Menu > Solution > Load Step Opts > Sol'n Control。
GUI: Main Menu > Solution > Load Step Opts > Time/Frequenc > Time & Time Step。
GUI: Main Menu > Solution > Load Step Opts > Time/Frequenc > Time & Time Step。
```

在时间步自动阶跃时，根据结构或构件对施加载荷的响应，程序计算每个子步结束时最优的时间步。在非线性静态或稳态分析中使用时，AUTOTS 命令确定了子步之间载荷增量的大小。

4．阶跃或递增载荷

在一个载荷步中指定多个子步时，需要指明载荷是逐渐递增还是阶跃形式。KBC 命令用于此目的：KBC,0 指明载荷是逐渐递增；KBC,1 指明载荷是阶跃载荷。默认值取决于分析的学科和分析类型（与 KBC 命令等价的 GUI 路径和与 DELTIM 和 NSUBST 命令等价的 GUI 路径相同）。

关于阶跃载荷和逐渐递增载荷的几点说明：

（1）如果指定阶跃载荷，程序按相同的方式处理所有载荷（约束、集中载荷、表面载荷、体积载荷和惯性载荷）。根据情况，阶跃施加、阶跃改变或阶跃移去这些载荷。

（2）如果指定逐渐递增载荷，那么：

☑ 在第一个载荷步施加的所有载荷，除了薄膜系数外，都是逐渐递增的（根据载荷的类型，从 0 或从 BFUNIF 命令或其等价的 GUI 路径所指定的值逐渐变化，参见表 4-13）。薄膜系数是阶跃施加的。

注意：阶跃与线性加载不适用于温度相关的薄膜系数（在对流命令中，作为 N 输入），总是以温度函数所确定的值大小施加温度相关的薄膜系数。

☑ 在随后的载荷步中，所有载荷的变化都是从先前的值开始逐渐变化。

注意：在全谐波（ANTYPE，HARM 和 HROPT，FULL）分析中，表面载荷和体积载荷的逐渐变化与在第一个载荷步中的变化相同，且不是从先前的值开始逐渐变化，但是 PLANE2、SOLID45、SOLID92 和 SOLID95 是从之前的值开始逐渐变化的。

☑ 在随后的载荷步中新引入的所有载荷是逐渐变化的（根据载荷的类型，从 0 或从 BFUNIF 命令所指定的值逐渐递增，参见表 4-13）。

☑ 在随后的载荷步中被删除的所有载荷，除了体积载荷和惯性载荷外，都是阶跃移去的。体积载荷逐渐递增到 BFUNIF 命令所指定的值，不能被删除而只能被设置为 0 的惯性载荷，则逐渐变化到 0。

Note

☑ 在相同的载荷步中，不应删除或重新指定载荷。在这种情况下，逐渐变化不会按用户所期望的方式发挥作用。

表4-13 不同条件下逐渐变化载荷（KBC=0）的处理

载荷类型	施加于第一个载荷步	输入随后的载荷步
DOF（约束自由度）		
温度	从TUNIF[2]逐渐变化	从TUNIF[3]逐渐变化
其他	从0逐渐变化	从0逐渐变化
力	从0逐渐变化	从0逐渐变化
表面载荷		
TBULK	从TUNIF[2]逐渐变化	从TUNIF逐渐变化
HCOEF	跳跃变化	从0逐渐变化[4]
其他	从0逐渐变化	从0逐渐变化
体积载荷		
温度	从TUNIF[2]逐渐变化	从TUNIF[3]逐渐变化
其他	从BFUNIF[3]逐渐变化	从BFUNIF[3]逐渐变化
惯性载荷[1]	从0逐渐变化	从0逐渐变化

注意：

（1）对惯性载荷，其本身是线性变化的，因此，产生的力在该载荷步上是二次变化。

（2）TUNIF命令在所有节点指定一均布温度。

（3）在这种情况下，使用的TUNIF或BFUNIF值是之前载荷步的值，而不是当前值。

（4）总是以温度函数所确定的值的大小施加温度相关的膜层散热系数，而不论KBC的设置如何。

（5）BFUNIF命令仅是TUNIF命令的一个同类形式，用于在所有节点指定一均布体积载荷。

5．其他通用选项

还可以指定下列通用选项。

（1）热应力计算的参考温度，其默认值为0°。指定该温度的方法如下。

GUI：Main Menu > Preprocessor > Loads > Load Step Opts > Other > Reference Temp。

GUI：Main Menu > Preprocessor > Loads > Define Loads > Settings > Reference Temp。

GUI：Main Menu > Solution > Load Step Opts > Other > Reference Temp。

GUI：Main Menu > Solution > Define Loads > Settings > Reference Temp。

命令：TREF。

（2）对每个解（即每个平衡迭代）是否需要一个新的三角矩阵，仅在静态（稳态）分析或瞬态分析中，使用下列方法之一，可用一个新的三角矩阵。

GUI：Main Menu > Preprocessor > Loads > Load Step Opts > Other > Reuse Tri Matrix。

GUI：Main Menu > Solution > Load Step Opts > Other > Reuse Tri Matrix。

命令：KUSE。

默认情况下，程序根据DOF约束的变化、温度相关材料的特性，以及New-Raphson选项确定是否需要一个新的三角矩阵。如果KUSE设置为1，程序再次使用之前的三角矩阵。在重新开始过程中，该设置非常有用：对附加的载荷步，如果要重新进行分析，而且知道所存在的三角矩阵（在文件Jobname.TRI中）可再次使用，通过将KUSE设置为1，可节省大量的计算时机。KUSE,-1命令迫使在每个平衡迭代中三角矩阵再次用公式表示。在分析中很少使用它，主要用于调试中。

（3）模式数（沿周边谐波数）和谐波分量是关于全局X坐标轴对称还是反对称。当使用反对称

协调单元（反对称单元采用非反对称加载）时，载荷被指定为一系列谐波分量（傅里叶级数）。要指定模式数，使用下列方法之一。

GUI：Main Menu > Preprocessor > Loads > Load Step Opts > Other > For Harmonic Ele。

GUI：Main Menu > Solution > Load Step Opts > Other > For Harmonic Ele Main Menu > Solution > Load Step Opts > Other > For Harmonic Ele。

命令：MODE。

（4）在 4-D 磁场分析中所使用的标量磁势公式的类型，通过下列方法之一指定。

GUI：Main Menu > Preprocessor > Loads > Load Step Opts > Magnetics > potential formulation method。

GUI：Main Menu > Solution > Load Step Opts > Magnetics > potential formulation method。

命令：MAGOPT。

（5）在缩减分析的扩展过程中，扩展的求解类型通过下列方法之一指定。

GUI：Main Menu > Preprocessor > Loads > Load Step Opts > ExpansionPass > Single Expand > Range of Solu's。

GUI：Main Menu > Solution > Load Step Opts > ExpansionPass > Single Expand > Range of Solu's。

GUI：Main Menu > Preprocessor > Loads > Load Step Opts > ExpansionPass > Single Expand > By Load Step。

GUI：Main Menu > Preprocessor > Loads > Load Step Opts > ExpansionPass > Single Expand > By Time/Freq。

GUI：Main Menu > Solution > Load Step Opts > ExpansionPass > Single Expand > By Load Step。

GUI：Main Menu > Solution > Load Step Opts > ExpansionPass > Single Expand > By Time/Freq。

命令：NUMEXP，EXPSOL。

4.4.2　动力学分析选项

动力学分析选项主要用于动态和其他瞬态分析的选项，如表 4-14 所示。

表 4-14　动态和其他瞬态分析命令

命　令	GUI 菜单路径	用　途
TIMINT	MainMenu > Preprocessor > Loads > LoadStepOpts > Time/Frequenc > Time Integration Main Menu > Solution > Load Step Opts > Sol'n Control MainMenu > Solution > LoadStepOpts > Time/Frequenc > Time Integration MainMenu > Solution > UnabridgedMenu > Time/Frequenc > Time Integration	激活或取消时间积分
HARFRQ	Main Menu > Preprocessor > Loads > Load Step Opts > Time/Frequenc > Freq & Substeps Main Menu > Solution > Load Step Opts > Time/Frequenc > Freq & Substeps	在谐波响应分析中指定载荷的频率范围
ALPHAD	Main Menu > Preprocessor > Loads > Load Step Opts > Time/Frequenc > Damping Main Menu > Solution > Load Step Opts > Sol'n Control Main Menu > Solution > Load Step Opts > Time/Frequenc > Damping Main Menu > Solution > Unabridged Menu > Time/Frequenc > Damping	指定结构动态分析的阻尼

Note

续表

命　　令	GUI 菜单路径	用　　途
BETAD	Main Menu > Preprocessor > Loads > Load Step Opts > Time/Frequenc > Damping Main Menu > Solution > Load Step Opts > Sol'n Control Main Menu > Solution > Load Step Opts > Time/Frequenc > Damping Main Menu > Solution > Unabridged Menu > Time/Frequenc > Damping	指定结构动态分析的阻尼
DMPRAT	Main Menu > Preprocessor > Loads > Load Step Opts > Time/Frequenc > Damping Main Menu > Solution > Time/Frequenc > Damping	指定结构动态分析的阻尼
MDAMP	Main Menu > Preprocessor > Loads > Load Step Opts > Time/Frequenc > Damping Main Menu > Solution > Load Step Opts > Time/Frequenc > Damping	指定结构动态分析的阻尼

4.4.3　非线性选项

非线性选项主要是用于非线性分析的选项，如表 4-15 所示。

表 4-15　非线性分析命令

命　　令	GUI 菜单路径	用　　途
NEQIT	Main Menu > Preprocessor > Loads > Load Step Opts > Nonlinear > Equilibrium Iter Main Menu > Solution > Load Step Opts > Sol'n Control Main Menu > Solution > Load Step Opts > Nonlinear > Equilibrium Iter Main Menu > Solution > Unabridged Menu > Nonlinear > Equilibrium Iter	指定每个子步最大平衡迭代的次数（默认=25）
CNVTOL	Main Menu > Preprocessor > Loads > Load Step Opts > Nonlinear > Convergence Crit Main Menu > Solution > Load Step Opts > Sol'n Control Main Menu > Solution > Load Step Opts > Nonlinear > Convergence Crit Main Menu > Solution > Unabridged Menu > Nonlinear > Convergence Crit	指定收敛公差
NCNV	Main Menu > Preprocessor > Loads > Load Step Opts > Nonlinear > Criteria to Stop Main Menu > Solution > Sol'n Control Main Menu > Solution > Load Step Opts > Nonlinear > Criteria to Stop Main Menu > Solution > Unabridged Menu > Nonlinear > Criteria to Stop	为终止分析提供选项

4.4.4　输出控制

输出控制用于控制分析输出的数量和特性，有两个基本输出控制，如表 4-16 所示。

表 4-16　输出控制命令

命　　令	GUI 菜单路径	用　　途
OUTRES	Main Menu > Preprocessor > Loads > Load Step Opts > Output Ctrls > DB/Results File Main Menu > Solution > Load Step Opts > Sol'n Control Main Menu > Solution > Load Step Opts > Output Ctrls > DB/Results File	控制 ANSYS 写入数据库和结果文件的内容以及写入的频率

Note

续表

命　令	GUI 菜单路径	用　途
OUTPR	Main Menu > Preprocessor > Loads > Load Step Opts > Output Ctrls > Solu Printout Main Menu > Solution > Load Step Opts > Output Ctrls > Solu Printout Main Menu > Solution > Load Step Opts > Output Ctrls > Solu Printout	控制打印(写入解输出文件 Jobname.OUT）的内容以及写入的频率

下面说明了 OUTERS 和 OUTPR 命令的使用方法。

```
OUTRES,ALL,5        !写入所有数据：每到第 5 子步写入数据
OUTPR,NSOL,LAST     !仅打印最后子步的节点解
```

可以发出一系列 OUTER 和 OUTERS 命令（达 50 个命令组合）以精确控制解的输出。但必须注意命令发出的顺序很重要。例如，以下命令把每到第 10 子步的所有数据和第 5 子步的节点解数据写入数据库和结果文件中。

```
OUTRES,ALL,10
OUTRES,NSOL,5
```

如果颠倒命令的顺序（如下所示），那么第二个命令优先于第一个命令，使每到第 10 子步的所有数据被写入数据库和结果文件中，而每到第 5 子步的节点解数据则未被写入数据库和结果文件中。

```
OUTRES,NSOL,5
OUTRES,ALL,10
```

注意：程序在默认情况下输出的单元解数据取决于分析类型。要限制输出的解数据，使用 OUTRES 有选择地抑制（FREQ = NONE）解数据的输出，或首先抑制所有解数据（OUTRES、ALL、NONE）的输出，然后通过随后的 OUTRES 命令有选择地打开数据的输出。

第三个输出控制命令 ERESX 允许用户在后处理中观察单元积分点的值。

GUI：Main Menu > Preprocessor > Loads > Load Step Opts > Output Ctrls > Integration Pt。

GUI：Main Menu > Solution > Load Step Opts > Output Ctrls > Integration Pt。

命令：ERESX。

默认情况下，对材料非线性（例如，非 0 塑性变形）以外的所有单元，ANSYS 程序使用外推法并根据积分点的数值计算在后处理中观察的节点结果。通过执行 ERESX,NO 命令，可以关闭外推法，相反，将积分点的值复制到节点，使这些值在后处理中可用。另一个选项 ERESX,YES，迫使所有单元都使用外推法，而不论单元是否具有材料非线性。

4.4.5 Biot-Savart 选项

用于 Biot-Savart（磁场分析）的选项有两个命令，如表 4-17 所示。

表 4-17　Biot-Savart 命令

命　令	GUI 菜单路径	用　途
BIOT	Main Menu > Preprocessor > Loads > Load Step Opts > Magnetics > Options Only > Biot-Savart Main Menu > Solution > Load Step Opts > Magnetics > Options Only > Biot-Savart	计算由于所选择的源电流场引起的磁场密度

续表

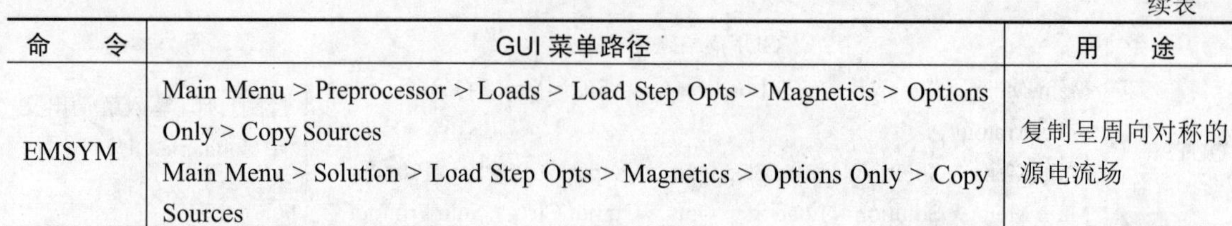

命　令	GUI 菜单路径	用　途
EMSYM	Main Menu > Preprocessor > Loads > Load Step Opts > Magnetics > Options Only > Copy Sources Main Menu > Solution > Load Step Opts > Magnetics > Options Only > Copy Sources	复制呈周向对称的源电流场

4.4.6　谱分析选项

这类选项中有许多命令，所有命令都用于指定响应谱数据和功率谱密度（PSD）数据。在频谱分析中，使用这些命令时可参见帮助文件中的 ANSYS Structural Analysis Guide 说明。

4.4.7　创建多载荷步文件

所有载荷和载荷步选项一起构成了一个载荷步，程序用其计算该载荷步的解。如果有多个载荷步，可将每个载荷步存入一个文件，调入该载荷步文件，并从文件中读取数据求解。

LSWRITE 命令写载荷步文件（每个载荷步一个文件，以 Jobname.S01、Jobname.S02 和 Jobname.S03 等识别），使用以下方法之一。

```
GUI: Main Menu > Preprocessor > Loads > Load Step Opts > Write LS File。
GUI: Main Menu > Solution > Load Step Opts > Write LS File。
命令: LSWRITE。
```

所有载荷步文件写入后，可以使用命令在文件中顺序读取数据，并求得每个载荷步的解。下面所示的命令组定义多个载荷步。

```
/SOLU                   !输入 Solution
0
! 载荷步 1:
D, ...                  !载荷
SF, ...
...
NSUBST, ...             !载荷步选项
KBC, ...
OUTRES, ...
OUTPR, ...
...
LSWRITE                 !写入载荷步文件 Jobname.S01
!
! 载荷步 2:
D, ...                  !载荷
SF, ...
...
NSUBST, ...             !载荷步选项
KBC, ...
OUTRES, ...
OUTPR, ...
...
```

```
    LSWRITE              !写入载荷步文件 Jobname.S02
    ...
```

关于载荷步文件的几点说明如下。

☑ 载荷步数据根据 ANSYS 命令被写入文件。

☑ LSWRITE 命令不捕捉实常数（R）或材料特性（MP）的变化。

☑ LSWRITE 命令自动地将实体模型载荷转换到有限元模型，因此所有载荷按有限元载荷命令的形式被写入文件。特殊的是，表面载荷总是按 SFE（或 SFBEAM）命令的形式被写入文件，而不论载荷是如何施加的。

☑ 要修改载荷步文件序号为 N 的数据，执行命令 LSREAD,n 在文件中读取数据，做所需的改动，然后执行 LSWRITE,n 命令（将覆盖序号为 N 的旧文件）。还可以使用系统编辑器直接编辑载荷步文件，但这种方法一般不推荐使用。与 LSREAD 命令等价的 GUI 菜单路径如下。

```
    GUI: Main Menu > Preprocessor > Loads > Load Step Opts > Read LS File。
    GUI: Main Menu > Solution > Load Step Opts > Read LS File。
```

☑ LSDELE 命令允许用户从 ANSYS 程序中删除载荷步文件。与 LSDELE 命令等价的 GUI 菜单路径如下。

```
    GUI: Main Menu > Preprocessor > Loads > Define Loads > Operate > Delete LS Files。
    GUI: Main Menu > Solution > Define Loads > Operate > Delete LS Files。
```

☑ 与载荷步相关的另一个有用的命令是 LSCLEAR，该命令允许用户删除所有载荷，并将所有载荷步选项重新设置为其默认值。例如，在读取载荷步文件进行修改前，可以使用它“清除”所有载荷步数据。与 LSCLEAR 命令等价的 GUI 菜单路径如下。

```
    GUI: Main Menu > Preprocessor > Loads > Define Loads > Delete > All Load Data >
data type。
    GUI: Main Menu > Preprocessor > Loads > Reset Options。
    GUI: Main Menu > Preprocessor > Loads > Define Loads > Settings > Replace vs
Add。
    GUI: Main Menu > Solution > Reset Options。
    GUI: Main Menu > Solution > Define Loads > Settings > Replace vs Add > Reset
Factors。
```

4.5　实例——储液罐的载荷和约束施加

前面章节对轴承座和储液罐模型进行了网格划分，生成了可用于计算分析的有限元模型。接下来需要对有限元模型施加载荷和约束，以考察其对于载荷作用的响应。

4.5.1　GUI 方式

（1）打开上次保存的轴承座几何模型 Tank.db 文件。

（2）设定分析类型。

执行主菜单中的 Main Menu > Preprocessor > Loads > Analysis Type > New Analysis 命令，弹出 New Analysis 对话框，如图 4-13 所示，系统默认是稳态分析，单击 OK 按钮。

（3）打开线、面编号控制器。

执行实用菜单中的 Utility Menu > PlotCtrls > Numbering 命令，弹出 Plot Numbering Controls 对话

框，选中 LINE、AREA 后面的复选框，将 Off 变为 On。

（4）显示面。

执行实用菜单中的 Utility Menu > Plot > Areas 命令。

（5）创建群组。

把该储液罐内壁表面创建成一个群组，这样做的好处是便于接下来的载荷施加，对于复杂模型，这是一种常用的方法。

① 执行实用菜单中的 Utility Menu > Select > Entities 命令，弹出 Select Entities 对话框，如图 4-14 所示，在其中按如图 4-14 所示进行设置，然后单击 OK 按钮，弹出 Select Areas 拾取框，用鼠标拾取储液罐包括接管的内壁面，即编号为 A65、A73、A51、A33、A101、A97、A116、A113、A106、A103、A117、A111、A93、A90、A81、A86、A77、A61、A26、A22、A75、A21、A59、A19、A70、A29、A54、A14 的面，单击 OK 按钮。

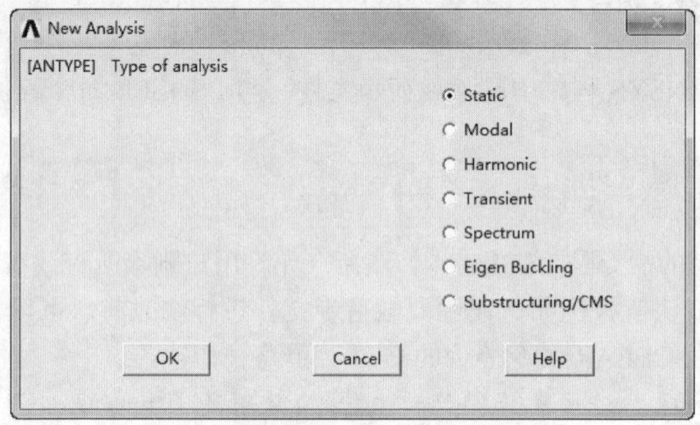

图 4-13 设定分析类型

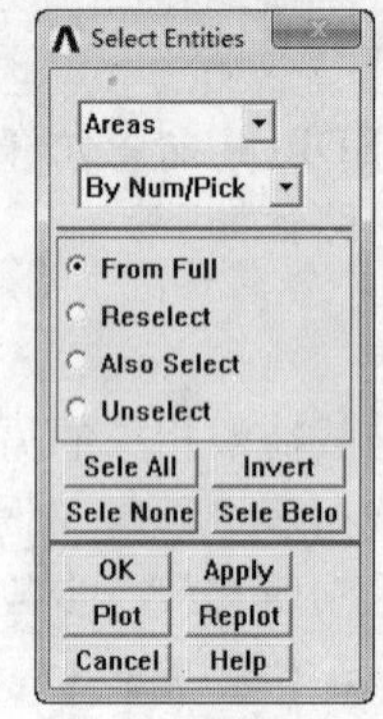

图 4-14 Select Entities 对话框

② 显示面。执行菜单栏中的 Utility Menu > Plot > Areas 命令。

③ 执行实用菜单中的 Utility Menu > Select > Comp/Assembly > Create Component 命令，弹出 Create Component 对话框，如图 4-15 所示，在 Entity Component is made of 后面的下拉列表框中选择 Areas 选项，在 Cname Component name 后面的文本框中输入群组名 A，单击 OK 按钮。一个面群组创建完毕。

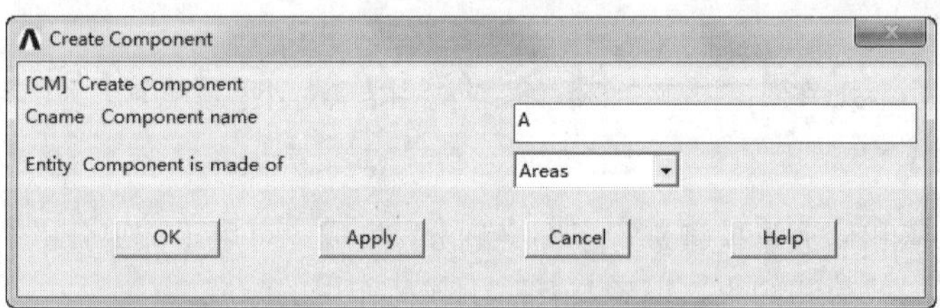

图 4-15 Create Component 对话框

（6）显示面。

执行实用菜单中的 Utility Menu > Plot > Areas 命令，可以看到创建的群组如图 4-16 所示。

（7）全选。

执行实用菜单中的 Utility Menu > Select > Everything 命令，然后执行实用菜单中的 Utility Menu > Plot > Volumes 命令。

（8）施加约束条件。

储液罐底部有裙座支撑，实际建立模型时并没有把裙座创建出来，因此在约束时只约束裙座与储

液罐下封头相连接部位即可，在本例中约束下封头与筒体的共同的边界线。

执行主菜单中的 Main Menu > Solution > Define Loads > Apply > Structural > Displacement > on Lines 命令，弹出 Apply U,ROT on Lines 对话框，拾取底座底面的所有外边界线，即编号为 L101、L79、L85、L93 的线，单击 OK 按钮，弹出 Apply U,ROT on Lines 对话框，如图 4-17 所示。在 Lab2 后面的列表框中选择 All DOF 选项，即约束 3 个方向的自由度，单击 OK 按钮。

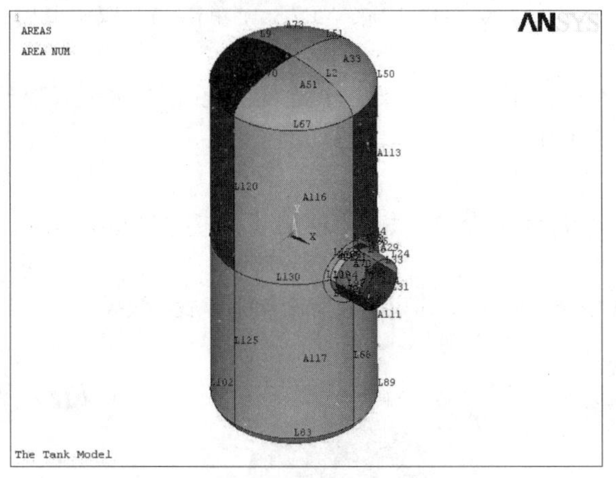

图 4-16　储液罐内壁面群组

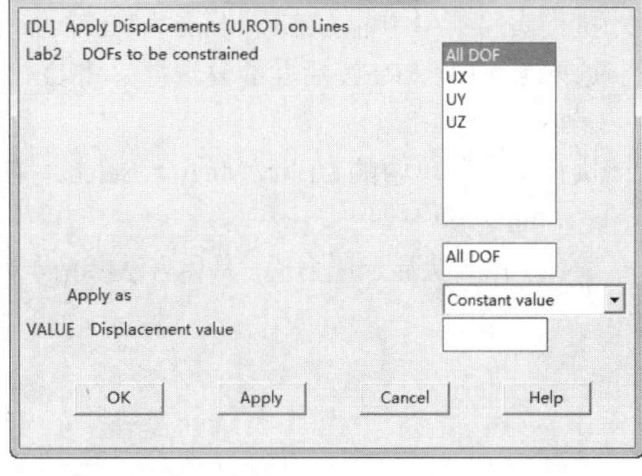

图 4-17　Apply U,ROT on Lines 对话框

（9）施加载荷。

给储液罐内壁表面施加 5.7MPa 的设计压力。执行实用菜单中的 Utility Menu > Select > Comp/Assembly > Select Comp/Assembly 命令，弹出如图 4-18 所示的 Select Component or Assembly 对话框，单击 OK 按钮，再次弹出 Select Component or Assembly 对话框，如图 4-19 所示，其中只有一个群组 A，单击 OK 按钮。

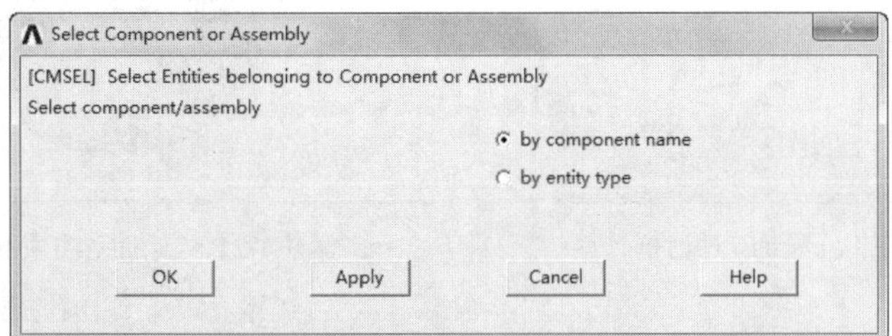

图 4-18　Select Component or Assembly 对话框（1）

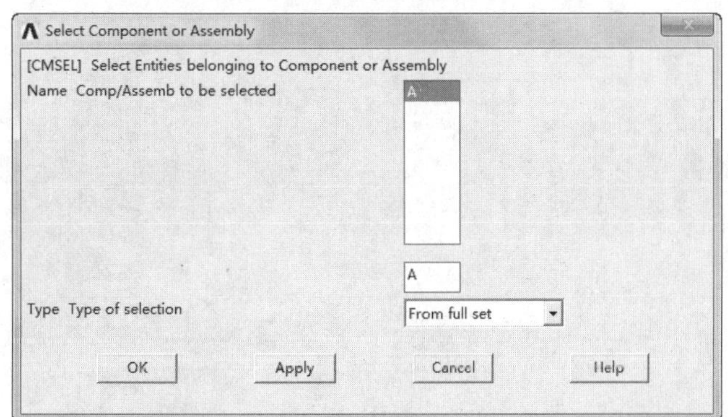

图 4-19　Select Component or Assembly 对话框（2）

（10）显示面。

执行实用菜单中的 Utility Menu > Plot > Areas 命令，此时刚刚创建的群组即显示出来。

（11）施加载荷。

Note

在储液罐内壁面施加设计压力。执行主菜单中的 Main Menu > Solution > Define Loads > Apply > Structural > Pressure > On Areas 命令，弹出 Apply PRES on areas 拾取框，单击 Pick All 按钮，弹出 Apply PRES on areas 对话框，如图 4-20 所示，在 VALUE 后面的文本框中输入 5.7E6，单击 OK 按钮退出。

（12）关闭线、面编号控制器。

执行实用菜单中的 Utility Menu > PlotCtrls > Numbering 命令，弹出 Plot Numbering Controls 对话框，选中 LINE、AREA 后面的复选框，将 On 变为 Off。

（13）全选。

执行实用菜单中的 Utility Menu > Select > Everything 命令，然后执行实用菜单中的 Utility Menu > Plot > Volumes 命令。

（14）用箭头显示压力值，具体方法参见 4.3.1 节第（8）步。约束和载荷施加完毕后，效果如图 4-21 所示。

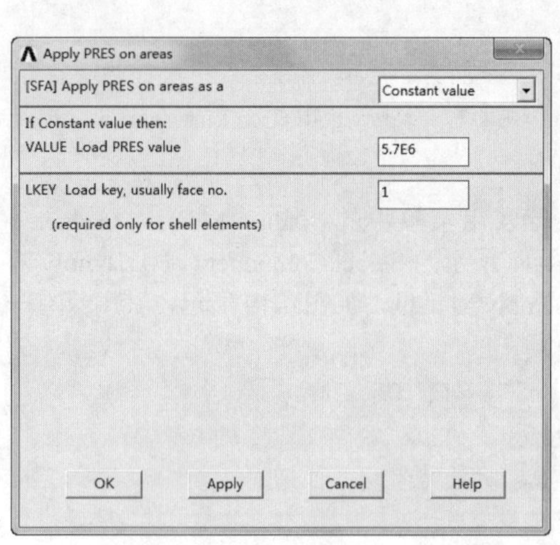

图 4-20　Apply PRES on areas 对话框

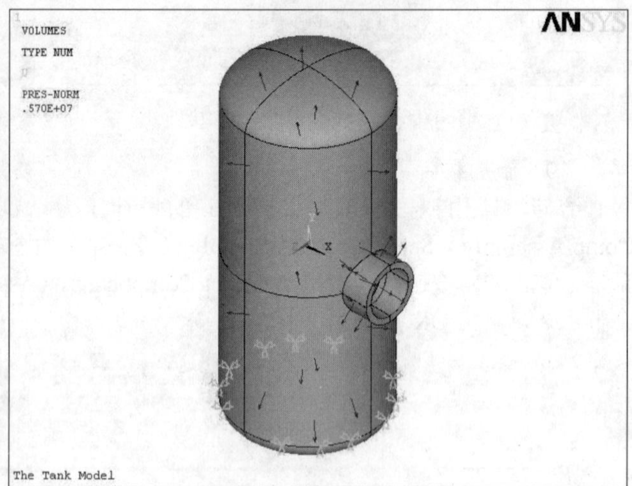

图 4-21　施加完约束和载荷的模型

（15）保存模型。

单击 ANSYS Toolbar 工具条中的 SAVE_DB 按钮，保存文件。

4.5.2　命令流方式

```
RESUME, Tank,db,
/PREP7
ANTYPE,0
/PNUM,LINE,1
/PNUM,AREA,1
APLOT
FLST,5,28,5,ORDE,28
FITEM,5,65
FITEM,5,73
```

```
FITEM,5,51
FITEM,5,33
FITEM,5,101
FITEM,5,97
FITEM,5,116
FITEM,5,113
FITEM,5,106
FITEM,5,103
FITEM,5,117
FITEM,5,111
FITEM,5,93
FITEM,5,90
FITEM,5,81
FITEM,5,86
FITEM,5,77
FITEM,5,61
FITEM,5,26
FITEM,5,22
FITEM,5,75
FITEM,5,21
FITEM,5,59
FITEM,5,19
FITEM,5,70
FITEM,5,29
FITEM,5,54
FITEM,5,14
ASEL,S, , ,P51X
APLOT
CM,A,AREA
APLOT
ALLSEL,ALL
VPLOT
FINISH
/SOL
FLST,2,4,4,ORDE,4
FITEM,2,79
FITEM,2,85
FITEM,2,93
FITEM,2,101
DL,P51X, ,ALL,
CMSEL,S,A
APLOT
FLST,2,28,5,ORDE,28
FITEM,2,14
FITEM,2,19
FITEM,2,21
```

Note

```
FITEM,2,-22
FITEM,2,26
FITEM,2,29
FITEM,2,33
FITEM,2,51
FITEM,2,54
FITEM,2,59
FITEM,2,61
FITEM,2,65
FITEM,2,70
FITEM,2,73
FITEM,2,75
FITEM,2,77
FITEM,2,81
FITEM,2,86
FITEM,2,90
FITEM,2,93
FITEM,2,97
FITEM,2,101
FITEM,2,103
FITEM,2,106
FITEM,2,111
FITEM,2,113
FITEM,2,116
FITEM,2,-117
SFA,P51X,1,PRES,5.7E6
/PNUM,LINE,0
/PNUM,AREA,0
ALLSEL,ALL
VPLOT
/PSF,PRES,NORM,2,0,1
SAVE
```

求解

求解与求解控制是ANSYS分析中的重要步骤，正确地控制求解过程将直接影响到求解的精度和计算时间。

本章将着重讨论求解基本参数的设定，求解过程监控以及求解失败的一些原因分析。

☑ 求解概论

☑ 利用特定的求解控制器指定求解类型

☑ 多载荷步求解

任务驱动&项目案例

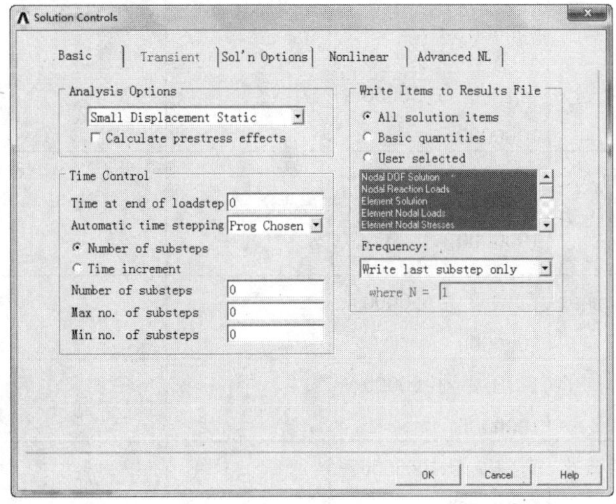

(1)

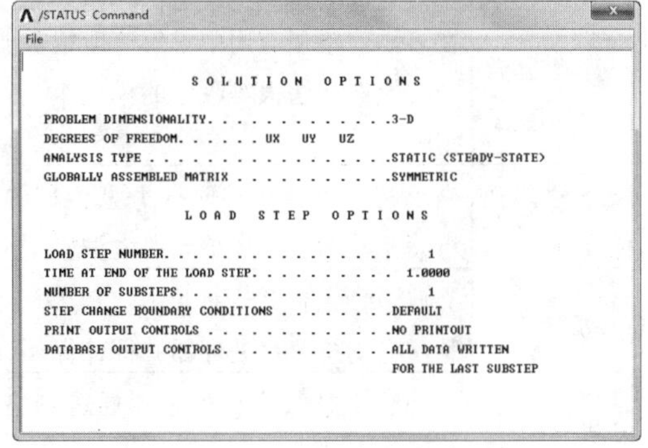

(2)

5.1 求解概论

Note

ANSYS 能够求解由有限元方法建立的联立方程，求解的结果为：

（1）节点的自由度值，为基本解。

（2）原始解的导出值，为单元解。

单元解通常是在单元的公共点上计算出来的，ANSYS 程序将结果写入数据库和结果文件（Jobname.RST、RTH、RMG 或 RFL）中。

ANSYS 程序中有几种解联立方程的方法：直接解法、稀疏矩阵直接解法、雅克比共轭梯度法（JCG）、不完全分解共轭梯度法（ICCG）、预条件共轭梯度法（PCG）、自动迭代法（ITER）和分块解法（DDS）。默认为直接解法，用户可用以下方法选择求解器。

```
GUI：Main Menu > Preprocessor > Loads > Analysis Type > Analysis Options。
GUI：Main Menu > Solution > Load Step Options > Sol'n Control。
GUI：Main Menu > Solution > Analysis Options。
命令：EQSLV。
```

注意：如果没有 Analysis Options 选项，则需要完整的菜单选项。调出完整的菜单选项方法为 GUI：Main Menu > Solution > Unabridged Menu。

如表 5-1 所示为一般的准则，有助于用户针对给定的问题选择合适的求解器。

表 5-1　求解器选择准则

解　法	典型应用场合	模型尺寸	内存使用	硬盘使用
直接解法	要求稳定性（非线性分析）或内存受限制时	低于 50000 自由度	低	高
稀疏矩阵直接解法	要求稳定性和求解速度（非线性分析）；线性分析时迭代收敛很慢时（尤其对病态矩阵，如形状不好的单元）	自由度为 10000～500000	中	高
雅克比共轭梯度法	在单场问题（如热、磁、声，多物理问题）中求解速度很重要时	自由度为 50000～1000000	中	低
不完全分解共轭梯度法	在多物理模型应用中求解速度很重要时，处理其他迭代法很难收敛的模型（几乎是无穷矩阵）	自由度为 50000～1000000	高	低
预条件共轭梯度法	当求解速度很重要时（大型模型的线性分析）尤其适合实体单元的大型模型	自由度为 50000～1000000	高	低
自动迭代法	类似于预条件共轭梯度法（PCG），不同的是，它支持八台处理器并行计算	自由度为 50000～1000000	高	低
分块解法	该解法支持数十台处理器通过网络连接来完成并行计算	自由度为 1000000～10000000	高	低

5.1.1　使用直接求解法

ANSYS 直接求解法不组集整个矩阵，而是在求解器处理每个单元时，同时进行整体矩阵的组集

和求解，其方法如下。

（1）每个单元矩阵计算出后，求解器读入第一个单元的自由度信息。

（2）程序通过写入一个方程到 TRI 文件，消去任何可以由其他自由度表达的自由度，该过程对所有单元重复进行，直到所有的自由度都被消去，只剩下一个三角矩阵在 TRIN 文件中。

Note

（3）程序通过回代法计算节点的自由度解，用单元矩阵计算单元解。

在直接求解法中经常提到“波前”这个术语，它是在三角化过程中因不能从求解器消去而保留的自由度数。随着求解器处理每个单元及其自由度时，波前就会膨胀和收缩，最后，当所有的自由度都处理过以后波前变为 0。波前的最高值称为最大波前，而平均的、均方根值称为 RMS 波前。

一个模型的 RMS 波前值直接影响求解时间，其值越小，CPU 所用的时间越少，因此在求解前希望能重新排列单元号以获得最小的波前值。ANSYS 程序在开始求解时会自动进行单元排序，除非已对模型重新排列过或者已经选择了不需要重新排列。最大波前值直接影响内存的需要，尤其是临时数据申请的内存量。

5.1.2　使用其他求解器

其他求解器包括稀疏矩阵直接解法、雅克比共轭梯度法求解器、不完全分解共轭梯度法求解器、预条件共轭梯度法求解器、自动迭代解法选项等，使用方法与直接求解法类似，这里不再赘述。

5.1.3　获得解答

开始求解，进行以下操作。

```
GUI：Main Menu > Solution > Current LS or Run FLOTRAN。
命令：SOLVE。
```

因为求解阶段与其他阶段相比，一般需要更多的计算机资源，所以批处理（后台）模式要比交互式模式更适宜。

求解器将输出写入输出文件（Jobname.OUT）和结果文件中，如果用户以交互模式运行求解，则输出文件就是屏幕。在执行 SOLVE 命令前使用下述操作，可以将输出送入一个文件而不是屏幕。

```
GUI：Utility Menu > File > Switch Output to > File or Output Window。
命令：/OUTPUT。
```

写入输出文件的数据由如下内容组成。

☑　载荷概要信息。

☑　模型的质量及惯性矩。

☑　求解概要信息。

☑　最后的结束标题，给出总的 CPU 时间和各过程所用的时间。

☑　由 OUTPR 命令指定的输出内容及绘制云纹图所需的数据。

在交互模式中，大多数输出是被压缩的，结果文件（RST、RTH、RMG 或 RFL）包含所有的二进制方式的文件，可在后处理程序中进行浏览。

在求解过程中产生的另一有用文件是 Jobname.STAT 文件，它给出了解答情况。程序运行时可用该文件来监视分析过程，对非线性和瞬态分析的迭代分析尤其有用。

SOLVE 命令还能对当前数据库中的载荷步数据进行计算求解。

5.2 利用特定的求解控制器指定求解类型

Note

当用户在求解某些结构分析类型时，可以利用如下两种特定的求解工具。

☑ Abridged Solution 菜单选项：只适用于静态、全瞬态、模态和屈曲分析类型。

☑ 求解控制对话框：只适用于静态和全瞬态分析类型。

5.2.1 使用 Abridged Solution 菜单选项

当用户使用图形界面方式进行结构静态、瞬态、模态或者屈曲分析时，将选择是否使用 Abridged 或者 Unabridged Solution 菜单选项。

（1）Unabridged Solution 菜单选项列出了用户在当前分析中可能使用的所有求解选项，无论是被推荐的还是可能的（如果是用户在当前分析中不会使用的选项，将呈现灰色）。

（2）Abridged Solution 菜单选项较为简易，仅仅列出了分析类型所必需的求解选项。例如，当用户进行静态分析时，选项 Modal Cyclic Sym 将不会出现在 Abridged Solution 菜单选项中，只有那些有效且被推荐的求解选项才出现。

在结构分析中，当用户进入 SOLUTION 模块（GUI 菜单路径：Main Menu > Solution）时，Abridged Solution 菜单选项为默认值。

当进行的分析类型是静态或全瞬态时，用户可以通过这种菜单完成求解选项的设置。然而，如果用户选择了不同的一个分析类型，Abridged Solution 菜单选项的默认值将被一个不同的 Solution 菜单选项所代替，而新的菜单选项将符合用户新选择的分析类型。

当用户进行分析后又选择一个新的分析类型，那么用户将（默认地）得到和第一次分析相同的 Solution 菜单选项类型。例如，当用户选择使用 Unabridged Solution 菜单选项进行静态分析后，又选择进行新的屈曲分析，此时用户将得到（默认）适用于屈曲分析的 Unabridged Solution 菜单选项。但是，在分析求解阶段的任何时候，通过选择合适的菜单选项，用户都可以在 Unabridged 和 Abridged Solution 菜单选项之间切换（GUI 菜单路径：Main Menu > Solution > Unabridged Menu 或 Main Menu > Solution > Abridged Menu）。

5.2.2 使用求解控制对话框

当用户进行结构静态或全瞬态分析时，可以使用求解控制对话框来设置分析选项。求解控制对话框包括 5 个选项，每个选项包含一系列的求解控制。对于指定多载荷步分析中每个载荷步的设置，求解控制对话框是非常有用的。

只要用户进行结构静态或全瞬态分析，则求解菜单必然包含求解控制对话框选项。当用户选择 Sol'n Control 菜单项时，弹出如图 5-1 所示的求解控制对话框。该对话框为用户提供了简单的图形界面来设置分析和载荷步选项。

一旦用户打开求解控制对话框，Basic 标签页即被激活，如图 5-1 所示。完整的标签页按顺序从左到右依次是 Basic、Transient、Sol'n Options、Nonlinear、Advanced NL。

每套控制逻辑上分在一个标签页里，最基本的控制出现在第一个标签页里，而后续的标签页里提供了更高级的求解控制选项。Transient 标签页包含瞬态分析求解控制，仅当分析类型为瞬态分析时才可用，否则将呈现灰色。

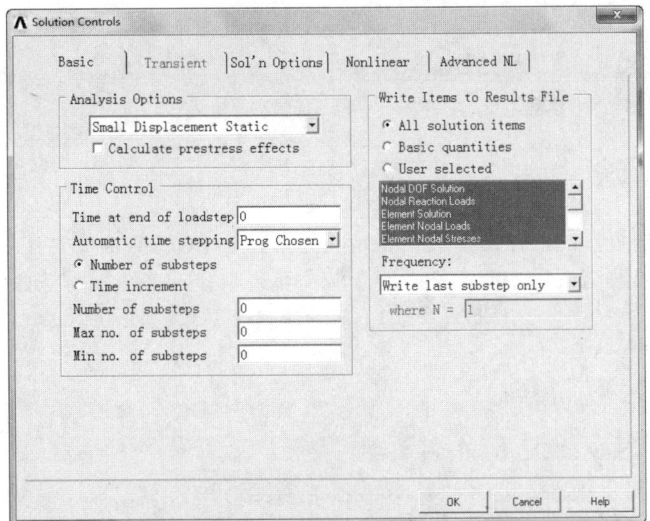

图 5-1 求解控制对话框

每个求解控制对话框中的选项对应一个 ANSYS 命令，如表 5-2 所示。

表 5-2 求解控制对话框

求解控制对话框标签页	用 途	对应的命令
Basic	指定分析类型 控制时间设置 指定写入 ANSYS 数据库中的结果数据	ANTYPE，NLGEOM，TIME，AUTOTS，NSUBST，DELTIM，OUTRES
Transient	指定瞬态选项 指定阻尼选项 定义积分参数	TIMINT，KBC，ALPHAD，BETAD，TINTP
Sol'n Options	指定方程求解类型 指定重新多个分析的参数	EQSLV，RESCONTROL
Nonlinear	控制非线性选项 指定每个子步迭代的最大次数 指明用户是否在分析中进行蠕变计算 控制二分法 设置收敛准则	LNSRCH，PRED，NEQIT，RATE，CUTCONTROL，CNVTOL
Advanced NL	指定分析终止准则 控制弧长法的激活与中止	NCNV，ARCLEN，ARCTRM

如果用户对 Basic 标签页的设置满意，那么就不需要对其余的标签页选项进行处理，除非用户想要改变某些高级设置。

注意： 无论用户是改变一个标签页或是多个标签页，在单击 OK 按钮关闭对话框后，这些改变才被写入 ANSYS 数据库。

5.3 多载荷步求解

定义和求解多载荷步有 3 种办法。

☑ 多重求解法

☑ 载荷步文件法。

☑ 矩阵参数法（数组参数法）。

5.3.1 多重求解法

多重求解方法是最直接的，在每个载荷步定义好后执行 SOLVE 命令。主要的缺点是，在交互使用时必须等到每一步求解结束后才能定义下一个载荷步，典型的多重求解法命令流如下。

```
/SOLU                    !进入 SOLUTION 模块
...
! Load step 1:           !载荷步 1
D,...
SF,...
0
SOLVE                    !求解载荷步 1
! Load step 2            !载荷步 2
F,...
SF,...
...
SOLVE                    !求解载荷步 2
Etc.
```

5.3.2 使用载荷步文件法

当想求解问题而又远离终端或计算机时，可以很方便地使用载荷步文件法。该方法为写入每一载荷步到载荷步文件中（通过 LSWRITE 命令或相应的 GUI 方式），通过一条命令就可以读入每个文件并获得解答（参见第 4 章了解产生载荷步文件的详细内容）。

要求解多载荷步，有如下两种方式。

```
GUI: Main Menu > Solution > From Ls Files。
命令：LSSOLVE。
```

LSSOLVE 命令其实是一条宏指令，它按顺序读取载荷步文件，并进行每个载荷步的求解。载荷步文件法的示例命令输入如下。

```
/SOLU                    !进入求解模块
...
! Load Step 1:           !载荷步 1
D,...                    !施加载荷
SF,...
...
NSUBST,...               !载荷步选项
KBC,...
OUTRES,...
OUTPR,...
...
LSWRITE                  !写载荷步文件：Jobname.S01
! Load Step 2:
D,...
```

```
SF,...
...
NSUBST,...              !载荷步选项
KBC,...
OUTRES,...
OUTPR,...
...
LSWRITE                 !写载荷步文件：Jobname.S02
...
0
LSSOLVE,1,2             !开始求解载荷步文件 1 和 2
```

5.3.3 使用数组参数法（矩阵参数法）

主要用于瞬态或非线性静态（稳态）分析，需要了解有关数组参数和 DO 循环的知识，这是 APDL（ANSYS 参数设计语言）中的部分内容，详细内容可以参考 ANSYS 帮助文件中的 APDL PROGRAMMER'S GUIDE 了解 APDL。数组参数法包括用数组参数法建立载荷—时间关系表，以下内容给出了最好的解释。

假定有一组随时间变化的载荷，如图 5-2 所示。有 3 个载荷函数，所以需要定义 3 个数组参数，所有的 3 个数组参数必须是表格形式，力函数有 5 个点，所以需要一个 5×1 的数组，压力函数需要一个 6×1 的数组，而温度函数需要一个 2×1 的数组，注意 3 个数组都是一维的，载荷值放在第一列，时间值放在第 0 列（第 0 列、0 行，一般包含索引号，如果用户把数组参数定义为一张表格，则第 0 列、0 行必须改变，且需填上单调递增的编号组）。

Force

Time	Value
0.0	100
21.5	2000
62.5	2000
125.0	800
145.0	100

Pressure

Time	Value
0.0	1000
35.0	1000
35.8	500
82.5	500
82.6	1000
150.0	1000

Temperature

Time	Value
0.0	1500
145.0	75

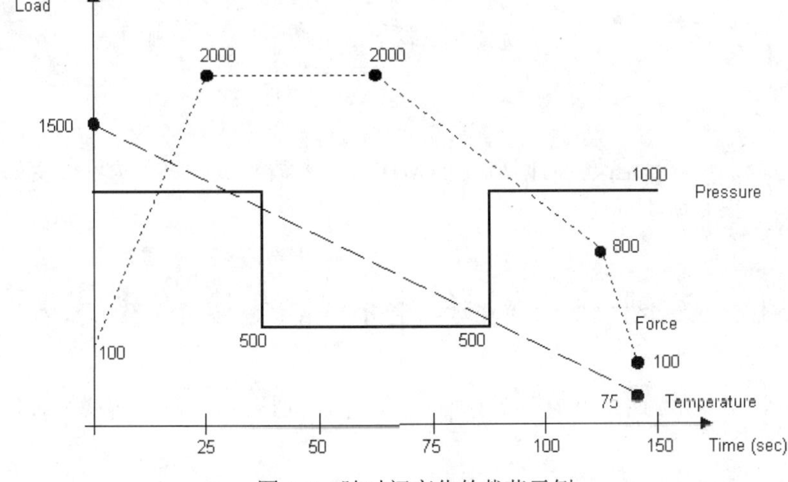

图 5-2 随时间变化的载荷示例

要定义3个数组参数，必须声明其类型和维数，要做到这一点，可以使用以下两种方式。

```
GUI: Utility Menu > Parameters > Array Parameters > Define/Edit。
命令：*DIM。
```

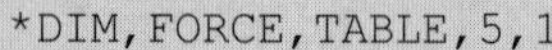

例如：

```
*DIM,FORCE,TABLE,5,1
*DIM,PRESSURE,TABLE,6,1
*DIM,TEMP,TABLE,2,1
```

可用数组参数编辑器（GUI：Utility Menu > Parameters > Array Parameters > Define/Edit）或者一系列“=”命令填充这些数组，后一种方法如下。

```
FORCE(1,1)=100,2000,2000,800,100          !第1列力的数值
FORCE(1,0)=0,21.5,50.9,98.7,112           !第0列对应的时间
FORCE(0,1)=1                              !第0行
PRESSURE(1,1)=1000,1000,500,500,1000,1000
PRESSURE(1,0)=0,35,35.8,74.4,76,112
PRESSURE(0,1)=1
TEMP(1,1)=800,75
TEMP(1,0)=0,112
TEMP(0,1)=1
```

现在已经定义了载荷历程，要加载并获得解答，需要构造一个如下所示的DO循环（通过使用命令*DO和*ENDDO）。

```
TM_START=1E-6                             !开始时间（必须大于0）
TM_END=112                                !瞬态结束时间
TM_INCR=1.5                               !时间增量
!从TM_START开始到TM_END结束，步长TM_INCR
*DO,TM,TM_START,TM_END,TM_INCR
TIME,TM                                   !时间值
F,272,FY,FORCE(TM)                        !随时间变化的力（节点272处，方向FY）
NSEL,...                                  !在压力表面上选择节点
SF,ALL,PRES,PRESSURE(TM)                  !随时间变化的压力
NSEL,ALL                                  !激活全部节点
NSEL,...                                  !选择有温度指定的节点
BF,ALL,TEMP,TEMP(TM)                      !随时间变化的温度
NSEL,ALL                                  !激活全部节点
SOLVE                                     !开始求解
*ENDDO
```

用这种方法可以非常容易地改变时间增量（TM_INCR参数），而用其他方法改变如此复杂的载荷历程的时间增量将会很麻烦。

5.4 实例——轴承座和储液罐模型求解

在对轴承座和储液罐模型施加完约束和载荷后，就可以进行求解计算。本节主要对求解选项进行相关设定。

对于单载荷步，在施加完载荷之后，直接就可以求解。轴承座和储液罐模型都属于这种情形。

打开相应的 BearingBlock.db 和 Tank.db 文件，然后进行求解。

执行主菜单中的 Main Menu > Solution > Solve > Current LS 命令，弹出两个对话框，如图 5-3 和图 5-4 所示，先执行图 5-3 中的 File > Close 命令，然后单击图 5-4 中的 OK 按钮开始求解。求解结束后会出现如图 5-5 所示的提示。

命令流：SOLVE。

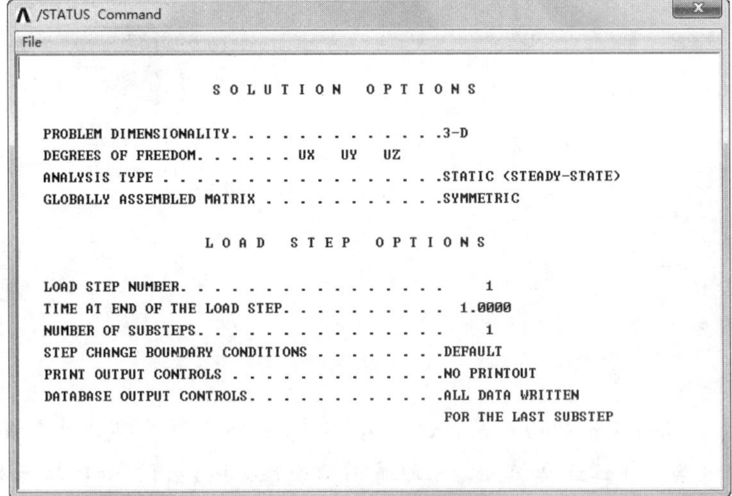

图 5-3　求解选项设置

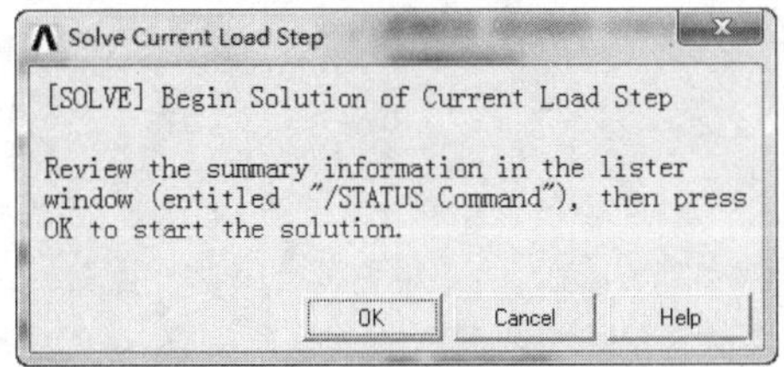

图 5-4　求解当前载荷步

图 5-5　求解结束提示

求解完成后保存。执行 File > Save as 命令，弹出 Sav DataBase 对话框，在 Sav Data base to 下面的文本框中分别输入 Result_BearingBlock.db 和 Result_Tank.db，单击 OK 按钮即可。

第6章 后处理

后处理指检阅ANSYS分析的结果，这是ANSYS分析中最重要的一个模块，本章将讲述ANSYS后处理的概念，详细介绍ANSYS的通用后处理（POST1）和时域后处理（POST26），通过本章的学习，用户对后处理的一般过程会有更进一步的了解，配合实例操作，将能够熟练掌握ANSYS分析的后处理过程。

- ☑ 后处理概述
- ☑ 通用后处理器（POST1）
- ☑ 时间历程后处理（POST26）

任务驱动&项目案例

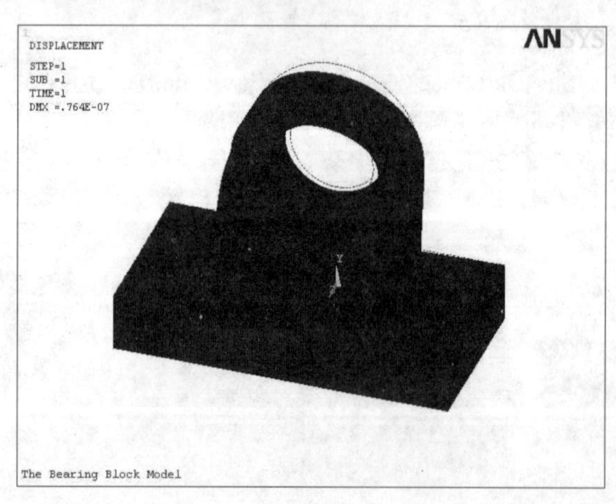

（1）

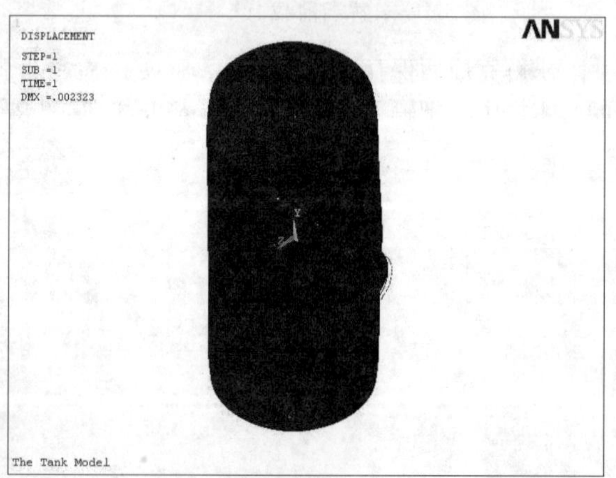

（2）

Note

6.1　后处理概述

后处理是指检查分析的结果，这是分析中最重要的一环，因为用户通过它可以清楚作用载荷如何影响设计、单元划分好坏等问题。

检查分析结果可使用两个后处理器，即通用后处理器 POST1 和时间历程后处理器 POST26。POST1 允许检查整个模型在某一载荷步和子步（或对某一特定时间点或频率）的结果。例如，在静态结构分析中，可显示载荷步 3 的应力分布；在热力分析中，可显示 time=100 秒时的温度分布。如图 6-1 所示的等值线图即是一种典型的 POST1 图。

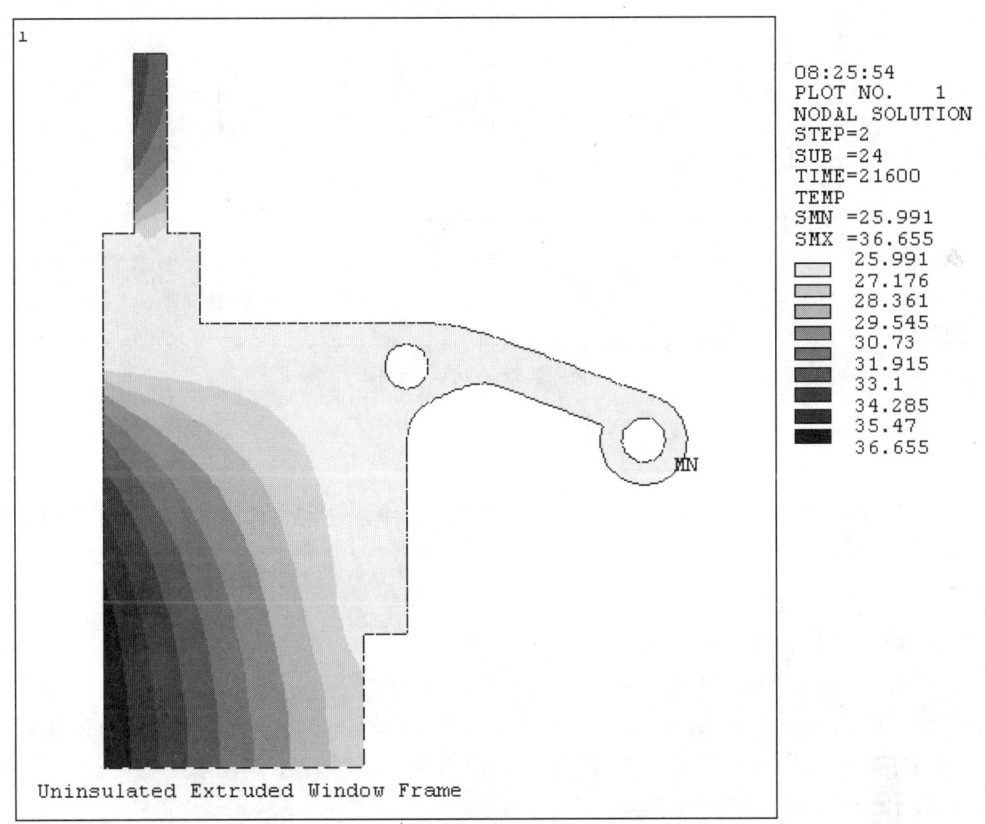

图 6-1　典型的 POST1 等值线显示图

POST26 可以检查模型的指定点的特定结果相对于时间、频率或其他结果项的变化。例如，在瞬态磁场分析中，可以用图形表示某一特定单元的涡流与时间的关系；或在非线性结构分析中，可以用图形表示某一特定节点的受力与其变形的关系。如图 6-2 所示的曲线图即是一种典型的 POST26 图。

注意：ANSYS 的后处理器仅是用于检查分析结果的工具，仍然需要使用你的工程判断能力来分析、解释结果。例如，一等值线显示可能表明模型的最高应力为 37800Pa，那么必须由你来确定这一应力水平对设计是否匹配。

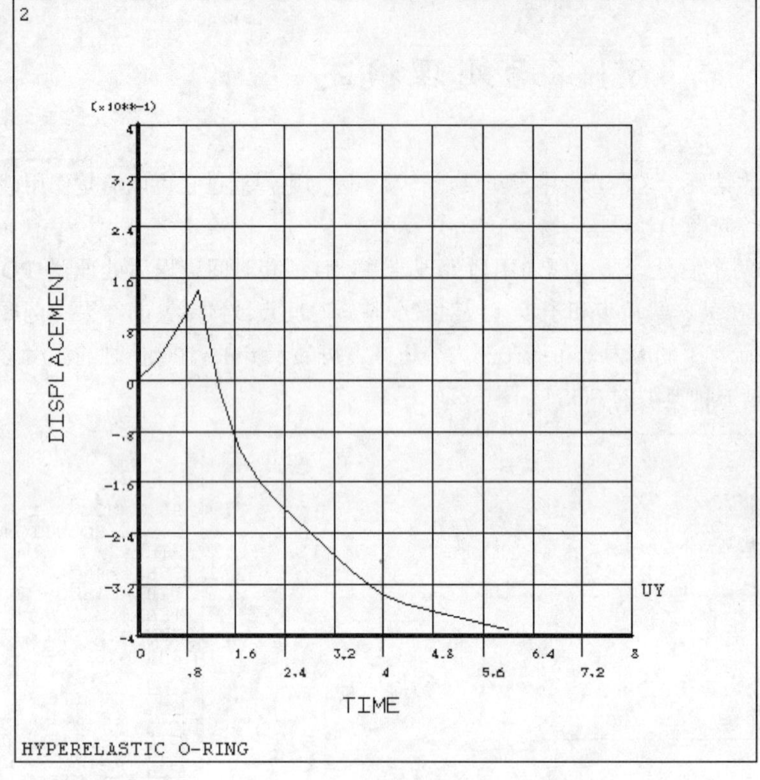

图 6-2　典型的 POST26 图

6.1.1　结果文件

在求解中，ANSYS 运算器将分析的结果写入结果文件中，结果文件的名称取决于分析类型。

☑　Jobname.RST：结果分析。

☑　Jobname.RTH：热力分析。

☑　Jobname.EMG：电磁场分析。

☑　Jobname.RFL：FLOTRAN 分析。

对于 FLOTRAN 分析，文件的扩展名为.RFL；对于其他流体分析，文件扩展名为.RST 或.RTH，主要取决于是否给出结构自由度。对不同的分析使用不同的文件标识，有助于在耦合场分析中使用一个分析的结果作为另一个分析的载荷。

6.1.2　后处理可用的数据类型

求解阶段计算两种类型结果数据。

（1）基本数据包含每个节点计算自由度解：结构分析的位移、热力分析的温度、磁场分析的磁势等（参见表 6-1），这些被称为节点解数据。

（2）派生数据为由基本数据计算得到的数据：如结构分析中的应力和应变，热力分析中的热梯度和热流量，磁场分析中的磁通量等。派生数据又称为单元数据，它通常出现在单元节点、单元积分点以及单元质心等位置。

表 6-1 不同分析的基本数据和派生数据

学 科	基 本 数 据	派 生 数 据
结果分析	位移	应力、应变、反作用力
热力分析	温度	热流量、热梯度等
磁场分析	磁势	磁通量、磁流密度等
电场分析	标量电势	电场、电流密度等
流体分析	速度、压力	压力梯度、热流量等

6.2 通用后处理器（POST1）

使用 POST1 通用后处理器可观察整个模型或模型的一部分，在某个时间（或频率）上针对特定载荷组合时的结果。POST1 有许多功能，包括从简单的图像显示到针对更为复杂数据操作的列表，如载荷工况的组合。

要进入 ANSYS 通用后处理器，可输入/POST1 命令或 GUI 菜单路径：Main Menu > General Postproc。

6.2.1 将数据结果读入数据库

POST1 中第一步是将数据从结果文件读入数据库。要这样做，数据库中首先要有模型数据（节点和单元等）。若数据库中没有模型数据，可输入 RESUME 命令（或 GUI 菜单路径：Utility Menu > File > Resume Jobname.db）读入数据文件 Jobname.db。数据库包含的模型数据应该与计算模型相同，包括单元类型、节点、单元、单元实常数、材料特性和节点坐标系。

注意：数据库中被选来进行计算的节点和单元应属同一组，否则会出现数据不匹配。

一旦模型数据存在数据库中，输入 SET、SUBSET 和 APPEND 命令均可从结果文件中读入结果数据。

1. 读入结果数据

输入 SET 命令（Main Menu > General PostProc > Read Results），可在特定的载荷条件下将整个模型的结果数据从结果文件中读入数据库，覆盖数据库中以前存在的数据。边界条件信息（约束和集中力）也被读入，但仅在存在单元节点载荷和反作用力的情况下。详情请见 OUTERS 命令。若不存在边界条件信息，则不列出或显示边界条件。加载条件靠载荷步和子步或靠时间（或频率）来识别。命令或路径方式指定的命令可以识别读入数据库的数据。

例如，SET,2,5 读入结果，表示载荷步为 2，子步为 5。同理，SET,3.89 表示时间为 3.89 时的结果（或频率为 3.89，取决于所进行的分析类型）。若指定了尚无结果的时刻，程序将使用线性插值计算出该时刻的结果。

结果文件（Jobname.RST）中默认的最大子步数为 1000，超出该界限时，需要输入 SET,Lstep, LAST 引入第 1000 个载荷步，使用/CONFIG 命令增加界限。

注意：对于非线性分析，在时间点间进行插值常常会降低精度。因此，要使解答可用，务必在可求时间值处进行后处理。

对于 SET 命令有一些便捷标号。

☑ SET，FIRST 读入第一子步，等价的 GUI 方式为 First Set。

☑ SET，NEXT 读入第二子步，等价的 GUI 方式为 NextSet。

☑ SET，LAST 读入最后一子步，等价的 GUI 方式为 LastSet。

Note

☑ SET 命令中的 NSET 字段（等价的 GUI 方式为 SetNumber）可恢复对应于特定数据组号的数据，而不是载荷步号和子步号。当有载荷步和子步号相同的多组结果数据时，这对 FLOTRAN 的结果非常有用。因此，可用其特定的数据组号来恢复 FLOTRAN 的计算结果。

☑ SET 命令的 LIST（或 GUI 中的 List Results）选项列出了其对应的载荷步和子步数，可在接下来的 SET 命令的 NSET 字段输入该数据组号，以申请处理正确的一组结果。

☑ SET 命令中的 ANGLE 字段规定了谐调元的周边位置（结构分析——PLANE25、PLANE83 和 SHELL61；温度场分析——PLANE75 和 PLANE78）。

2．其他恢复数据的选项

其他 GUI 菜单路径和命令也可以恢复结果数据。

（1）定义待恢复的数据

POST1 处理器中的命令 INRES（Main Menu > General Postproc > Data & File Opts）与 PREP7 和 SOLUTION 处理器中的 OUTRES 命令是“姐妹”命令，OUTRES 命令控制写入数据库和结果文件的数据，而 INRES 命令定义要从结果文件中恢复的数据类型，通过 SET、SUBSET 和 APPEND 等命令写入数据库。尽管不需对数据进行后处理，但 INRES 命令限制了恢复写入数据库的数据量。因此，对数据进行后处理也许占用的时间更少。

（2）读入所选择的结果信息

为了只将所选模型部分的一组数据从结果文件读入数据库，可用 SUBSET 命令（或 GUI 菜单路径：Main Menu > General Postproc > By characteristic）。结果文件中未用 INRES 命令指定恢复的数据，将以 0 值列出。

SUBSET 命令与 SET 命令大致相同，区别在于 SUBSET 只恢复所选模型部分的数据。用 SUBSET 命令可方便地看到模型的一部分结果数据。例如，若只对表层的结果感兴趣，可以选择外部节点和单元，然后用 SUBSET 命令恢复所选部分的结果数据即可。

（3）向数据库追加数据

每次使用 SET、SUBSET 命令或等价的 GUI 方式时，ANSYS 就会在数据库中写入一组新数据并覆盖当前的数据。APPEND 命令（Main Menu > General Postproc > By characteristic）从结果文件中读入数据组并将与数据库中已有的数据合并（这只针对所选的模型而言）。当已有的数据库非 0（或全部被重写时），允许将被查询的结果数据并入数据库。

可用 SET、SUBSET、APPEND 命令中的任一命令从结果文件将数据读入数据库。命令方式之间或路径方式之间的唯一区别是所要恢复的数据的数量及类型。追加数据时，务必不要造成数据不匹配。例如以下一组命令。

```
/POST1
INRES,NSOL                              !节点 DOF 求解的标志数据
NSEL,S,NODE,,1,5                        !选节点 1～5
SUBSET,1                                !从载荷步 1 开始将数据写入数据库
!此时载荷步 1 内节点 1～5 的数据就存在于数据库中了
NSEL,S,NODE,,6,10                       !选节点 6～10
APPEND,2                                !将载荷步 2 的数据并入数据库中
NSEL,S,NODE,,1,10                       !选节点 1～10
PRNSOL,DOF                              !打印节点 DOF 求解结果
```

数据库当前就包含有载荷步 1 和载荷步 2 的数据，这样数据就不匹配了。使用 PRNSOL 命令（或 GUI 菜单路径：Main Menu > General Postproc > List Results > Nodal Solution）时，程序将从第二个载荷步中取出数据，而实际上数据是从现存于数据库中的两个不同的载荷步中取得的，程序列出的是与最近一次存入的载荷步相对应的数据。若希望将不同载荷步的结果进行对比，将数据加入数据库中是很有用的。但若有目的地混合数据，则需要注意跟踪追加数据的来源。

Note

在求解曾用不同单元组计算过的模型子集时，为避免出现数据不匹配情况，按下列方法进行。

☑ 不要重选解答在后处理中未被选中的单元。

☑ 从 ANSYS 数据库中删除以前的解答，可从求解中间退出 ANSYS 或在求解中间存储数据库。

若想清空数据库中以前的所有数据，可使用下列任一种方式：

```
GUI：Main Menu > General PostProc > Load Case > Zero Load Case。
命令：LCZERO。
```

上述两种方法均会将数据库中所有以前的数据置 0，因而可重新进行数据存储。若在向数据库追加数据之前将数据库置 0，其结果与使用 SUBSET 命令或等价的 GUI 路径也是一样的（该处假如 SUBSET 和 APPEND 命令中的变元一致）。

注意：SET 命令可用的全部选项，对 SUBST 命令和 APPEND 命令完全可用。

默认情况下，SET、SUBSET 和 APPEND 命令将寻找 Jobname.RST、Jobname.RTH、Jobname.RMG 和 Jobname.RFL 这些文件中的一个。在使用 SET、SLIBSET 和 APPEND 命令之前，用 FILE 命令可指定其他文件名（GUI 菜单路径：Main Menu > General Postproc > Data & File Opts）。

3．创建单元表

ANSYS 程序中单元表有两个功能：第一，它是在结果数据中进行数学运算的工具。第二，它能够访问其他方法无法直接访问的单元结果。例如，从结构一维单元派生的数据（尽管 SET、SUBSET 和 APPEND 命令将所有申请的结果项读入数据库中，但并非所有的数据均可直接用 PRNSOL 命令和 PLESON 等命令访问）。

将单元表作为扩展表，每行代表一单元，每列则代表单元的特定数据项。例如，一列可能包含单元的平均应力 SX，而另一列则代表单元的体积，第三列则包含各单元质心的 Y 坐标。

可使用下列任一命令创建或删除单元表。

```
GUI：Main Menu > General Postproc > Element Table > Define Table or Erase Table。
命令：ETABLE。
```

（1）填上按名字来识别变量的单元表

为识别单元表的每列，在 GUI 方式下使用 Lab 字段或在 ETABLE 命令中使用 Lab 变元给每列分配一个标识，该标识将作为以后包括该变量的 POST1 命令的识别器。进入列中的数据靠 Item 名和 Comp 名以及 ETABLE 命令中的其他两个变元来识别。例如，对上面提及的 SX 应力，SX 是标识，S 将是 Item 变元，X 将是 Comp 变元。

有些项，如单元的体积，不需 Comp 变元。这种情况下，Item 为 VOLU，而 Comp 为空白。按 Item 和 Comp（必要时）识别数据项的方法称为填写单元表的“元件名”法。对于大多数单元类型而言，使用“元件名”法访问的数据通常是那些单元节点的结果数据。

ETABLE 命令的文档通常列出了所有的 Item 和 Comp 的组合情况。如想了解何种组合有效，可参见 ANSYS 单元参考手册中每种单元描述中的“单元输出定义”。

如表 6-2 所示为关于 BEAM4 的列表示例，可在表中“名称”列中的冒号后面使用任意名字，通过“元件名”法填写单元表。冒号前面的名字部分应输入作为 ETABLE 命令的 Item 变元，冒号后的部分（如果有的话）应输入作为 ETABLE 命令的 Comp 变元，O 列与 R 列表示在 Jobname.OUT 文件（O）中或结果文件（R）中该项是否可用，Y 表示该项总可用，数字（如 1、2）则表示有条件的可用（具体条件详见表后注释），而“-”则表示该项不可用。

Note

表 6-2　三维 BEAM4 单元输出定义

名　称	定　义	O	R
EL	单元号	Y	Y
NODES	单元节点号	Y	Y
MAT	单元的材料号	Y	Y
VOLU	单元体积	-	Y
CENT：X，Y，Z	单元质心在整体坐标中的位置	-	Y
TEMP	积分点处的温度 T1，T2，T3，T4，T5，T6，T7，T8	Y	Y
PRES	节点（1,J）处的压力 P1，OFFST1，P2，OFFST2，P3，OFFST3，I 处的压力 P4，J 处的压力 P5	Y	Y
SDIR	轴向应力	1	1
SBYT	梁单元的+Y 侧弯曲应力	1	1
SBYB	梁上单元-Y 侧弯曲应力	1	1
SBZT	梁上单元+Z 侧弯曲应力	1	1
SBZB	梁上单元-Z 侧弯曲应力	1	1
SMAX	最大应力（正应力+弯曲应力）	1	1
SMIN	最小应力（正应力-弯曲应力）	1	1
EPELDIR	端部轴向弹性应变	1	1
EPTHDIR	端部轴向热应变	1	1
EPINAXL	单元初始轴向应变	1	1
MFOR：（X，Y，Z）	单元坐标系 X、Y、Z 方向的力	2	Y
MMOM：（X，Y，Z）	单元坐标系 X、Y、Z 方向的力矩	2	Y

注释：若单元表项目经单元 I 节点、中间节点及 J 节点重复进行；若 KEYOPT（6）=1。

（2）填充按序号识别变量的单元表

可对每个单元加上不平均的或非单值载荷，将其填入单元表中。该数据类型包括积分点的数据、从结构一维单元（如杆、梁、管单元等）和接触单元派生的数据、从一维温度单元派生的数据、从层状单元中派生的数据等。这些数据在 ANSYS 帮助文件中都有详细的描述，这里不再赘述。如表 6-3 所示为 BEAM4 单元的示例。

表 6-3　梁单元关于 ETABLE 和 ESOL 命令的项目和序号

KEYOPT（9）= 0				
名　称	项　目	E	I	J
SDIR	LS	-	1	6
SBYT	LS	-	2	7
SBYB	LS	-	3	8
SBZT	LS	-	4	9
SBZB	LS	-	5	10

Note

续表

名　称	项　目	E	I	J
EPELDIR	LEPEL	-	1	6
SMAX	NMISC	-	1	3
SMIN	NMISC	-	2	4
EPTHDIR	LEPTH	-	1	6
EPTHBYT	LEPTH	-	2	7
EPTHBYB	LEPTH	-	3	8
EPTHBZT	LEPTH	-	4	9
EPTHBZB	LEPTH	-	5	10
EPINAXL	LEPTH	11	-	-
MFORX	SMISC	-	1	7
MMOMX	SMISC	-	4	10
MMOMY	SMISC	-	5	11
MMOMZ	SMISC	-	6	12
P1	SMISC	-	13	14
OFFST1	SMISC	-	15	16
P2	SMISC	-	17	18
OFFST 2	SMISC	-	19	20
P3	SMISC	-	21	22
OFFST32	SMISC	-	23	24

表 6-3 中的数据被分成了项目组（如 LS、LEPEL、SMISC），项目组中每一项都有用于识别的序列号（表 6-3 中 E、I、J 对应的数字）。将项目组（如 LS、LEPEL、SMISC）作为 ETABLE 命令的 Item 变元，将序列号（如 1、2、3 等）作为 Comp 变元，将数据填入单元表中，称之为填写单元表的“序列号”法。

例如，BEAM4 单元的 J 点处的最大应力为 Item=NMISC 及 Comp=3，而单元（E）的初始轴向应变（EPINAXL）为 Item=LEPYH，Comp=11。

对于某些一维单元，如 BEAM4 单元，KEYOPT 设置控制了计算数据的量，这些设置可改变单元表项目对应的序号，因此针对不同的 KEYOPT 设置，存在不同的“单元项目和序号表格”。如表 6-4 和表 6-3 一样显示了关于 BEAM4 的相同信息，但列出的为 KEYOPT（9）=3 时的序号（3 个中间计算点），而表 6-3 列出的是对应于 KEYOPT（9）=3 时的序号。

表 6-4　ETABLE 命令和 ESOL 命令的 BEAM4 的项目名和序号

KEYOPT（9）=3							
标　号	项　目	E	I	IL1	IL2	IL3	J
SDIR	LS	-	1	6	11	16	21
SBYT	LS	-	2	7	12	17	22
SBYB	LS	-	3	8	13	18	23
SBZT	LS	-	4	9	14	19	24
SBZB	LS	-	5	10	15	20	25
EPELDIR	LEPEL	-	1	6	11	16	21

Note

续表

标　　号	项　　目	E	I	IL1	IL2	IL3	J
EPELBYT	LEPEL	-	2	7	12	17	22
EPELBYB	LEPEL	-	3	8	13	18	23
EPELBZT	LEPEL	-	4	9	14	19	24
EPELBZB	LEPEL	-	5	10	15	20	25
EPINAXL	LEPTH	26	-	-	-	-	-
SMAX	NMISC	-	1	3	5	7	9
SMIN	NMISC	-	2	4	6	8	10
EPTHDIR	LEPTH	-	1	6	11	16	21
MFORX	SMISC	-	1	7	13	19	25
MMOMX	SMISC	-	4	10	16	22	28
MMOMY	SMISC	-	5	11	17	23	29
P1	SMISC	-	31	-	-	-	32
OFFST1	SMISC	-	33	-	-	-	34
P2	SMISC	-	35	-	-	-	36
OFFST2	SMISC	-	37	-	-	-	38
P3	SMISC	-	39	-	-	-	40
OFFST3	SMISC	-	41	-	-	-	42

例如，当 KEYOPT（9）=0 时，单元 J 端 Y 向的力矩（MMOMY）在表 6-3 中是序号 11（SMISC 项），而当 KEYOPT（9）=3 时，其序号（见表 6-4）为 29。

（3）定义单元表的注释

☑ ETABLE 命令仅对选中的单元起作用，即只将所选单元的数据送入单元表中，在 ETABLE 命令中改变所选单元，可以有选择地填写单元表的行。

☑ 相同序号的组合表示对不同单元类型有不同的数据。例如，组合 SMISC，1 对梁单元表示 MFOR（X）（单元 X 向的力），对 SOLID45 单元表示 P1（面 1 上的压力），对 CONTACT48 单元表示 FNTOT（总的法向力）。因此，若模型中有几种单元类型的组合，务必在使用 ETABLE 命令前选择一种类型的单元(用 ESEL 命令或 GUI 菜单路径: Utility Menu > Select > Entities）。

☑ ANSYS 程序在读入不同组的结果（例如对不同的载荷步）或在修改数据库中的结果（例如在组合载荷工况）时，不能自动刷新单元表。例如，假定模型由提供的样本单元组成，在 POST1 中发出下列命令：

```
SET,1                    !读入载荷步 1 结果
ETABLE,ABC,1S,6          !在以 ABC 开头的列下将 J 端 KEYOPT（9）=0 的 SDIR 移入单元表中
SET,2                    !读入载荷步 2 结果
```

此时，单元表 ABC 列下仍含有载荷步 1 的数据。用载荷步 2 中的数据更新该列数据时，应用命令 ETABLE,KEFL 或通过 GUI 方式指定更新项。

☑ 可将单元表当作“工作表”，对结果数据进行计算。

☑ 使用 POST1 中的 SAVE,FNAME,EXT 命令或者“/EXIT,ALL”命令，那么在退出 ANSYS 程序时，可以对单元表进行存盘（若使用 GUI 方式，选择 Utility Menu > File > Save as 或 Utility > File > Exit 后按照对话框内的提示进行）。这样可将单元表及其余数据存到数据库

文件中。

☑ 为从内存中删除整个单元表，用 ETABLE,ERASE 命令（或 GUI 菜单路径：Main Menu > General Postproc > Element Table > Erase Table），或用 ETABLE,LAB,ERASE 命令删去单元表中的 Lab 列。用 RESET 命令（或 GUI 菜单路径：Main Menu > General Postproc > Reset）可自动删除 ANSYS 数据库中的单元表。

Note

4．对主应力的专门研究

在 POST1 中，SHELL61 单元的主应力不能直接得到，默认情况下，可得到其他单元的主应力，以下两种情况除外。

☑ 在 SET 命令中要求进行时间插值或定义了某一角度。

☑ 执行了载荷工况操作。

在上述任意一种情况下，必须用 GUI 菜单路径：Main Menu > General Postproc > Load Case > Line Elem Stress 或执行 LCOPER,LPRIN 命令以计算主应力，然后通过 ETABLE 命令或用其他适当的打印或绘图命令访问该数据。

5．读入 FLOTRAN 的计算结果

使用命令 FLREAD（GUI 菜单路径：Main Menu > General Postproc > Read Results > FLOTRAN2.1A）可以将结果从 FLOTRAN 的剩余文件中读入数据库。FLOTRAN 的计算结果（Jobname.RFL）可以用普通的后处理函数或命令（例如 SET 命令，相应的 GUI 路径：Utility Menu > List > Results > Load Step Summary）读入。

6．数据库复位

RESET 命令（或 GUI 菜单路径：Main Menu > General Postproc > Reset）可在不脱离 POST1 的情况下初始化 POST1 命令的数据库默认部分，该命令在离开或重新进入 ANSYS 程序时的效果相同。

6.2.2 图像显示结果

一旦所需结果存入数据库，可通过图像显示和表格方式进行观察。另外，可映射沿某一路径的结果数据。图像显示可能是观察结果的最有效的方法。POST1 可显示下列类型的图像。

☑ 梯度线显示。

☑ 变形后的形状显示。

☑ 矢量图显示。

☑ 路径绘图。

☑ 反作用力显示。

☑ 粒子流轨迹。

1．梯度线显示

梯度线显示表现了结果项（如应力、温度、磁场磁通密度等）在模型上的变化。梯度线显示中有以下 4 个可用命令。

```
命令：PLNSOL。
GUI：Main Menu > General Postproc > Plot Results > Nodal Solu。
命令：PLESOL。
GUI：Main Menu > General Postproc > Plot Results > Element Solu。
命令：PLETAB。
GUI：Main Menu > General Postproc > Plot Results > Elem Table。
```

```
命令：PLLS。
GUI：Main Menu > General Postproc > Plot Results > Line Elem Res。
```

PLNSOL 命令生成连续的、经过整个模型的梯度线。该命令或 GUI 方式可用于原始解或派生解。对典型的单元间不连续的派生解，在节点处进行平均，以便可显示连续的梯度线。下面列举出了原始解（TEMP，如图 6-3 所示）和派生解（TGX，如图 6-4 所示）梯度显示的示例。

```
PLNSOL,TEMP    !原始解：自由度 TEMP
```

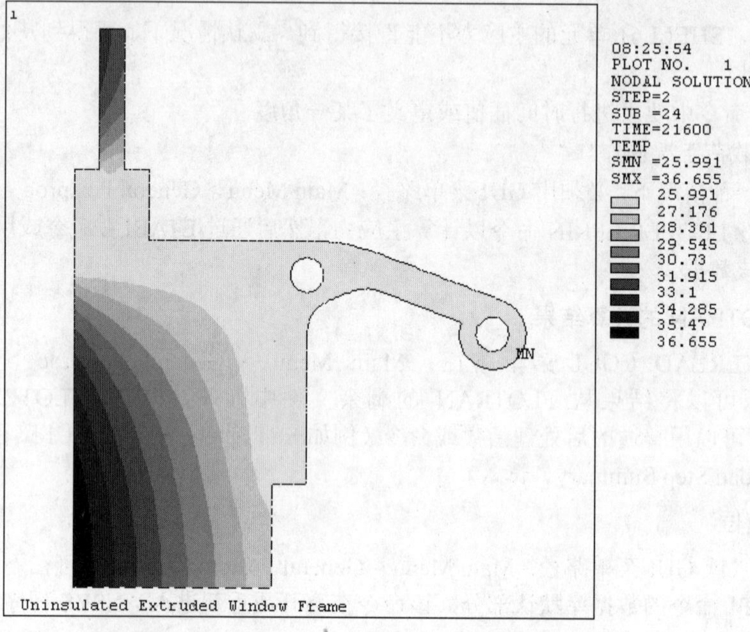

图 6-3　使用 PLNSOL 得到的原始解的梯度线

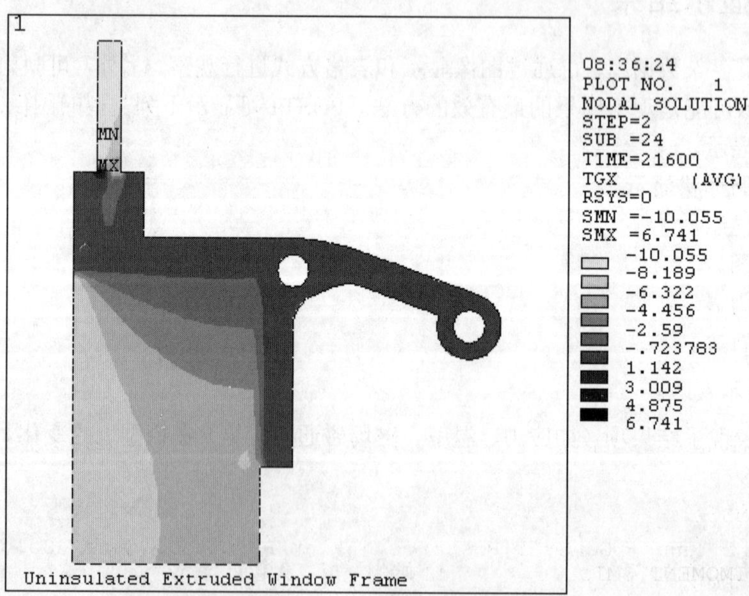

图 6-4　PLNSOL 命令对派生数据进行梯度显示

若有 PowerGraphics（性能优化的增强型 RISC 体系图形），可用下面任一命令对派生数据求平

均值。

```
命令：AVRES。
GUI：Main Menu > General Postproc > Options for Outp。
GUI：Utility Menu > List > Results > Options。
```

上述任一命令均可确定在材料及（或）实常数不连续的单元边界上是否对结果进行平均。

注意：若 PowerGraphics 无效（对大多数单元类型而言，这是默认值），不能用 AVRES 命令去控制平均计算；平均算法则不管连接单元的节点属性如何，均会在所选单元上的所有节点处进行平均操作。这样对材料和几何形状不连续处是不合适的。因此，当对派生数据进行梯度线显示时（这些数据在节点处已做过平均），必须选择相同材料、相同厚度（对板单元）、相同坐标系等的单元。

```
PLNSOL,TG,X              !派生数据：温度梯度函数 TGX
```

PLESOL 命令在单元边界上生成不连续的梯度线（如图 6-5 所示），该命令用于派生的解数据。

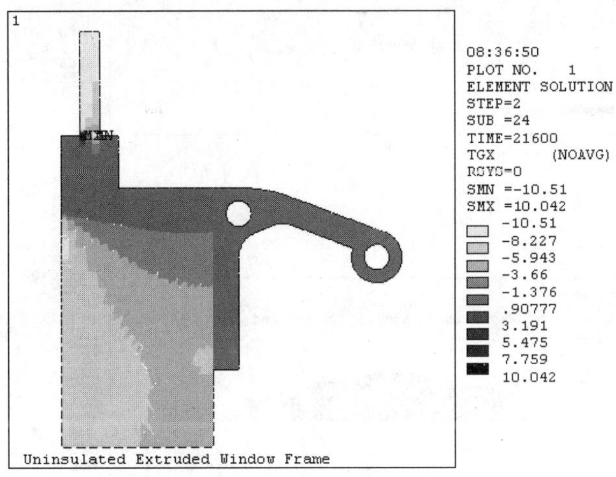

图 6-5 显示不连续梯度线的 PLESOL 图样

命令流示例如下。

```
PLESOL, TG, X
```

PLETAB 命令可以显示单元表中数据的梯度线图（也称云纹图或者云图）。在 PLETAB 命令中的 AVGLAB 字段，提供了是否对节点处数据进行平均的选择项（默认状态下对连续梯度线作平均计算，对不连续梯度线不作平均计算）。下例假设采用 SHELL99 单元（层状壳）模型，分别对结果进行平均和不平均计算，如图 6-6 和图 6-7 所示，相应的命令流如下。

```
ETABLE,SHEARXZ,SMISC,9        !在第二层底部存在层内剪切 (ILSXZ)
PLETAB,SHEARXZ,AVG            !SHEARXZ 的平均梯度线图
PLETAB,SHEARXZ,NOAVG          !SHEARXZ 的未平均（默认值）的梯度线
```

PLLS 命令用梯度线的形式显示一维单元的结果，该命令也要求数据存储在单元表中，该命令常用于梁分析中显示剪力图和力矩图。下面给出一个梁模型（BEAM3 单元，KEYOPT（9）=1）的示例，结果显示如图 6-8 所示，命令流如下。

```
ETABLE,IMOMENT,SMISC,6        !I 端的弯矩，命名为 IMOMENT
ETABLE,JMOMENT,SMISC,18       !J 端的弯矩，命名为 JMOMENT
PLLS,IMOMENT,JMOMENT          !显示 IMOMENT、JMOMENT 结果
```

Note

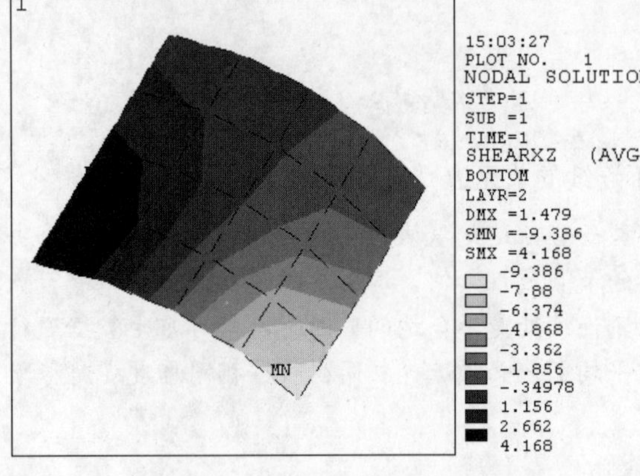

图 6-6 平均的 PLETAB 梯度线

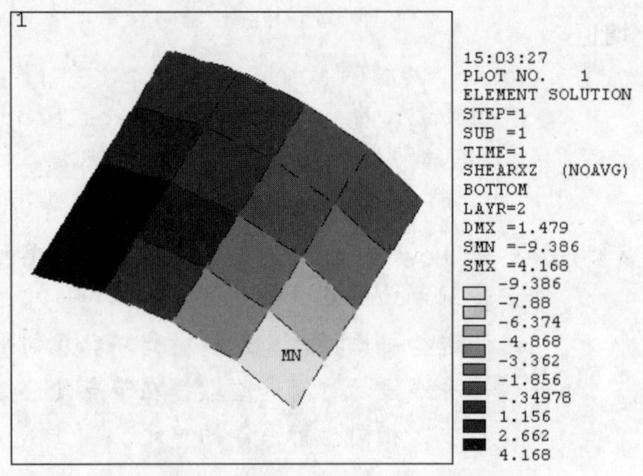

图 6-7 未平均的 PLETAB 梯度线

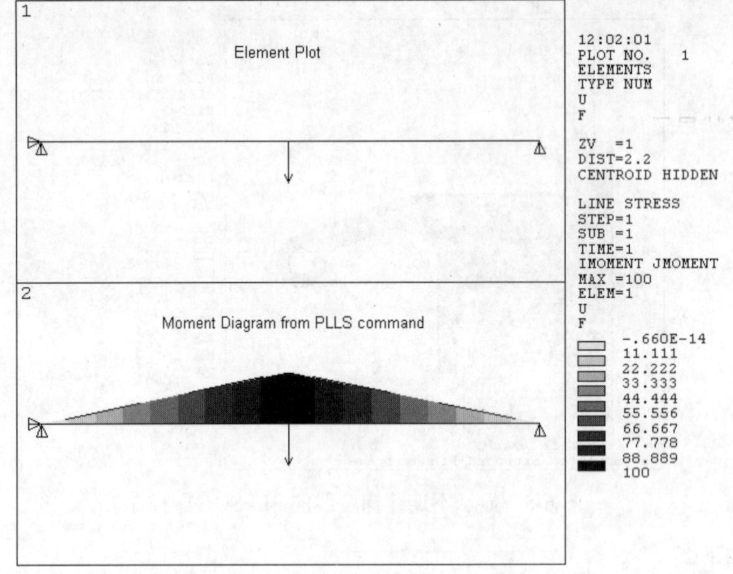

图 6-8 用 PLLS 命令显示的弯矩图

PLLS 命令将线性显示单元的结果，即用直线将单元 I 节点和 J 节点的结果数值连起来，而不管结果沿单元长度是否为线性变化，另外，可用负的比例因子将图形倒过来。

用户需要注意如下几个方面。

（1）可用/CTYPE 命令（GUI：Utility Menu > Plot Ctrls > Style > Contours > Contour Style）首先设置 KEY 为 1 来生成等轴测的梯度线显示。

（2）平均主应力：默认情况下，各节点处的主应力根据平均分应力计算。也可反过来做，首先计算每个单元的主应力，然后在各节点处平均。其命令和 GUI 路径如下。

```
命令：AVPRIN。
GUI：Main Menu > General Postproc > Options for Outp。
GUI：Utility Menu > List > Results > Options。
```

该方法不常用，但在特定情况下很有用。需要注意的是，在不同材料的结合面处不应采用平均算法。

（3）矢量求和：与主应力的做法相同。默认情况下，在每个节点处的矢量和的模（平方和的开方）是按平均后的分量来求的。用 AVPRIN 命令可反过来计算，先计算每单元矢量和的模，然后在节

Note

点处进行平均。

（4）壳单元或分层壳单元：默认情况下，壳单元和分层壳单元得到的计算结果是单元上表面的结果。要显示上表面、中部或下表面的结果，用 SHELL 命令（GUI：Main Menu > General Postproc > Options for Outp）。对于分层单元，使用 LAYER 命令（GUI：Main Menu > General Posrproc > Options for Outp）指明需显示的层号。

（5）Von Mises 当量应力（EQV）：使用命令 AVPRIN 可以改变用来计算当量应力的有效泊松比。

```
命令：AVPRIN。
GUI：Main Menu > General Postproc > Plot Results > -Contour Plot-Nodal Solu。
GUI：Main Menu > General Postproc > Plot Results > -Contour Plot-Element Solu。
GUI：Utility Menu > Plot > Results > Contour Plot > Elem Solution。
```

典型情况下，对弹性当量应变（EPEL，EQV），可将有效泊松比设为输入泊松比，对非弹性应变（EPPL，EQV 或 EPCR，EQV），设为 0.5。对于整个当量应变（EPTOT，EQV），应在输入的泊松比和 0.5 之间选用一有效泊松比。另一种方法是，用命令 ETABLE 存储当量弹性应变，使有效泊松比等于输入泊松比，在另一张表中用 0.5 作为有效泊松比存储当量塑性应变，然后用 SADD 命令将两张表合并，得到整个当量应变。

2．变形后的形状显示

在结构分析中可用这些显示命令观察结构在施加载荷后的变形情况。其命令及相应的 GUI 路径如下。

```
命令：PLDISP。
GUI：Utitity Menu > Plot > Results > Deformed Shape。
GUI：Main Menu > General Postproc > Plot Results > Deformed Shape。
```

例如，输入如下命令，界面显示如图 6-9 所示。

```
PLDISP,1            !变形后的形状与原始形状叠加在一起
```

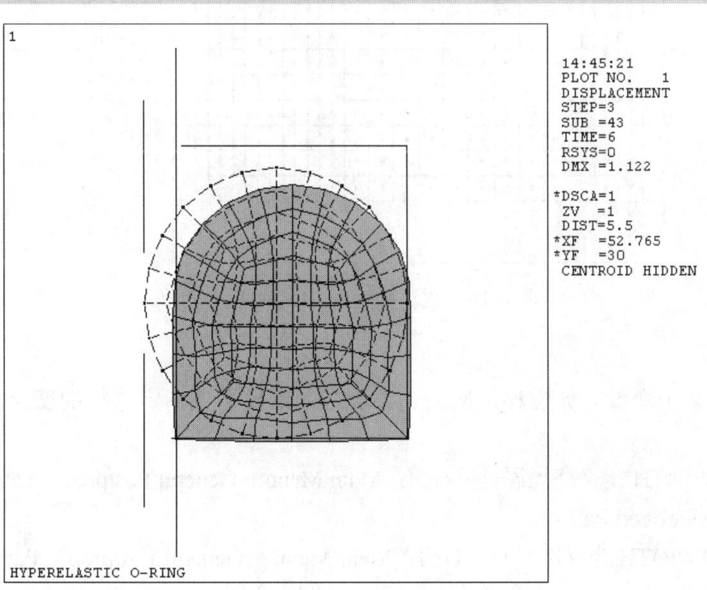

图 6-9　变形后的形状与原始形状一起显示

另外，可用命令/DSCALE 来改变位移比例因子，对变形图进行缩小或放大显示。

需提醒的一点是，在用户进入 POST1 时，通常所有载荷符号被自动关闭，以后再次进入 PREP7

或 SLUTION 处理器时仍不会见到这些载荷符号。若在 POST1 中打开所有载荷符号，那么将会在变形图上显示载荷。

3．矢量显示

矢量显示是指用箭头显示模型中某个矢量大小和方向的变化，通常所说的矢量包括平移（U）、转动（ROT）、磁力矢量势（A）、磁通密度（B）、热通量（TF）、温度梯度（TG）、液流速度（V）、主应力（S）等。

用下列方法可产生矢量显示。

```
命令：PLVECT。
GUI：Main Menu > General Postproc > Plot Results > Vector Plot > Predefined Or User-Defined。
```

可用下列方法改变矢量箭头长度比例。

```
命令：/VSCALE。
GUI：Utility Menu > PlotCtrls > Style > Vector Arrow Scaling。
```

例如，输入下列命令，图形界面将显示如图 6-10 所示。

```
PLVECT,B                    !磁通密度（B）的矢量显示
```

说明：在 PLVECT 命令中定义两个或两个以上分量，可生成自己所需的矢量值。

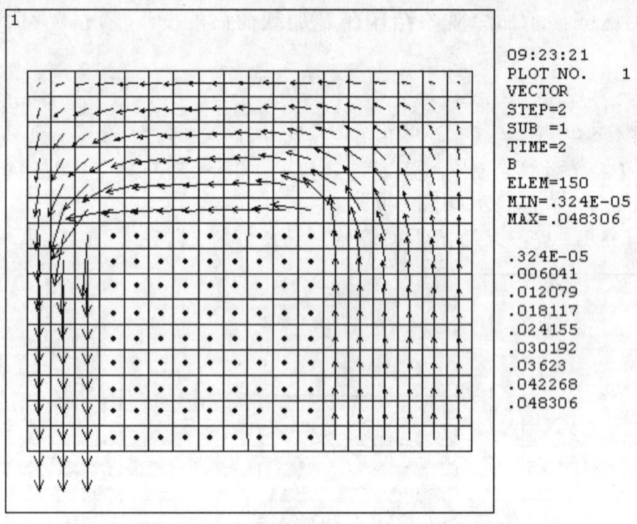

图 6-10　磁场强度的 PLVECT 矢量图

4．路径图

路径图是显示某个变量（如位移、应力、温度等）沿模型上指定路径的变化图。要产生路径图，需要执行下述步骤。

（1）执行命令 PATH 定义路径属性（GUI：Main Menu > General Postproc > Path Operations > Define Path > Path Status > Defined Paths）。

（2）执行命令 PPATH 定义路径点（GUI：Main Menu > General Postproc > Path Operations > Define Path）。

（3）执行命令 PDEF 将所需的量映射到路径上（GUI：Main Menu > General Postproc > Path Operations > Map Onto Path）。

（4）执行命令 PLPATH 和 PLPAGM 显示结果（GUI：Main Menu > General Postproc > Path

Operations > Plot Path Items）。

5．反作用力显示

用命令/PBC 下的 RFOR 或 RMOM 来激活反作用力显示。以后的任何显示（由 NPLOT、EPLOT 或 PLDISP 命令生成）将在定义了 DOF 约束的点处显示反作用力。约束方程中某一自由度节点力之和不应包含经过该节点的外力。

与反作用力一样，也可用命令/PBC（GUI：Utility Menu > PlotCtrls > Symbols）中的 NFOR 或 NMOM 项显示节点力，这是单元在其节点上施加的外力。每一节点处这些力之和通常为 0，约束点处或加载点除外。

默认情况下，打印出的或显示出的力（或力矩）的数值代表合力（静力、阻尼力和惯性力的总和）。FORCE 命令（GUI：Main Menu > General Postproc > Options For Outp）可将合力分解成各分力。

6．粒子流和带电粒子轨迹

粒子流轨迹是一种特殊的图像显示形式，用于描述流动流体中粒子的运动情况。带电粒子轨迹是显示带电粒子在电、磁场中如何运动的图像。

粒子流或带电粒子轨迹显示常用的有以下两组命令及相应的 GUI 路径。

（1）TRPOIN 命令（GUI：Main Menu > General Postproc > Plot Results > Defi Trace Pt）。在路径轨迹上定义一个点（起点、终点或者两点中间的任意一点）。

（2）PLTRAC 命令（GUI：Main Menu > General Postproc > Plot Results > Plot Flow Tra）。在单元上显示流动轨迹，能同时定义和显示多达 50 个点。

粒子流轨迹图样如图 6-11 所示。

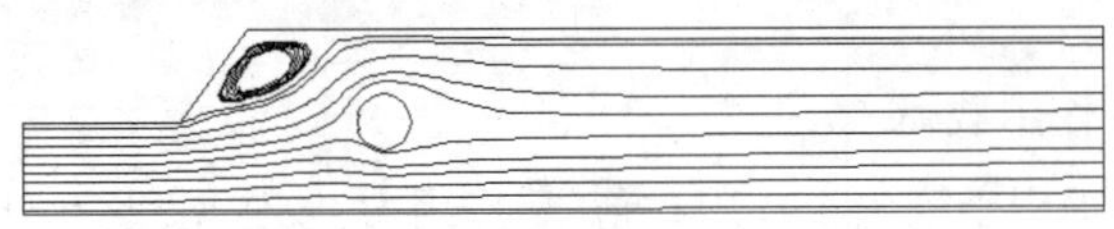

图 6-11　粒子流轨迹示例

PLTRAC 命令中的 Item 字段和 comp 字段能使用户看到某一特定项的变化情况（如对于粒子流动而言，其轨迹为速度、压力和温度；对于带电粒子而言，其轨迹为电荷）。项目的变化情况用彩色的梯度线沿路径显示出来。

另外，与粒子流或带电粒子轨迹相关的还有如下命令。

☑ TRPLIS 命令（GUI：Main Menu > General Postproc > Plot Results > List Trace Pt），列出轨迹点。

☑ TRPDEL 命令（GUI：Main Menu > General Postproc > Plot Results > Dele Trace Pt），删除轨迹点。

☑ TRTIME 命令（GUI：Main Menu > General Postproc > Plot Results > Time Interval），定义流动轨迹时间间隔。

☑ ANFLOW 命令（GUI：Main Menu > General Postproc > Plot Results > Paticle Flow），生成粒子流的动画序列。

7．破碎图

若在模型中有 SOLID65 单元，可用 PLCRACK 命令（GUI：Main Menu > General Postproc > Plot Results > Crack/Crash）确定哪些单元已断裂或碎开，以小圆圈标出已断裂，以八边形表示混凝土已碎开（如图 6-12 所示）。在使用不隐藏矢量显示的模式下，可见断裂和压碎的符号，为指定这一设备，用命令“/DEVICE，VECTOR，ON”（GUI：Utility Menu > Plotctrls > Device Options）。

Note

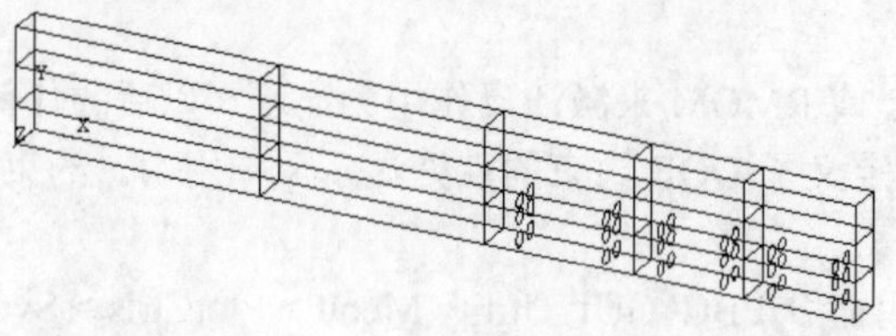

图 6-12　具有裂缝的混凝土梁

6.2.3　列表显示结果

将结果存档的有效方法（如报告、呈文等）是在 PosT1 中制表。列表选项对节点、单元、反作用力等求解数据可用。

1．列出节点、单元求解数据

用下列方式可以列出指定的节点求解数据（原始解及派生解）。

```
命令：PRNSOL。
GUI：Main Menu > General Postproc > List Results > Nodal Solution。
```

用下列方式可以列出所选单元的指定结果。

```
命令：PRNSEL。
GUI：Main Menu > General Postproc > List Results > Element Solution。
```

要获得一维单元的求解输出，在 PRNSOL 命令中指定 ELEM 选项，程序将列出所选单元的所有可行的单元结果。

2．列出反作用载荷及作用载荷

在 POST1 中有几个选项用于列出反作用载荷（反作用力）及作用载荷（外力）。PRRSOL 命令（GUI：Menu > General Postproc > List Results > Reaction Solu）列出了所选节点的反作用力。命令 FORCE 可以指定哪一种反作用载荷（包括合力（默认值）、静力、阻尼力或惯性力）数据被列出。PRNLD 命令（GUI：Main Menu > General Postproc > List > Nodal Loads）列出所选节点处的合力，值为 0 的除外。

另外几个常用的命令是 FSUM、NFORCE 和 SPOINT，下面分别说明。

FSUM 对所选的节点进行力、力矩求和运算及列表显示。

```
命令：FSUM。
GUI：Main Menu > General Postproc > Nodal Calcs > Total Force Sum。
```

下面给出一个关于命令 FSUM 的输出样本。

```
*** NOTE ***
Summations based on final geometry and will not agree with solution reactions.
***** SUMMATION OF TOTAL FORCES AND MOMENTS IN GLOBAL COORDINATES *****
FX=   .1147202
FY=   .7857315
FZ=   .0000000E+00
MX=   .0000000E+00
MY=   .0000000E+00
MZ=   39.82639
SUMMATION POINT=  .00000E+00  .00000E+00  .00000E+00
```

NFORCE 命令除了总体求和外，还对每一个所选的节点进行力、力矩求和。

```
命令：NFORCE。
GUI：Main Menu > General Postproc > Nodal Calcs > Sum @ Each Node。
```

SPOINT 命令定义在哪些点（除原点外）求力矩和。

```
GUI：Main Menu > General Postproc > Nodal Calcs > Summation Pt > At Node。
GUI：Main Menu > General Postproc > Nodal Calcs > Summation Pt > At XYZ Loc。
```

Note

3．列出单元表数据

用下列命令可列出存储在单元表中的指定数据。

```
命令：PRETAB。
GUI：Main Menu > General Postproc > Element Table > List Elem Table。
GUI：Main Menu > General Postproc > List Results > Elem Table Data。
```

为列出单元表中每一列的和，可用命令 SSUM（GUI：Main Menu > General Postproc > Element Table > Sum of Each Item）。

4．其他列表

用下列命令可列出其他类型的结果。

☑ PREVECT 命令（GUI：Main Menu > General Postproc > List Results > Vector Data），列出所有被选单元指定的矢量大小及其方向余弦。

☑ PRPATH 命令（GUI：Main Menu > General Postproc > List Results > Path Items），计算然后列出在模型中沿预先定义的几何路径的数据。注意，必须先定义路径并将数据映射到该路径上。

☑ PRSECT 命令（GUI：Main Menu > General Postproc > List Results > Linearized Strs），计算然后列出沿预定的路径线性变化的应力。

☑ PRERR 命令（GUI：Main Menu > General Postproc > List Results > Percent Error），列出所选单元的能量级的百分比误差。

☑ PRITER 命令（GUI：Main Menu > General Postproc > List Results > Iteration Summry），列出迭代次数概要数据。

5．对单元、节点排序

默认情况下，所有列表通常按节点号或单元号的升序进行排序。可根据指定的结果项先对节点、单元进行排序来改变它。NSORT 命令（GUI：Main Menu > General Postproc > List Results > Sorted Listing > Sort Nodes）基于指定的节点求解项进行节点排序，ESORT 命令（GUI：Main Menu > General Postproc > List Results > Sorted Listing > Sort Elems）基于单元表内存入的指定项进行单元排序。例如：

```
NSEL,…                        !选节点
NSORT,S,X                     !基于 SX 进行节点排序
PRNSOL,S,COMP                 !列出排序后的应力分量
```

使用下述命令恢复到原来的节点或单元顺序。

```
命令：NUSORT。
GUI：Main Menu > General Postproc > List Results > Sorted Listing > Unsort Nodes。
命令：EUSORT。
GUI：Main Menu > General Postproc > List Results > Sorted Listing > Unsort Elems。
```

6．用户化列表

有些场合下需要根据要求来定制结果列表。/STITLE 命令（无对应的 GUI 方式）可定义多达 4

个子标题，与主标题一起在输出列表中显示。输出用户可用的其他命令为/FORMAT、/HEADER 和/PAGA（同样无对应的 GUI 方式）。

这些命令控制下述事情：重要数字的编号；列表顶部的表头输出；打印页中的行数等。这些控制仅适用于 PRRSOL、PRNSOL、PRESOL、PRETAB 和 PRPATH 命令。

Note

6.2.4 将结果旋转到不同坐标系中并显示

在求解计算中，计算结果数据包括位移（UX、UY、ROTX 等）、梯度（TGX、TGY 等）、应力（SX、SY、SZ 等）、应变（EPPLX、EPPLXY 等）等。这些数据以节点坐标系（基本数据或节点数据）或任意单元坐标系（派生数据或单元数据）的分量形式存入数据库和结果文件中。然而，结果数据通常需要转换到激活的结果坐标系（默认情况下为整体直角坐标系）中来显示、列表或进行单元表格数据存储操作，本节将介绍这方面的内容。

使用 RSYS 命令（GUI：Main Menu > General Postproc > Options For Outp），可以将激活的结果坐标系转换成整体柱坐标系（RSYS,1）、整体球坐标系（RSYS,2）、任何存在的局部坐标系（RSYS,N，这里 N 是局部坐标系序号）或求解中所使用的节点坐标系和单元坐标系（RSYS,SOLU）。若对结果数据进行列表、显示或操作，首先需将它们变换到结果坐标系。当然，也可将这些结果坐标系设置为整体坐标系（RSYS,0）。

如图 6-13 所示为在几种不同的坐标系设置下，位移是如何被输出的。位移通常是根据节点坐标系（一般总是笛卡儿坐标系）给出，但用 RSYS 命令可使这些节点坐标系变换为指定的坐标系。例如，RSYS,1 可使结果变换到与整体柱坐标系平行的坐标系，使 UX 代表径向位移，UY 代表切向位移。类似地，在磁场分析中 AX 和 AY，以及在流场分析中 VX 和 VY 也用 RSYS,1 变换的整体柱坐标系径向、切向值输出。

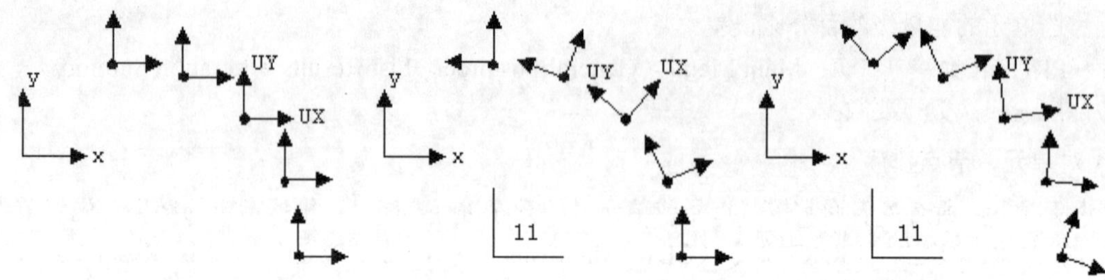

（a）笛卡儿坐标系（C.S.0）　　（b）局部柱坐标（RSYS,11）　　（c）整体柱坐标（RSYS,1）

图 6-13　用 RSYS 的结果变换

注意：某些单元结果数据总是以单元坐标系输出，而不论激活的结果坐标系为何种坐标系。这些仅用单元坐标系表述的结果项包括力、力矩、应力、梁、管和杆单元的应变，以及一些壳单元的分布力和分布力矩。

下面用圆柱壳模型来说明如何改变结果坐标系。在此模型中，用户可能会对切向应力结果感兴趣，所以需转换结果坐标系，命令流如下。

```
PLNSOL,S,Y      !显示如图 6-14 所示，SY 是在整体笛卡儿坐标系中（默认值）
RSYS,1
PLNSOL,S,Y      !显示如图 6-15 所示，SY 是在整体柱坐标系中
```

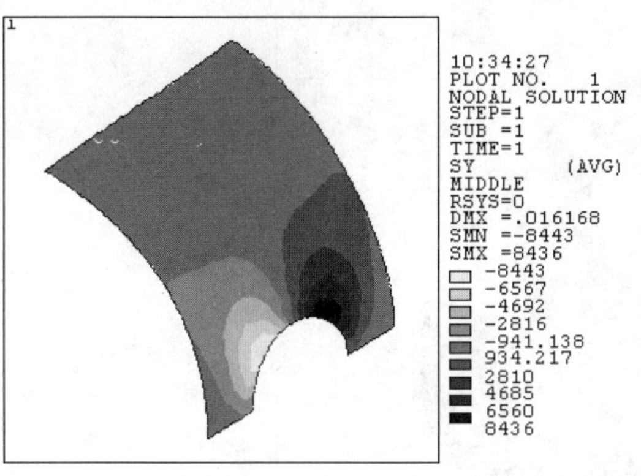

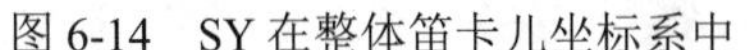
图 6-14　SY 在整体笛卡儿坐标系中

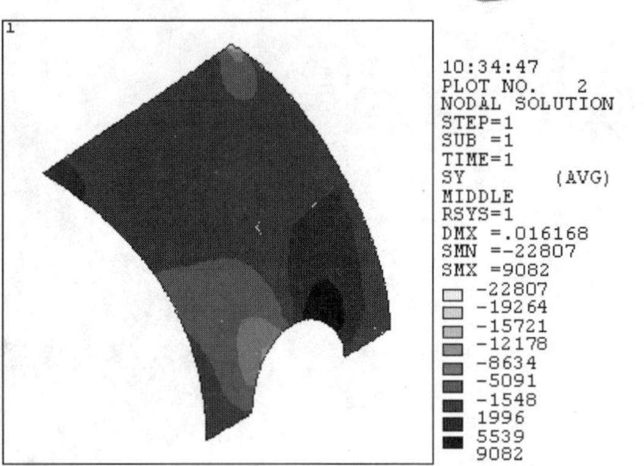

图 6-15　SY 在整体柱坐标系中

在大变形分析中（用命令 NLGEOM、ON 打开大变形选项，且单元支持大变形），单元坐标系首先按单元刚体转动量旋转，因此各应力、应变分量及其他派生出的单元数据包含有刚体旋转的效果。用于显示这些结果的坐标系是按刚体转动量旋转的特定结果坐标系。但 HYPER56、HYPER58、HYPER74、HYPER84、HYPER86 和 HYPER158 单元例外，这些单元总是在指定的结果坐标系中生成应力、应变，没有附加刚体转动。另外，在大变形分析中的原始解，如位移是并不包括刚体转动效果的，因为节点坐标系不会按刚体转动量旋转。

6.3　实例——轴承座计算结果后处理

为了使读者对 ANSYS 的后处理操作有个比较清楚的认识，以下实例将对第 5 章的有限元计算结果进行后处理，以此分析轴承座在载荷作用下的受力情况，从而分析研究其危险部位进行应力校核和评定。

6.3.1　GUI 方式

首先打开轴承座计算结果文件 Result_BearingBock.db。

1．查看轴承座变形情况

执行主菜单中的 Main Menu > General Postproc > Plot Results > Deformed Shape 命令，弹出 Plot Deformed Shape 对话框，如图 6-16 所示，选中 Def+undef edge 单选按钮，然后单击 OK 按钮，即输出变形图，如图 6-17 所示。

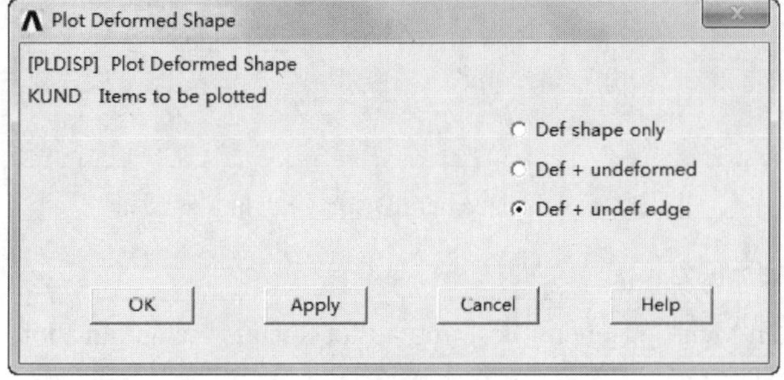

图 6-16　Plot Deformed Shape 对话框

Note

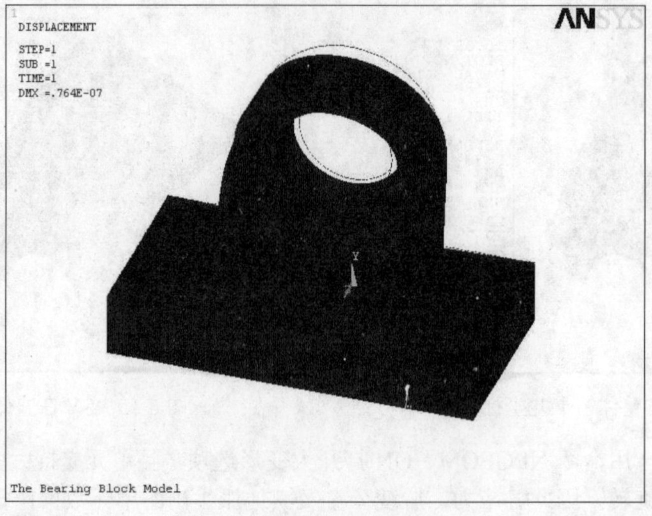

图 6-17 变形图

2．输出等比例（1:1）变形图

执行实用菜单中的 Utility Menu > PlotCtrls > Style > Displacement Scaling 命令，弹出 Displacement Display Scaling 对话框，如图 6-18 所示，在 Displacement scale factor 后面的选项中选中 1.0（true scale）单选按钮，然后单击 OK 按钮，生成的结果即真实的变形图，如图 6-19 所示。除此之外，用户还可以自己设定显示比例因子，如图 6-18 所示，先选中 Displacement scale factor 后面的 User specified 单选按钮，然后在下面的文本框中输入想要放大或缩小的比例系数，单击 OK 按钮即可。

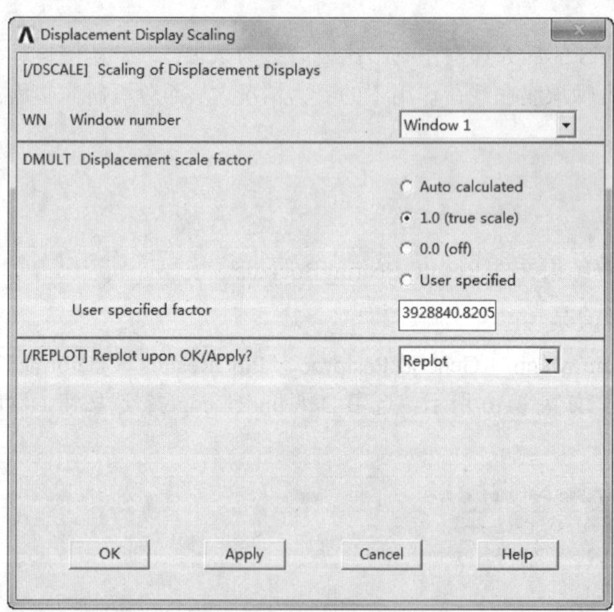

图 6-18 Displacement Display Scaling 对话框

3．查看轴承座 Mises 应力

执行主菜单中的 Main Menu > General Postproc > Plot Results > Contour Plot > Nodal Solu 命令，弹出 Contour Nodal Solution Data 对话框，依次选择 Nodal Solution > Stress > von Mises stress 选项，如图 6-20

Note

所示，然后单击 OK 按钮，结果如图 6-21 所示。

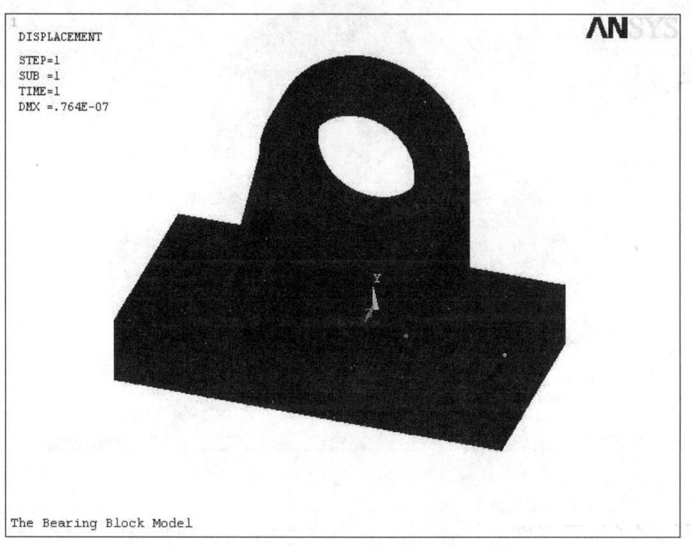

图 6-19　等比例变形图

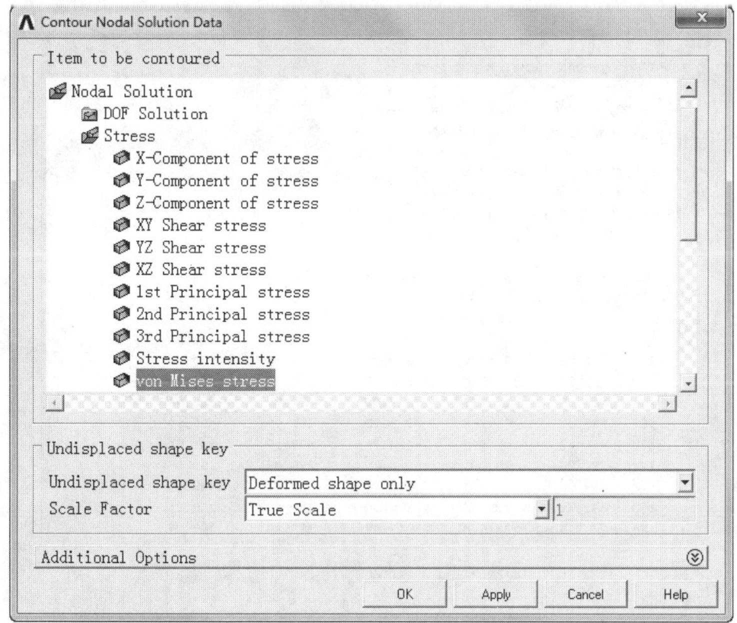

图 6-20　Contour Nodal Solution Data 对话框

从前面的 Mises 应力云图上可以大致看出轴承座在承受此种载荷作用下，其应力分布状况。要想获得更为详尽的信息，可以通过列表或者通过 Subgrid Solu 工具来得到各个节点的应力值。

4．列表输出应力值

执行实用菜单中的 Utility Menu > List > Results > Nodal Solution 命令，同样弹出如图 6-20 所示的对话框，执行与前面同样的操作，单击 OK 按钮，ANSYS 就会把各个节点的应力值以列表的形式输出，如图 6-22 所示。

Note

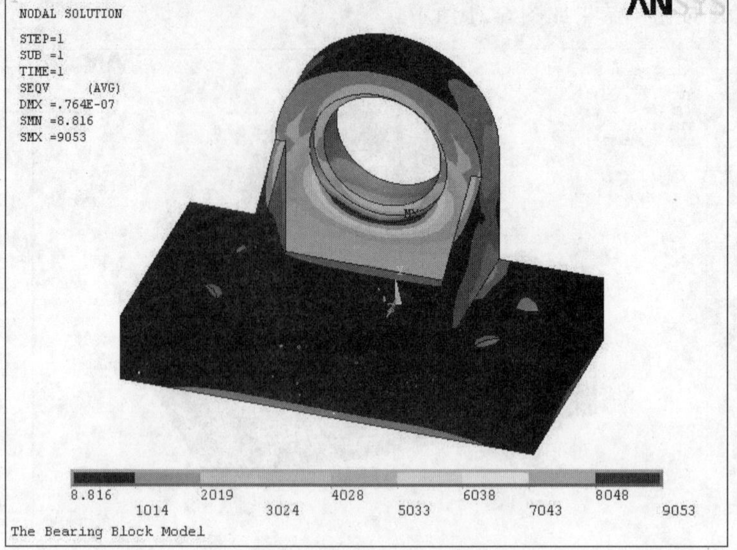

图 6-21　轴承座 Mises 应力云图

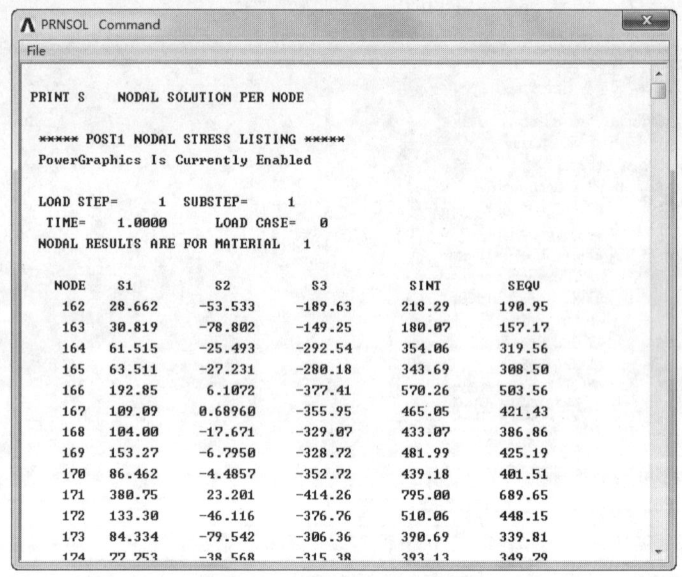

PRNSOL Command

File

PRINT S　NODAL SOLUTION PER NODE

***** POST1 NODAL STRESS LISTING *****
PowerGraphics Is Currently Enabled

LOAD STEP=　1　SUBSTEP=　1
TIME=　1.0000　LOAD CASE=　0
NODAL RESULTS ARE FOR MATERIAL　1

NODE	S1	S2	S3	SINT	SEQV
162	28.662	-53.533	-189.63	218.29	190.95
163	30.819	-78.802	-149.25	180.07	157.17
164	61.515	-25.493	-292.54	354.06	319.56
165	63.511	-27.231	-280.18	343.69	308.50
166	192.85	6.1072	-377.41	570.26	503.56
167	109.09	0.68960	-355.95	465.05	421.43
168	104.00	-17.671	-329.07	433.07	386.86
169	153.27	-6.7950	-328.72	481.99	425.19
170	86.462	-4.4857	-352.72	439.18	401.51
171	380.75	23.201	-414.26	795.00	689.65
172	133.30	-46.116	-376.76	510.06	448.15
173	84.334	-79.542	-306.36	390.69	339.81
174	77.253	-38.568	-315.38	393.13	349.79

图 6-22　列表输出应力值

5. 使用 Subgrid Solu 工具在模型上直接得到各个节点的应力值

列表输出可以很方便地得到各个节点的应力值大小，但有时需要关注的是某些局部部位的应力值大小，这时就可以使用 Subgrid Solu 工具了。

执行主菜单中的 Main Menu > General Postproc > Query Results > Subgrid Solu 命令，弹出如图 6-23 所示的 Query Subgrid Solution Data 对话框，进行图 6-23 所示的选择，然后单击 OK 按钮。

接着弹出 Query Subgrid Results 拾取框，如图 6-24 所示，用鼠标在模型上拾取感兴趣的节点，在模型上就会出现相应应力值大小，在 Query Subgrid Results 拾取框中会出现该节点的相应坐标，结果如图 6-25 所示。

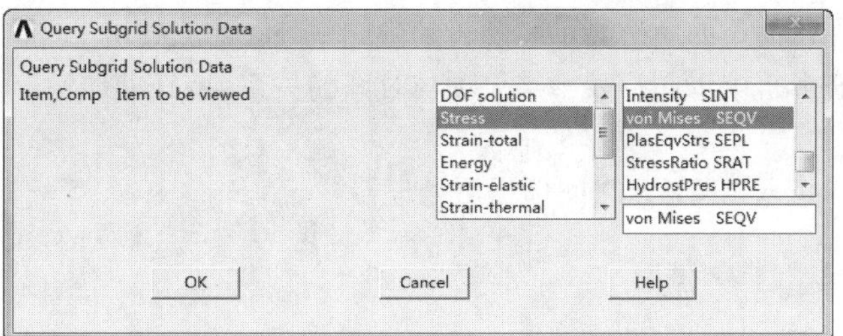

图 6-23　Query Subgrid Solution Data 对话框

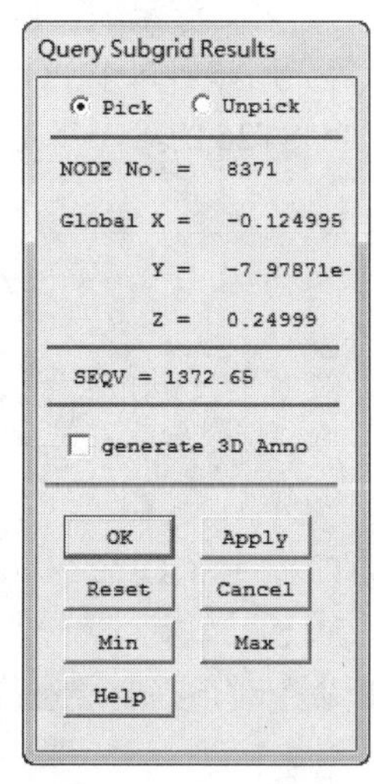

图 6-24　拾取框

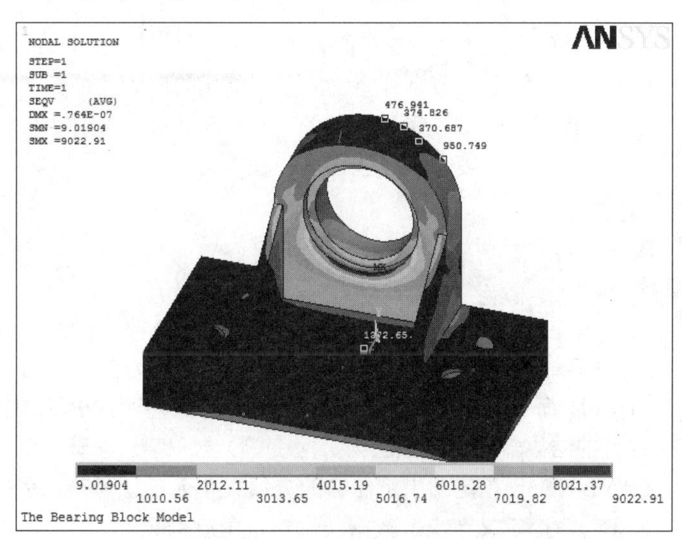

图 6-25　Query Subgrid Results 输出结果

后处理中还有一些其他的功能，如路径操作、等值线显示等在此就不一一介绍了，相信随着读者运用的熟练程度的增加，会逐步掌握这些功能。

6．保存结果文件

单击 ANSYS Toolbar 工具条中的 SAVE_DB 按钮，保存文件。

6.3.2　命令流方式

```
/POST1
PLDISP,2
/DSCALE,1,1.0
/EFACET,1
PLNSOL, S,EQV, 0,1.0
PRNSOL,S,PRIN
```

6.4　时间历程后处理（POST26）

时间历程后处理器 POST26，可用于检查模型中指定点的分析结果与时间、频率等的函数关系。

它有许多分析能力，如从简单的图形显示和列表到诸如微分和响应频谱生成的复杂操作。POST26 的一个典型用途是在瞬态分析中以图形表示结果项与时间的关系，或在非线性分析中以图形表示作用力与变形的关系。

Note

使用下列方法之一进入 ANSYS 时间历程后处理器。

```
命令：POST26。
GUI：Main Menu > Time Hist Postpro。
```

6.4.1 定义和储存 POST26 变量

POST26 的所有操作都是对变量而言的，是结果项与时间（或频率）的简表。结果项可以是节点处的位移、单元的热流量、节点处产生的力、单元的应力、单元的磁通量等。用户对每个 POST26 变量任意指定大于或等于 2 的参考号，参考号 1 用于时间（或频率）。因此，POST26 的第一步是定义所需的变量，第二步是存储变量，这些内容将在下面讲述。

1. 定义变量

可以使用下列命令定义 POST26 变量，这些命令与下列 GUI 路径等价。

```
GUI：Main Menu > Time Hist Postproc > Define Variables。
GUI：Main Menu > Time Hist Postproc > Elec&Mag > Circuit > Define Variables。
```

- ☑ FORCE 命令指定节点力（合力、分力、阻尼力或惯性力）。
- ☑ SHELL 命令指定壳单元（分层壳）中的位置（TOP、MID、BOT），ESOL 命令将定义该位置的结果输出（节点应力、应变等）。
- ☑ LAYERP26L 指定结果待储存的分层壳单元的层号，然后 SHELL 命令对该指定层进行操作。
- ☑ NSOL 命令定义节点解数据（仅对自由度结果）。
- ☑ ESOI 命令定义单元解数据（派生的单元结果）。
- ☑ RFORCER 命令定义节点反作用数据。
- ☑ GAPF 命令用于定义简化的瞬态分析中间隙条件中的间隙力。
- ☑ SOLU 命令定义解的总体数据（如时间步长、平衡迭代数和收敛值）。

例如，下列命令定义两个 POST26 变量。

```
NSOL,2,358,U,X
ESOL,3,219,47,EPEL,X
```

变量 2 为节点 358 的 UX 位移（针对第一条命令），变量 3 为 219 单元的 47 节点的弹性约束的 X 分力（针对于第二条命令）。对于这些结果项，系统将给它们分配参考号，如果用相同的参考号定义一个新的变量，则原有的变量将被替换。

2. 存储变量

当定义了 POST26 变量和参数后，就相当于在结果文件中的相应数据建立了指针。存储变量就是将结果文件中的数据读入数据库。当发出显示命令或 POST26 数据操作命令（包括表 6-5 所列命令）或选择与这些命令等价的 GUI 路径时，程序自动存储数据。

表 6-5　存储变量的命令

命　令	GUI 菜单路径
PLVAR	Main Menu > Time Hist Postproc > Graph Variables
PRVAR	Main Menu > Time Hist Postproc > List Variable
ADD	Main Menu > Time Hist Postproc > Math Operations > Add

续表

命　令	GUI 菜单路径
DERIV	Main Menu > Time Hist Postproc > Math Operations > Derivate
QUOT	Main Menu > Time Hist Postproc > Math Operations > Divde
VGET	Main Menu > Time Hist Postproc > Table Operations > Variable to Par
VPUT	Main Menu > Time Hist Postproc > Table Operations > Parameter to Var

在某些场合，需要使用 STORE 命令（GUI：Main Menu > Time Hist Postproc > Store Data）直接请求变量存储。这些情况将在下面的命令描述中解释。如果在发出 TIMERANGE 命令或 NSTORE 命令（这两个命令等价的 GUI 路径为 Main Menu > Time Hist Postpro > Settings > Data）之后使用 STORE 命令，那么默认情况为“STORE，NEW”。由于 TIMERANGE 命令 和 NSTORE 命令为存储数据重新定义了时间或频率点或时间增量，因而需要改变命令的默认值。

可以使用下列命令操作存储数据。

☑ MERGE：将新定义的变量增加到先前的时间点变量中，即更多的数据列被加入数据库。在某些变量已经存储（默认）后，如果希望定义和存储新变量，则是十分有用的。

☑ NEW：替代先前存储的变量，删除之前计算的变量，并存储新定义的变量及其当前的参数。

☑ APPEND：添加数据到之前定义的变量中。即如果将每个变量看作一个数据列，APPEND 操作就为每一列增加行数。当要将两个文件（如瞬态分析中两个独立的结果文件）中相同的变量集中在一起时，则是很有用的。使用 FILE 命令（GUI：Main Menu > Time Hist Postpro > Settings > File）指定结果文件名。

☑ ALLOC，N：为顺序存储操作分配 N 个点（N 行）空间，此时如果存在之前定义的变量，那么将被自动清零。由于程序会根据结果文件自动确定所需的点数，所以正常情况下不需用该选项。

使用 STORE 命令的实例如下。

```
/POST26
NSOL,2,23,U,Y              !变量 2=节点 23 处的 UY 值
SHELL,TOP                  !指定壳的顶面结果
ESOL,3,20,23,S,X           !变量 3=单元 20 的节点 23 的顶部 SX
PRVAR,2,3                  !存储并打印变量 2 和 3
SHELL,BOT                  !指定壳的底面为结果
ESOL,4,20,23,S,X           !变量 4=单元 20 的节点 23 的底部 SX
STORE                      !使用命令默认，将变量 4 和变量 2、3 置于内存
PLESOL,2,3,4               !打印变量 2、3、4
```

用户应该注意以下几个方面。

☑ 默认情况下，可以定义的变量数为 10 个。使用命令 NUMVAR（GUI：Main Menu > Time Hist Postpro > Settings > File）可增加该限值（最大值为 200）。

☑ 默认情况下，POST26 在结果文件寻找其中的一个文件。可使用 FILE 命令（GUI：Main Menu > Time Hist Postpro > Settings > File）指定不同的文件名（RST、RTH、RDSP 等）。

☑ 默认情况下，力（或力矩）值表示合力（静态力、阻尼力和惯性力的合力）。FORCE 命令允许对各个分力操作。

☑ 壳单元和分层壳单元的结果数据假定为壳或层的顶面。SHELL 命令允许指定是顶面、中面或底面。对于分层单元可通过 LAYERP26 命令指定层号。

定义变量的其他有用命令如下。

- ☑ NSTORE（GUI：Main Menu > Time Hist Postpro > Settings > Data），定义待存储的时间点或频率点的数量。
- ☑ TIMERANGE（GUI：Main Menu > Time Hist Postpro > Settings > Data），定义待读取数据的时间或频率范围。
- ☑ TVAR（GUI：Main Menu > Time Hist Postpro > Settings > Data），将变量 1（默认是表示时间）改变为表示累积迭代号。
- ☑ VARNAM（GUI: Main Menu > Time Hist Postpro > Settings > Graph 或 Main Menu > Time Hist Postpro > List），给变量赋名称。
- ☑ RESET（GUI：Main Menu > Time Hist Postpro > Reset Postproc），所有变量清零，并将所有参数重新设置为默认值。

使用 FINISH 命令（GUI：Main Menu > Finish）退出 POST26，删除 POST26 变量和参数。如 FILE、PRTIME、NPRINT 等，由于它们不是数据库的内容，因此不能存储，但这些命令均存储在 LOG 文件中。

6.4.2 检查变量

一旦定义了变量，可通过图形或列表的方式检查这些变量。

1. 产生图形输出

PLVAR 命令（GUI：Main Menu > Time Hist Postpro > Graph Variables）可在一个图框中显示多达 9 个变量的图形。默认的横坐标（X 轴）为变量 1（静态或瞬态分析时表示时间，谐波分析时表示频率）。使用 XVAR 命令（GUI：Main Menu > Time Hist Postpro > Setting > Graph）可指定不同的变量号（例如应力、变形等）作为横坐标。如图 6-26 和图 6-27 所示为图形输出的两个实例。

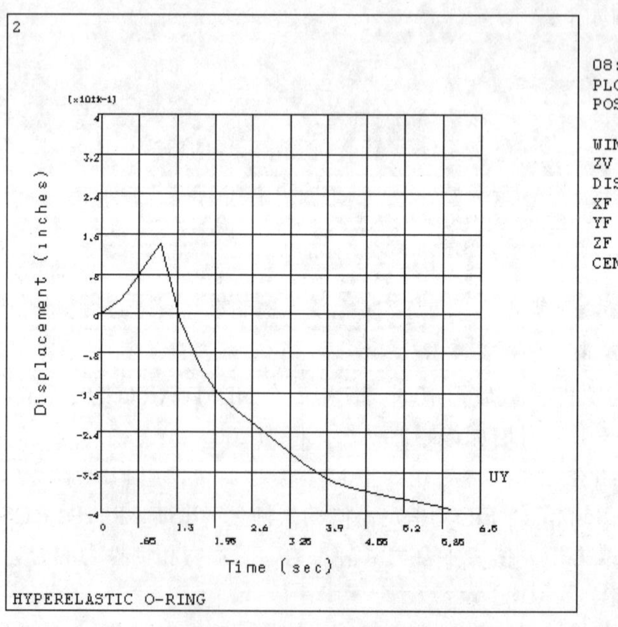

图 6-26　使用 XVAR=1（时间）作为横坐标的 POST26 输出

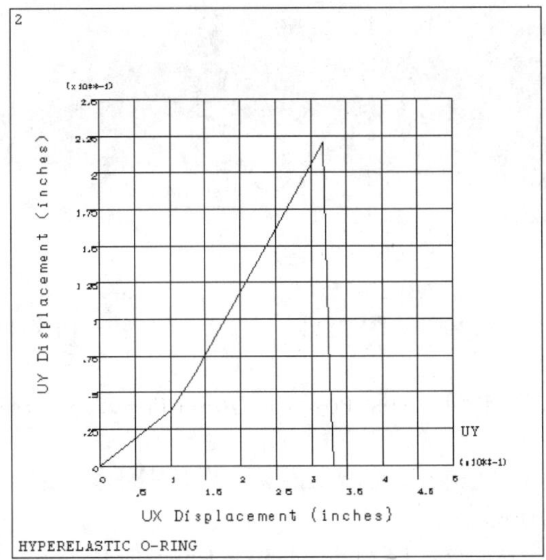

图 6-27 使用 XVAR=0，1 指定不同的变量号作为横坐标的 POST26 输出

如果横坐标不是时间，可显示三维图形（用时间或频率作为 Z 坐标），使用下列方法之一改变默认的 X—Y 视图。

```
命令：/VIEW。
GUI：Utility Menu > PlotCtrs > Pan,Zoom,Rotate。
GUI：Utility Menu > PlotCtrs > View Setting > Viewing Direction。
```

在非线性静态分析或稳态热力分析中，子步为时间，也可采用这种图形显示。

当变量包含由实部和虚部组成的复数数据时，默认情况下，PLVAR 命令显示的为幅值。使用 PLCPLX 命令（GUI：Main Menu > Time Hist Postpro > Setting > Graph）切换到显示相位、实部和虚部。

图形输出可使用许多图形格式参数。通过选择 GUI：Utility Menu > PlotCtrs > Style > Graphs 或下列命令实现该功能。

☑ 激活背景网格（/GRID 命令）。

☑ 曲线下面区域的填充颜色（/GROPT 命令）。

☑ 限定 X、Y 轴的范围（/XRANGE 及/YRANGE 命令）。

☑ 定义坐标轴标签（/AXLAB 命令）。

☑ 使用多个 Y 轴的刻度比例（/GRTYP 命令）。

2. 计算结果列表

用户可以通过 PRVAR 命令（GUI：Main Menu > Time Hist Postpro > List Variables）在表格中列出多达 6 个变量，同时还可以获得某一时刻或频率处的结果项的值，也可以控制打印输出的时间或频率段，操作如下。

```
命令：NPRINT，PRTIME。
GUI：Main Menu > TimeHist Postpro > Settings > List。
```

通过 LINES 命令（GUI：Main Menu > TimeHist Postpro > Settings > List）可对列表输出的格式做微量调整。下面是 PRVAR 的一个输出示例。

```
***** ANSYS time-history VARIABLE LISTING *****
   TIME          51 UX            30 UY
                 UX               UY
  .10000E-09    .000000E+00      .000000E+00
```

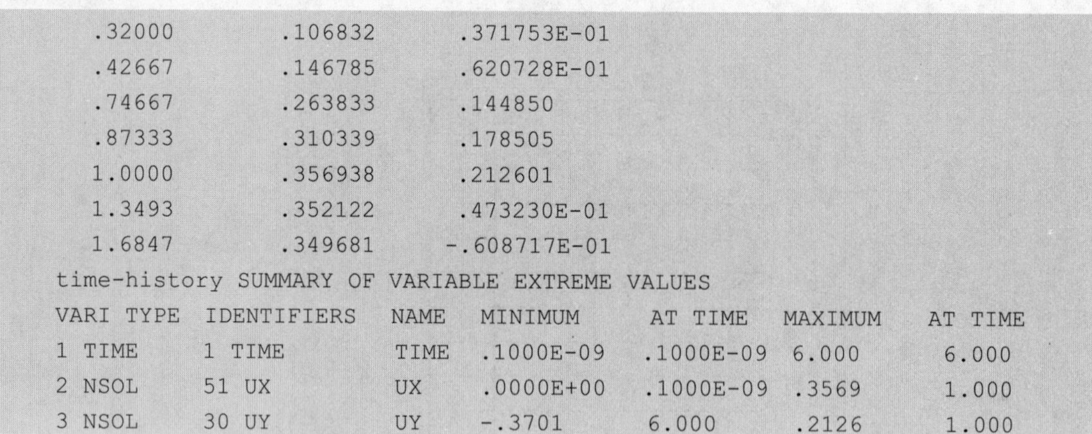

```
    .32000        .106832       .371753E-01
    .42667        .146785       .620728E-01
    .74667        .263833       .144850
    .87333        .310339       .178505
    1.0000        .356938       .212601
    1.3493        .352122       .473230E-01
    1.6847        .349681      -.608717E-01
time-history SUMMARY OF VARIABLE EXTREME VALUES
VARI TYPE  IDENTIFIERS   NAME   MINIMUM      AT TIME    MAXIMUM    AT TIME
1 TIME     1 TIME        TIME   .1000E-09   .1000E-09  6.000       6.000
2 NSOL     51 UX         UX     .0000E+00   .1000E-09  .3569       1.000
3 NSOL     30 UY         UY     -.3701      6.000      .2126       1.000
```

对于由实部和虚部组成的复变量，PRVAR 命令的默认列表是实部和虚部。可通过命令 PRCPLX 选择实部、虚部、幅值、相位中的任何一个。

另一个有用的列表命令是 EXTREM（GUI：Main Menu > TimeHist Postpro > List Extremes），可用于打印设定的 X 和 Y 范围内 Y 变量的最大和最小值。也可通过命令*GET（GUI：Utility Menu > Parameters > Get Scalar Data）将极限值指定给参数。下面是 EXTREM 命令的一个输出示例。

```
Time-History SUMMARY OF VARIABLE EXTREME VALUES
VARI TYPE  IDENTIFIERS NAME   MINIMUM    AT  TIME        MAXIMUM   AT TIME
  1 TIME     1 TIME      TIME     .1000E-09  .1000E-09  6.000      6.000
  2 NSOL     50 UX       UX       .0000E+00  .1000E-09  .4170      6.000
  3 NSOL     30 UY       UY       -.3930     6.000      .2146      1.000
```

6.4.3 POST26 后处理器的其他功能

1. 进行变量运算

POST26 可对原先定义的变量进行数学运算，下面给出两个应用实例。

实例（1）：在瞬态分析时定义了位移变量，可让该位移变量对时间求导，得到速度和加速度，命令流如下。

```
NSOL,2,441,U,Y,UY441        !定义变量 2 为节点 441 的 UY，名称=UY441
DERIV,3,2,1,,BEL441         !变量 3 为变量 2 对变量 1（时间）的一阶导数，名称为 BEL441
DERIV,4,3,1,,ACCL441        !变量 4 为变量 3 对变量 1（时间）的一阶导数，名称为 ACCL441
```

实例（2）：将谐响应分析中的复变量（$a+ib$）分成实部和虚部，再计算它的幅值（$\sqrt{a^2+b^2}$）和相位角，命令流如下。

```
REALVAR,3,2,,,REAL2         !变量 3 为变量 2 的实部，名称为 REAL2
IMAGIN,4,2,,IMAG2           !变量 4 为变量 2 的虚部，名称为 IMAG2
PROD,5,3,3                  !变量 5 为变量 3 的平方
PROD,6,4,4                  !变量 6 为变量 4 的平方
ADD,5,5,6                   !变量 5（重新使用）为变量 5 和变量 6 的和
SQRT,6,5,,,AMPL2            !变量 6（重新使用）为幅值
QUOT,5,3,4                  !变量 5（重新使用）为（b / a）
ATAN,7,5,,,PHASE2           !变量 7 为相位角
```

可通过下列方法之一创建自己的 POST26 变量。

☑ FILLDATA 命令（GUI：Main Menu > TimeHist Postpro > Table Operations > Fill Data）：用多项式函数将数据填入变量。

☑ DATA 命令将数据从文件中读出。该命令无对应的 GUI，被读文件必须在第一行中含有 DATA 命令，第二行括号内是格式说明，数据从接下去的几行读取。然后通过/INPUT 命令（GUI：Urility Menu > File > Read input from）读入。

另一个创建 POST26 变量的方法是使用 VPUT 命令，它允许将数组参数移入变量内。逆操作命令为 VGET，将 POST26 变量移入数组参数内。

2. 产生响应谱

该方法允许在给定的时间历程中生成位移、速度、加速度响应谱，频谱分析中的响应谱可用于计算结构的整个响应。

POST26 的 RESP 命令用来产生响应谱。

```
命令：RESP。
GUI：Main Menu > TimeHist Postpro > Generate Spectrm。
```

RESP 命令需要先定义两个变量：一个含有响应谱的频率值（LFTAB 字段）；另一个含有位移的时间历程（LDTAB 字段）。LFTAB 的频率值不仅代表响应谱曲线的横坐标，而且也是用于产生响应谱的单自由度激励的频率。可通过 FILLDATA 或 DATA 命令产生 LFTAB 变量。

LDTAB 中的位移时间历程值常产生于单自由度系统的瞬态动力学分析。通过 DATA 命令（位移时间历程在文件中时）和 NSOL 命令（GUI：Main Menu > TimeHist Postpro > Define Variables）创建 LDTAB 变量。系统采用数据时间积分法计算响应谱。

6.5 实例——储液罐计算结果后处理

为了使读者对 ANSYS 的后处理操作有比较清楚的认识和掌握，以下实例将对第 4 章的有限元计算结果进行后处理，以此分析轴承座和储液罐在载荷作用下的受力情况，从而分析研究其危险部位进行应力校核和评定。

6.5.1 GUI 方式

在对储液罐求解结束之后，就可以进行后处理操作查看其变形和应力分布情况了。

首先打开轴承座计算结果文件 Result_Tank.db。

1. 查看储液罐变形情况

执行主菜单中的 Main Menu > General Postproc > Plot Results > Deformed Shape 命令，弹出 Plot Deformed Shape 对话框，如图 6-28 所示，选中 Def+undef edge 单选按钮，然后单击 OK 按钮，即输出变形图，如图 6-29 所示。

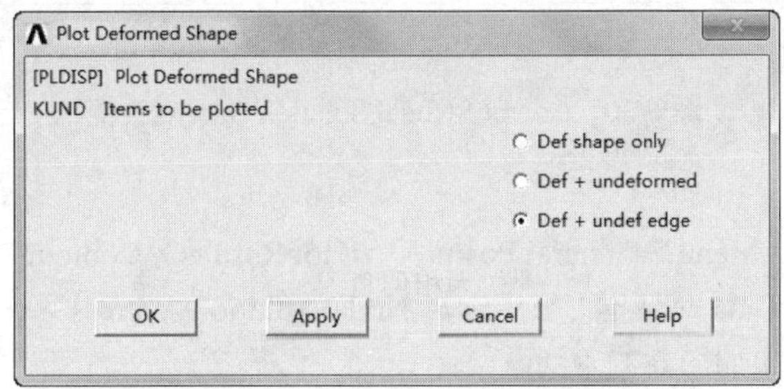

图 6-28 Plot Deformed Shape 对话框

Note

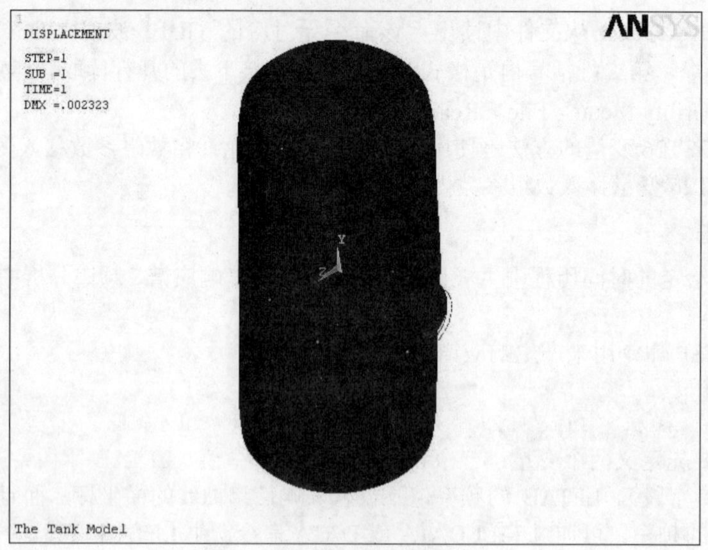

图 6-29　储液罐变形图

2. 查看储液罐位移云图

执行主菜单中的 Main Menu > General Postproc > Plot Results > Contour Plot > Nodal Solu 命令，弹出 Contour Nodal Solution Data 对话框，依次选择 Nodal Solution > DOF Solution > Displacement vector sum 选项，如图 6-30 所示，然后单击 OK 按钮，生成的结果如图 6-31 所示。

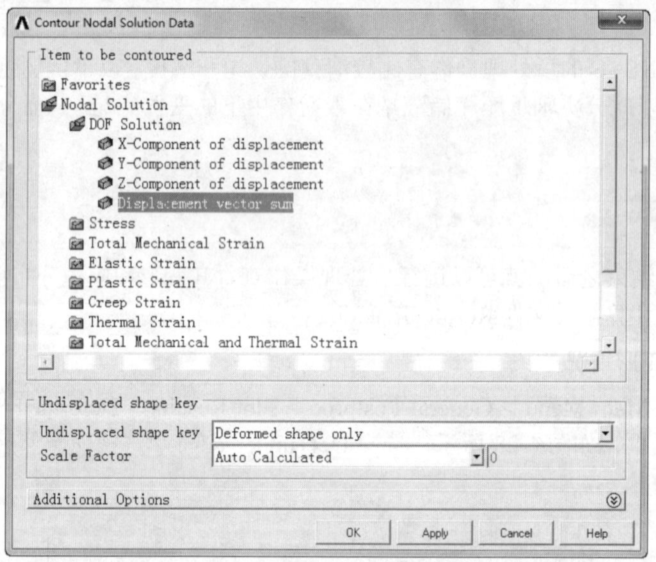

图 6-30　Contour Nodal Solution Data 对话框

3. 查看 Mises 应力

执行主菜单中的 Main Menu > General Postproc > Plot Results > Contour Plot > Nodal Solu 命令，弹出 Contour Nodal Solution Data 对话框，依次选择 Nodal Solution > Stress > von Mises stress 选项，然后单击 OK 按钮，生成的结果如图 6-32 所示。

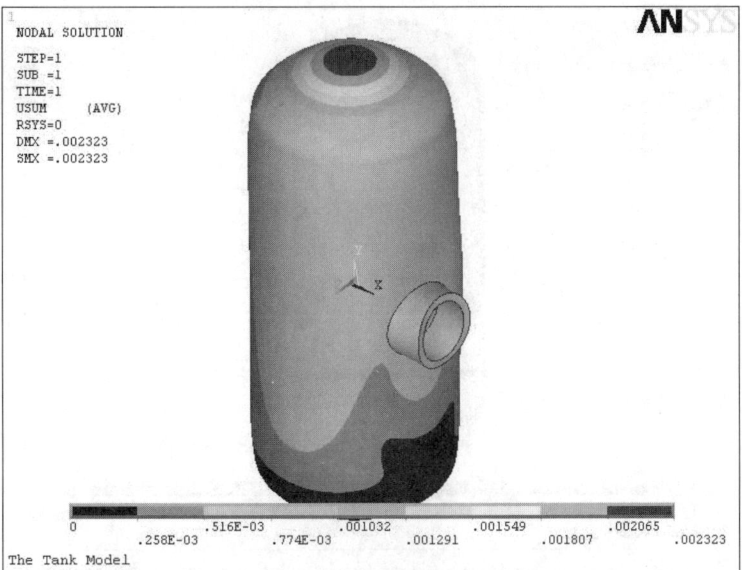

图 6-31　储液罐位移云图

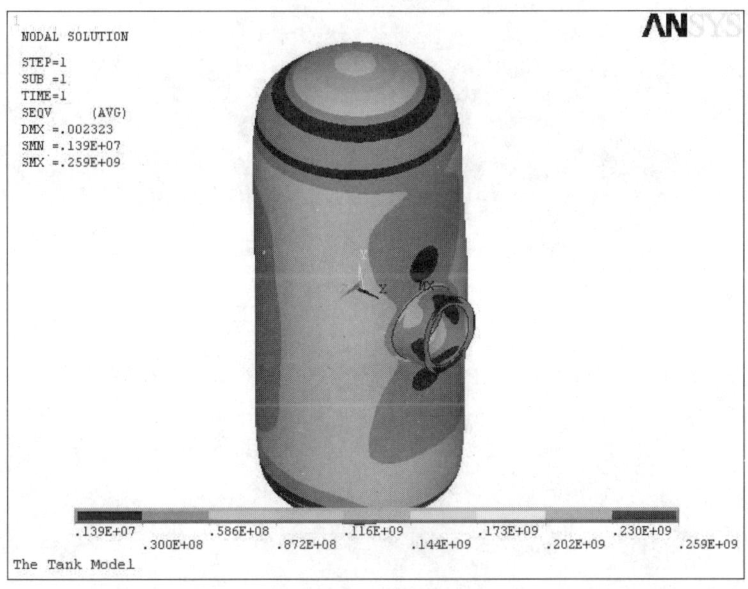

图 6-32　储液罐 Mises 应力云图

4．等比例显示

执行实用菜单中的 Utility Menu > PlotCtrls > Style > Displacement Scaling 命令，弹出 Displacement Display Scaling 对话框，在 Displacement scale factor 后面的选择项中选中 1.0（true scale）单选按钮，然后单击 OK 按钮，生成的结果即真实的变形图，如图 6-33 所示。

5．保存结果文件

单击 ANSYS Toolbar 工具条中的 SAVE_DB 按钮，保存文件。

Note

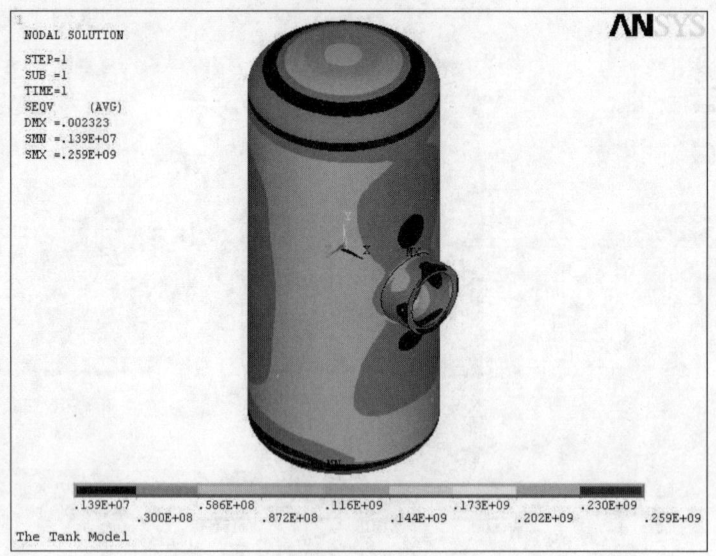

图 6-33　储液罐等比例 Mises 应力云图

6.5.2　命令流方式

```
/POST1
PLDISP,2
PLNSOL, U,SUM, 0,1.0
PLNSOL, S,EQV, 0,1.0
/DSCALE,1,1.0
SAVE
```

▶▶第2篇

专题实例篇

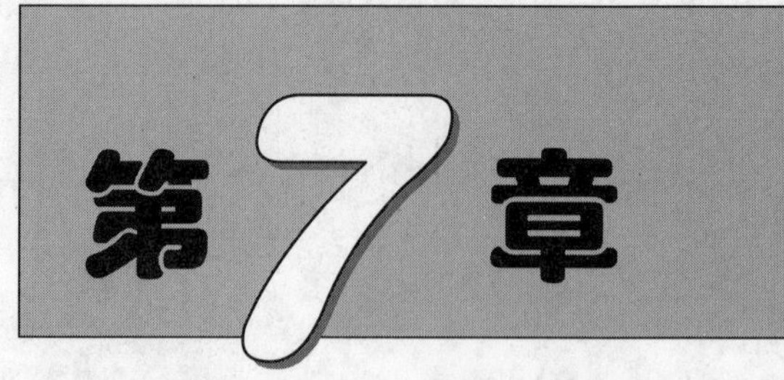

结构静力分析

静力分析用于计算由那些不包括惯性和阻尼效应的载荷，作用于结构或部件上引起的位移、应力、应变和力。

本章将通过实例讲述静力学分析的基本步骤和具体方法。

☑ 结构静力概论

☑ 高速齿轮应力分析

任务驱动&项目案例

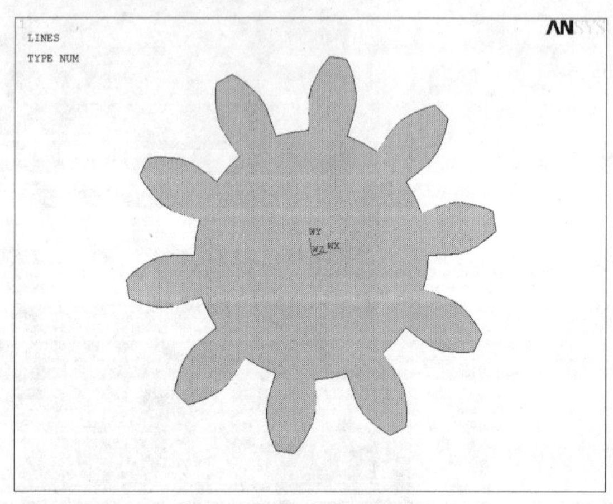

(1)

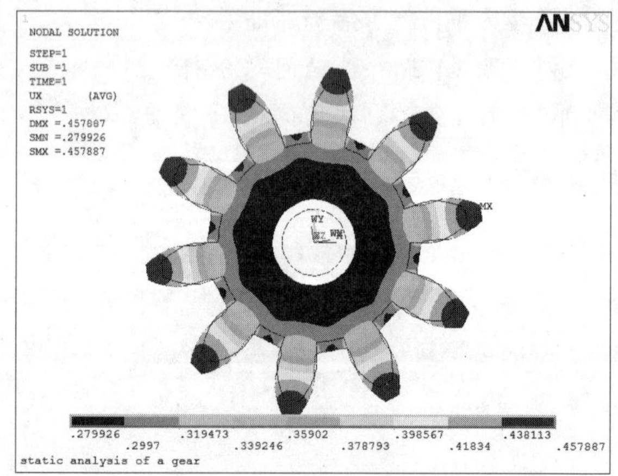

(2)

Note

7.1　结构静力概论

静力分析计算在固定不变的载荷作用下结构的响应，它不考虑惯性和阻尼的影响，也不考虑载荷随时间的变化。但是，静力分析可以计算那些固定不变的惯性载荷对结构的影响（如重力和离心力），以及那些可以近似为等价静力作用的随时间变化的载荷（例如，通常在许多建筑规范中所定义的等价静力风载和地震载荷）。

固定不变的载荷和响应是一种假定，即假定载荷和结构的响应随时间的变化非常缓慢。静力分析所施加的载荷包括以下方面。

☑　外部施加的作用力和压力。

☑　稳态的惯性力（如重力和离心力）。

☑　位移载荷。

☑　温度载荷。

☑　核膨胀中的流通量。

静力分析既可以是线性的也可以是非线性的。非线性静力分析包括所有的非线性类型，即大变形、塑性、蠕变、应力刚化、接触（间隙）单元、超弹性单元等。本章主要讨论线性静力分析。

注意： 要做好有限元的静力分析，必须要记住以下几点。

（1）单元类型必须指定为线性或非线性结构单元类型。

（2）材料属性可以是线性或非线性、各向同性或正交各向异性、常量或与温度相关的量等，但是用户必须定义杨氏模量和泊松比；对于像重力一样的惯性载荷，必须要定义能计算出质量的参数，如密度等；对热载荷，必须要定义热膨胀系数。

（3）对应力、应变感兴趣的区域，网格划分比仅对位移感兴趣的区域要密。

（4）如果分析中包含非线性因素，网格应划分到能捕捉非线性因素影响的程度。

7.2　实例——高速齿轮应力分析

平面问题是对实际结构在特殊情况下的一种简化，在现实中，任何一个物体严格地说都是空间物体，它所受的载荷一般都是空间的。但是，当工程问题中某些结构或机械零件的形状和载荷情况具有某些特点时，只要经过适当的简化和抽象化处理，就可以归结为平面问题。平面问题的特点为，将一切现象都看作是在一个平面内发生的，平面问题的模型可以大大简化而不失精度。平面问题分为平面应力问题和平面应变问题，两者的区别只是单元的行为方式选择设置不同而已，平面应力要求选择的是 Plane Stress，而平面应变问题选择 Plane Strain。

本节通过对高速旋转的齿轮进行应力分析，来讲解 ANSYS 平面问题的分析过程。

7.2.1　分析问题

通过考查齿轮泵在高速运转时发生多大的径向位移，从而判断其变形情况，以及齿轮运转过程齿

Note

面受到的压力作用。齿轮模型如图 7-1 所示。

标准齿轮，最大转速为 62.8rad/s，计算其应力分布。

☑ 齿顶直径：48。
☑ 齿底直径：30。
☑ 齿数：10。
☑ 厚度：4。
☑ 弹性模量：2.06e11。
☑ 密度：7.8e3。

图 7-1 齿轮模型

7.2.2 建立模型

建立模型包括设定分析作业名和标题、定义单元类型和实常数、定义材料属性、建立几何模型，以及划分有限元网格。

1. 设定分析作业名和标题

在进行一个新的有限元分析时，通常需要修改数据库名，并在图形输出窗口中定义一个标题来说明当前进行的工作内容。另外，对于不同的分析范畴（结构分析、热分析、流体分析、电磁场分析等），ANSYS 所用的主菜单的内容不尽相同，为此，需要在分析开始时选定分析内容的范畴，以便 ANSYS 显示出与其相对应的菜单选项。

（1）从实用菜单中选择 Utility Menu > File > Change Jobname 命令，打开 Change Jobname（修改文件名）对话框，如图 7-2 所示。

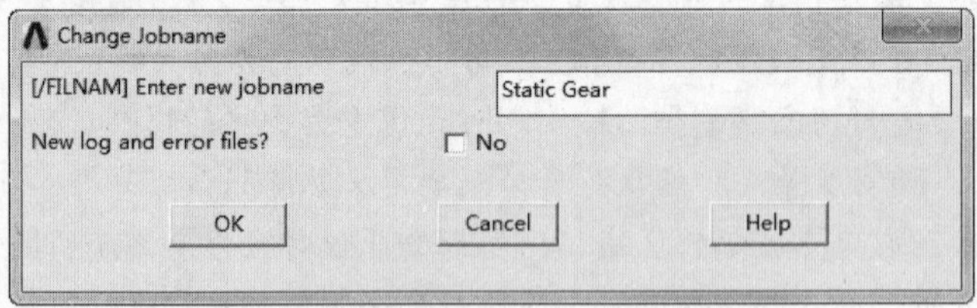

图 7-2 修改文件名对话框

（2）在 Enter new jobname（输入新的文件名）文本框中输入文字 Static Gear，为本分析实例的数据库文件名。

（3）单击 OK 按钮，完成文件名的修改。

（4）从实用菜单中选择 Utility Menu > File > Change Title 命令，打开 Change Title（修改标题）对话框，如图 7-3 所示。

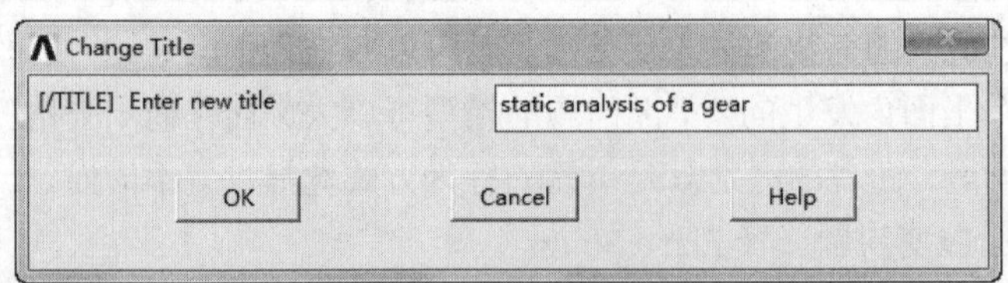

图 7-3 修改标题对话框

（5）在 Enter new title（输入新标题）文本框中输入 static analysis of a gear，作为本分析实例的标题名。

（6）单击 OK 按钮，完成对标题名的指定。

（7）从实用菜单中选择 Utility Menu > Plot > Replot 命令，指定的标题 static analysis of a gear 将显示在图形窗口的左下角。

（8）从主菜单中选择 Main Menu > Preference 命令，打开 Preference of GUI Filtering（菜单过滤参数选择）对话框，选中 Structural 复选框，单击 OK 按钮确定。

2．定义单元类型

在进行有限元分析时，应根据分析问题的几何结构、分析类型和所分析的问题精度要求等，选定适合具体分析的单元类型。本例中选用四节点四边形板单元 PLANE182。PLANE182 不仅可用于计算平面应力问题，还可以用于分析平面应变和轴对称问题。

（1）从主菜单中选择 Main Menu > Preprocessor > Element Type > Add/Edit/Delete 命令，打开 Element Types（单元类型）对话框。

（2）单击 Add 按钮，打开 Library of Element Types（单元类型库）对话框，如图 7-4 所示。

（3）在左边的列表框中选择 Solid 选项，选择实体单元类型。

（4）在右边的列表框中选择 Quad 4 node 182 选项，选择四节点四边形板单元 PLANE182。

（5）单击 OK 按钮，将添加 PLANE182 单元，并关闭单元类型对话框，同时返回到第（1）步打开的单元类型对话框中，如图 7-5 所示。

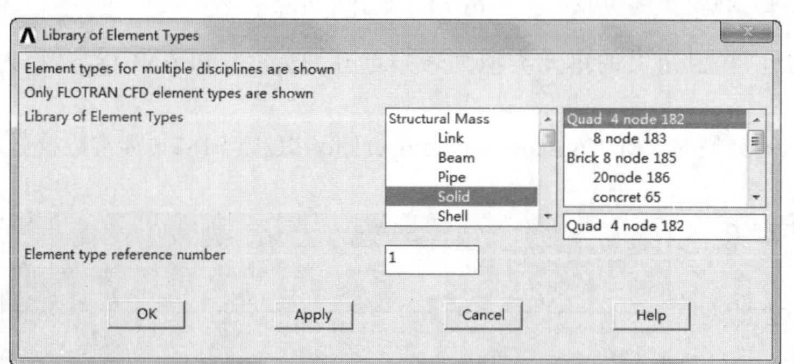

图 7-4　单元类型库对话框

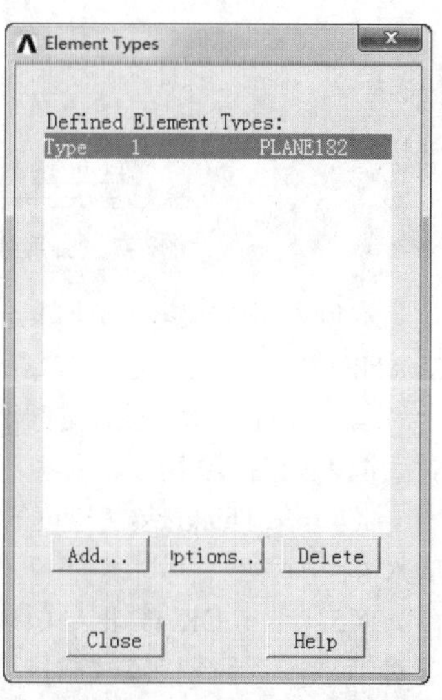

图 7-5　单元类型对话框

（6）在其中单击 Options 按钮，打开如图 7-6 所示的 PLANE182 element type options（单元选项设置）对话框，对 PLANE182 单元进行设置，使其可用于计算平面应力问题。

（7）在 Element behavior（单元行为方式）下拉列表框中选择 Plane strs w/thk（带有厚度的平面应力）选项，如图 7-6 所示。

（8）单击 OK 按钮，关闭单元选项设置对话框，返回到图 7-5 所示的单元类型对话框中。

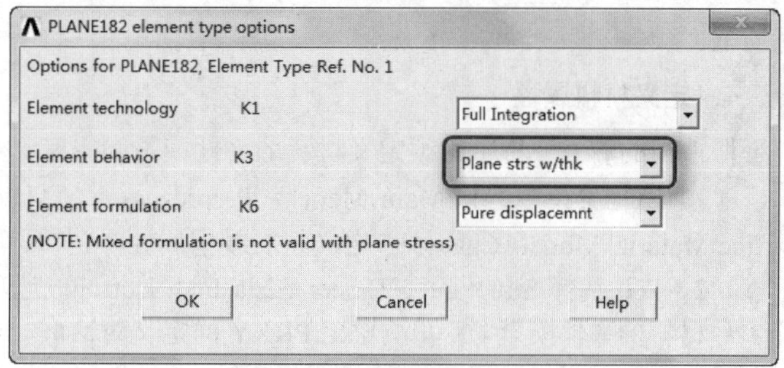

图 7-6　单元选项对话框

（9）单击 Close 按钮，关闭单元类型对话框，结束单元类型的添加。

3．定义实常数

本实例中选用带有厚度的平面应力行为方式的 PLANE182 单元，需要设置其厚度实常数。

（1）从主菜单中选择 Main Menu > Preprocessor > Real Constants > Add/Edit/Delete 命令，打开如图 7-7 所示的 Real Constants（实常数）对话框。

（2）单击 Add 按钮，打开如图 7-8 所示的 Element Type for Real Constants（实常数单元类型）对话框，要求选择欲定义实常数的单元类型。

图 7-7　实常数设置对话框

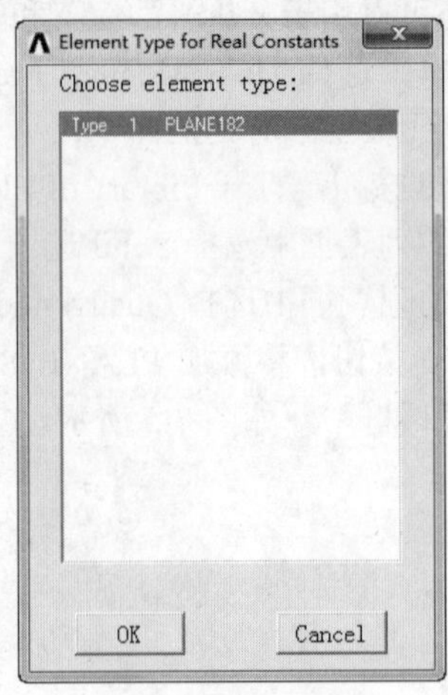

图 7-8　选择单元类型

本例中只定义了一种单元类型，在已定义的单元类型列表中选择 Type 1 PLANE182，将为 PLANE182 单元类型定义实常数。

（3）单击 OK 按钮，打开该单元类型的 Real Constant Set Number1,for PLANE182（实常数设置）对话框，如图 7-9 所示。

（4）在 Thickness（厚度）文本框中输入 4。

（5）单击 OK 按钮，关闭实常数设置对话框，返回到实常数对话框中，如图 7-10 所示，其中显示已经定义了一组实常数。

（6）单击 Close 按钮，关闭实常数对话框。

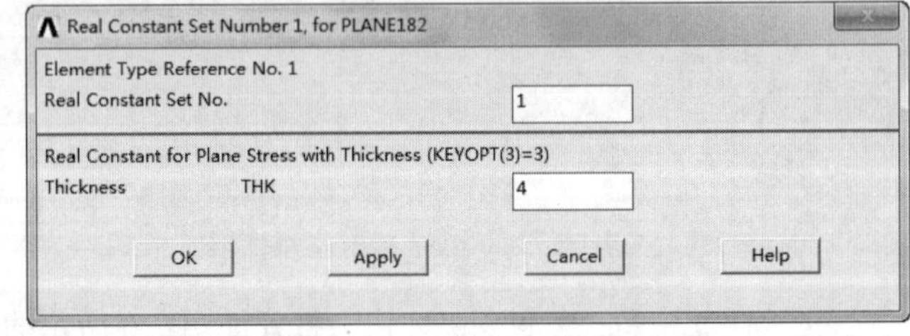

图 7-9　实常数设置对话框

4．定义材料属性

惯性力的静力分析中必须定义材料的弹性模量和密度，具体步骤如下。

（1）从主菜单中选择 Main Menu > Preprocessor > Material Props > Material Model 命令，打开 Define Material Model Behavior（定义材料模型属性）窗口，如图 7-11 所示。

（2）依次选择 Structural > Linear > Elastic > Isotropic 选项，展开材料属性的树形结构，此时将打开 1 号材料的弹性模量 EX 和泊松比 PRXY 的定义对话框，如图 7-12 所示。

（3）在 EX 文本框中输入弹性模量 2.06e11，在 PRXY 文本框中输入泊松比 0.3。

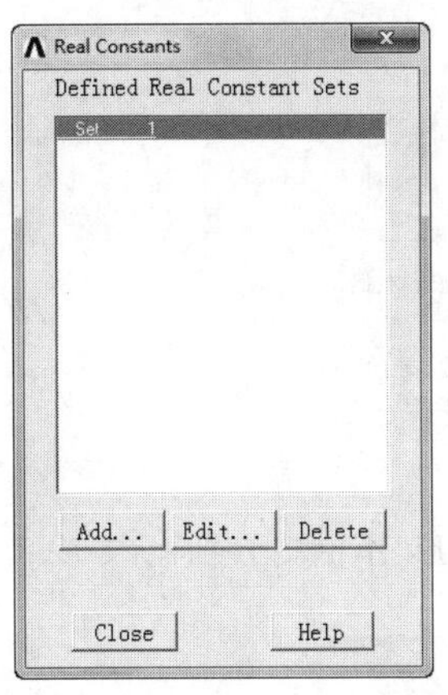

图 7-10 已经定义的实常数

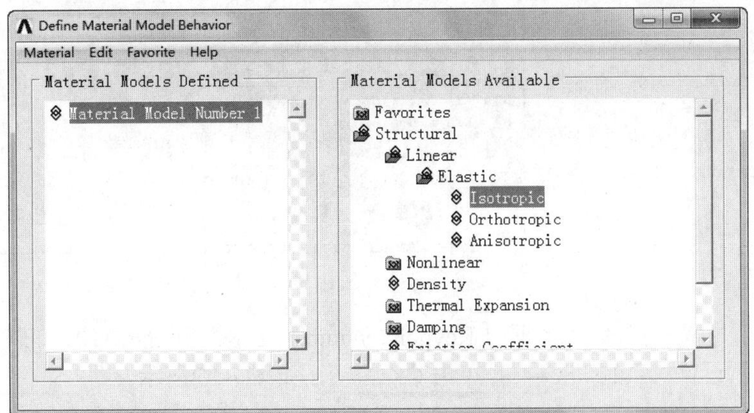

图 7-11 定义材料模型属性窗口

（4）单击 OK 按钮，关闭对话框，并返回到定义材料模型属性窗口中，在该窗口的左边列表框中将出现刚刚定义的参考号为 1 的材料属性。

（5）依次选择 Structural > Density 选项，打开定义材料密度对话框，如图 7-13 所示。

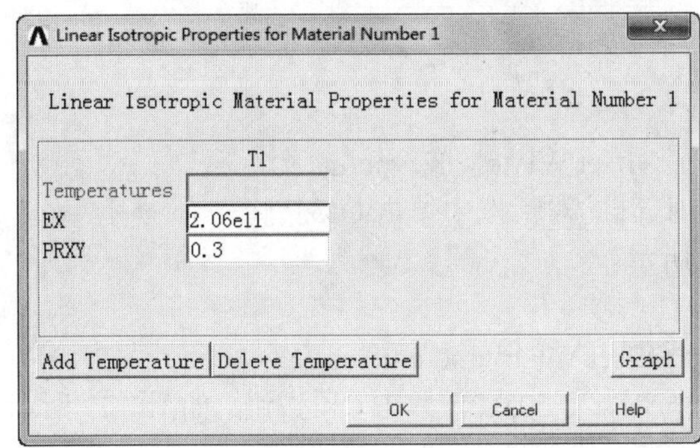

图 7-12 线性各向同性材料的弹性模量和泊松比

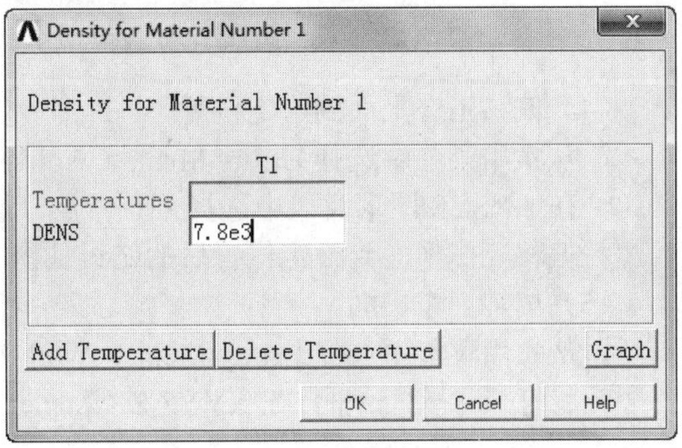

图 7-13 定义材料密度对话框

（6）在 DENS 文本框中输入密度数值 7.8e3。

（7）单击 OK 按钮，关闭对话框，并返回到定义材料模型属性窗口中，在该窗口的左边列表框中参考号为 1 的材料属性下方将出现密度项。

（8）在 Define Material Model Behavior 窗口中，从菜单中选择 Material > Exit 命令，或者单击右上角的关闭按钮，退出定义材料模型属性窗口，完成对材料模型属性的定义。

5. 建立齿轮面模型

在使用 PLANE 系列单元时，要求模型必须位于全局 XY 平面内。默认的工作平面即为全局 XY 平面内，因此可以直接在默认的工作平面内创建齿轮面。

（1）将激活的坐标系设置为总体柱坐标系。从实用菜单中选择 Utility Menu > WorkPlane > Change Active CS to > Global Cylindrical 命令。

（2）定义一个关键点。

① 从主菜单中选择 Main Menu > Preprocessor > Modeling > Create > Keypoints > In Active CS 命令。

② 在打开的对话框的 Keypoint number 文本框中输入 1，然后在下面的文本框中分别输入 15 和 0，设置 X=15，Y=0，单击 OK 按钮，如图 7-14 所示。

（3）定义一个点作为辅助点。

① 从主菜单中选择 Main Menu > Preprocessor > Modeling > Create > Keypoints > In Active CS …

Note

命令。

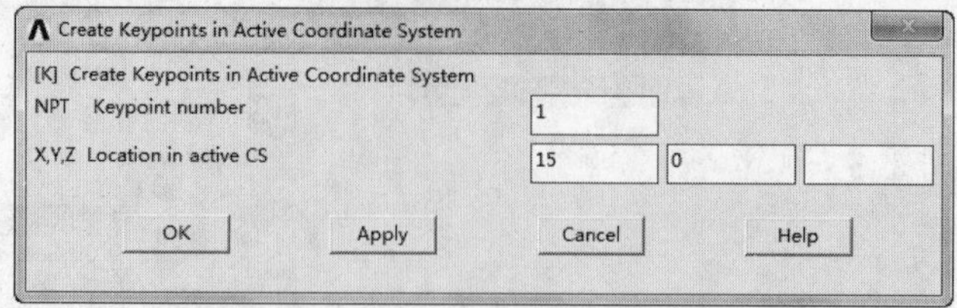

图 7-14　定义一个关键点

② 在打开的对话框的 Keypoint number 文本框中输入 110，在下面的文本框中分别输入 12.5 和 40，设置 X=12.5，Y=40，单击 OK 按钮，如图 7-15 所示。

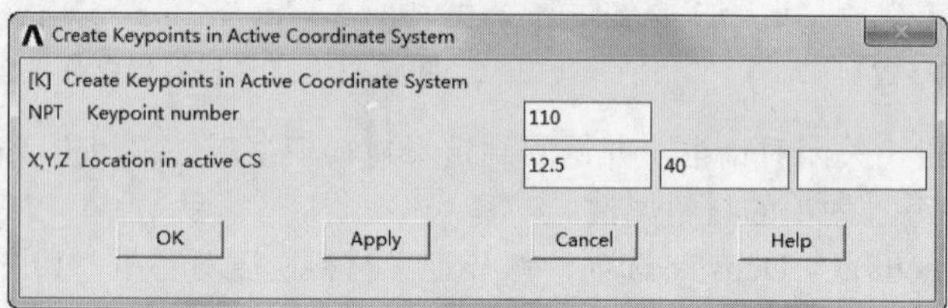

图 7-15　定义一个辅助点

（4）偏移工作平面到给定位置。

① 从实用菜单中选择 Utility Menu > WolrkPlane > Offset WP to > Keypoints 命令。

② 在 ANSYS 图形窗口中选择 110 号点，然后在打开的对话框中单击 OK 按钮。

③ 偏移工作平面到给定位置后的结果如图 7-16 所示。

（5）旋转工作平面。

① 从实用菜单中选择 Utility Menu > WorkPlane > Offset WP by Increments 命令。

② 将打开选择对话框，在 XY,YZ,ZX Angles 文本框中输入−50,0,0，单击 OK 按钮，如图 7-17 所示。

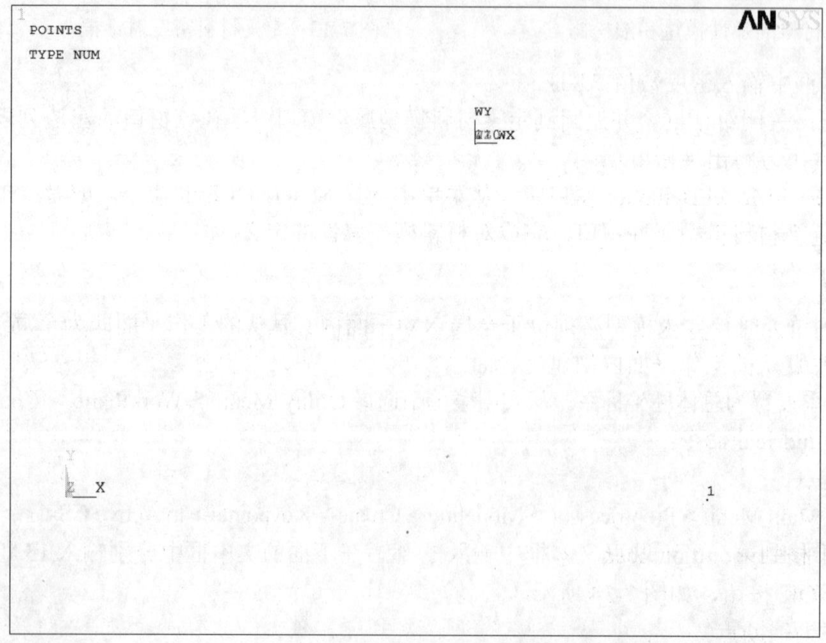

图 7-16　偏移工作平面到给定位置的结果

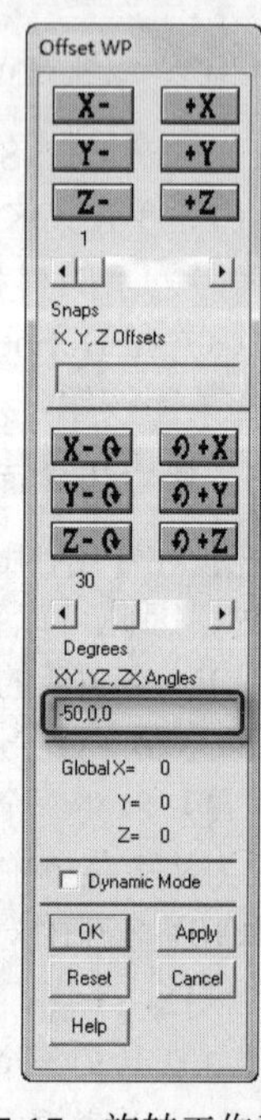

图 7-17　旋转工作平面

（6）将激活的坐标系设置为工作平面坐标系。从实用菜单中选择 Utility Menu > WorkPlane > Change Active CS to > Working Plane 命令。

（7）建立第二个关键点。

① 从主菜单中选择 Main Menu > Preprocessor > Modeling > Create > Keypoints > In Active CS 命令。

② 在打开的对话框的 Keypoint number 文本框中输入 2，在下面的文本框中分别输入 10.489 和 0，设置 X=10.489，Y=0，单击 OK 按钮，如图 7-18 所示。

Note

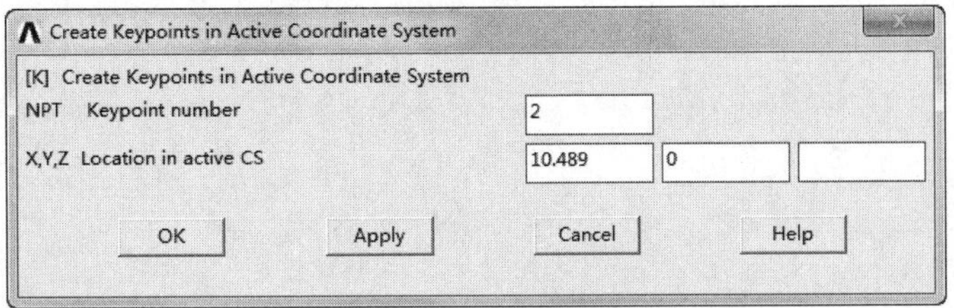

图 7-18 建立关键点

③ 得到的结果如图 7-19 所示。

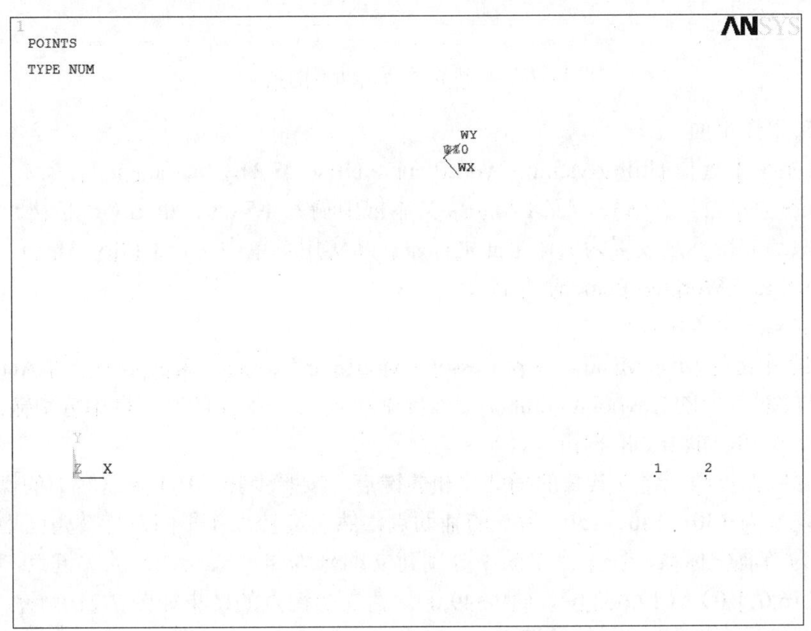

图 7-19 建立关键点的结果

（8）将激活的坐标系设置为总体柱坐标系。从实用菜单中选择 Utility Menu > WorkPlane > Change Active CS to > Global Cylindrical 命令。

（9）建立其余的辅助点。按照与步骤（3）同样的操作建立其余的辅助点，将其编号分别设为 120、130、140、150、160，其坐标分别为（12.5,44.5）、（12.5,49）、（12.5,53.5）、（12.5,58）、（12.5,62.5）。得到的结果如图 7-20 所示。

（10）将工作平面平移到第二个辅助点。

① 从实用菜单中选择 Utility Menu > WorkPlane > Offset WP to > Keypoints 命令。

② 在 ANSYS 图形窗口选择 120 号点，然后在打开的对话框中单击 OK 按钮。

Note

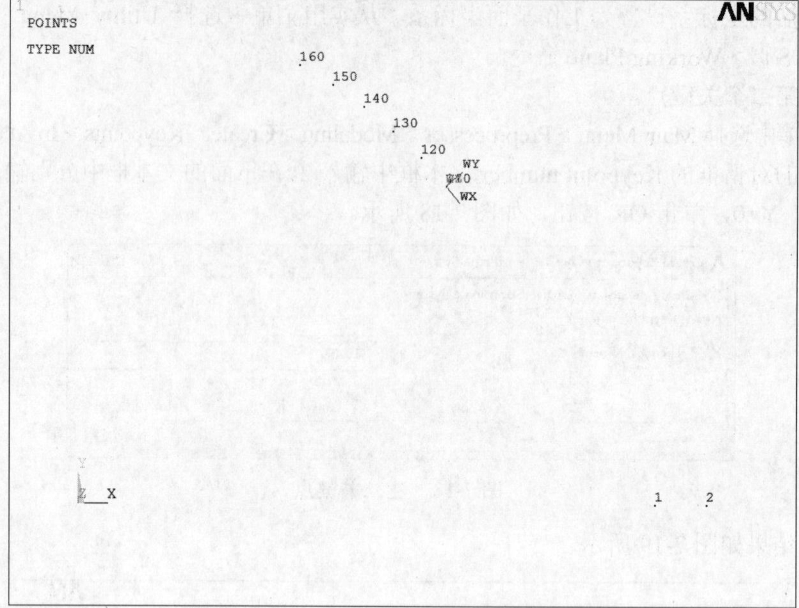

图 7-20　建立其余辅助点的结果

（11）旋转工作平面。

① 从实用菜单中选择 Utility Menu > WorkPlane > Offset WP by Increments 命令。

② 打开选择对话框，在 XY,YZ,ZX Angles 文本框中输入 4.5,0,0，单击 OK 按钮。

（12）将激活的坐标系设置为工作平面坐标系。从实用菜单中选择 Utility Menu > WorkPlane > Change Active CS to > Working Plane 命令。

（13）建立第三个关键点。

① 从主菜单中选择 Main Menu > Preprocessor > Modeling > Create > Keypoints > In Active CS 命令。

② 在打开的对话框的 Keypoint number 文本框中输入 3，在下面的文本框中分别输入 12.221 和 0，设置 X=12.221，Y=0，单击 OK 按钮。

（14）重复以上步骤，建立其余的辅助点和关键点。按照步骤（10）～（13）的操作，分别把工作平面平移到编号为 130、140、150、160 的辅助点，然后旋转工作平面，旋转角度均为 2.4,0,0，再将工作平面设为当前坐标系，在工作平面中分别建立编号为 4、5、6、7 的关键点，其坐标分别为（14.182,0）、（16.011,0）、（17.663,0）、（19.349,0）。建立关键点的结果如图 7-21 所示。

（15）建立编号为 8、9、10 的关键点。

① 将激活的坐标系设置为总体柱坐标系：从实用菜单中选择 Utility Menu > WorkPlane > Change Active CS to > Global Cylindrical 命令。

② 从主菜单中选择 Main Menu > Preprocessor > Modeling > Create > Keypoints > In Active CS … 命令。

③ 在打开的对话框的 Keypoint number 文本框中输入 8，在下面的文本框中分别输入 24 和 7.06，设置 X=24，Y=7.06，单击 OK 按钮。

④ 从主菜单中选择 Main Menu > Preprocessor > Modeling > Create > Keypoints > In Active CS … 命令。

⑤ 在打开的对话框的 Keypoint number 文本框中输入 9，在下面的文本框中输入 24 和 9.87，设置 X=24，Y=9.87，单击 OK 按钮。

Note

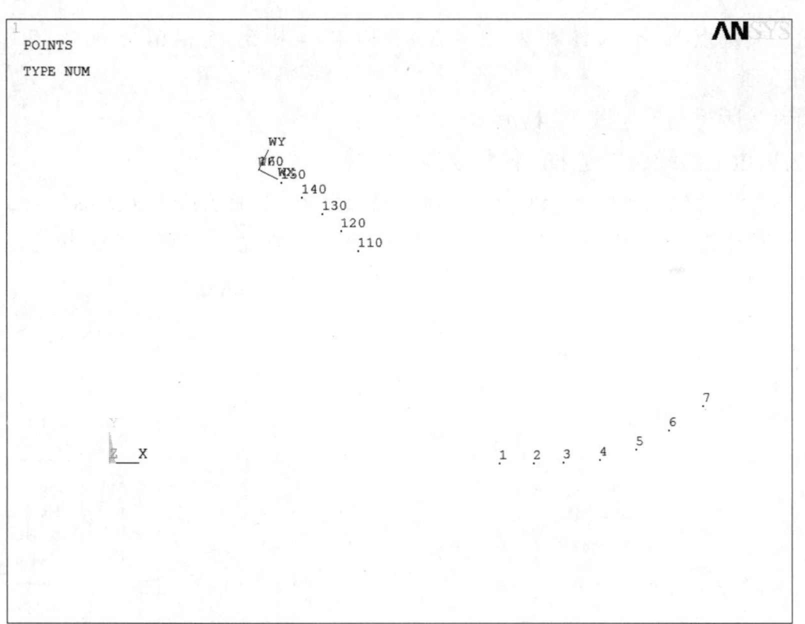

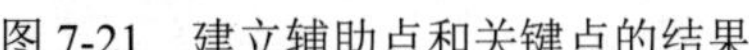

图 7-21　建立辅助点和关键点的结果

⑥ 从主菜单中选择 Main Menu > Preprocessor > Modeling > Create > Keypoints > In Active CS … 命令。

⑦ 在打开的对话框的 Keypoint number 文本框中输入 10，在下面的文本框中分别输入 15 和-8.13，设置 X=15，Y=-8.13，单击 OK 按钮，得到结果如图 7-22 所示。

（16）在柱面坐标系中创建圆弧线。

① 从主菜单中选择 Main Menu > Preprocessor > Modeling > Create > Lines > Lines > Straight Line 命令，弹出选择对话框，如图 7-23 所示。

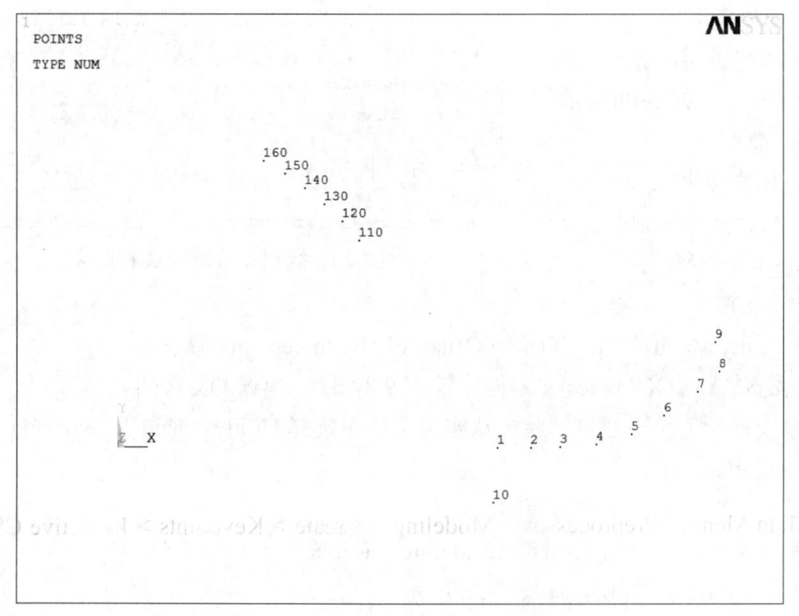

图 7-22　建立编号为 8、9、10 的关键点

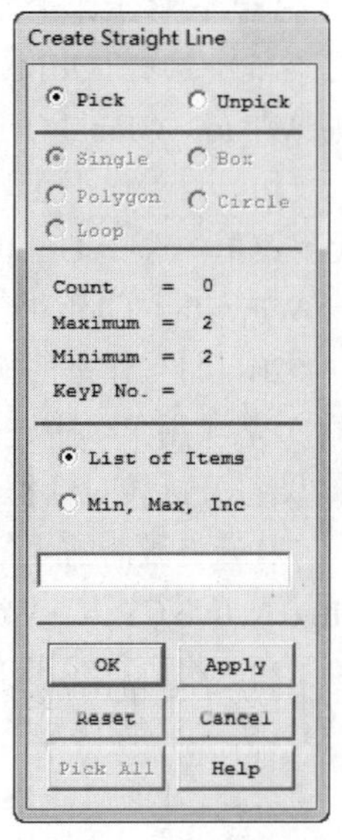

图 7-23　创建圆弧线

② 分别拾取关键点 10 和 1，1 和 2，2 和 3，3 和 4，4 和 5，5 和 6，6 和 7，7 和 8，8 和 9，然后单击 OK 按钮。

③ 创建圆弧线所得结果如图 7-24 所示。

（17）把齿轮边上的线连接起来，使其成为一条线。

① 从主菜单中选择 Main Menu > Preprocessor > Modeling > Operate > Booleans > Add > Lines 命令。

② 在图形窗口中选择刚刚建立的齿轮边上的线，在选择对话框中单击 OK 按钮，如图 7-25 所示。

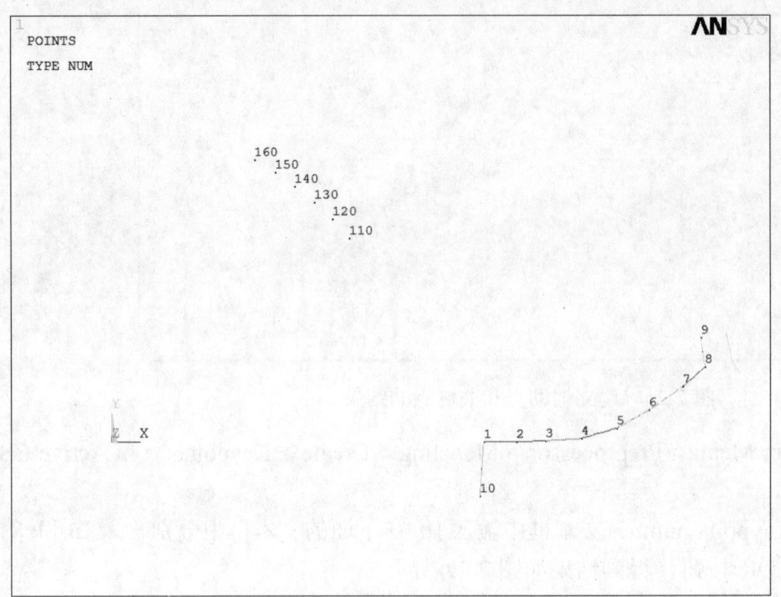

图 7-24　创建圆弧线的结果

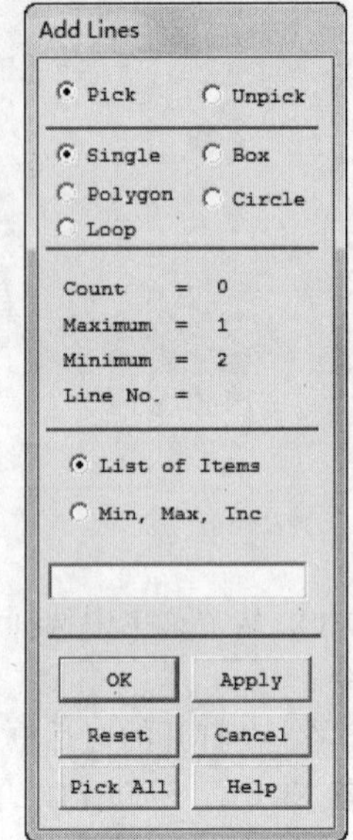

图 7-25　将线相加

③ ANSYS 会提示是否删除原来的线，选择 Deleted 选项，单击 OK 按钮，如图 7-26 所示。线相加所得结果如图 7-27 所示。

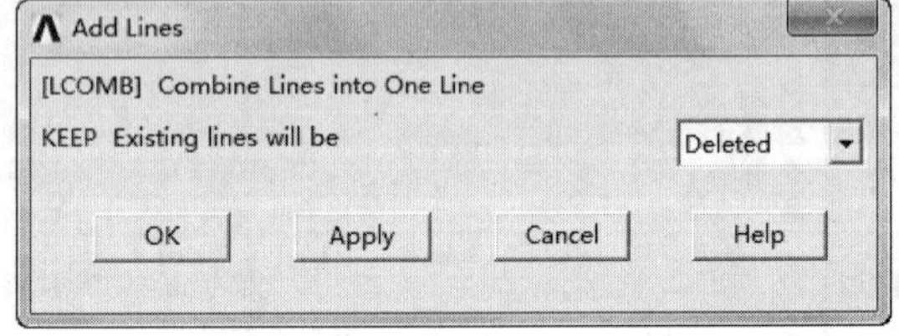

图 7-26　线相加后删除原来的线

（18）偏移工作平面到总坐标系的原点。从实用菜单中选择 Utility Menu > WorkPlane > Offset WP to > Global Origin 命令。

（19）将工作平面与总体直角坐标系对齐。从实用菜单中选择 Utility Menu > WorkPlane > Align WP with > Global Cartesian 命令。

（20）将工作平面旋转 9.87°。

① 从实用菜单中选择 Utility Menu > WorkPlane > Offset WP by Increments 命令。

② 打开旋转对话框，在 XY,YZ,ZX Angles 文本框中输入 9.87,0,0，单击 OK 按钮。

（21）将激活的坐标系设置为工作平面坐标系。从实用菜单中选择 Utility Menu > WorkPlane > Change Active CS to > Working Plane 命令。

（22）将所有线沿 X-Z 面进行镜像（在 Y 方向）。

① 从主菜单中选择 Main Menu > Preprocessor > Modeling > Reflect > Lines 命令。

② 在打开的对话框中单击 Pick All 按钮，如图 7-28 所示。

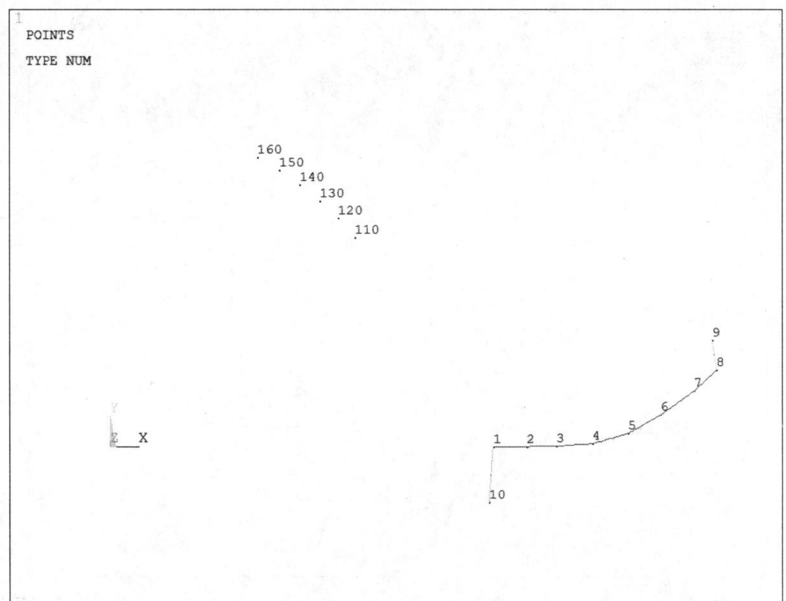

图 7-27　线相加后的结果

③ 在打开的对话框中 ANSYS 会提示选择镜像的面和编号增量，选择 X-Z 面，在增量中输入 1000，然后选择 Copied 选项，单击 OK 按钮，如图 7-29 所示。

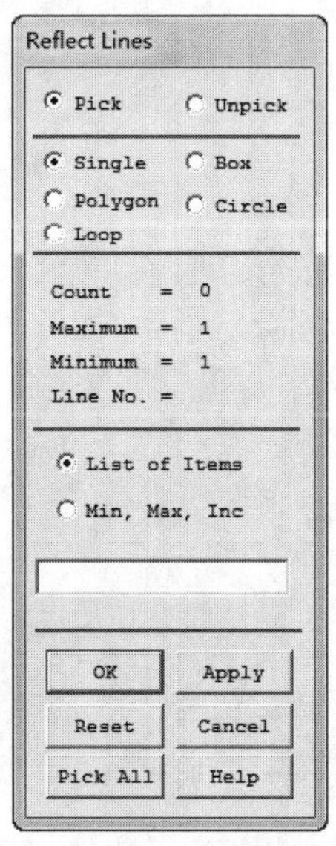

图 7-28　将线镜像

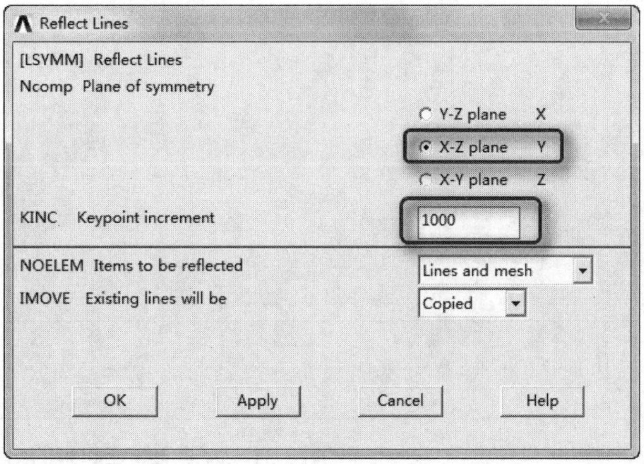

图 7-29　选择镜像面和编号增量

④ 将所有线镜像后的结果如图 7-30 所示。

（23）把齿顶上的两条线粘接起来。

① 从主菜单中选择 Main Menu > Preprocessor > Modeling > Operate > Booleans > Glue > Lines 命令。

② 选择齿顶上的两条线，在打开的对话框中单击 OK 按钮。

（24）把齿顶上的两条线加起来，成为一条线。

① 从主菜单中选择 Main Menu > Preprocessor > Modeling > Operate > Booleans > Add > Lines 命令。

Note

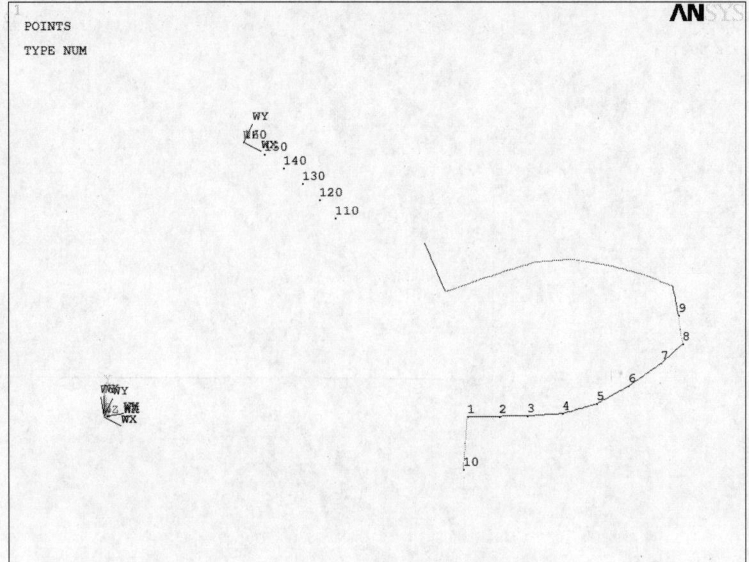

图 7-30　将所有线镜像的结果

② 选择齿顶上的两条线，在弹出的选择对话框中单击 OK 按钮，得到结果如图 7-31 所示。

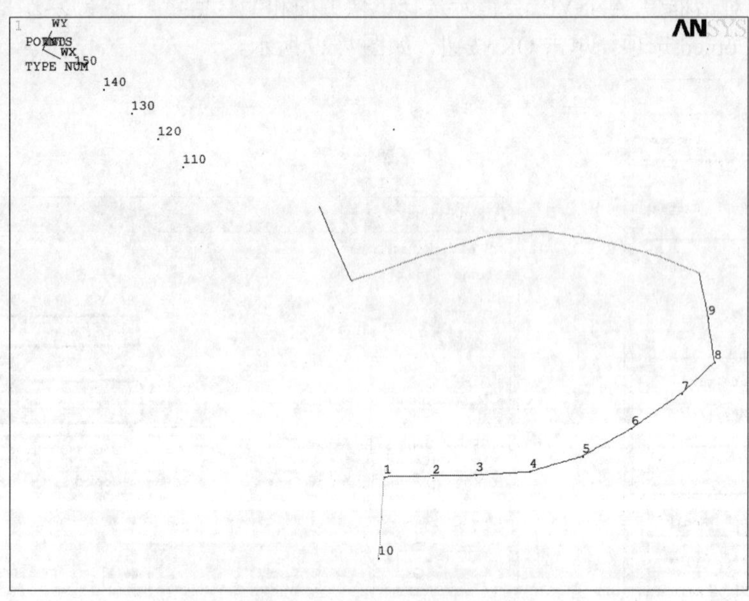

图 7-31　齿顶上线连起来的结果

（25）在柱坐标系下复制线。

① 将激活的坐标系设置为总体柱坐标系。从实用菜单中选择 Utility Menu > WorkPlane > Change Active CS to > Global Cylindrical 命令。

② 从主菜单中选择 Main Menu > Preprocessor > Modeling > Copy > Lines 命令，弹出 Copy Lines 对话框。

③ 单击 Pick All 按钮，如图 7-32 所示。

④ 在打开的对话框中，ANSYS 会提示复制的数量和偏移的坐标，在 Number of copies 文本框中

输入 10，在 Y-offset in active CS 后面的文本框中输入 36，单击 OK 按钮，如图 7-33 所示。

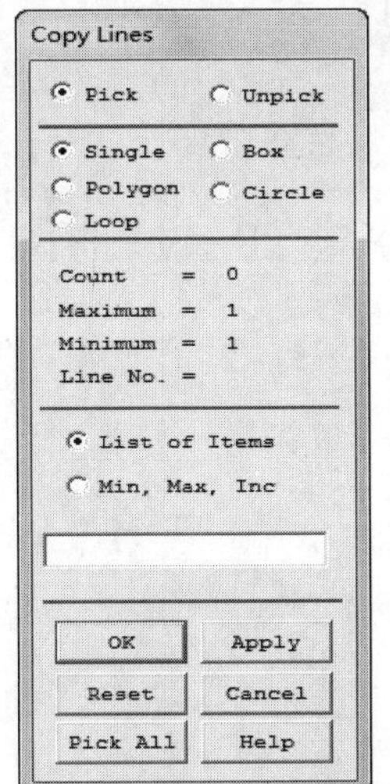

图 7-32　复制线

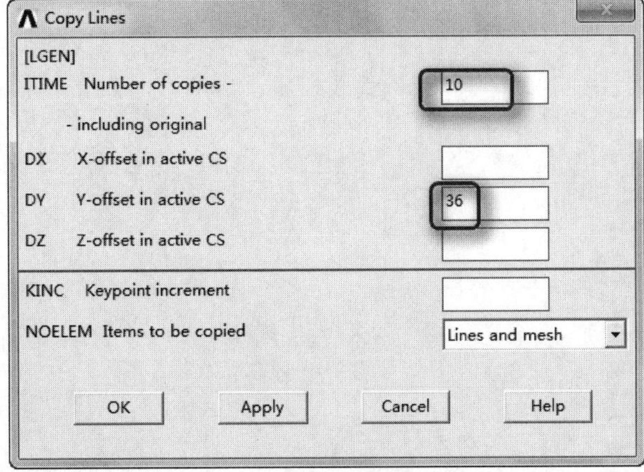

图 7-33　输入复制的数量和坐标

⑤ 在柱坐标系下复制线后得到的结果如图 7-34 所示。

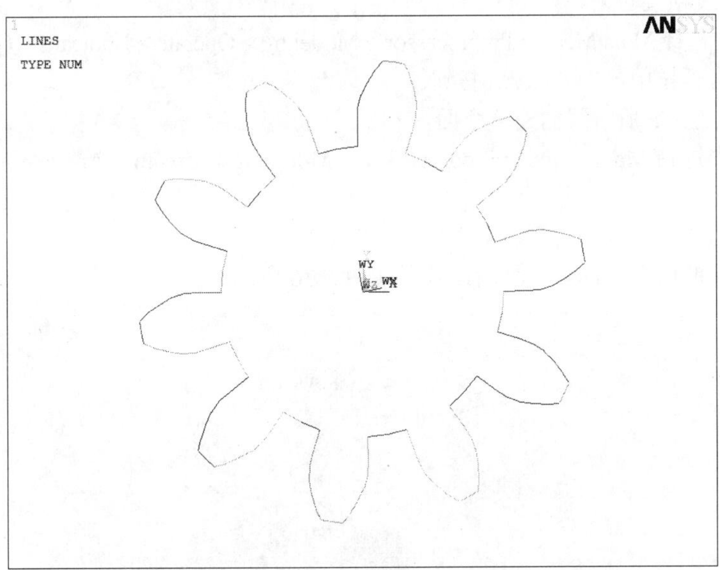

图 7-34　复制线后的结果

（26）把齿底上的所有线粘接起来。

① 从主菜单中选择 Main Menu > Preprocessor > Modeling > Operate > Booleans > Glue > Lines 命令。

② 分别选择齿底上的两条线，在打开的对话框中单击 OK 按钮。

（27）把齿底上的所有线加起来。

① 从主菜单中选择 Main Menu > Preprocessor > Modeling > Operate > Booleans > Add > Lines 命令。

② 分别选择齿底上的两条线，在打开的对话框中单击 OK 按钮。

③ 把齿底上的所有线加起来，结果如图 7-35 所示。

Note

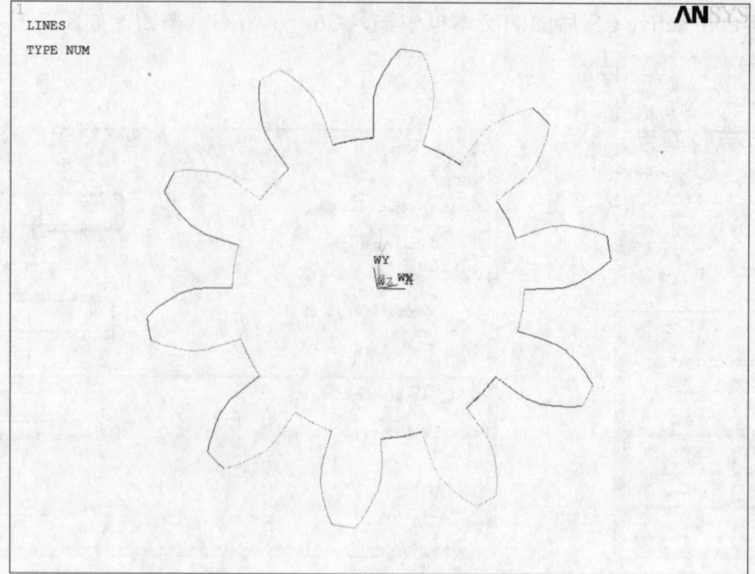

图 7-35 齿底上的线加起来的效果

（28）把所有线粘接起来。

① 从主菜单中选择 Main Menu > Preprocessor > Modeling > Operate > Booleans > Glue > Lines 命令。

② 在打开的对话框中单击 Pick All 按钮。

（29）用当前定义的所有线创建一个面。

① 从主菜单中选择 Main Menu > Preprocessor > Modeling > Create > Areas > Arbitrary > By Lines 命令。

② 选择所有的线，在打开的对话框中单击 OK 按钮。

③ 用当前定义的所有线创建一个面，效果如图 7-36 所示。

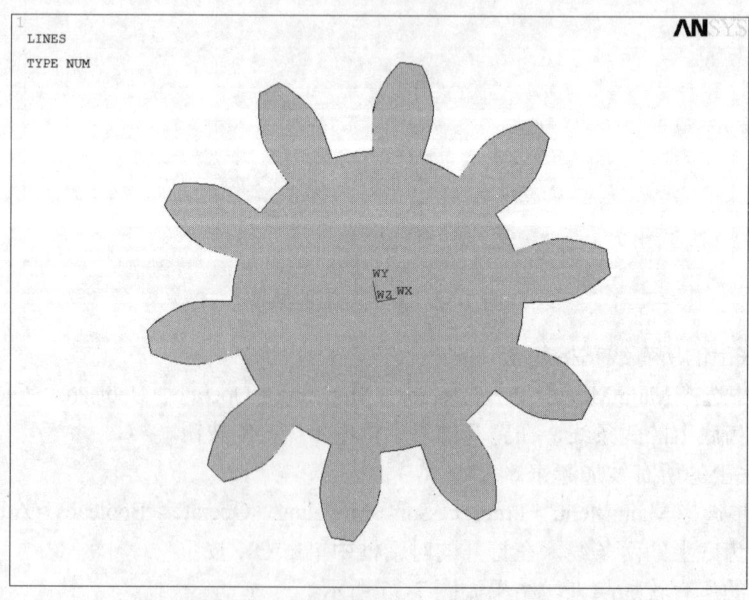

图 7-36 用线创建一个面的效果

（30）创建圆面。

① 从主菜单中选择 Main Menu > Preprocessor > Modeling > Create > Areas > Circle > Solid Circle...命令。

② 在打开的对话框中设置 X = 0，Y = 0，Radius = 5，然后单击 OK 按钮，如图 7-37 所示。

③ 创建圆面后的效果如图 7-38 所示。

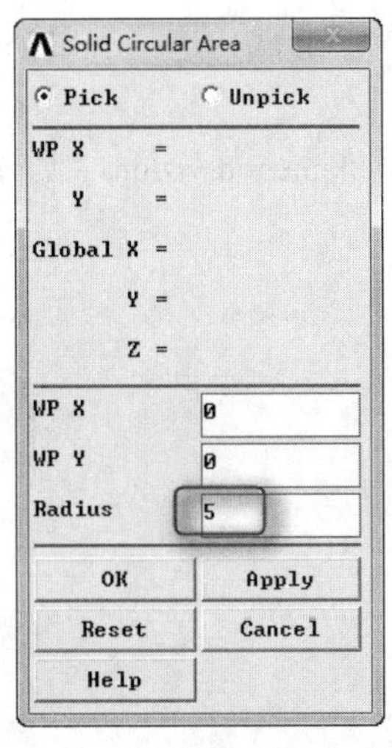

图 7-37 创建圆面

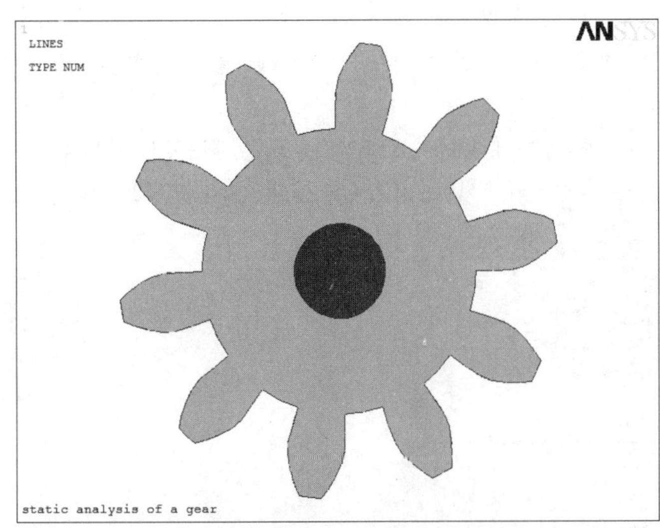

图 7-38 创建圆面的结果

（31）从齿轮面中“减”去圆面形成轴功率孔。

① 从主菜单中选择 Main Menu > Preprocessor > Modeling > Operate > Booleans > Subtract > Areas 命令。

② 拾取齿轮面，作为布尔“减”操作的母体，然后在打开的对话框中单击 Apply 按钮，如图 7-39 所示。

③ 拾取刚刚建立的圆面作为“减”去的对象，然后单击 OK 按钮，得到效果如图 7-40 所示。

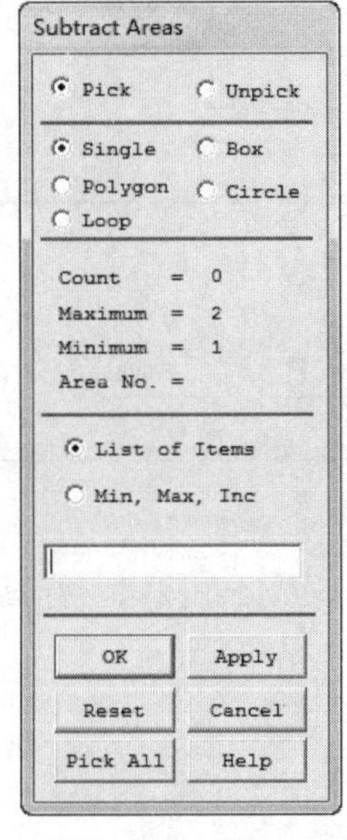

图 7-39 面相减

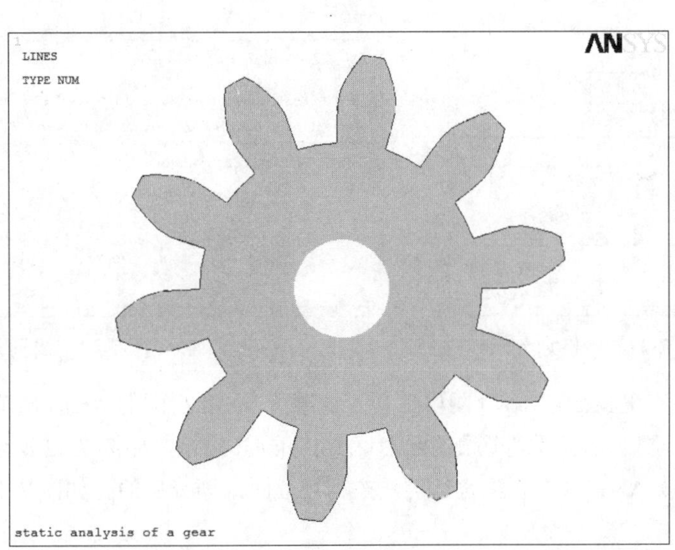

图 7-40 两个面相减的效果

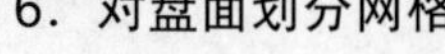

Note

（32）存储数据库 ANSYS。单击 ANSYS Toolbar 工具条中的 SAVE_DB 按钮，保存数据库。

6．对盘面划分网格

本节选用 PLANE182 单元对盘面划分映射网格，具体步骤如下。

（1）从主菜单中选择 Main Menu > Preprocessor > Meshing > MeshTool 命令，打开 Mesh Tool（网格划分）工具栏，如图 7-41 所示。

（2）单击 Lines 后的 Set 按钮，打开线选择对话框，要求选择定义单元划分数的线，单击 Pick All 按钮。

（3）在弹出的对话框中 ANSYS 会提示线划分控制的信息，在 No.of element divisions（划分单元的分数）文本框中输入 10，单击 OK 按钮，如图 7-42 所示。

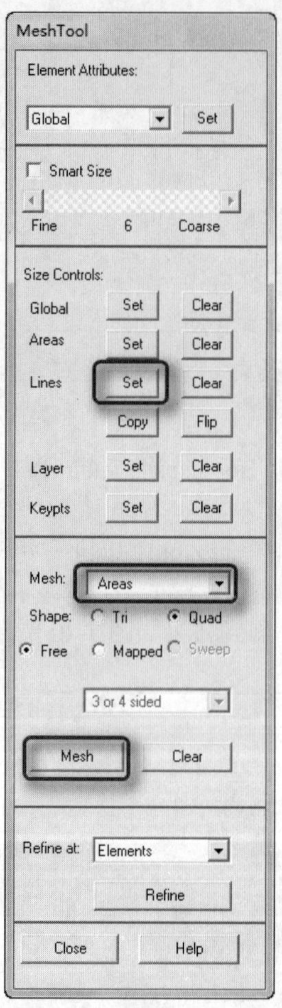

图 7-41　网格划分工具栏

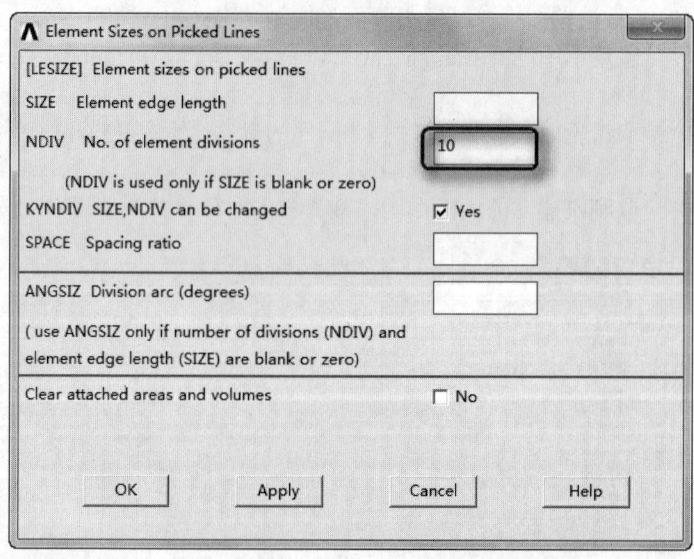

图 7-42　线划分控制

（4）在 Mesh Tool（网格工具）中选择 Mesh 后面的 Areas 选项，单击 Mesh 按钮，打开面选择对话框，要求选择要划分数的面，单击 Pick All 按钮，如图 7-43 所示。

（5）ANSYS 会根据进行的线控制划分面，划分后的面如图 7-44 所示。

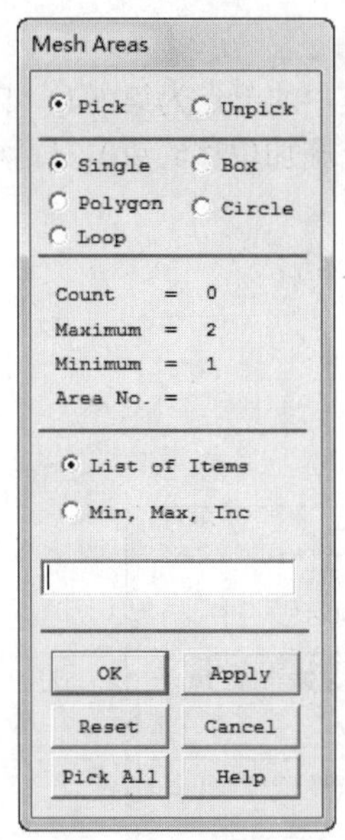

图 7-43　进行面选择

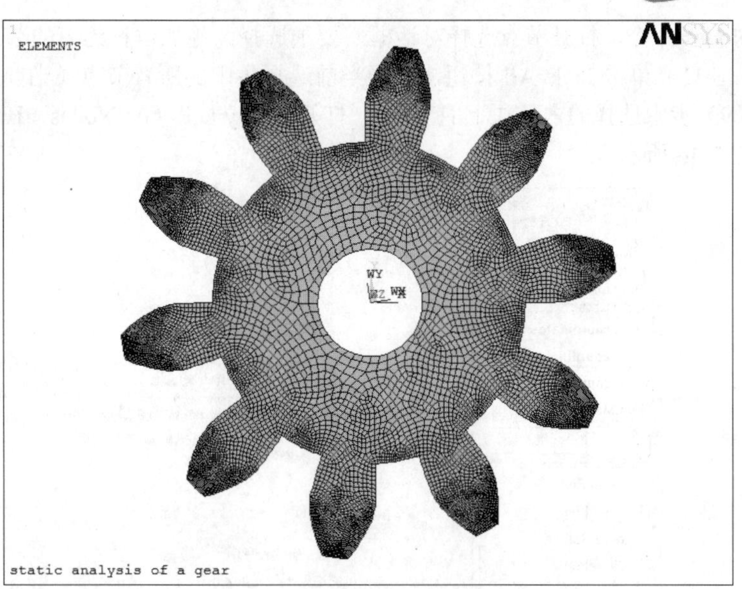

图 7-44　对面划分的结果

7.2.3　定义边界条件并求解

建立有限元模型后，就需要定义分析类型和施加边界条件及载荷，然后求解。本实例中载荷为 62.8rad/s 转速形成的离心力，位移边界条件将内孔边缘节点的周向位移固定。

1．施加位移边界

本实例的位移边界条件为将内孔边缘节点的周向位移固定，为施加周向位移，需要将节点坐标系旋转到柱坐标系下。具体步骤如下。

（1）从实用菜单中选择 Utility Menu > WorkPlane > Change Active CS to > Global Cylindrical 命令，将激活坐标系切换到总体柱坐标系下。

（2）从主菜单中选择 Main Menu > Preprocessor > Modeling > Move/Modify > Rotate Node CS > To Active CS 命令，打开节点选择对话框，要求选择欲旋转的坐标系的节点。

（3）单击 Pick All 按钮，选择所有节点，所有节点的节点坐标系都将被旋转到当前激活坐标系即总体坐标系下。

（4）从实用菜单中选择 Utility Menu > Select > Entities 命令，弹出 Select Entities（实体选择）对话框，如图 7-45 所示。

（5）在第一个下拉列表框中选择 Nodes（节点）选项，如图 7-45 所示。

（6）在下面的下拉列表框中选择 By Location（通过位置选取）选项。

（7）在位置选项中列出了位置属性的 3 个可用项（即标识位置的 3 个坐标分量），选中 X coordinates（X 坐标）单选按钮，表示要通过 X 坐标进行选取，注意此时激活坐标系为柱坐标系，X 代表的是径向。

（8）在文本框中输入用最大值和最小值构成的范围，这里输入 5，表示选择径向坐标为 5 的节点，即内孔边上的节点。

（9）单击 OK 按钮，将符合要求的节点添加到选择集中。

（10）从主菜单中选择 Main Menu > Solution > Define Loads > Apply > Structural > Displacement >

on Nodes 命令，打开节点选择对话框，要求选择欲施加位移约束的节点。

（11）单击 Pick All 按钮，选择当前选择集中的所有节点（当前选择集中的节点为第（4）步～第（9）步中选择的内孔边上的节点），打开 Apply U,Rot on Nodes（在节点上施加位移约束）对话框，如图 7-46 所示。

Note

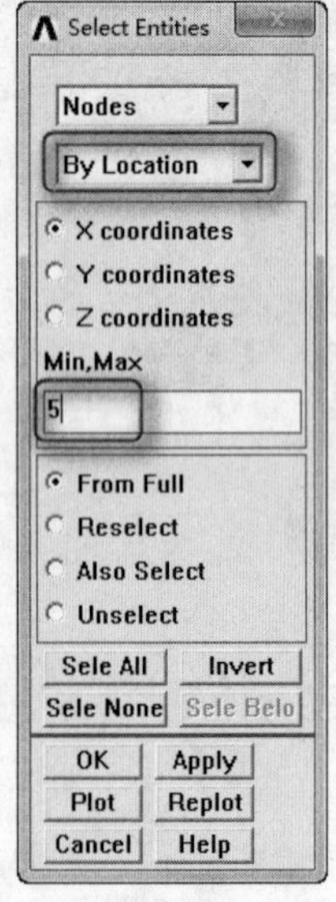

图 7-45　实体选择对话框

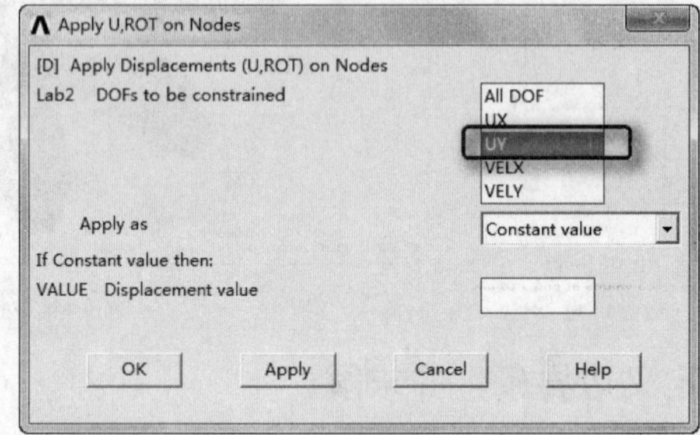

图 7-46　施加位移约束对话框

（12）在其中选择 UY（Y 方向位移）选项，此时节点坐标系为柱坐标系，Y 方向为周向，即施加周向位移约束。

（13）单击 OK 按钮，ANSYS 在选定节点上施加指定的位移约束，如图 7-47 所示。

（14）从实用菜单中选择 Utility Menu > Select > Everything 命令，选取所有图元、单元和节点。

2．施加转速惯性载荷及压力载荷并求解

（1）从主菜单中选择 Main Menu > Solution > Define Load > Apply > Structural > Inertia > Angular Veloc > Global 命令，打开 Apply Angular Velocity（施加角速度）对话框，如图 7-48 所示。

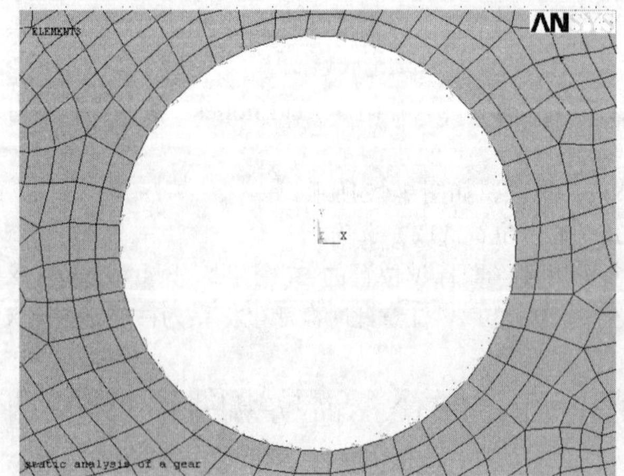

图 7-47　施加的周向位移约束

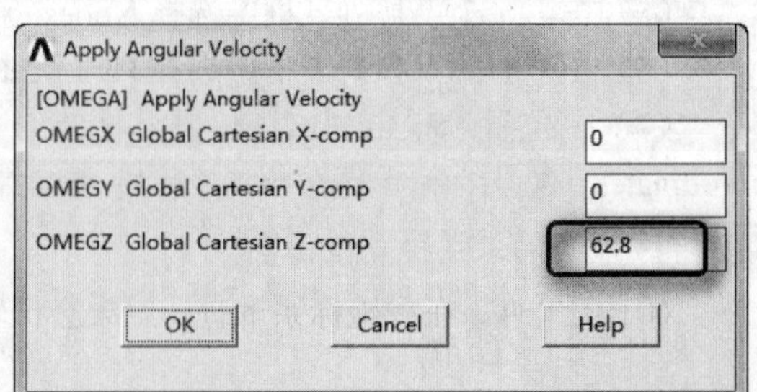

图 7-48　施加角速度对话框

（2）在 Global Cartesian Z-comp（总体 Z 轴角速度分量）文本框中输入 62.8，需要注意的是，转速是相对于总体笛卡儿坐标系施加的，单位是 rad/s。

（3）单击 OK 按钮，施加转速引起的惯性载荷。

（4）从主菜单中选择 Main Menu > Solution > Define Load > Apply > Structural > Pressure > On lines 命令，打开选择线对话框，选择两个相邻的齿边，单击 OK 按钮，然后打开 Apply PRES on lines 对话框，在 Load PRES value 文本框中输入 5e6，单击 OK 按钮，施加齿轮啮合产生的压力，如图 7-49 所示。

（5）单击 ANSYS Toolbar 工具条中的 SAVE_DB 按钮，保存数据库。

（6）从主菜单中选择 Main Menu > Solution > Solve > Current LS 命令，打开一个确认对话框，如图 7-50 所示，要求查看列出的求解选项。

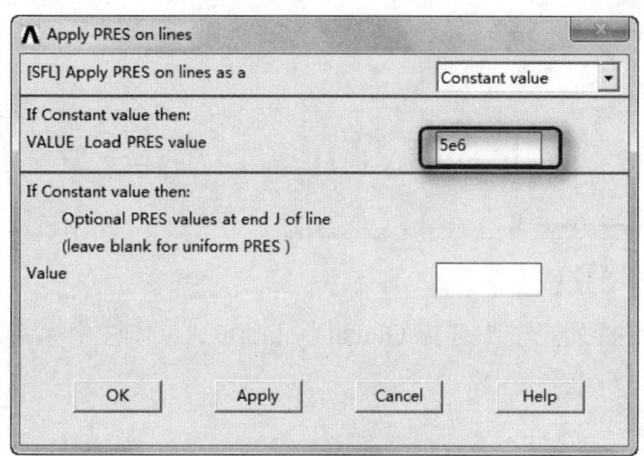

图 7-49　施加压力

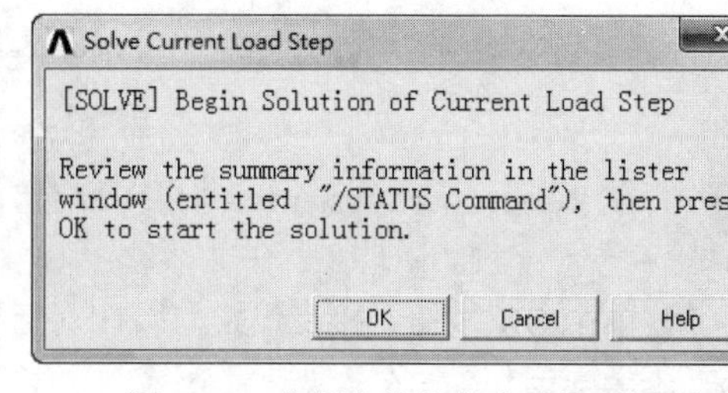

图 7-50　求解当前载荷步确认对话框

（7）查看列表中的信息确认无误后，单击 OK 按钮，开始求解。

（8）求解完成后打开如图 7-51 所示的提示求解结束对话框。

图 7-51　提示求解完成

（9）单击 Close 按钮，关闭提示求解结束对话框。

7.2.4　查看结果

求解完成后，就可以利用 ANSYS 软件生成的结果文件（对于静力分析，就是 Jobname.RST）进行后处理。静力分析中通常通过 POST1 后处理器就可以处理和显示大多数感兴趣的结果数据。

1．旋转结果坐标系

对于旋转件，在柱坐标系下查看结果会比较方便，因此在查看变形和应力分布之前，首先将结果坐标系旋转到柱坐标系下。

（1）从主菜单中选择 Main Menu > General Postproc > Option for Outp 命令，打开 Options for Output（结果输出选项）对话框，如图 7-52 所示。

Note

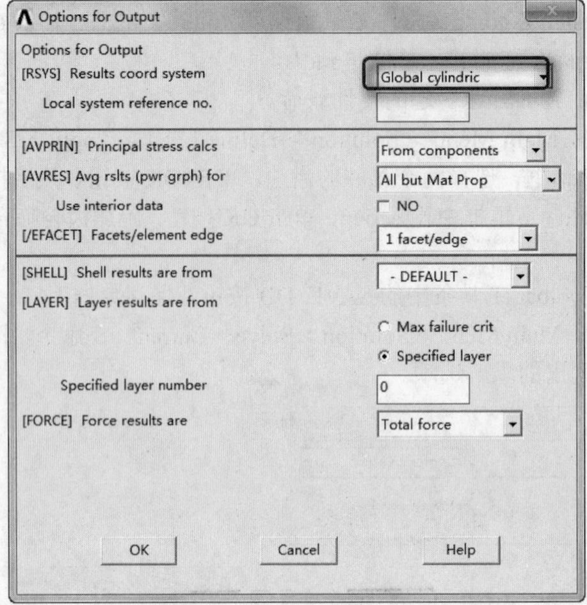

图 7-52　结果输出对话框

（2）在 Result coord system（结果坐标系）下拉列表框中选择 Global cylindric（总体柱坐标系）选项。

（3）单击 OK 按钮，接受设定，关闭对话框。

2．查看变形

关键的变形为径向变形，在高速旋转时，径向变形过大，可能导致边缘与齿轮壳发生摩擦。

（1）从主菜单中选择 Main Menu > General Postproc > Plot Result > Contour Plot > Nodal Solu 命令，打开 Contour Nodal Solution Data（等值线显示节点解数据）对话框，如图 7-53 所示。

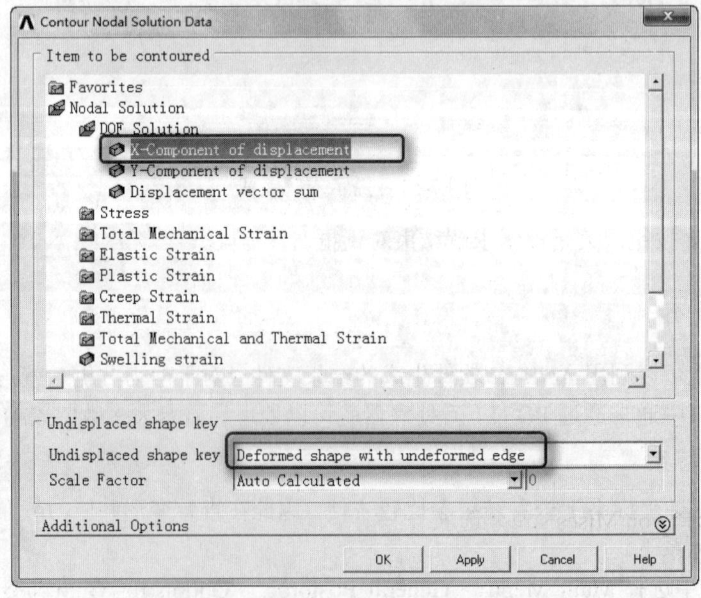

图 7-53　等值线显示节点解数据对话框

（2）在 Item to be contoured（等值线显示结果项）列表框中选择 DOF Solution（自由度解）选项。

（3）然后选择 X-Component of displacement（X 向位移）选项，此时，结果坐标系为柱坐标系，X 向位移即为径向位移。

（4）在 Undisplaced shape key 后面的下拉列表框中选择 Deformed shape with undeformed edge（变形后和未变形轮廓线）选项。

（5）单击 OK 按钮，在图形窗口中显示出变形图，包含变形前的轮廓线，如图 7-54 所示。图中下方的色谱表明不同的颜色对应的数值（带符号）。

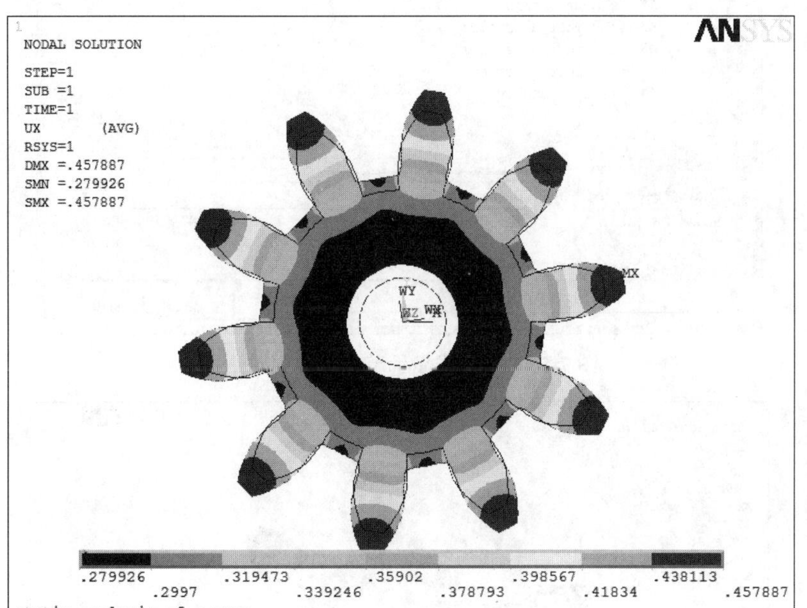

图 7-54 径向变形图

从图 7-54 中可以看出在边缘处的最大径向位移只有 0.457 左右，变形还是很小的。

3. 查看径向应力

齿轮高速旋转时的主要应力也是径向应力，因此需要查看该方向上的应力。

（1）从主菜单中选择 Main Menu > General Postproc > Plot Results > Contour Plot > Nodal Solu 命令，打开 Contour Nodal Solution Data（等值线显示节点解数据）对话框，如图 7-55 所示。

（2）在 Item to be contoured（等值线显示结果项）列表框中选择 Stress（应力）选项。

（3）然后再选择 X-Component of stress（X 方向应力）选项。

（4）在下面的下拉列表框中选择 Deformed shape only（仅显示变形后模型）选项。

（5）单击 OK 按钮，图形窗口中将显示出 X 方向（径向）应力分布图，如图 7-56 所示。

（6）从主菜单中选择 Main Menu > General Postproc > Plot Results > Contour Plot > Nodal Solu 命令，打开 Contour Nodal Solution Data 对话框。

（7）在 Item to be contoured 列表中选择 Stress 选项。

（8）然后再选择 von Mises stress 选项。

（9）在下面的下拉列表框中选择 Deformed shape only 选项。

（10）单击 OK 按钮，图形窗口中将显示出 von Mises 等效应力分布图，如图 7-57 所示。

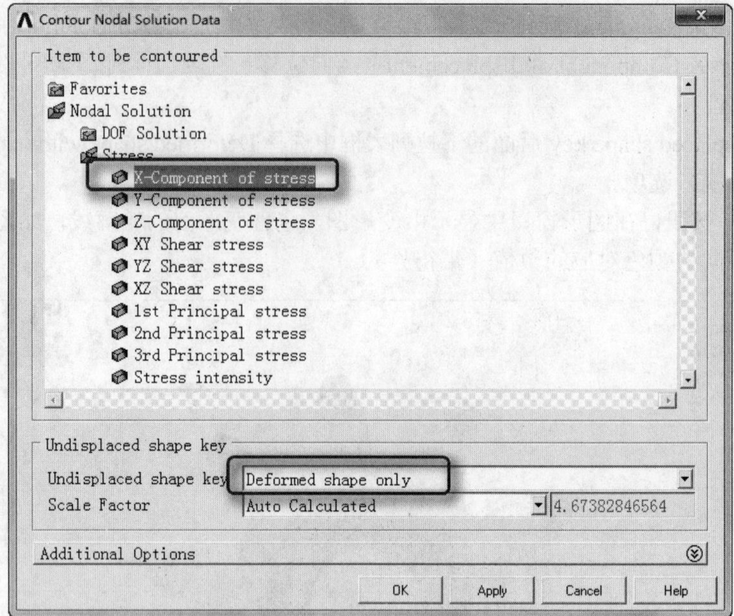

图 7-55　等值线显示节点解数据对话框

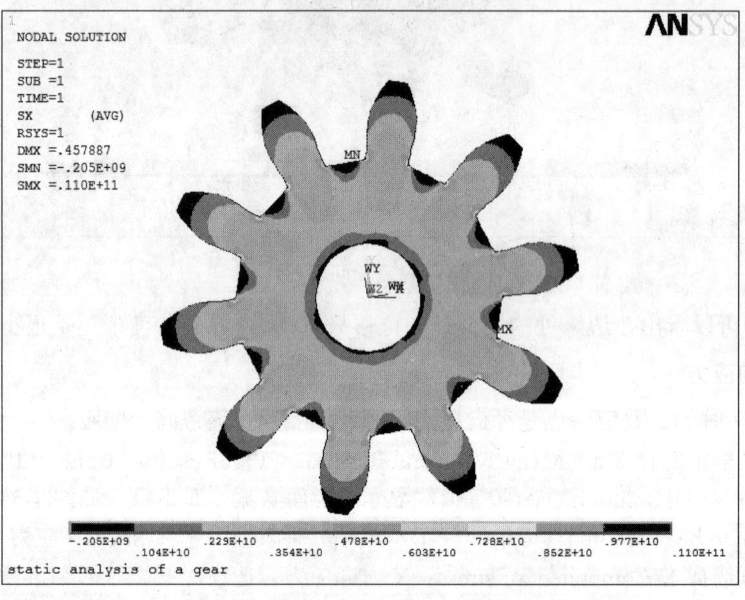

图 7-56　径向应力分布图

4．查看周向应力

齿轮高速旋转时的主要应力也是周向应力，有必要查看这个方向上的应力。

（1）从主菜单中选择 Main Menu > General Postproc > Plot Results > Contour Plot > Nodal Solu 命令，打开 Contour Nodal Solution Data（等值线显示节点解数据）对话框。

（2）在 Item to be contoured（等值线显示结果项）列表框中选择 Stress（应力）选项。

（3）然后选择 Y-Component of stress（Y 方向应力）选项。

（4）然后在下面的下拉列表框中选择 Deformed shape only（仅显示变形后模型）选项。

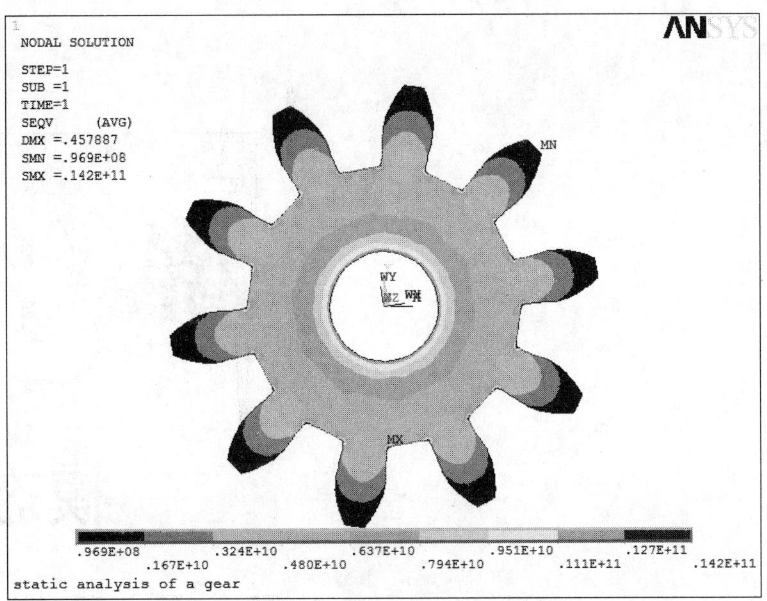

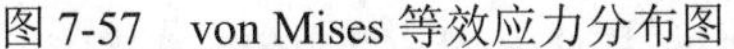

图 7-57　von Mises 等效应力分布图

（5）单击 OK 按钮，图形窗口中将显示出 Y 方向（周向）应力分布图，如图 7-58 所示。

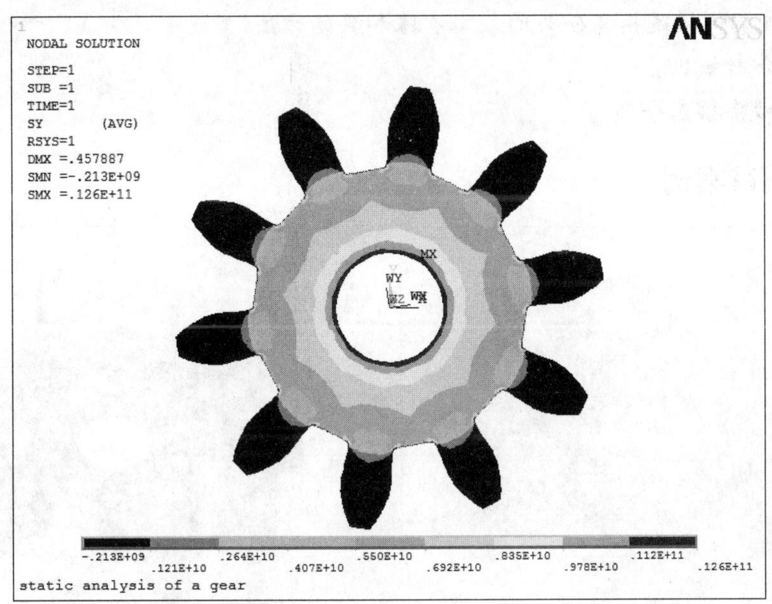

图 7-58　周向应力分布图

通过以上分析可知，在高速旋转的齿轮泵中，由于旋转引起的齿轮的应力和变形都很小。如果读者感兴趣，可以画出应力、应变、位移等变量的动态显示图。

7.2.5　命令流执行方式

命令流执行方式这里不再详细介绍，读者可参见随书光盘中的电子文档。

模态分析

固有频率和振型是承受动态载荷结构设计中的重要参数。用 ANSYS 模态分析可以确定一个结构的固有频率和振型。

本章将通过实例讲述模态分析的基本步骤和具体方法。

☑ 模态分析概论

☑ 高速齿轮模态分析

任务驱动&项目案例

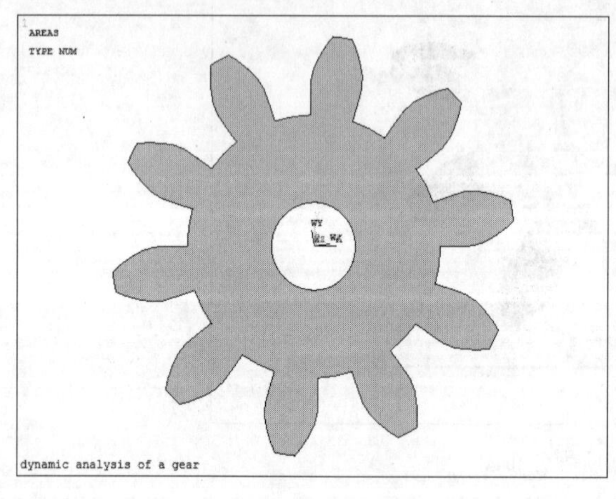

(1)

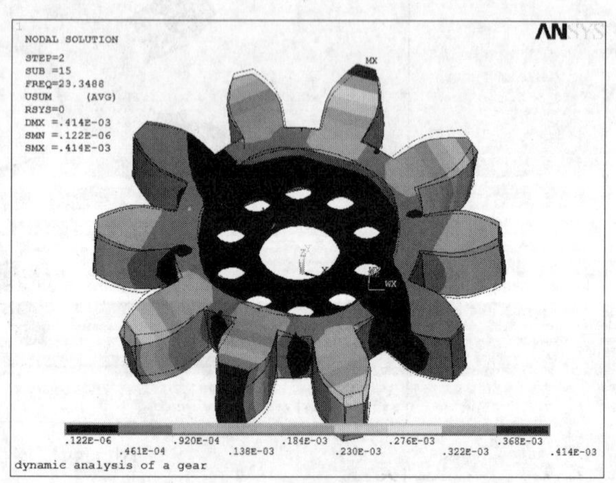

(2)

8.1　模态分析概论

用户使用 ANSYS 的模态分析来决定一个结构或者机器部件的振动频率（固有频率和振型）。模态分析也可以是另一个动力学分析的出发点，例如，瞬态动力学分析、谐响应分析或者谱分析等。

可以对有预应力的结构进行模态分析，例如旋转的涡轮叶片。另一个分析功能是循环对称结构模态分析，该功能允许通过只对循环对称结构的一部分进行建模从而分析产生整个结构的振型。

ANSYS 产品家族的模态分析是线性分析。任何非线性特性，如塑性和接触（间隙）单元，即使定义了也将被忽略。

需要记住以下两个要点。

（1）模态分析中只有线性行为是有效的，如果指定了非线性单元，它们将被当作是线性的。例如，如果分析中包含了接触单元，则系统取其初始状态的刚度值并且不再改变此刚度值。

（2）必须指定杨氏弹性模量 EX（或某种形式的刚度）和密度 DENS（或某种形式的质量）。材料性质可以是线性的或非线性的、各向同性或正交各向异性的、恒定的或与温度有关的，非线性特性将被忽略。用户必须对某些指定的单元进行实常数的定义。

8.2　实例——高速齿轮模态分析

本节通过对齿轮进行模态分析，介绍 ANSYS 的模态分析过程。

8.2.1　分析问题

齿轮结构的工作状态是变化的，即动态的，由于结构的振动特性决定结构对于各种动力载荷的响应情况，所以在准备进行其他动力分析之前首先要进行模态分析。齿轮实体如图 8-1 所示。

- ☑　标准齿轮。
- ☑　齿顶直径：48mm。
- ☑　齿底直径：40mm。
- ☑　齿数：10。
- ☑　厚度：8mm，中间厚 3mm。
- ☑　弹性模量：2.06E11。
- ☑　密度：7.8e3kg/m^3。

图 8-1　齿轮实体

8.2.2　建立模型

建立模型包括设定分析作业名和标题；定义单元类型和实常数；定义材料属性；建立几何模型；划分有限元网格。

1．设定分析作业名和标题

在进行一个新的有限元分析时，通常需要修改数据库名，并在图形输出窗口中定义一个标题来说明当前进行的工作内容。另外，对于不同的分析范畴（结构分析、热分析、流体分析、电磁场分析等），

Note

ANSYS 所用的主菜单的内容不尽相同，为此，需要在分析开始时选定分析内容的范畴，以便 ANSYS 显示出与其相对应的菜单选项。

（1）从实用菜单中选择 Utility Menu > File > Change Jobname 命令，打开 Change Jobname（修改文件名）对话框，如图 8-2 所示。

（2）在 Enter new jobname（输入新的文件名）文本框中输入 Modal Gear，作为本分析实例的数据库文件名。

（3）单击 OK 按钮，完成文件名的修改。

（4）从实用菜单中选择 Utility Menu > File > Change Title 命令，打开 Change Title（修改标题）对话框，如图 8-3 所示。

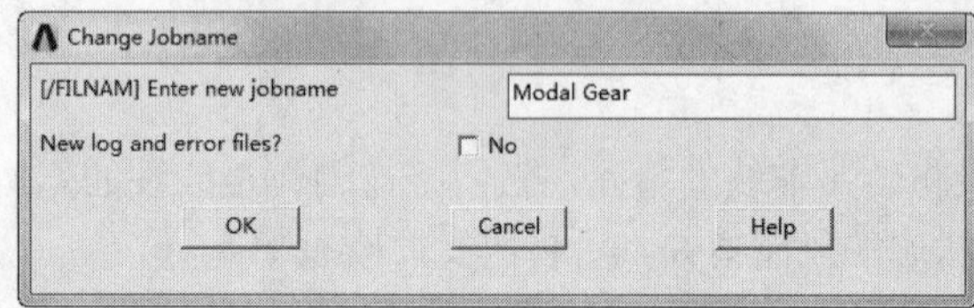

图 8-2　修改文件名对话框

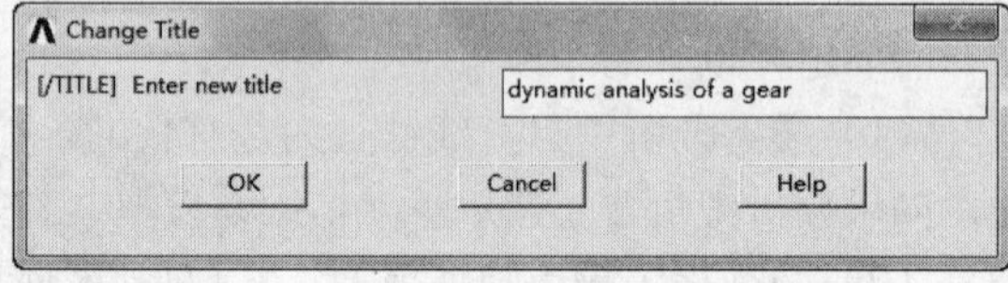

图 8-3　修改标题对话框

（5）在 Enter new title（输入新标题）文本框中输入 dynamic analysis of a gear，作为本分析实例的标题名。

（6）单击 OK 按钮，完成对标题名的指定。

（7）从实用菜单中选择 Utility Menu > Plot > Replot 命令，指定的标题 dynamic analysis of a gear 将显示在图形窗口的左下角。

（8）从主菜单中选择 Main Menu > Preference 命令，打开 Preference of GUI Filtering（菜单过滤参数选择）对话框，选中 Structural 复选框，单击 OK 按钮确定。

2．定义单元类型

在进行有限元分析时，首先应根据分析问题的几何结构、分析类型和所分析的问题精度要求等，选定适合具体分析的单元类型。本例中选用 20 节点体单元 SOLID186。

（1）从主菜单中选择 Main Menu > Preprocessor > Element Types > Add/Edit/Delete 命令，将打开 Element Types（单元类型）对话框。

（2）单击 OK 按钮，打开 Library of Element Types（单元类型库）对话框，如图 8-4 所示。

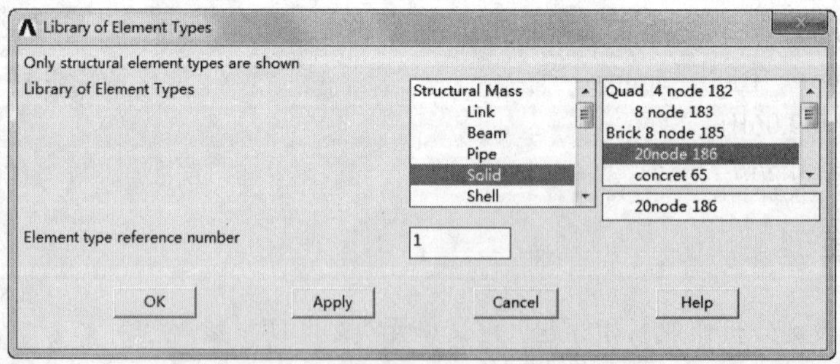

图 8-4　单元类型库对话框

（3）在左边的列表框中选择 Solid 选项，表示选择实体单元类型。

（4）在右边的列表框中选择 20node 186 选项，表示选择 20 节点三维单元 SOLID186。

（5）单击 OK 按钮，将添加 SOLID186 单元，并关闭单元类型对话框，同时返回到第（1）步打

开的单元类型对话框中，如图 8-5 所示。

（6）单击 Close 按钮，关闭单元类型对话框，结束单元类型的添加。

3. 定义实常数

本实例中选用三维 SOLID186 单元，不需要设置其厚度实常数。

4. 定义材料属性

惯性力的静力分析中必须定义材料的弹性模量和密度，具体步骤如下。

（1）从主菜单中选择 Main Menu > Preprocessor > Material Props > Materia Model 命令，将打开 Define Material Model Behavior（定义材料模型属性）窗口，如图 8-6 所示。

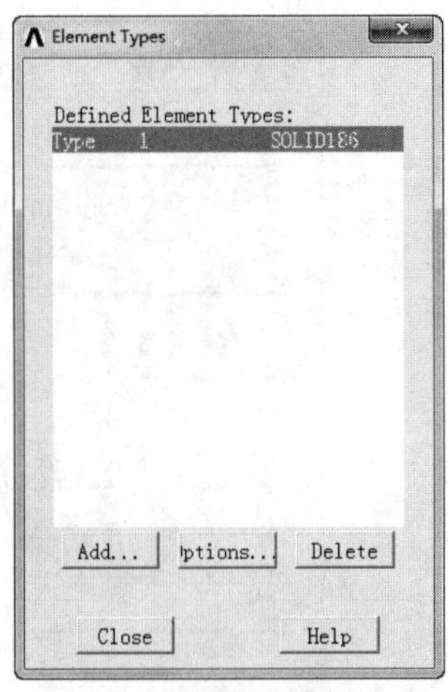

图 8-5 单元类型对话框

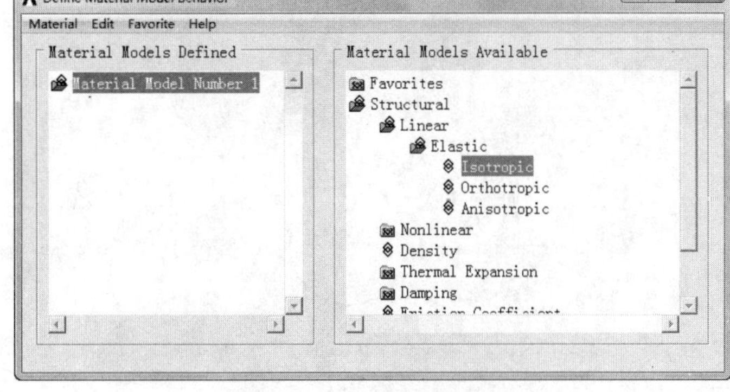

图 8-6 定义材料模型属性窗口

（2）依次选择 Structural > Linear > Elastic > Isotropic 选项，展开材料属性的树形结构，此时将打开 1 号材料的弹性模量 EX 和泊松比 PRXY 的定义对话框，如图 8-7 所示。

（3）在 EX 文本框中输入弹性模量 2.06e11，在 PRXY 文本框中输入泊松比 0.3。

（4）单击 OK 按钮，关闭对话框，并返回到定义材料模型属性窗口中，在该窗口的左边列表框中将出现刚刚定义的参考号为 1 的材料属性。

（5）依次选择 Structural > Density 选项，打开定义材料密度对话框，如图 8-8 所示。

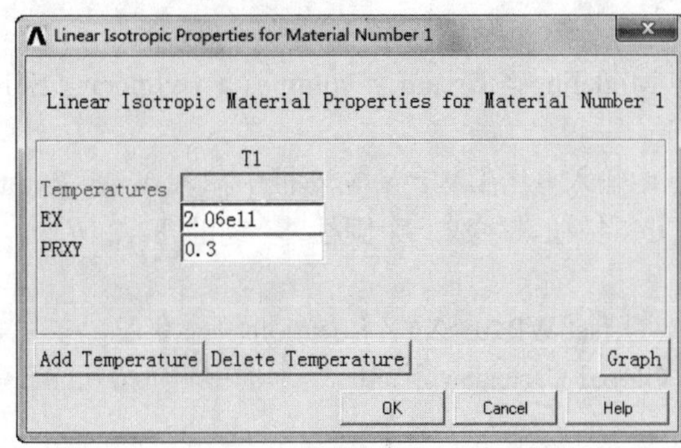

图 8-7 线性各向同性材料的弹性模量和泊松比

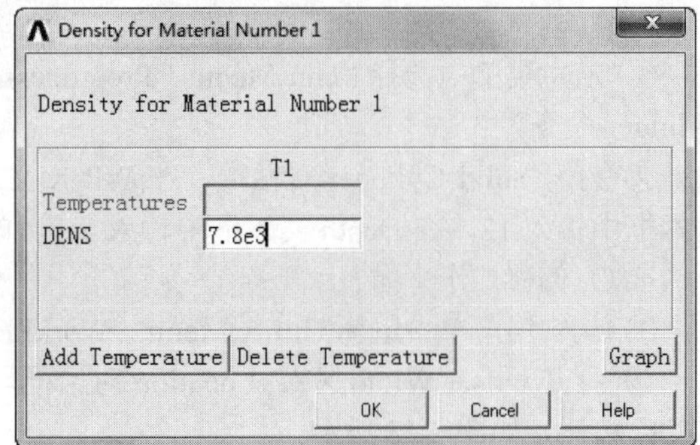

图 8-8 定义材料密度对话框

（6）在 DENS 文本框中输入密度数值 7.8e3。

（7）单击 OK 按钮，关闭对话框，并返回到定义材料模型属性窗口中，在该窗口的左边列表框中参考号为 1 的材料属性下方将出现密度项。

（8）在 Define Material Model Behavior 窗口中，从菜单栏中选择 Material > Exit 命令，或者单击右上角的关闭按钮，退出定义材料模型属性窗口，完成对材料模型属性的定义。

Note

5. 建立齿轮的三维实体模型

按照前面章节中介绍的方法建立齿轮面，如图 8-9 所示，下面将继续建模直至建立三维的齿轮模型。

（1）用当前定义的面创建一个体。

① 从主菜单中选择 Main Menu > Preprocessor > Modeling > Operate > Extrude > Areas > along Normal 命令。

② 选择创建体的面，在打开的对话框中单击 OK 按钮，如图 8-10 所示。

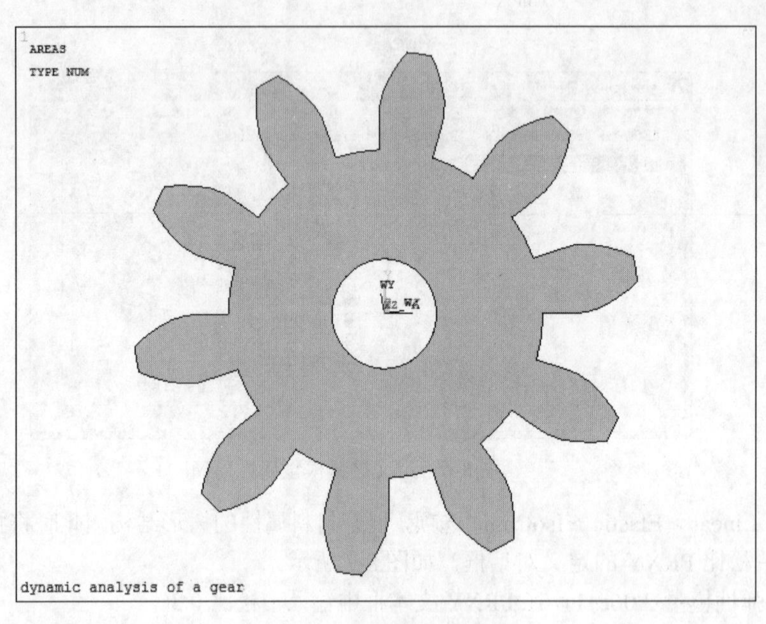

图 8-9　建立齿轮面模型

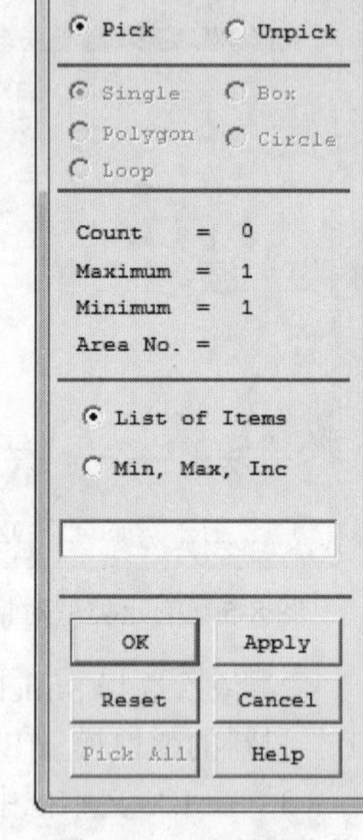

图 8-10　用面创建体

③ 这时会打开 Extrude Area along Normal 对话框，在 Length of extrusion 后面的文本框中输入–8，如图 8-11 所示。

（2）创建一个圆柱体。

① 从主菜单中选择 Main Menu > Preprocessor > Modeling > Create > Volumes > Cylinder > Solid Cylinder 命令。

② 打开 Solid Cylinder 对话框，在 WP X 文本框中输入 0，在 WP Y 文本框中输入 0，在 Radius 文本框中输入 12，在 Depth 文本框中输入 2.5，单击 OK 按钮，生成一个圆柱体，如图 8-12 所示。

（3）偏移工作平面。

① 从实用菜单中选择 Utility Menu > WorkPlane > Offset WP to >XYZ Locations +命令。

② 打开 Offset WP to XYZ Location 对话框，在 Global Cartesian 下面的文本框中输入 0,0,–8，单击 OK 按钮，如图 8-13 所示。

（4）创建另一个圆柱体。

① 从主菜单中选择 Main Menu > Preprocessor > Modeling > Create > Volumes > Cylinder > Solid Cylinder 命令。

图 8-11　创建体

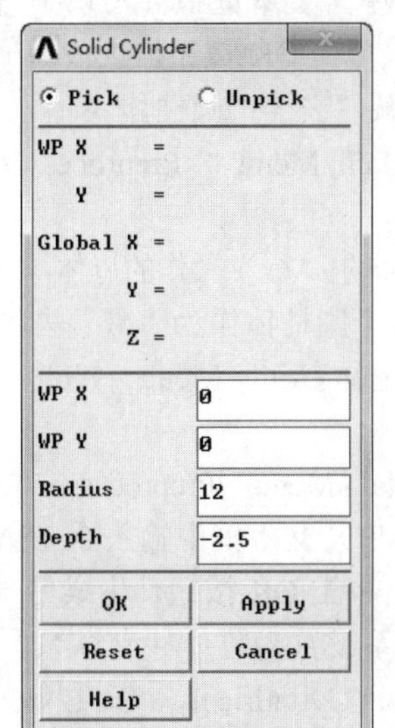

图 8-12　创建圆柱体

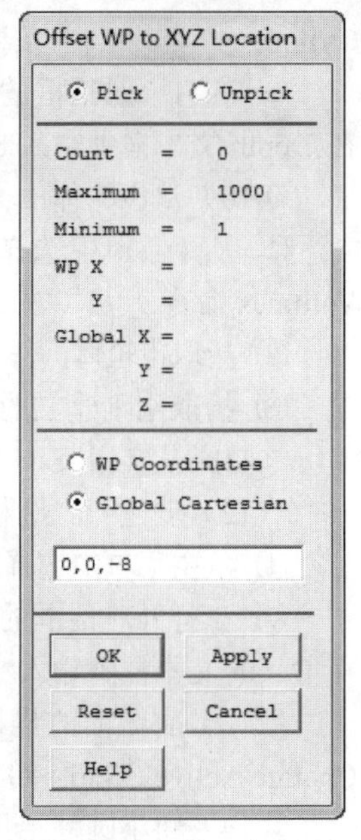

图 8-13　平移工作平面

② 打开 Solid Cylinder 对话框，在 WP X 文本框中输入 0，在 WP Y 文本框中输入 0，在 Radius 文本框中输入 12，在 Depth 文本框中输入-2.5，单击 OK 按钮，生成另一个圆柱体。

（5）将激活的坐标系设置为总体柱坐标系：从实用菜单中选择 Utility Menu > WorkPlane > Change Active CS to > Global Cylindrical 命令。

（6）定义一个关键点。

① 从主菜单中选择 Main Menu > Preprocessor > Modeling > Create > Keypoints > In Active CS … 命令。

② 在打开对话框的 NPT 后面的文本框中输入 10000，在下面的文本框中分别输入 8.5 和−5，设置 X=8.5，Y=−5，单击 OK 按钮，如图 8-14 所示。

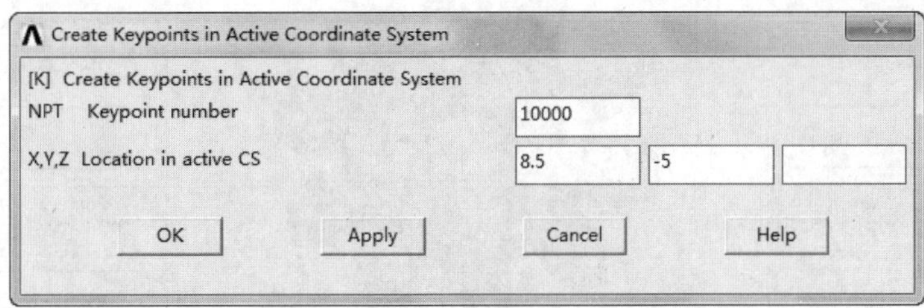

图 8-14　创建关键点

（7）偏移工作平面到给定位置。

① 从实用菜单中选择 Utility Menu > WorkPlane > Offset WP to > Keypoints +命令。

② 在 ANSYS 图形窗口选择刚刚建立的关键点，单击 OK 按钮。

（8）将激活的坐标系设置为工作平面坐标系。从实用菜单中选择 Utility Menu > WorkPlane > Change Active CS to > Working Plane 命令。

（9）创建一个圆柱体。

① 从主菜单中选择 Main Menu > Preprocessor > Modeling > Create > Volumes > Cylinder > Solid

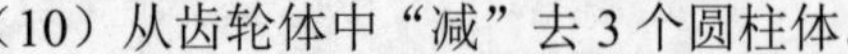

Cylinder 命令。

② 在打开对话框的 WP X 文本框中输入 0，在 WP Y 文本框中输入 0，在 Radius 文本框中输入 2，在 Depth 文本框中输入 8，单击 OK 按钮，生成另一个圆柱体。

Note

（10）从齿轮体中“减”去 3 个圆柱体。

① 从主菜单中选择 Main Menu > Preprocessor > Modeling > Operate > Booleans > Subtract > Volumes 命令。

② 拾取齿轮体，作为布尔“减”操作的母体，在打开的对话框中单击 Apply 按钮，如图 8-15 所示。

③ 拾取刚刚建立的 3 个圆柱体作为“减”去的对象，单击 OK 按钮。

（11）从实用菜单中选择 Utility Menu > Plot > Volumes 命令，所得结果如图 8-16 所示。

（12）创建一个圆柱体。

① 从主菜单中选择 Main Menu > Preprocessor > Create > Volumes > Cylinder > Solid Cylinder 命令。

② 在打开对话框的 WP X 文本框中输入 0，在 WP Y 文本框中输入 0，在 Radius 文本框中输入 2，在 Depth 文本框中输入 8，单击 OK 按钮，生成另一个圆柱体。

（13）将激活的坐标系设置为总体柱坐标系。从实用菜单中选择 Utility Menu > WorkPlane > Change Active CS to > Global Cylindrical 命令。

（14）将小圆柱沿周向方向复制。

① 从主菜单中选择 Main Menu > Preprocessor > Modeling > Copy > Volumes 命令。

② 打开 Copy Volumes 拾取框，选择刚刚建立的小圆柱，如图 8-17 所示。

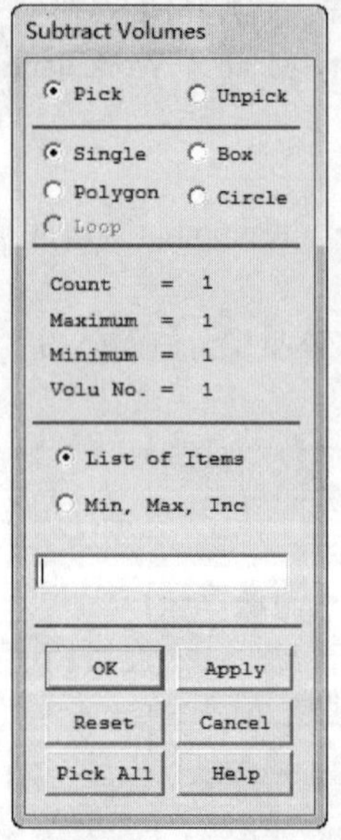

图 8-15　体相减

图 8-16　体相减的结果

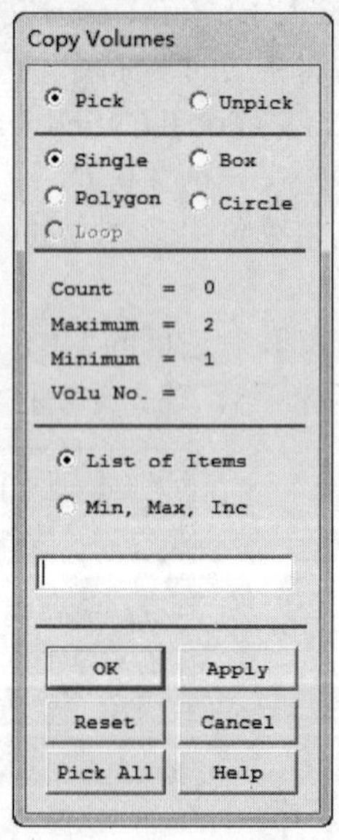

图 8-17　复制体

③ ANSYS 会提示复制的数量和偏移的坐标，在 Number of copies 文本框中输入 10，在 Y-offset in active CS 文本框中输入 36，单击 OK 按钮，如图 8-18 所示。

（15）从齿轮体中“减”去 10 个圆柱体。

① 从主菜单中选择 Main Menu > Preprocessor > Modeling > Operate > Booleans > Subtract > Volumes 命令。

② 拾取齿轮体作为布尔“减”操作的母体，在打开的拾取框中单击 Apply 按钮。

③ 拾取刚刚建立的 10 个圆柱体作为“减”去的对象，单击 OK 按钮。

（16）从实用菜单中选择 Utility Menu > Plot > Volumes 命令，所得结果如图 8-19 所示。

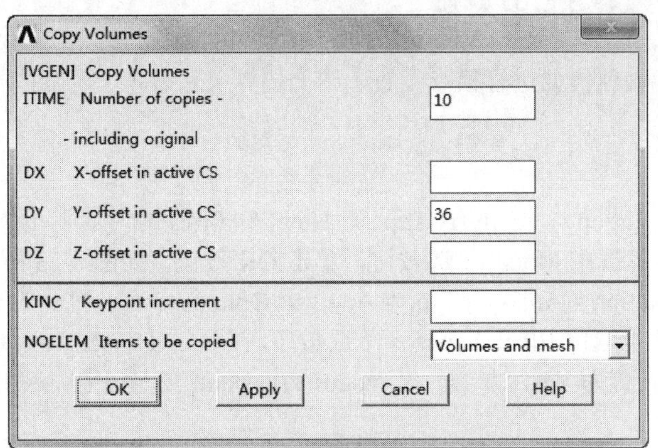

图 8-18 输入复制的数量和坐标

图 8-19 最终创建的模型

（17）存储数据库 ANSYS。单击 ANSYS Toolbar 工具条中的 SAVE_DB 按钮保存。

6．对齿轮体进行划分网格

本节选用 SOLID 186 单元对盘面划分网格。

（1）从主菜单中选择 Preprocessor > Meshing > MeshTool 命令，打开 Mesh Tool（网格划分）工具栏，如图 8-20 所示。

（2）选中 Smart Size 复选框，将滑标设置为 3，单击 Mesh 按钮，这时出现 Mesh Volumes 对话框，单击 Pick All 按钮，如图 8-21 所示。网格划分后的结果如图 8-22 所示。

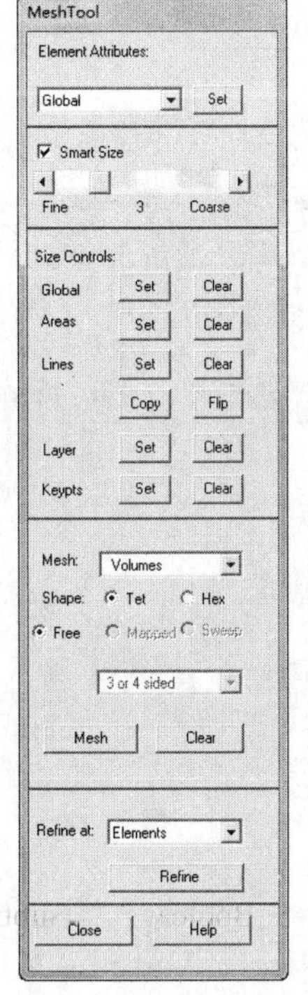

图 8-20 网格划分工具栏

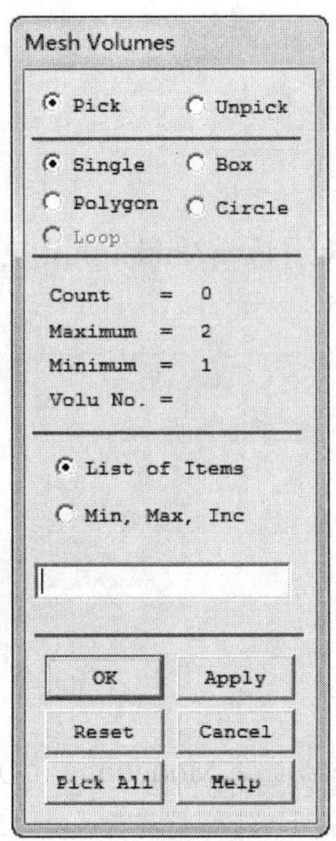

图 8-21 选择分网的体

图 8-22 网格划分的结果

Note

8.2.3 进行模态设置、定义边界条件并求解

在进行模态分析中，建立有限元模型后，就需要进行模态设置、施加边界条件、进行模态扩展设置、扩展求解。

1．进行模态分析设置

（1）从主菜单中选择 Main Menu > Solution > Analysis Type > New Analysis 命令，打开 New Analysis 设置对话框，选择分析的种类，这里选中 Modal 单选按钮，单击 OK 按钮，如图 8-23 所示。

（2）从主菜单中选择 Main Menu > Solution > Analysis Type > Analysis Options 命令，打开 Modal Analysis 设置对话框，进行模态分析设置，这里选中 Block Lanczos 单选按钮，在 No. of modes to extract 文本框中输入 15，将 Expand mode shapes 设置为 Yes，在 No. of modes to expand 文本框中输入 15，单击 OK 按钮，如图 8-24 所示。

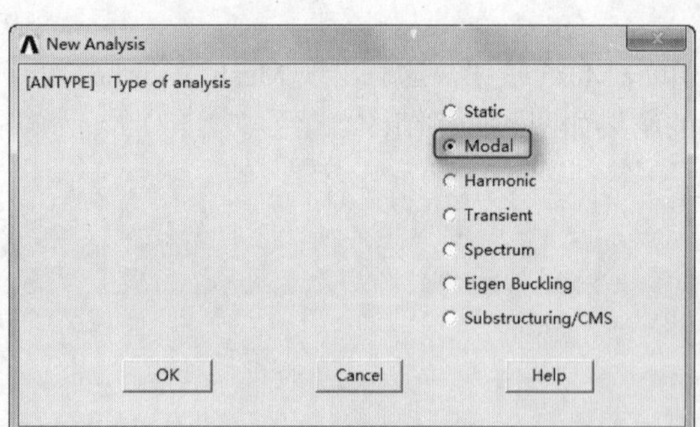

图 8-23 选择模态分析

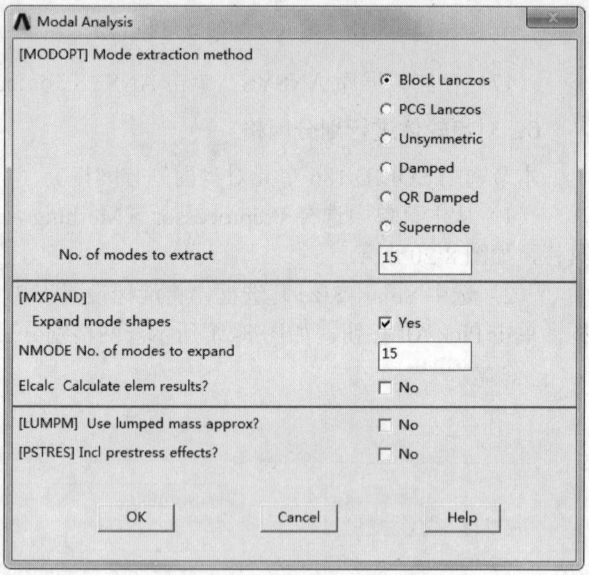

Modal Analysis
[MODOPT] Mode extraction method
Block Lanczos
PCG Lanczos
Unsymmetric
Damped
QR Damped
Supernode
No. of modes to extract 15
[MXPAND]
Expand mode shapes Yes
NMODE No. of modes to expand 15
Elcalc Calculate elem results? No
[LUMPM] Use lumped mass approx? No
[PSTRES] Incl prestress effects? No
OK Cancel Help

图 8-24 选择模态分析方法

（3）打开 Block Lanczos Method 对话框，在 Start Freq (initial shift)文本框中输入 0，在 End Frequency 文本框中输入 100000，单击 OK 按钮，如图 8-25 所示。

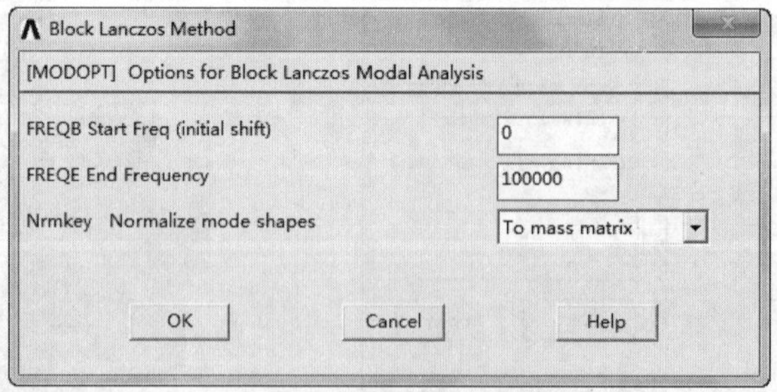

图 8-25 选择频率范围

2．施加边界条件

（1）从主菜单中选择 Main Menu > Solution > Define Loads > Apply > Structural > Displacement >

on Keypoints 命令，打开关键点选择对话框，选择欲施加位移约束的关键点，这里选择内径上的一个关键点，例如 407 号关键点，单击 OK 按钮，如图 8-26 所示。

（2）打开约束种类的对话框，在列表框中选择 All DOF 选项，单击 OK 按钮，如图 8-27 所示。

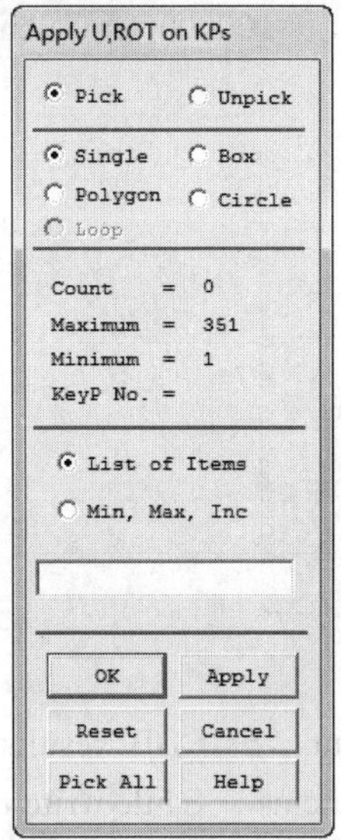

图 8-26　选择关键点

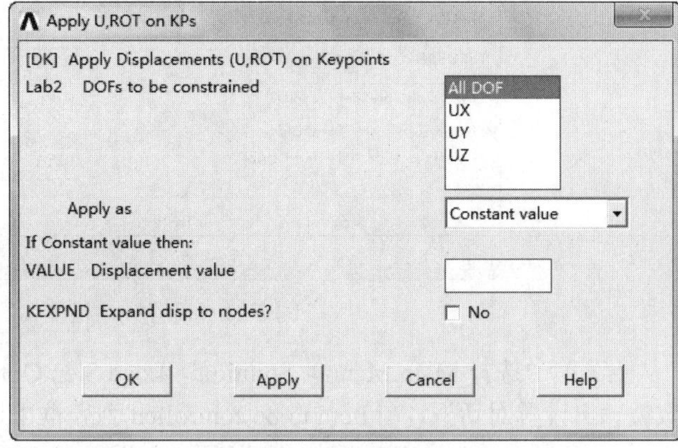

图 8-27　选择约束的种类

3．求解

（1）从主菜单中选择 Main Menu > Solution > Solve > Current LS 命令，打开一个确认对话框，如图 8-28 所示，要求查看列出的求解选项。

（2）查看列表中的信息确认无误后，单击 OK 按钮，开始求解。

（3）ANSYS 会显示求解过程中的状态，如图 8-29 所示。

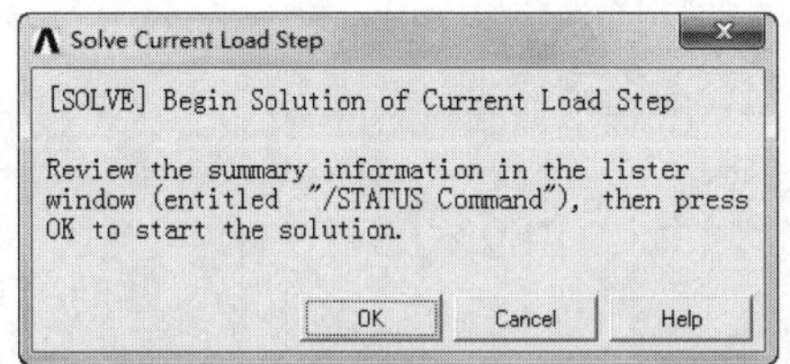

图 8-28　求解当前载荷步确认对话框

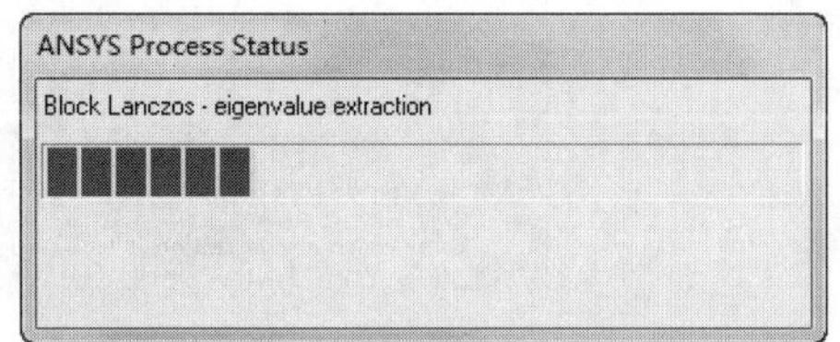

图 8-29　求解状态

（4）求解完成后打开如图 8-30 所示的提示求解结束对话框。

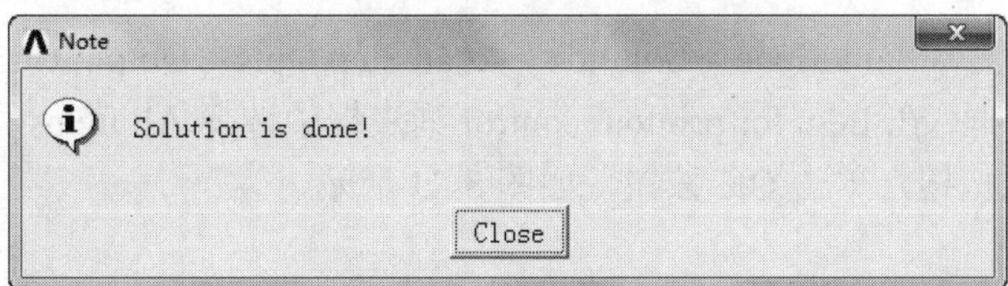

图 8-30　提示求解完成

（5）单击 Close 按钮，关闭提示求解结束对话框。

（6）从主菜单中选择 Main Menu > Finish 命令。

Note

4．进行模态扩展设置

（1）重新进入求解器，从主菜单中选择 Main Menu > Solution > Load Step Opts > ExpansionPass > Single Expand > Expand modes 命令，打开 Expand Analysis 设置对话框，进行模态扩展设置，在 No. of modes to expand 文本框中输入 15，在 Frequency range 文本框中分别输入 0 和 100000，将 Calculate elem results 设为 Yes，单击 OK 按钮，如图 8-31 所示。

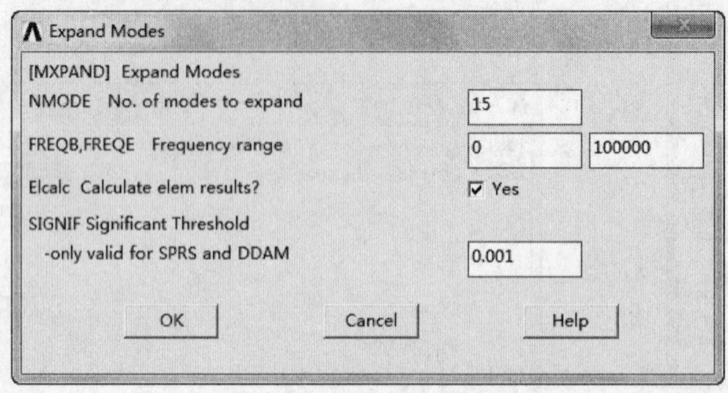

图 8-31　设置频率范围

（2）从主菜单中选择 Main Menu > Solution > Load Step Opts > Output Ctrls > DB/Results Files 命令，打开数据输出设置对话框，在 Item to be controlled 列表框中选择 All items，在 File write frequency 栏中选中 Every substep 单选按钮，单击 OK 按钮，如图 8-32 所示。

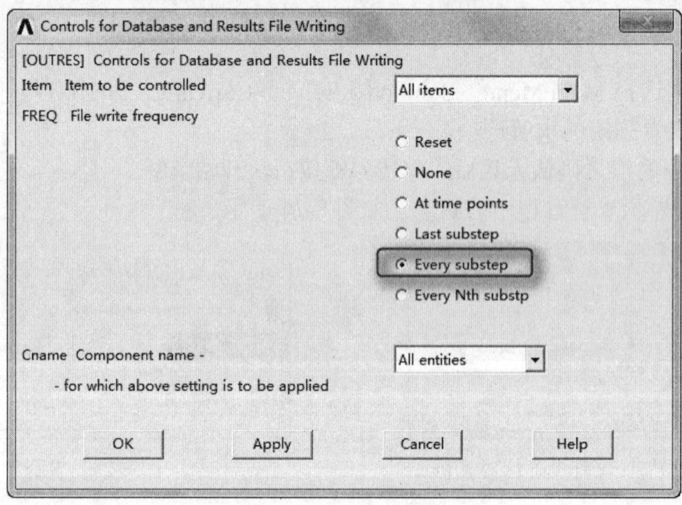

图 8-32　数据输出设置

（3）从主菜单中选择 Main Menu > Solution > Load Step Opts > Output Ctrls > Solu Printout 命令，打开结果输出设置对话框，在 Item for printout control 列表框中选择 All items，在 Print frequency 栏中选中 Every substep 单选按钮，单击 OK 按钮，如图 8-33 所示。

5．进行扩展求解

（1）从主菜单中选择 Main Menu > Solution > Solve > Current LS 命令。

（2）打开一个确认对话框，查看列出的求解选项。

（3）查看列表中的信息确认无误后，单击 OK 按钮，开始求解。

（4）求解完成后打开提示求解结束对话框，单击 Close 按钮，关闭提示求解结束对话框。

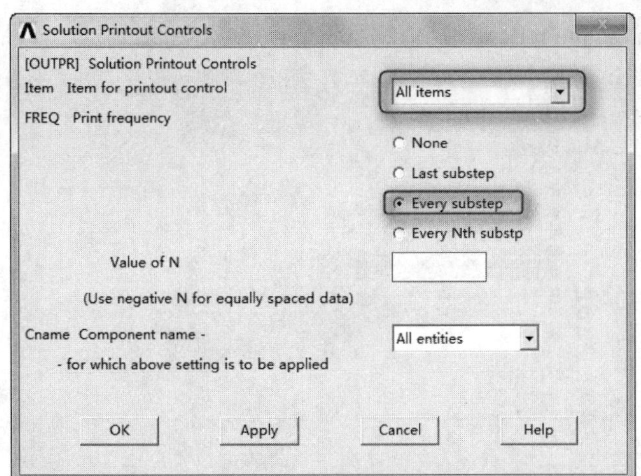

图 8-33　结果输出设置

8.2.4　查看结果

求解完成后，就可以利用 ANSYS 软件生成的结果文件（对于静力分析，就是 Jobname.RST）进行后处理。静力分析中通常通过 POST1 后处理器就可以处理和显示多数感兴趣的结果数据。

1．列表显示分析的结果

（1）从主菜单中选择 Main Menu > General Postproc > Results Summary 命令，打开 SET LIST Command 列表显示结果，如图 8-34 所示。

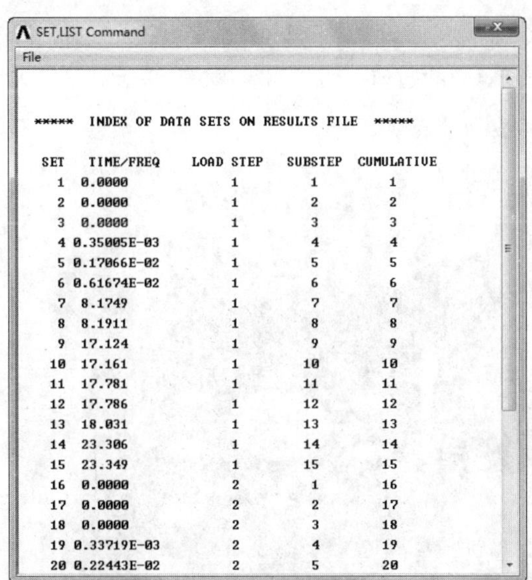

SET,LIST Command

File

***** INDEX OF DATA SETS ON RESULTS FILE *****

SET	TIME/FREQ	LOAD STEP	SUBSTEP	CUMULATIVE
1	0.0000	1	1	1
2	0.0000	1	2	2
3	0.0000	1	3	3
4	0.35005E-03	1	4	4
5	0.17066E-02	1	5	5
6	0.61674E-02	1	6	6
7	8.1749	1	7	7
8	8.1911	1	8	8
9	17.124	1	9	9
10	17.161	1	10	10
11	17.781	1	11	11
12	17.786	1	12	12
13	18.031	1	13	13
14	23.306	1	14	14
15	23.349	1	15	15
16	0.0000	2	1	16
17	0.0000	2	2	17
18	0.0000	2	3	18
19	0.33719E-03	2	4	19
20	0.22443E-02	2	5	20

图 8-34　分析结果的列表显示

（2）读取一个载荷步的结果，从主菜单中选择 Main Menu > General Postproc > Read Results > Last Set 命令。

2．查看总变形

（1）从主菜单中选择 Main Menu > General Postproc > Plot Result > Contour Plot > Nodal Solu 命

Note

令，打开 Contour Nodal Solution Data（等值线显示节点解数据）对话框，如图 8-35 所示。

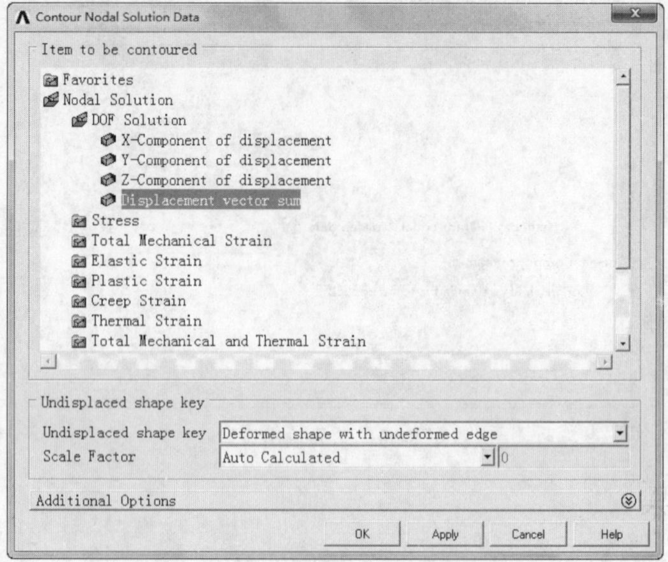

图 8-35　等值线显示节点解数据对话框

（2）在 Item to be contoured（等值线显示结果项）列表框中选择 DOF Solution（自由度解）选项。

（3）然后选择 Displacement vector sum（总位移）选项。

（4）在第一个下拉列表框中选择 Deformed shape with undeformed edge（变形后和未变形轮廓线）选项。

（5）单击 OK 按钮，在图形窗口中将显示出变形图，包含变形前的轮廓线，如图 8-36 所示。图 8-36 中下方的色谱表示不同的颜色对应的数值（带符号）。

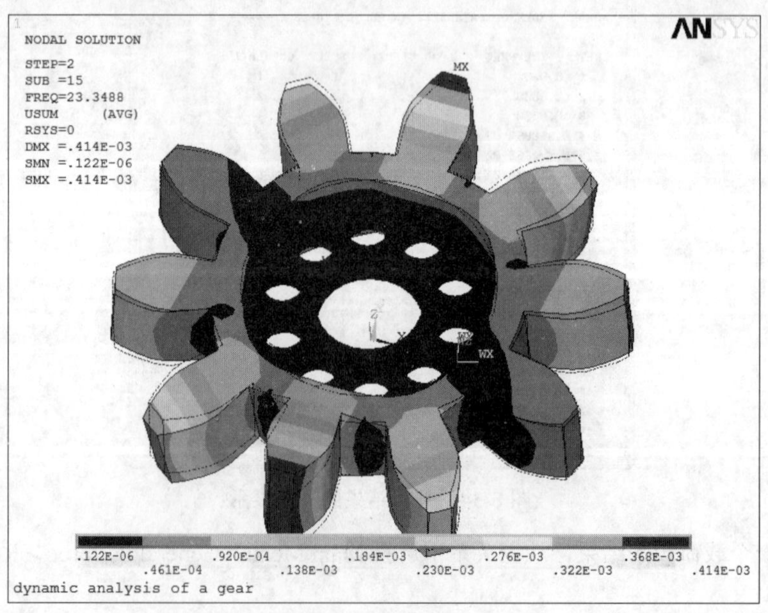

图 8-36　总变形图

3. 查看 von Mises 应力

（1）从主菜单中选择 Main Menu > General Postproc > Plot Results > Contour Plot > Nodal Solu 命令，打开 Contour Nodal Solution Data（等值线显示节点解数据）对话框，如图 8-37 所示。

Note

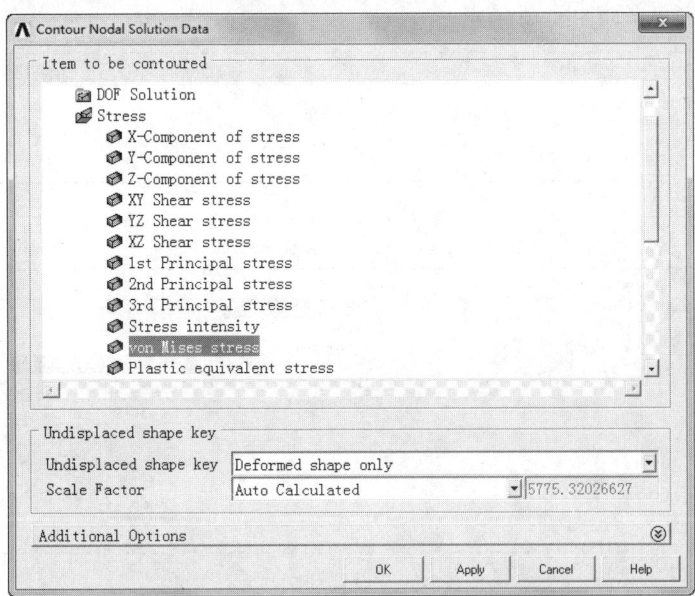

图 8-37　等值线显示节点解数据对话框

（2）在 Item to be contoured 列表框中选择 Stress 选项。

（3）接着再选择 von Mises stress 选项。

（4）在第一个下拉列表框中选择 Deformed shape only 选项。

（5）单击 OK 按钮，图形窗口中将显示出 von Mises 等效应力分布图，如图 8-38 所示。

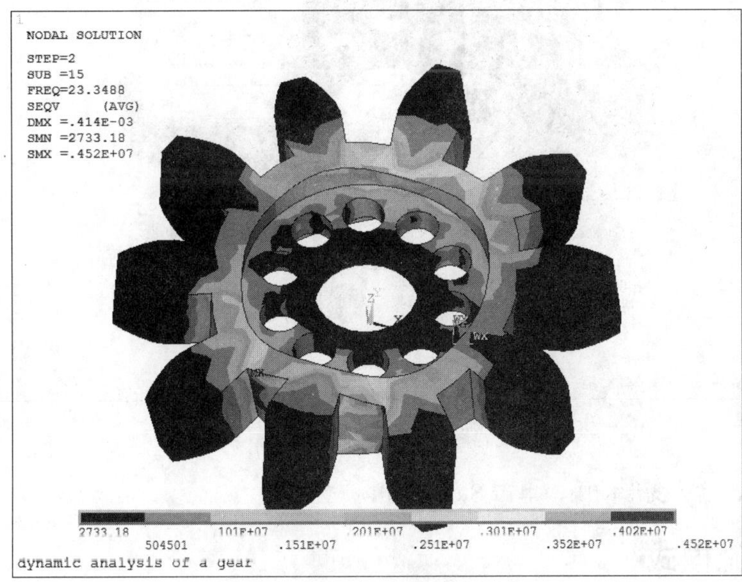

图 8-38　von Mises 等效应力图

Note

4. 动画显示模态形状

（1）从实用菜单中选择 Utility Menu > PlotCtrls > Animate > Mode Shape …命令。

（2）在打开的对话框中选择 DOF solution，然后再选择 Translation USUM 选项，单击 OK 按钮，如图 8-39 所示。动画显示如图 8-40 所示。

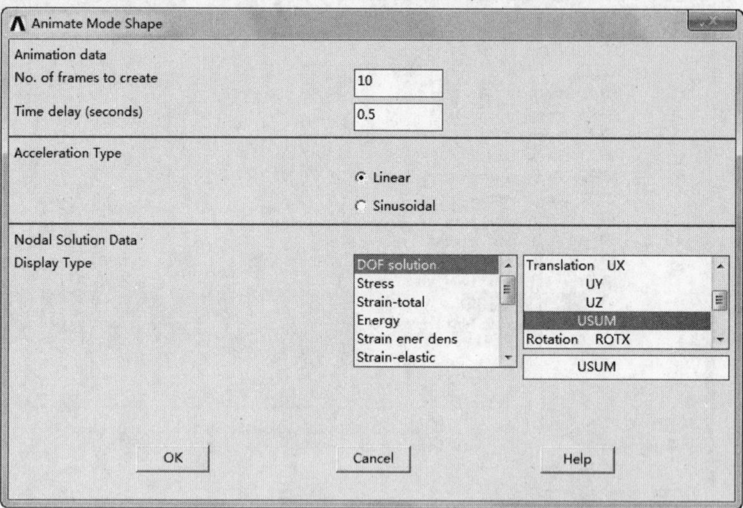

图 8-39　设置动画显示

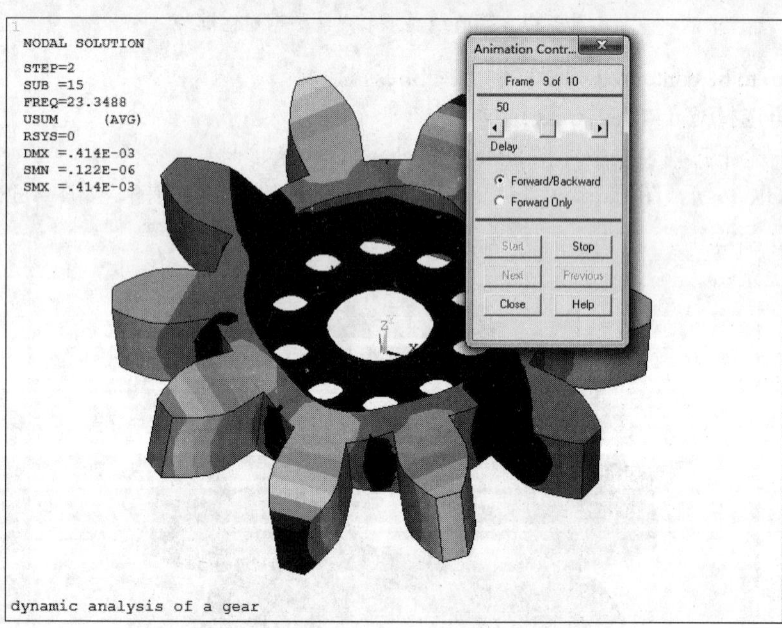

图 8-40　动画显示

（3）如要停止播放变形动画，单击 Stop 按钮。

8.2.5　命令流模式

命令流模式这里不再详细介绍，读者可参见随书光盘中的电子文档。

谐响应分析

谐响应分析是用于确定线性结构在承受随时间按正弦（简谐）规律变化的载荷时的稳态响应的一种技术。分析的目的是计算出结构在几种频率下的响应，并得到一些响应值（通常是位移）对频率的曲线。从这些曲线上可以找到“峰值”响应，并进一步观察峰值频率对应的应力。

本章将通过实例讲述谐响应分析的基本步骤和具体方法。

☑ 谐响应分析概论

☑ 弹簧质子系统的谐响应分析

任务驱动&项目案例

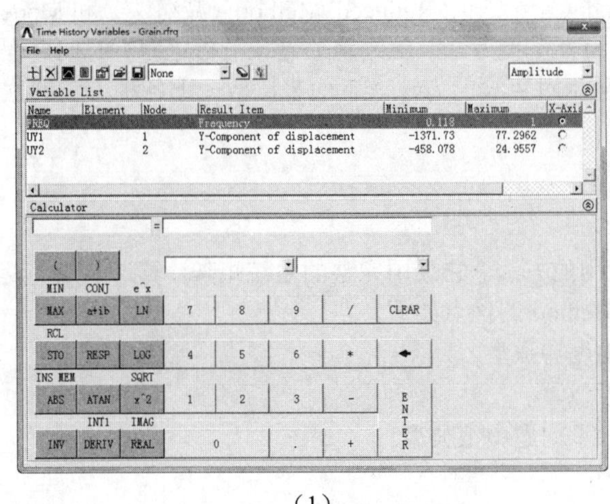

(1)

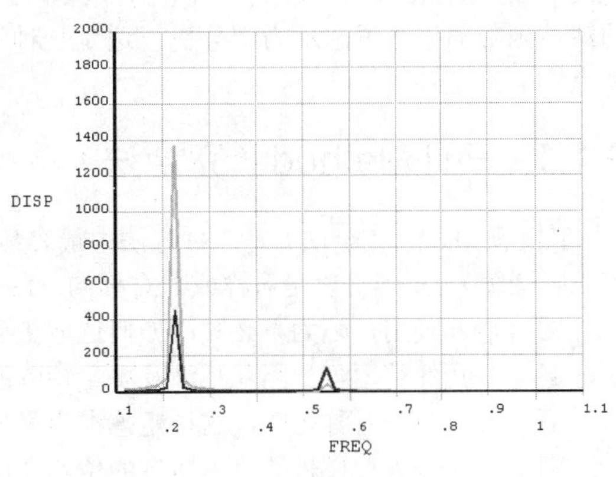

(2)

9.1 谐响应分析概论

任何持续的周期载荷将在结构系统中产生持续的周期响应（谐响应）。谐响应分析使设计人员能预测结构的持续动力特性，从而使设计人员能够验证其设计能否成功地克服共振、疲劳及其他受迫振动引起的有害后果。

这种分析技术只计算结构的稳态受迫振动，发生在激励开始时的瞬态振动不在谐响应分析中考虑，如图 9-1 所示。

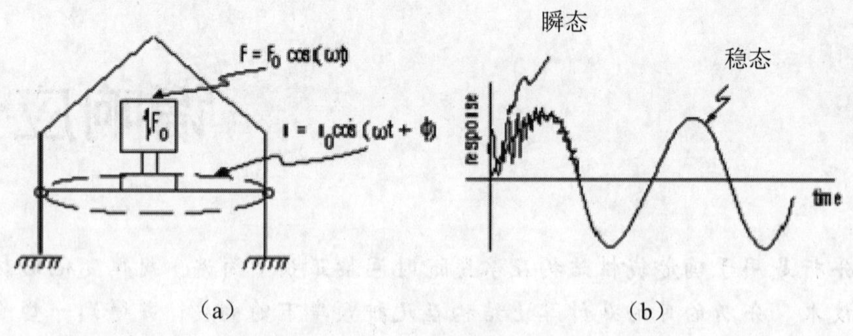

图 9-1 谐响应分析示例

说明：图 9-1（a）表示标准谐响应分析系统，F_0和 ω 已知，I_0和 ϕ 未知；图 9-1（b）表示结构的稳态和瞬态谐响应分析。

谐响应分析是一种线性分析。任何非线性特性，如塑性和接触（间隙）单元，即使被定义了也将被忽略。但在分析中可以包含非对称矩阵，如分析在流体——结构相互作用中的问题。谐响应分析同样也可以用于分析有预应力的结构，如小提琴的弦（假定简谐应力比预加的拉伸应力小得多）。

谐响应分析可以采用 3 种方法，即 Full Method（完全法）、Reduced Method（减缩法）和 Mode Superposition Method（模态叠加法）。当然，还有另外一种方法，就是将简谐载荷指定为有时间历程的载荷函数而进行瞬态动力学分析，这是一种消耗相对较大的方法。下面来比较一下各种方法的优缺点。

9.1.1 Full Method（完全法）

Full Method（完全法）是 3 种方法中最容易使用的方法。它采用完整的系统矩阵计算谐响应（没有矩阵减缩），矩阵可以是对称或非对称的。Full Method 的优点如下。

☑ 容易使用，因为不必关心如何选取主自由度和振型。
☑ 使用完整矩阵，因此不涉及质量矩阵的近似。
☑ 允许有非对称矩阵，这种矩阵在声学或轴承问题中很典型。
☑ 用单一处理过程计算出所有的位移和应力。
☑ 允许施加各种类型的载荷：节点力、外加的（非零）约束、单元载荷（压力和温度）。
☑ 允许采用实体模型上所加的载荷。

Full Method 的一个缺点是预应力选项不可用；另一个缺点是当采用 Frontal 方程求解器时，通常比其他的方法消耗大。但是采用 JCG 求解器或 JCCG 求解器时，Full Method 的效率很高。

Note

9.1.2　Reduced Method（减缩法）

Reduced Method（减缩法）通常采用主自由度和减缩矩阵来压缩问题的规模。主自由度处的位移被计算出来后，解可以被扩展到初始的完整 DOF 集上。

Reduced Method 方法的优点如下。

- ☑ 在采用 Frontal 求解器时比 Full Method 更快且消耗小。
- ☑ 可以考虑预应力效果。

Reduced Method 的缺点如下。

- ☑ 初始解只计算出主自由度的位移。如要得到完整的位移、应力和力的解，则需执行扩展处理（扩展处理在某些分析应用中是可选操作）。
- ☑ 不能施加单元载荷（压力、温度等）。
- ☑ 所有载荷必须施加在用户定义的自由度上，这就限制了采用实体模型上所加的载荷。

9.1.3　Mode Superposition Method（模态叠加法）

Mode Superposition Method（模态叠加法）通过对模态分析得到的振型（特征向量）乘上因子并求和来计算出结构的响应。它的优点如下。

- ☑ 对于许多问题，此法比 Reduced Method 或 Full Method 更快且消耗小。
- ☑ 在模态分析中施加的载荷可以通过 LVSCALE 命令用于谐响应分析中。
- ☑ 可以使解按结构的固有频率聚集，这样便可产生更平滑、更精确的响应曲线图。
- ☑ 可以包含预应力效果。
- ☑ 允许考虑振型阻尼（阻尼系数为频率的函数）。

Mode Superposition Method 的缺点如下。

- ☑ 不能施加非零位移。
- ☑ 在模态分析中使用 PowerDynamics 方法时，初始条件中不能有预加的载荷。

9.1.4　3 种方法的共同局限性

谐响应的 3 种方法有着如下的共同局限性。

- ☑ 所有载荷必须随时间按正弦规律变化。
- ☑ 所有载荷必须有相同的频率。
- ☑ 不允许有非线性特性。
- ☑ 不计算瞬态效应。

可以通过进行瞬态动力学分析来克服这些限制，这时应将简谐载荷表示为有时间历程的载荷函数。

9.2　实例——弹簧质子系统的谐响应分析

本实例通过一个弹簧质子的谐响应分析来阐述谐响应分析的基本过程和步骤，谐响应分析有 3 种求解方法，即完全法、减缩法、模态叠加法，本实例采用的是模态叠加法，即 Mode Superposition Method，如果要采用其他两种方法，步骤也是一样的。

Note

9.2.1 问题描述

已知一个质量弹簧系统，受到幅值为 F_0、频率范围是 0.1～1.0Hz 的谐波载荷作用，如图 9-2 所示，求其固有频率和位移响应。材料属性和载荷数值如表 9-1 所示。

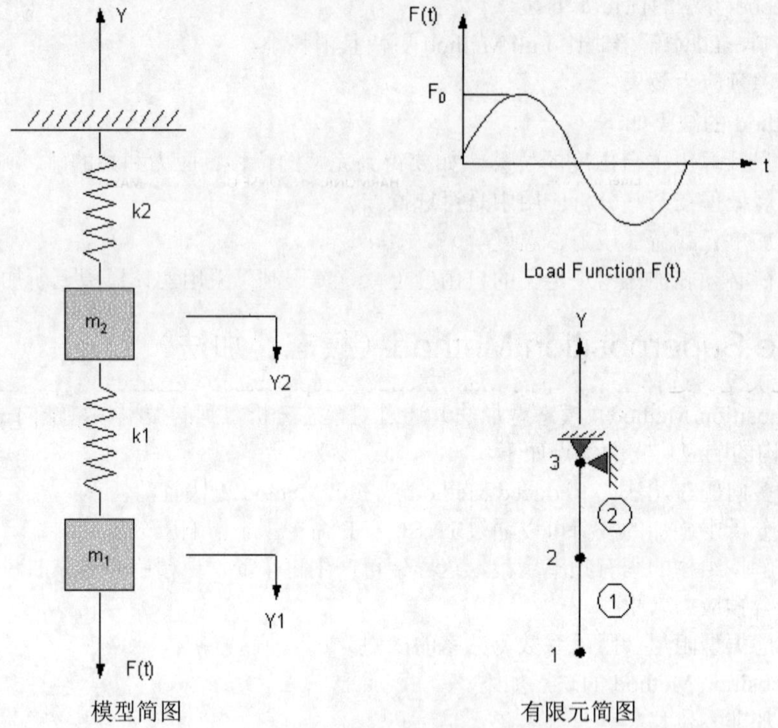

图 9-2 模型简图

表 9-1 材料属性和载荷数值

材 料 属 性	载 荷
k_1 = 6N/m	F_0 = 50N
k_2 = 16N/m	
m_1 = m_2 = 2kg	

9.2.2 建立模型

1. 设定分析作业名和标题

（1）从实用菜单中选择 Utility Menu > File > Change Jobname 命令，将打开 Change Jobname（修改文件名）对话框，如图 9-3 所示。

（2）在 Enter new jobname（输入新的文件名）文本框中输入文字 Spring_Mass，作为本分析实例的数据库文件名。

（3）单击 OK 按钮，完成文件名的修改。

① 定义工作标题。从实用菜单中选择 Utility Menu > File > Change Title 命令，弹出 Change Title 对话框，在文本框中输入 HARMONIC RESPONSE OF A SPRING-MASS SYSTEM，如图 9-4 所示，

然后单击 OK 按钮。

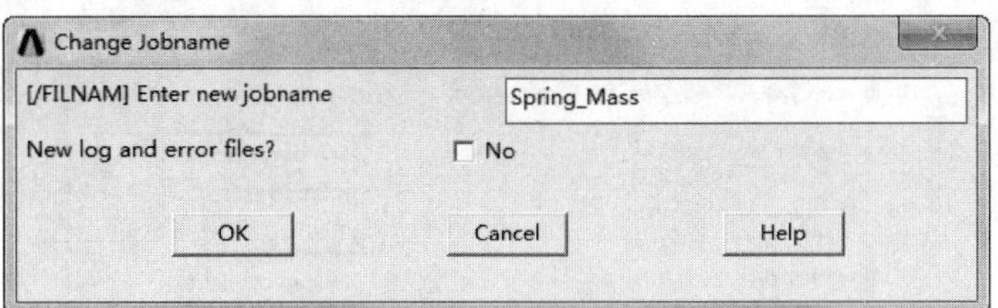

图 9-3　修改文件名对话框

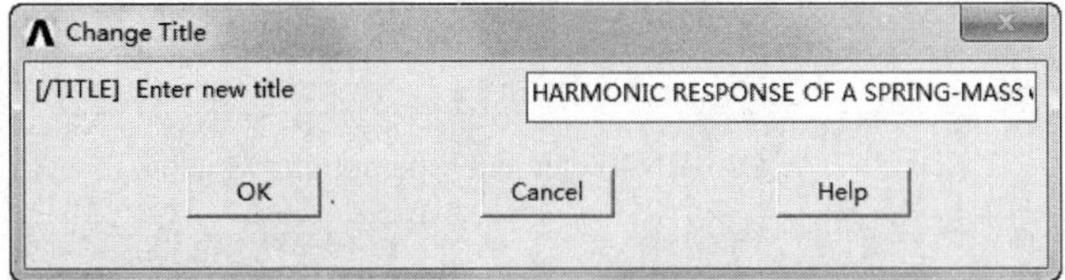

图 9-4　定义工作标题

② 定义单元类型。选择主菜单中的 Main Menu > Preprocessor > Element Type > Add/Edit/Delete 命令，弹出 Element Types 对话框，如图 9-5 所示，单击 Add 按钮，弹出 Library of Element Types 对话框，在左边的列表框中选择 Combination，在右边的列表框中选择 Combination 40 选项，如图 9-6 所示，单击 OK 按钮，回到图 9-5 所示对话框。

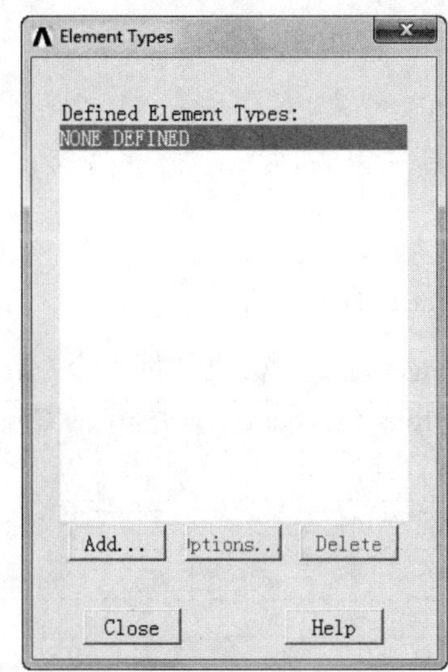

图 9-5　Element Types 对话框

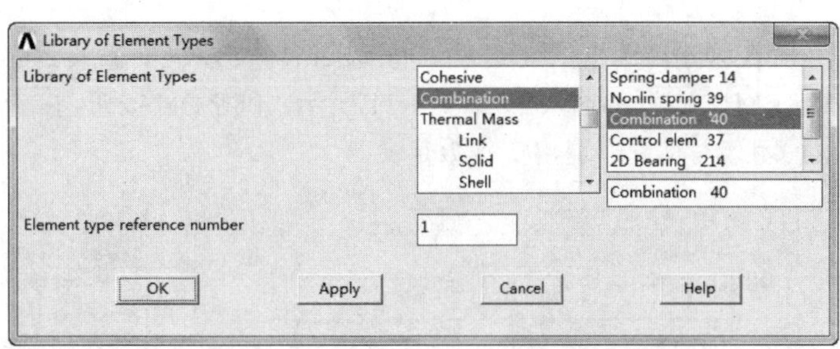

图 9-6　Library of Element Types 对话框

③ 定义单元选项。在图 9-5 所示的对话框中单击 Options 按钮，弹出对话框，在 Element degree(s) of freedom K3 下拉列表框中选择 UY，如图 9-7 所示，单击 OK 按钮，回到图 9-5 所示 Element Types 对话框，单击 Close 按钮关闭该对话框。

④ 定义第一种实常数。选择主菜单中的 Main Menu > Preprocessor > Real Constants > Add/Edit/Delete 命令，弹出 Real Constants 对话框，如图 9-8 所示，单击 Add 按钮，弹出 Element Types 对话框，如图 9-9 所示。

⑤ 在图 9-9 所示的对话框中选取 Type 1 COMBIN40，单击 OK 按钮，弹出 Real Constant Set Number1,for COMBIN40 对话框，在 Spring constant K1 文本框中输入 6，在 Mass M 文本框中输入 2，

如图 9-10 所示，单击 Apply 按钮。

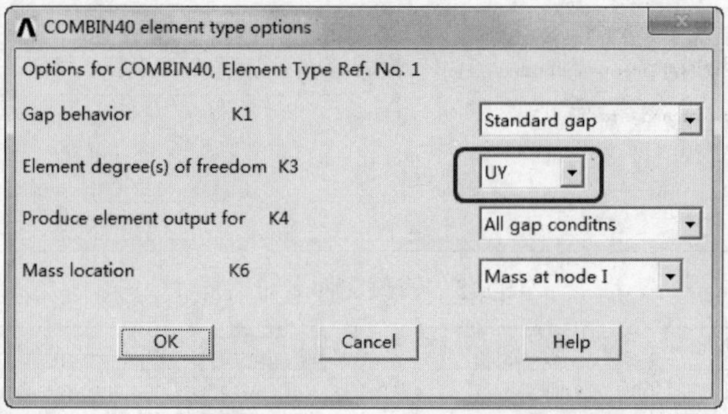

图 9-7 COMBIN40 element type options 对话框

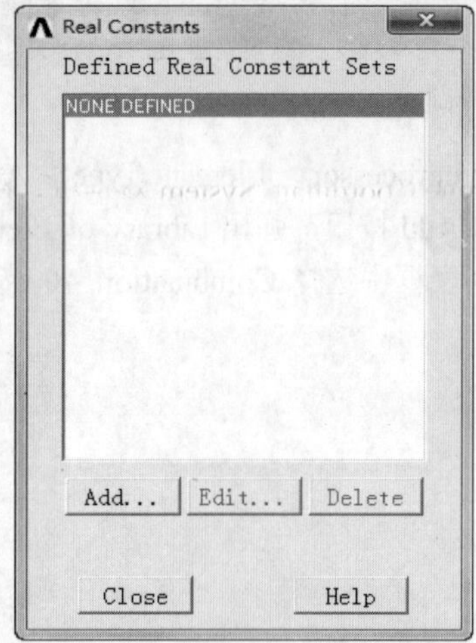

图 9-8 Real Constants 对话框

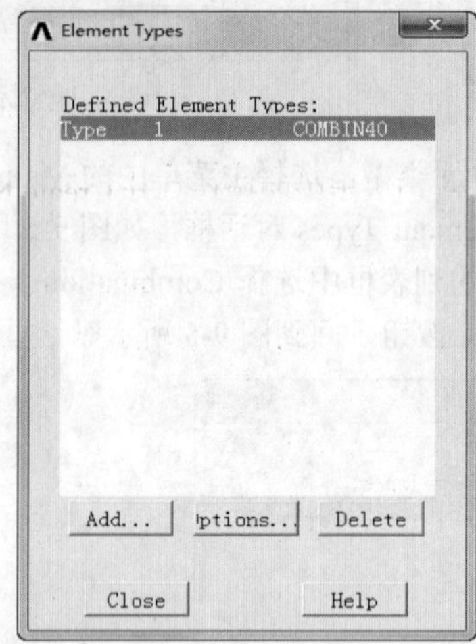

图 9-9 Element Types 对话框

⑥ 在弹出对话框的 Real Constant Set No.文本框中输入 2，在 Spring constant K1 文本框中输入 16，在 Mass M 文本框中输入 2，如图 9-11 所示，单击 OK 按钮，接着单击 Real Constants 对话框中的 Close 按钮关闭该对话框，退出实常数定义。

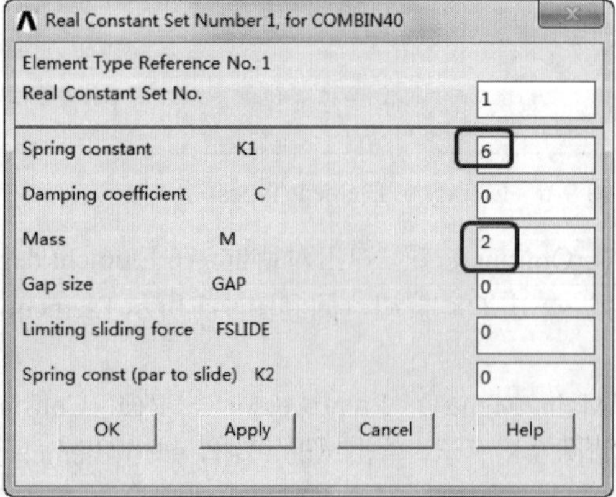

图 9-10 Real Constants Set Number 1, for COMBIN40 对话框

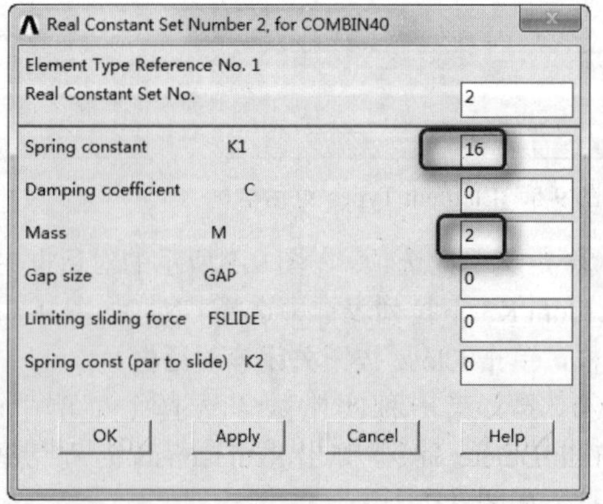

图 9-11 Real Constant Set Number 2, for COMBIN40 对话框

Note

2. 创建模型

（1）创建节点。选择主菜单中的 Main Menu > Preprocessor > Modeling > Create > Nodes > In Active CS 命令，弹出 Create Nodes in Active Coordinate System 对话框。在 NODE Node number 后面的文本框中输入 1，如图 9-12 所示，在 X,Y,Z Location in active CS 后面的文本框中分别输入 3 个 0，单击 Apply 按钮。

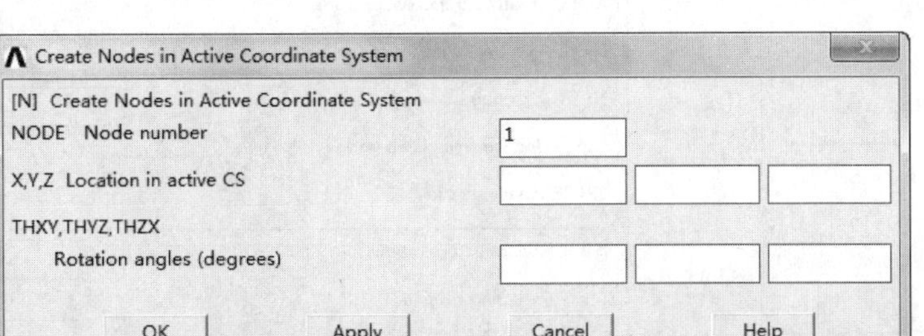

图 9-12　生成第一个节点

（2）重复第（1）步中的操作打开 Create Nodes in Active Coordinate System 对话框，在 NODE Node number 后面的文本框中输入 3，在 X,Y,Z Location in active CS 后面的文本框中分别输入 0、2、0，单击 OK 按钮。

（3）打开节点编号显示控制。从实用菜单中选择 Utility Menu > PlotCtrls > Numbering 命令，弹出 Plot Numbering Controls 对话框，选中 NODE Node numbers 复选框使其显示为 On，如图 9-13 所示，单击 OK 按钮。

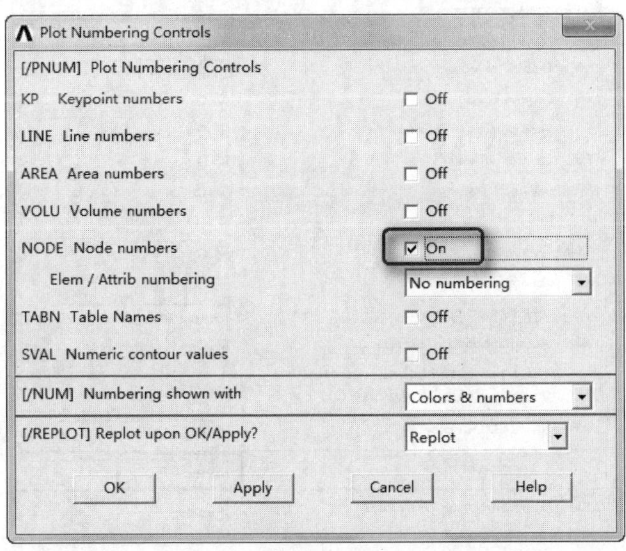

图 9-13　打开节点编号显示控制

（4）插入新节点。选择主菜单中的 Main Menu > Preprocessor > Modeling > Create > Nodes > Fill between Nds 命令，弹出 Fill between Nds 拾取框，如图 9-14 所示。用鼠标在屏幕上单击拾取编号为 1 和 3 的两个节点，单击 OK 按钮，弹出 Create Nodes Between 2 Nodes 对话框。单击 OK 按钮接受默认设置，如图 9-15 所示。

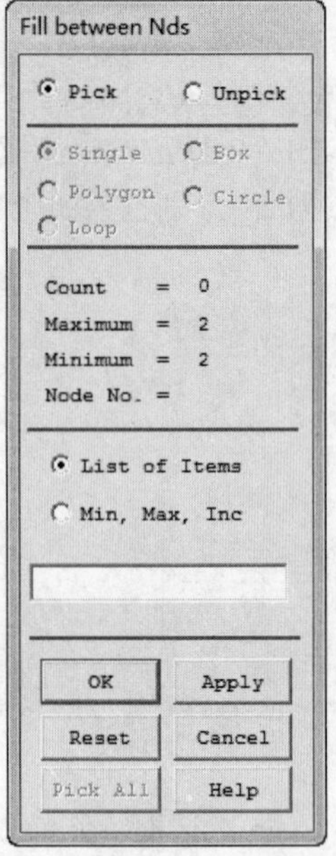

图 9-14　Fill between Nds 拾取框

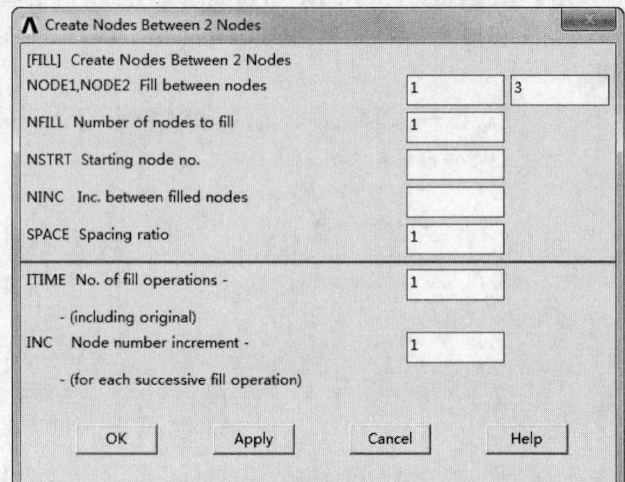

图 9-15　在两节点之间创建节点对话框

（5）选择菜单路径。从实用菜单中选择 Utility Menu > PlotCtrls > Window Controls > Window Options 命令，弹出对话框，在[/TRIAD] Location of triad 后面的下拉列表框中选择 At top left 选项，如图 9-16 所示，单击 OK 按钮关闭该对话框。此时屏幕显示如图 9-17 所示。

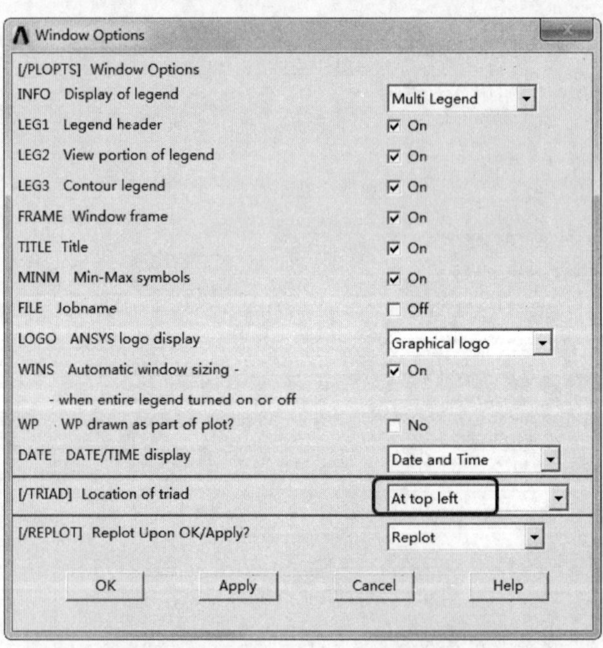

图 9-16　窗口显示控制对话框

（6）定义梁单元属性。选择主菜单中的 Main Menu > Preprocessor > Modeling > Create > Elements > Elem Attributes 命令，弹出 Elements Attributes 对话框，在[TYPE] Element type number 后面的下拉列表框中选择 1 COMBIN40，在[REAL] Real constant set number 后面的下拉列表框中选择 1，

如图 9-18 所示，单击 OK 按钮。

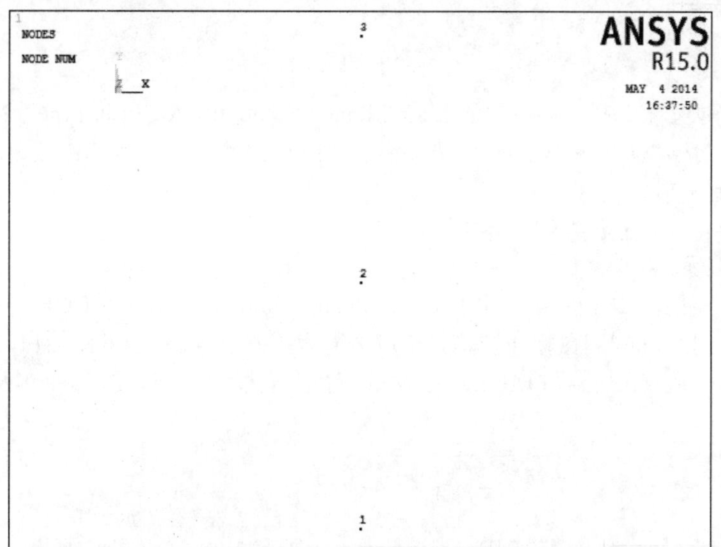

图 9-17 窗口节点显示

（7）创建梁单元。选择主菜单中的 Main Menu > Preprocessor > Modeling > Create > Elements > Auto Numbered > Thru Nodes 命令，弹出 Elements from Nodes 拾取框。用鼠标在屏幕上拾取编号为 1 和 2 的节点，单击 OK 按钮，屏幕上在节点 1 和节点 2 之间将出现一条直线。

（8）定义梁单元属性。选择主菜单中的 Main Menu > Preprocessor > Modeling > Create > Elements > Elem Attributes 命令，弹出 Elements Attributes 对话框，在[TYPE] Element type number 后面的下拉列表框中选择 1 COMBIN40，在[REAL] Real constant set number 后面的下拉列表框中选择 2，单击 OK 按钮。

（9）创建梁单元。选择主菜单中的 Main Menu > Preprocessor > Modeling > Create > Elements > Auto Numbered > Thru Nodes 命令，弹出 Elements from Nodes 拾取框。用鼠标在屏幕上拾取编号为 2 和 3 的节点，单击 OK 按钮，屏幕上在节点 2 和节点 3 之间将出现一条直线。此时屏幕显示如图 9-19 所示。

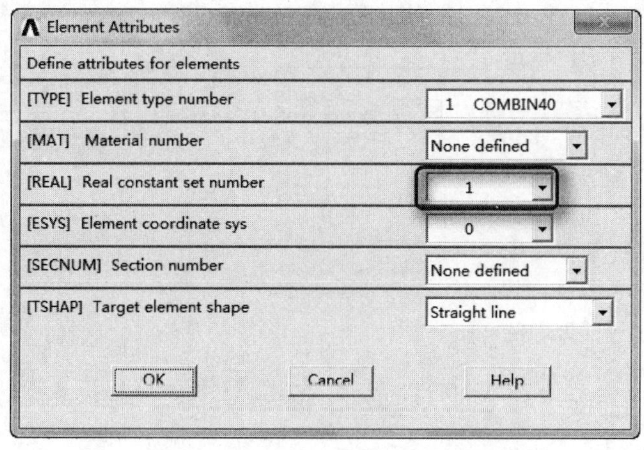

图 9-18 Elements Attributes 对话框

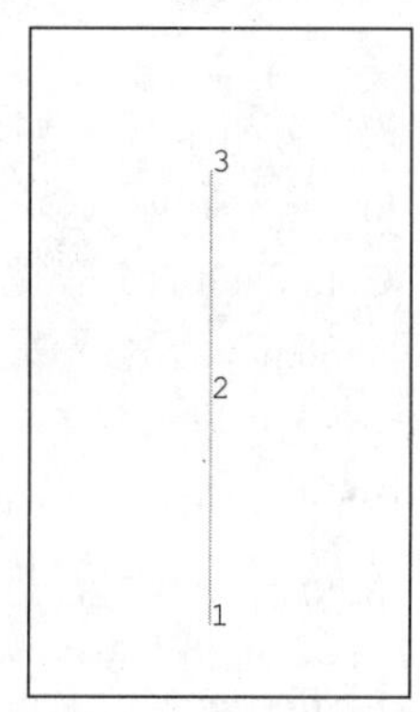

图 9-19 单元模型

9.2.3 分析模型

1．模态分析

（1）定义求解类型。选择主菜单中的 Main Menu > Solution > Analysis Type > New Analysis 命令，弹出 New Analysis 对话框，选中 Modal 单选按钮，如图 9-20 所示，单击 OK 按钮。

（2）设置求解选项。

在命令行中输入以下命令定义减缩方法。

```
MODOPT,REDUC,2,,,2
```

（3）定义主自由度。选择主菜单中的 Main Menu > Solution > Master DOFs > Define 命令，弹出 Define Master DOFs 拾取框，用鼠标在屏幕上拾取编号为 1 的节点，单击 OK 按钮，弹出 Define Master DOFs 对话框，在 Lab1 1st degree of freedom 后面的下拉列表框中选择 UY，如图 9-21 所示，单击 Apply 按钮。

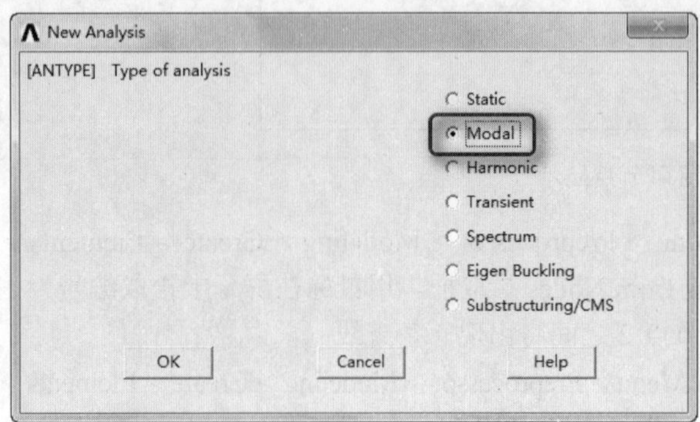

图 9-20 定义分析类型为模态分析

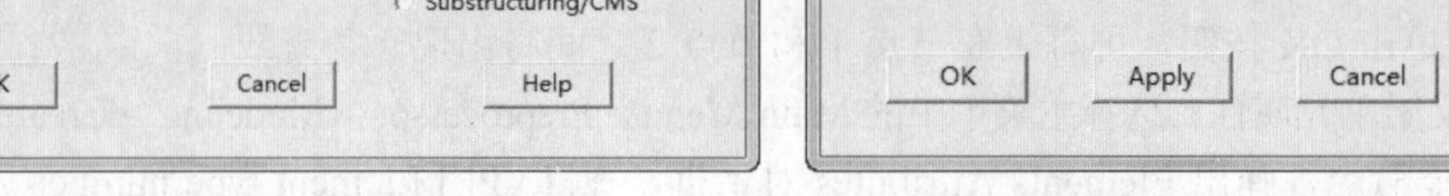

图 9-21 定义主自由度

（4）在弹出的 Define Master DOFs 拾取框中，用鼠标在屏幕上拾取编号为 2 的节点，单击 OK 按钮，弹出 Define Master DOFs 对话框，在 Lab1 1st degree of freedom 后面的下拉列表框中选择 UY，如图 9-21 所示，单击 OK 按钮。

（5）施加约束。选择主菜单中的 Main Menu > Solution > Define Loads > Apply > Structural > Displace ment > On Nodes 命令，弹出 Apply U,ROT on Nodes 拾取框，用鼠标在屏幕上拾取编号为 3 的节点，单击 OK 按钮，弹出 Apply U,ROT on Nodes 对话框，在 Lab2 DOFs to be constrained 后面的列表框中选择 All DOF，如图 9-22 所示，单击 OK 按钮。

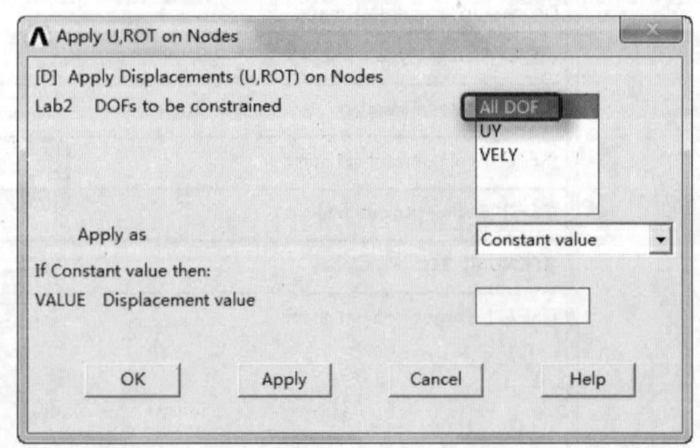

图 9-22 施加约束

（6）模态分析求解。选择主菜单中的 Main Menu > Solution > Solve > Current LS 命令，弹出 /STATUS Command 信息提示窗口和 Solve Current Load Step 对话框。浏览信息提示窗口中的信息，如果无误则选择 File > Close 命令将其关闭。单击 Solve Current Load Step 对话框中的 OK 按钮，开始求解。求解完毕后会出现 Solution is done 提示框，单击 Close 按钮关闭即可。

（7）退出求解器。选择主菜单中的 Main Menu > Finish 命令退出求解器。

2．谐响应分析

（1）定义求解类型。选择主菜单中的 Main Menu > Solution > Analysis Type > New Analysis 命令，弹出 New Analysis 对话框，选中 Harmonic 单选按钮，如图 9-23 所示，单击 OK 按钮。

（2）设置求解选项。选择主菜单中的 Main Menu > Solution > Analysis Type > Analysis Options 命令，弹出 Harmonic Analysis 对话框，在[HROPT] Solution method 后面的下拉列表框中选择 Mode Superpos'n，如图 9-24 所示，单击 OK 按钮。

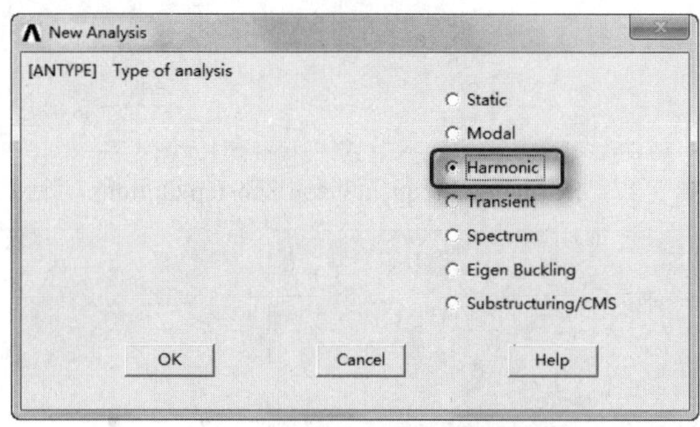

图 9-23　定义分析类型为谐响应分析

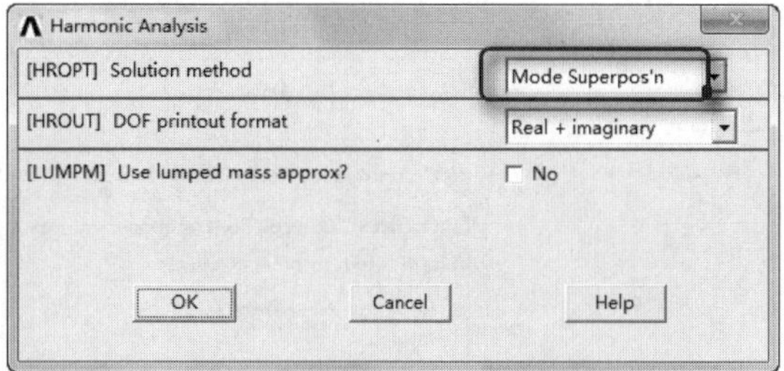

图 9-24　Harmonic Analysis 对话框

（3）弹出 Mode Sup Harmonic Analysis 对话框，在[HROPT] Maximum mode number 后面的文本框中输入 2，如图 9-25 所示，单击 OK 按钮。

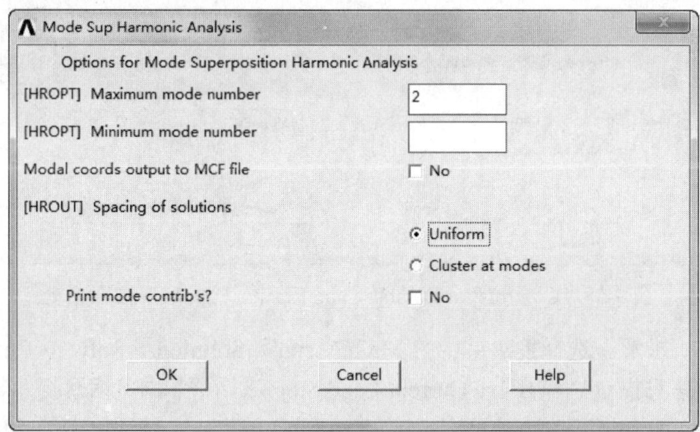

图 9-25　Mode Sup Harmonic Analysis 对话框

（4）施加集中载荷。选择主菜单中的 Main Menu > Solution > Define Loads > Apply > Structural > Force/Moment > On Nodes 命令，弹出 Apply F/M on Nodes 拾取框，在屏幕上拾取编号为 3 的节点，单击 OK 按钮，弹出 Apply F/M on Nodes 对话框，在 Lab Direction of force/mom 后面的下拉列表框中选择 FY，在 VALUE Real part of force/mom 后面的文本框中输入 50，如图 9-26 所示，单击 OK 按钮。

（5）设置载荷。选择主菜单中的 Main Menu > Solution > Load Step Opts > Time/Frequenc > Freq and Substps 命令，弹出 Harmonic Frequency and Substep Options 对话框，在[NSUBST] Number of substeps 后面的文本框中输入 50，在[HARFRQ] Harmonic freq range 后面的文本框中依次输入 0.1 和 1，在[KBC] Stepped or ramped b.c.后面选中 Stepped 单选按钮，如图 9-27 所示，单击 OK 按钮。

（6）设置输出选项。选择主菜单中的 Main Menu > Solution > Load Step Opts > Output Ctrls > DB/Results File 命令，弹出 Controls for Database and Results File Writing 对话框，在[FREQ] File write

Note

frequency 后面选中 Every substep 单选按钮，如图 9-28 所示，单击 OK 按钮。

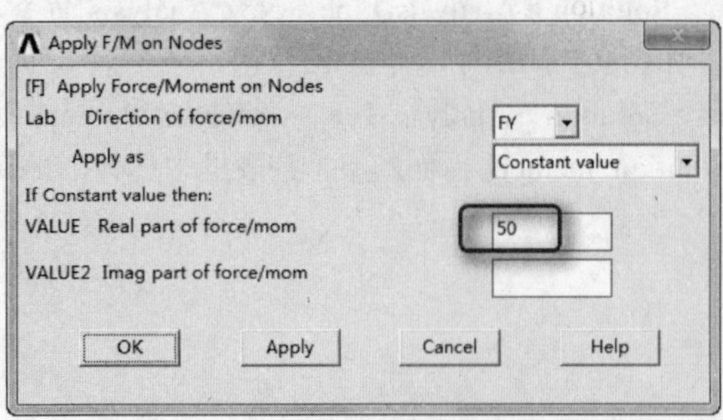

图 9-26 施加载荷

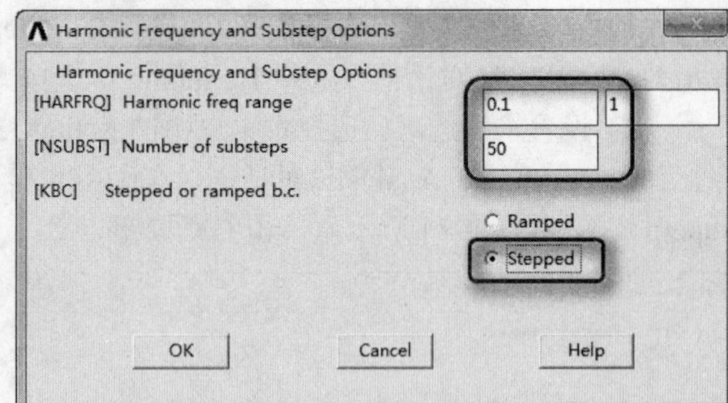

图 9-27 Harmonic Frequency and Substep Options 对话框

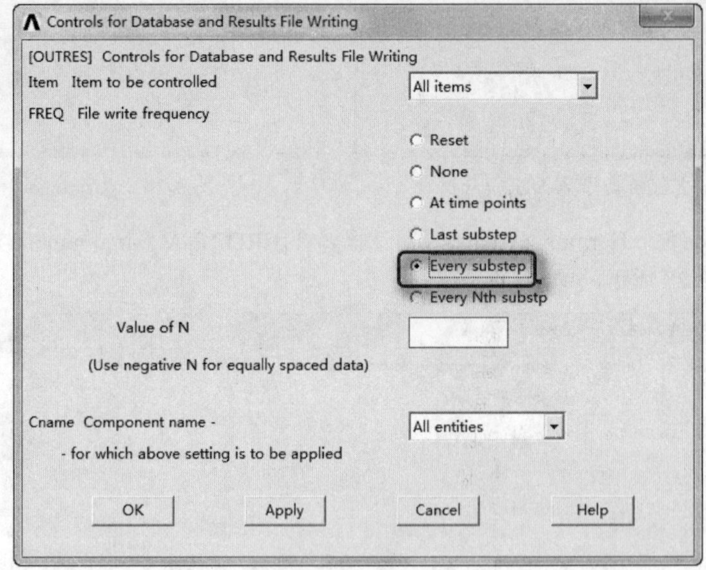

图 9-28 Controls for Database and Results File Writing 对话框

（7）谐响应分析求解。选择主菜单中的 Main Menu > Solution > Solve > Current LS 命令，弹出 /STATUS Command 信息提示栏和 Solve Current Load Step 对话框。浏览信息提示栏中的信息，如果无误则选择 File > Close 命令将其关闭。单击 Solve Current Load Step 对话框中的 OK 按钮，开始求解。求解完毕后会出现 Solution is done 提示框，单击 Close 按钮关闭即可。

（8）退出求解器。选择主菜单中的 Main Menu > Finish 命令退出求解器。

9.2.4 观察结果

（1）进入时间历程后处理。选择主菜单中的 Main Menu > TimeHist PostPro 命令，弹出如图 9-29 所示的 Time History Variables 对话框，里面已有默认变量频率（FREQ）。

（2）定义位移变量 UY1。在图 9-29 所示的对话框中单击左上角的＋按钮，弹出 Add Time-History Variable 对话框，依次选择 Nodal Solution > DOF Solution > Y-Component of displacement 选项，如图 9-30 所示，在 Variable Name 后面的文本框中输入 UY_1，单击 OK 按钮。

（3）弹出 Node for Data 拾取框，如图 9-31 所示，在拾取框的文本框中输入 1，单击 OK 按钮，

返回到 Time History Variables 对话框中，此时变量列表框中多了一项 UY_1 变量。

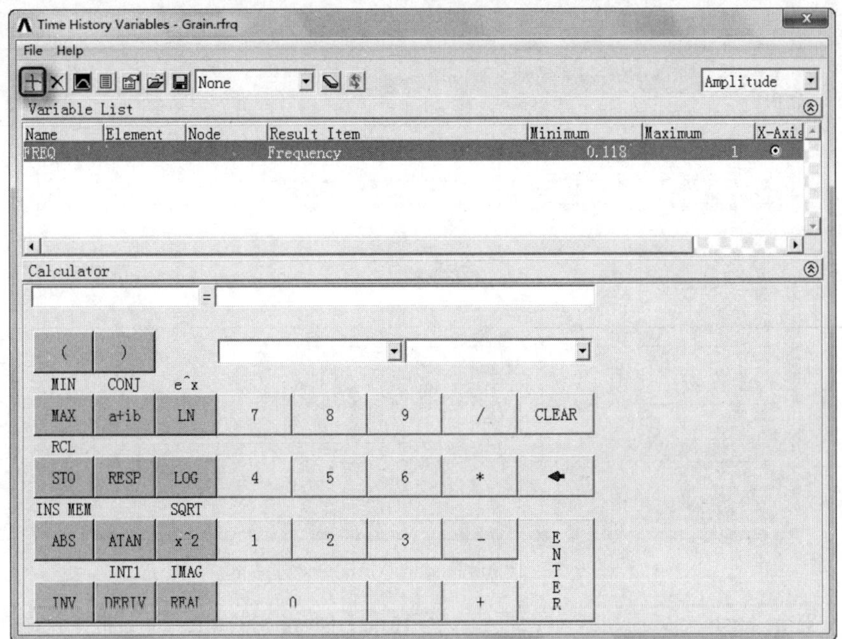

图 9-29 Time History Variables 对话框

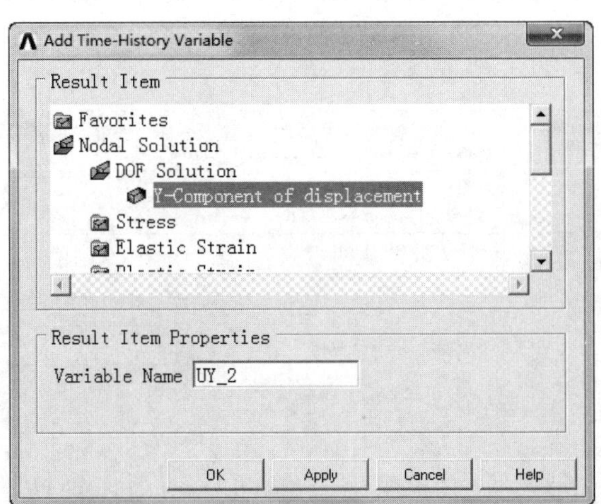

图 9-30 Add Time-History Variable 对话框

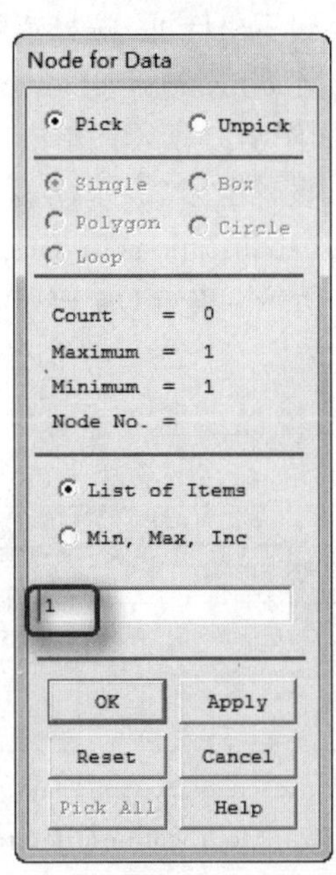

图 9-31 Node for Data 拾取框

（4）定义位移变量 UY1。在图 9-29 所示的对话框中单击左上角的+按钮，弹出 Add Time-History Variable 对话框，依次选择 Nodal Solution > DOF Solution > Y-Component of displacement 选项，如图 9-30 所示，在 Variable Name 后面的文本框中输入 UY_2，单击 OK 按钮。

（5）弹出 Node for Data 拾取框，如图 9-31 所示，在拾取框的文本框中输入 2，单击 OK 按钮。返回到 Time History Variables 对话框中，此时变量列表框中多了一项 UY_2 变量，如图 9-32 所示。

Note

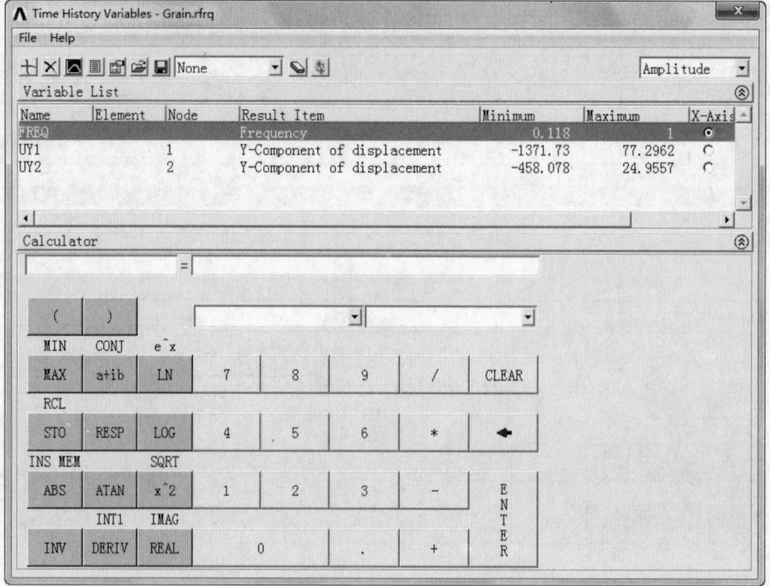

图 9-32　Time History Variables 对话框

（6）关闭 Time History Variables 对话框。选择 Time History Variables 对话框左上角的 File > Close 命令将其关闭。

（7）设置坐标 1。选择菜单栏中的 Utility Menu > PlotCtrls > Style > Graphs > Modify Grid 命令，弹出 Grid Modifications for Graph Plots 对话框，在[/GRID] Type of grid 后面的下拉列表框中选择 X and Y lines，如图 9-33 所示，单击 OK 按钮。

（8）设置坐标 2。选择菜单栏中的 Utility Menu > PlotCtrls > Style > Graphs > Modify Axes 命令，弹出 Axes Modifications for Graph Plots 对话框，在[/AXLAB] Y-axis label 后面的文本框中输入 DISP，如图 9-34 所示，单击 OK 按钮。

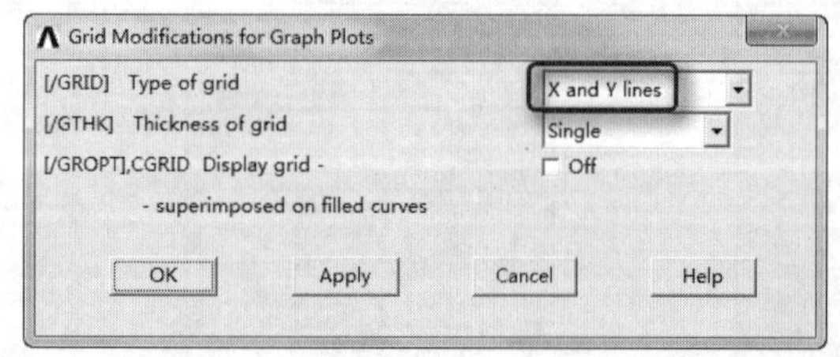

图 9-33　Grid Modifications for Graph Plots 对话框

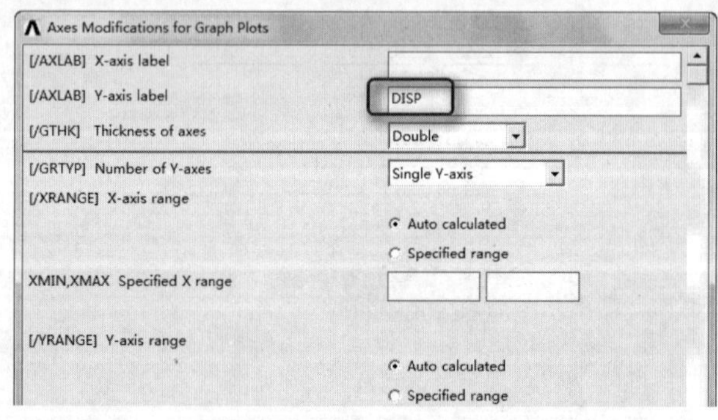

图 9-34　Axes Modifications for Graph Plots 对话框

（9）绘制变量图。选择主菜单中的 Main Menu > TimeHist PostPro > Graph Variables 命令，弹出 Graph Time-History Variables 对话框，如图 9-35 所示。在 NVAR1 后面的文本框中输入 2，在 NVAR2 后面的文本框中输入 3，单击 OK 按钮，屏幕显示如图 9-36 所示。

（10）列表显示变量。选择主菜单中的 Main Menu > TimeHist PostPro > List Variables 命令，弹出 List Time-History Variables 对话框，如图 9-37 所示，在 NVAR1 后面的文本框中输入 2，在 NVAR2 后面的文本框中输入 3，单击 OK 按钮，屏幕显示如图 9-38 所示。

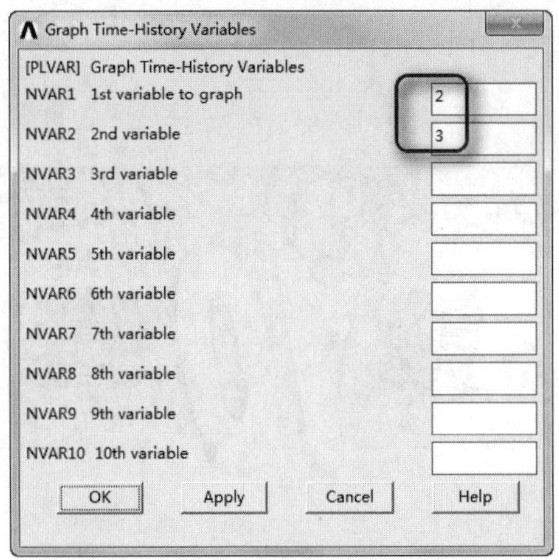

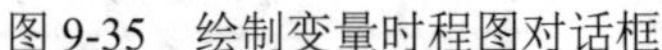

图 9-35　绘制变量时程图对话框

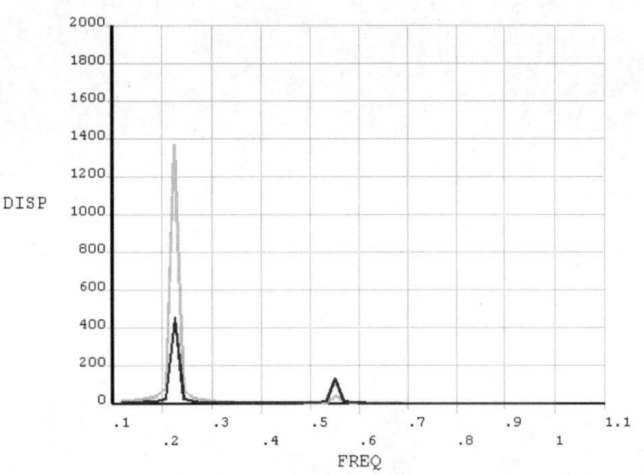

图 9-36　变量时程图显示

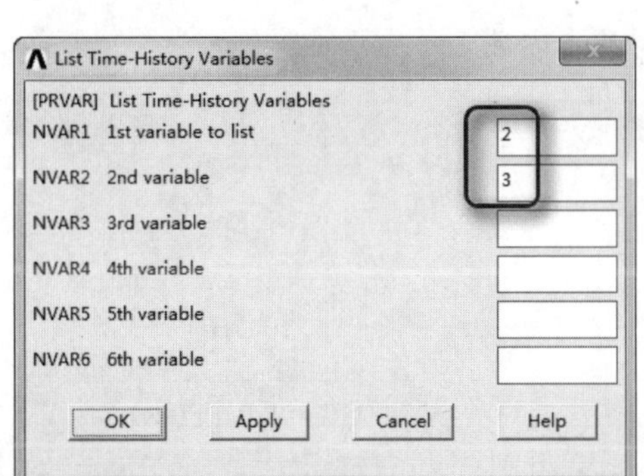

图 9-37　List Time-History Variables 对话框

PRVAR Command

File

***** ANSYS POST26 VARIABLE LISTING *****

FREQ	1 UY		2 UY	
	UY1		UY2	
	AMPLITUDE	PHASE	AMPLITUDE	PHASE
0.11800	15.7323	0.00000	4.51633	0.00000
0.13600	17.9411	0.00000	5.24091	0.00000
0.15400	21.3780	0.00000	6.37277	0.00000
0.17200	27.2718	0.00000	8.32127	0.00000
0.19000	39.3785	0.00000	12.3381	0.00000
0.20800	77.2962	0.00000	24.9557	0.00000
0.22600	1371.73	180.000	458.078	180.000
0.24400	63.9556	180.000	22.1821	180.000
0.26200	31.4230	180.000	11.3713	180.000
0.28000	20.2652	180.000	7.69087	180.000
0.29800	14.6475	180.000	5.86356	180.000
0.31600	11.2748	180.000	4.79246	180.000
0.33400	9.03007	180.000	4.10710	180.000
0.35200	7.42964	180.000	3.64886	180.000
0.37000	6 22966	180.000	3.34006	180.000
0.38800	5.29321	180.000	3.14028	180.000
0.40600	4.53656	180.000	3.02940	180.000

图 9-38　列表显示变量

（11）退出 ANSYS。在 ANAYS Toolbar 工具条中单击 Quit 按钮，选择要保存的项后单击 OK 按钮。

9.2.5　命令流方式

命令流方式这里不再详细介绍，读者可参见随书光盘中的电子文档。

第10章 瞬态动力学分析

瞬态动力学分析（也称时间历程分析）是用于确定承受任意的随时间变化载荷的结构的动力学响应的一种方法。

本章将通过实例讲述瞬态动力学分析的基本步骤和具体方法。

☑ 瞬态动力学概论

☑ 弹簧阻尼系统的自由振动分析

任务驱动&项目案例

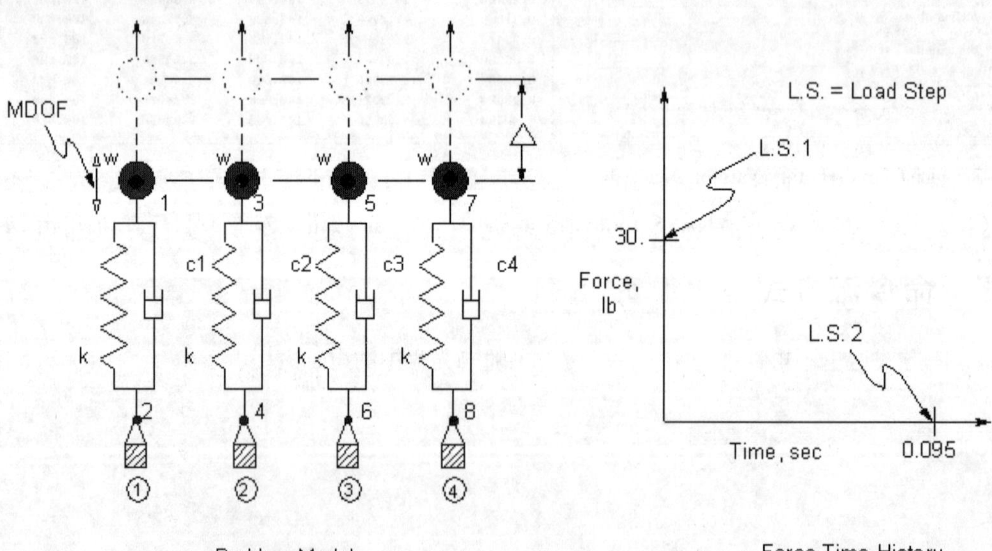

10.1 瞬态动力学概论

Note

可以用瞬态动力学分析确定结构在静载荷、瞬态载荷和简谐载荷的随意组合作用下随时间变化的位移、应变、应力及力。载荷和时间的相关性使得惯性力和阻尼作用比较显著。如果惯性力和阻尼作用不重要，就可以用静力学分析代替瞬态分析。

瞬态动力学分析比静力学分析更复杂，因为按“工程”时间计算，瞬态动力学分析通常要占用更多的计算机资源和人力。可以先做一些预备工作以理解问题的物理意义，从而节省大量资源，例如，可以做以下预备工作。

首先分析一个比较简单的模型，由梁、质量体、弹簧组成的模型可以以最小的代价对问题提供有效、深入的理解，简单模型或许正是确定结构所有的动力学响应所需要的。

如果分析中包含非线性，可以首先通过进行静力学分析尝试了解非线性特性如何影响结构的响应。有时在动力学分析中没必要包括非线性。

了解问题的动力学特性。通过做模态分析计算结构的固有频率和振型，便可了解当这些模态被激活时结构如何响应。固有频率同样也对计算出正确的积分时间步长有用。

对于非线性问题，应考虑将模型的线性部分了结构化以降低分析代价。了结构在帮助文件中的 ANSYS Advanced Analysis Techniques Guide 里有详细的描述。

进行瞬态动力学分析可以采用 3 种方法，即 Full Method（完全法）、Mode Superposition Method（模态叠加法）、Reduced Method（减缩法）。下面来比较一下各种方法的优缺点。

10.1.1 Full Method（完全法）

Full Method 采用完整的系统矩阵计算瞬态响应（没有矩阵减缩）。它是 3 种方法中功能最强的，允许包含各类非线性特性（塑性、大变形、大应变等）。Full Method 的优点如下。

☑ 容易使用，因为不必关心如何选取主自由度和振型。

☑ 允许包含各类非线性特性。

☑ 使用完整矩阵，因此不涉及质量矩阵的近似。

☑ 在一次处理过程中计算出所有的位移和应力。

☑ 允许施加各种类型的载荷，例如，节点力、外加的（非零）约束、单元载荷（压力和温度）。

☑ 允许采用实体模型上所加的载荷。

☑ Full Method 的主要缺点是比其他方法消耗大。

10.1.2 Mode Superposition Method（模态叠加法）

Mode Superposition Method 通过对模态分析得到的振型（特征值）乘以因子并求和来计算出结构的响应。它的优点如下。

☑ 对于许多问题，该方法比 Reduced Method 或 Full Method 更快且消耗小。

☑ 在模态分析中施加的载荷可以通过 LVSCALE 命令用于谐响应分析中。

☑ 允许指定振型阻尼（阻尼系数为频率的函数）。

Mode Superposition Method 的缺点如下。

☑ 整个瞬态分析过程中时间步长必须保持恒定，因此不允许用自动时间步长。

☑ 唯一允许的非线性是点点接触（有间隙情形）。

☑ 不能用于分析“未固定的（floating）”或不连续结构。

☑ 不接受外加的非零位移。

☑ 在模态分析中使用 PowerDynamics 方法时，初始条件中不能有预加的载荷或位移。

10.1.3 Reduced Method（减缩法）

Reduced Method 通常采用主自由度和减缩矩阵来压缩问题的规模。主自由度处的位移被计算出来后，解可以被扩展到初始的完整 DOF 集上。

这种方法的优点是比 Full Method 更快且消耗小。

Reduced Method 的缺点如下。

☑ 初始解只计算出主自由度的位移。要得到完整的位移、应力和力的解，需执行扩展处理（扩展处理在某些分析应用中可能不必要）。

☑ 不能施加单元载荷（压力、温度等），但允许有加速度。

☑ 所有载荷必须施加在用户定义的自由度上，这就限制了采用实体模型上所加的载荷。

☑ 整个瞬态分析过程中时间步长必须保持恒定，因此不允许用自动时间步长。

☑ 唯一允许的非线性是点点接触（有间隙情形）。

10.2 实例——弹簧阻尼系统的自由振动分析

本节通过对弹簧、质量、阻尼振动系统进行瞬态动力分析，介绍 ANSYS 的瞬态动力分析过程。

10.2.1 分析问题

如图 10-1 所示振动系统，由 4 个系统组成，在质量块上施加随时间变化的力，计算在振动系统的瞬态响应情况，比较不同阻尼下系统的运动情况，并与理论计算值相比较，如表 10-1 所示。

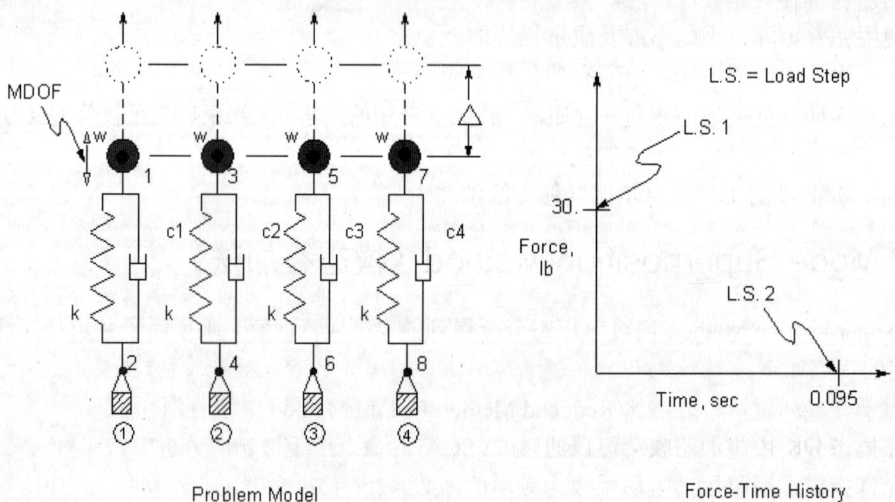

图 10-1 振动系统和载荷

表 10-1　不同阻尼下的计算值

t = 0.09 sec	Target	ANSYS	Ratio
u, in (for damping ratio = 2.0)	0.47420	0.47637	1.005
u, in (for damping ratio = 1.0)	0.18998	0.19245	1.013
u, in (for damping ratio = 0.2)	−0.52108	−0.51951	0.997
u, in (for damping ratio = 0.0)	−0.99688	−0.99498	0.998

阻尼 1：$\xi = 2.0$

阻尼 2：$\xi = 1.0$ (critical)

阻尼 3：$\xi = 0.2$

阻尼 4：$\xi = 0.0$ (undamped)

位移：$w = 10\text{lb}$

刚度：$k = 30\text{lb/in}$

质量：$m = w/g = 0.02590673\text{lb-sec}^2/\text{in}$

位移：$\Delta = 1\text{in}$

重力加速度：$g = 386\text{in/sec}^2$

10.2.2　建立模型

建立模型包括设定分析作业名和标题；定义单元类型和实常数；定义材料属性；建立几何模型；划分有限元网格。

1．设定分析作业名和标题

在进行一个新的有限元分析时，通常需要修改数据库名，并在图形输出窗口中定义一个标题来说明当前进行的工作内容。另外，对于不同的分析范畴（结构分析、热分析、流体分析、电磁场分析等），ANSYS 所用的主菜单的内容不尽相同，为此，需要在分析开始时选定分析内容的范畴，以便 ANSYS 显示出与其相对应的菜单选项。

（1）从实用菜单中选择 Utility Menu > File > Change Jobname 命令，打开 Change Jobname（修改文件名）对话框，如图 10-2 所示。

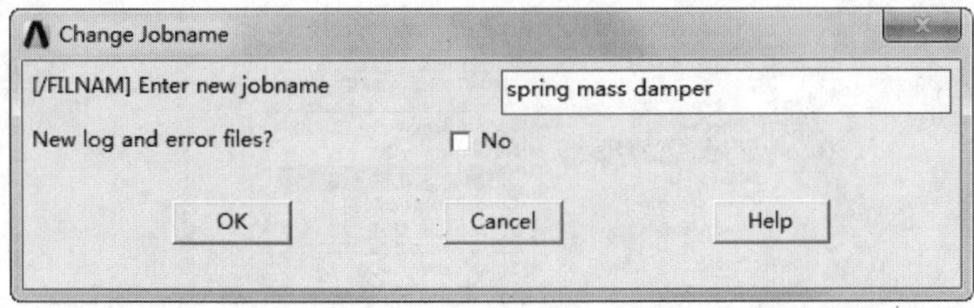

图 10-2　修改文件名对话框

（2）在 Enter new jobname（输入新的文件名）后面的文本框中输入 spring mass damper，作为本分析实例的数据库文件名。

（3）单击 OK 按钮，完成文件名的修改。

（4）从实用菜单中选择 Utility Menu > File > Change Title 命令，打开 Change Title（修改标题）对话框，如图 10-3 所示。

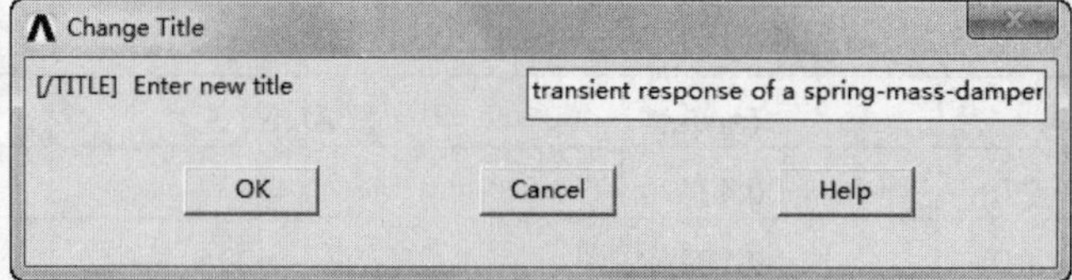

图 10-3 修改标题对话框

Note

（5）在 Enter new title（输入新标题）后面的文本框中输入 transient response of a spring-mass-damper system，作为本分析实例的标题名。

（6）单击 OK 按钮，完成对标题名的指定。

（7）从实用菜单中选择 Utility Menu > Plot > Replot 命令，指定的标题 transient response of a spring-mass-damper system 将显示在图形窗口的左下角。

（8）从主菜单中选择 Main Menu > Preference 命令，打开 Preference of GUI Filtering（菜单过滤参数选择）对话框，选中 Structural 复选框，单击 OK 按钮确定。

2．定义单元类型

在进行有限元分析时，首先应根据分析问题的几何结构、分析类型和所分析的问题精度要求等，选定适合具体分析的单元类型。本例中选用复合单元 Combination 40。

（1）从主菜单中选择 Main Menu > Preprocessor > Element Type > Add/Edit/Delete 命令，将打开 Element Types（单元类型）对话框。

（2）单击 Add 按钮，打开 Library of Element Types（单元类型库）对话框，如图 10-4 所示。

（3）在左边的列表框中选择 Combination 选项，选择复合单元类型。

（4）在右边的列表框中选择 Combination 40 选项，选择复合单元 Combination 40。

（5）单击 OK 按钮，将添加 Combination 40 单元，并关闭单元类型库对话框，同时返回到第（1）步打开的单元类型对话框，如图 10-5 所示。

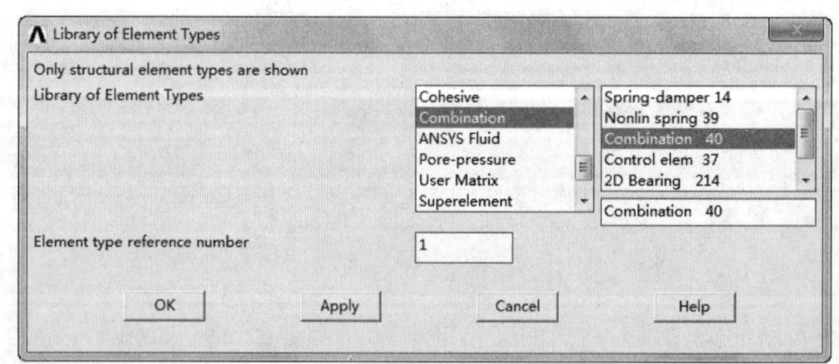

图 10-4 单元类型库对话框

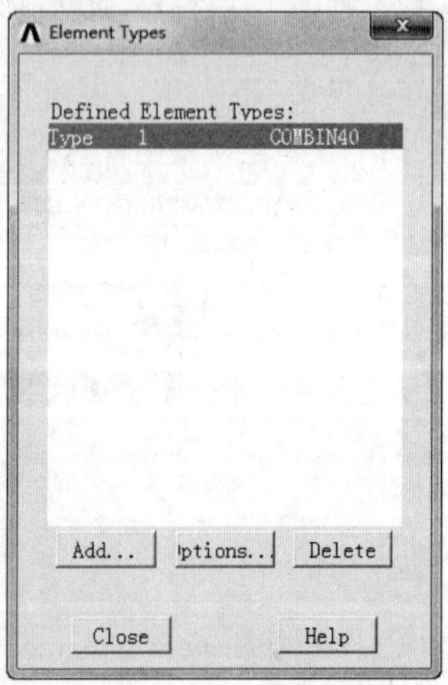

图 10-5 单元类型对话框

（6）在其中单击 Options 按钮，打开如图 10-6 所示的 COMBIN40 element type options（单元选项设置）对话框，对 Combination 40 单元进行设置，使其可用于计算模型中的问题。

（7）在 Element degree(s) of freedom K3（单元自由度）后面的下拉列表框中选择 UY 选项。

（8）单击 OK 按钮，关闭单元选项设置对话框，返回到图 10-5 所示的单元类型对话框中。

（9）单击 Close 按钮，关闭对话框，结束单元类型的添加。

Note

3．定义实常数

本实例中选用复合单元 Combination 40，需要设置其实常数。

（1）从主菜单中选择 Main Menu > Preprocessor > Real Constants > Add/Edit/Delete 命令，打开如图 10-7 所示的 Real Constants（实常数）对话框。

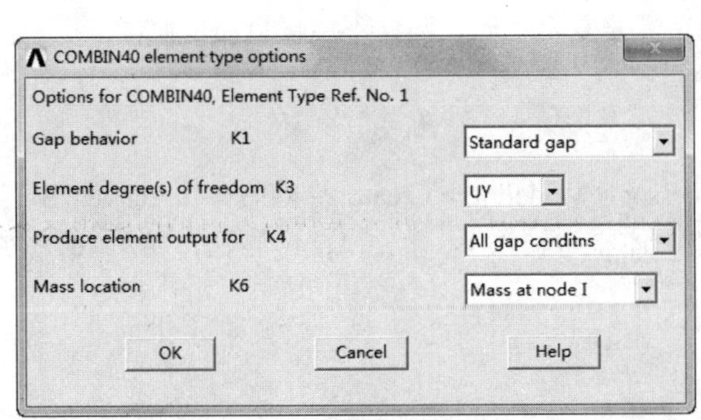

图 10-6　单元属性设置

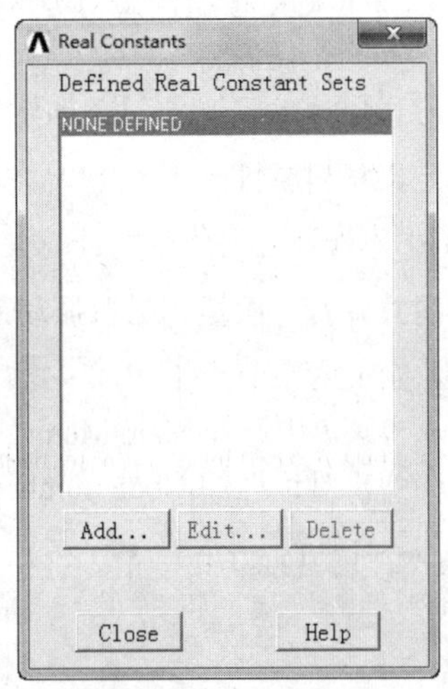

图 10-7　设置实常数

（2）单击 Add 按钮，打开如图 10-8 所示的 Element Type for Real Constants（实常数单元类型）对话框，选择需定义实常数的单元类型。

（3）本例中定义了一种单元类型，在已定义的单元类型列表中选择 Type 1 Combination 40，将为复合单元 Combination 40 类型定义实常数。

（4）单击 OK 按钮，关闭选择单元类型对话框，打开该单元类型 Real Constant Set Number1, for COMBIN40（实常数集）对话框，如图 10-9 所示。

图 10-8　选择单元类型

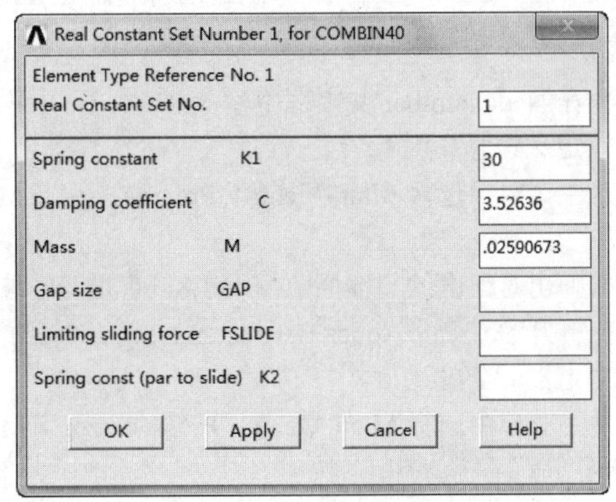

图 10-9　实常数集对话框

Note

（5）在 Real Constant Set No.（编号）后面的文本框中输入 1，设置第一组实常数。

（6）在 K1（刚度）后面的文本框中输入 30。

（7）在 C（阻尼）后面的文本框中输入 3.52636。

（8）在 M（质量）后面的文本框中输入.02590673。

（9）单击 Apply 按钮，进行第 2、3、4 组的实常数设置，其与第 1 组只在 C（阻尼）后面的文本框处有区别，分别为 1.76318、.352636 和 0。

（10）单击 OK 按钮，关闭实常数集对话框，返回到实常数设置对话框中，显示已经定义了 4 组实常数，如图 10-10 所示。

（11）单击 Close 按钮，关闭实常数设置对话框。

4．定义材料属性

本例中不涉及应力应变的计算，采用的单元是复合单元，因此不用设置材料属性。

5．建立弹簧、质量、阻尼振动系统模型

（1）定义两个节点 1 和 8。

① 从主菜单中选择 Main Menu > Preprocessor > Modeling > Create > Nodes > In Active CS …命令。

② 在弹出对话框的 Node number 后面的文本框中输入 1，单击 Apply 按钮，如图 10-11 所示。

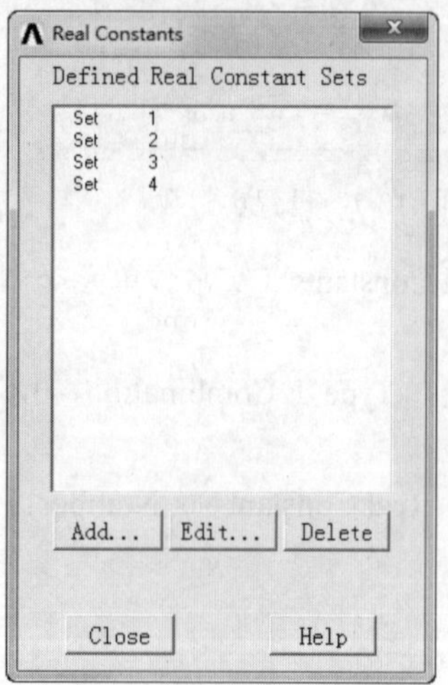

图 10-10　已经定义的实常数

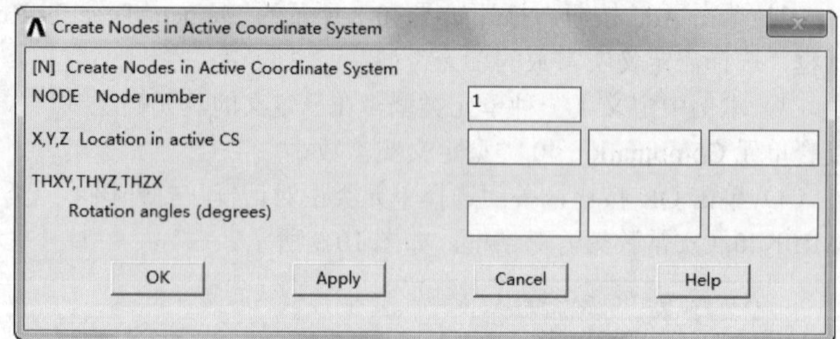

图 10-11　定义一个节点

③ 再在 Node number 文本框中输入 8，单击 OK 按钮。

（2）定义其他节点 2～7。

① 从主菜单中选择 Main Menu > Preprocessor > Modeling > Create > Nodes > Fill between nds …命令。

② 在弹出对话框的文本框中输入 1,8，单击 OK 按钮，如图 10-12 所示。

③ 在打开的 Create Nodes Between 2 Nodes 对话框中单击 OK 按钮，如图 10-13 所示。

（3）定义一个单元。

① 从主菜单中选择 Main Menu > Preprocessor > Modeling > Create > Elements > AutoNumbered > ThruNodes…命令。

② 在弹出对话框的文本框中输入 1,2，用节点 1 和节点 2 创建一个单元，单击 OK 按钮，如图 10-14 所示。

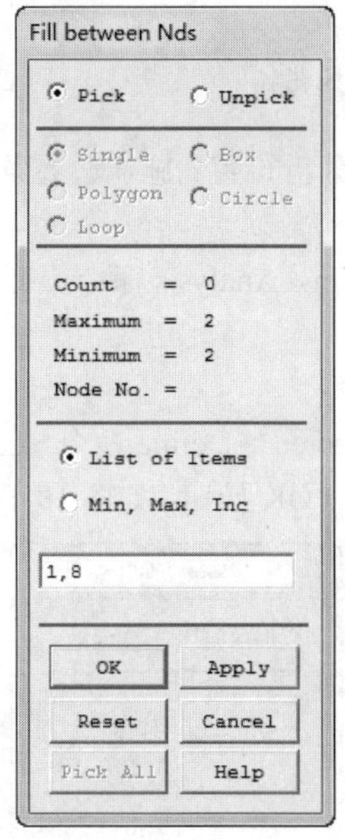

图 10-12　选择节点

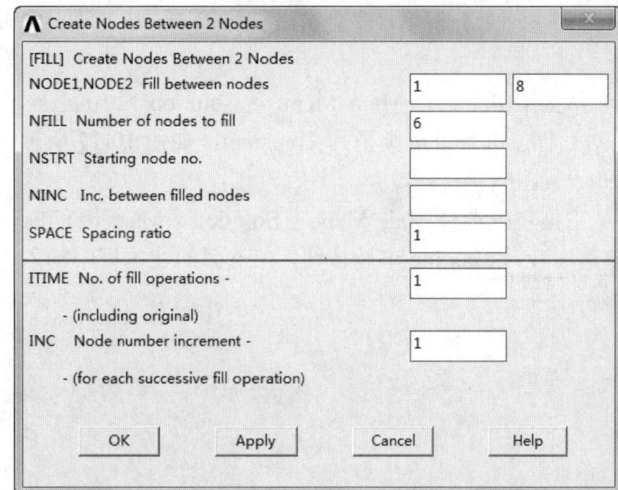

图 10-13　填充节点

（4）创建其他单元。

① 从主菜单中选择 Main Menu > Preprocessor > Modeling > Copy > Elements > AutoNumbered…命令。

② 在弹出对话框的文本框中输入 1，选择第一个单元，单击 OK 按钮，如图 10-15 所示。

③ 在打开的对话框中，在 Total number of copies 后面的文本框中输入 4，在 Node number increment 后面的文本框中输入 2，在 Real constant no.incr 后面的文本框中输入 1，单击 OK 按钮，如图 10-16 所示。

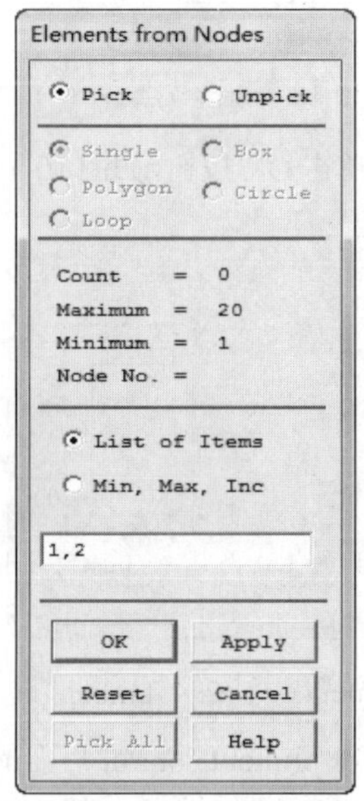

图 10-14　创建一个单元

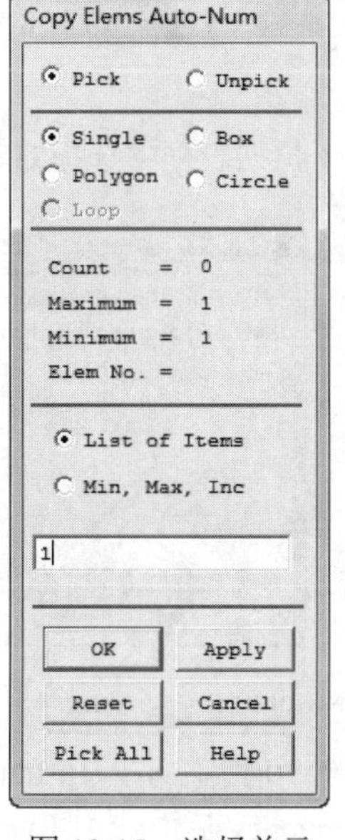

图 10-15　选择单元

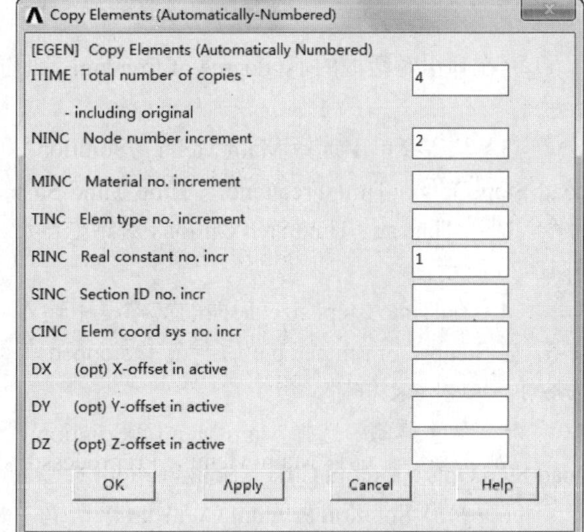

图 10-16　复制单元控制

10.2.3　进行瞬态动力分析设置、定义边界条件并求解

在进行瞬态动力分析中，建立有限元模型后，就需要进行瞬态动力分析设置、施加边界条件并进行求解。

（1）从主菜单中选择 Main Menu > Solution > Analysis Type > New Analysis 命令，打开 New Analysis 对话框，选择分析类型为 Transient，如图 10-17 所示。

（2）设置主自由度。

① 从主菜单中选择 Main Menu > Solution > Master DOFs > User Selected > Define 命令，在弹出的对话框中选中 Min,Max,Inc 单选按钮，在下面的文本框中输入 1,7,2，单击 OK 按钮，如图 10-18 所示。

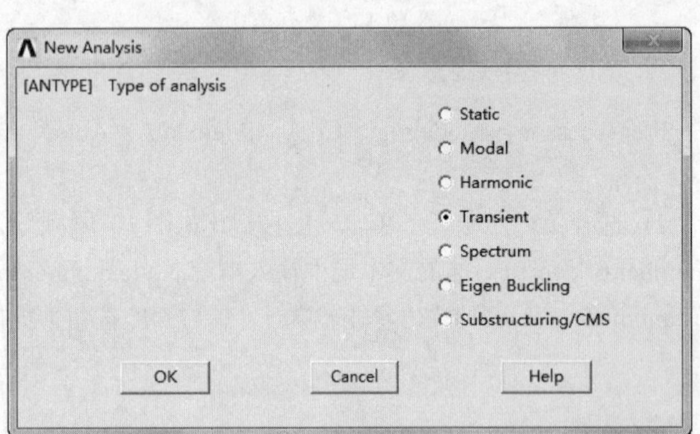

图 10-17　选择分析类型

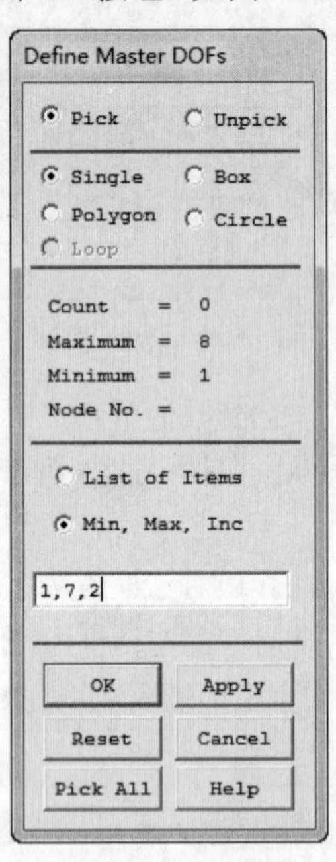

图 10-18　选择节点

② 在弹出对话框的 1st degree of freedom 后面的下拉列表框中选择 UY，单击 OK 按钮，如图 10-19 所示。

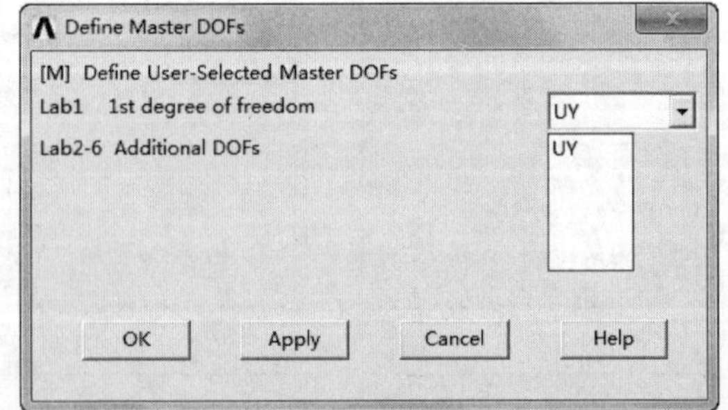

图 10-19　设置主自由度

（3）从主菜单中选择 Main Menu > Solution > Load Step Opts > Time/Frequenc > Time Time Step 命令，打开 Time and Time Step Options 对话框，如图 10-20 所示。

（4）在 Time step size 后面的文本框中输入 1e-3；在 Stepped or ramped b.c 后面选中 stepped 单选按钮，单击 OK 按钮。

（5）从主菜单中选择 Main Menu > Solution > Load Step Opts > Output Ctrls > Solu Printout 命令。

（6）打开 Solution Printout Controls 对话框，如图 10-21 所示，在 Item for printout control 后面的下拉列表框中选择 Nodal DOF solu 选项，在 Print frequency 后面选中 Every Nth substp 单选按钮，在 Value of N 后面的文本框中输入 1，单击 OK 按钮，如图 10-21 所示。

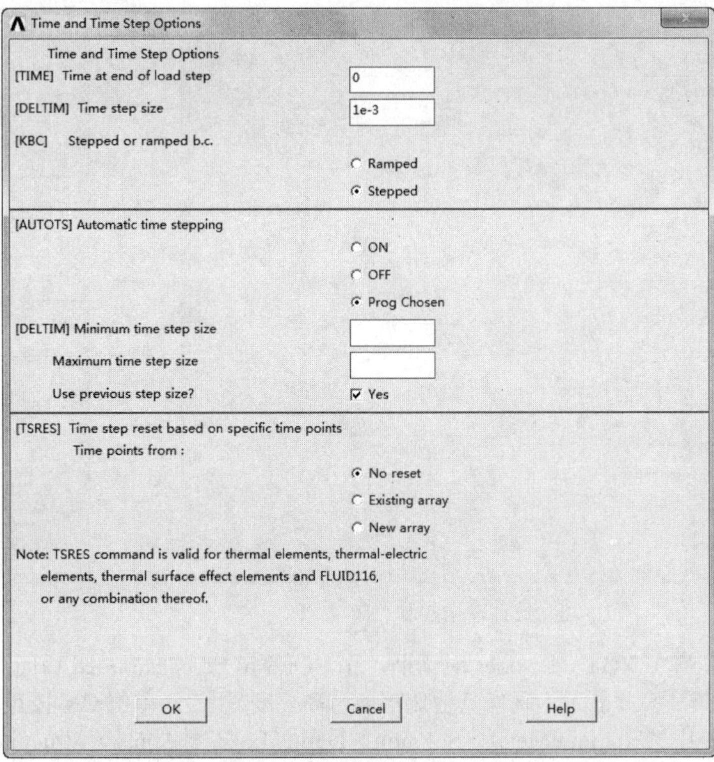

图 10-20　Time and Time Step Options 对话框

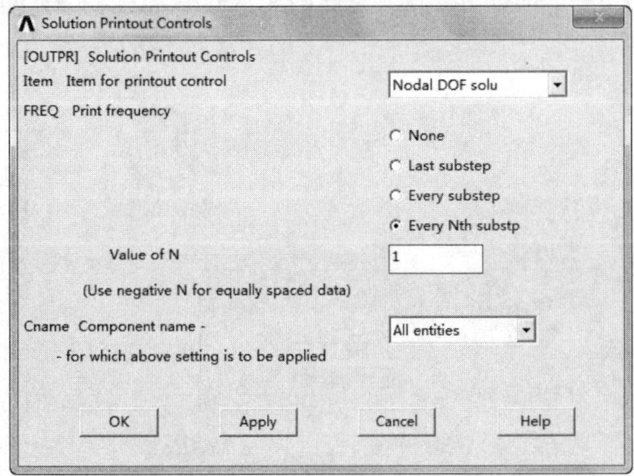

图 10-21　Solution Printout Controls 对话框

（7）从主菜单中选择 Main Menu > Solution > Load Step Opts > Output Ctrls > DB/Results File 命令。

（8）打开数据输出控制对话框，在 Item to be ontrolled 下拉列表框中选择 Nodal DOF solu 选项，在 File write frequency 后面选中 Every Nth substp 单选按钮，在 Value of N 后面的文本框中输入 1，单击 OK 按钮，如图 10-22 所示。

（9）从主菜单中选择 Main Menu > Solution > Define Loads > Apply > Structural > Displacement > On Nodes 命令，打开节点选择对话框，选择需施加位移约束的节点。

（10）选中 Min,Max,Inc 单选按钮，在其下面的文本框中输入 2,8,2，单击 OK 按钮，如图 10-23 所示。

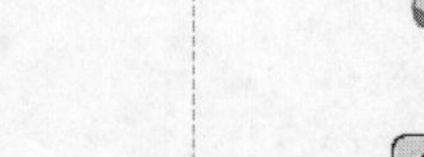

Note

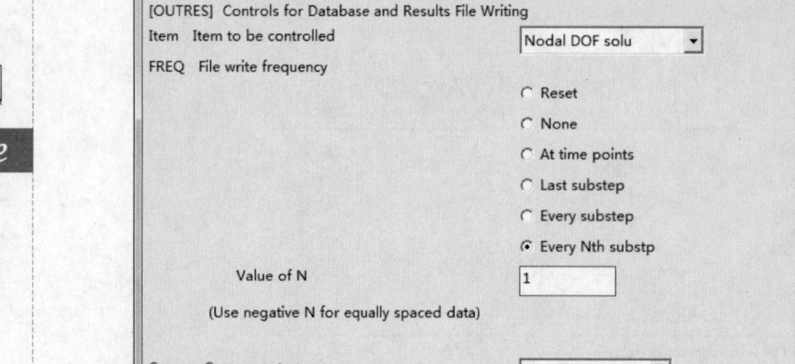

图 10-22 数据输出控制

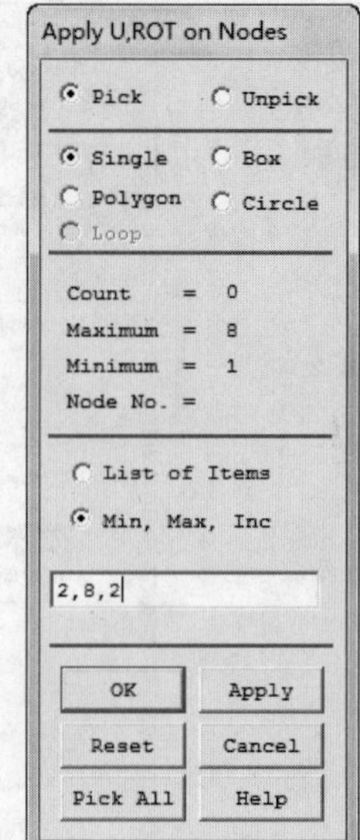

图 10-23 选取节点

（11）打开 Apply U,ROT on Nodes 对话框，在 DOFS to be constrained 后面的列表框中选择 UY 选项（单击一次使其高亮度显示，确保其他选项未被高亮度显示）。单击 OK 按钮，如图 10-24 所示。

（12）从主菜单中选择 Main Menu > Solution > Define Loads > Apply > Structure > Force/Moment > On Nodes 命令，打开 Apply F/M on Nodes 拾取框。

（13）选中 Min,Max,Inc 单选按钮，在其下面的文本框中输入 1,7,2，单击 OK 按钮，如图 10-25 所示。

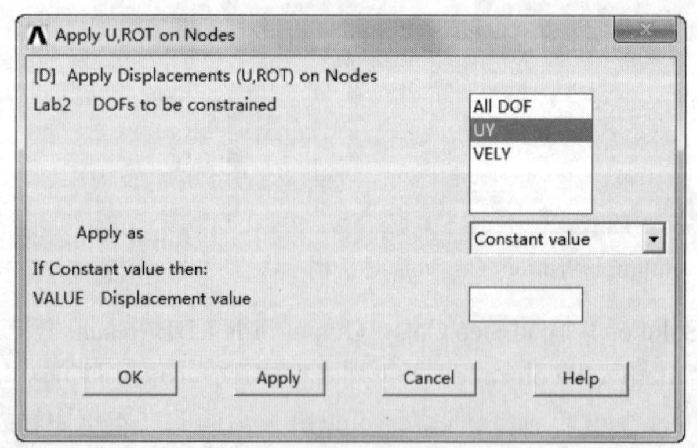

图 10-24 施加位移约束对话框

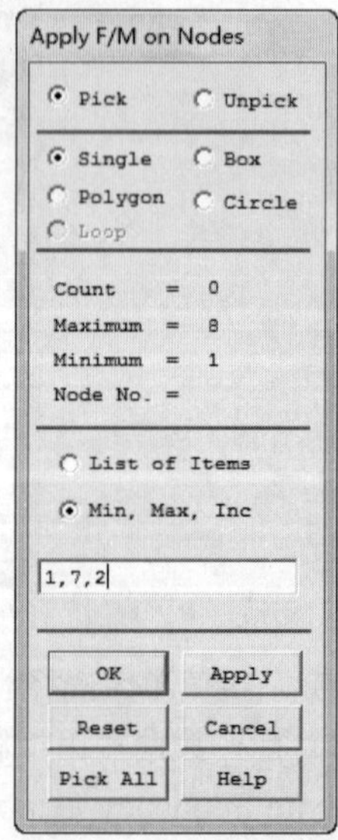

图 10-25 选择节点

（14）在弹出对话框的 Direction of force/mom 下拉列表框中选择 FY，在 Force/moment value 后面的文本框中输入 30，单击 OK 按钮，如图 10-26 所示。

（15）从主菜单中选择 Main Menu > Solution > Solve > Current LS 命令，打开一个确认对话框，

如图 10-27 所示，要求查看列出的求解选项。

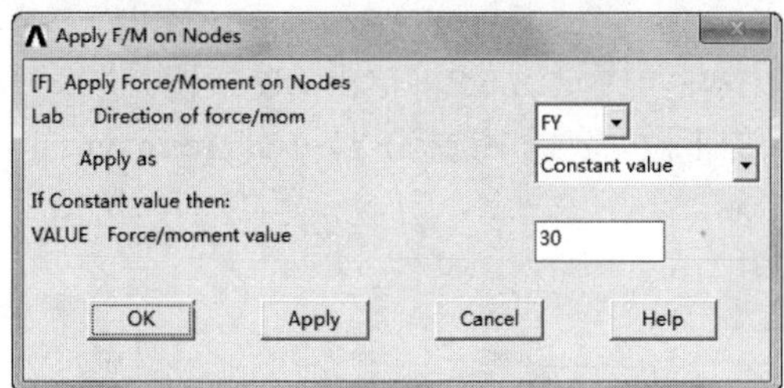

图 10-26 输入力的值

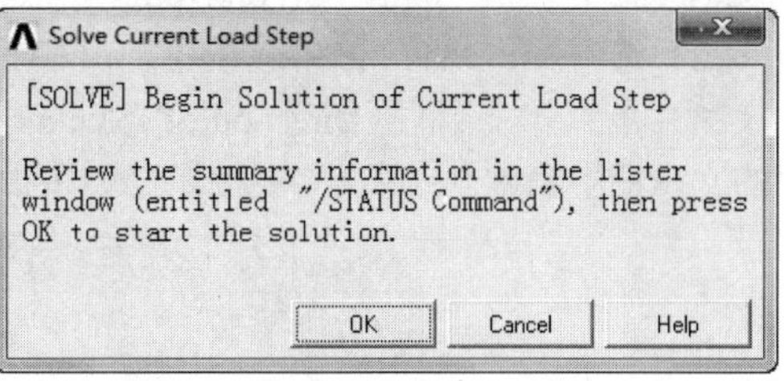

图 10-27 求解当前载荷步确认对话框

（16）查看列表中的信息确认无误后，单击 OK 按钮，开始求解。

（17）求解完成后弹出如图 10-28 所示的提示求解结束对话框。

图 10-28 提示求解完成

（18）单击 Close 按钮，关闭提示求解结束对话框。

（19）从主菜单中选择 Main Menu > Solution > Load Step Opts > Time/Frequenc > Time - Time Step 命令，打开 Time and Time Step Options 对话框，如图 10-29 所示。

（20）在 Time at end of load step 后面的文本框中输入 95e-3，单击 OK 按钮，如图 10-29 所示。

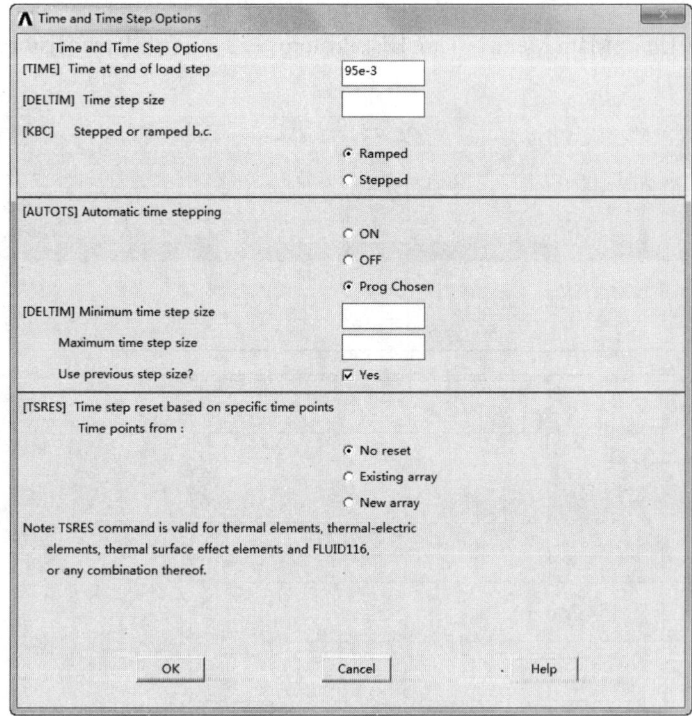

图 10-29 时间控制对话框

（21）从主菜单中选择 Main Menu > Solution >Define Loads > Apply > Structure > Force/Moment > On Nodes 命令，打开 Apply F/M on Nodes 拾取框。

（22）选中 Min,Max,Inc 单选按钮，在其下面的文本框中输入 1,7,2，单击 OK 按钮。

Note

（23）在弹出对话框的 Direction of force/mom 后面的下拉列表框中选择 FY，在 Force/moment value 后面的文本框中输入 0，单击 OK 按钮，如图 10-30 所示。

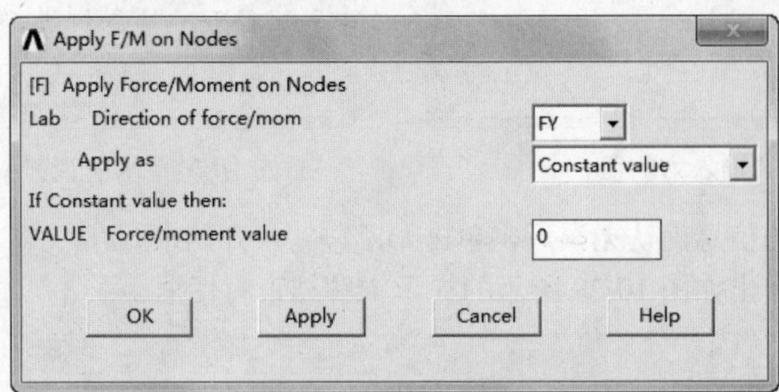

图 10-30 输入力的值

（24）从主菜单中选择 Main Menu > Solution > Solve > Current LS 命令。

（25）打开一个确认对话框，要求查看列出的求解选项。

（26）查看列表中的信息确认无误后，单击 OK 按钮，开始求解。

（27）求解完成后弹出提示求解结束对话框，单击 Close 按钮，关闭提示求解结束对话框。

10.2.4 查看结果

1. POST26 观察结果（节点 1、3、5、7 的位移时间历程结果）的曲线

（1）从主菜单中选择 Main Menu > TimeHist Postpro 命令，打开 Time History Variables 对话框，如图 10-31 所示。

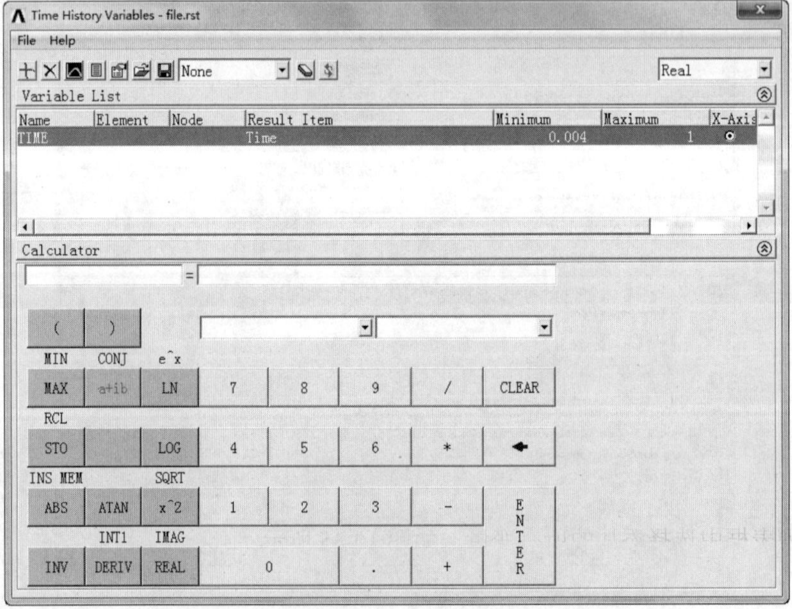

图 10-31 时间历程结果控制

（2）单击+按钮，打开 Add Time-History Variable 对话框，如图 10-32 所示。

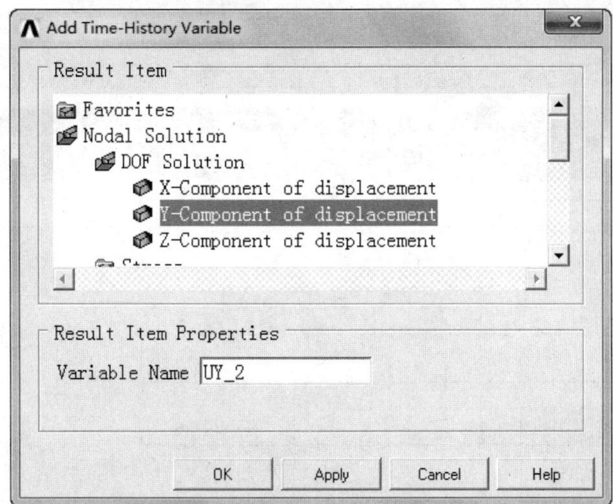

图 10-32　选择显示内容

（3）依次选择 Nodal Solution > DOF Solution > Y-Component of displacement 选项，单击 OK 按钮，打开 Node for Data 拾取框，如图 10-33 所示。

（4）在文本框中输入 1，单击 OK 按钮。

（5）用同样的方法选择节点 3、5、7，结果如图 10-34 所示。

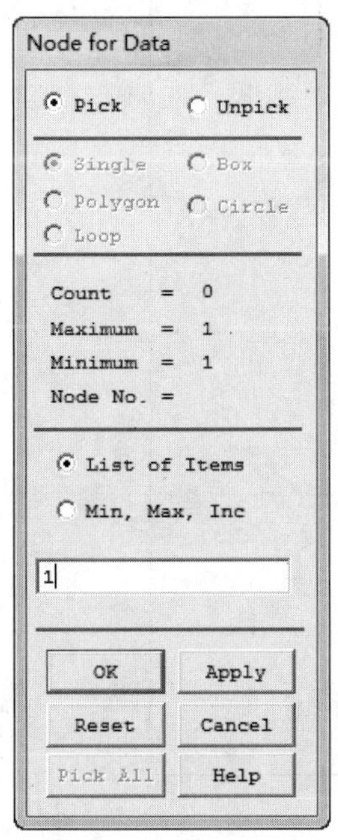

图 10-33　选择 1 号节点

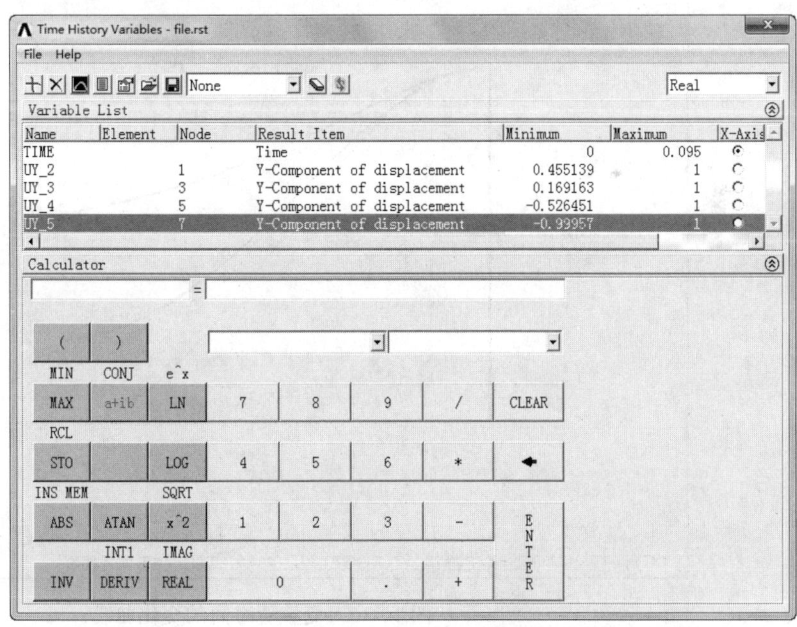

图 10-34　添加的时间变量

（6）在列表框中选择添加的所有变量，如图 10-35 所示。

（7）单击按钮，在图形窗口中将会出现该变量随时间的变化曲线，如图 10-36 所示。

Note

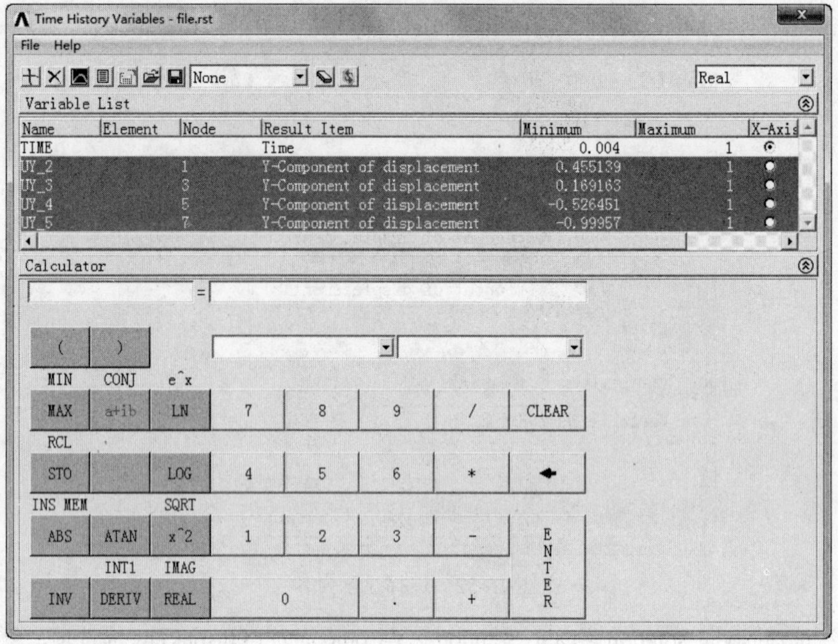

图 10-35 选择所有变量

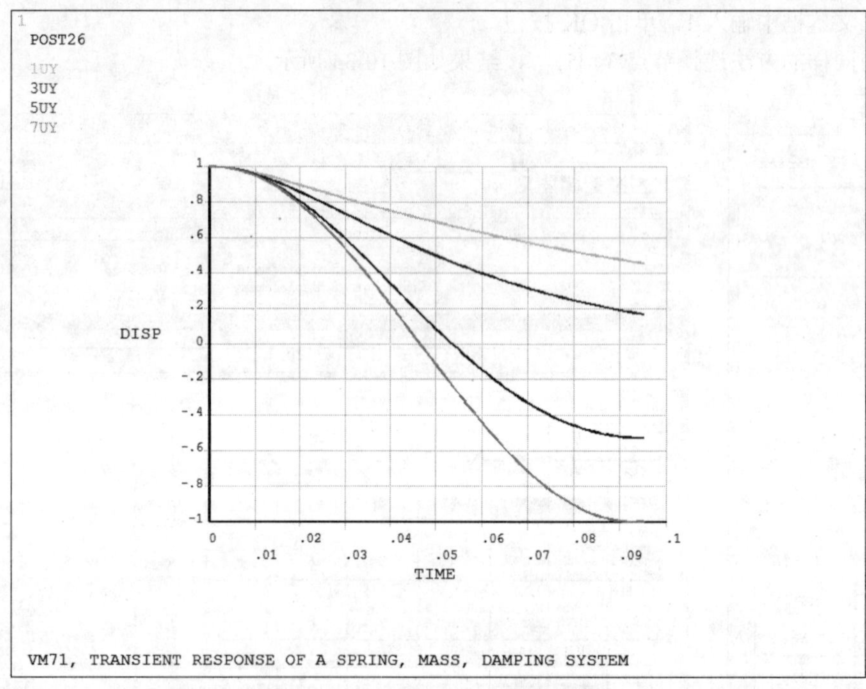

图 10-36 变量随时间的变化曲线

2．POST26 观察结果列表显示

在 Time History Variables 对话框中，单击按钮，进行列表显示，会出现变量与频率的列表，如图 10-37 所示。

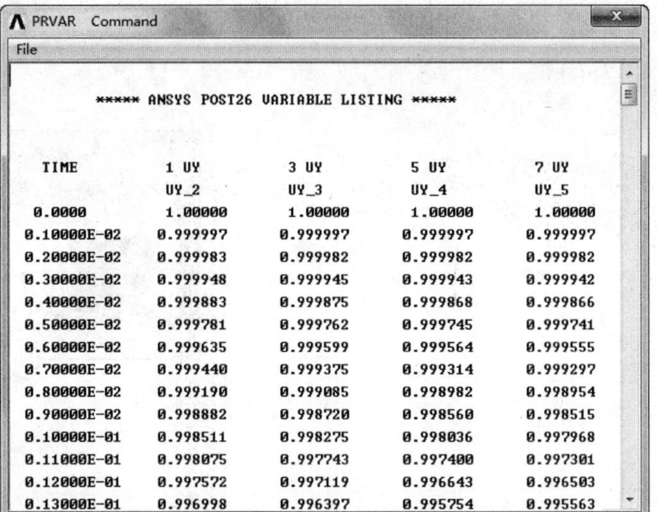
PRVAR Command

File

***** ANSYS POST26 VARIABLE LISTING *****

TIME	1 UY UY_2	3 UY UY_3	5 UY UY_4	7 UY UY_5
0.0000	1.00000	1.00000	1.00000	1.00000
0.10000E-02	0.999997	0.999997	0.999997	0.999997
0.20000E-02	0.999983	0.999982	0.999982	0.999982
0.30000E-02	0.999948	0.999945	0.999943	0.999942
0.40000E-02	0.999883	0.999875	0.999868	0.999866
0.50000E-02	0.999781	0.999762	0.999745	0.999741
0.60000E-02	0.999635	0.999599	0.999564	0.999555
0.70000E-02	0.999440	0.999375	0.999314	0.999297
0.80000E-02	0.999190	0.999085	0.998982	0.998954
0.90000E-02	0.998882	0.998720	0.998560	0.998515
0.10000E-01	0.998511	0.998275	0.998036	0.997968
0.11000E-01	0.998075	0.997743	0.997400	0.997301
0.12000E-01	0.997572	0.997119	0.996643	0.996503
0.13000E-01	0.996998	0.996397	0.995754	0.995563

图 10-37 变量与频率的列表

10.2.5 命令流模式

命令流模式这里不再详细介绍，读者可参见随书光盘中的电子文档。

第11章 谱分析

谱是指频率与谱值的曲线，它表征时间历程载荷的频率和强度特征。

谱分析主要包括 3 种，分别为响应谱、动力设计分析和功率谱密度。在工程实践中，主要应用于随机载荷的响应分析，例如风载荷、地震载荷等。

本章将通过实例讲述谱分析的基本步骤和具体方法。

☑ 谱分析概论

☑ 支撑平板动力效果谱分析

任务驱动&项目案例

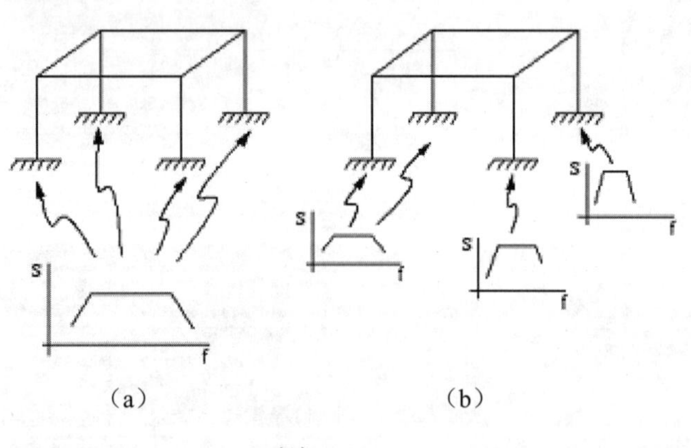

（a） （b）

（1）

9	49	89	129	169
8	48	88	128	168
7	47	87	127	167
6	46	86	126	166
5	45	85	125	165
4	44	84	124	164
3	43	83	123	163
2	42	82	122	162
1	41	81	121	161

（2）

11.1　谱分析概论

ANSYS 谱分析总共包括以下 3 种类型。

☑　响应谱：又分为两类，即单点响应谱（SPRS）和多点响应谱（MPRS）。

☑　动力设计分析方法（DDAM）。

☑　功率谱密度（PSD）。

11.1.1　响应谱

响应谱表示单自由度系统对时间历程载荷的响应，它是响应与频率的曲线，这里的响应可以是位移、速度、加速度或者力。响应谱包括两种，分别是单点响应谱和多点响应谱。

1．单点响应谱（SPRS）

在单点响应谱分析（SPRS）中，只可以给节点指定一种谱曲线（或者一族谱曲线），例如，在支撑处指定一种谱曲线，如图 11-1（a）所示。

2．多点响应谱（MPRS）

在多点响应谱分析（MPRS）中，可以在不同的节点处指定不同的谱曲线，如图 11-1（b）所示。

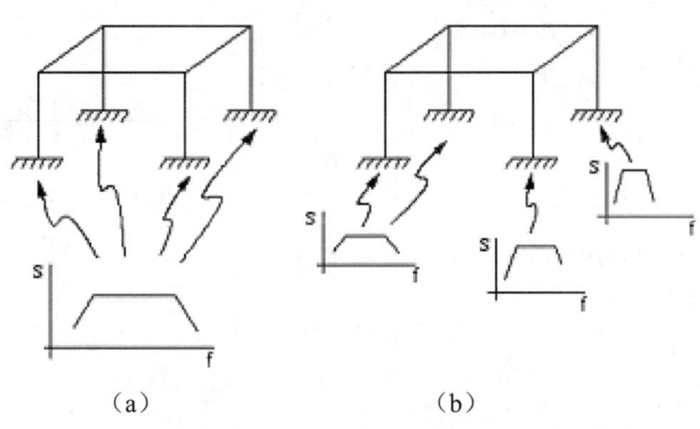

图 11-1　响应谱分析示意图

> 说明：图 11-1（a）表示单点谱响应分析；图 11-1（b）表示多点谱响应分析；另外，图 11-1 中的 s 表示谱值，f 表示频率。

11.1.2　动力设计分析方法（DDAM）

该方法是一种用于分析船装备抗振性的技术，本质上来说也是一种响应谱分析。该方法中用到的谱曲线是根据一系列经验公式和美国海军研究实验报告（NRL-1396）所提供的抗振设计表格得到的。

11.1.3　功率谱密度（PSD）

功率谱密度（PSD）是针对随机变量在均方意义上的统计方法，用于随机振动分析。此时，响应的瞬态数值只能用概率函数来表示，其数值的概率对应一个精确值。

功率密度函数表示功率谱密度 1000 值与频率的曲线，这里的功率谱可以是位移功率谱、速度功率谱、加速度功率谱或者力功率谱。从数学意义上来说，功率谱密度与频率所围成的面积就等于方差。

与响应谱分析类似，随机振动分析也可以是单点或者多点。对于单点随机振动分析，在模型的一组节点处指定一种功率谱密度；对于多点随机振动分析，可以在模型的不同节点处指定不同的功率谱密度。

Note

11.2 实例——支撑平板动力效果谱分析

下面通过对一个平板结构的随机载荷分析，阐述谱分析的具体方法和步骤，同时，本实例采用的是直接生成有限元模型方法，该方法最大的优点在于可以完全控制节点的编号和排序，用户会通过对本例的学习更深一步地体会直接方法的优越性。

11.2.1 问题描述

平板结构的 4 个顶点简支，结构和载荷如图 11-2 和图 11-3 所示。

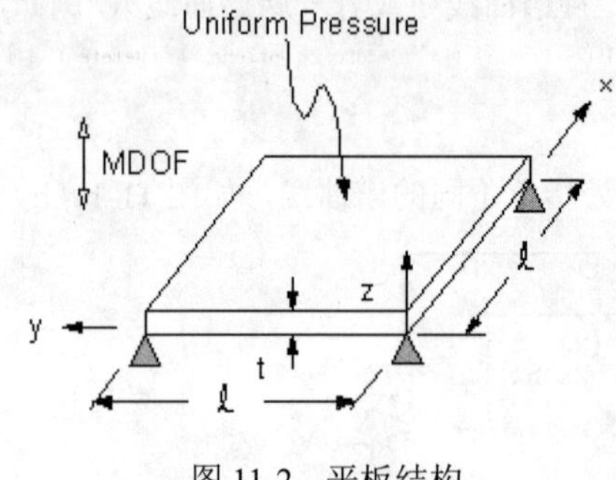

图 11-2 平板结构

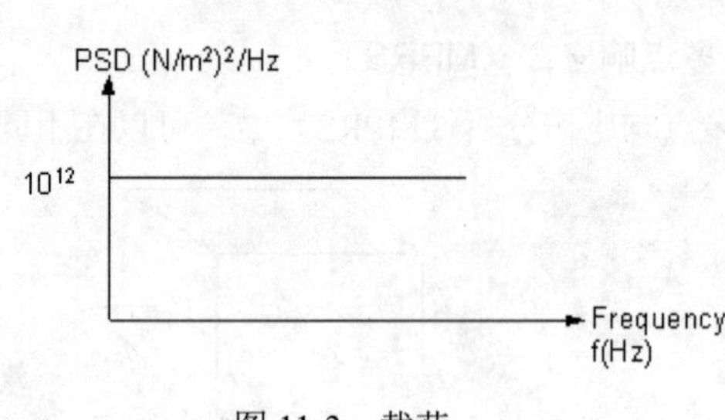

图 11-3 载荷

- ☑ 弹性模量：$E = 206×109\text{N/m}^2$。
- ☑ 泊松比：$\mu = 0.3$。
- ☑ 密度：7800kg/m^3。
- ☑ 厚度：$t = 1.0\text{m}$。
- ☑ 宽度：$l= 10\text{m}$。
- ☑ 载荷：$\text{PSD} = 106(\text{N/m}^2)^2/\text{Hz}$。
- ☑ Damping $\delta = 2\%$。

11.2.2 建立模型

建立模型包括设定分析作业名和标题；定义单元类型和实常数；定义材料属性；建立几何模型以及划分有限元网格。

1. 前处理

（1）定义工作文件名。从实用菜单中选择 Utility Menu > File > Change Jobname 命令，弹出 Change Jobname 对话框，在 Enter new jobname 后面的文本框中输入 Dynamic Plate，并将 New Log and error files 复选框选为 yes，单击 OK 按钮。

（2）定义工作标题。从实用菜单中选择 Utility Menu > File > ChangeTitle 命令，在弹出对话框的文本框中输入 DYNAMIC LOAD EFFECT ON SIMPLY-SUPPORTED THICK SQUARE PLATE，如图 11-4

所示，单击 OK 按钮。

（3）定义单元类型。选择主菜单中的 Main Menu > Preprocessor > Element Type > Add/Edit/Delete 命令，弹出 Element Types 对话框，如图 11-5 所示，单击 Add 按钮，弹出 Library of Element Types 对话框，在左边的列表框中选择 Structural Mass 及其下的 Shell 选项，在右边的列表框中选择 8node 281 选项，如图 11-6 所示，单击 OK 按钮，回到图 11-5 所示的 Element Types 对话框中。

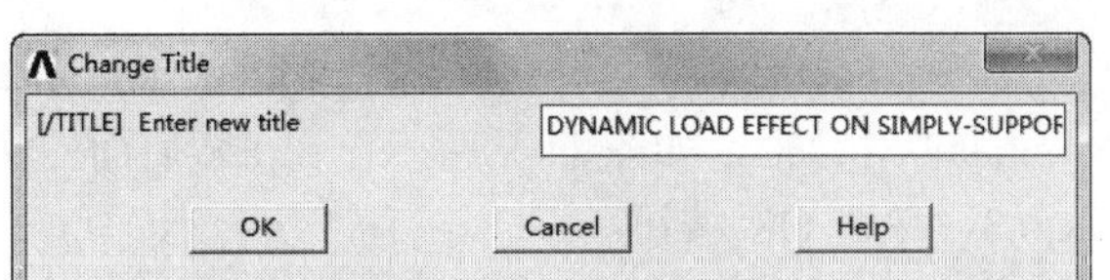

图 11-4 定义工作标题

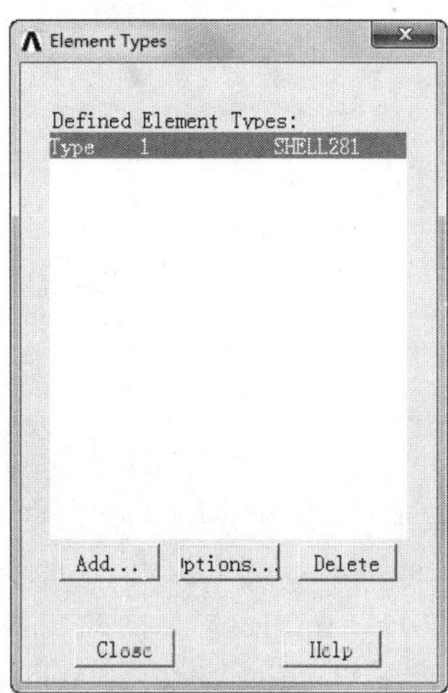

图 11-5 Element Types 对话框

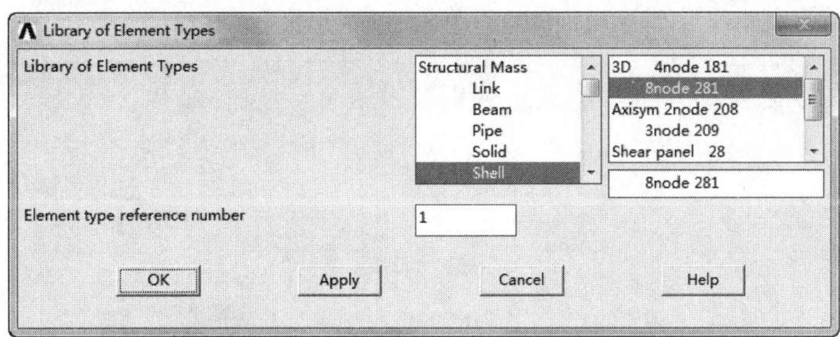

图 11-6 Library of Element Types 对话框

（4）定义材料性质。选择主菜单中的 Main Menu > Preprocessor > Material Props > Material Models 命令，弹出 Define Material Model Behavior 窗口，如图 11-7 所示。

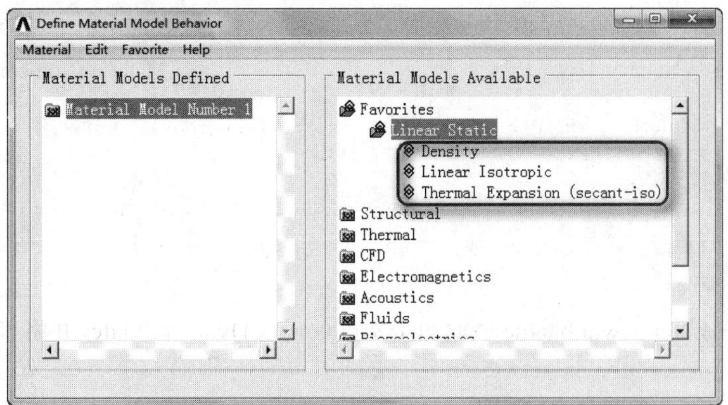

图 11-7 Define Material Model Behavior 窗口

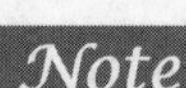

（5）在 Material Models Available 栏中依次选择 Favorites > Linear Static > Density 选项，弹出 Density for Material Number 1 对话框，如图 11-8 所示，在 DENS 后面的文本框中输入 8000，单击 OK 按钮。

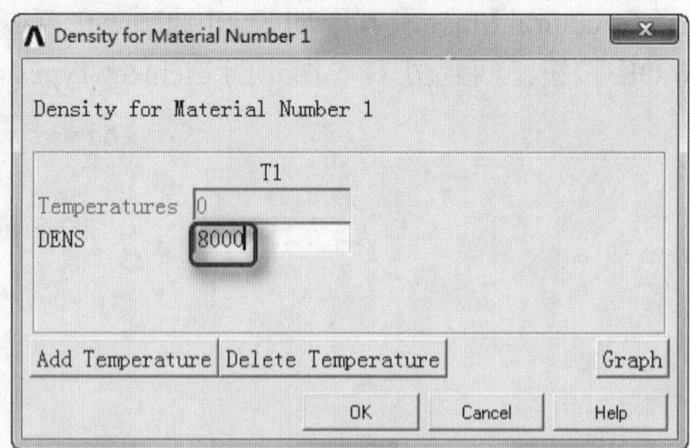

图 11-8　Density for Material Number 1 对话框

（6）在 Material Models Available 栏中依次选择 Favorites > Linear Static > Linear Isotropic 选项，弹出 Linear Isotropic Properties for Material Number 1 对话框，如图 11-9 所示，在 EX 后面的文本框中输入 2E+011，在 PRXY 后面的文本框中输入 0.3，单击 OK 按钮。

（7）在 Material Models Available 栏中依次选择 Favorites > Linear Static > Thermal Expansion（secant-iso）选项，弹出 Thermal Expansion Secant Coefficient for Material Number 1 对话框，如图 11-10 所示，在 ALPX 后面的文本框中输入 1E-006，单击 OK 按钮。

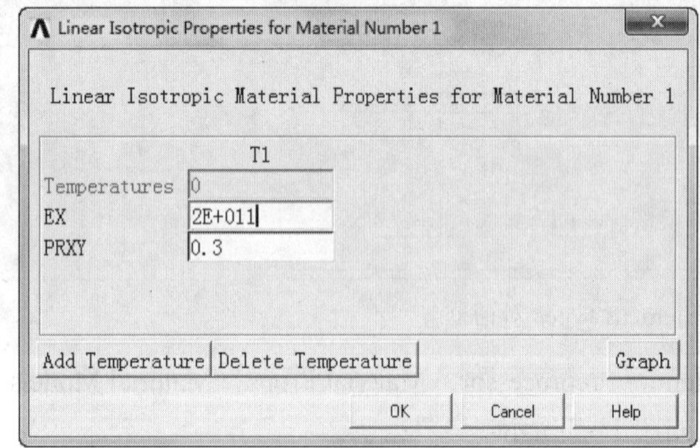

图 11-9　Linear Isotropic Properties for Material Number 1 对话框

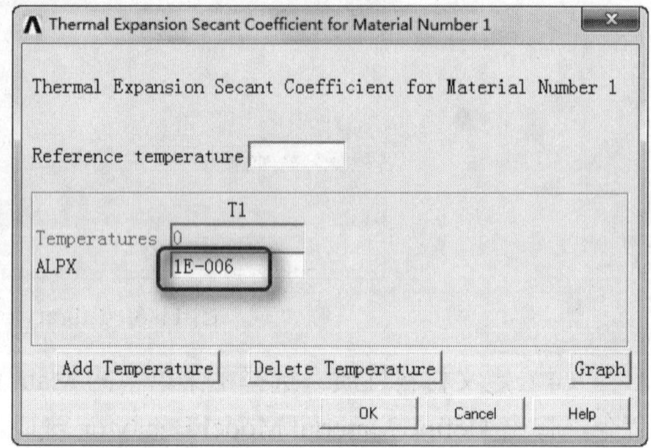

图 11-10　Thermal Expansion Secant Coefficient for Material Number 1 对话框

最后返回 Define Material Model Behavior 窗口，如图 11-11 所示。选择菜单 Material > Exit 命令，退出材料定义窗口。

（8）定义厚度。选择主菜单中的 Main Menu > Preprocessor > Sections > Shell > Lay-up > Add / Edit 命令，在弹出的对话框中设置 Thickness 为 1，Integration Pts 为 5，如图 11-12 所示。单击 OK 按钮。

（9）创建节点。选择主菜单中的 Main Menu > Preprocessor > Modeling > Create > Nodes > In Active CS 命令，弹出 Create Nodes in Active Coordinate System 对话框。在 NODE Node number 后面的文本框中输入 1，在 X,Y,Z Location in active CS 后面的文本框中分别输入 3 个 0，如图 11-13 所示，单击 Apply 按钮。

（10）然后继续在 NODE Node number 后面的文本框中输入 9，在 X,Y,Z Location in active CS 后

面的文本框中分别输入 0，10，0，单击 OK 按钮。

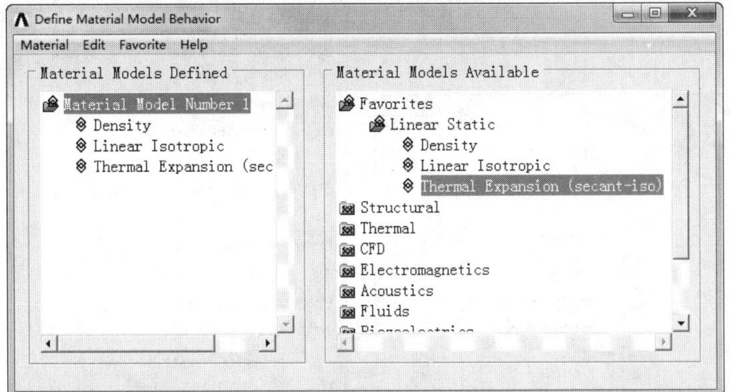

图 11-11 设置后的 Define Material Model Behavior 窗口

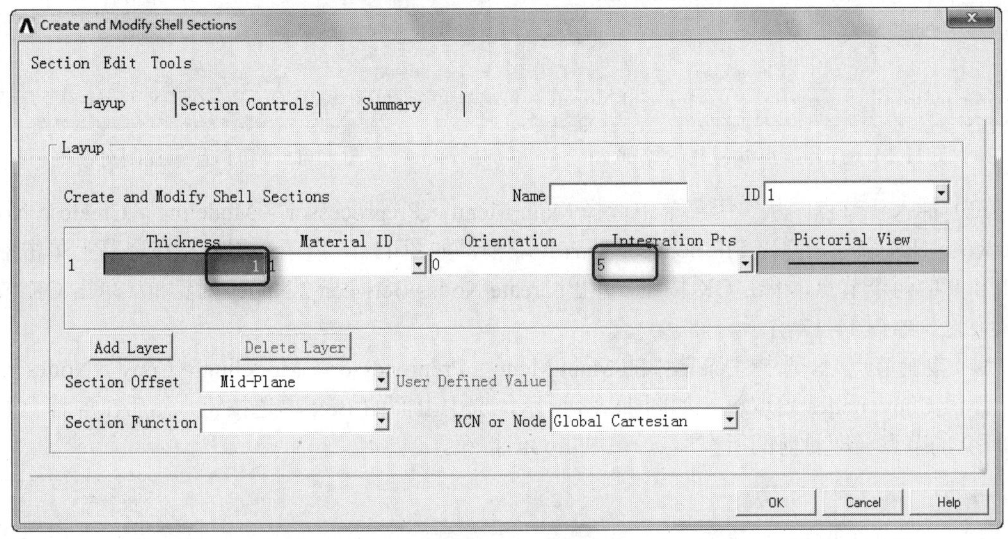

图 11-12 Create and Modify Shell Sections 对话框

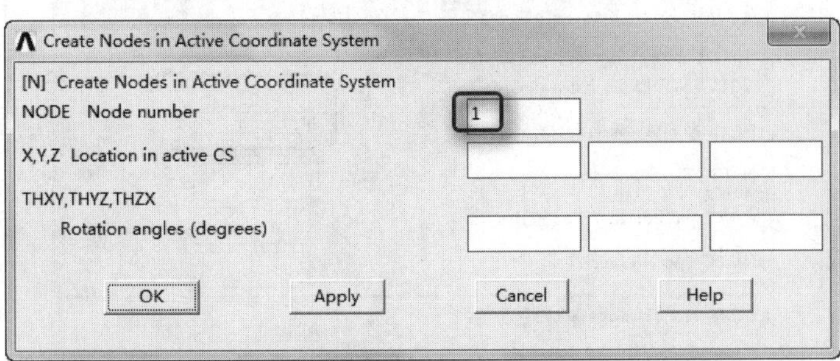

图 11-13 生成第一个节点

（11）打开节点编号显示控制。从实用菜单中选择 Utility Menu > PlotCtrls > Numbering 命令，弹出 Plot Numbering Controls 对话框，选中 NODE Node numbers 后面的复选框使其显示为 On，如图 11-14 所示，单击 OK 按钮。

（12）选择菜单路径。从实用菜单中选择 Utility Menu > PlotCtrls > Window Controls > Window Options 命令，弹出 Window Options 对话框，在[/TRIAD] Location of triad 后面的下拉列表框中选择

Not shown 选项，如图 11-15 所示，单击 OK 按钮关闭该对话框。

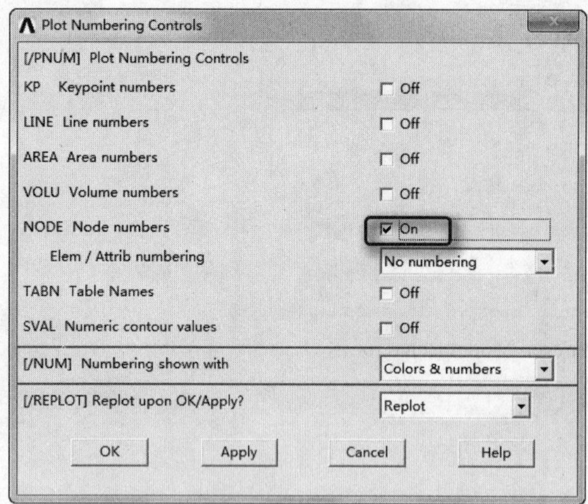

图 11-14　打开节点编号显示控制

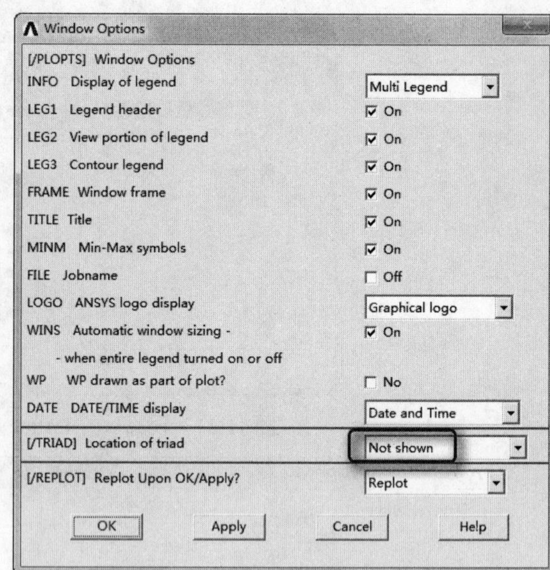

图 11-15　窗口显示控制对话框

（13）插入新节点。从实用菜单中选择 Main Menu > Preprocessor > Modeling > Create > Nodes > Fill between Nds 命令，弹出 Fill between Nds 拾取框，如图 11-16 所示。用鼠标在屏幕上单击拾取编号为 1 和 9 的两个节点，单击 OK 按钮，弹出 Create Nodes Between 2 Nodes 对话框。单击 OK 按钮接受默认设置，如图 11-17 所示。

（14）复制节点组。选择主菜单中的 Main Menu > Preprocessor > Modeling > Copy > Nodes > Copy 命令，弹出 Copy nodes 拾取框，如图 11-18 所示，选中上面的 Box 单选按钮，然后在屏幕上框选编号为 1～9 的节点（即目前的所有节点），单击 OK 按钮。

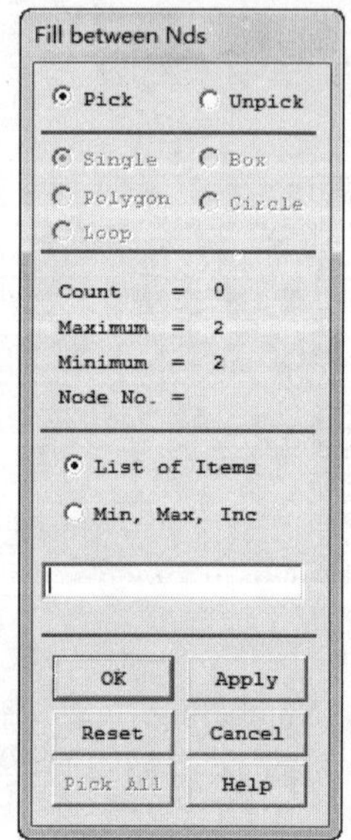

图 11-16　Fill between Nds 拾取框

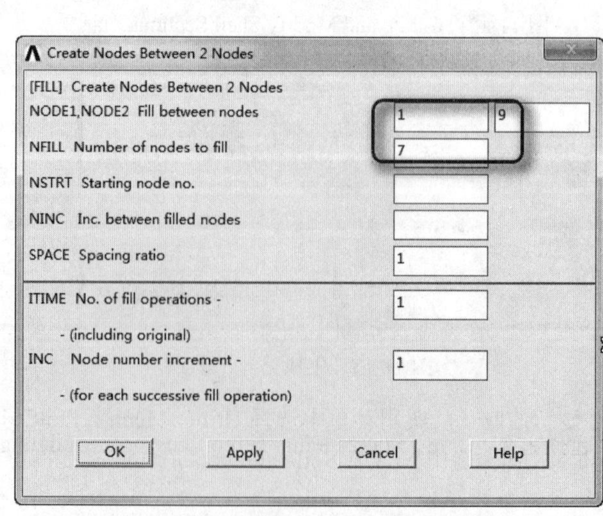

图 11-17　在两节点之间创建节点对话框

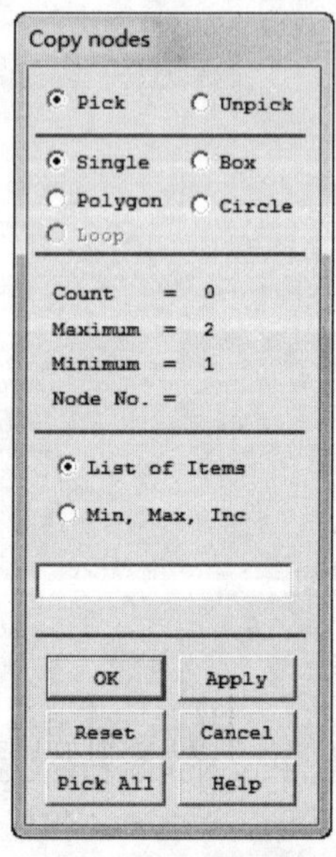

图 11-18　Copy nodes 拾取框

（15）弹出 Copy nodes 对话框，如图 11-19 所示，在 ITIME Total number of copies 后面的文本框中输入 5，在 DX X-offset in active CS 后面的文本框中输入 2.5，在 INC Node number increment 后面的文本框中输入 40，单击 OK 按钮，屏幕显示如图 11-20 所示。

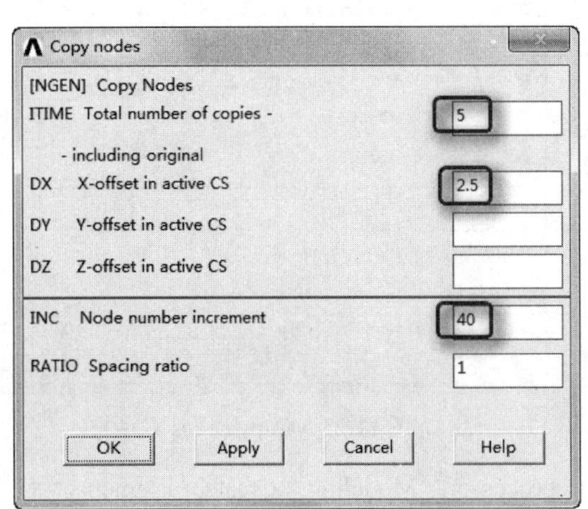

图 11-19 Copy nodes 对话框

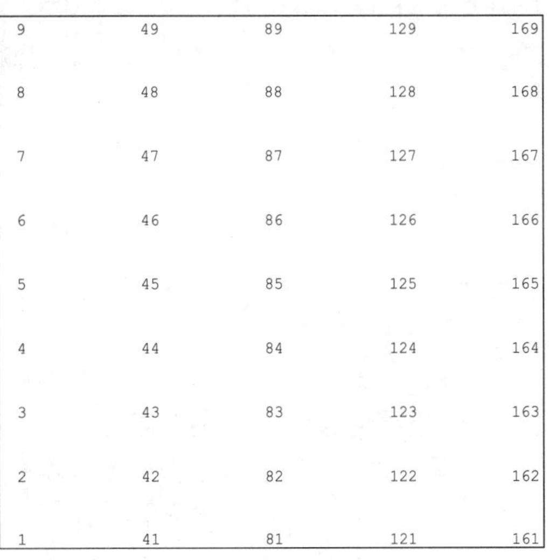

图 11-20 第一次复制节点后的显示

（16）创建节点。选择主菜单中的 Main Menu > Preprocessor > Modeling > Create > Nodes > In Active CS 命令，弹出 Create Nodes in Active Coordinate System 对话框。在 NODE Node number 后面的文本框中输入 21，在 X,Y,Z Location in active CS 后面的文本框中分别输入 1.25，0，0，如图 11-21 所示，单击 Apply 按钮。

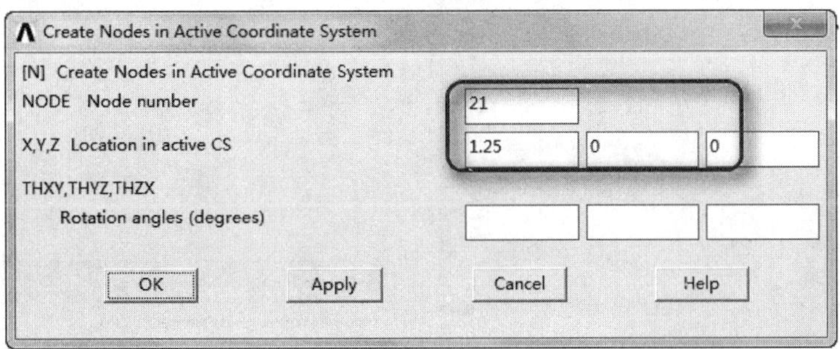

图 11-21 生成第一个节点

（17）在 Create Nodes in Active Coordinate System 对话框中，在 NODE Node number 后面的文本框中输入 29，在 X,Y,Z Location in active CS 后面的文本框中分别输入 1.25，0，0，单击 OK 按钮。

（18）插入新节点。选择主菜单中的 Main Menu > Preprocessor > Modeling > Create > Nodes > Fill between Nds 命令，弹出 Fill between Nds 拾取框。用鼠标在屏幕上单击拾取编号为 21 和 29 的两个节点，单击 OK 按钮，弹出 Create Nodes Between 2 Nodes 对话框。在 NFILL Number of nodes to fill 后面的文本框中输入 3，单击 OK 按钮接受其余默认设置，如图 11-22 所示。

（19）复制节点组。选择主菜单中的 Main Menu > Preprocessor > Modeling > Copy > Nodes > Copy 命令，弹出 Copy nodes 拾取框，选中上面的 Box 复选框，然后在屏幕上框选编号为 21～29 的节点，单击 OK 按钮，弹出 Copy nodes 对话框，如图 11-23 所示，在 ITIME Total number of copies 后面的文本框中输入 4，在 DX X-offset in active CS 后面的文本框中输入 2.5，在 INC Node number increment

后面的文本框中输入 40，单击 OK 按钮，屏幕显示如图 11-24 所示。

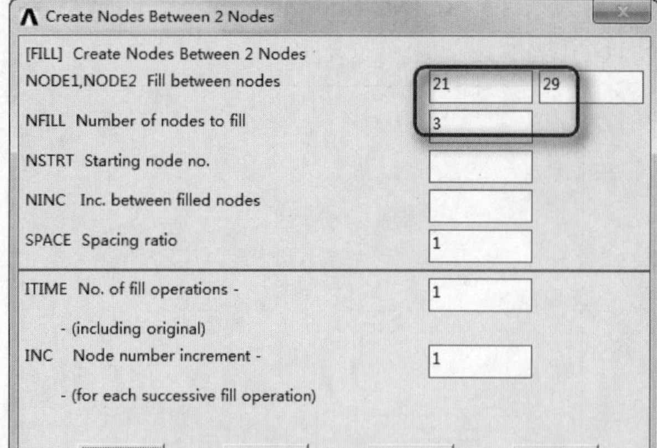

图 11-22 在两节点之间创建节点对话框

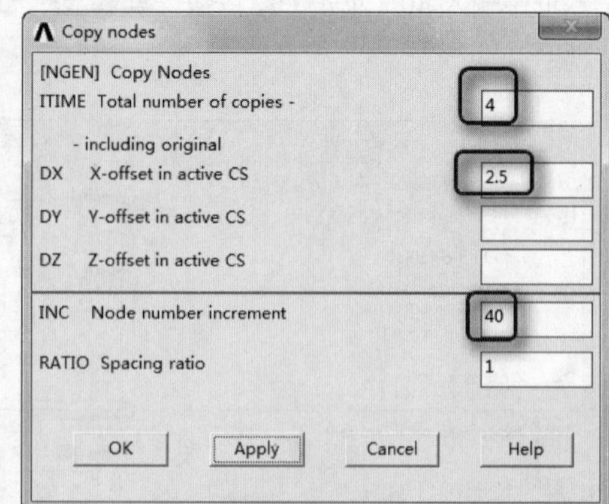

图 11-23 Copy nodes 对话框

（20）创建单元。选择主菜单中的 Main Menu > Preprocessor > Modeling > Create > Elements > User Numbered > Thru Nodes 命令，弹出 Create Elems User-Num 对话框，如图 11-25 所示，单击 OK 按钮接受默认选项，弹出 Elements from Nodes 拾取框，用鼠标在屏幕上依次拾取编号为 1,41,43,3,21,42,23,2 的节点，单击 OK 按钮，屏幕显示如图 11-26 所示。

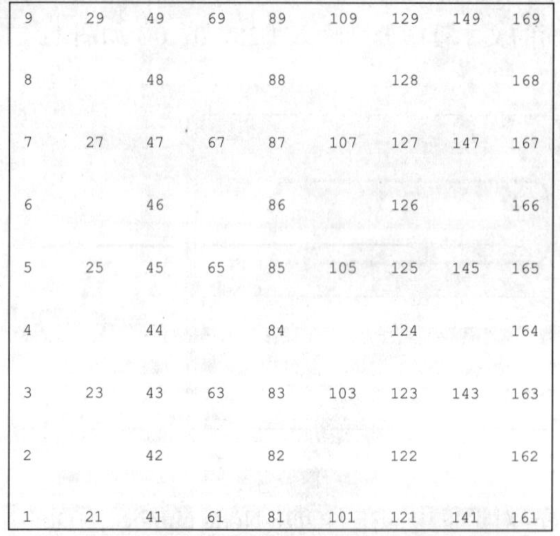

图 11-24 第二次复制节点后的显示

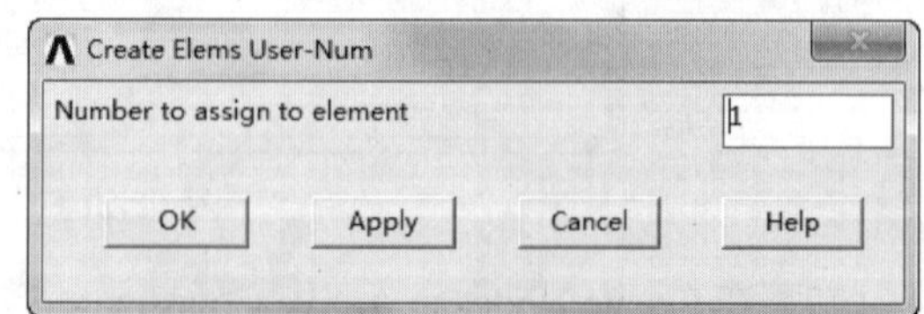

图 11-25 Create Elems User-Num 对话框

注意：创建单元时一定要注意选择节点的顺序，先依次选择 4 个边节点，然后再依次选择 4 个中节点。

（21）复制单元。选择主菜单中的 Main Menu > Preprocessor > Modeling > Copy > Elements > Auto Numbered 命令，弹出 Copy Element Auto-num 拾取框，用鼠标在屏幕上单击拾取刚创建的单元，单击 OK 按钮，弹出 Copy Elements（Automatically-Numbered）对话框，如图 11-27 所示，在 ITIME Total number of copies 后面的文本框中输入 4，在 NINC Node number increment 后面的文本框中输入 2，单击 OK 按钮，屏幕显示如图 11-28 所示。

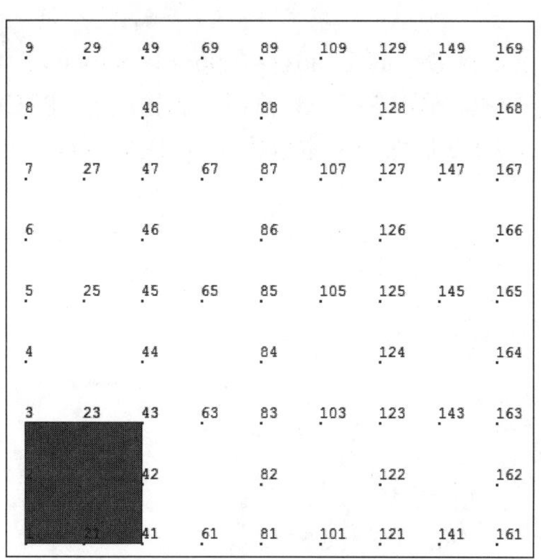

图 11-26 创建第一个单元

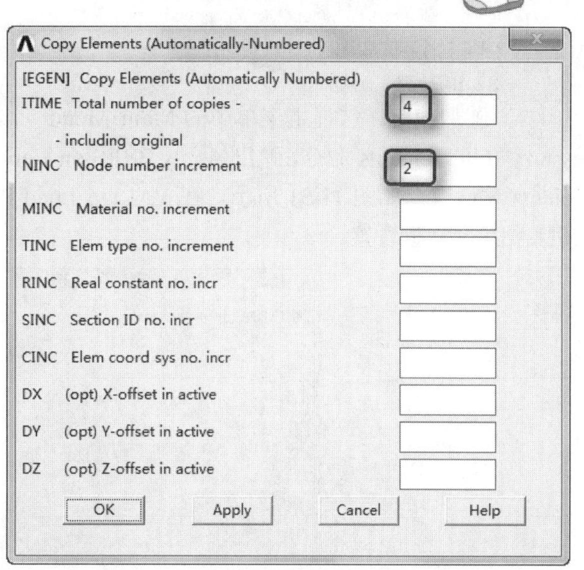

图 11-27 Copy Elements（Automatically-Numbered）对话框

（22）复制单元。选择主菜单中的 Main Menu > Preprocessor > Modeling > Copy > Elements > Auto Numbered 命令，弹出 Copy Element Auto-num 拾取框，用鼠标在屏幕上单击拾取屏幕上的所有单元（共 4 个），单击 OK 按钮，弹出 Copy Elements（Automatically-Numbered）对话框，在 ITIME Total number of copies 后面的文本框中输入 4，在 NINC Node number increment 后面的文本框中输入 40，单击 OK 按钮，屏幕显示如图 11-29 所示。

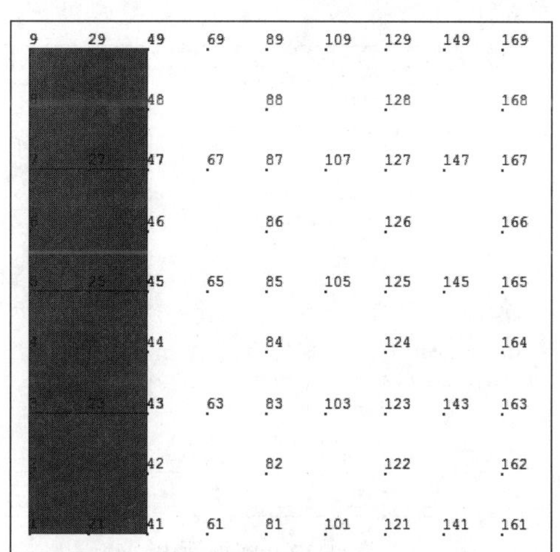

图 11-28 第一次单元复制后的显示

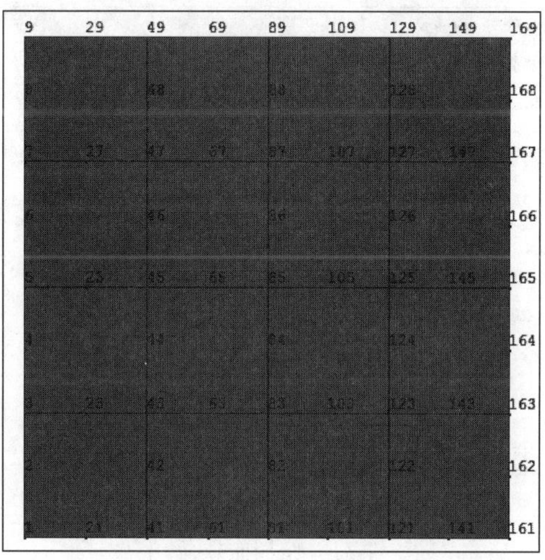

图 11-29 第二次单元复制后的显示

2. 模态分析

（1）设定分析类型。选择主菜单中的 Main Menu > Solution > Unabridged Menu > Analysis Type > New Analysis 命令，弹出 New Analysis 对话框，如图 11-30 所示，在[ANTYPE] Type of analysis 后面选中 Modal 单选按钮，单击 OK 按钮。

（2）设定分析选项。

在命令行中输入以下命令定义分析选项。

Note

```
MODOPT,REDUC
MXPAND,16,,,YES
```

Note

（3）施加载荷。选择主菜单中的 Main Menu > Solution > Define Loads > Apply > Structural > Pressure > On Elements 命令，弹出 Apply PRES on elems 拾取框。单击 Pick All 按钮，弹出 Apply PRES on elems 对话框，如图 11-31 所示。在 VALUE Load PRES value 后面的文本框中输入-1E6，单击 OK 按钮接受其余默认设置。

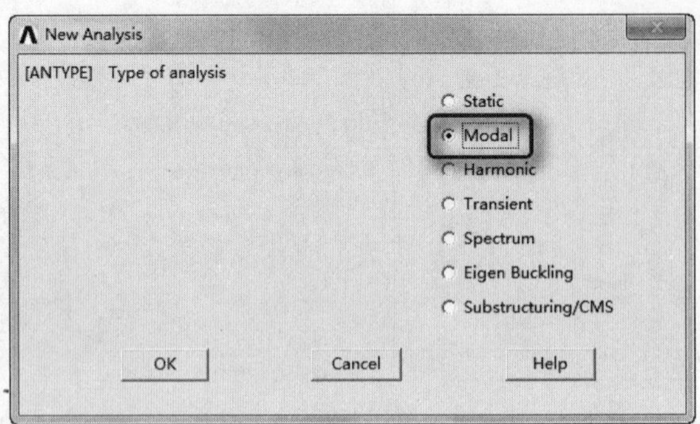

图 11-30　设置分析类型

（4）定义面内约束。选择主菜单中的 Main Menu > Solution > Define Loads > Apply > Structural > Displacement > On Nodes 命令，弹出 Apply U,ROT on Nodes 拾取框。单击 Pick All 按钮，弹出如图 11-32 所示的 Apply U,ROT on Nodes 对话框，在 Lab2 DOFs to be constrained 后面的列表框中选择 UX、UY、ROTZ 几个选项，单击 OK 按钮。

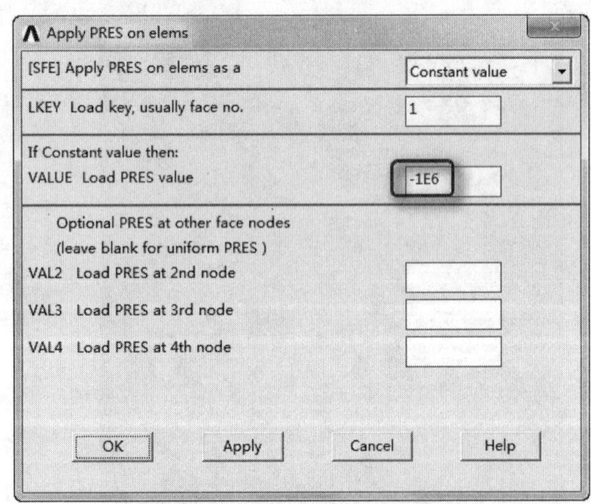

图 11-31　施加面载荷

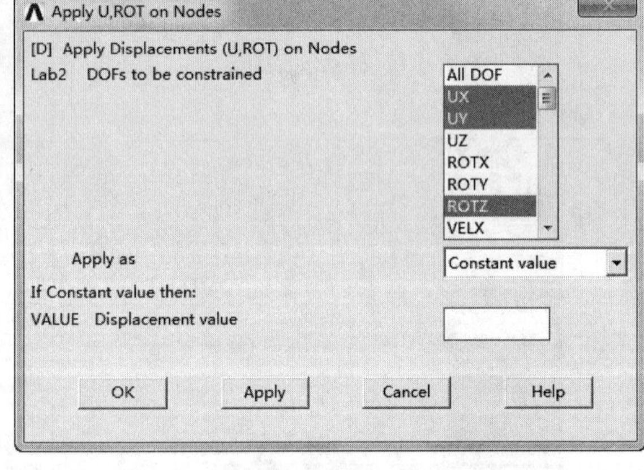

图 11-32　施加面内约束

（5）定义左右边界条件。选择主菜单中的 Main Menu > Solution > Define Loads > Apply > Structural > Displacement > On Nodes 命令，弹出 Apply U,ROT on Nodes 拾取框。用鼠标在屏幕上单击拾取左边和右边的节点（左边节点编号为 1，2，3，4，5，6，7，8，9；右边节点编号为 161，162，163，164，165，166，167，168，169），单击 OK 按钮，弹出如图 11-33 所示的 Apply U,ROT on Nodes 对话框，在 Lab2 DOFs to be constrained 后面的列表框中选择 UZ、ROTX 两个选项，单击 OK 按钮。

（6）定义上下边界条件。选择主菜单中的 Main Menu > Solution > Define Loads > Apply > Structural > Displacement > On Nodes 命令，弹出 Apply U,ROT on Nodes 拾取框。用鼠标在屏幕上单击

拾取上边界和下边界的节点（上边界节点编号为 9，29，49，69，89，109，129，149，169；下边界节点编号为 1，21，41，61，81，101，121，141，161），单击 OK 按钮，弹出如图 11-34 所示的 Apply U,ROT on Nodes 对话框，在 Lab2 DOFs to be constrained 后面的列表框中选择 UZ、ROTY 两个选项，单击 OK 按钮。

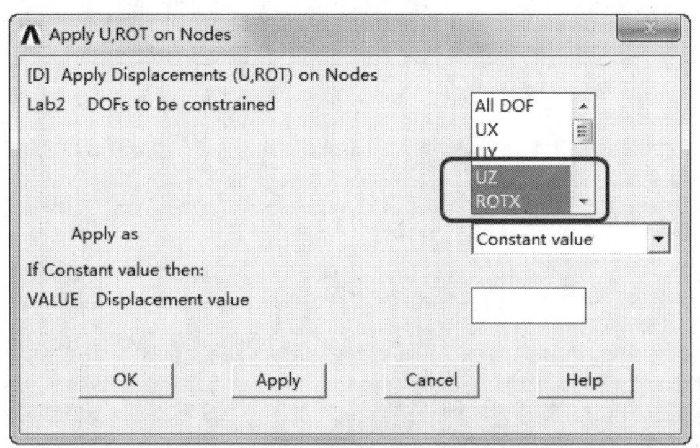

图 11-33　定义左右边界条件

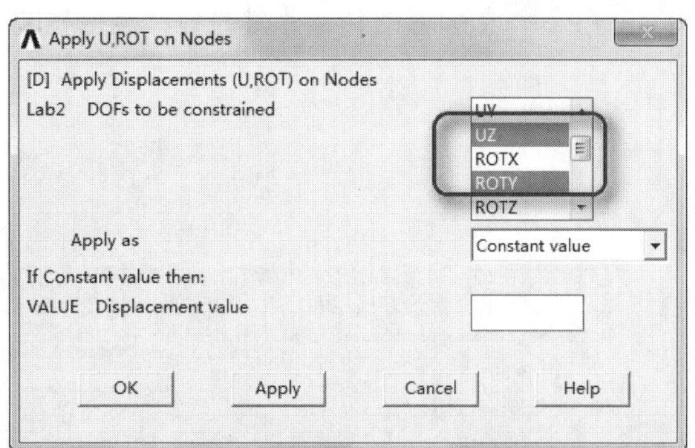

图 11-34　定义上下边界条件

（7）选择主节点（左右界限）。从实用菜单中选择 Utility Menu > Select > Entities 命令，弹出 Select Entities 工具框，如图 11-35 所示，在第一个下拉列表框中选择 Nodes，在第二个下拉列表框中选择 By Location，选中下面的 X coordinates 单选按钮，在 Min,Max 下面的文本框中输入 0.1,9.9，选中其下面的 From Full 单选按钮，单击 OK 按钮。

（8）选择主节点（上下界限）。从实用菜单中选择 Utility Menu > Select > Entities 命令，弹出 Select Entities 工具框，如图 11-36 所示，在第一个下拉列表框中选择 Nodes，在第二个下拉列表框中选择 By Location，选中下面的 Y coordinates 单选按钮，在 Min,Max 下面的文本框中输入 0.1,9.9，选中其下面的 Reselect 单选按钮，单击 OK 按钮。

（9）显示刚才选择的节点。从实用菜单中选择 Utility Menu > Plot > Nodes 命令，屏幕显示如图 11-37 所示。

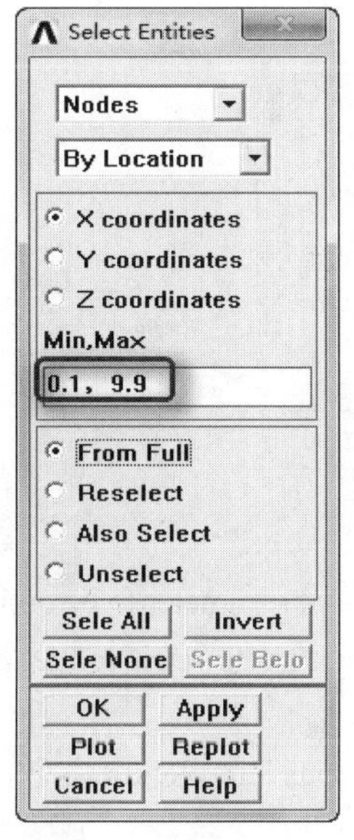

图 11-35　选择左右界限

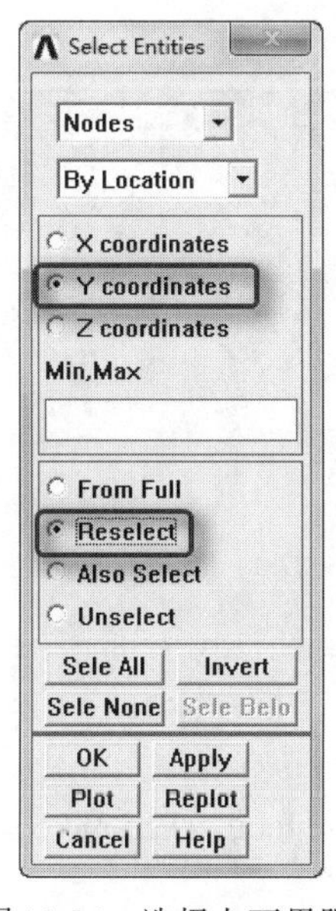

图 11-36　选择上下界限

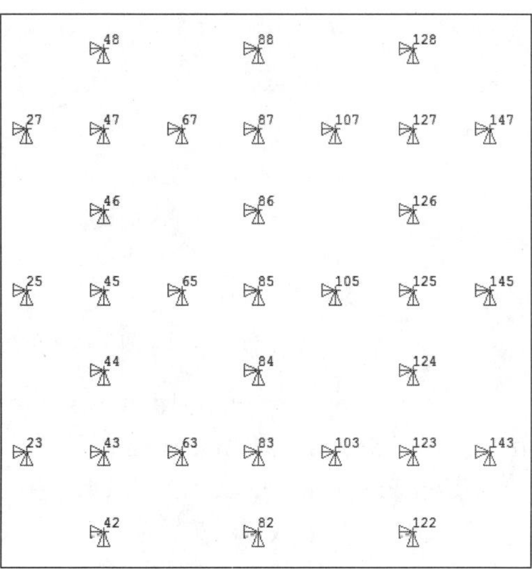

图 11-37　选择的节点

（10）定义主自由度。选择主菜单中的 Main Menu > Solution > Master DOFs > User Selected > Define 命令，弹出 Define Master DOFs 拾取框，单击 Pick All 按钮，弹出 Define Master DOFs 对话框，如图 11-38 所示，在 Lab1 1st degree of freedom 后面的下拉列表框中选择 UZ，单击 OK 按钮。

Note

（11）选择所有节点。从实用菜单中选择 Utility Menu > Select > Everything 命令，然后执行 Utility Menu > Plot > Replot 路径，此时的屏幕显示如图 11-39 所示。

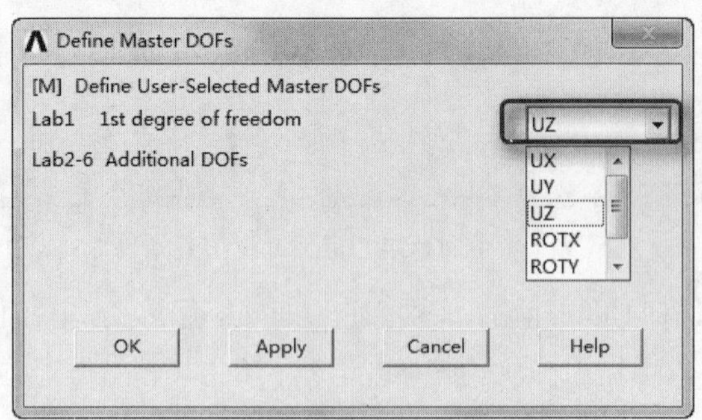

图 11-38 定义主自由度

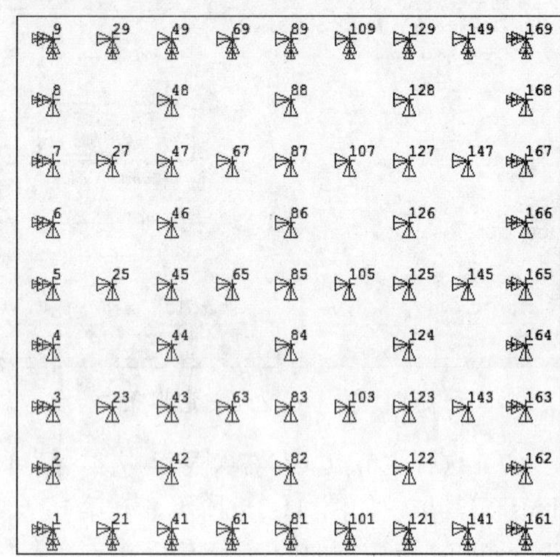

图 11-39 施加载荷约束之后的节点模型

（12）模态分析求解。选择主菜单中的 Main Menu > Solution > Solve > Current LS 命令，弹出 /STATUS Command 信息提示窗口和 Solve Current Load Step 对话框，仔细浏览信息提示窗口中的信息，如果无误则选择 File > Close 命令将其关闭。单击 Solove Current Load Step 对话框中的 OK 按钮开始求解。当静力求解结束时，屏幕上会弹出 Solution is done 提示框，单击 Close 按钮将其关闭。

（13）定义比例参数。从实用菜单中选择 Utility Menu > Parameters > Get Scalar Data 命令，弹出 Get Scalar Data 对话框，在 Type of data to be retrieved 后面的第一个列表框中选择 Results data，在第二个列表框中选择 Modal results，如图 11-40 所示，单击 OK 按钮。

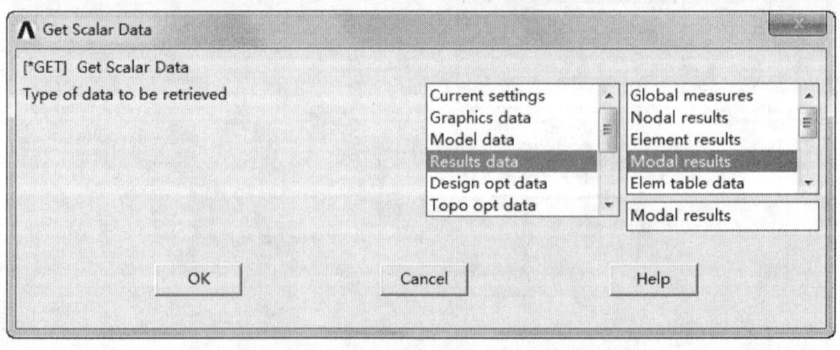

图 11-40 Get Scalar Data 对话框

（14）弹出另外一个 Get Modal Results 对话框，如图 11-41 所示，在 Name of parameter to be defined 后面的文本框中输入 F，在 Mode number N 后面的文本框中输入 1，在 Modal data to retrieved 后面的列表框中选择 Frequency FREQ，单击 OK 按钮。

（15）查看比例参数。从实用菜单中选择 Utility Menu > Parameters > Scalar Parameters 命令，弹出 Scalar Parameters 对话框，如图 11-42 所示。

（16）退出求解器。选择主菜单中的 Main Menu > Finish 命令，退出求解器。

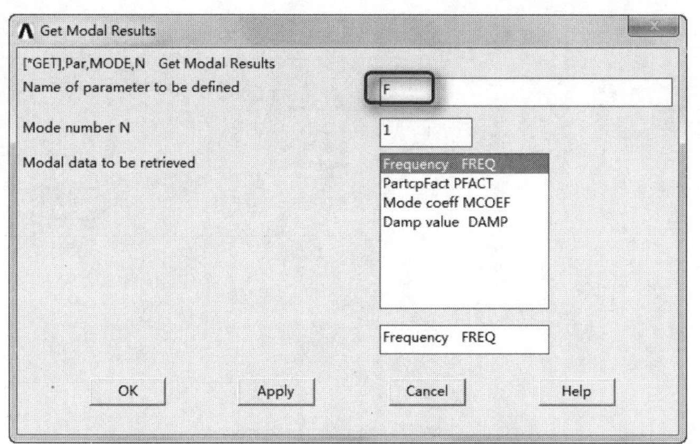

图 11-41 Get Model Results 对话框

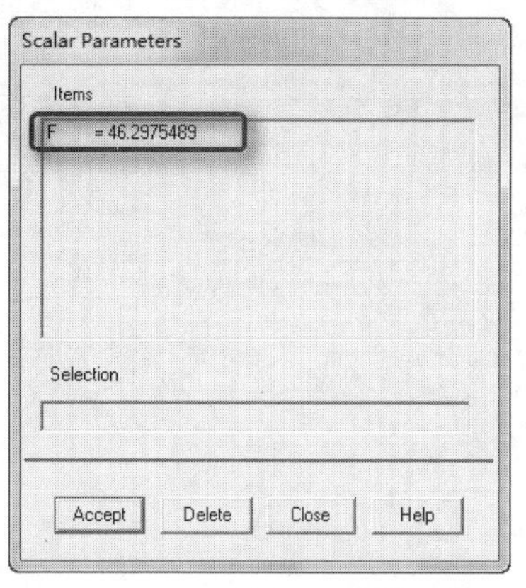

图 11-42 Scalar Parameters 对话框

3．谱分析

（1）定义谱分析。选择主菜单中的 Main Menu > Solution > Analysis Type > New Analysis 命令，弹出如图 11-43 所示的 New Analysis 对话框，在 Type of analysis 后面选中 Spectrum 单选按钮，单击 OK 按钮。

（2）设定谱分析选项。选择主菜单中的 Main Menu > Solution > Analysis Type > Analysis Options 命令，弹出 Spectrum Analysis 对话框，如图 11-44 所示，在 Sptype Type of spectrum 后面选中 P.S.D 单选按钮，在 NMODE No. of modes for solu 后面的文本框中输入 2，在 Elcalc Calculate elem stresses 后面选中 Yes 复选框，单击 OK 按钮。

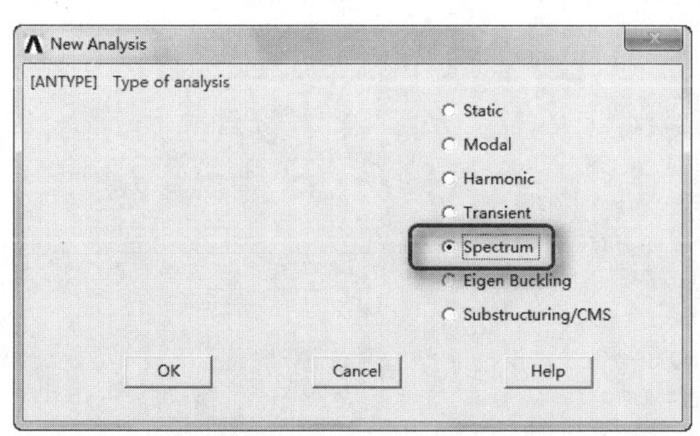

图 11-43 定义新的分析类型（谱分析）

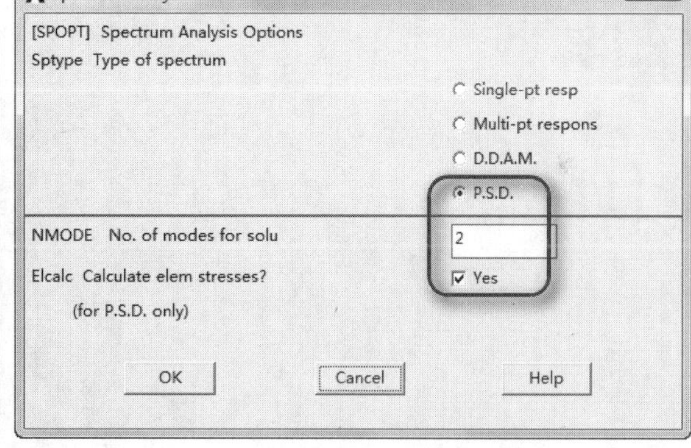

图 11-44 定义谱分析选项

（3）设置 PSD 分析。选择主菜单中的 Main Menu > Solution > Load Step Opts > Spectrum > PSD > Settings 命令，弹出 Settings for PSD Analysis 对话框，在[PSDUNIT] Type of response spct 后面的下拉列表框中选择 Pressure spct，在 Table number 后面的文本框中输入 1，如图 11-45 所示，单击 OK 按钮。

（4）定义阻尼。选择主菜单中的 Main Menu > Solution > Load Step Opts > Time/Frequenc > Damping 命令，弹出 Damping Specifications 对话框，如图 11-46 所示，在[DMPRAT] Constant damping ratio 后面的文本框中输入 0.02，单击 OK 按钮。

（5）选择主菜单中的 Main Menu > Solution > Load Step Opts > Spectrum > PSD > PSD vs Freq 命令，弹出 Table for PSD vs Frequency 对话框，如图 11-47 所示，在 Table number to be defined 后面的文本框中输入 1，单击 OK 按钮。

Note

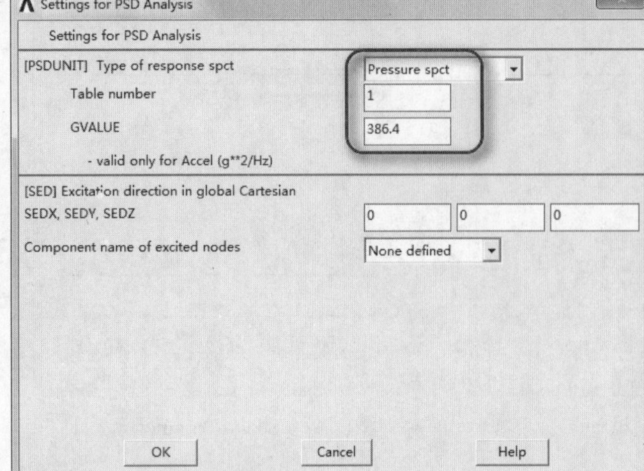

图 11-45　Settings for PSD Analysis 对话框

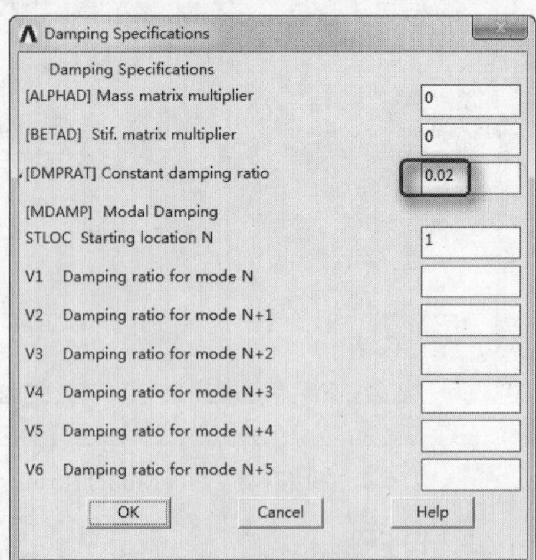

图 11-46　Damping Specifications 对话框

（6）弹出 PSD vs Frequency Table 对话框，如图 11-48 所示，在 FREQ1,PSD1 后面的文本框中依次输入两个 1，在 FREQ2,PSD2 后面的文本框中依次输入 80 和 1，单击 OK 按钮。

Table for PSD vs Frequency
[PSDVAL] [PSDFRQ] PSD vs Frequency Table
Table number to be defined　1
OK　Cancel　Help

图 11-47　Table for PSD vs Frequency 对话框

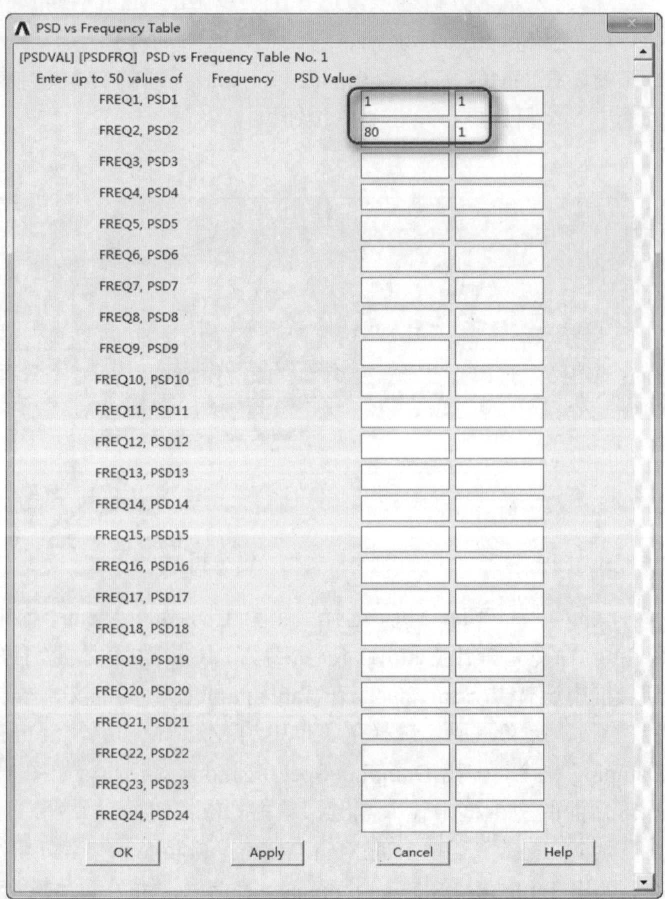

图 11-48　PSD vs Frequency Table 对话框

（7）设定载荷比例因子。选择主菜单中的 Main Menu > Solution > Define Loads > Apply > Load Vector > For PSD 命令，弹出 Apply Load Vector for Power Spectral Density 对话框，如图 11-49 所示，在 FACT Scale factor 后面的文本框中输入 1，单击 OK 按钮，弹出警告提示框，如图 11-50 所示，单击 Close 按钮。

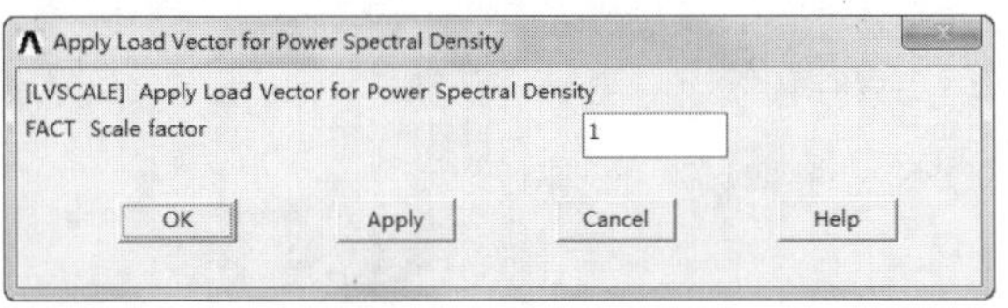

图 11-49　Apply Load Vector for Power Spectral Density 对话框

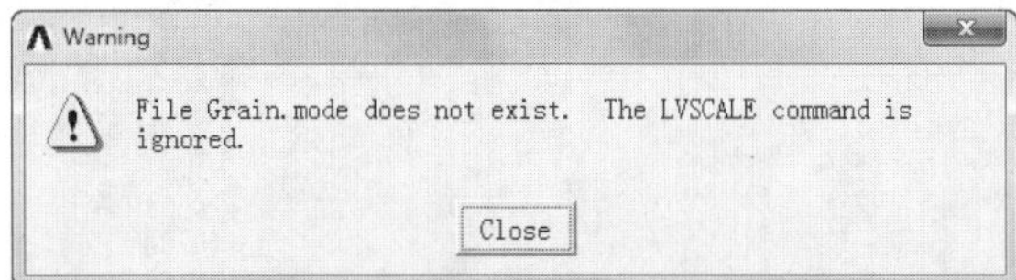

图 11-50　警告提示框

（8）计算参与因子。选择主菜单中的 Main Menu > Solution > Load Step Opts > Spectrum > PSD > Calculate PF 命令，弹出 Calculate Participation Factors 对话框，如图 11-51 所示，在 TBLNO Table no. of PSD table 后面的文本框中输入 1，在 Excit Base or nodal excitation 后面的下拉列表框中选择 Nodal excitation，单击 OK 按钮，弹出 Solution is done 提示信息，如图 11-52 所示，单击 Close 按钮关闭对话框。

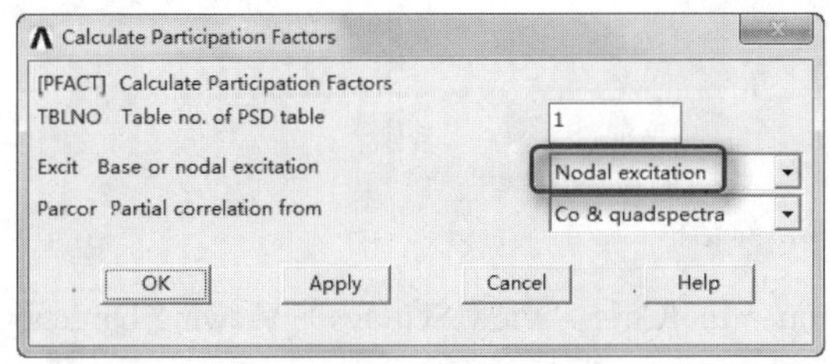

图 11-51　Calculate Participation Factors 对话框

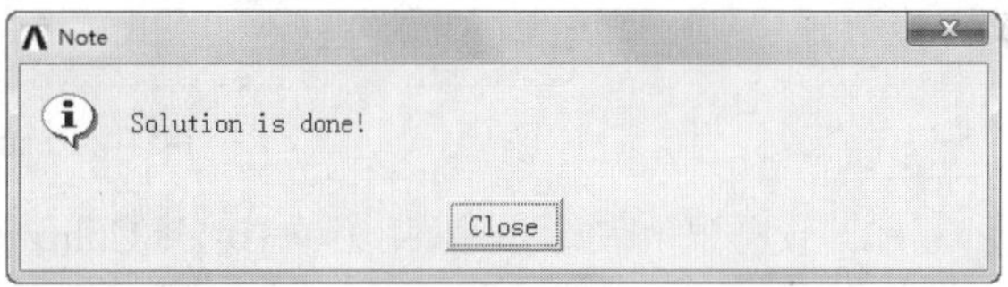

图 11-52　参与因子计算完毕

（9）设置结果输出。选择主菜单中的 Main Menu > Solution > Load Step Opts > Spectrum > PSD > Calc Controls 命令，弹出 PSD Calculation Controls 对话框，如图 11-53 所示，在 Displacement solution（DISP）后面的下拉列表框中选择 Relative to base，单击 OK 按钮接受其余默认选项。

（10）设置合并模态。选择主菜单中的 Main Menu > Solution > Load Step Opts > Spectrum > PSD > Mode Combine 命令，弹出 PSD Combination Method 对话框，如图 11-54 所示，单击 OK 按钮接受默认设置。

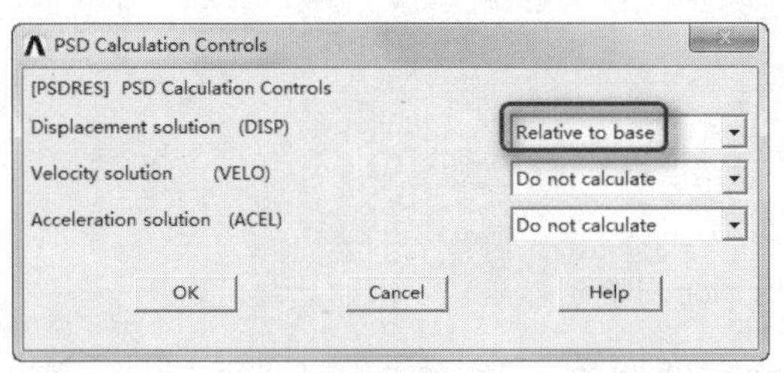

图 11-53　PSD Calculation Controls 对话框

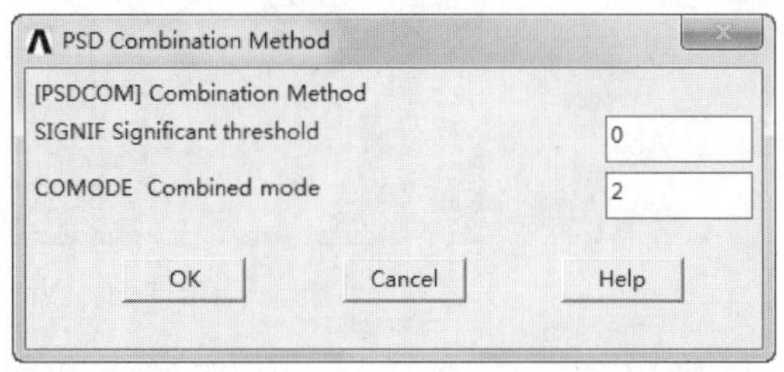

图 11-54　PSD Combination Method 对话框

（11）谱分析求解。选择主菜单中的 Main Menu > Solution > Solve > Current LS 命令，弹出/STATUS Command 信息提示窗口和 Solve Current Load Step 对话框。仔细浏览信息提示窗口中的信息，如果无误则选择 File > Close 命令将其关闭。单击 Solove Current Load Step 对话框中的 OK 按钮开始求解。当求解结束时，屏幕上会弹出 Solution is done 提示框，单击 Close 按钮将其关闭。

（12）退出求解器。选择主菜单中的 Main Menu > Finish 命令，退出求解器。

Note

4．POST1 后处理

（1）读入子步结果。选择主菜单中的 Main Menu > General Postproc > Read Results > By Pick 命令，弹出 Result File 对话框，如图 11-55 所示，选择 Set 为 17 的项，单击 Read 按钮，再单击 Close 按钮。

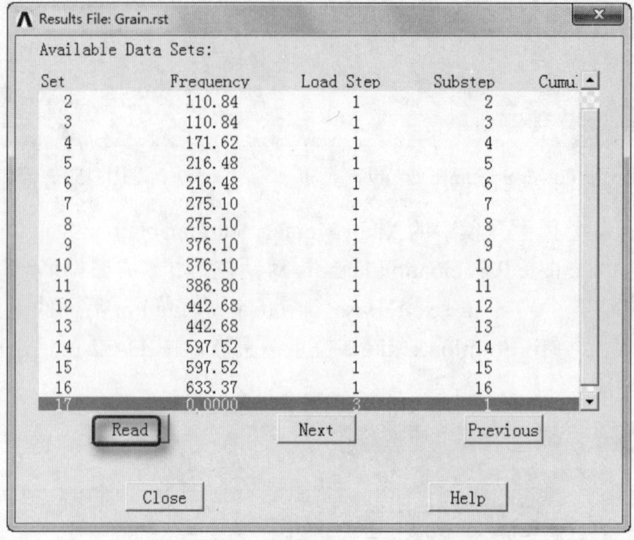

图 11-55　Result File 对话框

（2）设置视角系数。从实用菜单中选择 Utility Menu > PlotCtrls > View Settings > Viewing Direction 命令，弹出 Viewing Direction 对话框，如图 11-56 所示，在 WN Window number 后面的下拉列表框中选择 Window 1，在[/VIEW] View direction 后面的文本框中依次输入 2、3、4，单击 OK 按钮。

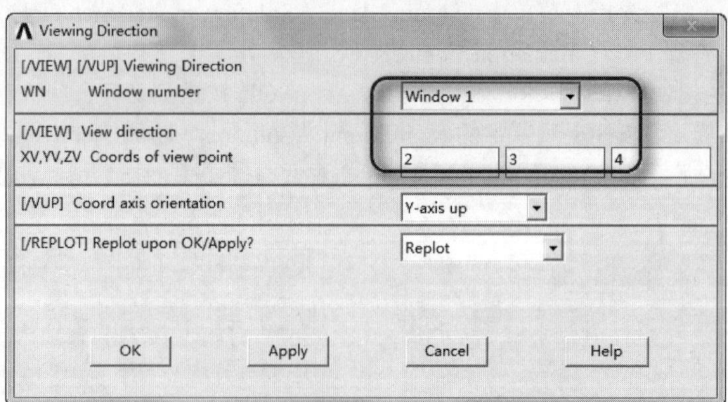

图 11-56　Viewing Direction 对话框

（3）绘图显示。选择主菜单中的 Main Menu > General Postproc > Plot Results > Contour Plot > Nodal Solu 命令，弹出 Contour Nodal Solution Data 对话框，如图 11-57 所示，依次选择 Nodal Solution > DOF Solution > Z-Component of displacement 选项，单击 OK 按钮接受其余默认设置，屏幕显示如图 11-58 所示。

（4）列表显示。选择主菜单中的 Main Menu > General Postproc > List Results > Nodal Solution 命令，弹出 List Nodal Solution 对话框，如图 11-59 所示，依次选择 Nodal Solution > DOF Solution > Z-Component of displacement 选项，单击 OK 按钮，屏幕会弹出列表显示框。

Note

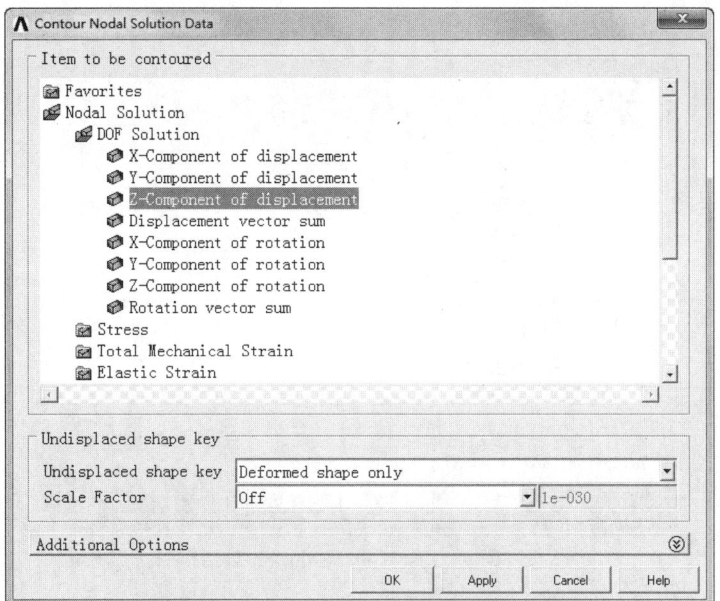

图 11-57 Contour Nodal Solution Data 对话框

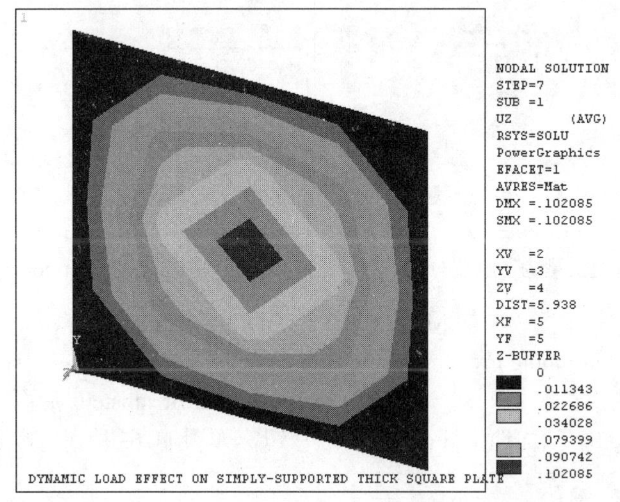

图 11-58 Z 向位移云图显示

（5）退出后处理器。选择主菜单中的 Main Menu > Finish 命令，退出后处理器。

5．谐响应分析

（1）定义求解类型。选择主菜单中的 Main Menu > Solution > Analysis Type > New Analysis 命令，弹出 New Analysis 对话框，选中 Harmonic 单选按钮，如图 11-60 所示，单击 OK 按钮。

（2）设置求解选项。选择主菜单中的 Main Menu > Solution > Analysis Type > Analysis Options 命令，弹出 Harmonic Analysis 对话框，在[HROPT] Solution method 后面的下拉列表框中选择 Mode Superpos'n，在[HROUT] DOF printout format 后面的下拉列表框中选择 Amplitud+phase，如图 11-61 所示，单击 OK 按钮。

（3）弹出 Mode Sup Harmonic Analysis 对话框，如图 11-62 所示，单击 OK 按钮接受默认设置。

Note

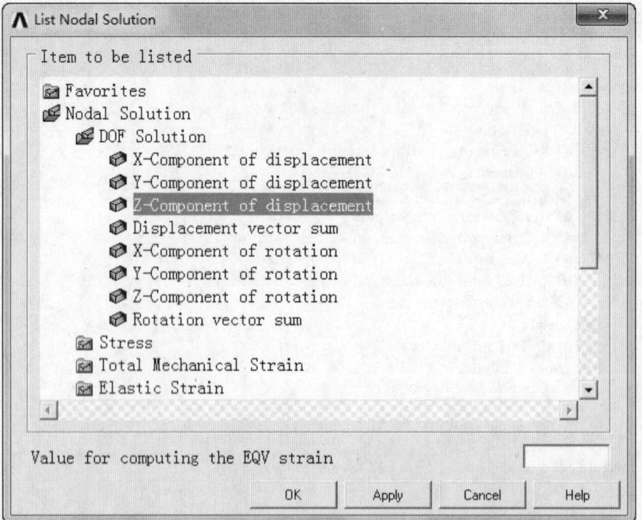

图 11-59　List Nodal Solution 对话框

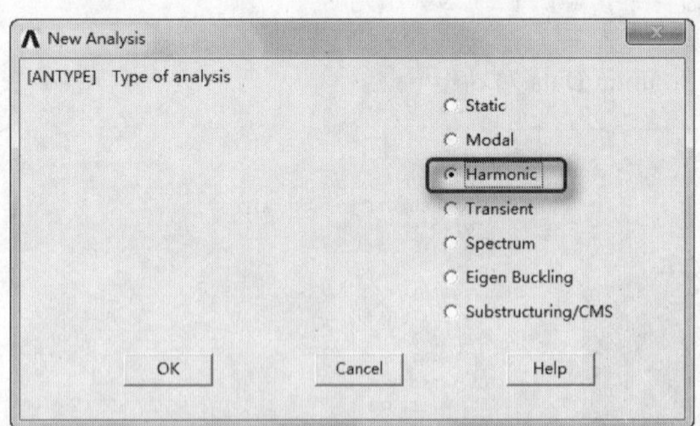

图 11-60　定义分析类型为谐响应分析

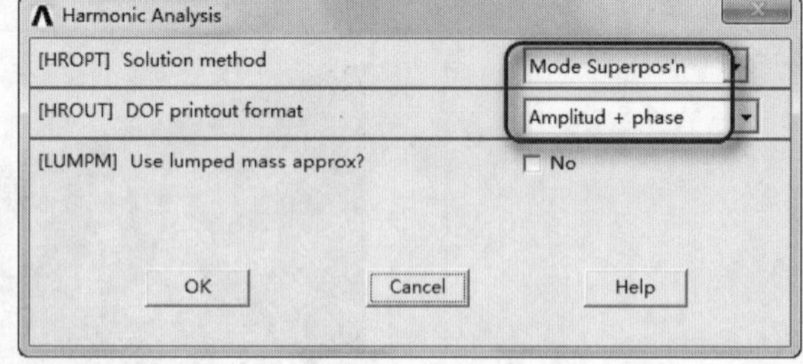

图 11-61　Harmonic Analysis 对话框

（4）设置载荷。选择主菜单中的 Main Menu > Solution > Load Step Opts > Time/Frequenc > Freq and Substps 命令，弹出 Harmonic Frequency and Substep Options 对话框，在[HARFRQ] Harmonic freq range 后面的文本框中依次输入 1 和 80，在[NSUBST] Number of substeps 后面的文本框中输入 10，在[KBC] Stepped or ramped b.c.后面选中 Stepped 单选按钮，如图 11-63 所示，单击 OK 按钮。

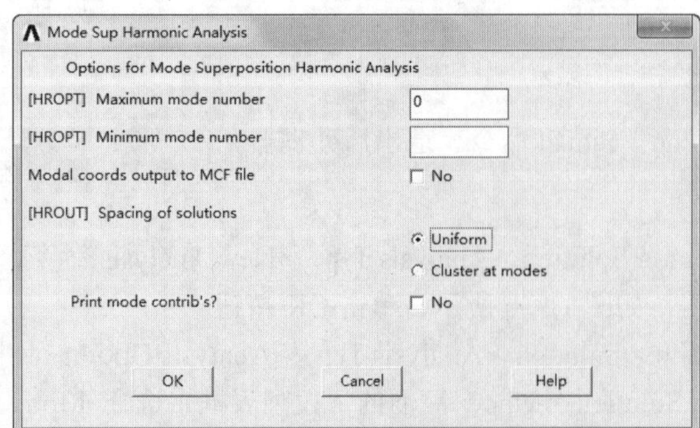

图 11-62　Mode Sup Harmonic Analysis 对话框

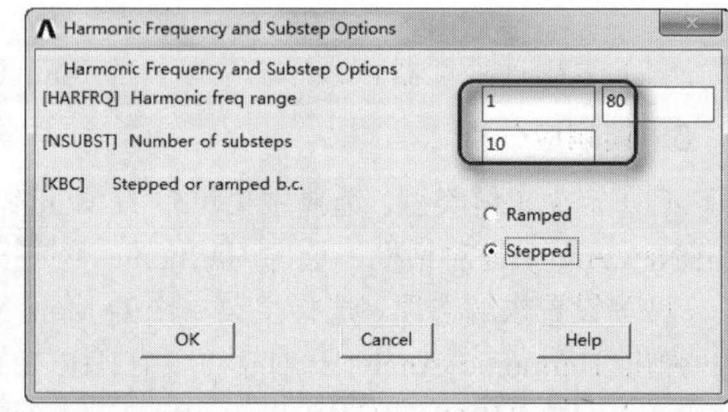

图 11-63　Harmonic Frequency and Substep Options 对话框

（5）设置阻尼。选择主菜单中的 Main Menu > Solution > Load Step Opts > Time/Frequenc > Damping 命令，弹出 Damping Specifications 对话框，在[DMPRAT] Constant damping ratio 后面的文本

框中输入 0.02，如图 11-64 所示，单击 OK 按钮。

（6）谱响应分析求解。选择主菜单中的 Main Menu > Solution > Solve > Current LS 命令，弹出/STATUS Command 信息提示窗口和 Solve Current Load Step 对话框。浏览信息提示窗口中的信息，如果无误则选择 File > Close 命令将其关闭。单击 Solve Current Load Step 对话框中的 OK 按钮，开始求解。

（7）退出求解器。选择主菜单中的 Main Menu > Finish 命令，退出求解器。

6．POST26 后处理

（1）进入时间历程后处理。选择主菜单中的 Main Menu > TimeHist PostPro 命令，弹出如图 11-65 所示的 Spectrum Usage 对话框，单击 OK 按钮接受默认设置，弹出如图 11-66 所示的 Time History Variables 对话框，里面已有默认变量时间（TIME）。

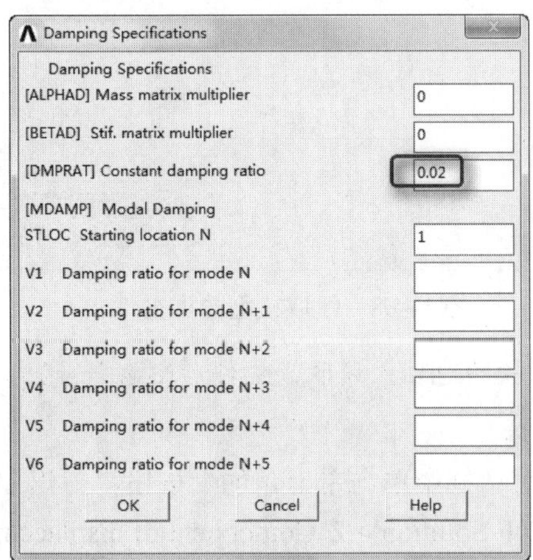

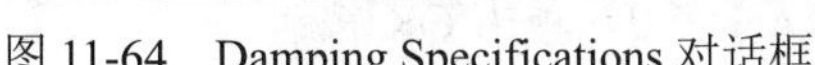
图 11-64　Damping Specifications 对话框

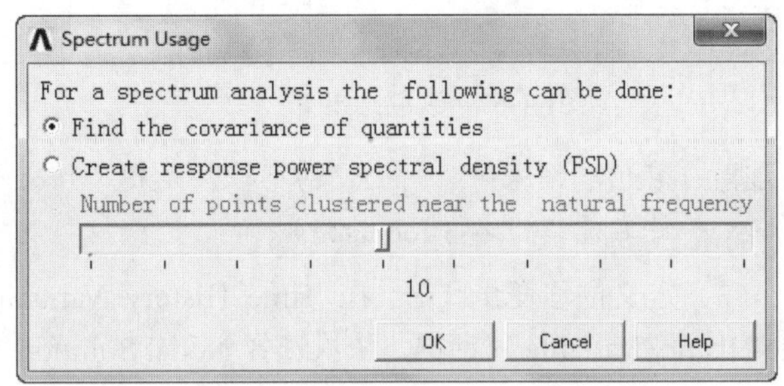

图 11-65　Spectrum Usage 对话框

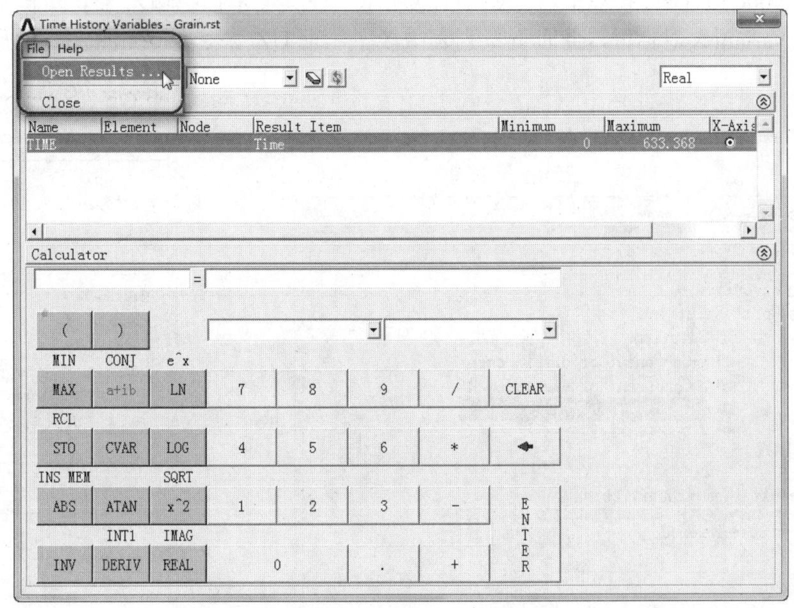

图 11-66　Time History Variables 对话框

（2）读入结果。在 Time History Variables 对话框中选择 File > Open Results...命令，弹出读取结果对话框，如图 11-67 所示，在相应的路径下选择 spectrum.rffq 文件，单击“打开”按钮，接着弹出

如图 11-68 所示的对话框，选择模型数据文件 example14-3.db，弹出如图 11-65 所示的 Spectrum Usage 对话框，单击 OK 按钮接受默认设置。回到 Time History Variables 对话框，可看到，此时的默认变量已经由 TIME 变为 FREQ。

Note

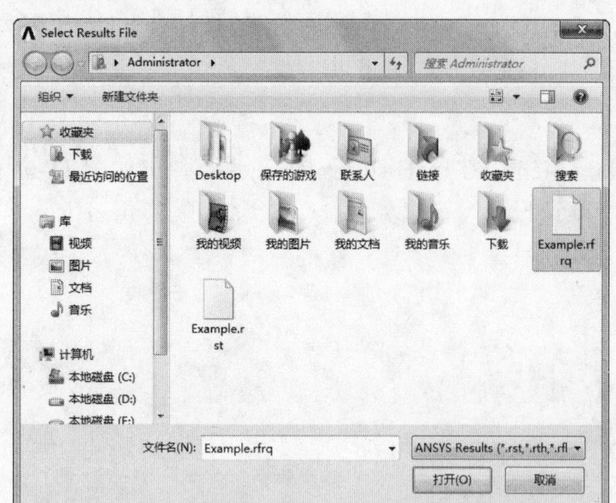

图 11-67 读取结果

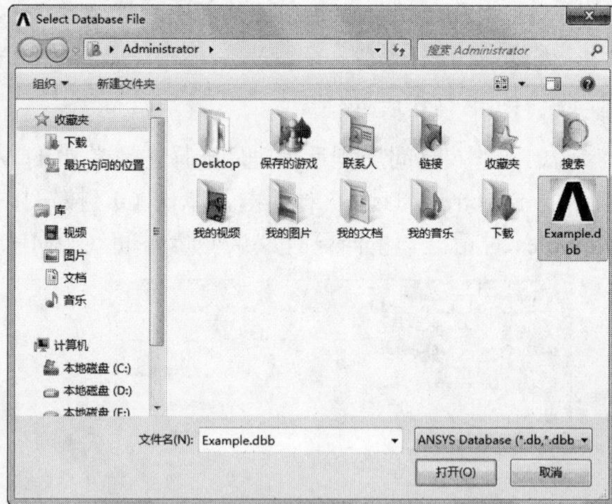

图 11-68 读取模型数据文件

注意：在读取结果时，“响应的路径”是指工作文件存放的地址，读取的文件后缀名是 rfrq，文件名是工作名（Jobname）。

（3）定义位移变量 UZ。在 Time History Variables 对话框中单击左上角的按钮，弹出 Add Time-History Variable 对话框，依次选择 Nodal Solution > DOF Solution > Z-Component of displacement 选项，如图 11-69 所示，在 Variable Name 后面的文本框中输入 UZ_2，单击 OK 按钮。

（4）弹出 Node for Data 拾取框，如图 11-70 所示，在其文本框中输入 85，单击 OK 按钮。返回到 Time History Variables 对话框，此时变量列表中多了一项 UZ_2 变量，如图 11-71 所示。

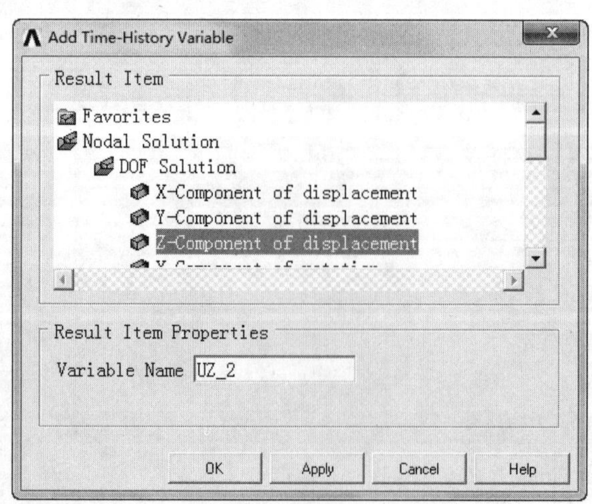

图 11-69 Add Time-History Variable 对话框

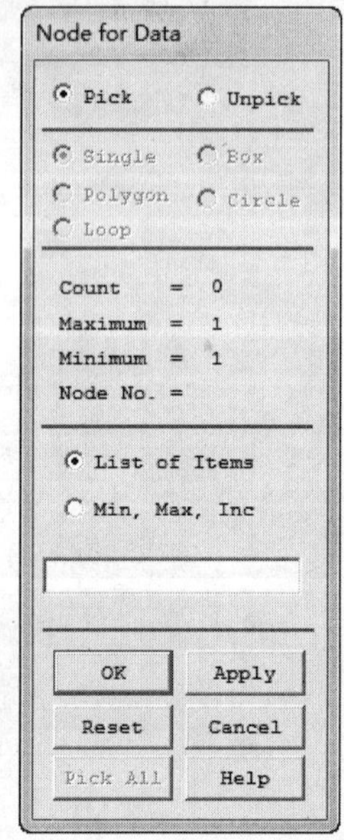

图 11-70 Node for Data 拾取框

Note

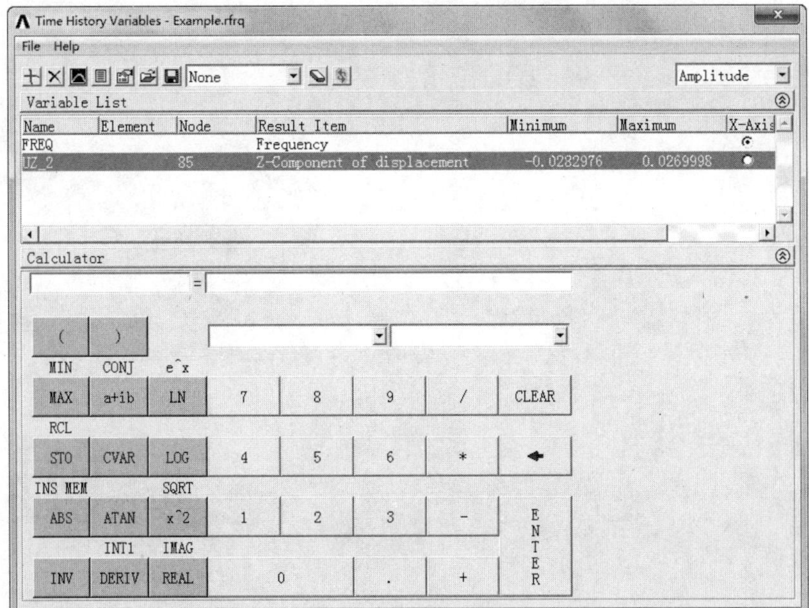

图 11-71　Time History Variables 对话框

（5）绘制位移频率曲线。在 Time History Variables 对话框中单击第 3 个按钮，屏幕显示如图 11-72 所示。

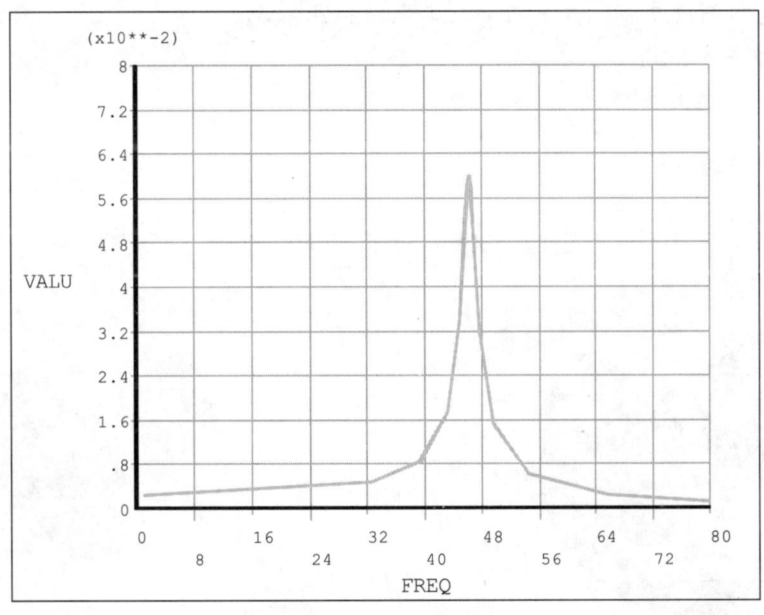

图 11-72　位移频率关系图

11.2.3　命令流方式

命令流方式这里不再详细介绍，读者可参见随书光盘中的电子文档。

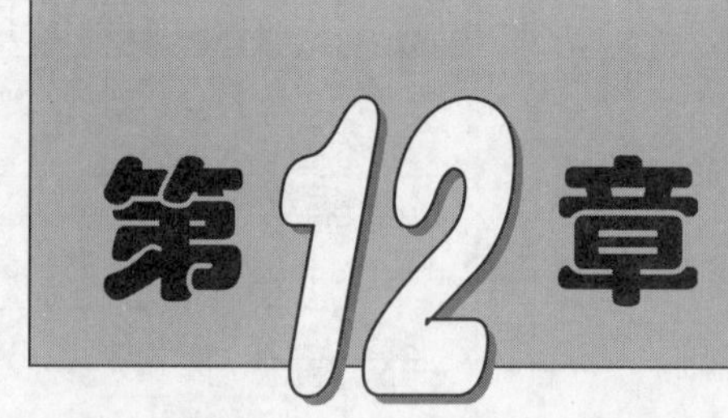

第12章 非线性分析

非线性变化是工程分析中常见的一种现象。非线性问题表现出与线性问题不同的性质。尽管非线性分析比线性分析变得更加复杂，但处理基本相同。只是在非线性分析的适当过程中，添加了需要的非线性特性。

本章将通过实例讲述非线性分析的基本步骤和具体方法。

☑ 非线性分析概论

☑ 铆钉冲压应力分析

任务驱动&项目案例

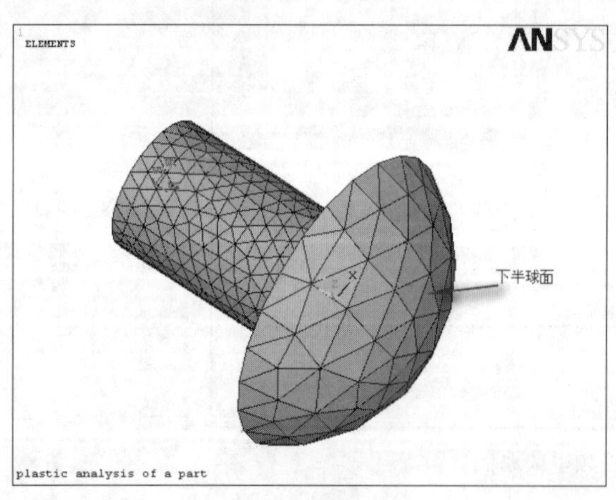

(1)

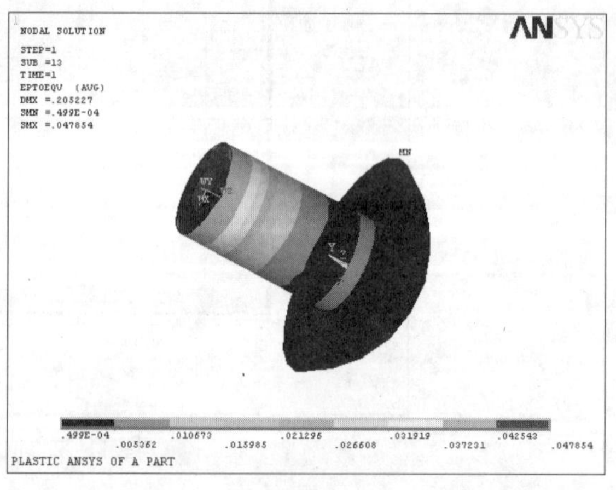

(2)

12.1　非线性分析概论

在日常生活中，经常会遇到结构非线性，例如，无论何时用钉书针钉书，金属钉书针将会弯曲成一个不同的形状，如图 12-1（a）所示；如果在一个木架上放置重物，随着时间的迁移它将越来越下垂，如图 12-1（b）所示；当在汽车或卡车上装货时，它的轮胎和下面路面间的接触将随货物重量而变化，如图 12-1（c）所示。如果将上面例子的载荷—变形曲线画出来，将会发现它们都显示了非线性结构的基本特征，即变化的结构刚性。

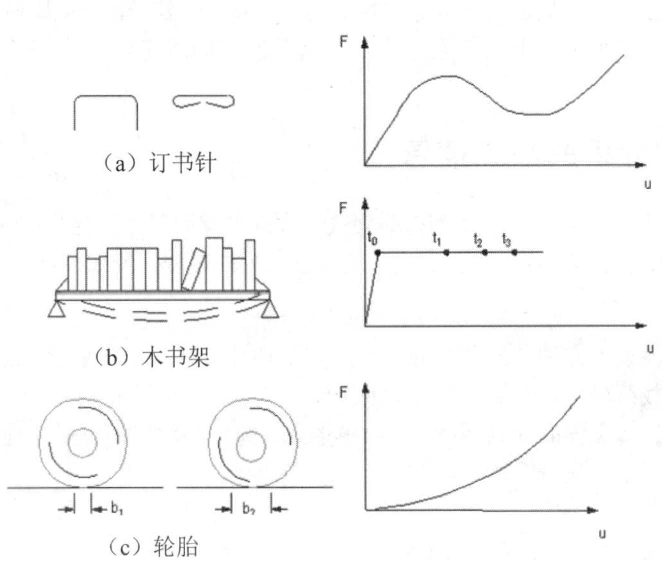

图 12-1　非线性结构行为的普通例子

12.1.1　非线性行为的原因

引起结构非线性行为的原因很多，本节将介绍其中的 3 种主要原因。

（1）状态变化（包括接触）

许多普通结构表现出一种与状态相关的非线性行为，例如，一根只能拉伸的电缆可能是松散的，也可能是绷紧的；轴承套可能是接触的，也可能是不接触的；冻土可能是冻结的，也可能是融化的。这些系统的刚度由于系统状态的改变在不同的值之间发生变化。状态改变也许和载荷直接有关（如在电缆情况中），也可能由某种外部原因引起（如在冻土中的紊乱热力学条件）。ANSYS 程序中单元的激活与杀死选项用来给这种状态的变化建模。

接触是一种很普遍的非线性行为，是状态变化非线性类型中一个特殊而重要的子集。

（2）几何非线性

如果结构经受大变形，则变化的几何形状可能会引起结构的非线性响应，例如，如图 12-2 所示，随着垂向载荷的增加，钓鱼杆不断弯曲以至于动力臂明显地减少，导致钓鱼杆端显示出在较高载荷下不断增长的刚性。

Note

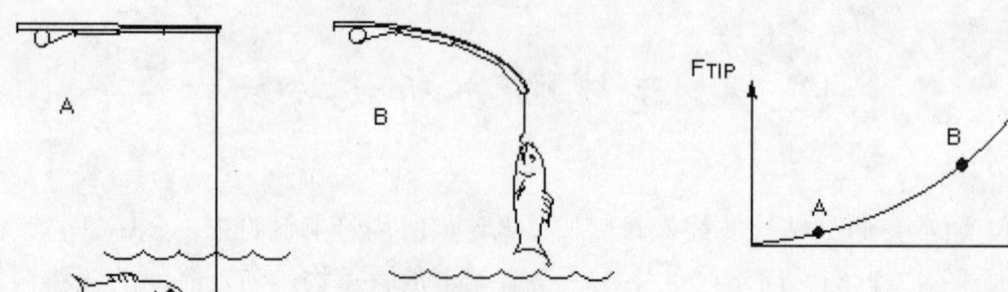

图 12-2 钓鱼杆示范几何非线性

（3）材料非线性

非线性的应力—应变关系是造成结构非线性的常见原因。许多因素可以影响材料的应力—应变性质，包括加载历史（如在弹—塑性响应状况下）、环境状况（如温度）、加载的时间总量（如在蠕变响应状况下）。

12.1.2 非线性分析的基本信息

ANSYS 程序的方程求解器计算一系列的联立线性方程来预测工程系统的响应。然而，非线性结构的行为不能直接用这样一系列的线性方程表示，需要一系列的带校正的线性近似来求解非线性问题。

1．非线性求解方法

一种近似的非线性求解方法是将载荷分成一系列的载荷增量。可以在几个载荷步内或者在一个载步的几个子步内施加载荷增量。在每一个增量的求解完成后，在继续进行下一个载荷增量之前，程序调整刚度矩阵以反映结构刚度的非线性变化。遗憾的是，纯粹的增量不可避免地会随着每一个载荷增量积累误差，导致结果最终失去平衡，如图 12-3（a）所示。

ANSYS 程序通过使用牛顿—拉普森平衡迭代克服了这种困难，它迫使在每一个载荷增量的末端解达到平衡收敛（在某个容限范围内）。图 12-3（b）所示为在单自由度非线性分析中牛顿—拉普森平衡迭代的使用。在每次求解前，NR 方法估算出残差矢量，这个矢量是回复力（对应于单元应力的载荷）和所加载荷的差值。然后程序使用非平衡载荷进行线性求解，且核查收敛性。如果不满足收敛准则，则重新估算非平衡载荷，修改刚度矩阵，获得新解。一直持续这种迭代过程直到问题收敛。

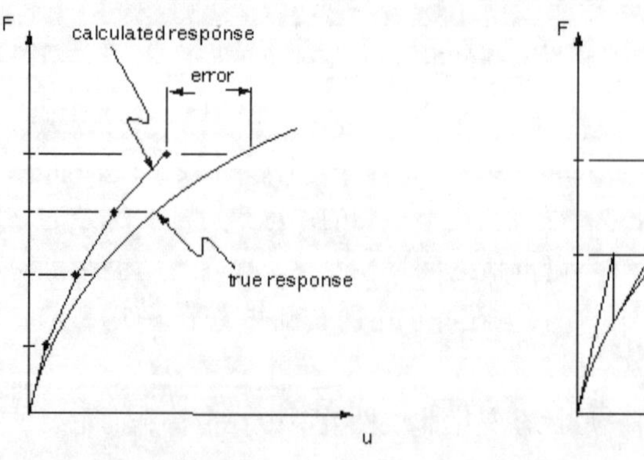

（a）普通增量式解　　（b）全牛顿－拉普森迭代求解（两个载荷增量）

图 12-3 纯粹增量近似与牛顿－拉普森近似的关系

ANSYS 程序提供了一系列命令来增强问题的收敛性，如自适应下降、线性搜索、自动载荷步及二分法等，可被激活来加强问题的收敛性，如果不能得到收敛，那么程序要么继续计算下一个载荷步，

要么终止（依据用户的指示而定）。

对某些物理意义上不稳定系统的非线性静态分析，如果仅使用 NR 方法，正切刚度矩阵可能变为降秩矩阵，导致严重的收敛问题。这样的情况包括独立实体从固定表面分离的静态接触分析、结构，或者完全崩溃，或者“突然变成”另一个稳定形状的非线性弯曲问题。对这样的情况，可以激活另外一种迭代方法（弧长方法）来帮助稳定求解。弧长方法导致 NR 平衡迭代沿一段弧收敛，所以即使当正切刚度矩阵的倾斜为 0 或负值时，也会阻止发散。这种迭代方法以图形表示如图 12-4 所示。

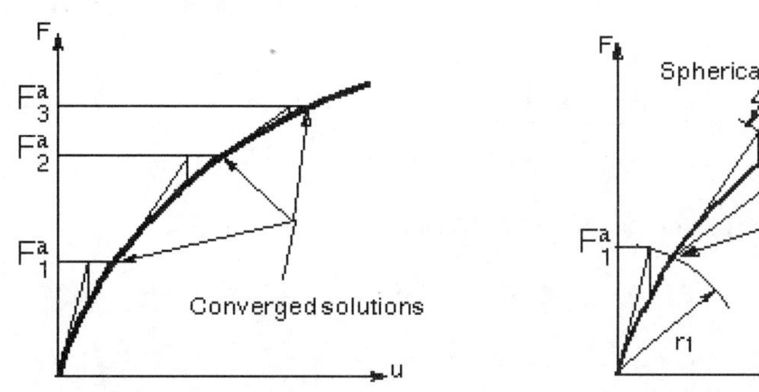

图 12-4　传统的 NR 方法与弧长方法的比较

2. 非线性求解级别

非线性求解被分成 3 个操作级别，即载荷步、子步和平衡迭代。

（1）“顶层”级别由在一定“时间”范围内明确定义的载荷步组成。假定载荷在载荷步内是线性变化的。

（2）在每一个载荷子步内，为了逐步加载可以控制程序来执行多次求解（子步或时间步）。

（3）在每一个子步内，程序将进行一系列的平衡迭代以获得收敛的解。

如图 12-5 所示为一个典型的用于非线性分析的载荷历史图。

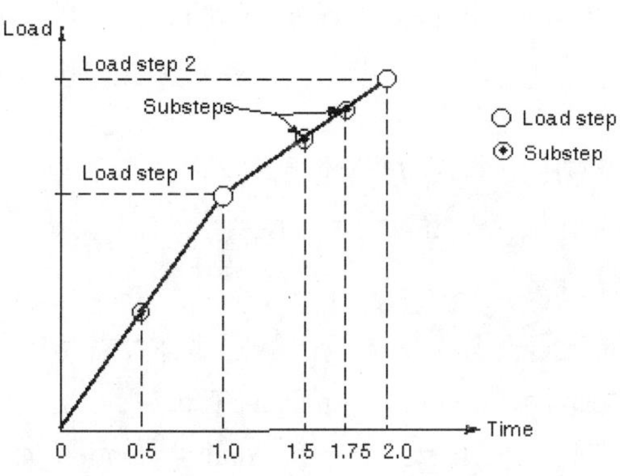

图 12-5　载荷步、子步及“时间”关系图

3. 载荷和位移的方向改变

当结构经历大变形时应该考虑到载荷发生了什么变化。在许多情况中，无论结构如何变形，施加在系统中的载荷保持恒定的方向。而在另一些情况中，力将改变方向，并随着单元方向的改变而变化。

ANSYS 程序对这两种情况都可以建模，依赖于所施加的载荷类型。加速度和集中力将不管单元方向的改变而保持它们最初的方向，表面载荷作用在变形单元表面的法向，且可被用来模拟“跟随”力。如图 12-6 所示为恒力和跟随力示意图。

Note

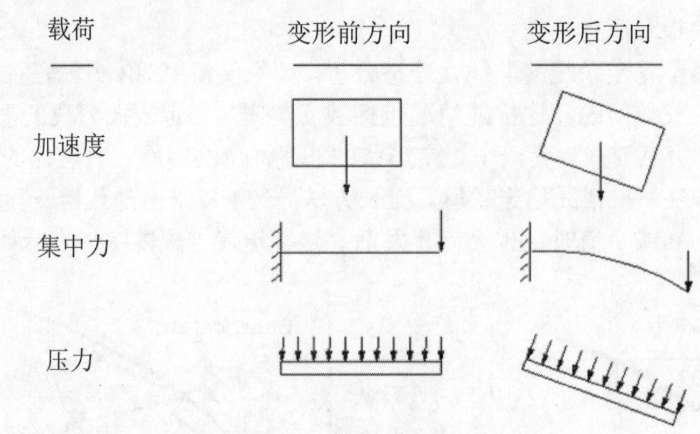

图 12-6　变形前后载荷方向

注意：在大变形分析中不修正节点坐标系方向，因此计算出的位移在最初的方向上输出。

4．非线性瞬态过程分析

非线性瞬态过程的分析与线性静态或准静态分析类似，即以步进增量加载，程序在每一步中进行平衡迭代。静态和瞬态处理的主要不同是在瞬态过程分析中要激活时间积分效应。（因此，在瞬态过程分析中“时间”总是表示实际的时序。）自动时间分步和二等分特点同样也适用于瞬态过程分析。

12.1.3　几何非线性

通常假定小转动（小挠度）和小应变变形足够小，以至于可以不考虑由变形导致的刚度阵变化，但是大变形分析中，必须考虑由于单元形状或者方向导致的刚度阵变化。使用命令 NLGEOM,ON（GUI：Main Menu > Solution > Analysis Type > Sol'n Control (: Basic Tab) 或者 Main Menu > Solution > Unabridged Menu > Analysis Type > Analysis Options）可以激活大变形效应（针对支持大变形的单元）。大多数实体单元（包括所有大变形单元和超弹单元）和大多数梁单元和壳单元都支持大变形。

大变形过程在理论上并没有限制单元的变形或者转动（实际的单元还要受到经验变形的约束，即不能无限大），但求解过程必须保证应变增量满足精度要求，即总体载荷要被划分为很多小步来加载。

1．小应变大挠度（大转动）

所有梁单元和大多数壳单元以及其他的非线性单元都有大挠度（大转动）效应，可以通过命令 NLGEOM,ON（GUI：Main Menu > Solution > Analysis Type > Sol'n Control (: Basic Tab) 或者 Main Menu > Solution > Unabridged Menu > Analysis Type > Analysis Options）来激活该选项。

2．应力刚化

结构的面外刚度有时会受到面内应力的明显影响，这种面内应力与面外刚度的耦合即应力刚化，在面内应力很大的薄结构（例如缆索、隔膜）中非常明显。

因为应力刚化理论通常假定单元的转动和变形都非常小，所以它应用小转动或者线性理论。但在有些结构中，应力刚化只有在大转动（大挠度）下才会体现，例如图 12-7 所示结构。

可以在第一个载荷步中利用命令 PSTRES,ON（GUI：Main Menu > Solution > Unabridged Menu > Analysis Type > Analysis Options）激活应力刚化选项。

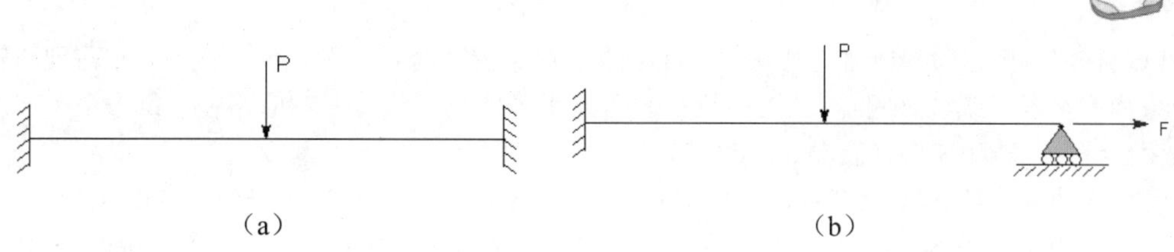

图 12-7　应力刚化的梁

大应变和大转动分析过程理论上包括初始应力的影响，多于大多数单元，在使用命令 NLGEOM,ON（GUI：Main Menu > Solution > Analysis Type > Sol'n Control (: Basic Tab) 或者 Main Menu > Solution > Unabridged Menu > Analysis Type > Analysis Options）激活大变形效应时，会自动包括初始刚度的影响。

3．旋转软化

旋转软化会调整（软化）旋转结构的刚度矩阵来考虑动态质量的影响，这种调整近似于在小挠度分析中考虑大挠度圆周运动引起的几何尺寸的变化，它通常与由旋转模型的离心力所产生的预应力 [PSTRES]（GUI：Main Menu > Solution > Unabridged Menu > Analysis Type > Analysis Options）一起使用。

注意：旋转软化不能与其他的几何非线性、大转动或者大应变同时使用。

利用命令 OMEGA 和 CMOMEGA 中的 KSPIN 选项（GUI：Main Menu > Preprocessor > Loads > Define Loads > Apply > Structural > Inertia > Angular Velocity）来激活旋转软化效应。

12.1.4　材料非线性

在求解过程中，与材料相关的因子会导致结构的刚度变化。塑性、多线性和超弹性的非线性应力—应变关系会导致结构刚度在不同载荷阶段（典型的，例如不同温度）发生变化。蠕变、粘弹性和粘塑性的非线性则与时间、速度、温度以及应力相关。

如果材料的应力应变关系是非线性的或者和速度相关的，必须利用 TB 命令族（TBTEMP, TBDATA, TBPT, TBCOPY, TBLIST, TBPLOT, TBDELE）（GUI：Main Menu > Preprocessor > Material Props > Material Models > Structural > Nonlinear）用数据表的形式来定义非线性材料特性。下面对不同的材料非线性行为选项进行简单介绍。

1．塑性

对于多数工程材料，在达到比例极限之前，应力—应变关系都采用线性形式。超过比例极限之后，应力—应变关系呈现非线性，不过通常还是弹性的。而塑性则以无法恢复的变形为特征，在应力超过屈服极限之后就会出现。因为通常情况下比例极限和屈服极限只有微小的差别，在塑性分析中，ANSYS 程序假定这两点重合，如图 12-8 所示。

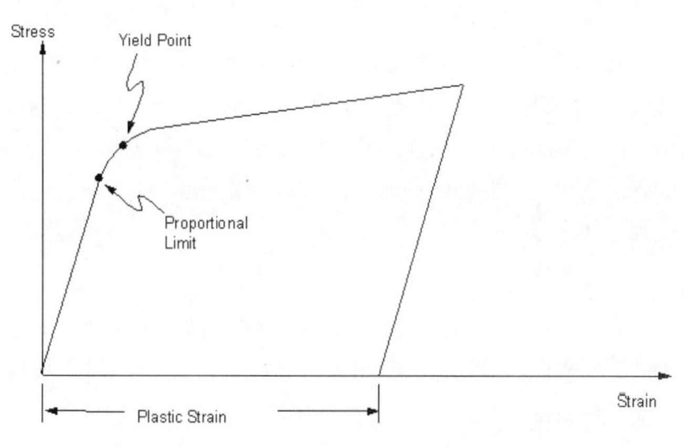

图 12-8　弹塑性应力—应变关系

塑性是一种不可恢复、与路径相关的变形现象。换句话说，施加载荷的次序以及在何种塑性阶段施加将影响最终的结果。如果想在分析中预测塑性响应，则需要将载荷分解成一系列增量步（或者时间步），这样模型才可能正确地模拟载荷—响应路径。每一个子步的最大塑性应变会储存在输出文件（Jobname.OUT）中。

Note

自动步长调整选项 [AUTOTS]（GUI：Main Menu > Solution > Analysis Type > Sol'n Control (:Basic Tab)或者 Main Menu > Solution > Unabridged Menu > Load Step Opts > Time/Frequenc > Time and Substps）会根据实际的塑性变形调整步长，当求解迭代次数过多或者塑性应变增量大于 15%时会自动缩短步长。如果采用的步长过长，ANSYS 程序会减半或者采用更短的步长，如图 12-9 所示。

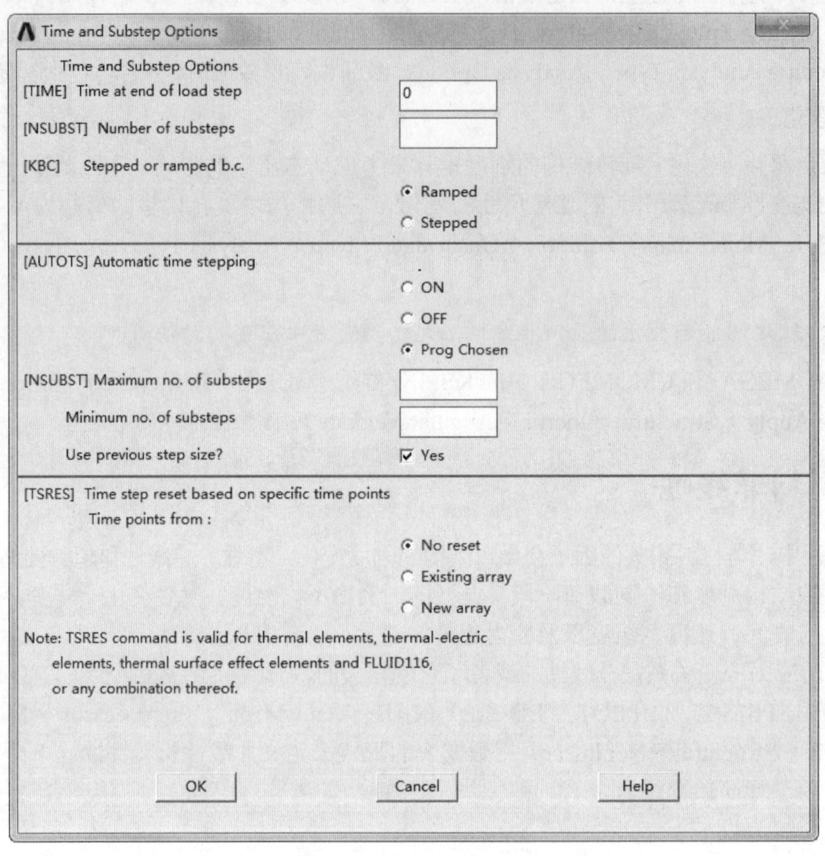

图 12-9　自动步长调整选项对话框

在塑性分析时，可能还会同时出现其他非线性特性。例如，大转动（大挠度）和大应变的几何非线性通常伴随塑性同时出现。如果想在分析中加入大变形，可以用命令 NLGEOM（GUI：Main Menu > Solution > Analysis Type > Sol'n Control (:Basic Tab)或者 Main Menu > Solution > Unabridged Menu > Analysis Type > Analysis Options）激活相关选项。对于大应变分析，材料的应力—应变特性必须是用真实应力和对数应变输入的。

2．多线性

多线性弹性材料行为选项（MELAS）描述一种保守响应（与路径无关），其加载和卸载沿相同的应力一应变路径。所以，对于这种非线性行为，可以使用相对较大的步长。

3．超弹性

如果存在一种弹性能函数（或者应变能密度函数），它是应变或者变形张量的比例函数，对相应

应变项求导就能得到相应应力项，这种材料通常称为超弹性。

超弹性可以用来解释类橡胶材料（例如人造橡胶）在经历大应变和大变形时（需要[NLGEOM,ON]）其体积变化非常微小的情况（近似于不可压缩材料）。一种有代表性的超弹结构（气球封管）如图 12-10 所示。

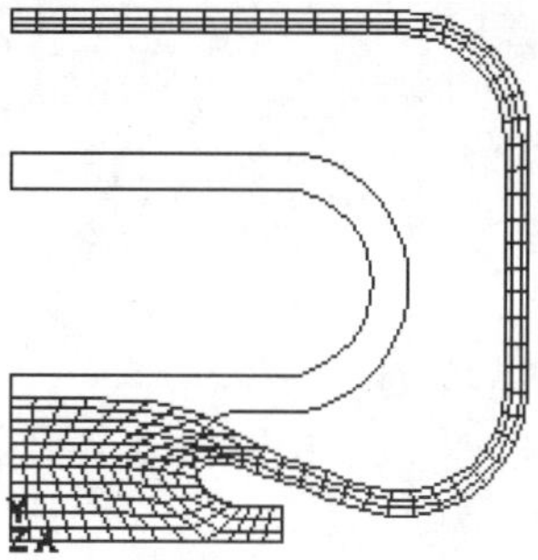

图 12-10　超弹结构

有两种类型的单元适合模拟超弹性材料。

（1）超弹单元（HYPER56、HYPER58、HYPER74、HYPER158）。

（2）除了梁杆单元以外，所有编号为 18x 的单元（PLANE182、PLANE183、SOLID185、SOLID186、SOLID187）。

4．蠕变

蠕变是一种与速度相关的材料非线性，指当材料受到持续载荷作用时，其变形会持续增加。相反地，如果施加强制位移，反作用力（或者应力）会随着时间慢慢减小（应力松弛，如图 12-11（a）所示）。蠕变的 3 个阶段如图 12-11（b）所示。ANSYS 程序可以模拟前两个阶段，第 3 个阶段通常不分析，因为已经接近破坏程度。

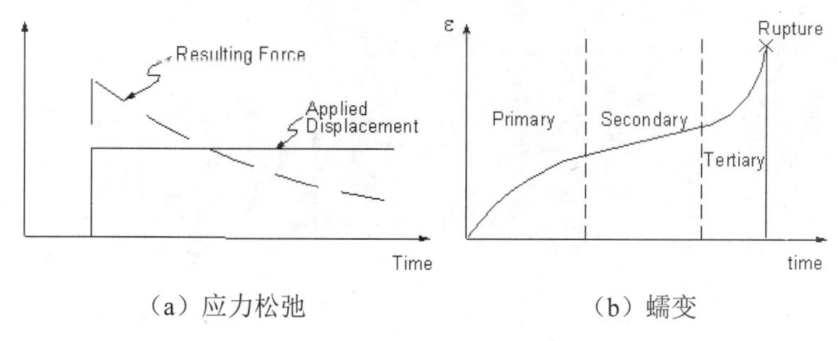

（a）应力松弛　　（b）蠕变

图 12-11　应力松弛和蠕变

在高温应力分析中，例如原子反应器，蠕变是非常重要的。例如，如果在原子反应器施加预载荷以防止邻近部件移动，过了一段时间之后（高温），预载荷会自动降低（应力松弛），导致邻近部件开始移动。对于预应力混凝土结构，蠕变效应也是非常显著的，而且蠕变是持久的。

ANSYS 程序利用两种时间积分方法来分析蠕变，这两种方法都适用于静力学分析和瞬态分析。

（1）隐式蠕变方法：该方法功能更强大、更快、更精确，对于普通分析，推荐使用。其蠕变常数依赖于温度，也可以与各向同性硬化塑性模型耦合。

（2）显式蠕变方法：当需要使用非常短的时间步长时，可考虑该方法，其蠕变常数不能依赖于温度，另外，可以通过强制手段与其他塑性模型耦合。

需要注意以下几个方面。

☑ 隐式和显式这两个词是针对蠕变的，不能用于其他环境，例如，没有显式动力分析的说法，也没有显式单元的说法。

☑ 隐式蠕变方法支持如下单元：PLANE42、SOLID45、PLANE82、SOLID92、SOLID95、LINK180、SHELL181、PLANE182、PLANE183、SOLID185、SOLID186、SOLID187、BEAM188 和 BEAM189。

☑ 显式蠕变方法支持如下单元：LINK1、PLANE2、LINK8、PIPE20、BEAM23、BEAM24、PLANE42、SHELL43、SOLID45、SHELL51、PIPE60、SOLID62、SOLID65、PLANE82、SOLID92 和 SOLID95。

5．形状记忆合金

Note

形状记忆合金（SMA）材料行为选项指镍钛合金的过弹性行为。镍钛合金是一种柔韧性非常好的合金，无论在加载和卸载时经历多大的变形都不会留下永久变形，如图 12-12 所示，材料行为包含 3 个阶段，即奥氏体阶段（线弹性）、马氏体阶段（也是线弹性）和两者间的过渡阶段。

利用 MP 命令可定义奥氏体阶段的线弹性材料行为，利用 TB、SMA 命令可定义马氏体阶段和过渡阶段的线弹性材料行为。另外，可以用 TBDATA 命令输入合金的指定材料参数组，总共可以输入 6 组参数。

形状记忆合金可以使用如下单元：PLANE182、PLANE183、SOLID185、SOLID186、SOLID187。

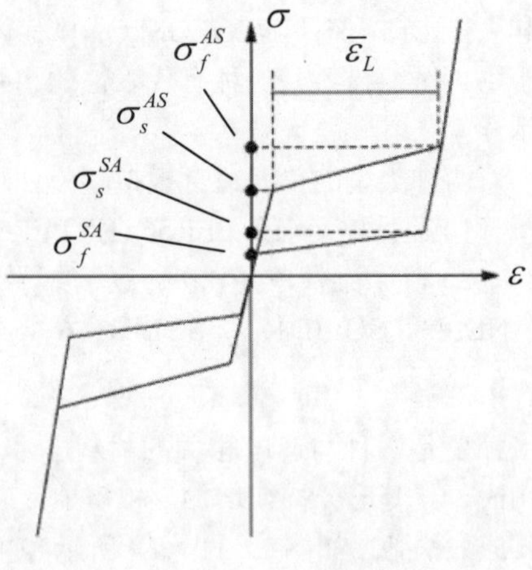

图 12-12　形状记忆合金状态图

6．粘弹性

粘弹性类似于蠕变，当去掉载荷时，部分变形会跟着消失。最普遍的粘弹性材料是玻璃，部分塑料也可认为是粘弹性材料。如图 12-13 所示为一种粘弹性。

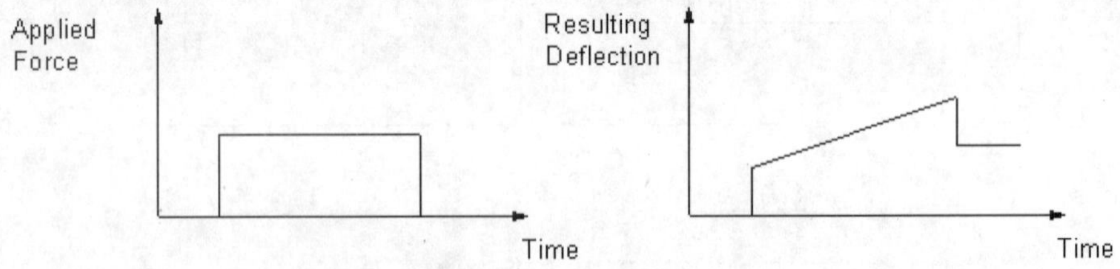

图 12-13　粘弹性行为（麦克斯韦模型）

可以利用单元 VISCO88 和 VISCO89 模拟小变形粘弹性，LINK180、SHELL181、PLANE182、PLANE183、SOLID185、SOLID186、SOLID187、BEAM188 和 BEAM189 模拟小变形或者大变形粘弹性。用户可以用 TB 命令族输入材料属性。对于单元 SHELL181、PLANE182、PLANE183、SOLID185、SOLID186 和 SOLID187，需用 MP 命令指定其粘弹性材料属性，用 TB,HYPER 指定其超弹性材料属性。弹性常数与快速载荷值有关。用 TB,PRONY 和 TB,SHIFT 命令输入松弛属性（读者可参考对 TB 命令的解释以获得更详细的信息）。

7．粘塑性

粘塑性是一种和时间相关的塑性现象，塑性应变的扩展和加载速率有关，其基本应用是高温金属成型过程，例如滚动锻压会产生很大的塑性变形，而弹性变形却非常小，如图 12-14 所示。因为塑性应变所占比例非常大（通常超过 50%），所以要求打开大变形选项[NLGEOM,ON]。可利用 VISCO106、VISCO107 和 VISCO108 几种单元来模拟粘塑性。粘塑性是通过一套流动和强化准则将塑性和蠕变平均化，约束方程通常用于保证塑性区域的体积。

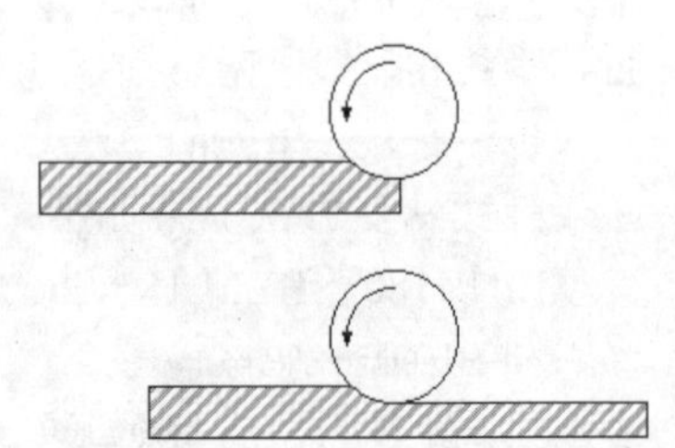

图 12-14　翻滚操作中的粘塑性行为

12.1.5 其他非线性问题

除了以上几种非线性问题之外，还有其他非线性行为，常见的有屈曲和接触。

（1）屈曲：屈曲分析是一种用于确定结构的屈曲载荷（使结构开始变得不稳定的临界载荷）和屈曲模态（结构屈曲响应的特征形态）的技术。

（2）接触：接触问题分为两种基本类型，即刚体—柔体的接触、半柔体—柔体的接触，都是高度非线性行为。

12.2 实例——铆钉冲压应力分析

本节通过对铆钉的冲压进行应力分析，来介绍 ANSYS 塑性问题的分析过程。

12.2.1 分析问题

为了考查铆钉在冲压时发生多大的变形，对铆钉进行分析。铆钉示意图如图 12-15 所示。

- ☑ 铆钉圆柱高：10mm。
- ☑ 铆钉圆柱外径：6mm。
- ☑ 铆钉内孔孔径：3mm。
- ☑ 铆钉下端球径：15mm。
- ☑ 弹性模量：2.06E11。
- ☑ 泊松比：0.3。

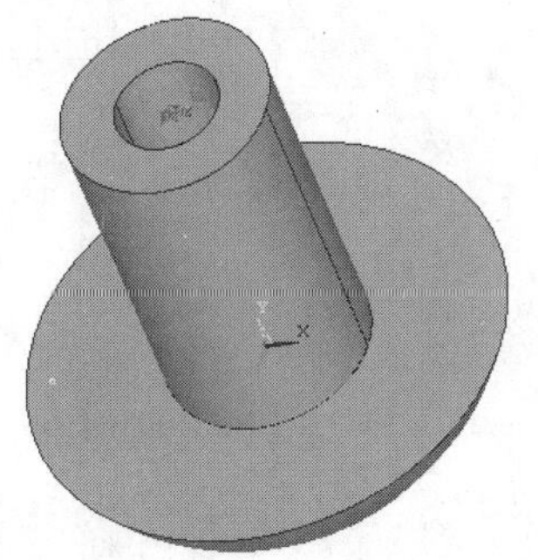

图 12-15 铆钉示意图

铆钉材料的应力-应变关系如表 12-1 所示。

表 12-1 应力-应变关系

应　变	0.003	0.005	0.007	0.009	0.011	0.02	0.2
应力/MPa	618	1128	1317	1466	1510	1600	1610

12.2.2 建立模型

建立模型包括设定分析作业名和标题；定义单元类型和实常数；定义材料属性；建立几何模型；划分有限元网格。其具体步骤如下。

1. 设定分析作业名和标题

在进行一个新的有限元分析时，通常需要修改数据库名，并在图形输出窗口中定义一个标题来说明当前进行的工作内容。另外，对于不同的分析范畴（结构分析、热分析、流体分析、电磁场分析等），ANSYS 所用的主菜单的内容不尽相同，为此，需要在分析开始时选定分析内容的范畴，以便 ANSYS 显示出与其相对应的菜单选项。

（1）从实用菜单中选择 Utility Menu > File > Change Jobname 命令，打开 Change Jobname（修改文件名）对话框，如图 12-16 所示。

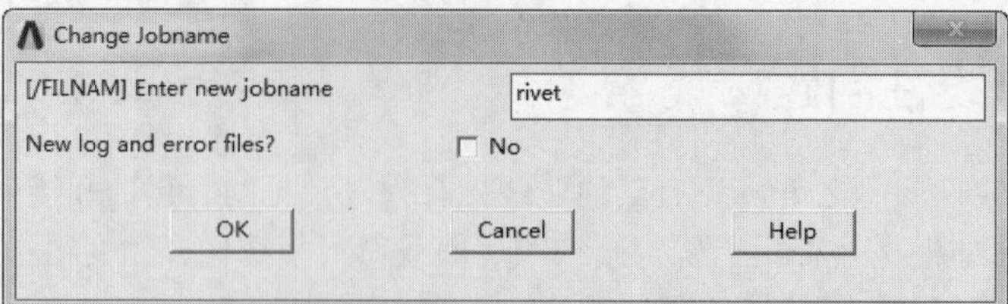

图 12-16 修改文件名对话框

Note

（2）在 Enter new jobname（输入新的文件名）文本框中输入 rivet，为本分析实例的数据库文件名。

（3）单击 OK 按钮，完成文件名的修改。

（4）从实用菜单中选择 Utility Menu > File > Change Title 命令，打开 Change Title（修改标题）对话框，如图 12-17 所示。

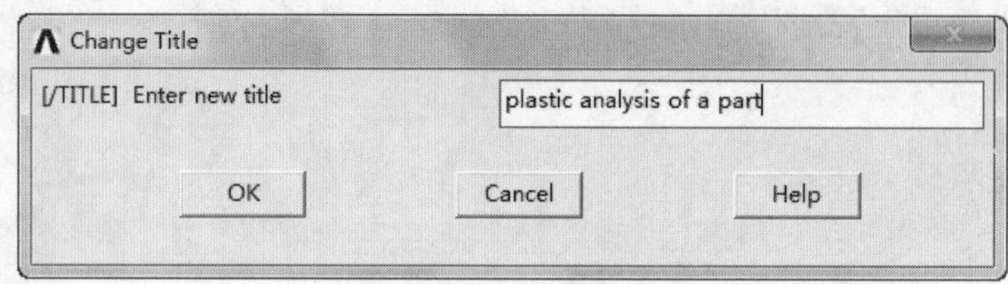

图 12-17 修改标题对话框

（5）在 Enter new title（输入新标题）文本框中输入 plastic analysis of a part，作为本分析实例的标题名。

（6）单击 OK 按钮，完成对标题名的指定。

（7）从实用菜单中选择 Utility Menu > Plot > Replot 命令，指定的标题 plastic analysis of a part 将显示在图形窗口的左下角。

（8）从主菜单中选择 Main Menu > Preference 命令，将打开 Preference of GUI Filtering（菜单过滤参数选择）对话框，选中 Structural 复选框，单击 OK 按钮确定。

2．定义单元类型

在进行有限元分析时，首先应根据分析问题的几何结构、分析类型和所分析的问题精度要求等，选定适合具体分析的单元类型。本例中选用四节点四边形板单元 SOLID45。SOLID45 可用于计算三维应力问题。

在输入窗口输入命令：

```
ET,1,SOLID45
```

3．定义实常数

本实例中选用三维的 SOLID45 单元，不需要设置实常数。

4．定义材料属性

在考虑应力分析中必须定义材料的弹性模量和泊松比，塑性问题中必须定义材料的应力-应变关系。具体步骤如下。

（1）从主菜单中选择 Main Menu > Preprocessor > Material Props > Materia Model 命令，打开 Define Material Model Behavior（定义材料模型属性）窗口，如图 12-18 所示。

（2）依次选择 Structural > Linear > Elastic > Isotropic 选项，展开材料属性的树形结构，打开 1 号材料的弹性模量 EX 和泊松比 PRXY 的定义对话框，如图 12-19 所示。

Note

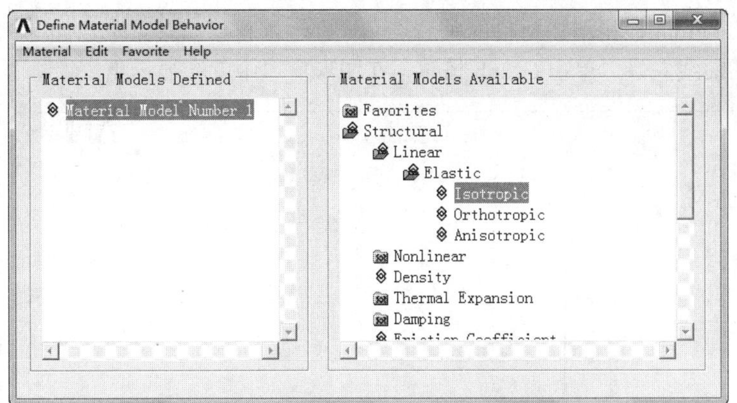

图 12-18 定义材料模型属性窗口

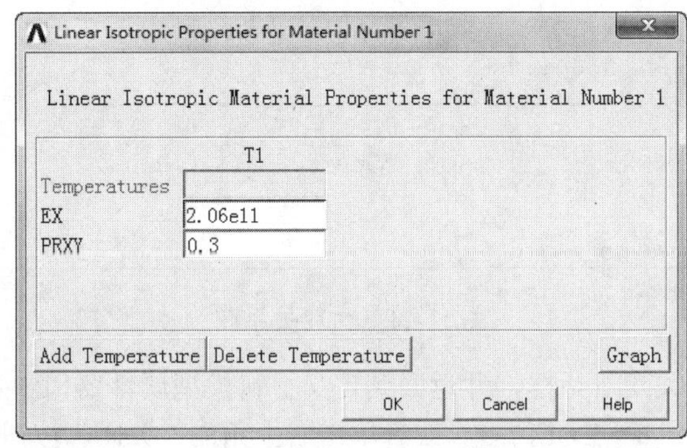

图 12-19 线性各向同性材料的弹性模量和泊松比

（3）在对话框的 EX 后面的文本框中输入弹性模量 2.06e11，在 PRXY 后面的文本框中输入泊松比 0.3。

（4）单击 OK 按钮，关闭对话框并返回到定义材料模型属性窗口中，在该窗口的左边一栏将出现刚定义的参考号为 1 的材料属性。

（5）依次选择 Structural > Nonlinear > elastic > multilinear elastic 选项，打开定义材料应力-应变对话框，如图 12-20 所示。

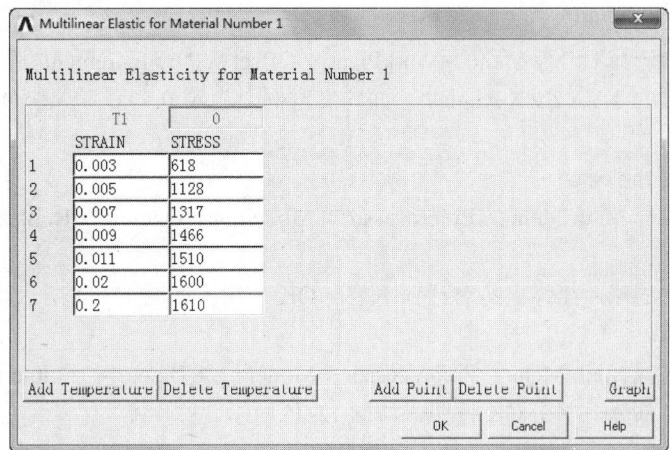

图 12-20 定义应力-应变关系

Note

（6）单击 Add Point 按钮增加材料的关系点，分别输入材料的关系点，如图 12-21 所示。另外，还可以显示材料的曲线关系，单击 Graph 按钮，在图形窗口中就会显示出来。

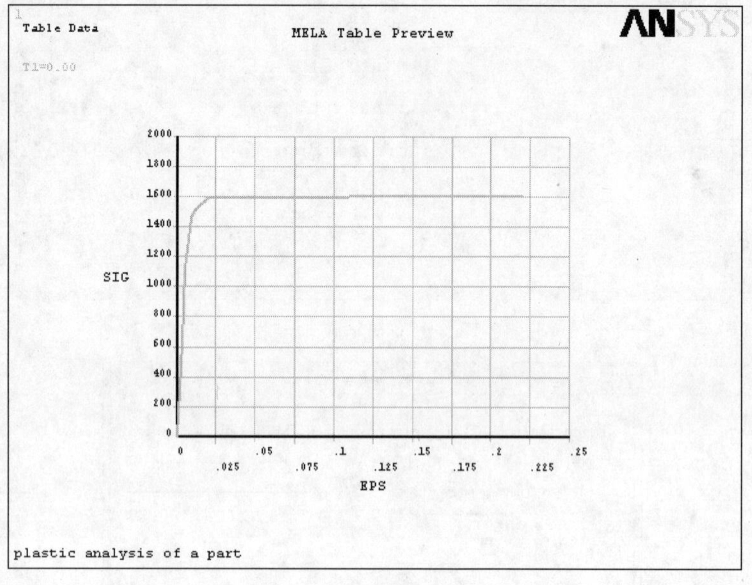

图 12-21　材料关系图

（7）单击 OK 按钮，关闭对话框，并返回到定义材料模型属性窗口中。

（8）在其中选择 Material > Exit 命令，或者单击右上角的“关闭”按钮，退出定义材料模型属性窗口，完成对材料模型属性的定义。

5．建立实体模型

（1）创建一个球。

① 从主菜单中选择 Main Menu > Preprocessor > Modeling > Create > Volumes > Sphere > Solid Sphere 命令。

② 弹出 Solid Sphere 对话框，依次在 3 个文本框中输入 0、3 和 7.5，单击 OK 按钮，如图 12-22 所示。

（2）将工作平面旋转 90°。

① 从实用菜单中选择 Utility Menu > WorkPlane > Offset WP by Increments 命令。

② 在弹出对话框的 XY,YZ,ZX Angles 下面的文本框中输入 0,90,0，单击 OK 按钮，如图 12-23 所示。

（3）用工作平面分割球。

① 从主菜单中选择 Main Menu > Preprocessor > Modeling > Operate > Booleans > Divide > Vou by WrkPlane 命令。

② 选择刚刚建立的球，在弹出的对话框中单击 OK 按钮，如图 12-24 所示。

（4）删除上半球。

① 从主菜单中选择 Main Menu > Preprocessor > Modeling > Delete > Volume and Below 命令。

② 选择球的上半部分，单击 OK 按钮，如图 12-25 所示。

所得结果如图 12-26 所示。

Note

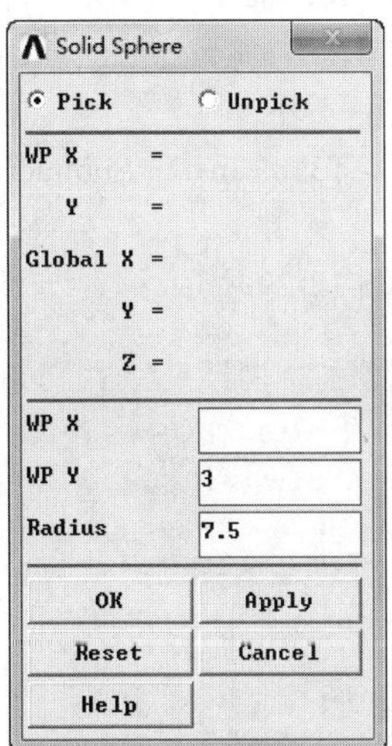

图 12-22　创建一个球

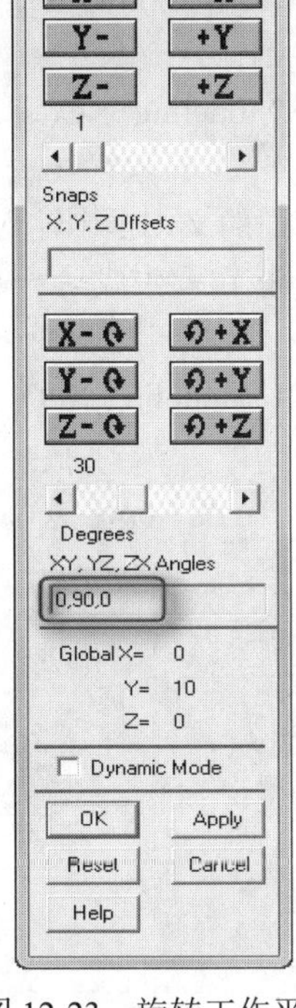

图 12-23　旋转工作平面

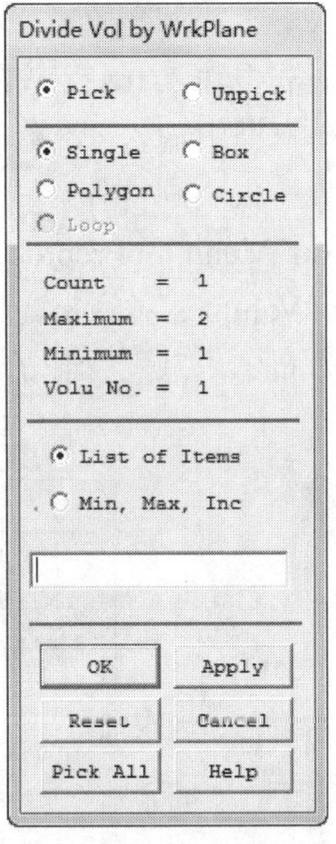

图 12-24　选择球

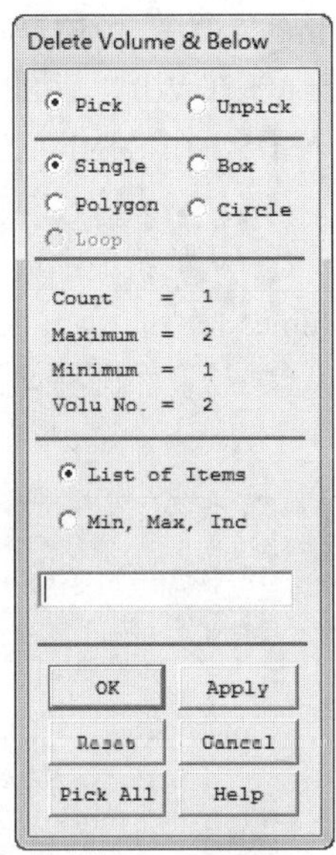

图 12-25　删除体

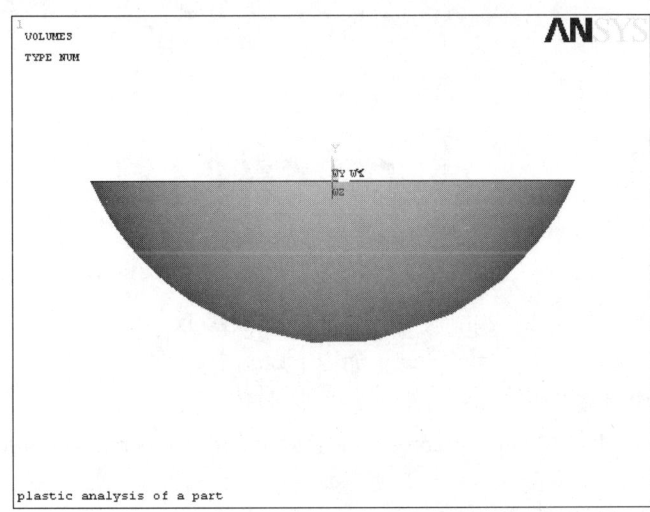

图 12-26　删除上半球的结果图

（5）创建一个圆柱体。

① 从主菜单中选择 Main Menu > Preprocessor > Modeling > Create > Volumes > Cylinder > Solid Cylinder 命令，弹出 Solid Cylinder 对话框。

② 在 WP X 后面的文本框中输入 0，在 WP Y 后面的文本框中输入 0，在 Radius 后面的文本框中输入 3，在 Depth 后面的文本框中输入-10，如图 12-27 所示。单击 OK 按钮，生成一个圆柱体。

（6）偏移工作平面到总坐标系的某一点。

① 从实用菜单中选择 Utility Menu > WorkPlane > Offset WP to > XYZ Locations +命令，弹出

Offset WP to XYZ Location 对话框。

② 在 Global Cartesian 下面的文本框中输入 0,10,0，单击 OK 按钮，如图 12-28 所示。

（7）创建另一个圆柱体。

① 从主菜单中选择 Main Menu > Preprocessor > Modeling > Create > Volumes > Cylinder > Solid Cylinder 命令，弹出 Solid Cylinder 对话框。

② 在 WP X 后面的文本框中输入 0，在 WP Y 后面的文本框中输入 0，在 Radius 后面的文本框中输入 1.5，在 Depth 后面的文本框中输入 4，单击 OK 按钮，生成另一个圆柱体。

（8）从大圆柱体中“减”去小圆柱体。

① 从主菜单中选择 Main Menu > Preprocessor > Modeling > Operate > Booleans > Subtract > Volumes 命令，弹出 Subtract Volumes 对话框。

② 拾取大圆柱体，作为布尔“减”操作的母体，单击 Apply 按钮，如图 12-29 所示。

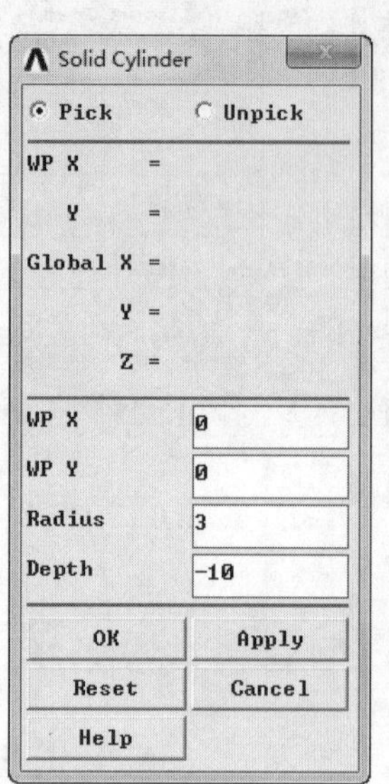

图 12-27　创建圆柱体

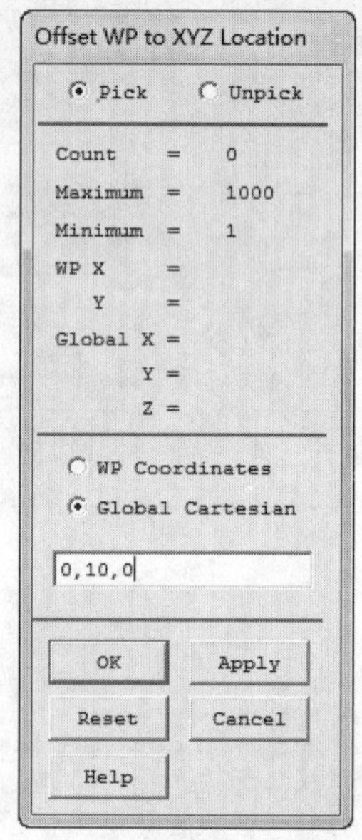

图 12-28　偏移工作平面到一点

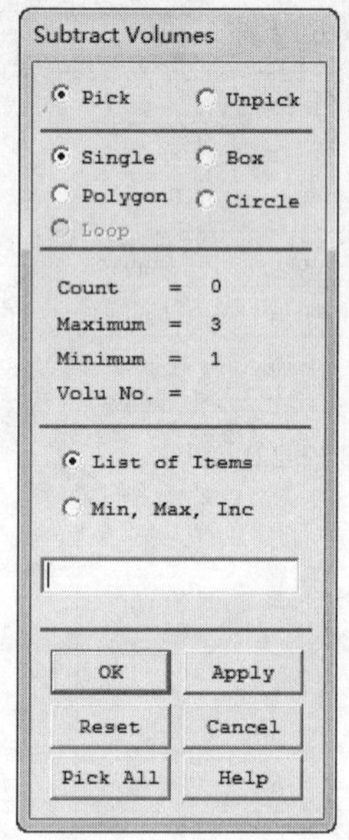

图 12-29　体相减

③ 拾取刚刚建立的小圆柱体作为“减”去的对象，单击 OK 按钮。

④ 从大圆柱体中“减”去小圆柱体的结果如图 12-30 所示。

（9）从大圆柱体中“减”去小圆柱体的结果与下半球相加。

① 从主菜单中选择 Main Menu > Preprocessor > Modeling > Operate > Booleans > Add > Volumes 命令，弹出 Add Volumes 对话框。

② 单击 Pick All 按钮，如图 12-31 所示。

（10）存储数据库 ANSYS。单击 ANSYS Toolbar 工具条中的 SAVE_DB 按钮，存储数据库。

6．对铆钉划分网格

本节选用 SOLID185 单元对盘面划分映射网格。

（1）从主菜单中选择 Main Menu > Preprocessor > Meshing > MeshTool 命令，打开 Mesh Tool（网格划分）工具栏，如图 12-32 所示。

（2）选择 Mesh 下拉列表框中的 Volumes，单击 Mesh 按钮，打开面选择对话框，要求选择要划分数的体。单击 Pick All 按钮，如图 12-33 所示。

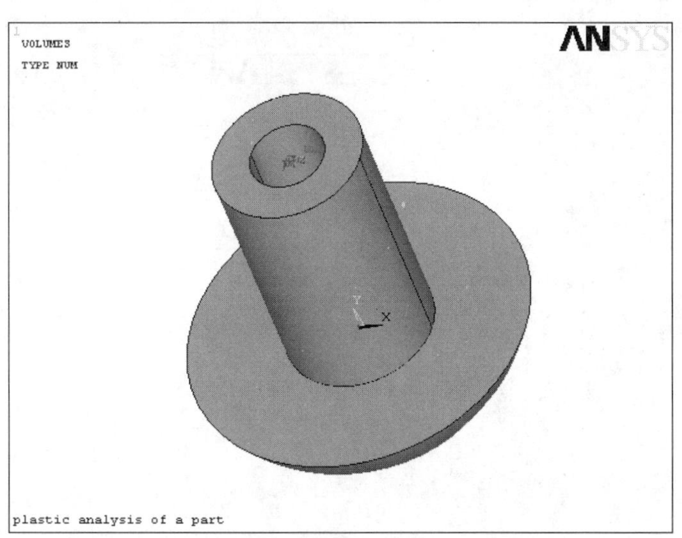

图 12-30　体相减的结果

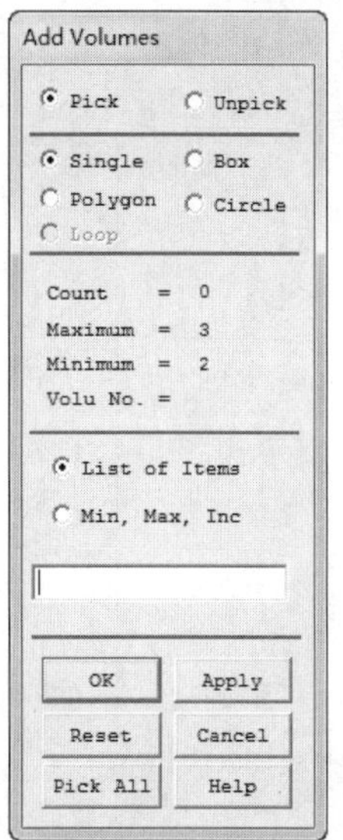

图 12-31　体相加

（3）ANSYS 会根据设置来划分体，划分过程中 ANSYS 会产生提示，如图 12-34 所示，单击 Close 按钮。

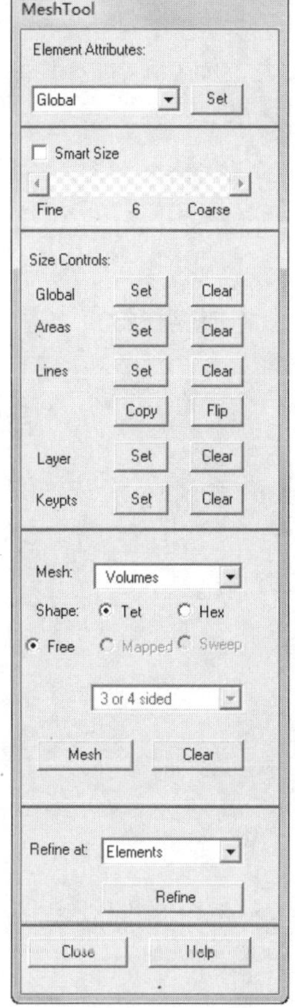

图 12-32　网格划分工具栏

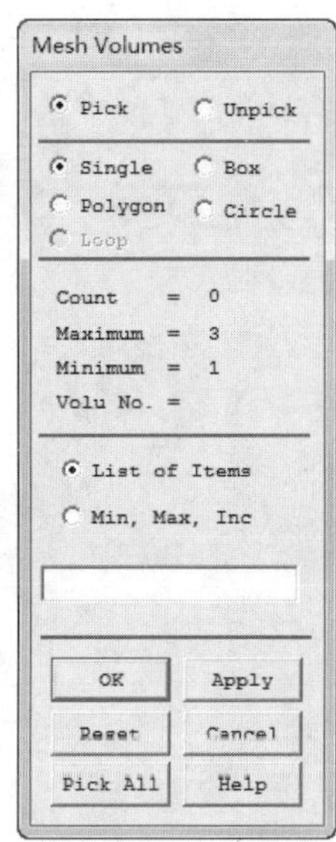

图 12-33　进行体选择

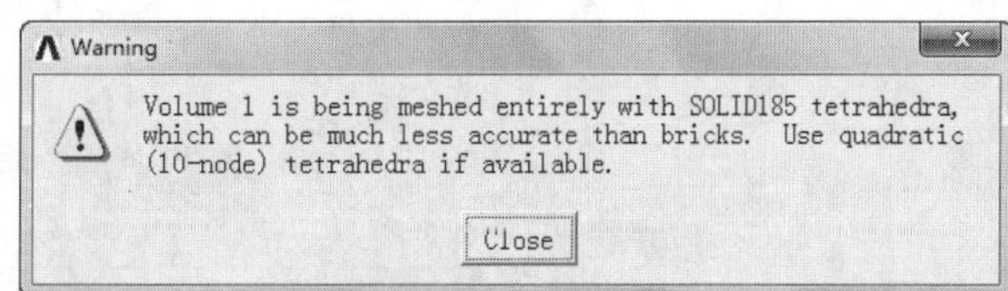

图 12-34　分网提示

Note

划分后的体如图 12-35 所示。

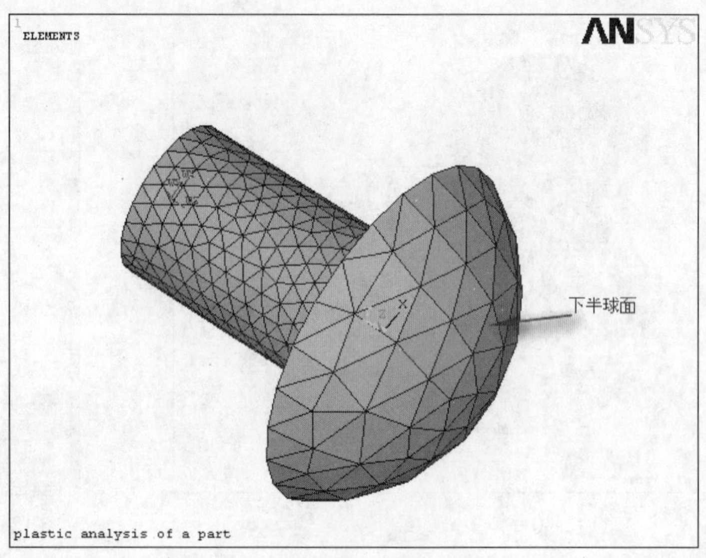

图 12-35　对体划分的结果

12.2.3　定义边界条件并求解

建立有限元模型后，就需要定义分析类型和施加边界条件及载荷，然后求解。本实例中载荷为上圆环形表面的位移载荷，位移边界条件是下半球面所有方向上的位移固定。

1．施加位移边界

（1）从主菜单中选择 Main Menu > Solution > Define Loads > Apply > Structural > Displacement > on Areas 命令，打开面选择对话框，要求选择欲施加位移约束的面。

（2）选择下半球面，单击 OK 按钮，打开 Apply U,Rot on Areas（在节点上施加位移约束）对话框，如图 12-36 所示。

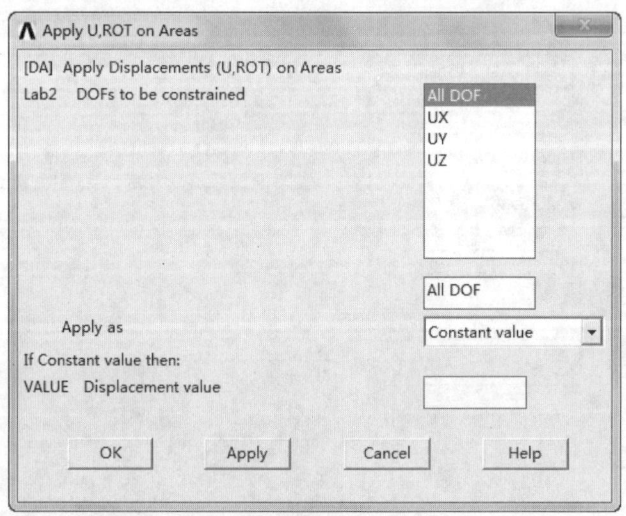

图 12-36　施加位移约束对话框

（3）选择 All DOF 选项（所有方向上的位移）。

（4）单击 OK 按钮，ANSYS 在选定面上施加指定的位移约束。

2．施加位移载荷并求解

本实例中载荷为上圆环形表面的位移载荷。

（1）从主菜单中选择 Main Menu > Solution > Define Loads > Apply > Structural > Displacement > on Areas 命令，打开面选择对话框，要求选择欲施加位移载荷的面。

（2）选择上面的圆环面，单击 OK 按钮，打开 Apply U,Rot on Areas（在节点上施加位移约束）对话框，如图 12-36 所示。

（3）选择 UY（Y 方向上的位移）选项，在 Displacement value 后面的文本框中输入 3。

（4）单击 OK 按钮，ANSYS 在选定面上施加指定的位移载荷。

（5）单击 ANSYS Toolbar 工具条中的 SAVE_DB 按钮，保存数据库。

（6）从主菜单中选择 Main Menu > Solution > Analysis Type > Sol'n Controls 命令，打开 Solution Controls 对话框，如图 12-37 所示。

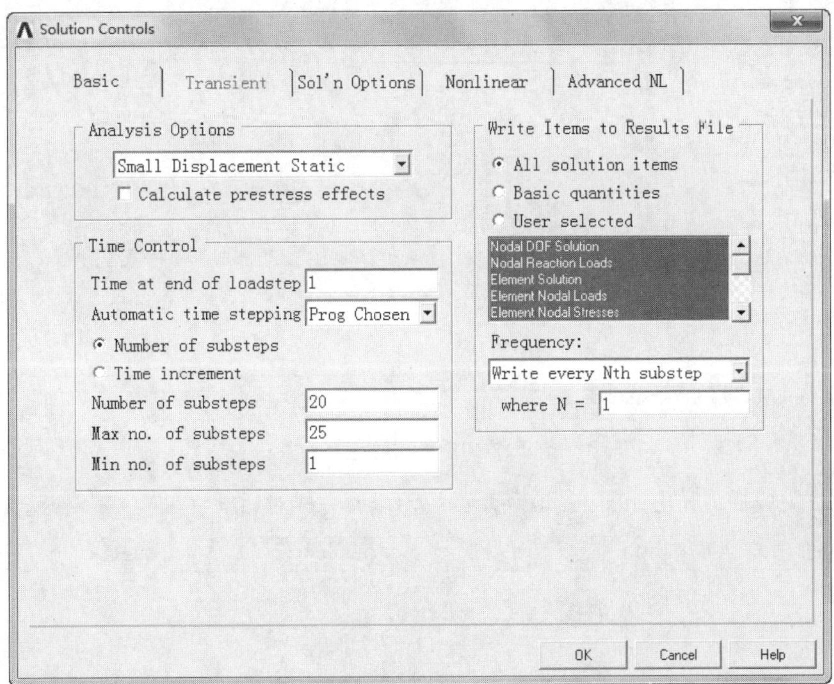

图 12-37　求解控制

（7）在 Basic 选项卡的 Write Items to Results File 栏中选中 All solution items 单选按钮，在 Frequency 下面的下拉列表框中选择 Write every Nth substep。

（8）在 Time at end of loadstep 后面的文本框中输入 1，在 Number of substeps 后面的文本框中输入 20，单击 OK 按钮。

（9）从主菜单中选择 Main Menu > Solution > Solve > Current LS 命令，打开一个确认对话框，如图 12-38 所示，要求查看列出的求解选项。

（10）查看列表中的信息确认无误后，单击 OK 按钮，开始求解。

（11）求解过程中会出现结果收敛与否的图形显示，如图 12-39 所示。

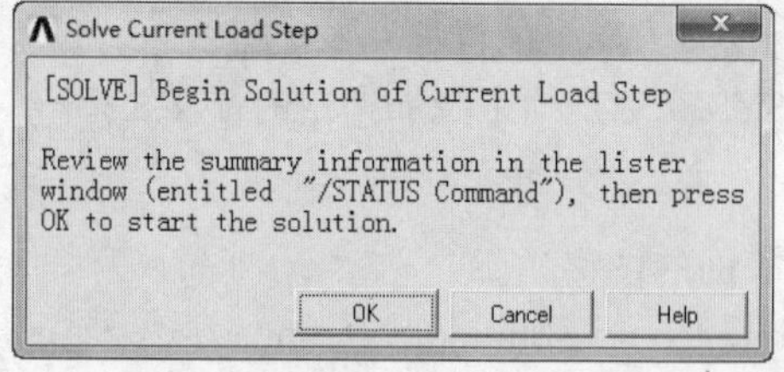

图 12-38　求解当前载荷步确认对话框

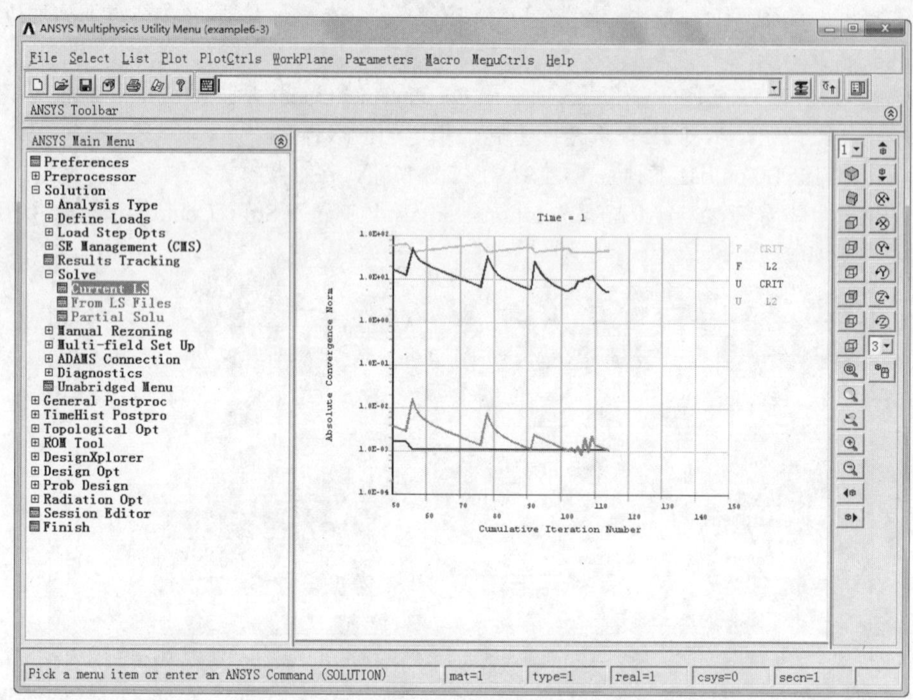

图 12-39　结果收敛提示

（12）求解完成后将弹出如图 12-40 所示的提示求解完成对话框。

图 12-40　提示求解完成

（13）单击 Close 按钮，关闭提示求解完成对话框。

12.2.4　查看结果

求解完成后，就可以利用 ANSYS 软件生成的结果文件（对于静力分析，就是 Jobname.RST）进行后处理。静力分析中通过 POST1 后处理器就可以处理和显示大多数感兴趣的结果数据。

1．查看变形

（1）从主菜单中选择 Main Menu > General Postproc > Plot Result > Contour Plot > Nodal Solu 命

Note

令，打开 Contour Nodal Solution Data（等值线显示节点解数据）对话框，如图 12-41 所示。

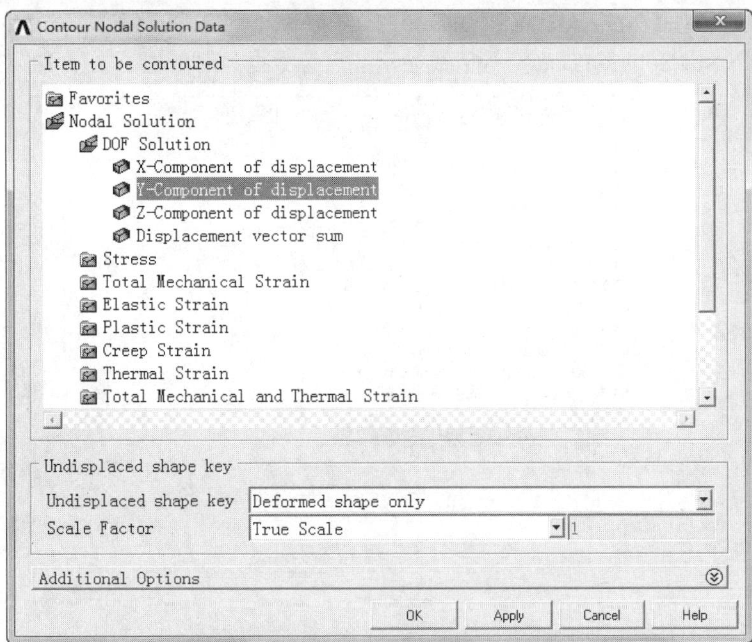

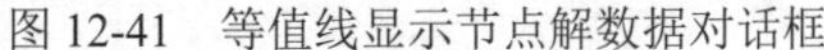

图 12-41　等值线显示节点解数据对话框

（2）在 Item to be contoured（等值线显示结果项）列表框中选择 DOF Solution（自由度解）选项。

（3）选择 Y-Component of displacement（Y 向位移）选项，Y 向位移即为铆钉高方向的位移。

（4）选择 Deformed shape with undeformed dge（变形后和未变形轮廓线）选项。

（5）单击 OK 按钮，在图形窗口中将显示出变形图，包含变形前的轮廓线，如图 12-42 所示。图 12-42 中下方的色谱表明不同的颜色对应的数值（带符号）。

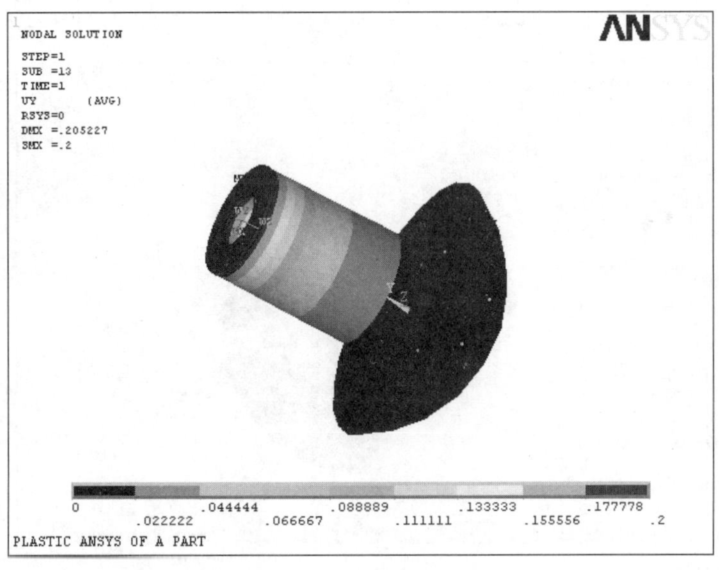

图 12-42　Y 向变形图

Note

2．查看应力

（1）从主菜单中选择 Main Menu > General Postproc > Plot Results > Contour Plot > Nodal Solu 命令，打开 Contour Nodal Solution Data（等值线显示节点解数据）对话框，如图 12-43 所示。

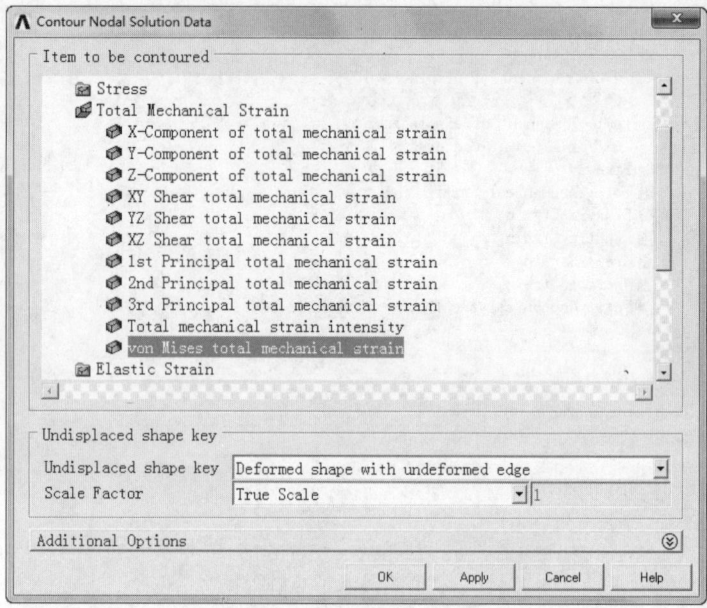

图 12-43　等值线显示节点解数据对话框

（2）在 Item to be contoured（等值线显示结果项）列表框中选择 Total Mechanical Strain（应变）选项。

（3）接着选择 von Mises total mechanical strain（von Mises 应变）选项。

（4）再选中 Deformed shape only（仅显示变形后模型）单选按钮。

（5）单击 OK 按钮，图形窗口中将显示出 von Mises 应变分布图，如图 12-44 所示。

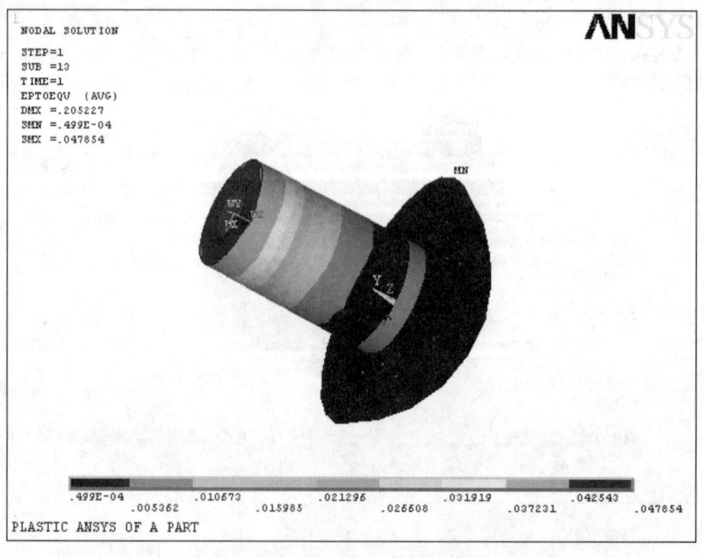

图 12-44　von Mises 应变分布图

3．查看截面

（1）从实用菜单中选择 Utility Menu > PlotCtrls > Style > Hidden Line Options 命令，打开 Hidden-Line Options 对话框，如图 12-45 所示。

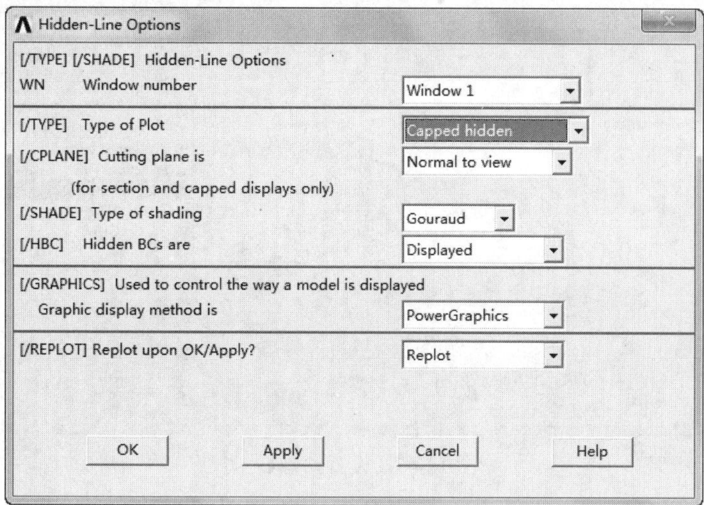

图 12-45　截面控制

（2）在 Type of Plot 后面的下拉列表框中选择 Capped hidden 选项。

（3）单击 OK 按钮，图形窗口中将显示出截面上的分布图，如图 12-46 所示。

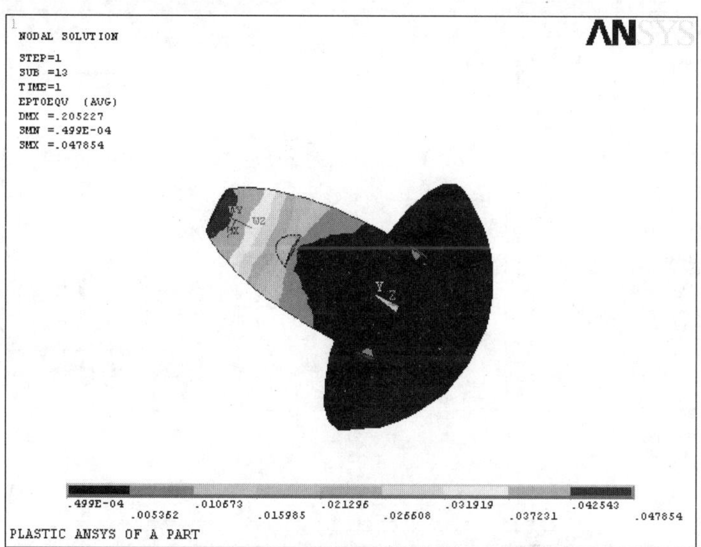

图 12-46　截面上的分布图

4．动画显示模态形状

（1）从实用菜单中选择 Utility Menu > PlotCtrls > Animate > Mode Shape 命令。

（2）弹出 Animate Mode Shape 对话框，在 Display Type 后面的两个列表框中分别选择 DOF solution 和 Translation UY，单击 OK 按钮，如图 12-47 所示。

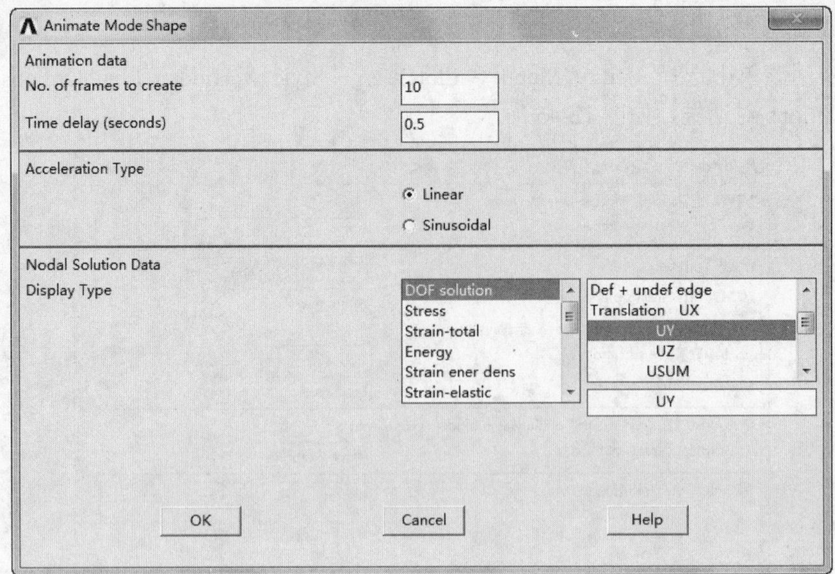

图 12-47　设置动画显示

ANSYS 将在图形窗口中进行动画显示，如图 12-48 所示。

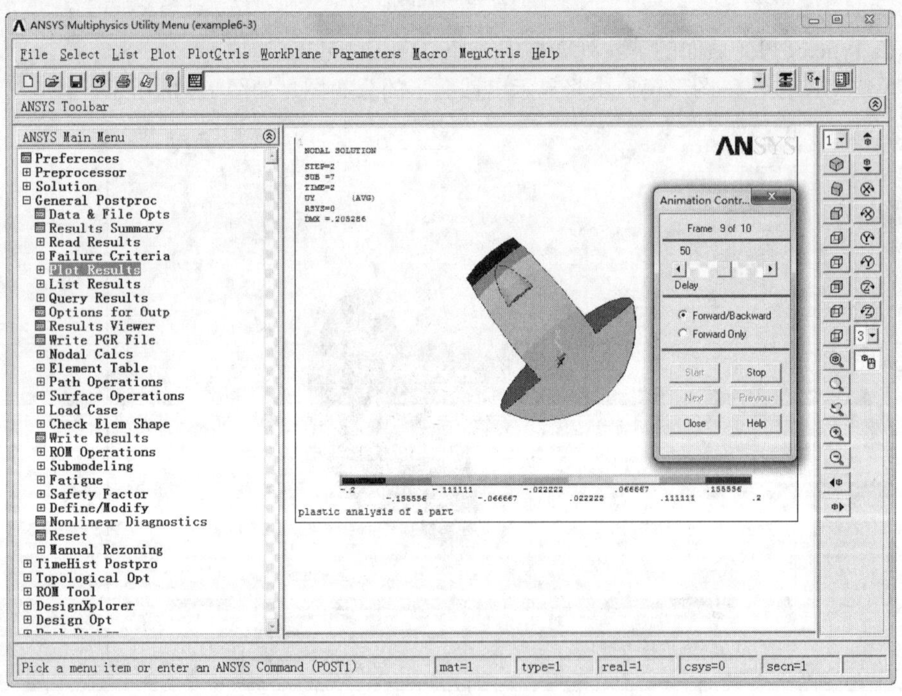

图 12-48　动画显示

12.2.5　命令流

命令流内容不再详细介绍，读者可参见随书光盘中的电子文档。

第13章 结构屈曲分析

屈曲分析是一种用于确定结构的屈曲载荷（使结构开始变得不稳定的临界载荷）和屈曲模态（结构屈曲响应的特征形态）的技术。

本章将通过实例讲述屈曲分析的基本步骤和具体方法。

☑ 结构屈曲概论

☑ 圆盘边缘屈曲分析

任务驱动&项目案例

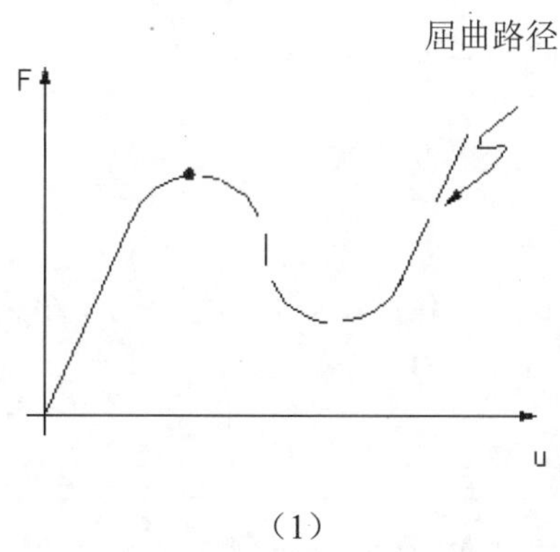

（1）

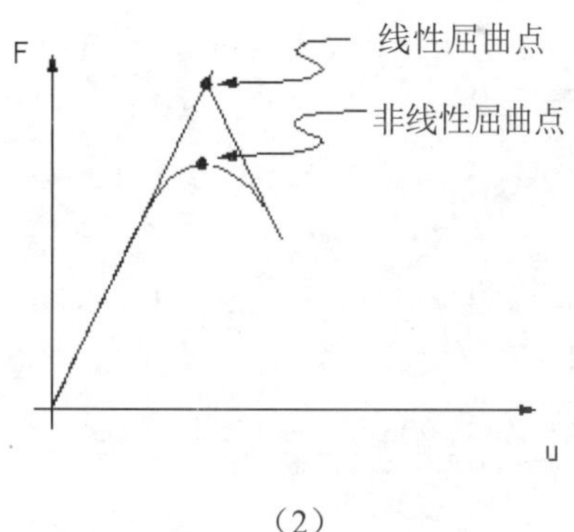

（2）

13.1 结构屈曲概论

Note

ANSYS 提供了以下两种分析结构屈曲的技术。

（1）非线性屈曲分析：该方法是逐步增加载荷，对结构进行非线性静力学分析，然后在此基础上寻找临界点，如图 13-1（a）所示。

（2）特征值屈曲分析（线性屈曲分析）：该方法用于预测理想弹性结构的理论屈曲强度（即通常所说的欧拉临界载荷），如图 13-1（b）所示。

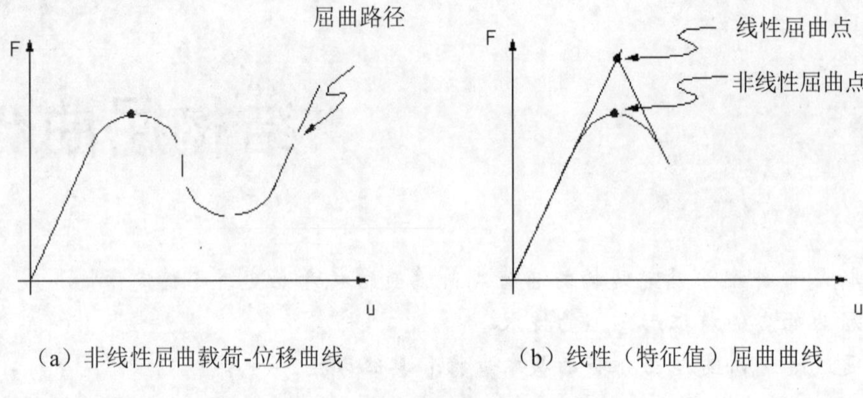

（a）非线性屈曲载荷-位移曲线　　（b）线性（特征值）屈曲曲线

图 13-1　屈曲曲线

13.2 实例——圆盘边缘屈曲分析

在本节实例分析中，我们将进行一个圆盘的几何非线性分析，用轴对称单元模拟圆盘，求解通过单一载荷步来实现。

13.2.1 分析问题

一个薄圆盘边缘被固定，在圆盘的盘面上受到均匀的压力作用，压力的大小为 1e6Pa。盘的直径为 10，厚为 0.01，弹性模量为 2.06E11，泊松比为 0.3。

13.2.2 建立模型

建立模型包括设定分析作业名和标题；定义单元类型和实常数；定义材料属性；建立几何模型以及划分有限元网格。

1．设定分析作业名和标题

在进行一个新的有限元分析时，通常需要修改数据库名，并在图形输出窗口中定义一个标题来说明当前进行的工作内容。另外，对于不同的分析范畴（结构分析、热分析、流体分析、电磁场分析等），ANSYS 所用的主菜单的内容也不尽相同，为此，需要在分析开始时选定分析内容的范畴，以便 ANSYS 显示出与其相对应的菜单选项。

（1）从实用菜单中选择 Utility Menu > File > Change Jobname 命令，打开 Change Jobname（修改

文件名）对话框，如图 13-2 所示。

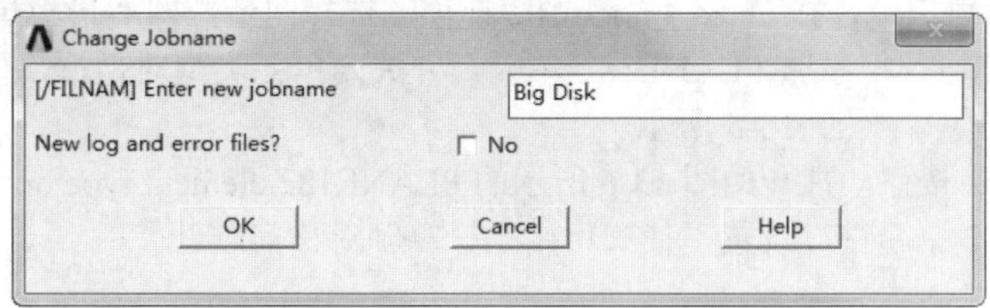

图 13-2　修改文件名对话框

（2）在 Enter new jobname（输入新的文件名）后面的文本框中输入 Big Disk，作为本分析实例的数据库文件名。

（3）单击 OK 按钮，完成文件名的修改。

（4）从实用菜单中选择 Utility Menu > File > Change Title 命令，打开 Change Title（修改标题）对话框，如图 13-3 所示。

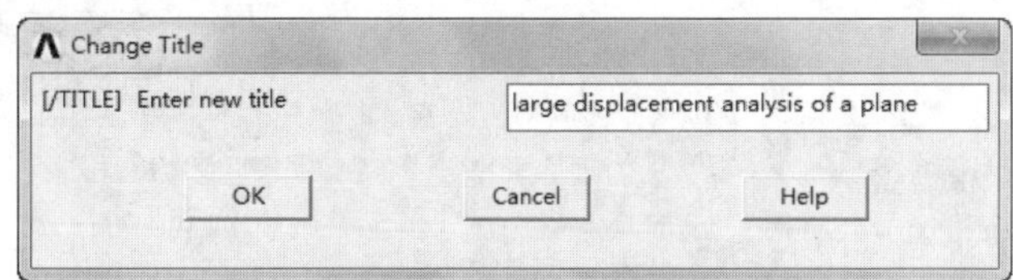

图 13-3　修改标题对话框

（5）在 Enter new title（输入新标题）文本框中输入 large displacement analysis of a plane，作为本分析实例的标题名。

（6）单击 OK 按钮，完成对标题名的指定。

（7）从实用菜单中选择 Utility Menu > Plot > Replot 命令，指定的标题 large displacement analysis of a plane 将显示在图形窗口的左下角。

（8）从主菜单中选择 Main Menu > Preference 命令，打开 Preference of GUI Filtering（菜单过滤参数选择）对话框，选中 Structural 复选框，单击 OK 按钮确定。

2．定义单元类型

在进行有限元分析时，首先应根据分析问题的几何结构、分析类型和所分析的问题精度要求等，选定适合具体分析的单元类型。本例中选用四节点四边形板单元 PLANE182。PLANE182 不仅可用于计算平面应力问题，还可以用于分析平面应变和轴对称问题。

（1）从主菜单中选择 Main Menu > Preprocessor > Element Type > Add/Edit/Delete 命令，打开 Element Types（单元类型）对话框。

（2）单击 Add 按钮，打开 Library of Element Types（单元类型库）对话框，如图 13-4 所示。

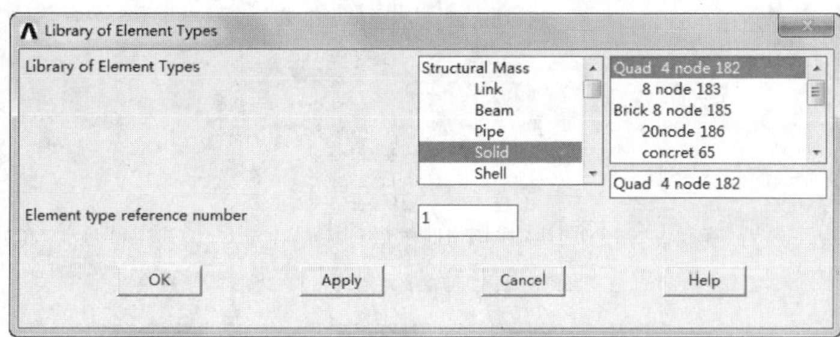

图 13-4　单元类型库对话框

（3）在左边的列表框中选择 Solid 选项，选择实体单元类型。

（4）在右边的列表框中选择 Quad 4 node 182 选项，选择四节点四边形板单元 PLANE182。

（5）单击 OK 按钮，将添加 PLANE182 单元，并关闭单元类型对话框，同时返回到第（1）步打开的单元类型对话框中，如图 13-5 所示。

Note

（6）单击 Options 按钮，打开如图 13-6 所示的 PLANE182 element type options（单元选项设置）对话框，对 PLANE182 单元进行设置，使其可用于计算轴对称问题。

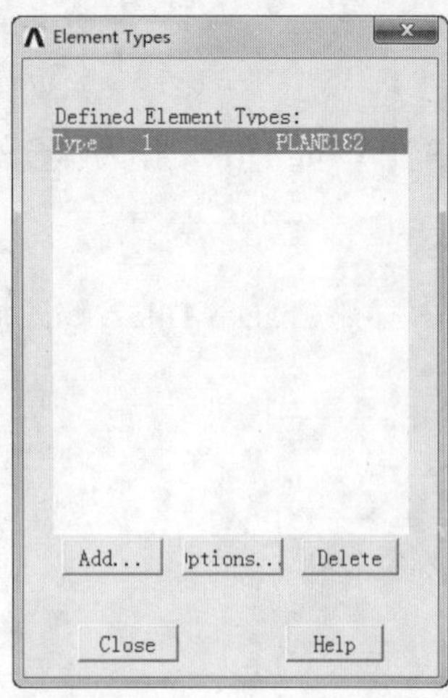

图 13-5 单元类型对话框

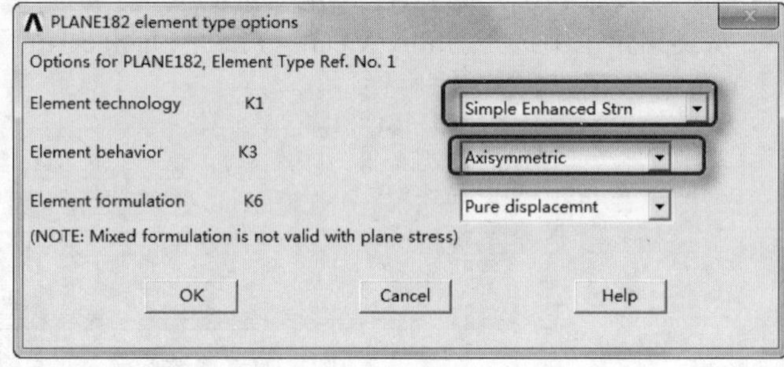

图 13-6 单元属性对话框

（7）在 K1 后面的下拉列表框中选择 Simple Enhanced Strn 选项。

（8）在 K3 后面的下拉列表框中选择 Axisymmetric（轴对称）选项。

（9）单击 OK 按钮，接受选项，关闭单元选项设置对话框，返回到如图 13-5 所示的单元类型对话框中。

（10）单击 Close 按钮，关闭单元类型对话框，结束单元类型的添加。

3. 定义材料属性

本例中选用的单元类型不需定义实常数，故略过定义实常数这一步而直接定义材料属性。

在考虑惯性力的静力分析中必须定义材料的弹性模量和密度，具体步骤如下。

（1）从主菜单中选择 Main Menu > Preprocessor > Material Props > Materia Model 命令，打开 Define Material Model Behavior（定义材料模型属性）窗口，如图 13-7 所示。

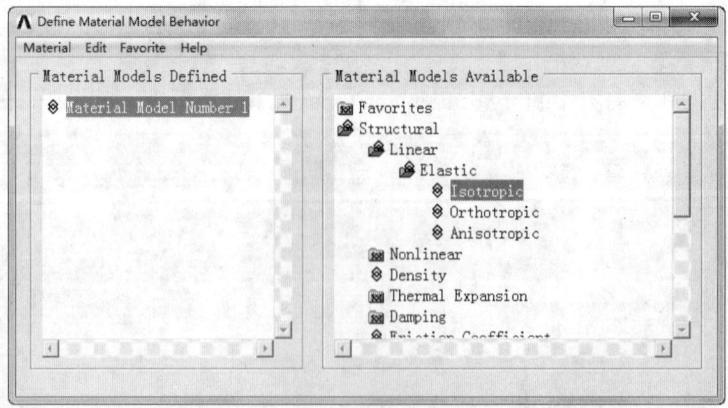

图 13-7 定义材料模型属性窗口

（2）依次选择 Structural > Linear > Elastic > Isotropic 选项，展开材料属性的树形结构，打开 1 号材料的弹性模量 EX 和泊松比 PRXY 的定义对话框，如图 13-8 所示。

（3）在 EX 后面的文本框中输入弹性模量 2.06e11，在 PRXY 后面的文本框中输入泊松比 0.3。

（4）单击 OK 按钮，关闭对话框，并返回到定义材料模型属性窗口，在该窗口的左边一栏中将出现刚定义的参考号为 1 的材料属性。

（5）在定义材料模型属性窗口中，选择菜单 Material > Exit 命令，或者单击右上角的“关闭”按钮，退出定义材料模型属性窗口，完成对材料模型属性的定义。

Note

4. 建立圆盘的截面

在使用 PLANE 系列单元时，要求模型必须位于全局 XY 平面内。默认的工作平面即为全局 XY 平面，因此可以直接在默认的工作平面内创建圆盘的截面。建立一个矩形面作为分析的圆盘的截面。

（1）从主菜单中选择 Main Menu > Preprocessor > Modeling > Create > Areas > Rectangle > By 2 Corners 命令。

（2）在弹出的如图 13-9 所示的对话框中，设置 X=0，Y=0，Width=10，Height=0.01，单击 OK 按钮。

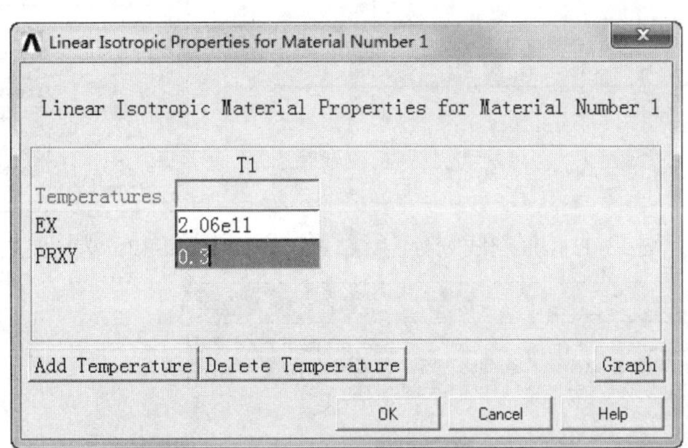

图 13-8 线性各向同性材料的弹性模量和泊松比

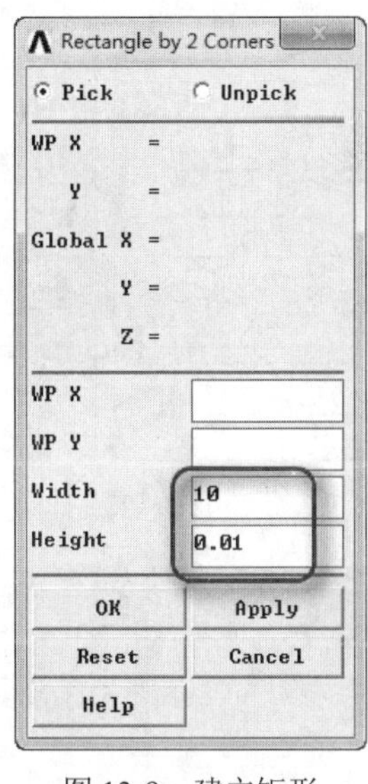

图 13-9 建立矩形

5. 对盘的截面进行网格划分

本节选用 PLANE182 单元对盘面划分映射网格。

（1）从主菜单中选择 Main Menu > Preprocessor > Meshing > MeshTool 命令，打开 MeshTool（网格划分）工具栏，如图 13-10 所示。

（2）单击 Lines 后面的 Set 按钮，打开线选择对话框，要求选择定义单元划分数的线。在图上选择 L1，单击 Apply 按钮，弹出如图 13-11 所示的对话框。

（3）在 No.of element divisions 后面的文本框中输入 100，将 L1 线分成 100 份，单击 OK 按钮。

（4）回到网格划分工具栏中，在 Mesh 后面的列表框中选择 Areas 选项，然后选中 Mapped 单选按钮，进行映射分网，单击 Mesh 按钮，弹出如图 13-12 所示的对话框。

（5）选择所绘制的面，单击 OK 按钮。ANSYS 将按照对线的控制进行网格划分，期间会出现如图 13-13 所示的警告信息，可不用管它。

Note

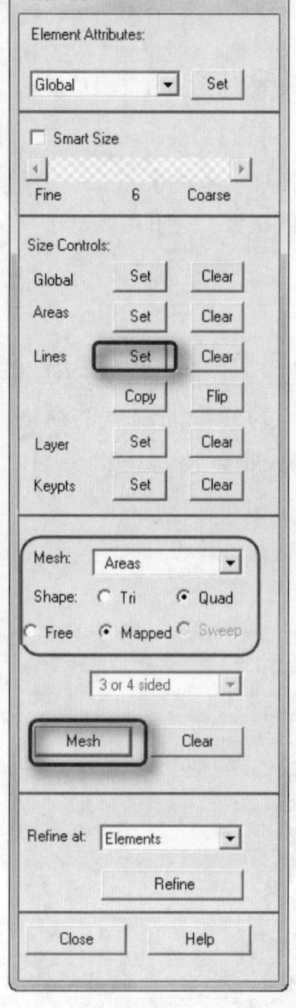

图 13-10 网格划分工具栏

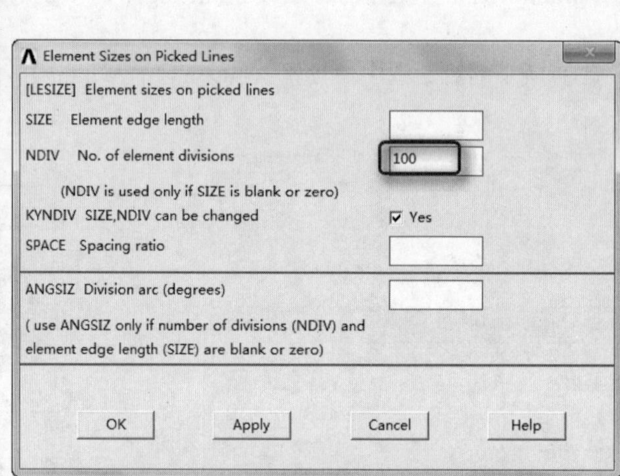

图 13-11 控制线划分

Mesh Areas
Pick Unpick
Single Box
Polygon Circle
Loop
Count = 1
Maximum = 1
Minimum = 1
Area No. = 1
List of Items
Min, Max, Inc
OK Apply
Reset Cancel
Pick All Help

图 13-12 选择要划分的面

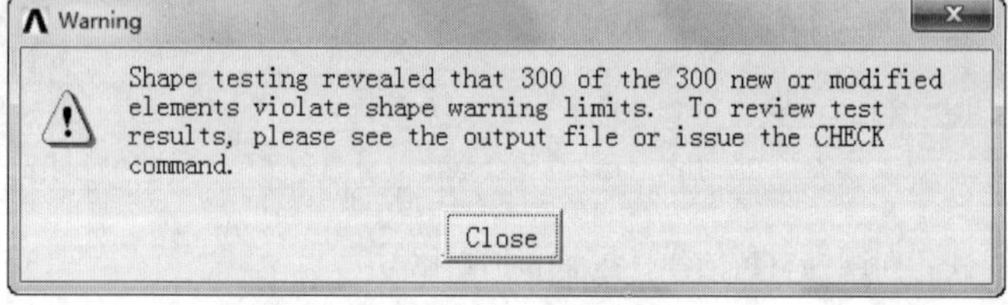

图 13-13 警告信息

13.2.3 定义边界条件并求解

1．加轴对称的位移

（1）从主菜单中选择 Main Menu > Solution > Define Load > Apply > Structural > Displacement > Symmetry B.C. > On lines 命令。

（2）弹出 Apply SYMM on Lines 对话框，选择内径上的线 L4（左端竖直线），单击 OK 按钮，如图 13-14 所示。

2．施加固定位移

（1）从主菜单中选择 Main Menu > Solution > Define Load > Apply > Structural > Displacement >

On lines 命令。

（2）弹出线选择对话框，选择内径上的线 L2（右端竖直线），单击 OK 按钮，如图 13-15 所示。

（3）弹出 Apply U,ROT on Lines 对话框，选择 All DOF 选项，单击 OK 按钮，如图 13-16 所示。

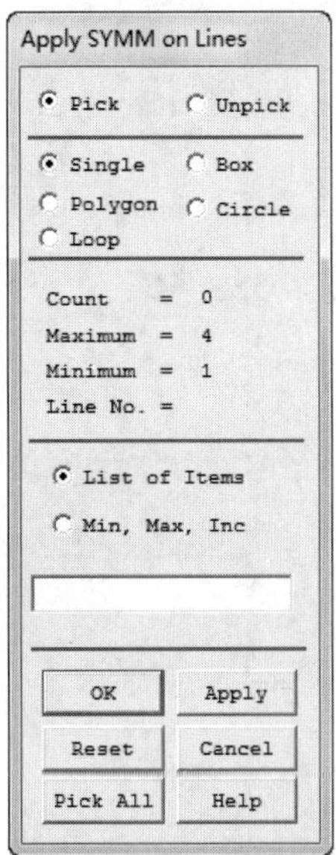

图 13-14　选择轴对称线

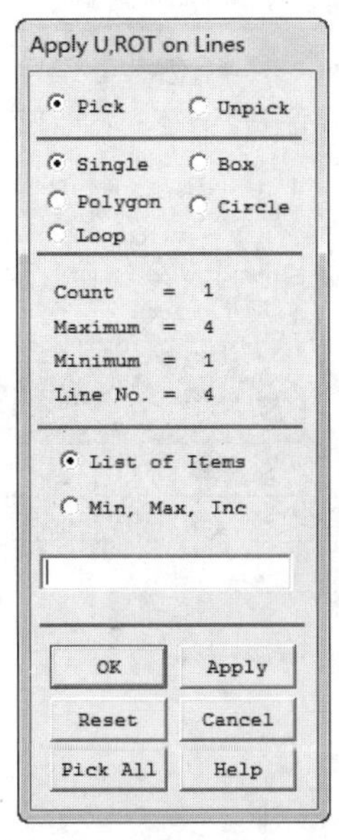

图 13-15　选择位移约束的线

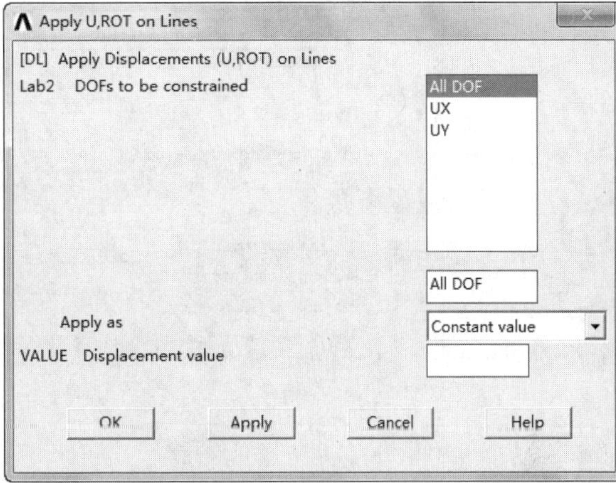

图 13-16　施加固定位移

3．施加压力载荷

（1）从主菜单中选择 Main Menu > Solution > Define Load > Apply > Structural > Pressure > On lines 命令，打开选择线对话框，选择盘截面的下边，单击 OK 按钮，如图 13-17 所示。

（2）打开 Apply PRES on lines 对话框，在 Load PRES value 后面的文本框中输入 1e6，单击 OK 按钮，施加压力，如图 13-18 所示。

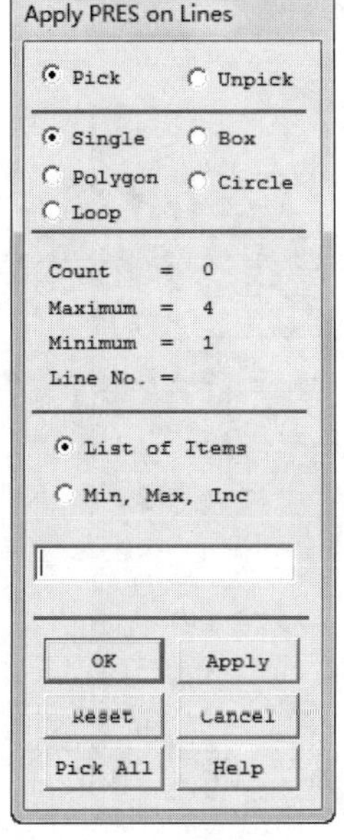

图 13-17　选择载荷边

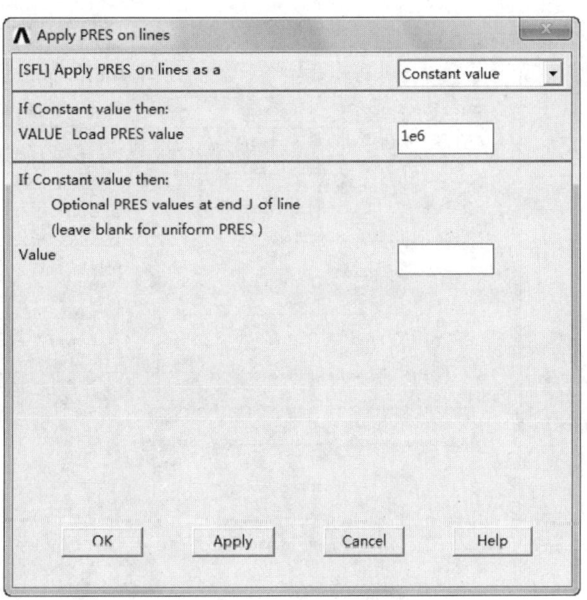

图 13-18　施加压力

Note

4．进行求解设置并求解

（1）从主菜单中选择 Main Menu > Solution > Analysis Type > Sol'n Controls 命令，打开 Solution Controls 对话框，如图 13-19 所示。

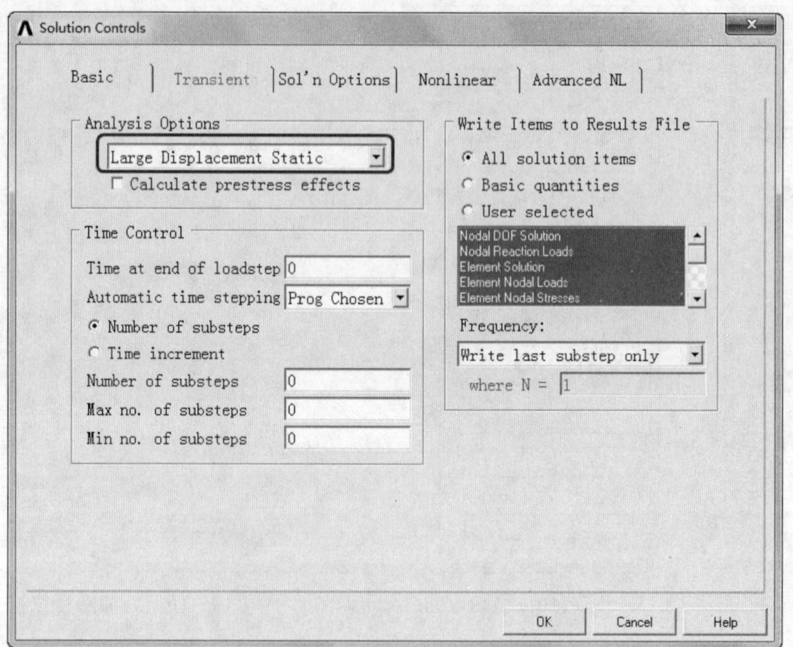

图 13-19　Solution Controls 对话框

（2）在 Basic 选项卡中的 Analysis Options 下拉列表框中选择 Large Displacement Static 选项。

（3）在 Nonlinear 选项卡中，单击 Set convergence criteria 按钮，如图 13-20 所示。

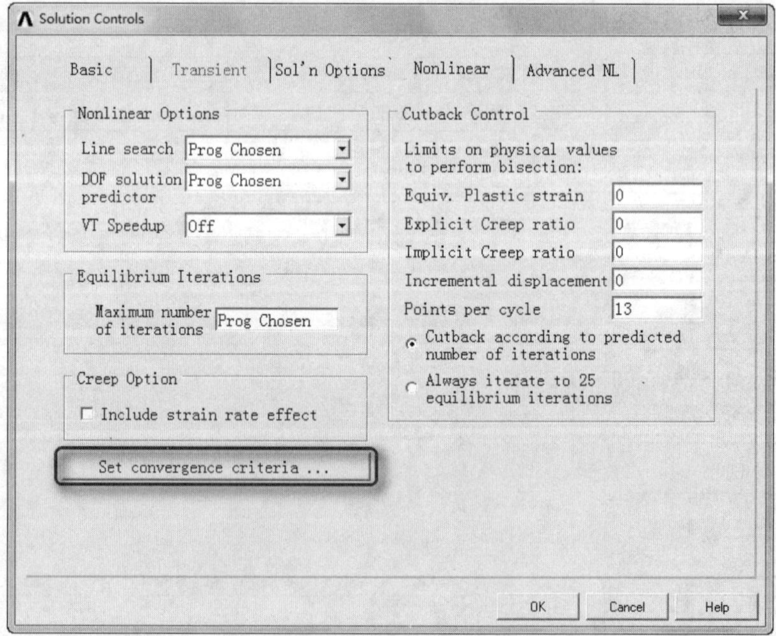

图 13-20　Solution Controls 对话框

（4）弹出默认非线性设置对话框，如图 13-21 所示。

图 13-21 求解设置

（5）在其中选择 F，单击 Edit 按钮，弹出非线性控制对话框，如图 13-22 所示。

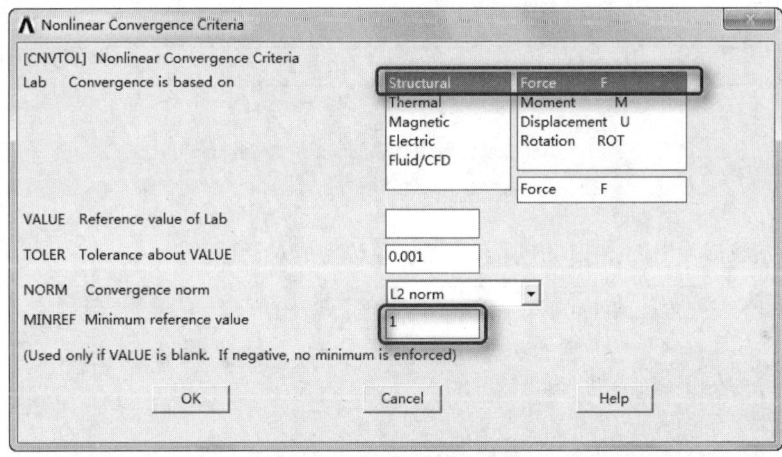

图 13-22 非线性求解设置

（6）在 Convergence is based on 后面的两个列表框中分别选择 Structural 和 Force F 选项，在 Minimum reference value 后面的文本框中输入 1，单击 OK 按钮，如图 13-22 所示。

（7）在弹出的 Solution Controls 对话框中单击 OK 按钮，结束求解控制的设置。

（8）从主菜单中选择 Main Menu > Solution > Solve > Current LS 命令，打开一个确认对话框，如图 13-23 所示，要求查看列出的求解选项。

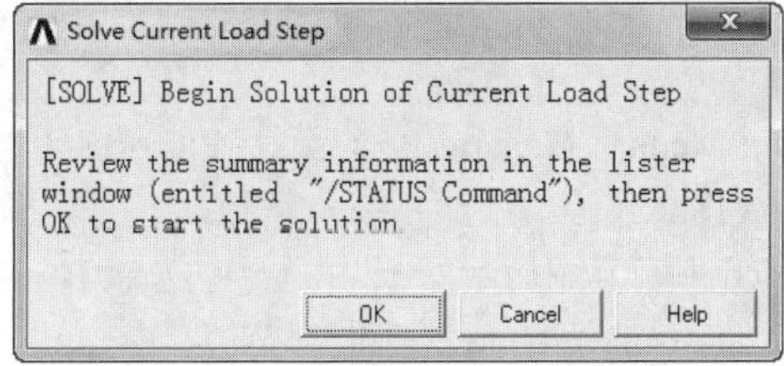

图 13-23 求解当前载荷步确认对话框

（9）查看列表中的信息确认无误后，单击 OK 按钮，开始求解。

（10）ANSYS 会显示非线性求解过程的收敛过程，如图 13-24 所示。

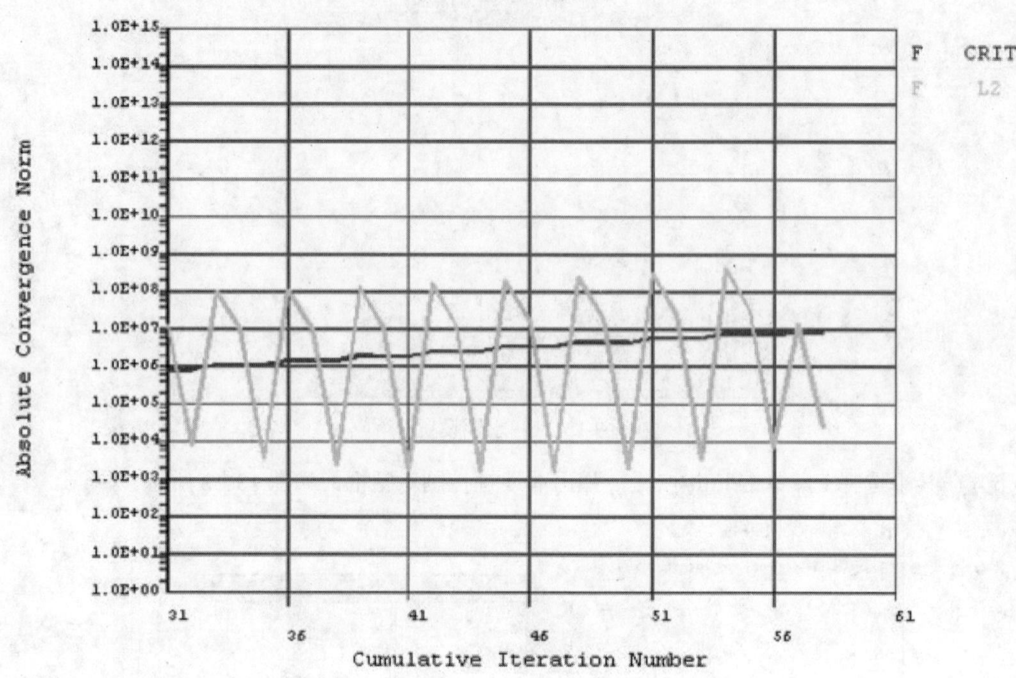

图 13-24　显示收敛过程

（11）求解完成后弹出如图 13-25 所示的提示求解完成对话框。

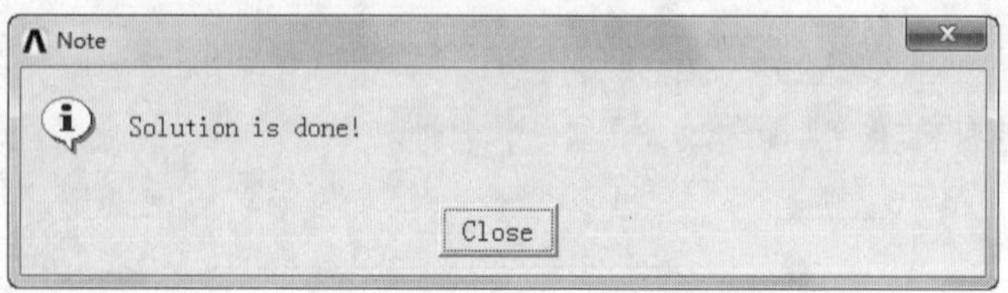

图 13-25　提示求解完成

（12）单击 Close 按钮，关闭对话框。

13.2.4　查看结果

求解完成后，可以利用 ANSYS 软件生成的结果文件（对于静力分析，就是 Jobname.RST）进行后处理。静力分析中通过 POST1 后处理器就可以处理和显示大多数感兴趣的结果数据。

1. 查看变形

（1）从主菜单中选择 Main Menu > General Postproc > Plot Result > Contour Plot > Nodal Solu 命令，打开 Contour Nodal Solution Data（等值线显示节点解数据）对话框，如图 13-26 所示。

（2）在 Item to be contoured（等值线显示结果项）栏中选择 DOF Solution（自由度解）选项。

（3）再选择 Y-Component of displacement（Y 向位移）选项。

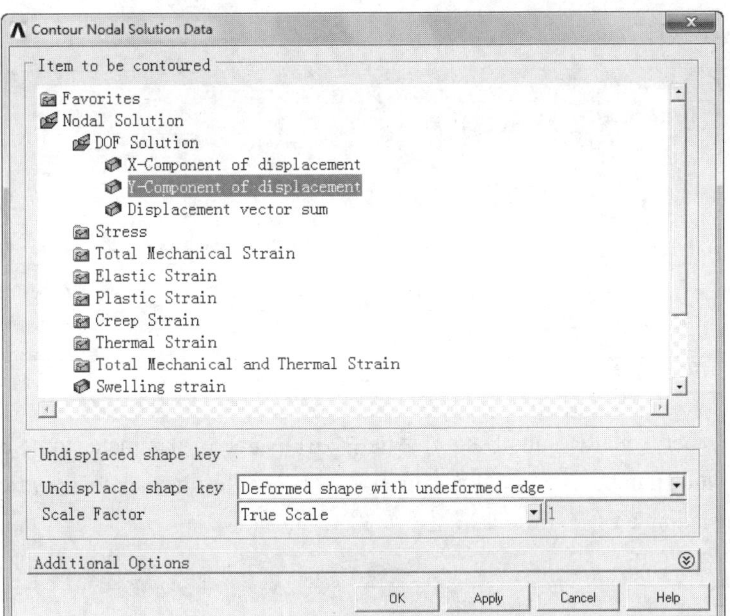

图 13-26　等值线显示节点解数据对话框

（4）在第一个下拉列表框中选择 Deformed shape with undeformed edge（变形后和未变形轮廓线）选项。

（5）单击 OK 按钮，在图形窗口中将显示出变形图，包含变形前的轮廓线，如图 13-27 所示。图 13-27 中下方的色谱表明不同的颜色对应的数值（带符号）。

2. 列表查看位移

（1）从主菜单中选择 Main Menu > General Postproc > Read Results > By Load Step 命令，打开 Read Results by Load Step Number 对话框，单击 OK 按钮，如图 13-28 所示。

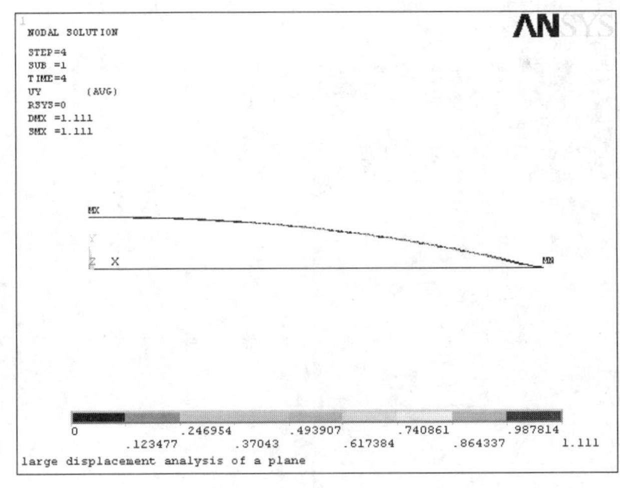

图 13-27　Y 向变形图

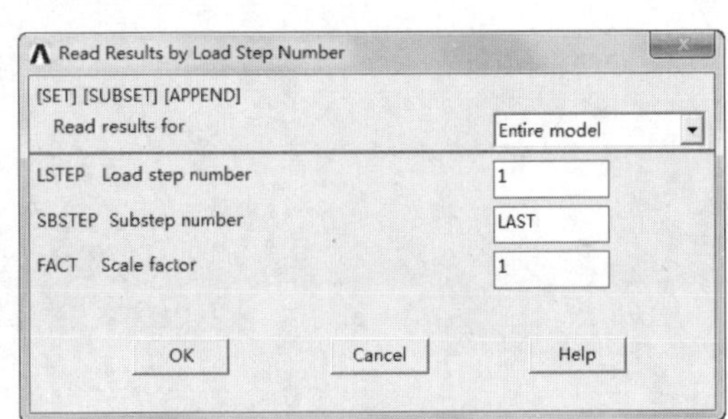

图 13-28　读入数据

（2）从实用菜单中选择 Utility Menu > Parameters > Get Scalar Data 命令，打开 Get Scalar Data 对话框，在 Type of data to be retrieved 后面的两个列表框中分别选择 Results data 和 Nodal results，单击

Note

OK 按钮，如图 13-29 所示。

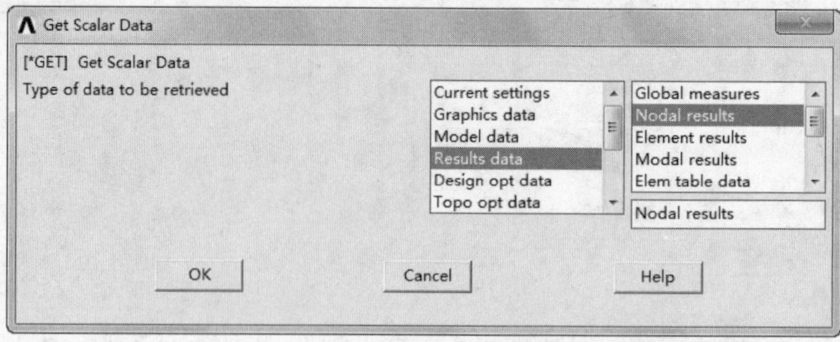

图 13-29　读取标量数据

（3）在打开的 Get Nodal Results Data 对话框中，在 Name of parameter to be defined 后面的文本框中输入 UY，在 Node number N 后面的文本框中输入 1，在 Results data to be retrieved 后面的第二个列表框中选择 Translation UY，单击 OK 按钮，如图 13-30 所示。

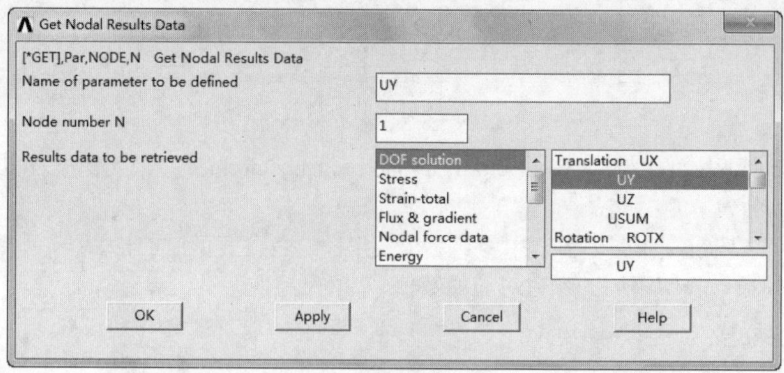

图 13-30　选择读入的数据

（4）从主菜单中选择 Main Menu > General Postproc > Element Table > Define Table 命令，打开 Element Table Data 对话框，单击 Add 按钮，如图 13-31 所示。

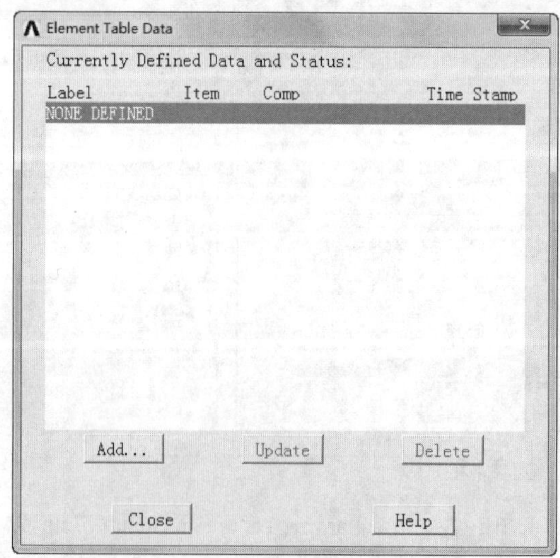

图 13-31　增加 Table

Note

（5）在打开的 Define Additional Element Table Items 对话框中，在 Eff NU for EQV strain 后面的文本框中输入 CENT，在 User label for item 后面的文本框中输入 SEQUENCE，在 Results data item 后面的列表框中分别选择 By sequence num 和 LS 选项，在下面的文本框中输入 LS,5，单击 OK 按钮，如图 13-32 所示。

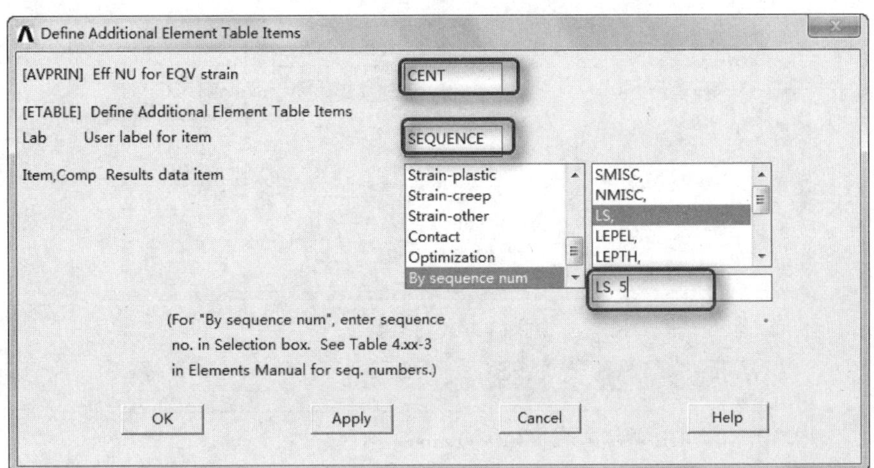

图 13-32　定义列表

（6）将会弹出单元列表数据显示框，单击 Close 按钮，如图 13-33 所示。

图 13-33　单元列表数据

（7）从主菜单中选择 Main Menu > General Postproc > List Results > Sorted Listing > Sort Nodes 命令，弹出 Sort Nodes 对话框，在 Number of nodes for sort 后面的文本框中输入数值 5，其余设置如图 13-34 所示，单击 OK 按钮。

（8）ANSYS 会打开一个列表显示的对话框，如图 13-35 所示，查看后将其关闭。

（9）从实用菜单中选择 Utility Menu > Parameters > Get Scalar Data 命令，打开 Get Scalar Data 对话框，在 Type of data to be retrieved 后面的列表框中分别选择 Results data 和 Other operations 选项，单击 OK 按钮，如图 13-36 所示。

Note

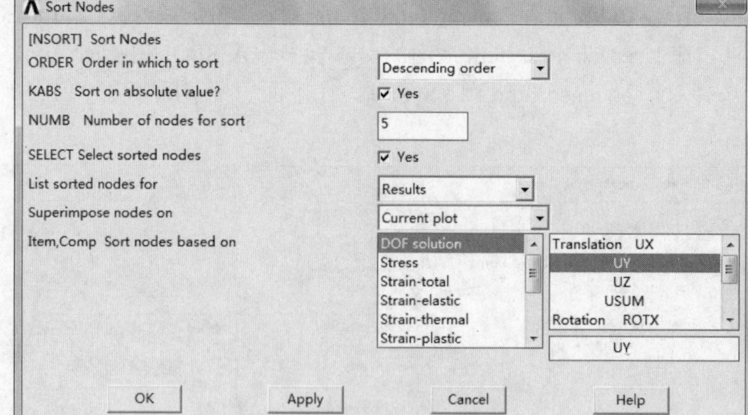

图 13-34 排列数据

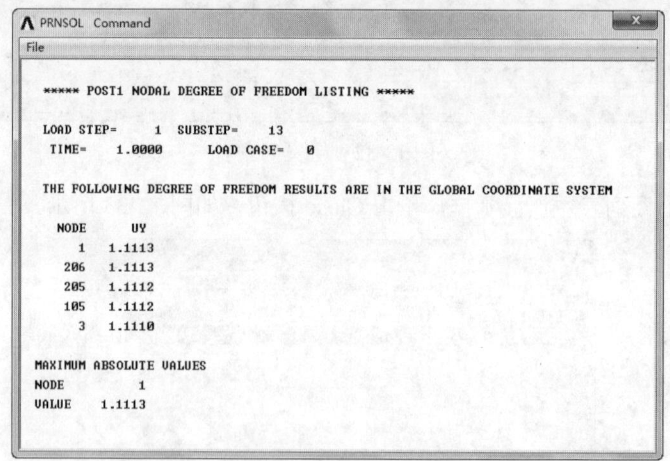

图 13-35 列表显示数据

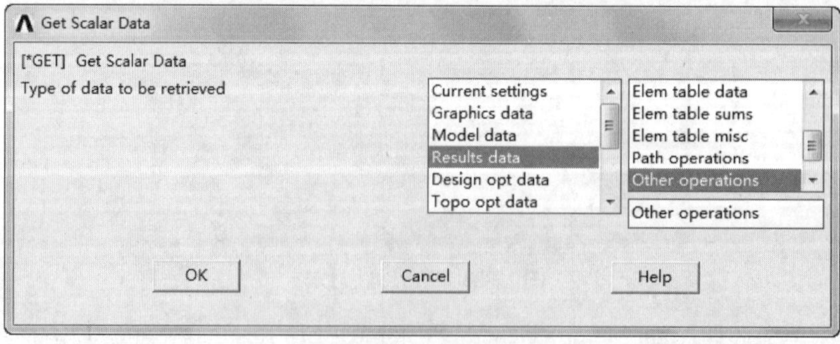

图 13-36 选择数据

（10）在打开的 Get Data from Other POST1 Operations 对话框中，在 Name of parameter to be defined 后面的文本框中输入 PRSCNT，在 Data to be retrieved 后面的两个列表框中分别选择 From sort oper'n 和 Maximum value 选项，单击 OK 按钮，如图 13-37 所示。

（11）ANSYS 的 Output Window 窗口中会显示出 MAX 值可供查看，如图 13-38 所示。

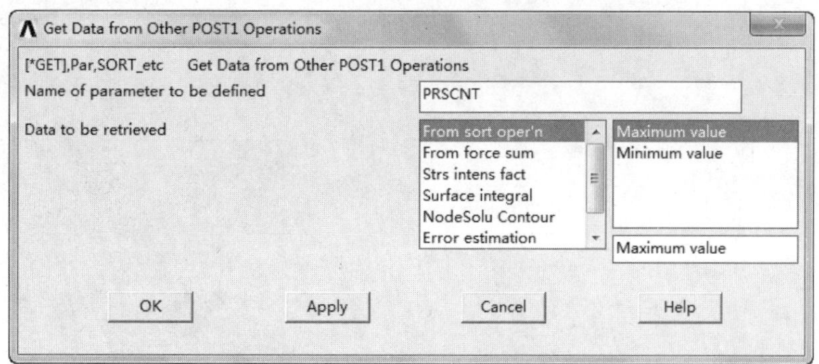

图 13-37　选择数据

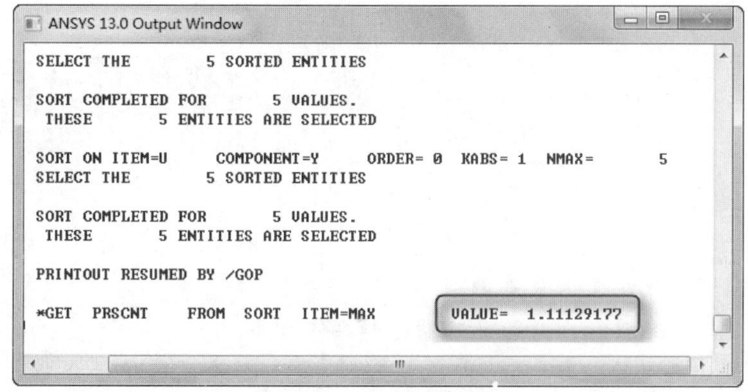

图 13-38　列表显示数据

（12）从实用菜单中选择 Utility Menu > Parameters > Scalar Parameters 命令，打开 Scalar Parameters 显示框，如图 13-39 所示。

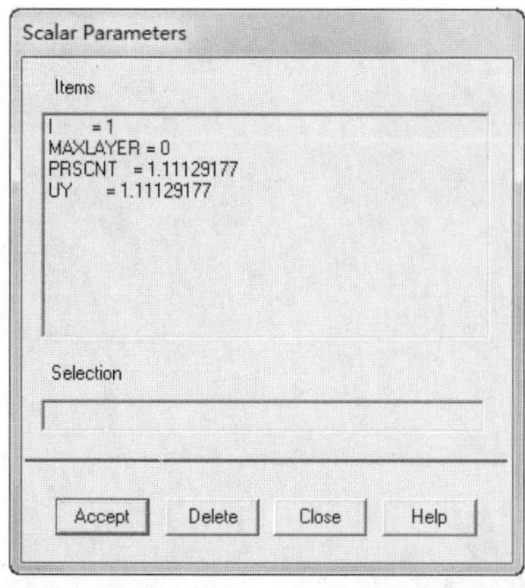

图 13-39　显示参数

13.2.5　命令流

命令流内容这里不再详细介绍，读者可参见随书光盘中的电子文档。

第14章

接触问题分析

接触问题是一种高度非线性行为，需要较大的计算资源，为了进行有效的计算，理解问题的特性和建立合理的模型是很重要的。

本章将通过实例讲述接触分析的基本步骤和具体方法。

☑ 接触问题概论　　☑ 齿轮副的接触分析

任务驱动&项目案例

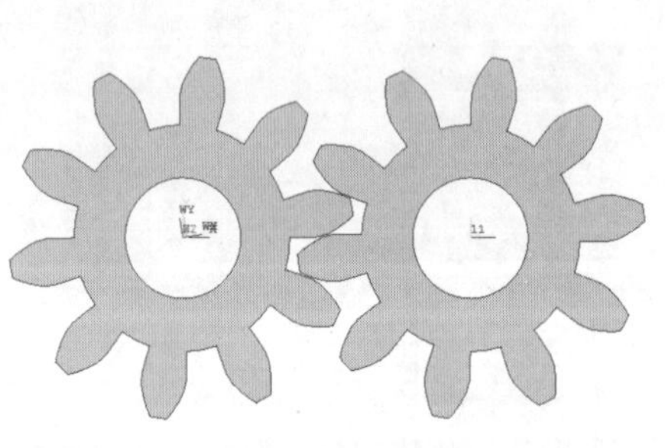

（1）

（2）

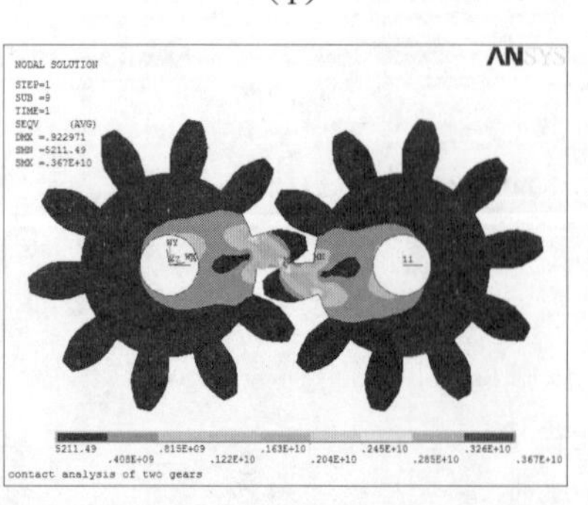

（3）

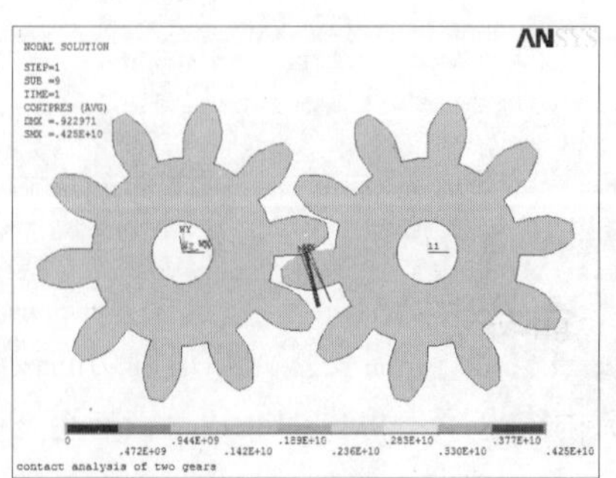

（4）

Note

14.1　接触问题概论

接触问题存在两个较大的难点。

（1）在求解问题之前，不知道接触区域，表面之间是接触还是分开是未知的、突然变化的，这些随载荷、材料、边界条件和其他因素而定。

（2）大多数接触问题需要计算摩擦，有几种摩擦和模型可供挑选，它们都是非线性的，摩擦使问题的收敛性变得困难。

14.1.1　一般分类

接触问题分为两种基本类型，即刚体—柔体的接触，半柔体—柔体的接触。在刚体—柔体的接触问题中，接触面的一个或多个被当作刚体（与它接触的变形体相比，有大得多的刚度），一般情况下，一种软材料和一种硬材料接触时，问题可以被假定为刚体—柔体的接触，许多金属成型问题归为此类接触。另一类为半柔体—柔体的接触，是一种更普遍的类型，在这种情况下，两个接触体都是变形体（有近似的刚度）。

ANSYS 支持 3 种接触方式，即点—点、点—面、面—面，每种接触方式使用的接触单元适用于某一类问题。

14.1.2　接触单元

为了给接触问题建模，首先必须认识到模型中的哪些部分可能会相互接触，如果相互作用的其中之一是一点，那么模型的对应组元是一个节点。如果相互作用的其中之一是一个面，则模型的对应组元是单元，例如梁单元、壳单元或实体单元。有限元模型通过指定的接触单元来识别可能的接触匹对，接触单元是覆盖在分析模型接触面之上的一层单元，关于 ANSTS 使用的接触单元和使用过程，下面分类详述。

1．点—点接触单元

点—点接触单元主要用于模拟点—点的接触行为，为了使用点—点的接触单元，需要预先知道接触位置。这类接触问题只能适用于接触面之间有较小相对滑动的情况（即使在几何非线性情况下）。

如果两个面上的节点一一对应，相对滑动可以忽略不计，两个面保持小量挠度（转动），那么可以用点—点的接触单元来求解面—面的接触问题，过盈装配问题就是一个用点—点的接触单元来模拟面—面接触问题的典型例子。

2．点—面接触单元

点—面接触单元主要用于给点—面的接触行为建模，例如两根梁的相互接触。

如果通过一组节点来定义接触面，生成多个单元，那么可以通过点—面的接触单元来模拟面—面的接触问题。面既可以是刚性体，也可以是柔性体，这类接触问题的一个典型例子是插头到插座里。使用这类接触单元，不需要预先知道确切的接触位置，接触面之间也不需要保持一致的网格，并且允许有大的变形和大的相对滑动。

Contact48 和 Contact49 都是点—面的接触单元，Contact26 用来模拟柔性点—刚性面的接触，对有不连续的刚性面的问题，不推荐采用 Contact26，因为可能导致接触的丢失，在这种情况下，Contact48

通过使用伪单元算法能提供较好的建模能力。

3. 面—面接触单元

Note

ANSYS 支持刚体—柔体的面—面的接触单元，刚性面被当作“目标”面，分别用 Targe169 和 Targe170 来模拟 2D 和 3D 的“目标”面。柔性体的表面被当作“接触”面，用 Conta171、Conta172、Conta173、Conta174 来模拟。一个目标单元和一个接触单元叫做一个“接触对”，程序通过一个共享的实常数号来识别“接触对”，为了建立一个“接触对”，应给目标单元和接触单元指定相同的实常数号。

与点—面接触单元相比，面—面接触单元有以下几个优点。

☑ 支持低阶和高阶单元。

☑ 支持有大滑动和摩擦的大变形、协调刚度阵计算、不对称单元刚度阵的计算。

☑ 提供工程目的采用的更好的接触结果，例如法向压力和摩擦应力。

☑ 没有刚体表面形状的限制，刚体表面的光滑性不是必需的，允许有自然的或网格离散引起的表面不连续。

☑ 与点—面接触单元相比，需要较多的接触单元，因而造成需要较小的磁盘空间和 CPU 时间。

☑ 允许多种建模控制，例如，绑定接触、渐变初始渗透、目标面自动移动到补始接触、平移接触面（老虎梁和单元的厚度）、支持单元、支持耦合场分析、支持磁场接触分析等。

14.2 实例——齿轮副的接触分析

本节通过一对接触的齿轮进行接触应力分析，来介绍 ANSYS 接触问题的分析过程。

14.2.1 分析问题

一对啮合的齿轮在工作时产生接触，分析其接触的位置、面积和接触力的大小。

标准齿轮如图 14-1 所示。

☑ 齿顶直径：48。

☑ 齿底直径：30。

☑ 齿数：10。

☑ 厚度：4。

☑ 弹性模量：2.06E11。

☑ 摩擦系数：0.1。

☑ 中心距：40。

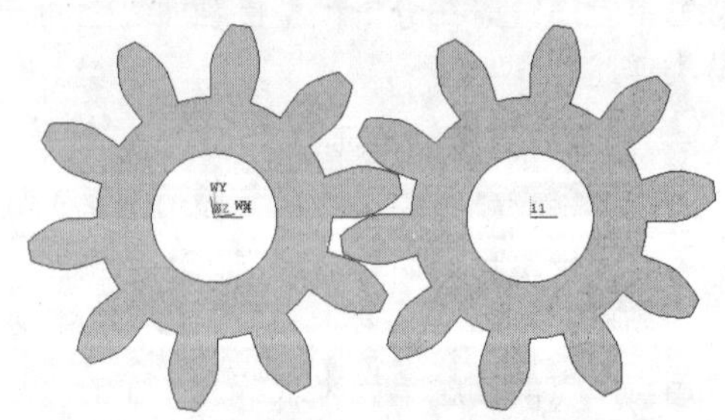

图 14-1 齿轮模型

14.2.2 建立模型

建立模型包括设定分析作业名和标题；定义单元类型和实常数；定义材料属性；建立几何模型；划分有限元网格。

1. 设定分析作业名和标题

在进行一个新的有限元分析时，通常需要修改数据库名，并在图形输出窗口中定义一个标题来说明当前进行的工作内容。另外，对于不同的分析范畴（结构分析、热分析、流体分析、电磁场分析等），ANSYS 所用的主菜单的内容不尽相同，为此，需要在分析开始时选定分析内容的范畴，以便 ANSYS

显示出与其相对应的菜单选项。

（1）从实用菜单中选择 Utility Menu > File > Change Jobname 命令，打开 Change Jobname（修改文件名）对话框，如图 14-2 所示。

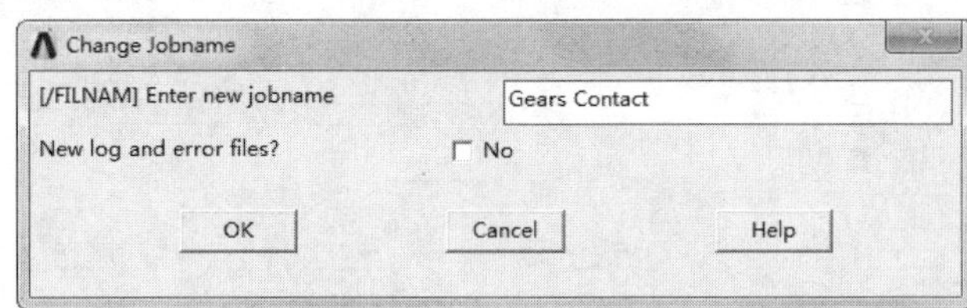

图 14-2　修改文件名对话框

（2）在 Enter new jobname（输入新的文件名）后面的文本框中输入 Gears Contact，作为本分析实例的数据库文件名。

（3）单击 OK 按钮，完成文件名的修改。

（4）从实用菜单中选择 Utility Menu > File > Change Title 命令，打开 Change Title（修改标题）对话框，如图 14-3 所示。

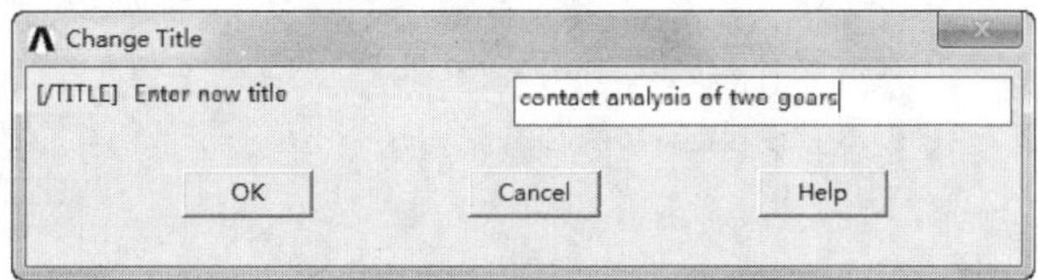

图 14-3　修改标题对话框

（5）在 Enter new title（输入新标题）后面的文本框中输入 contact analysis of two gears，作为本分析实例的标题名。

（6）单击 OK 按钮，完成对标题名的指定。

（7）从实用菜单中选择 Utility Menu > Plot > Replot 命令，指定的标题 contact analysis of two gears 将显示在图形窗口的左下角。

（8）从主菜单中选择 Main Menu > Preference 命令，打开 Preference of GUI Filtering（菜单过滤参数选择）对话框，选中 Structural 复选框，单击 OK 按钮确定。

2. 定义单元类型

在进行有限元分析时，首先应根据分析问题的几何结构、分析类型和所分析的问题精度要求等，选定适合具体分析的单元类型。本例中选用四节点四边形板单元 PLANE182。PLANE182 不仅可用于计算平面应力问题，还可以用于分析平面应变和轴对称问题。

（1）从主菜单中选择 Main Menu > Preprocessor > Element Type > Add/Edit/Delete 命令，打开 Element Types（单元类型）对话框。

（2）单击 Add 按钮，打开 Library of Element Types（单元类型库）对话框，如图 14-4 所示。

（3）在左边的列表框中选择 Solid 选项，选择实体单元类型。

（4）在右边的列表框中选择 Quad 4 node 182 选项，选择四节点四边形板单元 PLANE182。

（5）单击 OK 按钮，将添加 PLANE182 单元，并关闭单元类型对话框，同时返回到第（1）步打开的单元类型对话框中，如图 14-5 所示。

（6）单击 Options 按钮，打开如图 14-6 所示的 PLANE182 element type options（单元选项设置）对话框，对 PLANE182 单元进行设置，使其可用于计算平面应力问题。

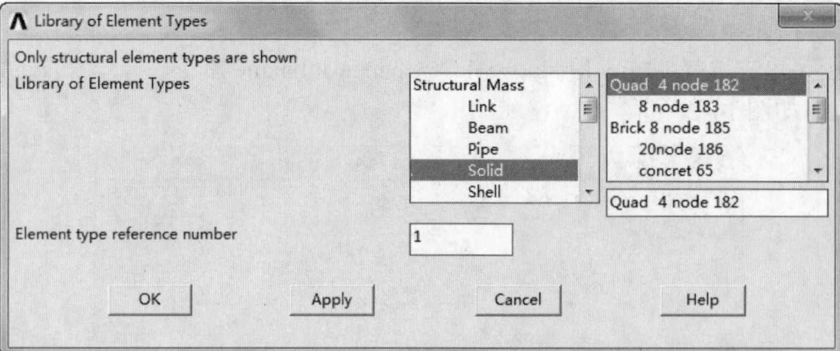

图 14-4　单元类型库对话框

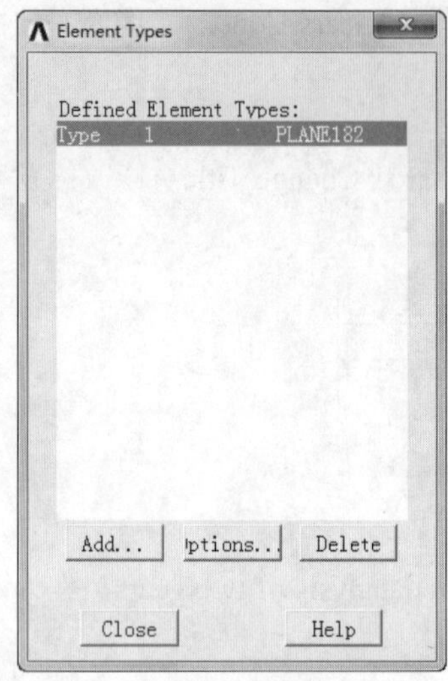

图 14-5　单元类型对话框

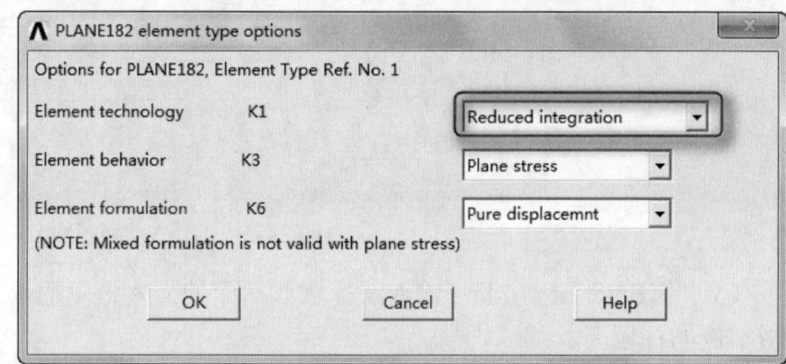

图 14-6　单元选项设置对话框

（7）在 Element technology 后面的下拉列表框中选择 Reduced integration 选项。

（8）在 Element behavior（单元行为方式）下拉列表框中选择 Plane stress（平面应力）选项。

（9）单击 OK 按钮，关闭单元选项设置对话框，返回到图 14-5 所示的单元类型对话框中。

（10）单击 Close 按钮，关闭单元类型对话框，结束单元类型的添加。

3. 定义实常数

要使用平面应力行为方式的 PLANE182 单元，需要设置其厚度实常数。

（1）从主菜单中选择 Main Menu > Preprocessor > Real Constants > Add/Edit/Delete 命令，打开如图 14-7 所示的 Real Constants（实常数）对话框。

（2）单击 Add 按钮，打开如图 14-8 所示的 Element Type for Real Constants（实常数单元类型）对话框，要求选择欲定义实常数的单元类型。

（3）本例中只定义了一种单元类型，在已定义的单元类型列表中选择 Type 1 PLANE182，将为 PLANE182 单元类型定义实常数，在弹出的对话框中将厚度设置为 4。

（4）单击 OK 按钮，关闭选择单元类型对话框，打开该单元类型 Real Constant Set（实常数设置）对话框。

（5）单击 OK 按钮，关闭实常数设置对话框，返回到实常数对话框中，如图 14-9 所示，显示已经定义了一组实常数。

图 14-7 实常数设置对话框

图 14-8 选择单元类型

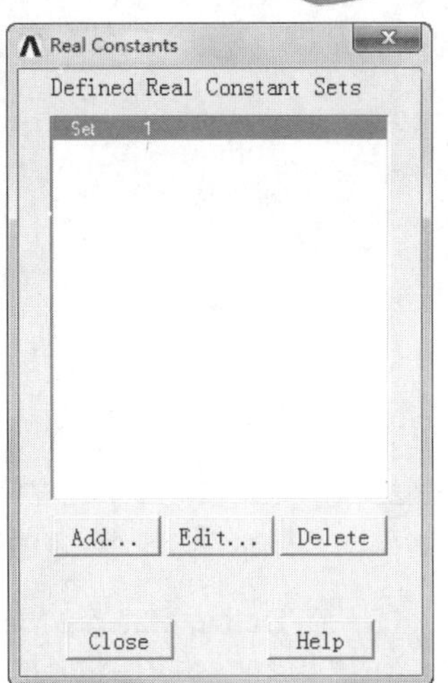

图 14-9 已经定义的实常数

（6）单击 Close 按钮，关闭实常数对话框。

4．定义材料属性

在考虑惯性力的静力分析中必须定义材料的弹性模量和密度，具体步骤如下。

（1）从主菜单中选择 Main Menu > Preprocessor > Material Props > Materia Model 命令，打开 Define Material Model Behavior（定义材料模型属性）窗口，如图 14-10 所示。

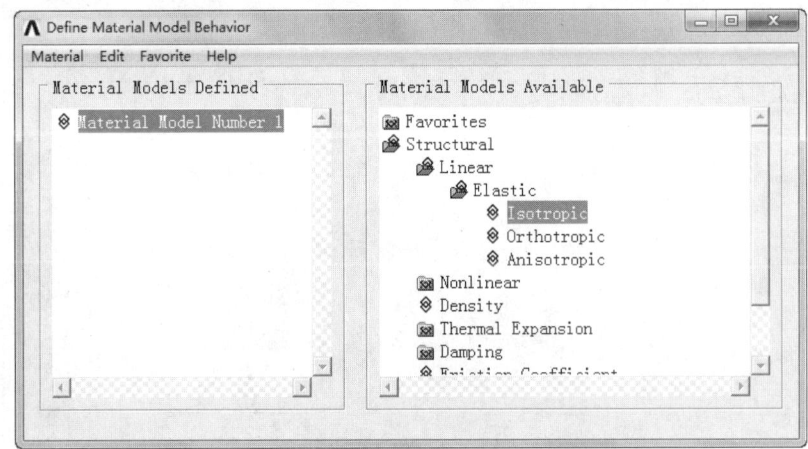

图 14-10 定义材料模型属性窗口

（2）依次选择 Structural > Linear > Elastic > Isotropic 选项，展开材料属性的树形结构，将打开 1 号材料的弹性模量 EX 和泊松比 PRXY 的定义对话框，如图 14-11 所示。

（3）在 EX 后面的文本框中输入弹性模量 2.06e11，在 PRXY 后面的文本框中输入泊松比 0.3。

（4）单击 OK 按钮，关闭对话框，并返回到定义材料模型属性窗口，在该窗口的左边一栏将出现刚定义的参考号为 1 的材料属性。

（5）依次选择 Structural > Friction Coefficient 选项，打开定义材料密度对话框，如图 14-12 所示。

（6）在 MU 后面的文本框中输入密度数值 0.3。

（7）单击 OK 按钮，关闭对话框，并返回到定义材料模型属性窗口，在该窗口的左边一栏参考号为 1 的材料属性下方将出现密度项。

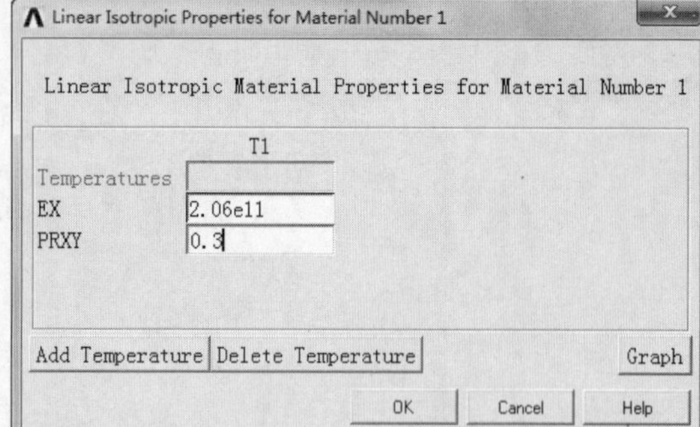

图 14-11　线性各向同性材料的弹性模量和泊松比

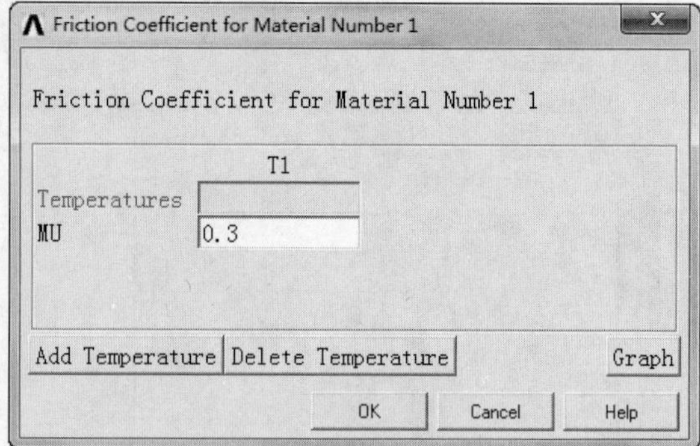

图 14-12　定义材料密度对话框

（8）在 Define Material Model Behavior 窗口中，选择菜单 Material > Exit 命令，或者单击右上角的“关闭”按钮，退出定义材料模型属性窗口，完成对材料模型属性的定义。

5. 建立齿轮面模型

在使用 PLANE 系列单元时，要求模型必须位于全局 XY 平面内。默认的工作平面即为全局 XY 平面，因此可以直接在默认的工作平面内创建齿轮面。

按照前面章节中介绍的方法建立一个齿轮面模型，如图 14-13 所示。

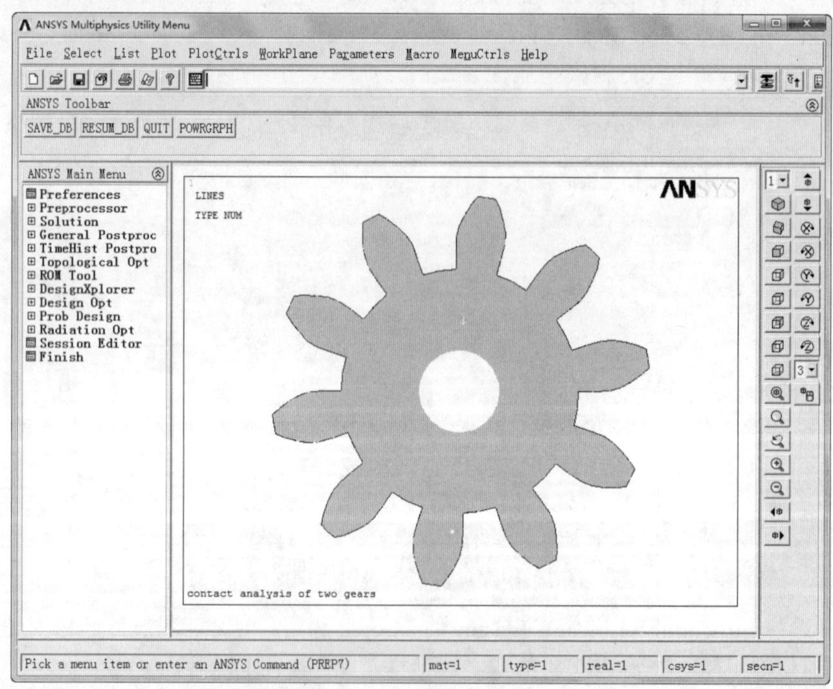

图 14-13　齿轮面模型

（1）将激活的坐标系设置为总体直角坐标系。从实用菜单中选择 Utility Menu > WorkPlane > Change Active CS to > Global Cartesian 命令。

（2）在直角坐标系下进行复制面。

① 从主菜单中选择 Main Menu > Preprocessor > Modeling > Copy > Areas 命令。

② 弹出 Copy Areas 对话框，单击 Pick All 按钮，如图 14-14 所示。

Note

③ 在弹出的对话框中 ANSYS 会提示复制的数量和偏移的坐标，在 Number of copies 文本框中输入 2，在 X-offset in active CS 后面的文本框中输入 40，单击 OK 按钮，如图 14-15 所示。

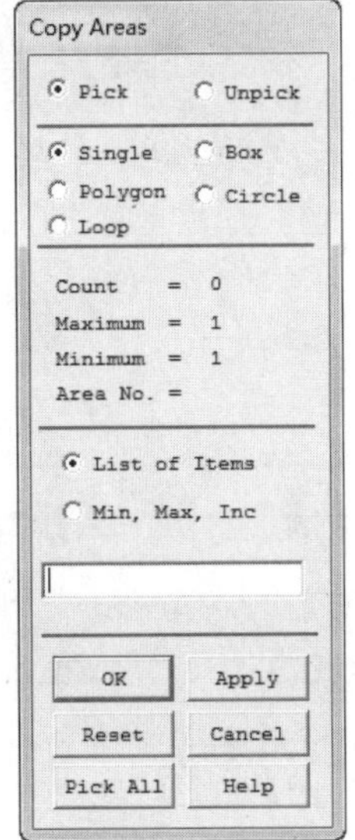

图 14-14　复制面

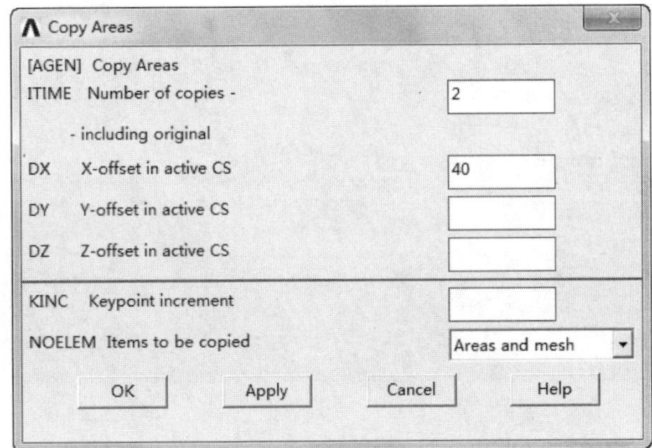

图 14-15　输入坐标

所得结果如图 14-16 所示。

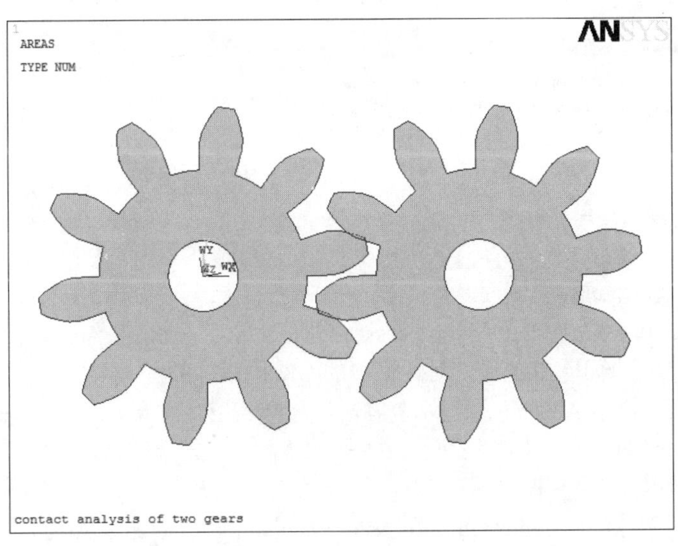

图 14-16　复制面的结果

（3）创建局部坐标系。

① 从实用菜单中选择 Utility Menu > WorkPlane > Local Coordinate Systems > Create Local CS > At Specified Loc 命令。

② 在弹出对话框的文本框中输入 40,0,0，单击 OK 按钮，如图 14-17 所示。

③ 弹出 Create Local CS at Specified Location 对话框，在 Ref number of new coord sys 后面的文本框中输入 11，在 Type of coordinate system 后面的下拉列表框中选择 Cylindrical 1，在 Origin of coord system 后面的 3 个文本框中分别输入 40,0,0，单击 OK 按钮，如图 14-18 所示。

Note

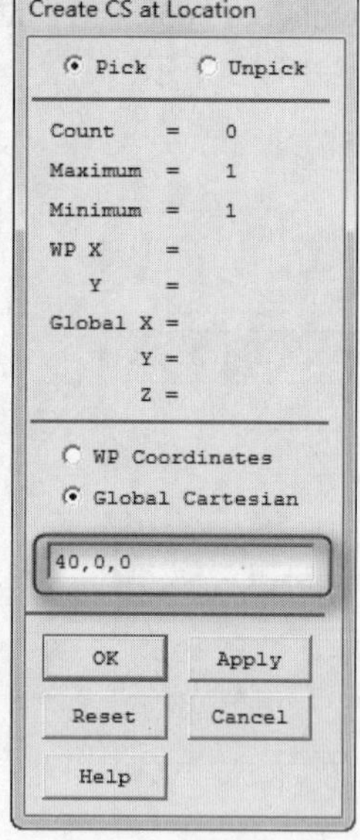

图 14-17 输入坐标

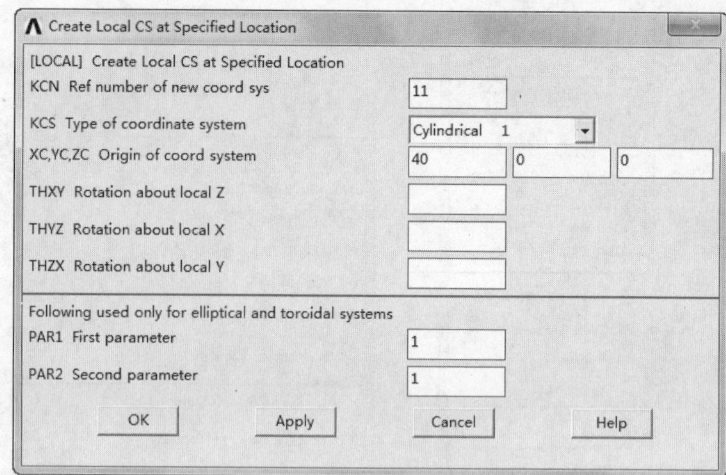

图 14-18 创建局部坐标

（4）将激活的坐标系设置为局部坐标系。

① 从实用菜单中选择 Utility Menu > WorkPlane > Change Active CS to > Specified Coord Sys 命令。

② 在弹出的对话框的文本框中输入 11，如图 14-19 所示。

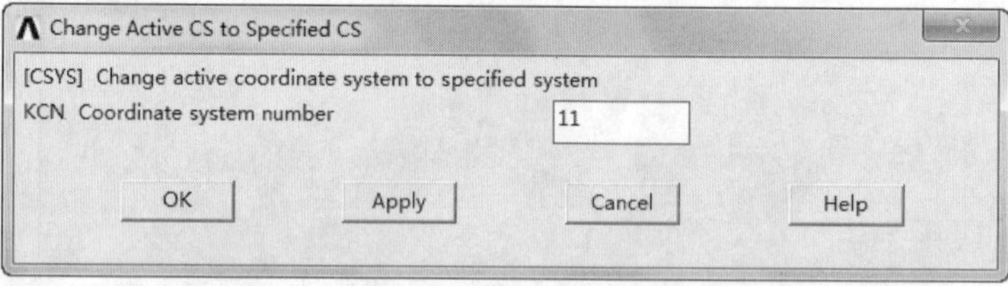

图 14-19 激活局部坐标

（5）在局部坐标系下进行复制面。

① 从主菜单中选择 Main Menu > Preprocessor > Modeling > Copy > Areas 命令。

② 选择生成的第二个面，单击弹出对话框中的 OK 按钮，如图 14-20 所示。

③ 在弹出的对话框中，ANSYS 会提示复制的数量和偏移的坐标，在 Number of copies 后面的文本框中输入 2，在 Y-offset in active CS 后面的文本框中输入-1.8，单击 OK 按钮，将产生第三个面。

（6）删除第二个面。

① 从主菜单中选择 Main Menu > Preprocessor > Modeling > Delete > Area and Below 命令。

② 选择第二个面，由于第二个面和第三个面的位置接近，所以 ANSYS 会产生提示，如图 14-21 所示。

③ 在提示对话框中单击 OK 按钮。最后生成的结果如图 14-22 所示。

（7）存储数据库 ANSYS。单击 ANSYS Toobar 工具条中的 SAVE_DB 按钮，存储数据库。

6. 对齿面划分网格

本节选用 PLANE182 单元对齿面划分映射网格。

（1）从主菜单中选择 Main Menu > Preprocessor > Meshing > MeshTool 命令，打开 MeshTool（网格划分）工具栏，如图 14-23 所示。

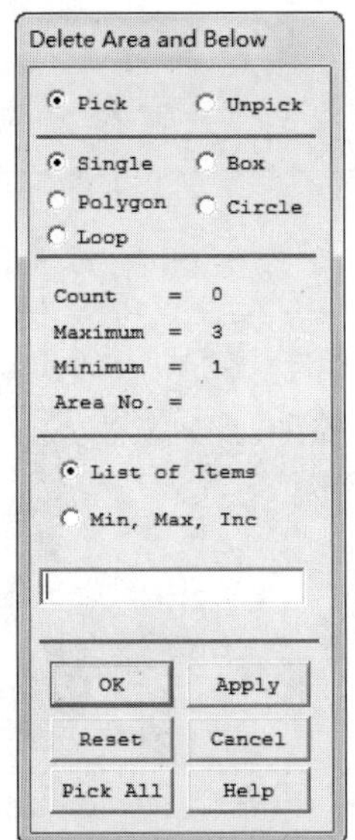

图 14-20　选择面

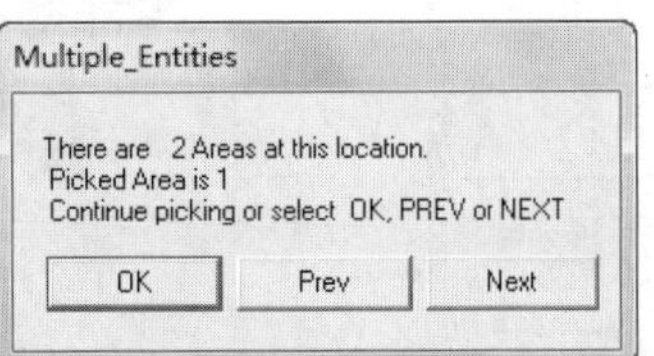

图 14-21　提示选择

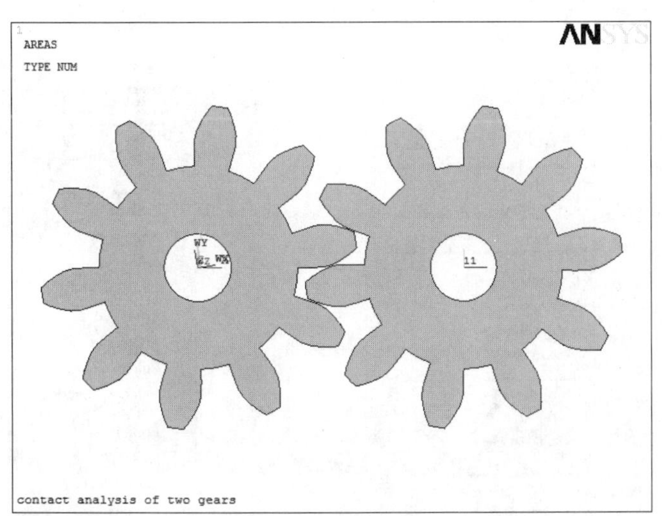

图 14-22　生成的结果

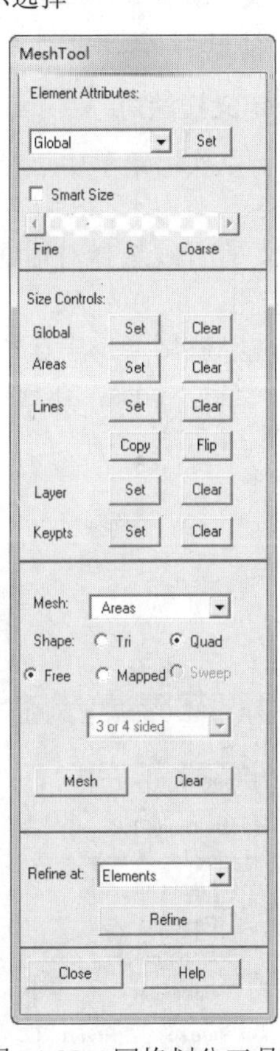

图 14-23　网格划分工具栏

（2）在 Mesh 后面的下拉列表框中选择 Areas，单击 Mesh 按钮，打开面选择对话框，要求选择要划分数的面。单击 Pick All 按钮，如图 14-24 所示。

（3）ANSYS 会根据进行的线控制划分面，划分网格会出现 ANSYS 提示对话框，在其中单击

Note

OK 按钮。划分后的面如图 14-25 所示。

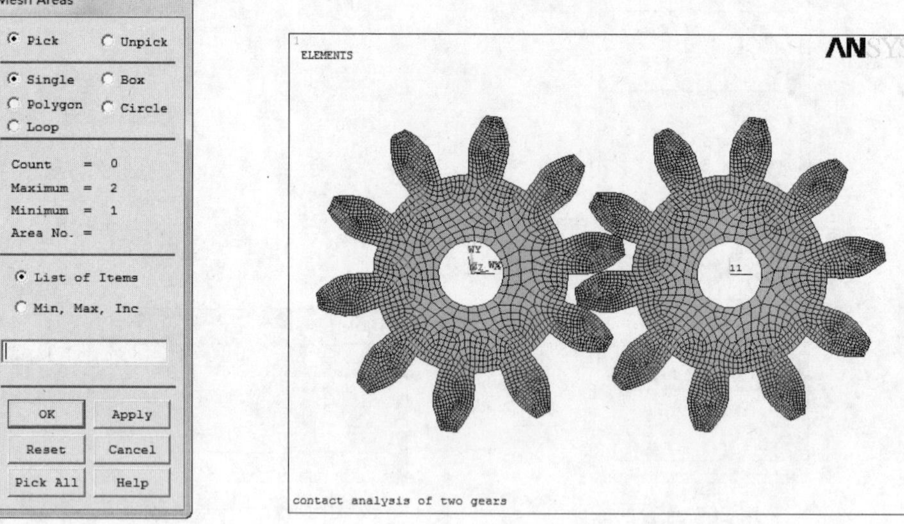

图 14-24　进行面选择　　　　图 14-25　对面划分的结果

7．定义接触对

（1）从实用菜单中选择 Utility Menu > Select > Entities 命令，在弹出对话框的类型下拉列表框中选择 Lines，单击 Apply 按钮，如图 14-26 所示。

（2）打开线选择对话框，如图 14-27 所示，选择一个齿轮上可能与另一个齿轮相接触的线，单击 OK 按钮。

（3）从实用菜单中选择 Utility Menu > Select > Entities 命令，弹出实体选择对话框，在类型下拉列表框中选择 Nodes，在选择方式下拉列表框中选择 Attached to，在单选列表中选中 Lines,all 单选按钮，如图 14-28 所示。

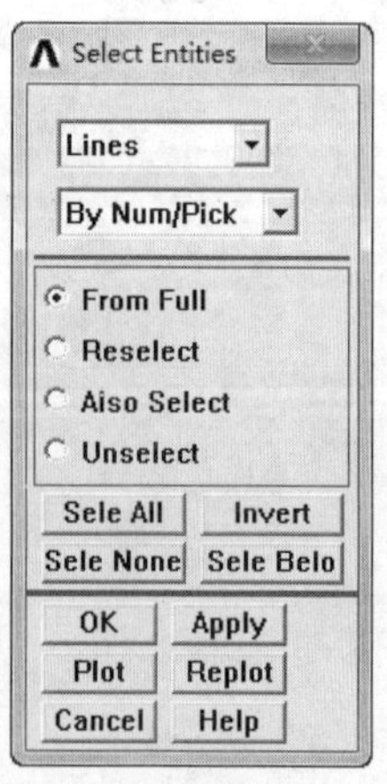

图 14-26　选择线控制

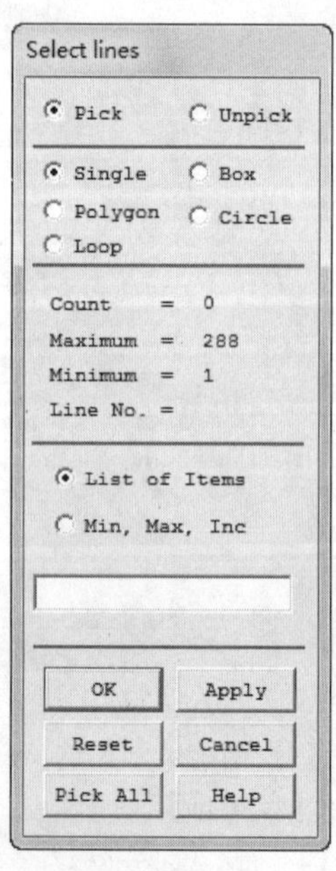

图 14-27　选择线对话框

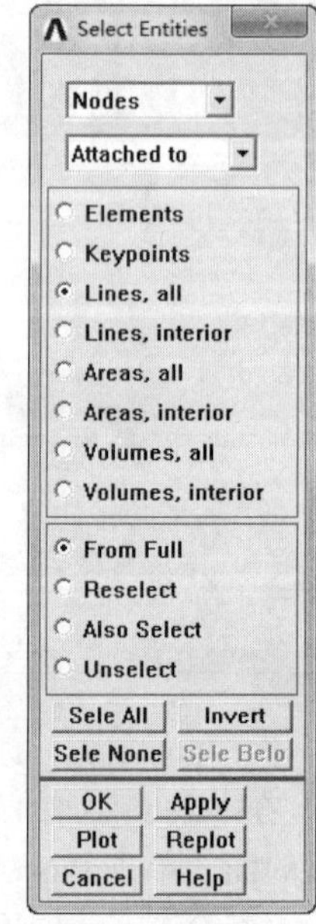

图 14-28　选择节点

（4）从实用菜单中选择 Utility Menu > Select > Comp/Assembly > Create Component 命令，在弹出对话框的 Component name 后面的文本框中输入 node 1。

（5）单击 OK 按钮，如图 14-29 所示。

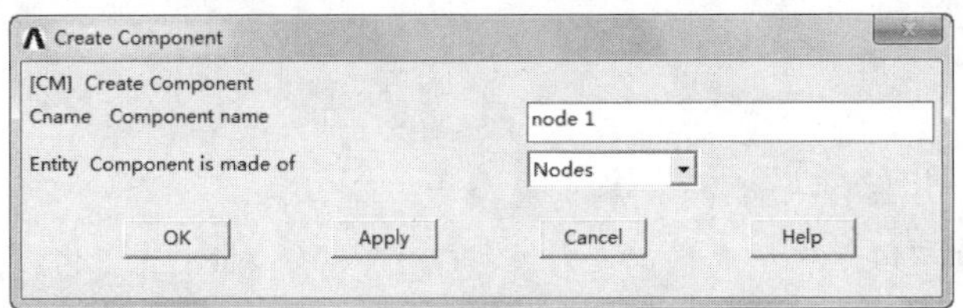

图 14-29 定义部件

（6）从实用菜单中选择 Utility Menu > Select > Entities 命令，弹出实体选择对话框。

（7）先选择线，在类型下拉列表框中选择 Lines，在选择方式下拉列表框中选择 By Num/Pick，单击 Apply 按钮。

（8）打开线选择对话框，选择另一个齿轮上可能与前一个齿轮相接触的线，单击 OK 按钮。

（9）从实用菜单中选择 Utility Menu > Select > Entities 命令，在弹出的实体选择对话框的类型下拉列表框中选择 Nodes，在选择方式下拉列表框中选择 Attached to，在单选列表中选中 Lines,all 单选按钮。

（10）从实用菜单中选择 Utility Menu > Select > Comp/Assembly > Create Component 命令，在弹出对话框的 Component name 后面的文本框中输入 node 2，单击 OK 按钮。这样就定义了节点集合。

（11）从实用菜单中选择 Utility Menu > Select > Everything 命令。

（12）在弹出的工具窗口中单击接触定义向导按钮，如图 14-30 所示。

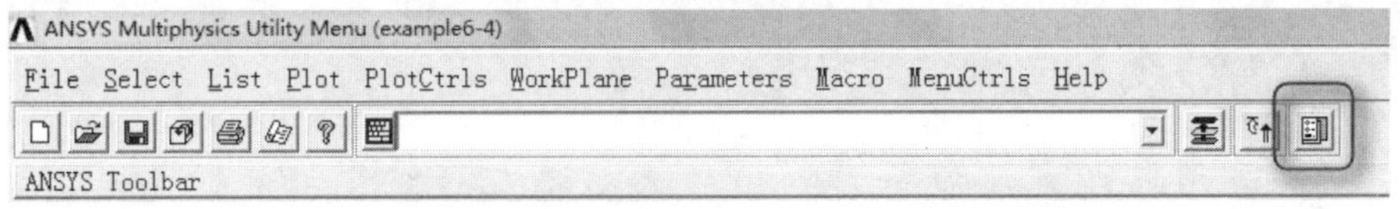

图 14-30 单击接触定义向导按钮

（13）ANSYS 将会打开 Contact Manager 对话框，如图 14-31 所示。单击“创建”按钮会弹出第 2 步向导。

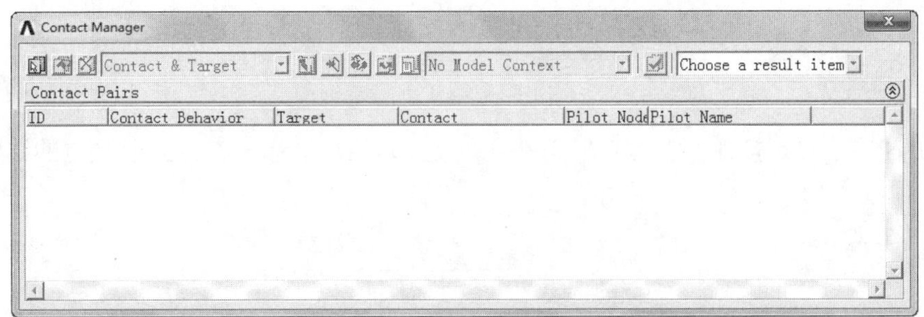

图 14-31 定义接触向导

（14）选择工具窗口中的第一项 NODE1，单击 Next 按钮，会打开下一步操作的向导，如图 14-32 所示。

（15）在对话框中选择 NODE1 选项，单击 Next 按钮，如图 14-33 所示。

（16）在第 4 步向导对话框中单击 Create 按钮，如图 14-34 所示。

Note

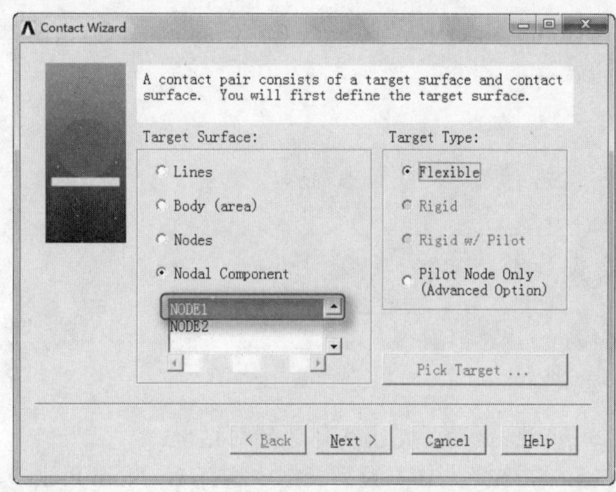

图 14-32　第 2 步向导

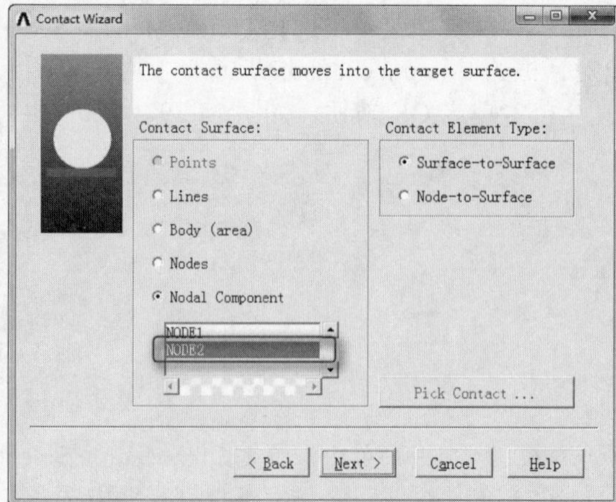

图 14-33　第 3 步向导

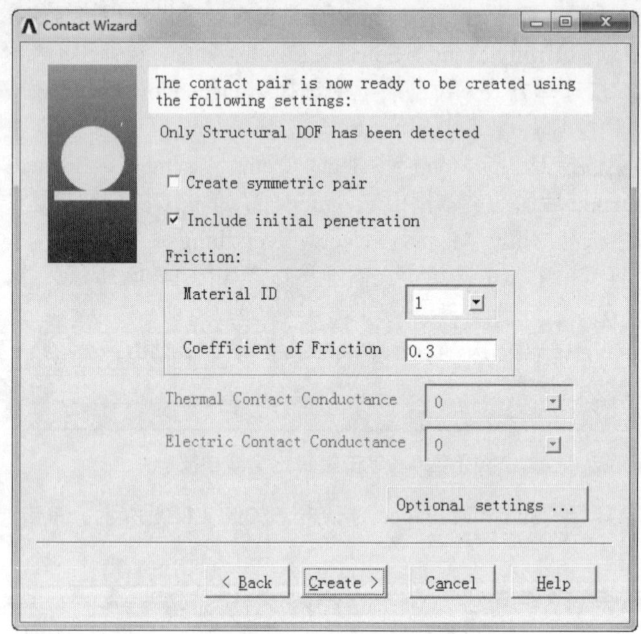

图 14-34　第 4 步向导

（17）ANSYS 会提示接触对建立完成，在弹出的提示对话框中单击 OK 按钮，所得的结果如图 14-35 所示。

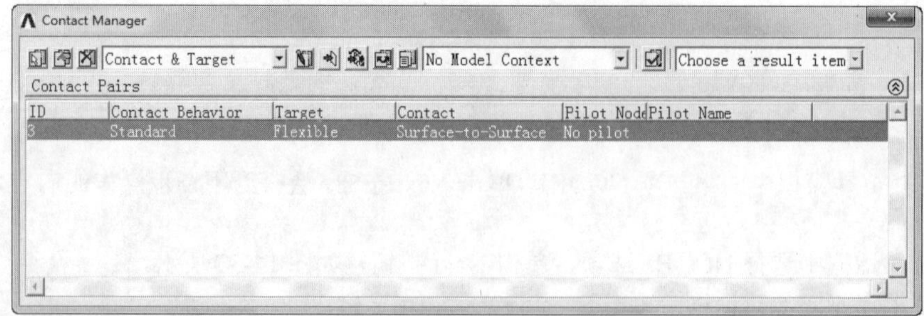

图 14-35　建立接触对的结果

14.2.3　定义边界条件并求解

建立有限元模型后，就需要定义分析类型和施加边界条件及载荷，然后求解。本实例中载荷为第一个齿轮的转角位移，位移边界条件是第一个齿轮内孔边缘节点的径向位移固定，另一个齿轮内孔边缘节点的各个方向位移固定。

1．施加位移边界

本实例的位移边界条件为将第一个齿轮内径边缘节点的径向位移固定，为施加周向位移，需要将节点坐标系旋转到柱坐标系下，具体步骤如下。

（1）从实用菜单中选择 Utility Menu > WorkPlane > Change Active CS to > Global Cylindrical 命令，将激活坐标系切换到总体柱坐标系下。

（2）从主菜单中选择 Main Menu > Preprocessor > Modeling > Move/ Modify > Rotate Node CS > To Active CS 命令，打开节点选择对话框，要求选择欲旋转的坐标系的节点。

（3）选择第一个齿轮内径上的所有节点，单击 Apply 按钮，节点的节点坐标系都将被旋转到当前激活坐标系即总体坐标系下，如图 14-36 所示。

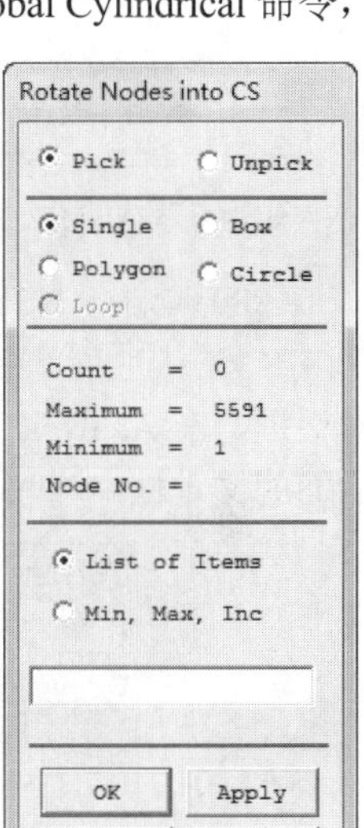

图 14-36　选择节点

（4）从主菜单中选择 Main Menu > Solution > Define Loads > Apply > Structural > Displacement > on Nodes 命令，打开节点选择对话框，要求选择欲施加位移约束的节点。

（5）选择第一个齿轮内径上的所有节点，单击 Apply 按钮，打开 Apply U,Rot on Nodes（在节点上施加位移约束）对话框，如图 14-37 所示。

（6）选择 UX（X 方向位移），此时节点坐标系为柱坐标系，X 方向为径向，即施加径向位移约束。

（7）单击 OK 按钮，ANSYS 在选定节点上施加指定的位移约束。

2．施加第一个齿轮位移载荷及第二个齿轮的位移边界条件并求解

（1）从主菜单中选择 Main Menu > Solution > Define Loads > Apply > Structural > Displacement > on Nodes 命令，打开节点选择对话框，要求选择欲施加位移约束的节点。

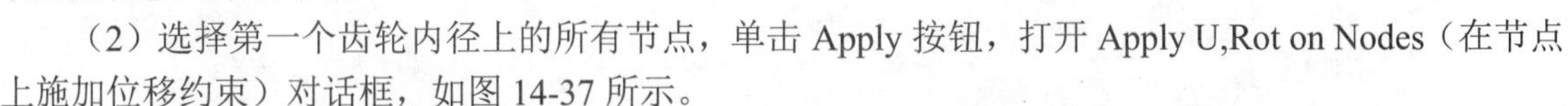

（2）选择第一个齿轮内径上的所有节点，单击 Apply 按钮，打开 Apply U,Rot on Nodes（在节点上施加位移约束）对话框，如图 14-37 所示。

（3）选择 UY（Y 方向位移）选项，此时节点坐标系为柱坐标系，Y 方向为周向，即施加周向位移约束，在 Displacement value 后面的文本框中输入−0.2，单击 OK 按钮。

（4）将激活的坐标系设置为总体柱坐标系。从实用菜单中选择 Utility Menu > WorkPlane > Change Active CS to > Global Cartesian 命令。

（5）从主菜单中选择 Main Menu > Solution > Define Loads > Apply > Structural > Displacement > on Nodes 命令，打开节点选择对话框，要求选择欲施加位移约束的节点。

（6）选择第二个齿轮内径上的所有节点，单击 Apply 按钮，打开 Apply U,Rot on Nodes（在节点上施加位移约束）对话框。

（7）选择 All DOF 选项（各方向位移），施加各个方向位移约束，在 Displacement value 后面的文本框中输入 0，单击 OK 按钮。所得结果如图 14-38 所示。

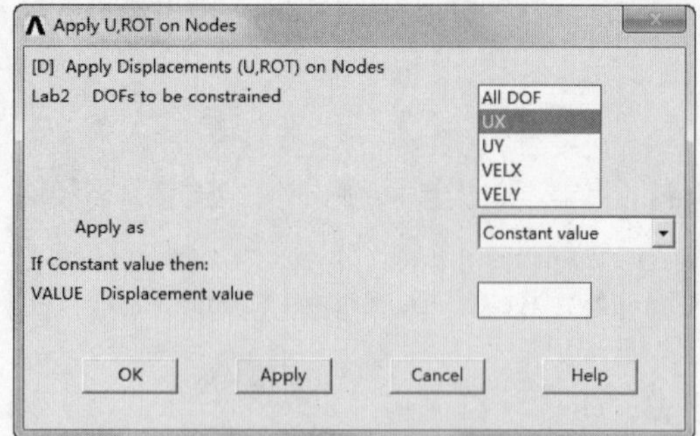

图 14-37 在节点上施加位移约束对话框

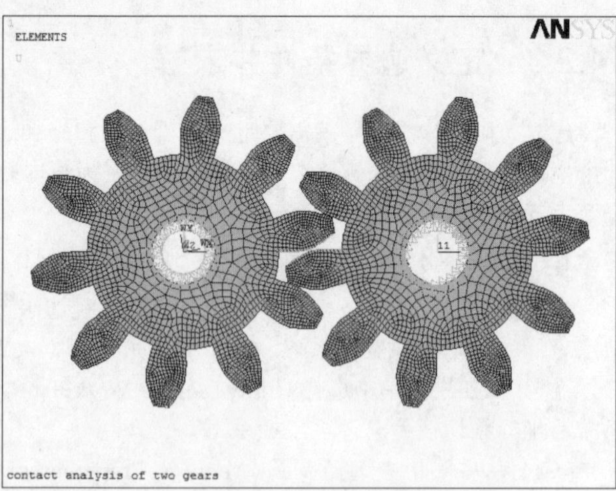

图 14-38 施加载荷和边界

（8）单击 ANSYS Toolbar 工具条中的 SAVE_DB 按钮，保存数据库。

（9）从主菜单中选择 Main Menu > Solution > Analysis Type > Sol'n Controls 命令，打开求解控制对话框，在 Analysis Options 下拉列表框中选择 Large Displacement Static，在 Time at end of loadstep 后面的文本框中输入 1，在 Number of substeps 文本框中输入 20，单击 OK 按钮，如图 14-39 所示。

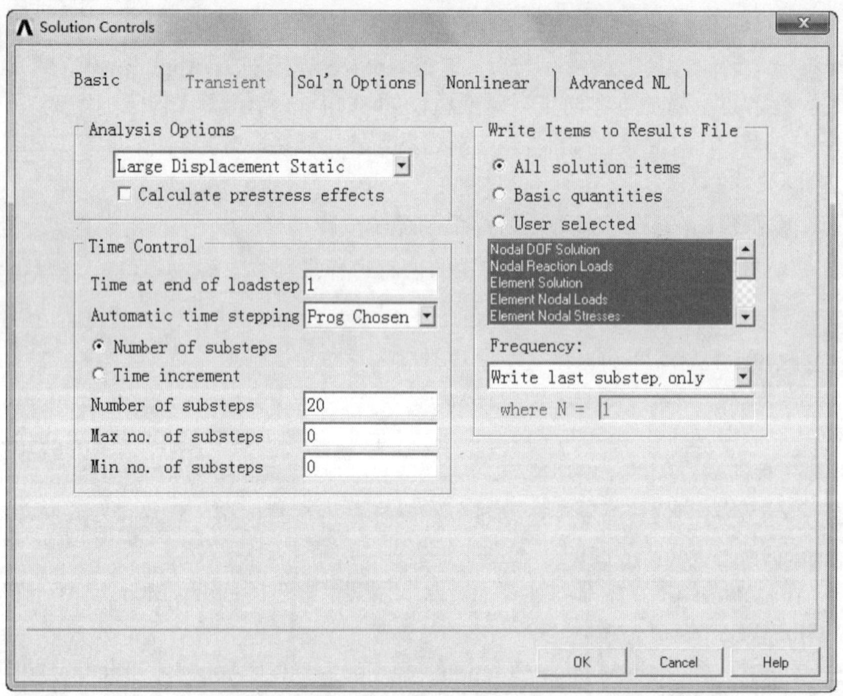

图 14-39 求解控制对话框

（10）从主菜单中选择 Main Menu > Solution > Solve > Current LS 命令，打开一个确认对话框，如图 14-40 所示，要求查看列出的求解选项。

（11）查看列表中的信息确认无误后，单击 OK 按钮，开始求解。

（12）求解过程中会出现结果收敛与否的图形显示，如图 14-41 所示。

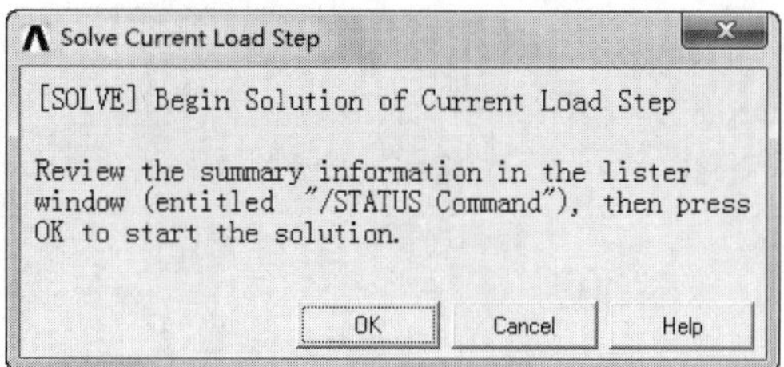

图 14-40　求解当前载荷步确认对话框

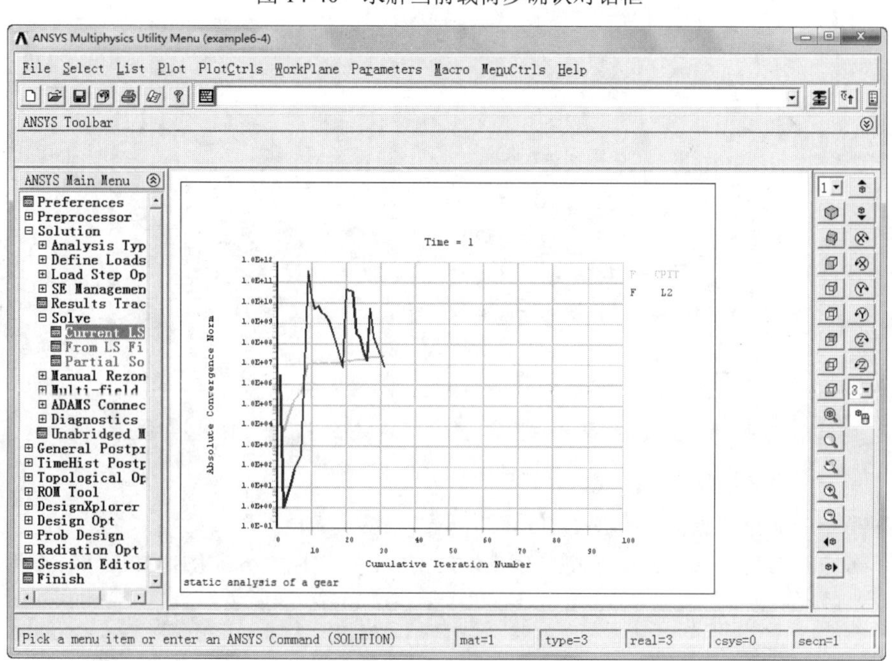

图 14-41　结果收敛批示

（13）求解完成后打开如图 14-42 所示的提示求解完成对话框。

图 14-42　提示求解完成

（14）单击 Close 按钮，关闭提示求解完成对话框。

14.2.4　查看结果

求解完成后，就可以利用 ANSYS 软件生成的结果文件进行后处理。静力分析中通常通过 POST1 后处理器处理和显示大多数感兴趣的结果数据。

1. 查看 von Mises 等效应力

（1）从主菜单中选择 Main Menu > General Postproc > Plot Results > Contour Plot > Nodal Solu 命

Note

令，打开 Contour Nodal Solution Data 对话框。

（2）在 Item to be contoured 栏中选择 Stress 选项。

（3）然后选择 von Mises stress 选项，如图 14-43 所示。

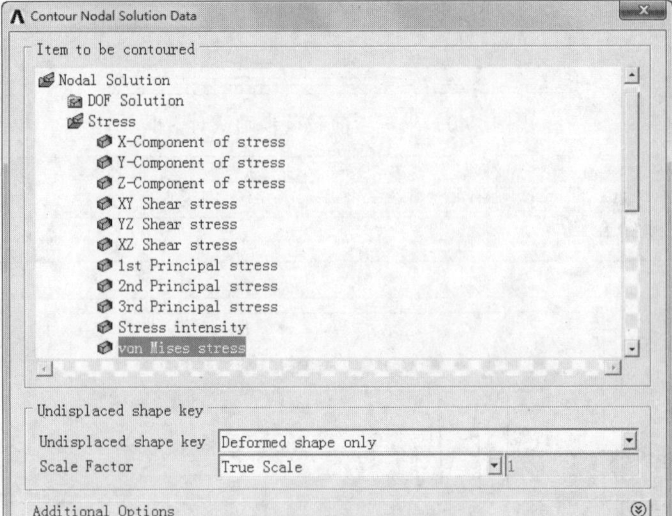

图 14-43　选择控制数据

（4）在第一个下拉列表框中选择 Deformed shape only 选项。

（5）单击 OK 按钮，图形窗口中将显示出 von Mises 等效应力分布图，如图 14-44 所示。

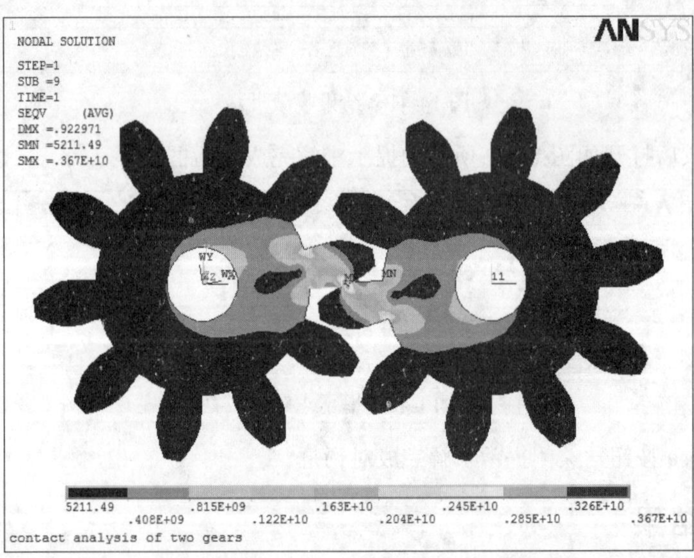

图 14-44　von Mises 等效应力分布图

2．查看接触应力

（1）从主菜单中选择 Main Menu > General Postproc > Plot Results > Contour Plot > Nodal Solu 命令，打开 Contour Nodal Solution Data 对话框。

Note

（2）选择 Contact 选项。

（3）再选择 Contact pressure 选项，如图 14-45 所示。

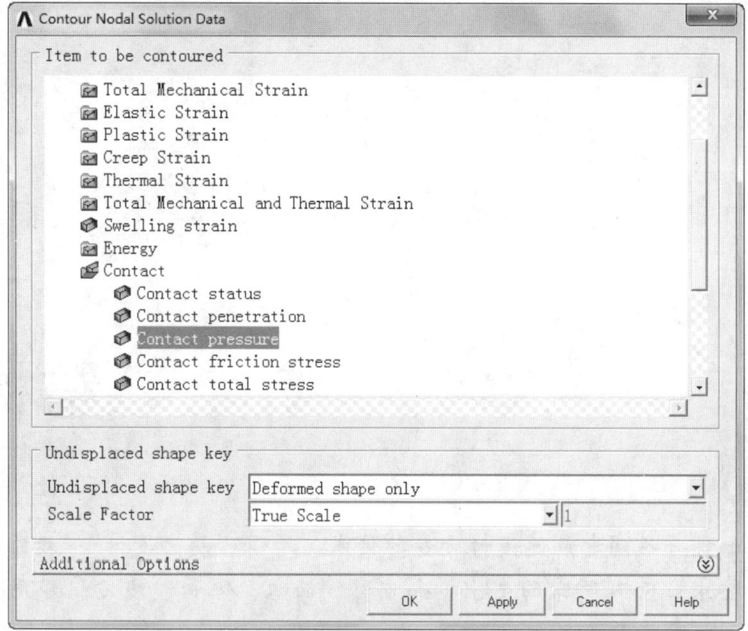

图 14-45　选择控制数据

（4）在第一个下拉列表框中选择 Deformed shape only 选项。

（5）单击 OK 按钮，图形窗口中将显示出 Pressure FRES 等效应力分布图，如图 14-46 所示。

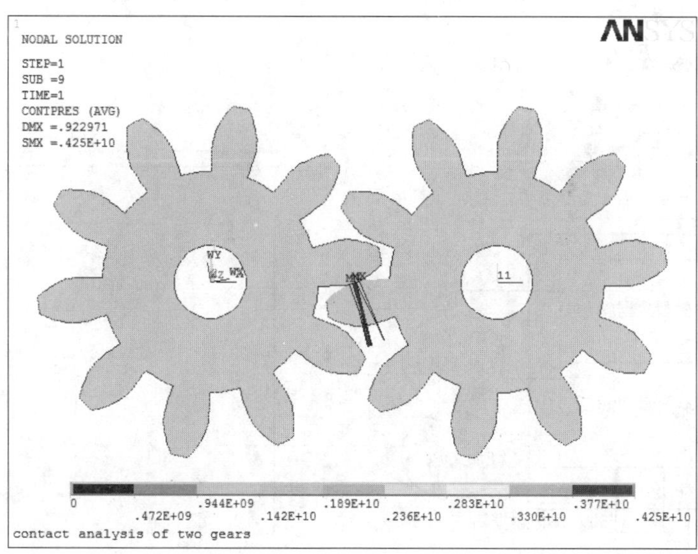

图 14-46　接触应力

14.2.5　命令流方式

命令流方式这里不再详细介绍，读者可参见随书光盘中的电子文档。

第15章

结构优化

优化设计是一种寻找确定最优设计方案的技术。所谓“最优设计”，指的是一种方案可以满足所有的设计要求，而且所需的支出（如重量、面积、体积、应力、费用等）最小，即最优设计方案就是一个最有效率的方案。

本章将通过实例讲述结构优化分析的基本步骤和具体方法。

☑ 结构优化设计概论

☑ 梁结构优化设计

任务驱动&项目案例

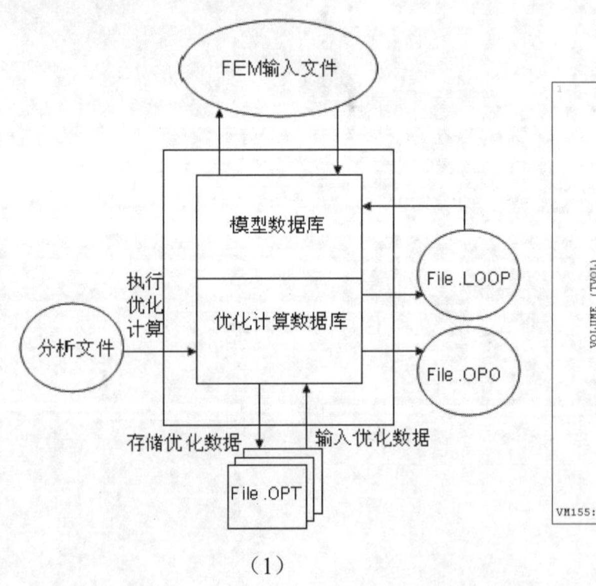

（1）

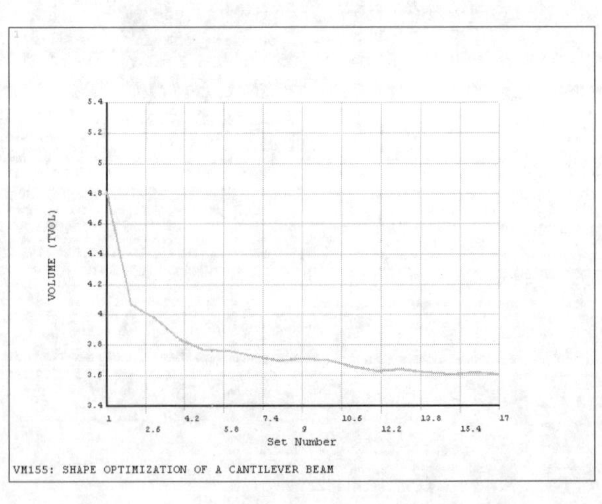

（2）

15.1　结构优化设计概论

设计方案的任何方面都是可以优化的，如尺寸（如厚度）、形状（如过渡圆角的大小）、支撑位置、制造费用、自然频率和材料特性等。实际上，所有可以参数化的 ANSYS 选项均可作优化设计。

ANSYS 提供了两种优化的方法，即零阶方法和一阶方法，这两种方法可以处理多数的优化问题。零阶方法是一个很完善的处理方法，可以很有效地处理多数的工程问题。一阶方法基于目标函数对设计变量的敏感程度，因此更加适合于精确的优化分析。对于这两种方法，ANSYS 提供了一系列的分析——评估——修正的循环过程，即对于初始设计进行分析，对分析结果针对设计要求进行评估，然后修正设计。这一循环过程重复进行直到所有的设计要求都满足为止。除了这两种优化方法之外，ANSYS 还提供了一系列的优化工具以提高优化过程的效率。例如，随机优化分析的迭代次数是可以指定的；随机计算结果的初始值可以作为优化过程的起点数值。

在 ANSYS 的优化设计中包括的基本定义有设计变量、状态变量、目标函数、合理和不合理的设计、分析文件、迭代、循环及设计序列等。用户可以参看以下这个典型的优化设计问题。

在以下的约束条件下找出如图 15-1 所示矩形截面梁的最小重量。

☑　总应力σ不超过σ_{max} [$\sigma \leqslant \sigma_{max}$]。

☑　梁的变形δ不超过δ_{max}[$\delta \leqslant \delta_{max}$]。

☑　梁的高度 h 不超过 h_{max}[$h \leqslant h_{max}$]。

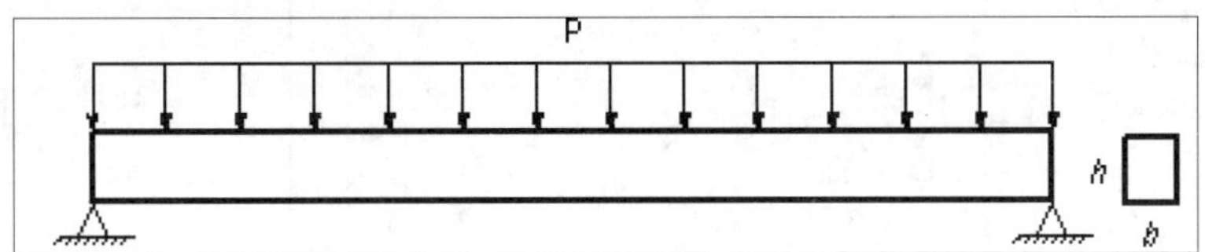

图 15-1　梁的优化设计示例

（1）设计变量（Design Variables，DVs）

设计变量为自变量，往往是长度、厚度、直径或几何模型参数，且为一个独立的参数，优化结果的取得就是通过改变设计变量的数值来实现的。每个设计变量都有上下限，它定义了设计变量的变化范围。在以上的问题中，设计变量很显然为梁的宽度 b 和高度 h。b 和 h 都不可能为负值，因此其下限应为 b，h>0，而且，h 有上限 h_{max}。ANSYS 优化程序允许定义不超过 60 个设计变量。

（2）状态变量（State Variables，SVs）

状态变量是约束设计的数值，如应力、温度、热流率、频率、变形等。它们是“因变量，是设计变量的函数，其可能会有上下限，也可能只有单方面的限制，即只有上限或只有下限。在上述梁问题中，有两个状态变量，即（总应力）和（梁的位移）。在 ANSYS 优化程序中，用户可以定义不超过 100 个状态变量。

（3）目标函数（Objective Function）

目标函数是用户将要尽量减小的数值。它必须是设计变量的函数，即改变设计变量的数值将改变目标函数的数值。在以上的问题中，梁的总重量应是目标函数。在 ANSYS 优化程序中，用户只能设置一个目标函数，其值必须为正。

注意： 设计变量、状态变量和目标函数总称为优化变量。在 ANSYS 优化中，这些变量是由用户定义的参数来指定的。用户必须指出在参数集中哪些是设计变量，哪些是状态变量，哪些是目标函数。

（4）设计序列（design set）

设计序列是指确定一个特定模型的参数的集合。一般来说，设计序列是由优化变量的数值来确定的，但所有的模型参数（包括不是优化变量的参数）组成了一个设计序列。

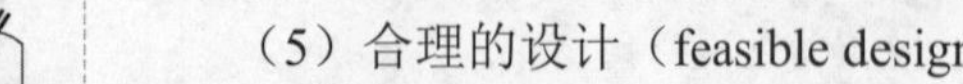

（5）合理的设计（feasible design）

一个合理的设计是指满足所有给定的约束条件（设计变量的约束和状态变量的约束）的设计。如果其中任一约束条件不被满足，设计就被认为是不合理的。而最优设计是既满足所有的约束条件又能得到最小目标函数值的设计。如果所有的设计序列都是不合理的，那么最优设计是最接近于合理的设计，而不考虑目标函数的数值。

（6）分析文件（analysis file）

分析文件是一个 ANSYS 的命令流输入文件，包括一个完整的分析过程（即前处理、求解、后处理），它必须包含一个参数化的模型，即用参数定义模型并指出设计变量、状态变量和目标函数。并且由这个文件还可以自动生成优化循环文件（Jobname.LOOP），并在优化计算中循环处理。

（7）循环（loop）

一次循环指一个分析周期（可以理解为一次分析文件），最后一次循环的输出存储在文件 Jobname.OPO 中。

（8）优化迭代（optimization iteration）

优化迭代是产生新的设计序列的一次或多次分析循环。一般来说，一次迭代等同于一次循环，但对于一阶方法，一次迭代等同于多次循环。

优化数据库记录当前的优化环境，包括优化变量定义、参数、所有优化设置和设计序列集合。该数据库可以存储在文件 Jobname.OPT 中，也可以随时读入优化处理器中。

上述的许多概念可以用图解帮助理解，如图 15-2 所示。

注意：分析文件必须作为一个单独的实体存在，优化数据库不是 ANSYS 模型数据库的一部分。

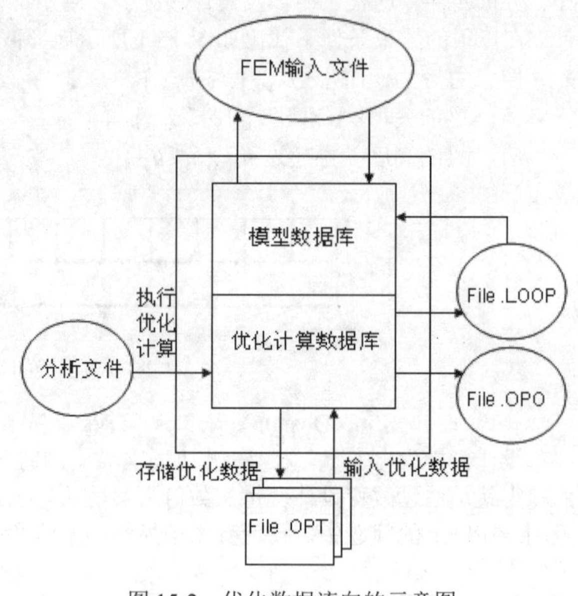

图 15-2　优化数据流向的示意图

15.2 实例——梁结构优化设计

下面通过一个梁结构优化设计实例来说明结构优化设计的详细过程。

15.2.1 问题描述

在梁的形状优化中，优化目标是使梁的体积最小，同时要求梁上的最大应力不超过 30000psi，梁的最大挠度不大于 0.5in，沿长度方向梁的厚度可以变化，但梁端头的厚度为定值 t，采用对称建模，如图 15-3 所示。

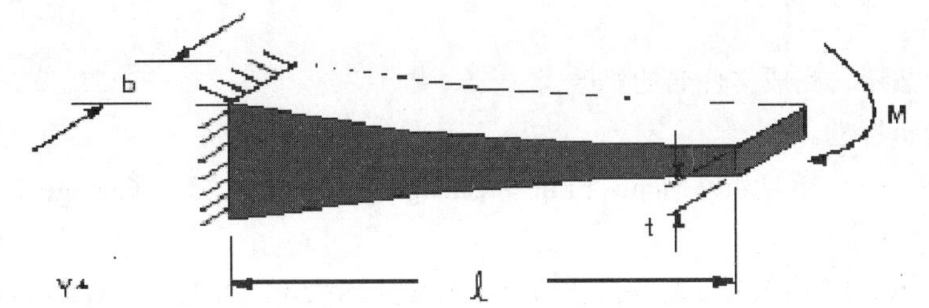

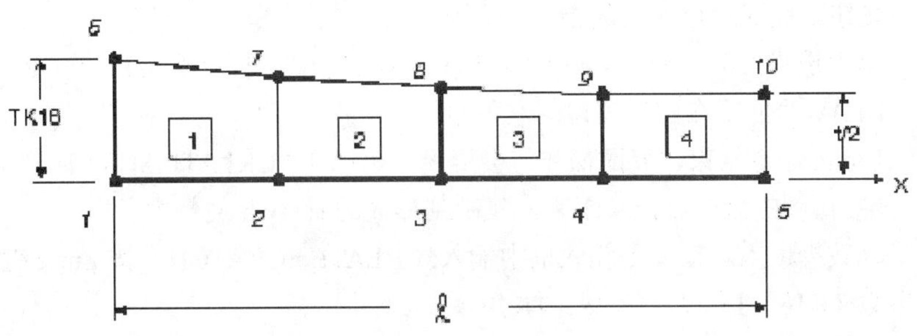

图 15-3　对称建模

使用两种方法进行优化，两种方法优化结果如表 15-1 所示。

表 15-1　两种方法优化结果

子问题近似法	目　标	ANSYS	百　分　比
（TVOL）体积 in^3	3.60	3.62	1.004
（DEFL）挠度 $_{max}$ in	0.500	0.499	0.998
（STRS）　应力 $_{max}$, psi	30000	29740	0.991
第　一　阶　法	目　标	ANSYS	百　分　比
（TVOL）体积 in^3	3.60	3.61	1.003
（DEFL）挠度 $_{max}$ in	0.5	0.5	1.001
（STRS）应力 $_{max}$, psi	30000	29768	0.992

分析过程如下。

1. 设定分析作业名和标题

（1）设定分析作业名。

① 从实用菜单中选择 Utility Menu > File > Change Jobname 命令，打开 Change Jobname（修改文件名）对话框，如图 15-4 所示。

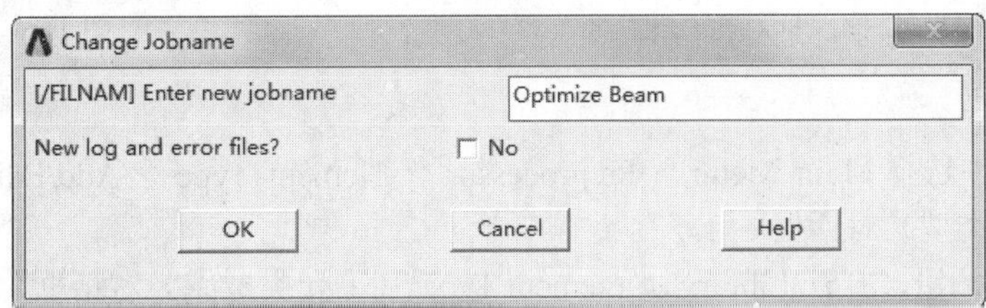

图 15-4　修改文件名对话框

② 在 Enter new jobname（输入新的文件名）后面的文本框中输入 Optimize Beam，作为本分析实

Note

例的数据库文件名。

③ 单击 OK 按钮，完成文件名的修改。

（2）设定分析标题。

① 从实用菜单中选择 Utility Menu > File > Change Title 命令，打开 Change Title（修改标题）对话框，如图 15-5 所示。

② 在 Enter new title(输入新标题)后面的文本框中输入 SHAPE OPTIMIZATION OF A CANTILEVER BEAM，作为本分析实例的标题名。

③ 单击 OK 按钮，完成对标题名的指定。

④ 从实用菜单中选择 Utility Menu > Plot > Replot 命令，指定的标题 SHAPE OPTIMIZATION OF A CANTILEVER BEAV 将显示在图形窗口的左下角。

从下面开始到*end 命令结束，界面操作将会屏闭，可以在* CREATE,SCRATCH 命令之前，先进行这部分操作，把所得到的命令流记录下来，复制到形成的 scratch 文件中。

（3）开始优化数据读入。在命令输入框中输入*CREATE,SCRATCH，按 Enter 键。

（4）定义参数 TK16、TK27、TK38、TK49。

① 从实用菜单中选择 Utility Menu > Parameters > Scalar Parameters 命令，弹出定义参数的对话框。

② 在文本框中输入 TK16=0.25，单击 Accept 按钮。

③ 在文本框中输入 TK27=0.25，单击 Accept 按钮。

④ 在文本框中输入 TK38=0.25，单击 Accept 按钮。

⑤ 在文本框中输入 TK49=0.25，单击 Accept 按钮，然后单击 Close 按钮，完成参数的定义，如图 15-6 所示。

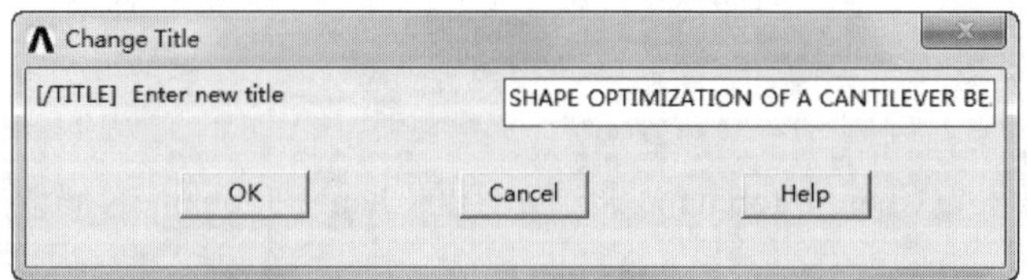

图 15-5　修改标题对话框

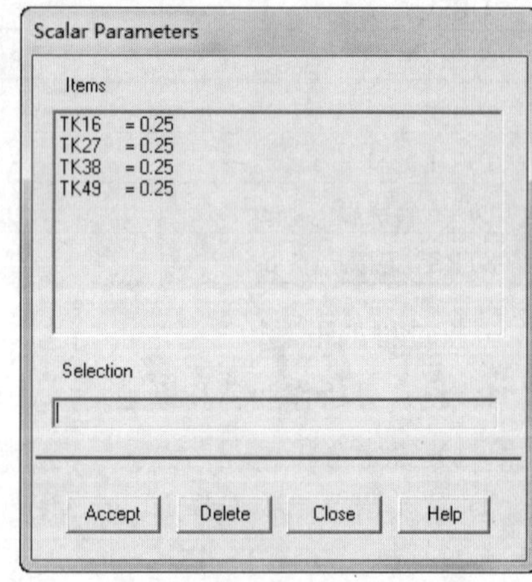

图 15-6　定义参数

2．定义单元类型

（1）从主菜单中选择 Main Menu > Preprocessor > Element Type > Add/Edit/Delete 命令，打开 Element Type（单元类型）对话框。

（2）单击 Add 按钮，打开 Library of Element Types（单元类型库）对话框，如图 15-7 所示。

（3）在左边的列表框中选择 Solid 选项，选择实体单元类型。

（4）在右边的列表框中选择 Quad 4 node 182 选项，选择四节点矩形板单元 PLANE182。

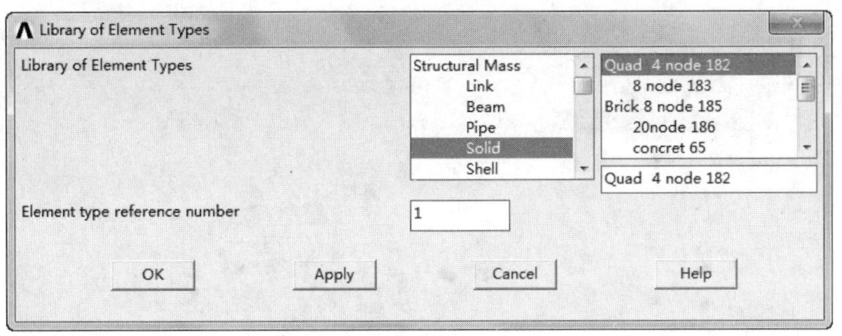

图 15-7　单元类型库对话框

（5）单击 OK 按钮，将添加 PLANE182 单元，并关闭单元类型对话框，同时返回到第（1）步打开的单元类型对话框中，如图 15-8 所示。

（6）在其中单击 Options 按钮，打开如图 15-9 所示的 PLANE182 element type options（单元选项设置）对话框，在其中对 PLANE182 单元进行设置，使其可用于计算模型中的问题。

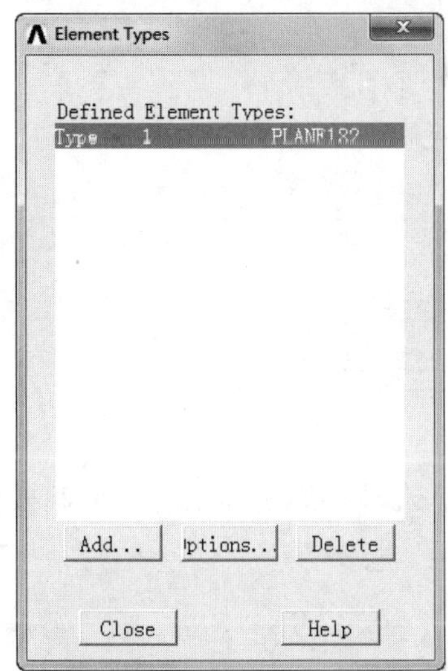

图 15-8　单元类型对话框

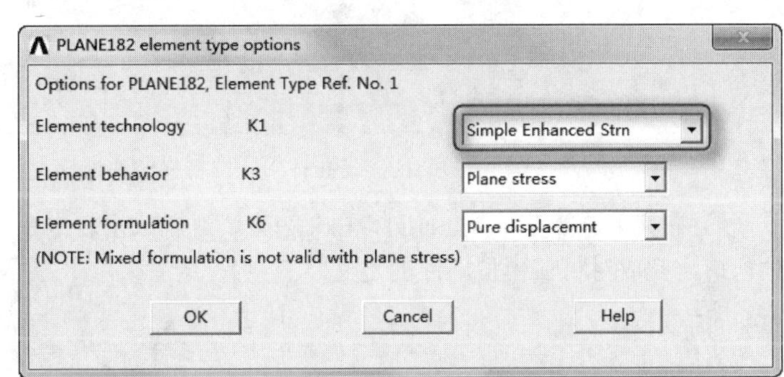

图 15-9　单元属性设置

（7）在 Element technology K1 后面的下拉列表框中选择 Simple Enhanced Strn 选项。

（8）单击 OK 按钮，关闭单元选项设置对话框，返回到图 15-8 所示的单元类型对话框中。

（9）单击 Close 按钮，关闭单元类型对话框，结束单元类型的添加。

3. 定义材料属性

在考虑惯性力的静力分析中必须定义材料的弹性模量和密度，具体步骤如下。

（1）从主菜单中选择 Main Menu > Preprocessor > Material Props > Material Models 命令，打开 Define Material Model Behavior（定义材料模型属性）窗口，如图 15-10 所示。

（2）依次选择 Structural > Linear > Elastic > Isotropic 命令，展开材料属性的树形结构，将打开 1 号材料的弹性模量 EX 和泊松比 PRXY 的定义对话框，如图 15-11 所示。

（3）在 EX 后面的文本框中输入弹性模量 1.0e7，在 PRXY 后面的文本框中输入泊松比 0.3。

（4）单击 OK 按钮，关闭对话框，并返回到定义材料模型属性窗口，在该窗口的左边一栏将出现刚定义的参考号为 1 的材料属性。

Note

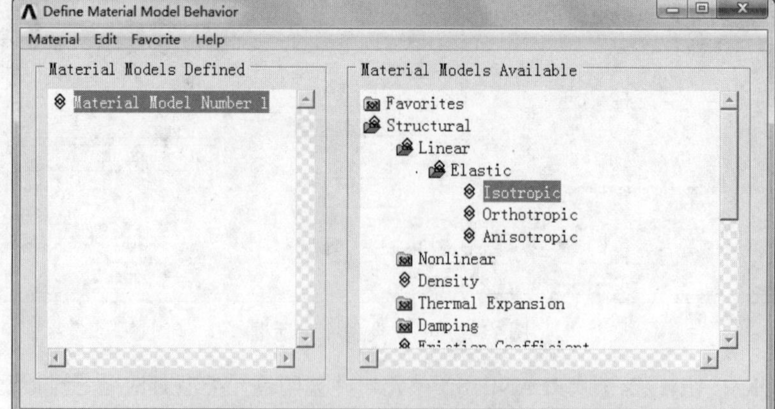

图 15-10　定义材料模型属性窗口

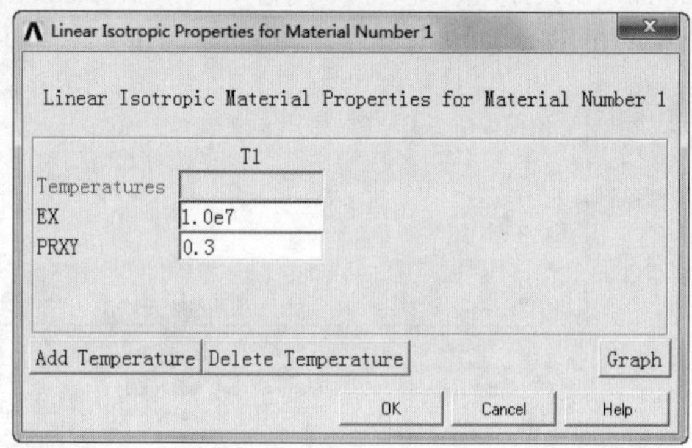

图 15-11　线性各向同性材料的弹性模量和泊松比图

（5）在其中选择菜单 Material > Exit 命令，或者单击右上角的“关闭”按钮，退出定义材料模型属性窗口，完成对材料模型属性的定义。

4．建立模型

（1）定义关键点 1、5。

① 从主菜单中选择 Main Menu > Preprocessor > Modeling > Create > Keypoints > In Active CS … 命令。

② 在弹出对话框的 Keypoint number 后面的文本框中输入 1，在其下面的文本框中分别输入两个 0，设置 X=0，Y=0，单击 Accept 按钮，如图 15-12 所示。

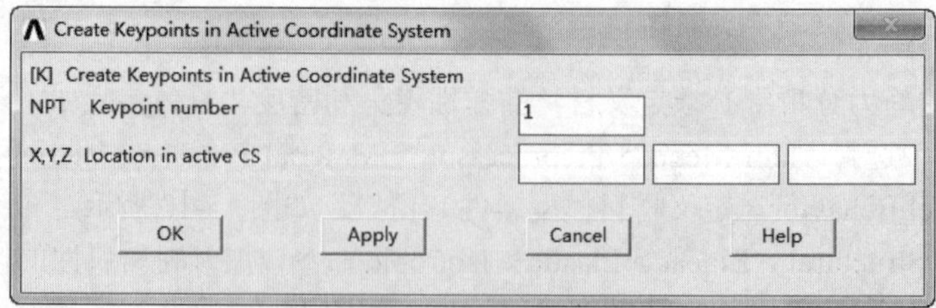

图 15-12　定义一个关键点

③ 在 Keypoint number 后面的文本框中输入 5，在其下面的文本框中分别输入 10 和 0，设置 X=10，Y=0，单击 OK 按钮。

（2）定义其他节点 2～4。

① 从主菜单中选择 Main Menu > Preprocessor > Modeling > Create > Keypoints > Fill between KPs …命令。

② 在弹出对话框的文本框中输入 1,5，单击 OK 按钮，如图 15-13 所示。

③ 在打开的 Create KP by Filling between KPs 对话框中单击 OK 按钮，如图 15-14 所示。

Note

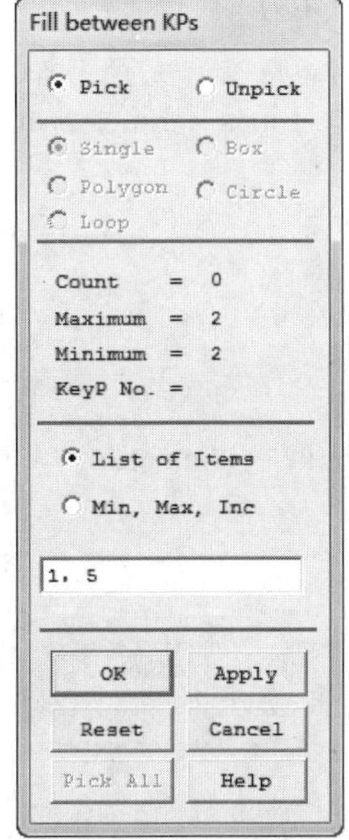

图 15-13　选择节点

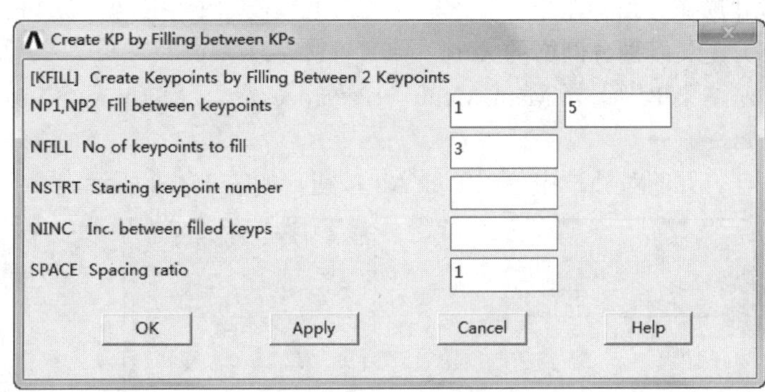

图 15-14　填充关键点

（3）定义关键点 6、7、8、9、10。

① 从主菜单中选择 Main Menu > Preprocessor > Modeling > Create > Keypoints > In Active CS …命令。

② 在 Keypoint number 后面的文本框中输入 6，在其下面的文本框中分别输入 0 和 TK16，设置 X=0，Y=TK16，单击 Apply 按钮，如图 15-15 所示。

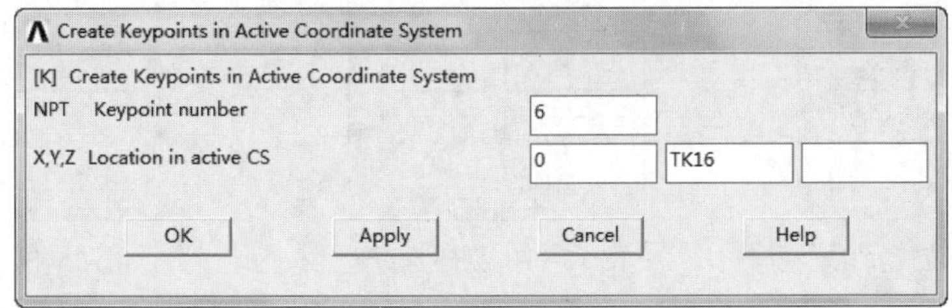

图 15-15　定义一个关键点

③ 在 Keypoint number 后面的文本框中输入 7，在其下面的文本框中分别输入 2.5 和 TK27，设置 X=2.5，Y=TK27，单击 Apply 按钮。

④ 在 Keypoint number 后面的文本框中输入 8，在其下面的文本框中分别输入 5 和 TK38，设置 X=5，Y=TK38，单击 Apply 按钮。

⑤ 在 Keypoint number 后面的文本框中输入 9，在其下面的文本框中分别输入 7.5 和 TK49，设置 X=7.5，Y=TK49，单击 Apply 按钮。

⑥ 在 Keypoint number 后面的文本框中输入 10，在其下面的文本框中输入 10 和 0.15，设置 X=10，Y=0.15，单击 OK 按钮。

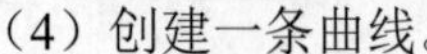

（4）创建一条曲线。

① 从主菜单中选择 Main Menu > Preprocessor > Modeling > Create > Lines > Splines > Segmented Spline 命令。

② 在弹出对话框的文本框中输入 6,7,8,9,10，单击 OK 按钮，如图 15-16 所示。

（5）创建一条直线。

① 从主菜单中选择 Main Menu > Preprocessor > Modeling > Create > Lines > Lines > In Active Coord 命令。

② 在弹出对话框的文本框中输入 1, 6，单击 OK 按钮，如图 15-17 所示。

（6）创建其他直线。在命令输入框中输入*REPEAT,5,1,1，按 Enter 键。

（7）选择直线。在命令输入框中输入 LSEL,S,LINE,,5,9，按 Enter 键。

（8）定义线划分网格的大小。

① 从主菜单中选择 Main Menu > Preprocessor > Meshing > Size Cntrls > ManualSize > Lines > Picked Lines 命令。

② 在打开的对话框中单击 Pick All 按钮，如图 15-18 所示。

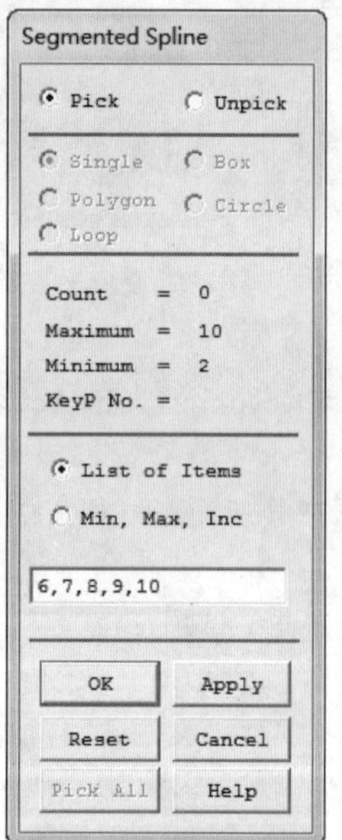

图 15-16　创建曲线

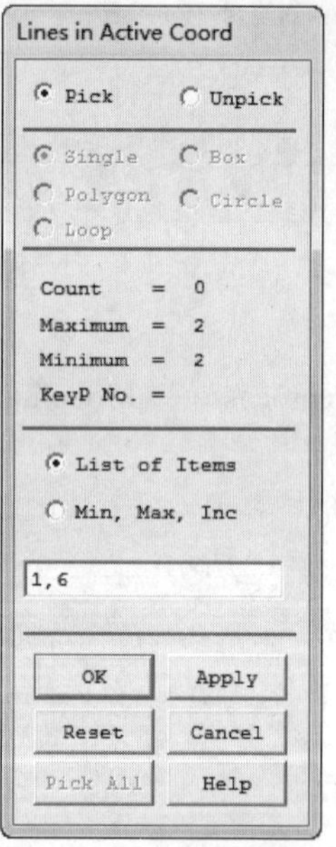

图 15-17　创建直线

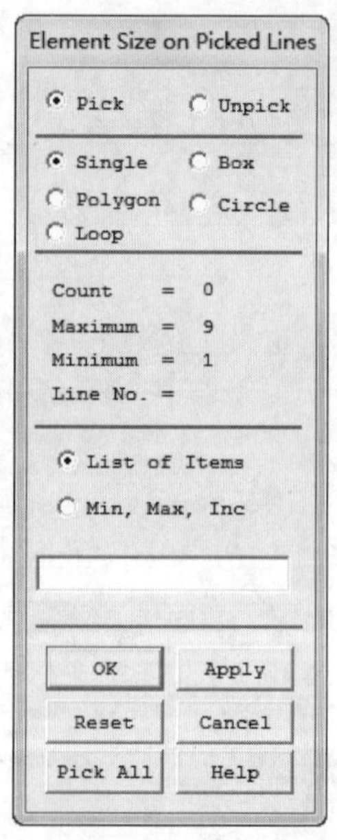

图 15-18　选择线

③ 在打开的对话框中，设置 No. of element divisions 为 1，单击 OK 按钮，如图 15-19 所示。

（9）选择所有实体。从实用菜单中选择 Utility Menu > Select > Everything 命令。

（10）用线创建一个面。

① 从主菜单中选择 Main Menu > Preprocessor > Modeling > Create > Areas > Arbitrary > Through KPs 命令。

② 在弹出对话框的文本框中输入 1,2,7,6，单击 OK 按钮，如图 15-20 所示。

（11）选择所有实体。从实用菜单中选择 Utility Menu > Select > Everything 命令。

（12）创建其他面。在命令输入框中输入*REPEAT,4,1,1,1,1，按 Enter 键。

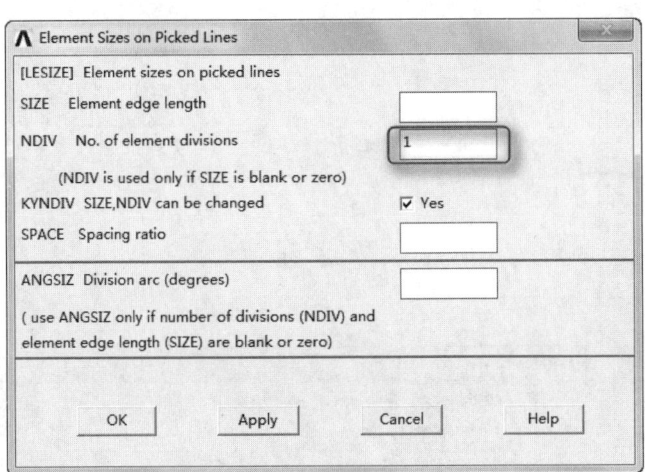

图 15-19　设置线的分网大小

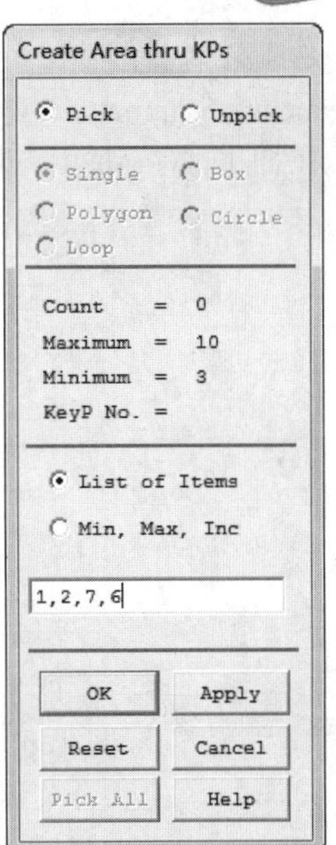

图 15-20　选择关键点

（13）设置单元大小。

① 从主菜单中选择 Main Menu > Preprocessor > Meshing > Size Cntrls > ManualSize > Global > Size 命令。

② 在打开的对话框中，设置 No. of element divisions 为 4，单击 OK 按钮，如图 15-21 所示。

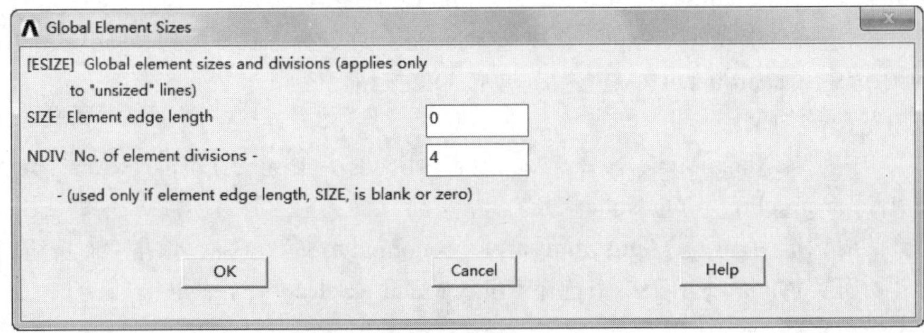

图 15-21　设置单元大小

（14）划分单元。

① 从主菜单中选择 Main Menu > Preprocessor > Meshing > Mesh > Areas > Mapped > 3 or 4 sided 命令。

② 在打开的对话框中单击 Pick All 按钮，如图 15-22 所示。

5. 施加载荷

（1）选择节点。

① 从实用菜单中选择 Utility Menu > Select > Entities 命令。

② 在弹出对话框的选择类型下拉列表框中选择 Nodes，在选择方式下拉列表框中选择 By Location，在下面的选项中选中 Y coordinates 单选按钮，单击 OK 按钮，如图 15-23 所示。

（2）施加 X 对称约束。

① 从主菜单中选择 Main Menu > Preprocessor > Loads > Define Loads > Apply > Structural > Displacement > Symmetry B.C. > On Nodes 命令。

② 在打开的对话框中，设置 Symm surface is normal to 为 X-axis，单击 OK 按钮，如图 15-24 所示。

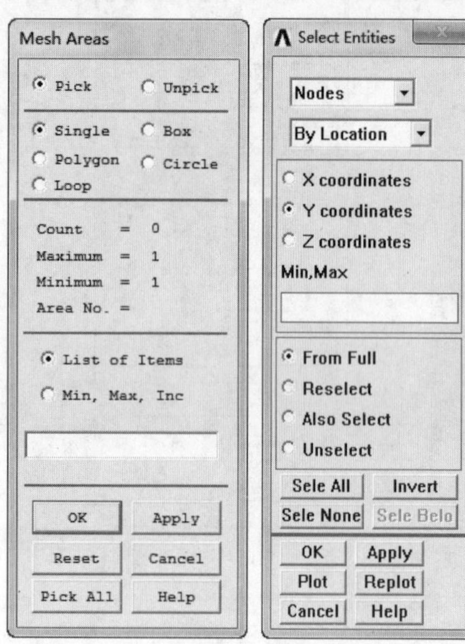

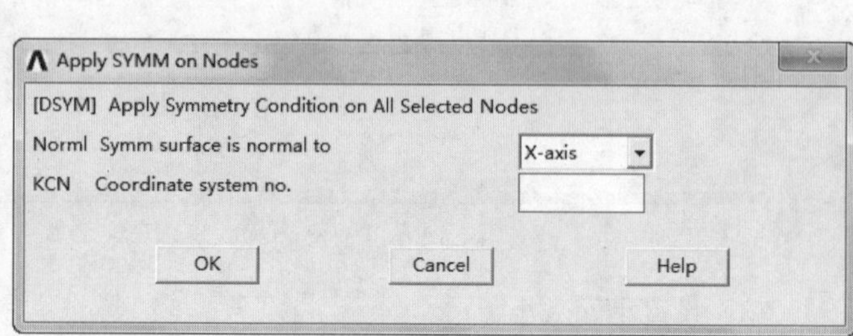

图 15-22 选择面　图 15-23 选择节点图　图 15-24 施加对称约束

（3）选择节点。

① 从实用菜单中选择 Utility Menu > Select > Entities 命令。

② 在弹出对话框的选择类型下拉列表框中选择 Nodes，在选择方式下拉列表框中选择 By Location，在下面的选项中选中 X coordinates 单选按钮，单击 OK 按钮。

（4）施加 Y 对称约束。

① 从主菜单中选择 Main Menu > Preprocessor > Loads > Define Loads > Apply > Structural > Displacement > Antisymm B.C. > On Nodes 命令。

② 在打开的对话框中，设置 Antisymm surface is normal to 为 Y-axis，单击 OK 按钮。

（5）选择所有实体。从实用菜单中选择 Utility Menu > Select > Everything 命令。

（6）在关键点上施加集中力。

① 从主菜单中选择 Main Menu > Preprocessor > Loads > Define Loads > Apply > Structural > Force/Moment > On Keypoints 命令。

② 在打开的对话框中，在文本框中输入 10，单击 OK 按钮，如图 15-25 所示。

③ 在打开的施加力载荷对话框中，在 Direction of force/mom 后面的下拉列表框中选择 FX，在 Force/moment value 后面的文本框中输入 1500，单击 OK 按钮，如图 15-26 所示。

（7）约束关键点位移。

① 从主菜单中选择 Main Menu > Preprocessor > Loads > Define Loads > Apply > Structural > Displacement > on Keypoints 命令，打开关键点选择对话框，要求选择欲施加位移约束的关键点。

② 在文本框中输入 1，单击 OK 按钮，选择编号为 1 的关键点，如图 15-27 所示。

③ 打开 Apply U,ROT on KPs（在关键点上施加位移约束）对话框，选择 All DOF 选项，施加各向位移约束，单击 OK 按钮，如图 15-28 所示。

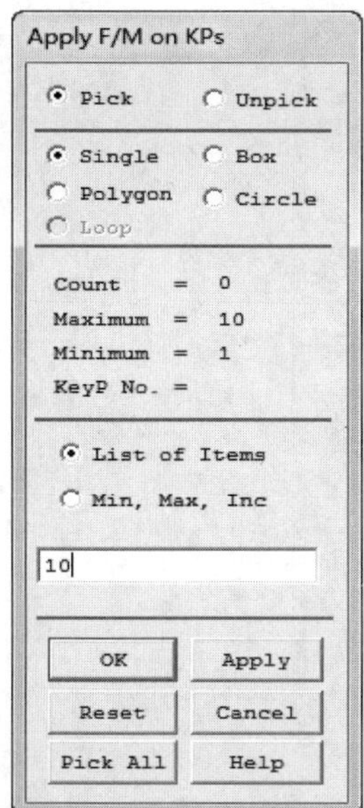

图 15-25 选择关键点

Apply F/M on KPs
[FK] Apply Force/Moment on Keypoints
Lab Direction of force/mom FX
Apply as Constant value
If Constant value then:
VALUE Force/moment value 1500
OK Apply Cancel Help

图 15-26 施加力

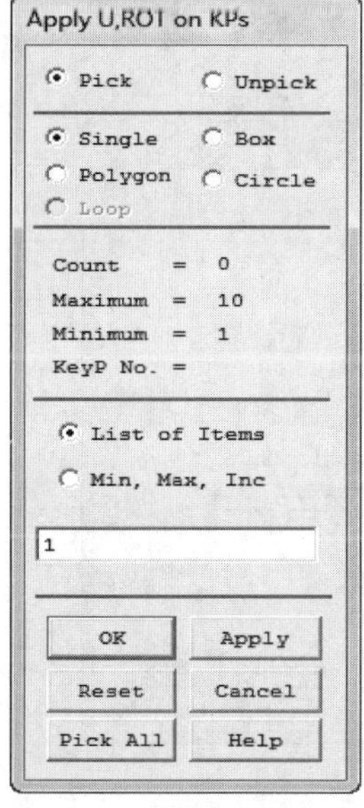

图 15-27 选择关键点图

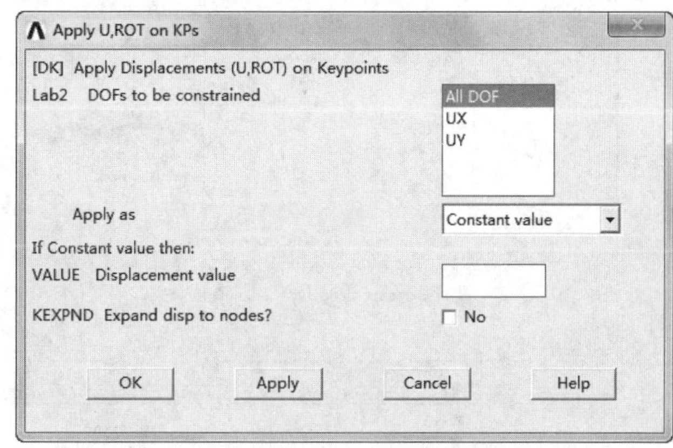

图 15-28 施加位移约束

6．初始求解

（1）退出前处理器。从主菜单中选择 Main Menu > Finish 命令。

（2）求解。从主菜单中选择 Main Menu > Solution > Solve > Solve Current LS 命令。

（3）退出求解器。从主菜单中选择 Main Menu > Finish 命令。

（4）读入求解结果。从主菜单中选择 Main Menu > General Postproc > Read Results > Last Set 命令。

（5）定义变量。

① 从主菜单中选择 Main Menu > General Postproc > Element Table > Define Table 命令。

② 在打开的对话框中单击 Add 按钮，如图 15-29 所示。

Note

图 15-29　添加变量

③ 在打开的对话框中，在 User label for item 后面的文本框中输入 VOLU，在下面的两个列表框中分别选择 Geometry 及 Elem volume VOLU 选项，单击 OK 按钮，如图 15-30 所示。

④ 返回到添加变量对话框中，单击 Close 按钮，关闭对话框。

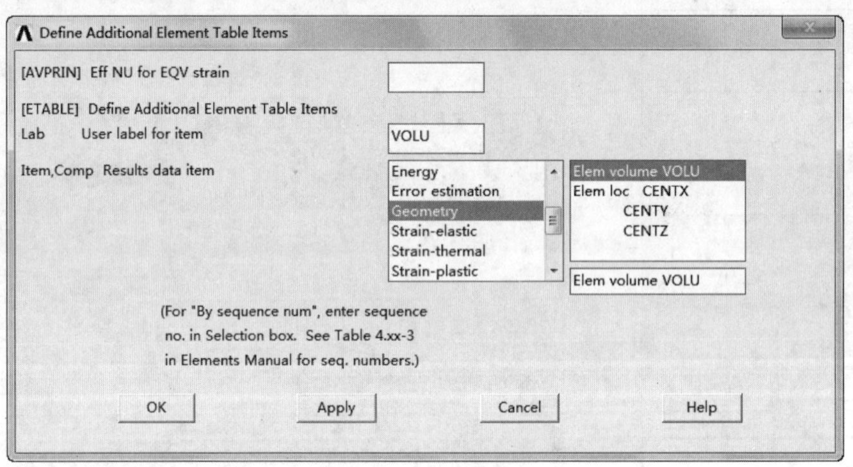

图 15-30　设置变量

（6）列表显示数据。

① 从主菜单中选择 Main Menu > General Postproc > List Results > Nodal Solution 命令。

② 在打开的对话框中依次选择 Stress > 1st Principal stress 选项，单击 OK 按钮，如图 15-31 所示。列表显示的结果如图 15-32 所示。

（7）读取节点的数据。

① 从主菜单中选择 Main Menu > General Postproc > List Results > Sorted Listing > Sort Nodes 命令。

② 在打开的对话框中进行如图 15-33 所示设置。

（8）选择节点。

① 从实用菜单中选择 Utility Menu > Select > Entities 命令。

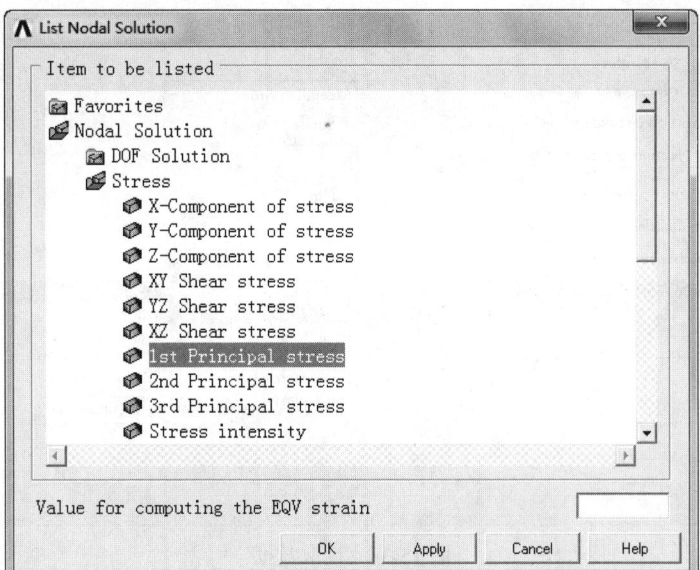

图 15-31 选择变量

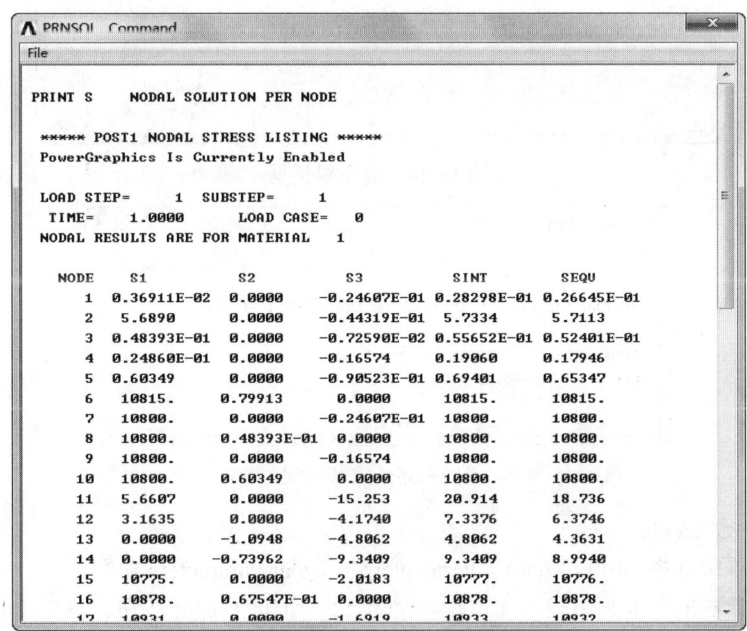

图 15-32 列表显示

② 在弹出对话框的选择类型下拉列表框中选择 Nodes，在选择方式下拉列表框中选择 By Location，在下面的选项中选中 X coordinates 单选按钮，在下面的文本框中输入 0,9，单击 OK 按钮。

（9）读入数据。在命令输入框中输入*GET,STRS,SORT,,MAX，按 Enter 键。

（10）数据值求和。从主菜单中选择 Main Menu > General Postproc > Element Table > Sum of Each Itcm 命令，在弹出的对话框中单击 OK 按钮，如图 15-34 所示。

在弹出的对话框中将列表显示求和结果，如图 15-35 所示。

（11）读入数据。在命令输入框中输入*GET,TVOL,SSUM,,ITEM,VOLU，按 Enter 键。

Note

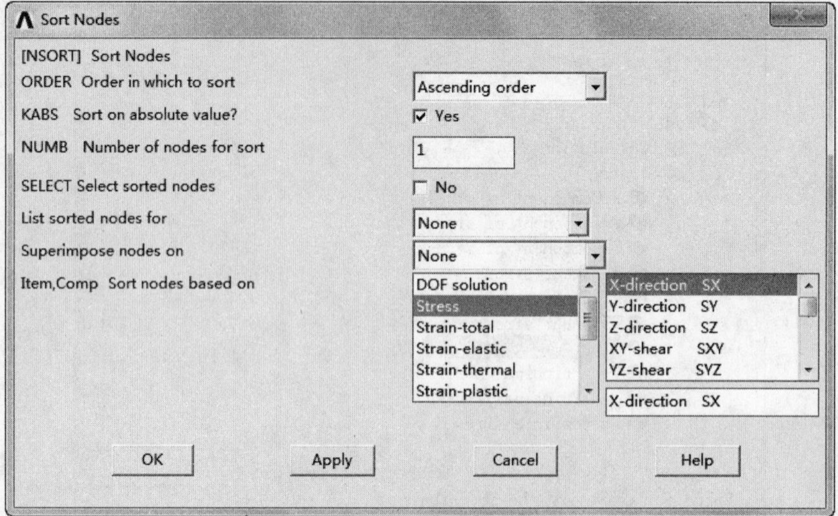

图 15-33 读取数据

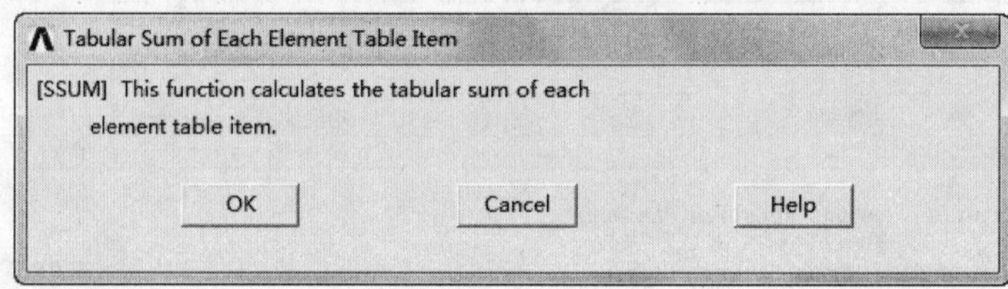

图 15-34 提示对话框

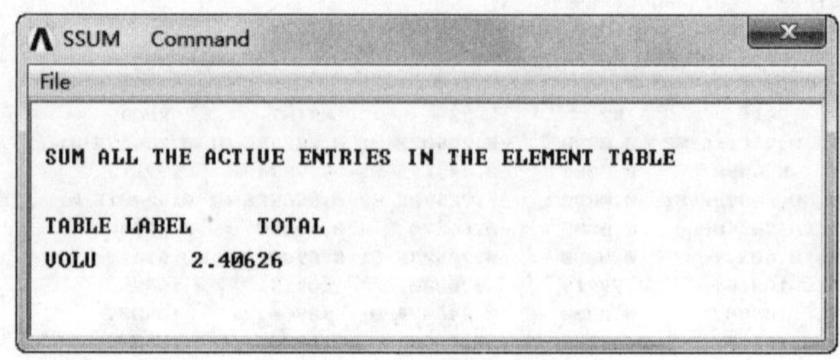

图 15-35 求和结果

（12）修改参数 TVOL。

① 从实用菜单中选择 Utility Menu > Parameters > Scalar Parameters 命令。

② 在弹出对话框的文本框中输入 TVOL=TVOL*2，单击 Accept 按钮，再单击 Close 按钮。

（13）选择节点。

① 从实用菜单中选择 Utility Menu > Select > Entities 命令。

② 在弹出对话框的选择类型下拉列表框中选择 Nodes，在选择方式下拉列表框中选择 By Location，在下面的选项中选中 X coordinates 单选按钮，在下面的文本框中输入 9.9,10.1，单击 OK 按钮。

（14）列表显示数据。

① 从主菜单中选择 Main Menu > General Postproc > List Results > Nodal Solution 命令。

② 在打开的对话框中，在下面的两个列表框中分别选择 DOF solution 和 Y-Component of displacement 选项，单击 OK 按钮。列表显示的结果如图 15-36 所示。

（15）读入数据。在命令输入框中输入*GET,DEFL,SORT,,MAX，按 Enter 键。

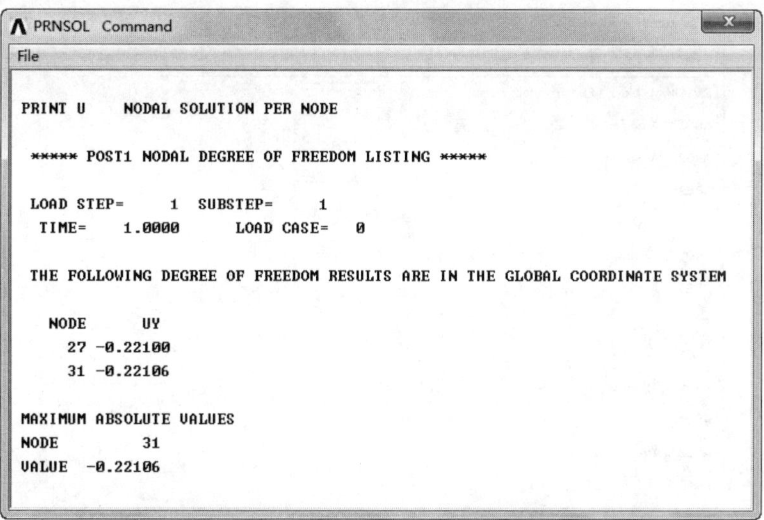

```
PRNSOL Command
File

PRINT U    NODAL SOLUTION PER NODE

 ***** POST1 NODAL DEGREE OF FREEDOM LISTING *****

 LOAD STEP=     1  SUBSTEP=     1
  TIME=    1.0000      LOAD CASE=   0

 THE FOLLOWING DEGREE OF FREEDOM RESULTS ARE IN THE GLOBAL COORDINATE SYSTEM

   NODE      UY
     27 -0.22100
     31 -0.22106

MAXIMUM ABSOLUTE VALUES
NODE          31
VALUE  -0.22106
```

图 15-36 列表显示（1）

（16）列表显示变量。从实用菜单中选择 Utility Menu > List > Other > Parameters 命令。列表显示的结果如图 15-37 所示。

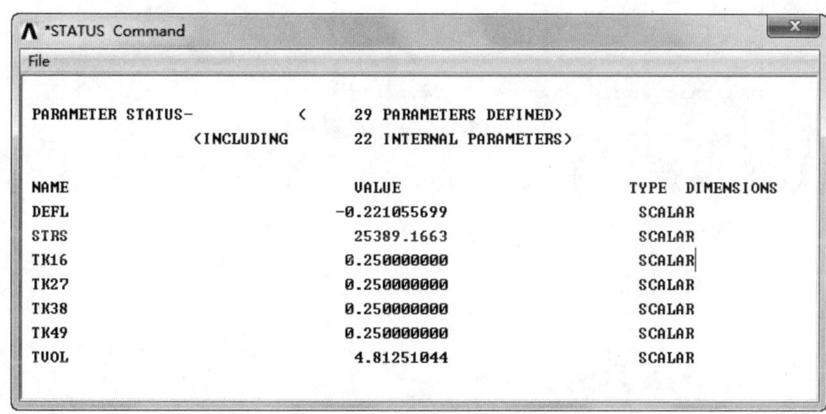

```
*STATUS Command
File

PARAMETER STATUS-           (      29 PARAMETERS DEFINED)
                  (INCLUDING       22 INTERNAL PARAMETERS)

NAME                              VALUE                     TYPE  DIMENSIONS
DEFL                          -0.221055699                   SCALAR
STRS                            25389.1663                   SCALAR
TK16                           0.250000000                   SCALAR
TK27                           0.250000000                   SCALAR
TK38                           0.250000000                   SCALAR
TK49                           0.250000000                   SCALAR
TVOL                            4.81251044                   SCALAR
```

图 15-37 列表显示（2）

（17）定义参数 DEFL、DIF1、DIF2、DIF3。

① 从实用菜单中选择 Utility Menu > Parameters > Scalar Parameters 命令。

② 在弹出对话框的文本框中输入 DEFL=ABS(DEFL)，单击 Accept 按钮。

③ 在文本框中输入 DIF1=TK16-TK27，单击 Accept 按钮。

④ 在文本框中输入 DIF2=TK27-TK38，单击 Accept 按钮。

⑤ 在文本框中输入 DIF3=TK38-TK49，单击 Close 按钮，完成参数的定义。

（18）退出后处理器。从主菜单中选择 Main Menu > Finish 命令。

（19）结束优化数据读入。在命令输入框中输入*END，按 Enter 键。

（20）进行初始求解。

① 从实用菜单中选择 Utility Menu > Macro > Execute Data Block 命令。

② 在打开的对话框中，在 Data block to be executed 后面的文本框中输入 SCRATCH，单击 OK 按钮，如图 15-38 所示。

Note

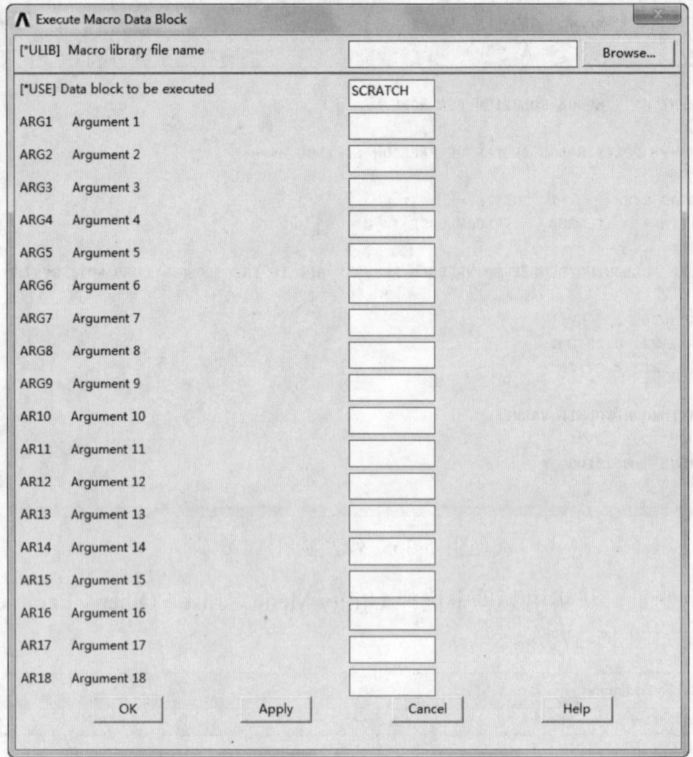

图 15-38 求解设置

③ 求解完成后会出现提示对话框，如图 15-39 所示。

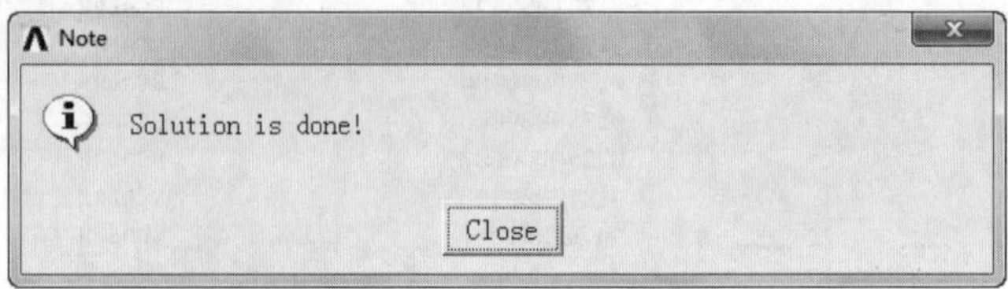

图 15-39 提示求解完成

④ 单击 Close 按钮，关闭提示求解结束对话框。

7．优化设计

（1）设置分析文件，读取工作目录中的 SCRATCH 文件。

```
/OPT
OPANL,SCRATCH
```

（2）设置目标变量。

```
OPVAR,TVOL,OBJ,,,.01
```

（3）设置状态变量。

```
OPVAR,STRS,SV,,30000
OPVAR,DEFL,SV,,0.50
OPVAR,DIF1,SV,0,.1
OPVAR,DIF2,SV,0,.1
OPVAR,DIF3,SV,0,.1
```

（4）设置设计变量。

```
OPVAR,TK16,DV,0.15,0.27,.001
OPVAR,TK27,DV,0.15,0.27,.001
OPVAR,TK38,DV,0.15,0.27,.001
OPVAR,TK49,DV,0.15,0.27,.001
```

（5）保存变量，设置文件名为 INITIAL。

```
OPSAVE,INITIAL,OPT
```

（6）输入优化控制参数。

```
OPTYPE,SUBP
OPSUBP,30
```

（7）进行优化求解。

```
OPEXE
```

（8）定义参数 VR1、VR2、VR3。

```
VR1=TVOL
VR2=DEFL
VR3=STRS
```

（9）保存参数。

```
PARSAV,,RSET1
```

（10）列表显示各步求解结果。

```
OPLIST,ALL,,1
```

列表显示的结果如图 15-40 所示。

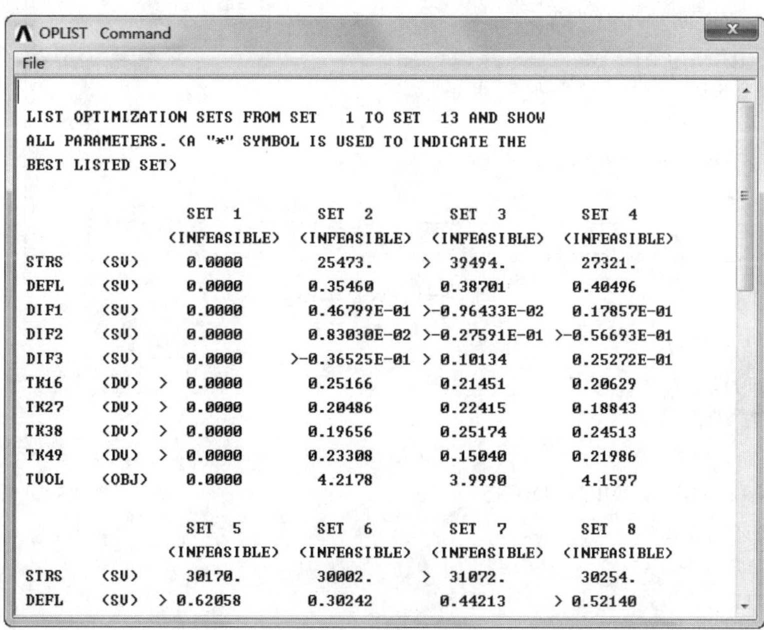

图 15-40 列表显示

（11）设置坐标轴。

① 从实用菜单中选择 Utility Menu > PlotCtrls > Style > Graphs > Modify Axes 命令。

② 在 Y-axis label 后面的文本框中输入 VOLUME（TVOL），单击 OK 按钮，如图 15-41 所示。

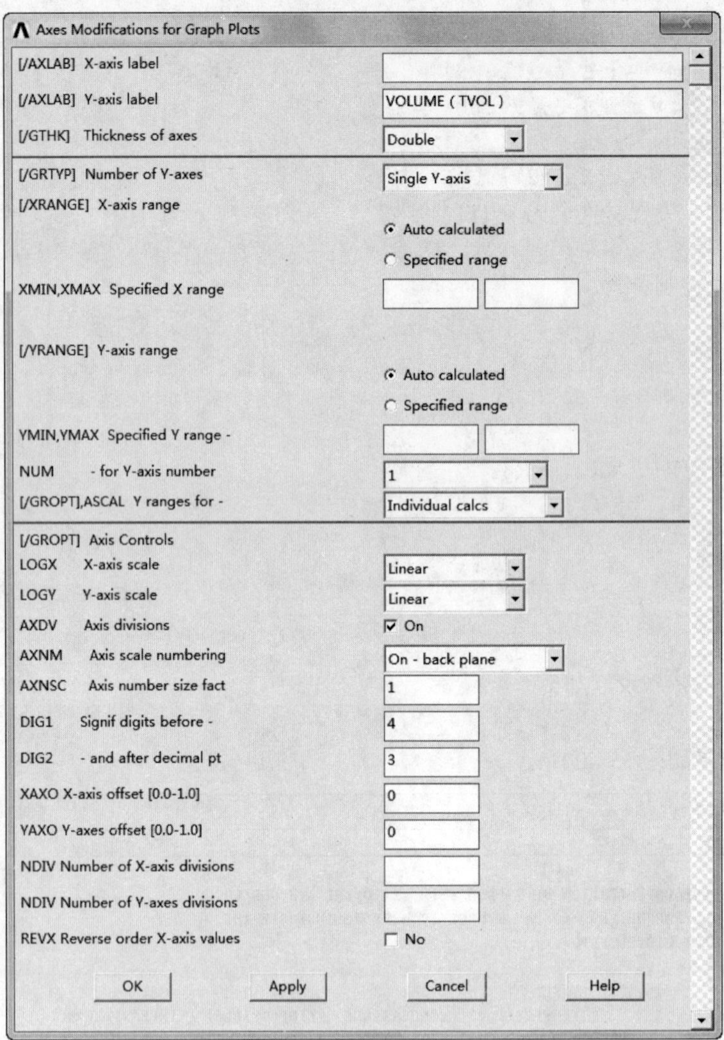

图 15-41 设置坐标轴

（12）选择显示参数。

```
PLVAROPT,TVOL
```

（13）恢复数据库。

```
OPRESU,INITIAL,OPT
```

（14）删除参数 DIF1、DIF2、DIF3。

```
OPVAR,DIF1,DEL
OPVAR,DIF2,DEL
OPVAR,DIF3,DEL
```

（15）输入优化控制参数。

```
OPTYPE,FIRST
OPFRST,20
STATUS
```

（16）进行优化求解。

```
OPEXE
```

（17）定义参数 VR4、VR5、VR6。

```
VR4=TVOL
VR5=DEFL
VR6=STRS
```

8. 显示结果

（1）列表显示各步求解结果。

```
OPLIST,ALL,,1
```

（2）选择显示参数。

```
/AXLAB,Y,VOLUME (TVOL)
PLVAROPT,TVOL
FINISH
```

以图像显示优化变量的变化过程，如图 15-42 所示。

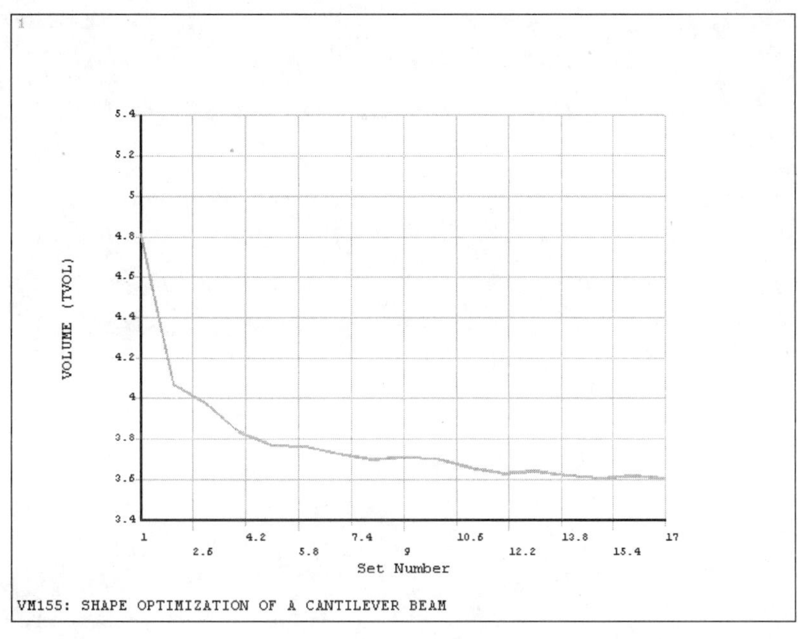

图 15-42　列表显示

15.2.2　命令流方式

命令流方式这里不再详细介绍，读者可参见随书光盘中的电子文档。

▶▶第3篇

热分析篇

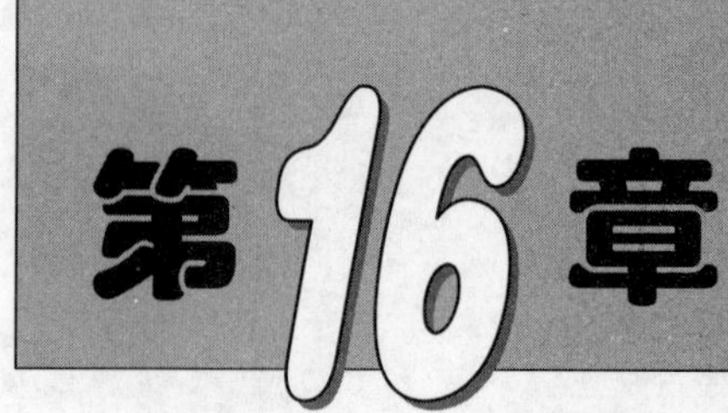

稳态热分析与瞬态热分析

热分析用于计算一个系统或部件的温度分布以及其他热物理参数，如热量的获取或损失、热梯度、热流密度（热通量）等。

稳态热分析和瞬态热分析是热分析中的两种基本类型，本章将通过实例讲述稳态热分析和瞬态热分析的基本步骤和具体方法。

☑ 热分析概论

☑ 稳态热分析概述

☑ 热载荷和边界条件的类型

☑ 瞬态热分析概述

任务驱动&项目案例

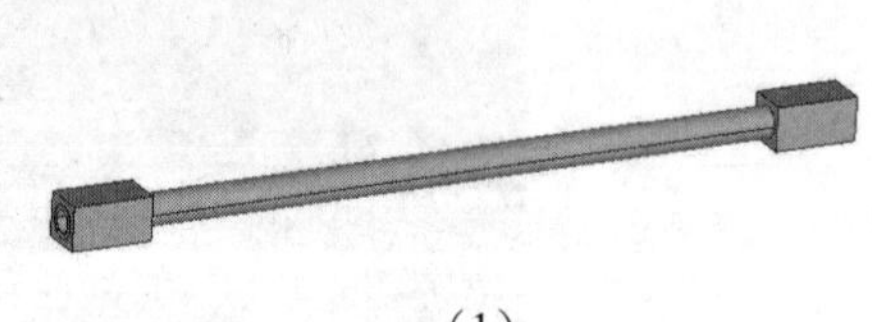

（1）

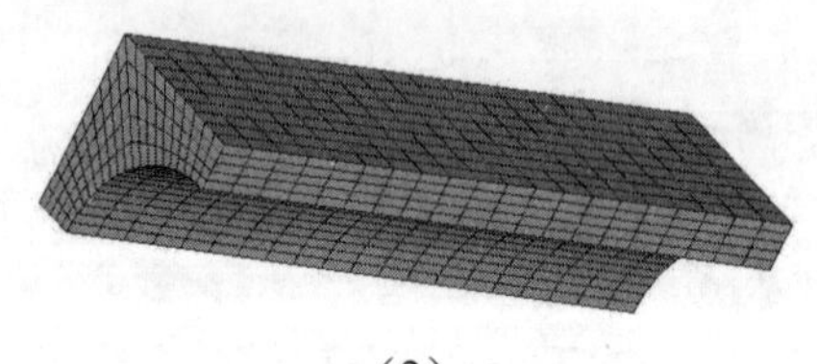

（2）

（3）

（4）

16.1 热分析概论

热分析在许多工程应用中扮演着重要角色，如内燃机、换热器、管路系统和电子元件等。

16.1.1 热分析的特点

ANSYS 的热分析是基于能量守恒原理的热平衡方程，通过有限元法计算各节点的温度分布，并由此导出其他热物理参数。ANSYS 热分析包括热传导、热对流和热辐射 3 种热传递方式。此外，还可以分析相变、内热源、接触热阻等问题。

- ☑ 热传导：是指在几个完全接触的物体之间或同一物体的不同部分之间由于温度梯度而引起的热量交换。
- ☑ 热对流：是指物体的表面与周围的环境之间，由于温差而引起的热量的交换。热对流可分为自然对流和强制对流两类。
- ☑ 热辐射：指物体发射能量，并被其他物体吸收转变为热量的能量交换过程。物体温度越高，单位时间辐射的热量越多。热传导和热对流都需要传热介质，而热辐射无须任何介质，而且在真空中热辐射的效率最高。

ANSYS 热分析包括以下两点。

- ☑ 稳态传热：系统的温度不随时间变化。
- ☑ 瞬态传热：系统的温度随时间明显变化。

ANSYS 热耦合分析包括热-结构耦合、热-流体耦合、热-电耦合、热-磁耦合以及热-电、磁-结构耦合等。

ANSYS 热分析的边界条件或初始条件可以分为温度、热流率、热流密度、对流、辐射、绝热和生热。

如表 16-1 所示为 ANSYS 热分析中使用的符号与单位。

表 16-1 符号与单位

项 目	国 际 单 位	英 制 单 位	ANSYS 代号
长度	m	ft	
时间	s	s	
质量	kg	lbm	
温度	℃	℉	
力	N	lbf	
能量（热量）	J	BTU	
功率（热流率）	W	BTU/sec	
热流密度	W/m^2	$BTU/sec\text{-}ft^2$	
生热速率	W/m^3	$BTU/sec\text{-}ft^3$	
导热系数	W/m·℃	BTU/sec-ft-℉	KXX
对流系数	W/m^2·℃	BTU/sec-ft-℉	HF
密度	kg/m^3	Lbm/ft^3	DENS
比热	J/kg·℃	BTU/lbm-℉	C
焓	J/m^3	BTU/ft^3	ENTH

16.1.2 热分析单元

Note

热分析涉及的单元约有 40 多种，其中专门用于热分析的有 14 种，如表 16-2 所示。

表 16-2 热分析单元

单 元 类 型	ANSYS 单元	说 明
线形	LINK31	2 节点热辐射单元
	LINK33	三维 2 节点热传导单元
	LINK34	2 节点热对流单元
二维实体	PLANE35	6 节点三角形单元
	PLANE55	4 节点四边形单元
	PLANE75	4 节点轴对称单元
	PLANE77	8 节点四边形单元
	PLANE78	8 节点轴对称单元
三维实体	SOLID70	8 节点六面体单元
	SOLID87	10 节点四面体单元
	SOLID90	20 节点六面体单元
壳	SHELL131	4 节点
	SHELL132	8 节点
点	MASS71	质量单元

注意：有关单元的详细解释，请读者参阅帮助文件中的 ANSYS Element Reference Guide 说明。

16.2 热载荷和边界条件的类型

16.2.1 概述

ANSYS 热载荷分为以下 4 大类。

☑ DOF 约束：指定的 DOF（温度）数值。

☑ 集中载荷：集中载荷（热流）施加在点上。

☑ 面载荷：在面上的分布载荷（对流、热流）。

☑ 体载荷：体积或区域载荷。

ANSYS 热载荷类型如表 16-3 所示，具体说明如下。

☑ 温度：自由度约束，将确定的温度施加到模型的特定区域。均匀温度可以施加到所有节点上，不是一种温度约束。一般只用于施加初始温度而非约束，在稳态或瞬态分析的第一个子步施加在所有节点上。其也可以用于在非线性分析中估计随温度变化材料特性的初值。

☑ 热流率：是集中节点载荷。正的热流率表示能量流入模型。热流率同样可以施加在关键点上。这种载荷通常用于对流和热流不能施加的情况下。施加该载荷到导热系数有很大差距的区域上时应注意。

表 16-3　ANSYS 中载荷类型

施加的载荷	载 荷 分 类	实体模型载荷	有限元模型载荷
温度	约束	在关键点上 在线上 在面上	在节点上 均匀
热流率	集中力	在关键点上	在节点上
对流	面载荷	在线上（2D） 在面上（3D）	在节点上 在单元上
热流	面载荷	在线上（2D） 在面上（3D）	在节点上 在单元上
热生成率	体载荷	在关键点上 在面上 在体上	在节点上 在单元上 均匀

☑　对流：施加在模型外表面上的面载荷，模拟平面和周围流体之间的热量交换。
☑　热流：同样是面载荷，使用在通过面的热流率已知的情况下。正的热流值表示热流输入模型。
☑　热生成率：作为体载荷施加，代表体内生成的热，单位是单位体积内的热流率。

16.2.2　热载荷和边界条件注意事项

在 ANSYS 中施加热载荷和边界条件时，需要注意以下 4 点。
☑　在 ANSYS 中没有施加载荷的边界作为完全绝热处理。
☑　对称边界条件的施加是使边界绝热得到的。
☑　如果模型的某一区域的温度已知，就可以固定为该数值。
☑　响应热流率只在固定温度自由度时使用。

16.3　稳态热分析概述

16.3.1　稳态热分析定义

如果热能流动不随时间变化的话，热传递就称为稳态的。由于热能流动不随时间变化，系统的温度和热载荷也都不随时间变化。稳态热平衡满足热力学第一定律。

稳态传热用于分析稳定的热载荷对系统或部件的影响。通常在进行瞬态热分析以前，进行稳态热分析用于确定初始温度分布。稳态热分析可以通过有限元计算确定由于稳定的热载荷引起的温度、热梯度、热流率、热流密度等参数。

16.3.2　稳态热分析的控制方程

对于稳态热传递，表示热平衡的微分方程为

$$\frac{\partial}{\partial x}\left(k_{xx}\frac{\partial T}{\partial x}\right)+\frac{\partial}{\partial y}\left(k_{yy}\frac{\partial T}{\partial y}\right)+\frac{\partial}{\partial z}\left(k_{zz}\frac{\partial T}{\partial z}\right)+\dddot{q}=0$$

相应的有限元平衡方程为

$$(K)\{T\}=\{Q\}$$

Note

16.4 瞬态热分析概述

16.4.1 瞬态热分析特性

瞬态热分析用于计算一个系统随时间变化的温度场及其他热参数。在工程上一般用瞬态热分析计算温度场，并将之作为热载荷进行应力分析。瞬态热分析的基本步骤与稳态热分析类似，主要的区别是瞬态热分析中的载荷是随时间而变化的。时间在稳态热分析中只用于计数，现在有了确定的物理含义。热能存储效应在稳态热分析中忽略，在瞬态热分析中要考虑进去。涉及相变的分析总是瞬态热分析。这种比较特殊的瞬态分析将在第 17 章中讨论。为了表达随时间变化的载荷，首先必须将载荷—时间曲线分为载荷步。载荷—时间曲线中的每一个拐点为一个载荷步，如图 16-1 所示。对于每一个载荷步，必须定义载荷值及时间值，同时必须选择载荷步为渐变或阶越。"时间"在静态和瞬态分析中都用作步进参数。每个载荷步和子步都与特定的时间相联系，尽管求解本身可能不随速率变化。

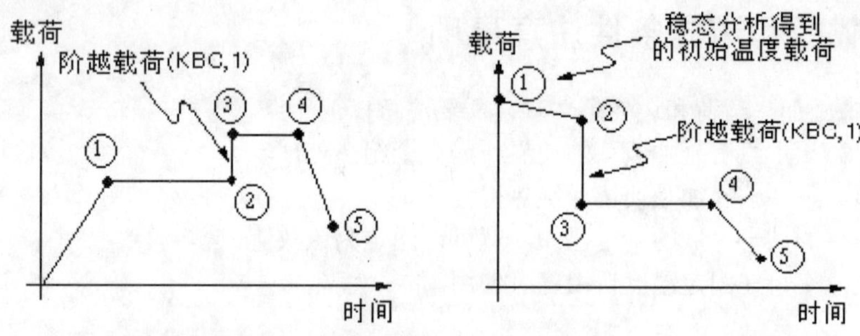

图 16-1　载荷与时间变化曲线示意图

16.4.2 瞬态热分析前处理考虑因素

除了导热系数（K）、密度（ρ）和比热容（C），材料特性应包含实体传递和存储热能的材料特性参数，可以定义热焓（H）（在相变分析中需要输入）。

材料特性用于计算每个单元的热存储性质并叠加到比热容矩阵（C）中。如果模型中有热质量交换，这些特性用于确定热传导矩阵（K）的修正项。

注意：MASS71 热质量单元比较特殊，其能够存储热能但不能传递热能。因此，该单元不需要热传导系数。

像稳态热分析一样，瞬态热分析也可以是线性或非线性的。如果是非线性的，前处理与稳态非线性分析有同样的要求。稳态热分析和瞬态热分析最明显的区别在于加载和求解过程。

16.4.3 控制方程

热存储项的计入将静态系统转变为瞬态系统，矩阵形式为

$$(C)\{\dot{T}\}+(K)\{T\}=\{Q\}$$

其中，$(C)\{\dot{T}\}$ 为热存储项。

在瞬态热分析中，载荷随时间变化时：

$$(C)\{\dot{T}\}+(K)\{T\}=\{Q(t)\}$$

对于非线性瞬态热分析：

$$(C(T))\{\dot{T}\}+(K(T))\{T\}=\{Q(T,t)\}$$

Note

16.4.4　初始条件的施加

初始条件必须对模型的每个温度自由度定义，使得时间积分过程得以开始。施加在有温度约束的节点上的初始条件被忽略。根据初始温度域的性质，初始条件可以用以下方法之一指定。

1. 施加均匀初始温度

GUI 操作：选择主菜单中的 Main Menu > Preprocessor > Loads > Define Loads > Apply > Thermal > Temperature > Uniform Temp 命令，弹出如图 16-2 所示的对话框。

命令：TUNIF

2. 施加非均匀的初始温度

GUI 操作：选择主菜单中的 Main Menu > Preprocessor > Loads > Define Loads > Apply > Initial Condit'n > Define 命令，选择所要施加的节点，弹出如图 16-3 所示的对话框，在 Lab 后面的下拉列表框中选择 TEMP。

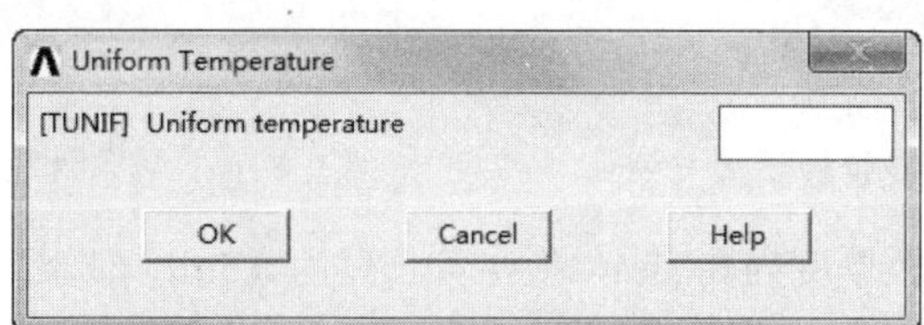

图 16-2　均匀初始温度施加对话框

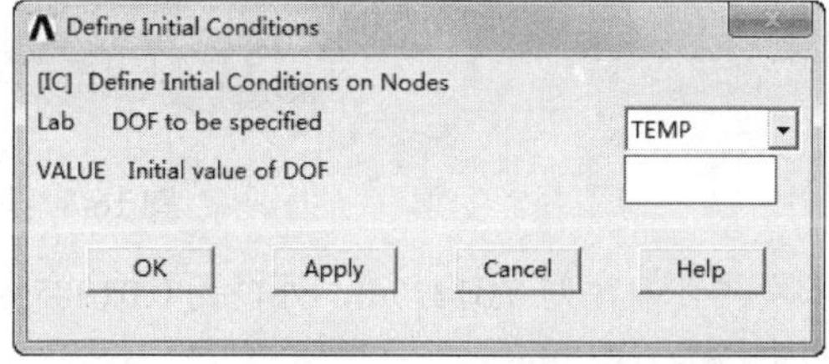

图 16-3　非均匀初始温度施加对话框

命令：IC

注意：当 IC 命令输入后，要使用节点组元名来区分节点。没有定义 DOF 初始温度的节点，其初始温度默认为 TUNIF 命令指定的均匀数值。当求解控制打开时，在指定初始温度前指定 TUNIF 的数值。

3. 由稳态分析得到初始温度

当模型中的初始温度分布是不均匀且未知的，单载荷步的稳态热分析可以用来确定瞬态分析前的初始温度。操作步骤如下。

（1）第一载荷步稳态求解。

① 进入求解器，使用稳态热分析类型。

② 施加稳态初始载荷和边界条件。

③ 为了方便，指定一个很小的结束时间（如 1×10^{-3}s）。不要使用非常小的时间数值（-1×10^{-10}s），因为可能形成数值错误。

④ 指定其他所需的控制或设置（如非线性控制）。

⑤ 求解当前载荷步。

注意：如果没有指定初始温度，初始 DOF 数值为 0。

（2）后续载荷步的瞬态求解。

① 时间积分效果保持打开直到在后面的载荷步中关闭为止。在第二个载荷步中，根据第一个载荷步施加载荷和边界条件。记住，要删除第一个载荷步中多余的载荷。

② 施加瞬态热分析控制和设置。

③ 求解之前打开时间积分。

④ 求解当前瞬态载荷步。

⑤ 求解后续载荷步。

16.5 稳态热分析实例——换热管的热分析

本实例确定一个换热器中带管板结构的换热管的温度分布和应力分布。如图 16-4 所示为某单程换热器的其中一根换热管，以及与其相连的两端管板结构，壳程介质为热蒸汽，管程介质为液体操作介质，换热管材料为不锈钢，热膨胀系数为 16.56×10^{-6}/℃，泊松比为 0.3，弹性模量为 1.72×10^{5}MPa，热导率为 15.1W/m℃；管板材料也为不锈钢，热膨胀系数为 17.79×10^{-6}/℃，泊松比为 0.3，弹性模量为 1.73×10^{5}MPa，热导率为 15.1W/m·℃。壳程蒸汽温度为 250℃，对流换热系数为 3000W/m^{2}·℃，壳程压力为 8.1MPa；管程液体温度为 200℃，对流换热系数为 426W/m^{2}·℃，管程压力为 5.7MPa。

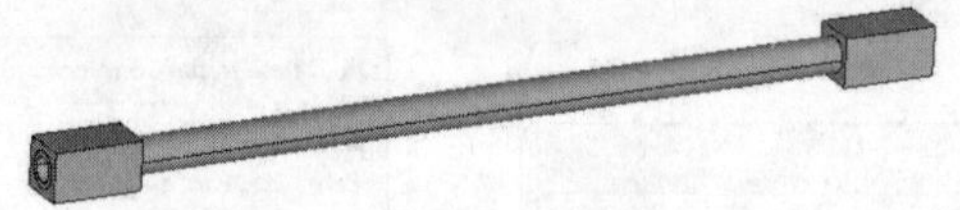

图 16-4　换热管及管板结构

换热管内径为 0.01295m，外径为 0.01905m，管板厚度为 0.05m，换热管长度为 0.5m，部分管板长和宽均为 0.013m。

本实例为了说明计算过程以及看清楚结构的实际情况，只取了一段换热管及其两端的管板结构，实际换热器的换热管要比本实例中长得多，但分析的方法是相同的。

根据结构的对称性，分析时取 1/4 建立有限元模型进行研究即可。

16.5.1 GUI 分析过程

1. 定义工作文件名及文件标题

（1）定义工作文件名。执行实用菜单中的 Utility Menu > File > Change Jobname 命令，弹出 Change Jobname 对话框，如图 16-5 所示。在弹出的对话框中输入文件名 Pipe_thermal，单击 OK 按钮。

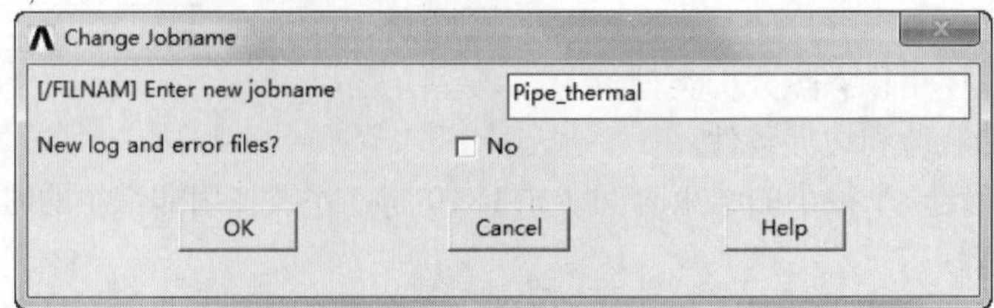

图 16-5　Change Jobname 对话框

（2）定义工作标题。执行实用菜单中的 Utility Menu > File > Change Title 命令，弹出 Change Title 对话框。在其中的文本框中输入 Temperature Distribution in heat-exchange pipe，如图 16-6 所示，单击 OK 按钮。

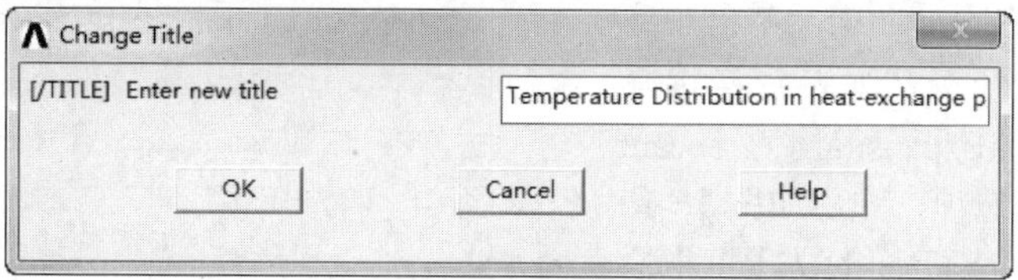

图 16-6　Change Title 对话框

（3）关闭坐标符号的显示。执行实用菜单中的 Utility Menu > PlotCtrls > Window Controls > Window Options 命令，弹出 Window Options 对话框。在 Location of triad 下拉列表框中选择 Not Shown 选项，单击 OK 按钮。

2. 定义单元类型及材料属性

（1）定义单元类型。执行主菜单中的 Main Menu > Preprocessor > Element Type > Add/Edit/Delete 命令，弹出 Element Types 对话框。单击 Add 按钮，弹出 Library of Element Types 对话框。在左、右列表框中分别选择 Thermal Solid 和 Brick 20node 90 选项，如图 16-7 所示，单击 OK 按钮。

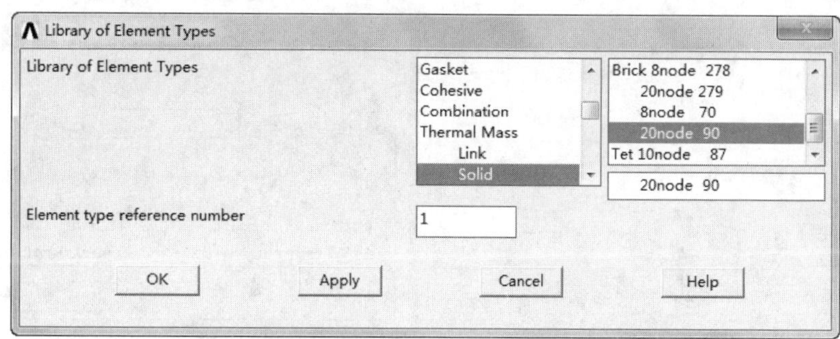

图 16-7　Library of Element Types 对话框

（2）设置材料属性。执行主菜单中的 Main Menu > Preprocessor > Material Props > Material Models 命令，弹出如图 16-8 所示的 Define Material Model Behavior 窗口。

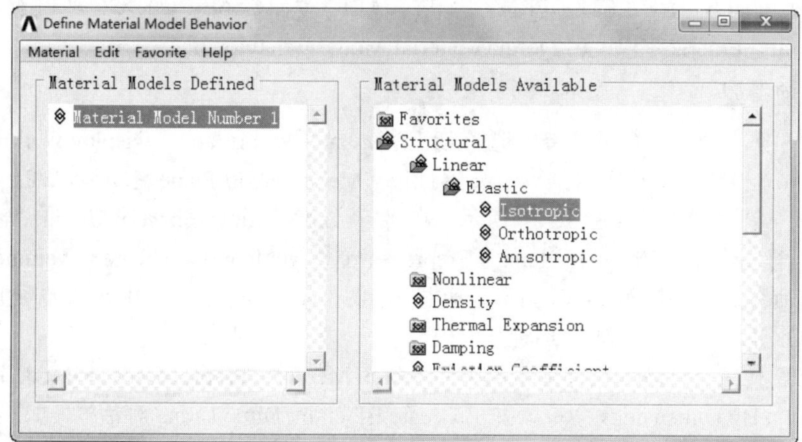

图 16-8　定义材料属性窗口

在 Material Model Available 下面的选项中依次选择 Structural > Linear > Elastic > Isotropic，弹出 Linear Isotropic Properties for Material 1 对话框，如图 16-9 所示，在 EX 后面的文本框中输入 1.73E11，在 PRXY 后面的文本框中输入 0.3，单击 OK 按钮；然后再依次选择 Structural > Thermal Expansion > Secant Coefficient > Isotropic 选项，弹出如图 16-10 所示的对话框，在 ALPX 后面的文本框中输入 17.79E-6，单击 OK 按钮；然后再依次选择 Structural > Thermal > Conductivity > Isotropic 命令，弹出 Conductivity for Material Number 1 对话框，如图 16-11 所示。在 KXX 后面的文本框中输入 15.1，单击 OK 按钮，这样就完成了对材料 1（设定为管板材料）属性的设置。

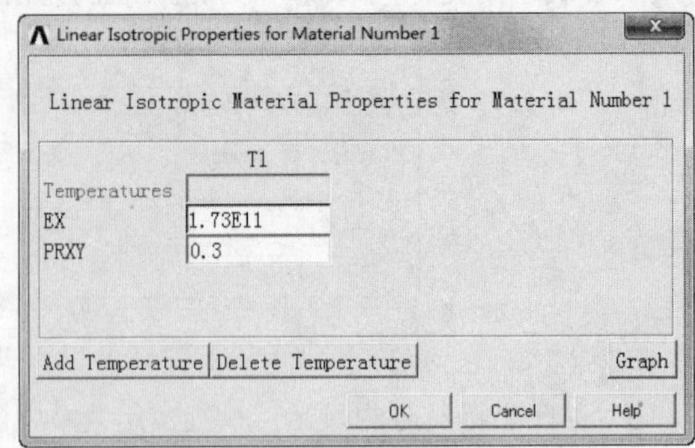

图 16-9　定义弹性模量泊松比对话框

Thermal Expansion Secant Coefficient for Material Number 1
Thermal Expansion Secant Coefficient for Material Number 1
Reference temperature
T1
Temperatures
ALPX 17.79E-6
Add Temperature
Delete Temperature
Graph
OK
Cancel
Help

图 16-10　定义热膨胀系数对话框

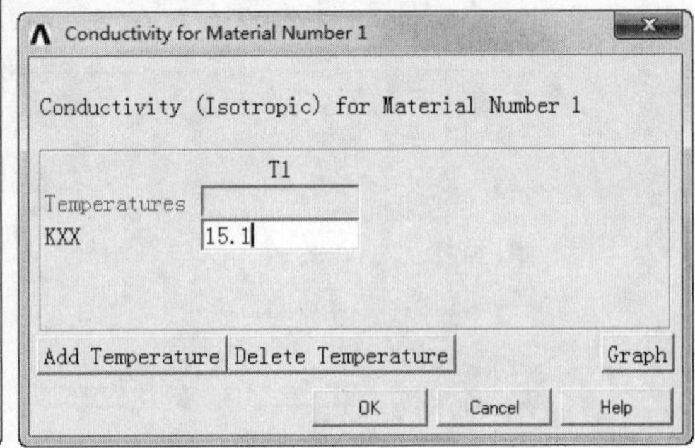

图 16-11　定义热导率对话框

回到图 16-8 所示的窗口中，选择 Material > New Model 命令，弹出 Define Material ID 对话框，在文本框中输入数字 2，单击 OK 按钮。按照上面的方法完成对材料 2（设定为换热管材料）的设置。材料 2 的参数如下：EX 为 1.72E11、PRXY 为 0.3、ALPX 为 16.56E-6、KXX 为 15.1。

选择 Material > Exit 命令，退出 Define Material Model Behavior 窗口。

3．建立几何模型

（1）显示工作平面。从实用菜单中选择 Utility Menu > WorkPlane > Display Working Plane 命令。

（2）创建 1/4 换热管。从实用菜单中选择 Utility Menu > WorkPlane > Offset WP by Increments 命令，弹出 Offset WP 对话框，如图 16-12 所示。在 XY,YZ,ZX Angles 下面的文本框中输入 0,0,90，单击 OK 按钮。执行主菜单中的 Main Menu > Preprocessor > Modeling > Create > Volumes > Cylinder > Partial Cylinder 命令，弹出 Partial Cylinder 对话框，如图 16-13 所示。在其中输入如图 16-13 所示的数据，然后单击 OK 按钮，生成 1/4 换热管几何模型。

（3）生成管板部分模型。执行主菜单中的 Main Menu > Preprocessor > Modeling > Create > Volumes > Block > By Dimensions 命令，弹出 Create Block by Dimensions 对话框，如图 16-14 所示。

输入如图 16-14 所示的数据，单击 OK 按钮，生成左端管板几何模型。执行主菜单中的 Main Menu >

Preprocessor > Modeling > Copy > Volumes 命令，弹出 Copy Volumes 拾取框，如图 16-15 所示。用鼠标拾取刚生成的管板左端部分模型，弹出另一个 Copy Volumes 对话框，如图 16-16 所示。在 DX 后面的文本框中输入 0.45，单击 OK 按钮，生成的结果如图 16-17 所示。

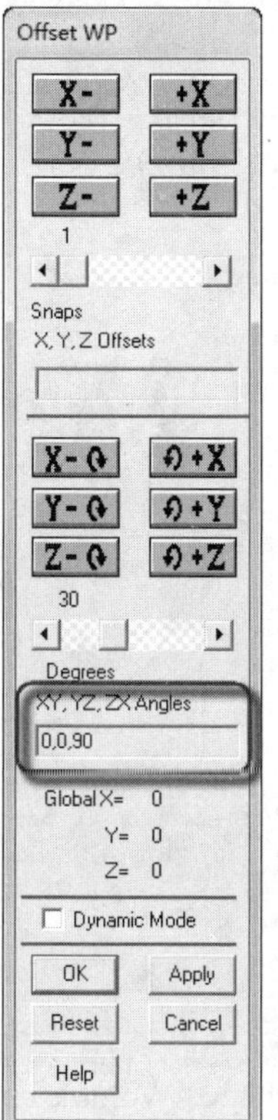

图 16-12 Offset WP 对话框

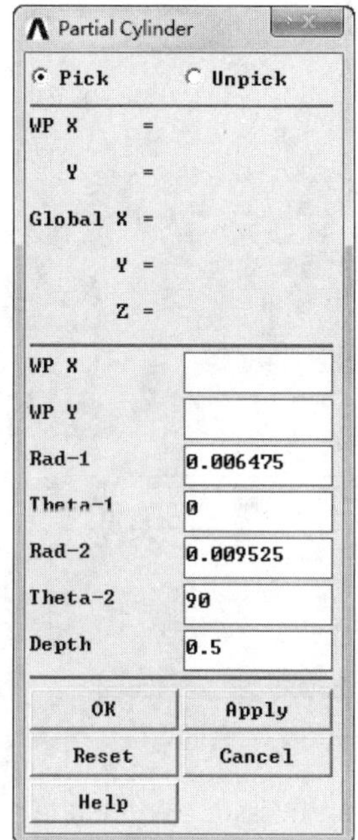

图 16-13 Partial Cylinder 对话框

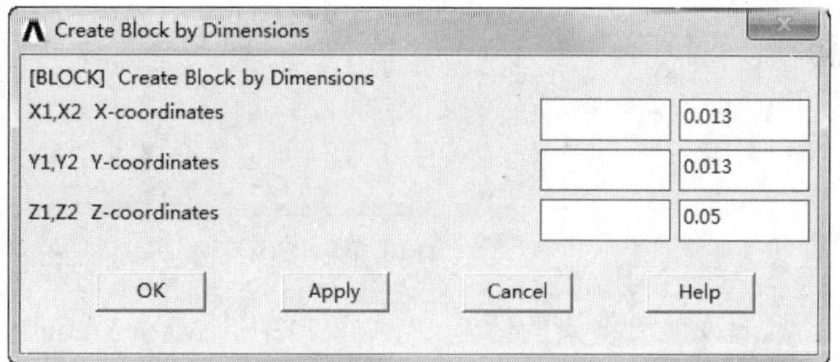

图 16-14 Create Block by Dimensions 对话框

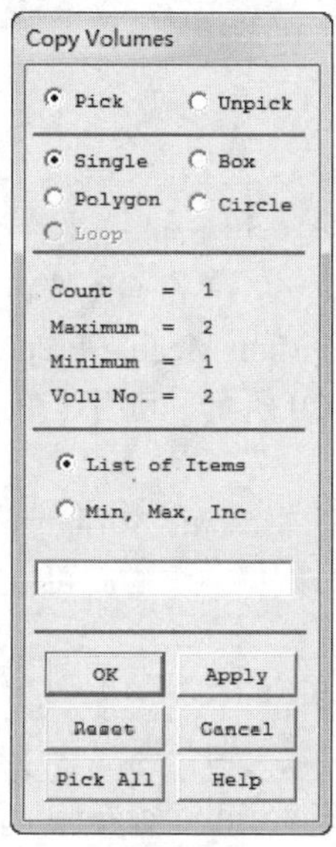

图 16-15 Copy Volumes 拾取框

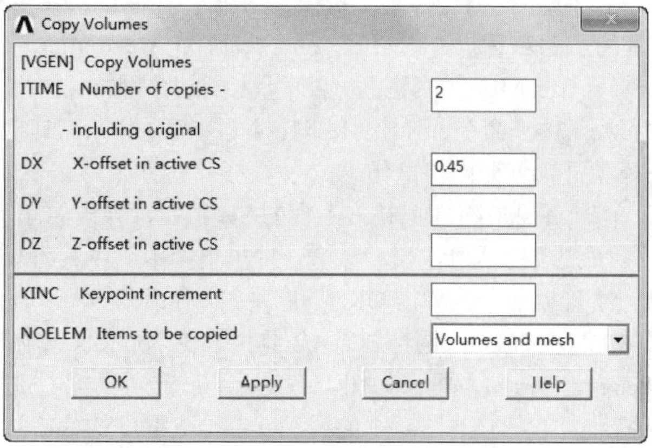

Copy Volumes
[VGEN] Copy Volumes
ITIME Number of copies - 2
- including original
DX X-offset in active CS 0.45
DY Y-offset in active CS
DZ Z-offset in active CS
KINC Keypoint increment
NOELEM Items to be copied Volumes and mesh
OK Apply Cancel Help

图 16-16 Copy Volumes 对话框

图 16-17　生成的换热管和两端管板部分

Note

（4）体布尔操作。执行主菜单中的 Main Menu > Preprocessor > Modeling > Operate > Booleans > Overlap > Volumes 命令，弹出 Overlap Volumes 对话框，单击 Pick All 按钮。

（5）打开体编号控制。执行实用菜单中的 Utility Menu > PlotCtrls > Numbering 命令，弹出 Plot Numbering Controls 对话框，如图 16-18 所示。选中 Volume numbers 后面的复选框，单击 OK 按钮。

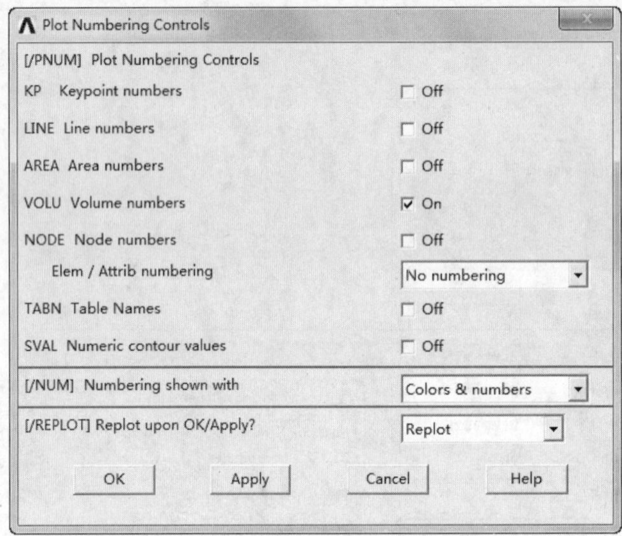

图 16-18　Plot Numbering Controls 对话框

（6）删除多余的体。执行主菜单中的 Main Menu > Preprocessor > Modeling > Delete > Volume and Below 命令，弹出 Delete Volume and Below 对话框，鼠标左键拾取编号为 4 和 5 的体，生成的结果如图 16-19 所示。

图 16-19　生成的换热管和管板部分的几何模型

4．生成有限元模型

（1）打开线、面编号控制。执行实用菜单中的 Utility Menu > PlotCtrls > Numbering 命令，弹出如图 16-18 所示的对话框，选中 Line numbers 和 Area numbers 后面的复选框，单击 OK 按钮。

（2）打开 MeshTool（网格划分）工具栏，划分网格。执行主菜单中的 Main Menu > Preprocessor > Meshing > MeshTool 命令，弹出 MeshTool（网格划分）工具栏，如图 16-20 所示，利用这个工具栏即可对几何模型进行划分网格操作。

（3）单击 MeshTool 工具栏右上角的 Set 按钮，弹出如图 16-21 所示的 Meshing Attributes 对话框，MAT 选项后面的数字是 1，表示给第一种材料（本例中为管板部分）划分网格，这样就可以把材料 1 的属性赋予给管板部分。单击 OK 按钮，关闭对话框。

（4）单击 MeshTool（网格划分）工具栏 Size Controls 选项下面 Lines 后面的 Set 按钮，弹出 Element Size on Picked Lines 拾取框，如图 16-22 所示，利用鼠标右键局部放大模型左端管板部分结构，再用鼠标拾取编号为 14、15、18、19 的线，单击拾取框中的 OK 按钮，弹出 Element Sizes On Picked Lines 对话框，如图 16-23 所示。

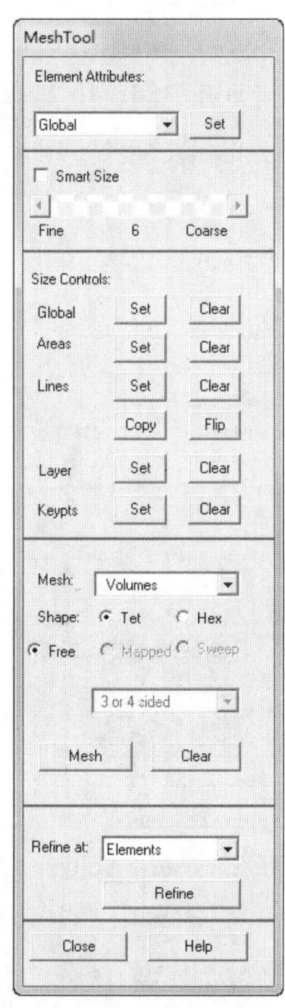

图 16-20　MeshTool 工具栏

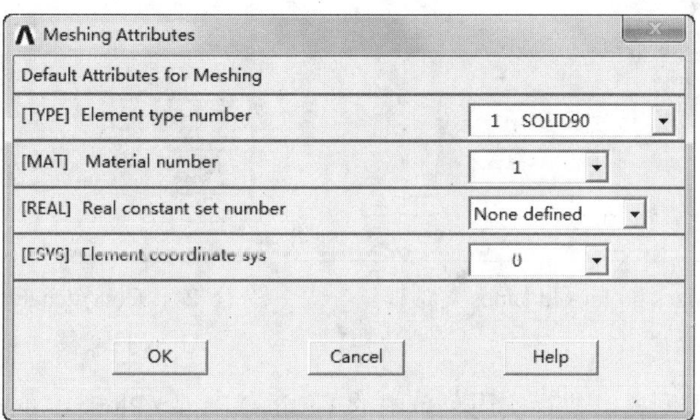

图 16-21　Meshing Attributes 对话框

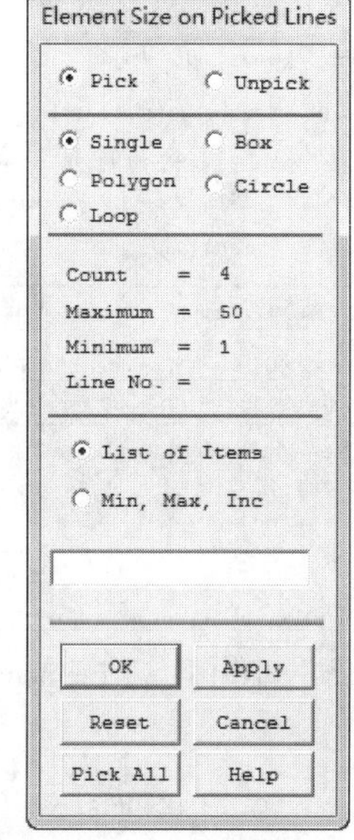

图 16-22　Element Size on Picked Lines 拾取框

（5）在 NDIV 后面的文本框中输入 10，即把所选择的线划分为 10 份，单击 Apply 按钮，弹出图 16-22 所示的 Element Size on Picked Lines 拾取框，拾取编号为 65、66、67、68 的线，单击 OK 按钮，再次弹出图 16-23 所示的 Element Sizes on Picked Lines 对话框，在 NDIV 后面的文本框中输入 5，单击 Apply 按钮，再次弹出图 16-22 所示的 Element Size on Picked Lines 拾取框，拾取编号为 4、55 的线，单击 OK 按钮，弹出图 16-23 所示的 Element Sizes on Picked Lines 对话框，在 NDIV 后面的文本框中输入 20，单击 Apply 按钮，再次弹出图 16-22 所示的 Element Size on Picked Lines 拾取框，拾取编号为 22、23、24、51、53 的线，单击 OK 按钮，弹出图 16-23 所示的 Element Sizes on Picked Lines 对话框，在 NDIV 后面的文本框中输入 20，单击 OK 按钮。

（6）执行主菜单中的 Main Menu > Preprocessor > Meshing > Concatenate > Areas，弹出 Concatenate Areas 拾取框，如图 16-24 所示。用鼠标拾取编号为 10、12 的面，单击 OK 按钮。重新回到 MeshTool 工具栏，如图 16-20 所示，在 Shape 后面选中 Hex 和 Mapped 单选按钮，然后单击 Mesh 按钮，弹出如图 16-25 所示的 Mesh Volumes 拾取框，用鼠标拾取编号为 9 的体，单击 OK 按钮。网格划分后的结果如图 16-26 所示。

（7）删除粘贴在一起的面 10 和 12。执行主菜单中的 Main Menu > Preprocessor > Meshing > Concatenate > Del Concats > Areas 命令，粘贴在一起的面会自然分开。

（8）划分右端管板部分网格。执行实用菜单中的 Utility Menu > Plot > Volumes 命令，显示体。重复上面步骤的操作，给编号为 10 的体进行网格划分。给编号为 26、27、30、31 的线划分为 10 份，给编号为 69、70、71、72 的线划分为 5 份，给编号为 5、58 的线划分为 20 份，给编号为 34、35、

36、56、57 的线划分为 20 份，将编号为 16、18 的面通过 Concatenate Areas 命令粘贴在一起，对编号为 10（即右端管板部分）的体划分网格。注意划分完这部分网格后要删除粘贴在一起的面 16 和 18。

Note

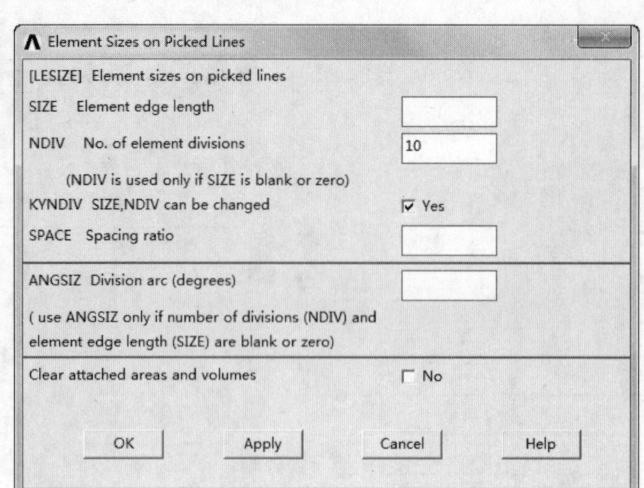

图 16-23 Element Sizes on Picked Lines 对话框

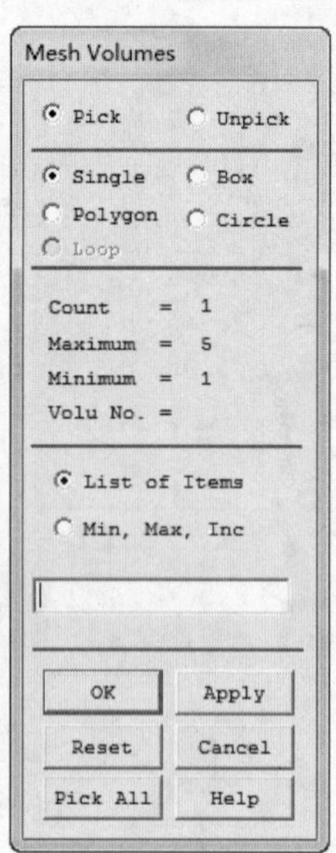

图 16-24 Concatenate Areas 拾取框 图 16-25 Mesh Volumes 拾取框

（9）划分换热管模型网格。执行实用菜单中的 Utility Menu > Plot > Volumes 命令，显示体。

（10）回到 MeshTool 工具栏，单击右上角的 Set 按钮，弹出 Meshing Attributes 对话框，在 MAT 后面的下拉列表框中选择 2，如图 16-27 所示，表示给第二种材料划分网格，把第二种材料的参数赋予其本身。

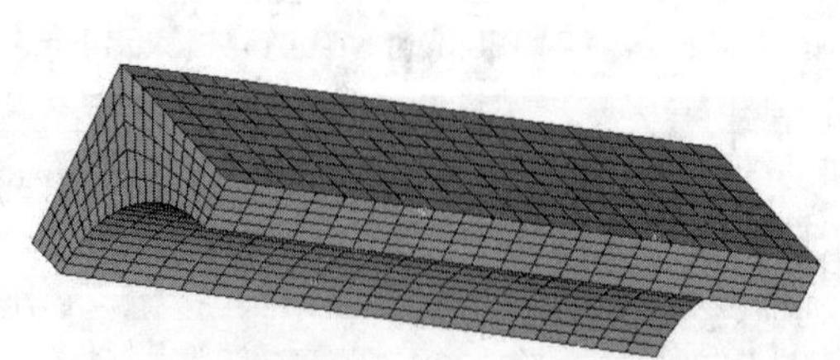

图 16-26 左管板部分网格

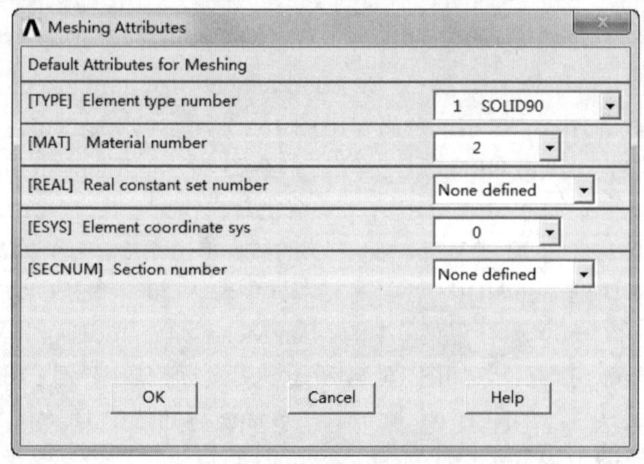

图 16-27 Meshing Attributes 对话框

（11）选择编号为 6、7、8 的体。执行实用菜单中的 Utility Menu > Select > Entities 命令，弹出 Select Entities 对话框，在其中进行如图 16-28 所示设置，单击 OK 按钮，弹出 Select Entities 拾取框，用鼠标拾取编号为 7、8、9 的体，单击 OK 按钮。执行实用菜单中的 Utility Menu > Select > Entities 命令，弹出 Select Entities 对话框，在其中进行如图 16-29（a）所示设置，然后单击 Apply 按钮，再进行如图 16-29（b）所示设置，单击 OK 按钮。参照前面的方法，把编号为 42、43、49、50 的线分

为 20 份，把编号为 1、3、6、8、52、54、59、60 的线划分为 4 份，把编号为 61、62、63、64 的线划分为 80 份，划分这 3 个体，划分完毕后的有限元模型如图 16-30 所示。

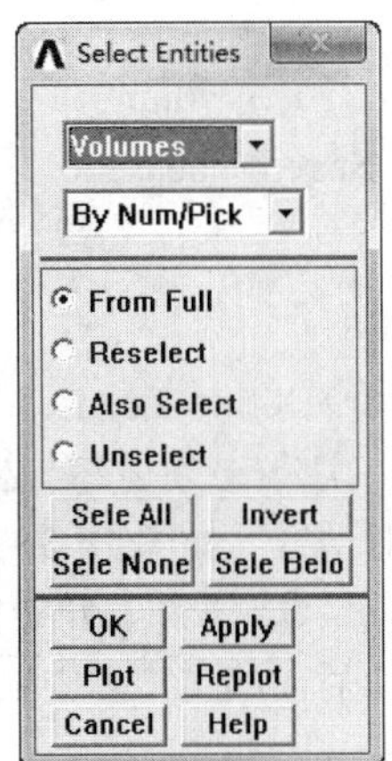

图 16-28　Select Entities 对话框（1）

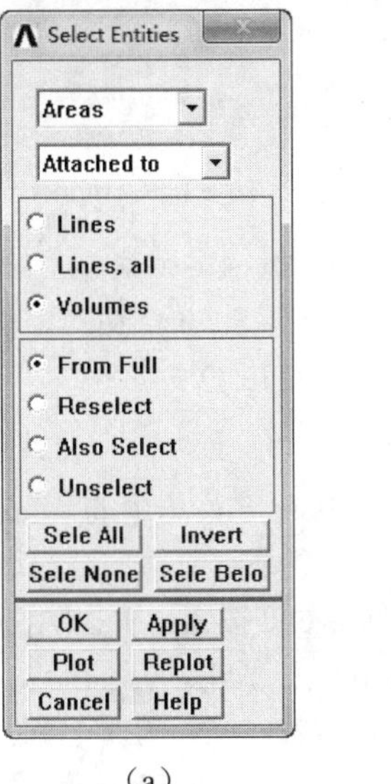

（a）

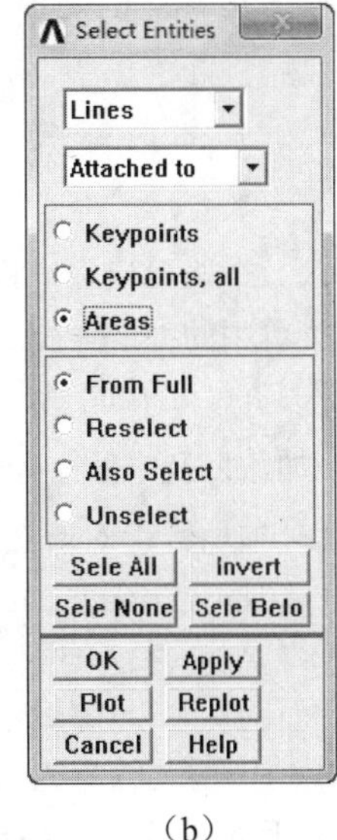

（b）

图 16-29　Select Entities 对话框（2）

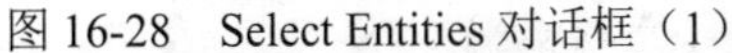

图 16-30　网格划分完毕的有限元模型

（12）进行 Merge 以及压缩编号。执行实用菜单中的 Utility Menu > Select > Everything 命令，然后执行主菜单中的 Main Menu > Preprocessor > Numbering Ctrls > Merge Items 命令，弹出 Merge Coincident or Equivalently Defined Items 对话框，如图 16-31 所示，在 Label 后面的下拉列表框中选择 All 选项，单击 OK 按钮。执行主菜单中的 Main Menu > Preprocessor > Numbering Ctrls > Compress Numbers 命令，弹出 Compress Numbers 对话框，如图 16-32 所示，在 Label 后面的下拉列表框中选择 All 选项，单击 OK 按钮。

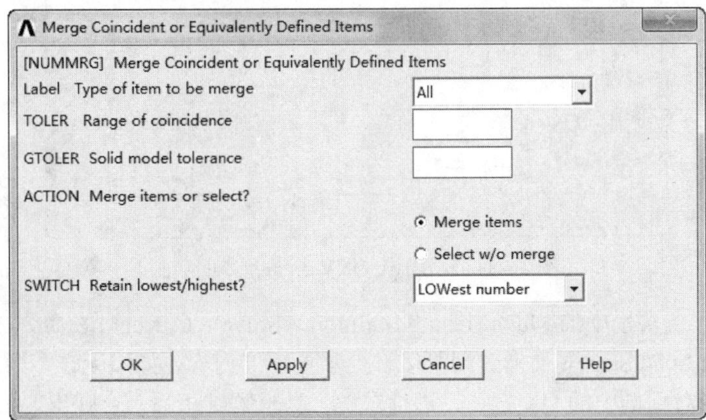

图 16-31　Merge Coincident or Equivalently Defined Items 对话框

（13）关闭 MeshTool 工具栏。单击 MeshTool 工具栏上的 Close 按钮关闭即可。

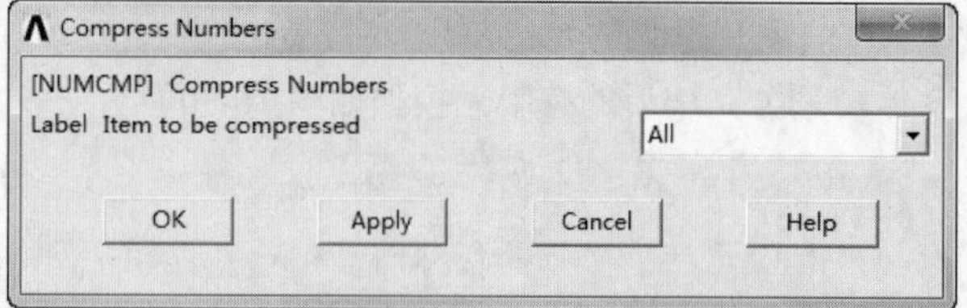

图 16-32 Compress Numbers 对话框

（14）全选并保存网格结果。执行实用菜单中的 Utility Menu > Select > Everything 命令，然后执行实用菜单中的 Utility Menu > File > Save as 命令，弹出一个对话框，在 Save Database to 下面的文本框中输入 Pipe_thermal_Mesh.db，单击 OK 按钮。

5．加载以及求解

（1）施加管程对流载荷。执行主菜单中的 Main Menu > Solution > Define Loads > Apply > Thermal > Convection > On Areas 命令，弹出一个拾取框，在图形窗口上拾取编号为 A23、A1、A7、A17、A8、A2、A27 的面，单击 OK 按钮，弹出 Apply CONV on areas 对话框，如图 16-33 所示，在 VALI 后面的文本框中输入 426，在 VAL2I 后面的文本框中输入 200，单击 OK 按钮。重复前面的命令，在图形上拾取编号为 A20、A24、A28 的面，单击 OK 按钮，在 VALI 后面的文本框中输入 3000，在 VAL2I 后面的文本框中输入 250，单击 OK 按钮。

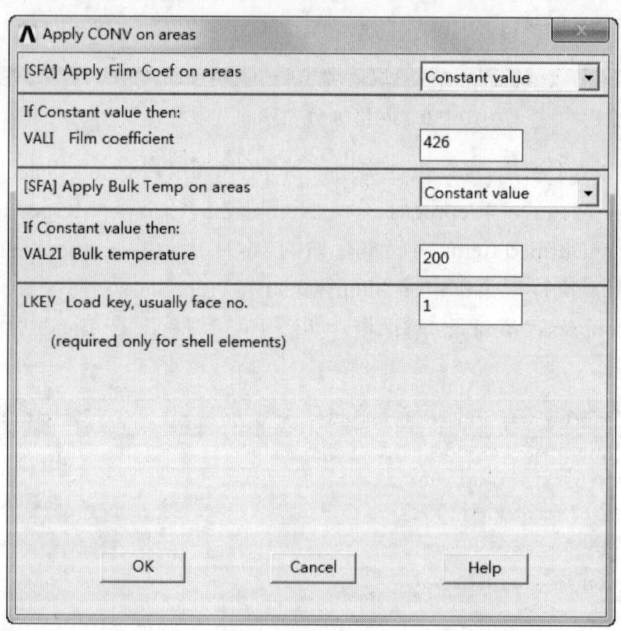

图 16-33 Apply CONV on areas 对话框

（2）求解。执行主菜单中的 Main Menu > Solution > Solve > Current LS 命令，弹出一个信息提示窗口和 Solve Current Load Step 对话框，浏览信息提示窗口的内容，如果无误，则选择 File > Close 命令将其关闭，再单击对话框中的 OK 按钮，进行求解。当求解结束后，会弹出 Solution is done 的提示窗口，将其关闭即可。

（3）保存结果文件。执行实用菜单中的 Utility Menu > File > Save as 命令，弹出一个对话框，在 Save Database to 下面的文本框中输入 Pipe_thermal_Result.db，单击 OK 按钮。

6．查看结果（后处理）

（1）绘制温度分布云图。执行主菜单中的 Main Menu > General Postproc > Plot Results > Contour Plot > Nodal Solu 命令，弹出 Contour Nodal Solution Data 对话框，如图 16-34 所示。依次选择 Nodal Solution > DOF Solution > Nodal Temperature 命令，单击 OK 按钮，生成的结果如图 16-35 所示。

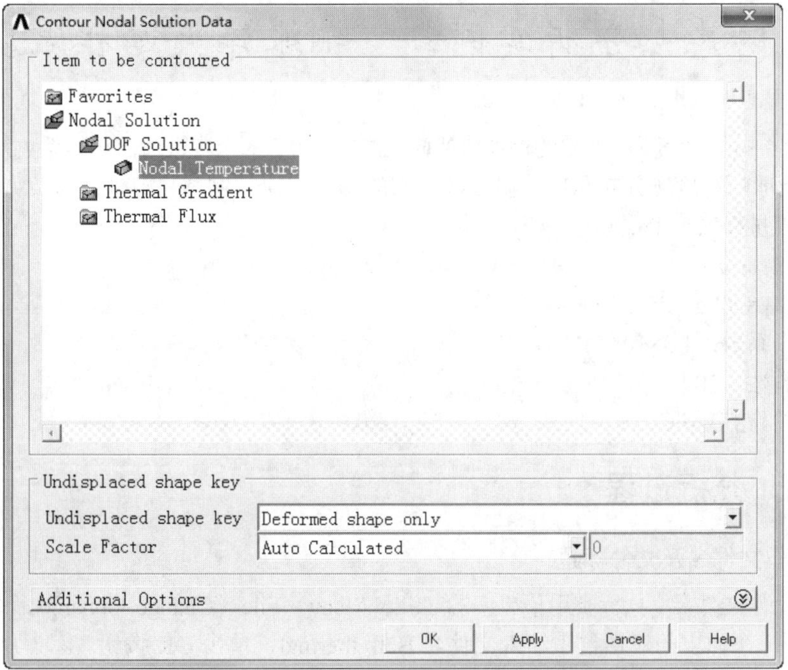

图 16-34　Contour Nodal Solution Data 对话框

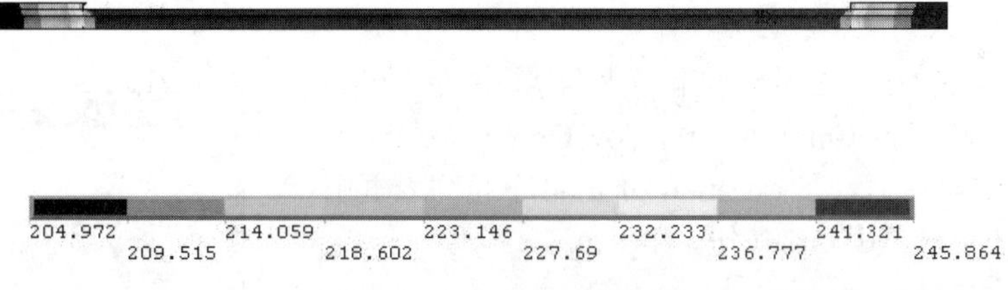

图 16-35　生成的温度云图

（2）绘制热梯度分布云图。执行主菜单中的 Main Menu > General Postproc > Plot Results > Contour Plot > Nodal Solu 命令，弹出 Contour Nodal Solution Data 对话框。依次选择 Nodal Solution > Thermal Gradient > Thermal Gradient vector sum 命令，单击 OK 按钮，生成的结果如图 16-36 所示。

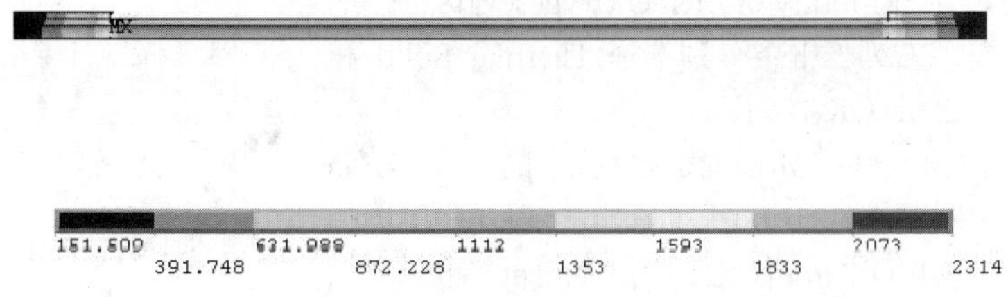

图 16-36　生成的温度梯度总量云图

16.5.2 命令流方式

Note

命令流方式这里不再详细介绍，读者可参见随书光盘中的电子文档。

16.6 瞬态热分析实例——钢球淬火过程温度分析

一个直径为0.2m，温度为500℃的钢球突然放入温度为0℃的水中，对流传热系数为650W/m^2·℃，计算1分钟后钢球的温度场分布和球心温度随时间的变化规律。钢球材料性能参数如下。

☑ 弹性模量：220GPa。

☑ 泊松比：0.28。

☑ 密度：7800kg/m^3。

☑ 热膨胀系数：1.3×10^{-6}/℃。

☑ 导热系数：70。

☑ 比热：448J/kg·℃。

16.6.1 GUI分析过程

1. 定义工作文件名及文件标题

（1）定义工作文件名。执行实用菜单中的Utility Menu > File > Change Jobname命令，弹出Change Jobname对话框。在弹出的对话框中输入文件名Ball_thermal，单击OK按钮。

（2）定义工作标题。执行实用菜单中的Utility Menu > File > Change Title命令，弹出Change Title对话框。在弹出的对话框中输入Cooling of a steel ball，单击OK按钮。

（3）关闭坐标符号的显示。执行实用菜单中的Utility Menu > PlotCtrls > Window Controls > Window Options命令，弹出Window Options对话框。在Location of triad下拉列表框中选择Not Shown选项，单击OK按钮。

2. 定义单元类型及材料属性

（1）定义单元类型及单元特性。执行主菜单中的Main Menu > Preprocessor > Element Type > Add/Edit/Delete命令，弹出Element Types对话框，如图16-37所示。

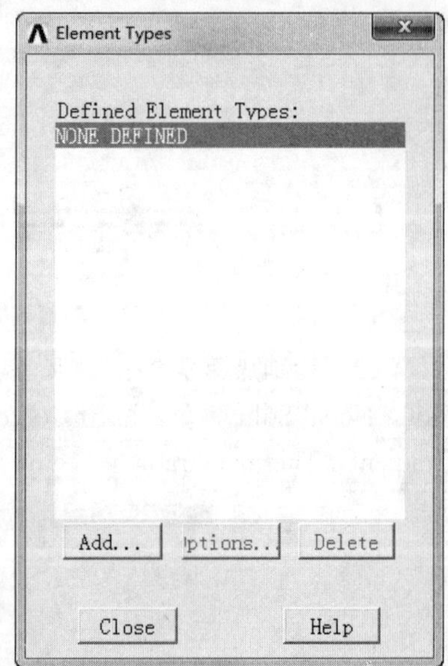

图16-37 Element Types对话框

单击Add按钮，弹出Library of Element Types对话框，如图16-38所示。在左、右列表框中分别选择Thermal Solid和Quad 4node 55选项，单击OK按钮。

单击Options按钮，弹出如图16-39所示的PLANE55 element type options对话框，在K3后面的下拉列表框中选择Axisymmetric选项，单击OK按钮，返回到Element Types对话框中，单击Close按钮，关闭对话框。

（2）设置材料属性。执行主菜单中的Main Menu > Preprocessor > Material Props > Material Models

Note

命令，弹出 Define Material Model Behavior 窗口，如图 16-40 所示。

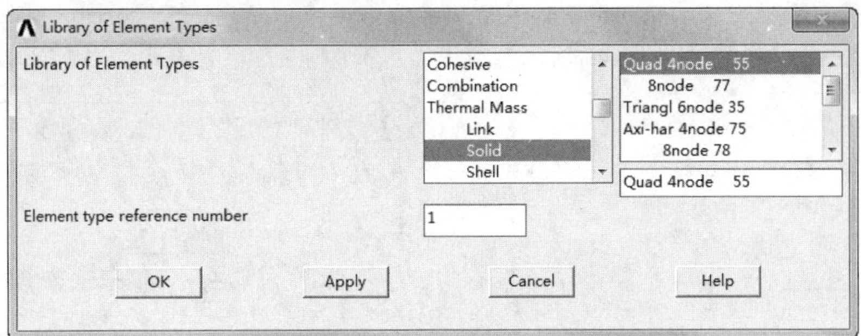

图 16-38　Library of Element Types 对话框

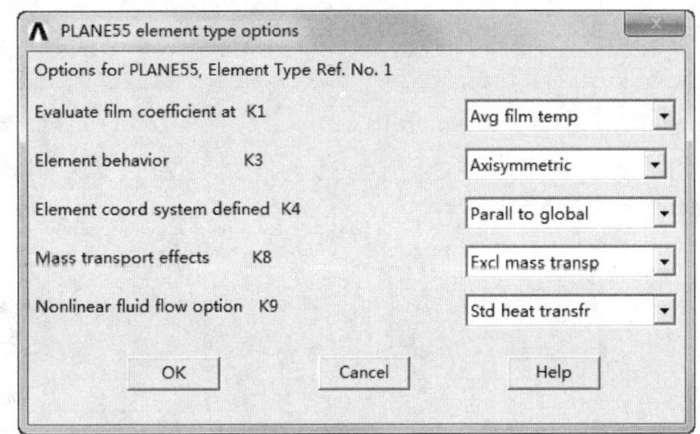

图 16-39　PLANE55 element type options 对话框

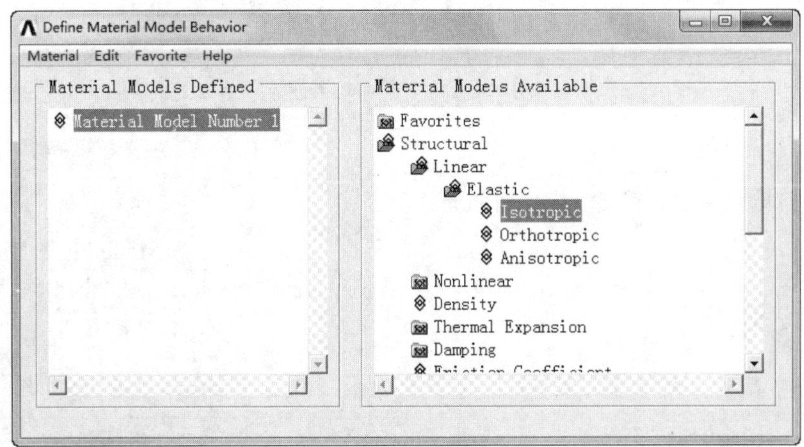

图 16-40　Define Material Model Behavior 窗口

在 Material Models Available 下面的选项中依次选择 Structural > Linear > Elastic > Isotropic 选项，弹出 Linear Isotropic Properties for Material Number 1 对话框，如图 16-41 所示，在 EX 后面的文本框中输入 2.2E11，在 PRXY 后面的文本框中输入 0.28，单击 OK 按钮；然后再依次选择 Structural > Density 选项，弹出 Density for Material Number 1 对话框，如图 16-42 所示，在 DENS 后面的文本框中输入 7800，单击 OK 按钮；再依次选择 Structural > Thermal Expansion > Secant Coefficient > Isotropic 选项，弹出如图 16-43 所示的对话框，在 ALPX 后面的文本框中输入 1.3E-006，单击 OK 按钮；再依次选择 Thermal > Conductivity > Isotropic 选项，弹出 Conductivity for Material Number 1 对话框，如图 16-44

所示。在 KXX 后面的文本框中输入 70，单击 OK 按钮；最后再依次选择 Thermal > Specific Heat 选项，弹出如图 16-45 所示的 Specific Heat for Material Number 1 对话框，在 C 后面的文本框中输入 448，单击 OK 按钮。最后再次回到图 16-40 所示的窗口，选择 Material > Exit 命令，关闭该对话框。

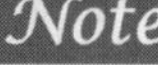

图 16-41　Linear Isotropic Properties for Material Number 1 对话框

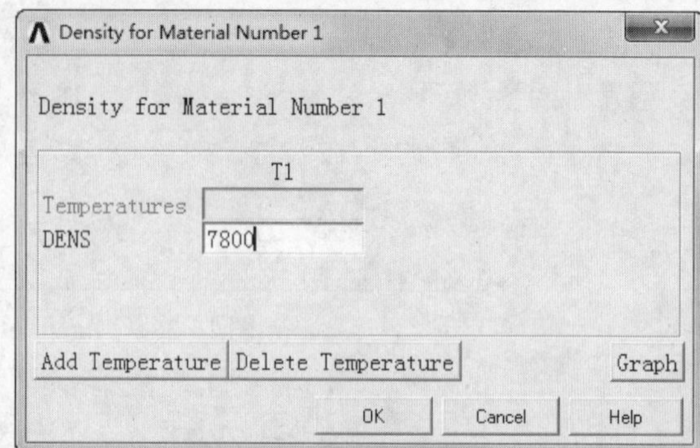

图 16-42　Density for Material Number 1 对话框

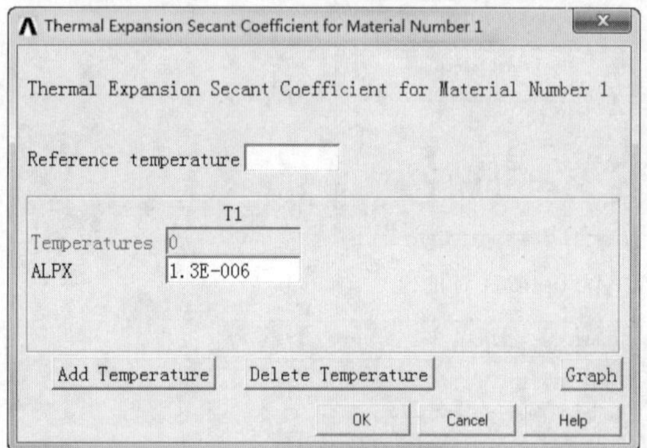

图 16-43　定义热膨胀系数对话框

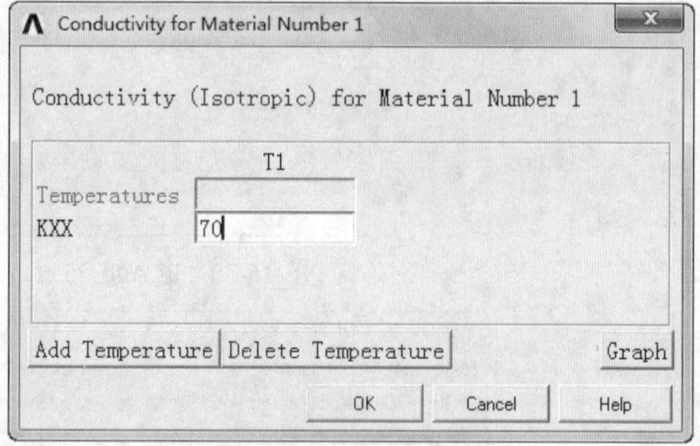

图 16-44　定义导热系数对话框

3. 建立几何模型并划分网格，生成有限元模型

（1）建立 1/4 圆面。执行主菜单中的 Main Menu > Preprocessor > Modeling > Create > Areas > Circle > By Dimensions 命令，弹出 Circular Area by Dimensions 对话框，按如图 16-46 所示输入数据，单击 OK 按钮。

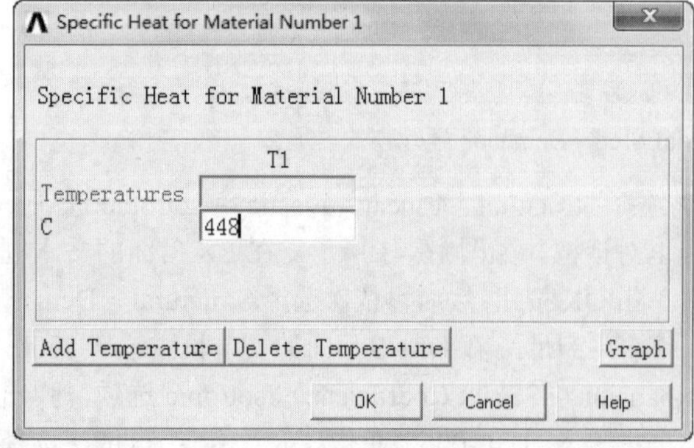

图 16-45　定义比热对话框

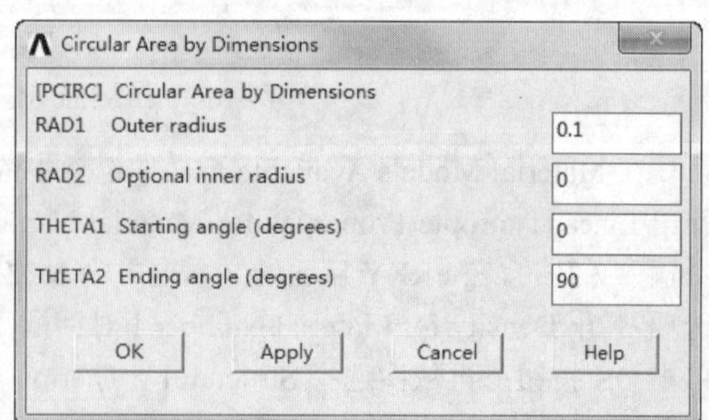

图 16-46　Circular Area by Dimensions 对话框

（2）划分网格。执行主菜单中的 Main Menu > Preprocessor > Meshing > Size Cntrls > ManualSize > Lines > All Lines 命令，弹出 Element Sizes on All Selected Lines 对话框，如图 16-47 所示，在 NDIV 后面的文本框中输入 20，单击 OK 按钮。

Note

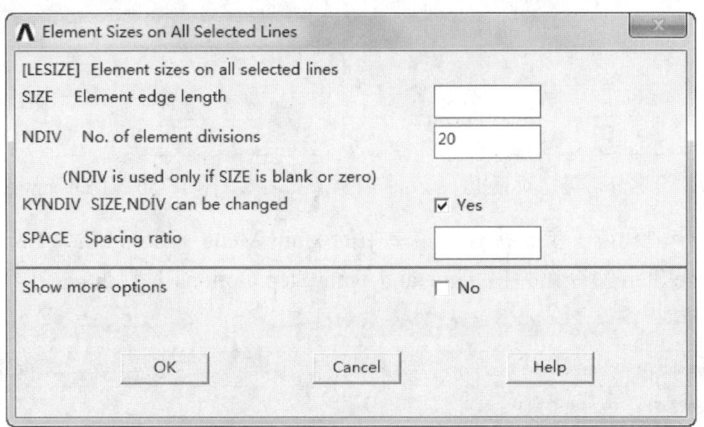

图 16-47　Element Sizes on All Selected Lines 对话框

执行主菜单中的 Main Menu > Preprocessor > Meshing > Mesh > Areas > Free 命令，弹出 Mesh Areas 拾取框，用鼠标选取该面，单击 OK 按钮。

（3）执行实用菜单中的 Utility Menu > Plot > Elements 命令，显示窗口将显示生成的有限元模型，如图 16-48 所示。

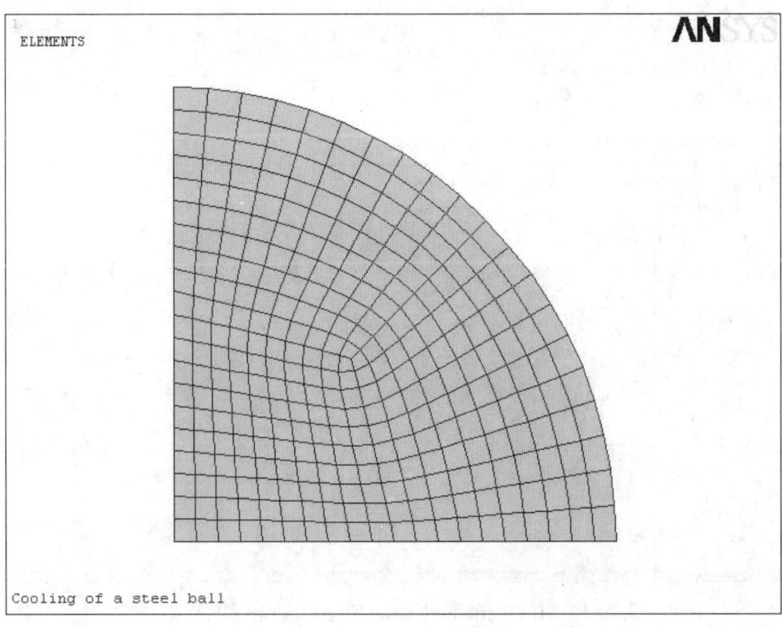

图 16-48　网格划分结果显示

4．施加载荷和求解

（1）设定分析类型。执行主菜单中的 Main Menu > Solution > Analysis Type > New Analysis 命令，弹出 New Analysis 对话框，如图 16-49 所示，选中 Transient 单选按钮，单击 OK 按钮，弹出 Transient Analysis 对话框，如图 16-50 所示，单击 OK 按钮关闭即可。

Note

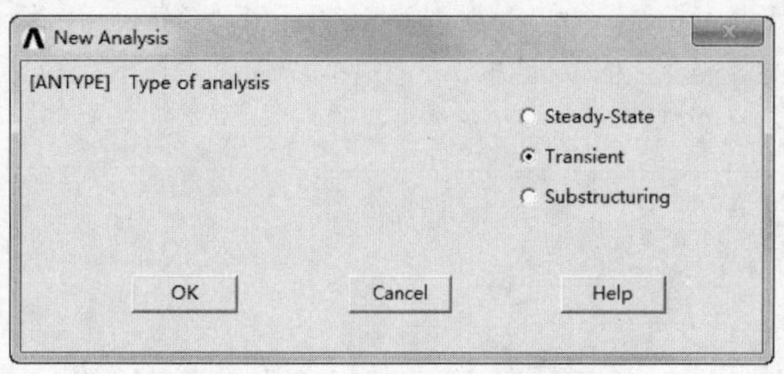

图 16-49　设定分析类型对话框

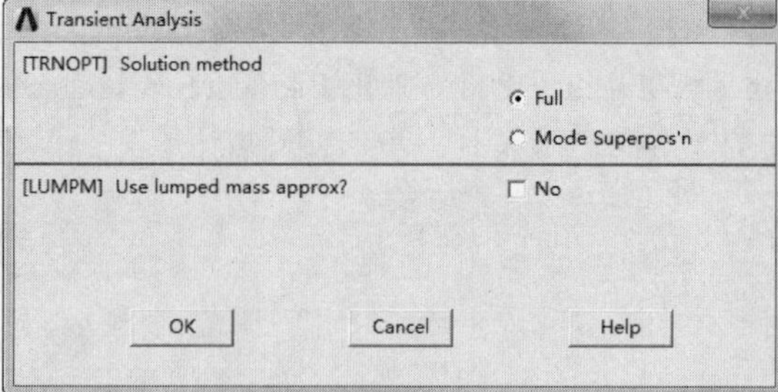

图 16-50　Transient Analysis 对话框

（2）设定载荷步、载荷子步。执行主菜单中的 Main Menu > Solution > Load Step Opts > Time/ Frequenc > Time-Time Step 命令，弹出 Time and Time Step Options 对话框，按照图 16-51 所示输入数据，单击 OK 按钮。

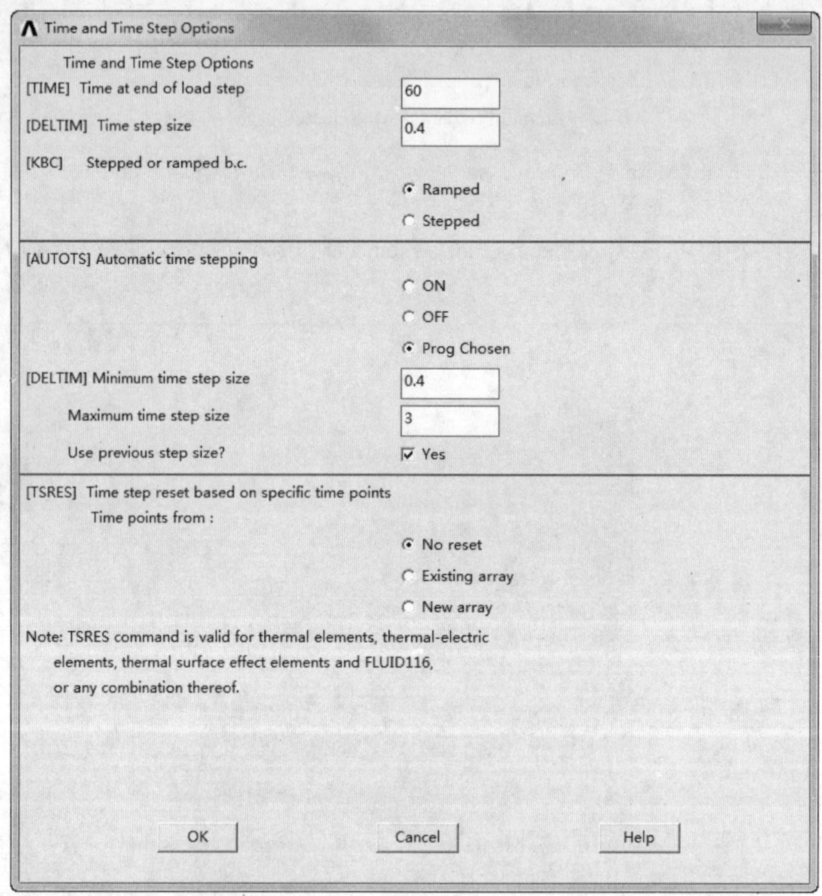

图 16-51　Time and Time Step Options 对话框

（3）输出控制。执行主菜单中的 Main Menu > Solution > Load Step Opts > Output Ctrls > DB/Results File 命令，弹出 Controls for Database and Results File Writing 对话框，参照图 16-52 所示进行设置，然后单击 OK 按钮。

（4）打开线编号。执行主菜单中的 Main Menu > PlotCtrls > Numbering 命令，在打开的对话框中选中 Line numbers 复选框，单击 OK 按钮。

（5）执行实用菜单中的 Utility Menu > Select > Entities 命令，弹出 Select Entities 对话框，在第一个下拉列表框中选择 Lines 选项，在第二个下拉列表框中选择 By Num/Pick 选项，然后单击 OK 按钮，弹出 Select Lines 拾取框，在文本框中输入 1，单击 OK 按钮。

（6）施加温度载荷。执行主菜单中的 Main Menu > Solution > Define Loads > Apply > Thermal > Temperature > Uniform Temp 命令，弹出 Uniform Temperature 对话框，如图 16-53 所示，在文本框中输入 500，单击 OK 按钮。

（7）执行实用菜单中的 Utility Menu > Select > Entities 命令，弹出 Select Entities 对话框，在第一个下拉列表框中选择 Lines 选项，在第二个下拉列表框中选择 By Num/Pick 选项，然后单击 OK 按钮，弹出 Select Lines 拾取框，用鼠标拾取编号为 1 的线，单击 OK 按钮。执行实用菜单中的 Utility Menu > Select > Entities 命令，再次弹出 Select Entities 对话框，按照图 16-54 所示进行设置，然后单击 OK 按钮。

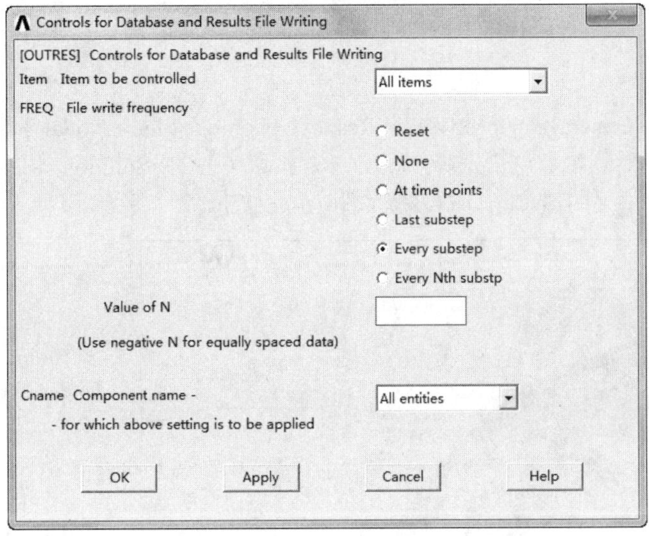

图 16-52　Controls for Database and Results File Writing 对话框

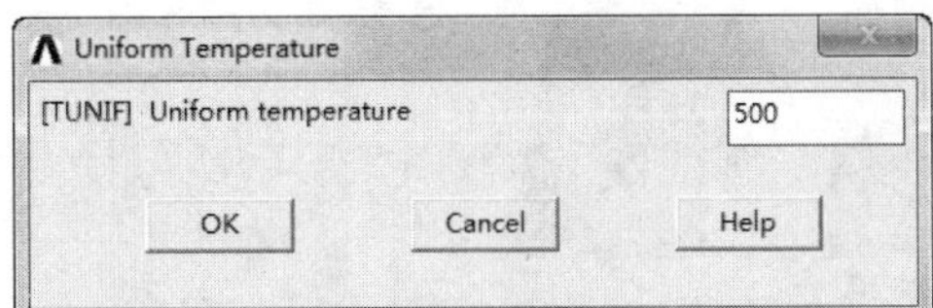

图 16-53　Uniform Temperature 对话框

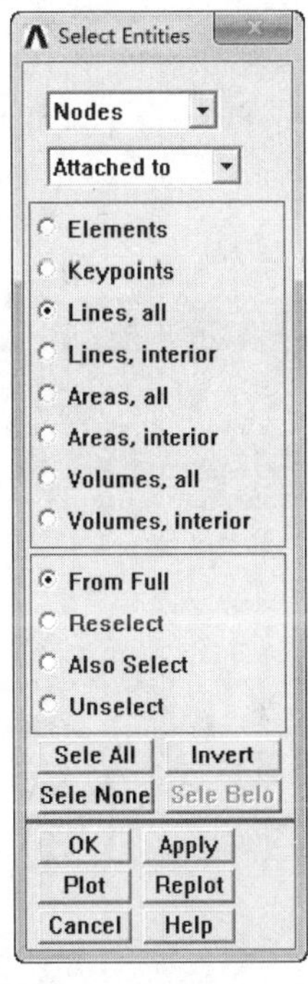

图 16-54　Select Entities 对话框

（8）给钢球外壁施加对流及温度载荷。执行主菜单中的 Main Menu > Solution > Define Loads > Apply > Thermal > Convection > On Nodes 命令，弹出 Apply CONV on Nodes 拾取框，单击 Pick All 按钮，弹出 Apply CONV on nodes 对话框，如图 16-55 所示，在 VALI Film coefficient 后面的文本框中输入 650，在 VAL2I Bulk temperature 后面的文本框中输入 0，单击 OK 按钮。

（9）全部选中。执行实用菜单中的 Utility Menu > Select > Everything 命令。

（10）保存模型。执行实用菜单中的 Utility Menu > File > Save as 命令，弹出 Save Database 对话框，在 Save Database to 后面的文本框中输入 Ball_thermal.db，保存求解结果，单击 OK 按钮。

（11）求解计算。执行主菜单中的 Main Menu > Solution > Solve > Current LS 命令，弹出一个信息提示窗口和 Solve Current Load Step 对话框，浏览信息提示窗口的内容，如果无误，则选择菜单 File > Close 命令将其关闭，再单击对话框中的 OK 按钮进行求解。当求解结束后，会弹出 Solution is done 的提示窗口，关闭即可。

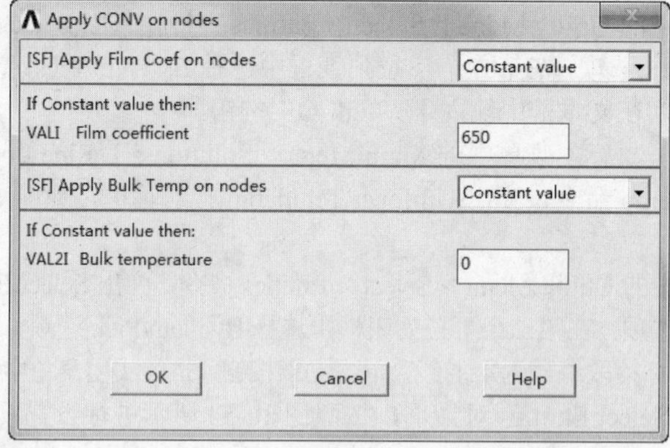

图 16-55　Apply CONV on nodes 对话框

5．查看结果（后处理）

（1）执行主菜单中的 Main Menu > General Postproc > Plot Results > Contour Plot > Nodal Solu 命令，弹出 Contour Nodal Solution Data 对话框，依次选择 Nodal Solution > DOF Solution > Nodal Temperature 选项，单击 OK 按钮，计算结果的温度场分布云图如图 16-56 所示。

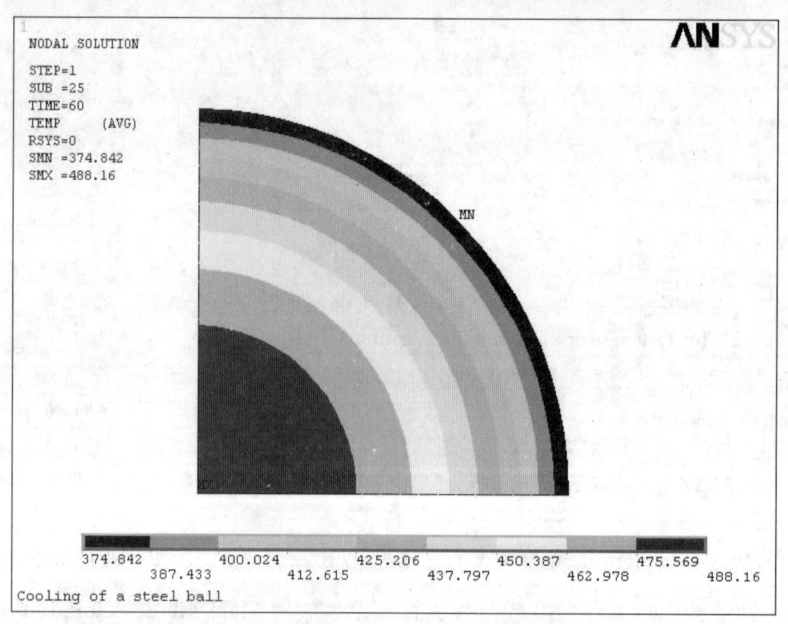

图 16-56　温度场分布云图

（2）生成动画。执行实用菜单中的 Utility Menu > PlotCtrls > Animate > Over Time 命令，弹出 Animate Over Time 对话框，按照图 16-57 进行设置，单击 OK 按钮，即可得到整个淬火过程钢球温度分布变化的动态显示结果。

（3）进入时间历程后处理器。执行主菜单中的 Main Menu > TimeHist Postpro 命令，弹出 Time History Variables-Ball_thermal.rth 对话框，直接单击右上角的“关闭”按钮即可。

（4）定义分析变量。执行实用菜单中的 Utility Menu > Plot > Elements 命令显示单元。执行主菜单中的 Main Menu > TimeHist Postpro > Define Variables 命令，弹出 Defined Time-History Variables 对话框，如图 16-58 所示。

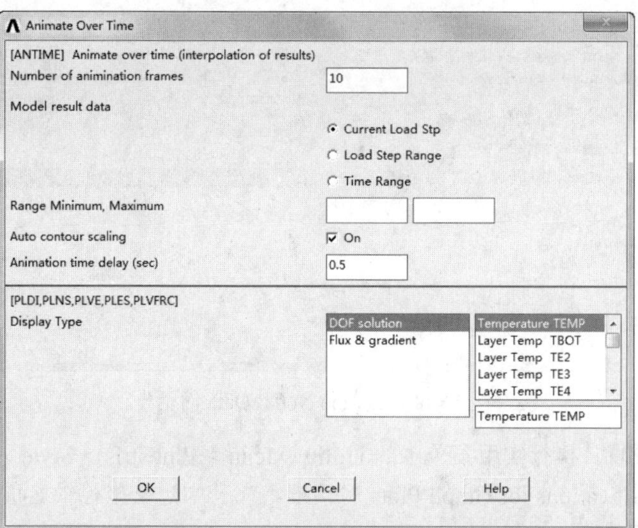

图 16-57　Animate Over Time 对话框

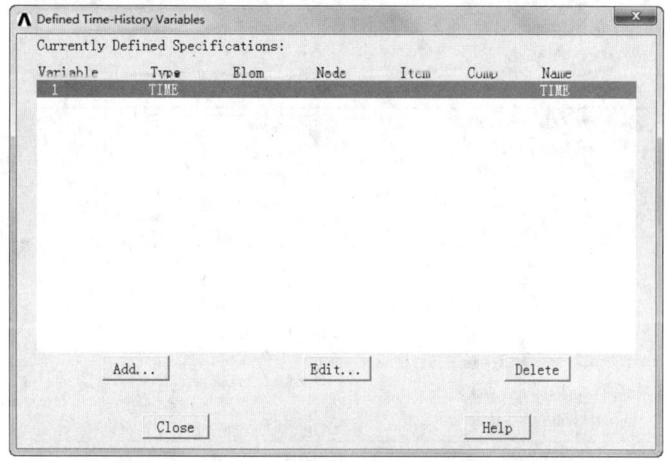

图 16-58　Define Time-History Variables 对话框

单击 Add 按钮，弹出 Add Time-History Variable 对话框，如图 16-59 所示，在其中选中 Nodal DOF result 单选按钮，单击 OK 按钮，弹出 Define Nodal Data 拾取框，在图形窗口拾取钢球模型中心节点，即两条边线相交的点（节点编号为 22），单击 OK 按钮，弹出 Define Nodal Data 对话框，如图 16-60 所示，单击 OK 按钮，返回到图 16-58 所示的对话框中，再单击 Close 按钮关闭该对话框。

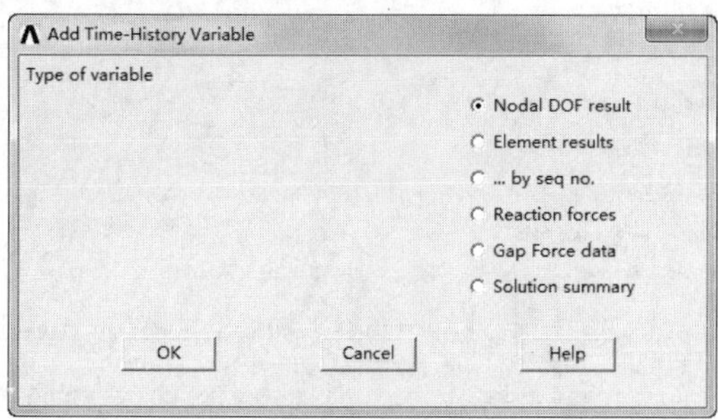

图 16-59　Add Time-History Variable 对话框

Note

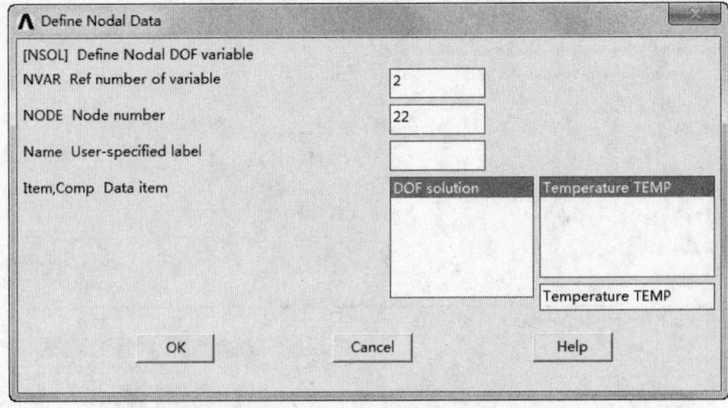

图 16-60 Define Nodal Data 对话框

（5）图形输出设置。执行实用菜单中的 Utility Menu > PlotCtrls > Style > Graphs > Modify Axes 命令，弹出 Axes Modifications for Graph Plots 对话框。在其中定义坐标轴名称，参照图 16-61 所示进行设置，然后单击 OK 按钮。

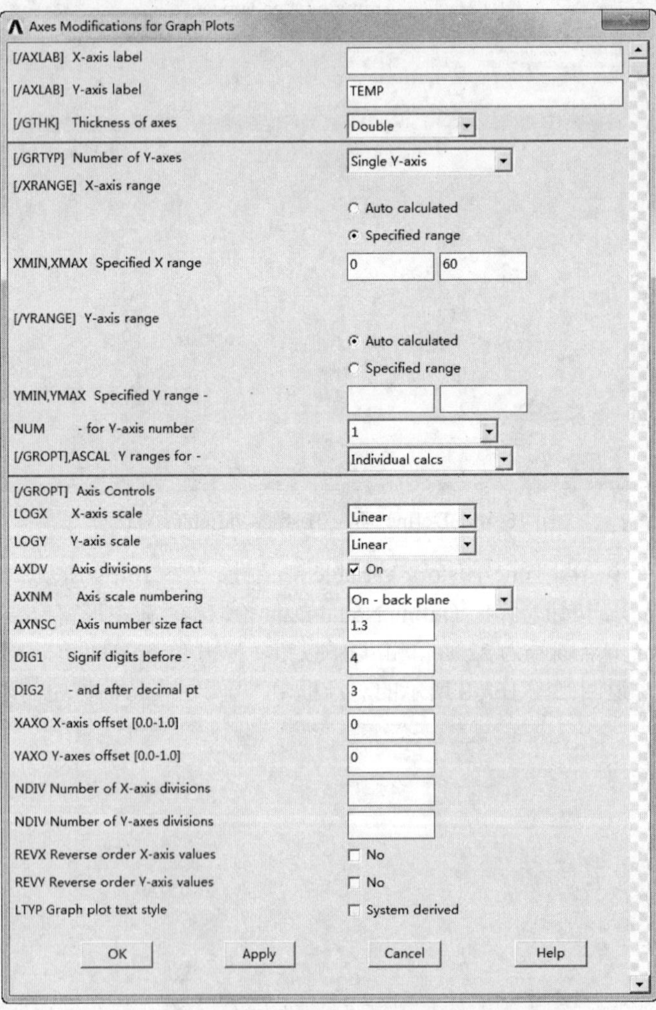

图 16-61 Axes Modifications for Graph Plots 对话框

（6）设定曲线图的网格线。执行实用菜单中的 Utility Menu > PlotCtrls > Style > Graphs > Modify Grid 命令，弹出 Grid Modifications for Graph Plots 对话框，如图 16-62 所示，在 Type of grid 后面的下拉列表框中选择 X and Y lines 选项，单击 OK 按钮。

（7）观察载荷-位移历程曲线。执行主菜单中的 Main Menu > TimeHist Postpro > Graph Variables 命令，弹出 Graph Time-History Variables 对话框，如图 16-63 所示，在 NVAR1 后面的文本框中输入 2，单击 OK 按钮，钢球球心的温度-时间历程曲线将出现在图形窗口上，如图 16-64 所示。

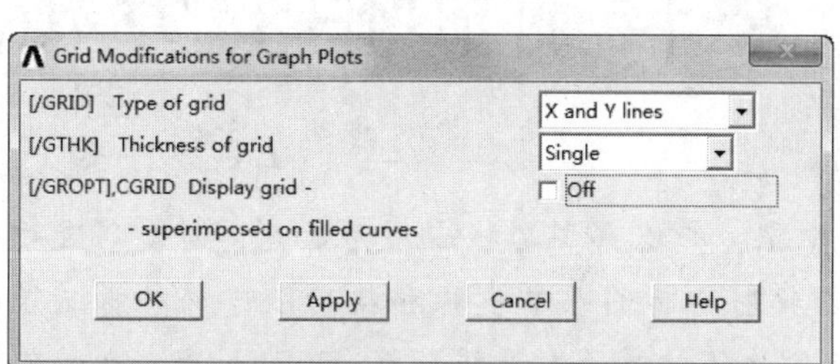

图 16-62　Grid Modifications for Graph Plots 对话框

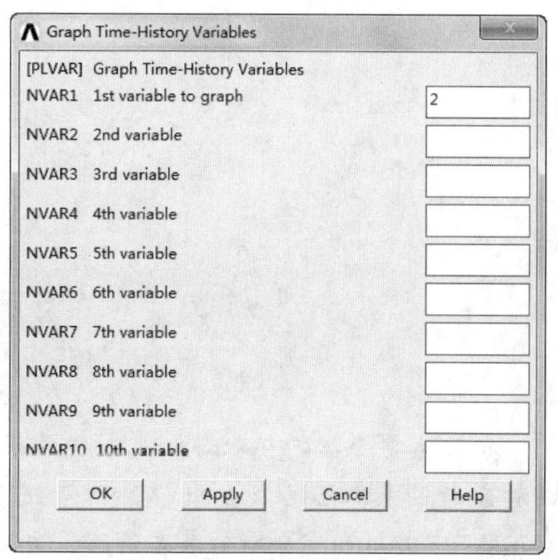

图 16-63　Graph Time-History Variables 对话框

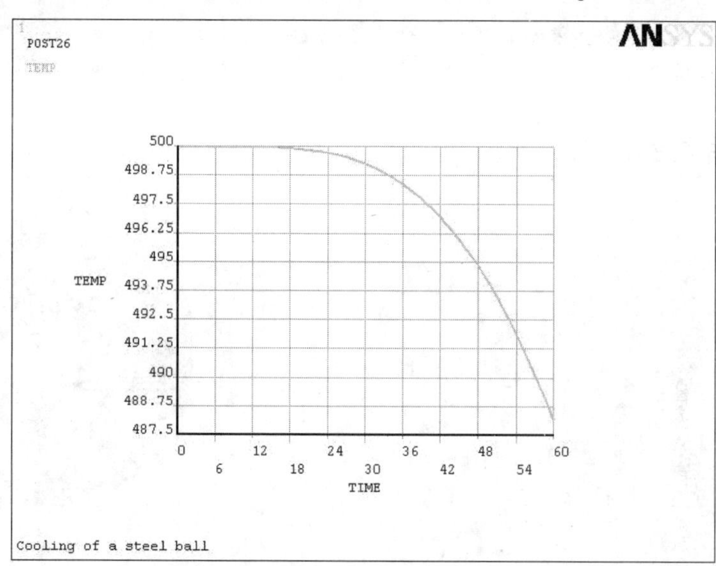

图 16-64　钢球球心的温度-时间历程曲线

（8）退出 ANSYS。执行实用菜单中的 Utility Menu > File > Exit 命令，弹出 Exitfrom ANSYS 对话框，选中 Quit-No Save 单选按钮，单击 OK 按钮关闭 ANSYS。

16.6.2　命令流方式

命令流方式不再详细介绍，读者可参见随书光盘中的电子文档。

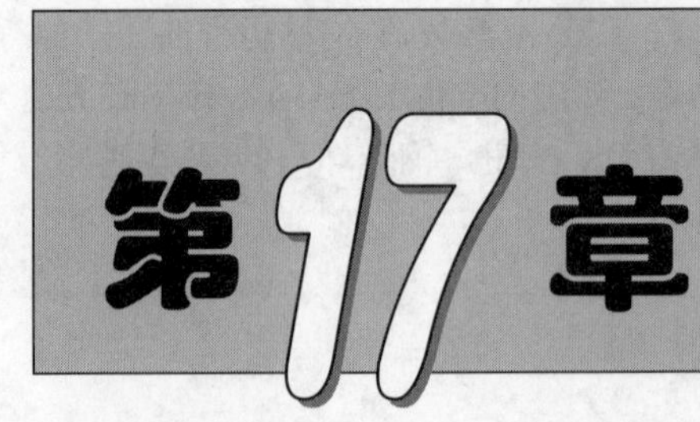

热辐射和相变分析

本章主要介绍热辐射与相变分析的基本步骤，并以典型工程应用为示例，讲述了进行热辐射分析的基本思路及应用 ANSYS 进行热辐射分析的基本步骤和技巧。并详细讲述了在 ANSYS 中进行相变分析的基本思路，并以铝的焓值计算为例说明了在 ANSYS 中定义焓值的方法。

- ☑ 热辐射基本理论及在 ANSYS 中的处理方法
- ☑ 相变分析概述

任务驱动&项目案例

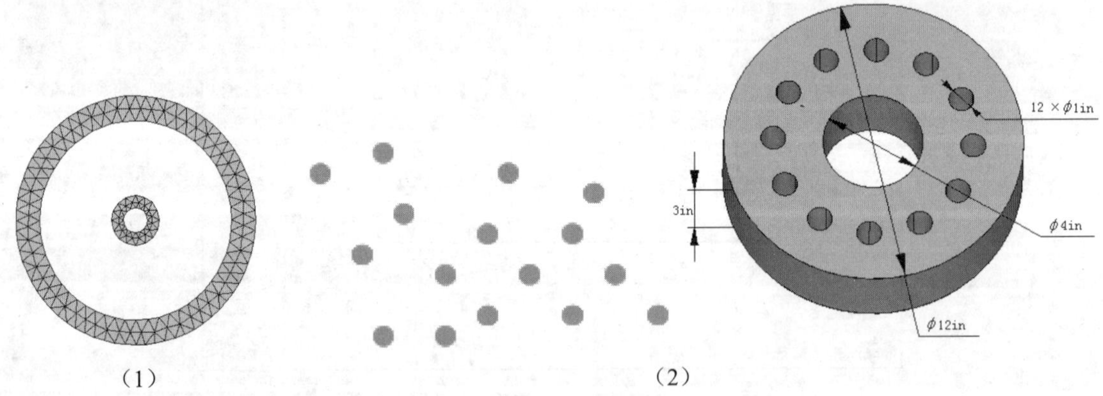

（1）　　　　　　　　　　　　（2）

17.1 热辐射基本理论及在 ANSYS 中的处理方法

17.1.1 热辐射特性

（1）辐射热传递是通过电磁波传递热能的方法。热辐射的电磁波波长为 0.1～100μm，这包括超微波，所有可以用肉眼看到的波长和长波。

（2）不像其他热传递方式需要介质，辐射在真空中（如外层空间）效率最高。

（3）对于半透明体（如玻璃），辐射是三维实体现象，因为辐射从体中发散出来。

（4）对于不透明体，辐射主要是平面现象，因为几乎所有内部辐射都被实体吸收了。

（5）两平面间的辐射热传递与它们平面绝对温度差的四次方成正比，因此，辐射分析是非线性的，需要迭代求解。

17.1.2 ANSYS 中热辐射的处理方法

1. ANSYS 中关于辐射的重要假设

（1）ANSYS 认为辐射是平面现象，因此适合用不透明平面建模。

（2）ANSYS 不直接计入平面反射率（在考虑到效率方面时，假设平面吸收率和发射率相等），因此，只有发射率特性需要在 ANSYS 辐射分析中定义。

（3）ANSYS 不自动计入发射率的方向特性，也不允许发射率定义随波长变化。发射率可以在某些单元中定义为温度的函数。

（4）ANSYS 中所有分隔辐射面的介质在计算辐射能量交换时都看作是不参与辐射的能量交换（不吸收也不发射能量）。

2. ANSYS 求解方法

ANSYS 使用一个简单的过程求解多个平面辐射问题，矩阵形式如下：

$$[K']\{T\}=\{Q\} \tag{17-1}$$

其中，$[K']$ 是 T^3 的函数。

生成多平面问题系统的矩阵要比前面列出的简单因子近似方法复杂。辐射是高度非线性分析，需要使用牛顿-拉普森迭代求解。关于非线性分析的内容见第 12 章。

17.2 实例——两同心圆柱体间热辐射分析

本节实例将详细介绍应用 ANSYS 的热辐射矩阵生成器进行稳态热辐射分析的方法和基本步骤，该方法是进行辐射分析中的一种方法，要求读者掌握热辐射矩阵生成器的选项设置、形状系数计算方法及结果参数获取的方法，结合前面介绍的热辐射理论，体会 ANSYS 计算热辐射的计算方法与计算精度。

17.2.1 问题描述

用 AUX12 热辐射矩阵生成器，分析两圆柱体间面与面之间的热辐射，几何尺寸及温度边界条件

Note

如图 17-1 所示，计算图中内圆环外壁 4 号节点和外圆环内壁对应点 13 号节点的热流率。材料的参数如表 17-1 所示，分析时，温度采用 K，其他单位采用国际单位制。

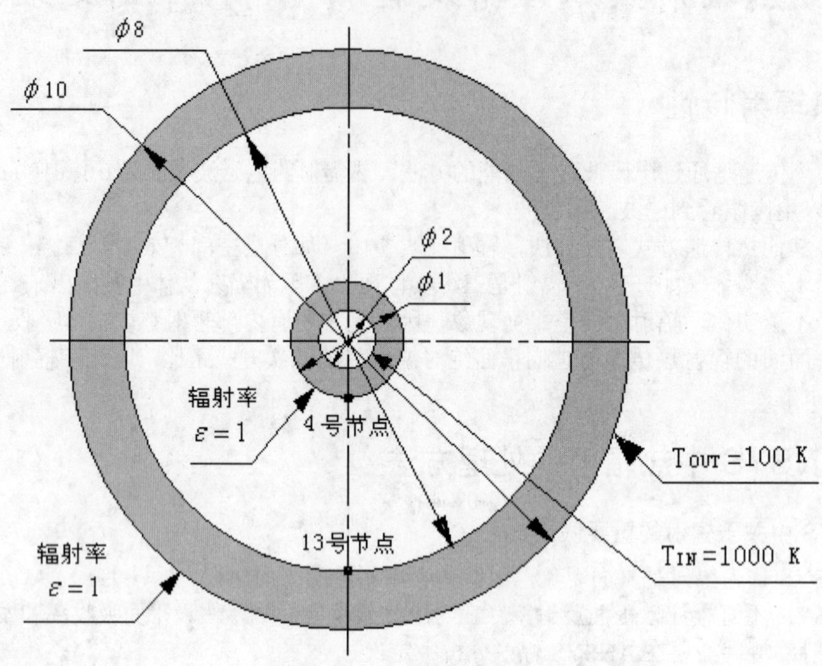

图 17-1　几何模型图

表 17-1　材料的参数表

传热系数/（W/m·K）	密度/（kg/m³）	弹性模量/Pa	泊　松　比	比热容/（J/kg·K）	辐　射　率	斯蒂芬-波尔兹曼常数/（W/m²·K⁴）
60.64	7850	2e11	0.3	460	1	5.67e-8

17.2.2　问题分析

假设两圆柱体无限长，忽略长度方向的影响，因而本实例将该问题简化为二维平面分析问题，选用 PLAN35 6 节点二阶三角形平面单元进行分析。

17.2.3　GUI 操作步骤

1．定义分析文件名

选择实用菜单中的 Utility Menu > File > Change Jobname 命令，在弹出的对话框中输入 Radiation_Cylinders，单击 OK 按钮。

2．定义单元类型

选择主菜单中的 Main Menu > Preprocesor > Element Type > Add/Edit/Delete 命令，在弹出的 Element Types 对话框中单击 Add 按钮，在弹出的对话框中分别选择 Thermal Solid 和 Triangl 6node 35 选项，定义平面 6 节点二阶单元，如图 17-2 所示，然后单击 OK 按钮。

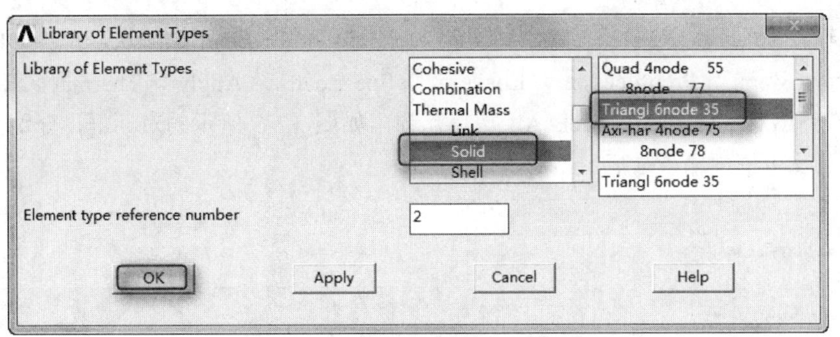

图 17-2　单元类型选择对话框

3. 定义参数

在命令输入窗口中输入：

```
TIN=1000                      !定义内圆环内壁温度
TOUT=100                      !定义外圆环外壁温度
STFCONST=5.67e-8              !斯蒂芬-波尔兹曼常数
TOFF=0                        !定义温度偏移量
```

4. 定义材料属性

（1）定义热传导系数。选择主菜单中的 Main Menu > Preprocessor > Material Props > Material Mode 命令，弹出定义材料属性对话框，依次选择对话框右侧的 Thermal > Conductivity > Isotropic 选项，在弹出的对话框中输入导热系数 KXX60.64，单击 OK 按钮。

（2）定义材料的比热容。依次选择对话框右侧的 Thermal > Specific Heat 选项，在弹出对话框的 C 项后面的文本框中输入比热容 460，单击 OK 按钮。

（3）定义材料的密度。依次选择对话框右侧的 Thermal > Density 选项，在弹出对话框的文本框中输入 7850，单击 OK 按钮。

（4）定义弹性模量和泊松比。依次选择对话框右侧的 Structual > Linear > Elastic > Isotropic 选项，在弹出对话框的 EX 后面的文本框中输入 2e11，在 PRXY 后面的文本框中输入 0.3，单击 OK 按钮。然后单击“关闭”按钮退出定义材料属性对话框。

5. 建立几何模型

选择主菜单中的 Main Menu > Preprocessor > Modeling > Create > Areas > Circle > By Dimensions 命令，弹出如图 17-3 所示的对话框，分别在 RAD1、RAD2 后面的文本框中输入 0.5 和 1，单击 Apply 按钮；按同样的方法再分别输入 4 和 5。

6. 划分单元

选择主菜单中的 Main Menu > Preprocessor > Meshing > Size Cntrls > Smart Size > Basic 命令，弹出如图 17-4 所示的对话框，在 LVL 后面的下拉列表框中选择 4，单击 OK 按钮。选择主菜单中的 Main Menu > Preprocessor > Meshing > Mesh > Areas > Free 命令，弹出对话框后，单击 Pick All 按钮。所划分的单元如图 17-5 所示。

7. 施加辐射率

选择实用菜单中的 Utility Menu > Select > Entities 命令，在弹出对话框的两个下拉列表框中分别选择 Lines 和 By Num/Pick 选项，然后单击 OK 按钮，首先选中 Min,Max,Inc 单选按钮，然后在其下

Note

面的文本框中输入 1,4,1 后按 Enter 键确认，再输入 13,16,1 后按 Enter 键确认，单击 OK 按钮。选择主菜单中的 Main Menu > Preprocessor > Loads > Define Loads > Apply > Thermal > Radiation > On Lines 命令，在弹出对话框中单击 Pick All 按钮，弹出如图 17-6 所示的对话框，分别在 VALUE 和 VALUE2 后面的文本框中输入 1 后单击 OK 按钮。

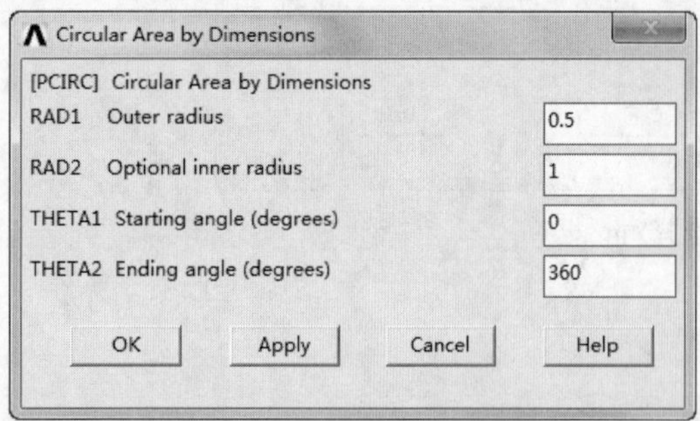

图 17-3　圆环建立对话框

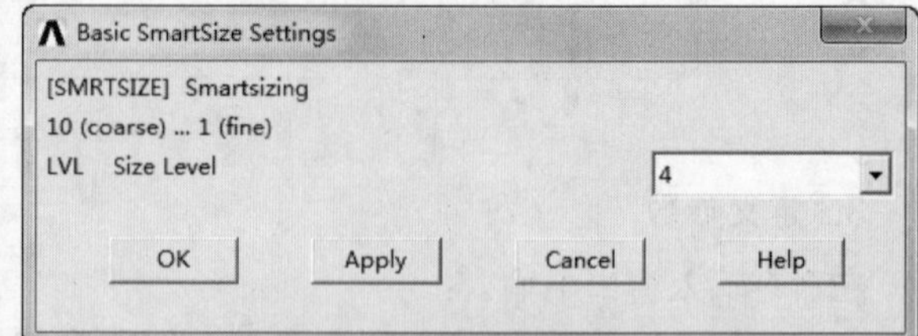

图 17-4　单元智能划分控制对话框

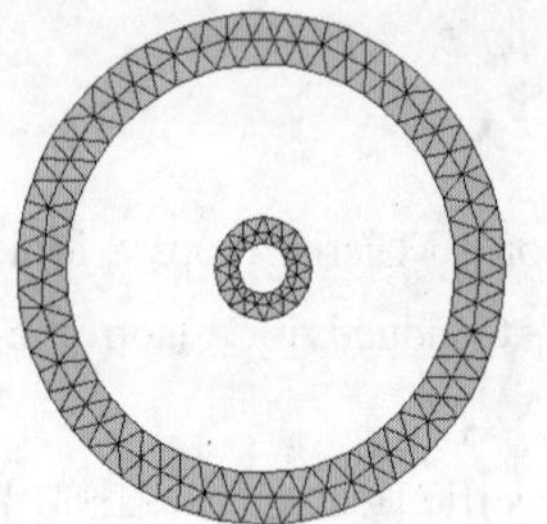

图 17-5　两圆环的有限元模型图

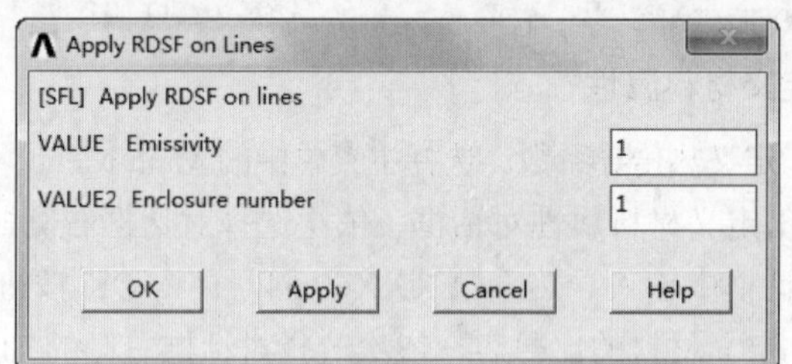

图 17-6　辐射定义对话框

8．施加温度边界条件

（1）施加外圆环外壁温度。

① 选择外壁 4 条圆弧。选择实用菜单中的 Utility Menu > Select > Entities 命令，在弹出对话框的两个下拉列表框中选择 Lines 和 By Num/Pick 选项，选中 From Full 单选按钮，单击 OK 按钮，在弹出对话框中选中 Min,Max,Inc 单选按钮后，在其下面的文本框中输入 9,12,1 后按 Enter 键确认，单击 OK 按钮。

② 施加外圆环外壁温度。选择主菜单中的 Main Menu > Preprocessor > Loads > Define Loads > Apply > Thermal > Temperature > On Lines 命令，弹出对话框，单击 Pick All 按钮，在弹出对话框的 Lab2 后面的列表框中选择 TEMP，在 VALUE 后面的文本框中输入 TOUT 后单击 OK 按钮，如图 17-7 所示。

（2）施加内圆环内壁温度。

① 选择内壁 4 条圆弧。选择实用菜单中的 Utility Menu > Select > Entities 命令，在弹出对话框的两个下拉列表框中分别选择 Lines 和 By Num/Pick 选项，选中 From Full 单选按钮，单击 OK 按钮，选中 Min,Max,Inc 单选按钮后，在其下面的文本框中输入 5,8,1 后按 Enter 键确认，单击 OK 按钮。

② 施加内圆环内壁温度。选择主菜单中的 Main Menu > Preprocessor > Loads > Define Loads > Apply > Thermal > Temperature > On Lines 命令，然后单击弹出对话框中的 Pick All 按钮，在弹出对话框的 Lab2 后面的列表框中选择 TEMP，在 VALUE 后面的文本框中输入 TIN 后单击 OK 按钮，如图 17-8 所示。

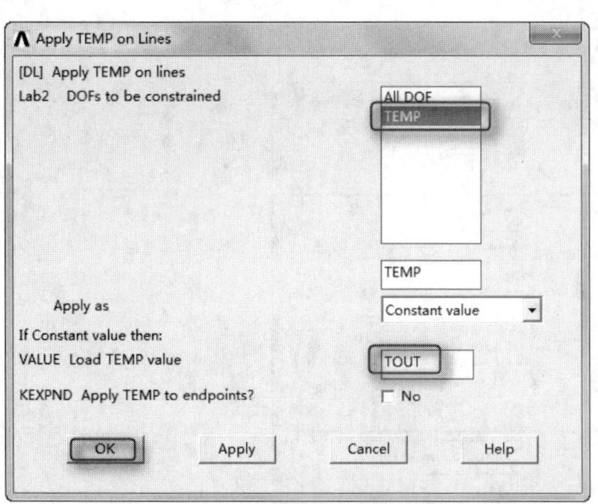

图 17-7　外圆环外壁温度施加对话框

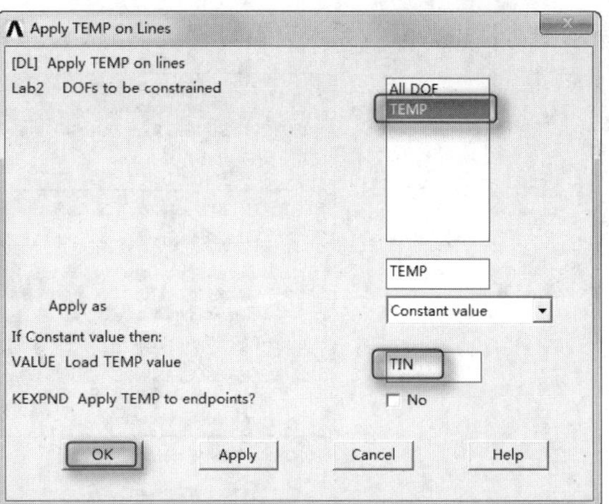

图 17-8　内圆环内壁温度施加对话框

Note

9．进入热辐射矩阵生成器进行热辐射设置

选择实用菜单中的 Utility Menu > Select > Everything 命令。选择主菜单中的 Main Menu > Radiation Opt > Radiosity Meth > Solution Opt 命令，弹出如图 17-9 所示的对话框，按照图 17-9 中所示进行设置，单击 OK 按钮。

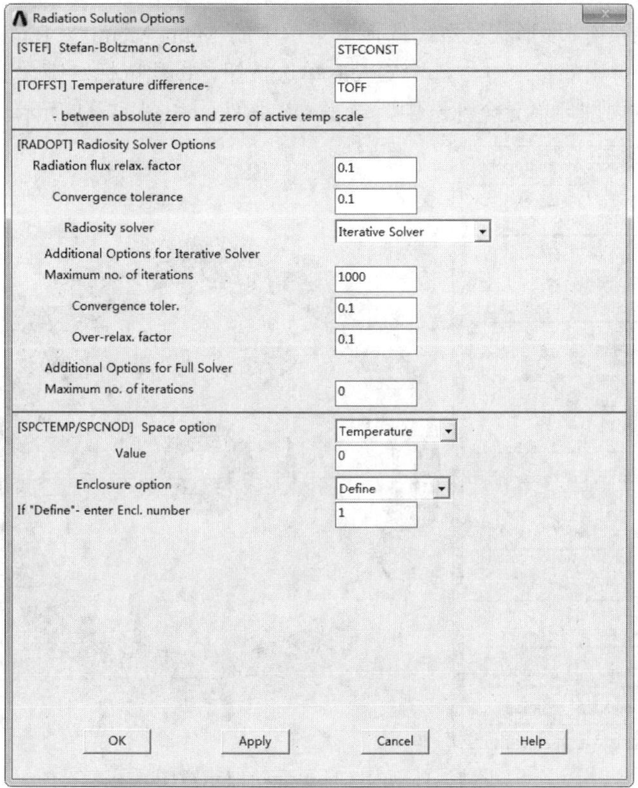

图 17-9　热辐射设置对话框

10．计算形状系数

选择主菜单中的 Main Menu > Radiation Opt > Radiosity Meth > View Factor 命令，弹出如图 17-10

Note

所示的对话框，默认系统设置，直接单击 OK 按钮。

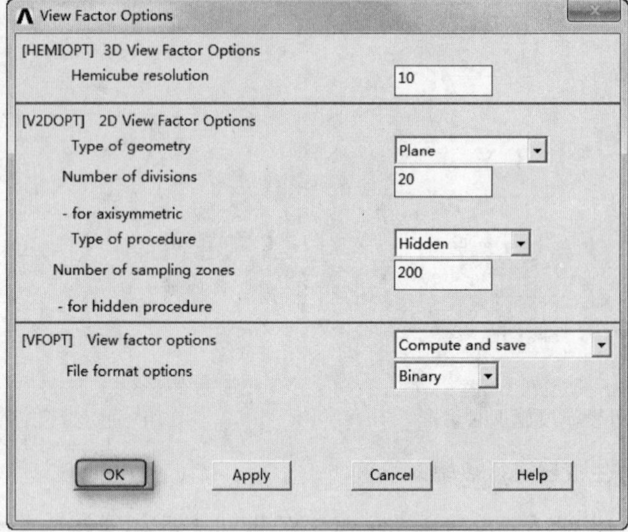

图 17-10　热辐射形状系数设置对话框

11. 查看形状系数并获取该参数

（1）查看内圆环到内圆环形状系数。选择主菜单中的 Main Menu > Radiation Opt > Radiosity Meth > Query 命令，在弹出的拾取框中选中 Circle 单选按钮，按住鼠标左键，以屏幕坐标系坐标原点为圆心进行拖动，直到内圆环单元全部选中，单击 OK 按钮，如图 17-11 所示。

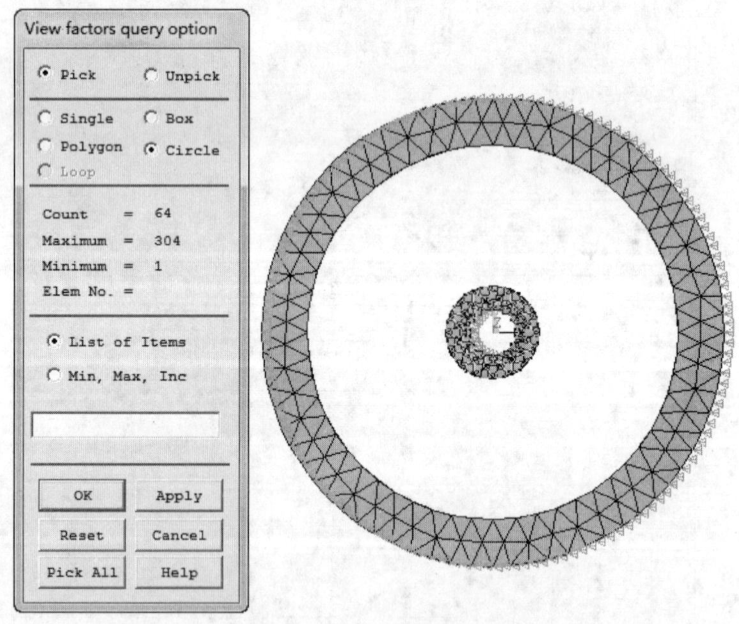

图 17-11　内圆环单元拾取示意图

在弹出的对话框中重复以上操作，依旧选取内圆环单元。完成以上操作后，计算结果如图 17-12 所示。查看完结果后，关闭对话框。

（2）获取内圆环到内圆环形状系数参数。选择实用菜单中的 Utility Menu > Parameters > Get Scalar

Data 命令，弹出如图 17-13 所示的对话框，在 Type of data to be retrieved 后面的列表框中选择 Radiosity 和 Radiosity Meth 选项，单击 OK 按钮，弹出如图 17-14 所示的对话框，在 Name of parameter to be defined 后面的文本框中输入 VFAVG1，在 Encl Number 后面的文本框中输入 0，单击 OK 按钮。

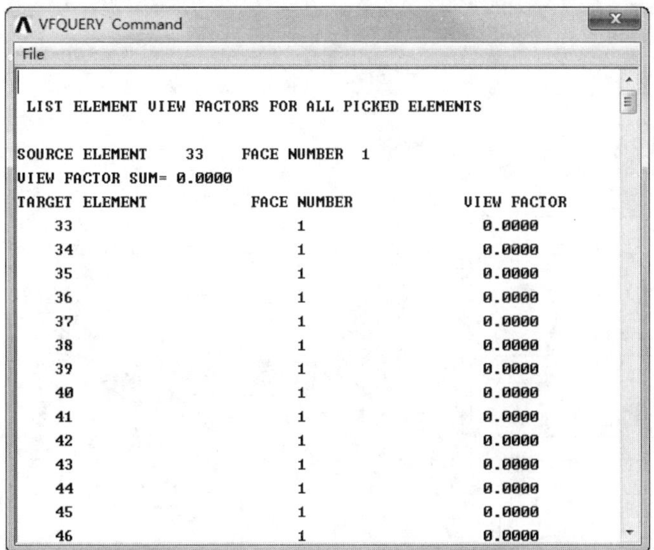

图 17-12　内圆环对内圆环热辐射形状系数计算结果

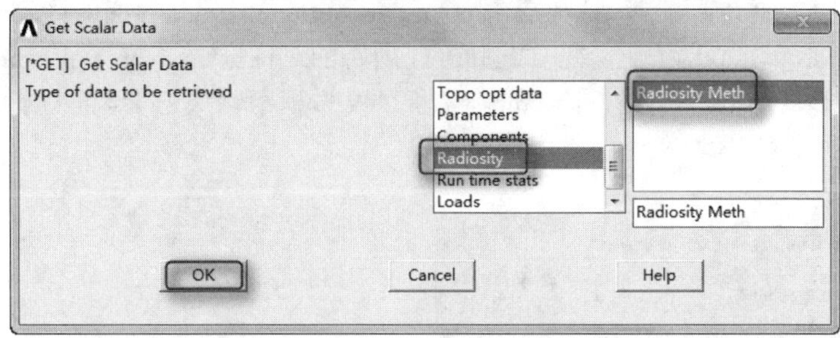

图 17-13　参数获取对话框

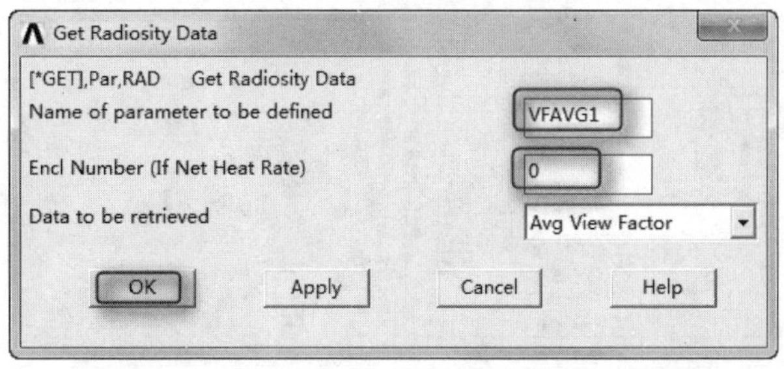

图 17-14　内圆环对内圆环形状参数设置对话框

（3）查看外圆环到内圆环形状系数。选择实用菜单中的 Main Menu > Radiation Opt > Radiosity Meth > Query 命令，在弹出的拾取框中选中 Polygon 单选按钮，用鼠标左键分两次画两个封闭的任意多边形，将外圆环单元选中后，单击 OK 按钮，如图 17-15 所示。

在弹出的对话框中选中 Circle 单选按钮，然后按住鼠标左键，以屏幕坐标系坐标原点为圆心进行拖动，直到内圆环单元全部选中，然后单击 OK 按钮，如图 17-15 所示。完成以上操作后，计算结果

如图 17-16 所示。查看完结果后关闭对话框。

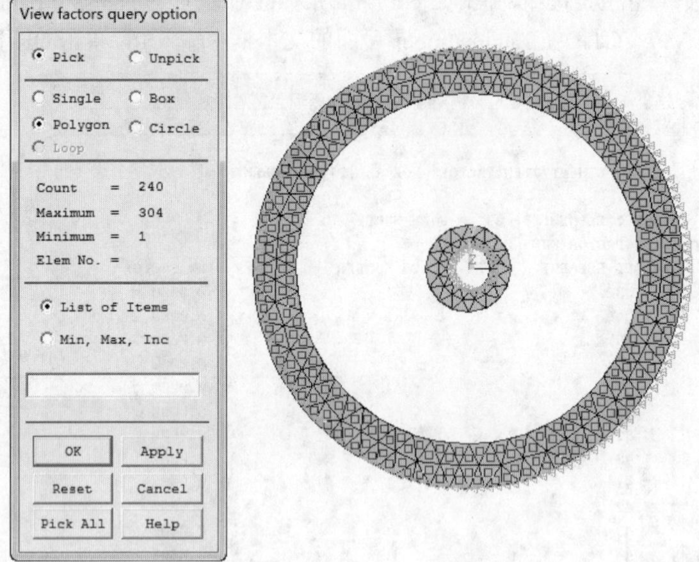

图 17-15　外圆环单元拾取示意图

（4）获取外圆环到内圆环形状系数参数。选择实用菜单中的 Utility Menu > Parameters > Get Scalar Data 命令，弹出如图 17-13 所示的对话框，在 Type of data to be retrieved 后面的列表框中选择 Radiosity 和 Radiosity Meth 选项，单击 OK 按钮，弹出如图 17-17 所示的对话框，在 Name of parameter to be defined 后面的文本框中输入 VFAVG2，在 Encl Number 后面的文本框中输入 1，单击 OK 按钮。

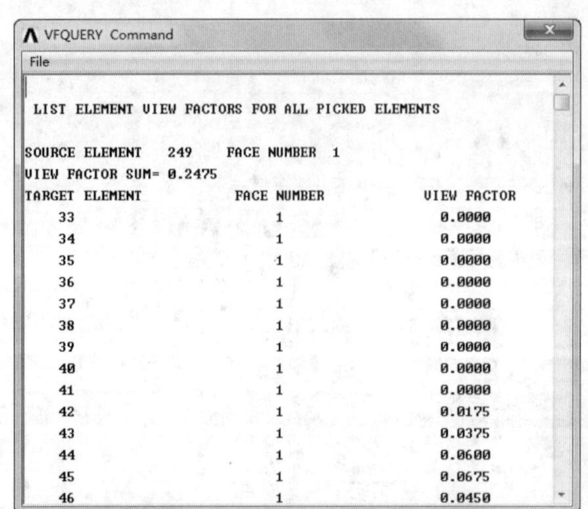

图 17-16　外圆环对内圆环热辐射形状系数计算结果

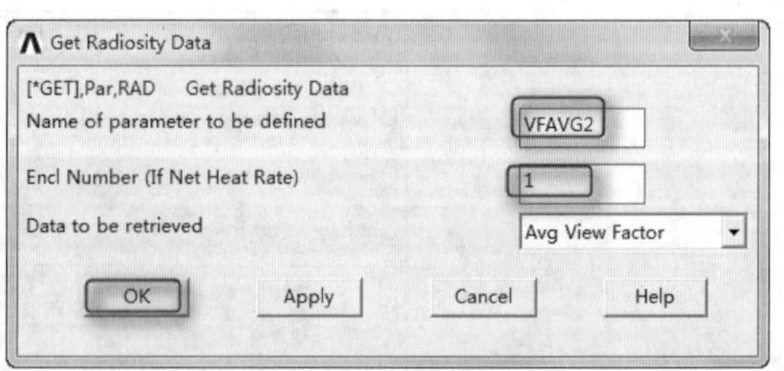

图 17-17　外圆环对内圆环形状参数设置对话框

（5）查看外圆环到外圆环形状系数。选择主菜单中的 Main Menu > Radiation Opt > Radiosity Meth > Query 命令，在弹出的对话框中选中 Polygon 单选按钮，用鼠标左键分两次画两个封闭的任意多边形，将外圆环单元选中后，单击 OK 按钮，如图 17-15 所示。在弹出的对话框中重复以上操作，依旧选取外圆环单元。完成以上操作后，计算结果如图 17-18 所示。查看完结果后关闭对话框。

（6）获取外圆环到外圆环形状系数参数。选择实用菜单中的 Utility Menu > Parameters > Get Scalar

Data 命令，弹出如图 17-13 所示的对话框，在 Type of data to be retrieved 后面的列表框中选择 Radiosity 和 Radiosity Meth 选项，单击 OK 按钮，弹出如图 17-19 所示的对话框，在 Name of parameter to be defined 后面的文本框中输入 VFAVG3，在 Encl Number 后面的文本框中输入 1，单击 OK 按钮。

Note

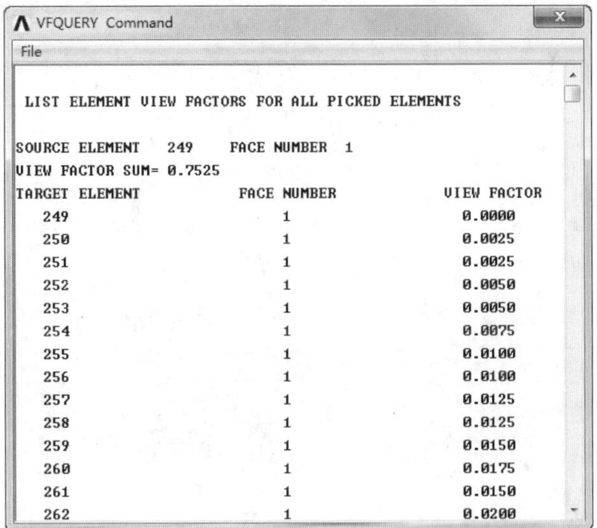

图 17-18　外圆环对外圆环热辐射形状系数计算结果

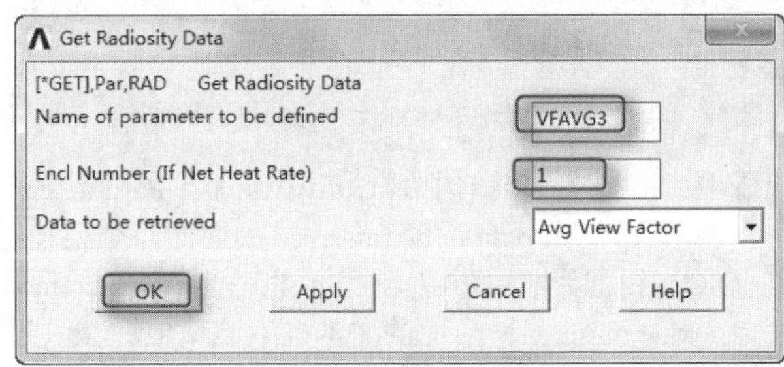

图 17-19　外圆环对外圆环形状参数设置对话框

12．设置求解选项

选择主菜单中的 Main Menu > Solution > Load Step Opts > Time/Frequenc > Time - Time Step 命令，在弹出对话框的 TIME 后面的文本框中输入 1，在 DELTIM 后面的文本框中输入 0.5，单击 OK 按钮。

13．存盘

选择实用菜单中的 Utility Menu > Select > Everything 命令，单击 ANSYS Toolbar 工具条中的 SAVE_DB 按钮。

14．求解

选择主菜单中的 Main Menu > Solution > Solve > Current LS 命令，进行计算。

15．获取 4 号和 13 号节点温度

（1）获取 4 号节点温度。选择实用菜单中的 Utility Menu > Parameters > Get Scalar Data 命令，弹出如图 17-20 所示的对话框，在 Type of data to be retrieved 后面的列表框中分别选择 Results data 和 Nodal results 选项，单击 OK 按钮，弹出如图 17-21 所示的对话框，在 Name of parameter to be defined 后面的文本框中输入 TI，在 Node number N 后面的文本框中输入 4，在 Results data to be retrieved 后

面的两个列表框中分别选择 DOF solution 和 Temperature TEMP 选项，单击 OK 按钮。

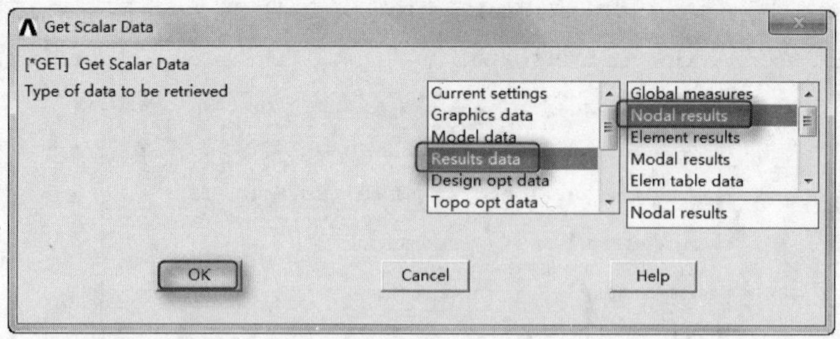

图 17-20 参数获取对话框

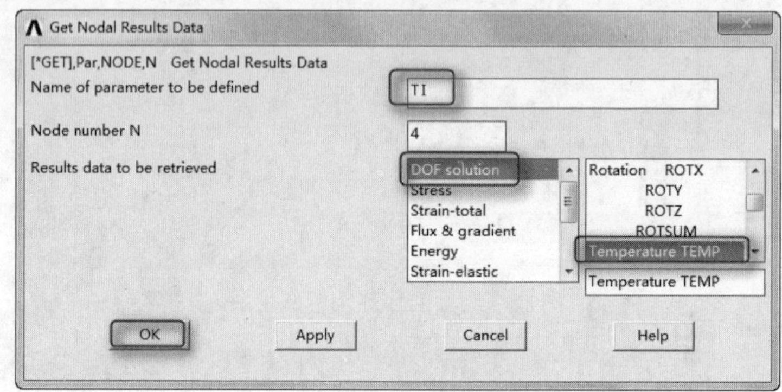

图 17-21 内圆环外壁温度参数设置对话框

（2）获取 13 号节点温度。选择实用菜单中的 Utility Menu > Parameters > Get Scalar Data 命令，弹出如图 17-20 所示的对话框，在 Type of data to be retrieved 后面的两个列表框中分别选择 Results data 和 Nodal results 选项，单击 OK 按钮，弹出如图 17-22 所示的对话框，在 Name of parameter to be defined 后面的文本框中输入 T0，在 Node number N 后面的文本框中输入 13，在 Results data to be retrieved 后面的两个列表框中分别选择 DOF solution 和 Temperature TEMP 选项，单击 OK 按钮。

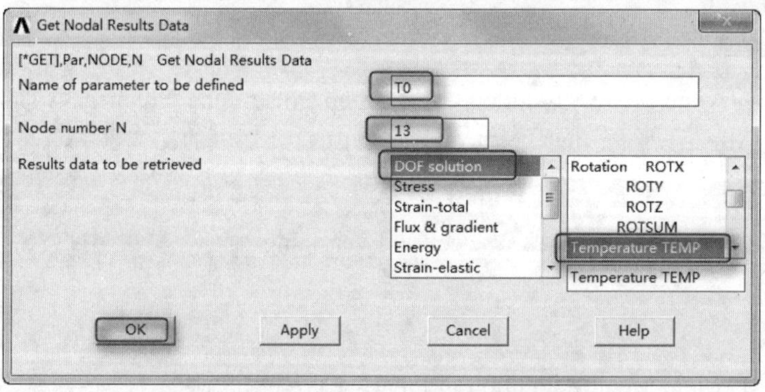

图 17-22 外圆环内壁温度参数设置对话框

16．获取 4 号和 13 号节点热流率

（1）获取 4 号节点热流率。选择实用菜单中的 Utility Menu > Parameters > Get Scalar Data 命令，弹出如图 17-20 所示的对话框，在 Type of data to be retrieved 后面的两个列表框中分别选择 Results data 和 Nodal results 选项，单击 OK 按钮，弹出如图 17-23 所示的对话框，在 Name of parameter to be defined

后面的文本框中输入 HF1，在 Node number N 后面的文本框中输入 4，在 Results data to be retrieved 后面的两个列表框中分别选择 Flux & gradient 和 TFSUM 选项，单击 OK 按钮。

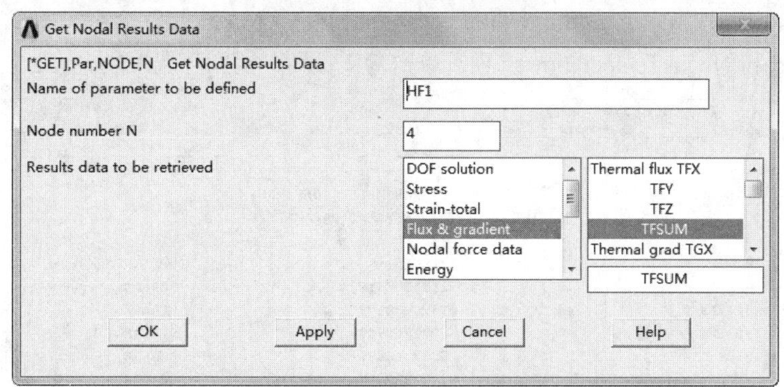

图 17-23 内圆环外壁热流率参数设置对话框

（2）获取 13 号节点热流率。选择实用菜单中的 Utility Menu > Parameters > Get Scalar Data 命令，弹出如图 17-20 所示的对话框，在 Type of data to be retrieved 后面的两个列表框中选择 Results data 和 Nodal results 选项，然后单击 OK 按钮，弹出如图 17-24 所示的对话框，在 Name of parameter to be defined 后面的文本框中输入 HFO，在 Node number N 后面的文本框中输入 13，在 Results data to be retrieved 后面的两个列表框中分别选择 Flux & gradient 和 TFSUM 选项，单击 OK 按钮。

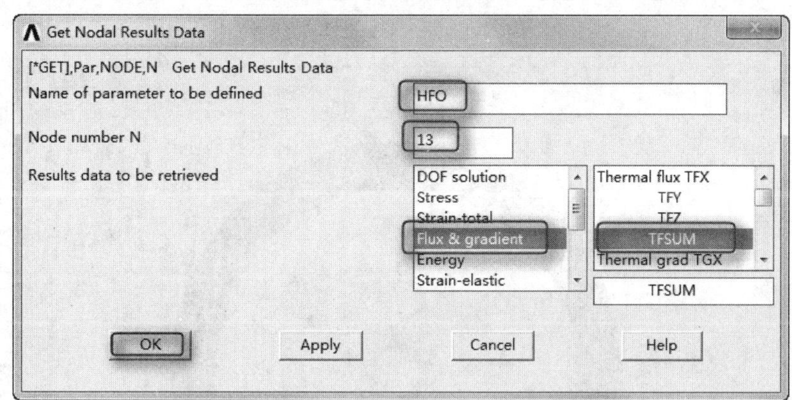

图 17-24 外圆环内壁热流率参数设置对话框

17．计算热流率和其计算误差

在命令输入窗口中输入：

```
HFIEXP=ABS((TO+TOFFST)**4-(TI+TOFFST)**4)*STFCONST/1     !4 号节点热流率
HFOEXP=ABS((TO+TOFFST)**4-(TI+TOFFST)**4)*STFCONST/4     !13 号节点热流率
HFIERR=(HFIEXP/HFI)                                      !4 号节点热流率误差
HFOERR=(HFOEXP/HFO)                                      !13 号节点热流率误差
```

18．列出各参数值

选择实用菜单中的 Utility Menu > List > Status > Parameters > All Parameters 命令，所列出的参数计算结果如图 17-25 所示。

19．显示温度场分布云图

选择实用菜单中的 Utility Menu > PlotCtrls > Window Controls > Window Options 命令，在弹出的

对话框中，在 INF0 后面的下拉列表框中选择 Legend ON，然后单击 OK 按钮。选择主菜单中的 Main Menu > General Postproc > Read Results > Last Set 命令，读最后一个子步的分析结果，选择主菜单中的 Main Menu > General Postproc > Plot Results > Contour Plot > Nodal Solu 命令，在弹出的对话框中分别选择 DOF Solution 和 Nodal Temperature 选项，单击 OK 按钮。两圆环温度场分布云图如图 17-26 所示。

Note

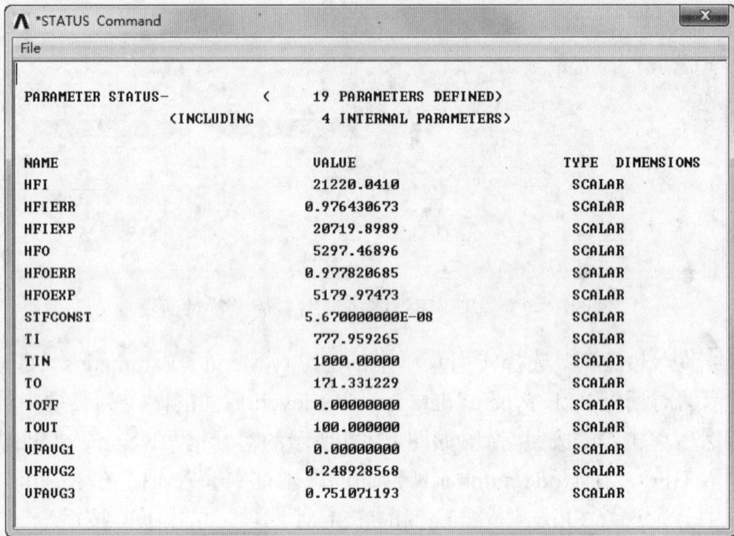

图 17-25 各参数的计算结果

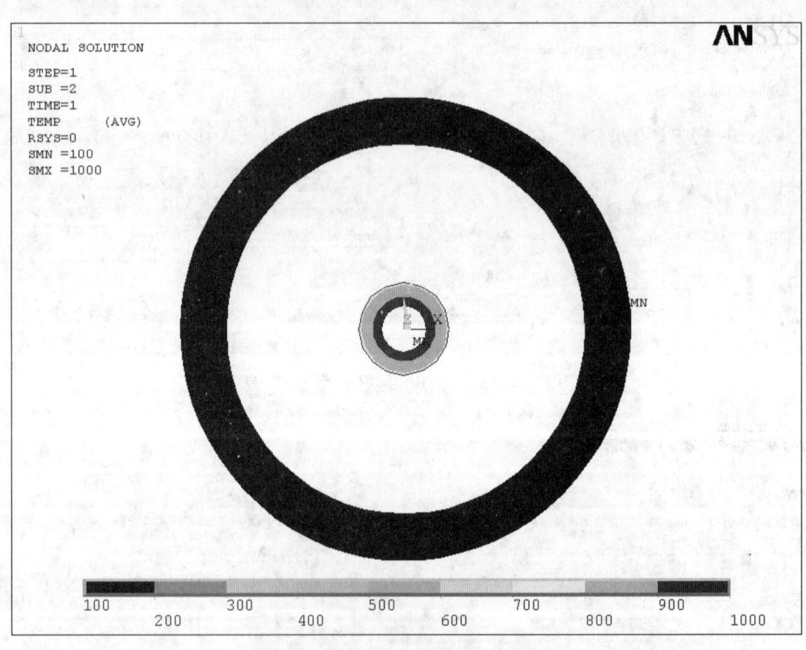

图 17-26 两圆环温度场分布云图

20．显示热流率分布矢量图

选择主菜单中的 Main Menu > General Postproc > Plot Results > Vector Plot > Predefined 命令，在 Item 后面的列表框中分别选择 Flux & gradient 和 Thermal flux TF 选项，单击 OK 按钮，如图 17-27 所示。矢量分布云图如图 17-28 所示。

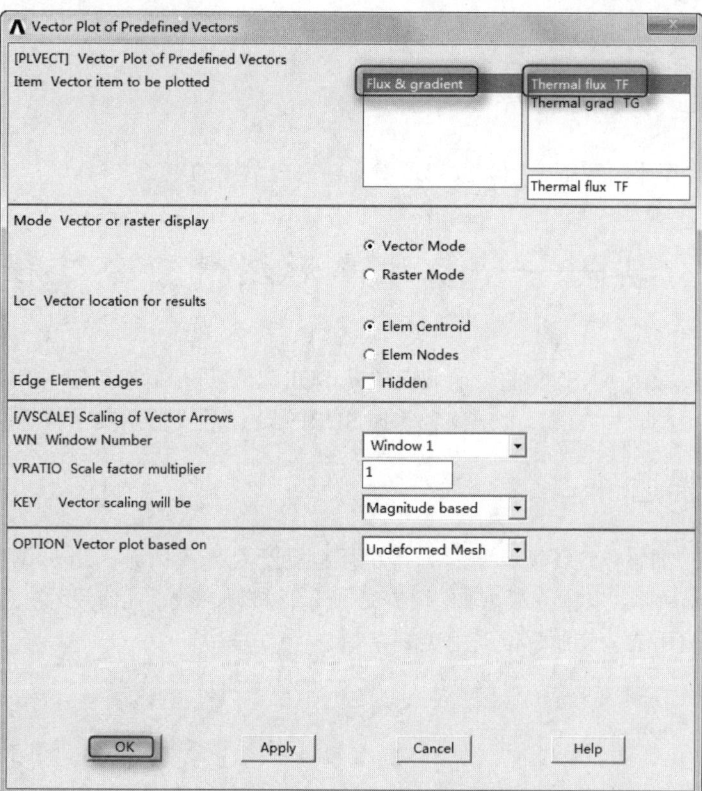

图 17-27　矢量显示控制对话框

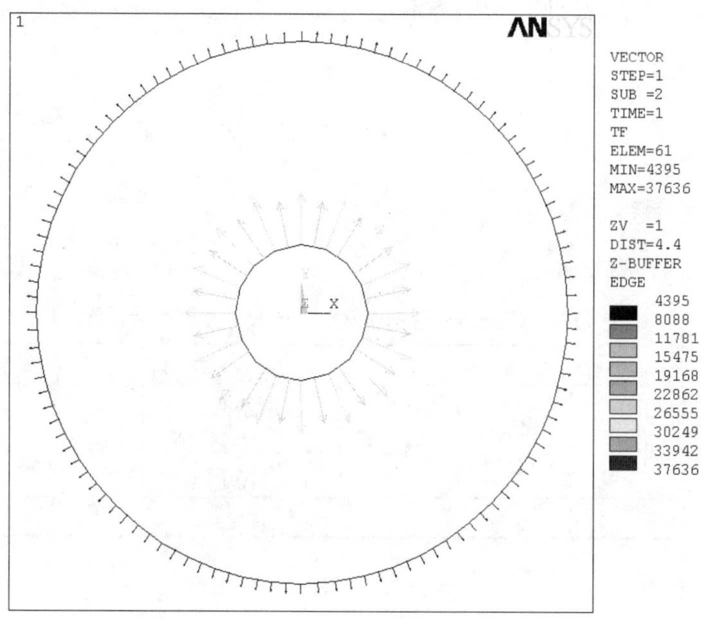

图 17-28　两圆环热流率矢量分布云图

21．退出 ANSYS

单击 ANSYS Toolbar 工具条中的 QUIT 按钮，在弹出的对话框中选中 Quit-No Save!单选按钮，然后单击 OK 按钮。

17.2.4 APDL 命令流程序

APDL 命令流程序不再详细介绍，读者可参见随书光盘中的电子文档。

17.3 实例——长方体形坯料空冷过程分析

本例将详细介绍应用 ANSYS 的表面效应单元 SURF152 进行瞬态热辐射分析的基本步骤，此方法是进行辐射分析中的一种方法，要求读者掌握 SURF152 选项设置及实常数定义的方法。

17.3.1 问题描述

一个立方体形的钢坯料，环境温度为 T_E，钢坯料温度为 T_B，计算 3.7h 后钢坯料的温度分布，几何模型图如图 17-29 所示，有限元模型如图 17-30 所示，材料参数、几何尺寸、边界条件如表 17-2 所示，分析时，温度采用 K，其他单位采用英制单制。

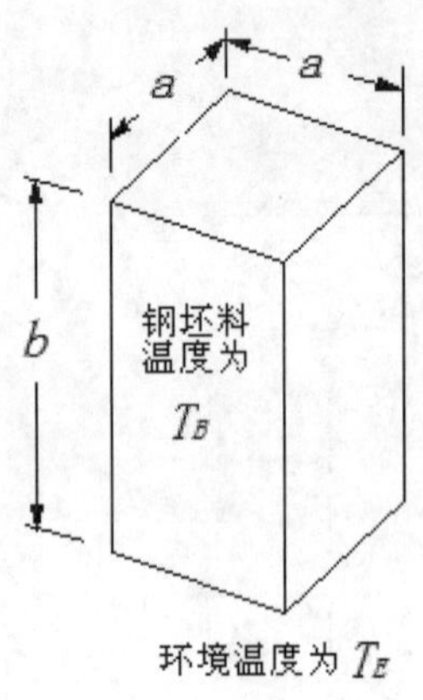

图 17-29　几何模型图

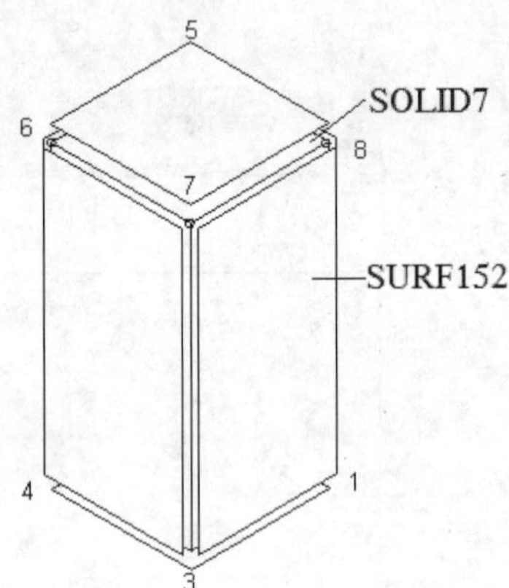

图 17-30　有限元模型图

表 17-2　钢坯料的材料参数、几何尺寸及温度载荷表

材料参数					几何参数		温度载荷	
传热系数 BTU/s·ft·K	密度/（lb/ft^3）	比热容 BTU/lb·K	辐射率	斯蒂芬-波尔兹曼常数 BTU/hr·ft^2·K^4	a/ft	b/ft	T_E/K	T_B/K
10000	487.5	0.11	1	0.1712e-8	1	0.6	530	2000

17.3.2 问题分析

本实例采用三维 8 节点 SOLID70 六面体热分析单元，结合表面效应单元 SURF152，进行瞬态热辐射的有限元分析。

17.3.3 GUI 操作步骤

1．定义分析文件名

选择实用菜单中的 Utility Menu > File > Change Jobname 命令，在弹出的对话框中输入 Radiation_Box，单击 OK 按钮。

2．定义单元类型

（1）选择热分析实体单元。选择主菜单中的 Main Menu > Preprocesor > Element Type > Add/Edit/Delete 命令，单击弹出对话框中的 Add 按钮，在弹出的对话框中分别选择 Thermal Solid 和 Brick 8node 70 选项，定义 8 节点三维六面体单元，单击 OK 按钮。

（2）选择表面效应单元。选择主菜单中的 Main Menu > Preprocesor > Element Type > Add/Edit/Delete 命令，单击弹出对话框中的 Add 按钮，在弹出的对话框中选择 Surface Effect 和 3D thermal 152 单元，如图 17-31 所示，单击 OK 按钮。

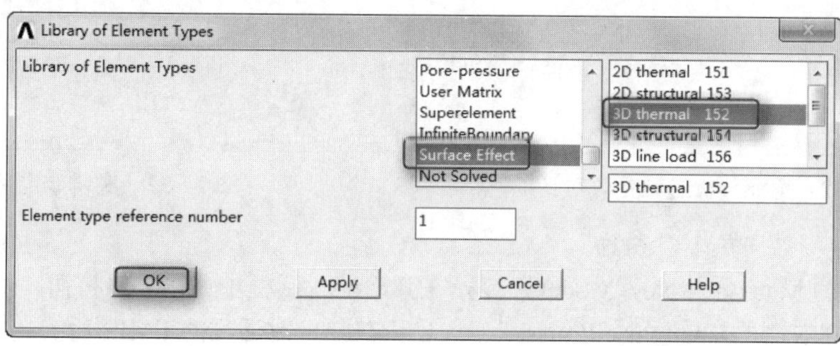

图 17-31 单元类型选择对话框

选中 Type 2 SURF152 单元，弹出如图 17-32 所示的对话框，在 K4 后面的下拉列表框中选择 Exclude，在 K5 后面的下拉列表框中选择 Include 1 node，在 K9 后面的下拉列表框中选择 Real const FORMF，单击 OK 按钮。

3．定义实常数

选择主菜单中的 Main Menu > Preprocesor > Real Constants > Add/Edit/Delete，在弹出的对话框中选择 Type 2 SURF152 单元，弹出如图 17-33 所示的对话框，在 Real Constant Set No.后面的文本框中输入 2，在 FORMF 后面的文本框中输入 1，在 SBCONST 后面的文本框中输入 1.712e-9，单击 OK 按钮。

4．定义材料属性

（1）定义钢坯料材料属性。

① 定义热传导系数。选择主菜单中的 Main Menu > Preprocessor > Material Props > Material Mode 命令，选择弹出对话框右侧的 Thermal > Conductivity > Isotropic 选项，在弹出的对话框中输入导热系数 KXX10000，单击 OK 按钮。

② 定义材料的比热容。选择对话框右侧的 Thermal > Specific Heat 选项，在弹出的对话框中，在 C 项后面的文本框中输入比热容 0.11，单击 OK 按钮。

③ 定义材料的密度。选择主菜单中的 Main Menu > Preprocessor > Material Props > Material Models 命令，在弹出的窗口中，默认材料编号 1，选择窗口右侧的 Thermal > Density 选项，在弹出的设置密度对话框中输入密度值为 487.5，单击 OK 按钮。

Note

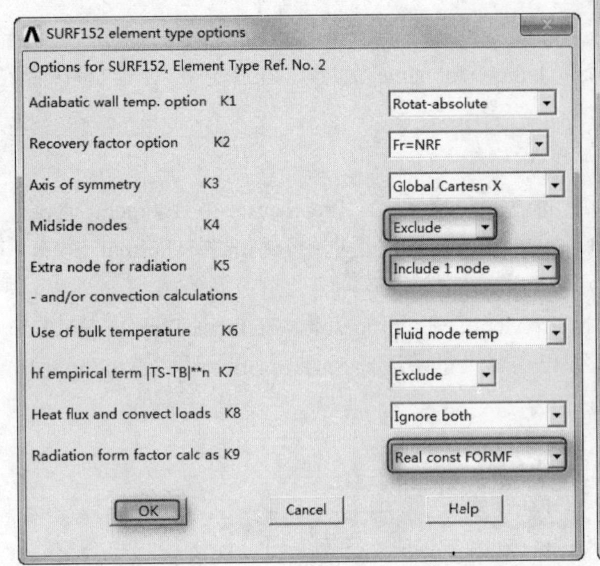

图 17-32 单元分析选项更改对话框

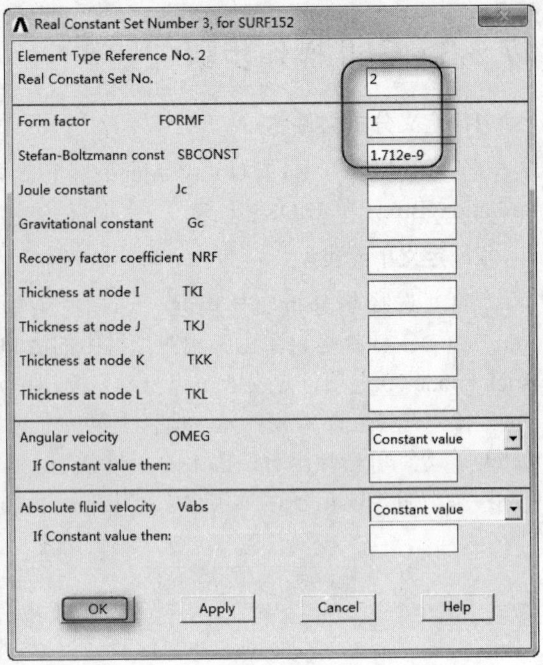

图 17-33 实常数定义对话框

（2）定义表面效应热辐射参数。

选择窗口中的 Material > New Model 命令，在弹出的对话框中单击 OK 按钮，返回该窗口，选中材料模型 2，选择右侧的 Thermal > Emissivity 选项，在弹出对话框的 EMIS 后的文本框中输入 1，单击 OK 按钮。

5．建立几何模型

选择主菜单中的 Main Menu > Preprocessor > Modeling > Create > Volumes > Block > By Dimensions 命令，在弹出对话框的 X1、X2、Y1、Y2、Z1、Z2 后面的文本框中分别输入 0、2、0、2、0、4，建立三维几何模型。

6．设定网格密度

选择主菜单中的 Main Menu > Preprocessor > Meshing > Size Cntrls > Manualsize > Global > Size 命令，在弹出对话框的 NDIV 后面的文本框中输入 1，单击 OK 按钮。

7．划分网格

选择主菜单中的 Main Menu > Preprocessor > Meshing > Mesh > Volumes > Mapped > 4 to 6 sides 命令，在弹出的对话框中单击 Pick All 按钮。

8．建立表面效应单元

（1）设置单元属性。选择主菜单中的 Main Menu > Preprocessor > Modeling > Create > Elements > Element Attributes 命令，弹出如图 17-34

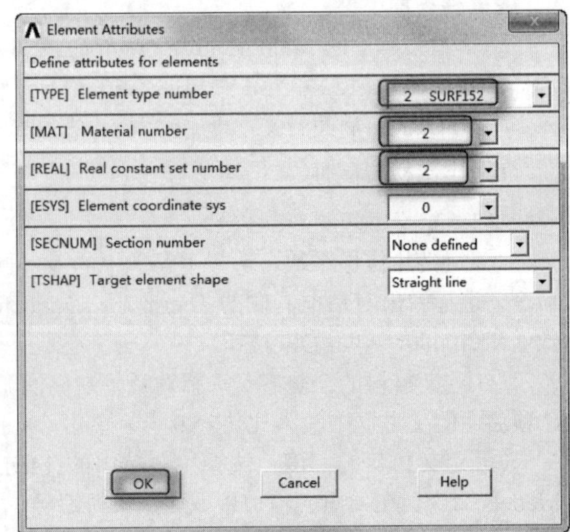

图 17-34 单元属性设置对话框

所示的对话框，在 TYPE 后面的下拉列表框中选择 2 SURF152，在 MAT 和 REAL 后面的下拉列表框中选择 2，单击 OK 按钮。

（2）建立空间辐射节点。选择主菜单中的 Main Menu > Preprocessor > Modeling > Create > Nodes > In Active CS 命令，在弹出对话框的 NODE 和 X、Y、Z、THXY、THYZ、THZX 后面的文本框中分别输入 100 和 5、5、5、0、0、0，单击 OK 按钮。

（3）建立表面效应单元。选择主菜单中的 Main Menu > Preprocessor > Modeling > Create > Elements > Surf/Contact > Surf Effect > General Surface > Extra Node 命令，在弹出的对话框中，在 Min、Max、Inc 后面的文本框中分别输入 1、8、1 后按 Enter 键，单击 OK 按钮，在弹出的对话框中，在 List of Items 后面的文本框中输入 100 后按 Enter 键，单击 OK 按钮，完成以上操作，所建立的有限元模型如图 17-35 所示。

9. 施加温度载荷

（1）施加空间温度载荷。选择主菜单中的 Main Menu > Solution > Define Loads > Apply > Thermal > Temperature > on Nodes 命令，选择 100 号节点，在弹出的如图 17-36 所示的对话框中，在 Lab2 后面的列表框中选择 TEMP，在 VALUE 后面的文本框中输入 530，单击 OK 按钮。

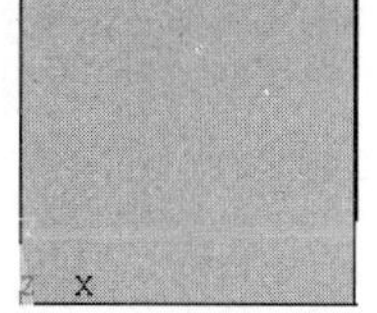

图 17-35　有限元模型图

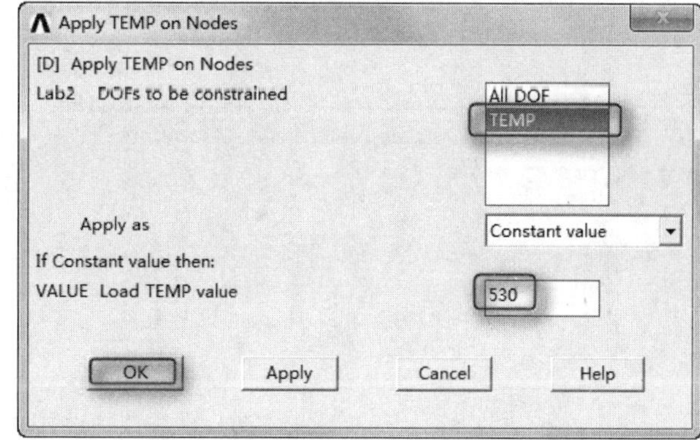

图 17-36　空间温度载荷施加对话框

（2）施加钢坯料温度载荷。选择主菜单中的 Main Menu > Solution > Define Loads > Apply > Thermal > Temperature > Uniform Temperature 命令，在弹出的对话框中输入 2000，如图 17-37 所示，单击 OK 按钮。

10. 设置求解选项

（1）选择主菜单中的 Main Menu > Solution > Analysis Type > New Analysis 命令，在弹出的对话框中选择 Transient，单击 OK 按钮，在弹出的对话框中单击 OK 按钮，关闭对话框。

（2）选择主菜单中的 Main Menu > Solution > Load Step Opts > Solution Ctrl 命令，弹出如图 17-38 所示的对话框，选中 SOLCONTROL 后的 Off 复选框。

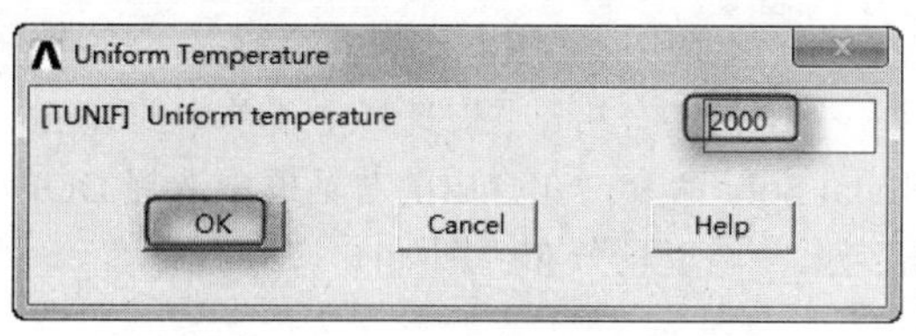

图 17-37　钢坯料温度载荷施加对话框

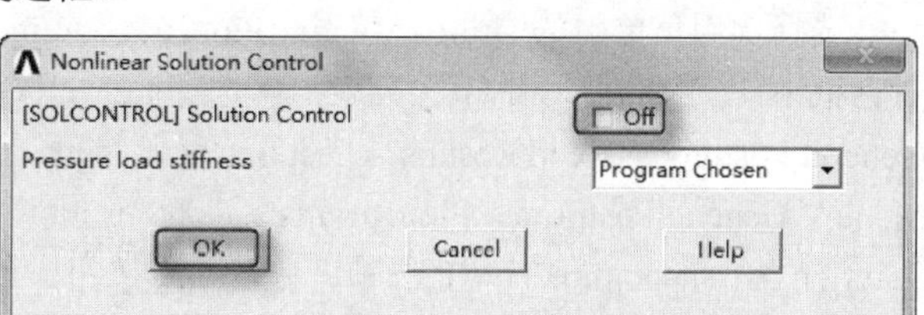

图 17-38　非线性求解控制设置对话框

Note

（3）选择主菜单中的 Main Menu > Solution > Load Step Opts > Time/Frequenc > Time-Time Step 命令，弹出如图 17-39 所示的对话框，在 TIME 后面的文本框中输入 3.7，DELTIM 后面的文本框中输入 0.005，在 KBC 后面选中 Stepped 单选按钮，在 AUTOTS 后选中 ON 复选框，单击 OK 按钮。

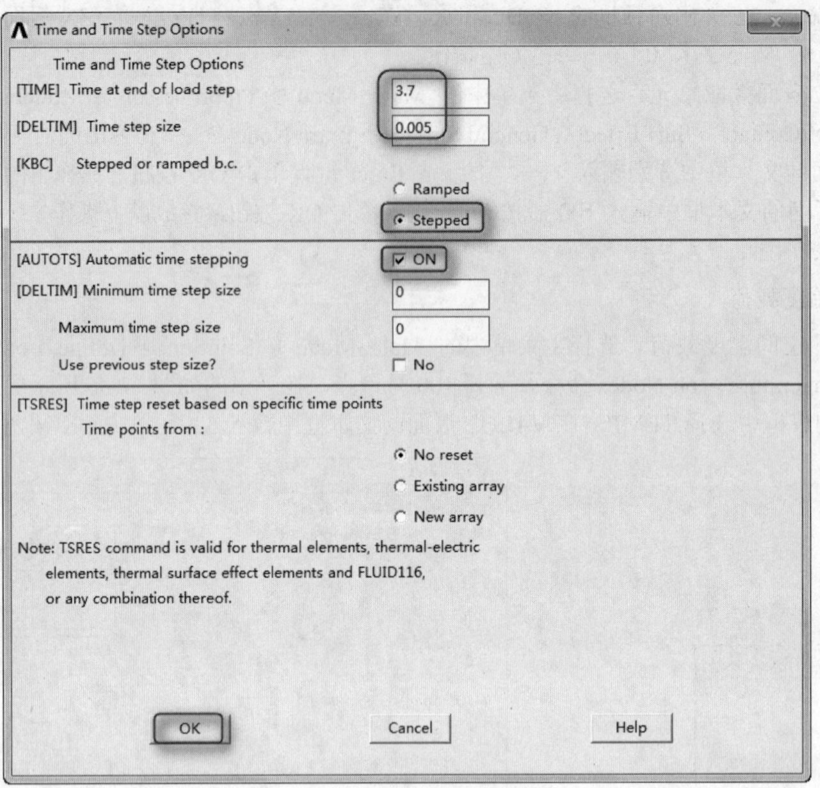

图 17-39　求解控制设置对话框

（4）选择主菜单中的 Main Menu > Solution > Analysis Type > Sol'n Controls 命令，在弹出的对话框中选择 Write every substep，单击 OK 按钮。

11．存盘

选择实用菜单中的 Utility Menu > Select > Everything 命令，再单击 ANSYS Toolbar 工具条中的 SAVE_DB 按钮。

12．求解

选择主菜单中的 Main Menu > Solution > Solve > Current LS 命令，进行计算。

13．显示温度场分布云图

选择实用菜单中的 Utility Menu > PlotCtrls > Window Controls > Window Options 命令，在弹出的对话框中，在 INF0 后面的下拉列表框中选择 Legend ON，单击 OK 按钮。选择主菜单中的 Main Menu > General Postproc > Read Results > Last Set 命令，读取最后一个子步的分析结果，选择主菜单中的 Main Menu > General Postproc > Plot Results > Contour Plot > Nodal Solu 命令，在弹出的对话框中选择 DOF Solution > Temperature TEMP 选项，单击 OK 按钮，计算结果的温度场分布云图如图 17-40 所示。

14．显示钢坯料 1 号节点温度随时间变化曲线图

选择主菜单中的 Main Menu > TimeHist Postpro 命令，在弹出的对话框中单击⊞按钮，在弹出的

对话框中，依次选择 Nodal Solution > DOF Solution > Nodal Temperature 选项，单击 OK 按钮。在弹出的对话框中，在 Min,Max,Inc 下面的文本框中输入 1 后按 Enter 键确认，单击 OK 按钮，再单击按钮，显示的钢坯料 1 号节点温度变化曲线图如图 17-41 所示。

Note

图 17-40　温度场分布云图

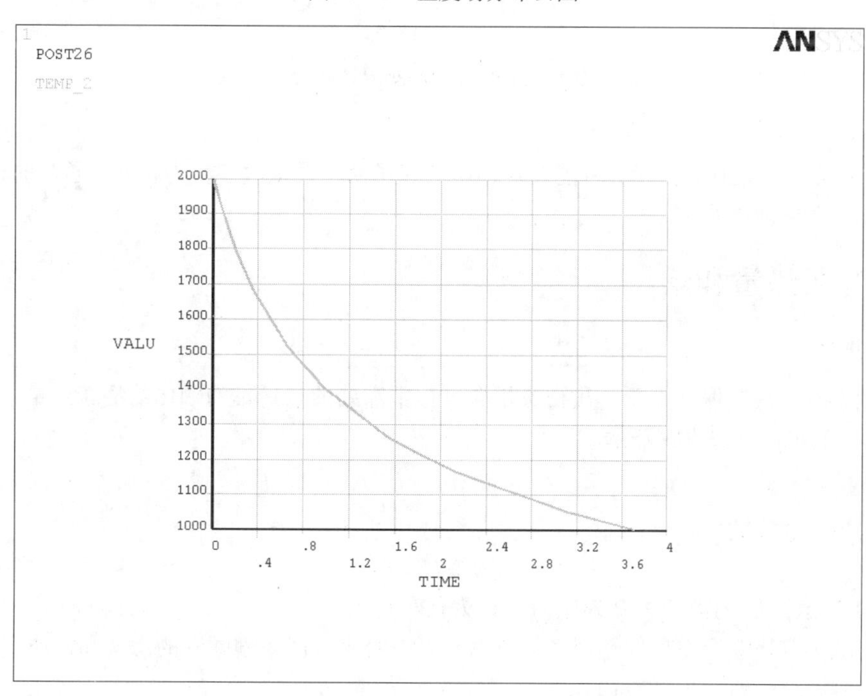

图 17-41　钢坯料 1 号节点温度随时间变化曲线图

15. 退出 ANSYS

单击 ANSYS Toolbar 工具条中的 QUIT 按钮，在弹出的对话框中选中 Quit-No Save!单选按钮后单击 OK 按钮。

Note

17.3.4 APDL 命令流程序

APDL 命令流程序这里不再详细介绍，读者可参见随书光盘中的电子文档。

17.4 相变分析概述

17.4.1 相和相变

1. 相

物质的一种确定原子结构形态，均匀同性称为相。有 3 种基本的相，分别是气体、液体和固体，如图 17-42 所示。

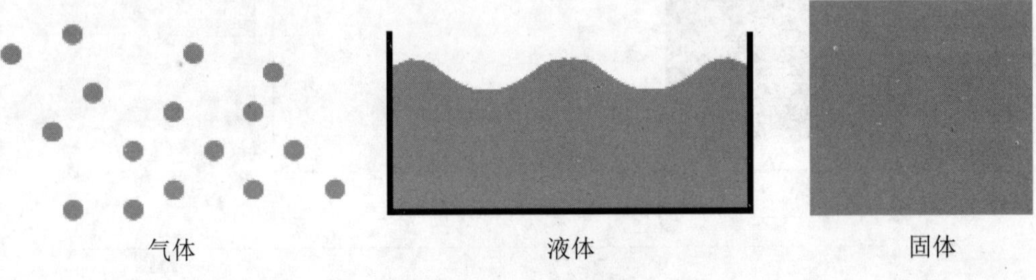

图 17-42　相的示意图

2. 相变

系统能量的变化（增加或减少）可能导致物质的原子结构发生改变称为相变。通常的相变过程称为固结、融化、汽化或凝固。

17.4.2 潜在热量和焓

1. 潜在热量

当物质相变时，温度保持不变，在物质相变过程中需要的热量称为融化的潜在热量。例如，0℃的冰溶解为0℃的水，需要吸收热量。

2. 焓

在热力学上，焓由式（17-2）确定

$$H = U + PV \tag{17-2}$$

其中，H 为焓；U 为内能；P 为压力；V 为体积。

焓在化学热力学中是个重要的物理量，可以从以下几个方面来理解它的意义和性质。

（1）焓是状态函数，具有能量的量纲。

（2）焓是体系的广度性质，它的量值与物质的量有关，具有加和性。

（3）焓与热力学能一样，其绝对值至今尚无法确定，但状态变化时体系的焓变 ΔH 却是确定的，而且是可求的。

（4）对于一定量的某物质而言，由固态变为液态或液态变为气态都必须吸热，所以有：

$$H(g)>H(l)>H(s) \tag{17-3}$$

Note

其中，$H(g)$为气体焓值；$H(l)$为液体焓值；$H(s)$为固体焓值。

（5）当某一过程或反应逆向进行时，其 ΔH 要改变符号，即 $\Delta H_{(正)}=-\Delta H_{(逆)}$。

相变分析必须考虑材料的潜在热量，即在相变过程吸收或释放的热量，通过定义材料的热焓特性用来计入潜在热量。经典（热动力学）热焓数值单位是能量单位，为 kJ 或 BTU。单位热焓单位为能量/质量，为 kJ/kg 或 BTU/lbm，在 ANSYS 中，热焓材料特性为单位热焓，如果单位热焓在某些材料中不能使用时，可以用密度、比热和物质潜在热量得出。如下式：

$$H=\int \rho c(T)\mathrm{d}T \tag{17-4}$$

其中，H 为焓值；ρ 为密度；$c(T)$ 为随温度变化的比热。

17.4.3　相变分析基本思路

相变分析必须考虑材料的潜在热量，将材料的潜在热量定义到材料的焓中，其中热焓数值随温度变化，相变时，热焓变化相对温度变化而言十分迅速。对于纯材料，液体温度（T_l）与固体温度（T_s）之差（T_l-T_s）应该为 0，在计算时，通常取很小的温度差值。因此，热分析是非线性的。在 ANSYS 中，将焓（ENTH）作为材料属性定义，通过温度来区分相，通过相变分析，可以获得物质的各时刻的温度分布，以及典型位置处节点的温度随时间变化曲线，通过温度云图，可以得到完全相变所需时间（融化或凝固时间），并对物质在任何时间间隔融化、凝固进行预测。

1．相变分析的控制方程

在相变分析过程中，控制方程为

$$[C]\{\dot{T}_t\}+[K]\{T_t\}=\{Q_f\} \tag{17-5}$$

其中：

$$[C]=\int \rho c[N]^T[N]\mathrm{d}V \tag{17-6}$$

在式（17-6）中计入相变，而在控制方程中的其他两项不随相变改变。

2．焓的计算方法

焓曲线根据温度可以分成 3 个区，在固体温度（T_s）以下，物质为纯固体，在固体温度（T_s）与液体温度（T_l）之间，物质为相变区，在液体温度（T_l）以上，物质为纯液体。根据比热及潜热可计算各温度的焓值，如图 17-43 所示。

（1）在固体温度以下：　$T<T_s$

$$H=\rho C_s\left(T-T_l\right) \tag{17-7}$$

其中，C_s 为固体比热。

（2）在固体温度时：　$T=T_s$

$$H_s=\rho C_s(T_s-T_l) \tag{17-8}$$

（3）在固体和液体温度之间（相变区域）时：　$T_s<T<T_l$

$$H=H_s+\rho C^*(T-T_s) \tag{17-9}$$

$$C_{avg}=\frac{(C_s+C_l)}{2} \tag{17-10}$$

$$C^{*} = C_{avg} + \frac{L}{(T_l - T_s)} \tag{17-11}$$

其中，C_l 为液体比热，L 为潜热。

（4）在液体温度时：

$$T = T_l$$

$$H_l = H_s + \rho C^{*}(T_l - T_s) \tag{17-12}$$

（5）超过液体温度时：

$$T_l < T$$

$$H = H_l + \rho C_l(T - T_l) \tag{17-13}$$

下面以铝的热焓数据计算为例，介绍在 ANSYS 中对热焓材料特性的处理方法，此处，铝的焓值没有直接给出，比热等其余材料特性数据如表 17-3 所示。在计算时，根据铝的熔点，选择 T_s= 695℃和 T_l= 697℃。根据式（17-7）～式（17-13）可以计算热焓，热焓值如表 17-4 所示。铝的焓随温度变化曲线图如图 17-44 所示。

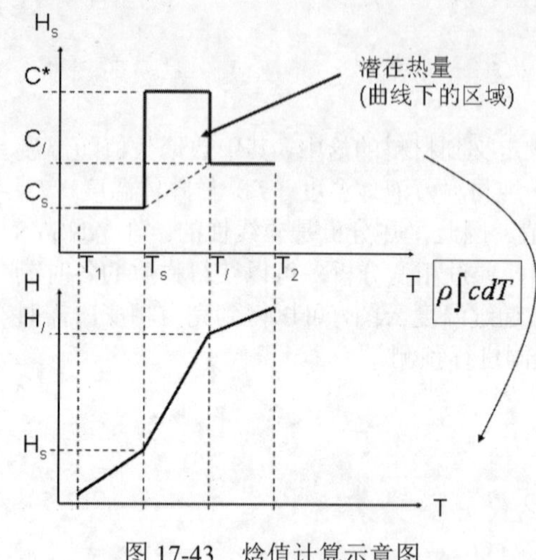

图 17-43　焓值计算示意图

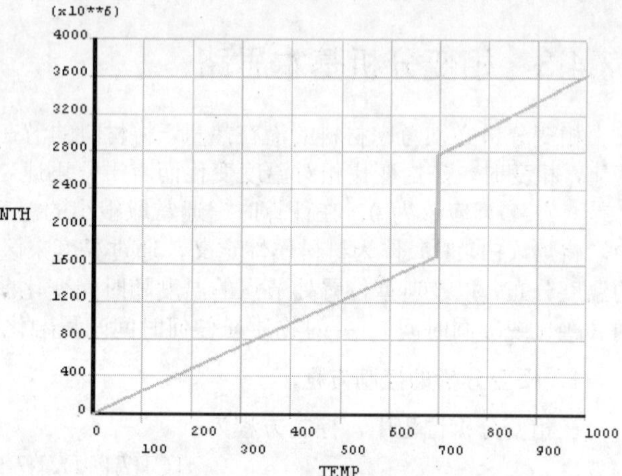

图 17-44　铝的焓随温度变化曲线图

表 17-3　铝的材料性能参数表

材料物理性能	数　值
熔点	696℃
密度（ρ）	2707kg/m^3
固体时的比热（C_s）	896J/kg·℃
液体时的比热（C_l）	1050J/kg·℃
单位质量的潜热（L）	3956440J/kg
单位体积的潜热（$L\times\rho$）	1.0704e9J/m^3

表 17-4　铝的各温度下的焓值

温度（℃）	焓值（J/m^3）
0	0
695	1.6857e9
697	2.7614e9
1000	3.6226e9

17.5 实例——某零件铸造过程分析

本实例将详细介绍应用 ANSYS 进行铸造相变分析的基本步骤，以及运用 ANSYS 进行铸造相变分析的基本算法。要求读者掌握应用 ANSYS 进行铸造相变分析的基本方法。

17.5.1 问题描述

某一钢制零件铸坯的几何模型如图 17-45 所示，计算模型如图 17-46 所示。

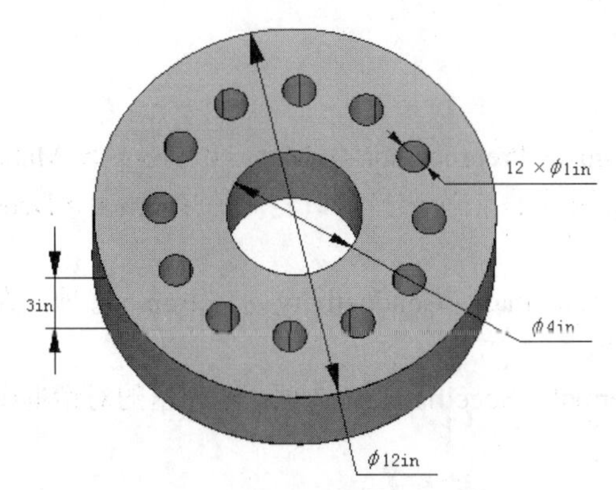

图 17-45 铸钢零件的几何模型

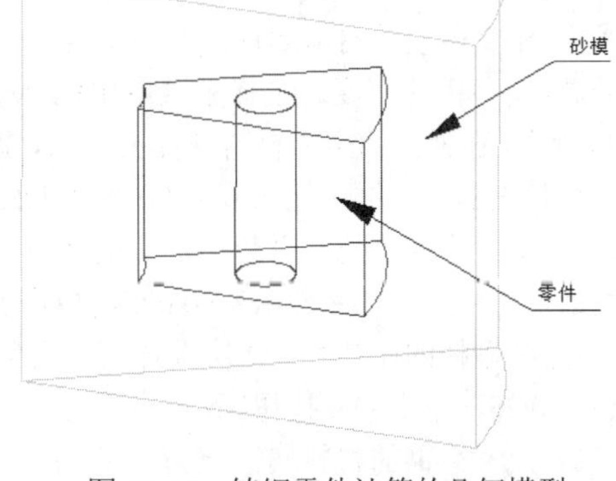

图 17-46 铸钢零件计算的几何模型

砂模的热物理性能和铸钢的热物理性能分别如表 17-5 和表 17-6 所示。初始条件是：铸钢的温度为 2875℉，砂模的温度为 80℉；砂模外边界的对流边界条件是：对流系数为 0.014BTU/(h·in^2·℉)，空气温度为 80℉；求 15min 后铸钢及砂模的温度分布。

表 17-5 砂模的热物理性能表

材 料 参 数	单 位 制	数 值
导热系数（KXX）	BTU/h·in·℉	0.025
密度（DENS）	lb/in^3	0.054
比热容（C）	BTU/lb·m·℉	0.28

表 17-6 铸钢的热物理性能表

材 料 参 数	单 位 制	0℉	2643℉	2750℉	2875℉
导热系数	BTU/hr·in·℉	1.44	1.54	1.22	1.22
焓	BTU/in^3	0	128.1	163.8	174.2

17.5.2 问题分析

本实例属于周期对称问题，对模型的 1/12 进行分析，采用三维八节点热分析 SOLID70 单元。分析时，采用英制单位。

17.5.3 GUI 操作步骤

Note

1. 定义分析文件名

选择实用菜单中的 Utility Menu > File > Change Jobname 命令，在弹出的对话框中输入 Casting_Part，单击 OK 按钮。

2. 定义单元类型

选择主菜单中的 Main Menu > Preprocesor > Element Type > Add/Edit/Delete 命令，在弹出的 Element Types 对话框中单击 Add 按钮，然后在弹出的对话框中选择 Thermal Solid 和 Brick 8node 70 选项，定义 8 节点三维六面体单元，然后单击 OK 按钮。

3. 定义砂模和铸钢的材料属性

（1）定义砂模的材料属性。

① 定义砂模的密度。选择主菜单中的 Main Menu > Preprocessor > Material Props > Material Models 命令，在弹出的定义材料属性窗口中，默认材料编号 1，依次选择窗口右侧的 Thermal > Density 选项，在弹出的对话框中输入 0.054，单击 OK 按钮。

② 定义砂模的热传导系数。依次选择窗口右侧的 Thermal > Conductivity > Isotropic 选项，在弹出的对话框中输入导热系数 KXX0.025，单击 OK 按钮。

③ 定义砂模的比热容。依次选择窗口右侧的 Thermal > Specific Heat 选项，在弹出的对话框中输入比热容 0.28，单击 OK 按钮。

（2）定义铸钢的材料属性。

① 定义铸钢与温度相关的热传导参数。依次选择材料属性窗口中的 Material > New Model 选项，在弹出的对话框中单击 OK 按钮。选中材料 2，依次选择窗口右侧的 Thermal > Conductivity > Isotropic 选项，在弹出如图 17-47 所示的对话框中，单击 Add Temperature 按钮，增加温度到 T4，按照图 17-47 所示输入材料参数，然后单击对话框右下角的 Graph 按钮，铸钢热传导参数随温度图变化曲线图如图 17-48 所示。

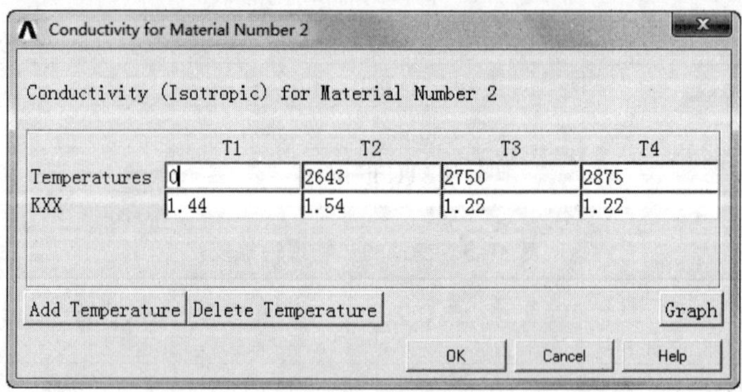

图 17-47　铸钢热传导参数输入对话框

② 定义铸钢与温度相关的焓参数。依次选择材料属性窗口右侧的 Thermal > Conductivity > Enthalpy 选项，在弹出的如图 17-49 所示的对话框中，单击 Add Temperature 按钮，增加温度到 T4，按照图 17-49 所示输入材料参数，单击对话框右下角的 Graph 按钮，铸钢焓随温度变化曲线图如图 17-50 所示，单击 OK 按钮。完成以上操作后关闭定义材料属性窗口。

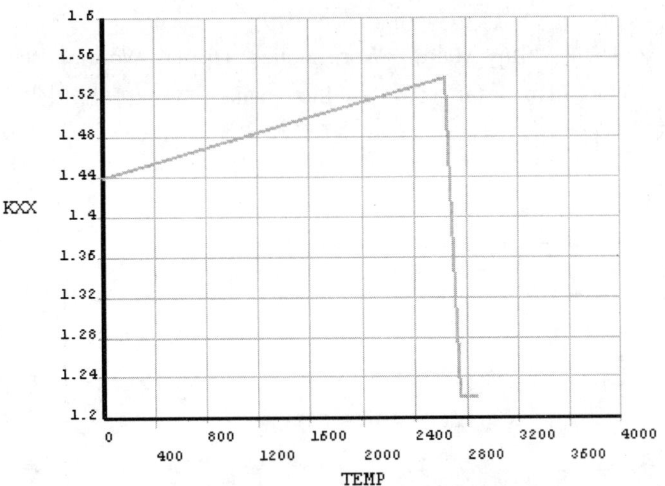

图 17-48 铸钢热传导参数温度变化曲线图

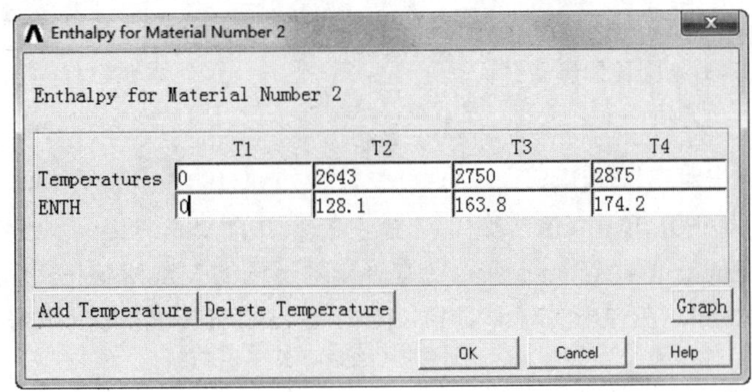

图 17-49 铸钢焓参数输入对话框

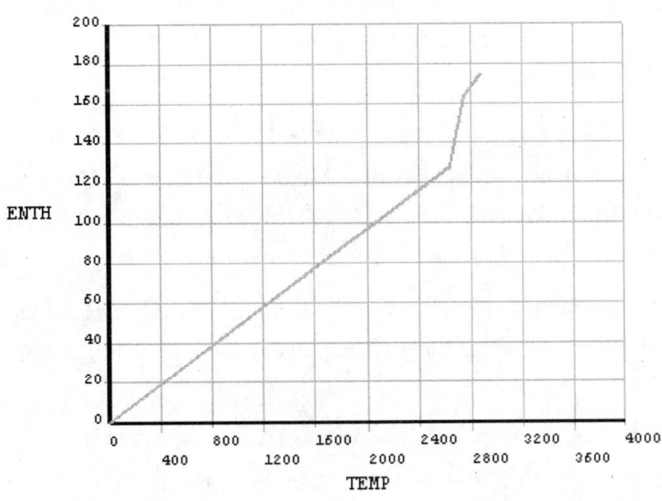

图 17-50 铸钢焓参数温度变化曲线图

4．建立几何模型

（1）选择主菜单中的 Main Menu > Preprocessor > Modeling > Create > Volumes > Cylinder > ByDimensions 命令，在弹出的对话框中，在 RAD1、RAD2、Z1、Z2、THETA1 和 THETA2 后面的文

Note

本框中分别输入 6、2、0、3、-15 和 15，单击 OK 按钮，如图 17-51 所示。

（2）选择实用菜单中的 Utility Menu > Work Plane > Display Working Plane 命令，再选择实用菜单中的 Utility Menu > Work Plane > Offset WP by Increments 命令，弹出如图 17-52 所示的对话框，在 X,Y,Z Offsets 下面的文本框中输入 4，按 Enter 键确认，单击 OK 按钮，关闭坐标系平移对话框。

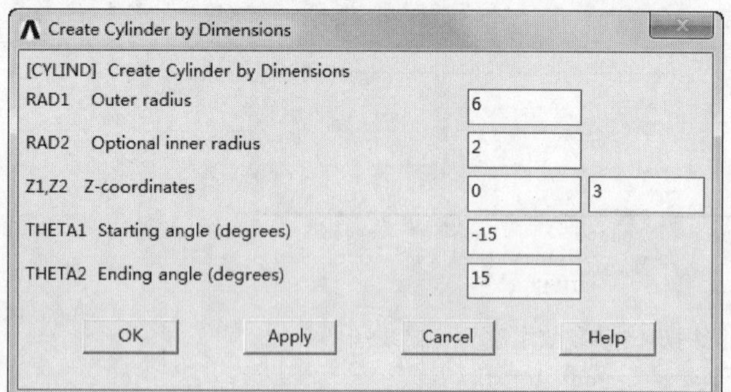

图 17-51 圆环体建立对话框

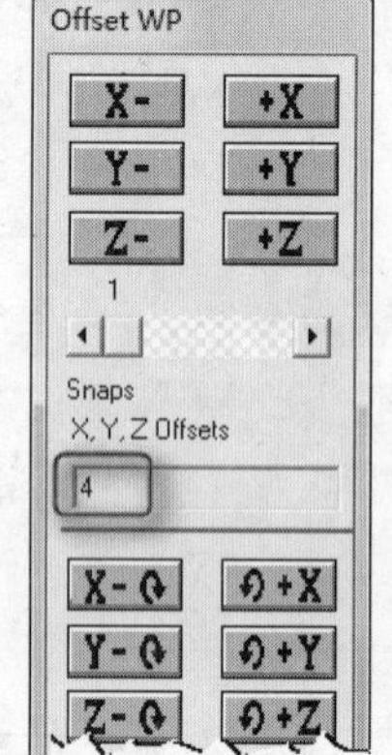

图 17-52 工作坐标系平移对话框

（3）选择主菜单中的 Main Menu > Preprocessor > Modeling > Create > Volumes > Cylinder > By Dimensions 命令，在弹出对话框的 RAD1、AD2、Z1、Z2、THETA1 和 THETA2 后面的文本框中分别输入 0.5、0、0、3、0 和 360，单击 OK 按钮。选择主菜单中的 Main Menu > Preprocessor > Modeling > Operate > Boooleans > Subtract > Volumes 命令，在弹出对话框的 Min,Max,Inc 下面的文本框中输入 1 后按 Enter 键，单击 OK 按钮。在弹出的对话框中，在 Min,Max,Inc 下面的文本框中输入 2 后按 Enter 键，单击 OK 按钮。

（4）选择实用菜单中的 Utility Menu > WorkPlane > Offset WP to > Global Origin 命令，再选择主菜单中的 Main Menu > Preprocessor > Modeling > Create > Volumes > Cylinder > By Dimensions 命令，在弹出的对话框中，在 RAD1、RAD2、Z1、Z2、THETA1 和 THETA2 后面的文本框中分别输入 8、0、-2、5、-15 和 15，单击 OK 按钮。

5. 布尔操作

选择主菜单中的 Main Menu > Preprocessor > Modeling > Operate> Boooleans > Overlap > Volumes 命令，在弹出的对话框中单击 Pick All 按钮。建立的几何模型如图 17-53 所示。

6. 设置单元密度

选择主菜单中的 Main Menu > Preprocessor > Meshing > Size Cntrls > Manualsize > Global > Size 命令，在弹出的对话框中，在弹出对话框的 Element edge length 后面的文本框中输入 0.35，单击 OK 按钮。

7. 赋予材料属性

（1）设置砂模属性。选择主菜单中的 Main Menu > Preprocessor > Meshing > Mesh Attributes > Picked Volumes 命令，在弹出对话框的 Min,Max,Inc 下面的文本框中输入 2 后按 Enter 键，单击 OK 按钮，在弹出对话框的 MAT 和 TYPE 选项后分别选择 1 和 1 SOLID70。

（2）设置保温层属性。选择主菜单中的 Main Menu > Preprocessor > Meshing > Mesh Attributes > Picked Volumes 命令，在弹出对话框的 Min,Max,Inc 下面的文本框中输入 3 后按 Enter 键，单击 OK 按钮，在弹出对话框的 MAT 和 TYPE 选项后分别选择 2 和 1 SOLID70。

8．划分单元

选择主菜单中的 Main Menu > Preprocessor > Meshing > Mesh > Volumes > Free 命令，单击弹出对话框中的 Pick All 按钮；有限元模型如图 17-54 所示。当出现警告提示对话框时，关闭该对话框。

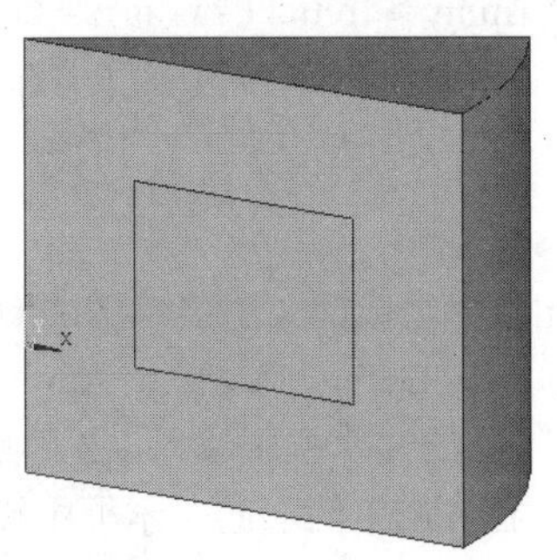

图 17-53　几何模型

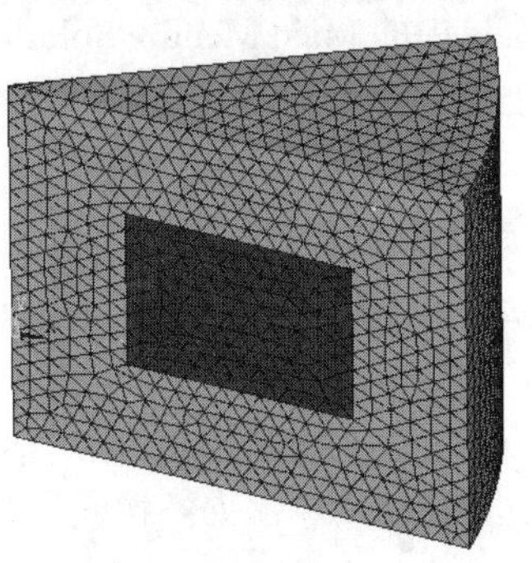

图 17-54　有限元模型

9．施加初始温度

（1）对砂模施加初始温度。选择实用菜单中的 Utility Menu > Select Entities 命令，弹出如图 17-55 所示的对话框，在上面的两个下拉列表框中分别选择 Elements 和 By Attributes 选项，选中其下面的 Material num 单选按钮，在 Min,Max,Inc 下面的文本框中输入 1，单击 Apply 按钮；在上面的两个下拉列表框中分别选择 Nodes 和 Attached to 选项，选中其下面的 Elements 和 From Full 单选按钮，单击 OK 按钮，如图 17-56 所示。

选择主菜单中的 Main Menu > Solution > Define Loads > Apply > Initial Condit'n > Define 命令，在弹出对话框中单击 Pick All 按钮，弹出如图 17-57 所示的对话框，在 Lab 后面的下拉列表框中选择 TEMP，在 VALUE 下面的文本框中输入 2875，单击 OK 按钮。

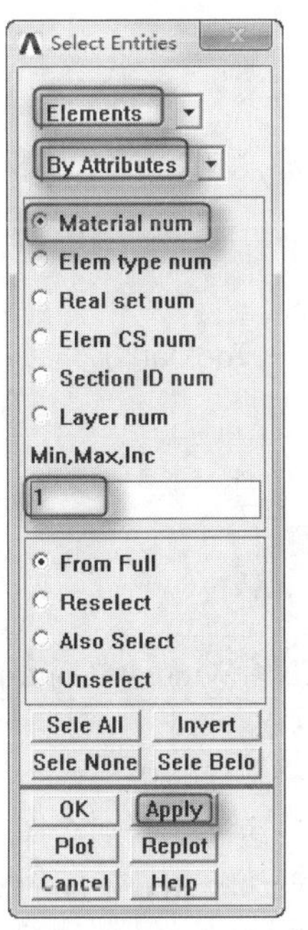

图 17-55　单元选择对话框

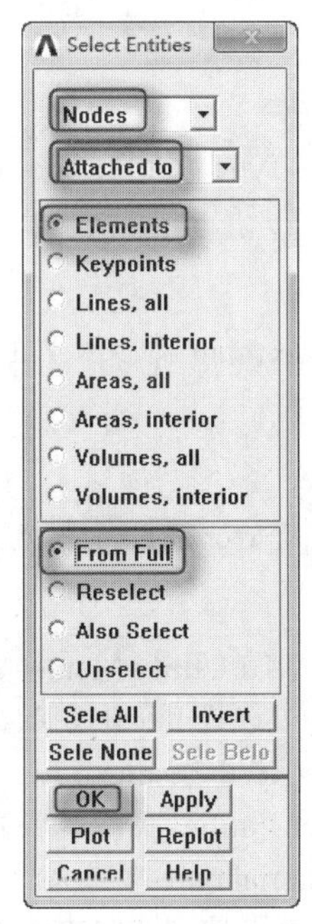

图 17-56　节点选择对话框

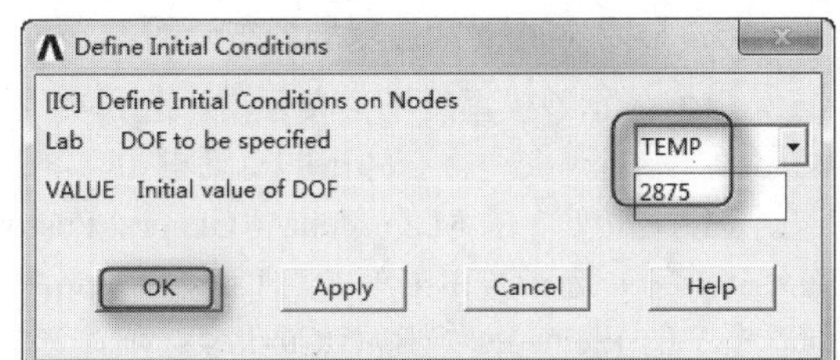

图 17-57　初始温度施加对话框

（2）对铸钢施加初始温度。选择实用菜单中的 Utility Menu > Select Entities 命令，在弹出的对话

Note

框中，选择上面的两个列表框中的 Elements 和 By Attributes 选项，选中下面的 Material num 单选按钮，在 Min,Max,Inc 下面的文本框中输入 2，单击 Apply 按钮；在弹出的对话框中选择上面的两个列表框中的 Nodes 和 Attached to 选项，选中下面的 Elements 和 From Full 单选按钮，单击 OK 按钮。

选择主菜单中的 Main Menu > Solution > Define Loads > Apply > Initial Condit'n > Define 命令，在弹出的对话框中单击 Pick All 按钮，弹出一个对话框，在 Lab 后面的下拉列表框中选择 TEMP，在 VALUE 后面的下拉列表框中输入 80，单击 OK 按钮。

10．在顶面施加对流载荷

选择实用菜单中的 Utility Menu > Select > Everything 命令。选择实用菜单中的 Utility Menu > Plot > Areas 命令，再选择主菜单中的 Main Menu > Solution > Define Loads > Apply > Thermal > Convection > On Areas 命令，在弹出对话框的 Min,Max,Inc 下面的文本框中输入 1,2,1 后按 Enter 键，输入 7 后按 Enter 键，单击 OK 按钮。在弹出的对话框中，在 VALI 后面的文本框中输入 0.014，在 VAL2I 后面的文本框中输入 80，单击 OK 按钮。

11．设置求解选项

（1）选择主菜单中的 Main Menu > Solution > Analysis Type > New Analysis 命令，在弹出的对话框中选择 Transient，单击 OK 按钮，在弹出的对话框中接受默认设置，直接单击 OK 按钮。

（2）选择主菜单中的 Main Menu > Preprocessor > Loads > Load Step Opts > Time/Frequenc > Time - Time Step 命令，弹出时间频率设置对话框，在 TIME 后面的文本框中输入 0.25，在 DELTIM 后面的文本框中输入 0.01，在 DELTIM 中的 Minmum time step size 文本框中输入 0.01，在 Maxmum time step size 文本框中输入 0.01，在 KBC 中选择 Stepped 选项，在 AUTOTS 中选择 ON 选项，单击 OK 按钮。

12．温度偏移量设置

选择主菜单中的 Main Menu > Solution > Analysis Type > Analysis Options 命令，在弹出的对话框中输入 460。

13．输出控制对话框

选择主菜单中的 Main Menu > Solution > Analysis Type > Sol'n Controls 命令，在弹出的对话框中，在 Frequency 项中选择 Write every substep，单击 OK 按钮。

14．存盘

选择实用菜单中的 Utility Menu > Select > Everything 命令，单击 ANSYS Toolbar 工具条中的 SAVE_DB 按钮。

15．求解

选择主菜单中的 Main Menu > Solution > Solve > Current LS 命令，进行计算。

16．显示 15min 后温度场分布云图

（1）显示砂模温度场分布云图。选择实用菜单中的 Utility Menu > PlotCtrls > Window Controls > Window Options 命令，在弹出的对话框中，在 INF0 中选择 Legend ON，单击 OK 按钮。

选择主菜单中的 Main Menu > General Postproc > Read Results > Last Set 命令，读取最后一个子步的分析结果，选择实用菜单中的 Utility Menu > Select Entities 命令，在弹出的对话框中分别选择下拉列表框中的 Elements 和 By Attributes 选项，选中 Material num 单选按钮，在 Min,Max,Inc 下面的文本框中输入 1，单击 Apply 按钮；在弹出的对话框中选择下拉列表框中的 Nodes 和 Attached to 选项，选中 Elements 和 From Full 单选按钮，单击 OK 按钮。

选择主菜单中的 Main Menu > General Postproc > Plot Results > Contour Plot > Nodal Solu 命令，在弹

出的对话框中选择 DOF solution 和 Nodal Temperature，单击 OK 按钮。砂模的温度分布云图如图 17-58 所示。

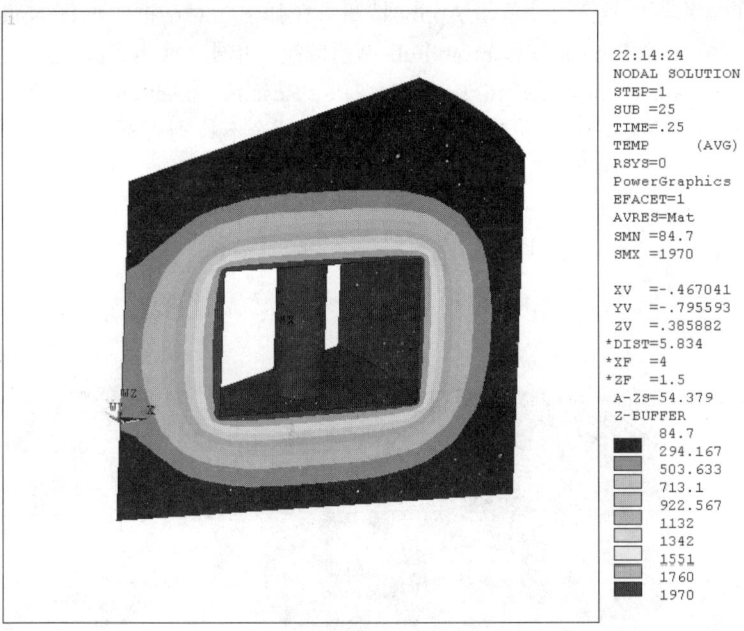

图 17-58　砂模的温度分布云图

选择实用菜单中的 Utility Menu > PlotCtrls > Style > Symmetry Expansion > User Specified Expansion 命令，在弹出的对话框中，在/EXPAND 1st Expansion of Symmetry 后面的文本框中输入 9，在 DY 后面的文本框中输入 30，在 Type 后面的下拉列表框中选择 Polor，单击 OK 按钮。砂模的扩展温度分布云图如图 17-59 所示。

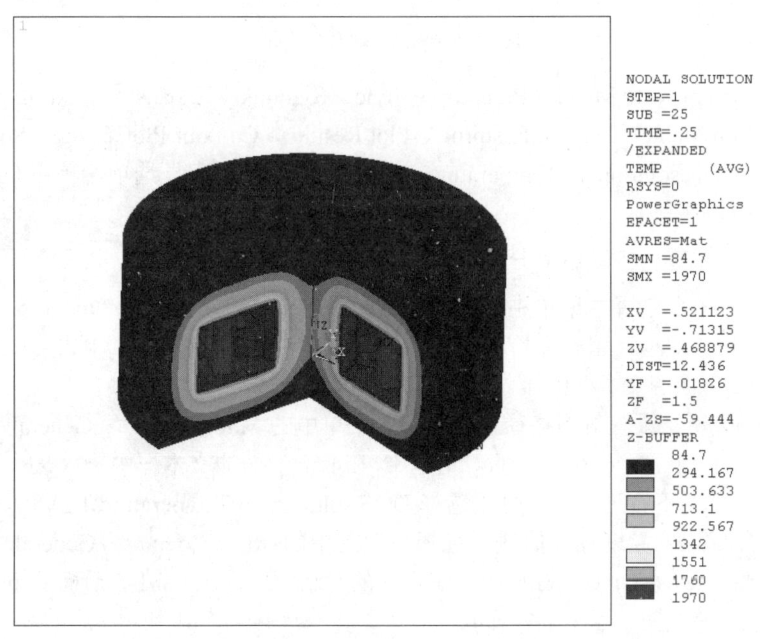

图 17-59　砂模的扩展温度分布云图

Note

（2）显示零件温度场分布云图。选择实用菜单中的 Utility Menu > Select Entities 命令，在弹出的对话框中，选择 Elements 和 By Attributes 两个下拉列表框选项，选中 Material num 单选按钮，在 Min,Max,Inc 下面的文本框中输入 2，单击 Apply 按钮；在弹出的对话框中选择 Nodes 和 Attached to 两个下拉列表框选项，选中 Elements 和 From Full 单选按钮，单击 OK 按钮。

选择主菜单中的 Main Menu > General Postproc > Plot Results > Contour Plot > Nodal Solu 命令，在弹出的对话框中，选择 DOF solution 和 Nodal Temperature 两个下拉列表框选项，单击 OK 按钮。零件的扩展温度分布云图如图 17-60 所示。

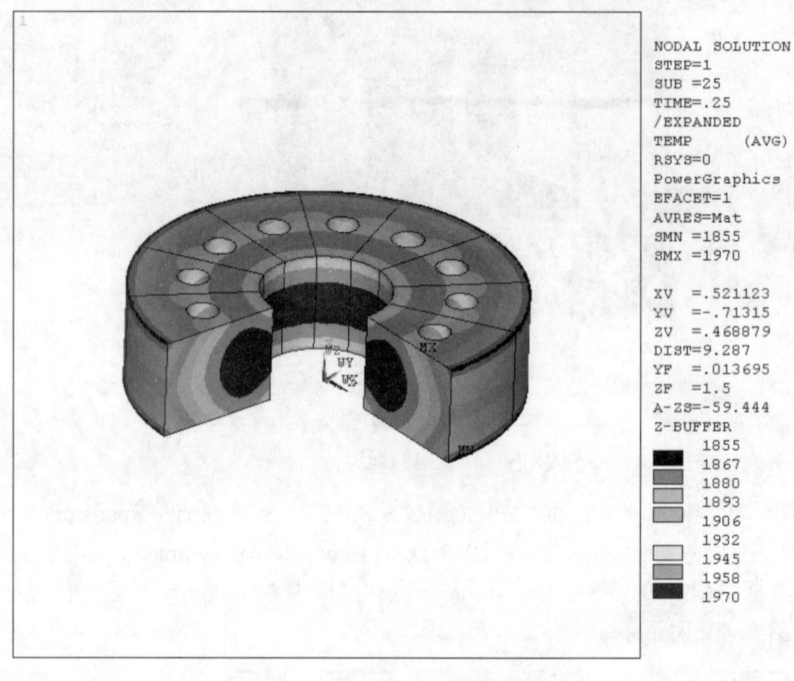

图 17-60　零件的扩展温度分布云图

选择实用菜单中的 Utility Menu > PlotCtrls > Style > Symmetry Expansion > No Expansion 命令，再选择主菜单中的 Main Menu > General Postproc > Plot Results > Contour Plot > Nodal Solu 命令，在弹出的对话框中，选择 DOF solution 和 Temperature TEMP 两个下拉列表框选项，单击 OK 按钮。零件的温度分布云图如图 17-61 所示。

17．显示 15min 沿零件内壁温度分布

（1）定义径向路径。选择主菜单中的 Main Menu > Preprocessor > Path Operations > Define Path > By Nodes 命令，弹出拾取框，用鼠标拾取 Y=0，X=2*cos150 的所有节点，单击 OK 按钮，在弹出的对话框中，在 Name 下面的文本框中输入 TR，单击 OK 按钮。

（2）将温度场分析结果映射到路径上。选择主菜单中的 Main Menu > General Postproc > Path Operations > Map onto Path 命令，在弹出的对话框中，在 Lab 后面的文本框中输入 TR，在 Rem 和 Comp Item to be mapped 后面的下拉列表框中分别选择 DOF solution 和 Temperature TEMP，单击 OK 按钮。

（3）显示沿零件内壁温度分布曲线。选择主菜单中的 Main Menu > General Postproc > Path Operations > Plot Path Item > On Graph 命令，在弹出的对话框中，在 Lab1-6 后面的下拉列表框中选择 TR，单击 OK 按钮，曲线图如图 17-62 所示。

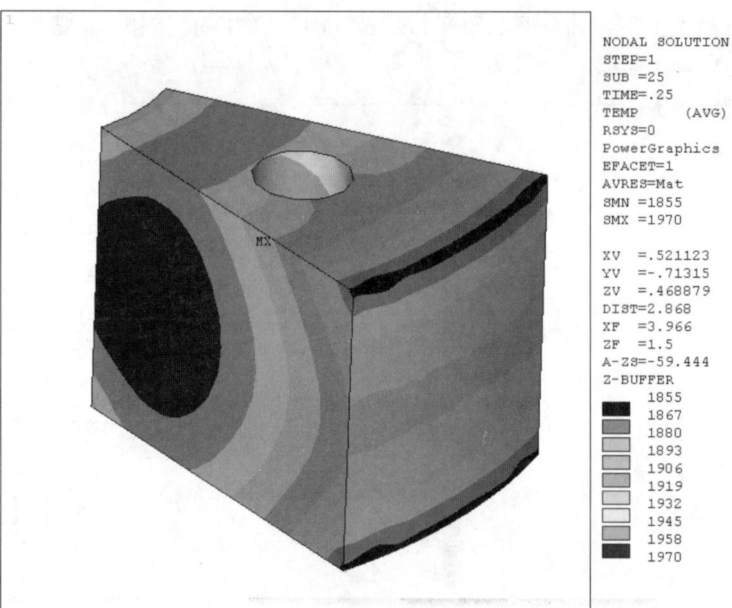

图 17-61 零件的温度分布云图

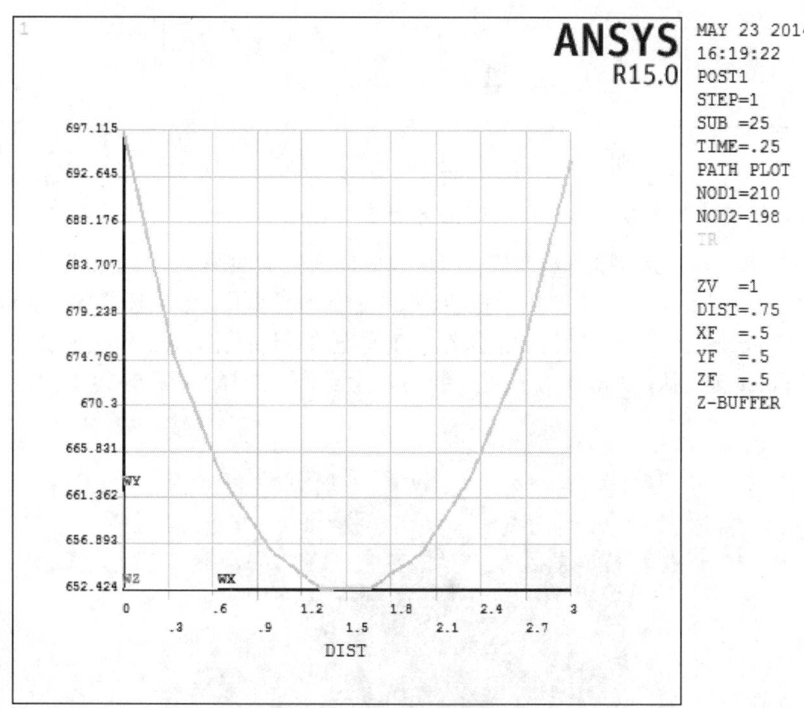

图 17-62 15min 沿零件内壁温度分布曲线图

（4）显示沿路径温度分布云图。选择主菜单中的 Main Menu > General Postproc > Plot Results > Plot Path Item > On Geometry 命令，在弹出的对话框中，在 Item, Path items to be mapped 中选择 TR，单击 OK 按钮。

选择实用菜单中的 Utility Menu > PlotCtrls > Window Controls > Window Options 命令，在弹出的

Note

对话框中，在 INF0 后面的下拉列表框中选择 Legend ON，单击 OK 按钮。沿零件内壁温度分布云图如图 17-63 所示。

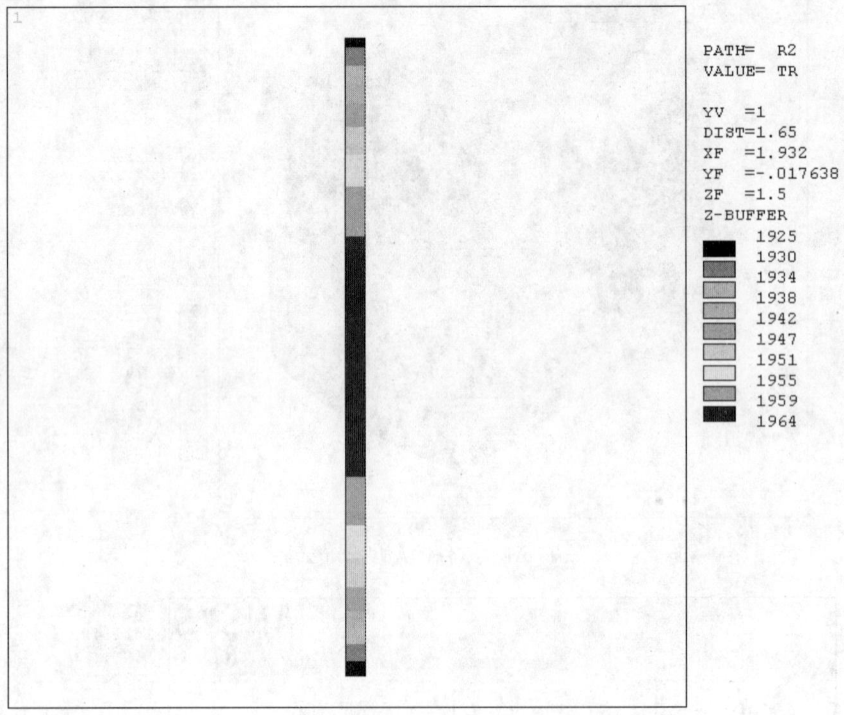

图 17-63　15min 沿零件内壁温度分布云图

18．显示零件的某些节点在铸造过程中温度随时间变化的曲线图

（1）显示如图 17-64 所示的顶面 4 个节点温度随时间变化曲线图。选择主菜单中的 Main Menu > TimeHistory 命令，在弹出的对话框中单击＋按钮，在弹出的对话框中，依次选择 Nodal Solution > DOF Solution > Nodal Temperature 选项，单击 OK 按钮。在弹出的对话框中，在 Min,Max,Inc 下面的文本框中输入 210 后按 Enter 键确认，单击 OK 按钮。重复以上操作，选择 599、592、20 号节点。

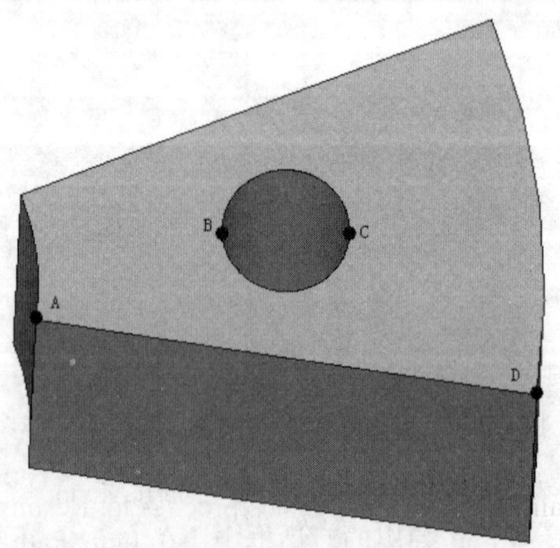

图 17-64　所要显示节点的示意图

（2）选择实用菜单中的 Utility Menu > PlotCtrls > Style > Graphs > Modify Axes 命令，在弹出的

对话框中，在/AXLAB 中分别输入 TIME 和 TEMPERATURE，在/XRANGE 中选择 Specified range，在 XMIN 和 XMAX 文本框中输入 0 和 0.25，单击 OK 按钮。按住 Ctrl 键，选择 TEMP_2 到 TEMP_5，单击按钮，曲线图如图 17-65 所示。

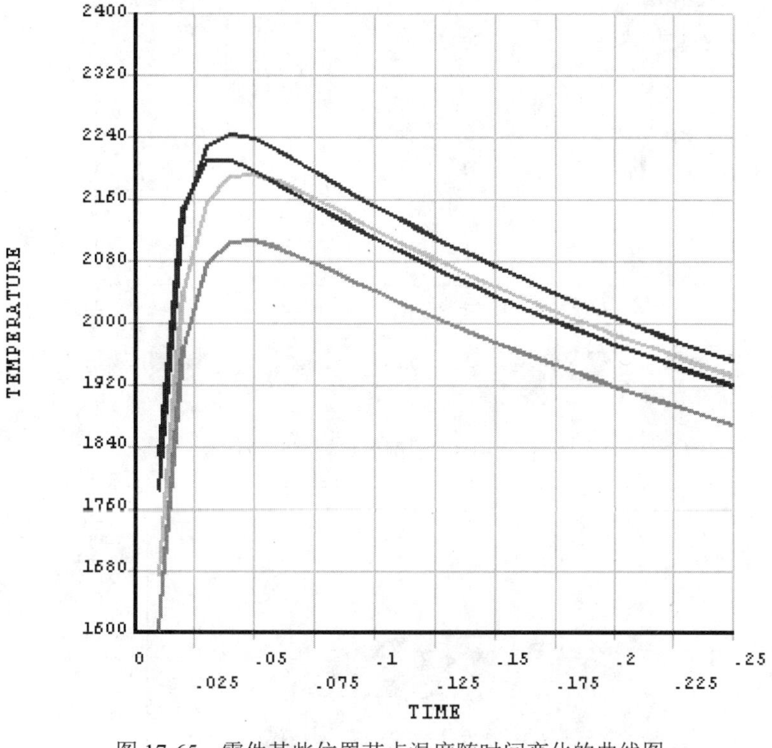

图 17-65　零件某些位置节点温度随时间变化的曲线图

19. 生成零件铸造过程动画

选择实用菜单中的 Utility Menu > PlotCtrls > Animate > Over Results 命令，在弹出的对话框中，在 Display Type 后左侧选择 DOF solution，在右侧选择 Temperature TEMP，在 Auto contour scaling 中设置 ON，单击 OK 按钮，在放映的过程中，选择实用菜单中的 Utility Menu > PlotCtrls > Animate > Save Animation 命令，可存储动画，当观看完结果时可单击对话框中的 Close 按钮，结束动画放映。

20. 显示 6s 零件状态

（1）选择主菜单中的 Main Menu > General Postproc > Read Results > First Set 命令，读取第一个子步的分析结果，选择实用菜单中的 Utility Menu > PlotCtrls > Style > Contours > Non_uniform Contours 命令，弹出如图 17-66 所示的对话框，在 V1、V2 和 V3 后面的文本框中分别输入 0、2643、2767，单击 OK 按钮。

（2）选择实用菜单中的 Utility Menu > PlotCtrls > Style > Symmetry Expansion > User Specified Expansion 命令，在弹出的对话框中，在/EXPAND 1st Expansion of Symmetry 后面的文本框中输入 9，在 DY 中输入 30，在 Type 后面的文本框中选择 Polor，单击 OK 按钮。

（3）选择主菜单中的 Main Menu > General Postproc > Plot Results > Con tour Plot > Nodal Solu 命令，在弹出的对话框中选择 DOF solution 和 Temperature TEMP 选项，然后单击 OK 按钮。6s 后温度场分布云图如图 17-67 所示。从图 17-67 中可见，里面的紫红色的区域（图中深色的区域）为没有凝固的区域，外面绿色的区域为凝固的区域。

Note

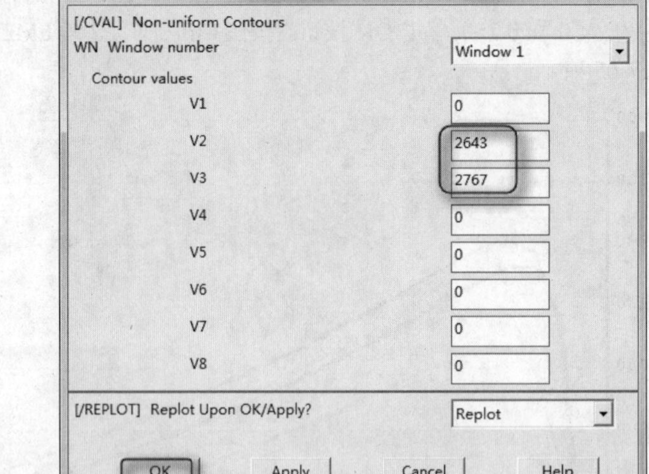

图 17-66　图例值设置对话框

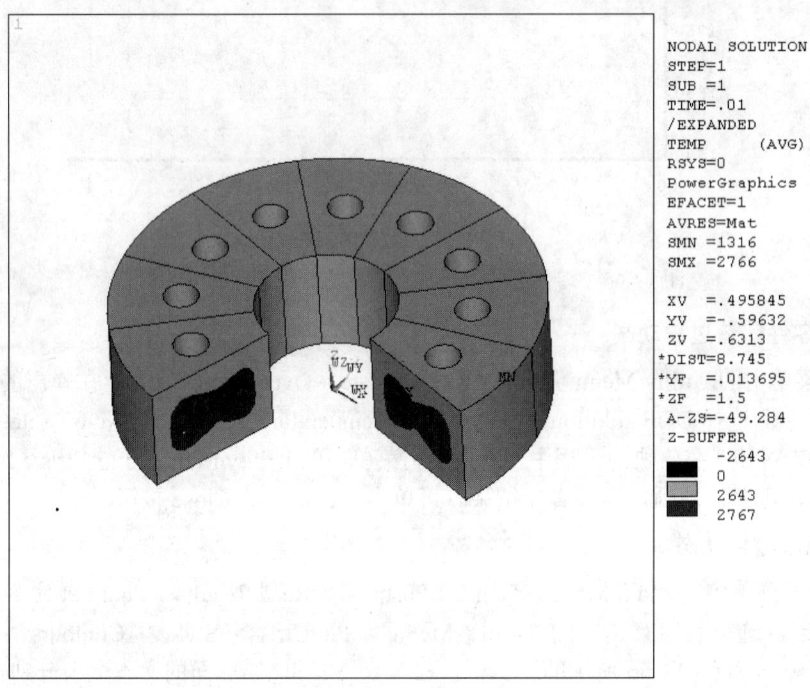

图 17-67　6s 后温度场分布云图

21．退出 ANSYS

单击 ANSYS Toolbar 工具条中的 QUIT 按钮，在弹出的对话框中选中 Quit-No Save!单选按钮，然后单击 OK 按钮。

17.5.4　APDL 命令流程序

APDL 命令流程序这里不再详细介绍，读者可参见随书光盘中的电子文档。

▶▶第4篇

电磁分析篇

电磁场有限元分析简介

本章将首先对电磁场的基本理论作简单介绍，然后介绍 ANSYS 电磁场分析的对象和方法，最后介绍在后面章节中经常用到的电磁宏和远场单元内容。

☑ 电磁场有限元分析概述

☑ 远场单元及远场单元的使用

任务驱动&项目案例

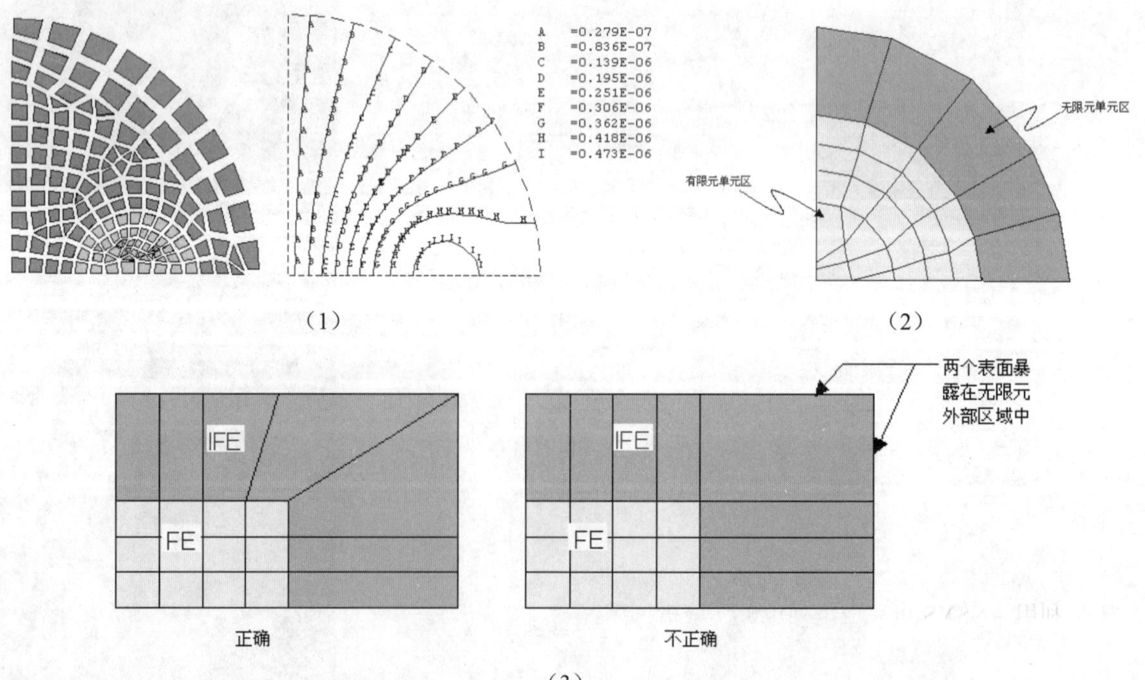

（1）

（2）

（3）

18.1　电磁场有限元分析概述

18.1.1　电磁场中常见边界条件

电磁场问题实际求解过程中，有各种各样的边界条件，但归结起来可概括为 3 种，即狄利克雷（Dirichlet）边界条件、诺依曼（Neumann）边界条件以及它们的组合。

狄利克雷边界条件表示为：

$$\phi|_{\Gamma}=g(\Gamma) \tag{18-1}$$

式中，Γ 为狄利克雷边界；$g(\Gamma)$是位置的函数，可以为常数和 0，当为 0 时称此狄利克雷边界为奇次边界条件，如平行板电容器的一个极板电势可假定为 0，而另外一个假定为常数，为 0 的边界条件即为奇次边界条件。

诺依曼边界条件可表示为：

$$\frac{\delta\phi}{\delta n}\Big|_{\Gamma}+f(\Gamma)\phi|_{\Gamma}=h(\Gamma) \tag{18-2}$$

式中，Γ 为诺依曼边界；n 为边界 Γ的外法线矢量；$f(\Gamma)$和 $h(\Gamma)$为一般函数（可为常数和 0），当为 0 时为奇次诺依曼条件。

实际上电磁场微分方程的求解中，只有在边界条件和初始条件的限制时，电磁场才有确定解。鉴于此，我们通常称求解此类问题为边值问题和初值问题。

18.1.2　ANSYS 电磁场分析对象

ANSYS 以麦克斯韦方程组作为电磁场分析的出发点。有限元方法计算未知量（自由度）主要是磁位或通量，其他关心的物理量可以由这些自由度导出。根据所选择的单元类型和单元选项的不同，ANSYS 计算的自由度可以是标量磁位、矢量磁位或边界通量。

ANSYS 利用 ANSYS/Emag 或 ANSYS/Multiphysics 模块中的电磁场分析类型，如图 18-1 所示，可分析计算下列设备中的电磁场：

电力发电机	磁带及磁盘驱动器	变压器
波导	螺线管传动器	谐振腔
电动机	连接器	磁成像系统
天线辐射	图像显示设备传感器	滤波器
回旋加速器		

在一般电磁场分析中关心的典型的物理量为：

磁通密度	能量损耗	磁场强度
磁漏	磁力及磁矩	s—参数
阻抗	品质因子 Q	电感
回波损耗	涡流	本征频率

利用 ANSYS 可完成下列电磁场分析。

☑　二维静态磁场分析，分析直流电（DC）或永磁体所产生的磁场。

☑　二维谐波磁场分析，分析低频交流电流（AC）或交流电压所产生的磁场。

Note

☑ 二维瞬态磁场分析，分析随时间任意变化的电流或外场所产生的磁场，包含永磁体的效应。
☑ 三维静态磁场分析，分析直流电或永磁体所产生的磁场。
☑ 三维谐波磁场分析，分析低频交流电所产生的磁场。
☑ 三维瞬态磁场分析，分析随时间任意变化的电流或外场所产生的磁场。

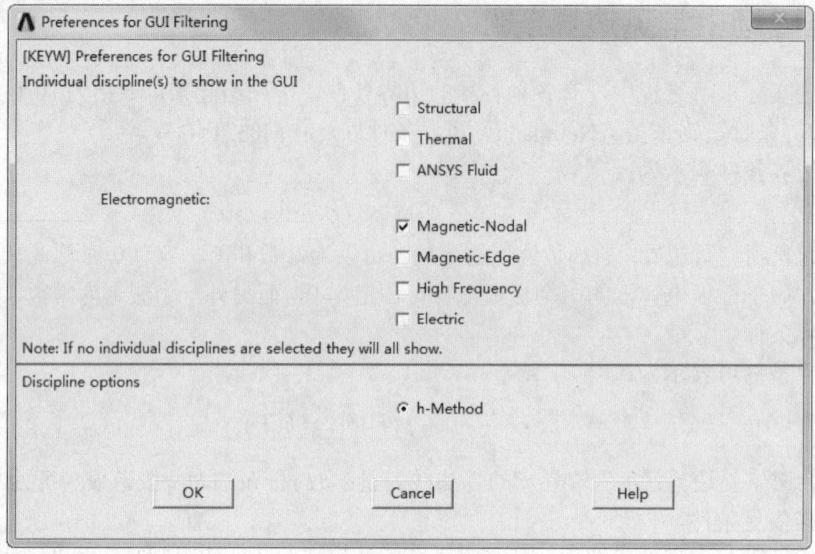

图 18-1 电磁场分析类型

18.1.3 电磁场单元概述

ANSYS 提供了很多可用于模拟电磁现象的单元，如表 18-1 所示。

表 18-1 电磁场单元

单 元	维 数	单元类型	节 点 数	形 状	自由度和其他特征
PLANE53	2-D	磁实体矢量	8	四边形	AZ；AZ-VOLT；AZ-CURR；AZ-CURR-EMF
SOURC36	3-D	电流源	3	无	无自由度，线圈、杆、弧形基元
SOLID96	3-D	磁实体标量	8	砖型	MAG（简化、差分、通用标势）
SOLID97	3-D	磁实体矢量	8	砖型	AX、AY、AZ、VOLT；AX、AY、AZ、CURR；AX、AY、AZ、CURR、EMF；AX、AY、AZ、CURR、VOLT；支持速度效应和电路耦合
INTER115	3-D	界面	4	四边形	AX、AY、AZ、MAG
SOLID117	3-D	低频棱边单元	20	砖型	AZ（棱边）；AZ（棱边）-VOLT
HF119	3-D	高频棱边单元	10	四面体	AX（棱边）
HF120	3-D	高频棱边单元	20	砖型	AX（棱边）
CIRCU124	18-D	电路	8	线段	VOLT、CURR、EMF；电阻、电容、电感、电流源、电压源、3D 大线圈、互感、控制源
PLANE121	2-D	静电实体	8	四边形	VOLT
SOLID122	3-D	静电实体	20	砖型	VOLT
SOLID123	3-D	静电实体	10	四面体	VOLT
SOLID127	3-D	静电实体	10	四面体	VOLT

续表

单　元	维　数	单元类型	节　点　数	形　状	自由度和其他特征
SOLID128	3-D	静电实体	20	砖型	VOLT
INFIN9	2-D	无限边界	2	线段	AZ-TEMP
INFIN10	2-D	无限实体	8	四边形	AZ、VOLT、TEMP
INFIN47	3-D	无限边界	4	四边形	MAG、TEMP
INFIN111	3-D	无限实体	20	砖型	MAG、AX、AY、AZ、VOLT、TEMP
PLANE67	2-D	热电实体	4	四边形	TEMP- VOLT
LINK68	3-D	热电杆	2	线段	TEMP- VOLT
SOLID69	3-D	热电实体	8	砖型	TEMP- VOLT
SHELL157	3-D	热电壳	4	四边形	TEMP- VOLT
PLANE13	2-D	耦合实体	4	四边形	UX、UY、TEMP、AZ；UX-UY-VOLT
SOLID5	3-D	耦合实体	8	砖型	UX-UY-UZ-TEMP-VOLT-MAG；TEMP-VOLT-MAG；UX-UY-UZ；TEMP、VOLT/MAG
SOLID62	3-D	磁结构	8	砖型	UX-UY-UZ-AX-AY-AZ-VOLT
SOLID98	3-D	耦合实体	10	四面体	UX-UY-UZ-TEMP-VOLT-MAG；TEMP-VOLT-MAG；UX-UY-UZ；TEMP、VOLT/MAG

18.1.4　电磁宏

电磁宏是 ANSYS 宏命令，其功能是帮助用户方便地建立分析模型、求解及获取想要观察的分析结果。如表 18-2 列出了 ANSYS 提供的电磁宏命令和功能，可用于电磁场分析。

表 18-2　电磁宏功能

电　磁　宏	功　　能
CMATRIX	计算导体间自有和共有电容系
CURR2D	计算二维导电体内电流
EMAGERR	计算在静电或电磁场分析中的相对误差
EMF	沿预定路径计算电动力（emf）或电压降
FLUXV	计算通过闭合同路的通量
FMAGBC	对一个单元组件加力边界条件
FMAGSUM	对单元组件进行电磁力求和计算
FOR2D	计算一个体上的磁力
HFSWEEP	在一个频率范围内对高频电磁波导进行谐响应分析，并进行相应的后处理计算
HMAGSOLV	定义 2-D 谐波电磁求解选项并进行谐波求解
IMPD	计算同轴电磁设备在一个特定参考面上的阻抗
LMATRIX	计算任意一组导体间的电感矩阵
MAGSOLV	对静态分析定义磁分析选项并开始求解
MMF	沿一条路径计算磁动力
PERBC2D	对 2-D 平面分析施加周期性约束
PLF2D	生成等势的等值线图
PMGTRAN	对瞬态分析的电磁结果求和

Note

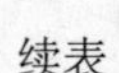

续表

电磁宏	功能
POWERH	在导体内计算均方根（RMS）能量损失
QFACT	根据高频模态分析结果，计算高频电磁谐振器件的品质因子
RACE	定义一个“跑道形”电流源
REFLCOEF	计算同轴电磁设备的电压反射系数、驻波比和回波损失
SENERGY	计算单元中储存的磁能或共能
SPARM	计算同轴波导或 TE10 模式矩形波导两个端口间的反射参数
TORQ2D	计算在磁场中物体上的力矩
TORQSUM	对 2-D 平面问题中单元部件上的 Maxwell 力矩和虚功力矩求和

18.2 远场单元及远场单元的使用

使用远场单元可使我们在模型的外边界不用强加边界条件而说明磁场、静电场车和热场的远场耗散的问题。如图 18-2 所示为四分之一对称的二维偶极子有限元模型，不使用远场单元的磁力线分布图。如果不用远场单元，就必须使模型扩展到假定的无限位置，然后再说明磁力线平行或磁力线垂直边界条件。从而如果使用远场单元（INFIN9），只需为一部分空气建模，从而有效、精确、灵活地描述远场耗散问题。如图 18-3 所示为使用远场单元（INFIN9）的磁力线分布图。

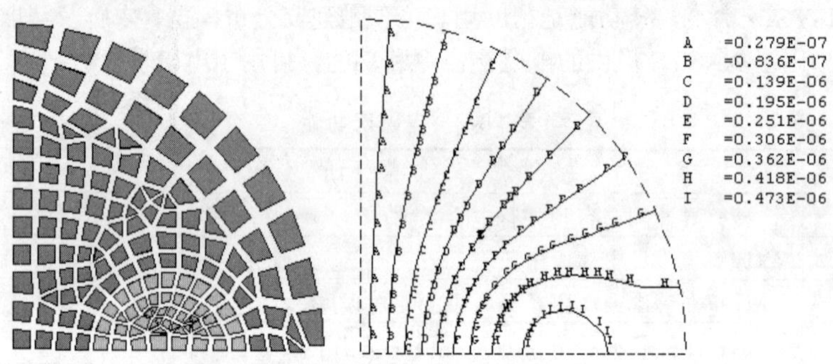

图 18-2　不使用远场单元的磁力线分布图

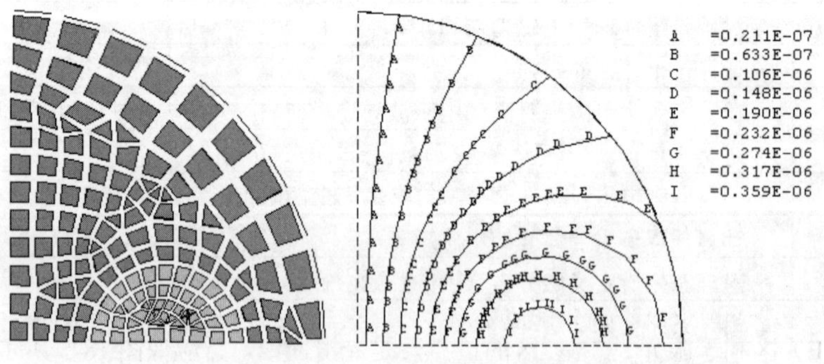

图 18-3　使用远场单元的磁力线分布图

到底应该为多少空气建模？这要依赖于所处理的问题。如问题中的磁力线相对较闭合（很少漏

磁），则只需为一小部分空气建模；而对磁力线相对较开放的问题，就需要为较大部分空气建模。

18.2.1 远场单元

ANSYS 一共提供了 4 个远场单元，如表 18-3 所示。

表 18-3 远场单元

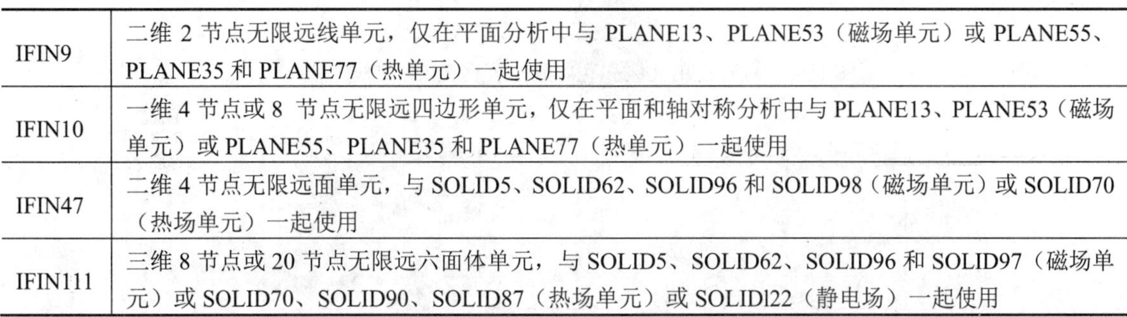

IFIN9	二维 2 节点无限远线单元，仅在平面分析中与 PLANE13、PLANE53（磁场单元）或 PLANE55、PLANE35 和 PLANE77（热单元）一起使用
IFIN10	一维 4 节点或 8 节点无限远四边形单元，仅在平面和轴对称分析中与 PLANE13、PLANE53（磁场单元）或 PLANE55、PLANE35 和 PLANE77（热单元）一起使用
IFIN47	二维 4 节点无限远面单元，与 SOLID5、SOLID62、SOLID96 和 SOLID98（磁场单元）或 SOLID70（热场单元）一起使用
IFIN111	三维 8 节点或 20 节点无限远六面体单元，与 SOLID5、SOLID62、SOLID96 和 SOLID97（磁场单元）或 SOLID70、SOLID90、SOLID87（热场单元）或 SOLIDl22（静电场）一起使用

其中，在热分析中，INFIN10 单元和 INFIN111 单元可以在离瞬态热源一定距离处正确地模拟热传导效应。

18.2.2 使用远场单元的注意事项

（1）INFIN9 单元和 INFIN47 单元的放置应以全局坐标原点为中心，通常，在有限元边界上的圆弧形远场单元会得到最佳结果。

（2）使用 INFIN10 单元和 INFIN111 单元为远场效应建模时具有更大的灵活性。

（3）INFIN10 单元和 INFIN111 单元的“极向（Pole）”应与扰动（如载荷）中心一致。有时可能会有多个“极向”，有时可能不落在坐标原点，这时单元极向应与最近的扰动一致，或与所有扰动的近似中心一致。与 INFIN9 和 INFIN47 单元相比，INFIN110 和 INFIN111 单元不需以全局坐标圆心为中心。

（4）当使用 INFIN110 和 INFIN111 单元时，必须给它们的外表面加无限表面（INF）标志，用 SF 族命令或其相应的 GUI 路径。

（5）通过拉伸（Extrude/Sweep）出一个划有网格的体，可以很容易地生成一层 INFIN111 远场单元。

```
    命令：VEXT。
    GUI：Main Menu > Preprocessor > Modeling > Operate > Extrude > Areas > By XYZ
Offset。
```

（6）INFIN110 和 INFIN111 单元通常在无限方向上长得多，可能会引起斜向网格。在做后处理等值线图结果显示时，可以不显示这些单元。

（7）为了最佳地发挥 INFIN110 单元和 INFIN111 单元的性能，必须满足下列条件中的一个或两个。

① 当有限元（FE）区和无限元（IFE）区的边界如图 18-4 所示呈光滑曲线时，INFIN110 单元和 1NFIN111 单元的性能最好。

当有限元（FE）区和无限元（IFE）区的边界不是光滑曲线时，应像图 18-5 所示划分无限元，从有限元拐角向无限元“辐射”出去，每个无限单元只能有一个边可以“暴露”在外部区域中。

此外还要避免无限单元的两条边出现从有限元（FE）区向无限元（IEF）区汇集的情况，如图 18-6 所示。

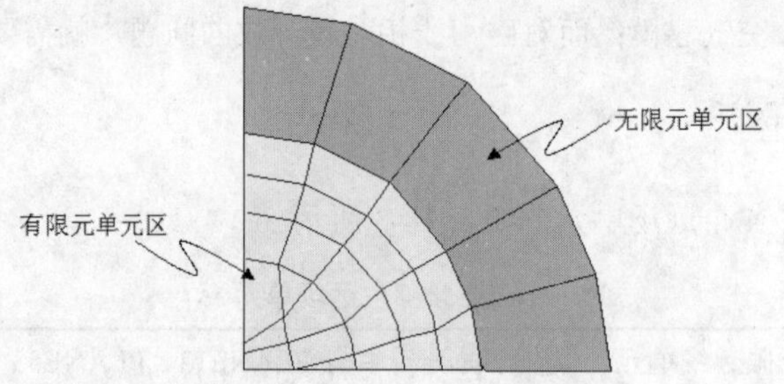

图 18-4　有限元单元区和无限元单元区交界面的理想形状

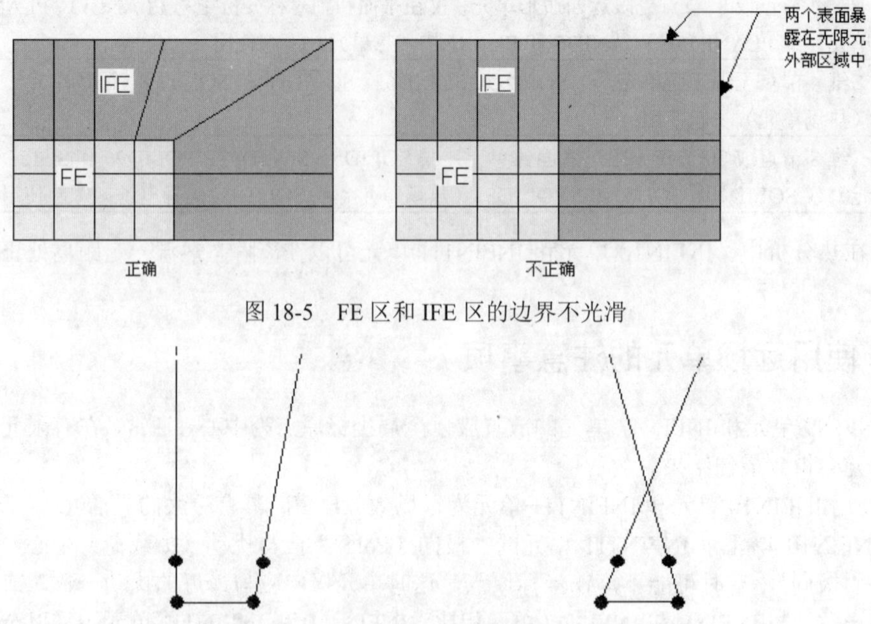

图 18-5　FE 区和 IFE 区的边界不光滑

图 18-6　2D 结构 IFE 的正确和错误例子

② 改变 INFIN110 单元和 INFIN111 单元性能的另一种方法，是有限元（FE）区和无限元（IFE）区的相对尺寸应当近似相等，如图 18-7 所示。

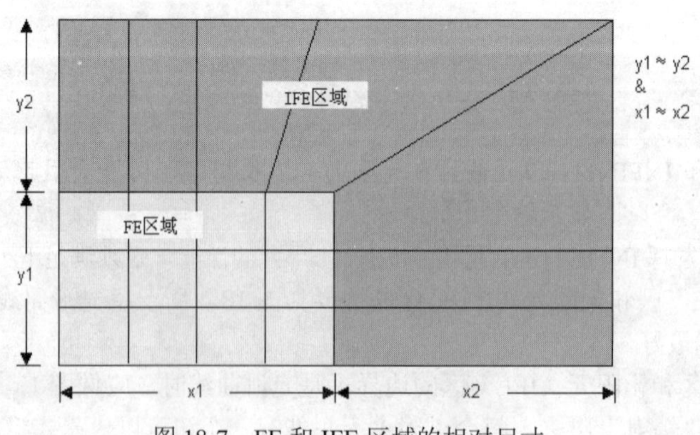

图 18-7　FE 和 IFE 区域的相对尺寸

第19章 二维磁场分析

静磁分析不考虑随时间变化效应，如涡流等。它可以模拟各种饱和、非饱和的磁性材料和永磁体。

在分析中，应先考虑使用哪种方法。如果静态分析为二维，则必须采用矢量位方法。对于三维静态分析，可选其中标量位方法、矢量位方法或者棱边单元方法。

☑ 二维静态磁场分析中要用到的单元

☑ 二维谐波磁场分析中要用到的单元

☑ 二维瞬态磁场分析中要用到的单元

任务驱动&项目案例

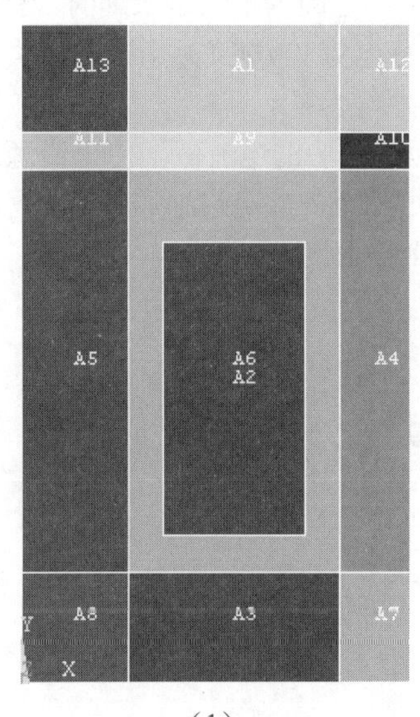

（1）

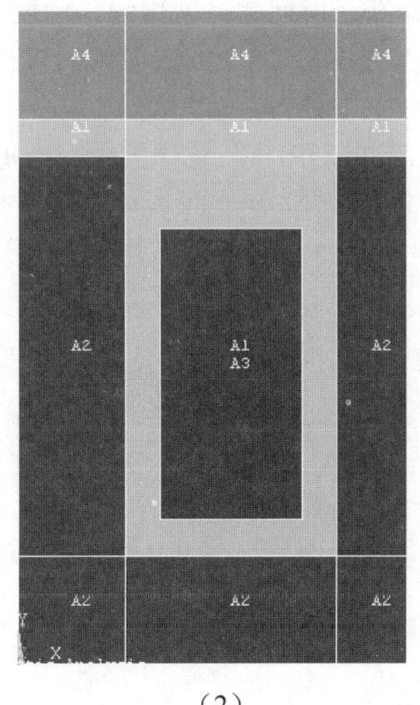

（2）

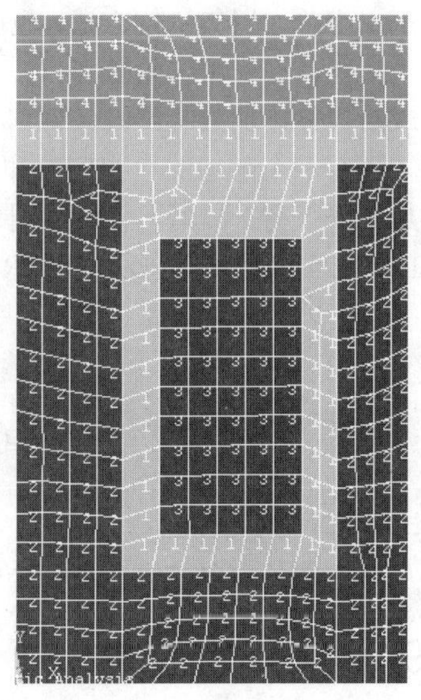

（3）

19.1 二维静态磁场分析中要用到的单元

Note

二维模型要使用二维单元来表示结构的几何形状。虽然所有的物体都是三维的，但在实际计算时首先要考虑是否能将它简化为二维平面问题或者是轴对称问题。这是因为二维模型建立起来更容易，运算起来也更快捷。

ANSYS/Multiphysics和ANSYS/Emag模块提供了一些用于二维静态磁场分析的单元，如表19-1～表19-3所示。

表19-1 二维实体单元

单　　元	维　　数	形状或特性	自 由 度
PLANE13	19-D	四边形，4节点或三角形，3节点	最多可达每节点4个：可以是磁矢势（AZ）、位移、温度或时间积分电势
PLANE53	19-D	四边形，8节点或三角形，6节点	最多可达每节点4个：可以是磁矢势（AZ）、时间积分电势、电流或电动势降

表19-2 远场单元

单　　元	维　　数	形状或特性	自 由 度
INFIN9	19-D	线形，2节点	磁矢势（AZ）
INFIN10	19-D	四边形，4或8节点	磁矢势（AZ）、电势、温度

表19-3 通用电路单元

单　　元	维　　数	形状或特性	自 由 度	注　　意
CIRCU124	无	通用电路单元，最多可6节点	每节点最多可3个：可以是电势、电流或电动势降	通常与磁场耦合时使用

二维单元用矢量位方法，也就是在求解问题时使用的自由度为矢量位。因为单元是二维的，因此每个节点只有一个矢量位自由度—AZ（Z方向上的矢量位）。时间积分电势（VOLT）用于载流块导体或给导体施加强制终端条件。

还有一个附加的自由度，即电流（CURR），是载压线圈中每一匝线圈中的电流值，便于给源线圈加电压载荷，常用于载压线圈和电路耦合。当电压或电流载荷是通过一个外部电路施加时，就需要CIRCU124单元具有AZ、CURR和EMF（电动势降或电势降）这几个自由度。

19.2 实例——载流导体的电磁力分析

本实例是一个二维载流导体的电磁力分析（GUI方式和命令流方式）。

19.2.1 问题描述

如图19-1所示，两个矩形导体在各自厚度方向中心线之间的距离是d，携带等量的电流I后，求

Note

两个导体之间的相互作用力是 F。理论值：F=−9.684×10^{-3}N/m，ANSYS 用 3 种方法计算出力 F，并且和理论值进行比较。

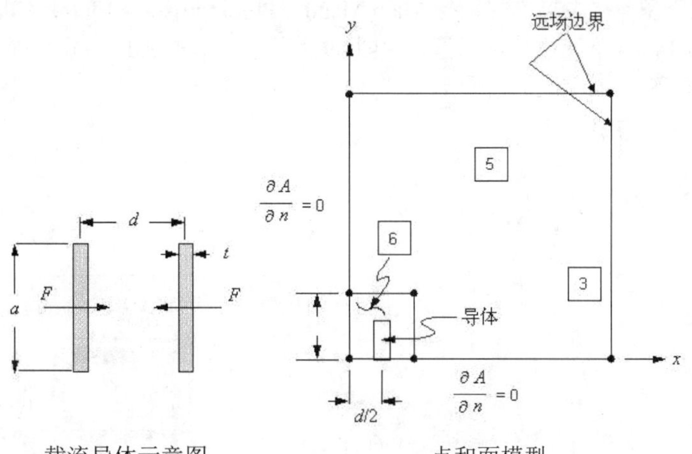

图 19-1　二维载流导体的电磁场分析

模型的参数、材料特性以及载荷大小如表 19-4 所示。

表 19-4　参数说明

材 料 特 性	模 型 参 数	载　　荷
$\mu_r = 1$ $\mu_o = 4\pi\times10^{-7}$ H/m	d =0.010m a =0.012m t = 0.002m	I = 24A

由于所要分析的磁场具有对称的特性，因此取其 1/4 对称模型进行分析，利用远场单元来模拟无限边界条件，先划分远场单元，然后划分面单元。

载流导体中所有单元的洛伦兹力（J×B 力）可以在通用后处理器结果数据库中获得，还可通过定义感兴趣组件附近的空气单元为 MVDI 来计算虚功力，第 3 种获得磁力的方法是施加 MXWF 面来计算 Maxwell 力。

所施加的电流密度为：I/at= 24A/(12×2)×10^{-6}m^2 = 1×10^6 A/m^2。

19.2.2　GUI 操作方法

1．创建物理环境

（1）过滤图形界面。从主菜单中选择 Main Menu > Preferences 命令，弹出 Preferences for GUI Filtering 对话框，选中 Magnetic-Nodal 来对后面的分析进行菜单及相应的图形界面过滤。

（2）定义工作标题。从实用菜单中选择 Utility Menu > File > Change Title 命令，在弹出的对话框中输入 Force Calculation on a Current Carrying Conductor，单击 OK 按钮，如图 19-2 所示。

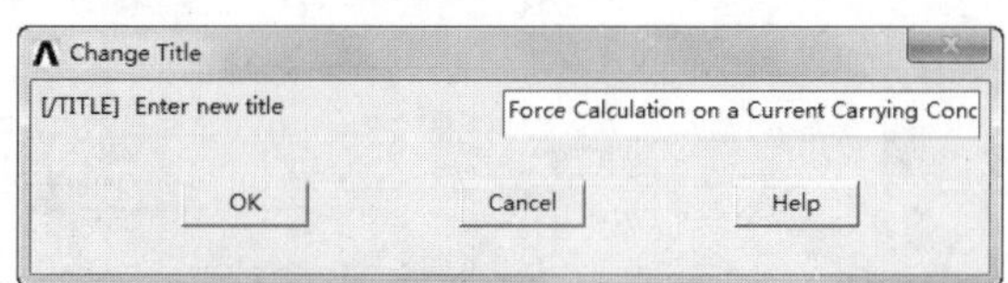

图 19-2　定义工作标题

Note

（3）指定工作名。从实用菜单中选择 Utility Menu > File > Change Jobname 命令，弹出一个对话框，在 Enter new name 后面的文本框中输入 ForceCal_2D，单击 OK 按钮。

（4）定义单元类型。从主菜单中选择 Main Menu > Preprocessor > Element Type > Add/Edit/Delete 命令，弹出 Element Types 单元类型对话框，如图 19-3 所示，单击 Add 按钮，弹出 Library of Element Types 单元类型库对话框，如图 19-4 所示。

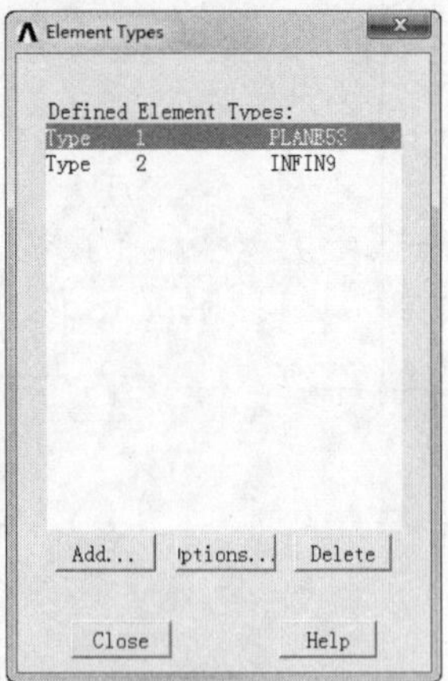

图 19-3　单元类型对话框

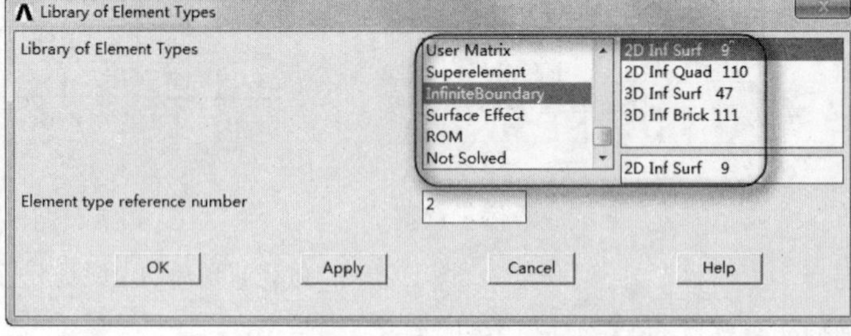

图 19-4　单元类型库对话框

（5）在该对话框中左边的列表框中选择 Magnetic Vector 选项，在右边的列表框中选择 Quad 8nod53，单击 Apply 按钮，定义 PLANE53 单元。再在该对话框中左边列表框中选择 InfiniteBoundary 选项，在右边的列表框中选择 2D Inf Surf 9，单击 OK 按钮，定义 INFIN9 远场单元，如图 19-3 所示。最后单击 Element Types 对话框中的 Close 按钮，关闭对话框。

（6）设置电磁单位制。从主菜单中选择 Main Menu > Preprocessor > Material Props > Electromag Units 命令，弹出一个指定单位制的对话框，选择 MKS，单击 OK 按钮。

（7）定义材料属性。从主菜单中选择 Main Menu > Preprocessor > Material Props > Material Models 命令，弹出 Define Material Model Behavior 窗口，在右边的列表框中依次选择 Electromagnetics > Relative Permeability > Constant 选项后，弹出 Permeability for Material Number 1 对话框，如图 19-5 所示，在 MURX 后面的文本框中输入 1，单击 OK 按钮。

（8）返回到 Define Material Model Behavior 窗口，选择菜单 Edit > Copy 命令，弹出 Copy Material Model 对话框，如图 19-6 所示。在 from Material number 后面的下拉列表框中选择材料号为 1；在 to Material number 后面的文本框中输入材料号 2，单击 OK 按钮，即把 1 号材料的属性复制给了 2 号材料。

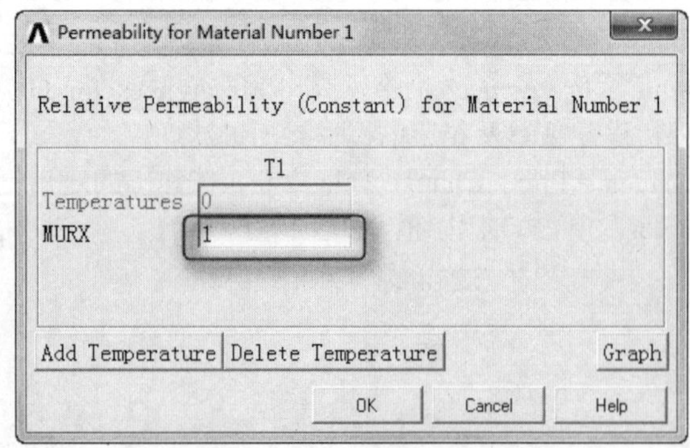

图 19-5　定义相对磁导率

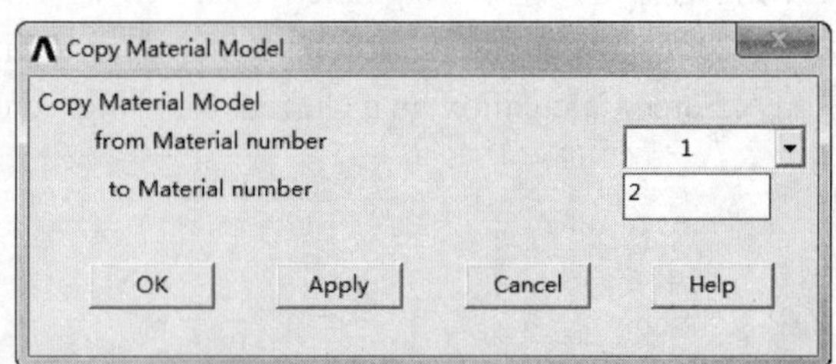

图 19-6　复制材料属性

Note

（9）返回到 Define Material Model Behavior 窗口，选择菜单 Material > Exit 命令，得到结果如图 19-7 所示。

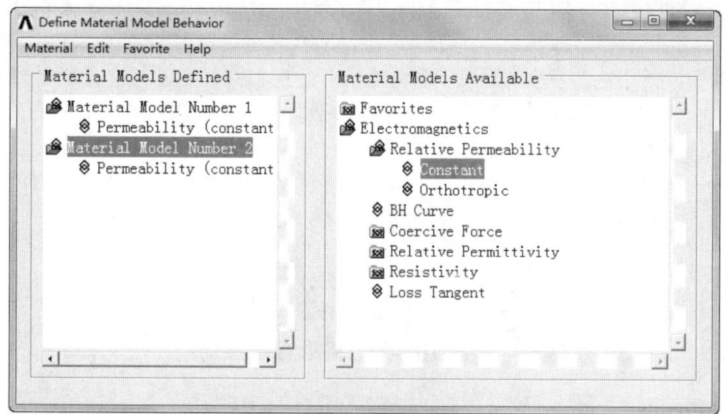

图 19-7　材料属性定义结果

（10）查看材料列表。从实用菜单中选择 Utility Menu > List > Properties > All Materials 命令，弹出 MPLIST Command 信息窗口，其中列出了所有已经定义的材料以及其属性，确认无误后，选择窗口菜单中的 File > Close 命令关闭窗口，或者直接单击窗口右上角的☒按钮关闭窗口。

2. 建立模型，赋予特性，划分网格

（1）定义分析参数。从实用菜单中选择 Utility Menu > Parameters > Scalar Parameters 命令，弹出 Scalar Parameters 对话框，如图 19-8 所示。在 Selection 下面的文本框中输入 D=0.01，单击 Accept 按钮。然后依次在 Selection 下面的文本框中分别输入：

A=0.012	T=0.002	OB=0.04
X1=D/19-T/2	X2=D/2+T/2	GP=0.0002

单击 Accept 按钮确认输入，输入完成后，单击 Close 按钮，关闭 Scalar Parameters 对话框，输入参数的结果如图 19-8 所示。

（2）打开面积区域编号显示。从实用菜单中选择 Utility Menu > PlotCtrls > Numbering 命令，弹出 Plot Numbering Controls 对话框，如图 19-9 所示。选中 Area numbers 选项，其后面复选框的 Off 变为 On，单击 OK 按钮关闭对话框。

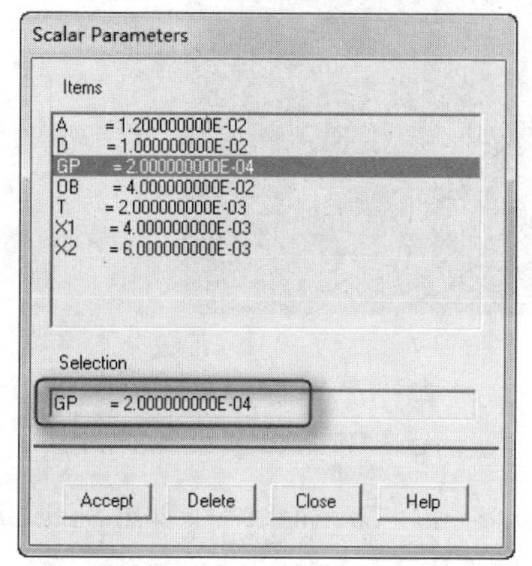

图 19-8　输入参数对话框

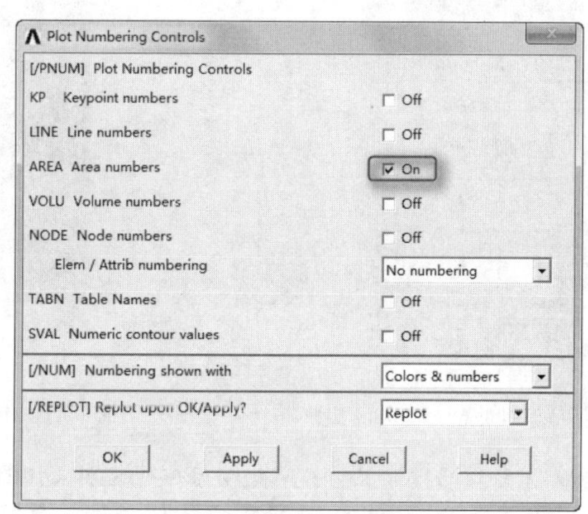

图 19-9　显示面积编号对话框

Note

（3）建立平面几何模型。从主菜单中选择 Main Menu > Preprocessor > Modeling > Create > Areas > Rectangle > By Dimensions 命令，弹出 Create Rectangle by Dimensions 对话框，如图 19-10 所示。在 X-coordinates 后面的文本框中分别输入 0 和 OB，在 Y-coordinates 后面的文本框中分别输入 0 和 OB，单击 Apply 按钮。

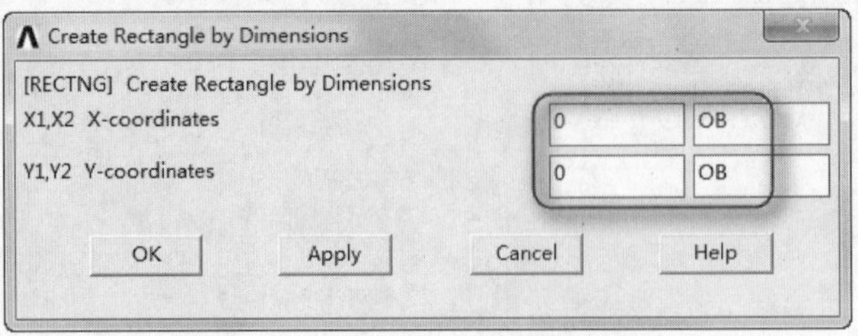

图 19-10　生成矩形对话框

（4）在 X-coordinates 后面的文本框中分别输入 0 和 0.012，在 Y-coordinates 后面的文本框中分别输入 0 和 0.012，单击 Apply 按钮。

（5）在 X-coordinates 后面的文本框中分别输入 X1 和 X2，在 Y-coordinates 后面的文本框中分别输入 0 和 A/2，单击 Apply 按钮。

（6）在 X-coordinates 后面的文本框中分别输入 X1−GP 和 X2+GP，在 Y-coordinates 后面的文本框中分别输入 0 和 A/2+GP，单击 OK 按钮。

（7）布尔运算。从主菜单中选择 Main Menu > Preprocessor > Modeling > Operate > Booleans > Overlap > Areas 命令，弹出 Overlap Areas 拾取框，如图 19-11 所示。单击 Pick All 按钮，对所有的面进行叠分操作。

（8）重新显示。从实用菜单中选择 Utility Menu > Plot > Replot 命令，最后得到载流导体的几何模型，如图 19-12 所示。

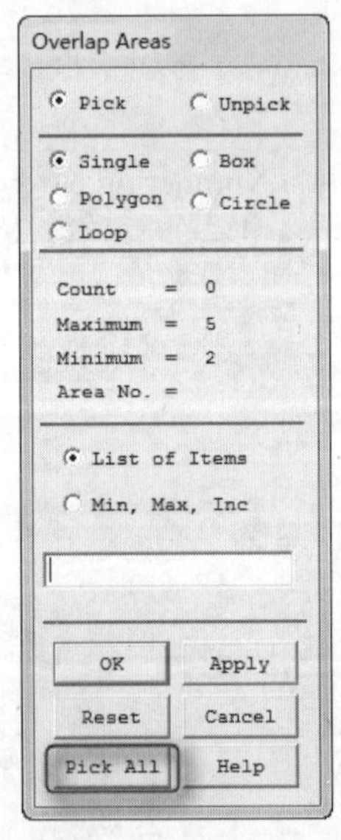

图 19-11　面叠分拾取框

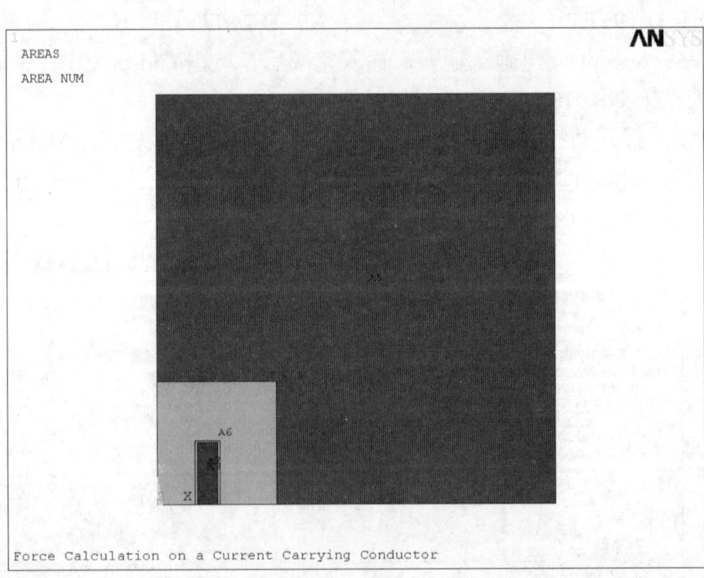

图 19-12　生成的载流导体几何模型

（9）保存几何模型文件。从实用菜单中选择 Utility Menu > File > Save as 命令，弹出 Save Database 对话框，在 Save Database to 下面的文本框中输入文件名 ForceCal_2D_geom.db，单击 OK 按钮。

（10）给面赋予特性。从主菜单中选择 Main Menu > Preprocessor > Meshing > Mesh Attributes > Picked Areas 命令，弹出 Area Attributes 面拾取框，在图形界面上拾取编号为 A3 的面，或者直接在拾取框的文本框中输入 3 并按 Enter 键，单击拾取框中的 OK 按钮，弹出如图 19-13 所示的 Area Attributes 对话框，在 Material number 后面的下拉列表框中选择 2，给载流导体输入材料属性，单击 OK 按钮。

（11）剩下的面默认被赋予了 1 号材料属性。

（12）保存数据结果。单击 ANSYS Toolbar 工具条上的 SAVE_DB 按钮。

（13）选择所有的实体。从实用菜单中选择 Utility Menu > Select > Everything 命令。

（14）选择关键点。从实用菜单中选择 Utility Menu > Select > Entities 命令，弹出 Select Entities 对话框，如图 19-14 所示。在最上面的第一个下拉列表框中选择 Keypoints，在第二个下拉列表框中选择 By Location，在下面的单选按钮中选中 X coordinates，在 Min,Max 下面的文本框中输入 0,0.012，再在其下的单选按钮中选中 From Full，单击 Apply 按钮。

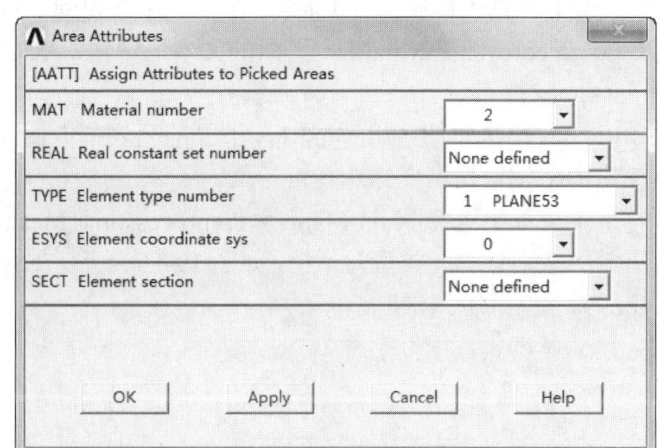

图 19-13　给面赋予属性的对话框

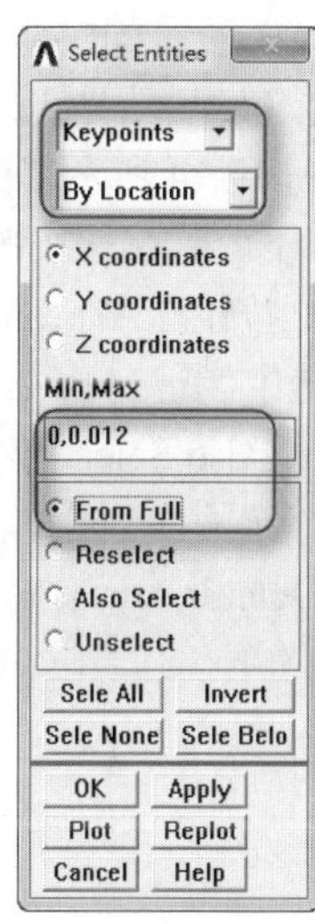

图 19-14　选择实体

（15）选中 Min,Max 上面的 Y coordinates 单选按钮，再选中其下面的 Reselect 单选按钮，单击 OK 按钮退出实体选择对话框。

（16）查看关键点列表。从实用菜单中选择 Utility Menu > List > Keypoint > Coordinates Only 命令，弹出 KLIST Command 信息窗口，信息窗口列出了已选择的关键点。关键点号为 1 及“6-16”，确认无误后，选择信息窗口中的菜单 File > Close 命令关闭窗口，或者直接单击窗口右上角的“关闭”按钮关闭窗口。

（17）指定关键点附近的单元边长。从主菜单中选择 Main Menu > Preprocessor > Meshing > Size Cntrls > ManualSize > Keypoints > All KPs 命令，弹出指定关键点附近单元边长对话框，如图 19-15 所示。在 Element edge length 后面的文本框中输入 A/8，单击 OK 按钮。

（18）反向选择关键点。从实用菜单中选择 Utility Menu > Select > Entities 命令，弹出 Select Entities 对话框，如图 19-14 所示。在最上面的第一个下拉列表框中选择 Keypoints，在第二个下拉列表框中选择 By Num/Pick，在下面的选择设置中选中 From Full 单选按钮，再在下面的选取函数按钮上单击 Invert 按钮，单击 OK 按钮弹出一个选择关键点的拾取框，直接单击 OK 按钮。

（19）查看关键点列表。从实用菜单中选择 Utility Menu > List > Keypoint > Coordinates Only 命令，弹出 KLIST Command 信息窗口，其中列出了已选择的关键点。关键点号为“19-4”，确认无误后，在信息窗口中选择菜单 File > Close 命令关闭窗口，或者直接单击窗口右上角的“关闭”按钮关闭窗口。

Note

（20）指定关键点附近的单元边长。从主菜单中选择 Main Menu > Preprocessor > Meshing > Size Cntrls > ManualSize > Keypoints > All KPs 命令，弹出如图 19-15 所示指定关键点附近单元边长对话框。在 Element edge length 后面的文本框中输入 OB/5，单击 OK 按钮。

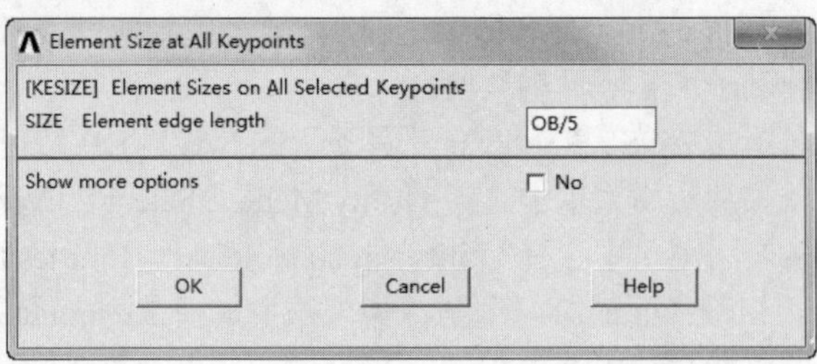

图 19-15　指定关键点附近单元边长对话框

（21）选择所有的实体。从实用菜单中选择 Utility Menu > Select > Everything 命令。

（22）选择远场边界线。从实用菜单中选择 Utility Menu > Select > Entities 命令，弹出 Select Entities 对话框，如图 19-14 所示。在上面的第一个下拉列表框中选择 Lines，在第二个下拉列表框中选择 By Location，在下面的单选按钮中选中 X coordinates，在 Min,Max 下面的文本框中输入 X,OB，再在其下面的单选框按钮选中 From Full，单击 Apply 按钮。

（23）选中 Min,Max 上面的 Y coordinates 单选按钮，在 Min,Max 下面的列表框中输入 Y,OB，再选中其下面的 Also Select 单选按钮，单击 OK 按钮退出实体选择对话框。

（24）指定网格划分单元的类型。从主菜单中选择 Main Menu > Preprocessor > Meshing > Mesh Attributes > Default Attribs 命令，弹出指定网格划分单元类型对话框，如图 19-16 所示。在 Element type number 后面的下拉列表框中选择 2 INFIN9，单击 OK 按钮。

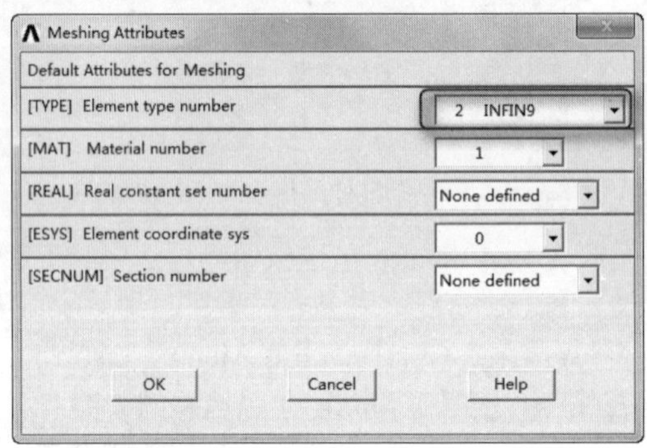

图 19-16　指定网格划分单元类型

（25）远场边界线网格划分。从主菜单中选择 Main Menu > Preprocessor > Meshing > Mesh > Lines 命令，弹出划分线单元拾取框，单击 Pick All 按钮，划分远场线单元。

（26）选择所有的实体。从实用菜单中选择 Utility Menu > Select > Everything 命令。

（27）指定网格划分单元的类型。从主菜单中选择 Main Menu > Preprocessor > Meshing > Mesh Attributes > Default Attribs 命令，弹出指定网格划分单元类型对话框，如图 19-16 所示。在 Element type number 后面的下拉列表框中选择 1 PLANE53，单击 OK 按钮。

（28）面网格划分。从主菜单中选择 Main Menu > Preprocessor > Meshing > MeshTool 命令，弹出 MeshTool（网格划分）工具栏，如图 19-17 所示。在 Mesh 后面的下拉列表框中选择 Areas，在网格形状 Shap 后面的单选按钮中选中 Quad，在其下的分网控制单选按钮中选中 Free，单击 Mesh 按钮，

弹出网格划分面拾取框，单击 Pick All 按钮，对面进行自由网格划分，网格形状是四边形。单击 MeshTool 上的 Close 按钮，关闭分网工具。生成的网格结果如图 19-18 所示。

（29）保存网格数据。从实用菜单中选择 Utility Menu > File > Save as 命令，弹出 Save Database 对话框，在 Save Database to 下面的文本框中输入文件名 ForceCal_2D_mesh.db，单击 OK 按钮。

Note

3．加边界条件和载荷

（1）选择求解类型。从主菜单中选择 Main Menu > Preprocessor > Loads > Analysis Type > New Analysis 命令，弹出 New Analysis 对话框，在 Type of Analysis 后面的单选按钮中选中 Static，单击 OK 按钮。

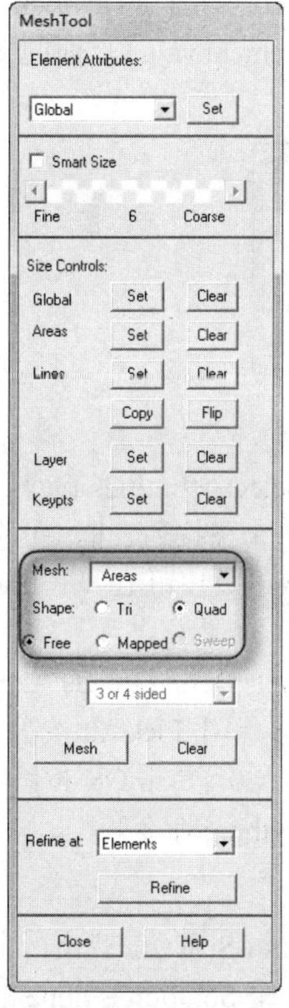

图 19-17　网格划分工具栏

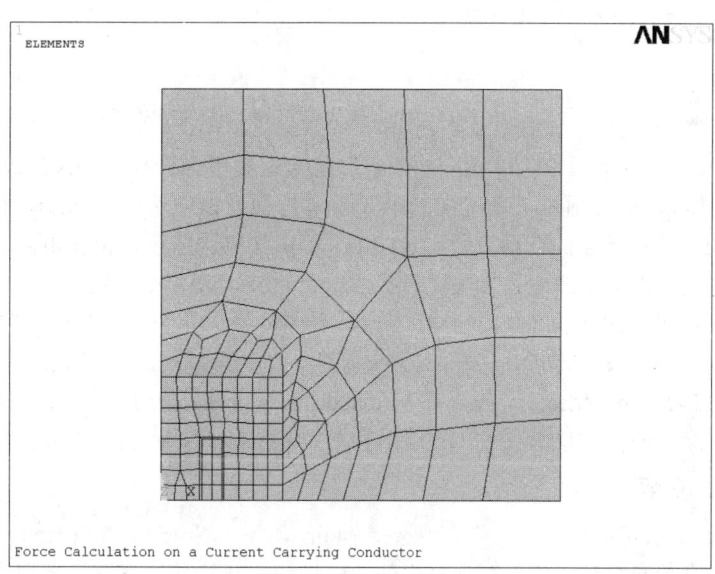

图 19-18　生成的有限元网格面

（2）选择导体上的所有单元。从实用菜单中选择 Utility Menu > Select > Entities 命令，弹出 Select Entities 对话框。在上边的第一个下拉列表框中选择 Elements，在第二个下拉列表框中选择 By Attributes，再在下面选中 Material num 单选按钮，在 Min,Max 下面的文本框中输入 2，选中 From Full 单选按钮，单击 OK 按钮。

（3）给导体施加电流密度。从主菜单中选择 Main Menu > Solution > Define Loads > Apply > Magnetic > Excitation > Curr Density > On Elements 命令，弹出在单元上施加电流密度拾取框，单击 Pick All，弹出 Apply JS on Elems 对话框，如图 19-19 所示。在 Curr density value (JSZ)后面的文本框中输入 1E6，单击 OK 按钮。

（4）选择导体单元上的节点。从实用菜单中选择 Utility Menu > Select > Entities 命令，弹出 Select Entities 对话框，在上面的第一个下拉列表框中选择 Nodes，在第二个下拉列表框中选择 Attached to，在选取设置上面的单选按钮中选中 Elements，在下面的单选按钮中选中 From Full，单击 OK 按钮。

Note

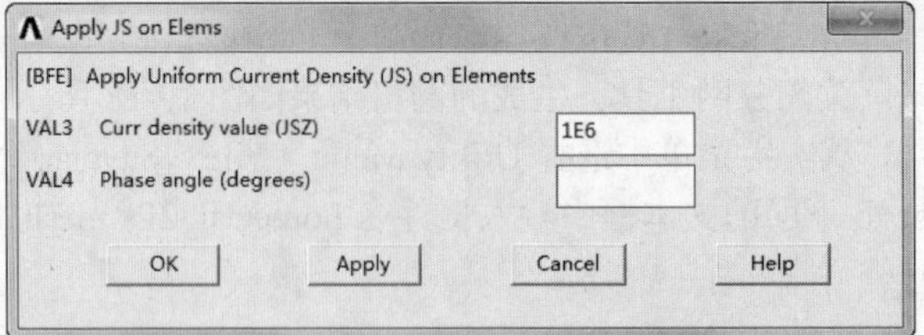

图 19-19 给单元施加电流密度对话框

（5）给导体施加磁虚位移标志。从主菜单中选择 Main Menu > Solution > Define Loads > Apply > Magnetic > Other > Virtual Disp > On Nodes 命令，弹出施加磁虚位移的节点拾取框，单击 Pick All 按钮，弹出 Apply MVDI on Nodes 对话框，如图 19-20 所示。在 Virtual displacement value 后面的文本框中输入 1，单击 OK 按钮。

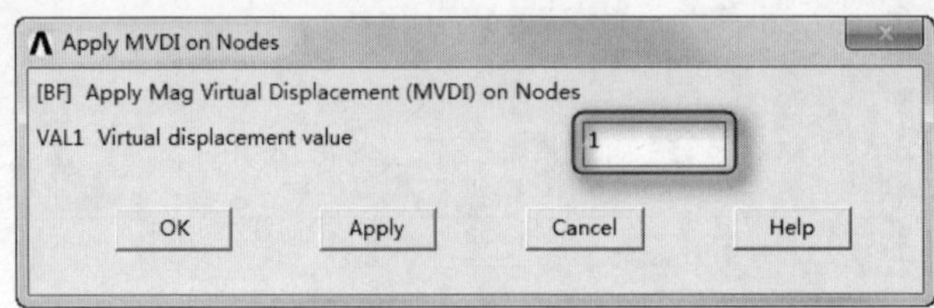

图 19-20 给节点施加磁虚位移对话框

（6）反向选择空气单元上的节点。从实用菜单中选择 Utility Menu > Select > Entities 命令，弹出 Select Entities 对话框，在上面的第一个下拉列表框中选择 Nodes，在第二个下拉列表框中选择 By Num/Pick，在下面的选择设置中选中 From Full 单选按钮，再在下面的选取函数按钮上单击 Invert 按钮，单击 OK 按钮弹出选择关键点拾取框，直接单击 OK 按钮。

（7）给空气施加磁虚位移标志。从主菜单中选择 Main Menu > Solution > Define Loads > Apply > Magnetic > Other > VirtDisp > On Nodes 命令，弹出施加磁虚位移的节点拾取框，单击 Pick All 按钮，弹出 Apply MVDI on Nodes 对话框，在 Virtual displacement value 后面的文本框中输入 0，单击 OK 按钮。

（8）选择所有的实体。从实用菜单中选择 Utility Menu > Select > Everything 命令。

4．求解

（1）求解运算。从主菜单中选择 Main Menu > Solution > Solve > Current LS 命令，弹出一个对话框和一个信息窗口，单击对话框中的 OK 按钮，开始求解运算，直到弹出一个 Solution is done 的提示框，表示求解结束。

（2）保存计算结果到文件。从实用菜单中选择 Utility Menu > File > Save as 命令，弹出 Save Database 对话框，在 Save Database to 下面的文本框中输入文件名 ForceCal_2D_resu.db，单击 OK 按钮。

5．查看计算结果

（1）定义一个存放洛伦兹力（J×B 力）的单元表。从主菜单中选择 Main Menu > General Postproc > Element Table > Define Table 命令，弹出 Element Table Data 对话框，单击 Add 按钮，弹出如图 19-21 所示的单元表定义对话框。在 User label for item 后面的文本框中输入 FMAGX，在 Results data item 后面的列表框中分别选择 Nodal force data 和 Mag force FMAGX 选项。单击 OK 按钮，回到 Element Table Data 对话框中。

（2）定义一个存放虚功力的单元表。从主菜单中选择 Main Menu > General Postproc > Element Table > Define Table 命令，弹出 Element Table Data 对话框，单击 Add 按钮，弹出单元表定义对话框。

Note

在 Use label for item 后面的文本框中输入 FVWX，在 Results data item 后面的列表框中分别选择 By sequence num 和 NMISC 选项，并在下面的文本框中输入顺序号 NMISC,3。单击 OK 按钮，回到 Element Table Data 对话框中，单击 Close 按钮。

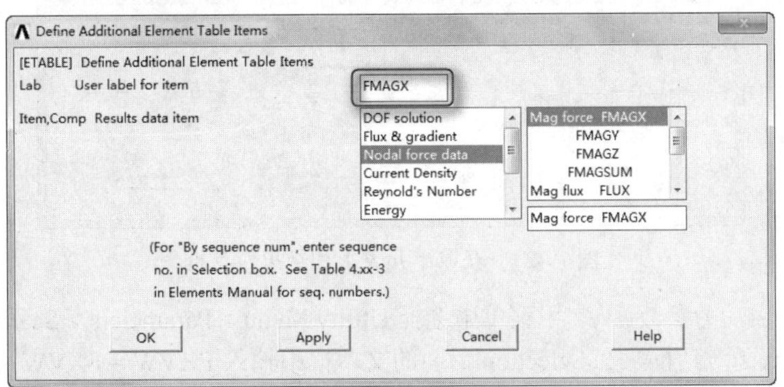

图 19-21　单元表定义对话框

（3）对单元表进行求和。从主菜单中选择 Main Menu > General Postproc > Element Table > Sum of Each Item 命令，弹出一个对单元表进行求和的对话框，单击 OK 按钮，弹出一个信息窗口，显示如下：

FMAGX　　−0.485879E-02

FVWX　　−0.485870E-02

确认无误后，在信息窗口中选择菜单 File > Close 命令关闭窗口，或者直接单击窗口右上角的"关闭"按钮关闭窗口。

（4）获取单元表求和结果参数的值。从实用菜单中选择 Utility Menu > Parameters > Get Scalar Data 命令，弹出 Get Scalar Data（获取标量参数）对话框，如图 19-22 所示。在 Type of data to be retrieved 后面的列表框中分别选择 Results data 和 Elem table sums 选项，单击 OK 按钮，弹出 Get Element Table Sum Results（获取单元表求和结果）对话框，如图 19-23 所示。在 Name of parameter to be defined 后面的文本框中输入 FXL，在 Element table item-后面的下拉列表框中选择 FMAGX，单击 OK 按钮，将单元表 FMAGX 求和结果赋给参数 FXL。

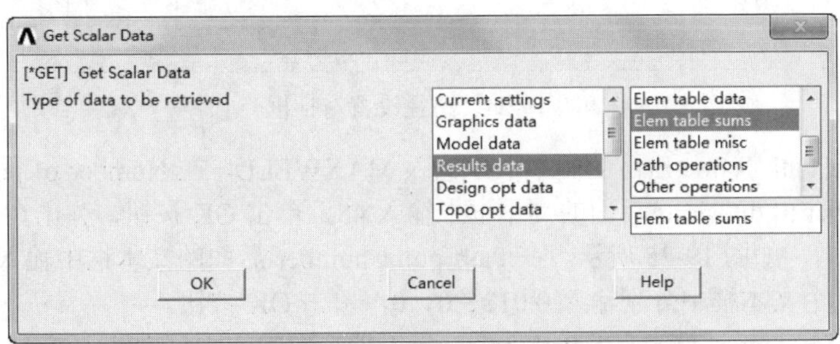

图 19-22　获取标量参数对话框

（5）定义总的洛伦兹力参数。从实用菜单中选择 Utility Menu > Parameters > Scalar Parameters 命令，弹出 Scalar Parameters 对话框，在 Selection 后面的文本框中输入 FXL=FXL*2，单击 Accept 按钮后将其关闭。

（6）获取单元表求和结果参数的值。从实用菜单中选择 Utility Menu > Parameters > Get Scalar Data 命令，弹出 Get Scalar Data（获取标量参数）对话框，在 Type of data to be retrieved 后面的列表框中分别选择 Results data 和 Elem table sums 选项，单击 OK 按钮，弹出 Get Element Tables Sum Results（获取单元表求和结果）对话框，在 Name of parameter to be defined 后面的文本框中输入 FXVW，在

Note

Element table item-后面的下拉列表框中选择 FVWX，单击 OK 按钮，将单元表 FVWX 求和结果赋给参数 FXVW。

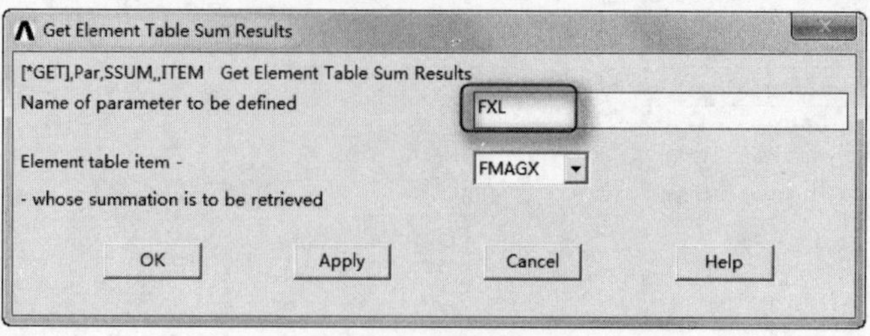

图 19-23　获取单元表求和结果对话框

（7）定义总的虚功力参数。从实用菜单中选择 Utility Menu > Parameters > Scalar Parameters 命令，弹出 Scalar Parameters 对话框，在 Selection 后面的文本框中输入 FXVW = FXVW *2，单击 Accept 按钮后将其关闭。

（8）定义路径。从主菜单中选择 Main Menu > General Postproc > Path Operations > Define Path > By Location 命令，弹出 By Location（路径设置）对话框，如图 19-24 所示。

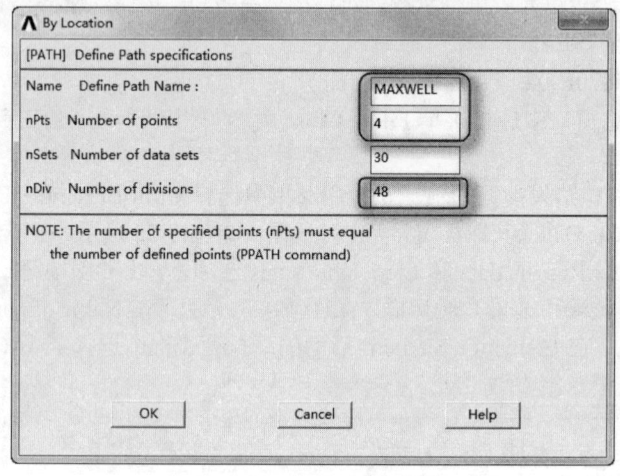

图 19-24　路径设置对话框

（9）在 Define Path Name 后面的文本框中输入 MAXWELL，在 Number of points 后面的文本框中输入 4，在 Number of divisions 后面的文本框中输入 48，单击 OK 按钮，弹出在全局笛卡儿坐标系中定义路径点对话框，如图 19-25 所示。在 Path point number 后面的文本框中输入 1，在 Location in Global CS 后面的 3 个文本框中分别输入 0.012、0、0，单击 OK 按钮。

（10）在定义路径点对话框中，在 Path point number 后面的文本框中输入 2，在 Location in Global CS 后面的 3 个文本框中分别输入 0.012、0.012、0，单击 OK 按钮。

（11）在定义路径点对话框中，在 Path point number 后面的文本框中输入 3，在 Location in Global CS 后面的 3 个文本框中分别输入 0、0.012、0，单击 OK 按钮。

（12）在定义路径点对话框中，在 Path point number 后面的文本框中输入 4，在 Location in Global CS 后面的 3 个文本框中分别输入 0、0、0，单击 OK 按钮。

（13）沿 MAXWELL 路径用面积分计算导体上的力。从主菜单中选择 Main Menu > General Postproc > Elec&Mag Calc > Path Based > Mag Forces 命令，弹出计算磁力的对话框，单击 OK 按钮，弹出一个信息窗口，显示如下：

Force in x-direction = −4.840228138E-03N/m

Force in y-direction = −3.207547677E-03N/m

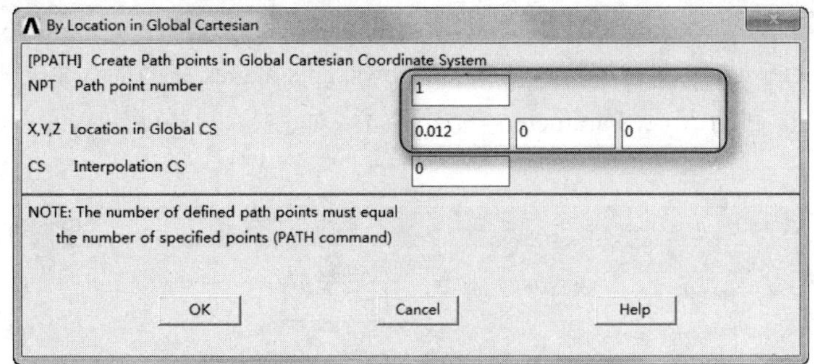

图 19-25 定义路径点对话框

信息确认无误后，在窗口中选择菜单 File > Close 命令关闭窗口，或者直接单击窗口右上角的"关闭"按钮关闭窗口。

（14）定义总 MAXWELL 力参数。从实用菜单中选择 Utility Menu > Parameters > Scalar Parameters 命令，弹出 Scalar Parameters 对话框，在 Selection 下面的文本框中输入 FXM=FX*2，单击 Accept 按钮将其关闭。

（15）列出当前所有参数。从实用菜单中选择 Utility Menu > List > Status > Parameters > All Parameters 命令，弹出一个信息窗口，确认无误后，在窗口中选择菜单 File > Close 命令关闭窗口，或者直接单击窗口右上角的"关闭"按钮关闭窗口。

（16）显示路径在模型上的位置。从主菜单中选择 Main Menu > Preprocessor > Path Operations > Plot Paths 命令，在模型上显示路径轨迹。

（17）显示磁力线分布。从主菜单中选择 Main Menu > General Postproc > Plot Results > Contour Plot > 2D Flux Lines 命令，弹出显示磁力线的控制对话框，单击 OK 按钮，弹出磁力线分布图，也就是自由度 AZ 的等值线图，如图 19-26 所示。其中 4 个点是 MAXWELL 路径点，由于是轴对称分析，4 个点 3 条线定义了一条 1/2 路径。

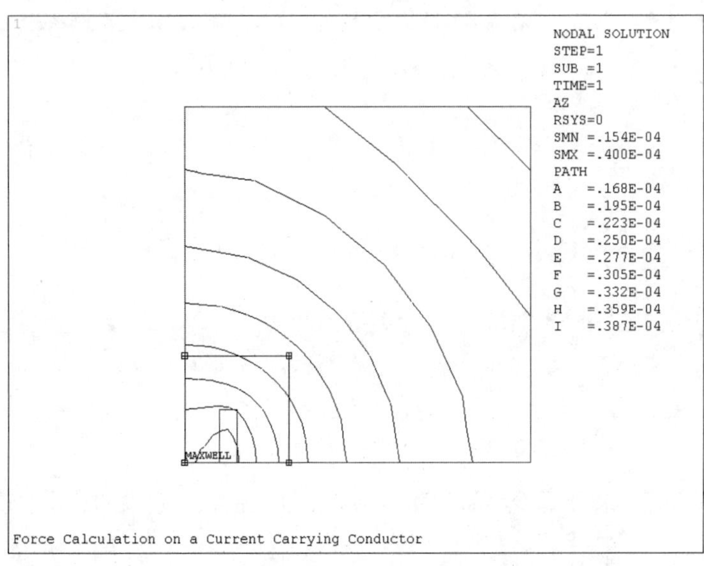

图 19-26 磁力线分布显示

Note

（18）定义数组。从实用菜单中选择 Utility Menu > Parameters > Array Parameters > Define/Edit 命令，弹出 Array Parameters（数组类型）对话框，单击 Add 按钮，弹出 Add New Array Parameter（定义数组类型）对话框，如图 19-27 所示。在 Parameter name 后面的文本框中输入 LABEL，在 Parameter type 后面选中 Character Array 单选按钮，在 No. of rows, cols,planes 后面的 3 个文本框中分别输入 3、2 和 0，单击 OK 按钮，回到 Array Parameters（数组类型）对话框。这样就定义了一个数组名为 LABEL 的 3×2 字符数组。

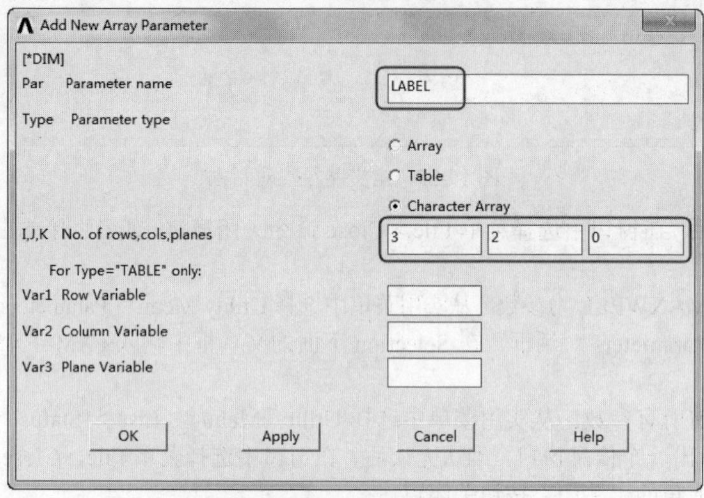

图 19-27 定义数组类型对话框

（19）按照同样的步骤，可以定义一个数组名为 VALUE 的 3×3 一般数组。Array Parameters（数组类型）对话框中列出了已经定义的数组，如图 19-28 所示。

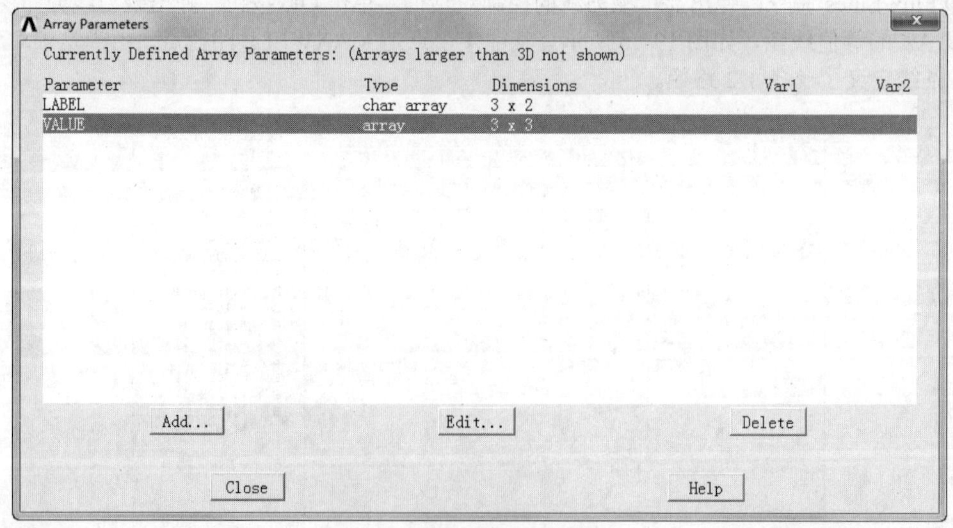

图 19-28 数组类型对话框

（20）在命令窗口输入以下命令给数组赋值，即把理论值、计算值和比率复制给一般数组。

```
LABEL(1,1) = 'F (LRNZ) ','F (MAXW) ','F (VW) '
LABEL(1,2) = 'N/m','N/m','N/m'
```

```
    *VFILL,VALUE(1,1),DATA,-9.684E-3,-9.684E-3,-9.684E-3
    *VFILL,VALUE(1,2),DATA,FXL,FXM,FXVW
    *VFILL,VALUE(1,3),DATA,ABS(FXL/(9.684E-3)),ABS(FXM/(9.684E-3)),ABS(FXVW/(9
.684E-3))
```

Note

（21）查看数组的值，并将比较结果输出到 C 盘下的一个文件中（命令流实现，没有对应的 GUI 形式，且必须是从实用菜单中选择 Utility Menu > File > Read Input from 命令读入命令流文件），结果如表 19-5 所示。

```
    *CFOPEN,FORCECAL _2D,TXT,C:\
    *VWRITE,LABEL(1,1),LABEL(1,2),VALUE(1,1),VALUE(1,2),VALUE(1,3)
    (1X,A8,A8,'   ',F10.6,'  ',F15.6,'   ',1F10.3)
    *CFCLOS
```

表 19-5　比较结果

	理　论　值	ANSYS	比　　率
F,N/m（洛伦兹力）	-9.684×10^{-3}	-9.718×10^{-3}	1.003
F,N/m（Maxwell）	-9.684×10^{-3}	-9.680×10^{-3}	1.000
F,N/m（虚功力）	-9.684×10^{-3}	-9.717×10^{-3}	1.003

（22）退出 ANSYS。单击 ANSYS Toolbar 工具条上的 QUIT 按钮，弹出 Exit from ANSYS 对话框，选择 Quit-No Save!，单击 OK 按钮，则退出 ANSYS 软件。

19.2.3　命令流实现

命令流实现内容这里不再详细介绍，读者可参见随书光盘中的电子文档。

19.3　二维谐波磁场分析中要用到的单元

正如 ANSYS 其他分析类型一样，对于谐波磁分析，要建立物理环境、建模、给模型区赋予属性、划分网格、加边界条件和载荷、求解，然后观察结果。二维谐波磁分析的大多数步骤都与二维静磁分析相似。在涡流区域，谐波模型只能用矢量位方程描述，故可以用表 19-1～表 19-3 所列单元类型来模拟涡流区。

19.4　实例——二维非线性谐波分析

简单地说，如果导体的磁导率和电导率不是常数，而是在导体各点都不相同，则这时的谐性电磁场分析即为非线性分析，下面以一个实例来讲解 ANSYS 非线性谐波分析的方法和步骤。

19.4.1　问题描述

一块厚度为 5mm 半无限钢板，在一个线圈产生的磁场强度 Hm=2644.1A/m 的条件下（50Hz），

Note

计算它的焦耳损耗（涡流损耗），如图 19-29 所示，其理论结果为 1360.68w/m。

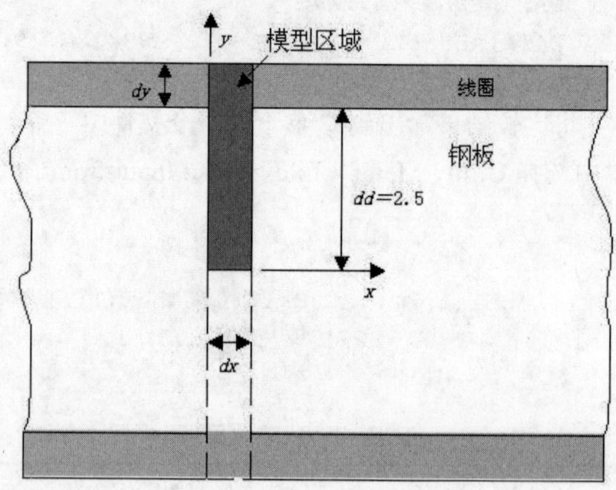

图 19-29　非线性谐波分析

本实例采用的参数如表 19-6 所示。

表 19-6　参数说明

材料特性	几何特性	载　荷
相对磁导率 μ_r=1.0（线圈）	*dd*=0.0025m	*Hm*=2644.1A/m
B-H 曲线（钢板）	*dx*=*dd*/6	*J*=*Hm*/*dy*
电阻率 ρ=1/5.0e6Ω・m	*dy*=*dd*/6	ω=50Hz

由于对称性，分析模型取板厚的一半，宽度 *dx* 任意，在 *Y*=0 处，AZ 设置为 0。上部线圈节点对 AZ 耦合，电流密度为 *J*=*Hm*/*dy*，采用两步非线性求解法。

19.4.2　GUI 操作方法

1．创建物理环境

（1）过滤图形界面。从主菜单中选择 Main Menu > Preferences 命令，弹出 Preferences for GUI Filtering 对话框，选中 Magnetic-Nodal 来对后面的分析进行菜单及相应的图形界面过滤。

（2）定义工作标题。从实用菜单中选择 Utility Menu > File > Change Title 命令，在弹出的对话框中输入 Eddy current loss in thick steel plate (NL harmonic)，单击 OK 按钮。

（3）指定工作名。从实用菜单中选择 Utility Menu > File > Change Jobname 命令，弹出一个对话框，在 Enter new name 后面的文本框中输入 NLHAR_2D，单击 OK 按钮。

（4）定义分析参数。从实用菜单中选择 Utility Menu > Parameters > Scalar Parameters 命令，弹出 Scalar Parameters 对话框，如图 19-30 所示。在 Selection 后面的文本框中输入 dd=2.5e-3，单击 Accept 按钮。然后依次在 Selection 后面的文本框中输入：

HM=2644.1　　SIGMA=5.0e6　　FF=50

DX= dd/6　　DY= dd/6

单击 Accept 按钮确认输入，输入完成后，单击 Close 按钮，关闭 Scalar Parameters 对话框，输入参数的结果如图 19-30 所示。

（5）定义单元类型。从主菜单中选择 Main Menu > Preprocessor > Element Type > Add/Edit/Delete 按钮，弹出 Element Types（单元类型）对话框，如图 19-31 所示，单击 Add 按钮，弹出 Library of Element Types（单元类型库）对话框，如图 19-32 所示。在该对话框中分别选择 Magnetic Vector 和 Quad 8 nod 53 选项，单击 OK 按钮，定义 PLANE53 单元，得到如图 19-31 所示的结果。最后单击 Element Types 对话框中的 Close 按钮。

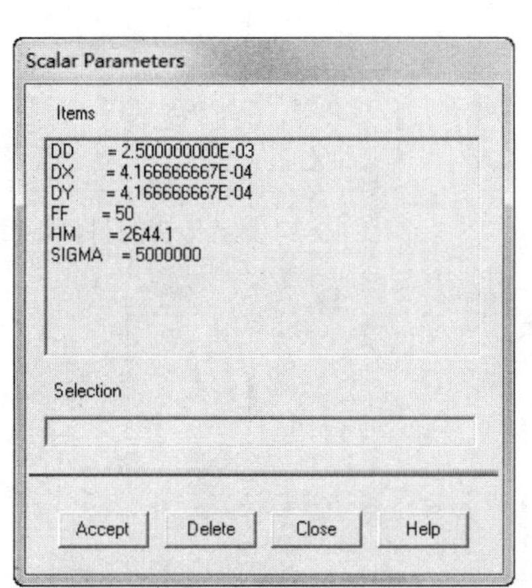

图 19-30　输入参数对话框

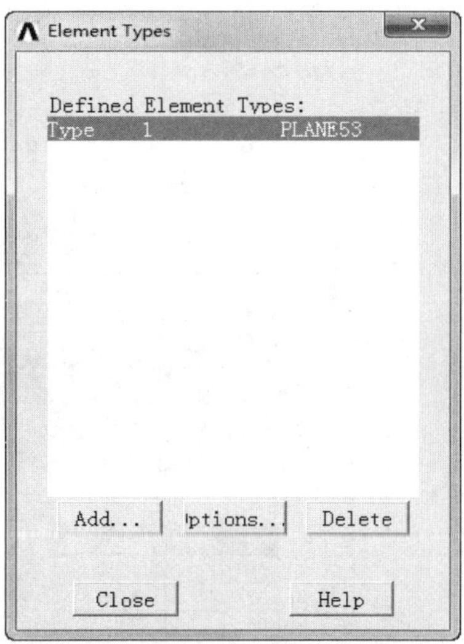

图 19-31　单元类型对话框

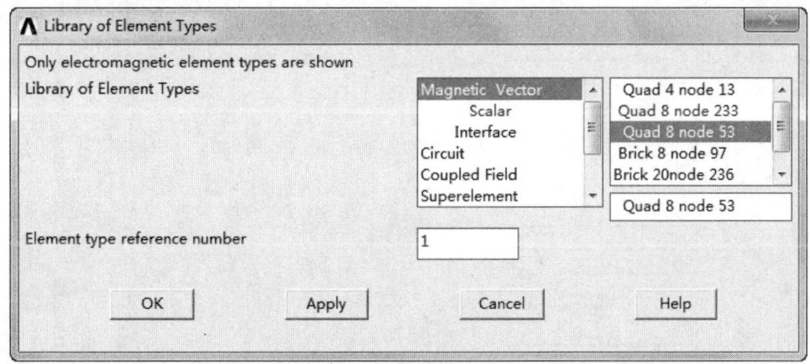

图 19-32　单元类型库对话框

（6）定义材料属性。从主菜单中选择 Main Menu > Preprocessor > Material Props > Material Models 命令，弹出 Define Material Model Behavior 窗口，在右边的列表框中依次选择 Electromagnetics > Relative Permeability > Constant 选项后，弹出 Permeability for Material Number 1 对话框，如图 19-33 所示，在 MURX 后面的文本框中输入 1，单击 OK 按钮。

（7）返回到 Define Material Model Behavior 窗口中，选择菜单 Material > New Model 命令，弹出 Define Material ID 对话框，如图 19-34 所示。在 Define Material ID 后面的文本框中输入材料号为 2，单击 OK 按钮，新建 2 号材料。在 Define Material Model Behavior 窗口左边的列表框中选择 Material Model Number 2，在右边的列表框中依次选择 Electromagnetics > BH Curve 后，弹出 BH Curve for Material Number 2（定义材料 B-H 曲线）对话框，如图 19-35 所示。在 H 列和 B 列中依次输入相应的值，每输完一组 B-H 值，单击右下角的 Add Point 按钮，然后继续输入，直到输入完足够的点为止。

Note

最后获得如图 19-35 所示的 25 个点。输入完材料的 B-H 值，可以用图形的方式查看 B-H 曲线。单击图 19-35 中的 Graph 按钮，然后再选择 BH，即可显示 B-H 曲线，如图 19-36 所示。

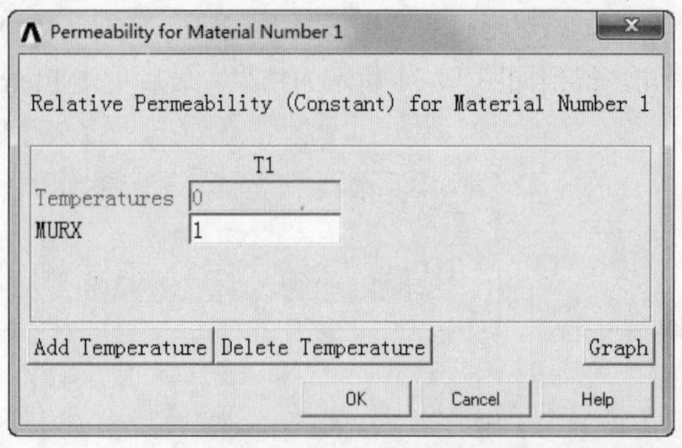

图 19-33　定义相对磁导率

图 19-34　定义新的材料特性

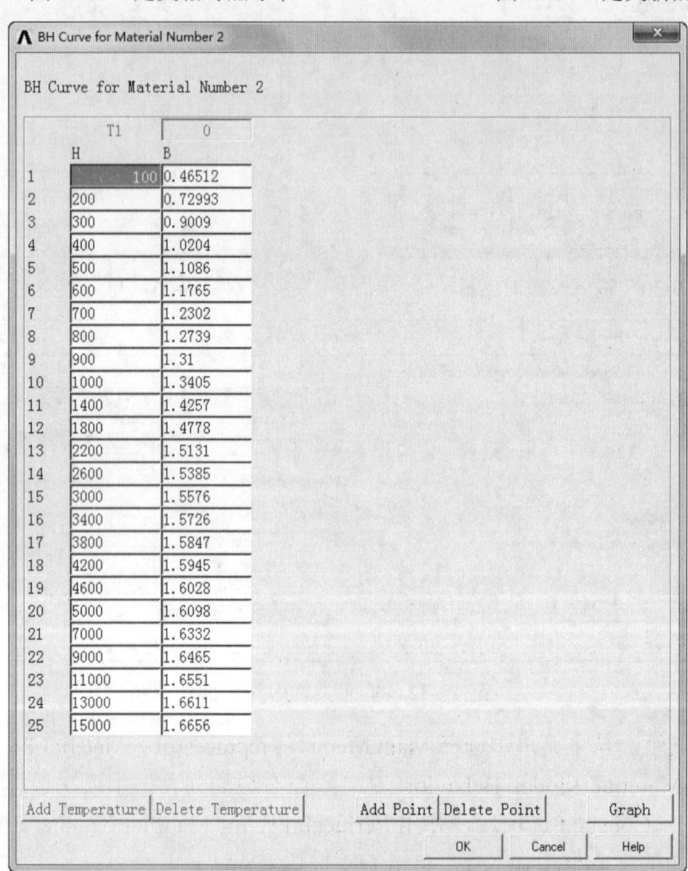

图 19-35　输入材料 B-H 曲线

（8）在 Define Material Model Behavior 窗口的右边列表框中依次选择 Electromagnetics > Resistivity > Constant 选项后，弹出 Resistivity for Material Number 2 定义材料 2 的电阻率对话框，如图 19-37 所示，在 RSVX 后面的文本框中输入 1/sigma。

（9）得到结果如图 19-38 所示，最后选择该窗口中的 Material > Exit 命令结束操作。

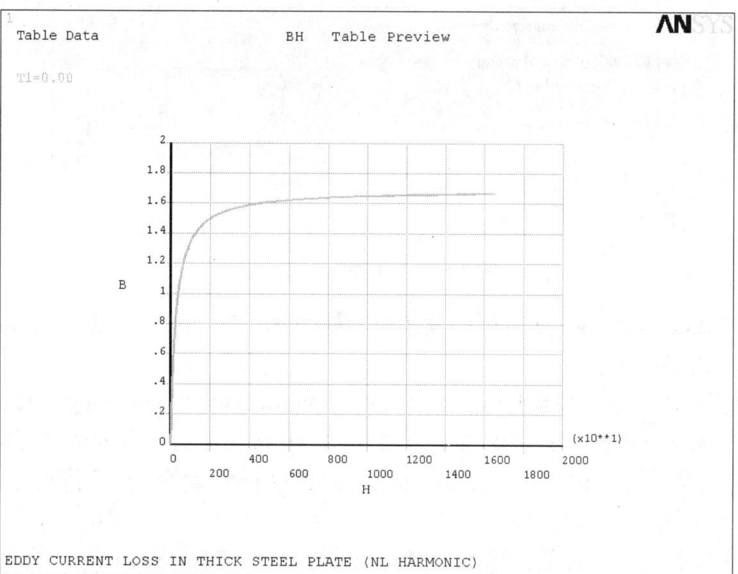

图 19-36　材料 2 的 B-H 曲线

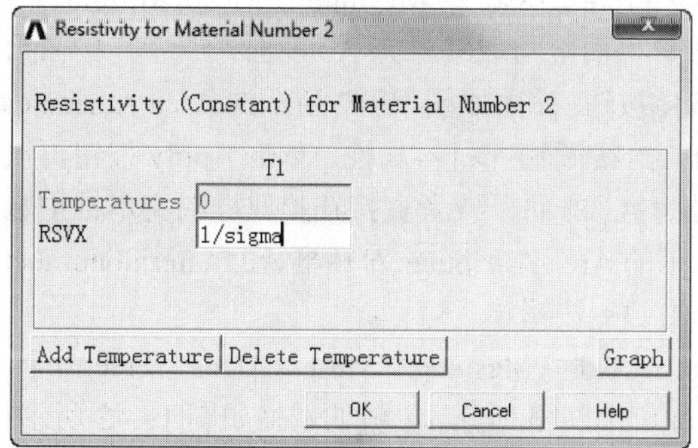

图 19-37　输入材料电阻率

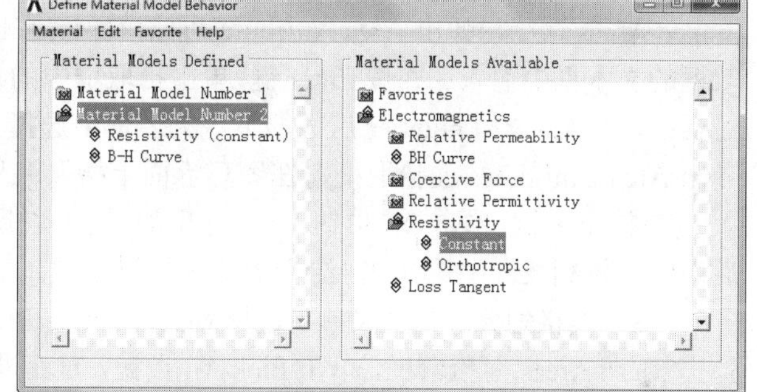

图 19-38　材料特性定义的结果

2．建立模型，赋予特性，划分网格

（1）打开面积区域编号显示。从实用菜单中选择 Utility Menu > PlotCtrls > Numbering 命令，弹出 Plot Numbering Controls 对话框，如图 19-39 所示。选中 Area numbers 选项，后面的复选框由 Off 变为 On，单击 OK 按钮关闭窗口。

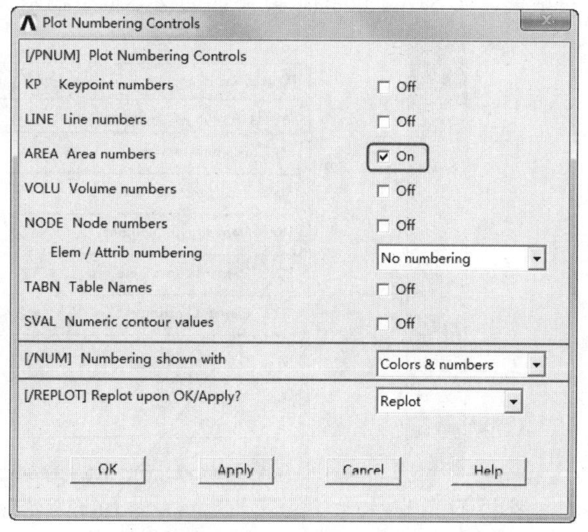

图 19-39　显示面积编号对话框

（2）建立平面几何模型。从主菜单中选择 Main Menu > Preprocessor > Modeling > Create > Areas > Rectangle > By Dimensions 命令，弹出 Create Rectangle by Dimensions 对话框，如图 19-40 所示。在 X-coordinates 后面的文本框中分别输入 0 和 dx，在 Y-coordinates 后面的文本框中分别输入 0 和 dd，单击 Apply 按钮。

Note

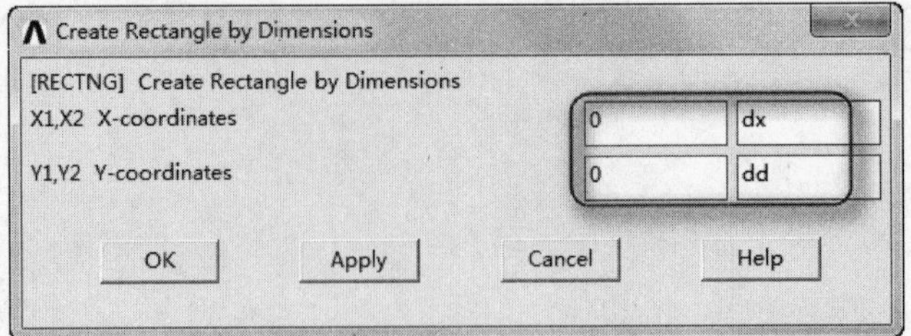

图 19-40　生成矩形对话框

（3）在 X-coordinates 后面的文本框中分别输入 0 和 dx，在 Y-coordinates 后面的文本框中分别输入 dd 和 dd+dy，单击 OK 按钮。

（4）布尔运算。从主菜单中选择 Main Menu > Preprocessor > Modeling > Operate > Booleans > Glue > Areas 命令，弹出 Glue Areas 拾取框，单击 Pick All 按钮，对所有的面进行粘接操作。

（5）重新显示。从实用菜单中选择 Utility Menu > Plot > Replot 命令，最后得到的几何模型如图 19-41 所示。

（6）保存几何模型文件。从实用菜单中选择 Utility Menu > File > Save as 命令，弹出 Save Database 对话框，在 Save Database to 下面的文本框中输入文件名 NLHAR_2D_geom.db，单击 OK 按钮。

（7）给面赋予特性。从主菜单中选择 Main Menu > Preprocessor > Meshing > Mesh Attributes > Picked Areas 命令，弹出 Area Attributes 面拾取框，在图形界面上拾取编号为 A3 的面，或者直接在拾取框的文本框中输入 3 并按 Enter 键，单击拾取框中的 OK 按钮，弹出如图 19-42 所示的 Area Attributes 对话框，在 Material number 后面的下拉列表框中选择 1，给线圈输入材料属性。单击 Apply 按钮再次弹出 Area Attributes 面拾取框，在图形界面上拾取编号为 A1 的面，或者直接在拾取框的文本框中输入 1 并按 Enter 键，单击 OK 按钮，再次弹出如图 19-42 所示的 Area Attributes 对话框，在 Material number 后面的下拉列表框中选择 2，给钢板输入材料属性。单击 OK 按钮。

（8）网格划分。从主菜单中选择 Main Menu > Preprocessor > Meshing > Mesh > Areas > Free 命令，弹出 Mesh Areas 面拾取框，单击 Pick All 按钮，对面进行自由网格划分。生成的网格如图 19-43 所示。

（9）保存网格数据。从实用菜单中选择 Utility Menu > File > Save as 命令，弹出 Save Database 对话框，在 Save Database to 下面的文本框中输入文件名 NLHAR_2D_mesh.db，单击 OK 按钮。

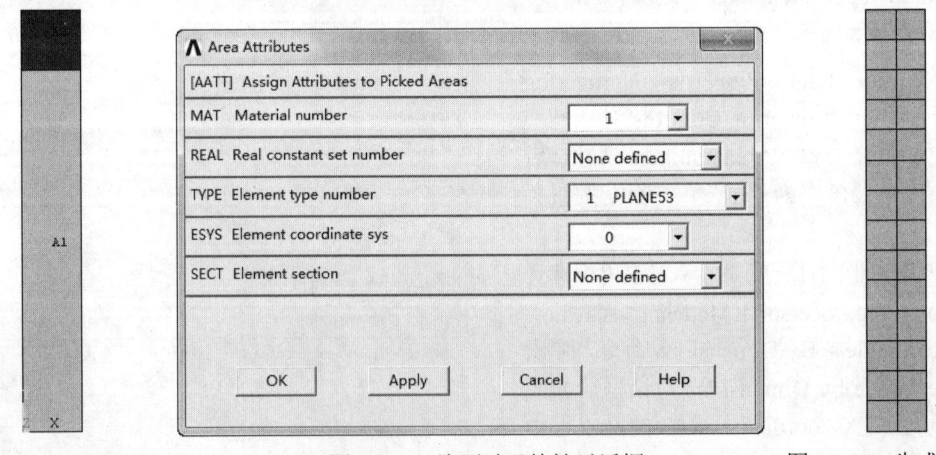

图 19-41　几何模型　　图 19-42　给面赋予特性对话框　　图 19-43　生成的网格

（10）耦合线圈磁矢势自由度。从实用菜单中选择 Utility Menu > Select > Entities 命令，弹出 Select

Entities 对话框，如图 19-44 所示。在上面的第一个下拉列表框中选择 Lines，在其下的第二个下拉列表框中选择 By Location，在下面的单选按钮中选中 Y coordinates，在 Min,Max 下面的文本框中输入 dd+dy，再在其下面的单选按钮中选中 From Full，单击 OK 按钮。选择线圈外边界上所有节点。

（11）耦合线圈磁矢势自由度。从主菜单中选择 Main Menu > Preprocessor > Coupling / Ceqn > Couple DOFs 命令，弹出定义耦合节点自由度的节点拾取框，单击 Pick All 按钮，弹出 Defined Coupled DOFs（自由度耦合设置）对话框，如图 19-45 所示。在 Set reference number 后面的文本框中输入 1，在 Degree-of-freedom label 后面的下拉列表框中选择 AZ。单击 OK 按钮，可以看到在模型的最上边界出现标志。

Note

（12）选择所有的实体。从实用菜单中选择 Utility Menu > Select > Everything 命令。

3．加边界条件和载荷

（1）选择分析类型。从主菜单中选择 Main Menu > Solution > Analysis Type > New Analysis 命令，弹出 New Analysis（选择分析类型）对话框，如图 19-46 所示，选中 Harmonic 单选按钮，单击 OK 按钮。

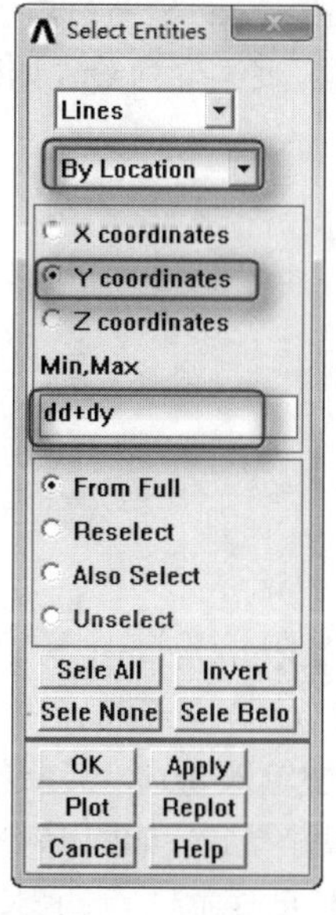

图 19-44　选择实体

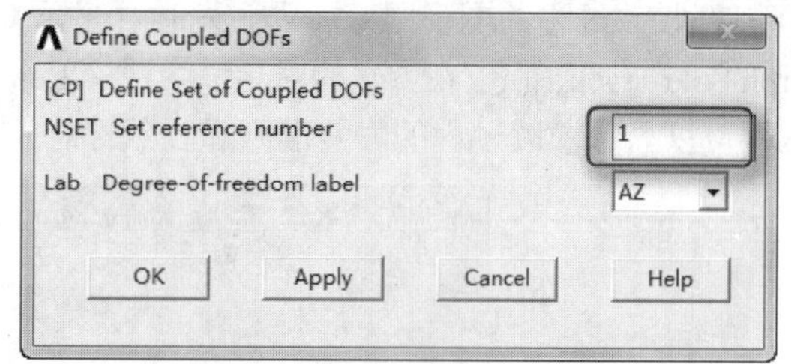

图 19-45　自由度耦合设置对话框

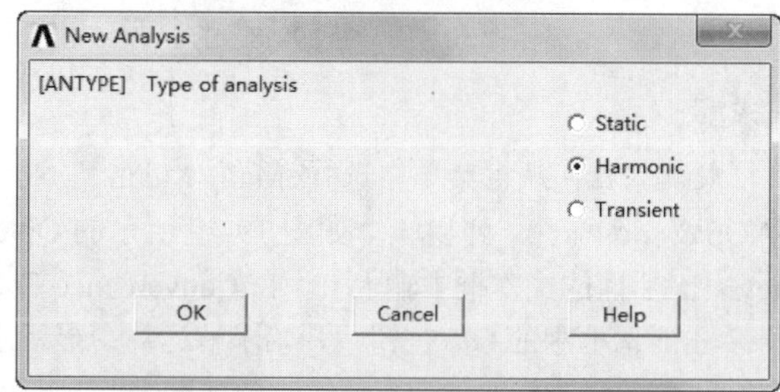

图 19-46　选择分析类型对话框

（2）设置边界条件。从实用菜单中选择 Utility Menu > Select > Entities 命令，弹出 Select Entities 对话框，在最上面的第一个下拉列表框中选择 Nodes，在第二个下拉列表框中选择 By Location，选中其下面的 Y coordinates 单选按钮，在 Min,Max 下面的文本框中输入 0，再在其下选中 From Full 单选按钮，单击 OK 按钮。选择 X 轴上所有节点。

（3）施加磁力线平行边界条件。从主菜单中选择 Main Menu > Solution > Define Loads > Apply > Magnetic > Boundary > Vector Poten > Flux Par'l > On Nodes 命令，弹出拾取节点的拾取框，单击 Pick All 按钮。于是加上了边界条件，设置了 X 轴上节点磁矢势为零边界条件，可从模型图中看出在边界上注有标记。

（4）选择所有的实体。从实用菜单中选择 Utility Menu > Select > Everything 命令。

（5）选择线圈上的所有单元。从实用菜单中选择 Utility Menu > Select > Entities 命令，弹出 Select Entities 对话框，在最上面的第一个下拉列表框中选择 Elements，在第二个下拉列表框中选择 By Attributes，选中其下面的 Material Num 单选按钮，在 Min,Max 下面的文本框中输入 1，单击 OK 按钮。

Note

（6）给线圈施加电流密度载荷。从主菜单中选择 Main Menu > Solution > Define Loads > Apply > Magnetic > Excitation > Curr Density > On Elements 命令，在弹出的对话框中单击 Pick All 按钮后，弹出 Apply JS on Elems（设置激励电流密度）对话框，如图 19-47 所示，在 Curr density value (JSZ)后面的文本框中输入 Hm/dy。

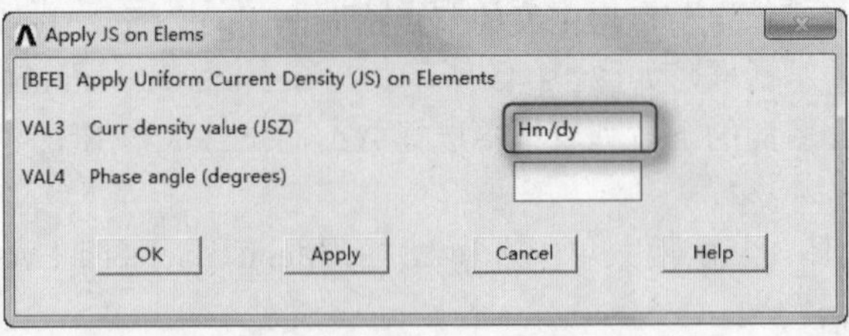

图 19-47 设置激励电流密度对话框

（7）选择所有的实体。从实用菜单中选择 Utility Menu > Select > Everything 命令。

（8）打开收敛过程的图形跟踪。从主菜单中选择 Main Menu > Solution > Load Step Opts > Output Ctrls > Grph Solu Track 命令，在弹出的对话框中选中 Lab Tracking 后的复选框，使其变为 On，如图 19-48 所示。这样可以显示求解过程的收敛准则和收敛标志。

图 19-48 打开收敛过程的图形跟踪

4．求解

（1）求解运算。从主菜单中选择 Main Menu > Solution > Solve > Electromagnet > Harmonic Analys > Opt&Solv 命令，弹出一个如图 19-49 所示的 Opt&Solv（设置求解选项）对话框，在 Analysis Frequency (Hz)后面的文本框中输入 ff，在 Convergence Toler 后面的文本框中输入 0.01，其余各项选用默认值，单击对话框中的 OK 按钮，开始求解运算，显示求解过程的图形跟踪界面，如图 19-50 所示，可从图 19-49 中了解迭代次数和求解的收敛情况，直到出现一个 Solution is done 提示栏，表示求解结束。

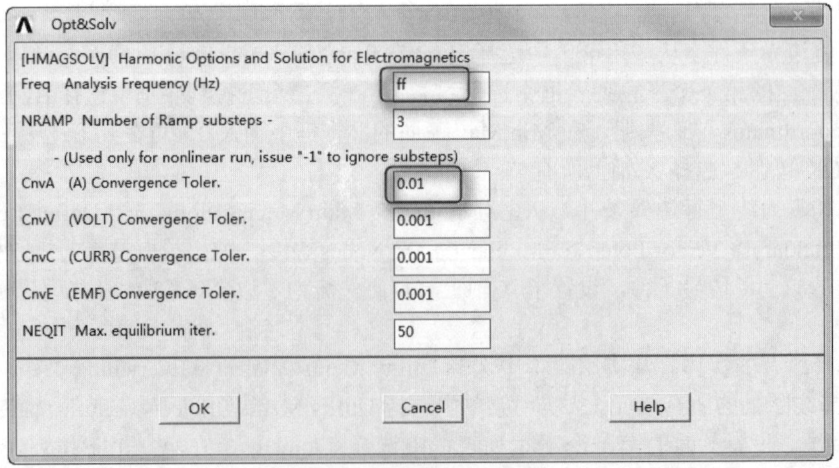

图 19-49 设置求解选项对话框

Note

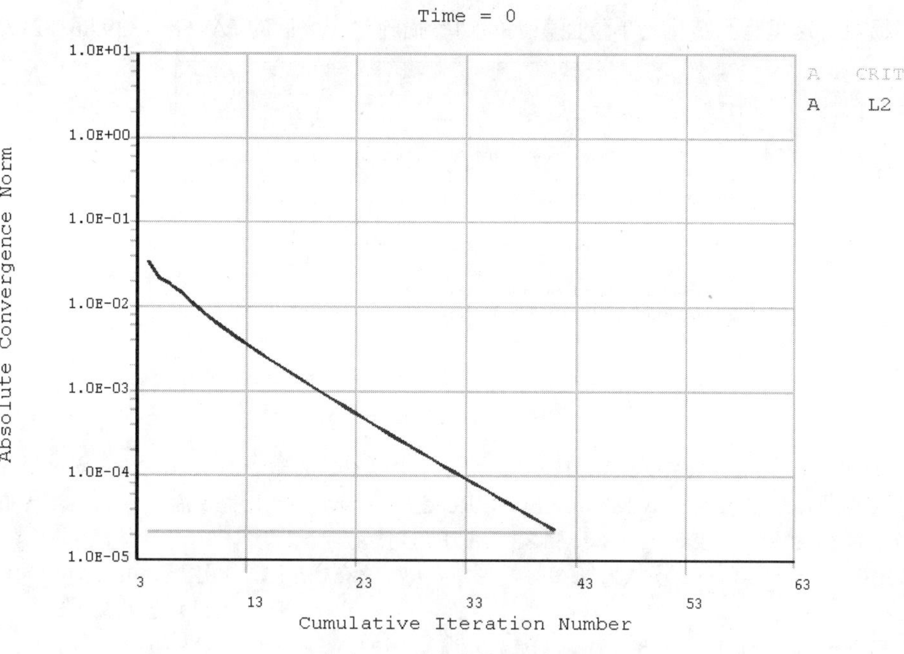

图 19-50　求解图形跟踪界面

（2）保存计算结果到文件。从实用菜单中选择 Utility Menu > File > Save as 命令，弹出 Save Database 对话框，在 Save Database to 下面的文本框中输入文件名 NLHAR_2D_resu.db，单击 OK 按钮。

5. 查看结算结果

（1）读入结果数据。从主菜单中选择 Main Menu > General Postproc > Read Results > Last Set 命令，读取求解的结果数据库中第二步求解结果，非线性分析采用两步求解。

（2）选择钢板上的所有单元。从实用菜单中选择 Utility Menu > Select > Entities 命令，弹出 Select Entities 对话框，在最上面的第一个下拉列表框中选择 Elements，在第二个下拉列表框中选择 By Attributes，再选中下面的 Material num，在 Min,Max 下面的文本框中输入 2，单击 OK 按钮。

（3）计算能量损耗。从主菜单中选择 Main Menu > General Postproc > Elec&Mag Calc > Element Based > Power Loss 命令，弹出 Calculate Power Loss（计算能量损耗）对话框，如图 19-51 所示，单击 OK 按钮，于是得到如图 19-52 所示的信息对话框，在其中列出了钢板的能量损耗，此实例的能量损耗为 0.279137878Watts/m，此值被自动存储在标量参数 PAVG 中。

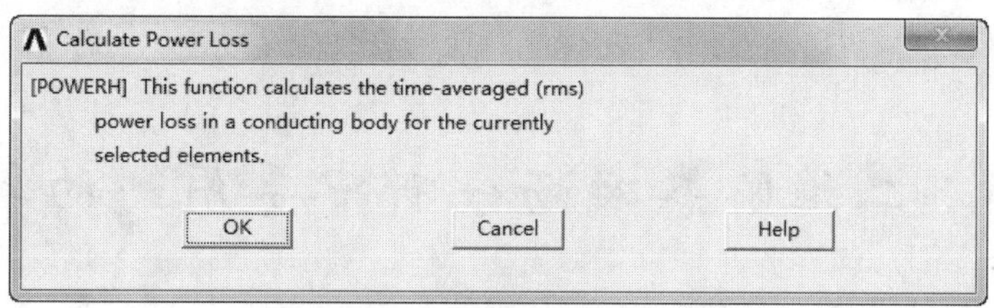

图 19-51　计算能量损耗对话框

（4）功率损耗转换。从实用菜单中选择 Utility Menu > Parameters > Scalar Parameters 命令，弹出 Scalar Parameters 对话框，如图 19-30 所示。在 Selection 下面的文本框中输入 PAVG = PAVG*2/dx，单击 Accept 按钮，再单击 Close 按钮，关闭 Scalar Parameters 对话框。上一步计算的能量损耗为单位长

度上的功率损耗，这里将其转化为单位面积上的功率损耗。转化后的 PAVG= 1339.86182Watts/m^2。

Note

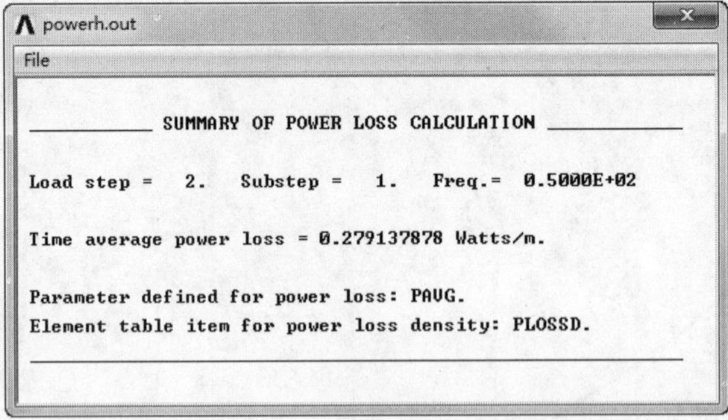

```
powerh.out
File

SUMMARY OF POWER LOSS CALCULATION

Load step =    2.    Substep =    1.    Freq.=  0.5000E+02

Time average power loss = 0.279137878 Watts/m.

Parameter defined for power loss: PAVG.
Element table item for power loss density: PLOSSD.
```

图 19-52　钢板的能量损耗

（5）查看 PAVG 的值并将结果输出到 C 盘下的一个文件中（命令流实现，没有对应的 GUI 形式，且必须是从实用菜单中选择 Utility Menu > File > Read Input from 读入命令流文件），结果如下。

```
COMPUTED EDDY CURRENT LOSS:1339.8618WATTS/M**2
*CFOPEN,VOL_COIL_2D,TXT,C:\                        !在指定路径下打开 VOL_COIL_2D 文本文件
*VWRITE,PAVG                                       !以指定的格式把上述参数写入打开的文件中
(/'COMPUTED EDDY CURRENT LOSS:',F9.4,'WATTS/M**2')  !指定的格式
*CFCLOS                                            !关闭打开的文本文件
```

（6）退出 ANSYS。单击 ANSYS Toolbar 工具条上的 Quit 按钮，弹出一个如图 19-53 所示的 Exit from ANSYS 对话框，选中 Quit-No Save!单选按钮，单击 OK 按钮，则退出 ANSYS 软件。

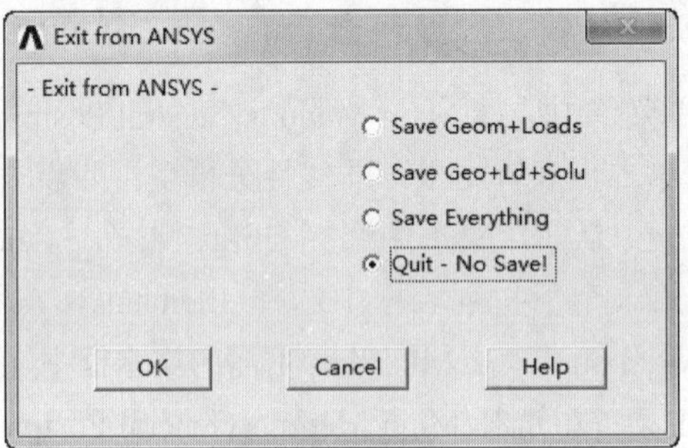

图 19-53　退出 ANSYS 对话框

19.4.3　命令流实现

命令流实现内容这里不再详细介绍，读者可参见随书光盘中的电子文档。

19.5　二维瞬态磁场分析中要用到的单元

如同 ANSYS 其他类型分析一样，瞬态磁分析要建立物理环境、建模、给模型区域赋属性、划分网格、加边界条件和载荷、求解、检查结果。二维瞬态磁分析的大多数步骤都相同或相似于二维静态磁场分析步骤。在涡流区域，瞬态模型只能用矢量能方程描述。只能用表 19-1、表 19-3 所列单元类型来模拟涡流区。

Note

19.6　实例——二维螺线管制动器内瞬态磁场的分析

本实例为一个二维螺线管制动器内瞬态磁场的分析（GUI 方式和命令流方式）。

19.6.1　问题描述

把螺线管制动器作为 19-D 轴对称模型进行分析，计算衔铁部分（螺线管制动器的运动部分）的受力情况、线圈电感和电压激励下的线圈电流。螺线管制动器如图 19-54 所示，参数列表如表 19-7 所示。

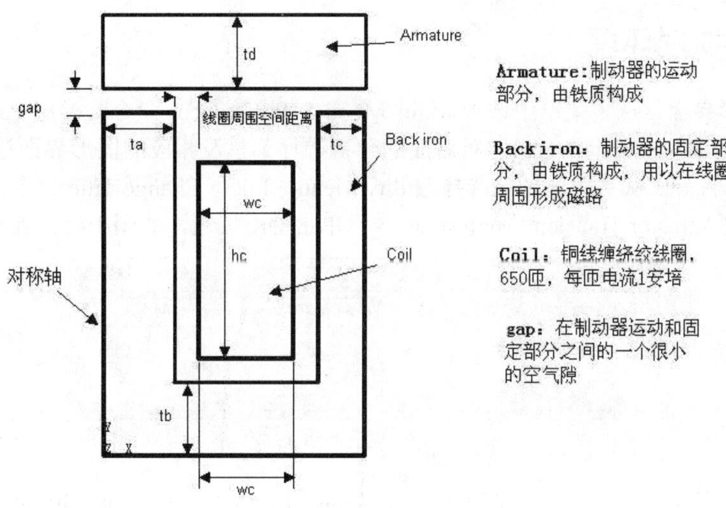

图 19-54　螺线管制动器

表 19-7　参数说明

参　数	说　明
n=650	线圈匝数，在后处理中用
ta=0.75	磁路内支路厚度（cm）
tb=0.75	磁路下支路厚度（cm）
tc=0.50	磁路外支路厚度（cm）
td=0.75	衔铁厚度（cm）
wc=1	线圈宽度（cm）
hc=2	线圈高度（cm）
gap＝0.25	间隙（cm）
space=0.25	线圈周围空间距离（cm）
ws=*wc*+2×space	
hs=*hc*+0.75	
w=*ta*+*ws*+*tc*	模型总宽度（cm）
hb=*tb*+*hs*	
h=*hb*+gap+*td*	模型总高度（cm）
acoil=*wc*×*hc*	线圈截面积（cm^2）

Note

该模型与二维静态磁场分析中的模型完全一致，但激励源是随时间变化的电压，不再是稳态直流电流。

在 0.01s 时间内给线圈加电压（斜坡式）0～12V，然后电压保持常数直到 0.06s。线圈要求定义其他特性，包括横截面面积和填充系数。本实例使用了铜的阻抗，衔铁部分假设为铁质，因此也应该输入电阻。

本实例的目的在于研究已知变化电压载荷下，线圈电流、衔铁受力和线圈电感随时间的响应情况（由于衔铁中的涡流效应，线圈电感会有微小变化）。

求解时，使用恒定时间步长，分为 3 个载荷步，分别设置在 0.01s、0.03s、0.06s。在时间历程后处理器中，对于已经定义好的组件可以用 PMGTRAN 命令或者其等效路径计算需要的结果，并可用 DISPLAY 程序显示从该命令生成的 filemg_trns.plt 文件中的结果。

19.6.2 创建物理环境

（1）过滤图形界面。从主菜单中选择 Main Menu > Preferences 命令，弹出 Preferences for GUI Filtering 对话框，选中 Magnetic-Nodal，对后面的分析进行菜单及相应的图形界面过滤。

（2）定义工作标题。从实用菜单中选择 Utility Menu > File > Change Title 命令，在弹出的对话框中输入 2D Solenoid Actuator Transient Analysis 命令，单击 OK 按钮，如图 19-55 所示。

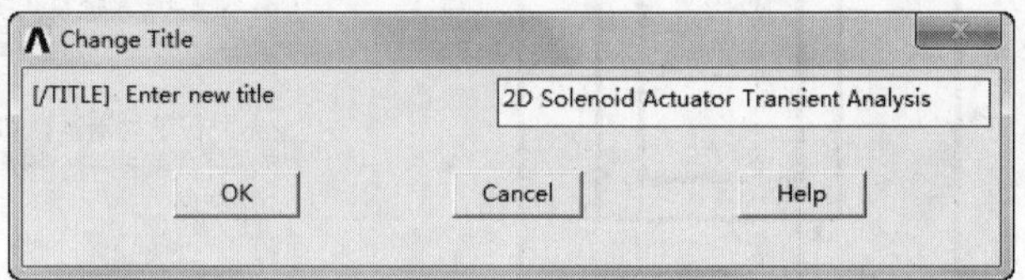

图 19-55 定义工作标题

（3）指定工作名。从实用菜单中选择 Utility Menu > File > Change Jobname 命令，弹出一个对话框，在 Enter new name 后面的文本框中输入 Emage_2D，单击 OK 按钮。

（4）定义单元类型和选项。从主菜单中选择 Main Menu > Preprocessor > Element Type > Add/Edit/Delete 命令，弹出 Element Types（单元类型）对话框，如图 19-56 所示，单击 Add 按钮，弹出 Library of Element Types（单元类型库）对话框，如图 19-57 所示。

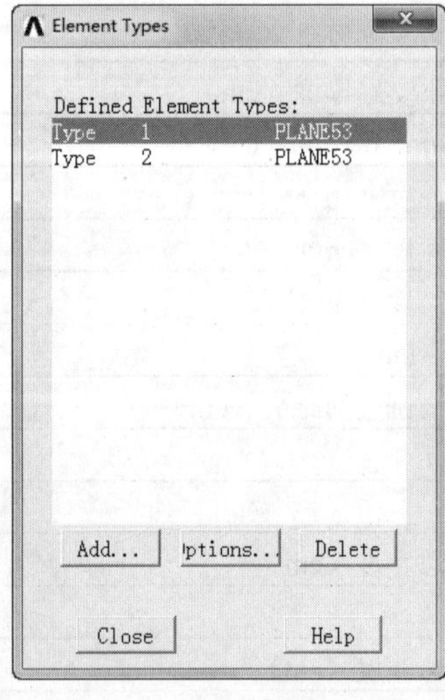

图 19-56 单元类型对话框

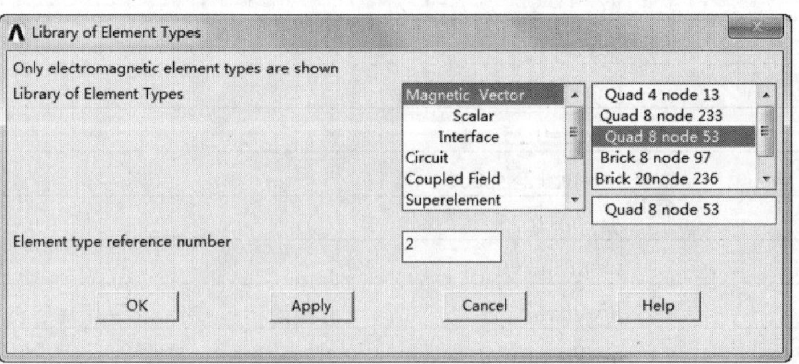

图 19-57 单元类型库对话框

Note

（5）在该对话框的两个列表框中分别选择 Magnetic Vector 和 Quad 8 node 53 选项，单击 Apply 按钮，再单击 OK 按钮，定义了两个 PLANE53 单元。在 Element Types 对话框中选择单元类型 1，单击 Options 按钮，弹出 PLANE53 element type options（单元类型选项）对话框，如图 19-58 所示，在 Element behavior K3 后面的下拉列表框中选择 Axisymmetric，单击 OK 按钮回到 Element Types 对话框，选择单元类型 2，单击 Options 按钮，再次弹出 PLANE53 element type options（单元类型选项）对话框，在 Element degree(S) of freedom K1 后面的下拉列表框中选择 AZ CURR，在 Element behavior K3 后面的下拉列表框中选择 Axisymmetric，单击 OK 按钮退出此对话框，得到如图 19-56 所示的结果。在图 19-56 所示的对话框中单击 Close 按钮，关闭单元类型对话框。

（6）定义材料属性。从主菜单中选择 Main Menu > Preprocessor > Material Props > Material Models 命令，弹出 Define Material Model Behavior 窗口，在右边的列表框中依次选择 Electromagnetics > Relative Permeability > Constant 选项后，弹出 Relative Permittivity for Material Number 1 对话框，如图 19-59 所示，在 PERX 后面的文本框中输入 1，单击 OK 按钮，返回到 Define Material Model Behavior 窗口。

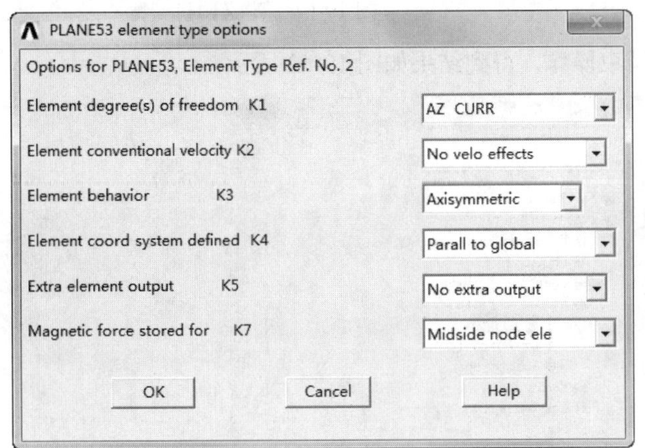

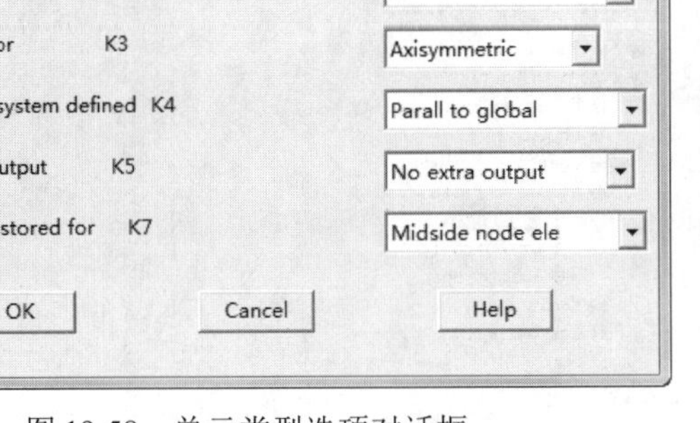

图 19-58　单元类型选项对话框

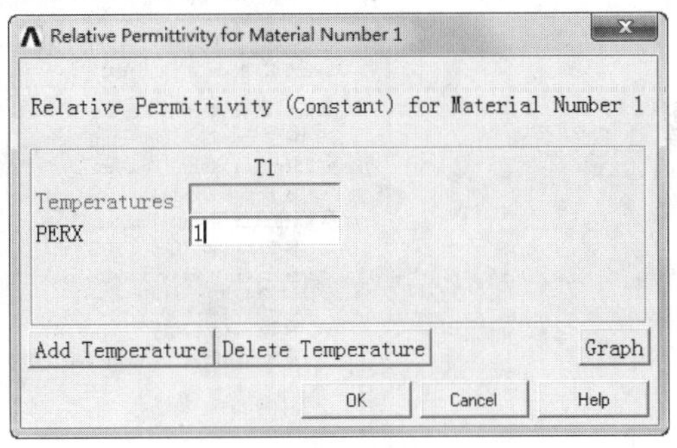

图 19-59　定义相对磁导率

（7）选择窗口中的 Edit > Copy 命令，弹出 Copy Material Model 对话框，如图 19-60 所示。在 from Material number 后面的下拉列表框中选择材料号为 1；在 to Material number 后面的文本框中输入材料号为 2，单击 OK 按钮，这样就把 1 号材料的属性复制给了 2 号材料。在 Define Material Model Behavior 窗口左边的列表框中依次选择 Material Model Number 2 > Permeability (Constant)选项，在弹出的 Resistivity for Material Number 2 对话框中，在 MURX 后面的文本框中输入 1000，单击 OK 按钮，回到 Define Material Model Behavior 窗口。

（8）再次选择窗口中的 Edit > Copy 命令，在 from Material number 后面的下拉列表框中选择材料号为 1；在 to Material number 后面的文本框中输入材料号为 3，单击 OK 按钮，把 1 号材料的属性复制给 3 号材料。在 Define Material Model Behavior 窗口左边的列表框中依次选择 Material Model Number 3 选项，再在右边的列表框中依次选择 Electromagnetics > Resistivity > Constant 选项后，弹出 Resistivity for Material Number 3 对话框，如图 19-61 所示，在 RSVX 后面的文本框中输入 3E-008，单击 OK 按钮。

（9）在窗口中选择 Edit > Copy 命令，在弹出对话框的 from Material number 后面的下拉列表框中选择材料号为 3；在 to Material number 后面的文本框中输入材料号为 4，单击 OK 按钮，把 3 号材料的属性复制给 4 号材料。在 Define Material Model Behavior 窗口左边的列表框中依次选择 Material Model Number 4 > Permeability (Constant)选项，在弹出的 Permittivity for Material Number 4 对话框中，

Note

在 MURX 后面的文本框中输入 2000，单击 OK 按钮，返回到如图 19-62 所示窗口中，在窗口左边的列表框中依次选择 Material Model Number 4 > Resistivity (Constant)选项，在弹出的 Resistivity for Material Number 4 对话框中，在 RSVX 后面的文本框中输入 70E-8，单击 OK 按钮。

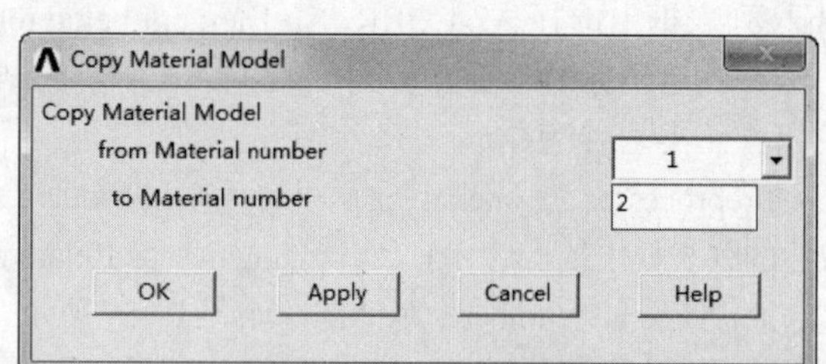

图 19-60　复制材料属性

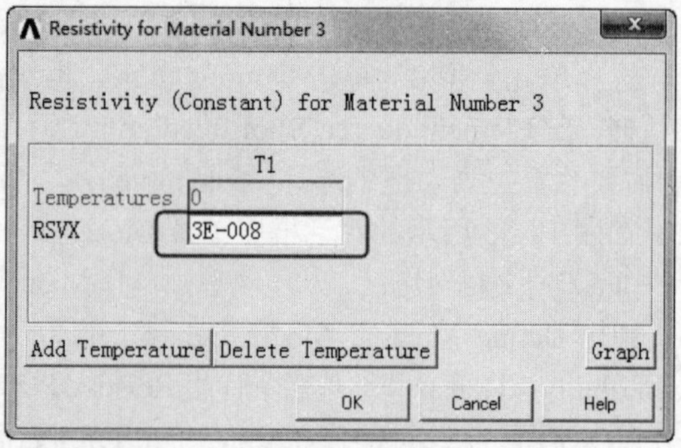

图 19-61　定义阻抗

（10）在窗口中选择 Material > Exit 命令结束操作，得到结果如图 19-62 所示。

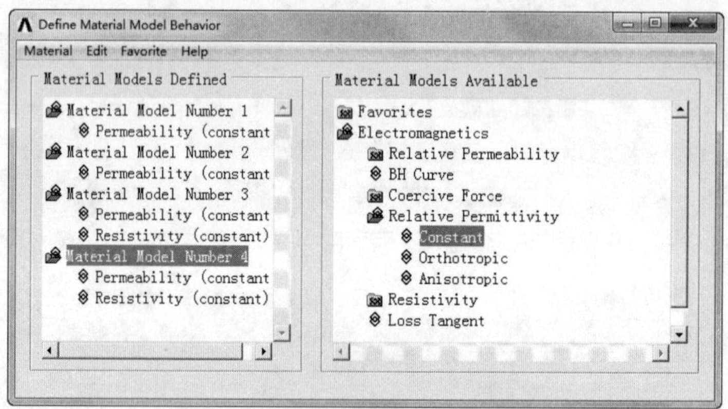

图 19-62　材料属性定义结果

（11）查看材料列表。从实用菜单中选择 Utility Menu > List > Properties > All Materials 命令，弹出 MPLIST Command 信息窗口，其中列出了所有已经定义的材料及其属性，确认无误后，关闭窗口即可。

19.6.3　建立模型、赋予特性、划分网格

1. 定义分析参数

从实用菜单中选择 Utility Menu > Parameters > Scalar Parameters 命令，弹出 Scalar Parameters 对话框，在 Selection 后面的文本框中输入 n=650，单击 Accept 按钮。然后依次在 Selection 后面的文本框中输入：

TA=0.75	TB=0.75	TC=0.5
TD=0.75	WC=1	HC=2
GAP=0.25	SPACE=0.25	WS=WC+2×SPACE
HS=HC+0.75	W=TA+WS+TC	HB=TB+HS
H=HB+GAP+TD	ACOIL=WC×HC	

在输入完一项单击 Accept 按钮确认，全部输入完后，单击 Close 按钮，关闭 Scalar Parameters 对话框，其输入参数的结果如图 19-63 所示。

2. 打开面积区域编号显示

从实用菜单中选择 Utility Menu > PlotCtrls > Numbering 命令，弹出 Plot Numbering Controls 对话框，如图 19-64 所示。将 Area numbers 后面的复选框设为 On，单击 OK 按钮关闭对话框。

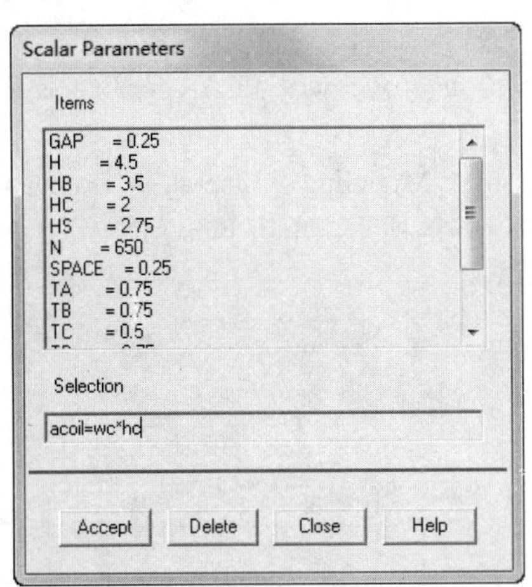

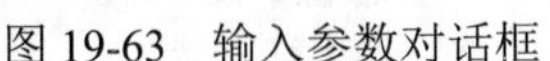
图 19-63 输入参数对话框

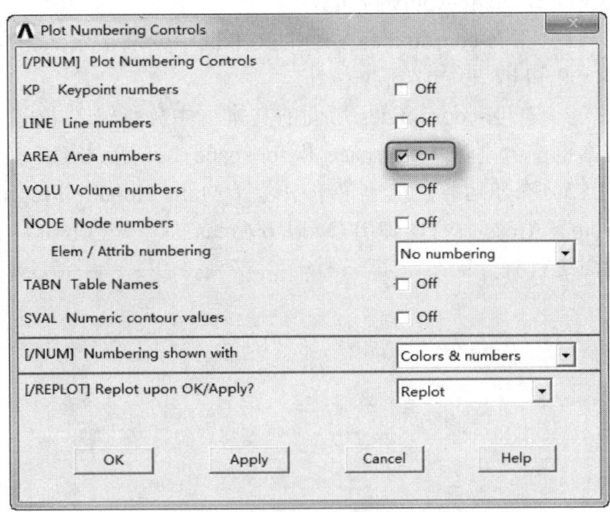

图 19-64 显示面积编号对话框

3. 定义实常数

从主菜单中选择 Main Menu > Preprocessor > Real Constants > Add/Edit/Delete 命令，弹出 Element Types（单元类型）对话框，选择单元类型 2，单击 OK 按钮，出现 PLANE53 单元的实常数 Real Constant Set Number1, for PLANE53 对话框，如图 19-65 所示。分别在 Coil cross-sectional area(CARE)后面的文本框中输入 acoil*(0.01**2)；Total number of coil turns(TURN)后面的文本框中输入 n；Current in z-direction(DIRZ)后面的文本框中输入 1；Coil fill factor(FILL)后面的文本框中输入 0.95。

单击 OK 按钮，弹出 Real Constants（实常数）对话框，其中列出了常数组 1，如图 19-66 所示。

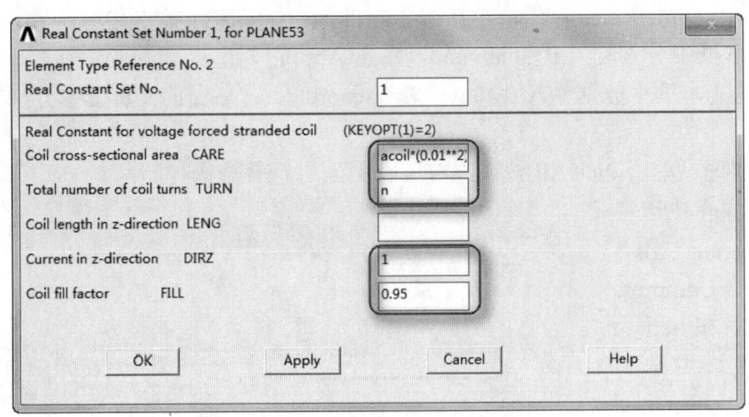

图 19-65 PLANE53 单元的实常数对话框

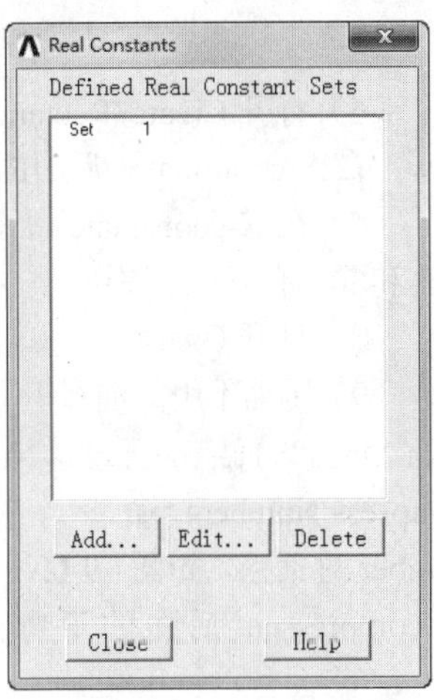

图 19-66 实常数数组

Note

4．建立平面几何模型

（1）从主菜单中选择 Main Menu > Preprocessor > Modeling > Create > Areas > Rectangle > By Dimensions 命令，弹出 Create Rectangle by Dimensions 对话框，如图 19-67 所示。在 X-coordinates 后面的文本框中分别输入 0 和 w，在 Y-coordinates 后面的文本框中分别输入 0 和 tb，单击 Apply 按钮。

（2）在 X-coordinates 后面的文本框中分别输入 0 和 w，在 Y-coordinates 后面的文本框中分别输入 tb 和 hb，单击 Apply 按钮。

（3）在 X-coordinates 后面的文本框中分别输入 ta 和 ta+ws，在 Y-coordinates 后面的文本框中分别输入 0 和 h，单击 Apply 按钮。

（4）在 X-coordinates 后面的文本框中分别输入 ta+space 和 ta+space+wc，在 Y-coordinates 后面的文本框中分别输入 tb+space 和 tb+space+hc，单击 OK 按钮。

（5）布尔运算。从主菜单中选择 Main Menu > Preprocessor > Modeling > Operate > Booleans > Overlap > Areas 命令，弹出 Overlap Areas 面叠分拾取框，如图 19-68 所示。单击 Pick All 按钮，对所有的面进行叠分操作。

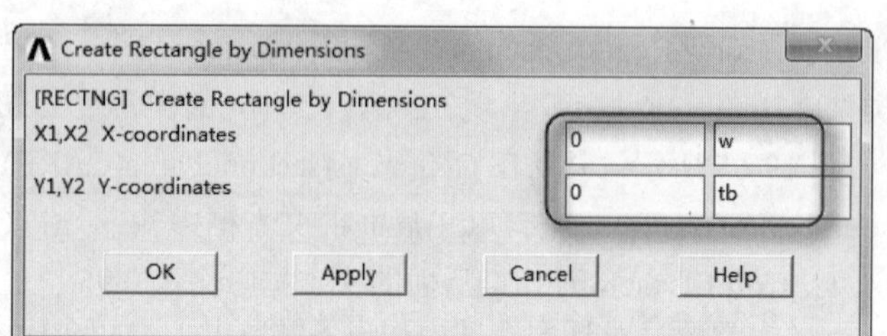

图 19-67　生成矩形对话框

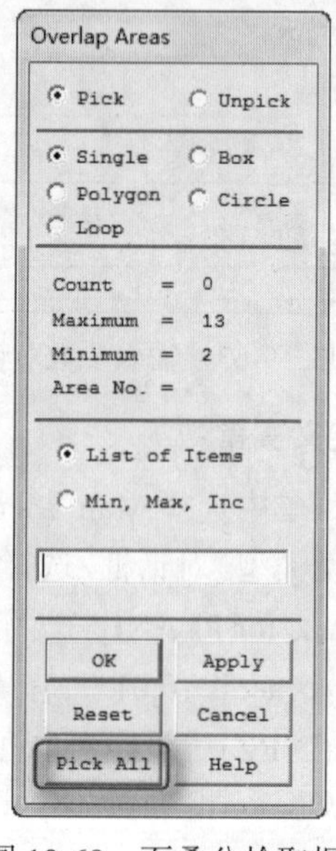

图 19-68　面叠分拾取框

（6）打开 Create Rectangle by Dimensions 对话框，在 X-coordinates 后面的文本框中分别输入 0 和 w，在 Y-coordinates 后面的文本框中分别输入 0 和 hb+gap，单击 Apply 按钮。

（7）在 X-coordinates 后面的文本框中分别输入 0 和 w，在 Y-coordinates 后面的文本框中分别输入 0 和 h，单击 OK 按钮。

（8）打开 Overlap Areas 拾取框，单击 Pick All 按钮，对所有的面进行叠分操作。

（9）压缩不用的面号。从主菜单中选择 Main Menu > Preprocessor > Numbering Ctrls > Compress Numbers 命令，弹出 Compress Number 对话框，如图 19-69 所示，在 Item to be compressed 后面的下拉列表框中选择 Areas，将面号重新压缩编排，从 1 开始中间没有空缺，单击 OK 按钮退出对话框。

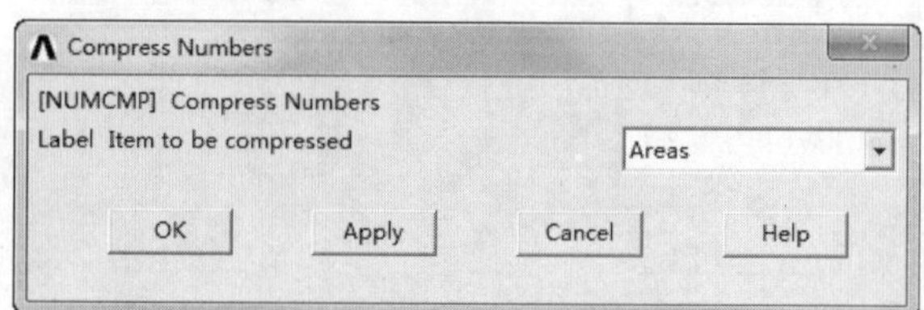

图 19-69　压缩面号对话框

（10）重新显示。从实用菜单中选择 Utility Menu > Plot > Replot 命令，最后得到制动器的几何模型，如图 19-70 所示。

5．保存几何模型文件

从实用菜单中选择 Utility Menu > File > Save as 命令，弹出一个 Save Database 对话框，在 Save Database to 下面的文本框中输入文件名 Emage_2D_geom.db，单击 OK 按钮。

6．给面赋予特性

从主菜单中选择 Main Menu > Preprocessor > Meshing > MeshTool 命令，弹出 MeshTool 工具栏，如图 19-71 所示，在 Element Attributes 下面的下拉列表框中选择 Areas，单击 Set 按钮，弹出 Area Attributes 面拾取框，在图形界面上拾取编号为 A2 的面，或者直接在拾取框的文本框中输入 2 并按 Enter 键，单击拾取框上的 OK 按钮，弹出一个如图 19-72 所示的 Area Attributes 对话框，在 Material number 后面的下拉列表框中选择 3，在 Element type number 后面的下拉列表框中选择 2 PLANE53，给线圈输入材料属性。单击 Apply 按钮再次弹出面拾取框。

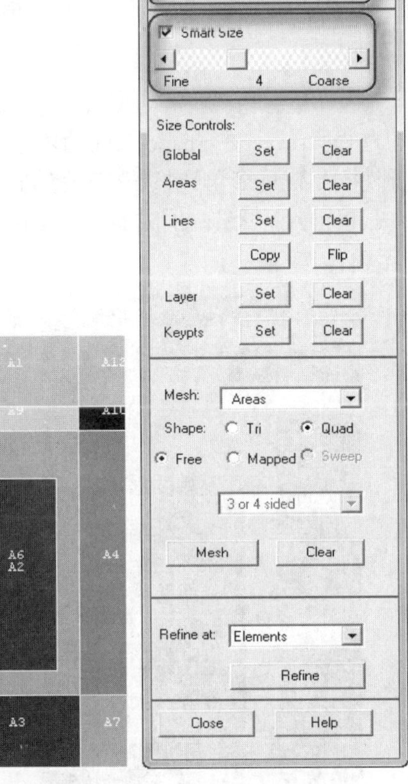

图 19-70　生成的制动器几何模型

图 19-71　网格划分工具栏

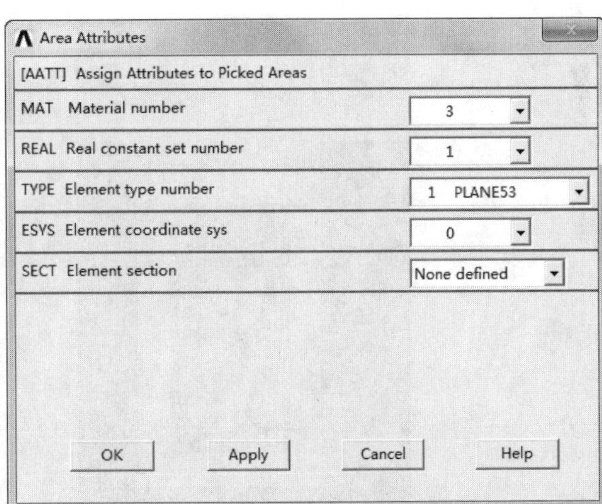

图 19-72　给面赋予属性的对话框

（1）在 Area Attributes 面拾取框的文本框中输入 1,12,13 并按 Enter 键，单击拾取框上的 OK 按钮，弹出如图 19-72 所示的 Area Attributes 对话框，在 Material number 后面的下拉列表框中选择 4，在 Element type number 后面的下拉列表框中选择 1 PLANE53，给制动器运动部分输入材料属性。单

Note

击 Apply 按钮再次弹出面拾取框。

（2）在 Area Attributes 面拾取框的文本框中输入 3,4,5,7,8 并按 Enter 键，单击拾取框上的 OK 按钮，弹出如图 19-72 所示的 Area Attributes 对话框，在 Material number 后面的下拉列表框中选择 2，给制动器固定部分输入材料属性。单击 OK 按钮。

（3）剩下的空气面默认被赋予了 1 号材料属性和 1 号单元类型。

7．选择所有的实体

从实用菜单中选择 Utility Menu > Select > Everything 命令。

8．按材料属性显示面

从实用菜单中选择 Utility Menu > PlotCtrls > Numbering 命令，弹出 Plot Numbering Controls 对话框。在 Elem/Attrib numbering 后面的下拉列表框中选择 Material numbers，单击 OK 按钮，其结果如图 19-73 所示。

9．保存数据结果

单击 ANSYS Toolbar 工具条上的 SAVE_DB 按钮。

10．制定智能网格划分的等级

在 MeshTool 工具栏 Smart Size 前面的复选框上打上 √，并将 fine—coarse 工具条拖到 4 的位置，如图 19-71 所示。设定智能网格划分的等级为 4。

11．智能划分网格

在 MeshTool 工具栏的 Mesh 后面的下拉列表框中选择 Areas，在 Shape 后面的要划分单元形状选项中选择四边形 Quad，在下面的自由划分 Free 和映射划分 Mapped 单选按钮中选择 Free，如图 19-74 所示。单击 Mesh 按钮，弹出 Mesh Areas 拾取框，单击 Pick All 按钮，生成的网格结果如图 19-74 所示。单击 Mesh Tool 工具栏上的 Close 按钮，将其关闭。

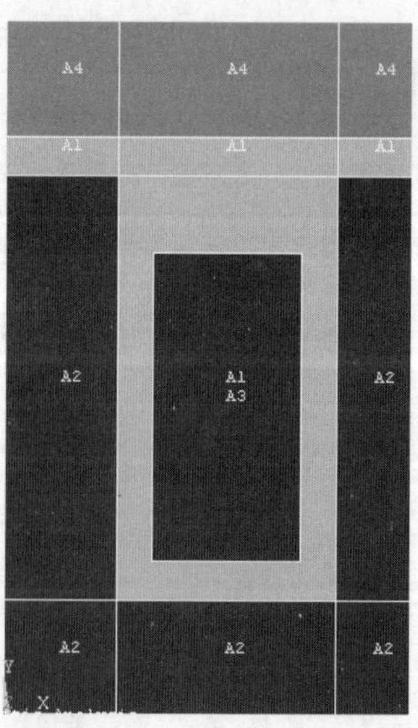

图 19-73　按材料属性显示面

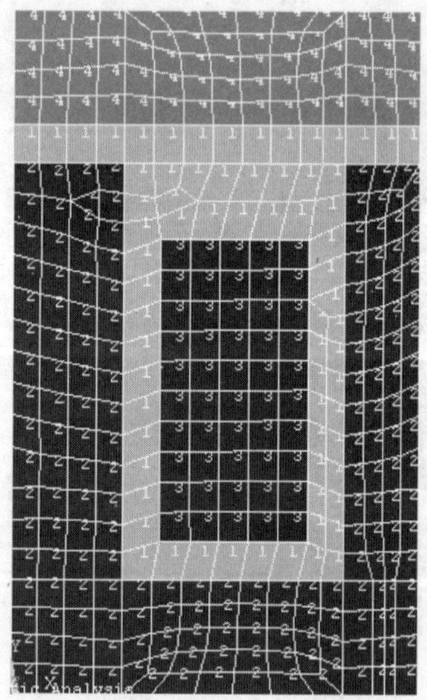
图 19-74　生成的有限元网格面

12．保存网格数据

从实用菜单中选择 Utility Menu > File > Save as 命令，弹出 Save Database 对话框，在 Save Database

to 下面的文本框中输入文件名 Emage_2D_mesh.db，单击 OK 按钮。

19.6.4 加边界条件和载荷

（1）选择衔铁上的所有单元。从实用菜单中选择 Utility Menu > Select > Entities 命令，弹出 Select Entities 对话框，如图 19-75 所示。在上面的第一个下拉列表框中选择 Elements，在第二个下拉列表框中选择 By Attributes，再在下面的单选按钮中选中 Material num，在 Min,Max,InC 下面的文本框中输入 4，单击 OK 按钮。

（2）将所选单元生成一个组件。从实用菜单中选择 Utility Menu > Select > Comp/Assembly > Create Component 命令，弹出 Create Component 对话框，如图 19-76 所示。在 Component name 后面的文本框中输入组件名 ARM，在 Component is made of 后面的下拉列表框中选择 Elements，单击 OK 按钮。

（3）选择所有实体。从实用菜单中选择 Utility Menu > Select > Everything 命令。

（4）给衔铁施加边界条件。从主菜单中选择 Main Menu > Preprocessor > Loads > Define Loads > Apply > Magnetic > Flag > Comp. Force/Torque 命令，弹出如图 19-77 所示的对话框，在列表框中选取组件名 ARM，单击 OK 按钮。

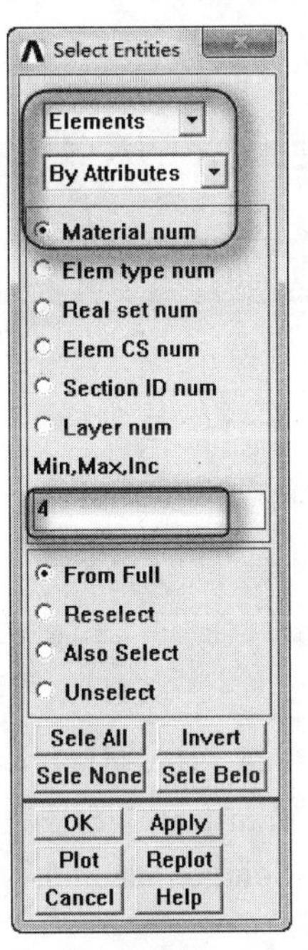

图 19-75 选择实体对话框

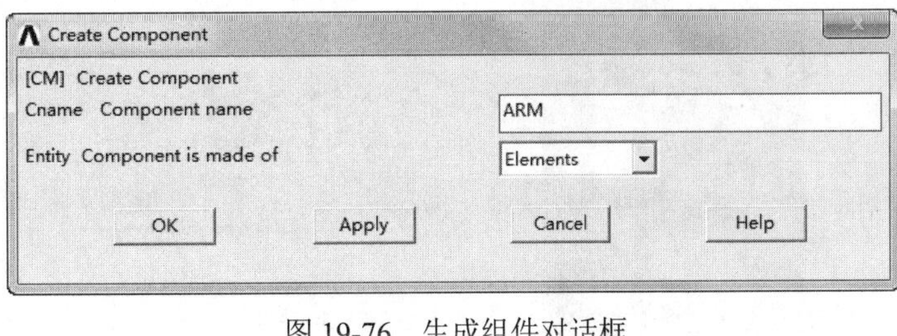

图 19-76 生成组件对话框

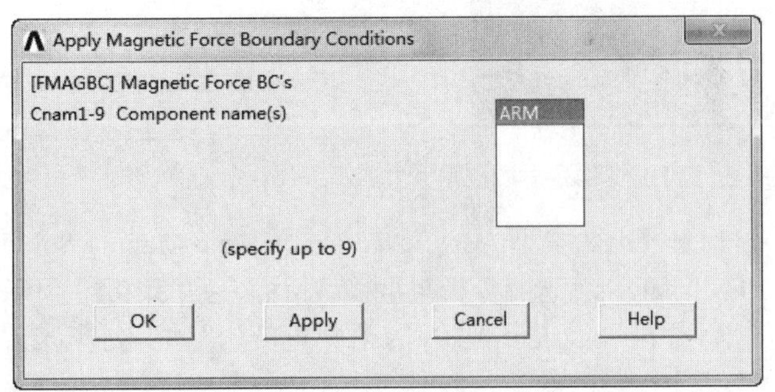

图 19-77 给衔铁施加边界条件对话框

（5）选择线圈上的所有单元。从实用菜单中选择 Utility Menu > Select > Entities 命令，弹出 Select Entities 对话框，如图 19-75 所示。在最上面的第一个下拉列表框中选择 Elements，在第二个下拉列表框中选择 By Attributes，再在下面的单选按钮中选中 Material num，在 Min,Max,Inc 下面的文本框中输入 3，单击 Apply 按钮。

（6）选择线圈上的所有节点。将最上面的第一个下拉列表框选项改为 Nodes，将第二个下拉列表框选项改为 Attached to，在下面的单选按钮中分别选中 Elements 和 From Full，单击 OK 按钮。

（7）耦合线圈节点电流自由度。从主菜单中选择 Main Menu > Preprocessor > Coupling/Ceqn > Couple DOFs 命令，弹出定义耦合节点自由度的节点拾取框，单击 Pick All 按钮，弹出 Define Couple

Note

DOFs（自由度耦合设置）对话框，如图 19-78 所示。在 Set reference number 后面的文本框中输入 1，在 Degree-of-freedom label 后面的下拉列表框中选择 CURR。单击 OK 按钮，可以看到在模型的线圈部分出现标志，如图 19-79 所示是耦合了电流自由度后的线圈单元。

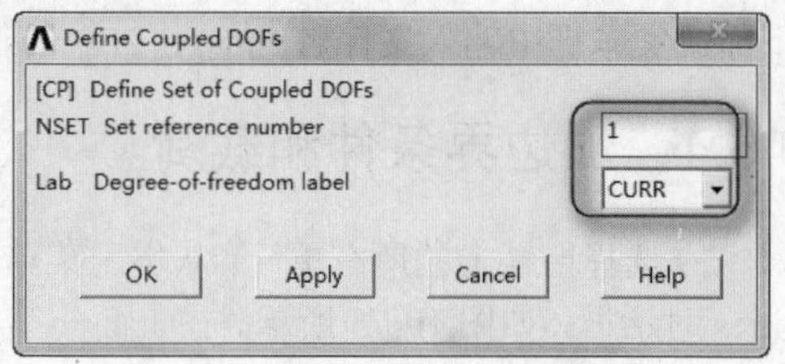

图 19-78 自由度耦合设置对话框

（8）将线圈单元生成一个组件。从实用菜单中选择 Utility Menu > Select > Comp/Assembly > Create Component 命令，弹出 Create Component 对话框，如图 19-76 所示。在 Component name 后面的文本框中输入组件名 coil，在 Component is made of 后面的下拉列表框中选择 Elements，单击 OK 按钮。

（9）选择所有实体。从实用菜单中选择 Utility Menu > Select > Everything 命令。

（10）将模型单位制改成（Scale）MKS 单位制（米）。从主菜单中选择 Main Menu > Preprocessor > Modeling > Operate > Scale > Areas 命令，弹出面拾取框，单击拾取框上的 Pick All 按钮，弹出如图 19-80 所示的对话框，在 RX,RY,RZ Scale factors 后面的文本框中依次输入 0.01、0.01 和 1，在 Existing areas will be 后面的下拉列表框中选择 Moved，单击 OK 按钮。

图 19-79 自由度耦合后线圈单元

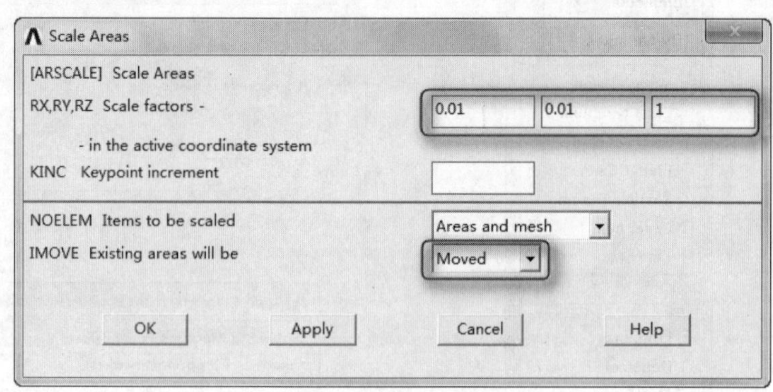

图 19-80 模型缩放对话框

（11）选择分析类型。从主菜单中选择 Main Menu > Solution > Analysis Type > New Analysis 命令，弹出 New Analysis（选择分析类型）对话框，如图 19-81 所示，在其中选中 Transient 单选按钮，单击 OK 按钮，弹出 Transient Analysis 对话框，如图 19-82 所示，接受求解方法 Solution method 为 Full，单击 OK 按钮。

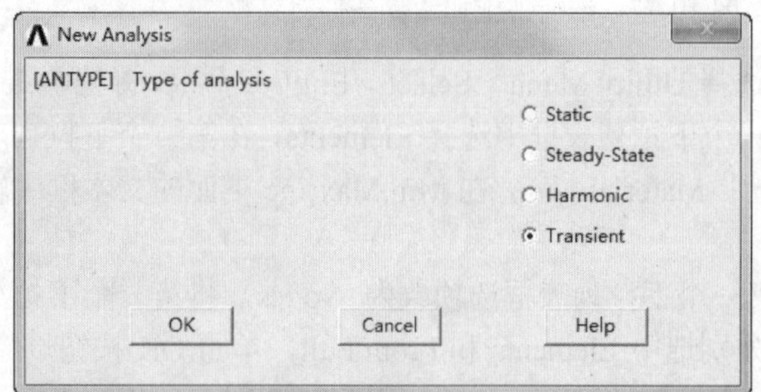

图 19-81 选择分析类型对话框

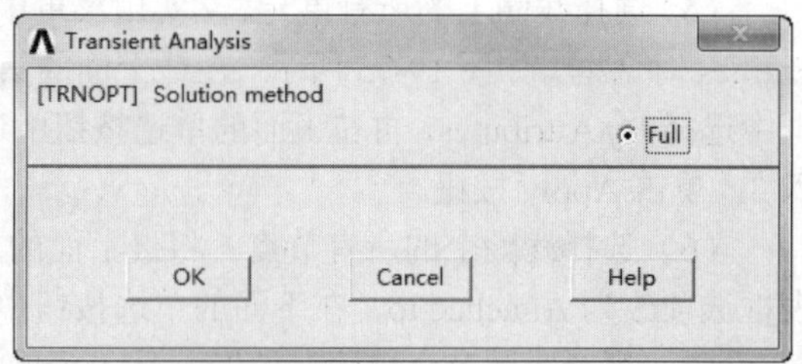

图 19-82 瞬态分析对话框

（12）选择外围节点。从实用菜单中选择 Utility Menu > Select > Entities 命令，弹出 Select Entities 对话框。在最上面的第一个下拉列表框中选择 Nodes，在其下的第二个下拉列表框中选择 Exterior，单击 Sele All 按钮，再单击 OK 按钮。

（13）施加磁力线平行条件。从主菜单中选择 Main Menu > Solution > Define Loads > Apply > Magnetic > Boundary > Vector Poten > Flux Par'l > On Nodes 命令，出现一个拾取框，单击 Pick All 按钮，所施加的结果如图 19-83 所示。

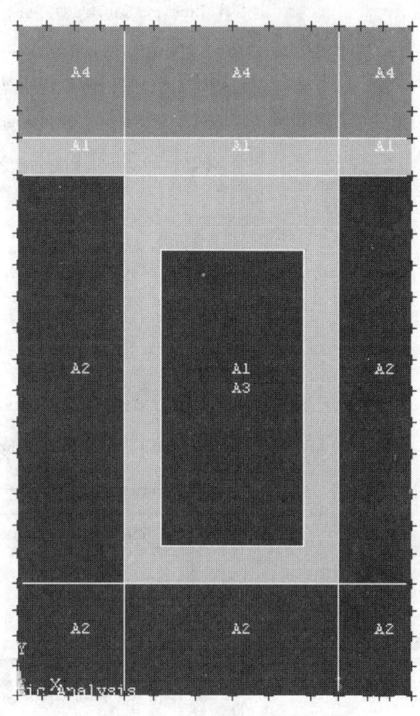

图 19-83　施加磁力线平行条件

（14）选择所有实体。从实用菜单中选择 Utility Menu > Select > Everything 命令。

（15）选择组件。从实用菜单中选择 Utility Menu > Select > Comp/Assembly > Select Comp/Assembly 命令，弹出 Select Component or Assembly 对话框，接受默认选项 by Component name，单击 OK 按钮，弹出选择组件对话框，在 Comp/Assemb to be selected 后面的下拉列表框中选择 Coil，单击 OK 按钮。

（16）施加电压载荷。从主菜单中选择 Main Menu > Solution > Define Loads > Apply > Magnetic > Excitation > Voltage Drop > On Elements 命令，弹出单元拾取框，单击 Pick All 按钮，弹出 Apply VLTG on Elems 给单元施加电压对话框，如图 19-84 所示，在 Voltage drop mag.（VLTG）后面的文本框中输入 12，单击 OK 按钮。

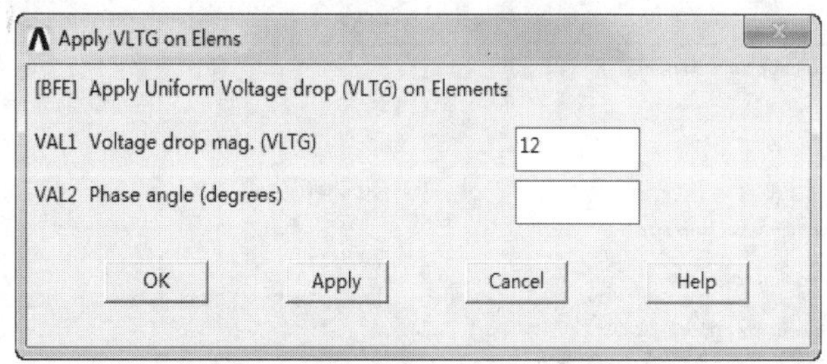

图 19-84　施加电压载荷对话框

（17）选择所有实体。从实用菜单中选择 Utility Menu > Select > Everything 命令。

19.6.5　求解

1．设定时间和子步选项

从主菜单中选择 Main Menu > Solution > Load Step Opts > Time/Frequenc > Time and Substps，弹出 Time and Substep Options（设定时间和子步选项）对话框，如图 19-85 所示，在 Time at end of load step 后面的文本框中输入 0.01，单击 OK 按钮。

2．设定时间和时间步长选项

从主菜单中选择 Main Menu > Solution > Load Step Opts > Time/Frequenc > Time - Time Step 命令，弹出 Time and Substep Options（设定时间和时间步长选项）对话框，如图 19 86 所示，在 Time step size 后面的文本框中输入 0.02，单击 OK 按钮。这样将加载时间设置 0～0.01s 内分为 5 个子步求解，每一步加载方式为斜坡式（ANSYS 默认设置）。

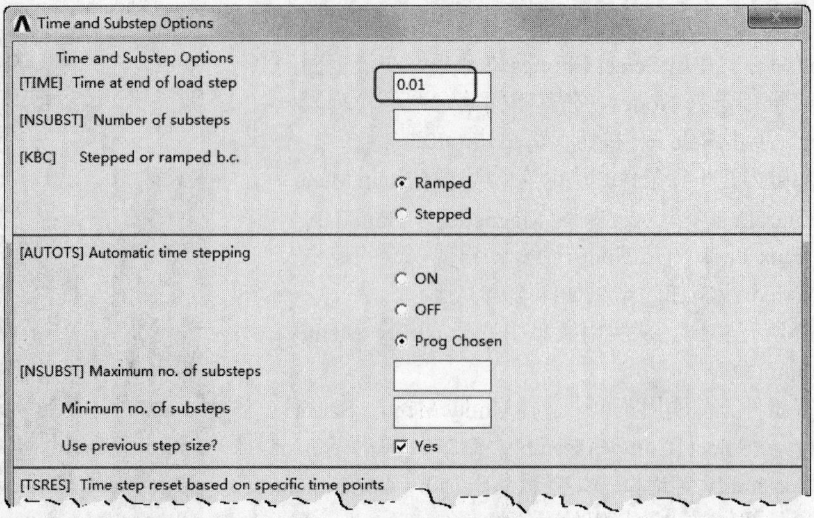

Note

Time and Substep Options

Time and Substep Options
[TIME] Time at end of load step 0.01
[NSUBST] Number of substeps
[KBC] Stepped or ramped b.c.
Ramped
Stepped
[AUTOTS] Automatic time stepping
ON
OFF
Prog Chosen
[NSUBST] Maximum no. of substeps
Minimum no. of substeps
Use previous step size? Yes
[TSRES] Time step reset based on specific time points

图 19-85　时间和子步选项对话框

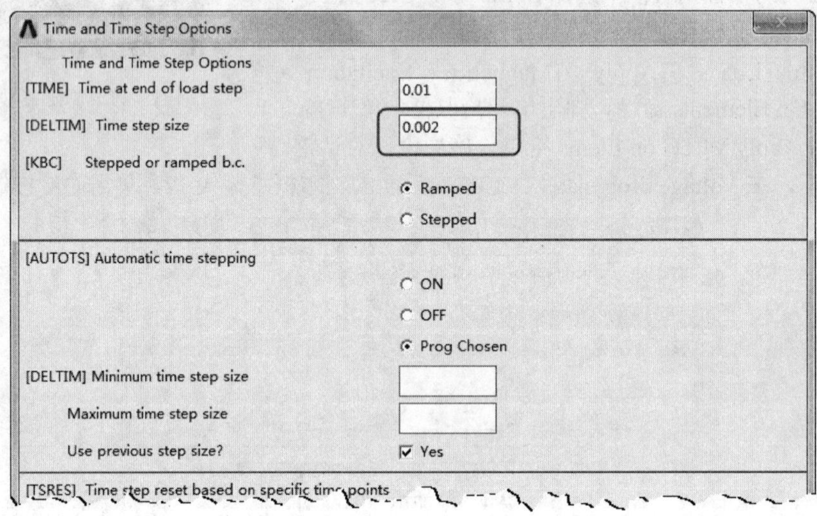

图 19-86　时间和时间步长选项对话框

3．数据库和结果文件输出控制

从主菜单中选择 Main Menu > Solution > Load Step Opts > Output Ctrls > DB/Results File 命令，弹出 Controls for Database and Results File Writing 对话框，如图 19-87 所示，在 Item to be controlled 后面的下拉列表框中选择 All items，在 File write frequency 下面的单选按钮中选中 Every substep，单击 OK 按钮，把每个子步的求解结果写到数据库中。

4．求解

从主菜单中选择 Main Menu > Solution > Solve > Current LS 命令，弹出一个信息窗口和一个求解当前载荷步对话框，确认信息无误后关闭，单击求解对话框中的 OK 按钮，开始求解运算，直到出现一个 Solution is done 的提示框，表示求解结束。

5．设定时间和子步选项

从主菜单中选择 Main Menu > Solution > Load Step Opts > Time/Frequenc > Time and Substeps 命

令，弹出 Time and Substp Options（设定时间和子步选项）对话框，如图 19-85 所示，在 Time at end of load step 后面的文本框中输入 0.03，在 Number of substeps 后面的文本框中输入 1，单击 OK 按钮。

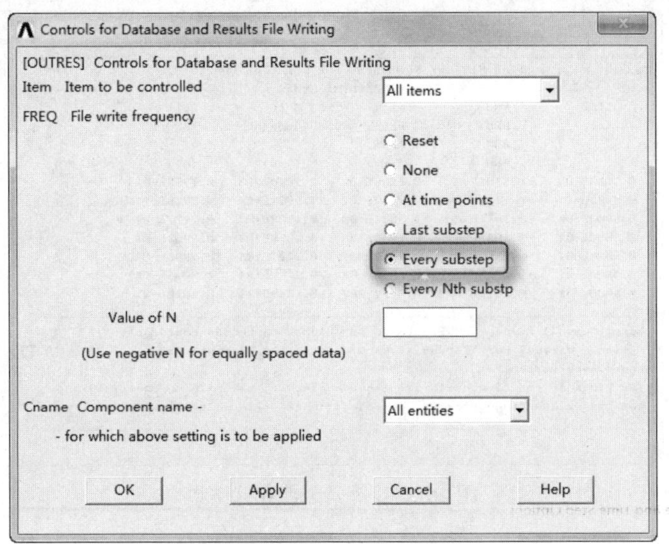

图 19-87　数据库和结果文件输出控制对话框

6．求解

从主菜单中选择 Main Menu > Solution > Solve > Current LS 命令，弹出一个信息窗口和一个求解当前载荷步对话框，确认信息无误后关闭，单击求解对话框中的 OK 按钮，开始求解运算，直到出现一个 Solution is done 的提示框，表示求解结束。

7．设定时间和时间步长选项

从主菜单中选择 Main Menu > Solution > Load Step Opts > Time/Frequenc > Time - Time Step 命令，弹出 Time and Time Step Options（设定时间和时间步长选项）对话框，如图 19-86 所示，在 Time step size 后面的文本框中输入 0.005，单击 OK 按钮。

8．设定时间和子步选项

从主菜单中选择 Main Menu > Solution > Load Step Opts > Time/Frequenc > Time and Substeps 命令，弹出 Time and Substp Options（设定时间和子步选项）对话框，如图 19-85 所示，在 Time at end of load step 后面的文本框中输入 0.06，在 Number of substeps 后面的文本框中输入 1，单击 OK 按钮。

9．求解

从主菜单中选择 Main Menu > Solution > Solve > Current LS 命令，弹出一个信息窗口和一个求解当前载荷步对话框，确认信息无误后关闭，单击求解对话框中的 OK 按钮，开始求解运算，直到出现一个 Solution is done 的提示框，表示求解结束。

10．保存计算结果到文件

从实用菜单中选择 Utility Menu > File > Save as 命令，弹出 Save Database 对话框，在 Save Database to 下面的文本框中输入文件名 Emage_2D_resu.db，单击 OK 按钮。

11．查看结算结果

（1）查看计算结果。从主菜单中选择 Main Menu > TimeHist Postpro > Elec&Mag > Magnetics 命令，在弹出的瞬态电磁场后处理对话框中选择计算力的单元组件 ARM 与计算电流和电感的单元组件

Note

COIL，单击 OK 按钮，ANSYS 计算结果并求和，之后会弹出一个信息窗口显示数据信息，如图 19-88 所示。确认无误后关闭信息窗口。图形显示结果如图 19-89 所示。

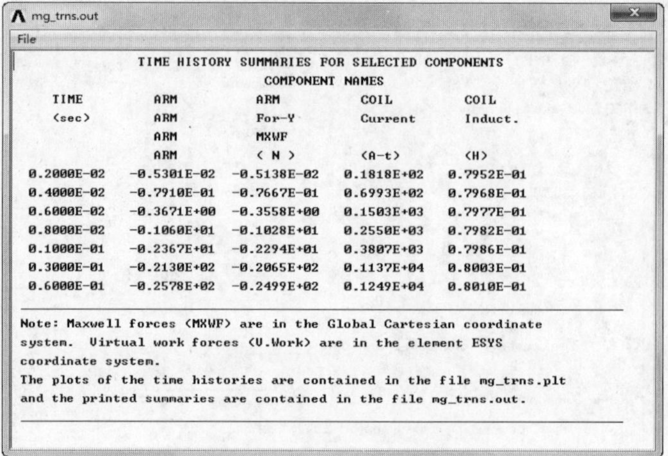

mg_trns.out

File

TIME HISTORY SUMMARIES FOR SELECTED COMPONENTS

COMPONENT NAMES

TIME	ARM	ARM	COIL	COIL
(sec)	ARM	For-Y	Current	Induct.
	ARM	MXWF		
	ARM	(N)	(A-t)	(H)
0.2000E-02	-0.5301E-02	-0.5138E-02	0.1818E+02	0.7952E-01
0.4000E-02	-0.7910E-01	-0.7667E-01	0.6993E+02	0.7968E-01
0.6000E-02	-0.3671E+00	-0.3558E+00	0.1503E+03	0.7977E-01
0.8000E-02	-0.1060E+01	-0.1028E+01	0.2550E+03	0.7982E-01
0.1000E-01	-0.2367E+01	-0.2294E+01	0.3807E+03	0.7986E-01
0.3000E-01	-0.2130E+02	-0.2065E+02	0.1137E+04	0.8003E-01
0.6000E-01	-0.2578E+02	-0.2499E+02	0.1249E+04	0.8010E-01

Note: Maxwell forces (MXWF) are in the Global Cartesian coordinate system. Virtual work forces (V.Work) are in the element ESYS coordinate system.
The plots of the time histories are contained in the file mg_trns.plt and the printed summaries are contained in the file mg_trns.out.

图 19-88　单元组件计算结果

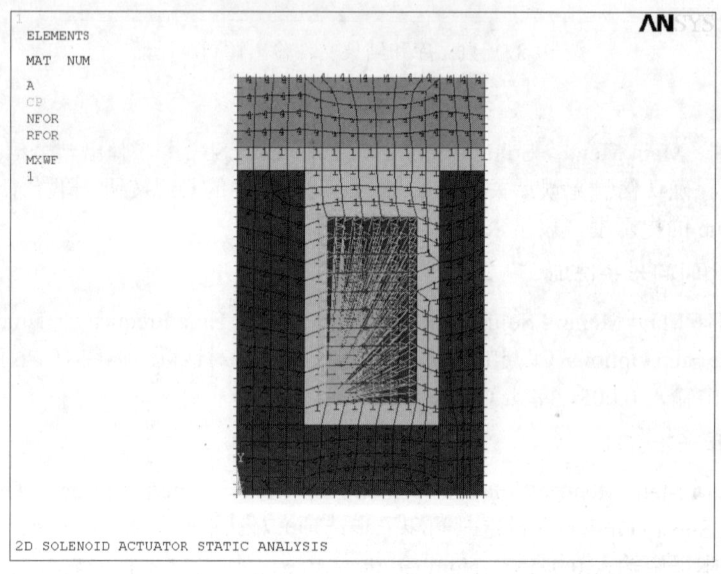

图 19-89　图形显示结果

（2）退出 ANSYS。单击 ANSYS Toolbar 工具条上的 QUIT 按钮，弹出如图 19-90 所示的 Exit from ANSYS 对话框，选中 Quit-No Save!单选按钮，单击 OK 按钮，退出 ANSYS 软件。

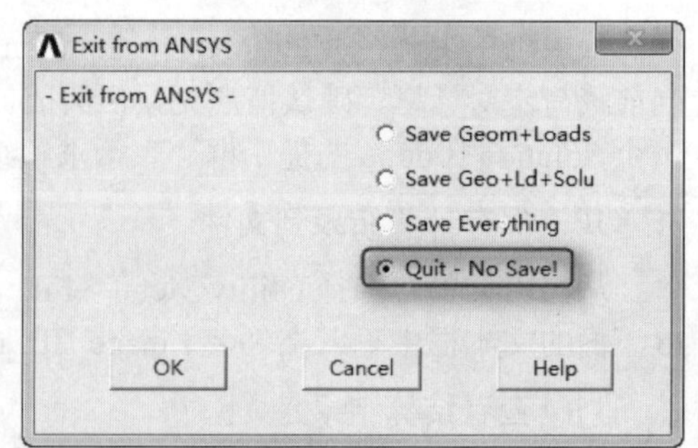

图 19-90　退出 ANSYS 对话框

19.6.6　命令流实现

命令流实现方式不再详细介绍，读者可参见随书光盘中的电子文档。

第20章

三维磁场分析

静磁分析不考虑随时间变化效应，如涡流等，其可以模拟各种饱和、非饱和的磁性材料和永磁体。

在分析中，需考虑使用哪种方法。如果静态分析为二维，则必须采用矢量位方法。对于三维静态分析，则可选择其中的标量位方法、矢量位方法或者棱边单元方法。

☑ 三维静态磁场标量法分析中要用到的单元

☑ 棱边单元边方法中要用到的单元

任务驱动&项目案例

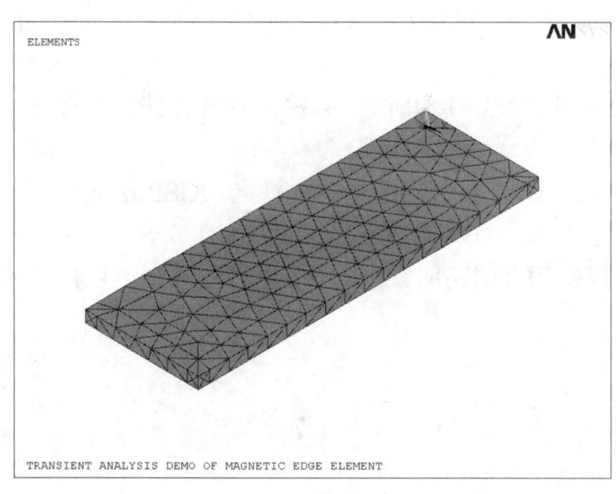

（1）

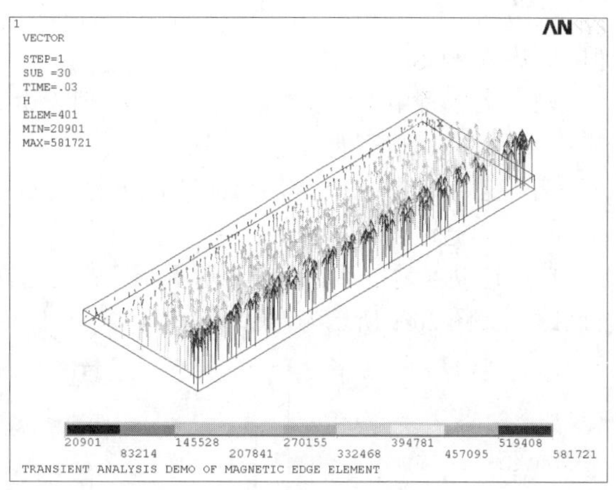

（2）

20.1 三维静态磁场标量法分析中要用到的单元

Note

三维静态磁场分析（标量法）中要用到的单元如表20-1～表20-4所示。

表20-l 三维实体单元

单元	维数	形状或特性	自由度
SOLID5	3-D	六面体，8个节点	每节点6个：位移、电势、磁标量位或温度
SOLID96	3-D	六面体，8个节点	磁标量位
SOLID98	3-D	六面体，10个节点	位移、电势、磁标量位、温度

表20-2 三维界面单元

单元	维数	形状或特性	自由度
INTER115	3-D	四边形，4个节点	磁标量位、磁矢量位

表20-3 三维连接单元

单元	维数	形状或特性	自由度
SOUCE36	3D杆装（Bar）、弧装（Arc）、线圈（Coil）基元	3个节点	无

表20-4 三维远场单元

单元	维数	形状或特性	自由度
INFIN47	3-D	四边形，4个节点或三角形，3个节点	磁标量位、温度
INFIN111	3-D	六面体，8个或20个节点	磁标量位、磁矢量位、电势、温度

SOLID96和SOLID97是磁场分析专用单元，SOLID62、SOLID5和SOLID98更适合于耦合场求解。

在磁标量位方法中，可使用3种不同的分析方法，即简化标势法（RSP）、差分标势法（DSP）和通用标势法（GSP）。

☑ 若模型中不包含铁区，或有铁区但无电流源时，则用RSP法。若模型中既有铁区又有电流源时，则不能用这种方法。

☑ 若不适用RSP法，则选择DSP法或GSP法。DSP法适用于单连通铁区，GSP法适用于多连通铁区。

单连通铁区是指不能为电流源所产生的磁通量提供闭合同路的铁区，而多连通铁区则可以构成闭合回路。如图20-1所示为连通域。

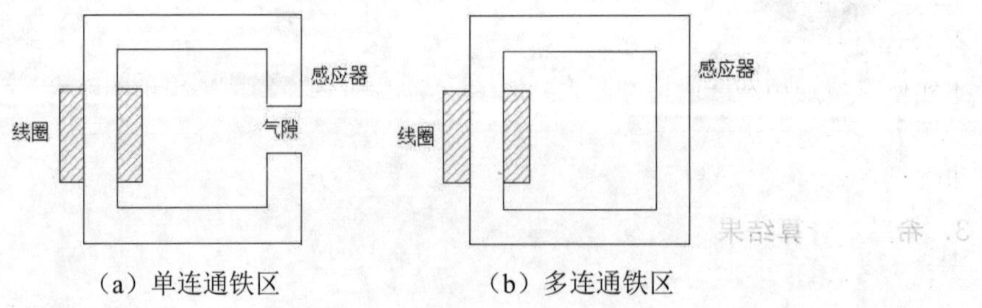

（a）单连通铁区　（b）多连通铁区

图20-1 连通域

数学上，通过安培定律来判断单连通区或多连通区，即磁场强度沿闭合同路的积分等于包围的电流（或是电动势降 MMF）。

因为铁的磁导率非常大，所以在单连通区域中的 MMF 降接近于零，几乎全部的 MMF 降都发生在空气隙中。但在多连通区域中，无论铁的磁导率如何，所有的 MMF 降都发生在铁芯中。

20.2　实例——三维螺线管静态磁分析

一个三维螺线管制动器静态磁场的分析（GUI 方式和命令流方式）。

20.2.1　问题描述

本实例计算螺线管（如图 20-2 所示）衔铁所受磁力和线圈电感，线圈为直流激励，产生力驱动衔铁。线圈电流为 6A，500 匝。由于对称性，只分析第一象限的 1/4 模型。

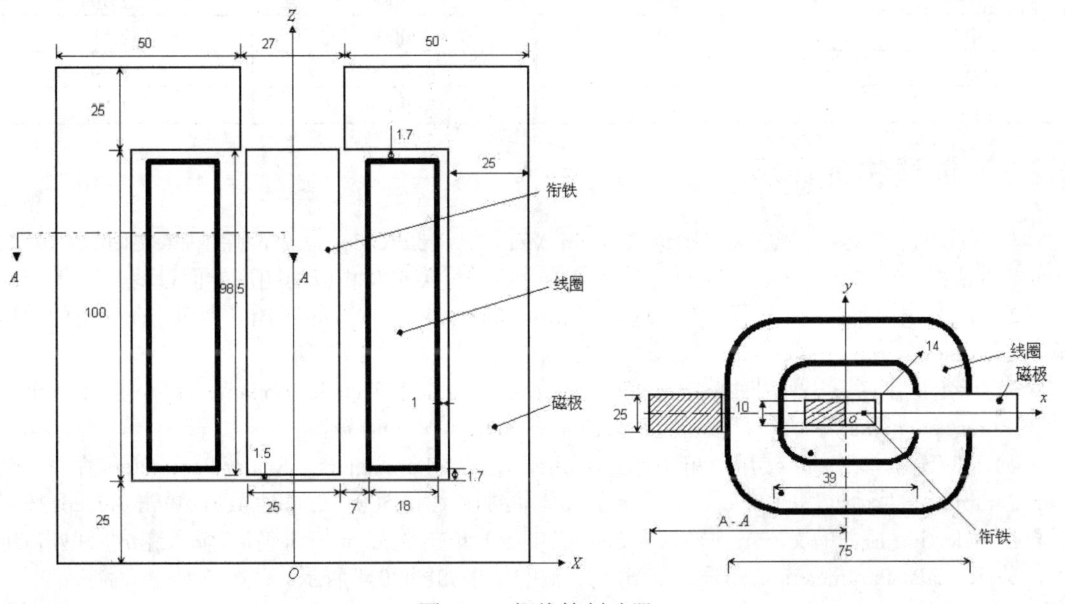

图 20-2　螺线管制动器

1．材料性质

空气相对磁导系数为 1.0，磁极和衔铁 B-H 曲线数据如表 20-5 所示（工作范围 B≥0.7T）。

2．方法与假定

本实例分析使用智能网格划分（LVL=8），实际工程应用中采用更细网格（LVL=6）。设定全部面为通量平行，这是自然边界条件，将自动得到满足。为避免出现病态矩阵，需将其中的一个几何点施加约束，即 Mag=0。

3．希望的计算结果

虚功力（Z 方向）=-11.928N

Maxwell 力（Z 方向）=-11.214N

电感=0.012113h

Note

计算结果要乘以 4，因为是采用的 1/4 对称模型，X、Y 方向的力不计算。

表 20-5　磁极和衔铁 B-H 曲线数据

H/(A/m)	B/T	H/(A/m)	B/T
355	0.70	7650	1.75
405	0.80	10100	1.80
470	0.90	13000	1.85
555	1.00	15900	1.90
673	1.10	21100	1.95
836	1.20	26300	2.00
1065	1.30	32900	2.05
1220	1.35	42700	2.10
1420	1.40	61700	2.15
1720	1.45	84300	2.20
2130	1.50	110000	2.25
2670	1.55	135000	2.30
3480	1.60	200000	2.41
4500	1.65	400000	2.69
5950	1.70	800000	3.22

20.2.2　创建物理环境

（1）过滤图形界面。从主菜单中选择 Main Menu > Preferences 命令，弹出 Preferences for GUI Filtering 对话框，选中 Magnetic-Nodal，对后面的分析进行菜单及相应的图形界面过滤。

（2）定义工作标题。从实用菜单中选择 Utility Menu > File > Change Title 命令，在弹出的对话框中输入 3D Static Force Problem-Tetrahedral，单击 OK 按钮，如图 20-3 所示。

（3）指定工作名。从实用菜单中选择 Utility Menu > File > Change Jobname 命令，弹出一个对话框，在 Enter new name 后面的文本框中输入 Emage_3D，单击 OK 按钮。

（4）定义分析参数。从实用菜单中选择 Utility Menu > Parameters > Scalar Parameters 命令，弹出 Scalar Parameters 对话框，在 Selection 后面的文本框中输入 n=500（线圈匝数），单击 Accept 按钮。然后再在 Selection 后面的文本框中输入 i=6（每匝电流），单击 Accept 按钮确认，输入完成后单击 Close 按钮，关闭 Scalar Parameters 对话框，其输入参数的结果如图 20-4 所示。

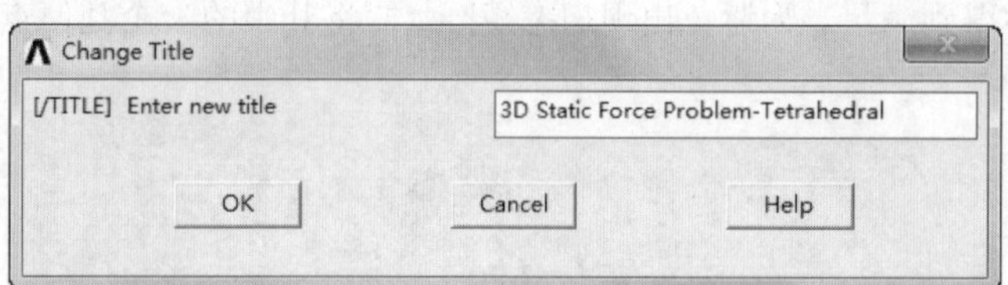

图 20-3　定义工作标题

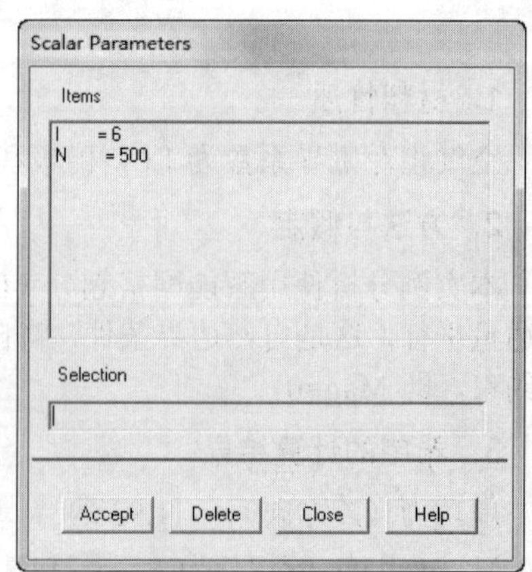

图 20-4　输入参数对话框

（5）打开体积区域编号显示。从实用菜单中选择 Utility Menu > PlotCtrls > Numbering，弹出 Plot Numbering Controls 对话框，如图 20-5 所示。将 Area numbers 后面的复选框设置为 On，单击 OK 按钮关闭对话框。

（6）定义单元类型。从主菜单中选择 Main Menu > Preprocessor > Element Type > Add/Edit/Delete 命令，弹出 Element Types（单元类型）对话框，如图 20-6 所示，单击 Add 按钮，弹出 Library of Element Types（单元类型库）对话框，如图 20-7 所示。

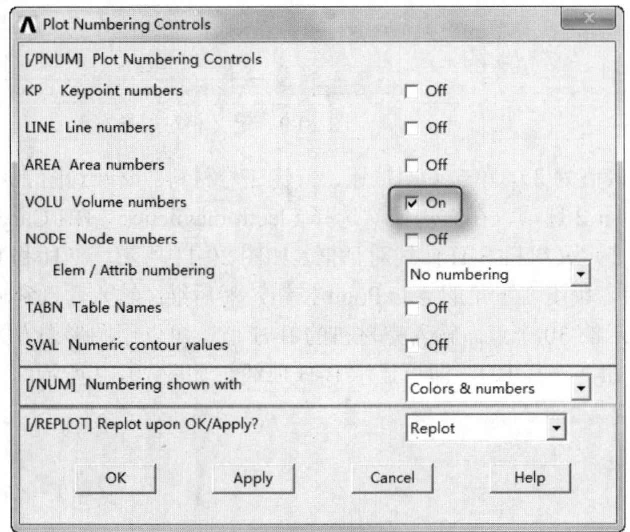

图 20-5 显示体积编号对话框

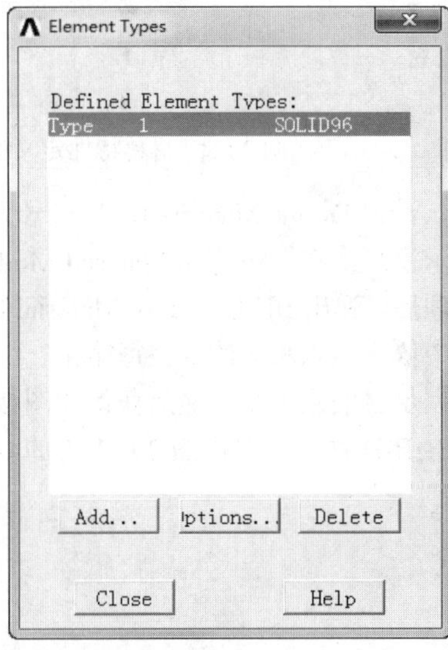

图 20-6 单元类型对话框

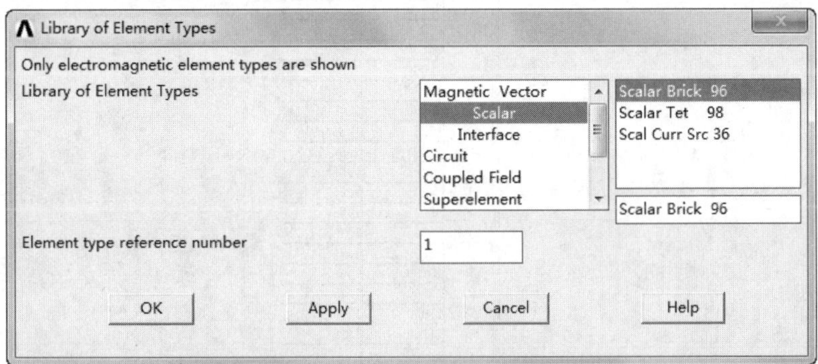

图 20-7 单元类型库对话框

在左边的列表框中选择 Magnetic Vector 下的 Scalar 选项，在右边的列表框中选择 Scalar Brick 96，单击 OK 按钮，定义了一个 SOLID96 单元，得到如图 20-6 所示的结果。最后单击 Element Types 对话框中的 Close 按钮，关闭单元类型对话框。

（7）定义材料属性。从主菜单中选择 Main Menu > Preprocessor > Material Props > Material Models 命令，弹出 Define Material Model Behavior 窗口，如图 20-8 所示，在右边的列表框中依次选择 Electromagnetics > Relative Permeability > Constant 选项后，弹出 Permeability for Material Number1 对话框，如图 20-9 所示，在 MURX 后面的文本框中输入 1，单击 OK 按钮。

（8）返回到图 20-8 所示的窗口中，选择 Material > New Model…命令，弹出 Define Material ID 对话框，如图 20-10 所示。

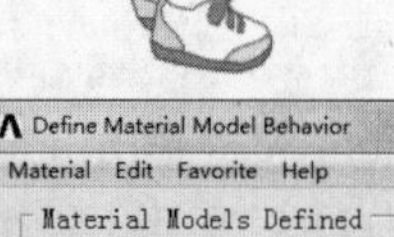

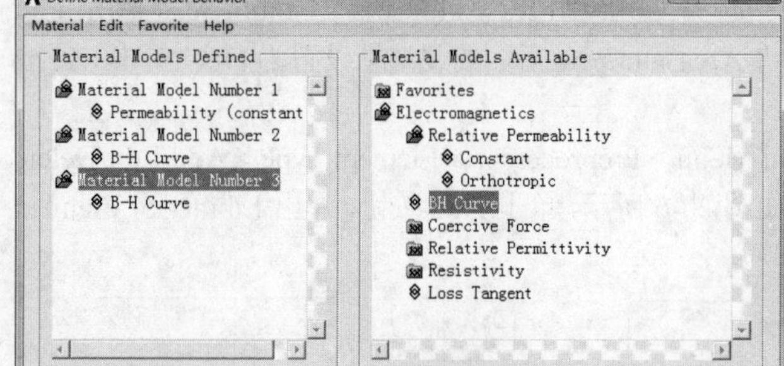

图 20-8　材料特性定义的结果

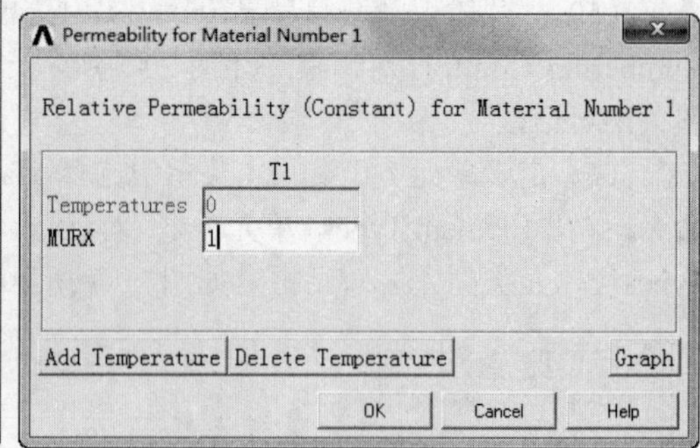

图 20-9　定义相对磁导率

设置 Define Material ID 材料号为 2（默认值为 2），单击 OK 按钮，新建 2 号材料。返回到图 20-8 所示窗口，在左边选择 Material Model Number 2 选项，在右边依次选择 Electromagnetics > BH Curve 选项后，弹出 BH Curve for Material Number 2 定义材料 B-H 曲线对话框，如图 20-11 所示。在 H 和 B 列中依次输入相应的值，每输完一组 B-H 值，单击右下角的 Add Point 按钮，然后继续输入，直到输入完足够的点为止，最后获得如图 20-11 所示的 30 个点。输入完材料的 B-H 值，可以用图形的方式查看 B-H 曲线。单击图 20-11 中的 Graph 按钮，选择 BH，即可显示 B-H 曲线，如图 20-12 所示。

Define Material ID

Define Material ID 2

OK　Cancel　Help

图 20-10　定义新的材料特性

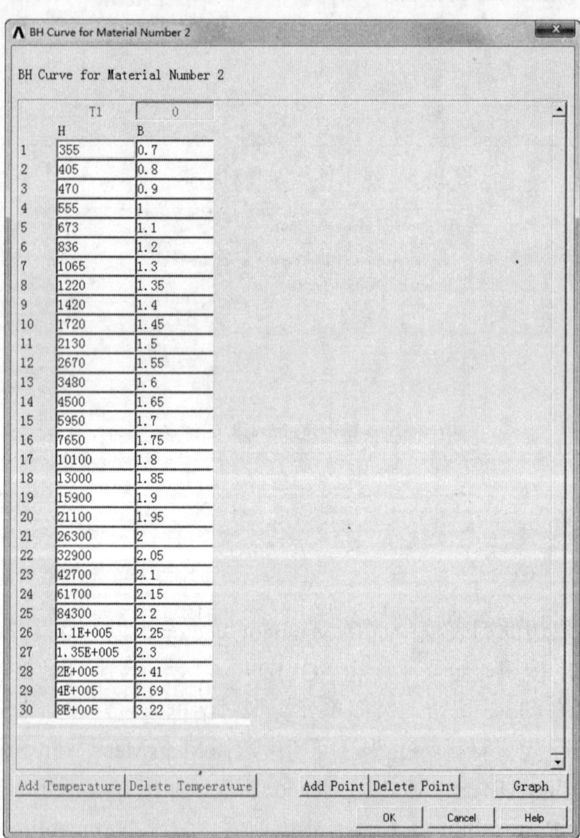

	H	B
1	355	0.7
2	405	0.8
3	470	0.9
4	555	1
5	673	1.1
6	836	1.2
7	1065	1.3
8	1220	1.35
9	1420	1.4
10	1720	1.45
11	2130	1.5
12	2670	1.55
13	3480	1.6
14	4500	1.65
15	5950	1.7
16	7650	1.75
17	10100	1.8
18	13000	1.85
19	15900	1.9
20	21100	1.95
21	26300	2
22	32900	2.05
23	42700	2.1
24	61700	2.15
25	84300	2.2
26	1.1E+005	2.25
27	1.35E+005	2.3
28	2E+005	2.41
29	4E+005	2.69
30	8E+005	3.22

图 20-11　输入材料 B-H 曲线

（9）返回到图 20-8 所示的窗口中，选择 Edit > Copy 命令，弹出 Copy Material Model 对话框，如图 20-13 所示，在 from Material number 后面的下拉列表框中选择材料号为 2；在 to Material number

后面的文本框中输入材料号为 3，单击 Apply 按钮，把 2 号材料的属性复制给 3 号材料，单击 Apply 按钮。

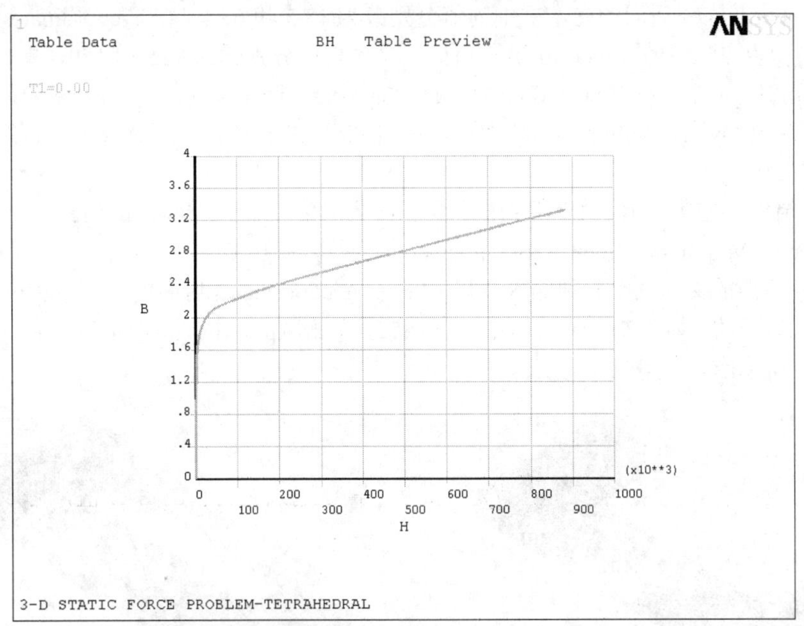

图 20-12　材料 2 的 B-H 曲线

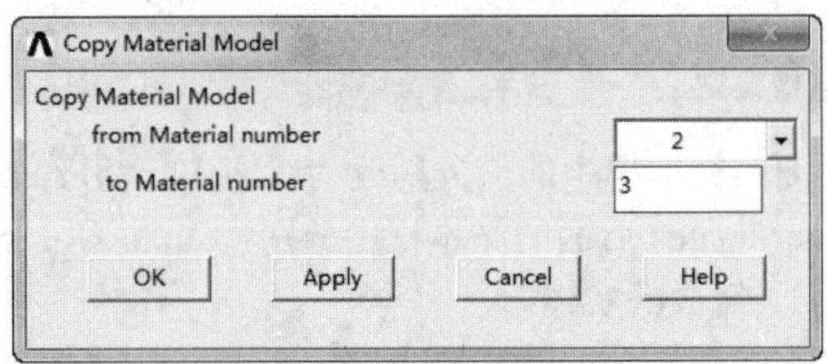

图 20-13　复制材料属性

（10）返回到图 20-8 所示窗口中，选择 Material > Exit 命令，得到结果如图 20-8 所示。

20.2.3　建立模型、赋予特性、划分网格

（1）建立电极模型。从主菜单中选择 Main Menu > Preprocessor > Modeling > Create > Volumes > Block > By Dimensions 命令，弹出 Create Block by Dimensions 对话框，如图 20-14 所示。在 X-coordinates 后面的文本框中分别输入 0 和 63.5，在 Y-coordinates 后面的文本框中分别输入 0 和 25/2，在 Z-coordinates 后面的文本框中分别输入 0 和 25，单击 Apply 按钮。

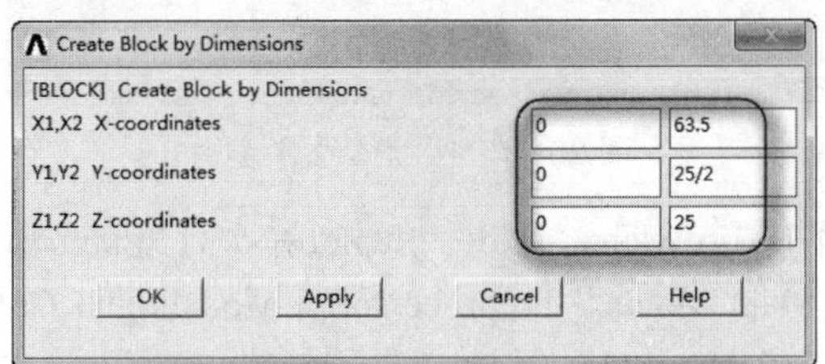

图 20-14　生成长方体对话框

（2）将 X-coordinates 后面的文本框中的值分别改为 38.5 和 63.5，将 Y-coordinates 后面的文本框中的值分别改为 0 和 25/2，在 Z-coordinates 后面的文本框中分别输入 25 和 125，单击 Apply 按钮。

（3）将 X-coordinates 后面的文本框中的值分别改为 13.5 和 63.5，将 Y-coordinates 后面的文本框中的值分别改为 0 和 25/2，在 Z-coordinates 后面的文本框中分别输入 125 和 150，单击 OK 按钮。

（4）布尔运算。从主菜单中选择 Main Menu > Preprocessor > Modeling > Operate > Booleans > Glue > Volumes 命令，弹出 Overlap Volumes 体拾取框，单击 Pick All 按钮，对所有的体进行粘接操作。生成的电极模型如图 20-15 所示。

（5）建立衔铁、空气的几何模型并压缩编号。从主菜单中选择 Main Menu > Preprocessor > Modeling > Create > Volumes > Block > By Dimensions 命令，弹出 Create Block by Dimension 对话框，在 X-coordinates 后面的文本框中分别输入 0 和 12.5，在 Y-coordinates 后面的文本框中分别输入 0 和 5，在 Z-coordinates 后面的文本框中分别输入 26.5 和 125，单击 Apply 按钮，图形窗口将显示电极体和衔铁体（Volume 1），如图 20-16 所示。

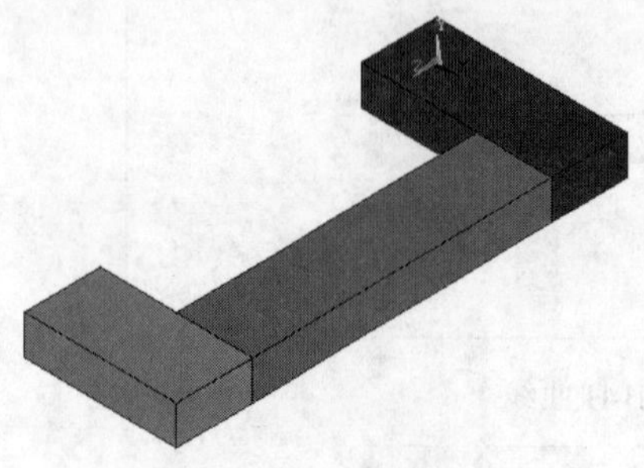

图 20-15　电极模型

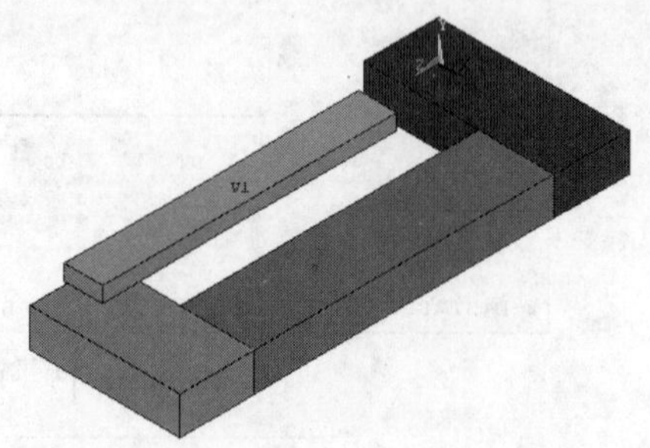

图 20-16　电极和衔铁模型

（6）将 X-coordinates 后面的文本框中的值分别改为 0 和 13，将 Y-coordinates 后面的文本框中的值分别改为 0 和 5.5，在 Z-coordinates 后面的文本框中分别输入 26 和 125.5，单击 OK 按钮。图形窗口将显示电极、衔铁及周围空气组成的实体。

（7）布尔运算。从主菜单中选择 Main Menu > Preprocessor > Modeling > Operate > Booleans > Overlap > Volumes 命令，弹出 Overlap Volumes 体拾取框，在图形窗口拾取体 1 和 2，或者直接在拾取框的文本框中输入 1,2 并按 Enter 键，单击 OK 按钮，对所有的体 1 和 2 进行体叠分操作。

（8）压缩不用的体号。从主菜单中选择 Main Menu > Preprocessor > Numbering Ctrls > Compress Numbers 命令，弹出 Compress Numbers 对话框，如图 20-17 所示，在 Item to be compressed 后面的下拉列表框中选择 Volumes，将体号重新压缩编排，从 1 开始中间没有空缺，单击 OK 按钮退出对话框。

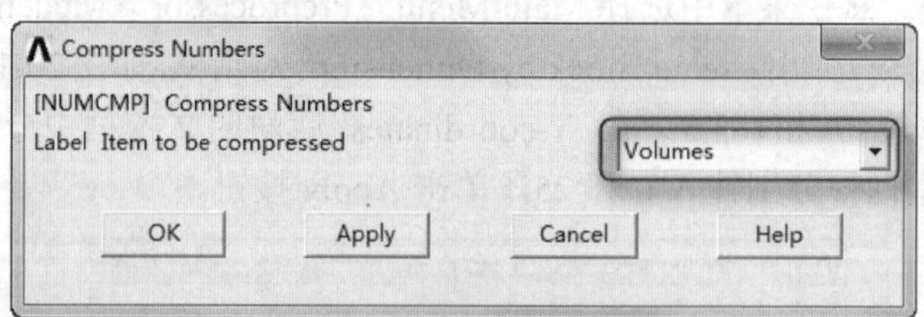

图 20-17　压缩体号对话框

（9）从实用菜单中选择 Utility Menu > Plot > Replot 命令，重新显示体模型。

（10）从主菜单中选择 Main Menu > Preprocessor > Modeling > Create > Volumes > Cylinder > Partial Cylinder 命令，弹出 Partial Cylinder（创建部分圆柱体）对话框，如图 20-18 所示，在 Rad-1 后

面的文本框中输入 0，在 Theta-1 后面的文本框中输入 0，在 Rad-2 后面的文本框中输入 100，在 Theta-2 后面的文本框中输入 90，在 Depth 后面的文本框中输入 175，单击 OK 按钮，这样就创建了一个 0°～90°范围、半径范围为 0～100、长度为 175 的圆柱体。

（11）布尔运算。从主菜单中选择 Main Menu > Preprocessor > Modeling > Operate > Booleans > Overlap > Volumes 命令，弹出 Overlap Volumes 体拾取框，单击 Pick All 按钮，对所有的体进行体叠分操作。

（12）压缩不用的体号。从主菜单中选择 Main Menu > Preprocessor > Numbering Ctrls > Compress Numbers 命令，弹出 Compress Numbers 对话框，如图 20-17 所示，在 Item to be compressed 后面的下拉列表框中选择 Volumes，将体号重新压缩编排，从 1 开始中间没有空缺，单击 OK 按钮退出对话框。创建好的模型如图 20-19 所示。

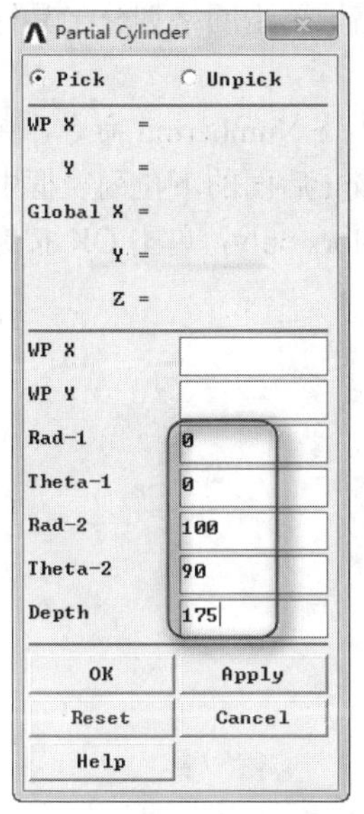

图 20-18　创建部分圆柱体对话框

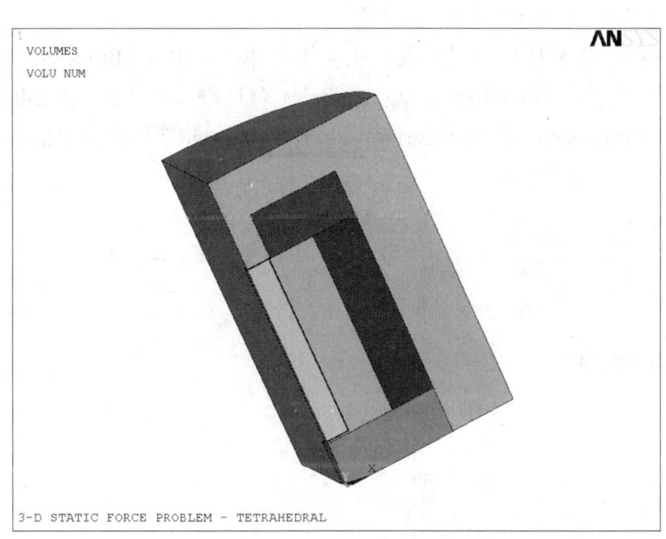

图 20-19　创建的完整几何模型外形

（13）保存几何模型文件。从实用菜单中选择 Utility Menu > File > Save as 命令，弹出 Save Database 对话框，在 Save Database to 下面的文本框中输入文件名 Emage_3D_geom.db，单击 OK 按钮。

（14）设置几何体的属性。从实用菜单中选择 Utility Menu > PlotCtrls > Pan Zoom Rotate 命令，弹出一个移动、缩放和旋转对话框，旋转模型，改变视角方向，以便拾取电极和衔铁，单击 Close 按钮关闭对话框。

（15）从主菜单中选择 Main Menu > Preprocessor > Meshing > Mesh Attributes > Picked Volumes 命令，弹出 Volume Attributes 体拾取框，在图形窗口拾取体 1（衔铁），或者直接在拾取框的文本框中输入 1 并按 Enter 键，单击拾取框上的 OK 按钮，弹出如图 20-20 所示的 Volume Attributes 对话框，在 Material number 后面的下拉列表框中选择 3，给衔铁输入材料属性。单击 Apply 按钮再次弹出体拾取框。

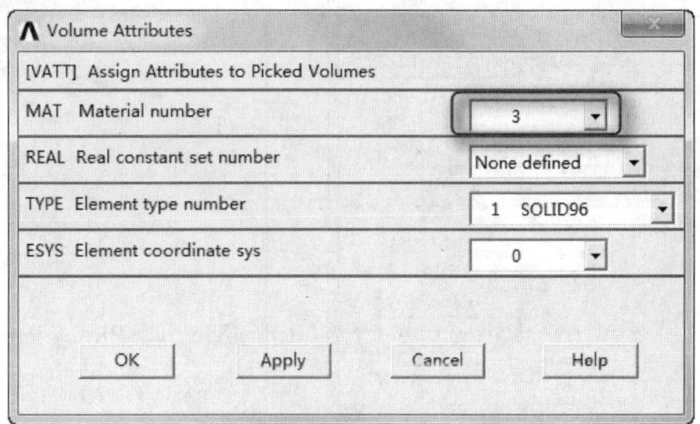

图 20-20　给体赋予属性的对话框

（16）在 Volume Attributes 体拾取框的文本框中输入 3,4,5 并按 Enter 键，或在图形界面上拾取体 3、4 和 5，单击拾取框上的 OK 按钮，弹出如图 20-20 所示的 Volume Attributes 对话框，在 Material number 后面的下拉列表框中选取 2，给电极实体部分输入材料属性，单击 OK 按钮。

Note

（17）剩下的空气体默认被赋予了 1 号材料属性。

（18）选择所有的实体。从实用菜单中选择 Utility Menu > Select > Everything 命令。

（19）划分网格。从主菜单中选择 Main Menu > Preprocessor > Meshing > MeshTool 命令，弹出 MeshTool 工具栏，如图 20-21 所示，选中 Smart Size 前面的复选框，并将 fine—Coarse 工具条拖到 8 的位置，设定智能网格划分的等级为 8（对于实际工程问题，选择更精细的等级，如 6）。在 Mesh 后面的下拉列表框中选择 Volumes，在 Shape 后面的要划分单元形状选项中选择四面体 Ted，在下面的自由划分 Free 和映射划分 Mapped 单选按钮中选中 Free，如图 20-21 所示。单击 Mesh 按钮，弹出 Mesh Volumes 拾取框，单击 Pick All 按钮，在图形窗口将显示生成的网格。单击网格划分工具栏上的 Close 按钮，关闭网格划分工具栏。

（20）按材料属性显示面。从实用菜单中选择 Utility Menu > PlotCtrls > Numbering 命令，弹出如图 20-5 所示的 Plot Numbering Controls 对话框。在 Elem/Attrib numbering 后面的下拉列表框中选择 Material numbers，在 Numbering shown with 后面的下拉列表框中选择 Colors only，单击 OK 按钮，其结果如图 20-22 所示。

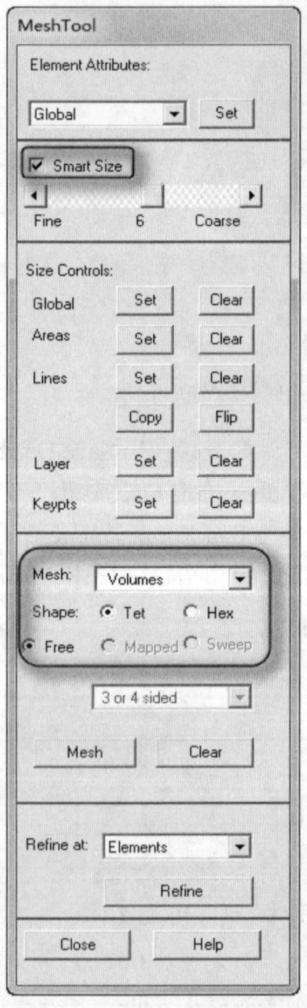

图 20-21　网格划分工具栏

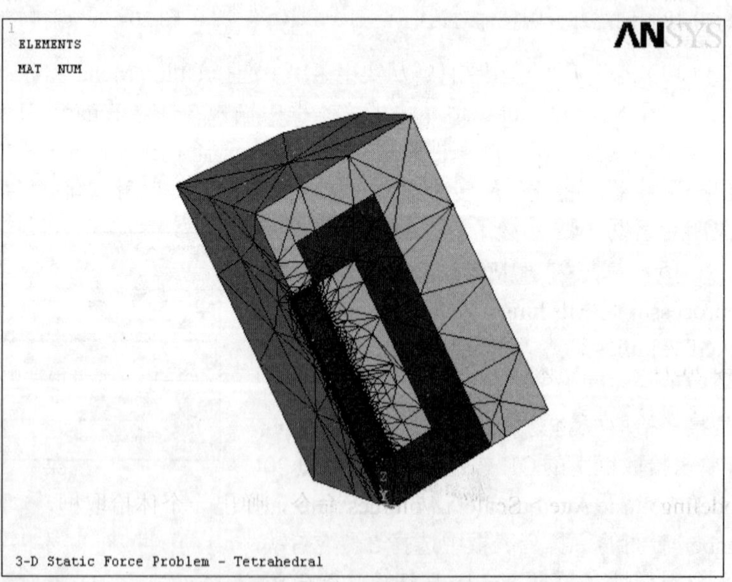

图 20-22　按材料属性显示体单元

（21）保存网格数据。从实用菜单中选择 Utility Menu > File > Save as 命令，弹出 Save Database 对话框，在 Save Database to 下面的文本框中输入文件名 Emage_3D_mesh.db，单击 OK 按钮。

20.2.4　加边界条件和载荷

（1）选择衔铁上的所有单元。从实用菜单中选择 Utility Menu > Select > Entities 命令，弹出 Select Entities 对话框，如图 20-23 所示。在最上面的第一个下拉列表框中选择 Elements，在第二个下拉列表框中选择 By Attributes，再在下面的单选按钮中选中 Material num，在 Min,Max,Inc 下面的文本框中输入 3，单击 OK 按钮。

（2）将所选单元生成一个组件。从实用菜单中选择 Utility Menu > Select > Comp/Assembly > Create Component 命令，弹出 Create Component 对话框，如图 20-24 所示。在 Component name 后面的文本框中输入组件名 Arm，在 Component is made of 后面的下拉列表框中选择 Elements，单击 OK 按钮。

（3）选择所有实体。从实用菜单中选择 Utility Menu > Select > Everything 命令。

（4）给衔铁施加力标志。从主菜单中选择 Main Menu > Preprocessor > Loads > Define Loads > Apply > Magnetic > Flag > Comp. Force/Torque 命令，弹出如图 20-25 所示的对话框，在其中选取组件名 ARM，单击 OK 按钮，给衔铁施加力标志。

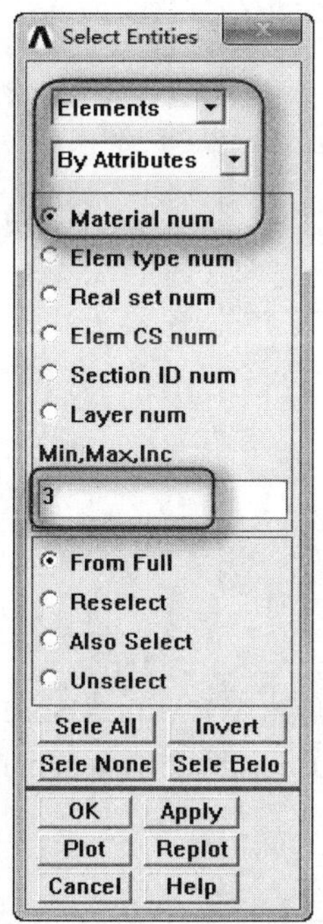

图 20-23　选择实体对话框

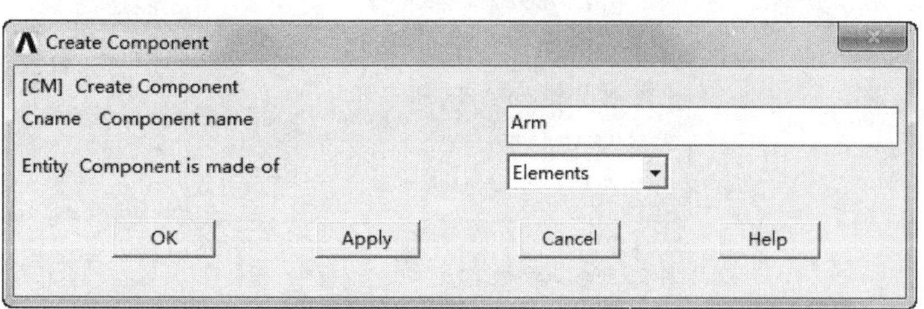

图 20-24　生成组件对话框

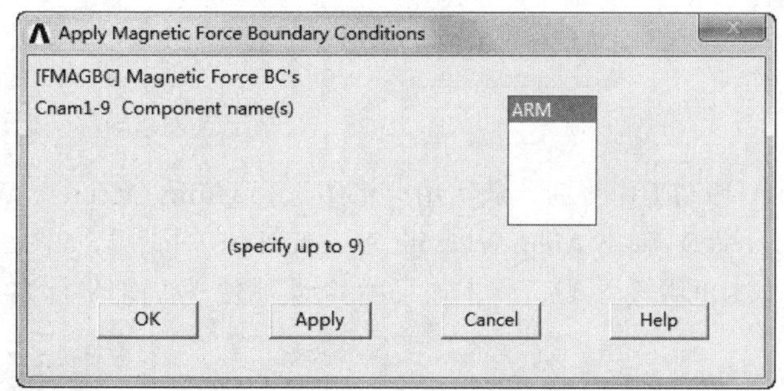

图 20-25　给衔铁施加力标志对话框

（5）单击 ANSYS Toolbar 工具条上的 SAVE_DB 按钮。

（6）将模型单位制改成（Scale）MKS 单位制（米）。从主菜单中选择 Main Menu > Preprocessor > Modeling > Operate > Scale > Volumes 命令，弹出一个体拾取框，单击拾取框上的 Pick All 按钮，弹出如图 20-26 所示的对话框，在 RX,RY,RZ Scale factors 后面的文本框中依次输入 3 个 0.001，在 Items to be scaled 后面的下拉列表框中选择 Volumes and mesh，在 Existing Volumes will be 后面的下拉列表框中选择 Moved，单击 OK 按钮。

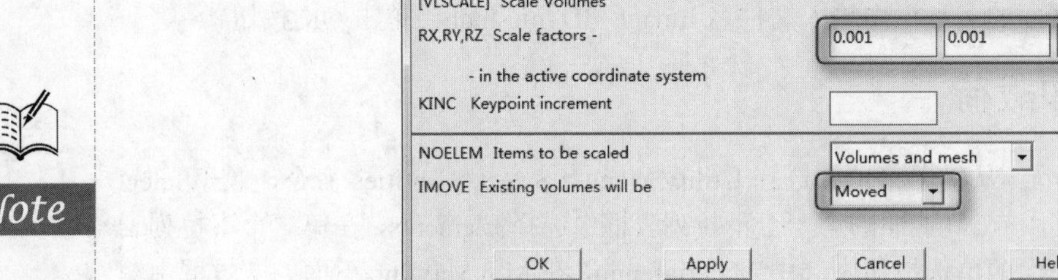

图 20-26 模型缩放对话框

（7）创建局部坐标系。从实用菜单中选择 Utility Menu > WorkPlane > Local Coordinate Systems > Create Local CS > At Specified Loc 命令，弹出 Create CS at Loca 拾取框，在文本框中输入坐标点 0,0,75/1000 并按 Enter 键，单击 OK 按钮弹出 Create Local CS at Specified Location 对话框，如图 20-27 所示，在 Ref number of new coord sys 后面的文本框中输入 12，其他选项保持默认设置，单击 OK 按钮，在(0,0,75/1000)处创建了一个坐标号为 12 的用户自定义笛卡儿直角坐标系。

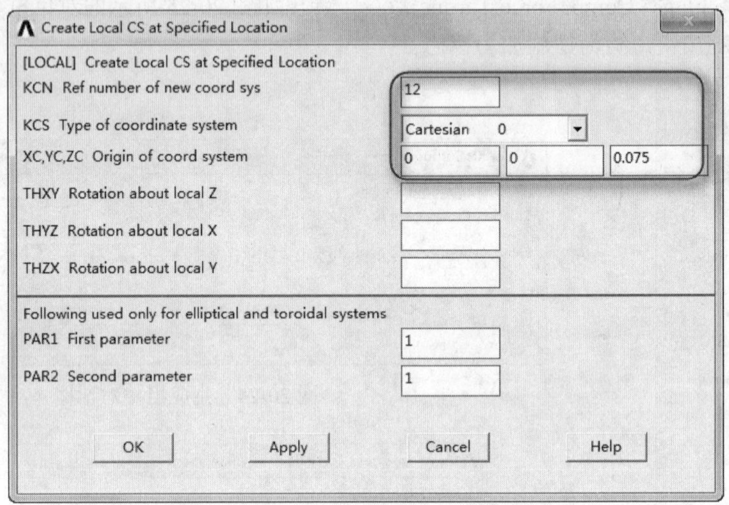

图 20-27 在指定点创建局部坐标系对话框

（8）移动工作平面。从实用菜单中选择 Utility Menu > WorkPlane > Align WP with > Specified Coord Sys 命令，弹出 Align WP with Specified CS 对话框，如图 20-28 所示，在 Coordinate system number 后面的文本框中输入 12，将工作平面移动到 12 号局部坐标系处。

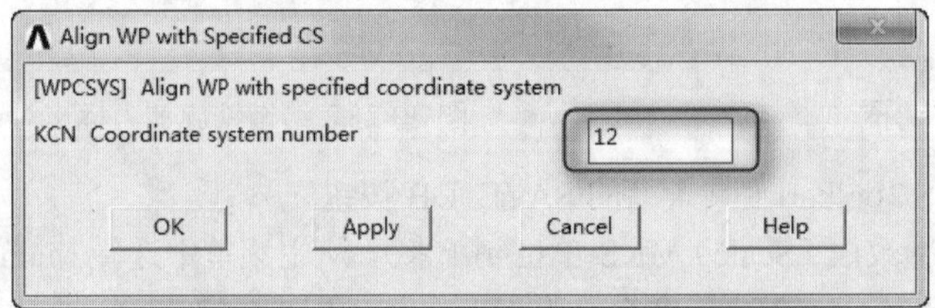

图 20-28 移动工作平面到指定坐标系对话框

（9）建立线圈。从主菜单中选择 Main Menu > Preprocessor > Modeling > Create > Racetrack Coil 命令，弹出“Racetrack”Current Source for 3-D Magnetic Analysis 对话框，如图 20-29 所示，分别在下列

域后面输入相应的值。

在 X-loc of vertical leg 后面的文本框中输入 0.0285；

在 Y-loc of horizontal leg 后面的文本框中输入 0.0285；

在 Radius of curvature 后面的文本框中输入 0.014；

在 Total current flow 后面的文本框中输入 n*i；

在 In-plane thickness 后面的文本框中输入 0.018；

在 Out-of-plane thickness 后面的文本框中输入 0.0966；

在 Component name 后面的文本框中输入 coil1。

单击 OK 按钮，创建一个名为 coil1 的线圈。

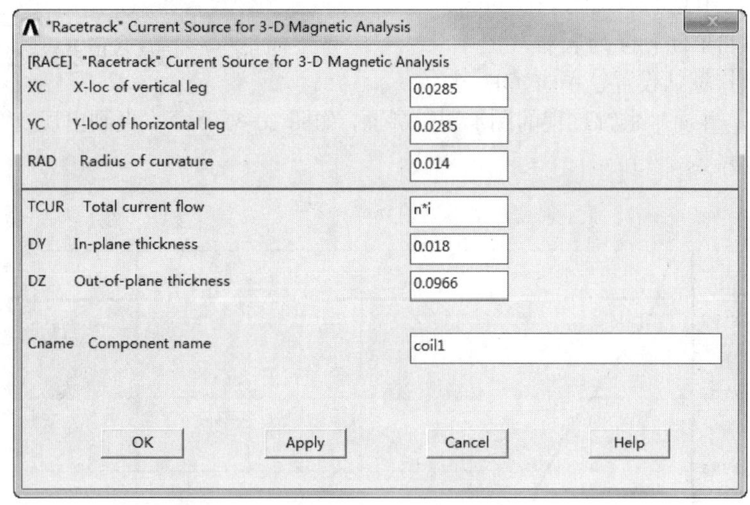

图 20-29 为三维磁场分析创建跑道形电流源对话框

（10）从实用菜单中选择 Utility Menu > PlotCtrls > Style > Size and Shape 命令，弹出 Size and Shape 对话框，检验并确认 Display of element 是打开的，单击 OK 按钮。

（11）显示线圈。从实用菜单中选择 Utility Menu > Plot > Elements 命令，在合适的视角可看见线圈，如图 20-30 所示。

（12）单击 ANSYS Toolbar 工具条上的 SAVE_DB 按钮。

（13）施加边界条件。从主菜单中选择 Main Menu > Solution > Define Loads > Apply > Magnetic > Boundary > Scalar Poten > On Nodes 命令，弹出节点拾取框，在文本框中输入 2 并按 Enter 键，2 号节点的坐标系为(0,0,0)，单击 OK 按钮，弹出 Apply MAG on Nodes 对话框，如图 20-31 所示，在 Scalar poten (MAG) value 后面的文本框中输入 0，单击 OK 按钮。

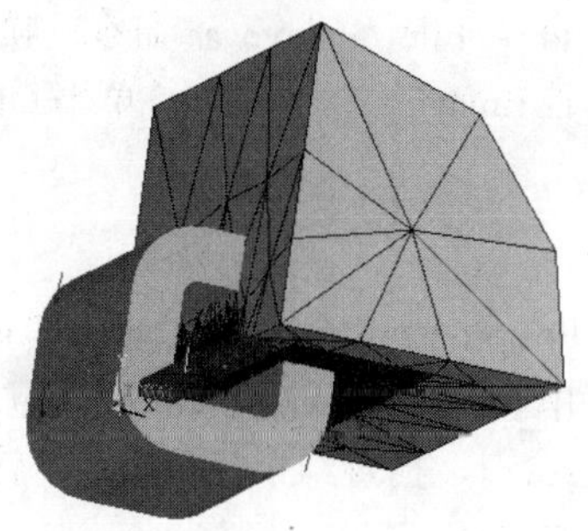

图 20-30 线圈单元

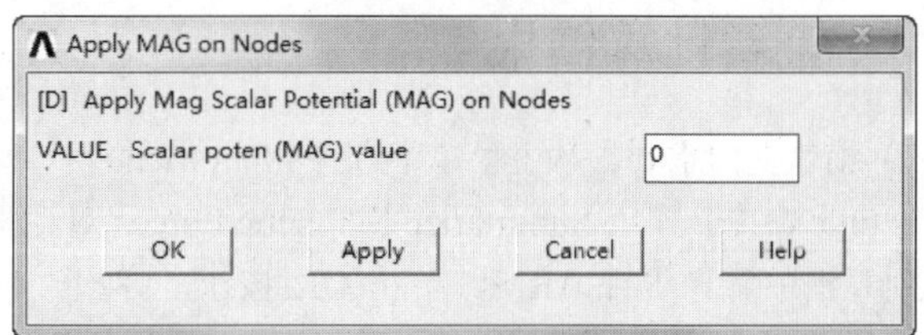

图 20-31 施加边界条件对话框

（14）选择所有的实体。从实用菜单中选择 Utility Menu > Select > Everything 命令。

20.2.5 求解

（1）求解运算。从主菜单中选择 Main Menu > Solution > Solve > Electromagnet > Static Analysis > Opt&Solv 命令，弹出一个对话框，如图 20-32 所示，在 Formulation option 后面的下拉列表框中选择 DSP，在 Force Biot-Savart Calc.后面的下拉列表框中选择 YES，其他选项保持默认设置，单击 OK 按钮，开始求解运算，并显示求解过程的图形跟踪界面，如图 20-33 所示，直到出现一个 Solution is done 提示框，表示求解结束。

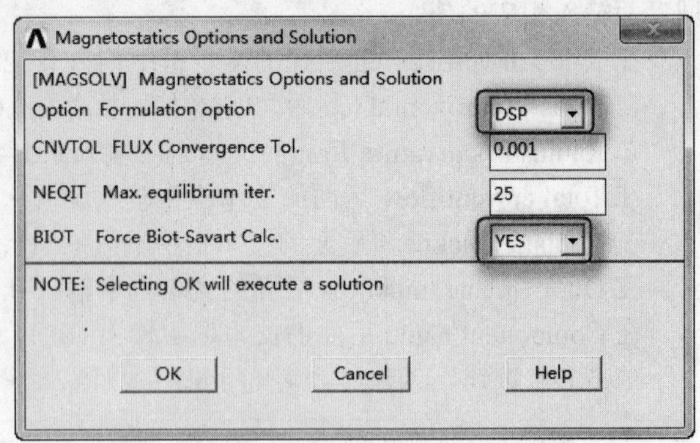

图 20-32 磁场分析求解设置对话框

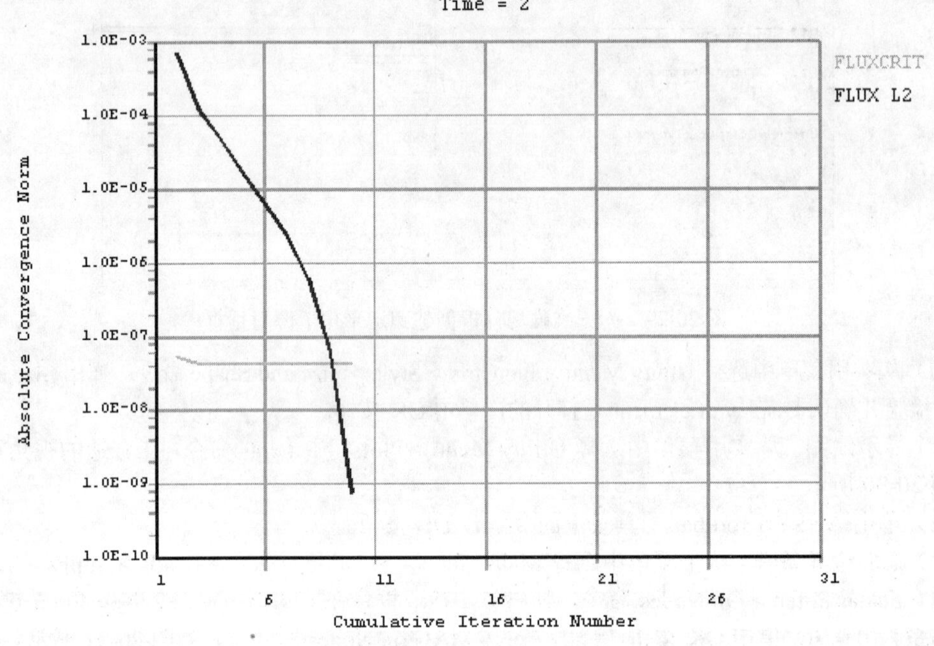

图 20-33 求解图形跟踪界面

（2）保存计算结果至文件。从实用菜单中选择 Utility Menu > File > Save as 命令，弹出 Save Database 对话框，在 Save Database to 下面的文本框中输入文件名 Emage_3D_resu.db，单击 OK 按钮。

20.2.6 查看计算结果

（1）衔铁受力求和。从主菜单中选择 Main Menu > General Postproc > Elec&Mag Calc > Component Based > Force 命令，弹出 Summarize Magnetic Forces 对话框，如图 20-34 所示，在 Component name(s) 后面的列表框中选择组件 ARM，单击 OK 按钮，弹出一个信息窗口，检查结果并确认无误后关闭信息窗口。注意，由于对称性力的 X 和 Y 分量不计算，Z 分量要乘以 4。

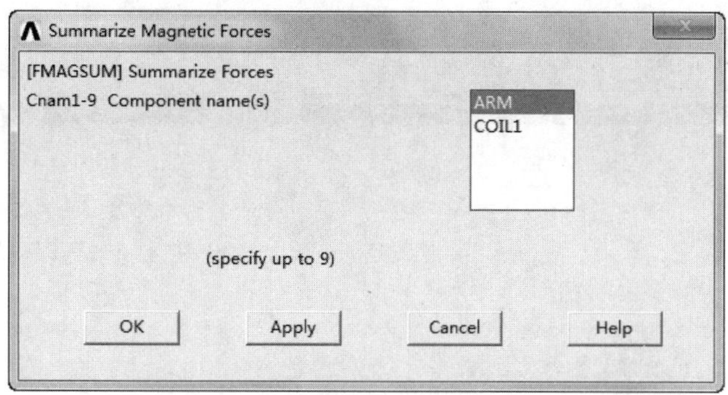

图 20-34　磁场力求和对话框

（2）定义矢量参数。从实用菜单中选择 Utility Menu > Parameters > Array Parameters > Define/Edit 命令，弹出 Array Parameters（矢量参数类型）对话框，单击 Add 按钮，弹出 Add New Array Parameter 对话框，如图 20-35 所示，在 Parameter name 后面的文本框中输入 cur，在 No. of rows, cols, planes 后面的文本框中分别输入 1，单击 OK 按钮，回到矢量参数类型对话框，定义了一个 1×1×1 的数组参数。

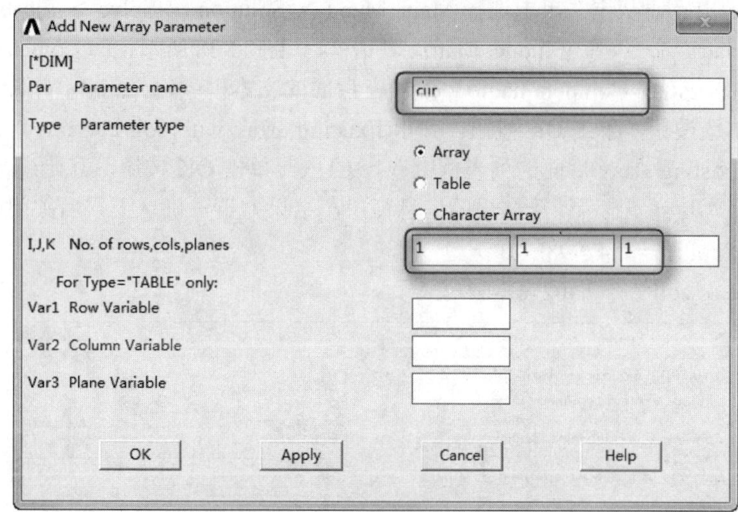

图 20-35　添加新的矢量参数对话框

（3）单击 Array Parameters（矢量参数类型）对话框中的 Edit 按钮，弹出 Array Parameter CUR 对话框，如图 20-36 所示，在文本框中输入 i，i 自动变成 6，选择 File > Apply/Quit 命令保存修改并退出对话框，矢量参数对话框中将显示已定义的参数，如图 20-37 所示，单击 Close 按钮退出。

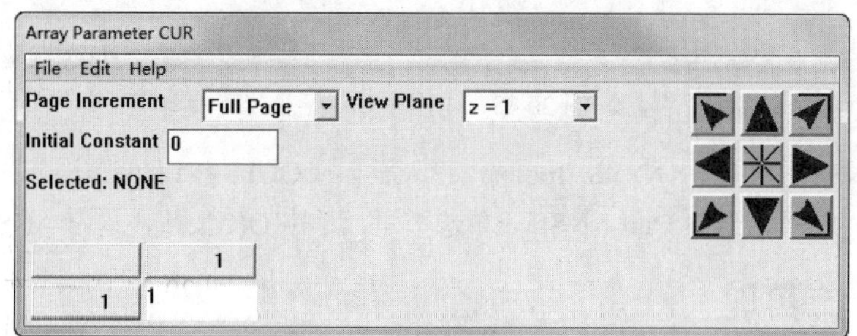

图 20-36　编辑矢量参数对话框

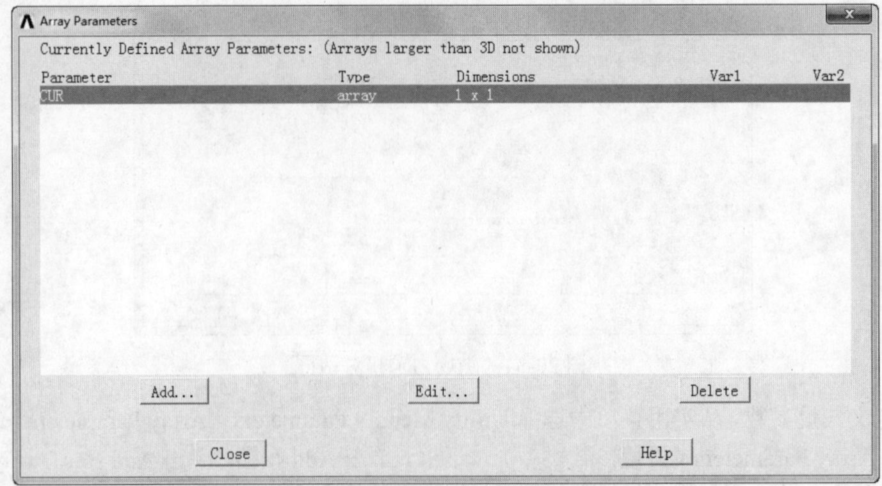

图 20-37　矢量参数类型对话框

（4）计算线圈电感。从主菜单中选择 Main Menu > Solution > Solve > Electromagnet > Static Analysis > Induct Matrix 命令，弹出 Induct Matrix 对话框，如图 20-38 所示，在 Geometric symmetry factor 后面的文本框中输入 1，在 Compon. name identifier 后面的文本框中输入 coil，并选中 coil currents 后的 Existing array 单选按钮，单击 OK 按钮，弹出 Existing array with coil currents 对话框，如图 20-39 所示。在 Cname Existing array 后面的列表框中选择 CUR，单击 OK 按钮，开始进行线圈电感矩阵的计算，计算结束后弹出一个显示计算结果的信息窗口，结果如下，确认无误后关闭信息窗口。

Flux linkage of coil 1. = 0.47998E-01

Self inductance of coil 1. = 0.40276E-02

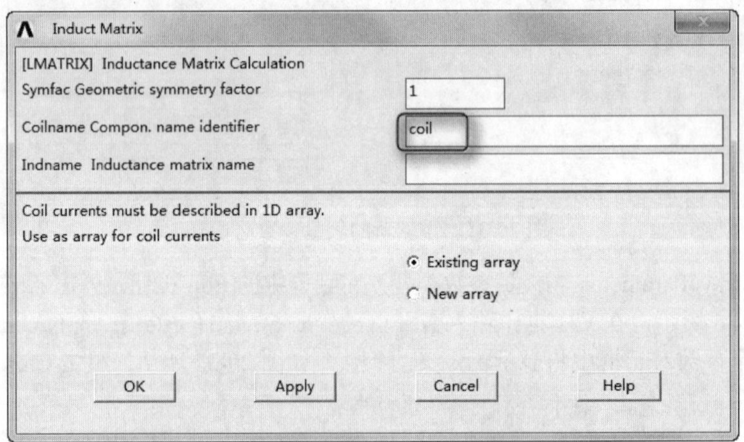

图 20-38　电感矩阵对话框

（5）退出 ANSYS。单击 ANSYS Toolbar 工具条上的 QUIT 按钮，弹出一个如图 20-40 所示的 Exit from ANSYS 对话框，选中 Quit-No Save!单选按钮，单击 OK 按钮，退出 ANSYS 软件。

20.2.7　命令流实现

命令流实现方式这里不再详细介绍，读者可参见随书光盘中的电子文档。

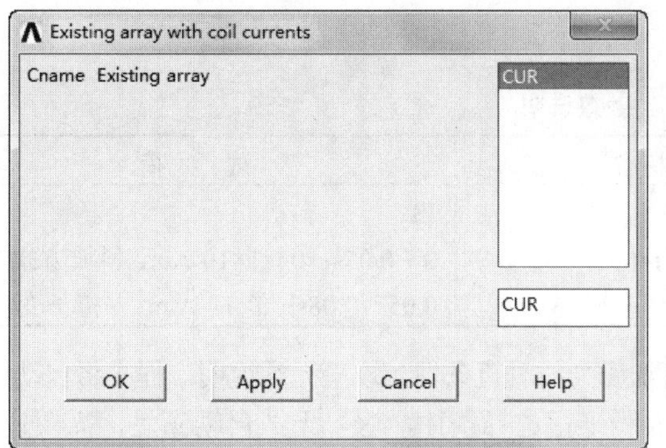

图 20-39　选择已存在数组对话框

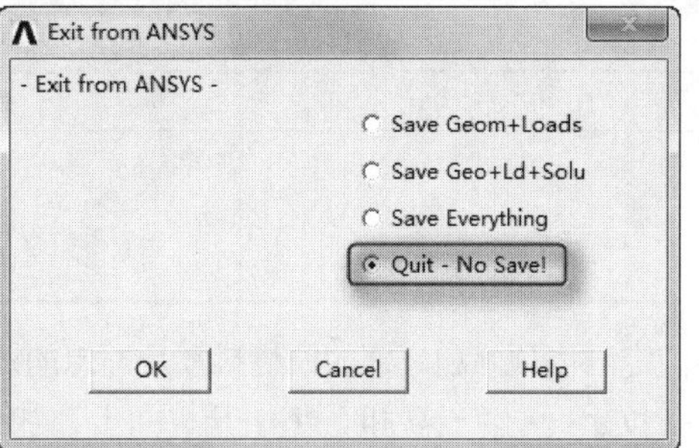

图 20-40　退出 ANSYS 对话框

20.3　棱边单元边方法中用到的单元

棱边单元法三维瞬态磁场分析仍使用 SOLID117 单元，如表 20-6 所示。

表 20 6　三维实体单元

单　元	维　数	形　状	自 由 度
SOILD117	3-D	六面体 20 节点	中间边节点处的边通量 AZ，角节点处的电标势 VOLT

20.4　实例——电动机沟槽中瞬态磁场分布

本实例用棱边元方法计算电动机沟槽中的瞬态磁场分布（GUI 方式和命令流方式）。

20.4.1　问题描述

本实例计算电动机沟槽中的瞬态磁场分布。这里仅假设激励为：在 0.05s 内给导体加激励电流，以斜坡方式在 Y 方向电流密度从 0 增加到 1×10^7A/m^2，然后保持电流密度不变直到 0.08s，试分析在加载时间内导线的磁场分布、响应电流以及交流阻抗情况。问题的分析区域和沟槽导体模型分别如图 20-41 和图 20-42 所示。

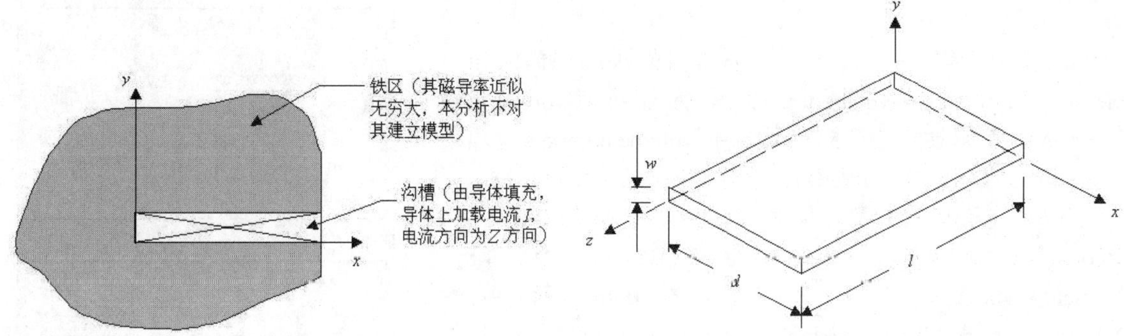

图 20-41　铁区内沟槽中的载流导体（分析问题的简图）　　　图 20-42　导体的三维实体模型

Note

本实例中用到的参数如表 20-7 所示。

表 20-7　参数说明

几何特性	材料特性	载　荷
l=0.3m d=0.1m w=0.01m	μ_r=1.00	JS: 0～0.05s：0～1×10^7A/m^2斜坡方式加载 0.05～0.08s：1×10^7A/m^2保持不变

假定沟槽顶部和底部的铁材料都是理想的，可加磁力线垂直条件，这里无须说明，程序将自动满足。

在位于 $x=d$，$z=0$ 和 $z=l$ 的开放面上，加磁力线平行边界条件，这里无法自动满足，需要说明面上的边通量自由度为常数，通常使之为 0。

使用 MKS 单位制（默认值）。

20.4.2　创建物理环境

（1）过滤图形界面。从主菜单中选择 Main Menu > Preferences 命令，弹出 Preferences for GUI Filtering 对话框，选中 Magnetic-Edge，对后面的分析进行菜单及相应的图形界面过滤。

（2）定义工作标题。从实用菜单中选择 Utility Menu > File > Change Title 命令，在弹出的对话框中输入 Transient analysis demo of magnetic edge element，单击 OK 按钮，如图 20-43 所示。

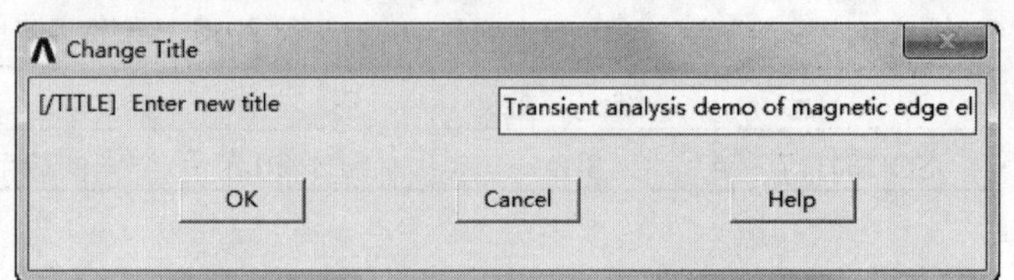

图 20-43　定义工作标题

（3）指定工作名。从实用菜单中选择 Utility Menu > File > Change Jobname 命令，弹出一个对话框，在 Enter new name 后面的文本框中输入 T_Slot_3D，单击 OK 按钮。

（4）定义分析参数。从实用菜单中选择 Utility Menu > Parameters > Scalar Parameters 命令，弹出 Scalar Parameters 对话框，在 Selection 下面的文本框中输入 l=0.3，单击 Accept 按钮。然后依次在 Selection 下面的文本框中输入：

D=0.1	W=0.01	MUR=1
T1=0.05	T2=0.08	TS1=0.001
TS2=0.006	J=1.0e7	

单击 Accept 按钮确认，全部输入完后，单击 Close 按钮，关闭 Scalar Parameters 对话框，其输入参数的结果如图 20-44 所示。

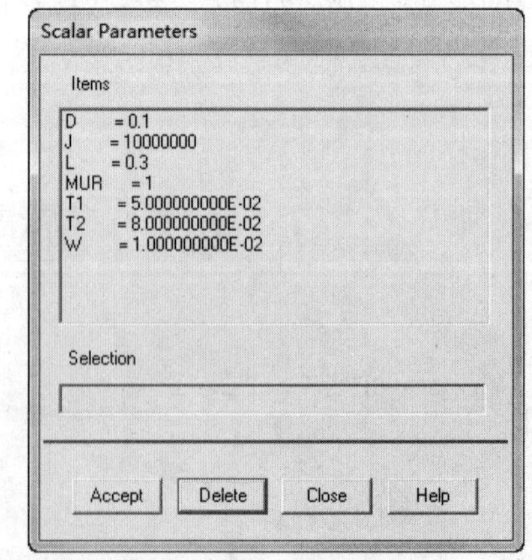

图 20-44　输入参数对话框

（5）打开体积区域编号显示。从实用菜单中选择 Utility Menu > PlotCtrls > Numbering 命令，弹出 Plot Numbering Controls 对话框，如图 20-45 所示。选中 Volume numbers 选项，后面的单选按钮由 Off 变为 On，单击 OK 按钮关闭对话框。

（6）定义单元类型。从主菜单中选择 Main Menu > Preprocessor > Element Type > Add/Edit/Delete 命令，弹出 Element Types（单元类型）对话框，如图 20-46 所示，单击 Add 按钮，弹出 Library of Element Types（单元类型库）对话框，如图 20-47 所示。在该对话框中左边的列表框中选择

Magnetic-Edge，在右边的列表框中选择 3D Brick 117，单击 OK 按钮，定义一个 SOLID117 单元。

Note

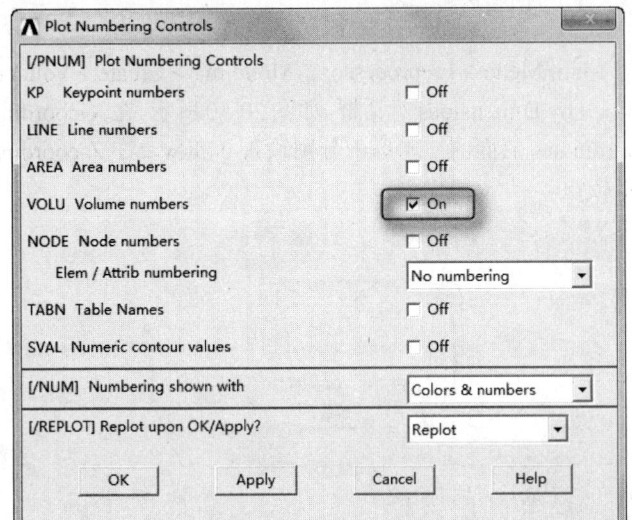

图 20-45　显示体积编号对话框

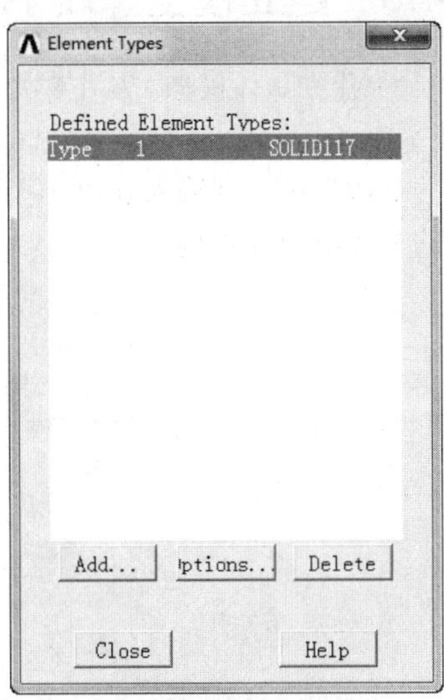

图 20-46　单元类型对话框

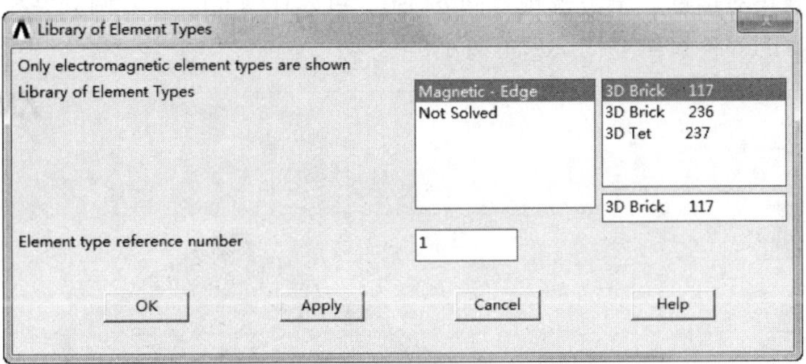

图 20-47　单元类型库对话框

（7）定义材料属性。从主菜单中选择 Main Menu > Preprocessor > Material Props > Material Models 命令，弹出 Define Material Model Behavior 窗口，如图 20-48 所示，在右边的列表框中依次选择 Electromagnetics > Relative Permeability > Constant 选项后，弹出 Permeability for Material Number 1 对话框，如图 20-49 所示，在 MURX 后面的文本框中输入 mur，单击 OK 按钮，返回到图 20-48 所示窗口中，选择 Material > Exit 命令，得到结果如图 20-48 所示。

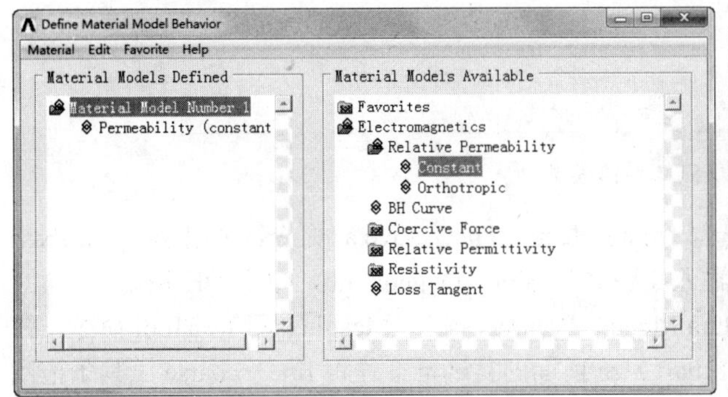

图 20-48　材料特性定义的结果

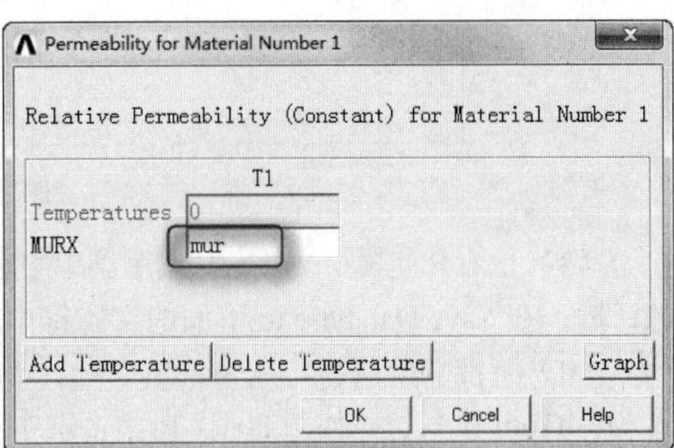

图 20-49　定义相对磁导率

Note

20.4.3 建立模型、赋予特性、划分网格

（1）建立导体模型。从主菜单中选择 Main Menu > Preprocessor > Modeling > Create > Volumes > Block > By Dimensions 命令，弹出 Create Block by Dimensions 对话框，如图 20-50 所示。在 X-coordinates 后面的文本框中分别输入 0 和 d，在 Y-coordinates 后面的文本框中分别输入 0 和 w，在 Z-coordinates 后面的文本框中分别输入 0 和 l，单击 OK 按钮。

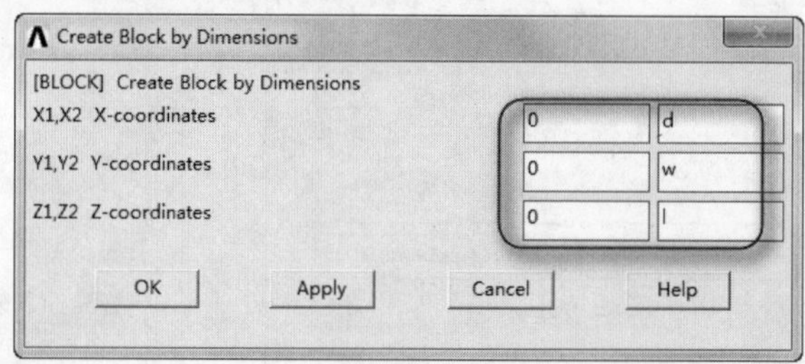

图 20-50 生成长方体对话框

（2）改变视角方向。从实用菜单中选择 Utility Menu > PlotCtrls > Pan, Zoom, Rotate 命令，弹出一个移动、缩放和旋转对话框，单击视角方向为 iso，可以在（1,1,1）方向观察模型，单击 Close 按钮关闭对话框。生成的导体模型如图 20-51 所示。

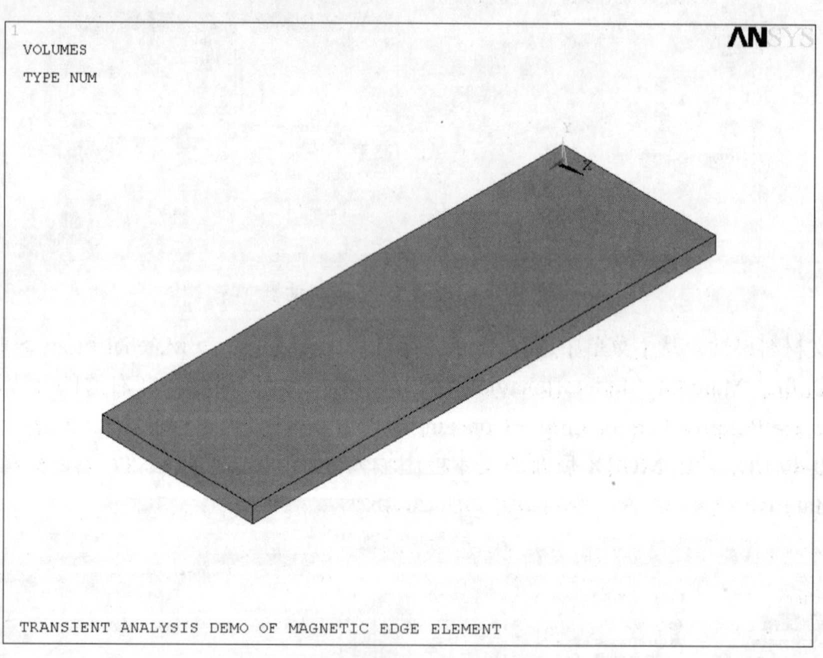

图 20-51 导体模型

（3）保存几何模型文件。从实用菜单中选择 Utility Menu > File > Save as 命令，弹出 Save Database 对话框，在 Save Database to 下面的文本框中输入文件名 T_Slot_3D_geom.db，单击 OK 按钮。

（4）智能划分网格。从主菜单中选择 Main Menu > Preprocessor > Meshing > MeshTool 命令，弹出 MeshTool 工具栏，如图 20-52 所示，选中 Smart Size 前面的复选框，并将 fine—coarse 工具条拖到 7 的位置，在 Mesh 后面的下拉列表框中选择 Volumes，在 Shape 后面要划分的单元形状选项中选中四

边形 Tet，在下面的自由划分 Free 和映射划分 Mapped 中选中 Free 单选按钮，单击 Mesh 按钮，弹出 Mesh Volumes 拾取框，单击 Pick All 按钮，生成的网格结果如图 20-53 所示。单击 MeshTool 工具栏上的 Close 按钮。

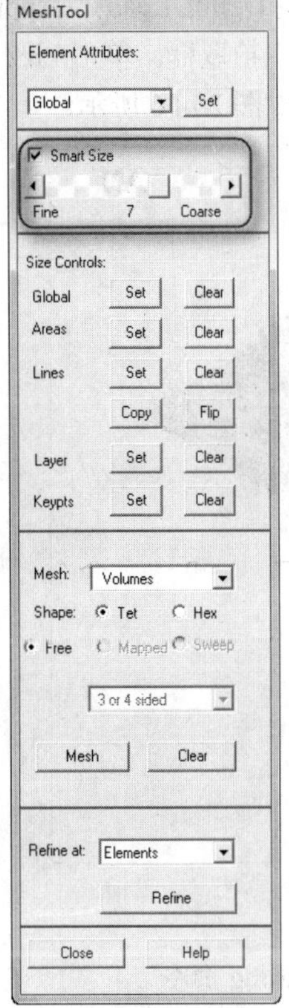

图 20-52　网格划分工具栏

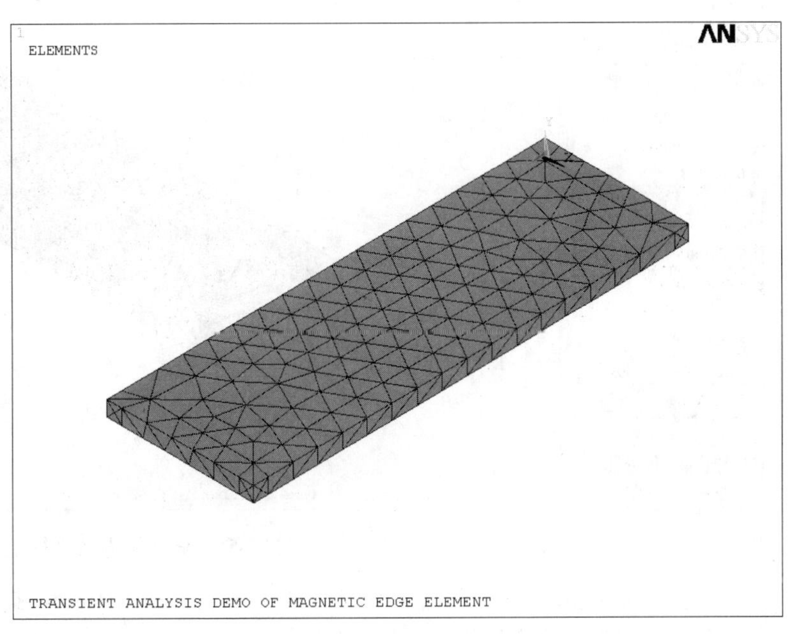

图 20-53　导体有限元模型

（5）保存网格数据。从实用菜单中选择 Utility Menu > File > Save as 命令，弹出 Save Database 对话框，在 Save Database to 下面的文本框中输入文件名 T_Slot_3D_mesh.db，单击 OK 按钮。

20.4.4　加边界条件和载荷

（1）选择分析类型。从主菜单中选择 Main Menu > Solution > Analysis Type > New Analysis 命令，弹出 New Analysis（选择分析类型）对话框，如图 20-54 所示，选中 Transient 单选按钮，单击 OK 按钮。

（2）选择节点。从实用菜单中选择 Utility Menu > Select > Entities 命令，弹出 Select Entities 对话框，如图 20-55 所示。在最上面的第一个下拉列表框中选择 Nodes，在第二个下拉列表框中选择 By Location，再在下面的单选按钮中选中 X coordinates，在 Min,Max 下面的文本框中输入 d，单击 Apply 按钮，选择了 x=d 位置的节点。

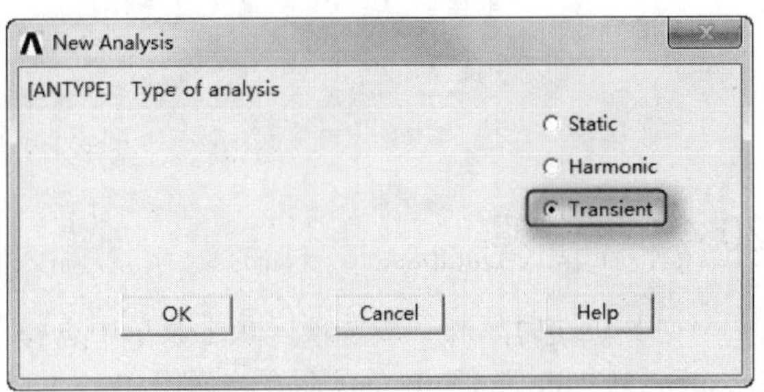

图 20-54　选择分析类型对话框

（3）选中 Z-coordinates 单选按钮，在 Min,Max 下面的文本框中输入 0，在其下面选

Note

中 Also Select 单选按钮，单击 Apply 按钮，又选择了 z=0 位置的节点。

（4）选中 Z-coordinates 单选按钮，在 Min,Max 下面的文本框中输入 l，在其下面选中 Also Select 单选按钮，单击 OK 按钮，又选择了 z=l 位置的节点。这样总共选择了 3 个面上的节点。

（5）施加磁力线平行边界条件。从主菜单中选择 Main Menu > Solution > Define Loads > Apply > Magnetic > Boundary > Edge DOF > Flux Par'l > On Nodes 命令，弹出一个节点拾取框，单击 Pick All 按钮，给所选节点施加了磁力线平行边界条件，在导体模型上将出现标记，如图 20-56 所示。

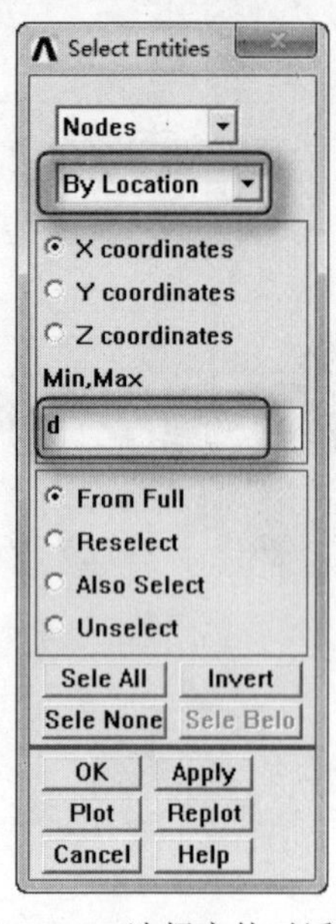

图 20-55　选择实体对话框

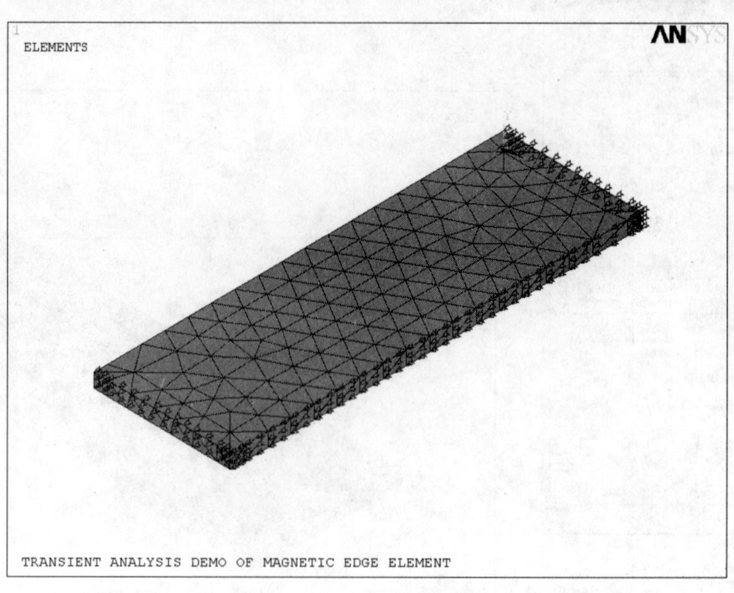

图 20-56　施加磁力线平行条件

（6）选择所有的实体。从实用菜单中选择 Utility Menu > Select > Everything 命令。

（7）施加电流密度载荷。从主菜单中选择 Main Menu > Solution > Define Loads > Apply > Magnetic > Excitation > Curr Density > On Elements 命令，弹出单元拾取框，单击 Pick All 按钮，弹出 Apply JS on Elems（在单元上施加电流密度）对话框，如图 20-57 所示，在 JSX, JSY, JSZ components 后面的 3 个文本框中分别输入 0, 0, j，单击 OK 按钮，给导体施加在 Z 方向上的激励电流密度 10000000。

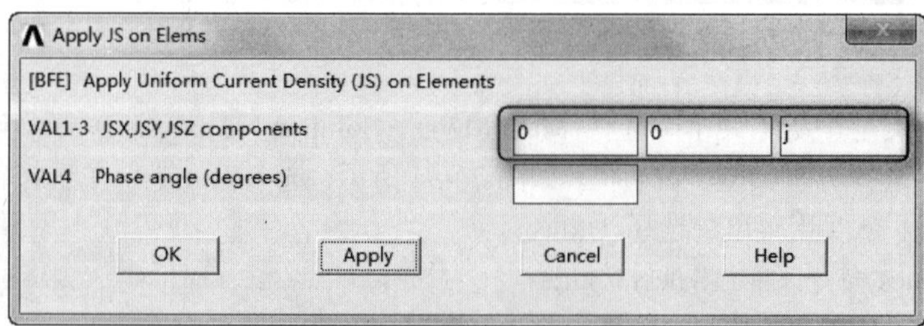

图 20-57　在单元上施加电流密度对话框

20.4.5　求解

（1）设定时间和子步选项。从主菜单中选择 Main Menu > Solution > Load Step Opts > Time/Frequenc > Time and Substeps 命令，弹出 Time and Substep Options（设定时间和子步选项）对话框，如图 20-58 所示，在 Time at end of load step 后面的文本框中输入 t1，单击 OK 按钮，设置载荷终止时

间为 0.05s。

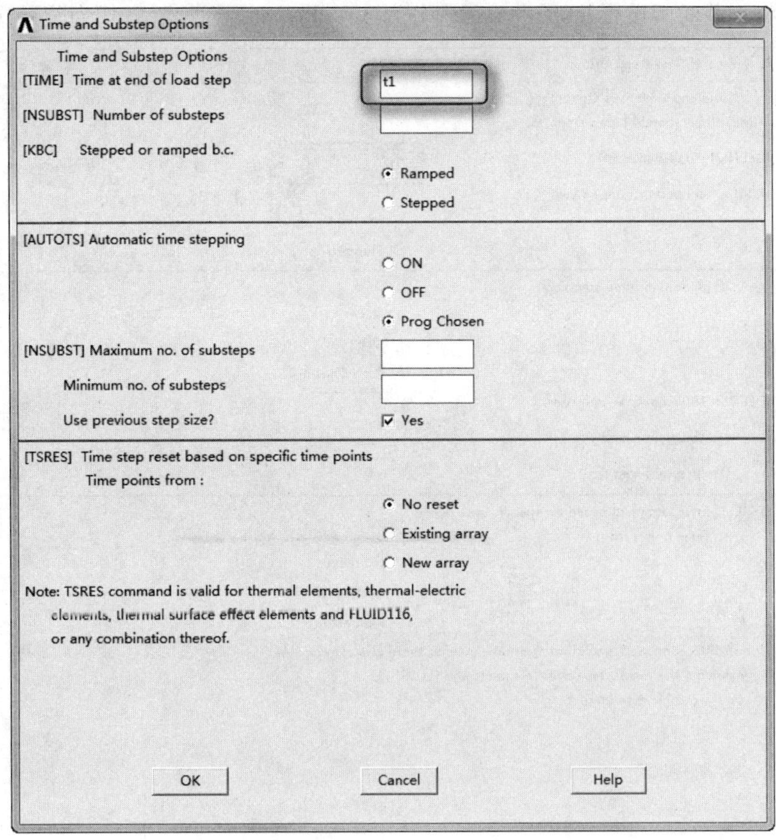

图 20-58　设定时间和子步选项对话框

（2）设定时间和时间步长选项。从主菜单中选择 Main Menu > Solution > Load Step Opts > Time/Frequenc > Time - Time Step 命令，弹出 Time and Time Step Options（设定时间和时间步长选项）对话框，如图 20-59 所示，在 Time step size 后面的文本框中输入 ts1，单击 OK 按钮，设置载荷步长为 0.001s。这样将加载时间设置 0～0.05s 内分为 50 个子步求解，每一步加载方式为斜坡式（ANSYS 默认设置）。

（3）数据库和结果文件输出控制。从主菜单中选择 Main Menu > Solution > Load Step Opts > Output Ctrls > DB/Results File 命令，弹出 Controls for Database and Results File Writing 对话框，如图 20-60 所示，在 Item to be controlled 后面的下拉列表框中选择 All items，在 File write frequency 下面选中 Every substep 单选按钮，单击 OK 按钮，把每个子步的求解结果写到数据库中。

（4）求解。从主菜单中选择 Main Menu > Solution > Solve > Current LS 命令，弹出一个信息窗口和一个求解当前载荷步对话框，确认信息无误后关闭，单击求解对话框中的 OK 按钮，开始求解运算，直到出现一个 Solution is done 的提示框，表示求解结束。

（5）设定时间和子步选项。从主菜单中选择 Main Menu > Solution > Load Step Opts > Time/Frequenc > Time and Substeps 命令，弹出 Time and Substep Options（设定时间和子步选项）对话框，如图 20-58 所示，在 Time at end of load step 后面的文本框中输入 t2，在 Stepped or ramped b.c.后面选中 Stepped 单选按钮，单击 OK 按钮，设置载荷终止时间为 0.08s。

（6）设定时间和时间步长选项。从主菜单中选择 Main Menu > Solution > Load Step Opts > Time/Frequenc > Time - Time Step 命令，弹出 Time and Time Step Options（设定时间和时间步长选项）

Note

对话框，如图 20-59 所示，在 Time step size 后面的文本框中输入 ts2，单击 OK 按钮，设置载荷步长为 0.006s。这样将加载时间设置 0.05～0.08s 内分为 5 个子步求解，加载方式为阶跃式。

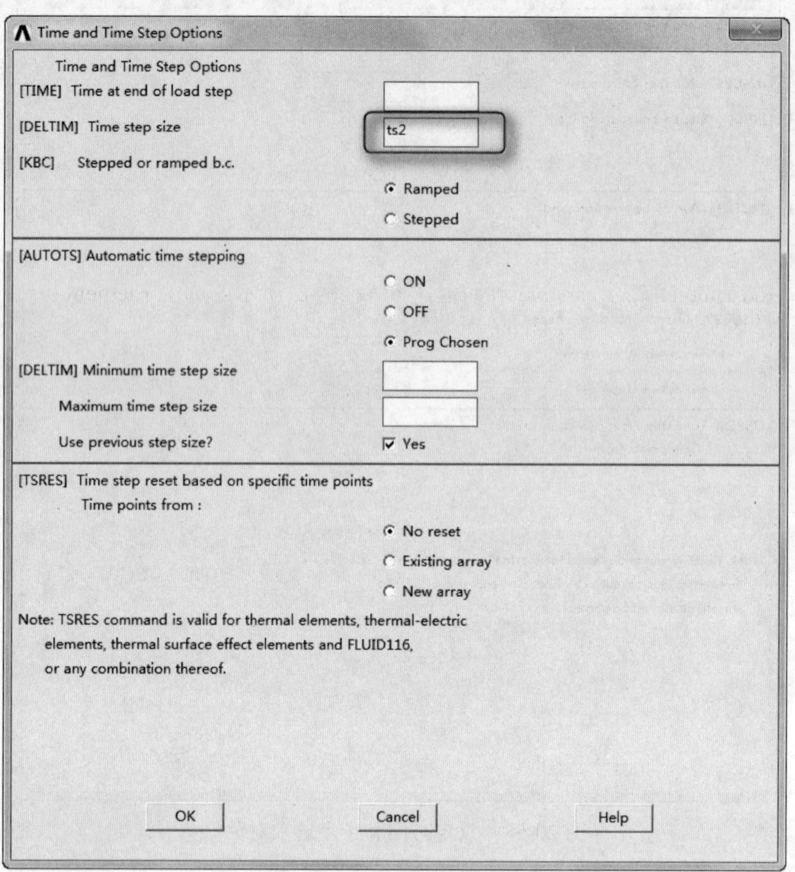

图 20-59　设定时间和时间步长选项对话框

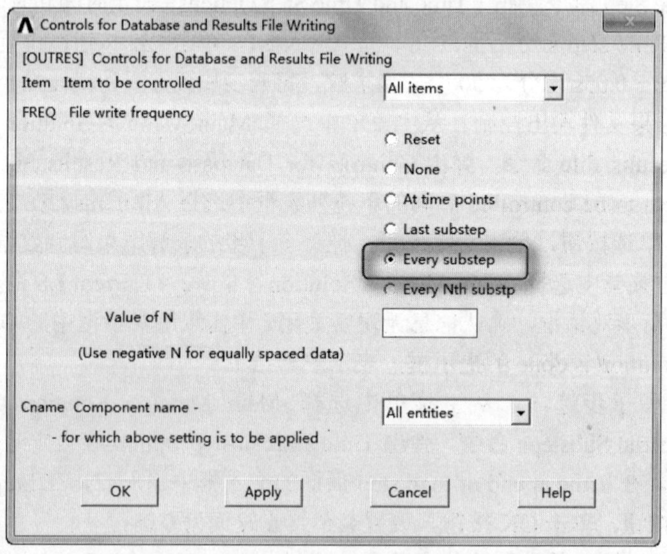

图 20-60　数据库和结果文件输出控制对话框

（7）求解。从主菜单中选择 Main Menu > Solution > Solve > Current LS 命令，弹出一个信息窗口和一个求解当前载荷步对话框，确认信息无误后将其关闭，单击求解对话框中的 OK 按钮，开始求解运算，直到出现一个 Solution is done 提示框，表示求解结束。

Note

20.4.6　查看计算结果

（1）定义变量（为查看节点磁场）。从主菜单中选择 Main Menu > TimeHist Postpro > Define Variables 命令，弹出 Define Time-History Variables（定义时间历程变量）对话框，如图 20-61 所示，此时会看到只有时间 Time 一个变量，单击 Add 按钮。

此时将弹出 Add Time-History Variable 对话框，如图 20-62 所示。选中 Element results 单选按钮，弹出一个单元拾取框，在拾取框的文本框中输入 200，单击 OK 按钮，弹出一个节点拾取框，在拾取框的文本框中输入 31，单击 OK 按钮，弹出 Define Element Results Variable 对话框，如图 20-63 所示。在 User-specified label 后面的文本框中输入 BX，并在下面的列表框中选择 Flux & gradient 和 MagFluxDens BX 选项，其他选项保持默认设置，单击 OK 按钮，于是在定义变量对话框中可以看见变量变为两个了。

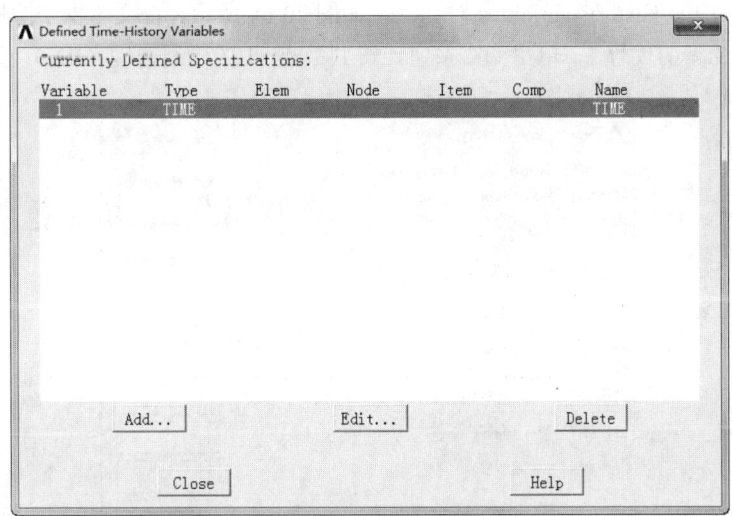

图 20-61　定义时间历程变量对话框

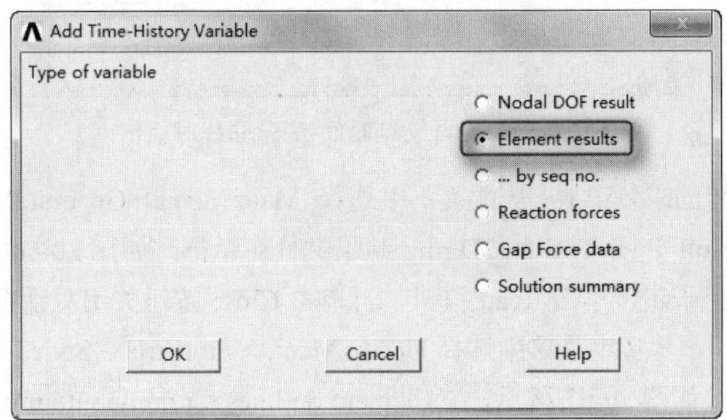

图 20-62　设置变量类型对话框

Note

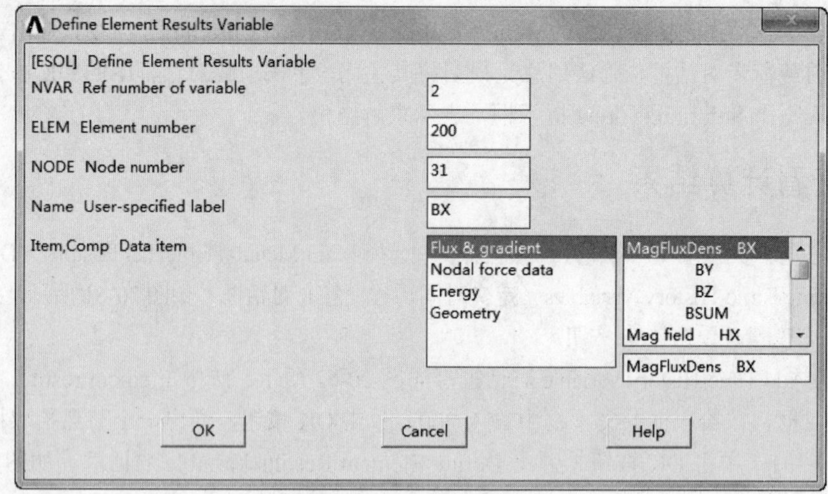

图 20-63 设置变量物理量对话框

（2）绘出节点时间-磁场曲线。从主菜单中选择 Main Menu > TimeHist Postpro > Graph Variables 命令，弹出 Graph Time-History Variables 对话框，如图 20-64 所示。在文本框中顺序输入 3 个变量名 BX 或者直接输入变量的代号 2，单击 OK 按钮，得到节点 31 的磁通密度（BX）随时间变化的曲线，如图 20-65 所示。

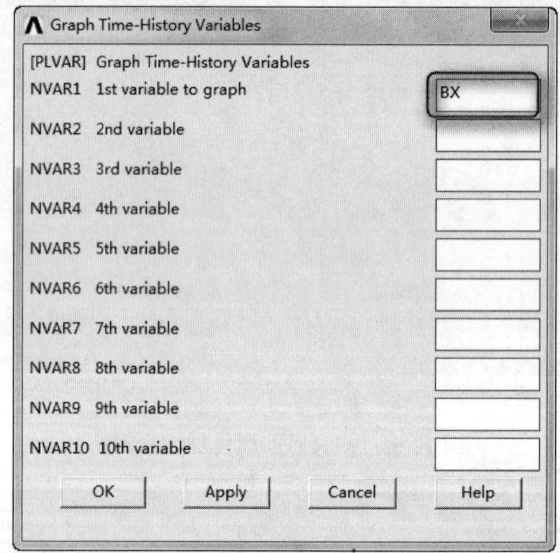

图 20-64 设置绘制时间-变量曲线对话框

（3）读取第 30 子步的求解结果。从主菜单中选择 Main Menu > General Postproc > Read Results > By Pick 命令，弹出 Result File: T_Slot_3D.rmg 结果文件对话框，如图 20-66 所示，对话框中一共有 55 个子步，选择第 30 个子步，单击 Read 按钮，再单击 Close 按钮关闭对话框。

（4）改变显示方式。从实用菜单中选择 Utility Menu > PlotCtrls > Style > Edge Options 命令，弹出 Edge Options 对话框，如图 20-67 所示，在 Element outlines for non-contour/contour plots 后面的下拉列表框中选择 Edge Only/All，单击 OK 按钮，显示非共面的线，即只显示体外表面轮廓线。

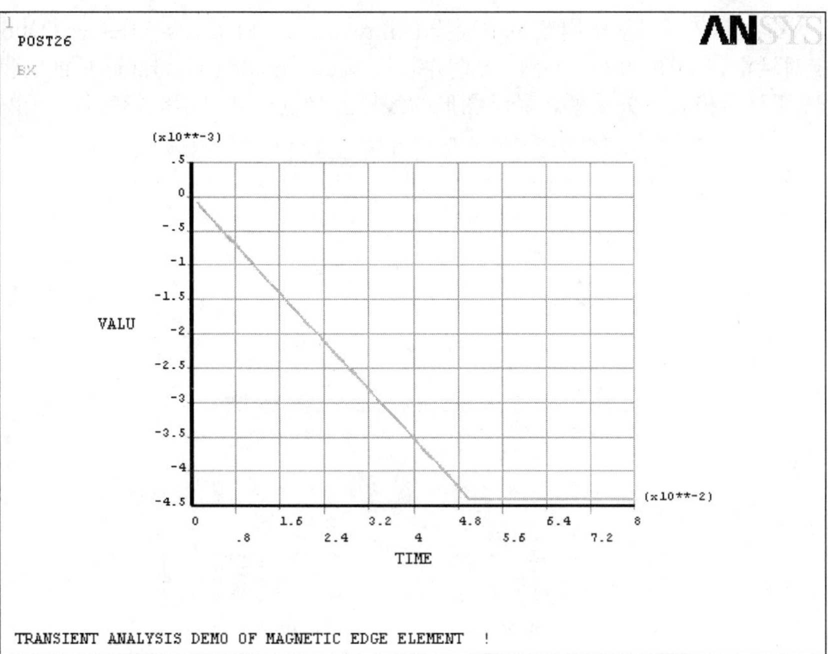

图 20-65　节点 31 的 Time-BX 曲线

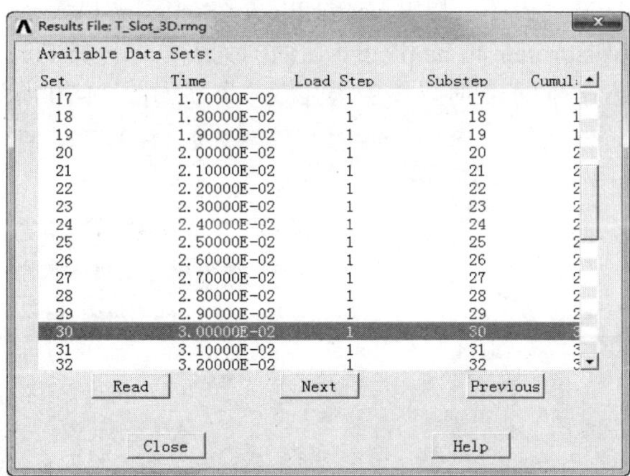

图 20-66　读取第 30 子步的求解结果

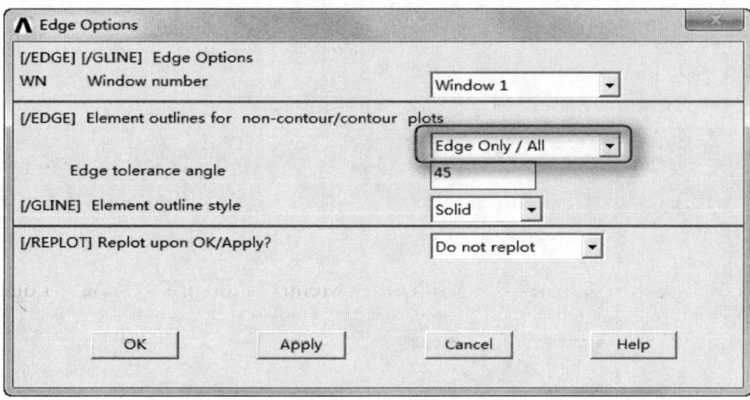

图 20-67　显示模式对话框

Note

（5）打开矢量显示模式。从实用菜单中选择 Utility Menu > PlotCtrls > Device Options 命令，弹出 Device Options 对话框，如图 20-68 所示，检查并确认 Vector mode (wireframe)后面的复选框 On 是打开的，否则是光栅显示模式（矢量模式显示图形的线框，光栅模式显示图形实体）。单击 OK 按钮。

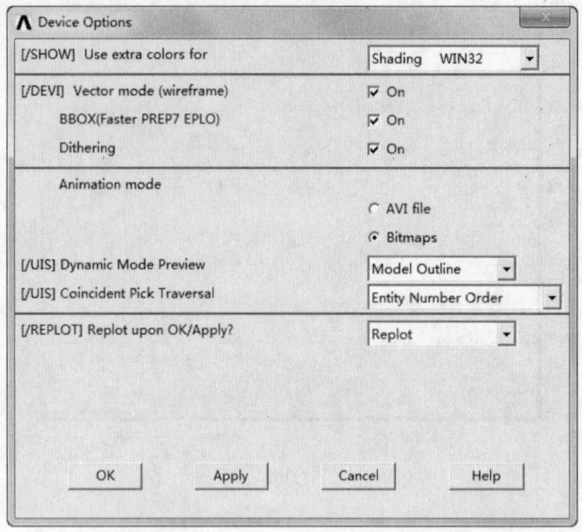

图 20-68　设备选项对话框

（6）绘出第 30 子步导体磁场强度分布。从主菜单中选择 Main Menu > General Postproc > Plot Results > Vector Plot > Predefined 命令，弹出 Vector Plot of Predefined Vectors（绘制预定义矢量）对话框，如图 20-69 所示，在 Vector item to be plotted 后面的列表框中选择 Flux & gradient 和 Mag field H 选项，单击 OK 按钮，绘出第 30 子步时导体磁场强度分布，如图 20-70 所示。

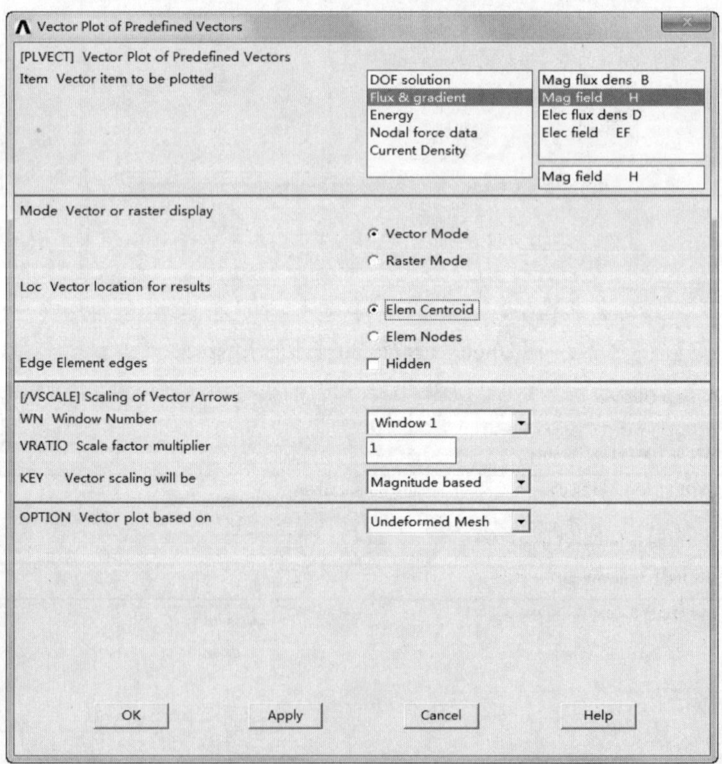

图 20-69　绘制预定义矢量对话框

Note

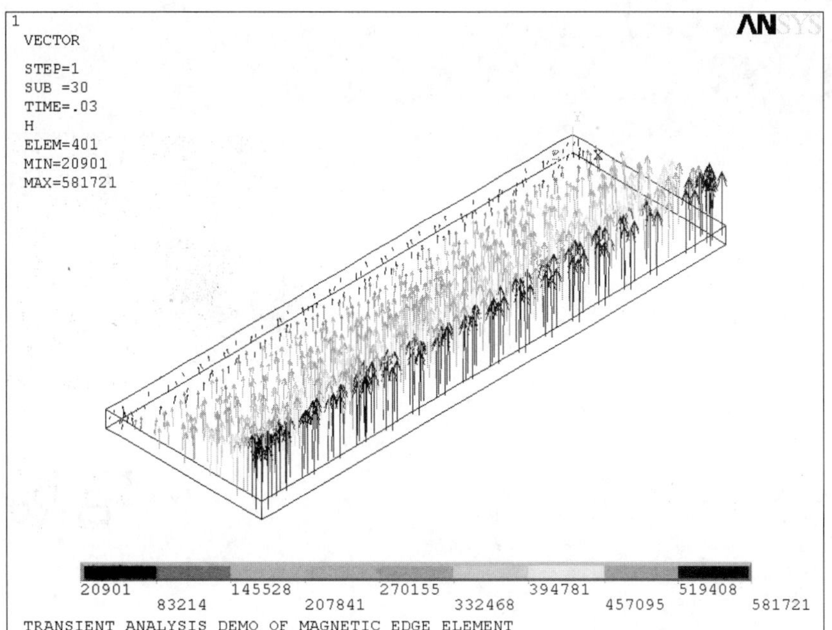

图 20-70　第 30 子步时导体磁场强度分布

（7）退出 ANSYS。单击 ANSYS Toolbar 工具条上的 Quit 按钮，弹出一个 Exit from ANSYS 对话框，选中 Quit-No Save!单选按钮，单击 OK 按钮，退出 ANSYS 软件。

20.4.7　命令流实现

命令流实现方式这里不再详细介绍，读者可参见随书光盘中的电子文档。

第21章

电场分析

很多情况下，先进行电流传导分析，或者同时进行热分析，以确定因焦耳热而导致的温度分布；也可以在电流传导分析之后直接进行磁场分析，以确定电流产生的磁场。

ANSYS 以泊松方程作为静电场分析的基础。主要的未知量（节点自由度）是标量电位（电压）。其他物理量由节点电位导出。

- ☑ 电场分析要用到的单元
- ☑ 电路分析中要用到的单元
- ☑ h 方法静电场分析中要用到的单元
- ☑ 高频分析中要用到的单元

任务驱动&项目案例

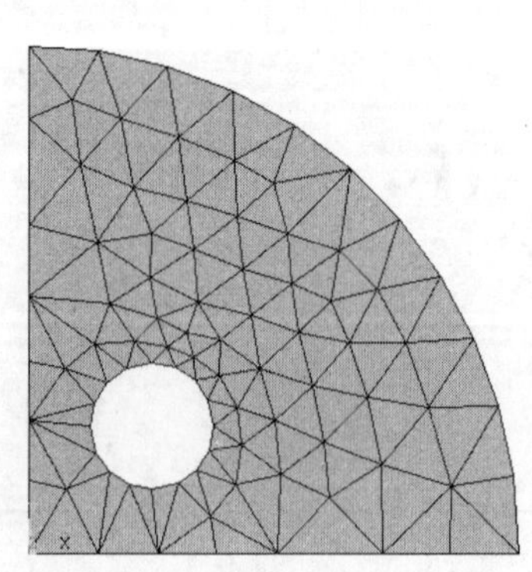

（1）

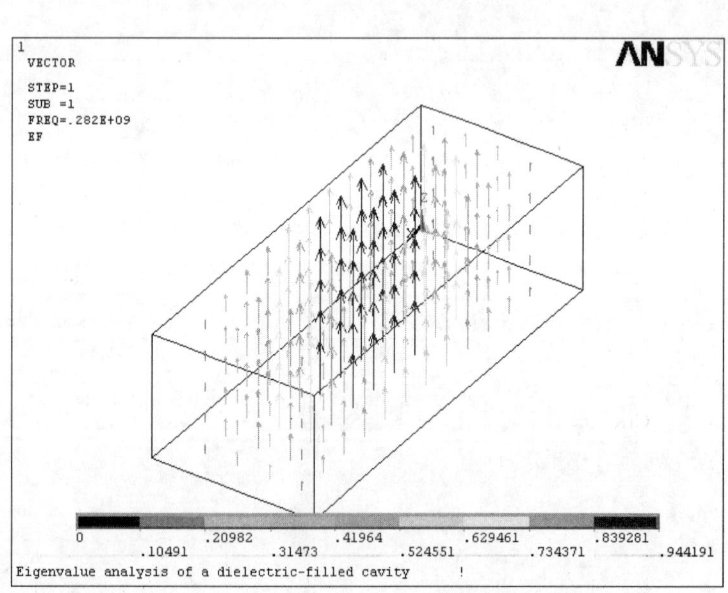

（2）

21.1　电场分析要用到的单元

在电场分析中要用到表 21-1～表 21-6 中列举的单元。

表 21-1　2-D 实体单元

单　元	维　数	形状或特性	自　由　度
PLANE121	2-D	四边形，8 节点	电压
PLANE230	2-D	四边形，8 节点	电压

表 21-2　3-D 实体单元

单　元	维　数	形状或特性	自　由　度	使 用 注 意
SOLID5	3-D	六面体，8 节点	每个节点有 6 个自由度位移、温度、电压、磁标量位	可作为热-电耦合单元或作为电-磁耦合单元
SOLID98	3-D	六面体，10 节点	每个节点有 6 个自由度位移、温度、电压、磁标量位	
SOLID122	3-D	六面体，20 节点	电压	
SOLID123	3-D	六面体，10 节点	电压	
SOLID231	3-D	六面体，20 节点	电压	
SOLID232	3-D	六面体，10 节点	电压	

表 21-3　壳单元

单　元	维　数	形状或特性	自　由　度
SHELL157	3-D	四边形，4 节点	温度和电压

表 21-4　特殊单元

单　元	维　数	形状或特性	自　由　度
MATRIX50	无（超单元）	根据结构中包含的单元确定	根据包含的单元类型确定
INFIN110	2-D	4 节点或 8 节点	每节点一个，可以是矢量位、温度、电压
INFIN111	2-D	4 节点或 8 节点	AX,AY,AZ 矢量位、温度、标量电位或标量电压

表 21-5　通用电路单元

单　元	维　数	形状或特性	自　由　度
CIRCU94	无	2～3 节点	
CIRCU124	无	最多可 6 节点	每节点 3 个，可以是电势、电流或电动势降
CIRCU125	无	2 节点	

有限元模型中可能含有带电压自由度的单元，这些单元需要相应的反作用力，如表 21-6 所示。

表 21-6　带电压自由度单元的反作用力

单　元	Keyopt(1)	自　由　度	为电压自由度输入的材料特性	反 作 用 力
LINK68	N/A	TEMP, VOLT	RSVX	AMPS
SHELL157	N/A	TEMP, VOLT	RSVX, RSVY	AMPS

Note

续表

单元	Keyopt(1)	自由度	为电压自由度输入的材料特性	反作用力
PLANE53	1	VOLT, AZ	RSVX, RSVY	AMPS
SOLID97	1	AX, AY, AX, VOLT	RSVX, RSVY, RSVZ	AMPS
	4	AX, AY, AZ, VOLT, CURR		
SOLID236	1	AZ, VOLT	RSVX, RSVY, RSVZ, PERX, PERY, PERZ	AMPS
SOLID237	1	AZ, VOLT	RSVX, RSVY, RSVZ, PERX, PERY, PERZ	AMPS
PLANE121	N/A	VOLT	RSVX, RSVY, PERX, PERY, LSST	CHRG
SOLID122	N/A	VOLT	RSVX, RSVY, RSVZ, PERX, PERY, PERZ, LSST	CHRG
SOLID123	N/A	VOLT	RSVX, RSVY, RSVZ, PERX, PERY, PERZ, LSST	CHRG
PLANE230	N/A	VOLT	RSVX, RSVY, PERX, PERY, LSST	AMPS
SOLID231	N/A	VOLT	RSVX, RSVY, RSVZ, PERX, PERY, PERZ, LSST	CHRG
SOLID232	N/A	VOLT	PERX, PERY, PERZ	CHRG
CIRCU94	0-5	VOLT, CURR	N/A	CHRG,AMPS
CIRCU124	0-12	VOLT, CURR, EMF	N/A	AMPS
CIRCU125	0 或 1	VOLT	N/A	AMPS
TRANS126	N/A	UX-VOLT,UY-VOLT, UZ-VOLT	N/A	AMPS, FX
PLANE13	6	VOLT, AZ	RSVX, RSVY	AMPS
	7	UX, UY, UZ, VOLT	PERX, PERY	AMPS
SOLID5	0	UX, UY, UZ, TEMP, VOLT, MAG	RSVX, RSVY, RSVZ	AMPS
			PERX, PERY, PERZ	AMPS
	1	TEMP, VOLT, MAG	RSVX, RSVY, RSVZ	AMPS
	3	UX, UY, UZ, VOLT	PERX, PERY, PERZ	AMPS
	9	VOLT	RSVX, RSVY, RSVZ	AMPS
SOLID98	0	UX, UY, UZ, TEMP, VOLT, MAG	RSVX, RSVY, RSVZ	AMPS
			PERX, PERY, PERZ	AMPS
	1	TEMP, VOLT, MAG	RSVX, RSVY, RSVZ	AMPS
	3	UX, UY, UZ, VOLT	PERX, PERY, PERZ	AMPS
	9	VOLT	RSVX, RSVY, RSVZ	AMPS
PLANE223	101	UX, UY, VOLT	RSVX, RSVY	AMPS
	1001	UX, UY, VOLT	PERX, PERY,LSST	CHRG
	110	TEMP, VOLT	RSVX, RSVY, PERX, PERY	AMPS
	111	UX, UY, TEMP, VOLT	RSVX, RSVY, PERX, PERY	AMPS
	1011	UX, UY, TEMP, VOLT	PERX, PERY, LSST, DPER	CHRG
SOLID226	101	UX, UY, VOLT	RSVX, RSVY, RSVZ	AMPS
	1001	UX, UY, VOLT	PERX, PERY,LSST	CHRG
	110	TEMP, VOLT	RSVX, RSVY, RSVZ, PERX, PERY, PERZ	AMPS
	111	UX, UY, TEMP, VOLT	RSVX, RSVY, RSVZ, PERX, PERY, PERZ	AMPS
	1011	UX, UY, TEMP, VOLT	PERX, PERY, RSVZ, LSST, DPER	CHRG

续表

单　元	Keyopt(1)	自 由 度	为电压自由度输入的材料特性	反 作 用 力
SOLID227	101	UX, UY, VOLT	RSVX, RSVY, RSVZ	AMPS
	1001	UX, UY, VOLT	PERX, PERY, PERZ, LSST	CHRG
	110	TEMP, VOLT	RSVX, RSVY, RERZ, PERX, PERY, PERZ	AMPS
	111	UX, UY, TEMP, VOLT	RSVX, RSVY, RERZ, PERX, PERY, PERZ	AMPS
	1011	UX, UY, TEMP, VOLT	PERX, PERY, PERZ, LSST, DPER	CHRG
INFIN110	1	VOLT	PERX, PERY	CHRG
INFIN111	2	VOLT	PERX, PERY, PERZ	CHRG

21.2　实例——正方形电流环中的磁场

本节实例为一个正方形电流环中的磁场分布（GUI 方式和命令流方式）。

21.2.1　问题描述

一个正方形电流环，载有电流 *I*，放置在空气中，如图 21-1 所示。试求 *P* 点处的磁通量密度值，*P* 点处的高为 *b*。实例中用到的参数如表 21-7 所示。

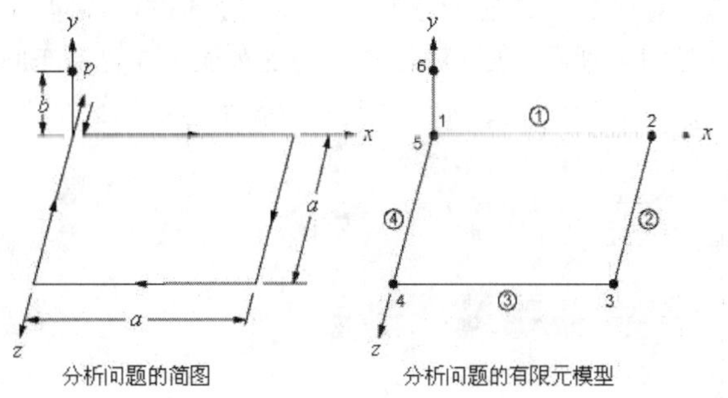

图 21-1　正方形电流环中的磁场

这是一个耦合电磁场的分析。使用 LINK68 单元来创建导线环中的电场，由此确定的电场再被用来计算 *p* 点处的磁场。在图 21-1 右图中，节点 5 是与 1 重合的，并且紧挨着电流环。当给节点 1 施加电流 *I* 时，设定节点 5 的电压为 0。

表 21-7　参数说明

几 何 特 性	材 料 特 性	载　荷
a=1.5m	μ_o=4π×10^{-7} H/m	I=7.5A
b=0.35m	ρ=4.0×10^{-8} ohm-m	

第一步求解计算导线环中的电流分布，然后用 BIOT 命令来从电流分布中计算磁场。

由于在求解过程中并不需要导线的横截面积，所以可以任意输入一个横截面积 1.0，由于线单元的比奥-萨法儿（Biot-Savart）磁场积分是非常精确的，所以正方形每一个边用一个单元就可以了。磁通密度可以通过磁场强度来计算，公式为 $B=\mu_o H$。

此实例的理论值和 ANSYS 计算值比较，如表 21-8 所示。

表 21-8　理论值和 ANSYS 计算值比较

磁 通 密 度	理　论　值	ANSYS	比　率
BX (×10^{-6} T)	2.010	2.010	1.000
BY (×10^{-6} T)	−0.662	−0.662	1.000
BZ (×10^{-6} T)	2.010	2.010	1.000

21.2.2 创建物理环境

（1）过滤图形界面。从主菜单中选择 Main Menu > Preferences 命令，弹出 Preferences for GUI Filtering 对话框，选中 Electric，对后面的分析进行菜单及相应的图形界面过滤。

（2）定义工作标题。从实用菜单中选择 Utility Menu > File > Change Title 命令，在弹出的对话框中输入 MAGNETIC FIELD FROM A SQUARE CURRENT LOOP，单击 OK 按钮，如图 21-2 所示。

（3）指定工作名。从实用菜单中选择 Utility Menu > File > Change Jobname 命令，弹出一个对话框，在 Enter new name 后面的文本框中输入 CURRENT LOOP，单击 OK 按钮。

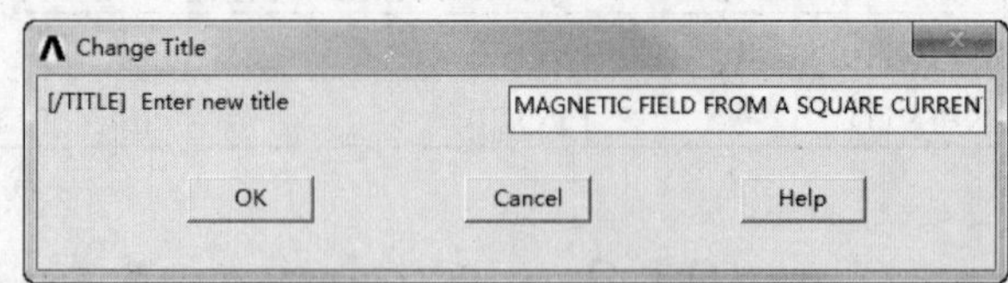

图 21-2　定义工作标题

（4）定义单元类型。从主菜单中选择 Main Menu > Preprocessor > Element Type > Add/Edit/Delete 命令，弹出 Element Types（单元类型）对话框，如图 21-3 所示，单击 Add 按钮，弹出 Library of Element Types（单元类型库）对话框，如图 21-4 所示。在该对话框左边的列表框中选择 Elect Conduction，在右边的列表框中选择 3D Line 68，单击 OK 按钮，定义一个 LINK68 单元，得到如图 21-3 所示的结果。返回到单元类型对话框中，单击 Close 按钮，关闭该对话框。

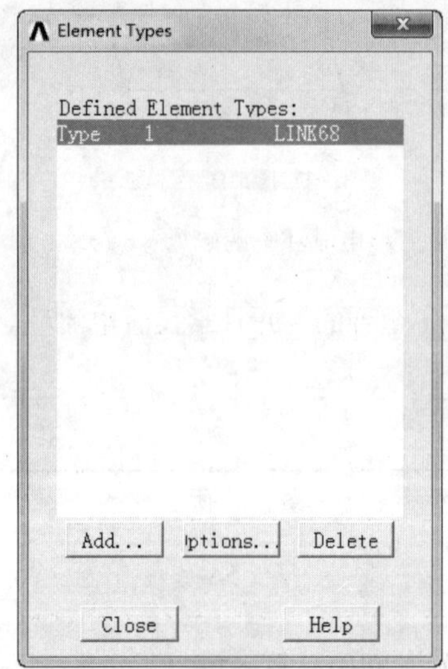

图 21-3　单元类型对话框

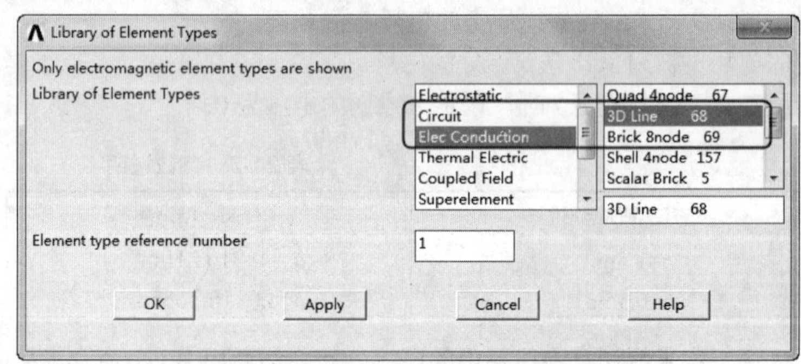

图 21-4　单元类型库对话框

（5）定义材料属性。从主菜单中选择 Main Menu > Preprocessor > Material Props > Material Models 命令，弹出 Define Material Model Behavior 窗口，如图 21-5 所示，在右边的列表框中依次选择 Electromagnetics > Resistivity > Constant 选项后，弹出 Resistivity for Material Number 1 对话框，如图 21-6 所示，在 RSVX 后面的文本框中输入 4E-008，单击 OK 按钮，返回图 21-5 所示的窗口，选择 Material > Exit 命令，得到结果如图 21-5 所示。

（6）定义导线横截面积实常数。从主菜单中选择 Main Menu > Preprocessor > Real Constants > Add/Edit/Delete 命令，弹出 Real Constants（实常数）对话框，在该对话框的列表框中显示 NO DEFINED，单击 Add 按钮，弹出 Element Types for R…对话框，在该对话框的列表框中出现 Type 1 LINK68，选

择单元类型 1，单击 OK 按钮，出现 LINK68 单元的实常数对话框 Real Constant Set Number 1,for LINK68，如图 21-7 所示。

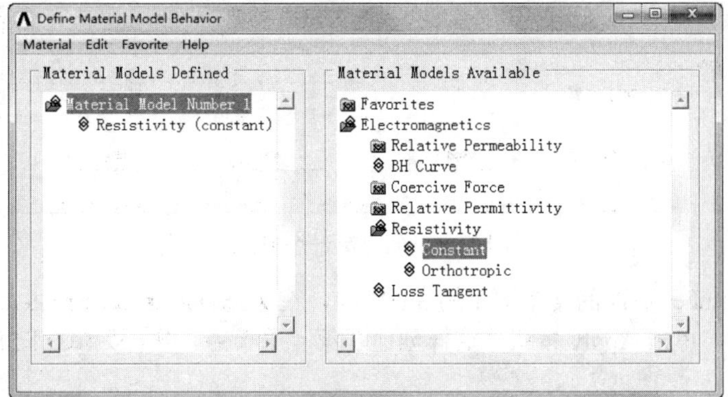

图 21-5　材料特性定义的结果

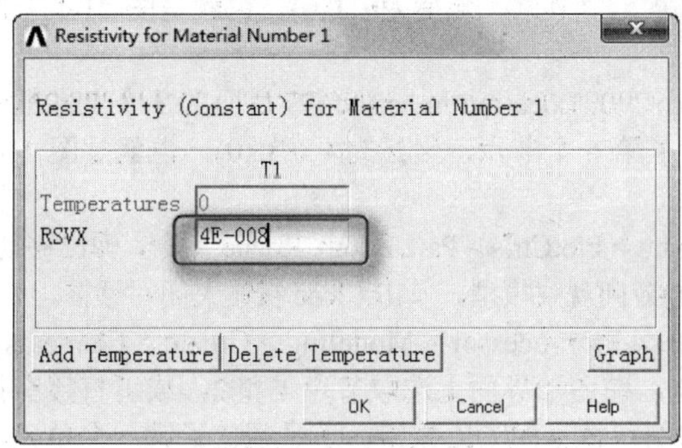

图 21-6　定义电阻率

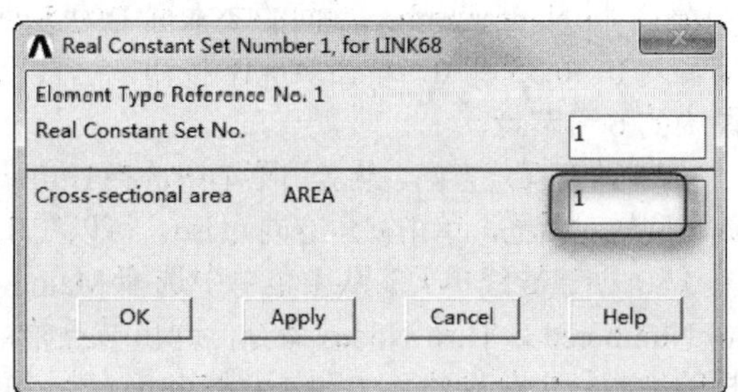

图 21-7　LINK68 单元的实常数对话框

在 Cross-sectional area(AREA)后面的文本框中输入 1，单击 OK 按钮，回到 Real Constants（实常数）对话框中，其中列出了常数组 1，如图 21-8 所示。

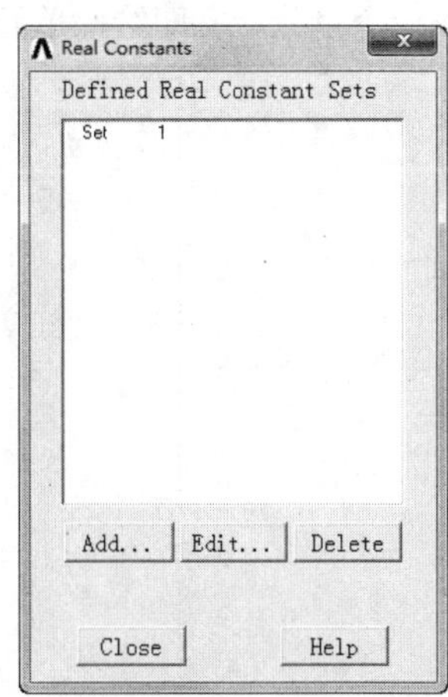

图 21-8　实常数数组

21.2.3　建立模型、赋予特性、划分网格

（1）创建节点（用节点法建立模型）。从主菜单中选择 Main Menu > Preprocessor > Modeling > Create > Nodes > In Active CS 命令，弹出 Create Nodes in Active Coordinate System 在当前激活坐标系下建立节点的对话框，如图 21-9 所示，在 Node number 后面的文本框中输入 1，单击 Apply 按钮，这样就创建了 1 号节点，坐标为(0,0,0)。

（2）将 Node number 后面的文本框中的 1 改为 2，在 Location in active CS 后面的 3 个文本框中分别输入 1.5、0 和 0，单击 Apply 按钮，这样创建了第 2 个节点，坐标为(1.5,0,0)，也就是图 21-1 右图中的 2 号节点。

（3）将 Node number 后面的输入栏中的 2 改为 3，在 Location in active CS 后面的 3 个文本框中分别输入 1.5、0 和 1.5，单击 Apply 按钮，这样创建了第 3 个节点，坐标为(1.5,0,1.5)，也就是图 21-1 右图中的 3 号节点。

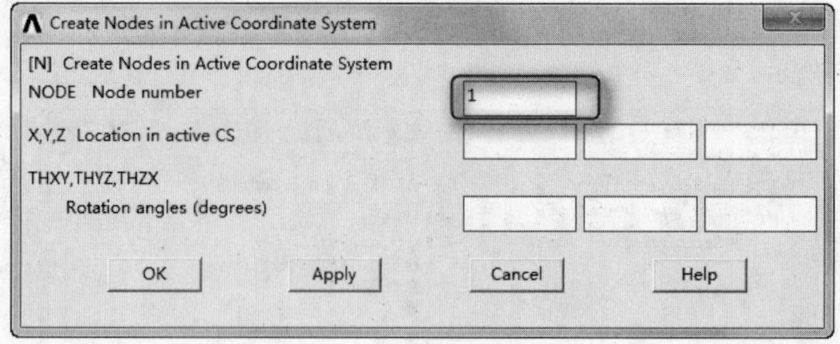

图 21-9 创建第一个节点

（4）将 Node number 后面的文本框中的 3 改为 4，在 Location in active CS 后面的 3 个文本框中分别输入 0、0 和 1.5，单击 Apply 按钮，这样创建了第 4 个节点，坐标为(0,0,1.5)，也就是图 21-1 右图中的 4 号节点。

（5）将 Node number 后面的文本框中的 4 改为 5，在 Location in active CS 后面的 3 个文本框中分别输入 0、0 和 0，单击 Apply 按钮，这样创建了第 5 个节点，坐标为(0,0,0)，也就是图 21-1 右图中的 5 号节点，此节点与 1 号节点重合。

（6）将 Node number 后面的文本框中的 5 改为 6，在 Location in active CS 后面的 3 个文本框中分别输入 0、0.35 和 0，单击 Apply 按钮，这样创建了第 6 个节点，坐标为(0,0.35,0)，也就是图 21-1 右图中的 6 号节点。

（7）改变视角方向。从实用菜单中选择 Utility Menu > PlotCtrls > Pan, Zoom, Rotate 命令，弹出移动、缩放和旋转对话框，单击视角方向为 iso，可以在(1,1,1)方向观察模型，单击 Close 按钮关闭对话框。

（8）创建导线单元。从主菜单中选择 Main Menu > Preprocessor > Modeling > Create > Elements > Auto Numbered > Thru Nodes 命令，弹出节点拾取框，在图形界面上选取节点 1 和 2，或者直接在拾取框的文本框中分别输入 1 和 2 并按 Enter 键，单击拾取框上的 OK 按钮，于是创建了第一个单元，如图 21-10 所示。由于只有一种材料属性，此单元属性默认为 1 号材料属性，用节点法建模时，每得到一个单元应立即给此单元分配属性。

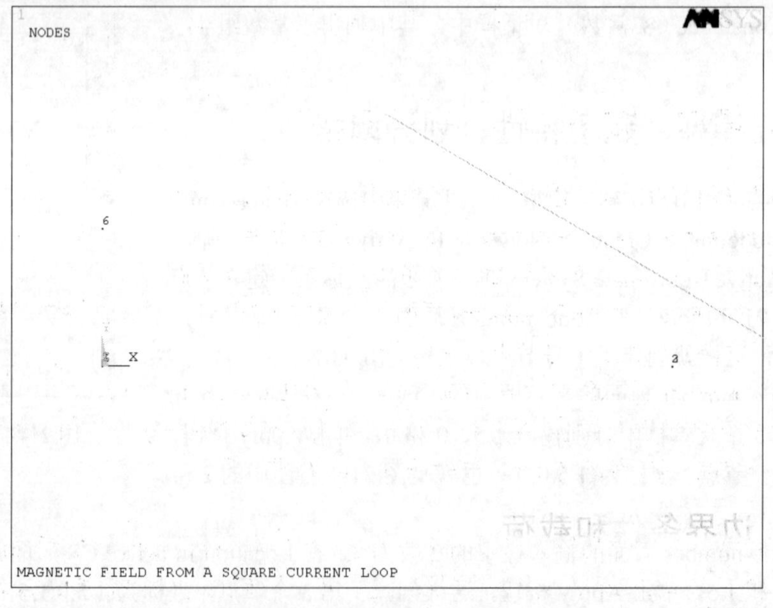

图 21-10 创建的第一个单元

（9）复制单元。从主菜单中选择 Main Menu > Preprocessor > Modeling > Copy > Elements > Auto Numbered 命令，弹出一个单元拾取框，在图形界面上拾取单元 1，单击 OK 按钮，弹出 Copy Elements (Automatically Numbered)（复制单元）对话框，如图 21-11 所示，在 Total number of copies 后面的文本框中输入 4，单击 OK 按钮，得到的所有线圈单元如图 21-12 所示。

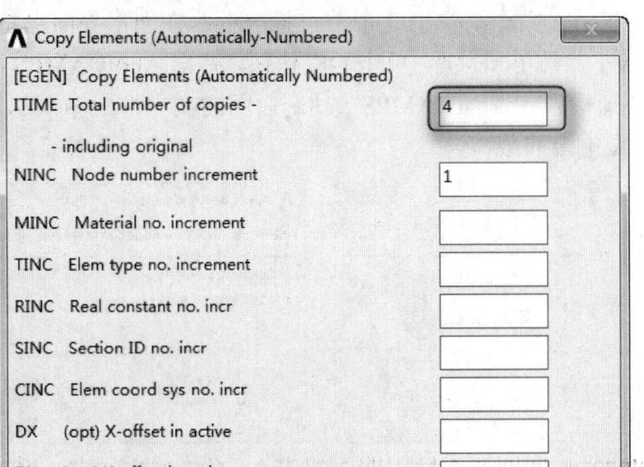

图 21-11 复制单元对话框

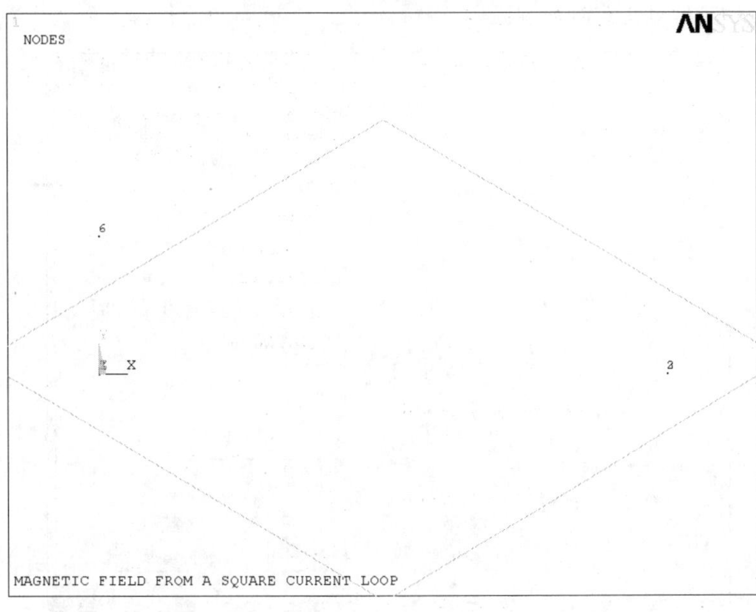

图 21-12 导线单元

21.2.4 加边界条件和载荷

（1）施加电压边界条件。从主菜单中选择 Main Menu > Solution > Define Loads > Apply > Electric > Boundary > Voltage > On Nodes 命令，弹出一个节点拾取框，在图形界面上拾取 5 号节点，或者直接

在拾取框的文本框中输入 5 并按 Enter 键，单击 OK 按钮，弹出 Apply VOLT on nodes（给节点施加电压）对话框，如图 21-13 所示，在 Load VOLT value 后面的文本框中输入 0，单击 OK 按钮，这样就给 5 号节点施加了 0V 电压的边界条件。

（2）施加电流载荷。从主菜单中选择 Main Menu > Solution > Define Loads > Apply > Electric > Excitation > Current > On Nodes 命令，弹出一个节点拾取框，在图形界面上拾取 1 号节点，或者直接在拾取框的文本框中输入 1 并按 Enter 键，单击 OK 按钮，弹出 Apply AMPS on nodes（给节点施加电流）对话框，如图 21-14 所示，在 Load AMPS value 后面的文本框中输入 7.5，单击 OK 按钮，这样就给 1 号节点施加了 7.5A 电流的载荷。

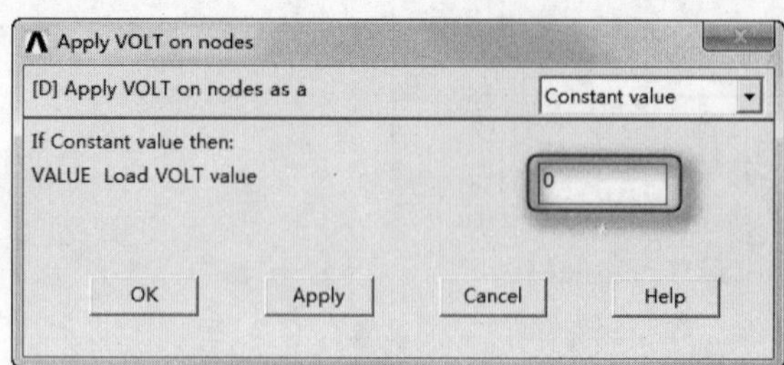

图 21-13 给节点施加电压对话框

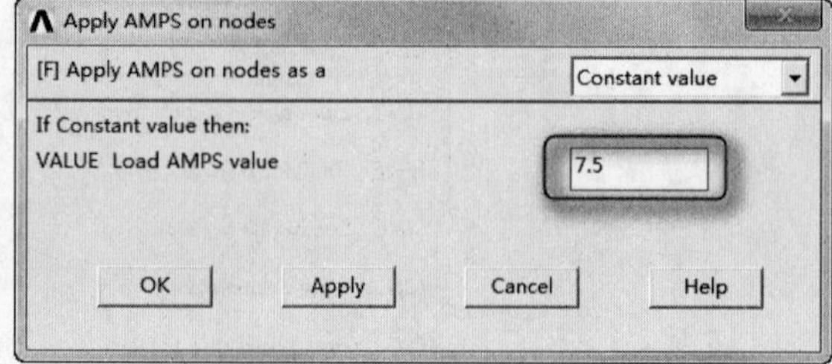

图 21-14 给节点施加电流对话框

（3）数据库和结果文件输出控制。从主菜单中选择 Main Menu > Solution > Load Step Opts > Output Ctrls > DB/Results File 命令，弹出 Controls for Database and Results File Writing（设定数据库和结果文件输出控制）对话框，如图 21-15 所示，在 Item to be controlled 后面的下拉列表框中选择 Element solution，检查并确认在 FREQ File write frequency 下面已选中 Last substep 单选按钮，单击 OK 按钮，把最后一步的单元解求解结果写到数据库中。

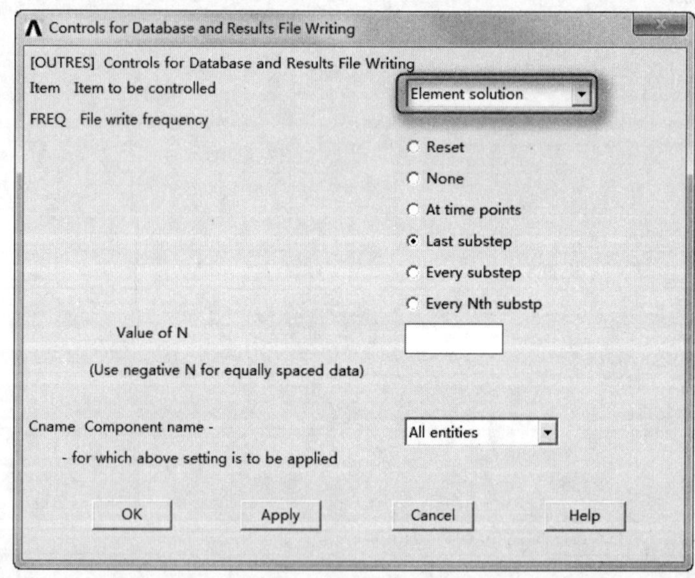

图 21-15 设定数据库和结果文件输出控制对话框

21.2.5 求解

（1）求解。从主菜单中选择 Main Menu > Solution > Solve > Current LS 命令，弹出一个信息窗口

和一个求解当前载荷步对话框，确认信息无误后关闭，单击求解对话框中的 OK 按钮，开始求解运算，直到出现一个 Solution is done 的提示框，表示求解结束。

（2）比奥-萨伐儿磁场积分求解。直接在命令窗口输入 biot,new，并按 Enter 键来执行比奥-萨伐儿磁场积分求解。

21.2.6　查看计算结果

（1）取出 6 号节点处 X 方向磁场强度值。从实用菜单中选择 Utility Menu > Parameters > Get Scalar Data 命令，弹出 Get Scalar Data（获取标量参数）对话框，如图 21-16 所示。

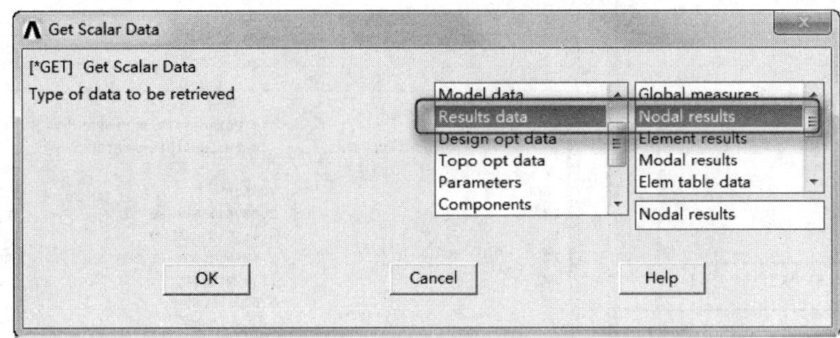

图 21-16　获取标量参数对话框

在 Type of data to be retrieved 后面的列表框中分别选择 Results data 和 Nodal results 选项，单击 OK 按钮，弹出 Get Nodal Results Data 对话框，如图 21-17 所示。在 Name of parameter to be defined 后面的文本框中输入 hx，在 Node number N 后面的文本框中输入 6，在 Results data to be retrieved 后面的列表框中分别选择 Flux & gradient 和 Mag source HSX 选项，单击 OK 按钮。将 6 号节点 X 方向磁场强度 HX 的值赋予标量参数 hx。

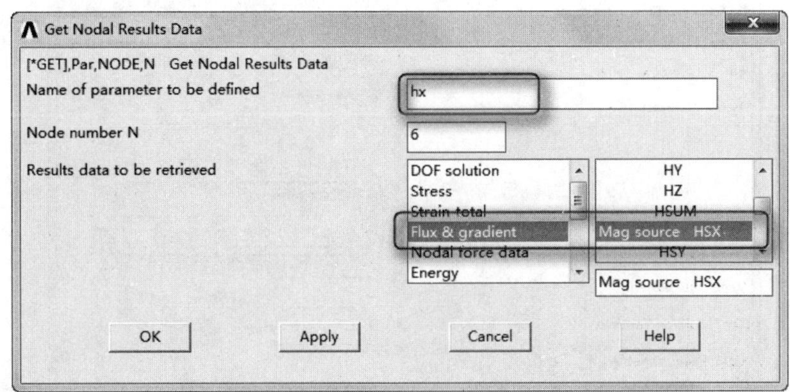

图 21-17　获取节点求解值对话框

（2）按照同样的步骤，取出 6 号节点处 Y 方向和 Z 方向的磁场强度 HY 和 HZ 值，并分别赋予标量参数 hy 和 hz。

（3）定义真空磁导率和磁通密度参数。从实用菜单中选择 Utility Menu > Parameters > Scalar Parameters 命令，弹出 Scalar Parameters 对话框，在 Selection 下面的文本框中输入 MUZRO=12.5664E-7（真空磁导率），单击 Accept 按钮。然后依次在 Selection 文本框中输入：

BX=MUZRO*HX　　　　（X 方向磁通密度）

BY=MUZRO*HY　　　（Y 方向磁通密度）

BZ=MUZRO*HZ　　　（Z 方向磁通密度）

每输入一项，单击 Accept 按钮确认，全部输入完后，单击 Close 按钮，关闭 Scalar Parameters 对话框，其输入参数的结果如图 21-18 所示。

（4）列出当前所有参数。从实用菜单中选择 Utility Menu > List > Status > Parameters > All Parameters 命令，弹出一个信息框，如图 21-19 所示，确认无误后，选择信息对话框中的 File > Close 命令，将其关闭，或者直接单击其右上角的×按钮关闭对话框。

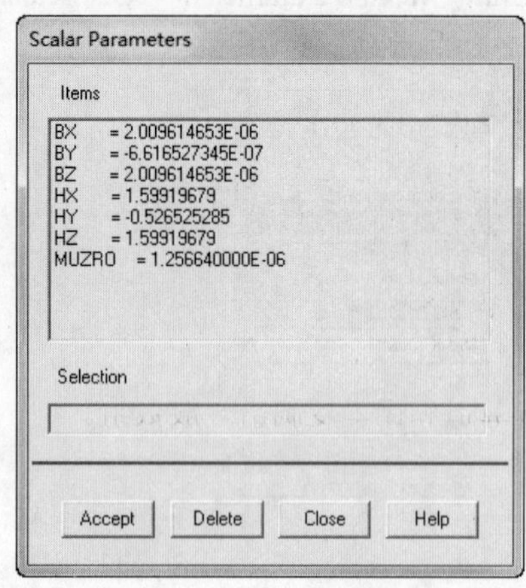

图 21-18　输入参数对话框

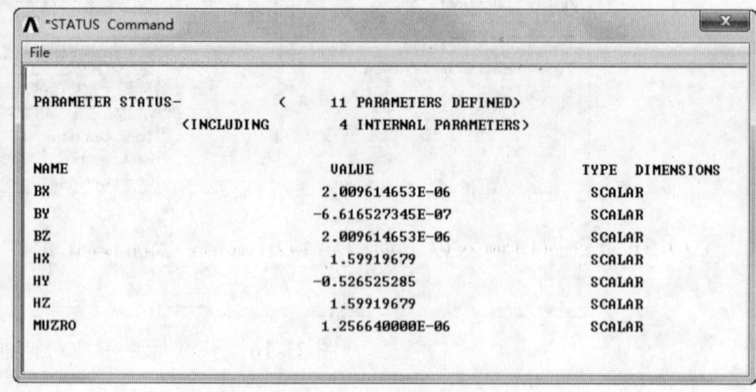

图 21-19　所有参数列表

（5）定义数组。从实用菜单中选择 Utility Menu > Parameters > Array Parameters > Define/Edit 命令，弹出 Array Parameter（数组类型）对话框，单击 Add 按钮，弹出 Add New Array Parameter（定义数组类型）对话框，如图 21-20 所示。

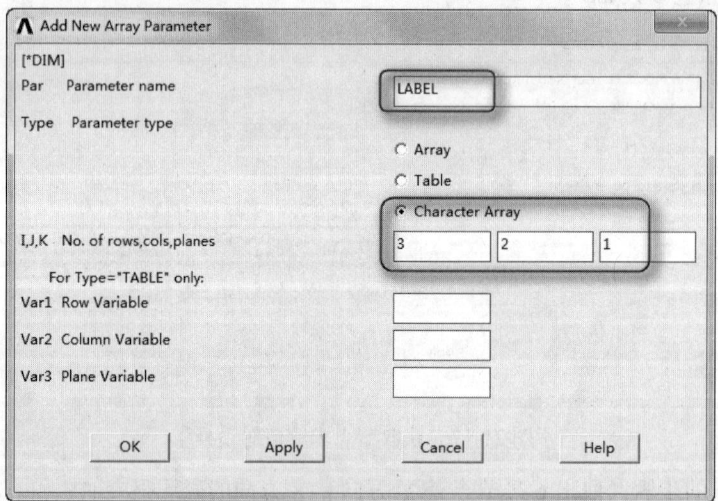

图 21-20　定义数组类型对话框

在 Parameter name 后面的文本框输入 LABEL，在 Parameter type 后面选中 Character Array 单选按钮，在 No. of rows cols,planes 后面的 3 个文本框中分别输入 3、2 和 0，单击 OK 按钮，回到 Array Parameters（数组类型）对话框中。这样就定义了一个数组名为 LABEL 的 3×2 字符数组。

（6）按照同样的步骤，可以定义一个数组名为 VALUE 的 3×3 一般数组。Array Parameters（数

组类型）对话框中列出了已经定义的数组，如图 21-21 所示。

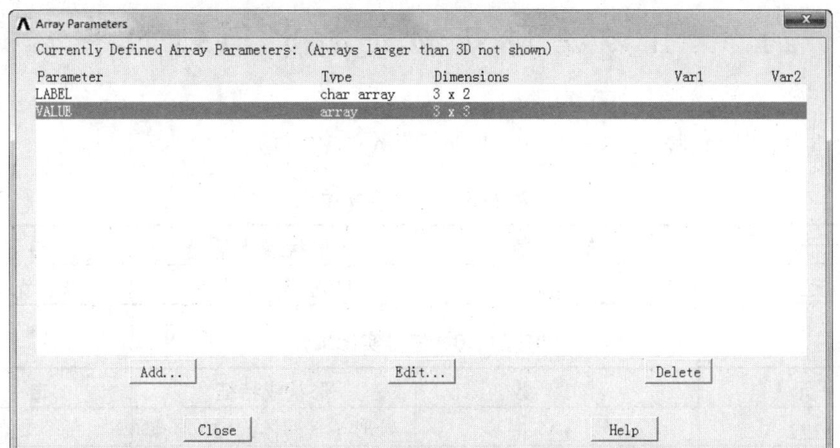

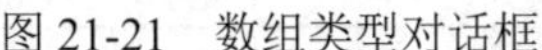
图 21-21　数组类型对话框

（7）在命令窗口输入以下命令给数组赋值，即把理论值、计算值和比率复制给一般数组。

```
LABEL(1,1) = 'BX ','BY ','BZ '
LABEL(1,2) = 'TESLA','TESLA','TESLA'
*VFILL,VALUE(1,1),DATA,2.010E-6,-.662E-6,2.01E-6
*VFILL,VALUE(1,2),DATA,BX,BY,BZ
*VFILL,VALUE(1,3),DATA,ABS(BX/(2.01E-6)),ABS(BY/.662E-6),ABS(BZ/(2.01E-6))
```

（8）查看数组的值，并将结果输出到 C 盘下的一个文件中（命令流实现，没有对应的 GUI 形式，且必须是从实用菜单中选择 Utility Menu>File>Read Input from 命令读入命令流文件）。

```
*CFOPEN, CURRENT LOOP,TXT,C:\
*VWRITE,LABEL(1,1),LABEL(1,2),VALUE(1,1),VALUE(1,2),VALUE(1,3)
(1X,A8,A8,'   ',F12.9,'  ',F12.9,'   ',1F5.3)
*CFCLOS
```

（9）退出 ANSYS。单击 ANSYS Toolbar 工具条上的 QUIT 按钮，弹出如图 21-22 所示的 Exit from ANSYS 对话框，选中 Quit-No Save!单选按钮，单击 OK 按钮，退出 ANSYS 软件。

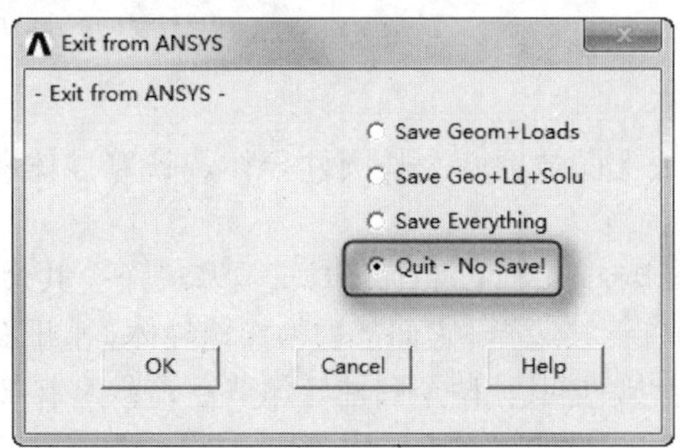

图 21-22　退出 ANSYS 对话框

21.2.7　命令流实现

命令流实现方式这里不再详细介绍，读者可参见随书光盘中的电子文档。

Note

21.3 h方法静电场分析中用到的单元

h方法静电分析使用到表21-9～表21-11所示的ANSYS单元。

表21-9 二维实体单元

单元	维数	形状或特征	自由度
PLANE121	2-D	四边形，8节点	每个节点上的电压

表21-10 三维实体单元

单元	维数	形状或特征	自由度
SOLID122	3-D	砖形（六面体），20节点	每个节点上的电压
SOLID123	3-D	砖形（六面体），20节点	每个节点上的电压

表21-11 特殊单元

单元	维数	形状或特征	自由度
MATRIX50	无（超单元）	取决于构成本单元的单元	取决于构成本单元的单元类型
INFIN110	2-D	4或8节点	每个节点1个：磁矢量位，温度或电位
INFIN111	3-D	六面体，8或20节点	AX、AY、AZ磁矢势，温度，电势或磁标量势
INFIN9	2-D	平面，无界，2节点	AZ磁矢势，温度
INFIN47	3-D	四边形4节点或三角形3节点	AZ磁矢势，温度

21.4 实例——电容计算

静电场分析求解的一个主要参数就是电容。在多导体系统中包括求解自电容和互电容，以便在电路模拟中定义等效集总电容。CMATRIX宏命令能求多导体系统自电容和互电容。

21.4.1 问题描述

本实例为一个无限接地板上面放置两个长圆柱导体，计算导体和地面之间的自电容和互电容系数。

建模时应注意：在模型外半径上，地面和远场单元同享一个公共边界，远场位置上远场单元自然满足零电位。因为地面与远场单元共边界，它们都视为接地导体。由于在程序内部远场单元节点为地，因此地面的节点足以代表地导体。把其他两个圆柱导体节点设置为节点组件，就可以形成一个二导体系统。

本实例计算的对地和集总电容结果如下：

$(C_g)_{11}$=0.454E-4pF　　$(C_l)_{11}$=0.354E-4pF

$(C_g)_{12}$=−0.998E-5pF　　$(C_l)_{12}$=0.998E-5pF

$(C_g)_{22}$=0.454E-4pF　　$(C_l)_{22}$=0.354E-4pF

21.4.2 创建物理环境

（1）过滤图形界面。从主菜单中选择 Main Menu > Preferences 命令，弹出 Preferences for GUI Filtering 对话框，选中 Electric 对后面的分析进行菜单及相应的图形界面过滤。

（2）定义工作标题。从实用菜单中选择 Utility Menu > File > Change Title 命令，在弹出的对话框中输入 Capacitance of two long cylinders above a ground plane，单击 OK 按钮，如图 21-23 所示。

（3）指定工作名。从实用菜单中选择 Utility Menu > File > Change Jobname 命令，弹出一个对话框，在 Enter new jobname 后面的文本框中输入 Capacitance，单击 OK 按钮。

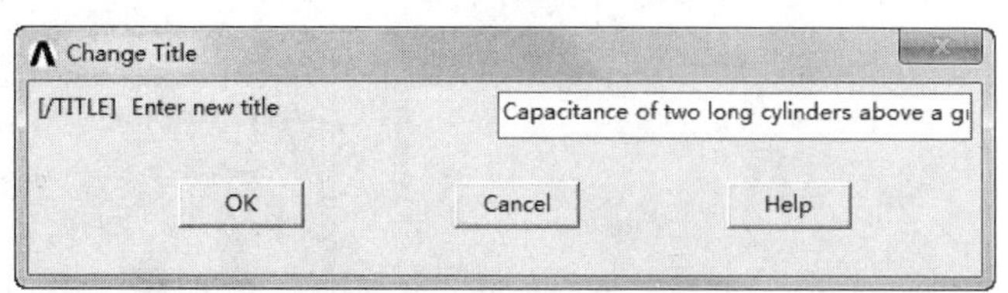

图 21-23 定义工作标题

（4）定义分析参数。从实用菜单中选择 Utility Menu > Parameters > Scalar Parameters 命令，弹出 Scalar Parameters 对话框，在 Selection 下面的文本框中输入 A=100，单击 Accept 按钮。然后在 Selection 下面的文本框中分别输入 D=400、R0=800。

在输入一项后单击 Accept 按钮确认，全部输入完后，单击 Close 按钮，关闭 Scalar Parameters 对话框，其输入参数的结果如图 21-24 所示。

（5）打开面积区域编号显示。从实用菜单中选择 Utility Menu > PlotCtrls > Numbering 命令，弹出 Plot Numbering Controls 对话框，如图 21-25 所示。选中 Area numbers 选项，后面的复选框由 Off 变为 On，单击 OK 按钮关闭对话框。

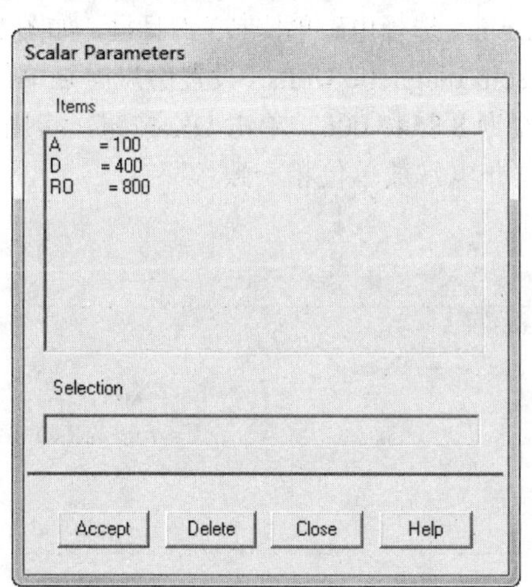

图 21-24 输入参数对话框

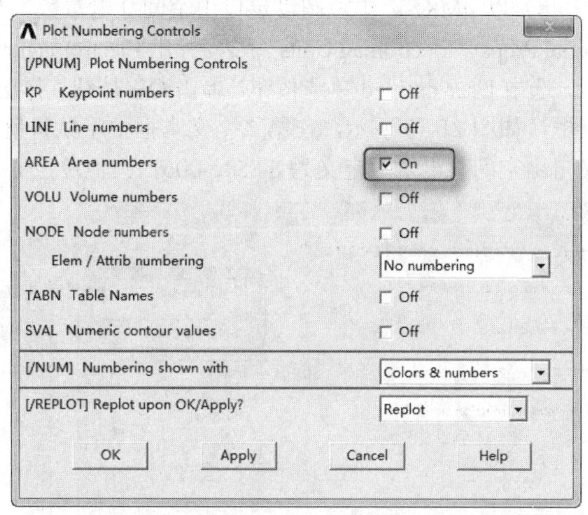

图 21-25 显示面积编号对话框

（6）定义单元类型和选项。从主菜单中选择 Main Menu > Preprocessor > Element Type > Add/Edit/Delete 命令，弹出 Element Types（单元类型）对话框，如图 21-26 所示，单击 Add 按钮，弹出 Library of Element Types（单元类型库）对话框，如图 21-27 所示。

在该对话框左边的列表框中选择 Electrostatic，在右边的列表框中选择 2D Quad 121，单击 Apply 按钮，定义一个 PLANE121 单元。再在对话框左边的列表框中选择 InfiniteBoundary，在右边的列表框中选择 2D Inf Quad 110，单击 OK 按钮，定义 INFIN110 远场单元，返回到单元类型对话框中，得

到如图 21-26 所示的结果。

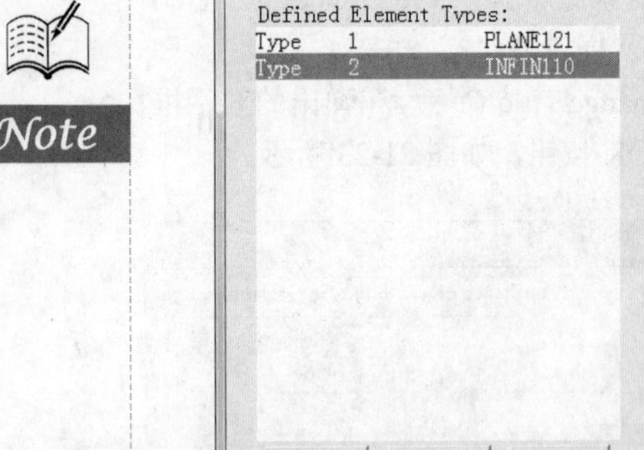

图 21-26　单元类型对话框

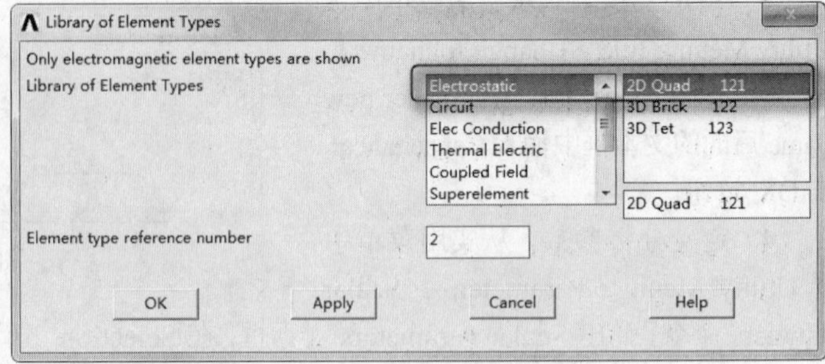

图 21-27　单元类型库对话框

（7）在 Element Types 对话框中选择单元类型 2，单击 Options 按钮，弹出 INFIN110 element type options（单元类型选项）对话框，如图 21-28 所示。在 Element degrees of freedom K1 后面的下拉列表框中选择 VOLT(charge)，在 Define element as K2 后面的下拉列表框中选择 8-Noded Quad，单击 OK 按钮，返回到 Element Types（单元类型）对话框中，单击 Close 按钮，关闭该对话框。

（8）以 μMKSV 单位制设定自由空间介电常数。从主菜单中选择 Main Menu > Preprocessor > Material Props > Electromag Units 命令，弹出 Electromagnetic Units（选择电磁单位制）对话框，如图 21-29 所示，选中 User-defined 单选按钮，单击 OK 按钮，弹出 Electromagnetic Units（设置用户电磁单位制）对话框，如图 21-30 所示，在第二个文本框中将默认值修改为 8.854e-006，单击 OK 按钮，将用户自定义自由空间介电常数定义为 8.854e-006，其他单位必须与介电常数单位相一致。

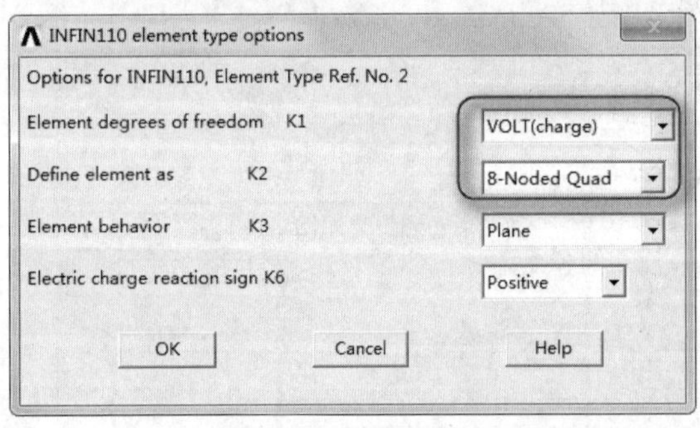

图 21-28　单元类型选项对话框

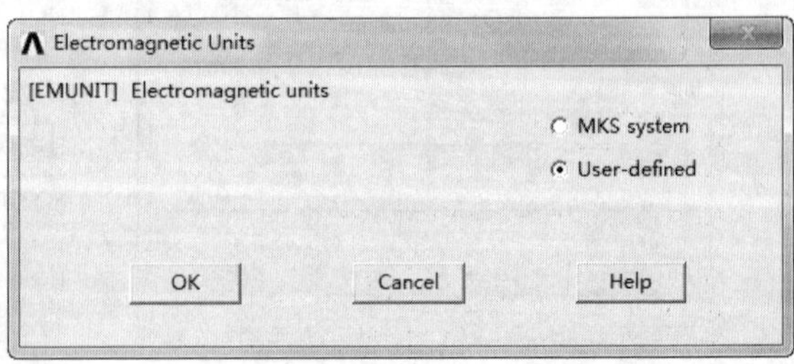

图 21-29　选择电磁单位制对话框

（9）定义材料属性。从主菜单中选择 Main Menu > Preprocessor > Material Props > Material Models 命令，弹出 Define Material Model Behavior 窗口，在右边的列表框中依次选择 Electromagnetics > Relative Permittivity > Constant 选项后，弹出 Relative Permittivity for Material Number1 对话框，如图 21-31 所示，在 PERX 后面的文本框中输入 1，单击 OK 按钮，回到 Define Material Model Behavior 窗口，最后选择 Material > Exit 命令结束，得到结果如图 21-32 所示。

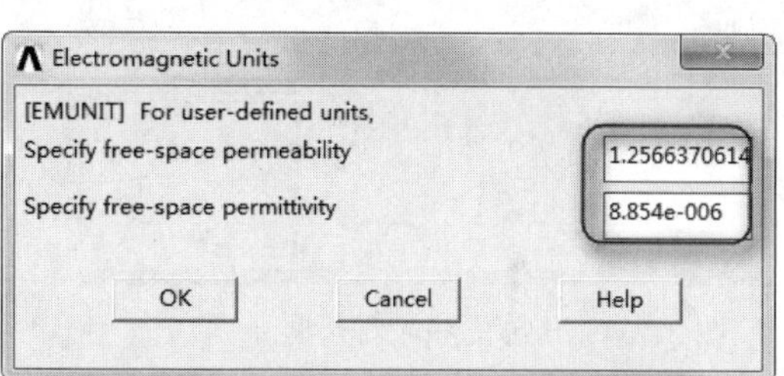

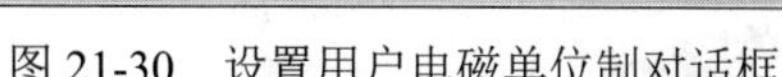
图 21-30 设置用户电磁单位制对话框

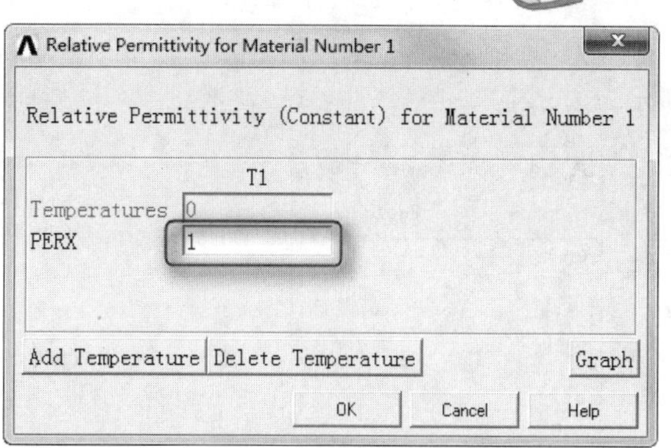

图 21-31 定义相对介电常数

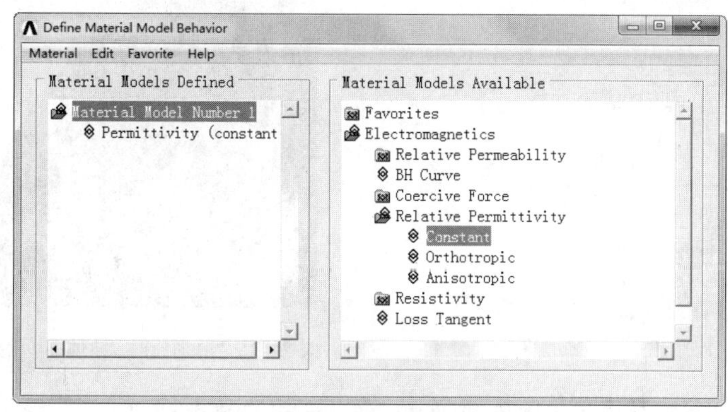

图 21-32 材料属性定义结果

21.4.3 建立模型、赋予特性、划分网格

（1）建立平面几何模型。从主菜单中选择 Main Menu > Preprocessor > Modeling > Create > Areas > Circle > Partial Annulus 命令，弹出 Part Annular Circ Area（创建圆面）对话框，如图 21-33 所示。在 WP X 后面的文本框中输入 d/2，在 WP Y 后面的文本框中输入 d/2，在 Rad-1 后面的文本框中输入 a，单击 Apply 按钮，创建一个半径为 a 的实心圆。

（2）在 WP X 后面的文本框中输入 0，在 WP Y 后面的文本框中输入 0，在 Rad-1 后面的文本框中输入 ro，在 Theta-1 后面的文本框中输入 0，在 Theta-2 后面的文本框中输入 90，单击 Apply 按钮，创建一个半径为 ro 的 1/4 圆。

（3）在 WP X 后面的文本框中输入 0，在 WP Y 后面的文本框中输入 0，在 Rad-1 后面的文本框中输入 2*ro，在 Theta-1 后面的文本框中输入 0，在 Theta-2 后面的文本框中输入 90，单击 Apply 按钮，创建一个半径为 2*ro 的 1/4 圆。

（4）在 WP X 后面的文本框中输入 0，在 WP Y 后面的文本框中输入 0，在 Rad-1 后面的文本框中输入 2*ro，在 Theta-1 后面的文本框中输入 0，在 Theta-2 后面的文本框中输入 90，单击 OK 按钮，创建一个半径为 2*ro 的 1/4 圆。

（5）布尔叠分操作。从主菜单中选择 Main Menu > Preprocessor > Modeling > Operate > Booleans > Overlap > Areas 命令，弹出 Overlap Areas 拾取框，单击 Pick All 按钮，对所有的面进行叠分操作。

（6）压缩不用的面序号。从主菜单中选择 Main Menu > Preprocessor > Numbering Ctrls > Compress Numbers 命令，弹出 Compress Numbers 对话框，如图 21-34 所示，在 Item to be compressed 后面的下拉列表框中选择 Areas，将面序号重新压缩编排，从 1 开始中间没有空缺，单击 OK 按钮退出对话框。

Note

（7）重新显示。从实用菜单中选择 Utility Menu > Plot > Replot 命令，最后得到的几何模型如图 21-35 所示。

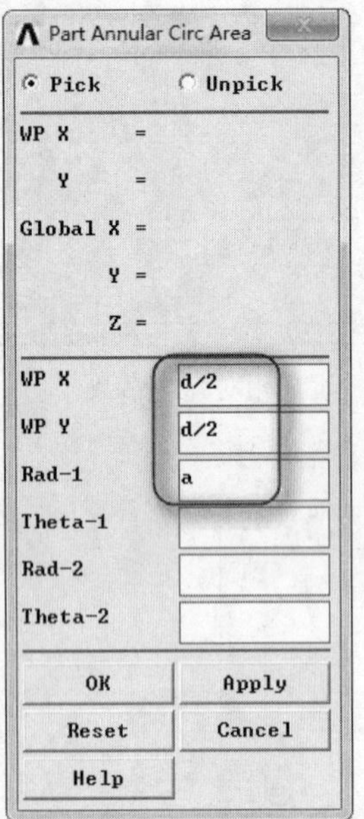

图 21-33　创建圆面

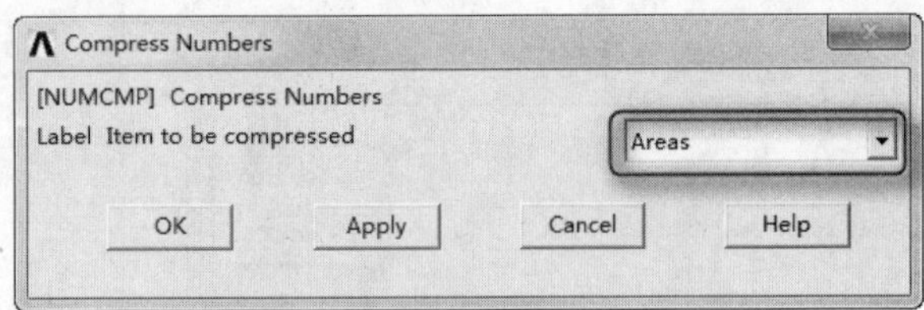

图 21-34　压缩面序号对话框

图 21-35　单个圆柱导体几何模型

（8）智能划分网格。从主菜单中选择 Main Menu > Preprocessor > Meshing > MeshTool 命令，弹出 MeshTool 工具栏，如图 21-36 所示，选中 Smart Size 复选框，并将 Fine—Coarse 工具条拖到 4 的位置，设定智能网格划分的等级为 4。在 Mesh 后面的下拉列表框中选择 Areas，在 Shape 后面选中要划分的单元形状三角形 Tri，在下面的自由划分 Free 和映射划分 Mapped 两个选项中选中 Free 单选按钮，单击 Mesh 按钮，弹出 Mesh Areas 拾取框，在图形界面上拾取面 3，或者在拾取框的文本框中输入 3 并按 Enter 键，单击 OK 按钮，回到 MeshTool 工具栏中，生成的网格结果如图 21-37 所示，单击 Close 按钮将其关闭。

（9）选择远场区域径向线。从实用菜单中选择 Utility Menu > Select > Entities 命令，弹出 Select Entities 对话框，如图 21-38 所示。在最上面的第一个下拉列表框中选择 Lines，在第二个下拉列表框中选择 By Location，再在下面的单选按钮中选中 X coordinates，在 Min,Max 下面的文本框中输入 1.5*ro，在其下面选中 From Full 单选按钮，单击 Apply 按钮。

（10）选中 Y coordinates 单选按钮，在 Min,Max 下面的文本框中输入 1.5*ro，在其下面选中 Also Select 单选按钮，单击 OK 按钮，这样就选择了远场区域径向的两条线。

（11）设定所选线上的单元个数。从主菜单中选择 Main Menu > Preprocessor > Meshing > Size Cntrls > ManualSize > Lines > All Lines 命令，弹出 Element Sizes on All Selected Lines（设定线单元尺寸）对话框，如图 21-39 所示。在 No. of element divisions 后面的文本框中输入 1，单

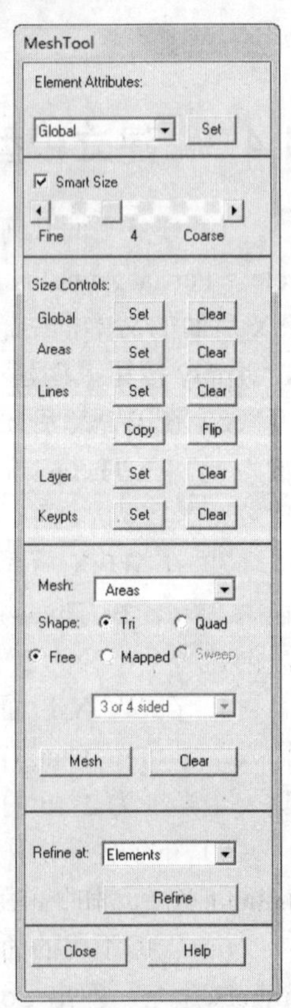

图 21-36　网格划分工具栏

击 OK 按钮。

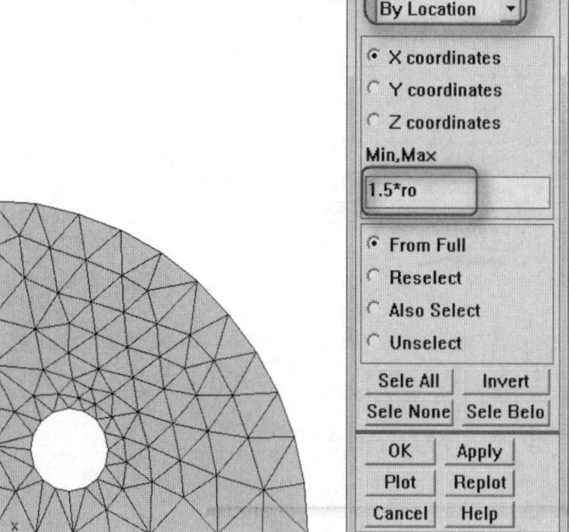

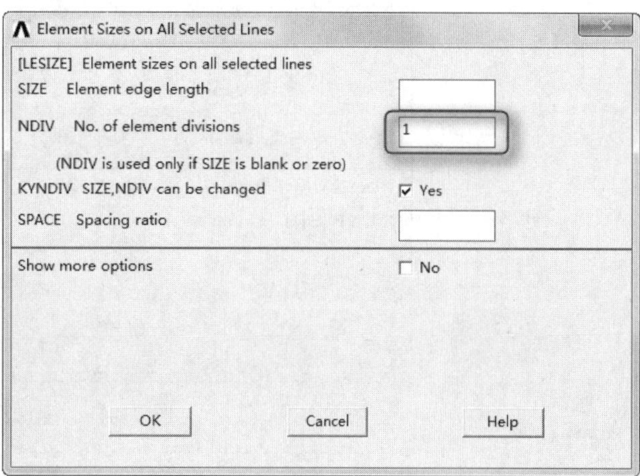

图 21-37 面 3 网格 图 21-38 选择实体对话框 图 21-39 设定线单元尺寸对话框

（12）设置单元属性。从主菜单中选择 Main Menu > Preprocessor > Meshing > Mesh Attributes > Default Attribs 命令，弹出 Meshing Attributes（设置单元属性）对话框，如图 21-40 所示，在 Element type number 后面的下拉列表框中选择 2 INFIN110，单击 OK 按钮退出。默认是 1 号单元类型。

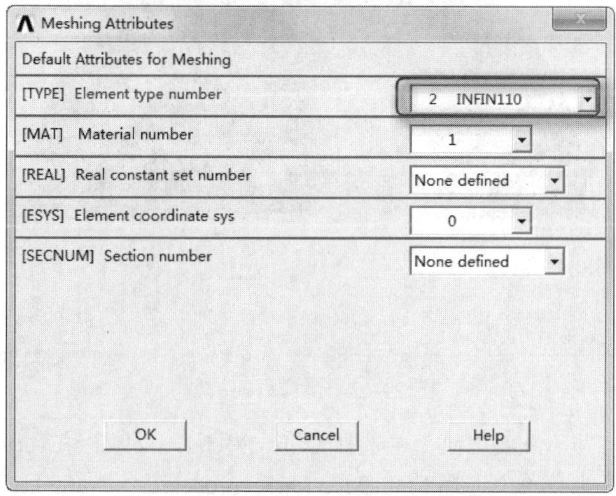

图 21-40 设置单元属性对话框

（13）映射网格划分。从主菜单中选择 Main Menu > Preprocessor > Meshing > MeshTool 命令，弹出 MeshTool 工具栏，如图 21-36 所示，在 Mesh 后面的下拉列表框中选择 Areas，在 Shape 后面的要划分单元形状选项中选择四边形 Quad，在下面的自由划分 Free 和映射划分 Mapped 两个选项中选中 Mapped 单选按钮，单击 Mesh 按钮，弹出 Mcsh Arcas 拾取框，在图形界面上拾取面 2，或者在拾取框的文本框中输入 2 并按 Enter 键，单击 OK 按钮，回到 MeshTool 工具栏，单击 Close 按钮。

（14）生成对称镜像模型。从主菜单中选择 Main Menu > Preprocessor > Modeling > Reflect > Areas 命令，弹出一个面拾取框，单击面拾取框上的 Pick All 按钮，弹出 Reflect Areas（镜像面）对话框，

Note

如图 21-41 所示，在 Plane of symmetry 下面选中 Y-Z plane X 单选按钮，单击 OK 按钮，这样模型就以 Y-Z 平面为对称平面将模型进行镜像，镜像后的模型如图 21-42 所示。镜像后的网格如图 21-43 所示。

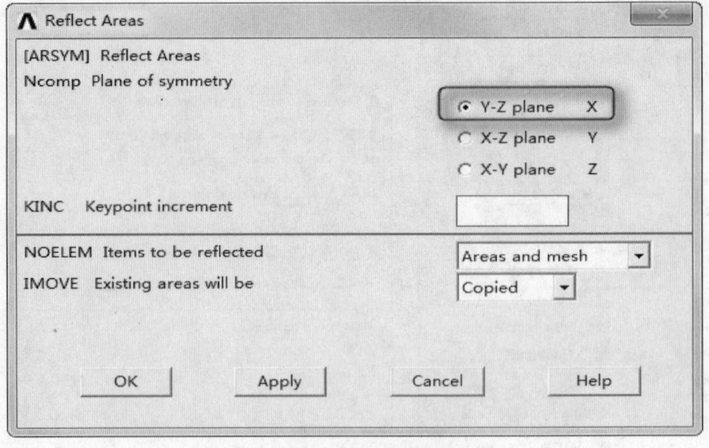

图 21-41 镜像面对话框

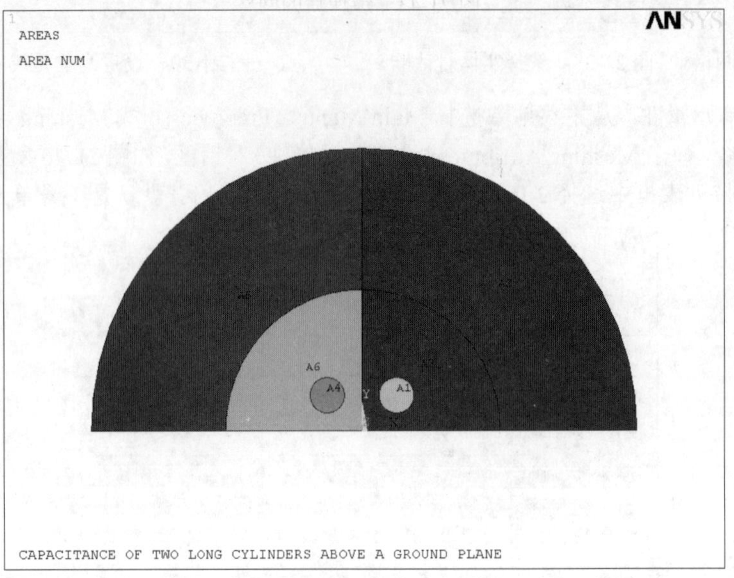

图 21-42 镜像后的模型

（15）选择所有的实体。从实用菜单中选择 Utility Menu > Select > Everything 命令。

（16）合并节点。从主菜单中选择 Main Menu > Preprocessor > Numbering Ctrls > Merge Items 命令，弹出 Merge Coincident or Equivalently Defined Items（合并重合的已定义项）对话框，如图 21-44 所示，在 Type of item to be merge 后面的下拉列表框中选择 Nodes，单击 OK 按钮，合并由于对称镜像而生成的重合节点。

（17）合并关键点。从主菜单中选择 Main Menu > Preprocessor > Numbering Ctrls > Merge Items 命令，弹出 Merge Coincident or Equivalently Defined Items（合并重合的已定义项）对话框，如图 21-44 所示，在 Type of item to be merge 后面的下拉列表框中选择 Keypoints，单击 OK 按钮，合并由于对称镜像而生成的重合关键点。

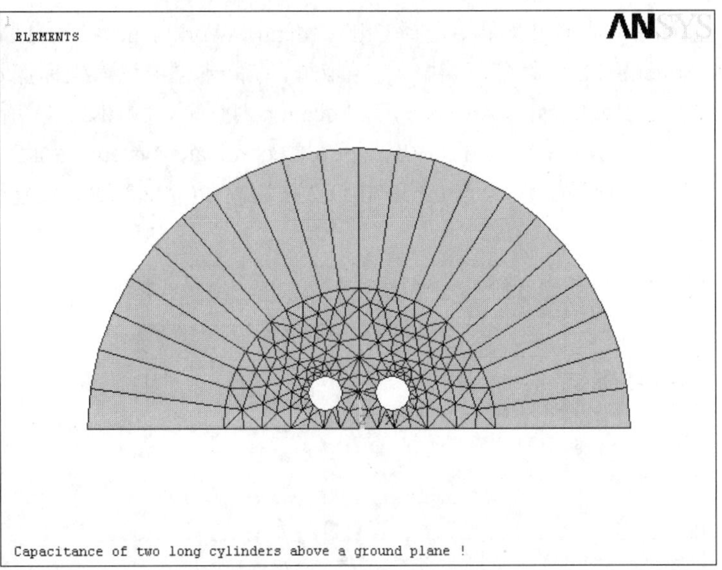

图 21-43 镜像后的网格

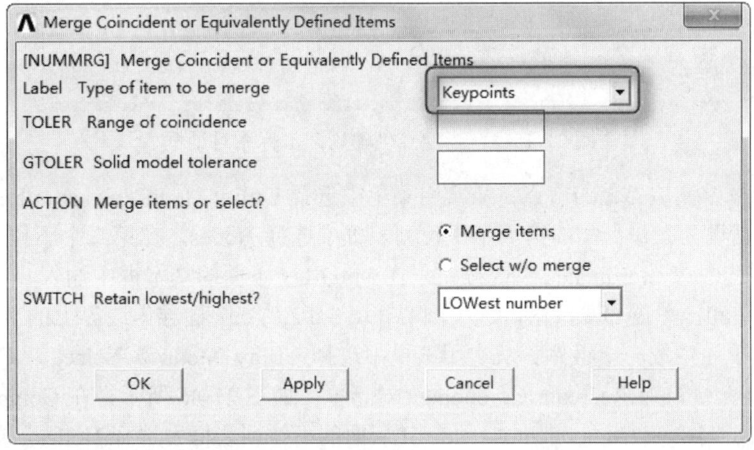

图 21-44 合并重合的已定义项对话框

21.4.4 加边界条件和载荷

（1）改变坐标系。从实用菜单中选择 Utility Menu > WorkPlane > Change Active CS to > Global Cylindrical 命令，把当前的活动坐标系由全局笛卡儿坐标系改变为全局柱坐标系。

（2）选择远场边界上的节点。从实用菜单中选择 Utility Menu > Select > Entities 命令，弹出 Select Entities 对话框，在最上面的第一个下拉列表框中选择 Nodes，在第二个下拉列表框中选择 By Location，在下面选中 X coordinates 单选按钮，在 Min,Max 下面的文本框中输入 2*ro，再在其下面选中 From Full 单选按钮，单击 OK 按钮，选中半径在 2*ro 处远场边界上的所有节点。

（3）在远场外边界节点上施加远场标志。从主菜单中选择 Main Menu > Solution > Define Loads > Apply > Electric > Flag > Infinite Surf > On Nodes 命令，弹出拾取节点的拾取框，单击 Pick All 按钮，给远场区域外边界施加远场标志。

（4）选择所有的实体。从实用菜单中选择 Utility Menu > Select > Everything 命令。

Note

（5）创建局部坐标系。从实用菜单中选择 Utility Menu > WorkPlane > Local Coordinate Systems > Create Local CS > At Specified Loc 命令，弹出一个拾取框，在文本框中输入坐标点 d/2,d/2,0 并按 Enter 键，单击 OK 按钮弹出 Create Local CS at Specified Location 对话框，如图 21-45 所示。在 Ref number of new coord sys 后面的文本框中输入 11，在 Type of coordinate system 后面的下拉列表框中选择 Cylindrical 1 选项，其他选项保持默认设置。单击 OK 按钮，在(d/2,d/2,0)处创建了一个坐标号为 11 的用户自定义柱坐标系。

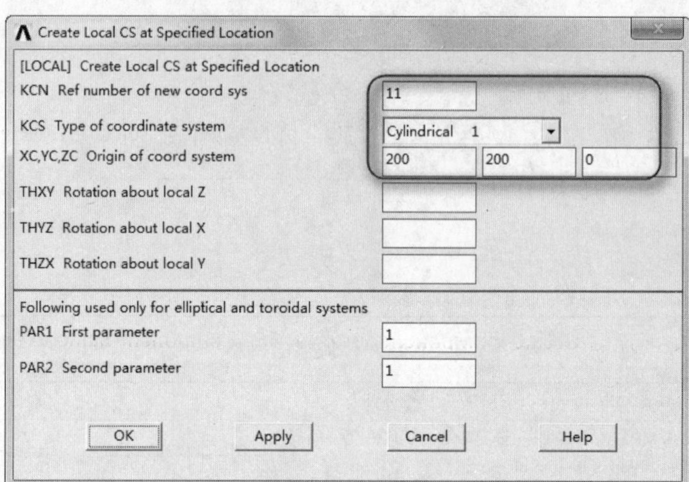

图 21-45　在指定点创建局部坐标系对话框

（6）选择圆柱导体边界上的节点。从实用菜单中选择 Utility Menu > Select > Entities 命令，弹出 Select Entities 对话框，在最上面的第一个下拉列表框中选择 Nodes，在第二个下拉列表框中选择 By Location，在下面选中 X coordinates 单选按钮，在 Min,Max 下面的文本框中输入 a，再在其下的单选按钮中选中 From Full，单击 OK 按钮，选中圆心在(d/2,d/2,0)处圆柱导体边界上的节点。

（7）将所选单元生成一个组件。从实用菜单中选择 Utility Menu > Select > Comp/Assembly > Create Component 命令，弹出 Create Component 对话框，如图 21-46 所示，在 Component name 后面的文本框中输入 cond1，在 Component is made of 后面的下拉列表框中选择 Nodes，单击 OK 按钮。

（8）创建局部坐标系。从实用菜单中选择 Utility Menu > WorkPlane > Local Coordinate Systems > Create Local CS > At Specified Loc 命令，弹出 Create Local CS at Specified Location 拾取框，在文本框中输入坐标点-d/2,d/2,0 并按 Enter 键，单击 OK 按钮，弹出 Create Local CS at Specified Location 对话框，如图 21-45 所示，在 Ref number of new coord sys 后面的文本框中输入 12，在 Type of coordinate system 后面的下拉列表框中选择 Cylindrical 1，其他选项保持默认设置。单击 OK 按钮，在(-d/2,d/2,0)处创建了一个坐标号为 12 的用户自定义柱坐标系。

（9）选择圆柱导体边界上的节点。从实用菜单中选择 Utility Menu > Select > Entities 命令，弹出 Select Entities 对话框，在最上面的第一个下拉列表框中选择 Nodes，在第二个下拉列表框中选择 By Location，在下面的单选按钮中选中 X coordinates，在 Min,Max 下面的文本框中输入 a，再在其下的单选按钮中选中 From Full，单击 OK 按钮，选中圆心在(-d/2,d/2,0)处圆柱导体边界上的节点。

（10）将所选单元生成一个组件。从实用菜单中选择 Utility Menu > Select > Comp/Assembly > Create Component 命令，弹出 Create Component 对话框，如图 21-46 所示。在 Component name 后面的文本框中输入组件名 cond2，在 Component is made of 后面的下拉列表框中选择 Nodes，单击 OK 按钮。

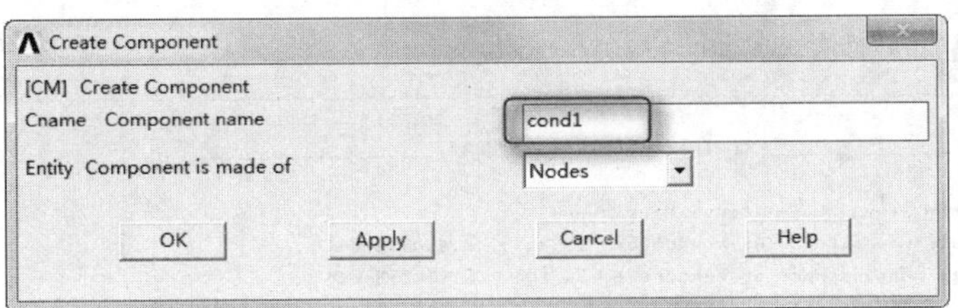

图 21-46 生成组件对话框

Note

（11）改变坐标系。从实用菜单中选择 Utility Menu > WorkPlane > Change Active CS to > Global Cartesian 命令，把当前的活动坐标系由局部 12 柱坐标系改变为全局笛卡儿坐标系。

（12）选择地面边界上的节点。从实用菜单中选择 Utility Menu > Select > Entities 命令，弹出 Select Entities 对话框，在最上面的第一个下拉列表框中选择 Nodes，在第二个下拉列表框中选择 By Location，在下面的单选按钮中选中 Y coordinates，在 Min,Max 下面的文本框中输入 0，再在其下的单选按钮中选中 From Full，单击 OK 按钮，选中地面边界上的节点。

（13）将所选单元生成一个组件。从实用菜单中选择 Utility Menu > Select > Comp/Assembly > Create Component 命令，弹出 Create Component 对话框，在 Component name 后面的文本框中输入组件名 cond3，在 Component is made of 后面的下拉列表框中选择 Nodes，单击 OK 按钮。

（14）选择所有的实体。从实用菜单中选择 Utility Menu > Select > Everything 命令。

21.4.5 求解

（1）执行静电场计算并计算两个导体与地面之间的自电容和互电容系数。从主菜单中选择 Main Menu > Solution > Solve > Electromagnet > Static Analysis > Capac Matrix 命令，弹出 Capac Matrix（计算多导体自电容和互电容系数）对话框，如图 21-47 所示，分别在 Geometric symmetry factor 后面的文本框中输入 1；Compon. name identifier 后面的文本框中输入'cond'；Number of cond. Compon.后面的文本框中输入 3；Ground key 后面的文本框中输入 0。

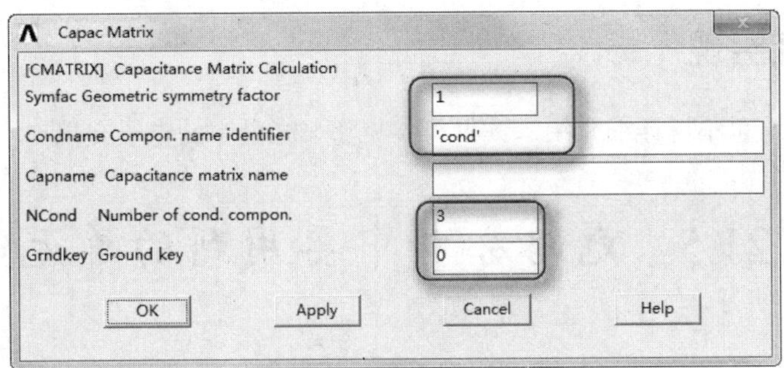

图 21-47 计算多导体自电容和互电容系数对话框

单击 OK 按钮，开始求解运算，直到出现 Solution is done 的提示框，表示求解结束，随后弹出一个信息对话框，其中列出了默认名称为 CMATRIX 的电容矩阵值，如图 21-48 所示，与前面的目标值进行比较，确认无误后，关闭信息对话框。

（2）退出 ANSYS。单击 ANSYS Toolbar 工具条上的 QUIT 按钮，弹出如图 21-49 所示的 Exit from ANSYS 对话框，选中 Quit-No Save!单选按钮，单击 OK 按钮，退出 ANSYS 软件。

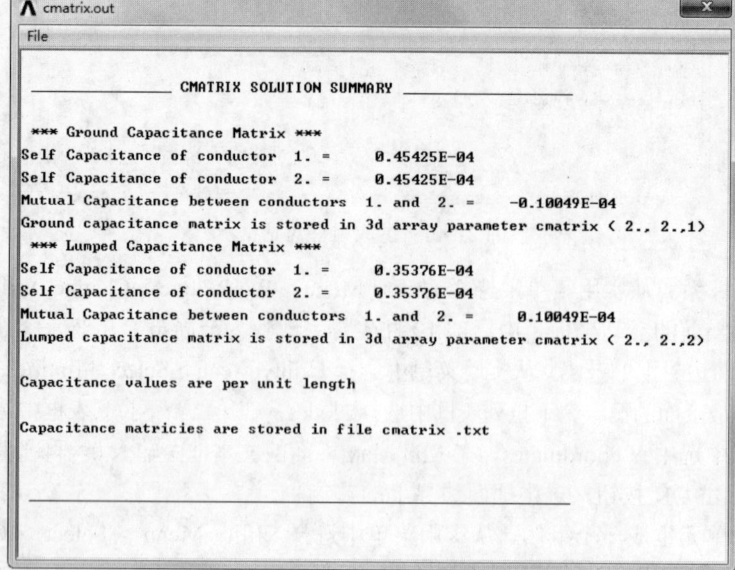

图 21-48　两个导体与地面之间的自电容和互电容系数值

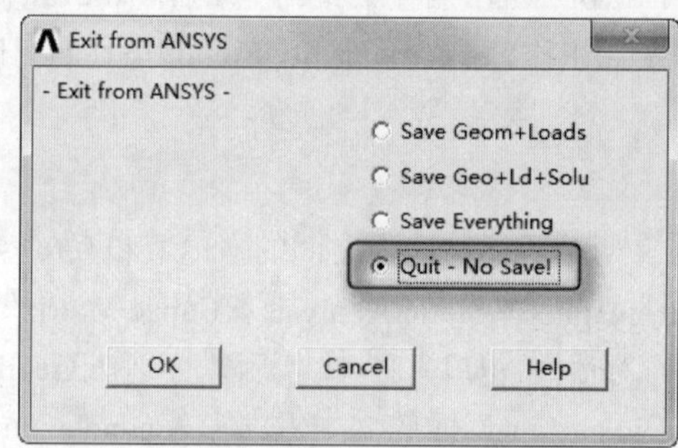

图 21-49　退出 ANSYS 对话框

21.4.6　命令流实现

命令流实现方式这里不再详细介绍，读者可参见随书光盘中的电子文档。

21.5　电路分析中要用到的单元

在电路分析中，ANSYS 提供了一种通用电路单元 CIRCU124 对线性电路进行模拟，还提供了一种为通用二极管和齐纳二极管建模的电路单元 CIRCU125。

21.5.1　使用 CIRCU124 单元

CIRCU124 单元求解未知的节点电压（在有些情况下为电流）。电路由各种部件组成，如电阻、电感、互感、电容、独立电压源和电流源、受控电压源和电流源等，这些元件都可以用 CIRCU124 单元来模拟。

注意：本章只描述 CIRCU124 单元的某些最重要的特性，对该单元的详细描述，读者可参见 ANSYS 帮助中的相关内容。

1．可用 CIRCU124 单元模拟的电路元件

对 CIRCU124 单元通过设置 KEYOPT(1)来确定该单元模拟的电路元件，如表 21-12 所示。例如，把 KEYOPT(1)设置为 2，就可用 CIRCU124 来模拟电容。对所有的电路元件，正向电流都是从节点 I 流向节点 J。

表 21-12　CIRCU124 单元能模拟的电路元件

电路元件及其图形标记	KEYOPT(1)设置	实　常　数
电阻（R）	0	R1=电阻（RES）
电感（L）	1	R1=电感（IND） R2=起始电感电流（ILO）
电容（C）	2	R1=电容（CAP） R2=起始电感电流（VCO）
电感（K）	8	R1=初级电感（IND1） R2=次级电感（IND2） R3=耦合系数（K）
电压控制电流源（G）	9	R1=互导（GT）
电流控制电流源（F）	12	R1=电流增益（AI）
电压控制电压源（E）	10	R1=电压增益（AV）
电流控制电压源（H）	11	R1=互阻（RT）
线圈电流源（N）	5	R1=系数（SCAL）
2D 块状导体电压源（M）	6	R1=系数（SCAL）
3D 块状导体电压源（P）	7	R1=系数（SCAL）

如图 21-50 所示为利用不同的 KEYOPT(1)设置建立的不同电路元件，那些靠近元件标志的节点是“浮动”节点（即它们并不直接连接到电路中）。

注意：全部的电路选项如表 21-12 和图 21-50 所示，ANSYS 的电路建模程序自动生成下列实常数：R15（图形偏置，GOFFST）和 R16（单元识别号，ID）。后面的内容中将会详细讨论电路建模程序。

2．CIRCU124 单元的载荷类型

对于独立电流源和独立电压源，可用 CIRCU124 单元 KEYOPT(2)选项来设置激励形式，可以定义电流或电压的正弦、脉冲、指数或分段线性激励。

3．将 FEA（有限元）区耦合到电路区

可将电路分析的 3 种元件耦合到 FEA 区，如图 21-51 所示的这两种元件直接连接到有限元模型的导体上（耦合是在矩阵中进行耦合的，因此只能为线性的）。

在绞线圈连接中不能存在涡流，磁矢势（MVP）和电流决定线圈电压，连接的电路方程为

$$\Delta V = R_c + \partial \psi / \partial t$$

$$\Delta V = R_c + \frac{n_c}{S_c} \int \frac{\partial \boldsymbol{A}}{\partial t} \mathrm{d}S$$

式中，R_c为线圈电阻，n_c为匝数，S_c为线圈横截面积。

块导体连接中可考虑集肤效应，导体中的 MVP 和电压决定总电流，连接的电路方程为

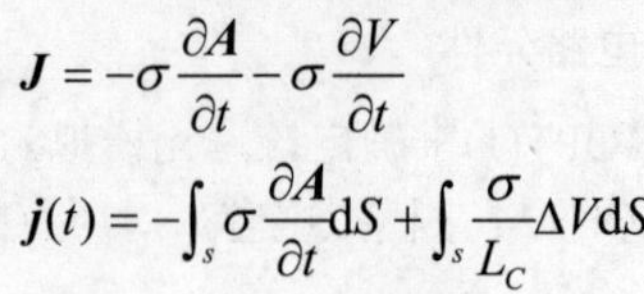

$$\boldsymbol{J}=-\sigma\frac{\partial \boldsymbol{A}}{\partial t}-\sigma\frac{\partial V}{\partial t}$$

$$\boldsymbol{j}(t)=-\int_s \sigma\frac{\partial \boldsymbol{A}}{\partial t}\mathrm{d}S+\int_s \frac{\sigma}{L_C}\Delta V\mathrm{d}S$$

式中，L_c是导体长度，ΔV是电压降。

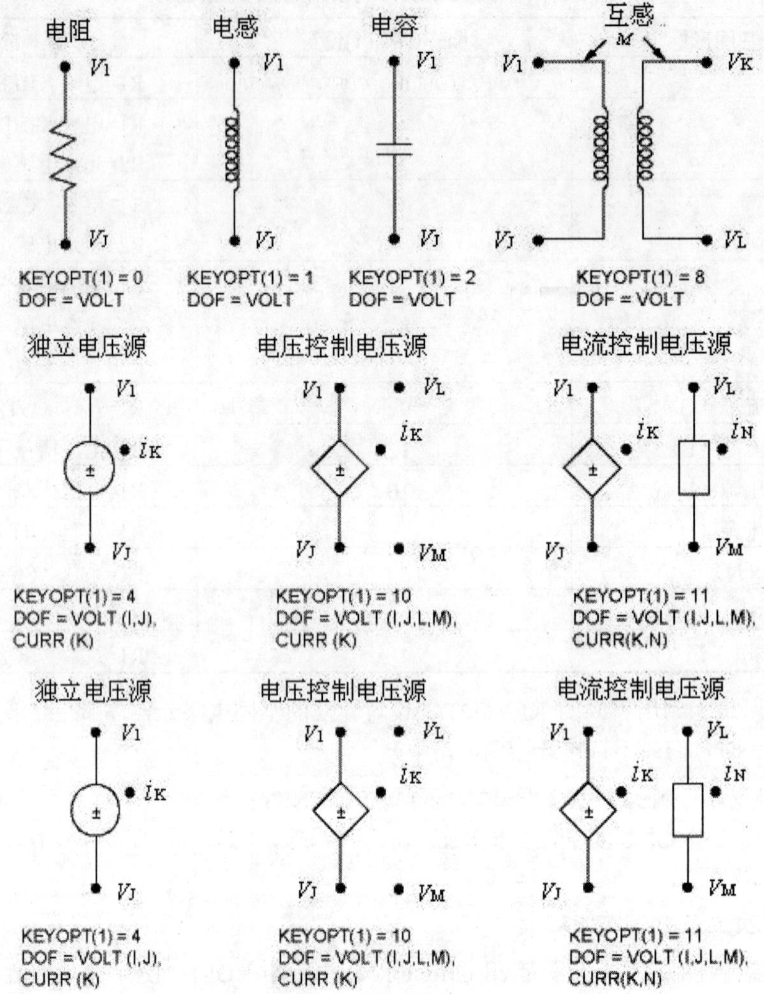

图 21-50　用 CIRCU124 单元可以描述的电路元件

ANSYS 程序通过电路元件和 FEA 导体单元上两个附加的自由度来达到耦合的目的，这些自由度特性如下。

☑　CURR：流过电路和模型导体的电流。

☑　EMF：模型导体（2D 绞线圈、2D 块导体和 3D 线圈导体）的电压降。

☑　VOLT：3D 块状导体内的电位。

二维或三维绞线圈

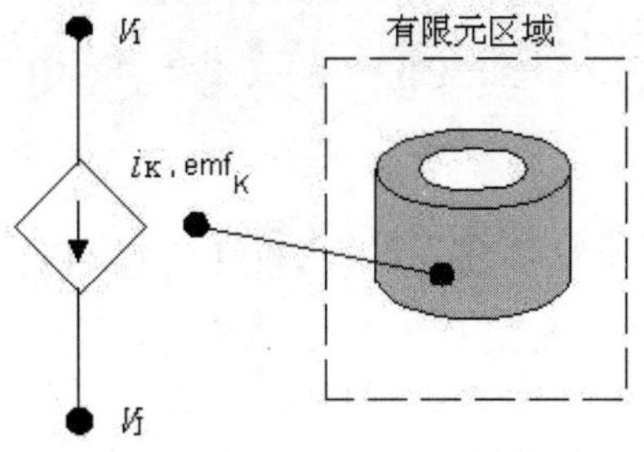

KEYOPT(1) = 5
DOF = VOLT (I,J), CURR(K), EMF(K)

二维块导体

有限元区域

i_K, emf_K

KEYOPT(1) = 6
DOF = VOLT (I,J), CURR(K), EMF(K)

三维块导体

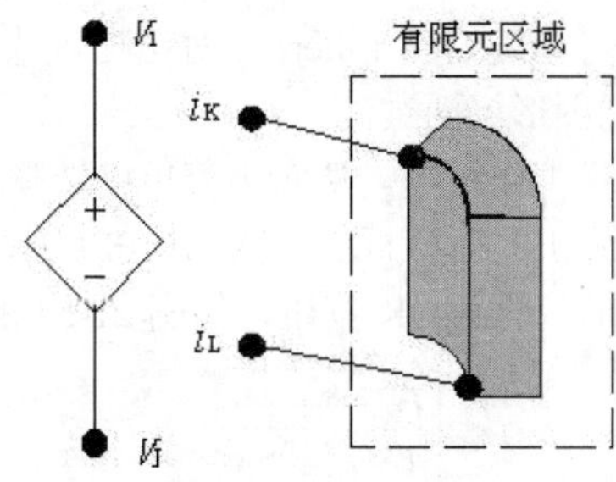

KEYOPT(1) = 7
DOF = VOLT (I,J,K,L), CURR (K,L)

图 21-51　耦合电路元器件

21.5.2　使用 CIRCU125 单元

可以用 CIRCU125 单元为通用二极管和齐纳二极管建模。使用此单元时需注意以下方面。

☑ 在二极管任何状态下，其 I-U 曲线的分段线性特性对应于一个 Norton 等效电路，这个等效电路有一个动态阻抗（在工作点反向倾斜）和一个电流源（在 I-U 曲线的切线和 I 轴相交）。

☑ 如果电压降比二极管（通常是理想二极管）的导通电压低很多，则提取由单元 misc 记录号提供的单元电压降、电流、焦耳热损耗，计算数据时会提示有警告。

☑ 要获得更准确的结果，需要通过提取单元的反力来获得单元电流，并根据二极管状态和 I-U 曲线重新计算电压。

☑ 可以在后处理器中画出二极管的能量和状态图。

☑ 若 AUTOTS 打开，则按照标准的 ANSYS 自动时间步长功能来确定求解时间步 K。程序根据动态系统的特征值来估计时间步长。当状态变化方向是按照预期估计的方向进行时，则单元会发出调小时间步的信号，与接触单元间隙闭合类似。

☑ CIRCU125 单元是高度非线性单元。要获得收敛结果，通常需要定义收敛标准，而不是仅用默认值。用 CNVTOL,VOLT,,0.001,2,1.0E.6 来改变收敛标准。

21.6 实例——瞬态电路分析

本节实例为一个二极管电路分析（GUI 方式和命令流方式）过程。

21.6.1 问题描述

本实例计算的是一个使用理想二极管的半波整流电路，如图 21-52 所示。

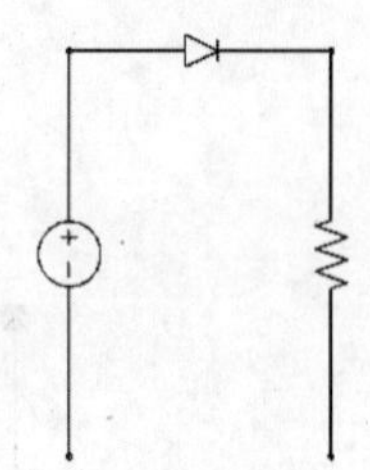

图 21-52 半波整流电路

21.6.2 创建物理环境

（1）过滤图形界面。从主菜单中选择 Main Menu > Preferences 命令，弹出 Preferences for GUI Filtering 对话框，选中 Electric 对后面的分析进行菜单及相应的图形界面过滤。

（2）定义工作标题。从实用菜单中选择 Utility Menu > File > Change Title 命令，在弹出的对话框中输入 SIMPLE HALF WAVE RECTIFIER WITH IDEAL DIODE，单击 OK 按钮，如图 21-53 所示。

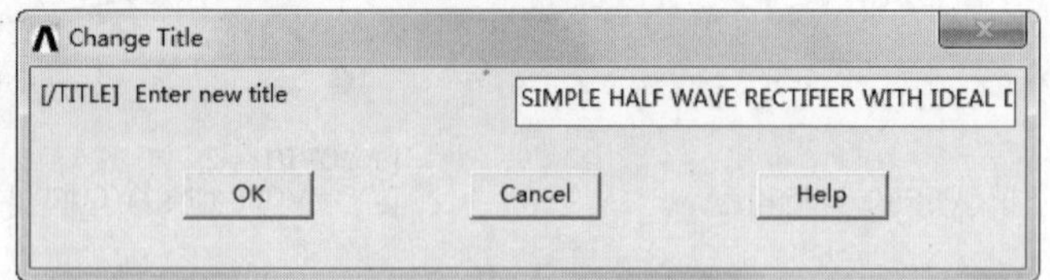

图 21-53 定义工作标题

（3）指定工作名。从实用菜单中选择 Utility Menu > File > Change Jobname 命令，弹出一个对话框，在 Enter new jobname 后面的文本框中输入 HALF WAVE RECTIFIER，单击 OK 按钮。

21.6.3 建立模型、赋予特性、划分网格

（1）定义 π 参数。从实用菜单中选择 Utility Menu > Parameters > Scalar Parameters 命令，弹出 Scalar Parameters 对话框。在 Selection 下面的文本框中输入 PI=4*ATAN(1)，单击 Accept 按钮，其输入参数的结果如图 21-54 所示，单击 Close 按钮，关闭 Scalar Parameters 对话框。

（2）定义实常数 1。从主菜单中选择 Main Menu > Preprocessor > Real Constants > Add/Edit/Delete 命令，弹出 Real Constants（实常数）对话框，单击 Add 按钮，弹出 Real Constants（定义实常数）对话框，如图 21-55 所示，同时弹出一个信息提示框，告诉你还没有定义单元类型，先不要关闭此信息框，输入完实常数参数后再关闭。在 VA 后面的文本框中输入 135，在 FREQ 后面的文本框中输入 1，单击 OK 按钮，回到 Real Constants（实常数）对话框中，单击 Close 按钮。

（3）创建节点（用节点法建立模型）。从主菜单中选择 Main Menu > Preprocessor > Modeling > Create > Nodes > In Active CS 命令，弹出 Create Nodes in Active Coordinate System（在当前激活坐标系下建立节点）对话框，如图 21-56 所示，在 Node number 后面的文本框中输入 1，在 X,Y,Z Location in active CS 后面的 3 个文本框中分别输入−0.85、0.4 和 0，单击 Apply 按钮，这样就创建了 1 号节点，坐标为(−0.85,0.4,0)。

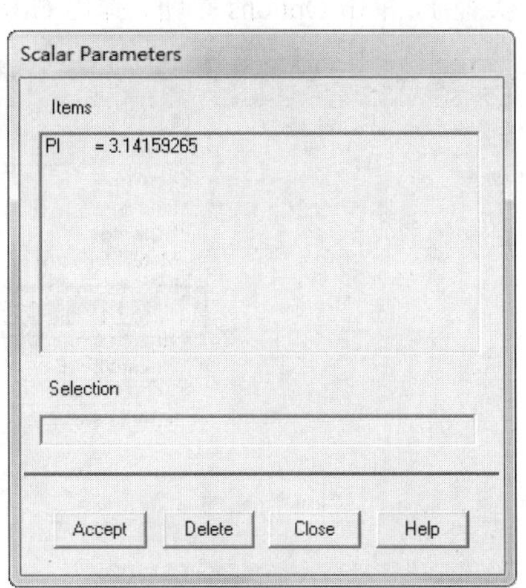

图 21-54　输入参数对话框

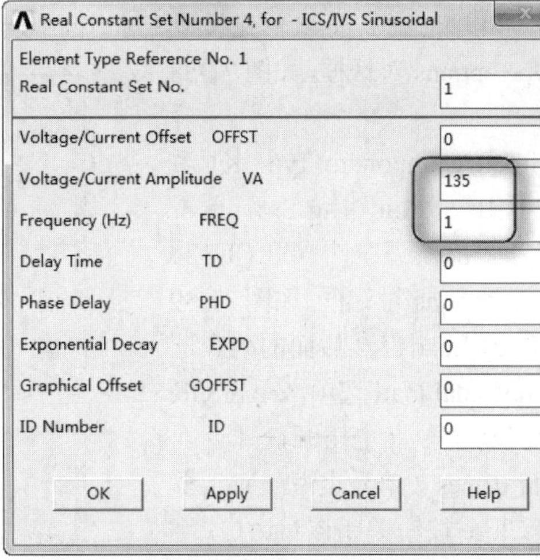

图 21-55　定义实常数对话框

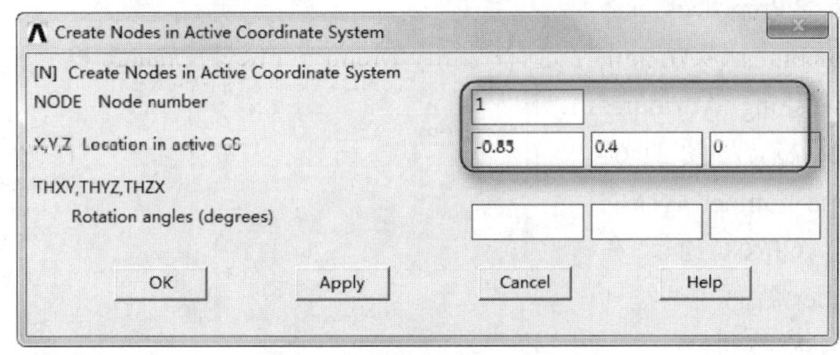

图 21-56　创建第一个节点

（4）将 Node number 后面的文本框中的 1 改为 2，在 Location in active CS 后面的 3 个文本框中分别输入-0.85、0.25 和 0，单击 OK 按钮，这样创建了第 2 个节点，坐标为(-0.85,0.25,0)。

（5）修改实常数组 1。在命令窗口输入 RMODIF,1,15,0,1，此命令没有相应的 GUI 菜单，将实常数 1 增加了 Value15=0 和 Value16=1 两项。可以通过 GUI 方式（从实用菜单中选择 Utility Menu > List > properties > All Real constants 命令）来查看修改后的实常数 1。

（6）定义单元类型和选项。从主菜单中选择 Main Menu > Preprocessor > Element Type > Add/Edit/Delete 命令，弹出 Element Types（单元类型）对话框，单击 Add 按钮，弹出 Library of Element Types（单元类型库）对话框，如图 21-57 所示。在左边的列表框中选择 Circuit，在右边的列表框中选择 Circuit 124，单击 OK 按钮，定义一个 CIRCU124 单元，并返回到单元类型对话框中。

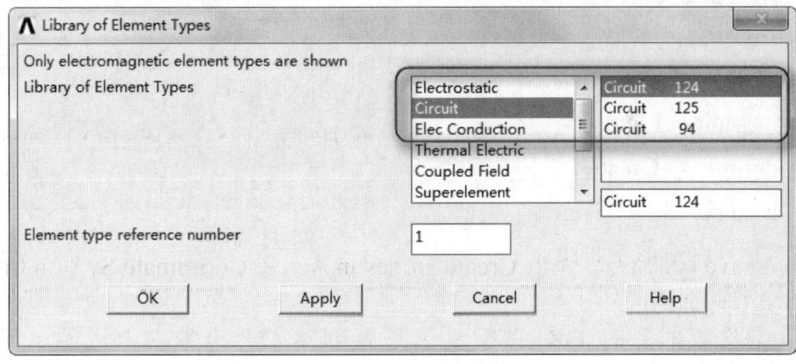

图 21-57　单元类型库对话框

Note

（7）在 Element Types（单元类型）对话框中选择单元类型 1，单击 Options 按钮，弹出 CIRCU124 element type options 对话框，如图 21-58 所示。

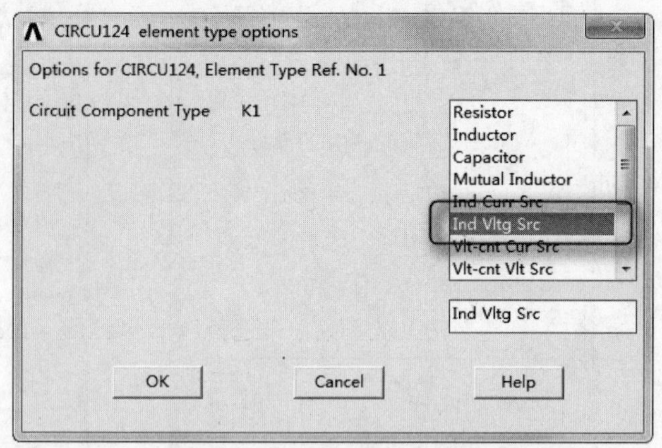

图 21-58 单元类型选项对话框 K1

在 Circuit Component Type K1 后面的列表框中选择 Ind Vltg Src，单击 OK 按钮，弹出另外一个 CIRCU124 element type options 对话框，如图 21-59 所示，在 Body Loads K2 后面的列表框中选择 Sinusoidal load 选项，单击 OK 按钮，定义一个独立电压源，并返回到 Element Types（单元类型）对话框中。单击 Close 按钮关闭该对话框。

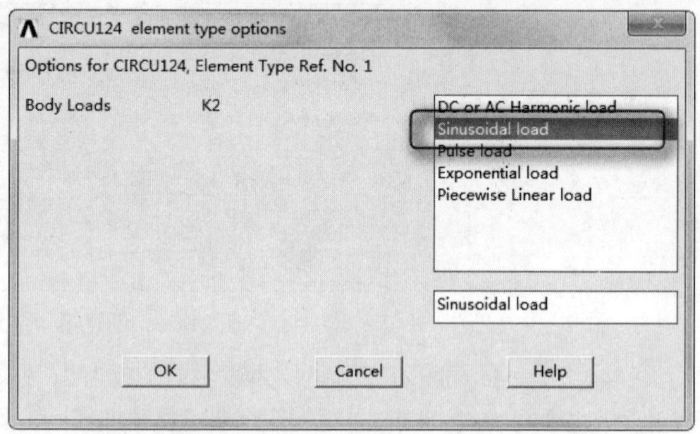

图 21-59 单元类型选项对话框 K2

（8）定义单元默认属性。从主菜单中选择 Main Menu > Preprocessor > Meshing > Mesh Attributes > Default Attribs 命令，弹出 Meshing Attributes（定义单元属性）对话框，如图 21-60 所示，在 Element type number 后面的下拉列表框中选择 1 CIRCU124，在 Real constant set number 后面的下拉列表框中选择 1，单击 OK 按钮。

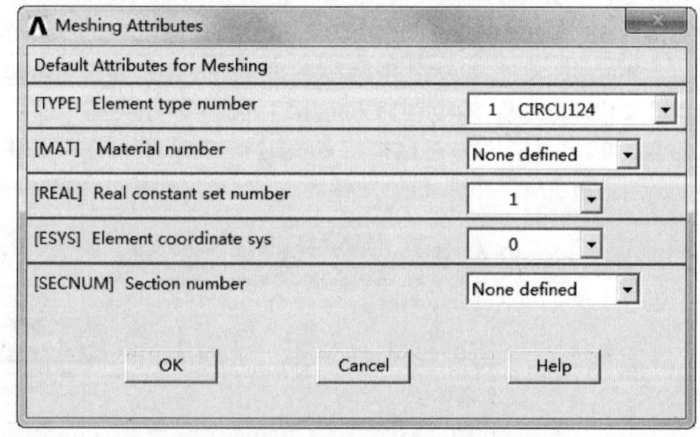

图 21-60 定义单元属性对话框

（9）创建节点。从主菜单中选择 Main Menu > Preprocessor > Modeling > Create > Nodes > In Active CS 命令，弹出 Create Nodes in Active Coordinate System（在当前激活坐标系下建立节点）对话框，如图 21-56 所示，在 Node number 后面的文本框中输入 3，在 X,Y,Z Location in active CS 后面的 3 个文本框中分别输入-0.85、0.325 和 0，单击 OK 按钮，这样就创建了 3 号节点，坐标为(-0.85,0.325,0)。

（10）创建独立电压源单元。从主菜单中选择 Main Menu > Preprocessor > Modeling > Create > Elements > Auto Numbered > Thru Nodes 命令，弹出一个节点拾取框，在拾取框的文本框中分别输入 1、2 和 3 并按 Enter 键，单击拾取框上的 OK 按钮，于是就创建了一个独立电压源单元，电压源的值为 Vs=135*SIN(2*PI*T)，如图 21-61 所示，此单元属性就是前面所定义的属性，用节点法建模时，每得

到一个单元应立即给此单元分配属性。

（11）定义实常数 2。从主菜单中选择 Main Menu > Preprocessor > Real Constants > Add/Edit/Delete 命令，弹出 Real Constants（实常数）对话框，单击 Add 按钮，弹出 Element Typeties（定义实常数单元类型）对话框，选择 Type 1 CIRCU124，单击 OK 按钮，弹出为 CIRCU124 单元定义实常数的对话框，在 Real Constant Set No 后面的文本框中输入 2，在 Voltage/Current Offset OFFSET 后面的文本框中输入 2500，单击 OK 按钮，回到 Real Constants（实常数）对话框中，单击 Close 按钮。

注意：上面输入的实常数 2 参数的目的，是为了相当于输入实常数 1 中的 Value 1，为后面定义的电阻单元设置电阻值而用。

（12）创建节点。从主菜单中选择 Main Menu > Preprocessor > Modeling > Create > Nodes > In Active CS 命令，弹出 Create Nodes in Active Coordinate System（在当前激活坐标系下建立节点）对话框，如图 21-56 所示，在 Node number 后面的文本框中输入 4，在 X,Y,Z Location in active CS 后面的 3 个文本框中分别输入−0.75、0.4 和 0，单击 Apply 按钮，这样就创建了 4 号节点，坐标为(−0.75,0.4,0)。

（13）将 Node number 后面的文本框中的 4 改为 5，在 Location in active CS 后面的 3 个文本框中分别输入−0.75、0.25 和 0，单击 OK 按钮，这样创建了第 2 个节点，坐标为(−0.75,0.25,0)。

（14）修改实常数组 2。在命令窗口输入 RMOD,2,15,0,2，此命令没有相应的 GUI 菜单，将实常数 1 增加了 Valuc15=0 和 Valuc16=2 两项。可以通过 GUI 方式（从实用菜单中选择 Utility Menu > List > properties > All Real constants 命令）来查看修改后的实常数 2。

（15）定义单元类型和选项。从主菜单中选择 Main Menu > Preprocessor > Element Type > Add/Edit/Delete 命令，弹出 Element Types（单元类型）对话框，单击 Add 按钮，弹出 Library of Element Types（单元类型库）对话框，在其中的两个列表框中分别选择 Circuit 和 Circuit 124 选项，单击 OK 按钮，又定义了一个 CIRCU124 单元，并返回到 Element Types（单元类型）对话框中。

（16）在 Element Types 对话框中选择单元类型 2，单击 Options 按钮，弹出 CIRCU124 element type options 对话框，在 Circuit Component Type K1 后面的列表框中选择 Resistor，单击 OK 按钮，定义一个电阻，并返回到 Element Types（单元类型）对话框中，单击 Close 按钮。

（17）定义单元默认属性。从主菜单中选择 Main Menu > Preprocessor > Meshing > Mesh Attributes > Default Attribs 命令，弹出 Meshing Attributes（定义单元属性）对话框，在 Element type number 后面的下拉列表框中选择 2 CIRCU124，在 Real constant set number 后面的下拉列表框中选择 2，单击 OK 按钮。

（18）创建电阻单元。从主菜单中选择 Main Menu > Preprocessor > Modeling > Create > Elements > Auto Numbered > Thru Nodes 命令，弹出一个节点拾取框，在拾取框的文本框中分别输入 4 和 5 并按 Enter 键，单击拾取框上的 OK 按钮，就创建了一个电阻单元，如图 21-62 所示，此单元属性就是第（17）步所定义的属性。

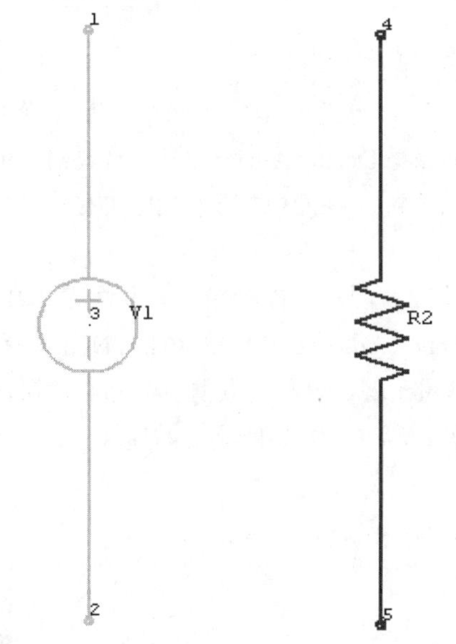

图 21-61　独立电压源单元　　图 21-62　电阻单元

(19）定义单元类型。从主菜单中选择 Main Menu > Preprocessor > Element Type > Add/Edit/Delete 命令，弹出 Element Types（单元类型）对话框，单击 Add 按钮，弹出 Library of Element Types（单元类型库）对话框，在左边的列表框中选择 Circuit，在右边的列表框中选择 Circuit 125，单击 OK 按钮，定义一个 CIRCU125 单元，回到 Element Types（单元类型）对话框中，得到如图 21-63 所示的结果，单击 Close 按钮。

Note

(20）定义实常数 3。从主菜单中选择 Main Menu > Preprocessor > Real Constants > Add/Edit/Delete 命令，弹出 Real Constants（实常数）对话框，单击 Add 按钮，弹出定义实常数单元类型对话框，选择 Type 3 CIRCU125，单击 OK 按钮，弹出 Real Constant Set Number 3, for CIRCU125 为 CIRCU125 单元定义实常数对话框，如图 21-64 所示。在 Real Constant Set No.后面的文本框中输入 3，单击 OK 按钮，回到 Real Constants（实常数）对话框中，单击 Close 按钮。

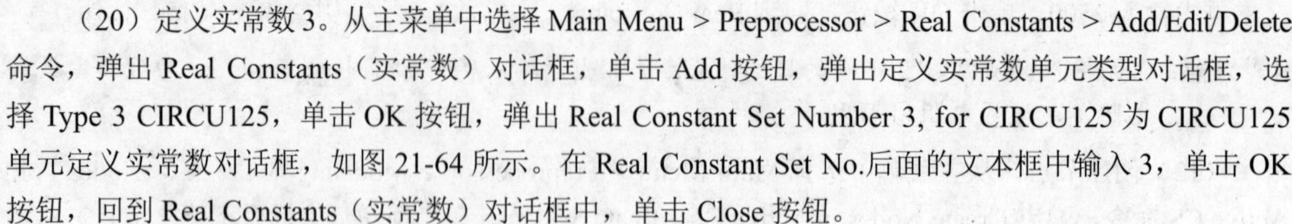

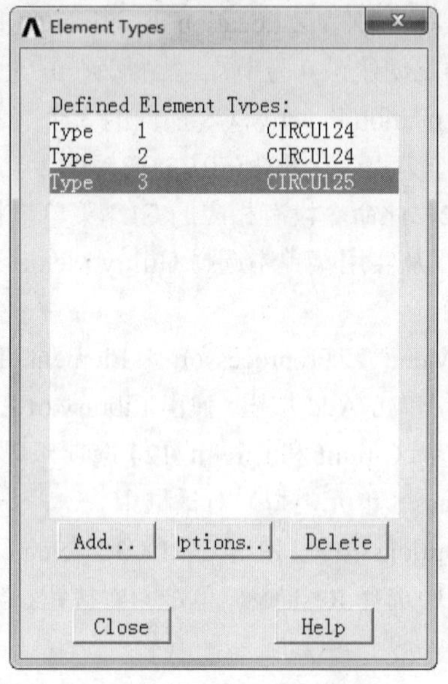

图 21-63　单元类型对话框

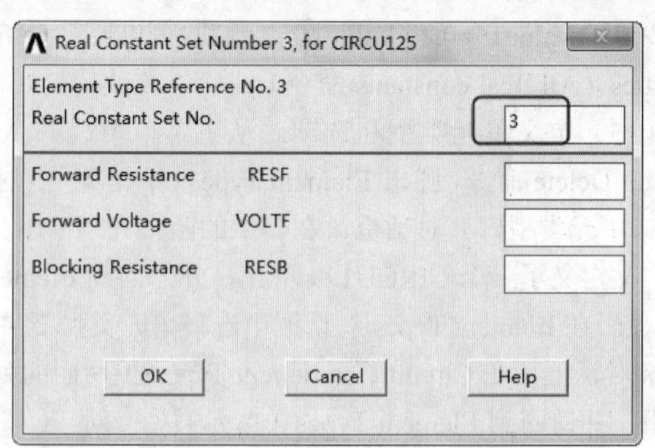

图 21-64　设置实常数对话框

(21）定义单元默认属性。从主菜单中选择 Main Menu > Preprocessor > Meshing > Mesh Attributes > Default Attribs 命令，弹出 Meshing Attributes（定义单元属性）对话框，在 Element type number 后面的下拉列表框中选择 3 CIRCU125，在 Real constant set number 后面的下拉列表框中选择 3，单击 OK 按钮。

(22）创建二极管单元。从主菜单中选择 Main Menu > Preprocessor > Modeling > Create > Elements > Auto Numbered > Thru Nodes 命令，弹出节点拾取框，在拾取框的输入栏中分别输入 1 和 4 并按 Enter 键，单击拾取框上的 OK 按钮，于是就创建了一个二极管单元，如图 21-65 所示，此单元属性就是第（21）步所定义的属性。

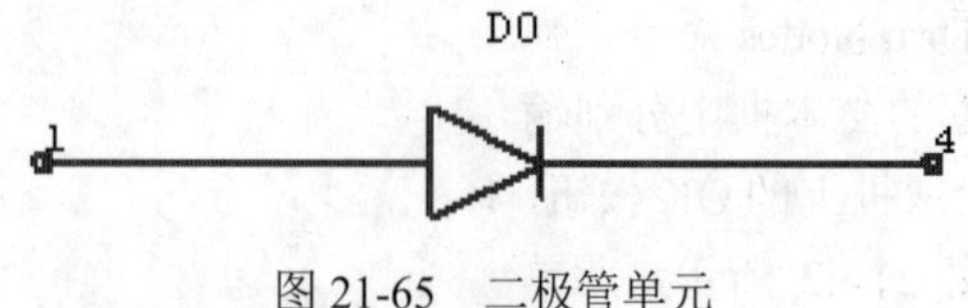

图 21-65　二极管单元

21.6.4 加边界条件和载荷

Note

（1）给节点 2 和 5 施加零电位边界条件。从主菜单中选择 Main Menu > Solution > Define Loads > Apply > Electric > Boundary > Voltage > On Nodes 命令，弹出节点拾取框，在拾取框的文本框中输入 2 和 5 并按 Enter 键，单击拾取框上的 OK 按钮，弹出 Apply VOLT On nodes（在节点上施加电压）对话框，如图 21-66 所示，在 Load VOLT value 后面的文本框中输入 0，单击 OK 按钮。

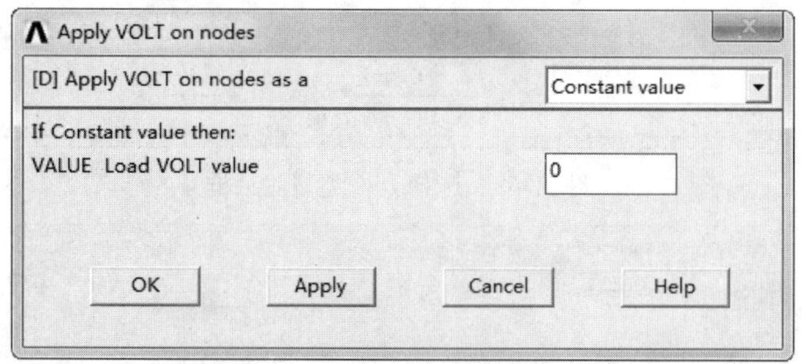

图 21-66 在节点上施加电压对话框

（2）选择所有实体。从实用菜单中选择 Utility Menu > Select > Everything 命令。

（3）显示整个电路有限元模型。从实用菜单中选择 Utility Menu > Plot > Elements 命令，在图形界面上将显示整个整流电路的有限元模型，如图 21-67 所示。

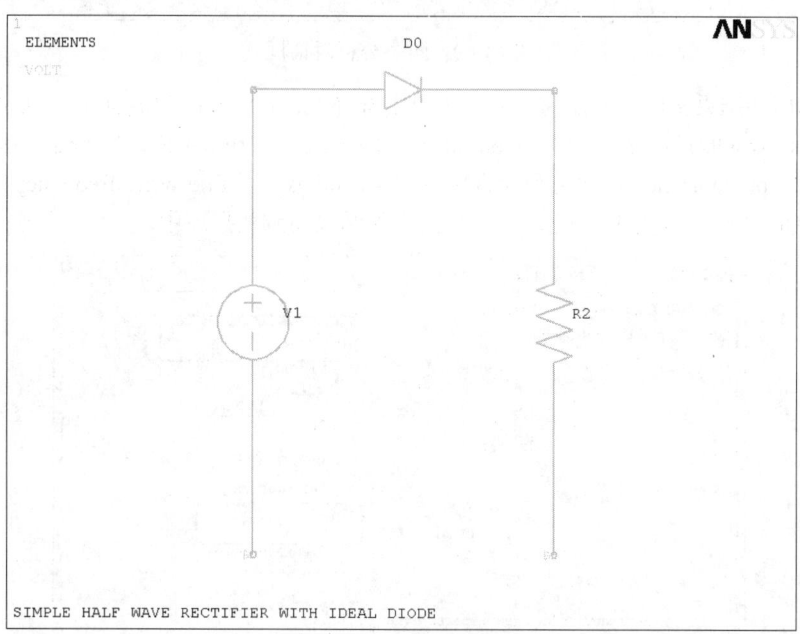

图 21-67 半波整流电路有限元模型

21.6.5 求解

（1）选择分析类型。从主菜单中选择 Main Menu > Solution > Analysis Type > New Analysis 命令，弹出 New Analysis（选择分析类型）对话框，如图 21-68 所示，选中 Transient 单选按钮，单击 OK 按

钮，弹出 Transient Analysis 对话框，如图 21-69 所示，接受求解方法 Solution method 为 Full，单击 OK 按钮。

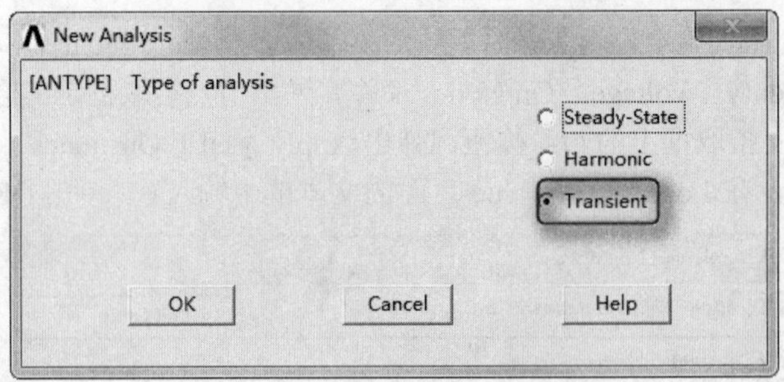

图 21-68　选择分析类型对话框

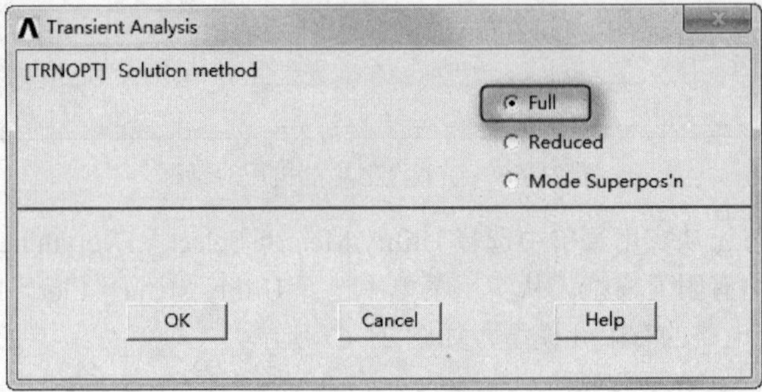

图 21-69　瞬态分析对话框

（2）数据库和结果文件输出控制。从主菜单中选择 Main Menu > Solution > Load Step Opts > Output Ctrls > DB/Results File 命令，弹出 Controls for Database and Results File Writing 对话框，如图 21-70 所示，在 Item to be controlled 后面的列表框中选择 All items，在 File write frequency 下面选中 Every substep 单选按钮，单击 OK 按钮，把每个子步的求解结果写到数据库中。

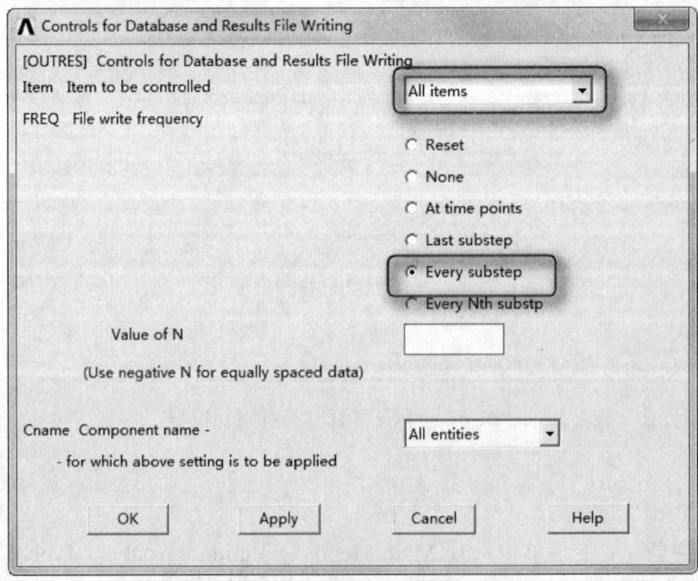

图 21-70　结果文件输出控制对话框

Note

（3）设定时间和时间步长选项。从主菜单中选择 Main Menu > Solution > Load Step Opts > Time/Frequenc > Time - Time Step 命令，弹出 Time and Time Step Options（时间和时间步长选项）对话框，如图 21-71 所示，在其中设置如下：

在 Time at end of load step 后面的文本框中输入 1.5；

在 Time step size 后面的文本框中输入 0.01；

在 Automatic time stepping 下面选中 ON 单选按钮；

在 Minimum time step size 后面的文本框中输入 0.01；

在 Maximum time step size 后面的文本框中输入 0.04。

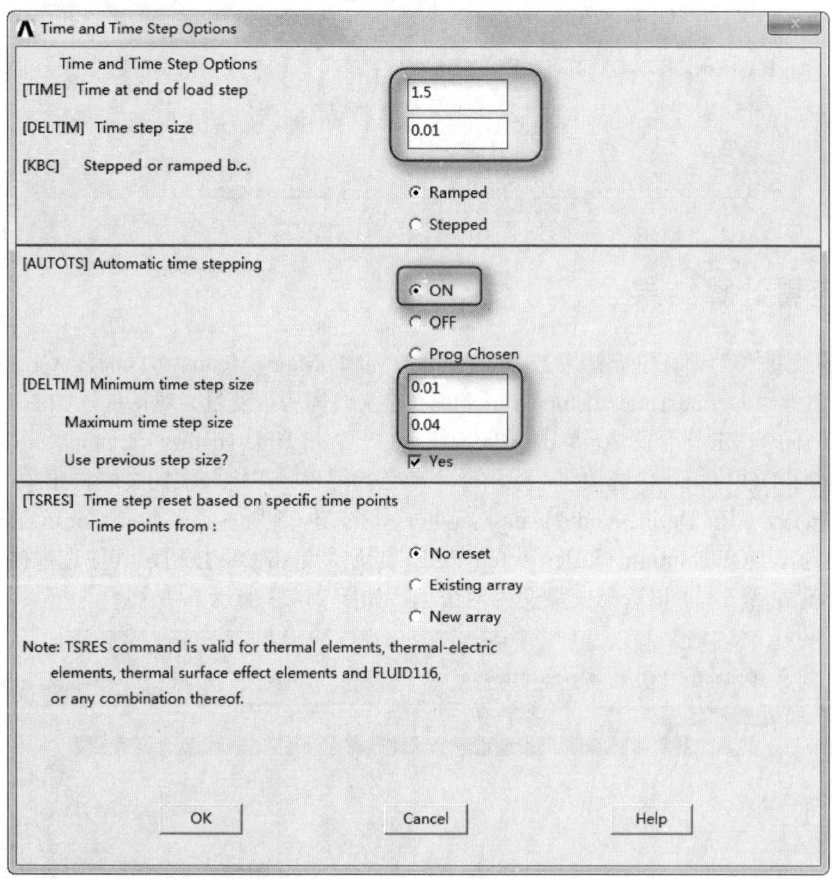

图 21-71　时间和时间步长选项对话框

单击 OK 按钮，这样将加载时间设置 0～1.5s 内，分为最大 150 最少 36 个子步求解，在 0.01～0.04s 范围内自动设置时间步长，每一步加载方式为斜坡式（ANSYS 默认设置）。

（4）设置收敛标准。从主菜单中选择 Main Menu > Solution > Load Step Opts > Nonlinear > Convergence Crit 命令，弹出 Default Nonlinear Convergence Criteria 对话框，单击 Replace 按钮，弹出 Nonlinear Convergence Criteria（非线性收敛标准）对话框，如图 21-72 所示，在 Convergence is based on 后面的两个列表框中分别选择 Electric 和 Voltage VOLT 选项，在 Tolerance about VALUE 后面的文本框中输入 0.005（默认值），单击 OK 按钮，回到 Default Nonlinear Convergence Criteria 对话框，单击 Close 按钮退出。

（5）求解。从主菜单中选择 Main Menu > Solution > Solve > Current LS 命令，弹出一个信息窗口

和一个求解当前载荷步对话框，确认信息无误后关闭窗口，单击求解对话框中的 OK 按钮，开始求解运算，直到出现一个 Solution is done 的提示框，表示求解结束。

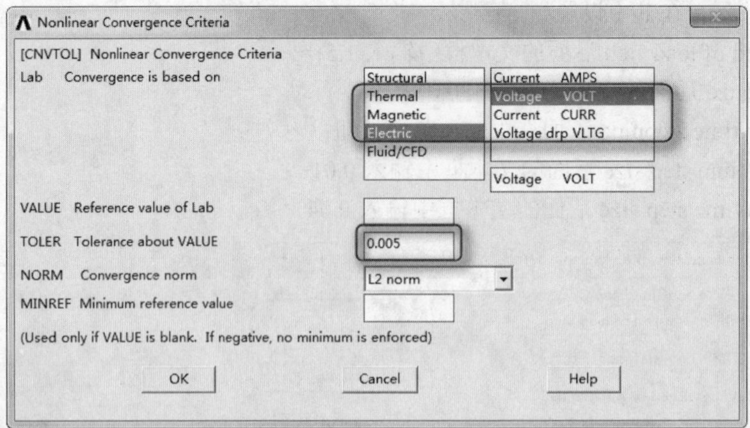

图 21-72 非线性收敛标准对话框

21.6.6 查看计算结果

（1）定义变量（为查看整流结果）。从主菜单中选择 Main Menu > TimeHist Postpro > Define Variables 命令，弹出 Define Time-History Variables（定义时间历程变量）对话框，如图 21-73 所示，此时会看到只有时间 TIME 一个变量，单击 Add 按钮，弹出 Add Time-History Variable 对话框，如图 21-74 所示。选中 Nodal DOF result 单选按钮，弹出一个节点拾取框，在拾取框的文本框中输入 4 并按 Enter 键，单击 OK 按钮，弹出 Define Nodal Data 对话框，如图 21-75 所示。在 Item,Comp Data item 后面的列表框中分别选择 DOF solution 和 Elec poten VOLT 选项，单击 OK 按钮，其他选项接受默认设置，于是在定义变量对话框中可以看见变量变为两个了，如图 21-73 所示。

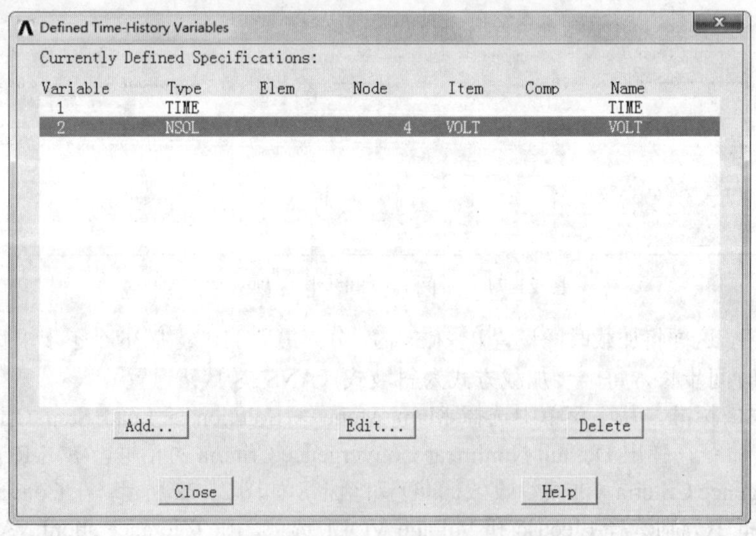

图 21-73 定义时间历程变量对话框

（2）列出整流结果。从主菜单中选择 Main Menu > TimeHist Postpro > List Variables 命令，弹出 List Time-History Variables（列出时间历程变量）对话框，如图 21-76 所示，在 1st variable to list 后面

的文本框中输入 2，单击 OK 按钮，弹出一个信息框，如图 21-77 所示，在其中列出了节点 4 处的整流结果，确认无误后，关闭信息框。

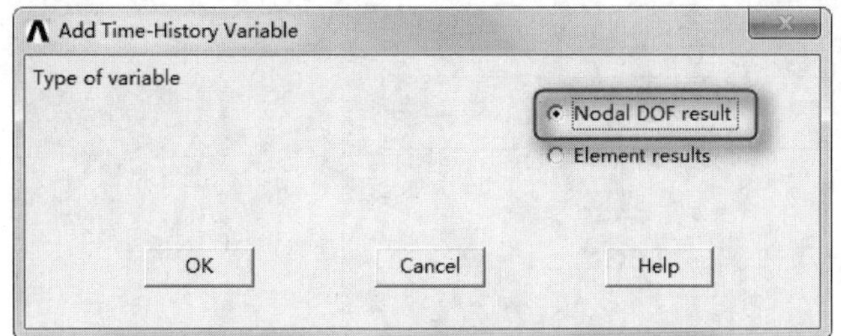

图 21-74　设置变量类型对话框

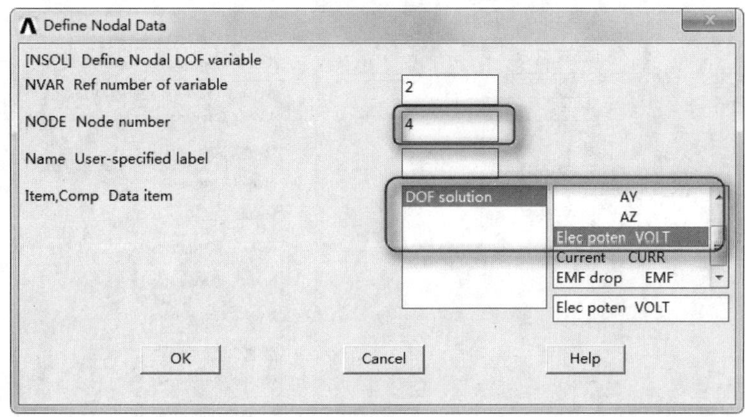

图 21-75　设置变量物理量对话框

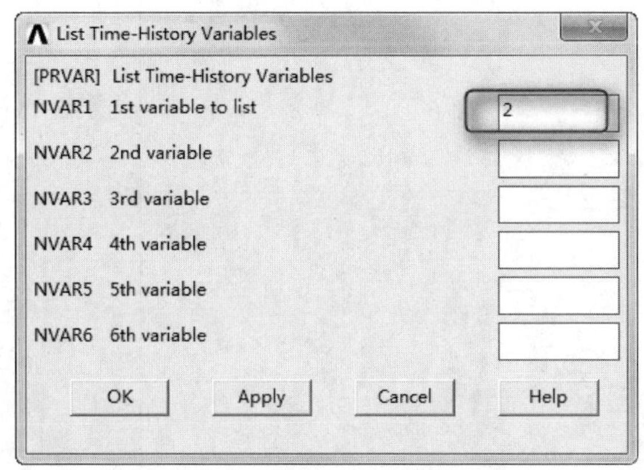

图 21-76　列出时间历程变量对话框

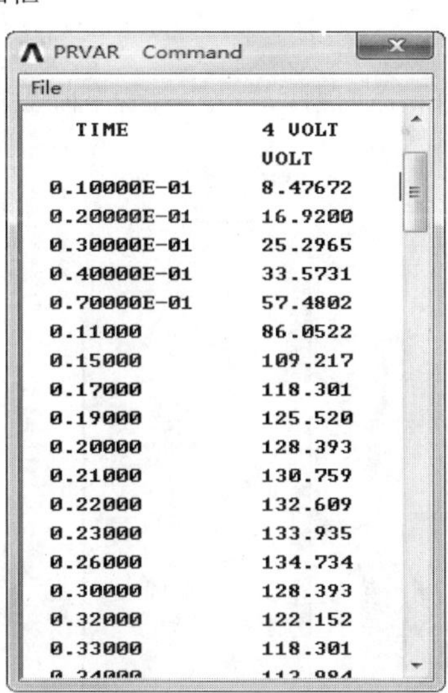

图 21-77　节点 4 整流结果

（3）设置图标 Y 轴标签。从实用菜单中选择 Utility Menu > PlotCtrls > Style > Graphs > Modify Axes 命令，弹出 Axes Modifications for Graph Plots 对话框，如图 21-78 所示，在 Y-axis label 后面的文本框中输入 OUTPUT POTENTIAL (VOLT)，单击 OK 按钮。

（4）绘出整流结果。从主菜单中选择 Main Menu > TimeHist Postpro > Graph Variables 命令，弹

Note

出 Graph Time-History Variables（绘出时间历程变量）对话框，如图 21-79 所示，在 1st variable to graph 后面的文本框中输入 2，单击 OK 按钮，绘出节点 4 的半波整流波形，如图 21-80 所示。

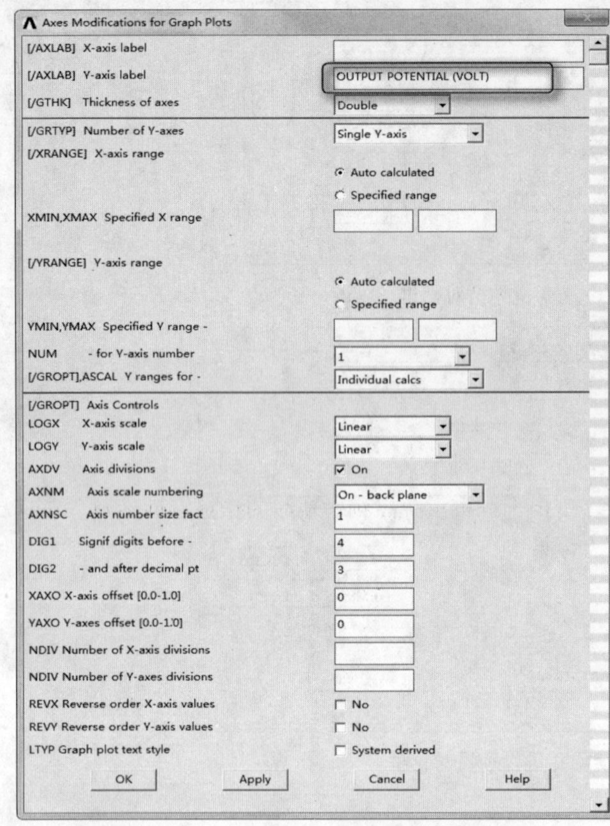

图 21-78　设置图标坐标轴标签对话框

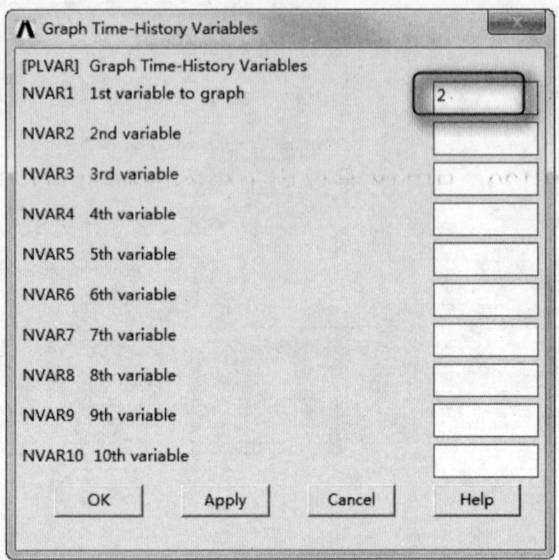

图 21-79　绘出时间历程变量对话框

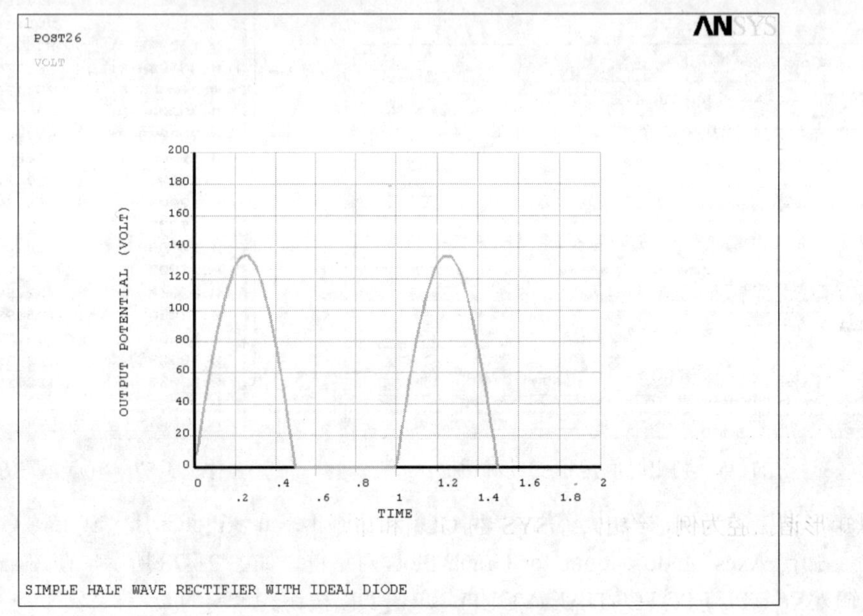

图 21-80　节点 4 的半波整流波形

（5）退出 ANSYS。单击 ANSYS Toolbar 工具条上的 QUIT 按钮，弹出一个如图 21-81 所示的 Exit from ANSYS 对话框，选中 Quit-No Save!单选按钮，单击 OK 按钮，退出 ANSYS 软件。

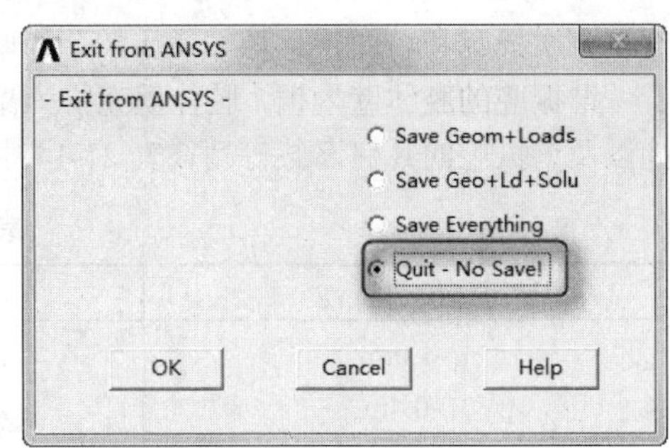

图 21-81 退出 ANSYS 对话框

21.6.7 命令流实现

命令流实现方式这里不再详细介绍，读者可参见随书光盘中的电子文档。

21.7 高频分析中要用到的单元

ANSYS 提供了 3 种高频单元用于高频电磁场问题的分析求解，如表 21-13 所示，即 HF118、HF119 和 HF120。HF118 是仅用于模态分析的 2D 单元，可用于分析求解高频传输线的传播特性参数，包括求解多模式传播时的截至频率和传播常数。HF119 和 HF120 是 3D 单元，用于谐波和模态分析。

表 21-13 电磁场单元

单 元	维 数	形状和特性	自 由 度
HF118	2-D	四边形可退化成三角形，8 节点	电场谐波形式（ANSYS 中自由度为 AX）
HF119	3-D	四面体 10 节点	电场谐波形式（ANSYS 中自由度为 AX）
HF120	3-D	六面体可退化为四面体，20 节点	电场谐波形式（ANSYS 中自由度为 AX）

注意：不能用其他的静电单元、静态磁单元、动态磁单元来进行高频分析，因为这些单元没有考虑高频情况下电磁耦合产生的位移电流效应。

21.8 实例——腔体高频模态分析

本节实例为一个腔体高频模态分析（GUI 方式和命令流方式）过程。

21.8.1 问题描述

微波系统中的一个最基本的元件谐振腔，在微波电流中主要起着存储电磁波能量和选择电磁波频率的作用。谐振腔的结构形式很多，主要有矩形、圆柱和球形。谐振腔的主要特性参数有谐振频率 f_0、固有电导 Q_0、等效电导 G_0 等。下面以矩形谐振腔为例，给出 ANSYS 的 GUI 和命令流方式分析。

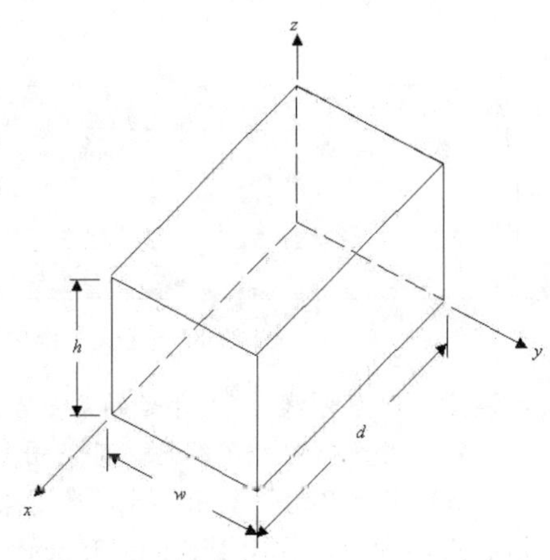

图 21-82 矩形谐振腔模态分析几何模型

如图 21-82 所示为一矩形谐振腔，试求聚四氟乙烯填充的铜壁腔体的 TE101 模的本征频率和品质因数。该实例中，

Note

假设介质损耗和表面损耗都非常小，不影响本征频率的求解。

谐振腔的腔体壁为铜，腔体填充物为聚四氟乙烯。其相对导磁率、相对介电常数、电导率材料特性以及谐振腔的几何参数等列在表 21-14 中。

表 21-14　参数说明

几 何 特 性	填充物材料特性	屏蔽表面特性
d=1.0m	μ_r=1.0	μ_r=1.0
w=0.4m	ε_r=2.05	ε_r=1.0
h=0.3m	δ= 1.0361×10^{5}S/m	δ= 0.58×10^{8}S/m

21.8.2　创建物理环境

（1）过滤图形界面。从主菜单中选择 Main Menu > Preferences 命令，弹出 Preferences for GUI Filtering 对话框，选中 High Frequency 对后面的分析进行菜单及相应的图形界面过滤。

（2）定义工作标题。从实用菜单中选择 Utility Menu>File>Change Title 命令，在弹出的对话框中输入 Eigenvalue analysis of a dielectric-filled cavity，单击 OK 按钮，如图 21-83 所示。

（3）指定工作名。从实用菜单中选择 Utility Menu > File > Change Jobname 命令，弹出一个对话框，在 Enter new jobname 后面的文本框中输入 cavity，单击 OK 按钮。

（4）定义分析参数。从实用菜单中选择 Utility Menu > Parameters > Scalar Parameters 命令，弹出 Scalar Parameters 对话框，如图 21-84 所示。在 Selection 下面的文本框中输入_h=0.08，单击 Accept 按钮。然后依次在 Selection 下面的文本框中输入：

_length=1.0　　_width=0.4　　_height=0.3

EPSR=2.05　　RVSIGMA=1.0361e5　　COND=0.58e8

每输入一项后单击 Accept 按钮确认，全部输入完后，单击 Close 按钮，关闭 Scalar Parameters 对话框，其输入参数的结果如图 21-84 所示。

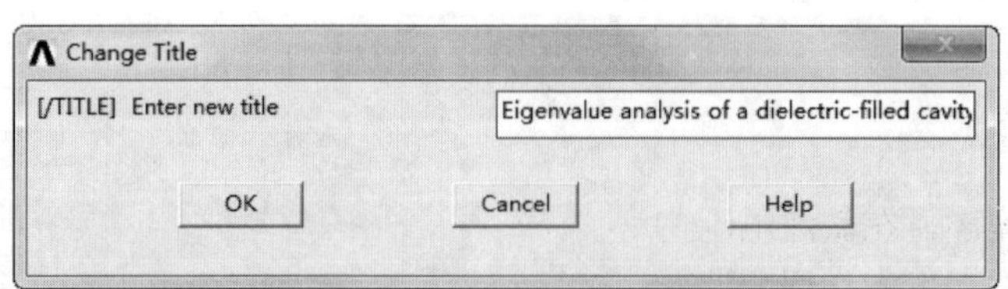

图 21-83　定义工作标题

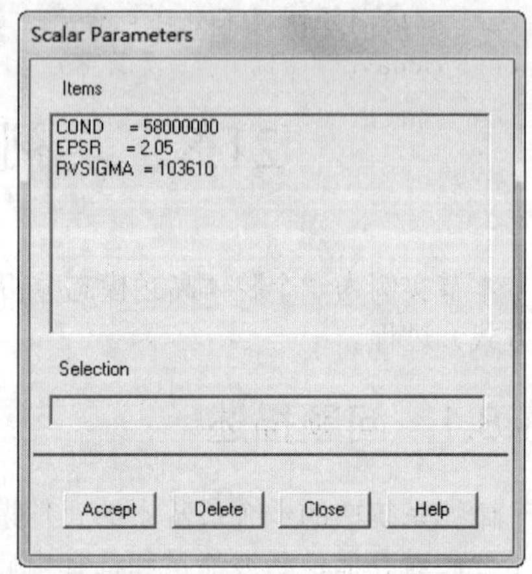

图 21-84　输入参数对话框

注意：以下划线（_）开始的变量，默认为 GUI 和 ANSYS 提供的宏的参量，在 Scalar Parameters 对话框中并不可见，可使用命令*status,_pra 列出所有以下划线开头的参量来查看。

（5）定义单元类型和选项。从主菜单中选择 Main Menu > Preprocessor > Element Type > Add/Edit/Delete 命令，弹出 Element Types（单元类型）对话框，如图 21-85 所示，单击 Add 按钮，弹出 Library of Element Types（单元类型库）对话框，如图 21-86 所示。在左边的列表框中选择 HF

Electromagnet 选项，在右边的列表框中选择 3D Brick 120 选项，单击 OK 按钮，定义一个 HF120 单元，并返回到 Element Types（单元类型）对话框中。

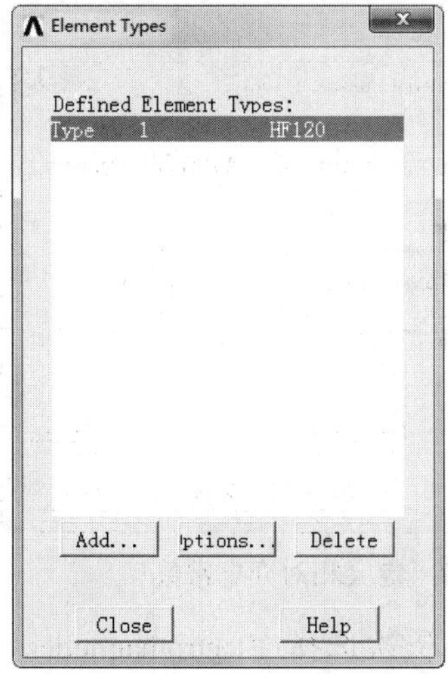

图 21-85 单元类型对话框

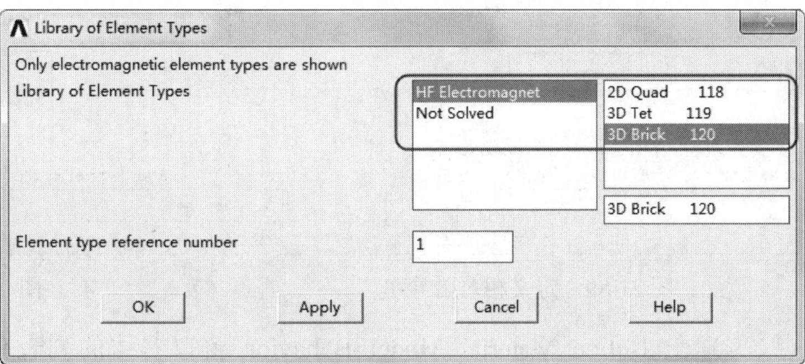

图 21-86 单元类型库对话框

（6）在 Element Types 对话框中选择单元类型 1，单击 Options 按钮，弹出 HF120 element type options 对话框，如图 21-87 所示。在 Element polynomial ordal K1 后面的下拉列表框中选择 Second order elm，单击 OK 按钮，定义了二阶 HF120 单元，并返回到 Element Types（单元类型）对话框中，单击 Close 按钮退出对话框。

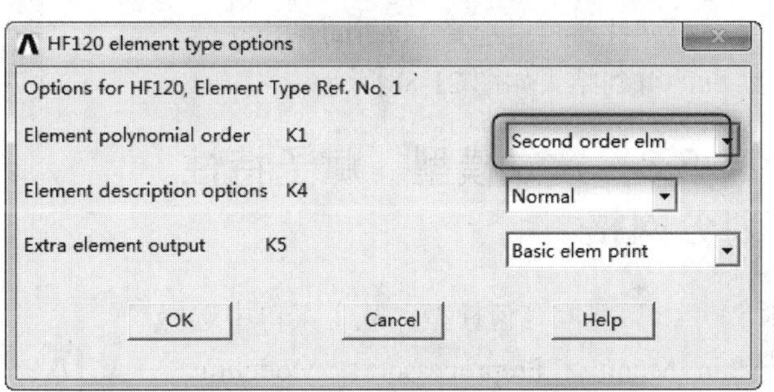

图 21-87 单元类型选项对话框

（7）定义材料属性。从主菜单中选择 Main Menu > Preprocessor > Material Props > Material Models 命令，弹出 Define Material Model Behavior 窗口，如图 21-88 所示，在右边的列表框中依次选择 Electromagnetics > Relative Permeability > Constant 选项后，弹出 Permeability for Material Number 1 对话框，如图 21-89 所示，在 MURX 后面的文本框中输入 1，单击 OK 按钮。

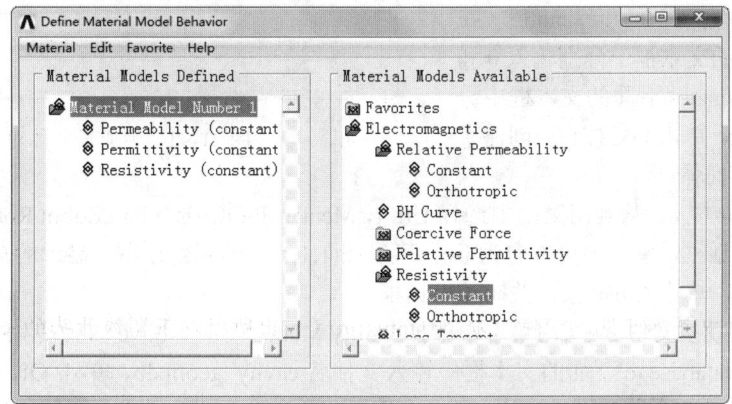

图 21-88 定义材料属性窗口

Note

（8）在 Define Material Model Behavior 窗口右边的列表框中依次选择 Electromagnetics>Relative Permittivity>Constant 选项后，弹出 Relative Permittivity for Material Number 1 对话框，如图 21-90 所示，在 PERX 后面的文本框中输入 epsr，单击 OK 按钮。

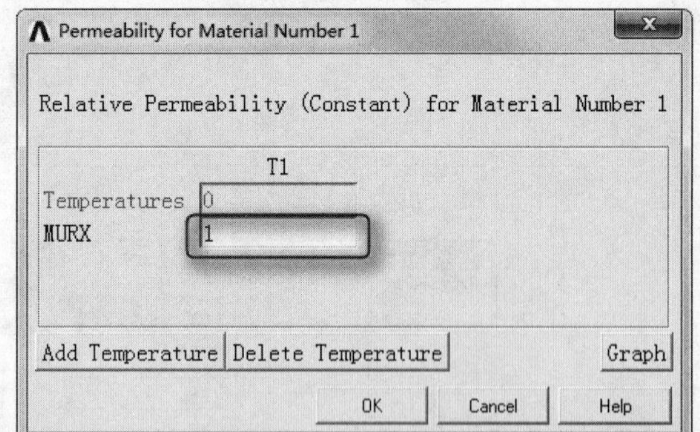

图 21-89　定义相对磁导率

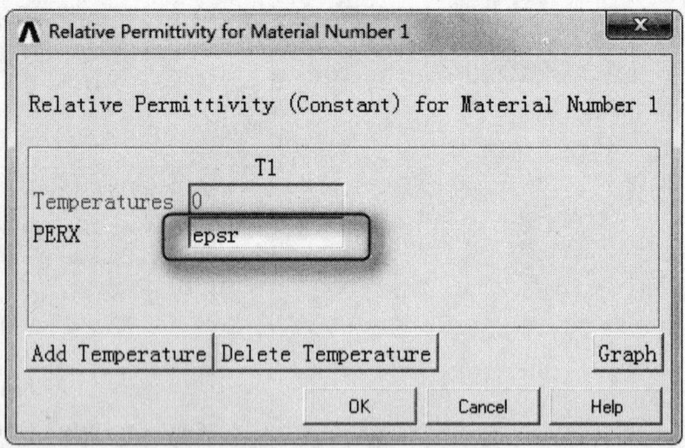

图 21-90　定义相对介电常数

（9）在 Define Material Model Behavior 窗口右边的列表框中依次选择 Electromagnetics > Resistivity > Constant 选项后，弹出 Resistivity for Material Number 1 对话框，如图 21-91 所示，在 RSVX 后面的文本框中输入 rvsigma，单击 OK 按钮。最后在返回的定义材料属性窗口中选择 Material > Exit 命令结束，得到结果如图 21-88 所示。

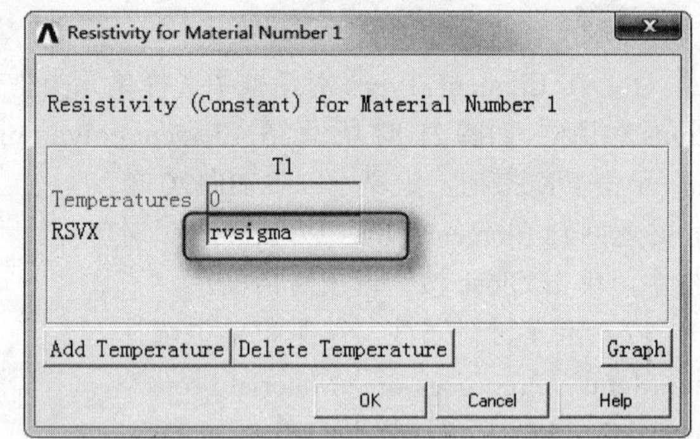

图 21-91　定义电阻系数

21.8.3　建立模型、赋予特性、划分网格

（1）建立几何模型。从主菜单中选择 Main Menu > Preprocessor > Modeling > Create > Volumes > Block > By Dimensions 命令，弹出 Create Block by Dimensions 对话框，如图 21-92 所示。在 X-coordinates 后面的文本框中分别输入 0 和 _length，在 Y-coordinates 后面的文本框中分别输入 0 和 _width，在 Z-coordinates 后面的文本框中分别输入 0 和 _height，单击 OK 按钮，创建了一个矩形谐振腔几何体。

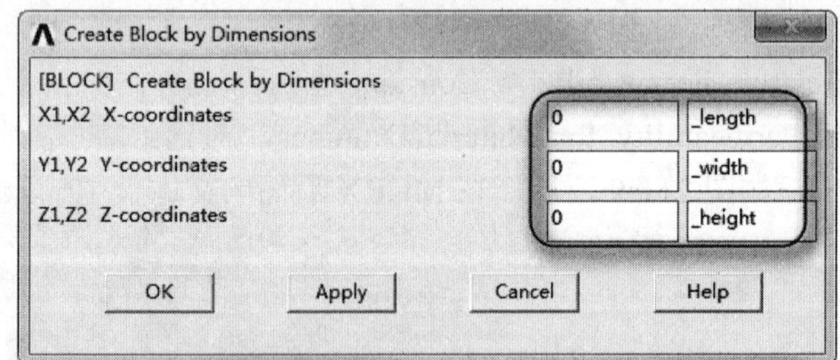

图 21-92　生成长方体对话框

（2）改变视角方向。从实用菜单中选择 Utility Menu > PlotCtrls > Pan,Zoom,Rotate 命令，弹出移动、缩放和旋转对话框，单击视角方向为 iso，可以在(1,1,1)方向观察模型，显示的矩形谐振腔几何模型如图 21-93 所示，单击 Close 按钮关闭该对话框。

（3）保存几何模型文件。从实用菜单中选择 Utility Menu > File > Save as 命令，弹出 Save Database 对话框，在 Save Database to 下面的文本框中输入文件名 cavity_geom.db，单击 OK 按钮。

（4）设置网格密度并划分网格。从主菜单中选择 Main Menu > Preprocessor > Meshing > MeshTool

命令，弹出网格划分工具栏 MeshTool，如图 21-94 所示。在 Size Controls 栏下单击 Globe 后面的 Set 按钮，弹出 Globe Element Sizes（设置所有单元网格密度）对话框，如图 21-95 所示，在 Element edge length 后面的文本框中输入_h，单击 OK 按钮，设置谐振腔模型上所有区域单元尺寸为_h。

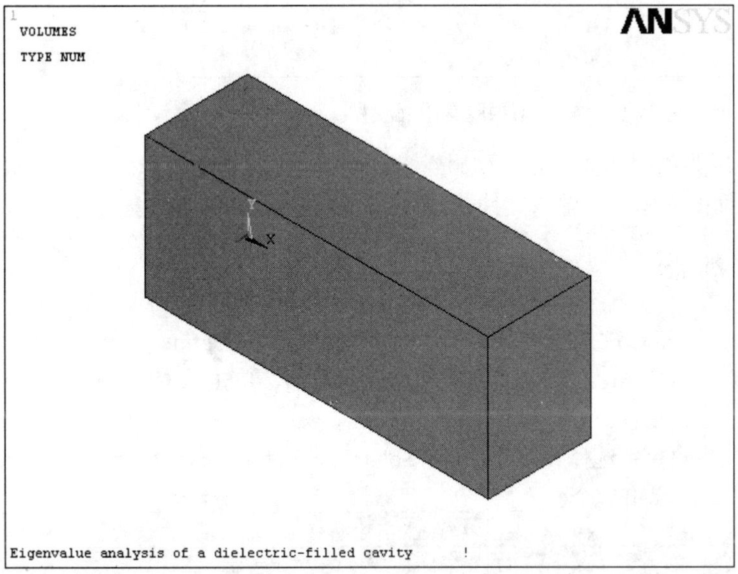

图 21-93　矩形谐振腔几何模型

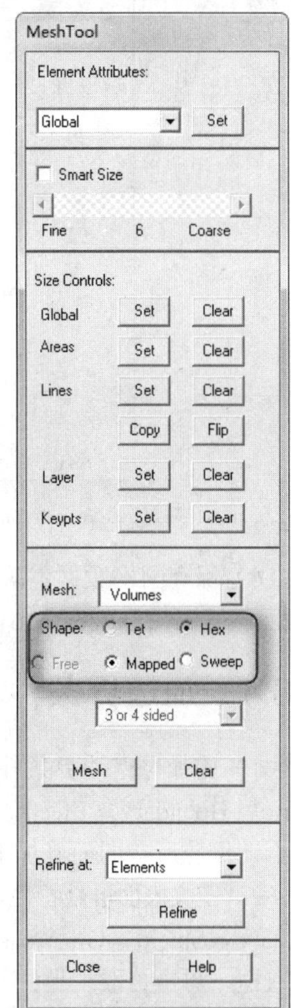

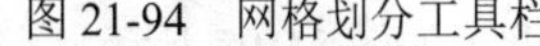

图 21-94　网格划分工具栏

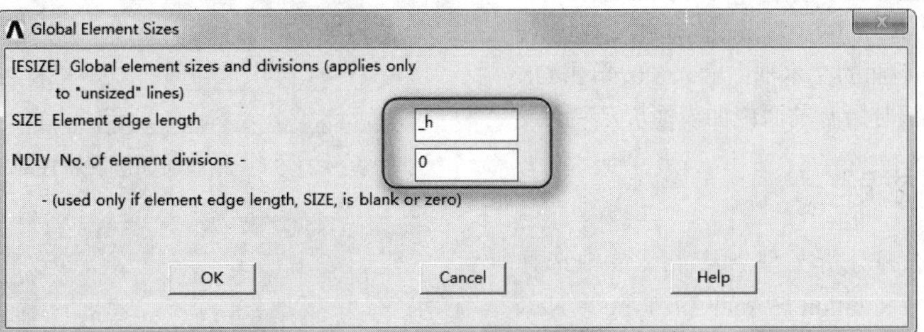

图 21-95　设置所有单元网格密度对话框

（5）回到网格划分工具栏，在 Mesh 后面的下拉列表框中选择 Volumes，在下面选中 Hex 和 Mapped 单选按钮，单击 Mesh 按钮，弹出一个体拾取框，单击 Pick All 按钮，对谐振腔进行六面体映射网格划分，得到如图 21-96 所示的有限元模型。

Note

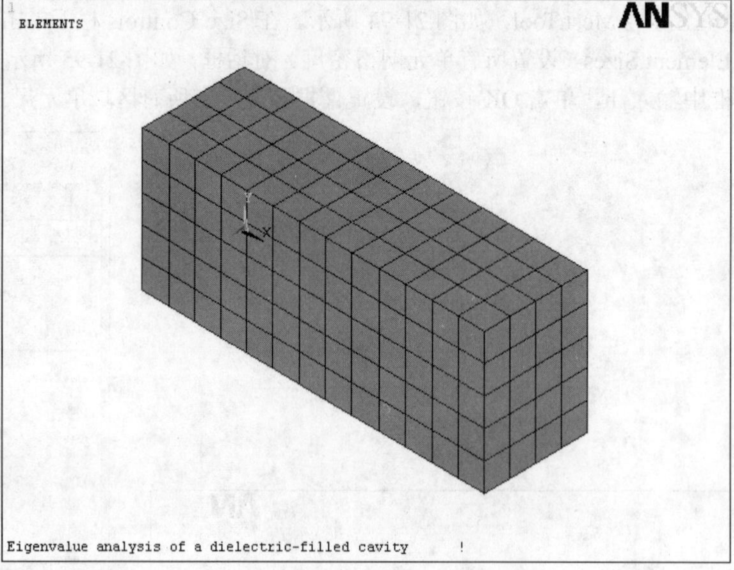

图 21-96　矩形谐振腔有限元模型

（6）保存网格数据。从实用菜单中选择 Utility Menu > File > Save as 命令，弹出 Save Database 对话框，在 Save Database to 下面的文本框中输入文件名 cavity_mesh.db，单击 OK 按钮。

21.8.4　加边界条件和载荷

（1）施加电壁边界条件。从主菜单中选择 Main Menu > Solution > Define Loads > Apply > Electric > Boundary > Electric Wall > On Areas 命令，弹出一个面拾取框，单击拾取框上的 Pick All 按钮，给谐振腔所有的面施加电壁边界条件。

（2）定义表面屏蔽特性。从主菜单中选择 Main Menu > Solution > Define Loads > Apply > Electric > Boundary > Shield > On Areas 命令，弹出一个面拾取框，单击拾取框上的 Pick All 按钮，弹出 Apply SHLD on Areas（施加表面屏蔽特性）对话框，如图 21-97 所示，在 Conductivity 后面的文本框中输入 cond，在 Relative permeability 后面的文本框中输入 1.0，单击 OK 按钮，给谐振腔所有的面施加表面屏蔽特性。

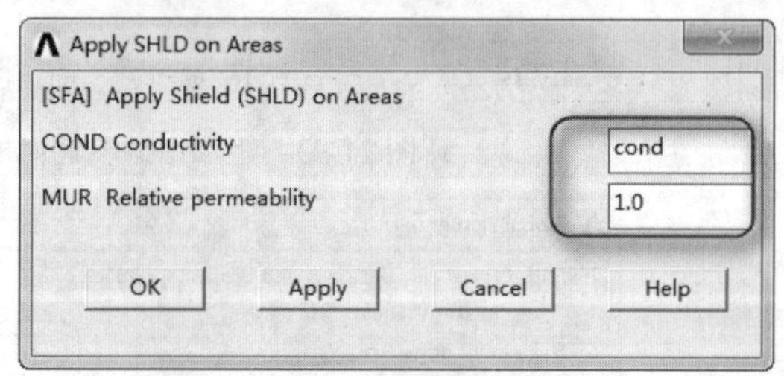

图 21-97　施加表面屏蔽特性对话框

21.8.5　求解

（1）选择分析类型。从主菜单中选择 Main Menu > Solution > Analysis Type > New Analysis 命令，弹出 New Analysis（选择分析类型）对话框，如图 21-98 所示，选中 Modal 单选按钮，单击 OK 按钮，设置模态分析。

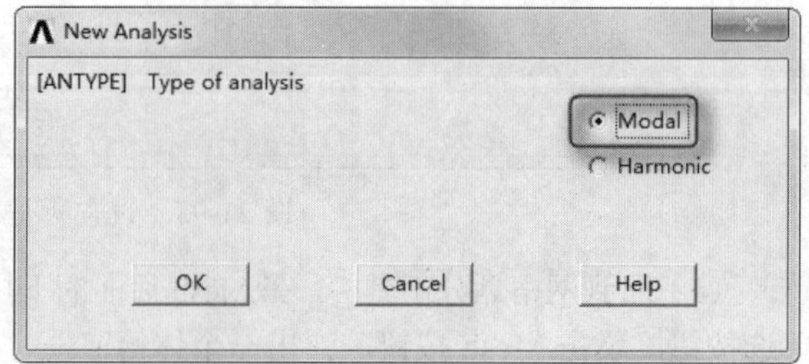

图 21-98　选择分析类型对话框

（2）设定模态分析选项。从主菜单中选择 Main Menu > Solution > Analysis Type >

Analysis Options 命令，弹出 Modal Analysis 对话框，如图 21-99 所示。

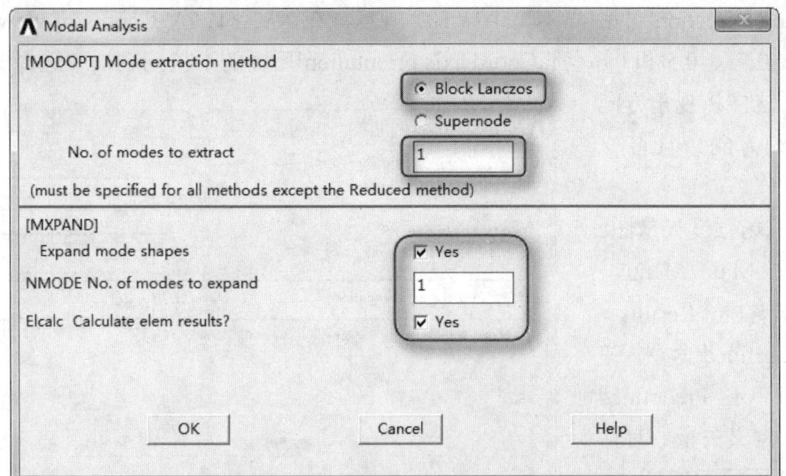

图 21-99　模态分析选项对话框

在其中分别进行以下操作：

确认 Mode extraction method 后面的 Block Lanczos 单选按钮是否被选中；

在 No. of modes to extract 后面的文本框中输入 1；

设置 Expand mode shapes 后面的复选框为 Yes；

在 No. of modes to expand 后面的文本框中输入 1；

设置 Elcalc Calculate elem results 后面的复选框为 Yes。

单击 OK 按钮，弹出 Block Lanczos Method（设置分块的兰索斯模态提取方法选项）对话框，如图 21-100 所示，在其中分别进行以下操作：

在 Start Freq (initial shift)后面的文本框中输入 2.2e8；

在 End Frequency 后面的文本框中输入 4.0e8；

在 Normalize mode shapes 后面的下拉列表框中选择 To unity。

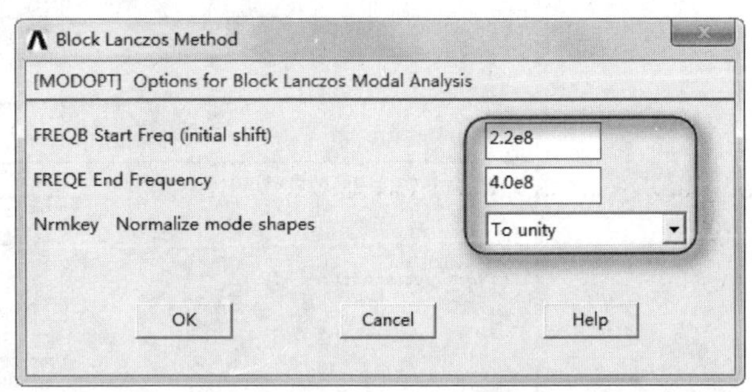

图 21-100　设置分块的兰索斯模态提取方法选项对话框

单击 OK 按钮，这样就对模态的提取方法、要提取的模态数、要展开的模态数等选项进行了设置。

（3）求解运算。从主菜单中选择 Main Menu > Solution > Solve > Current LS 命令，弹出一个对话框和一个信息窗口，确认信息无误后关闭窗口，单击对话框上的 OK 按钮，开始求解运算，直到出现 Solution is done 的提示框，表示求解结束。

（4）保存计算结果到文件。从实用菜单中选择 Utility Menu > File > Save as 命令，弹出 Save Database 对话框，在 Save Database to 下面的文本框中输入文件名 cavity_resu.db，单击 OK 按钮。

21.8.6　查看结算结果

（1）读入结果数据。从主菜单中选择 Main Menu > General Postproc > Read Results > Last Set 命令。

（2）改变视角。从实用菜单中选择 Utility Menu > PlotCtrls > View Settings > Viewing Direction 命令，弹出 Viewing Direction 对话框，如图 21-101 所示，在 XV, YV, ZV Coords of view point 后面的文本框中分别输入 0.75、0.5 和 0.6，在 Coord axis orientation 后面的下拉列表框中选择 Z-axis up 选项，单击 OK 按钮，这样将视角方向改为(0.75,0.5,0.6)方向，且将 Z 轴朝上。

Note

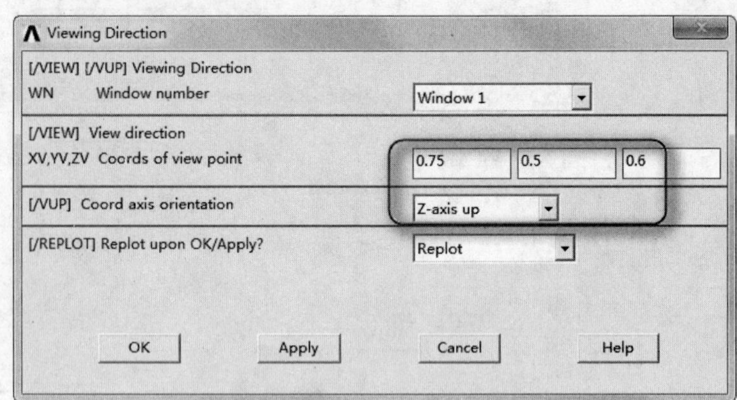

图 21-101 设置视角方向对话框

（3）显示磁场强度矢量图。从主菜单中选择 Main Menu > General Postproc > Plot Results > Vector Plot > Predefined 命令，弹出 Vector Plot of Predefined Vectors（显示预定义矢量）对话框，如图 21-102 所示，在 Vector item to be plotted 后面的左边列表框中选择 Flux & gradient，在右边的列表框中选择 Mag field H，在 Vector or raster display 后面选中 Vector Mode 单选按钮，在 Vector location for results 后面选中 Elem Nodes 单选按钮，单击 OK 按钮，绘出 TE101 模的磁场矢量图，如图 21-103 所示。

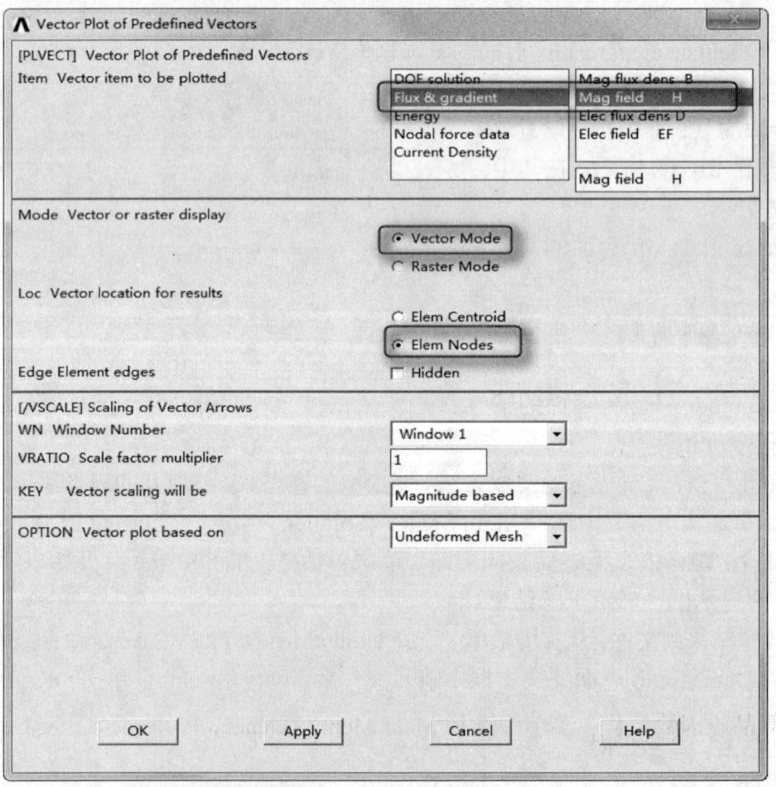

图 21-102 显示预定义矢量对话框

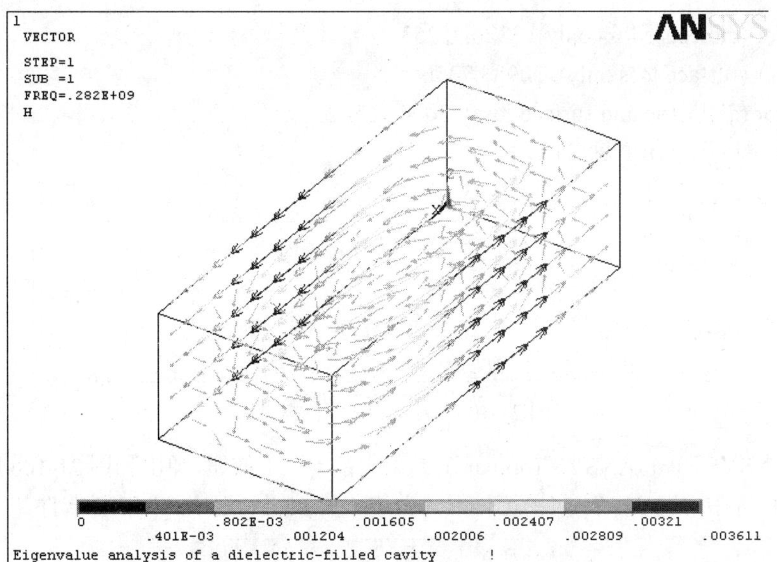

图 21-103 TE101 模的磁场矢量图

（4）显示电场强度矢量图。从主菜单中选择 Main Menu > General Postproc > Plot Results > Vector Plot > Predefined 命令，弹出 Vector Plot of Predefined Vectors（显示预定义矢量）对话框，在 Vector item to be plotted 后面的左边列表框中选择 Flux & gradient，在右边列表框中选择 Elec field EF，在 Vector or raster display 后面选中 Vector Mode 单选按钮，在 Vector location for results 后面选中 Elem Nodes 单选按钮，单击 OK 按钮，绘出 TE101 模的电场矢量图，如图 21-104 所示。

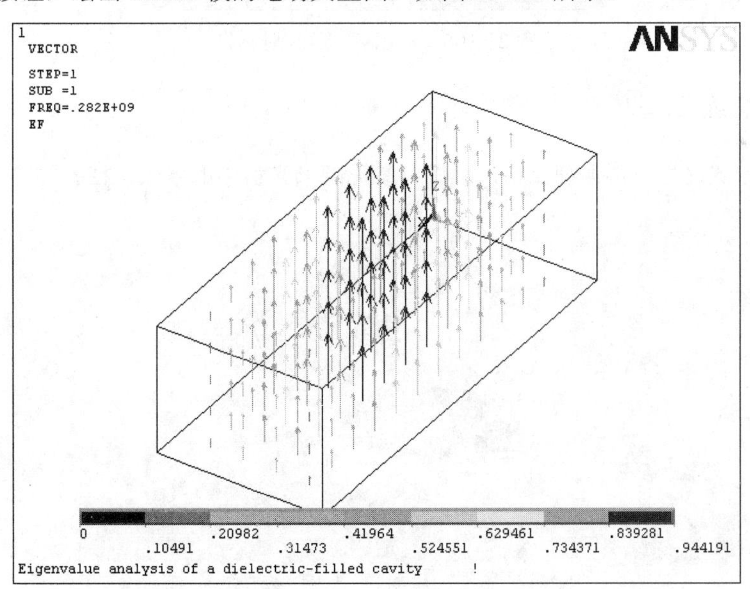

图 21-104 TE101 模的电场矢量图

（5）计算品质因数。从主菜单中选择 Main Menu > General Postproc > Elec&Mag Calc > Cavity > Q-factor 命令，弹出 Calculate Q-factor（计算品质因数）对话框，如图 21-105 所示，单击 OK 按钮，弹出一个信息窗口，在信息窗口显示了计算获得的品质因数，如下所示。

Frequency: 0.281924975 GHz

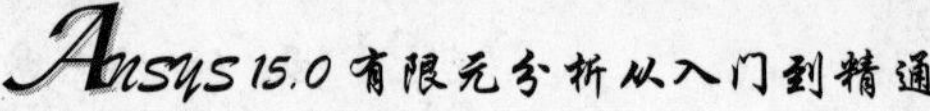

Quality factor (dielectric loss only): 3326.72253

Quality factor (surface loss only): 30983.7366

Quality factor (dielectric and surface loss): 3004.16542

确认记录无误后，关闭信息窗口。

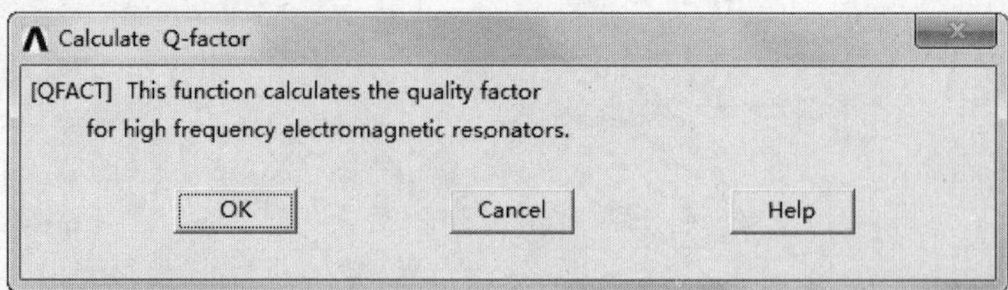

图 21-105　计算品质因数对话框

（6）退出 ANSYS。单击 ANSYS Toolbar 工具条上的 QUIT 按钮，弹出如图 21-106 所示的 Exit from ANSYS 对话框，选中 Quit-No Save!单选按钮，单击 OK 按钮，退出 ANSYS 软件。

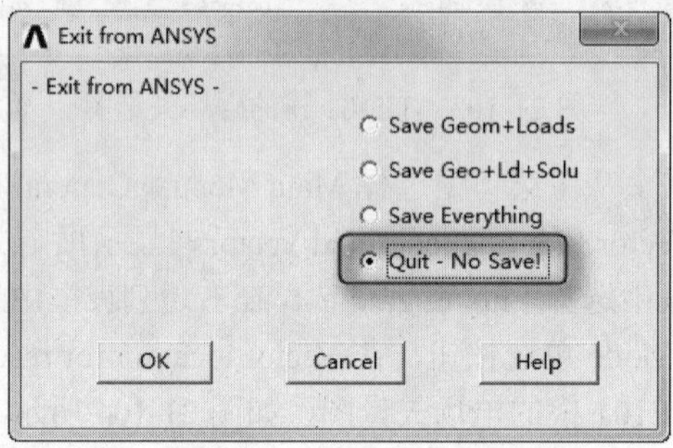

图 21-106　退出 ANSYS 对话框

21.8.7　命令流实现

命令流实现方式这里不再详细介绍，读者可参见随书光盘中的电子文档。

▶▶第5篇

耦合场分析篇

第22章

耦合场分析简介

本章主要介绍耦合场分析的基本概念、分析类型和单位制。

分析类型主要包括直接耦合分析、载荷传递分析以及其他分析方法。耦合场分析单位制主要通过表格方式给出了标准 MKS 单位到 μMKSV 和 μMSVfA 单位的换算因数。

☑ 耦合场分析的定义

☑ 耦合场分析的类型

☑ 耦合场分析的单位制

任务驱动&项目案例

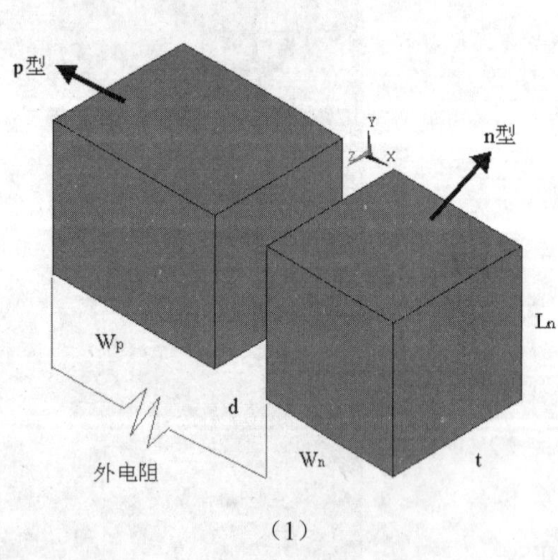

（1）

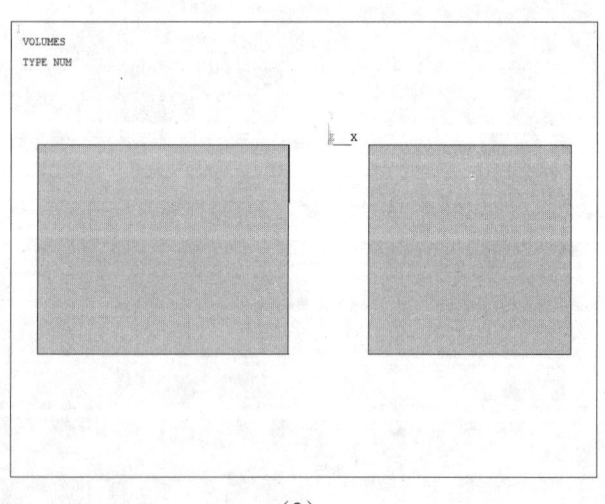

（2）

22.1 耦合场分析的定义

耦合场分析是指考虑了两个或多个工程物理场之间相互作用的分析。例如压电分析，考虑结构和电场的相互作用，求解由于所施加位移造成的电压分布或相反过程。其他耦合场分析的例子包括热-应力分析、热-电分析、流体结构耦合分析。

需要进行耦合场分析的工程应用包括压力容器（热-应力分析）、感应加热（磁-热分析）、超声波传感器（压电分析）以及磁体成型（磁-结构分析）等。

22.2 耦合场分析的类型

22.2.1 直接方法

直接方法通常只包含一个分析，它使用一个包含所有必需自由度的耦合单元类型，通过计算包含所需物理量的单元矩阵或单元载荷向量的方式进行耦合。直接方法耦合场分析的一个例子是使用了 PLANE223、SOLID226 或 SOLID227 单元的压电分析，另一个例子是使用 TRANS126 单元的 MEMS 分析。使用 FLOTRAN 单元的 FLOTRAN 分析是另一种直接方法。

22.2.2 载荷传递分析

载荷传递方法包含了两个或多个分析，每一个分析都属于一个不同的场，通过将一个分析的结果作为载荷施加到另一个分析中的方式耦合两个场。载荷分析有不同的类型。

1．载荷传递耦合方法——ANSYS 多场求解器

ANSYS 多场求解器可用于多类耦合分析问题，它是一个求解载荷传递耦合场问题的自动化工具，取代了基于物理文件的过程，并为求解载荷传递耦合物理问题提供了一个强大、精确、易于使用的工具。每一个物理场都可视为一个包含独立实体模型和网格的场。耦合载荷传递要确定面或体。多场求解器命令集使问题成型，并定义了求解先后顺序。通过使用求解器，耦合载荷会自动地在不同的网格中传递。求解器适用于稳态、谐波以及瞬态分析，这主要取决于物理需求。以顺序（或混合顺序同步）方式可以求解许多场。ANSYS 多场求解器的两种版本是为了不同应用场合而设计的，它们拥有不同的优点及程序。

（1）MFS-单代码：基本的 ANSYS 多场求解器，如果模拟包含带有所有物理场的小模型时就可以使用它。这些物理场包含在一个软件包内（如 ANSYS 多场）。MFS-单代码求解器使用迭代耦合，其中每一个物理场要顺序求解，并且每一个矩阵方程要分别求解。求解器在每个物理场之间迭代，直到通过物理界面传递的载荷收敛为止。

（2）MFX-多代码：高级 ANSYS 多场求解器，用于模拟分布在多个软件包之间的物理场（如在 ANSYS 多场和 ANSYS CFX 之间）。MFX 求解器比 MFS 版本提供了更多的模型。MFX-多代码求解器使用迭代耦合，其中每一个物理场可以同时求解，也可以顺序求解，而每一个矩阵方程要分别求解。求解器在每一个物理场之间迭代，直到通过物理界面传递的载荷收敛为止。

Note

2．载荷传递耦合分析——物理文件

对于一个基于物理文件的载荷传递，必须使用物理环境明确地传递载荷。这类分析的一个例子是顺序热-应力分析，其中热分析中的节点温度作为“体力”施加到随后的应力分析中。物理分析基于一个物理场中的有限元网格之上。要创建用于定义物理环境的物理文件，这些文件形成数据库，并为一个给定的物理模拟提供单一网格。一般过程为读入第一个物理文件并求解，然后读入下一个物理场，确定将要传递的载荷并求解第二个物理场。使用 LDREAD 命令连接不同的物理环境，并将第一个物理环境中得到的结果数据作为载荷，通过节点-节点相似网格界面传递到下一个物理环境中求解。也可以使用 LDREAD 从一个分析中读取结果并作为载荷施加到随后的分析中，而不必使用物理文件。

3．载荷传递耦合分析——单向载荷传递

也可以通过单向载荷传递的方法耦合流-固相互作用的分析，这种方法要求确定流体分析结果并没有严重影响固体载荷，反之亦然。ANSYS 多物理分析中的载荷可以单向地传递到 CFX 流体分析中，或者 CFX 流体分析中的载荷可以传递到 ANSYS 多物理分析中。载荷传递发生在分析的外部。

22.2.3 直接方法和载荷传递

当耦合场之间的相互作用包括强烈耦合的物理场，或者是高度非线性的，则直接耦合较具优势，它使用耦合变量一次求解得到结果。直接耦合的例子有压电分析、流体流动的共轭传热分析，以及电路-电磁分析。这些分析中使用了特殊的耦合单元直接求解耦合场的相互作用。

对于多场的相互作用非线性程度不是很高的情况，载荷传递方法更有效，也更灵活。因为每种分析是相对独立的。耦合可以是双向的，不同物理场之间进行相互耦合分析，直到收敛到达一定精度。例如在一个载荷传递热-应力分析中，可以先进行非线性瞬态分析，接着再进行线性静力分析。可以将热分析中任一载荷步或时间点的节点温度作为载荷施加到应力分析中。在一个载荷传递耦合分析中，可使用 FLOTRAN 流体单元和 ANSYS 结构、热或耦合场单元进行非线性瞬态流体-固体相互作用分析。

直接耦合需要较少的用户干涉，因为耦合场单元会控制载荷传递。进行某些分析时必须使用直接耦合（例如压电分析）。载荷传递方法要求定义更多细节，并要手动设定传递的载荷，但是它会提供更多的灵活性，这样就可以在不同的网格之间和不同的分析之间传递载荷了。各种分析方法应用场合如表 22-1 所示，各种物理场分析方法如表 22-2 所示。

表 22-1　各种分析方法的应用场合

方　　法	应 用 场 合
载荷传递方法	
热-结构	各种场合
电磁-热，电磁-热-结构	感应加热、RF 加热、Peltier 冷却器
静电-结构，静电-结构-流体	MEMS
磁-结构	螺线管、电磁机械
FSI，基于 CFX-和 FLOTRAN-	航空航天、自动燃料、水力系统、MEMS 流体阻尼、药物输送泵、心脏阀
电磁-固体-流体	流体处理系统、EFI、水力系统
热-CFD	电子冷却
直接方法	
热-结构	燃气涡轮、MEMS 共鸣器
声学-结构	声学、声纳，SAW

续表

方　法	应 用 场 合
	直接方法
压电	传声器、传感器、激励器、变换器、共鸣器
电弹	MEMS
压阻	压力传感器、应变仪、加速计
热-电	温度传感器、热管理、Peltiere 冷却器、热电发电机
静电-结构	MEMS
环路耦合电磁	发动机，MEMS
电-热-结构-磁	IC、PCB 电热压力、MEMS 激励器
流体-热	管网、歧管

表 22-2　各种物理场可用的分析方法

耦合物理场	载荷传递方法	直 接 方 法	注　释
热-结构	ANSYS 多场求解器	PLANE13，SOLID5，SOLID98，PLANE223，SOLID226，SOLID227	也可以使用 LDREAD，但是如果采用载荷传递方法，推荐使用 ANSYS 多场求解器
热-电		PLANE223，SOLID226，SOLID227（Joule，Seebeck，Peltier，Thompson）	
热-电-结构	ANSYS 多场求解器	PLANE223，SOLID226，SOLID227	也可以使用 LDREAD，但是如果采用载荷传递方法，推荐使用 ANSYS 多场求解器。直接和载荷传递方法都支持焦耳加热。只有直接方法才能使用 Seebeck、Peltier 和 Thompson 效应
压电	-	PLANE13，SOLID5，SOLID98，PLANE223，SOLID226，SOLID227	
电弹	-	PLANE223，SOLID226，SOLID227	
压阻	-	PLANE223，SOLID226，SOLID227	
电磁-热	ANSYS 多场求解器	PLANE13，SOLID5，SOLID98	也可以使用 LDREAD，但是如果采用载荷传递方法，推荐使用 ANSYS 多场求解器
电磁-热-结构		PLANE13，SOLID5，SOLID98	
声学-结构（无粘性 FSI）	-	FLUID29，FLUID30	
电路-耦合电磁	-	CIRCU124+PLANE53，或 SOLID117，CIRCU94	

Note

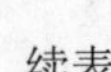
续表

耦合物理场	载荷传递方法	直 接 方 法	注 释
静电-结构	ANSYS 多场求解器	TRANS109，TRANS126	也可以使用 LDREAD，但是如果采用载荷传递方法，推荐使用 ANSYS 多场求解器
磁-结构	ANSYS 多场求解器	PLANE13，SOLID62，SOLID5，SOLID98	也可以使用 LDREAD，但是如果采用载荷传递方法，推荐使用 ANSYS 多场求解器
流体-热（基于 MFX）	ANSYS 多场求解器	CFX 共轭传热	也可以使用 LDREAD，但是如果采用载荷传递方法，推荐使用 ANSYS 多场求解器
FSI（基于 Fluent）	Workbench：系统耦合	-	
FSI（基于 MFX）	ANSYS 多场求解器 MFX，单向 ANSYS 到 CFX 载荷传递（EXPROFILE），单向 CFX 到 ANSYS 载荷传递（MFIMPORT）	-	如果需要在单独的代码间进行迭代，可以使用 MFX 求解器，否则使用适当的单向选项
磁-流体	ANSYS 多场求解器	-	也可以使用 LDREAD，但是如果采用载荷传递方法，推荐使用 ANSYS 多场求解。LDREAD 能够将 Lorentz 力读入 CFD 网格中，也可以通过将 CFD 计算出来的速度分布输入到电磁模型中模拟发电，来说明常规速度效应（PLANE53，SOLID97，SOLID117）

22.2.4 其他分析方法

1. 降阶模拟

降阶模拟描述了一种有效求解包含柔性结构的耦合场问题的求解方法。降阶模拟（ROM）方法基于结构响应的模态表现之上。由模态振型（特征向量）的因素之和描述变形结构区域，产生的 ROM 从本质上说是一个系统对任一激励的响应的分析表达。这种方法已经用于耦合静电-结构分析，并且已应用到微型电子机械系统（MEMS）中。

2. 耦合物理电路分析

通常使用电路模拟进行耦合物理分析。例如，“集总”电阻器、源极、电容器和感应器之类的组件能够代表电设备；等效电感和电阻能够代表磁设备；弹簧、质量和节气闸能够代表机械设备。ANSYS 提供了一套在电路中进行耦合模拟的工具。Circuit Builder 可以很方便地对电、磁、压电和机械设备创建电路单元。ANSYS 电路功能允许在区域中的适当地方用“分布式”有限元模型连接两个集总单元，此区域需要用一个全有限元解表征。公共自由度组可以把集总和分布式模型连接起来。

22.3 耦合场分析的单位制

在 ANSYS 中必须确保输入的所有数据用相同的单位制，可使用任何一个相同的单位制。对于微型电子机械系统（MEMS），元件尺寸可能只有几微米，最好用更方便的单位建立问题。如表 22-3～

表 22-16 列出了从标准 MKS 单位到 μMKSV 和 μMSVfA 单位的换算因数。

表 22-3 从 MKS 到 μMKSV 的磁换算因数

磁 参 数	MKS 单位	量 纲	乘以换算因数	μMKSV 单位	量 纲
通量	Weber	kg • m²/(A • s²)	1	Weber	kg • μm²/(pA • s²)
通量密度	Tesla	kg/(A • s²)	10^{-12}	TTesla	kg/(pA • s²)
场强	A/m	A/m	10^{6}	pA/μm	pA/μm
电流	A	A	10^{12}	pA	pA
电流密度	A/m²	A/m²	1	pA/μm²	pA/μm²
渗透性①	H/m	kg • m/(A² • s²)	10^{-18}	TH/μm	kg • μm/(pA² • s²)
感应系数	H	kg • m²/(A² • s²)	10^{-12}	TH	kg • μm²/(pA² • s²)

注：① 自由空间渗透性为 $4\pi\times10^{-25}$TH/μm，只有常数渗透性才能和这些单位一起使用。

表 22-4 从 MKS 到 μMKSV 的压电换算因数

压 电 矩 阵	MKS 单位	量 纲	乘以换算因数	μMKSV 单位	量 纲
应力矩[e]	C/m²	A • s/m²	1	pC/μm²	pA • s/μm²
应变矩[d]	C/N	A • s³/(kg • m)	10^{6}	pC/μN	pA • s³/(kg • μm)

表 22-5 从 MKS 到 μMKSV 的机械换算因数

机 械 参 数	MKS 单位	量 纲	乘以换算因数	μMKSV 单位	量 纲
长度	m	m	10^{6}	μm	μm
力	N	Kg • m/s²	10^{6}	μN	kg • μm/s²
时间	s	s	1	s	s
质量	kg	kg	1	kg	kg
压力	Pa	kg/(m • s²)	10^{-6}	MPa	kg/(μm • s²)
速度	m/s	m/s	10^{6}	μm/s	μm/s
加速度	m/s²	m/s²	10^{6}	μm/s²	μm/s²
密度	kg/m³	kg/m³	10^{-18}	kg/μm³	kg/μm³
应力	Pa	kg/(m • s²)	10^{-6}	MPa	kg/(μm • s²)
杨氏模量	Pa	kg/(m • s²)	10^{-6}	MPa	kg/(μm • s²)
功率	W	kg • m²/s³	10^{12}	pW	kg • μm²/s³

表 22-6 从 MKS 到 μMKSV 的热换算因数

热 参 数	MKS 单位	MKS 单位	乘以换算因数	μMKSV 单位	量 纲
传导率	W/(m • ℃)	kg • m/(℃ • s³)	10^{6}	pW/(μm • ℃)	kg • μm/(℃ • s³)
热通量	W/m²	kg/s³	1	pW/μm²	kg/s³
比热	J/(kg • ℃)	m²/(℃ • s²)	10^{12}	pJ/(kg • ℃)	μm²/(℃ • s²)
热通量	W	kg • m²/s³	10^{12}	pW	kg • μm²/s³
单位容积的生热	W/m³	kg/(m • s³)	10^{-6}	pW/μm³	kg/(μm • s³)
对流系数	W/(m² • ℃)	kg/(s³ • ℃)	1	pW/(μm² • ℃)	kg/(s³ • ℃)
动力粘度	kg/(m • s)	kg/(m • s)	10^{-6}	kg/(μm • s)	kg/(μm • s)
运动粘度	m²/s	m²/s	10^{12}	μm²/s	μm²/s

Note

表 22-7　从 MKS 到 μMKSV 的电换算因数

电　参　数	MKS 单位	量　纲	乘以换算因数	μMKSV 单位	量　纲
电流	A	A	10^{12}	pA	pA
电压	V	$kg \cdot m^2/(A \cdot s^3)$	1	V	$kg \cdot \mu m^2/(pA \cdot s^3)$
电荷	C	$A \cdot s$	10^{12}	pC	$pA \cdot s$
传导率	S/m	$A^2 \cdot s^3/(kg \cdot m^3)$	10^6	pS/μm	$pA^2 \cdot s^3/(kg \cdot \mu m^3)$
电阻系数	Ωm	$k \cdot gm^3/(A^2 \cdot s^3)$	10^{-6}	TΩμm	$kg \cdot \mu m^3/(pA^2 \cdot s^3)$
介电系数[①]	F/m	$A^2 \cdot s^4/(kg \cdot m^3)$	10^6	pF/μm	$pA^2 \cdot s^4/(kg \cdot \mu m^3)$
能量	J	$kg \cdot m^2/s^2$	10^{12}	pJ	$kg \cdot \mu m^2/s^2$
电容	F	$A^2 \cdot s^4/(kg \cdot m^2)$	10^{12}	pF	$pA^2 \cdot s^4/(kg \cdot \mu m^2)$
电场	V/m	$kg \cdot m/(s^3 \cdot A)$	10^{-6}	V/μm	$kg \cdot \mu m/(s^3 \cdot pA)$
电通量密度	C/m^2	$A \cdot s/m^2$	1	$pC/\mu m^2$	$pA \cdot s/\mu m^2$

注：① 自由空间介电系数为 8.854×10^{-6}pF/μm。

表 22-8　从 MKS 到 μMKSV 的压阻换算因数

压　阻　矩　阵	MKS 单位	量　纲	乘以换算因数	μMKSV 单位	量　纲
压阻应力矩阵[π]	Pa^{-1}	$m \cdot s^2/kg$	10^6	MPa^{-1}	$\mu m \cdot s^2/kg$

表 22-9　从 MKS 到 μMSVfA 的机械换算因数

机　械　参　数	MKS 单位	量　纲	乘以换算因数	μMSVfa 单位	量　纲
长度	m	m	10^6	μm	μm
力	N	$kg \cdot m/s^2$	10^9	nN	$g \cdot \mu m/s^2$
时间	s	s	1	s	s
质量	kg	kg	10^3	g	g
压力	Pa	$kg/(m \cdot s^2)$	10^{-3}	kPa	$g/(\mu m \cdot s^2)$
速度	m/s	m/s	10^6	μm/s	μm/s
加速度	m/s^2	m/s^2	10^6	m/s^2	$\mu m/s^2$
密度	kg/m^3	kg/m^3	10^{-15}	$g/\mu m^3$	$g/\mu m^3$
应力	Pa	$kg/(m \cdot s^2)$	10^{-3}	kPa	$g/(\mu m \cdot s^2)$
杨氏模量	Pa	$kg/(m \cdot s^2)$	10^{-3}	kPa	$g/(\mu m \cdot s^2)$
功率	W	$kg \cdot m^2/s^3$	10^{15}	fW	$g \cdot \mu m^2/s^3$

表 22-10　从 MKS 到 μMSVfA 的热换算因数

热　参　数	MKS 单位	MKS　单位	乘以换算因数	μMSVfa 单位	量　纲
传导率	W/(m · ℃)	$kg \cdot m/(℃ \cdot s^3)$	10^9	fW/(μm · ℃)	$g \cdot \mu m/(℃ \cdot s^3)$
热通量	W/m^2	kg/s^3	10^3	$fW/\mu m^2$	g/s^3
比热容	J/(kg · ℃)	$m^2/(℃ \cdot s^2)$	10^{12}	fJ/(g · ℃)	$\mu m^2/(℃ \cdot s^2)$
热通量	W	$kg \cdot m^2/s^3$	10^{15}	fW	$g \cdot \mu m^2/s^3$
单位容积的生热	W/m^3	$kg/(m \cdot s^3)$	10^{-3}	$fW/\mu m^3$	$g/(\mu m \cdot s^3)$
对流系数	$W/(m^2 \cdot ℃)$	$kg/(s^3 \cdot ℃)$	10^3	$fW/(\mu m^2 \cdot ℃)$	$g/(s^3 \cdot ℃)$
动力粘度	kg/(m · s)	kg/(m · s)	10^{-3}	g/(μm · s)	g/(μm · s)
运动粘度	m^2/s	m^2/s	10^{12}	$\mu m^2/s$	$\mu m^2/s$

表 22-11　从 MKS 到 μMSKVfA 的磁换算因数

磁　参　数	MKS 单位	量　　纲	乘以换算因数	μMKSV 单位	量　　纲
通量	Weber	kg • m²/(A • s²)	1	Weber	g • μm²/(fA • s²)
通量密度	Tesla	kg/(A • s²)	10^{-12}	-	g/(fA • s²)
场强	A/m	A/m	10^{9}	fA/μm	fA/μm
电流	A	A	10^{15}	fA	fA
电流密度	A/m²	A/m²	10^{3}	fA/(μm)²	fA/μm²
渗透性[①]	H/m	kg • m/(A² • s²)	10^{-21}	-	g • μm/(fA² • s²)
感应系数	H	kg • m²/(A² • s²)	10^{-15}	-	g •μm²/(fA² • s²)

注：[①] 自由空间渗透性为 $4\pi\times10^{-28}$ (g) (μm) / (fA) 2 (s) 2，只有常数渗透性才能和这些单位一起使用。

表 22-12　从 MKS 到 μMKSV 的热电换算因数

热 电 参 数	MKS 单位	量　　纲	乘以换算因数	μMKSV 单位	量　　纲
塞贝克系数	V/℃	kg • m²/(A • s³ • ℃)	1	V/℃	kg • μm²/(pA • s³ • ℃)

表 22-13　从 MKS 到 μMSVfA 的电换算因数

电　参　数	MKS 单位	量　　纲	乘以换算因数	μMSVfa 单位	量　　纲
电流	A	A	10^{15}	fA	fA
电压	V	(kg •m)²/(A •s³)	1	V	gμ • m²/(fA • s³)
电荷	C	A • s	10^{15}	fC	fA • s
传导率	S/m	A² • s³/(kg • m³)	10^{9}	nS/μm	fA² • s³/(g • μm³)
电阻系数	Ω • m	kg • m³/(A² • s³)	10^{-9}	-	g • μm³/(fA² • s³)
介电系数[①]	F/m	A² • s⁴/(kg • m³)	10^{9}	fF/μm	fA² • s⁴/(g • μm³)
能量	J	kg • m²/s²	10^{15}	fJ	g • μm²/s²
电容	F	A² • s⁴/(kg • m²)	10^{15}	fF	fA² • s⁴/(g • μm²)
电场	V/m	kg • m/(s³ • A)	10^{-6}	V/μm	g • μm/(s³ • fA)
电通量密度	C/m²	A • s/m²	10^{3}	fC/μm²	fA • s/μm²

注：[①] 自由空间介电系数为 8.854×10^{-3}fF/μm。

表 22-14　从 MKS 到 μMSKVfA 的压电换算因数

压 电 矩 阵	MKS 单位	量　　纲	乘以换算因数	μMKSV 单位	量　　纲
压电应[e]	C/m²	A • s/m²	10^{3}	fC/μm²	fA • s/μm²
压电应[d]	C/N	A • s³/(kg • m)	10^{6}	fC/μN	fA • s³/(g • μm)

表 22-15　从 MKS 到 μMSKVfA 的压阻换算因数

压 阻 矩 阵	MKS 单位	量　　纲	乘以换算因数	μMKSV 单位	量　　纲
压阻应力矩阵[π]	Pa⁻¹	m • s²/kg	10^{3}	kPa⁻¹	μm • s²/g

表 22-16　从 MKS 到 μMKSVfA 的热电换算因数

热 电 参 数	MKS 单位	量　　纲	乘以换算因数	μMKSV 单位	量　　纲
塞贝克系数	V/℃	kg • m²/(A • s³ • ℃)	1	V/℃	g • μm²/(fA • s³ • ℃)

第23章

直接耦合场分析

本章介绍几个直接耦合场实例分析，分别为热应力耦合分析实例——换热管的热应力分析、热电耦合分析实例——热电发电机耦合分析，以及机电耦合分析实例——梳齿式电机耦合分析。

☑ 热应力耦合分析实例

☑ 热电耦合分析实例

☑ 机电耦合分析实例

任务驱动&项目案例

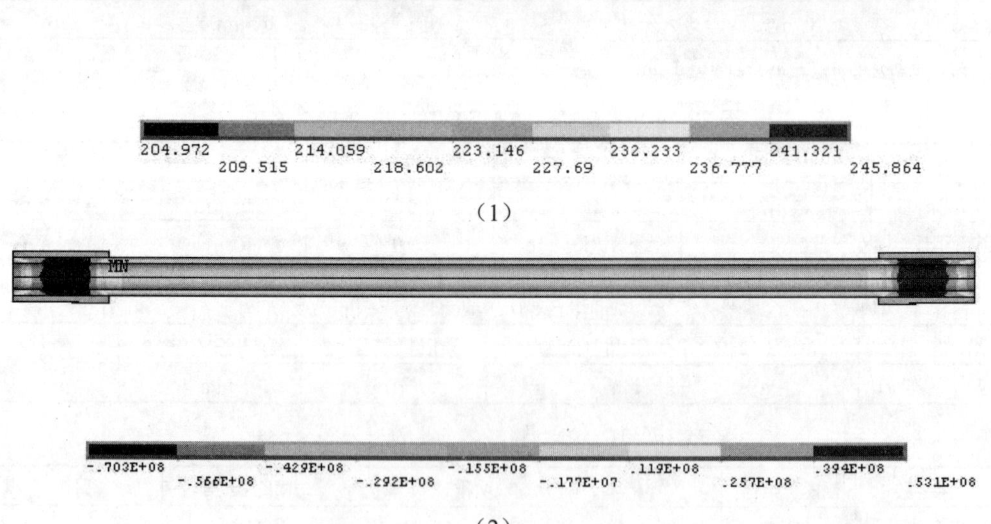

（1）

（2）

23.1 热应力耦合分析实例——换热管的热应力分析

本节实例以 16.5 节的换热管稳态热分析的实例为基础，进行热应力分析。

23.1.1 前处理

1. 恢复数据库文件

执行实用菜单中的 Utility Menu > File > Resume from 命令，弹出 Resume Database 对话框。在 Resume Database from 下拉列表框中选择 Pipe_thermal_Result.db 选项，单击 OK 按钮。

2. 改变工作标题和分析类型

（1）改变工作标题。执行实用菜单中的 Utility Menu > File > Change Title 命令，弹出 Change Title 对话框。在弹出的对话框中输入 Pipe Thermal_Stress Analysis，单击 OK 按钮。

（2）改变分析类型。执行主菜单中的 Main Menu > Preferencs 命令，弹出 Preferences for GUI Filtering 对话框，如图 23-1 所示，选中 Structural 复选框，单击 OK 按钮。

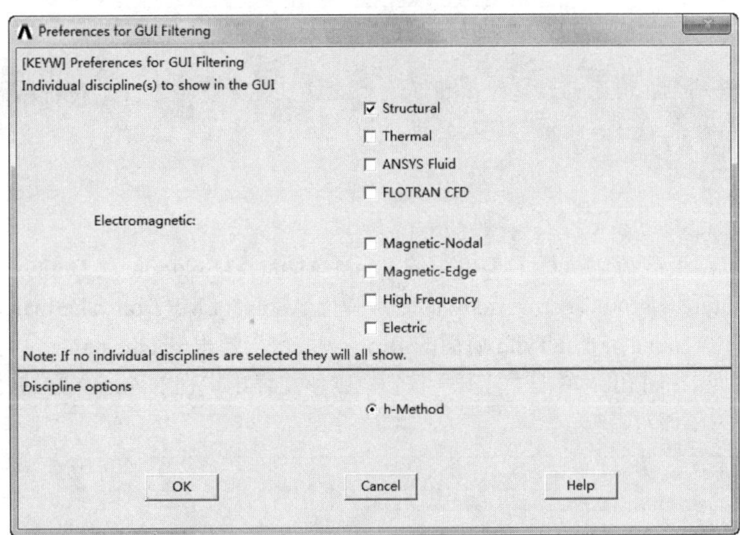

图 23-1 Preferences for GUI Filtering 对话框

3. 转换单元类型，设置材料属性

（1）删除对流边界。执行主菜单中的 Main Menu > Preprocessor > Loads > Define Loads > Delete > All Load Data > All SolidMod Lds 命令，弹出 Delete All Solid Model Loads 对话框，如图 23-2 所示。单击 OK 按钮，则施加在实体上的所有载荷均被删除。

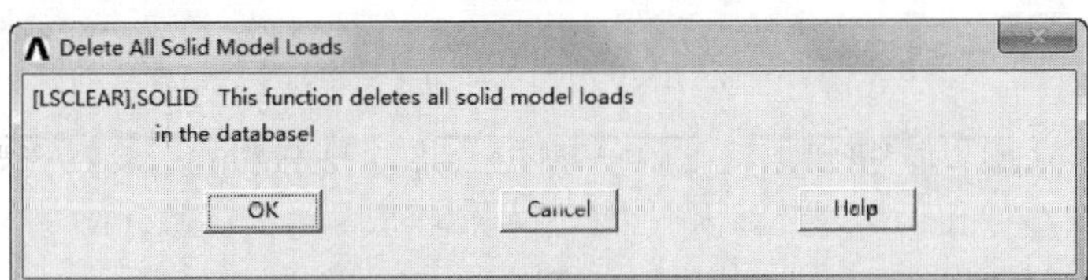

图 23-2 Delete All Solid Model Loads 对话框

Note

（2）转换单元类型为结构单元。执行主菜单中的 Main Menu > Preprocessor > Element Type > Switch Elem Type 命令，弹出 Switch Elem Type 对话框，如图 23-3 所示。在 Change element type 后面的下拉列表框中选择 Thermal to Struc 选项，单击 OK 按钮，弹出 Warning 对话框，如图 23-4 所示，提示单元类型已经转变，要求检查单元类型及单元选项、实常数和材料编号等，单击 Close 按钮关闭即可。

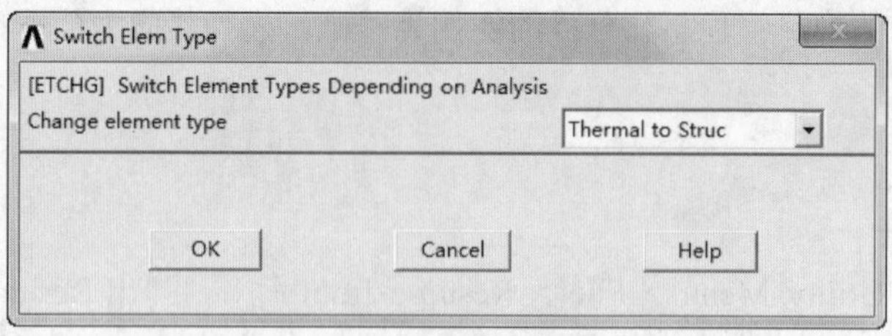

图 23-3　Switch Elem Type 对话框

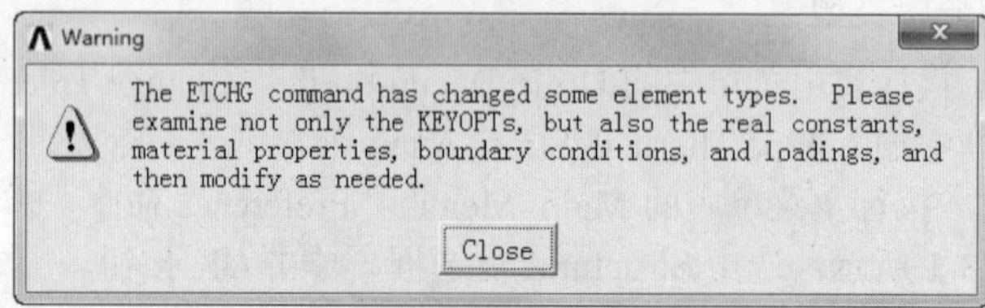

图 23-4　Warning 对话框

注意：因为材料属性在前面已经完全给出了，因此这里不需要再次设定材料属性，如线膨胀系数等属性参数未给出，此处需要设定并给出。

23.1.2　求解

（1）施加节点温度载荷。执行主菜单中的 Main Menu > Solution > Define Loads > Apply > Structural > Temperature > From Therm Analy 命令，弹出 Apply TEMP from Thermal Analysis 对话框，如图 23-5 所示。单击 Name of result file 后面的 Browse 按钮，弹出 Fname name of results file 选择框，从中选择文件 Pipe_thermal.rth，单击“打开”按钮，则该文件出现在 Name of result file 后面的文本框中，单击 OK 按钮关闭该对话框。

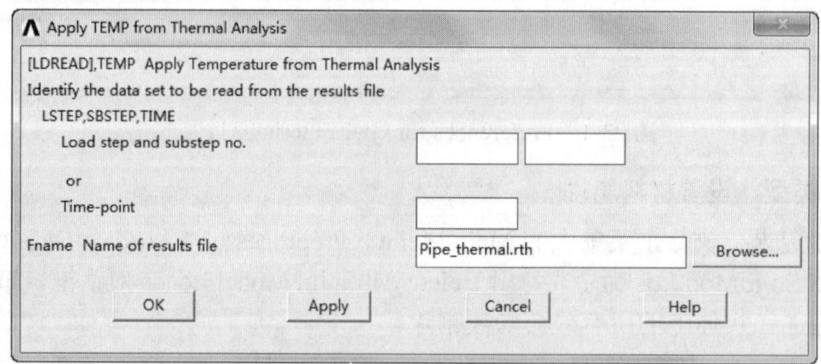

图 23-5　Apply TEMP from Thermal Analysis 对话框

（2）施加管、壳程压力。执行主菜单中的 Main Menu > Solution > Define Loads > Apply > Structural > Pressure > On Areas 命令，弹出一个拾取框，拾取编号为 A23、A1、A7、A17、A8、A2、A27 的面，单击 OK 按钮，弹出 Apply PRES on areas 对话框，如图 23-6 所示。在 VALUE Load PRES value 后面的文本框中输入 5.7E6，单击 OK 按钮；再次执行主菜单中的 Main Menu > Solution > Define

Loads > Apply > Structural > Pressure > On Areas 命令，弹出一个拾取框，拾取编号为 A24、A20、A28 的面，单击 OK 按钮，弹出 Apply PRES on areas 对话框，在 VALUE Load PRES value 后面的文本框中输入 8.1E6，单击 OK 按钮。

（3）施加对称边界约束。执行主菜单中的 Main Menu > Solution > Define Loads > Apply > Structural > Dislacement > Symmetry B.C. > On Areas 命令，弹出一个拾取框，拾取编号为 A22、A10、A21、A9、A18、A19、A25、A15、A14、A26 的面，单击 OK 按钮。

（4）约束轴向位移。执行主菜单中的 Main Menu > Solution > Define Loads > Apply > Structural > Dislacement > On Nodes 命令，弹出一个拾取框，在管子模型底部任意拾取一节点，单击 OK 按钮，弹出 Apply U,ROT on Nodes 对话框，如图 23-7 所示，在 Lab2 后面的列表框中选择 UX 选项，单击 OK 按钮。

（5）关闭线、面、体编号。执行主菜单中的 Main Menu > PlotCtrls > Numbering 命令，弹出 Plot Numbering Controls 对话框，将 Line numbers、Area numbers、Volume numbers 后面的 On 改为 Off，单击 OK 按钮。

（6）显示节点的温度体载荷。执行实用菜单中的 Utility Menu > PlotCtrls > Symbols 命令，弹出 Symbols 对话框，参照图 23-8 进行设置，单击 OK 按钮。

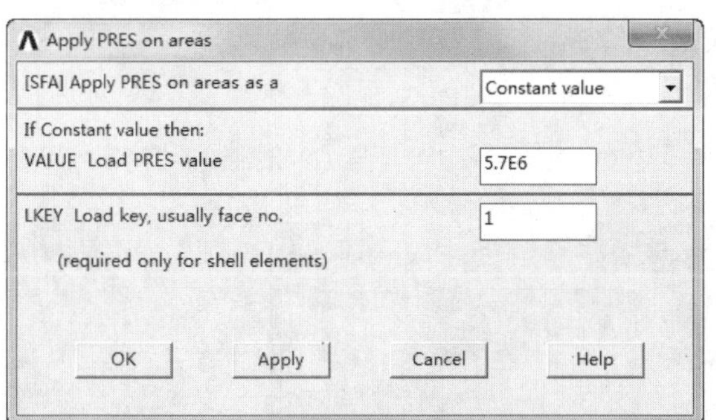

图 23-6 Apply PRES on areas 对话框

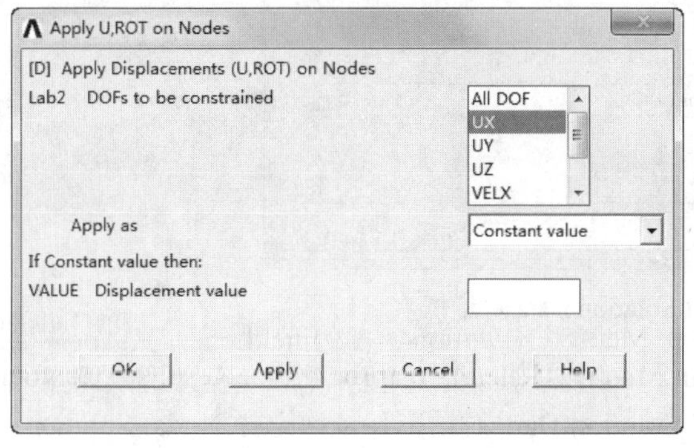

图 23-7 Apply U,ROT on Nodes 对话框

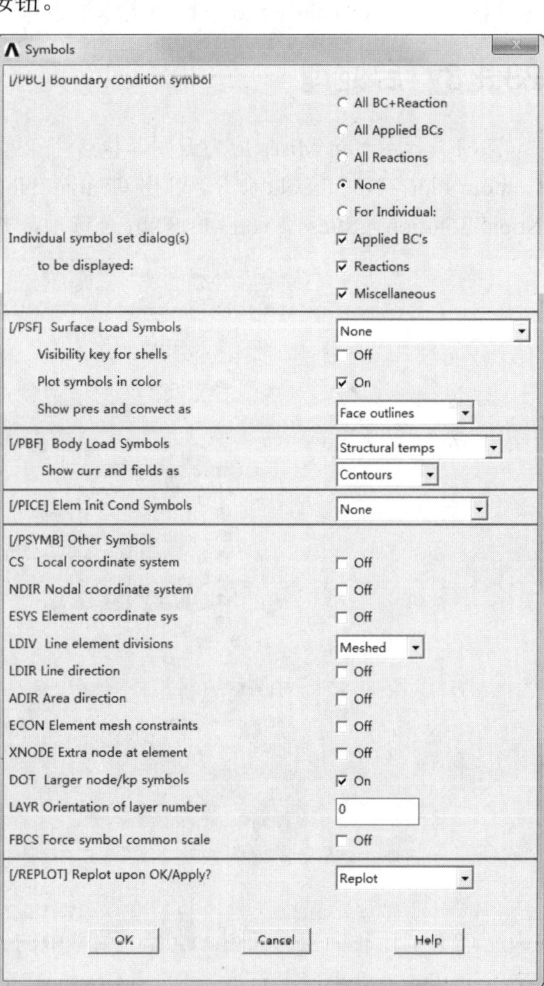

图 23-8 Symbols 对话框

（7）单元显示。执行实用菜单中的 Utility Menu > Plot > Elements 命令，显示节点温度载荷的结果，如图 23-9 所示。

Note

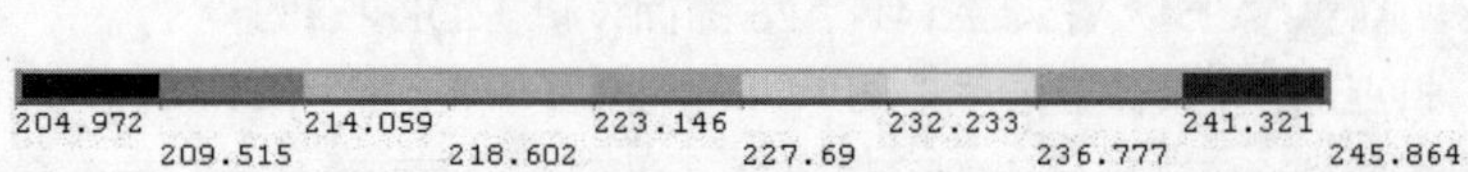

图 23-9　施加的温度场结果

（8）求解。执行主菜单中的 Main Menu > Solution > Solve > Current LS 命令，弹出一个提示窗口和 Solve Current Load Step 对话框。确认信息无误后执行 File > Close 命令，关闭窗口。单击 Solve Current Load Step 对话框中的 OK 按钮开始求解。结束后出现 Solution is done 的提示框，单击 Close 按钮将其关闭。

（9）保存计算结果。执行实用菜单中的 Utility Menu > File > Save as 命令，弹出 Save Database 对话框，在 Save Database to 下面的文本框中输入文件名 Pipe Thermal_Stress.db，单击 OK 按钮。

23.1.3　后处理

（1）显示 Von Mises 应力云图。执行主菜单中的 Main Menu > General Postproc > Plot Results > Contour Plot > Nodal Solu 命令，弹出 Contour Nodal Solution Data 对话框，如图 23-10 所示。依次选择 Nodal Solution > Stress > von Mises stress 选项，单击 OK 按钮，结果如图 23-11 所示。

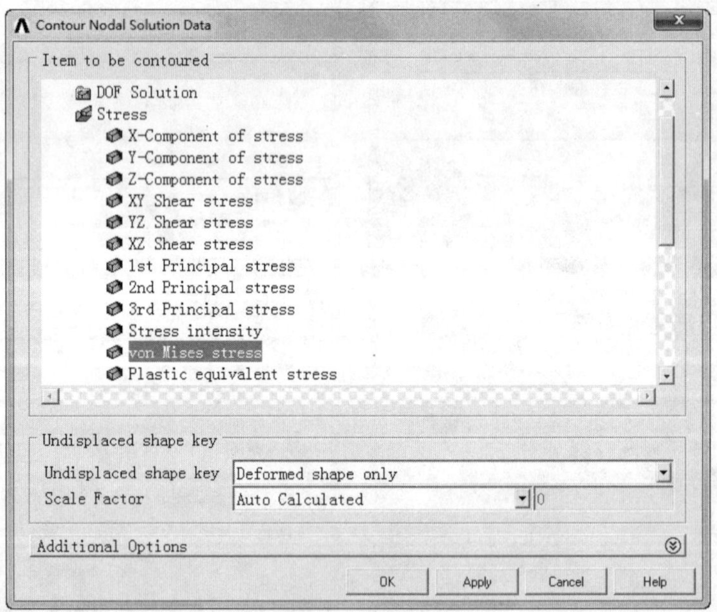

图 23-10　Contour Nodal Solution Data 对话框

（2）显示轴向应力云图。执行主菜单中的 Main Menu > General Postproc > Plot Results > Contour Contour Plot > Nodal Solu 命令，弹出 Contour Nodal Solution Data 对话框，依次选择 Nodal Solution > Stress > X-Component of stress 选项，单击 OK 按钮，结果如图 23-12 所示。

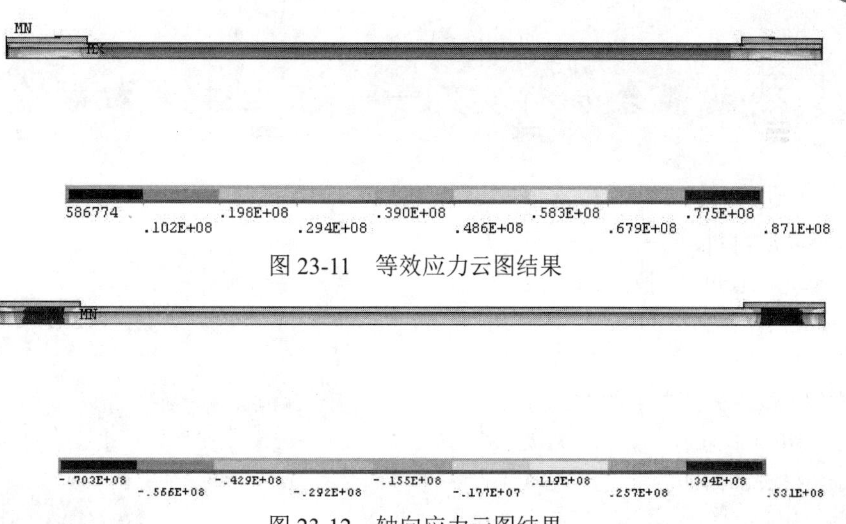

图 23-11　等效应力云图结果

图 23-12　轴向应力云图结果

（3）扩展后处理（针对轴对称结构）。执行实用菜单中的 Utility Menu > PlotCtrls > Style > Symmetry Expansion > Periodic/Cyclic Symmetry 命令，弹出 Periodic/Cyclic Symmetry Expansion 对话框，如图 23-13 所示，选中 Rcflcct about XZ 单选按钮，单击 OK 按钮，生成的结果如图 23-14 所示。

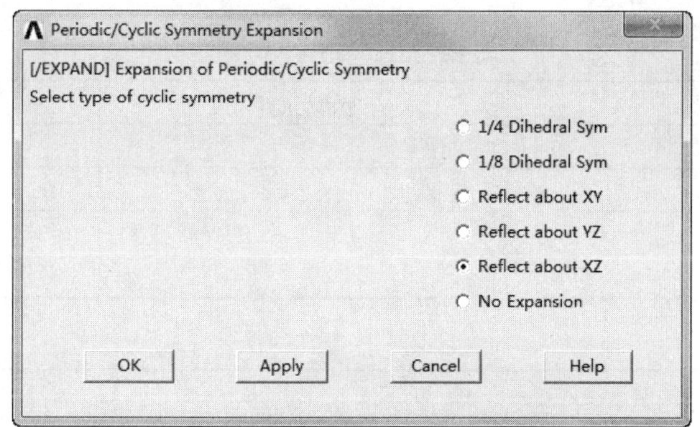

图 23-13　Periodic/Cyclic Symmetry Expansion 对话框

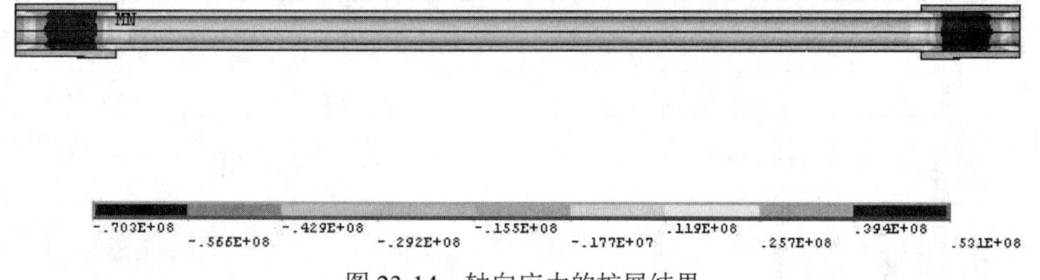

图 23-14　轴向应力的扩展结果

（4）退出 ANSYS。执行实用菜单中的 Utility Menu > File > Exit 命令，弹出 Exit from ANSYS 对话框，选中 Quit-No Save 单选按钮，单击 OK 按钮关闭 ANSYS。

23.1.4　命令流方式

命令流方式这里不再详细介绍，读者可参见随书光盘中的电子文档。

Note

23.2　热电耦合分析实例——热电发电机耦合分析

Note

热电发电机由两个半导体元件组成。其中，一个元件是 n 型材料，另一个是 p 型材料。n 型元件和 p 型元件长度分别为 Ln 和 Lp，横截面积分别为 An=Wnt 和 Ap=Wpt，其中 Wn 和 Wp 是元件的宽度，t 为元件的厚度。发电机在冷端温度 Tc 和热端温度 Th 之间工作。元件热端将温度和电压耦合在一起，冷端接入一个外部电阻 Ro，冷热两端温度的不同将产生电流 *I*。热电发电机的结构示意图如图 23-15 所示。

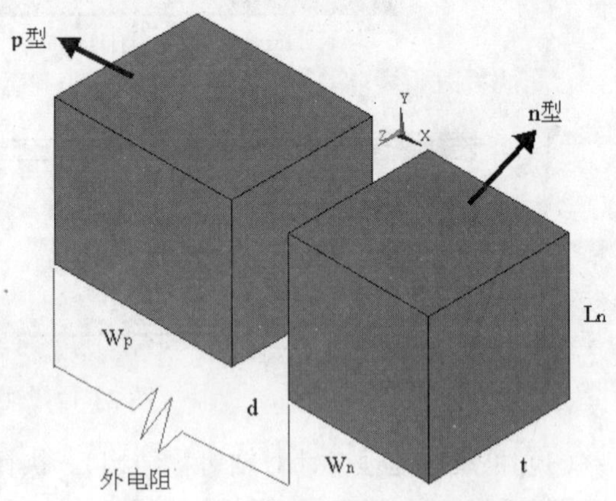

图 23-15　热电发电机结构示意图

示意图 23-15 中的尺寸如表 23-1 所示。热电发电机的工作条件如表 23-2 所示。两种元件的材料属性如表 23-3 所示。

表 23-1　元件尺寸

尺　寸	n 型元件	p 型元件
长度 L/cm	1	1
宽度 W/cm	1	1.24
厚度 t/cm	1	1
间隙 d/cm	0.4	

表 23-2　工作条件

冷端温度/℃	27
热端温度/℃	327
外电阻/Ω	3.92×−3

表 23-3　材料属性参数

元　件	电阻系数/Ω·cm	导热系数/(W/cm·℃)	塞贝克系/(μV/℃)
n 型材料	ρ_n=1.35×23^{-3}	λ_n=0.014	α_n=−195
p 型材料	ρ_p=1.75×23^{-3}	λ_p=0.012	α_p=230

23.2.1　前处理

1．定义工作文件名和工作标题

（1）执行实用菜单中的 Utility Menu > File > Change Jobname 命令，打开 Change Jobname 对话框，在[/FILNAM] Enter new jobname 后面的文本框中输入工作文件名 Thermoelectric Generator，使 NEW log and error files 保持 Yes 状态，单击 OK 按钮关闭对话框。

（2）执行实用菜单中的 Utility Menu > File > Change Title 命令，打开 Change Title 对话框，在对

话框中输入工作标题 Thermoelectric Generator Analysis，单击 OK 按钮关闭对话框。

2．定义单元类型

（1）从主菜单中选择 Main Menu > Preprocessor > Element Type > Add/Edit/Delete 命令，打开 Element Types 对话框。

（2）单击 Add 按钮，打开 Library of Element Types 对话框，如图 23-16 所示。在 Library of Element Types 后面的列表框中选择 Coupled Field > Brick 20node 226 选项，在 Element type reference number 文本框中输入 1，单击 OK 按钮关闭 Library of Element Types 对话框。

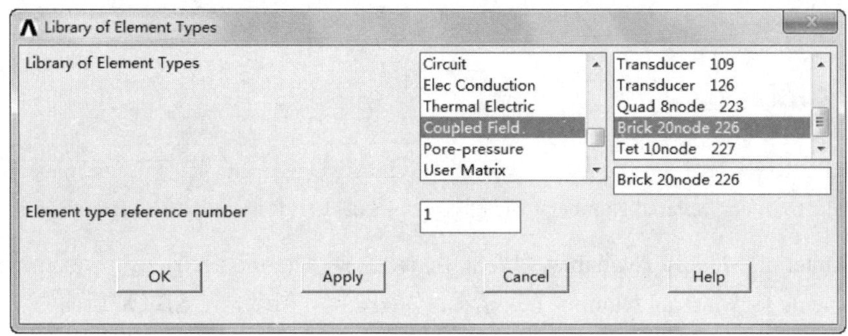

图 23-16 Library of Element Types 对话框

（3）单击 Element Types 对话框中的 Options 按钮，打开 SOLID226 element type options 对话框，如图 23-17 所示。在 Analysis Type K1 后面的下拉列表框中选择 Thermoelectric，其余选项采用系统默认设置，单击 OK 按钮关闭该对话框。

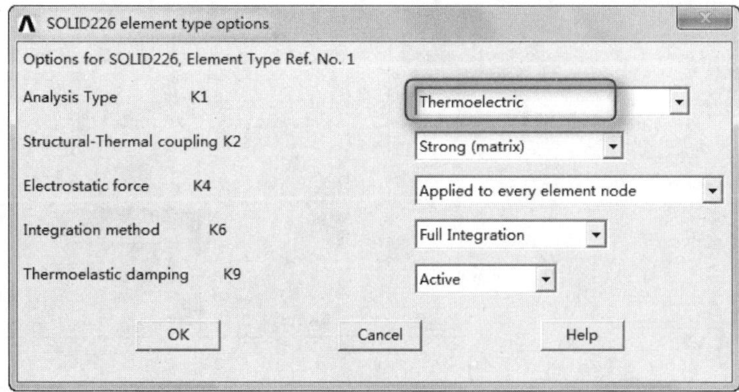

图 23-17 SOLID226 element type options 对话框

（4）单击 Close 按钮关闭 Element Types 对话框。

3．定义材料性能参数

（1）从主菜单中选择 Main Menu > Preprocessor > Material Props > Material Models 命令，打开 Define Material Model Behavior 窗口。

（2）在 Material Models Available 列表框中依次选择 Thermal > Conductivity > Isotropic 选项，打开 Conductivity for Material Number 1 对话框，如图 23-18 所示。在 KXX 后面的文本框中输入导热系数 1.4，单击 OK 按钮关闭该对话框。

Note

（3）在 Material Models Available 列表框中依次选择 Electromagnetics > Resistivity > Constant 选项，打开 Resistivity for Material Number 1 对话框，如图 23-19 所示。在 RSVX 后面的文本框中输入电阻系数 1.35E-5，单击 OK 按钮关闭该对话框。

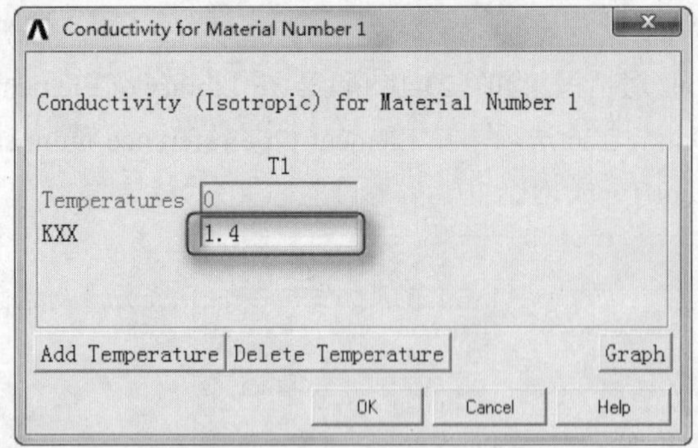

图 23-18　Conductivity for Material Number 1 对话框

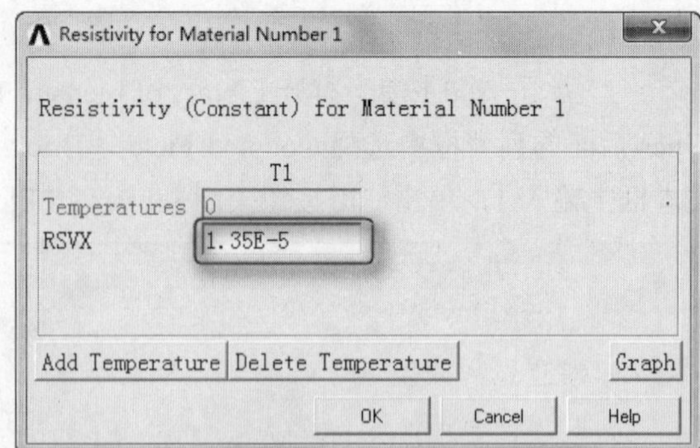

图 23-19　Resistivity for Material Number 1 对话框

（4）在 Material Models Available 列表框中依次选择 Thermoelectricity > Isotropic 选项，打开 Seebeck Coefficients for Material Number 1 对话框，如图 23-20 所示。在 SBKX 后面的文本框中输入塞贝克系数-1.95e-4，单击 OK 按钮关闭该对话框。

（5）在 Define Material Model Behavior 窗口中选择 Material > New Model 命令，打开 Define Material ID 对话框，在文本框中输入 2，单击 OK 按钮关闭该对话框。

（6）在 Material Models Available 列表框中依次选择 Thermal > Conductivity > Isotropic 选项，打开 Conductivity for Material Number 2 对话框，如图 23-21 所示。在 KXX 后面的文本框中输入导热系数 1.4，单击 OK 按钮关闭该对话框。

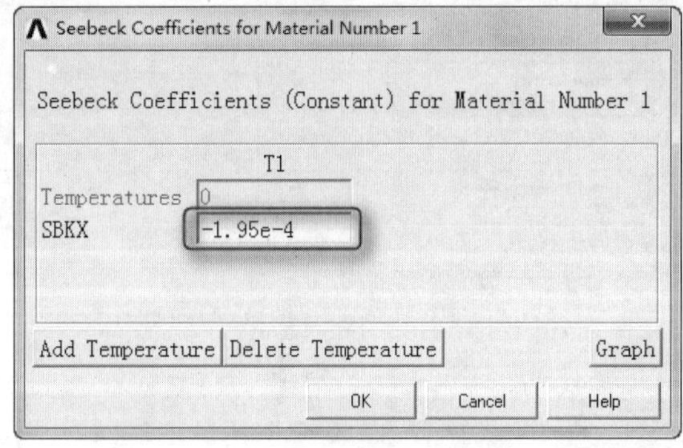

图 23-20　Seebeck Coefficients for Material Number 1 对话框

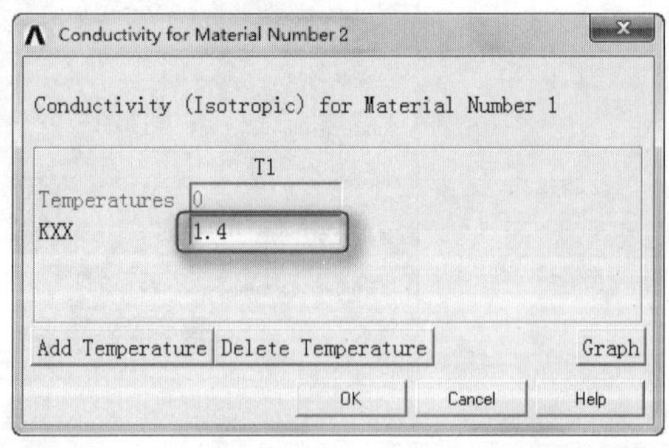

图 23-21　Conductivity for Material Number 2 对话框

（7）在 Material Models Available 列表框中依次选择 Electromagnetics > Resistivity > Constant 选项，打开 Resistivity for Material Number 1 对话框，如图 23-22 所示。在 RSVX 后面的文本框中输入电阻系数 1.75E-005，单击 OK 按钮关闭该对话框。

（8）在 Material Models Available 列表框中依次选择 Thermoelectricity > Isotropic 选项，打开 Seebeck Coefficients for Material Number 1 对话框，如图 23-23 所示。在 SBKX 后面的文本框中输入塞贝克系数 2.3e-4，单击 OK 按钮关闭该对话框。

（9）在 Define Material Model Behavior 窗口中选择 Material > Exit 命令，关闭该窗口。

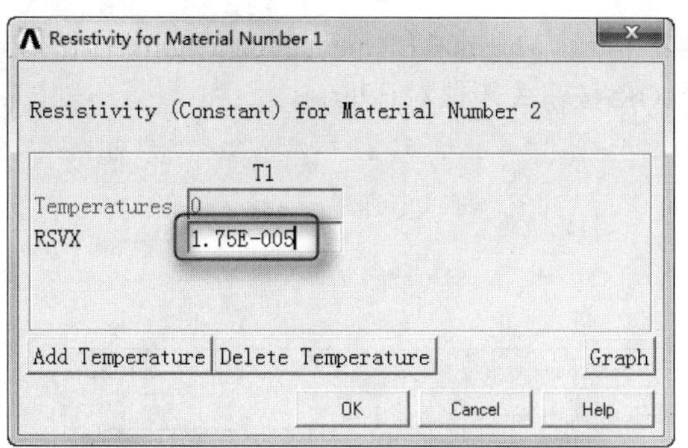

图 23-22 Resistivity for Material Number 1 对话框

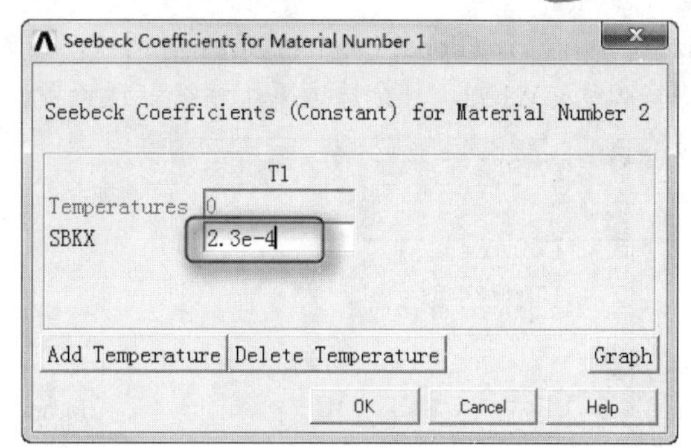

图 23-23 Seebeck Coefficients for Material Number 1 对话框

4．建立几何模型

（1）从主菜单中选择 Main Menu > Preprocessor > Material Props > Temperature Units 命令，打开 Specify Temperature Units 对话框，如图 23-24 所示。在[TOFFST] Temperature units 后面的下拉列表框中选择 Celsius，单击 OK 按钮关闭该对话框。

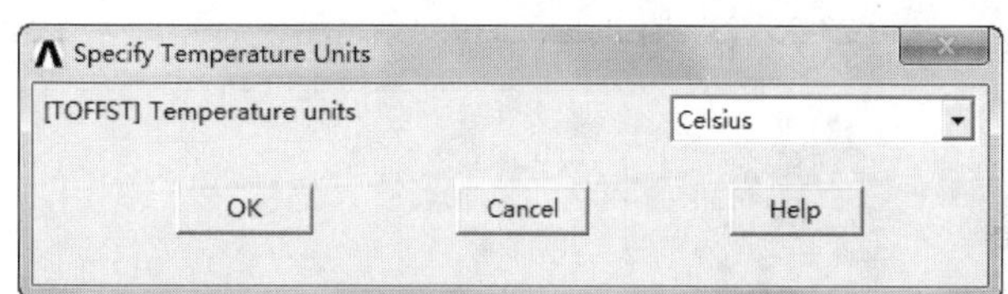

图 23-24 Specify Temperature Units 对话框

（2）执行实用菜单中的 Utility Menu > Parameters > Scalar Parameters 命令，打开 Scalar Parameters 对话框，如图 23-25 所示。在 Selection 下面的文本框中依次输入：

LN=1.0e-2；

LP=1.0e-2；

WN=1.0e-2；

WP=1.24e-2；

T=1.0e-2；

D=0.4e-2；

TH=327；

TC=27；

TOFFSET=273；

R0=3.92e-3。

（3）从主菜单中选择 Main Menu > Preprocessor > Modeling > Create > Volumes > Block > By Dimensions 命令，打开 Create Block by Dimensions 对话框，如图 23-26 所示。在 X1,X2 X-coordinates 后面的文本框中依次输入 D/2，WN+D/2，在 Y1,Y2 Y-coordinates 后面的文本框中依次输入-LN，0，在 Z1,Z2 Z-coordinates 后面的文本框中依次输入 0，T。

（4）单击 Apply 按钮会再次打开 Create Block by Dimensions 对话框，如图 23-26 所示。在 X1,X2 X-coordinates 后面的文本框中依次输入-(WP+D/2)，-D/2，在 Y1,Y2 Y-coordinates 后面的文本框中依次输入-LP，0，在 Z1,Z2 Z-coordinates 后面的文本框中依次输入 0，T，单击 OK 按钮关闭该对话框。

（5）执行实用菜单中的 Utility Menu > PlotCtrls > Style > Colors > Reverse Video 命令，ANSYS 窗口将变成白色，生成的几何模型如图 23-27 所示。

注意：单击窗口右边的按钮会显示三维几何模型。

5．划分网格

（1）从主菜单中选择 Main Menu > Preprocessor > Meshing > Size Cntrls > ManualSize > Global >

Size 命令，打开 Global Element Sizes 对话框，如图 23-28 所示。在 SIZE Element edge length 后面的文本框中输入 WN/2，其余选项采用系统默认设置，单击 OK 按钮关闭该对话框。

Note

Scalar Parameters

Items

```
D      = 4.000000000E-03
LN     = 1.000000000E-02
LP     = 1.000000000E-02
R0     = 3.920000000E-03
T      = 1.000000000E-02
TC     = 27
TH     = 327
TOFFSET = 273
WN     = 1.000000000E-02
WP     = 1.240000000E-02
```

Selection

Accept　Delete　Close　Help

图 23-25　Scalar Parameters 对话框

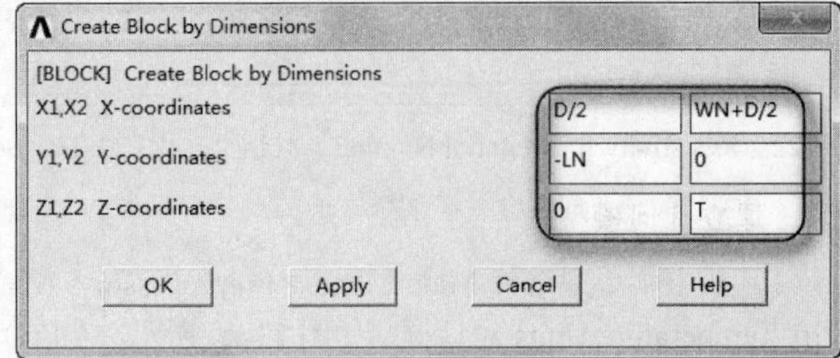

图 23-26　Create Block by Dimensions 对话框

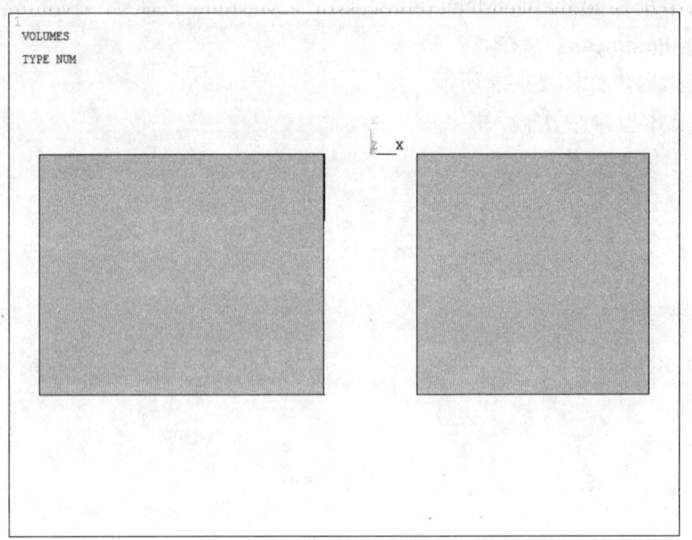

图 23-27　生成的几何模型

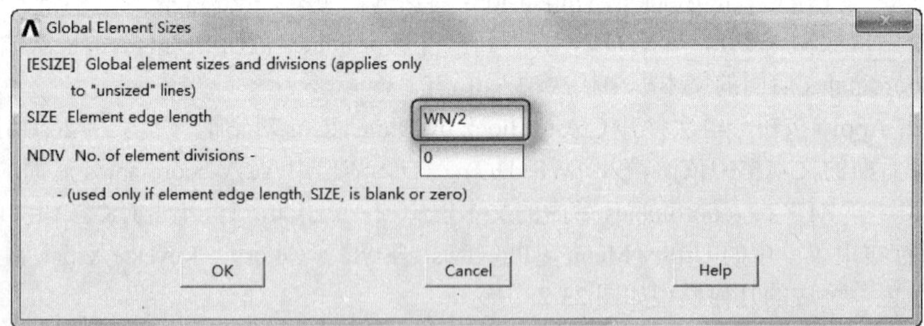

图 23-28　Global Element Sizes 对话框

（2）从主菜单中选择 Main Menu > Preprocessor > Meshing > Mesh Attributes > Picked Volumes 命令，打开 Volume Attributes 对话框，再单击图 23-27 中右边的几何体，单击 OK 按钮打开 Volume

Attributes 对话框，如图 23-29 所示。在 MAT Material number 后面的下拉列表框中选择 1，其余选项采用系统默认设置，单击 OK 按钮关闭该对话框。

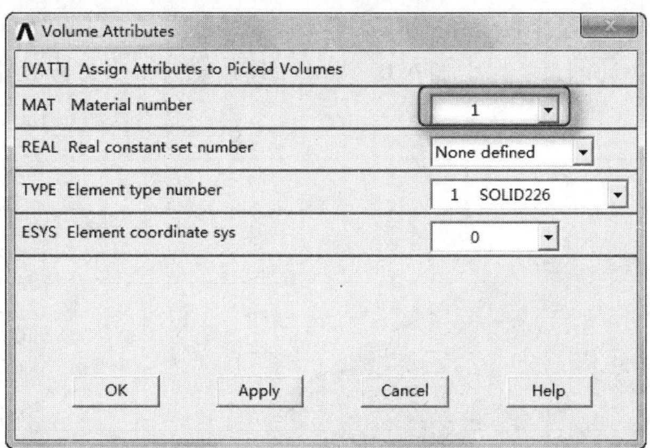

图 23-29 Volume Attributes 对话框

（3）从主菜单中选择 Main Menu > Preprocessor > Meshing > Mesh > Volumes > Mapped > 4 to 6 sided 命令，打开 Mesh Volumes 对话框，单击图 23-27 中右边的几何体，再单击 OK 按钮关闭该对话框，此时窗口中会显示生成的右边体的网格模型。

（4）执行实用菜单中的 Utility Menu > Plot > Volumes 命令，窗口会重新显示整体几何模型。

（5）从主菜单中选择 Main Menu > Preprocessor > Meshing > Mesh Attributes > Picked Volumes 命令，打开 Volume Attributes 对话框，单击图 23-27 中左边的几何体，再单击 OK 按钮打开 Volume Attributes 对话框，如图 23-29 所示。在 MAT Material number 后面的下拉列表框中选择 2，其余选项采用系统默认设置，单击 OK 按钮关闭该对话框。

（6）从主菜单中选择 Main Menu > Preprocessor > Meshing > Mesh > Volumes > Mapped > 4 to 6 sided 命令，打开 Mesh Volumes 对话框，单击图 23-27 中左边的几何体，再单击 OK 按钮关闭该对话框，此时窗口中会显示生成的整个体的网格模型，如图 23-30 所示。

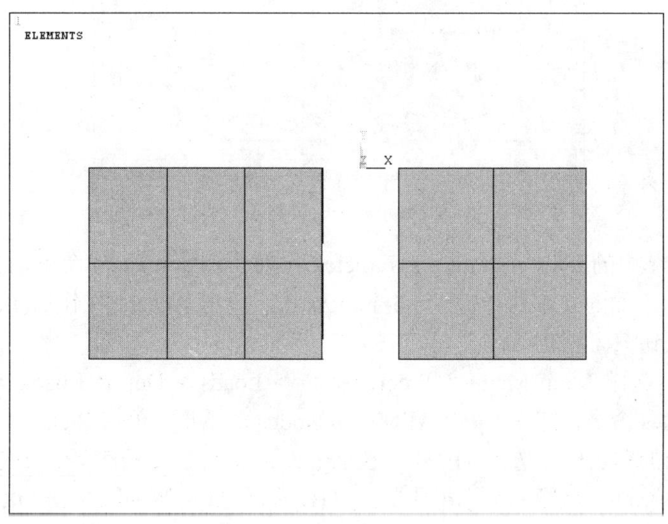

图 23-30 生成的网格模型

（7）单击窗口右边的按钮会显示三维网格模型，如图 23-31 所示。

Note

6．设置边界条件

（1）执行实用菜单中的 Utility Menu > Select > Entities 命令，打开 Select Entities 对话框，如图 23-32 所示。在第一个下拉列表框中选择 Nodes，在第二个下拉列表框中选择 By Location，选中 Y coordinates 单选按钮，在 Min,Max 下面的文本框中输入 0，单击 OK 按钮关闭该对话框。

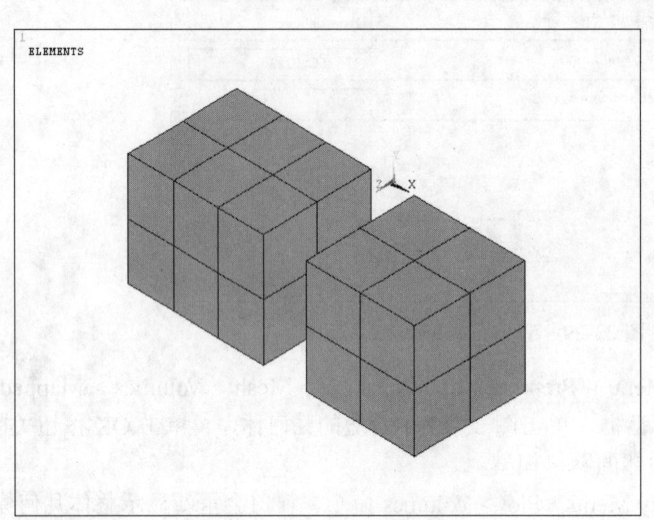

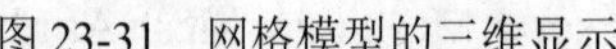
图 23-31　网格模型的三维显示

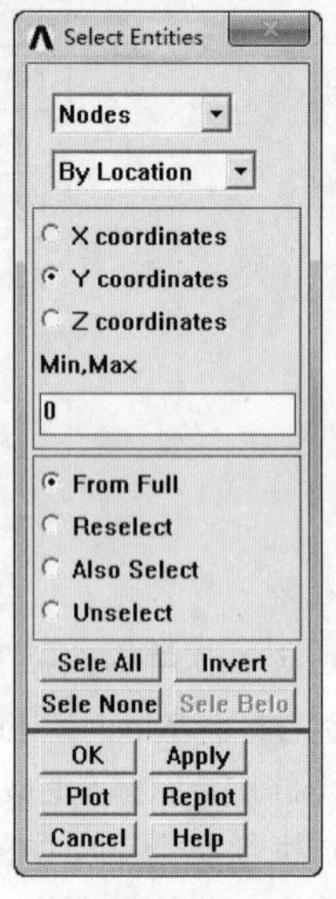

图 23-32　Select Entities 对话框

（2）从主菜单中选择 Main Menu > Preprocessor > Coupling / Ceqn > Couple DOFs 命令，在打开的对话框中单击 Pick All 按钮，打开 Define Coupled DOFs 对话框，如图 23-33 所示。在 NSET Set reference number 后面的文本框中输入 1，在 Lab Degree-of-freedom label 后面的下拉列表框中选择 TEMP，单击 OK 按钮关闭该对话框。

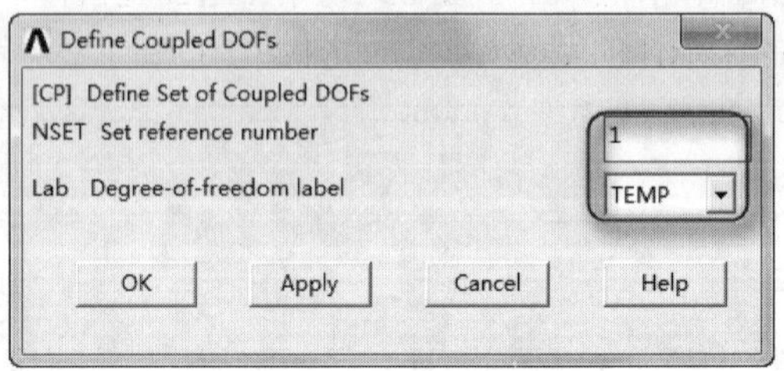

图 23-33　Define Coupled DOFs 对话框

（3）执行实用菜单中的 Utility Menu > Parameters > Scalar Parameters 命令，打开 Scalar Parameters 对话框。在 Selection 下面的文本框中输入 nh=ndnext(0)，单击 Accept 按钮后 Items 列表框中会显示 NH=1，单击 Close 按钮关闭该对话框。

（4）从主菜单中选择 Main Menu > Preprocessor > Loads > Define Loads > Apply > Thermal > Temperature > On Nodes 命令，打开 Apply TEMP on Nodes 对话框，单击 Pick All 按钮，在 Lab2 DOFs to be constrained 后面的列表框中选择 TEMP，在 Apply as 后面的下拉列表框中选择 Constant value，在 VALUE Load TEMP value 后面的文本框中输入 TH，如图 23-34 所示。单击 OK 按钮关闭该对话框。

（5）从主菜单中选择 Main Menu > Preprocessor > Coupling / Ceqn > Couple DOFs 命令，打开 Define Coupled DOFs 对话框，单击 Pick All 按钮，在 NSET Set reference number 后面的文本框中输入

2，在 Lab Degree-of-freedom label 后面的列表框中选择 VOLT，单击 OK 按钮关闭该对话框。

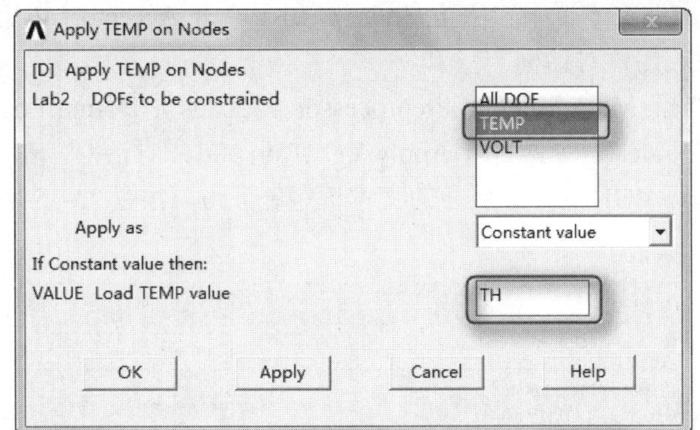

图 23-34 Apply TEMP on Nodes 对话框

（6）执行实用菜单中的 Utility Menu > Select > Entities 命令，打开 Select Entities 对话框。在第一个下拉列表框选择 Nodes，在第二个下拉列表框中选择 By Location，选中 Y coordinates 单选按钮，在 Min,Max 下面的文本框输入-LN，单击 OK 按钮关闭该对话框。

（7）执行实用菜单中的 Utility Menu > Select > Entities 命令，打开 Select Entities 对话框。在第一个下拉列表框中选择 Nodes，在第二个下拉列表框中选择 By Location，选中 X coordinates 单选按钮，在 Min,Max 下面的文本框中输入 D/2，WN+D/2，选中 Reselect 单选按钮，单击 OK 按钮关闭该对话框。

（8）从主菜单中选择 Main Menu > Preprocessor > Loads > Define Loads > Apply > Thermal > Temperature > On Nodes 命令，打开 Apply TEMP on Nodes 对话框，单击 Pick All 按钮，在 Lab2 DOFs to be constrained 列表框中选择 TEMP，在 Apply as 下拉列表框中选择 Constant value，在 VALUE Load TEMP value 后面的文本框中输入 TC，单击 OK 按钮关闭该对话框。

（9）从主菜单中选择 Main Menu > Preprocessor > Coupling / Ceqn > Couple DOFs 命令，打开 Define Coupled DOFs 对话框，单击 Pick All 按钮，在 NSET Set reference number 后面的文本框中输入 3，在 Lab Degree-of-freedom label 后面的列表框中选择 VOLT，单击 OK 按钮关闭该对话框。

（10）执行实用菜单中的 Utility Menu > Parameters > Scalar Parameters 命令，打开 Scalar Parameters 对话框。在 Selection 下面的文本框中输入 nn=ndnext(0)，单击 Accept 按钮后 Items 列表框中会显示 NN=2，单击 Close 按钮关闭该对话框。

（11）执行实用菜单中的 Utility Menu > Select > Entities 命令，打开 Select Entities 对话框。在第一个下拉列表框中选择 Nodes，在第二个下拉列表框中选择 By Location，选中 Y coordinates 单选按钮，在 Min,Max 下面的文本框中输入-LP，选中 From Full 单选按钮，单击 OK 按钮关闭该对话框。

（12）执行实用菜单中的 Utility Menu > Select > Entities 命令，打开 Select Entities 对话框。在第一个下拉列表框中选择 Nodes，在第二个下拉列表框中选择 By Location，选中 X coordinates 单选按钮，在 Min,Max 下面的文本框中输入-(WP+D/2)，-D/2，选中 Reselect 单选按钮，单击 OK 按钮关闭该对话框。

（13）从主菜单中选择 Main Menu > Preprocessor > Loads > Define Loads > Apply > Thermal > Temperature > On Nodes 命令，打开 Apply TEMP on Nodes 对话框，单击 Pick All 按钮，在 Lab2 DOFs to be constrained 后面的列表框中选择 TEMP，在 Apply as 后面的下拉列表框中选择 Constant value，在 VALUE Load TEMP value 后面的文本框中输入 TC，单击 OK 按钮关闭该对话框。

（14）从主菜单中选择 Main Menu > Preprocessor > Coupling / Ceqn > Couple DOFs 命令，打开 Define Coupled DOFs 对话框，单击 Pick All 按钮，在 NSET Set reference number 后面的文本框中输入 4，在 Lab Degree-of-freedom label 后面的列表框中选择 VOLT，单击 OK 按钮关闭该对话框。

（15）执行实用菜单中的 Utility Menu > Parameters > Scalar Parameters 命令，打开 Scalar Parameters 对话框。在 Selection 下面的文本框中输入 np=ndnext(0)，单击 Accept 按钮后 Items 列表框中会显示 NP=83，单击 Close 按钮关闭该对话框。

Note

（16）从主菜单中选择 Main Menu > Preprocessor > Loads > Define Loads > Apply > Electric > Boundary > Voltage > On Nodes 命令，打开 Apply VOLT on nodes 对话框，在文本框中输入 NP，单击 OK 按钮，在 VALUE Load VOLT value 后面的文本框中输入 0，如图 23-35 所示。单击 OK 按钮关闭该对话框。

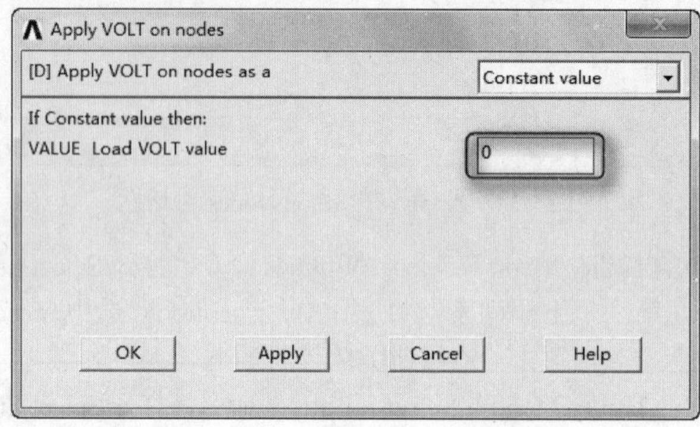

图 23-35　Apply VOLT on nodes 对话框

7．设置负载电阻

（1）从主菜单中选择 Main Menu > Preprocessor > Element Type > Add/Edit/Delete 命令，打开 Element Types 对话框。

（2）单击 Element Types 对话框中的 Add 按钮，打开 Library of Element Types 对话框。在后面的列表框中选择 Circuit 和 Circuit 124，在 Element type reference number 后面的文本框中输入 2，单击 OK 按钮关闭 Library of Element Types 对话框。

（3）单击 Close 按钮关闭 Element Types 对话框。

（4）从主菜单中选择 Main Menu > Preprocessor > Real Constants > Add/Edit/Delete 命令，打开 Real Constants 对话框，如图 23-36 所示。

（5）单击 Add 按钮，打开 Element Type for Real Constants 对话框，如图 23-37 所示。

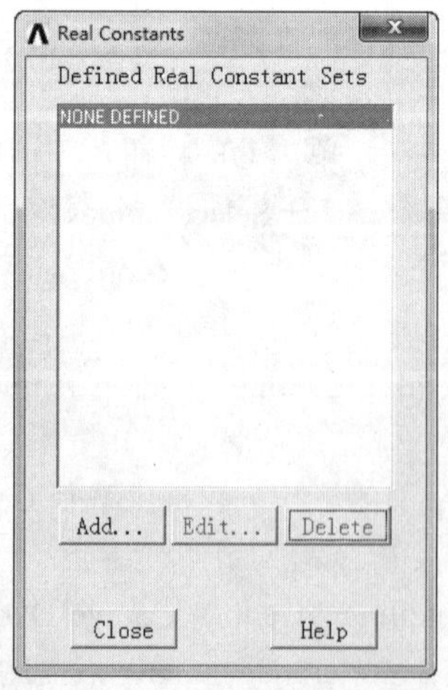

图 23-36　Real Constants 对话框

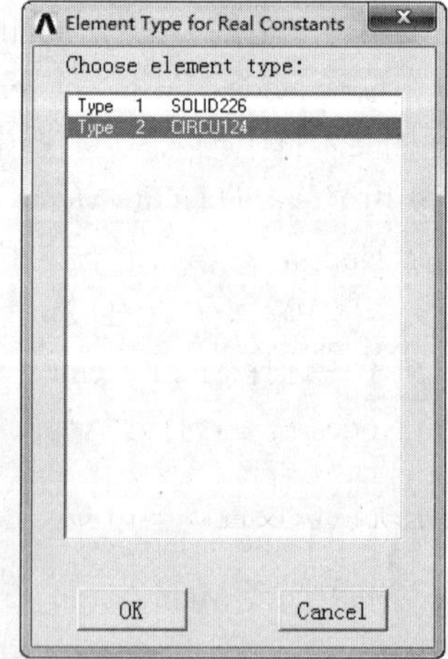

图 23-37　Element Type for Real Constants 对话框

（6）选择 Choose element type 列表框中的 Type 2 CIRCU124，单击 OK 按钮，打开 Real Constant Set Number 1 for-Resistor 对话框，如图 23-38 所示。在 Real Constant Set No.后面的文本框中输入 1，在 Resistance RES 后面的文本框中输入 R0，单击 OK 按钮关闭该对话框。

（7）回到图 23-36 所示对话框中，单击 Close 按钮关闭 Real Constants 对话框。

Note

（8）从主菜单中选择 Main Menu > Preprocessor > Modeling > Create > Elements > Elem Attributes 命令，打开 Element Attributes 对话框，如图 23-39 所示。在[TYPE] Element type number 后面的下拉列表框中选择 2 CIRCU124，在[REAL] Real constant set number 后面的下拉列表框中选择 1，其余选项采用系统默认设置，单击 OK 按钮关闭该对话框。

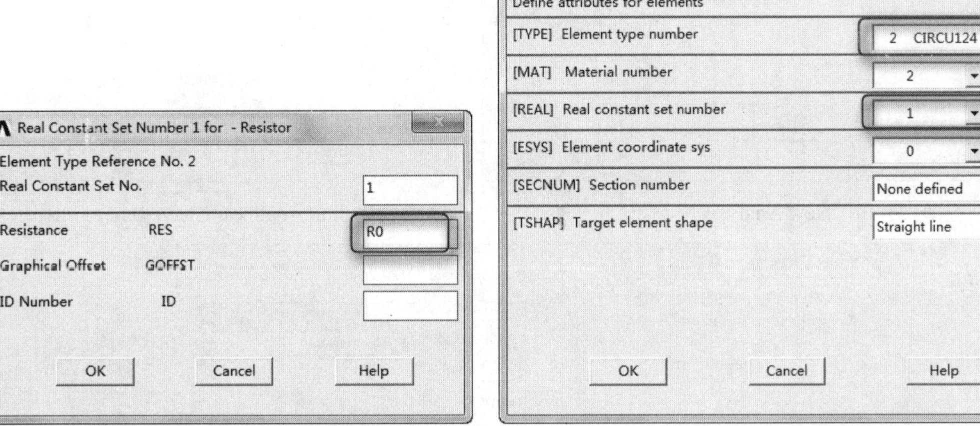

图 23-38　Real Constant Set Number 1 for-Resistor 对话框　　　图 23-39　Element Attributes 对话框

（9）执行实用菜单中的 Utility Menu > Select > Everything 命令。

（10）从主菜单中选择 Main Menu > Preprocessor > Modeling > Create > Elements > Auto Numbered > Thru Nodes 命令，打开 Elements from Nodes 对话框，在文本框中输入 NN,NP，单击 OK 按钮关闭该对话框。

23.2.2　求解

（1）从主菜单中选择 Main Menu > Solution > Analysis Type > New Analysis 命令，打开 New Analysis 对话框，如图 23-40 所示。在[ANTYPE] Type of analysis 后面的选项组中选中 Steady-State 单选按钮，单击 OK 按钮关闭该对话框。

（2）从主菜单中选择 Main Menu > Solution > Load Step Opts > Nonlinear > Convergence Crit 命令，打开 Default Nonlinear Convergence Criteria 对话框，如图 23-41 所示。

（3）单击 Replace 按钮，打开 Nonlinear Convergence Criteria 对话框，如图 23-42 所示。在 Lab Convergence is based on 后面的列表框中选择 Thermal 和 Heat flow HEAT 选项，在 VALUE Reference value of Lab 后面的文本框中输入 1，在 TOLER Tolerance about VALUE 后面的文本框中输入 0.001，其余选项采用系统默认设置，单击 OK 按钮关闭该对话框。

（4）返回到 Default Nonlinear Convergence Criteria 对话框中，单击 Add 按钮会再次打开 Nonlinear Convergence Criteria 对话框。

在 Lab Convergence is based on 后面的列表框中选择 Electric 和 Current AMPS 选项，在 VALUE

Reference value of Lab 后面的文本框中输入 1，在 TOLER Tolerance about VALUE 后面的文本框中输入 0.001，其余选项采用系统默认设置，单击 OK 按钮关闭该对话框。

Note

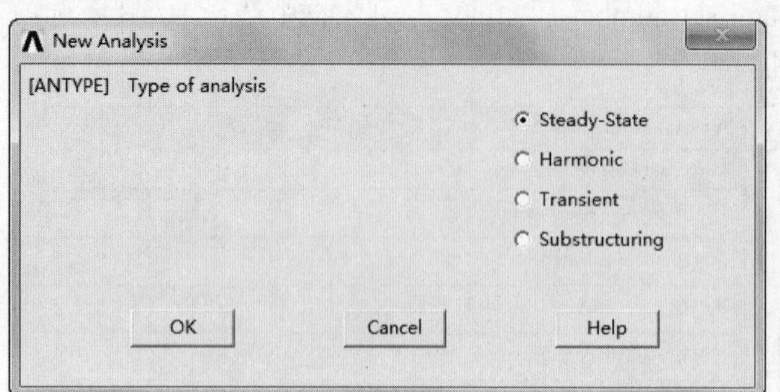

图 23-40　New Analysis 对话框

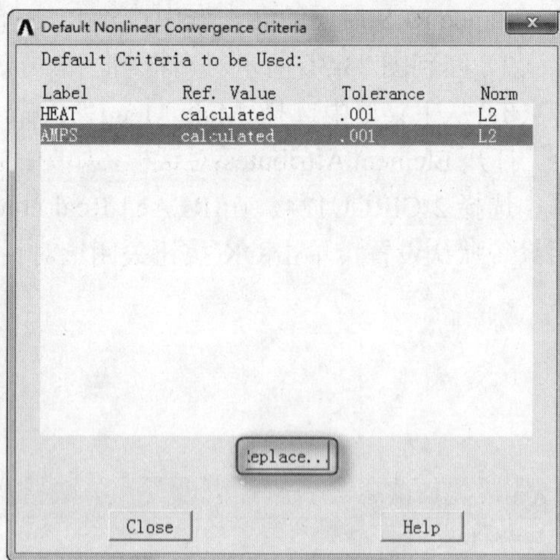

图 23-41　Default Nonlinear Convergence Criteria 对话框

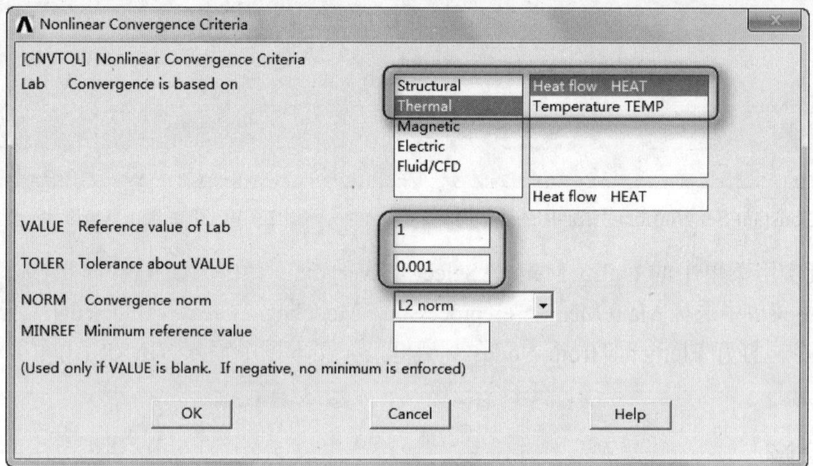

图 23-42　Nonlinear Convergence Criteria 对话框

（5）单击 Close 按钮关闭 Default Nonlinear Convergence Criteria 对话框。

（6）从主菜单中选择 Main Menu > Solution > Solve > Current LS 命令，打开/STATUS Command 和 Solve Current Load Step 对话框，关闭/STATUS Command 对话框，单击 Solve Current Load Step 对话框中的 OK 按钮，ANSYS 开始求解。

（7）求解结束后，打开 Note 对话框，单击 Close 按钮关闭该对话框。

23.2.3　后处理

（1）从主菜单中选择 Main Menu > General Postproc > Read Results > Last Set 命令。

（2）从主菜单中选择 Main Menu > General Postproc > Plot Results > Contour Plot > Nodal Solu 命令，打开 Contour Nodal Solution Date 对话框。在 Item to be contoured 列表框中依次选择 Nodal Solution > DOF Solution > Nodal Temperature 选项，单击 OK 按钮关闭该对话框，ANSYS 窗口中将显示温度场分

布等值线图，如图 23-43 所示。

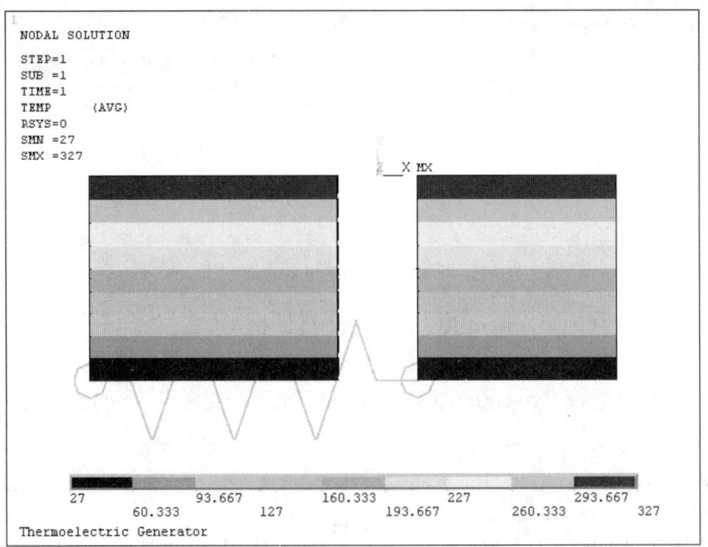

图 23-43　温度场分布等值线图

（3）从主菜单中选择 Main Menu > General Postproc > Plot Results > Contour Plot > Nodal Solu 命令，打开 Contour Nodal Solution Date 对话框。在 Item to be contoured 列表框中依次选择 Nodal Solution > DOF Solution > Electric potential 选项，单击 OK 按钮关闭该对话框，ANSYS 窗口中将显示电势分布等值线图，如图 23-44 所示。

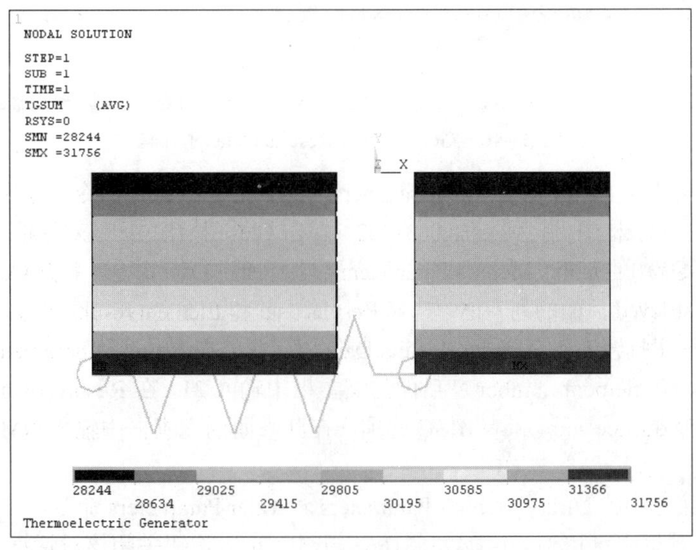

图 23-44　电势分布等值线图

注意：单击窗口右边的按钮会显示三维等值线图。

（4）执行实用菜单栏中的 Utility Menu > Parameters > Get Scalar Data 命令，打开 Get Scalar Data 对话框，如图 23-45 所示。在 Type of data to be retrieved 后面的列表框中分别选择 Results data 和 Element results 选项。

Note

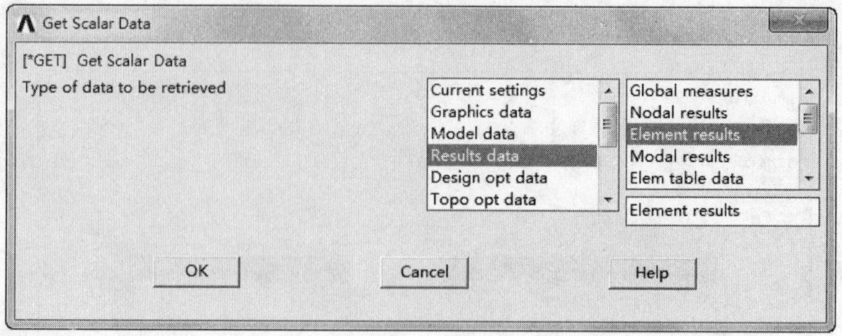

图 23-45 Get Scalar Data 对话框

（5）单击 OK 按钮打开 Get Element Results Data 对话框，如图 23-46 所示。在 Name of parameter to be defined 后面的文本框中输入 1，在 Element number N 后面的文本框中输入 21，在 Results data to be retrieved 后面的列表框中选择 By sequence num 和 SMISC 选项，在其下面的文本框中输入 SMISC, 2，单击 OK 按钮关闭该对话框。

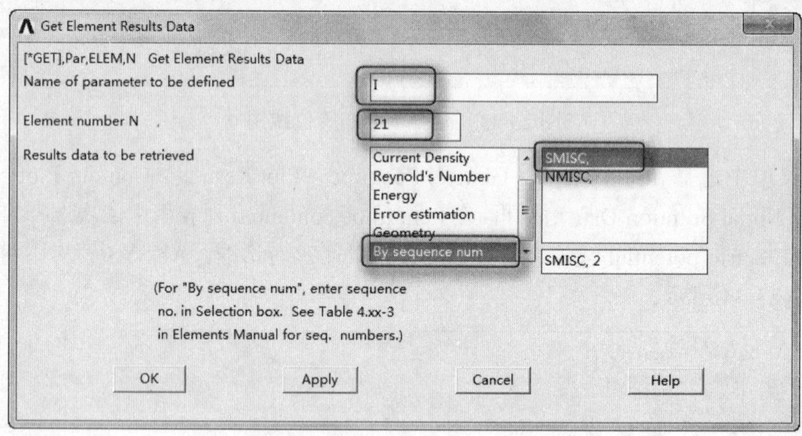

图 23-46 Get Element Results Data 对话框

（6）执行实用菜单中的 Utility Menu > Parameters > Scalar Parameters 命令，打开 Scalar Parameters 对话框。在 Items 下面的列表框中可找到 I=18.0831402，单击 Close 按钮关闭该对话框。

（7）执行实用菜单中的 Utility Menu > Parameters > Get Scalar Data 命令，打开 Get Scalar Data 对话框。在 Type of data to be retrieved 后面的列表框中选择 Results data 和 Element results 选项。

（8）单击 OK 按钮打开 Get Element Results Data 对话框。在 Name of parameter to be defined 后面的文本框中输入 P0，在 Element number N 后面的文本框中输入 21，在 Results data to be retrieved 后面的列表框中选择 By sequence num 和 NMISC 选项，在其下面的文本框中输入 NMISC,1，单击 OK 按钮关闭该对话框。

（9）执行实用菜单中的 Utility Menu > Parameters > Scalar Parameters 命令，打开 Scalar Parameters 对话框。在 Items 列表框中可找到 P0=1.42753166，单击 Close 按钮关闭该对话框。

（10）ANSYS 计算结果与实际结果的比较如表 23-4 所示。

表 23-4 结果比较

	ANSYS 结果	实 际 结 果
I/A	18.08	18.2
P0/W	1.43	1.44

Note

23.2.4 命令流方式

命令流方式这里不再详细介绍，读者可参见随书光盘中的电子文档。

23.3 机电耦合分析实例——梳齿式电机耦合分析

本实例几何模型示意图如图 23-47 所示。梳齿的定子和转子之间的气体间隙要在 TRANS109 单元下划分网格。定子是固定的，转子与弹簧发条相连接，允许有一定的位移 UX。当 UX 为 1μm 时，弹簧力与静电力会处于平衡状态。

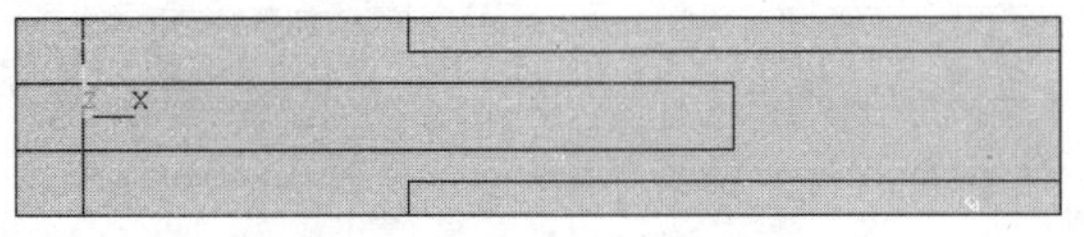

图 23-47 几何模型示意图

其中，弹簧刚度 k=2.8333e-4。

23.3.1 前处理

1. 定义工作文件名和工作标题

（1）执行实用菜单中的 Utility Menu > File > Change Jobname 命令，打开 Change Jobname 对话框，在[/FILNAM] Enter new jobname 文本框中输入工作文件名 Comb Finger，使 NEW log and error files 保持 Yes 状态，单击 OK 按钮关闭对话框。

（2）执行实用菜单中的 Utility Menu > File > Change Title 命令，打开 Change Title 对话框，在对话框中输入工作标题 Electromechanical Comb Finger Analysis，单击 OK 按钮关闭对话框。

2. 定义单元类型

（1）从主菜单中选择 Main Menu > Preprocessor > Element Type > Add/Edit/Delete 命令，打开 Element Types 对话框。

（2）单击 Add 按钮，打开 Library of Element Types 对话框，如图 23-48 所示。在 Library of Element Types 后面的列表框中选择 Coupled Field 和 Quad 8node 223 选项，在 Element type reference number 后面的文本框中输入 1，单击 OK 按钮关闭该对话框。

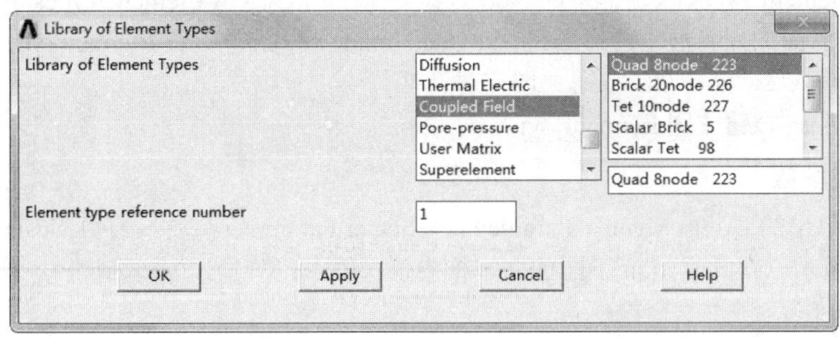

图 23-48 Library of Element Types 对话框

Note

（3）单击 Element Types 对话框中的 Options 按钮，打开 PLANE223 element type options 对话框，如图 23-49 所示。在 Analysis Type K1 后面的列表框中选择 Electroelast/Piezoelectric，在 Specific heat matrix K10 后面的列表框中选择 Diagonalized，其余选项采用系统默认设置，单击 OK 按钮关闭该对话框。

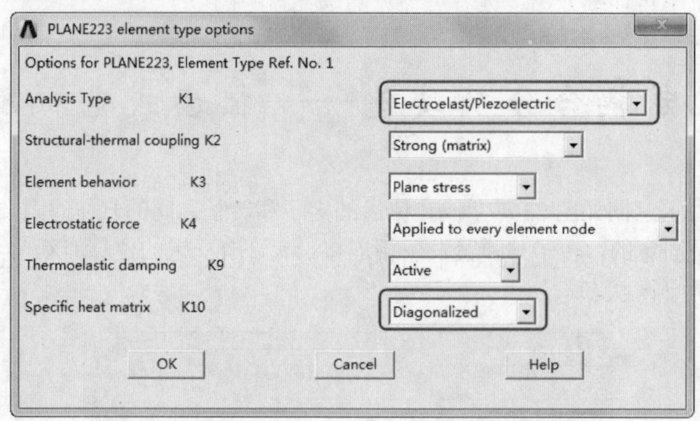

图 23-49　PLANE223 element type options 对话框

（4）在 Element Types 对话框中单击 Add 按钮打开 Library of Element Types 对话框，如图 23-48 所示。在 Library of Element Types 后面的列表框中选择 Combination 和 Spring-damper 14 选项，在 Element type reference number 后面的文本框中输入 2，单击 OK 按钮关闭该对话框。

（5）在 Defined Element Types 列表框中选择 Type 2 COMBIN14，单击 Element Types 对话框中的 Options 按钮，打开 COMBIN14 element type options 对话框，如图 23-50 所示。在 DOF select for 1D behavior K2 后面的下拉列表框中选择 Longitude UX DOF，其余选项采用系统默认设置，单击 OK 按钮关闭该对话框。

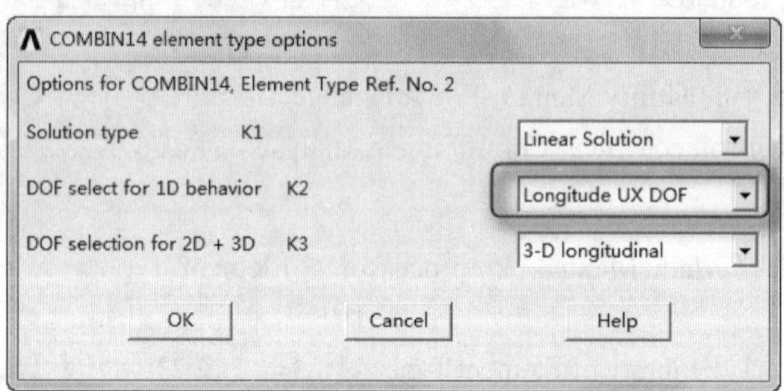

图 23-50　COMBIN14 element type options 对话框

（6）单击 Element Types 对话框中的 Add 按钮，打开 Library of Element Types 对话框。在 Library of Element Types 后面的列表框中选择 Solid 和 Quad 4node 182 选项，在 Element type reference number 后面的文本框中输入 3，单击 OK 按钮关闭该对话框。

（7）单击 Close 按钮关闭 Element Types 对话框。

3．设置标量参数

执行实用菜单中的 Utility Menu > Parameters > Scalar Parameters 命令，打开 Scalar Parameters 对话框，如图 23-51 所示。在 Selection 下面的文本框中依次输入：

EPS0=8.854e-6；

G0=5.0；

H=10；

L=100；

X0=50；

FTOL=1.0e-5

ESIZE=1.0；

K=2.8333e-4；

VLTG=4.0。

4．定义材料性能参数

（1）从主菜单中选择 Main Menu > Preprocessor > Material Props > Material Models 命令，打开 Define Material Model Behavior 窗口。

（2）在 Material Models Available 列表框中依次选择 Electromagnetics > Relative Permittivity > Constant 选项，打开 Relative Permittivity for Material Number 1 对话框，如图 23-52 所示。在 PERX 后面的文本框中输入 1，单击 OK 按钮关闭该对话框。

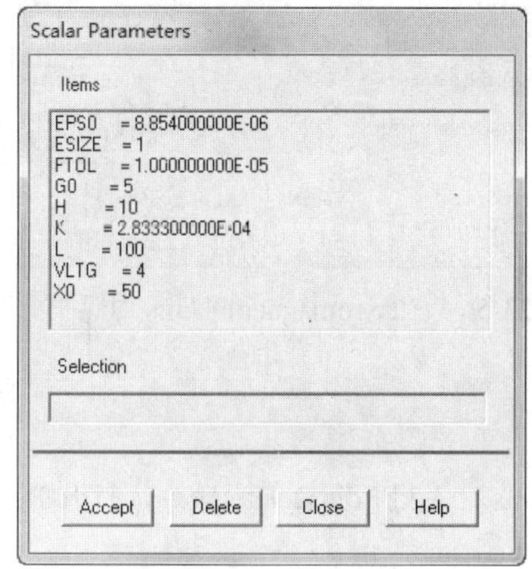

图 23-51　Scalar Parameters 对话框

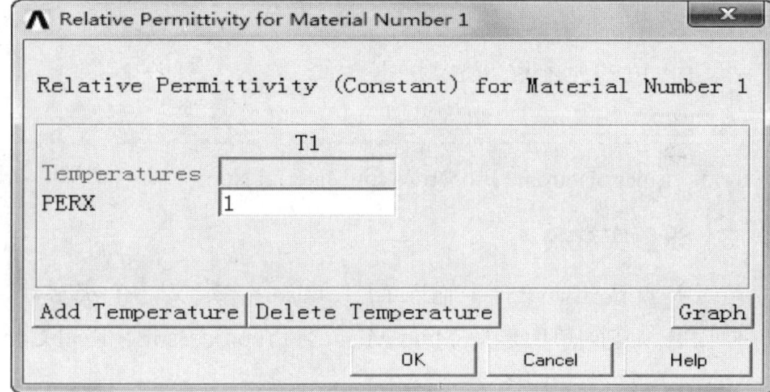

图 23-52　Relative Permittivity for Material Number 1 对话框

（3）在 Material Models Available 列表框中依次选择 Structual > Linear > Elastic > Isotropic 选项，打开 Linear Isotropic Properties for Material Number 1 对话框，如图 23-53 所示，输入 EX 为 1E-007、PRXY 为 0，单击 OK 按钮关闭该对话框。

（4）在 Define Material Model Behavior 窗口中，选择 Material > New Model 命令，打开 Define Material ID 对话框，如图 23-54 所示。在 Define Material ID 后面的文本框中输入 2，单击 OK 按钮关闭该对话框。

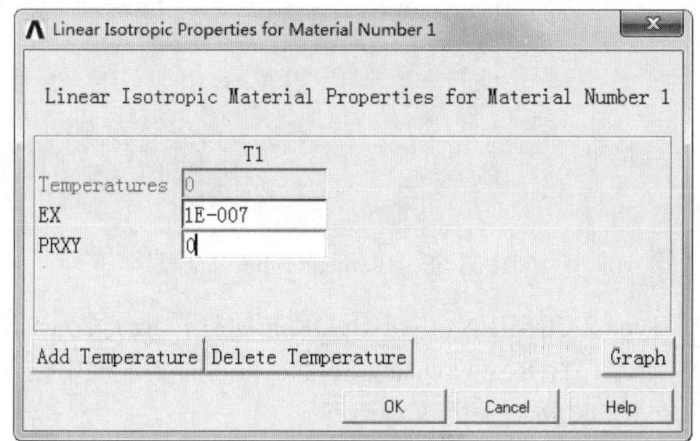

图 23-53　Linear Isotropic Properties for Material Number 1 对话框

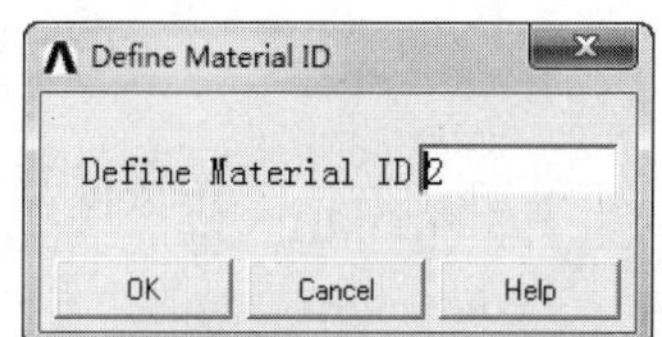

图 23-54　Define Material ID 对话框

Note

（5）在 Material Models Available 列表框中依次选择 Structual > Linear > Elastic > Isotropic 选项，打开 Linear Isotropic Properties for Material Number 2 对话框，如图 23-55 所示。在 EX 文本框中输入 1.69e5，在 PRXY 后面的文本框中输入 0.25，单击 OK 按钮关闭该对话框。

（6）在 Define Material Model Behavior 窗口中选择 Material > Exit 命令，关闭该窗口。

（7）从主菜单中选择 Main Menu > Preprocessor > Material Props > Electromag Units 命令，打开 Electromagnetic Units 对话框，在列表框中选择 User-defined，单击 OK 按钮，在 Specify free-space permittivity 后面的文本框中输入 eps0，其余选项采用系统默认设置，如图 23-56 所示。单击 OK 按钮关闭该对话框。

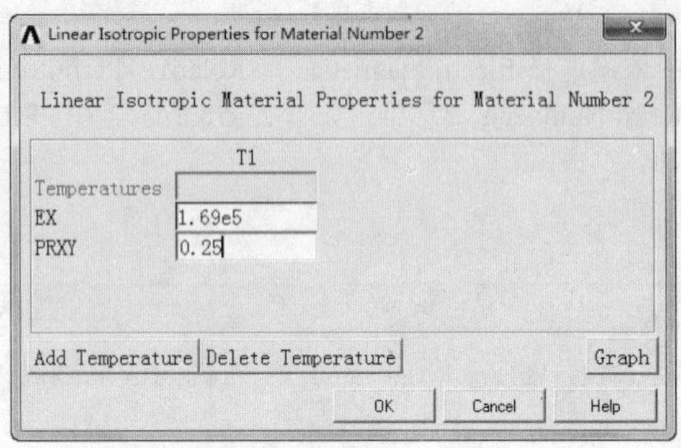

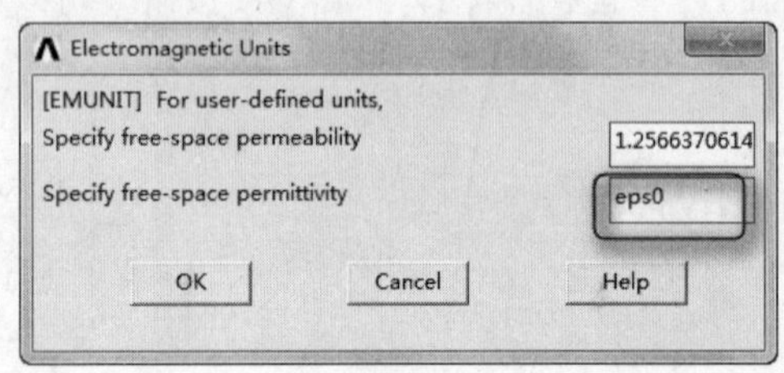

图 23-55　Linear Isotropic Properties for Material Number 2 对话框　　图 23-56　Electromagnetic Units 对话框

5．设置实常数

（1）直接在命令行中输入 r,1,1.0 命令，定义一个实常数。

（2）从主菜单中选择 Main Menu > Preprocessor > Real Constants > Add/Edit/Delete 命令，打开 Real Constants 对话框，如图 23-57 所示。

（3）单击 Add 按钮，打开 Element Type 对话框，如图 23-58 所示。

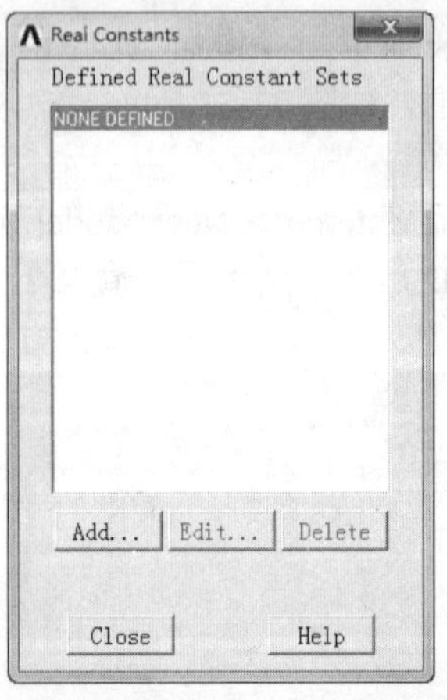

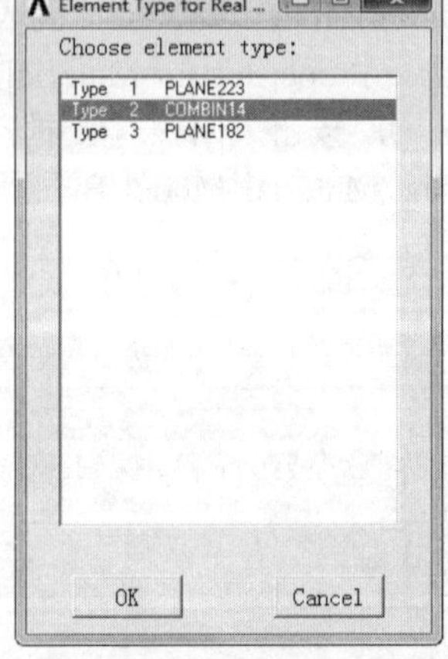

图 23-57　Real Constants 对话框　　图 23-58　Element Type 对话框

（4）在 Choose element type 列表框中选择 Type 2 COMBIN14，单击 OK 按钮打开 Real Constant Set Number 4, for COMBIN14 对话框，如图 23-59 所示。在 Real Constant Set No.后面的文本框中输入 2，在 Spring constant K 后面的文本框中输入 k，单击 OK 按钮关闭该对话框。

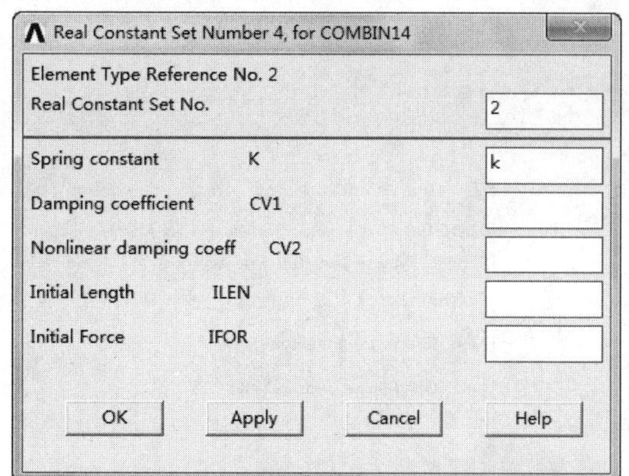

图 23-59 Real Constant Set Number 4,for COMBIN14 对话框

（5）再次打开 Real Constants 对话框，单击 Add 按钮，打开 Element Type 对话框。

（6）在其中选择 Type 2 COMBIN14，单击 OK 按钮打开 Real Constant Set Number 4,for COMBIN14 对话框，在 Real Constant Set No.后面的文本框中输入 3，单击 OK 按钮关闭该对话框。

（7）单击 Close 按钮关闭 Real Constants 对话框。

6．建立几何模型

（1）从主菜单中选择 Main Menu > Preprocessor > Modeling > Create > Areas > Rectangle > By 2 Corners 命令，打开 Rectangle by 2 Corners 对话框，如图 23-60 所示。在 WP X 后面的文本框中输入 0，在 WP Y 后面的文本框中输入-h/2，在 Width 后面的文本框中输入 L，在 Height 后面的文本框中输入 h。

（2）单击 Apply 按钮会再次打开 Rectangle by 2 Corners 对话框，在 WP X 后面的文本框中输入-h，在 WP Y 后面的文本框中输入-h/2，在 Width 后面的文本框中输入 h，在 Height 后面的文本框中输入 h。

（3）单击 Apply 按钮会再次打开 Rectangle by 2 Corners 对话框，在 WP X 后面的文本框中输入-h，在 WP Y 后面的文本框中输入-h-g0，在 Width 后面的文本框中输入 h，在 Height 后面的文本框中输入 h/2+g0。

（4）单击 Apply 按钮会再次打开 Rectangle by 2 Corners 对话框，在 WP X 后面的文本框中输入-h，在 WP Y 后面的文本框中输入 h/2，在 Width 后面的文本框中输入 h，在 Height 后面的文本框中输入 h/2+g0。

（5）单击 Apply 按钮会再次打开 Rectangle by 2 Corners 对话框，在 WP X 后面的文本框中输入 L-x0，在 WP Y 后面的文本框中输入 h/2+g0，在 Width 后面的文本框中输入 L，在 Height 后面的文本框中输入 h/2。

（6）单击 Apply 按钮会再次打开 Rectangle by 2 Corners 对话框，在 WP X 后面的文本框中输入 L-x0，在 WP Y 后面的文本框中输入-h-g0，在 Width 后面的文本框中输入 L，在 Height 后面的文本框中输入 h/2。

（7）单击 Apply 按钮会再次打开 Rectangle by 2 Corners 对话框，在 WP X 后面的文本框中输入 0，在 WP Y 后面的文本框中输入-h-g0，在 Width 后面的文本框中输入 2*L-x0，在 Height 后面的文本框中输入 2*（h+g0），单击 OK 按钮关闭该对话框。

（8）从主菜单中选择 Main Menu > Preprocessor > Modeling > Operate > Booleans > Overlap > Areas 命令，打开 Overlap Areas 对话框，单击 Pick All 按钮关闭该对话框。

（9）从主菜单中选择 Main Menu > Preprocessor > Numbering Ctrls > Merge Items 命令，打开 Merge Coincident or Equivalently Defined Items 对话框，如图 23-61 所示。在 Label Type of item to be merge 后

Note

面的下拉列表框中选择 Keypoints，其余选项采用系统默认设置，单击 OK 按钮关闭该对话框。

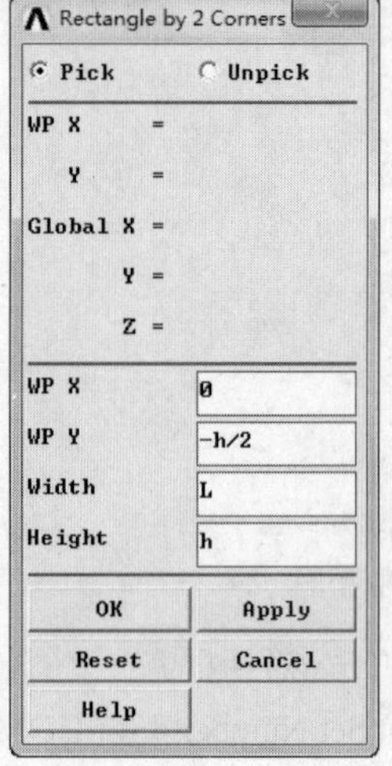

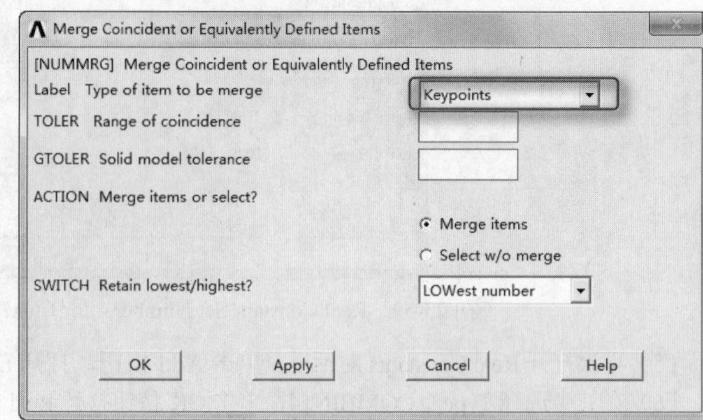

图 23-60 Rectangle by 2 Corners 对话框　　图 23-61 Merge Coincident or Equivalently Defined Items 对话框

（10）选择实用菜单中的 Utility Menu > PlotCtrls > Style > Colors > Reverse Video 命令，ANSYS 窗口将变成白色，生成的几何模型如图 23-62 所示。

7．划分网格

（1）从主菜单中选择 Main Menu > Preprocessor > Meshing > Mesh Attributes > Picked Areas 命令，打开 Area Attributes 选择框，如图 23-63 所示，在文本框中输入 1,8,9,10。

（2）单击 OK 按钮，打开 Area Attributes 对话框，如图 23-64 所示。在 MAT Material number 后面的下拉列表框中选择 2，在 REAL Real constant set number 后面的下拉列表框中选择 3，在 TYPE Element type number 后面的下拉列表框中选择 3 PLANE182，其余选项采用系统默认设置，单击 OK 按钮关闭该对话框。

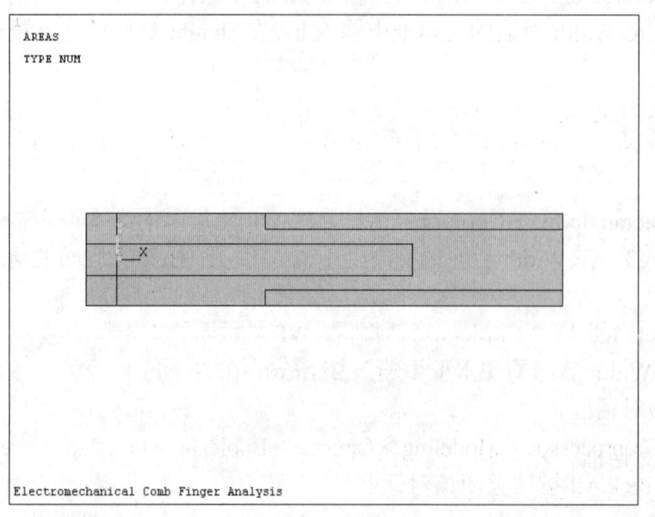

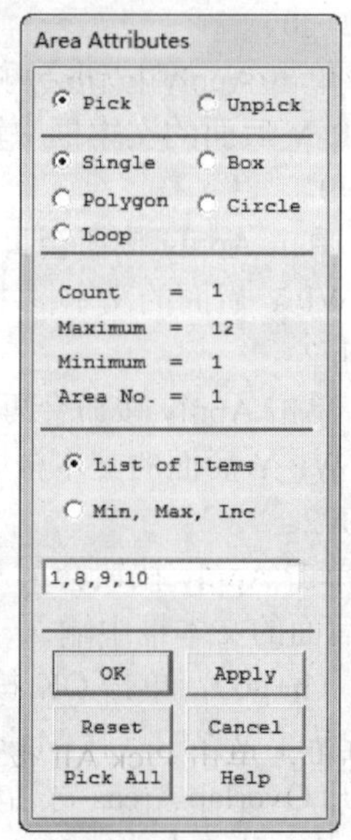

图 23-62 生成的几何模型　　图 23-63 Area Attributes 选择框

（3）从主菜单中选择 Main Menu > Preprocessor > Meshing > Mesh Attributes > Picked Areas 命令，打开 Area Attributes 选择框，在文本框中输入 11。

（4）单击 OK 按钮打开 Area Attributes 对话框，如图 23-64 所示。在 MAT Material number 后面的下拉列表框中选择 1，在 REAL Real constant set number 后面的下拉列表框中选择 1，在 TYPE Element type number 下拉列表框中选择 1 PLANE223，其余选项采用系统默认设置，单击 OK 按钮关闭该对话框。

Note

（5）选择实用菜单中的 Utility Menu > Select > Everything 命令。

（6）选择实用菜单中的 Utility Menu > Select > Entities 命令，打开 Select Entities 对话框，如图 23-65 所示。在第一个下拉列表框中选择 Areas，在第二个下拉列表框中选择 By Num/Pick，选中 From Full 单选按钮，单击 OK 按钮打开 Select Areas 对话框，在文本框中输入 11，单击 OK 按钮关闭该对话框。

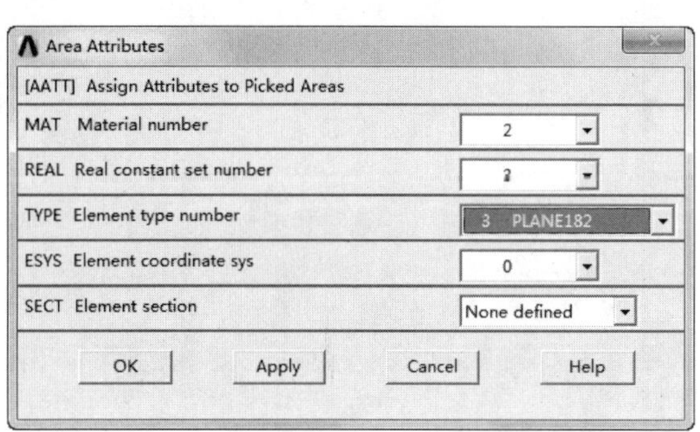

图 23-64　Area Attributes 对话框

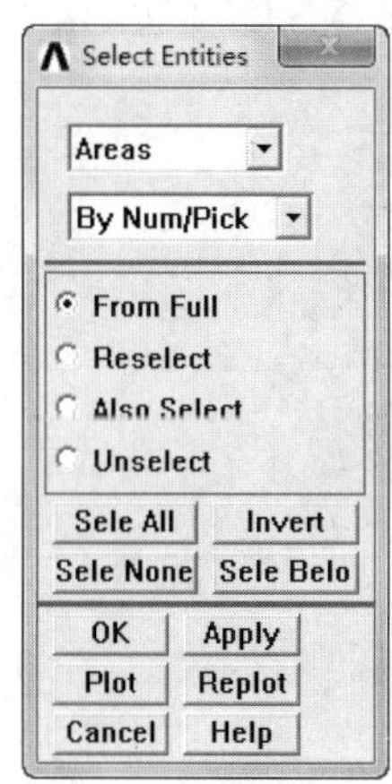

图 23-65　Select Entities 对话框

（7）从主菜单中选择 Main Menu > Preprocessor > Meshing > Size Cntrls > ManualSize > Global > Size 命令，打开 Global Element Sizes 对话框，如图 23-66 所示。在 SIZE Element edge length 后面的文本框中输入 esize，单击 OK 按钮关闭该对话框。

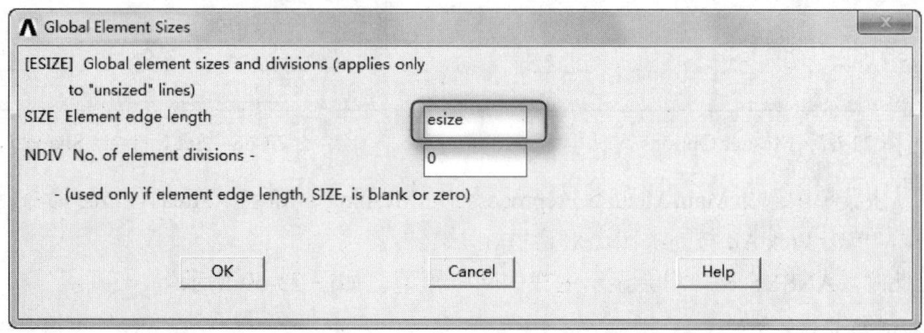

图 23-66　Global Element Sizes 对话框

（8）从主菜单中选择 Main Menu > Preprocessor > Meshing > Mesh > Areas > Free 命令，打开 Mesh Areas 对话框，单击 Pick All 按钮关闭该对话框。

（9）选择实用菜单中的 Utility Menu > Select > Everything 命令。

（10）选择实用菜单中的 Utility Menu > Select > Entities 命令，打开 Select Entities 对话框。在第

Note

一个下拉列表框中选择 Areas，在第二个下拉列表框中选择 By Num/Pick，选中 From Full 单选按钮，单击 OK 按钮打开 Select areas 对话框，在文本框中输入 1,8,9,10，单击 OK 按钮关闭该对话框。

（11）从主菜单中选择 Main Menu > Preprocessor > Meshing > Size Cntrls > ManualSize > Global > Size 命令，打开 Global Element Sizes 对话框，在 SIZE Element edge length 后面的文本框中输入 esize，单击 OK 按钮关闭该对话框。

（12）从主菜单中选择 Main Menu > Preprocessor > Meshing > Mesher Opts 命令，打开 Mesher Options 对话框，如图 23-67 所示。在 KEY Mesher Type 后面的选项组中选中 Mapped 单选按钮，在 KEY Midside node placement 后面的下拉列表框中选择 No midside nodes 选项，其余选项采用系统默认设置。

（13）单击 OK 按钮打开 Set Element Shape 对话框，如图 23-68 所示。在 2D Shape key 后面的下拉列表框中选择 Quad，单击 OK 按钮关闭该对话框。

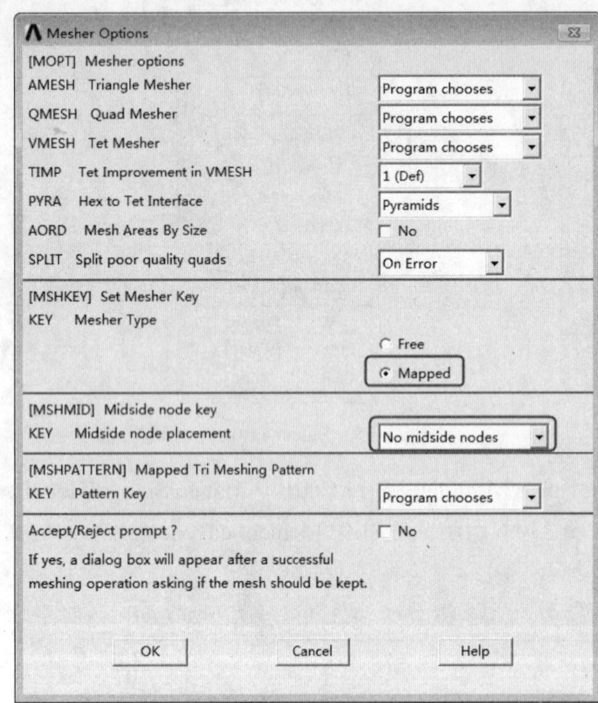

图 23-67 Mesher Options 对话框

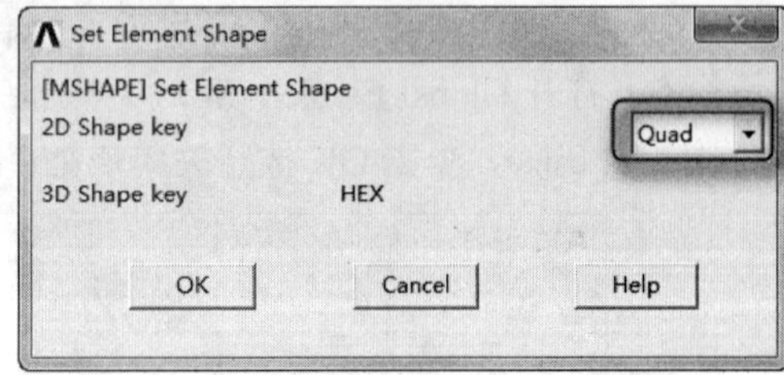

图 23-68 Set Element Shape 对话框

（14）从主菜单中选择 Main Menu > Preprocessor > Meshing > Mesh > Areas > Free 命令，打开 Mesh Areas 对话框，单击 Pick All 按钮关闭该对话框。

（15）此时，ANSYS 窗口将会显示生成的网格模型，如图 23-69 所示。

8．设置弹簧元件

（1）选择实用菜单中的 Utility Menu > Select > Everything 命令。

（2）从主菜单中选择 Main Menu > Preprocessor > Meshing > Mesh Attributes > Default Attribs 命令，打开 Meshing Attributes 对话框，如图 23-70 所示。在[TYPE] Element type number 下拉列表框中选择 2 COMBIN14，在[REAL] Real constant set number 后面的下拉列表框中选择 2，单击 OK 按钮关闭该对话框。

Note

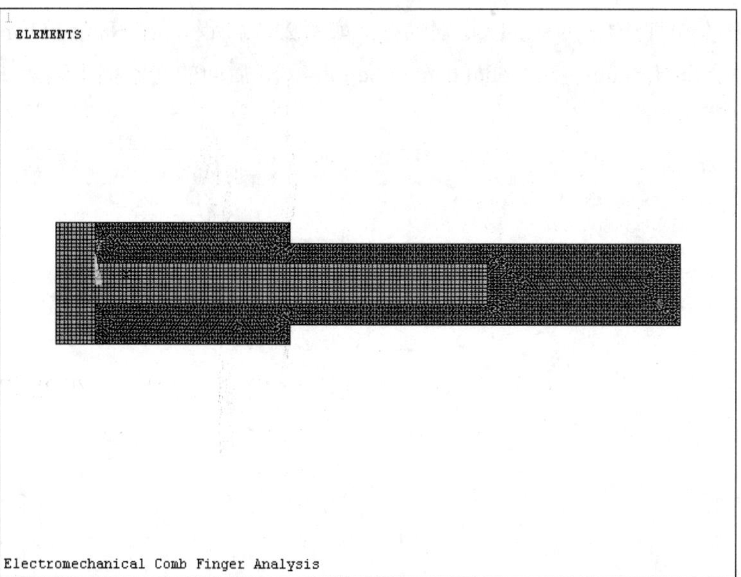

图 23-69　生成的网格模型

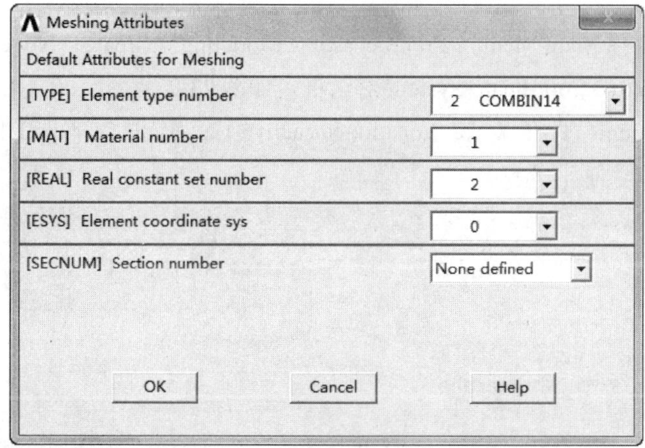

图 23-70　Meshing Attributes 对话框

（3）选择实用菜单中的 Utility Menu > Parameters > Get Scalar Data 命令，打开 Get Scalar Data 对话框，如图 23-71 所示，在 Type of data to be retrieved 后面的列表框中选择 Model data 和 Nodes 选项。

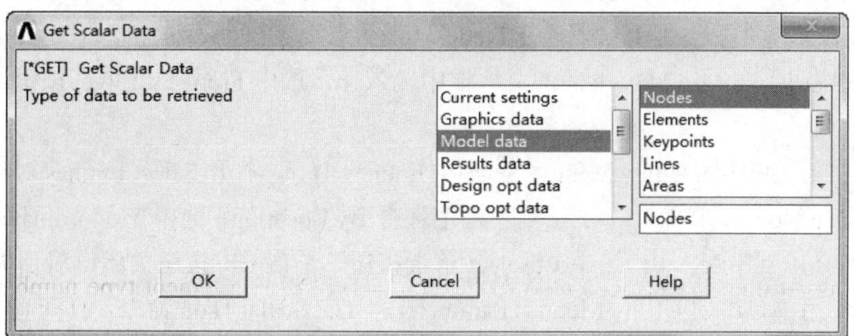

图 23-71　Get Scalar Data 对话框

（4）单击 OK 按钮打开 Get Nodal Data 对话框，如图 23-72 所示。在 Name of parameter to be defined 后面的文本框中输入 node_num，在 Nodal data to be retrieved 后面的文本框中输入 count，单击 OK 按钮关闭该对话框。

Note

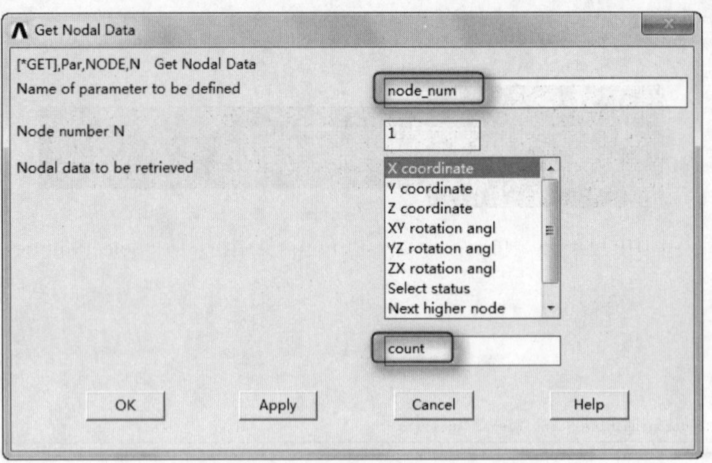

图 23-72 Get Nodal Data 对话框

（5）从主菜单中选择 Main Menu > Preprocessor > Modeling > Create > Nodes > In Active CS 命令，打开 Create Nodes in Active Coordinate System 对话框，如图 23-73 所示。在 NODE Node number 后面的文本框中输入 node_num+1，在 X,Y,Z Location in active CS 后面的文本框中依次输入两个 0，单击 OK 按钮关闭该对话框。

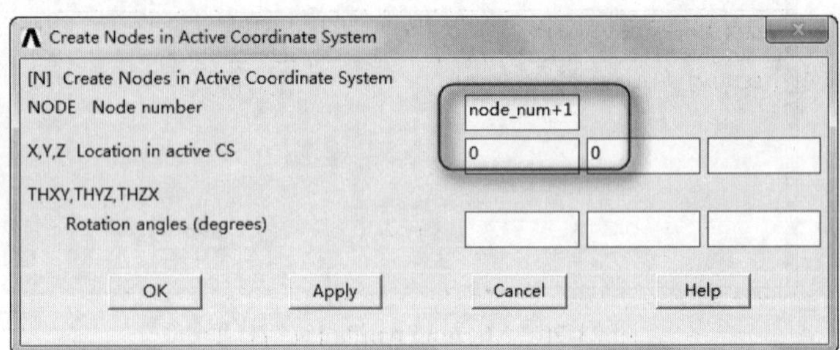

图 23-73 Create Nodes in Active Coordinate System 对话框

（6）选择实用菜单中的 Utility Menu > Select > Entities 命令，打开 Select Entities 对话框，如图 23-74 所示。在第一个下拉列表框中选择 Nodes，在第二个下拉列表框中选择 By Location，选中 X coordinates 单选按钮，在 Min,Max 下面的文本框中输入-h，选中 From Full 单选按钮，单击 OK 按钮关闭该对话框。

（7）选择实用菜单中的 Utility Menu > Select > Entities 命令，打开 Select Entities 对话框。在第一个下拉列表框中选择 Nodes，在第二个下拉列表框中选择 By Location，选中 Y coordinates 单选按钮，在 Min,Max 下面的文本框中输入 0，选中 Reselect 单选按钮，单击 OK 按钮关闭该对话框。

（8）选择实用菜单中的 Utility Menu > Parameters > Get Scalar Data 命令，打开 Get Scalar Data 对话框，在 Type of data to be retrieved 列表框中分别选择 Model data 和 Nodes 选项。

（9）单击 OK 按钮打开 Get Nodal Data 对话框，在 Name of parameter to be defined 后面的文本框中

输入 node0，在 Nodal data to be retrieved 后面的文本框中输入 num,max，单击 OK 按钮关闭该对话框。

（10）选择实用菜单中的 Utility Menu > Select > Everything 命令。

9．设置边界条件

（1）选择实用菜单中的 Utility Menu > Select > Entities 命令，打开 Select Entities 对话框，如图 23-75 所示。在第一个下拉列表框中选择 Lines，在第二个下拉列表框中选择 By Num/Pick，选中 From Full 单选按钮。

（2）单击 OK 按钮打开 Select lines 对话框，如图 23-76 所示。在文本框中输入 1,2,3,9,15,31,33，单击 OK 按钮关闭该对话框。

（3）选择实用菜单中的 Utility Menu > Select > Entities 命令，打开 Select Entities 对话框，如图 23-77 所示。在第一个下拉列表框中选择 Nodes，在第二个下拉列表框中选择 Attached to，选中 Lines,all 单选按钮，选中 From Full 单选按钮，单击 OK 按钮关闭该对话框。

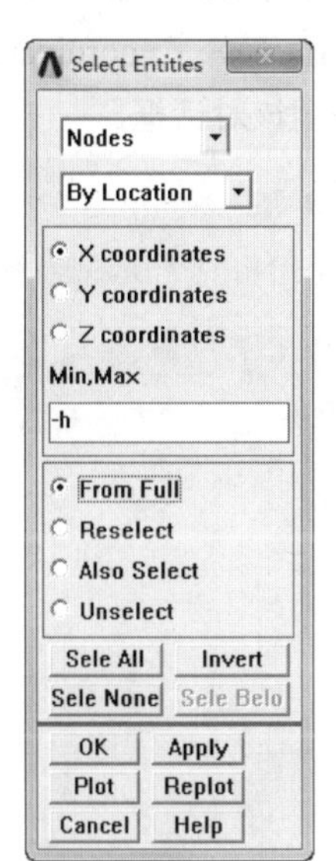

图 23-74 Select Entities 对话框

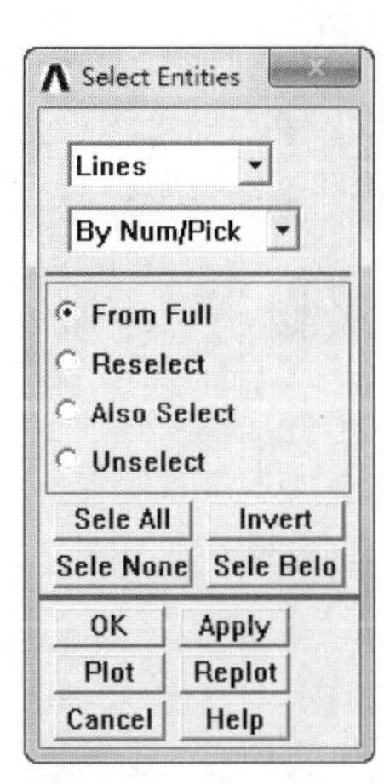

图 23-75 Select Entities 对话框

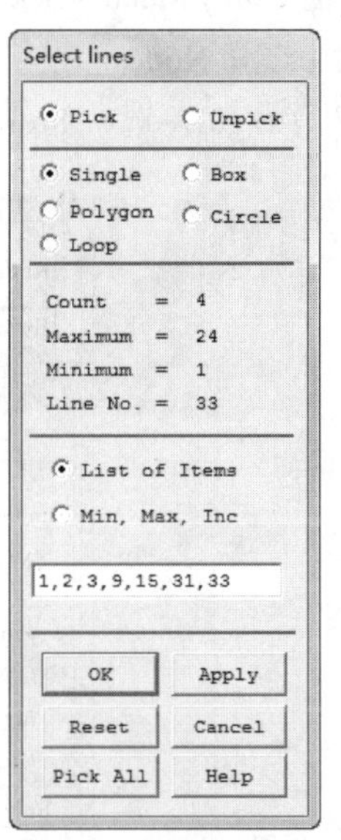

图 23-76 Select lines 对话框

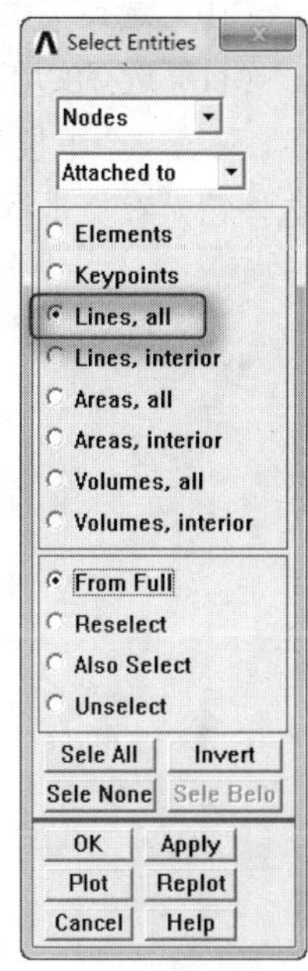

图 23-77 Select Entities 对话框

（4）选择实用菜单中的 Utility Menu > Select > Comp/Assembly > Create Component 命令，打开 Create Component 对话框，如图 23-78 所示。在 Cname Component name 后面的文本框中输入 rotor，在 Entity Component is made of 后面的下拉列表框选择 Nodes，单击 OK 按钮关闭该对话框。

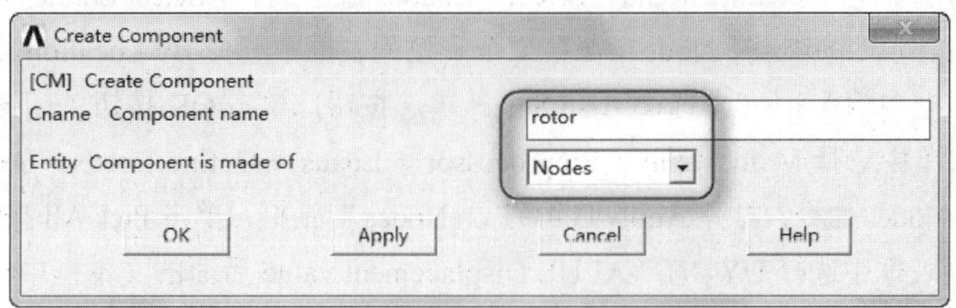

图 23-78 Create Component 对话框

Note

（5）选择实用菜单中的 Utility Menu > Select > Everything 命令。

（6）选择实用菜单中的 Utility Menu > Select > Entities 命令，打开 Select Entities 对话框。在第一个下拉列表框中选择 Lines，在第二个下拉列表框中选择 By Num/Pick，选中 From Full 单选按钮。

（7）单击 OK 按钮打开 Select lines 对话框，在文本框中输入 17,20,23,24,37，单击 OK 按钮关闭该对话框。

（8）选择实用菜单中的 Utility Menu > Select > Entities 命令，打开 Select Entities 对话框。在第一个下拉列表框中选择 Nodes，在第二个下拉列表框中选择 Attached to，选中 Lines,all 和 From Full 单选按钮，单击 OK 按钮关闭该对话框。

（9）选择实用菜单中的 Utility Menu > Select > Comp/Assembly > Create Component 命令，打开 Create Component 对话框。在 Cname Component name 后面的文本框中输入 ground，在 Entity Component is made of 下拉列表框中选择 Nodes，单击 OK 按钮关闭该对话框。

（10）选择实用菜单中的 Utility Menu > Select > Everything 命令。

（11）选择实用菜单中的 Utility Menu > Select > Entities 命令，打开 Select Entities 对话框，如图 23-79 所示。在第一个下拉列表框中选择 Nodes，在第二个下拉列表框中选择 By Location，选中 Y coordinates 单选按钮，在文本框中输入-(h+g0)，选中 From Full 单选按钮，单击 OK 按钮关闭该对话框。

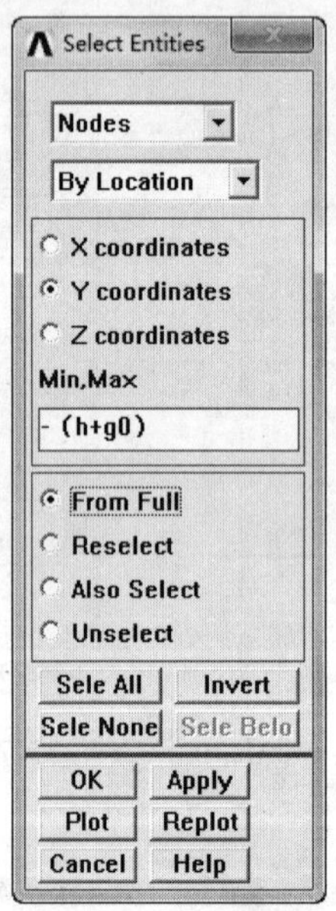

图 23-79　Select Entities 对话框

（12）选择实用菜单中的 Utility Menu > Select > Entities 命令，打开 Select Entities 对话框，如图 23-79 所示。在第一个下拉列表框中选择 Nodes，在第二个下拉列表框中选择 By Location，选中 Y coordinates 单选按钮，在文本框中输入 h+g0，选中 Also Select 单选按钮，单击 OK 按钮关闭该对话框。

（13）从主菜单中选择 Main Menu > Preprocessor > Loads > Define Loads > Apply > Structural > Displacement > On Nodes 命令，打开 Apply U,ROT on Nodes 对话框，单击 Pick All 按钮，在 Lab2 DOFs to be constrained 列表框中选择 UY，在 VALUE Displacement value 后面的文本框中输入 0，如图 23-80 所示，然后单击 OK 按钮关闭该对话框。

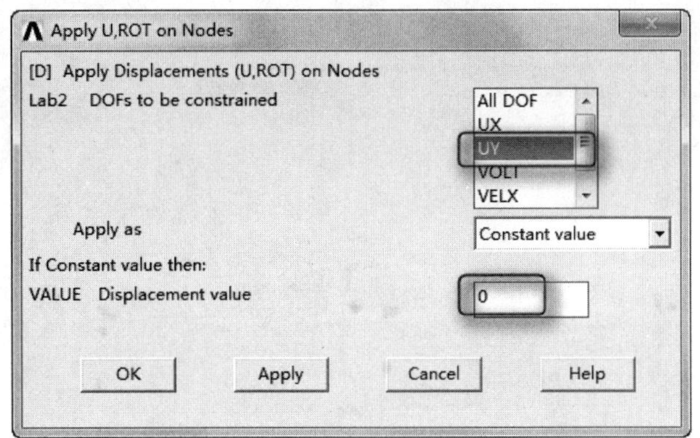

图 23-80　Apply U,ROT on Nodes 对话框

（14）选择实用菜单中的 Utility Menu > Select > Everything 命令。

（15）从主菜单中选择 Main Menu > Preprocessor > Loads > Define Loads > Apply > Structural > Displacement > On Nodes 命令，打开 Apply U,ROT on Nodes 对话框，在文本框中输入 node_num+1，单击 OK 按钮打开 Apply U,ROT on Nodes 对话框。在 Lab2 DOFs to be constrained 后面的列表框中选择 UX，在 VALUE Displacement value 后面的文本框中输入 0，单击 OK 按钮关闭该对话框。

（16）选择实用菜单中的 Utility Menu > Select > Comp/Assembly > Select Comp/Assembly 命令，打开 Select Component or Assembly 对话框，如图 23-81 所示。在 Select component/assembly 后面的选项组中选中 by component name 单选按钮。

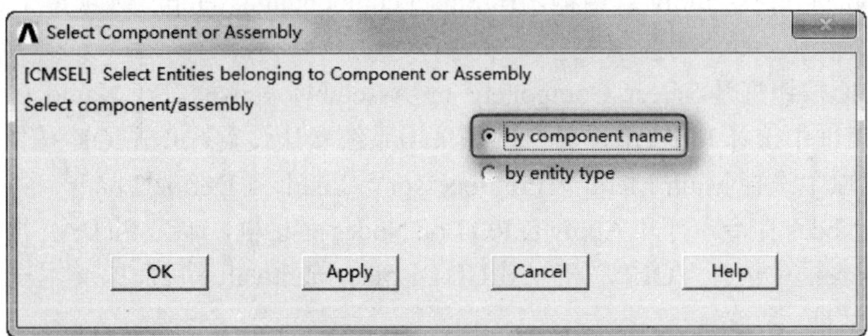

图 23-81　Select Component or Assembly 对话框

（17）单击 OK 按钮打开 Select Component or Assembly 对话框，如图 23-82 所示。在 Name Comp/Assemb to be selected 后面的列表框中选择 GROUND，其余选项采用系统默认设置，单击 OK 按钮关闭该对话框。

（18）从主菜单中选择 Main Menu > Preprocessor > Loads > Define Loads > Apply > Structural > Displacement > On Nodes 命令，打开 Apply U,ROT on Nodes 对话框，单击 Pick All 按钮，在 Lab2 DOFs to be constrained 后面的列表框中选择 UY 和 VOLT，在 VALUE Displacement value 后面的文本框中输入 0，单击 OK 按钮关闭该对话框。

（19）选择实用菜单中的 Utility Menu > Select > Everything 命令。

（20）选择实用菜单中的 Utility Menu > Select > Entities 命令，打开 Select Entities 对话框。在第一个下拉列表框中选择 Lines，在第二个下拉列表框中选择 By Num/Pick，选中 From Full 单选按钮。

（21）单击 OK 按钮打开 Select lines 对话框，在文本框中输入 20,24,37，单击 OK 按钮关闭该对话框。

Note

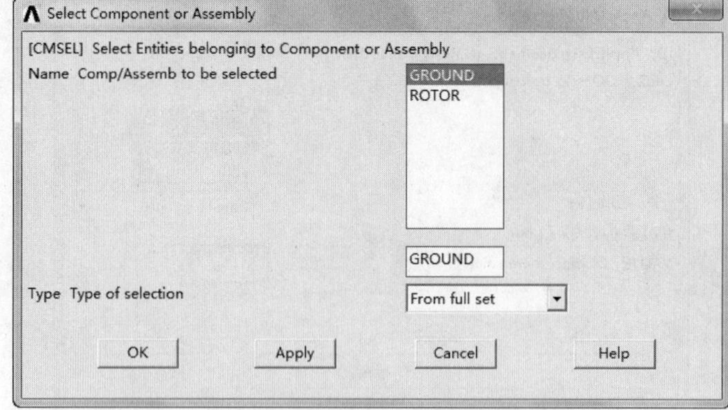

图 23-82 Select Component or Assembly 对话框

（22）选择实用菜单中的 Utility Menu > Select > Entities 命令，打开 Select Entities 对话框。在第一个下拉列表框中选择 Nodes，在第二个下拉列表框中选择 Attached to，选中 Lines,all 和 From Full 单选按钮，单击 OK 按钮关闭该对话框。

（23）从主菜单中选择 Main Menu > Preprocessor > Loads > Define Loads > Apply > Structural > Displacement > On Nodes 命令，打开 Apply U,ROT on Nodes 对话框，单击 Pick All 按钮，打开 Apply U,ROT on Nodes 对话框。在 Lab2 DOFs to be constrained 后面的列表框中选择 UX，在 VALUE Displacement value 后面的文本框中输入 0，单击 OK 按钮关闭该对话框。

（24）选择实用菜单中的 Utility Menu > Select > Comp/Assembly > Select Comp/Assembly 命令，打开 Select Component or Assembly 对话框，在 Select component/assembly 选项组中选中 by component name 单选按钮。

（25）单击 OK 按钮打开 Select Component or Assembly 对话框，在 Name Comp/Assemb to be selected 后面的列表框中选择 ROTOR，其余选项采用系统默认设置，单击 OK 按钮关闭该对话框。

（26）从主菜单中选择 Main Menu > Preprocessor > Loads > Define Loads > Apply > Structural > Displacement > On Nodes 命令，打开 Apply U,ROT on Nodes 对话框，单击 Pick All 按钮。在 Lab2 DOFs to be constrained 列表框中选择 VOLT，在 VALUE Displacement value 后面的文本框中输入 vltg，单击 OK 按钮关闭该对话框。

（27）选择实用菜单中的 Utility Menu > Select > Everything 命令。

23.3.2 求解

（1）从主菜单中选择 Main Menu > Solution > Analysis Type > AnalysisOptions 命令，打开 Static or Steady-State Analysis 对话框，如图 23-83 所示。使[NLGEOM] Large deform effects 保持 On 状态，在 [EQSLV] Equation solver 后面的下拉列表框中选择 Inc Cholesky CG，其余选项采用系统默认设置，单击 OK 按钮关闭该对话框。

（2）从主菜单中选择 Main Menu > Solution > Load Step Opts > Nonlinear > Convergence Crit 命令，打开 Default Nonlinear Convergence Criteria 对话框，如图 23-84 所示。

（3）在列表框中选择第一行 F calculated .001 L2，单击图 23-84 中的 Replace 按钮，打开 Nonlinear Convergence Criteria 对话框，如图 23-85 所示。在 Lab Convergence is based on 后面的列表框中选择 Structual > Force F 选项，在 VALUE Reference value of Lab 后面的文本框中输入 1，在 TOLER Tolerance about VALUE 后面的文本框中输入 ftol，其余选项采用系统默认设置，单击 OK 按钮关闭该对话框。

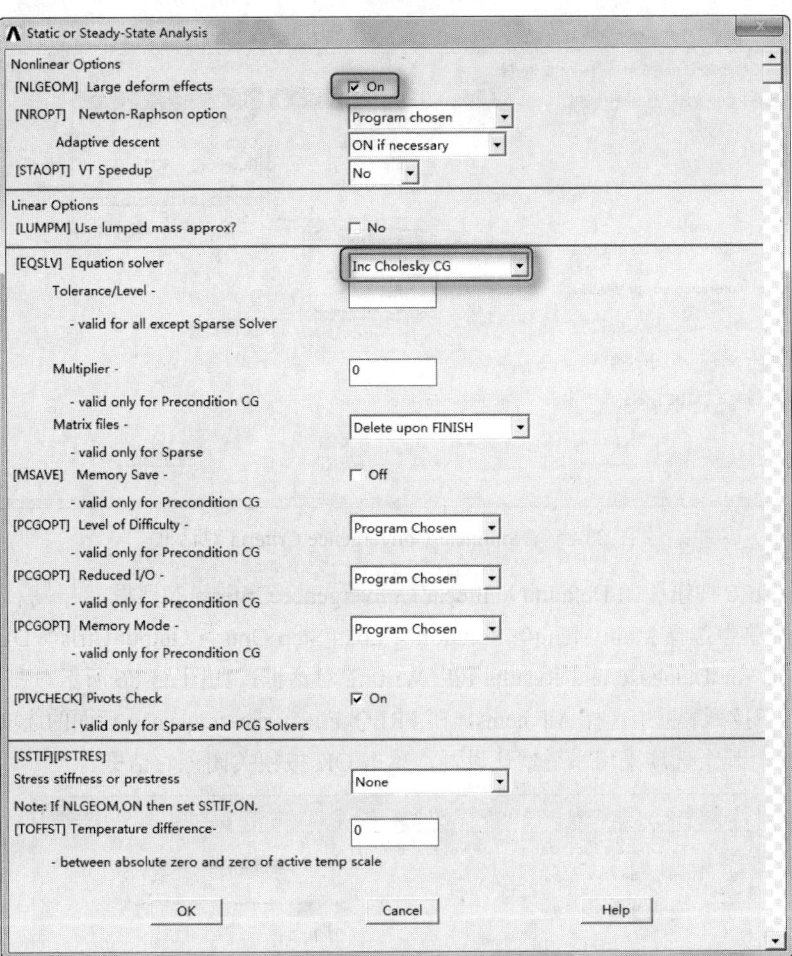

图 23-83　Static or Steady-State Analysis 对话框

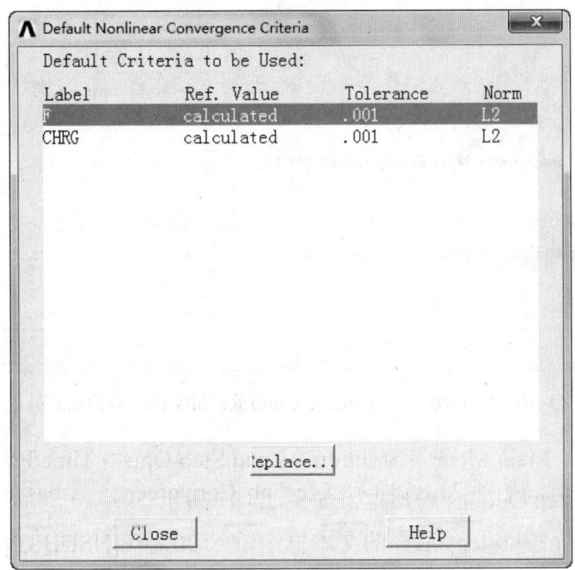

图 23-84　Default Nonlinear Convergence Criteria 对话框

Note

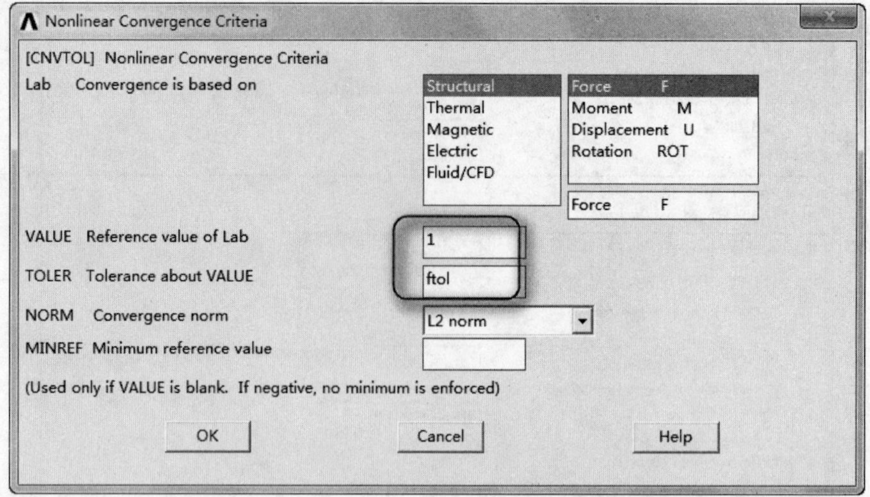

图 23-85 Nonlinear Convergence Criteria 对话框

（4）单击 Close 按钮关闭 Default Nonlinear Convergence Criteria 对话框。

（5）从主菜单中选择 Main Menu > Solution > Load Step Opts > Output Ctrls > DB/Results File 命令，打开 Controls for Database and Results File Writing 对话框，如图 23-86 所示。在 Item Item to be controlled 后面的下拉列表框中选择 All items，在 FREQ File write frequency 后面的选项组中选中 Every substep 单选按钮，其余选项采用系统默认设置，单击 OK 按钮关闭该对话框。

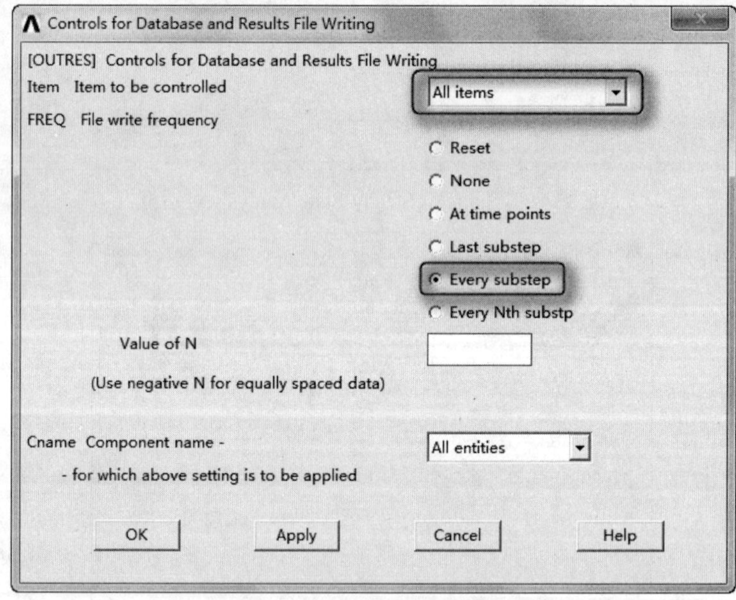

图 23-86 Controls for Database and Results File Writing 对话框

（6）从主菜单中选择 Main Menu > Solution > Load Step Opts > Time/Frequenc > Time and Substps 命令，打开 Time and Substep Options 对话框，如图 23-87 所示。

在[NSUBST] Number of substeps 后面的文本框中输入 20，在[NSUBST] Maximum no. of substeps 后面的文本框中输入 100，在 Minimum no. of substeps 后面的文本框中输入 20，其余选项采用系统默

认设置，单击 OK 按钮关闭该对话框。

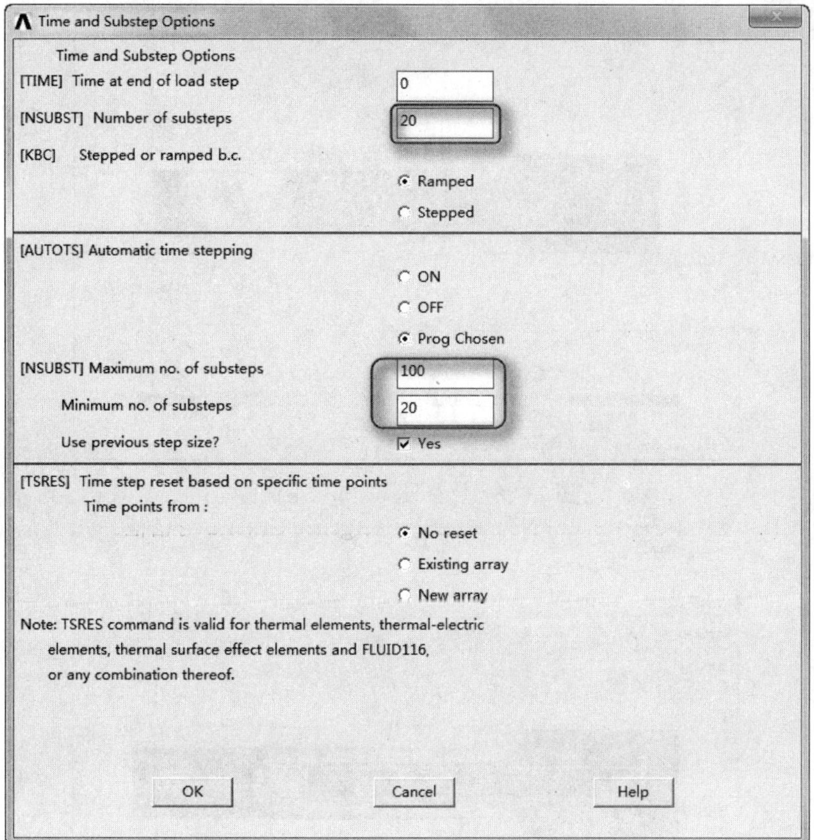

图 23-87　Time and Substep Options 对话框

（7）从主菜单中选择 Main Menu > Solution > Solve > Current LS 命令，打开/STATUS Command 和 Solve Current Load Step 对话框，关闭/STATUS Command 对话框，单击 Solve Current Load Step 对话框中的 OK 按钮，ANSYS 开始求解。

（8）求解结束后，打开 Note 对话框，单击 Close 按钮关闭该对话框。

23.3.3　后处理

（1）从主菜单中选择 Main Menu > General Postproc > Read Results > Last Set 命令。

（2）从主菜单中选择 Main Menu > General Postproc > Plot Results > Contour Plot > Nodal Solu 命令，打开 Contour Nodal Solution Date 对话框。在 Item to be contoured 列表框中依次选择 Nodal Solution > DOF Solution > Displacement vector sum 选项，单击 OK 按钮关闭该对话框。ANSYS 窗口将显示位移矢量分布等值线图，如图 23-88 所示。

（3）从主菜单中选择 Main Menu > General Postproc > Plot Results > Contour Plot > Nodal Solu 命令，打开 Contour Nodal Solution Date 对话框。在 Item to be contoured 列表框中依次选择 Nodal Solution > DOF Solution > Electric potential 选项，单击 OK 按钮关闭该对话框。ANSYS 窗口将显示电势分布等值线图，如图 23-89 所示。

Note

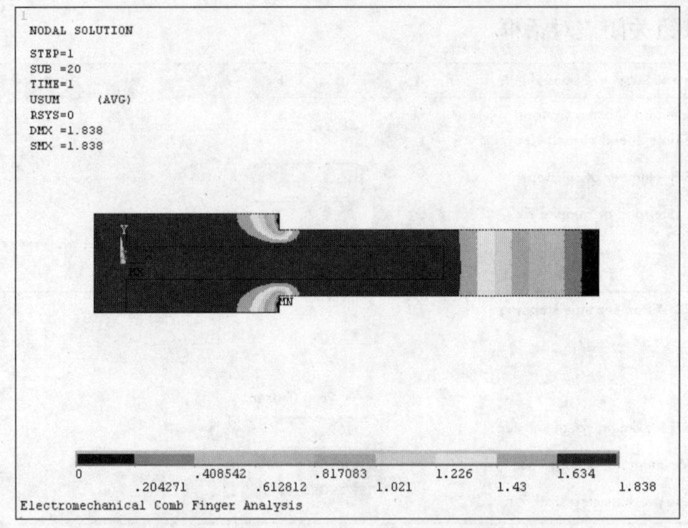

图 23-88　位移矢量分布等值线图

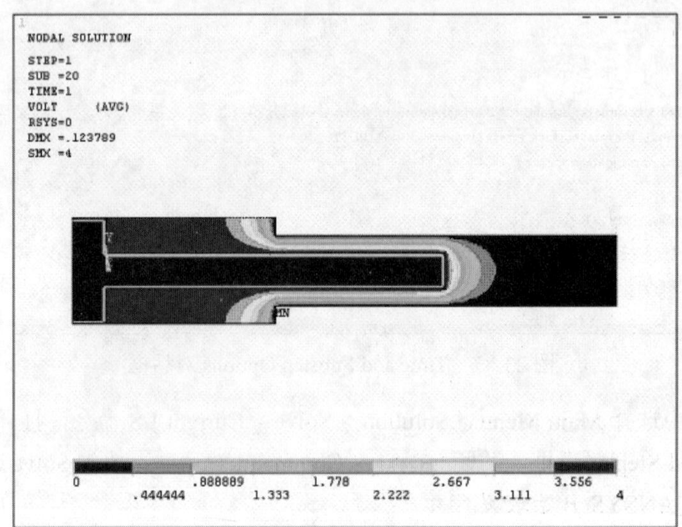

图 23-89　电势分布等值线图

23.3.4　命令流方式

命令流方式这里不再详细介绍，读者可参见随书光盘中的电子文档。

多场求解–MFS单码的耦合分析

本章为实例章节，主要介绍了4个多场求解的耦合实例的分析，分别为厚壁圆筒的热应力分析、圆钢坯的感应加热分析、使用物理环境方法求解热-应力问题实例和机电-电路耦合分析实例。

- ☑ 厚壁圆筒的热应力分析
- ☑ 圆钢坯的感应加热分析
- ☑ 使用物理环境方法求解热–应力问题
- ☑ 机电–电路耦合分析实例

任务驱动&项目案例

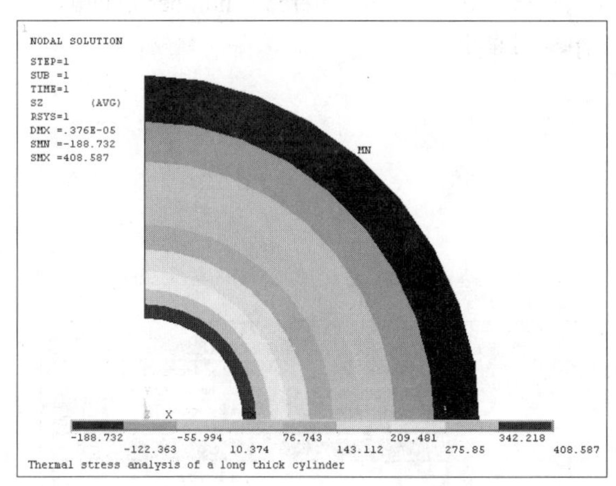

（1）

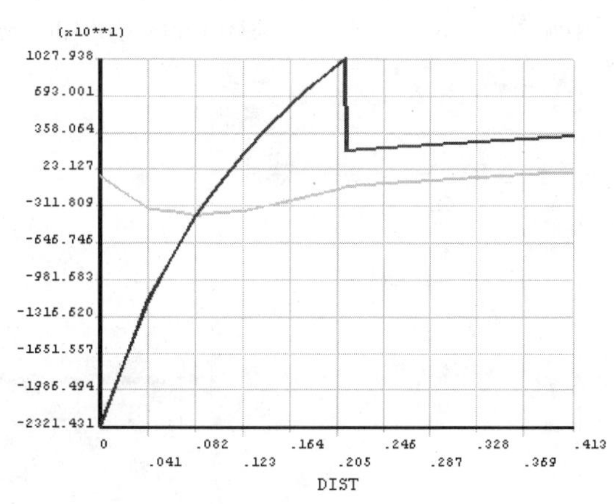

（2）

24.1 厚壁圆筒的热应力分析

Note

厚壁圆筒的内表面的温度为 *Ti*，外表面的温度为 *To*。该实例可以确定圆筒上的温度分布和内表面上的轴向和周向应力分布。

该实例采用四分之一的圆筒，通过热和结构模型不同的网格划分来进行热应力分析。首先建立热模型，要在圆筒内外表面施加温度约束，然后建立结构模型，并施加模拟对称性边界条件。由于热和结构模型完全重叠，所以要在所有的单元施加体积载荷转移标令。几何模型的平面示意图如图 24-1 所示。

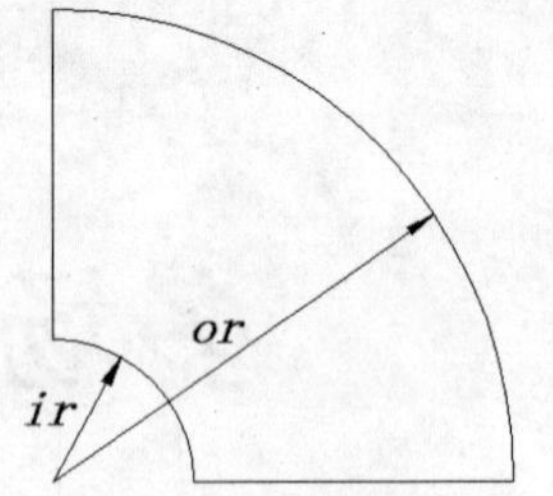

其中，圆筒内半径 *ir*=0.1875；圆筒外半径 *or*=0.625；圆筒的高度 *h*=0.5。

图 24-1　几何模型示意图

24.1.1 前处理

1．定义工作文件名和工作标题

（1）选择实用菜单中的 Utility Menu > File > Change Jobname 命令，打开 Change Jobname 对话框，在[/FILNAM] Enter new jobname 文本框中输入工作文件名 Thick_Cylinder，并使 NEW log and error files 保持 Yes 状态，单击 OK 按钮关闭对话框。

（2）选择实用菜单中的 Utility Menu > File > Change Title 命令，打开 Change Title 对话框，在对话框中输入工作标题 Thermal stress analysis of a long thick cylinder，单击 OK 按钮关闭对话框。

2．定义单元类型

（1）从主菜单中选择 Main Menu > Preprocessor > Element Type > Add/Edit/Delete 命令，打开 Element Types 对话框，如图 24-2 所示。

（2）单击 Add 按钮，打开 Library of Element Types 对话框，如图 24-3 所示。在 Library of Element Types 后面的列表框中选择 Solid 和 Tet 10node 87 选项，在 Element type reference number 后面的文本框中输入 1，单击 OK 按钮关闭 Library of Element Types 对话框。

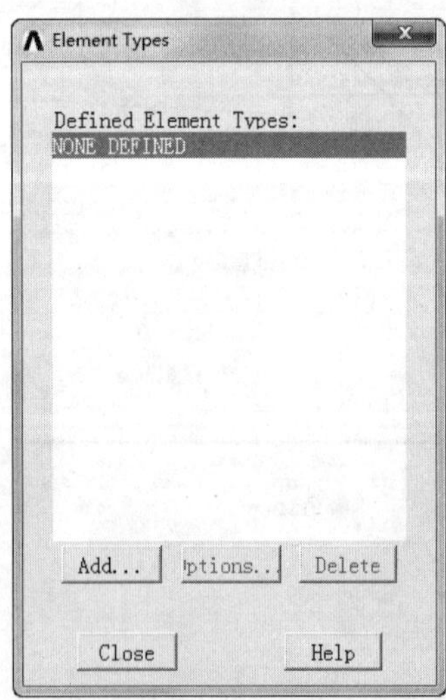

图 24-2　Element Types 对话框

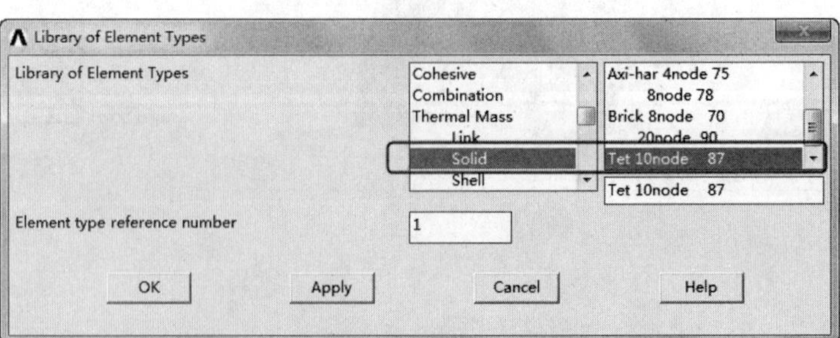

图 24-3　Library of Element Types 对话框

（3）单击 Add 按钮，再次打开 Library of Element Types 对话框。在 Library of Element Types 后面的列表框中选择 Structual Solid 和 20node 186 选项，在 Element type reference number 文本框中输入 2，单击 OK 按钮关闭 Library of Element Types 对话框。

（4）在 Element Types 对话框中选择 Type 2 SOLID186 单元，然后单击 Options 按钮，打开 SOLID186 element type options 对话框，在 Element technology K2 后面的下拉列表框中选择 Reduced integr 选项，其余选项采用系统默认设置，单击 OK 按钮关闭该对话框。

（5）单击 Close 按钮关闭 Element Types 对话框。

3．设置标量参数

选择实用菜单中的 Utility Menu > Parameters > Scalar Parameters 命令，打开 Scalar Parameters 对话框，如图 24-4 所示。在 Selection 下面的文本框中依次输入：

ir=0.1875；

or=0.625；

theta=90；

h=0.5。

4．定义材料性能参数

（1）从主菜单中选择 Main Menu > Preprocessor > Material Props > Material Models 命令，打开 Define Material Model Behavior 窗口。

（2）在 Material Models Available 列表框中依次选择 Thermal > Conductivity > Isotropic 选项，打开 Conductivity for Material Number 1 对话框，如图 24-5 所示。在 KXX 后面的文本框中输入 3，单击 OK 按钮关闭该对话框。

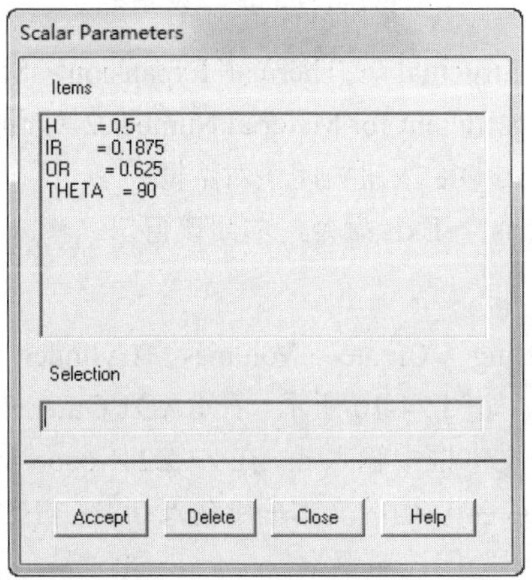

图 24-4 Scalar Parameters 对话框

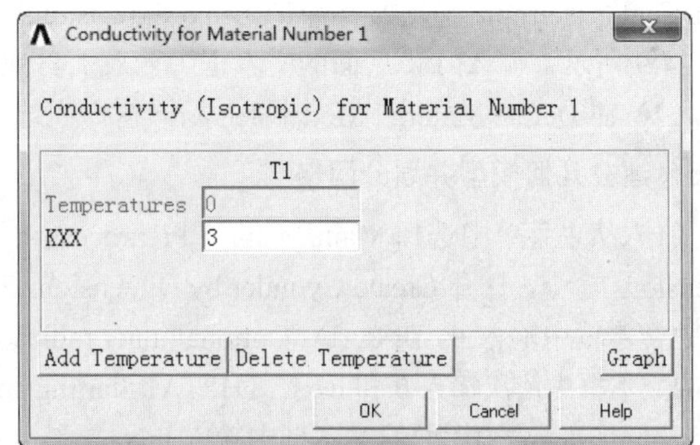

图 24-5 Conductivity for Material Number 1 对话框

（3）在 Define Material Model Behavior 窗口中选择 Material > New Model 命令，打开 Define Material ID 对话框，如图 24-6 所示。在 Define Material ID 后面的文本框中输入 2，单击 OK 按钮关闭该对话框。

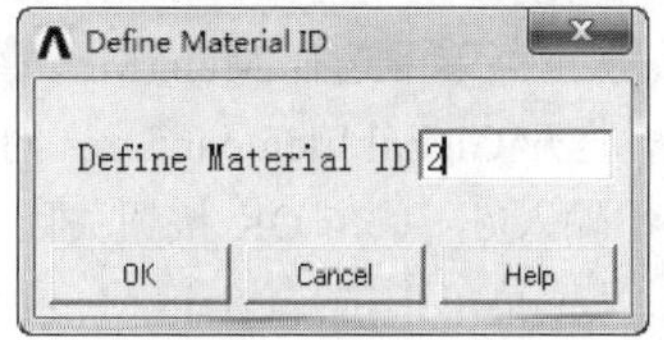

图 24-6 Define Material ID 对话框

（4）在 Material Models Available 列表框中依次选择 Structual > Linear > Elastic > Orthotropic 选

项，打开 Linear Orthotropic Properties for Material Number 2 对话框，如图 24-7 所示。单击 Choose Poisson's Ratio 按钮，选择 Minor_NU，单击 OK 按钮关闭该对话框。

Note

（5）在 Material Models Available 列表框中依次选择 Structual > Linear > Elastic > Isotropic 选项，打开 Linear Isotropic Properties for Material Number 2 对话框，如图 24-8 所示。在 EX 后面的文本框中输入 3E+7，在 NUXY 后面的文本框中输入 0.3，单击 OK 按钮关闭该对话框。

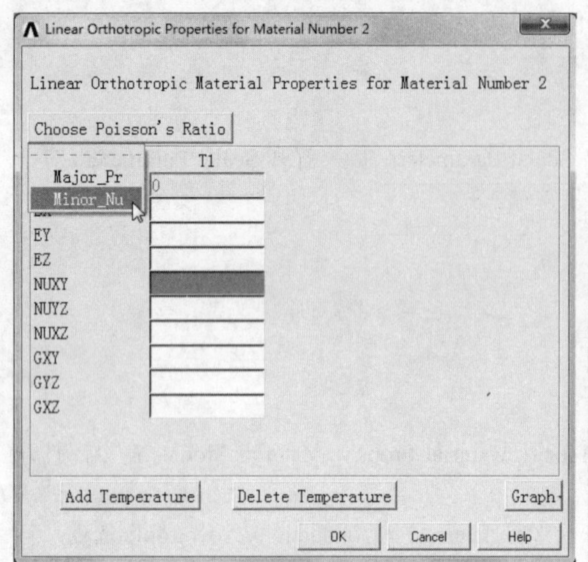

图 24-7　Linear Orthotropic Properties for Material Number 2 对话框

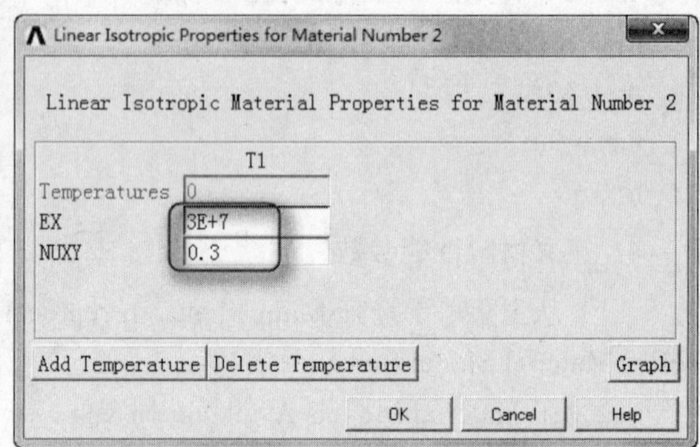

图 24-8　Linear Isotropic Properties for Material Number 2 对话框

（6）在 Material Models Available 列表框中依次选择 Structual > Thermal Expansion> Secant Coefficient > Isotropic 选项，打开 Thermal Expansion Secant Coefficient for Material Number 2 对话框，如图 24-9 所示。在 ALPX 后面的文本框中输入 1.435E-5，单击 OK 按钮关闭该对话框。

（7）在 Define Material Model Behavior 窗口中选择 Material > Exit 命令，关闭该窗口。

5．建立几何模型并划分网格

（1）从主菜单中选择 Main Menu > Preprocessor > Modeling > Create > Volumes > Cylinder > By Dimensions 命令，打开 Create Cylinder by Dimensions 对话框，如图 24-10 所示。在 RAD1 Outer radius 后面的文本框中输入 ir，在 RAD2 Optional inner radius 后面的文本框中输入 or，在 Z1,Z2 Z-coordinates 后面的文本框中依次输入 0 和 h，在 THETA1 Starting angle(degrees)后面的文本框中输入 0，在 THETA2 Ending angle(degrees)后面的文本框中输入 theta，单击 OK 按钮关闭该对话框。

（2）选择实用菜单中的 Utility Menu > PlotCtrls > Style > Colors > Reverse Video 命令，ANSYS 窗口将变成白色，生成的几何模型如图 24-11 所示。

（3）从主菜单中选择 Main Menu > Preprocessor > Meshing > Size Cntrls > ManualSize > Global > Size 命令，打开 Global Element Sizes 对话框，如图 24-12 所示。在 NDIV No. of element divisions 后面的文本框中输入 6，单击 OK 按钮关闭该对话框。

（4）从主菜单中选择 Main Menu > Preprocessor > Meshing > Mesh > Volumes > Free 命令，打开 Mesh Areas 对话框，单击 Pick All 按钮关闭该对话框。

Note

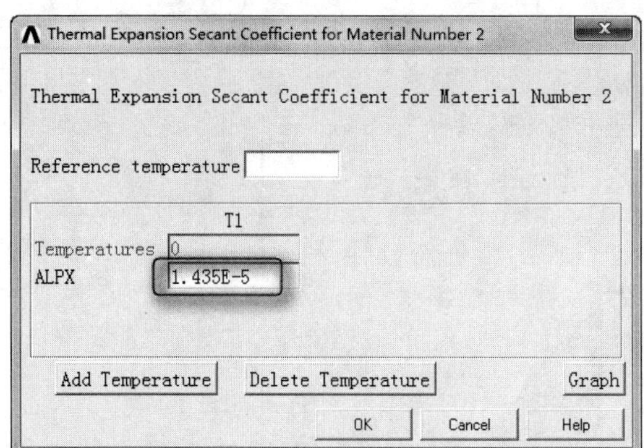

图 24-9 Thermal Expansion Secant Coefficient for Material Number 2 对话框

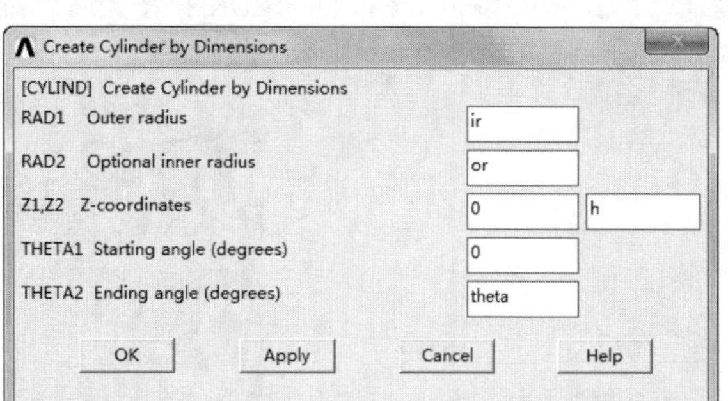

图 24-10 Create Cylinder by Dimensions 对话框

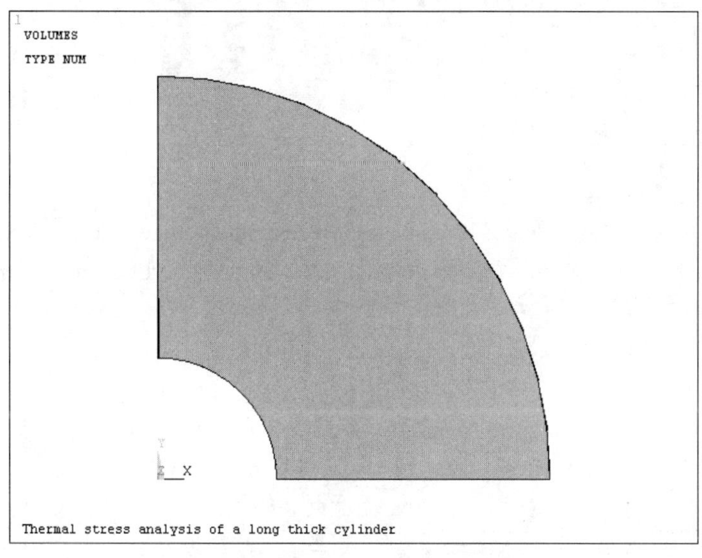

图 24-11 生成的几何模型

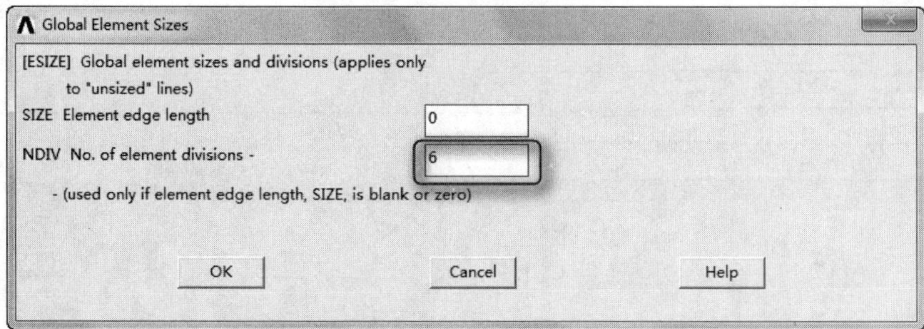

图 24-12 Global Element Sizes 对话框

（5）ANSYS 窗口会显示生成的网格模型，如图 24-13 所示。

（6）从主菜单中选择 Main Menu > Preprocessor > Modeling > Create > Volumes > Cylinder > By Dimensions 命令，打开 Create Cylinder by Dimensions 对话框。在 RAD1 Outer radius 后面的文本框中输入 ir，在 RAD2 Optional inner radius 后面的文本框中输入 or，在 Z1,Z2 Z-coordinates 后面的文本框

Note

中依次输入0和h，在THETA1 Starting angle(degrees)文本框中输入0，在THETA2 Ending angle(degrees)后面的文本框中输入theta，单击OK按钮关闭该对话框。

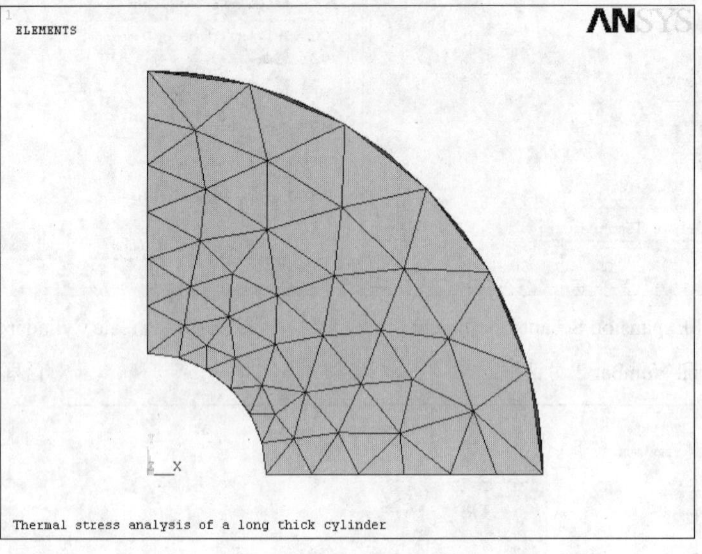

图24-13　生成的网格模型

（7）从主菜单中选择Main Menu > Preprocessor > Meshing > Size Cntrls > ManualSize > Global > Size命令，打开Global Element Sizes对话框。在NDIV No. of element divisions后面的文本框中输入9，单击OK按钮关闭该对话框。

（8）从主菜单中选择Main Menu > Preprocessor > Meshing > Mesh Attributes > Picked Volumes命令，打开Volume Attributes对话框，如图24-14所示。在MAT Material number下拉列表框中选择2，在TYPE Element type number后面的下拉列表框中选择2 SOLID186，单击OK按钮关闭该对话框。

（9）从主菜单中选择Main Menu > Preprocessor > Meshing > Mesh > Volumes > Free命令，打开Mesh Areas对话框，单击Pick All按钮打开一个提示框，如图24-15所示。使Do you want to remesh them？保持No状态，单击OK按钮关闭该提示框。

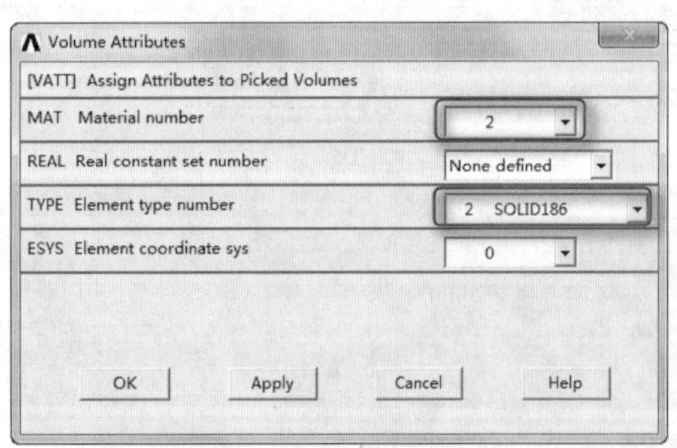

图24-14　Volume Attributes对话框

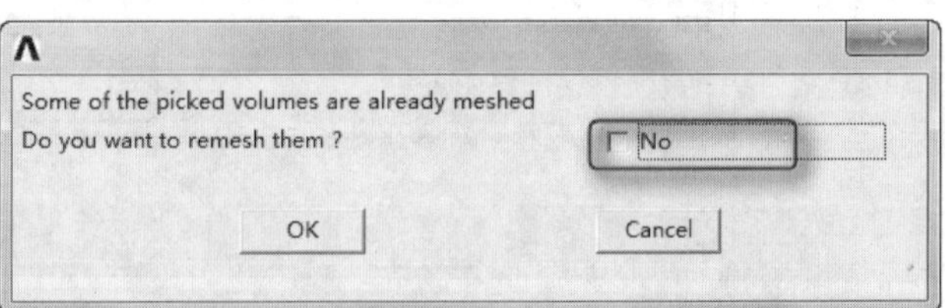

图24-15　提示框

（10）ANSYS窗口将显示生成的网格模型，如图24-16所示。

6．设置边界条件

（1）选择实用菜单中的Utility Menu > WorkPlane > Change Active CS to > Specified Coord Sys命令，打开Change Active CS to Specified CS对话框，如图24-17所示，在KCN Coordinate system number

后面的文本框中输入 1，单击 OK 按钮关闭该对话框。

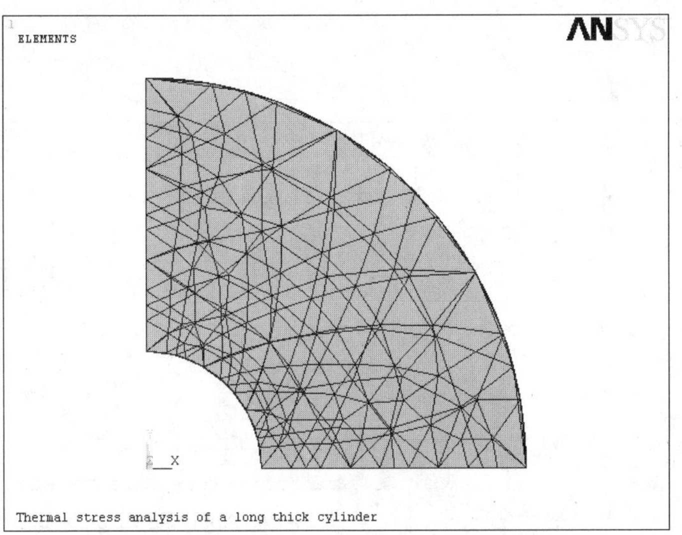

图 24-16　生成的网格模型

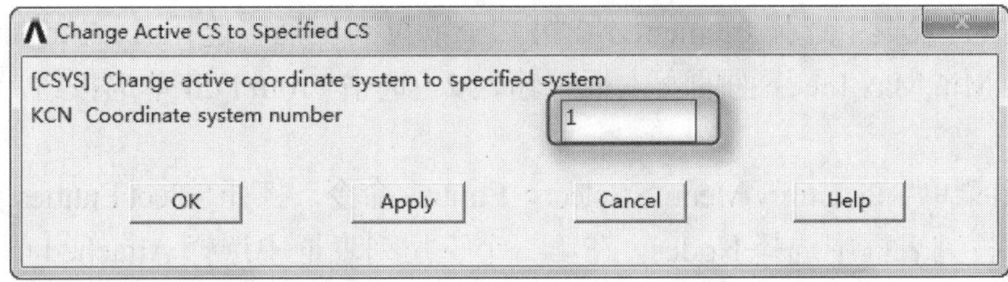

图 24-17　Change Active CS to Specified CS 对话框

（2）选择实用菜单中的 Utility Menu > Select > Entities 命令，打开 Select Entities 对话框，如图 24-18 所示。在第一个下拉列表框中选择 Nodes，在第二个下拉列表框中选择 By Location，选中 X coordinates 单选按钮，在文本框中输入 ir，选中 From Full 单选按钮，单击 OK 按钮关闭该对话框。

（3）从主菜单中选择 Main Menu > Preprocessor > Loads > Define Loads > Apply > Thermal > Temperature > On Nodes 命令，打开 Apply TEMP on Nodes 对话框，单击 Pick All 按钮，在 Lab2 DOFs to be constrained 后面的列表框中选择 TEMP，在 VALUE Load TEMP value 后面的文本框中输入-1，如图 24-19 所示，单击 OK 按钮关闭该对话框。

（4）选择实用菜单中的 Utility Menu > Select > Entities 命令，打开 Select Entities 对话框。在第一个下拉列表框中选择 Nodes，在第二个下拉列表框中选择 By Location，选中 X coordinates 单选按钮，在文本框中输入 or，选中 From Full 单选按钮，单击 OK 按钮关闭该对话框。

（5）从主菜单中选择 Main Menu > Preprocessor > Loads > Define Loads > Apply > Thermal > Temperature > On Nodes 命令，打开 Apply TEMP on Nodes 对话框，在 Lab2 DOFs to be constrained 后面的列表框中选择 TEMP，在 VALUE Load TEMP value 后面的文本框中输入 0，如图 24-19 所示，单击 OK 按钮关闭该对话框。

（6）选择实用菜单中的 Utility Menu > Select > Everything 命令。

（7）选择实用菜单中的 Utility Menu > WorkPlane > Change Active CS to > Specified Coord Sys 命令，打开 Change Active CS to Specified CS 对话框。在 KCN Coordinate system number 后面的文本框中输入 0，单击 OK 按钮关闭该对话框。

Note

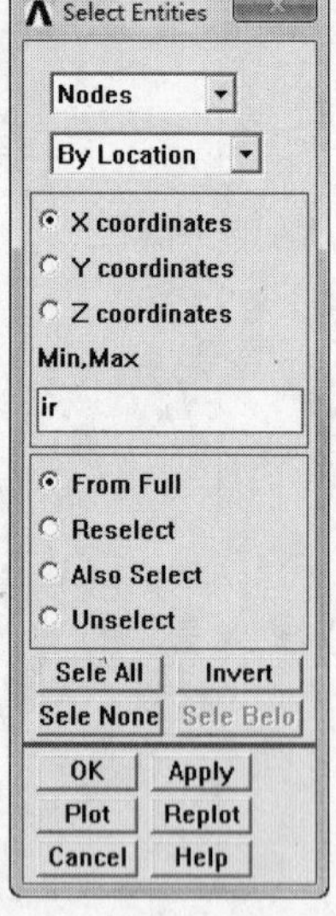

图 24-18　Select Entities 对话框

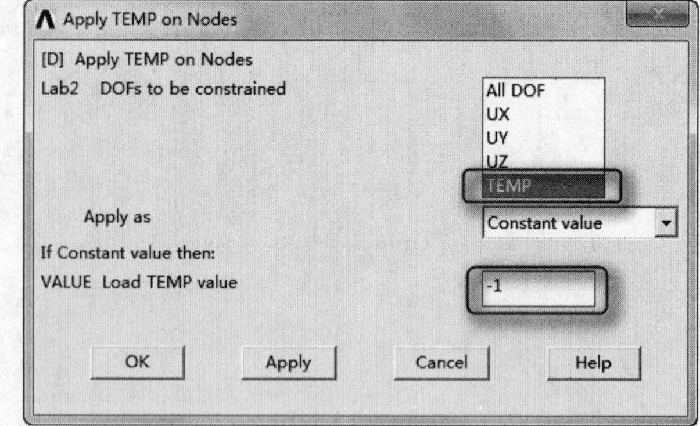

图 24-19　Apply TEMP on Nodes 对话框

（8）选择实用菜单中的 Utility Menu > Select > Entities 命令，打开 Select Entities 对话框，如图 24-20 所示。在第一个下拉列表框中选择 Elements，在第二个下拉列表框中选择 By Attributes，选中 Elem type num 单选按钮，在 Min,Max,Inc 下面的文本框中输入 2，选中 From Full 单选按钮，单击 OK 按钮关闭该对话框。

（9）选择实用菜单中的 Utility Menu > Select > Entities 命令，打开 Select Entities 对话框，如图 24-21 所示。在第一个下拉列表框中选择 Nodes，在第二个下拉列表框中选择 Attached to，选中 Elements 和 From Full 单选按钮，单击 OK 按钮关闭该对话框。

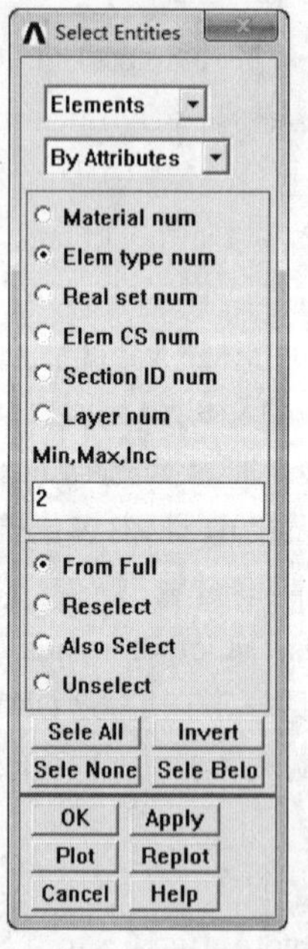

图 24-20　Select Entities 对话框（1）

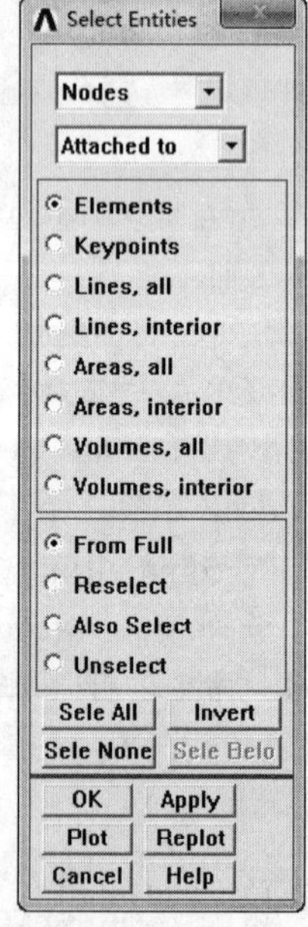

图 24-21　Select Entities 对话框（2）

（10）选择实用菜单中的 Utility Menu > Select > Entities 命令，打开 Select Entities 对话框。在第一个下

拉列表框中选择 Nodes，在第二个下拉列表框中选择 By Location，选中 Z coordinates 和 Reselect 单选按钮，单击 OK 按钮关闭该对话框。

Note

（11）从主菜单中选择 Main Menu > Preprocessor > Loads > Define Loads > Apply > Structural > Displacement > On Nodes 命令，打开 Apply U,ROT on Nodes 对话框，单击 Pick All 按钮，在 Lab2 DOFs to be constrained 后面的列表框中选择 UZ，在 VALUE Displacement value 文本框中输入 0，如图 24-22 所示。单击 OK 按钮关闭该对话框。

（12）选择实用菜单中的 Utility Menu > Select > Entities 命令，打开 Select Entities 对话框。在第一个下拉列表框中选择 Nodes，在第二个下拉列表框中选择 Attached to，选中 Elements 和 From Full 单选按钮，单击 OK 按钮关闭该对话框。

（13）选择实用菜单中的 Utility Menu > Select > Entities 命令，打开 Select Entities 对话框。在第一个下拉列表框中选择 Nodes，在第二个下拉列表框中选择 By Location，选中 Z coordinates 单选按钮，在文本框中输入 h，选中 Reselect 单选按钮，单击 OK 按钮关闭该对话框。

（14）从主菜单中选择 Main Menu > Preprocessor > Coupling/Ceqn > Couple DOFs 命令，打开 Define Coupled DOFs 对话框，单击 Pick All 按钮，在 NSET Set reference number 后面的文本框中输入 1，在 Lab Degree-of-freedom label 后面的下拉列表框中选择 UZ，如图 24-23 所示。单击 OK 按钮关闭该对话框。

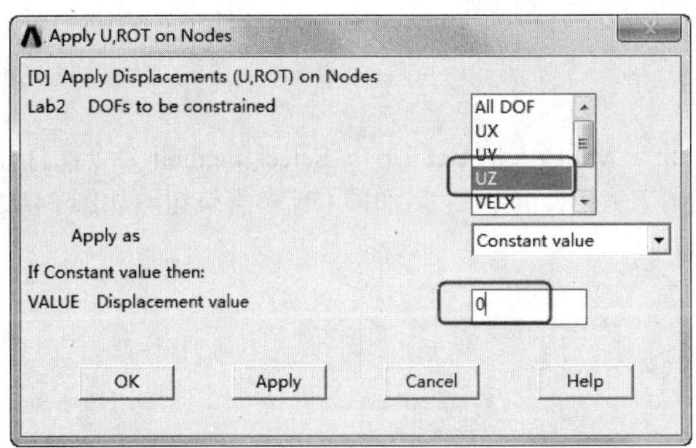

图 24-22 Apply U,ROT on Nodes 对话框

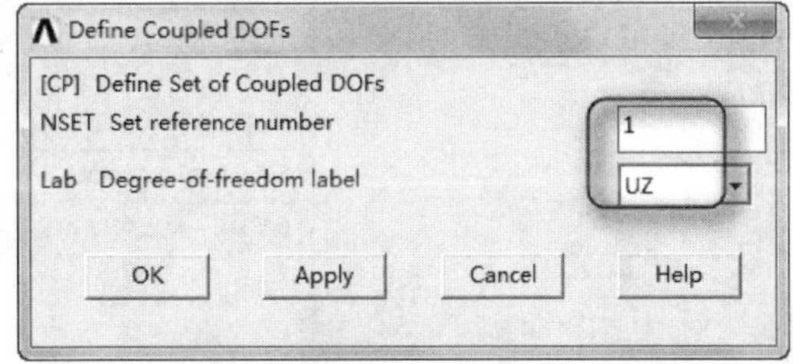

图 24-23 Define Coupled DOFs 对话框

（15）选择实用菜单中的 Utility Menu > Select > Entities 命令，打开 Select Entities 对话框。在第一个下拉列表框中选择 Nodes，在第二个下拉列表框中选择 Attached to，选中 Elements 和 From Full 单选按钮，单击 OK 按钮关闭该对话框。

（16）选择实用菜单中的 Utility Menu > Select > Entities 命令，打开 Select Entities 对话框。在第一个下拉列表框中选择 Nodes，在第二个下拉列表框中选择 By Location，选中 Y coordinates 和 Reselect 单选按钮，单击 OK 按钮关闭该对话框。

（17）从主菜单中选择 Main Menu > Preprocessor > Loads > Define Loads > Apply > Structural > Displacement > On Nodes 命令，打开 Apply U,ROT on Nodes 对话框，单击 Pick All 按钮，在 Lab2 DOFs to be constrained 后面的列表框中选择 UY，在 VALUE Displacement value 后面的文本框中输入 0，单击 OK 按钮关闭该对话框。

（18）选择实用菜单中的 Utility Menu > Select > Entities 命令，打开 Select Entities 对话框。在第一个下拉列表框中选择 Nodes，在第二个下拉列表框中选择 Attached to，选中 Elements 和 From Full 单选按钮，单击 OK 按钮关闭该对话框。

（19）选择实用菜单中的 Utility Menu > Select > Entities 命令，打开 Select Entities 对话框。在第一个下

拉列表框中选择 Nodes，在第二个下拉列表框中选择 By Location，选中 X coordinates 和 Reselect 单选按钮，单击 OK 按钮关闭该对话框。

Note

（20）从主菜单中选择 Main Menu > Preprocessor > Loads > Define Loads > Apply > Structural > Displacement > On Nodes 命令，打开 Apply U,ROT on Nodes 对话框，单击 Pick All 按钮，在 Lab2 DOFs to be constrained 后面的列表框中选择 UX，在 VALUE Displacement value 后面的文本框中输入 0，单击 OK 按钮关闭该对话框。

（21）选择实用菜单中的 Utility Menu > Select > Everything 命令。

（22）从主菜单中选择 Main Menu > Preprocessor > Loads > Define Loads > Apply > Field Volume Intr > On Elements 命令，打开 Apply FVIN on Elements 对话框，单击 Pick All 按钮，在 VAL1 Interface number 文本框中输入 1，如图 24-24 所示。单击 OK 按钮关闭该对话框。

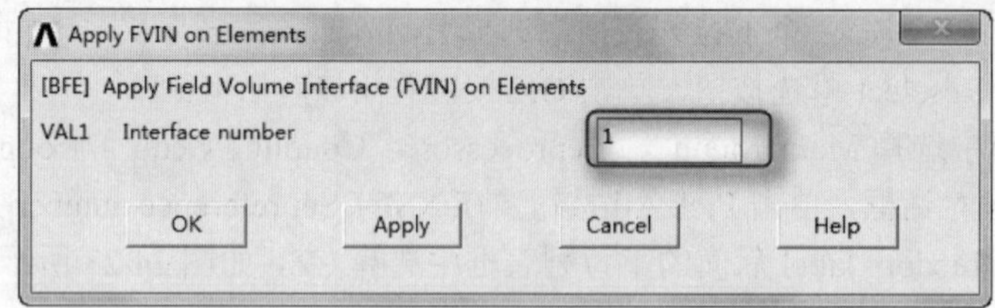

图 24-24 Apply FVIN on Elements 对话框

24.1.2 求解

（1）从主菜单中选择 Main Menu > Solution > Multi-field Set Up > Select method 命令，打开 Multi-field ON/OFF 对话框，选中[MFAN] MFS/MFX Activation key 后面的 ON 单选按钮，如图 24-25 所示。

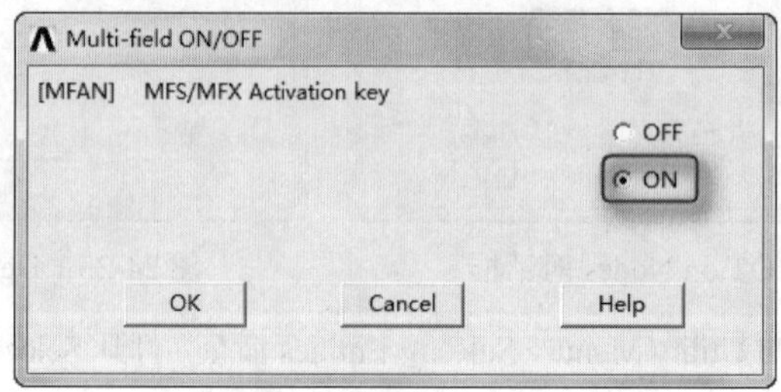

图 24-25 Multi-field ON/OFF 对话框

（2）单击 OK 按钮打开 Select Multi-field method 对话框，如图 24-26 所示。在 Select MF method 后面选中 MFS-Single Code 单选按钮，单击 OK 按钮关闭该对话框。

图 24-26 Select Multi-field method 对话框

Note

（3）从主菜单中选择 Main Menu > Solution > Multi-field Set Up > MFS-Single Code > Define > Define 命令，打开 MFS Define 对话框，如图 24-27 所示。在 Field number 后面的文本框中输入 1，在 Element type 后面的列表框中选择 1 SOLID87，在 Field file name 后面的文本框中输入 therm1，单击 OK 按钮关闭该对话框。

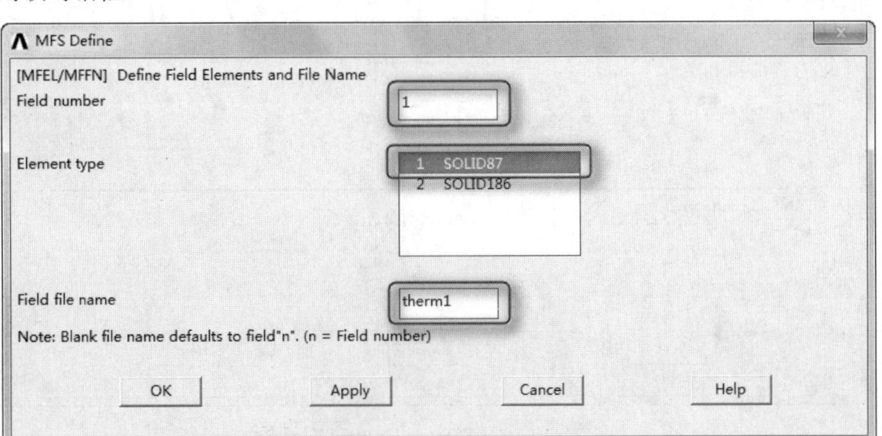

图 24-27　MFS Define 对话框

（4）从主菜单中选择 Main Menu > Solution > Multi-field Set Up > MFS-Single Code > Define > Define 命令，打开 MFS Define 对话框。在 Field number 后面的文本框中输入 2，在 Element type 列表框中选择 2 SOLID186，在 Field file name 文本框中输入 struc2，单击 OK 按钮关闭该对话框。

（5）从主菜单中选择 Main Menu > Solution > Multi-field Set Up > MFS-Single Code > Setup > Order 命令，打开 MFS Solution Order Options 对话框，如图 24-28 所示。在第一个下拉列表框中选择 1，在第二个下拉列表框中选择 2，单击 OK 按钮关闭该对话框。

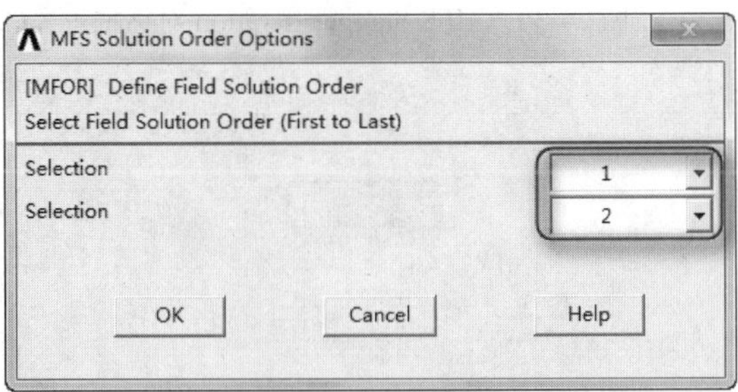

图 24-28　MFS Solution Order Options 对话框

（6）从主菜单中选择 Main Menu > Solution > Multi-field Set Up > MFS-Single Code > Time Ctrl 命令，打开 MFS Time Control 对话框，如图 24-29 所示。在[MFTI] MFS End time 后面的文本框中输入 1，在 Initial Time step 后面的文本框中输入 1，其余选项采用系统默认设置，单击 OK 按钮关闭该对话框。

（7）从主菜单中选择 Main Menu > Solution > Multi-field Set Up > MFS-Single Code > Stagger > Iterations 命令，打开 MFS Stagger Iteration 对话框，如图 24-30 所示。在 Maximum Stagger Iteration 后面的文本框中输入 5，其余选项采用系统默认设置，单击 OK 按钮关闭该对话框。

（8）从主菜单中选择 Main Menu > Solution > Multi-field Set Up > MFS-Single Code > Stagger > Relaxation 命令，打开 MFS Relaxation options 对话框，在[MFRE] Relaxation items 后面的列表框中选择 ALL 选项，如图 24-31 所示。

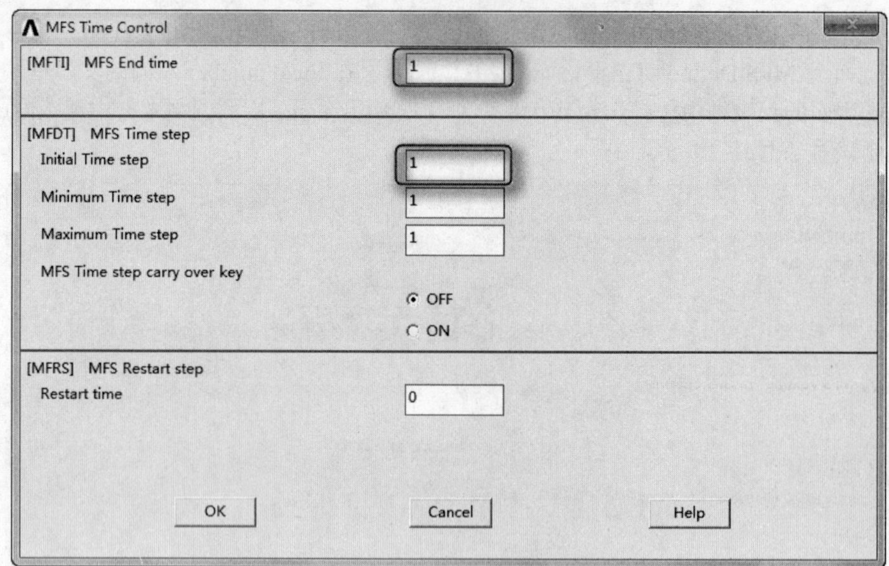

图 24-29 MFS Time Control 对话框

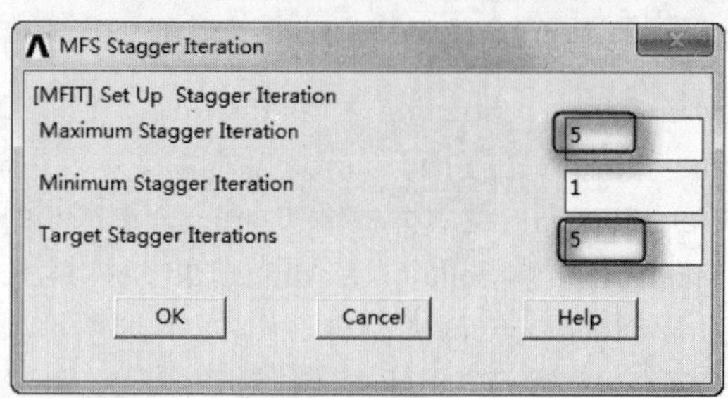

图 24-30 MFS Stagger Iteration 对话框

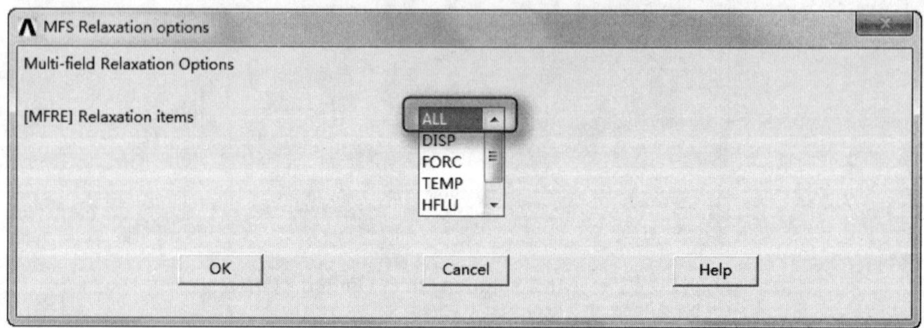

图 24-31 MFS Relaxation options 对话框

（9）单击 OK 按钮打开 Set Relaxation values and types 对话框，如图 24-32 所示。在 Relaxation values for ALL items 后面的文本框中输入 0.5，其余选项采用系统默认设置，单击 OK 按钮关闭该对话框。

（10）从主菜单中选择 Main Menu > Solution > Multi-field Set Up > MFS-Single Code > Interface > Volume 命令，打开 MFS Volume Transfer options 对话框，如图 24-33 所示。在 Transfer variable Label 后面的下拉列表框中选择 TEMP 选项，在 From Field number 后面的下拉列表框中选择 1，在 To Field number 后面的下拉列表框中选择 2，在 Across interface number 后面的下拉列表框中选择 1，单击 OK 按钮关闭该对话框。

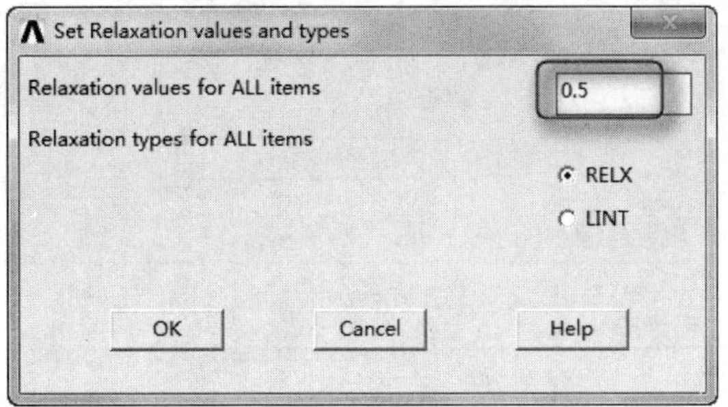

图 24-32　Set Relaxation values and types 对话框

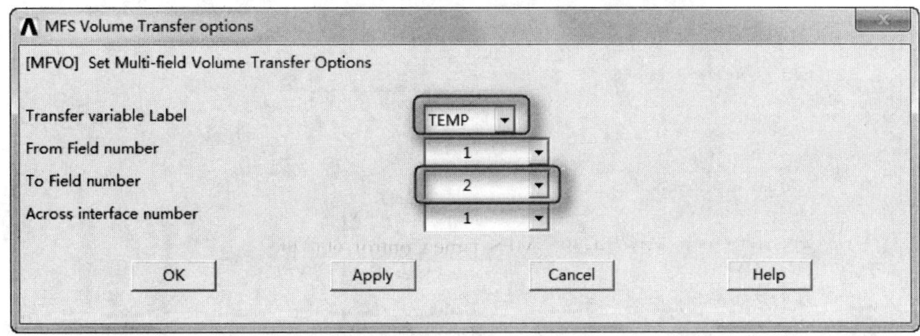

图 24-33　MFS Volume Transfer options 对话框

（11）从主菜单中选择 Main Menu > Preprocessor > Loads > Analysis Type > New Analysis 命令，打开 New Analysis 对话框，如图 24-34 所示。在[ANTYPE] Type of analysis 后面的选项组中选中 Static 单选按钮，单击 OK 按钮关闭该对话框。

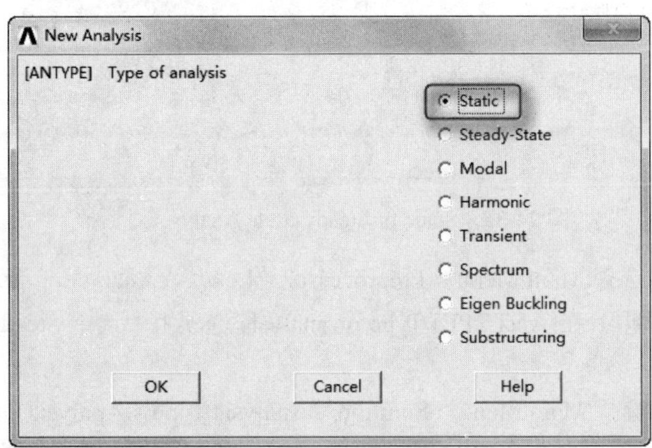

图 24-34　New Analysis 对话框

（12）从主菜单中选择 Main Menu > Solution > Analysis Type > Analysis Options 命令，打开 Static or Steady-State Analysis 对话框，如图 24-35 所示。在[EQSLV] Equation solver 后面的下拉列表框中选择 Inc Cholesky CG，其余选项采用系统默认设置，单击 OK 按钮关闭该对话框。

（13）从主菜单中选择 Main Menu > Solution > Multi-field Set Up > MFS-Single Code > Capture 命令，打开 MFS Solution option capture 对话框，如图 24-36 所示。在 Field number 后面的下拉列表框中选择 1，单击 OK 按钮关闭该对话框。

Note

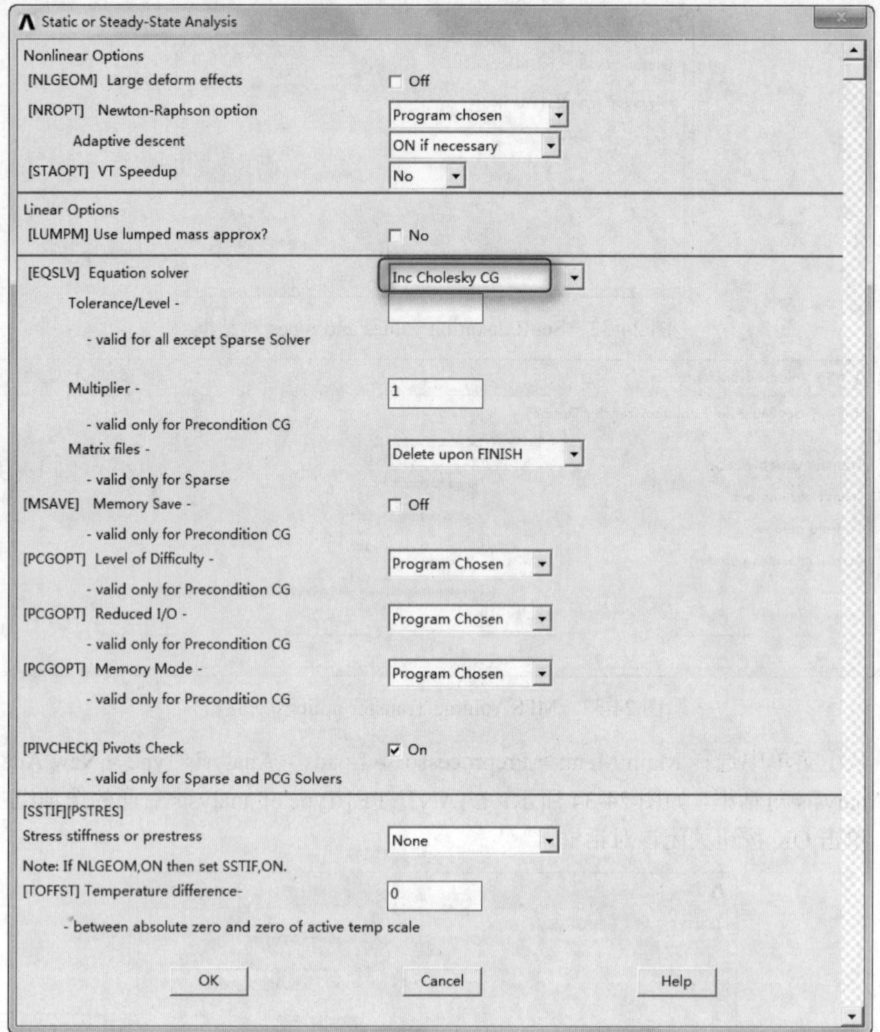

图 24-35　Static or Steady-State Analysis 对话框

（14）从主菜单中选择 Main Menu > Preprocessor > Loads > Analysis Type > New Analysis 命令，打开 New Analysis 对话框。在[ANTYPE] Type of analysis 选项组中选中 Steady-State 单选按钮，单击 OK 按钮关闭该对话框。

（15）从主菜单中选择 Main Menu > Solution > Analysis Type > Analysis Options 命令，打开 Static or Steady-State Analysis 对话框。在[EQSLV] Equation solver 后面的下拉列表框中选择 Inc Cholesky CG，其余选项采用系统默认设置，单击 OK 按钮关闭该对话框。

（16）从主菜单中选择 Main Menu > Solution > Multi-field Set Up > MFS-Single Code > Capture 命令，打开 MFS Solution option capture 对话框，如图 24-36 所示。在 Field number 后面的下拉列表框中选择 2，单击 OK 按钮关闭该对话框。

（17）从主菜单中选择 Main Menu > Solution > Solve > Current LS 命令，打开/STATUS Command 和 Solve Current Load Step 对话框，关闭/STATUS Command 对话框，单击 Solve Current Load Step 对话框中的 OK 按钮，ANSYS 开始求解。

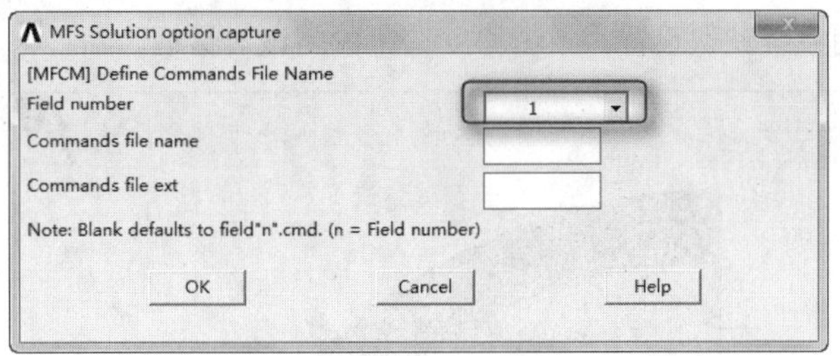

图 24-36　MFS Solution option capture 对话框

（18）求解结束后，打开 Note 对话框，单击 Close 按钮关闭该对话框。

24.1.3　后处理

（1）从主菜单中选择 Main Menu > General Postproc > Data & File Opts 命令，打开 Data and File Options 对话框，如图 24-37 所示。在工作目录下找到 therm1.rth 文件，单击 OK 按钮关闭该对话框。

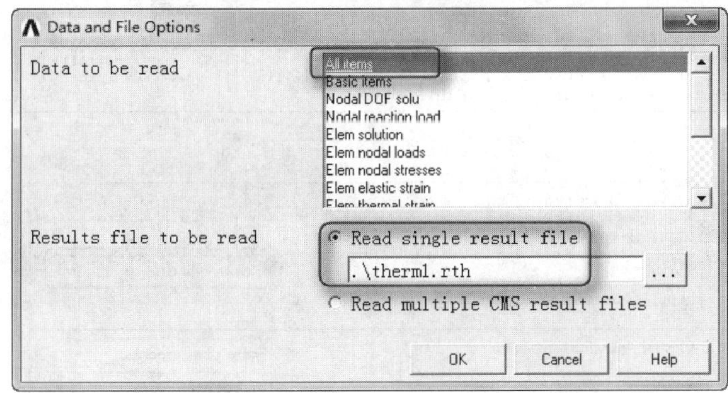

图 24-37　Data and File Options 对话框

（2）从主菜单中选择 Main Menu > General Postproc > Read Results > Last Set 命令。

（3）选择实用菜单中的 Utility Menu > Select > Entities 命令，打开 Select Entities 对话框。在第一个下拉列表框中选择 Elements，在第二个下拉列表框中选择 By Attributes，选中 Elem type num 单选按钮，在文本框中输入 1，选中 From Full 单选按钮，单击 OK 按钮关闭该对话框。

（4）从主菜单中选择 Main Menu > General Postproc > Plot Results > Contour Plot > Nodal Solu 命令，打开 Contour Nodal Solution Date 对话框。在 Item to be contoured 列表框中依次选择 Nodal Solution > DOF Solution > Nodal Temperature 选项，单击 OK 按钮关闭该对话框，ANSYS 窗口将显示温度分布等值线图，如图 24-38 所示。

（5）从主菜单中选择 Main Menu > General Postproc > Data & File Opts 命令，打开 Data and File Options 对话框，在工作目录下找到 struc2.rst 文件，单击 OK 按钮关闭该对话框。

（6）从主菜单中选择 Main Menu > General Postproc > Read Results > Last Set 命令。

（7）选择实用菜单中的 Utility Menu > Select > Entities 命令，打开 Select Entities 对话框。在第一个下拉列表框中选择 Elements，在第二个下拉列表框中选择 By Attributes，选中 Elem type num 单选按钮，在文本框中输入 2，选中 From Full 单选按钮，单击 OK 按钮关闭该对话框。

（8）从主菜单中选择 Main Menu > General Postproc > Options for Outp 命令，打开 Options for Output 对话框，如图 24-39 所示。在[RSYS] Results coord system 后面的下拉列表框中选择 Global cylindric，其余选项采用系统默认设置，单击 OK 按钮关闭该对话框。

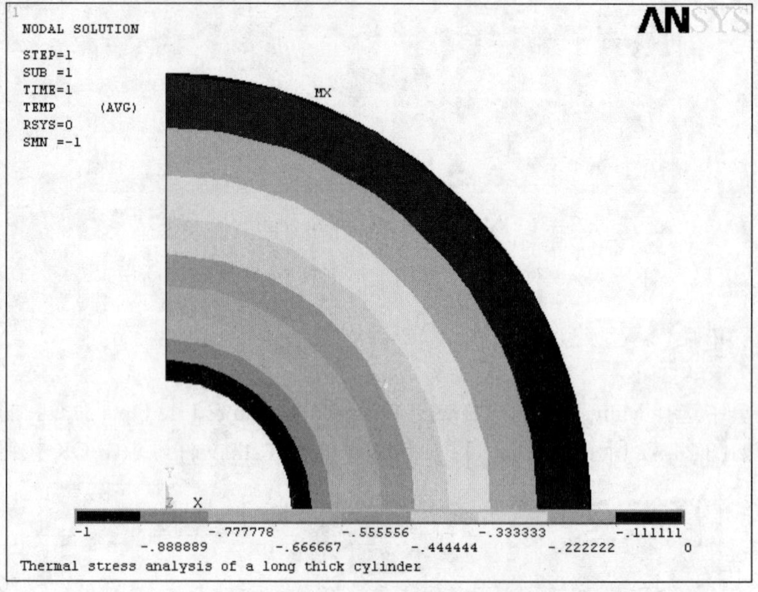

图 24-38 温度分布等值线图

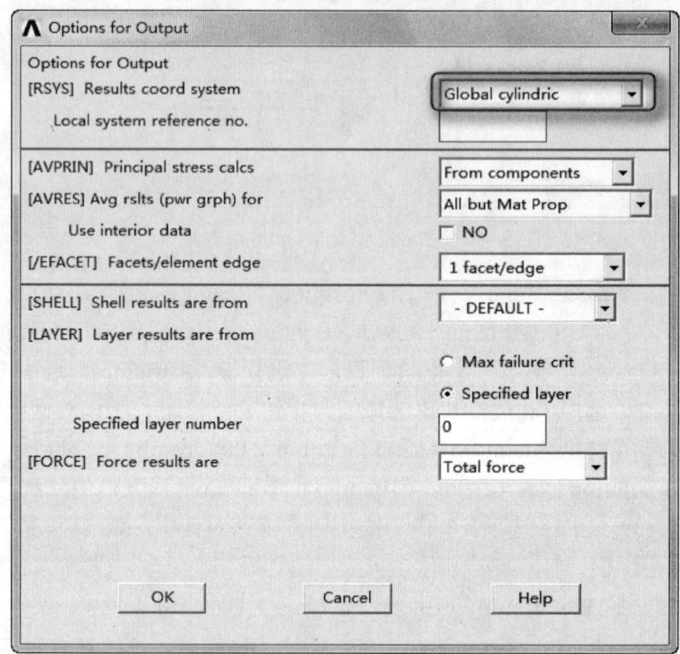

图 24-39 Options for Output 对话框

（9）选择实用菜单中的 Utility Menu > WorkPlane > Change Active CS to > Specified Coord Sys 命令，打开 Change Active CS to Specified CS 对话框。在 KCN Coordinate system number 后面的文本框中输入 1，单击 OK 按钮关闭该对话框。

（10）选择实用菜单中的 Utility Menu > Select > Entities 命令，打开 Select Entities 对话框。在第一个下拉列表框中选择 Nodes，在第二个下拉列表框中选择 By Location，选中 X coordinates 单选按钮，

在文本框中输入 ir，选中 From Full 单选按钮，单击 OK 按钮关闭该对话框。

（11）选择实用菜单中的 Utility Menu > Parameters > Get Scalar Data 命令，打开 Get Scalar Data 对话框，在 Type of data to be retrieved 后面的列表框中选择 Results data 和 Global measures 选项，如图 24-40 所示。

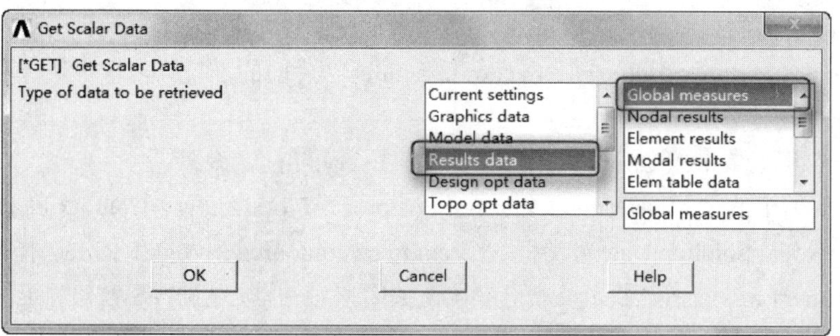

图 24-40 Get Scalar Data 对话框

（12）单击 OK 按钮打开 Get Global Measures from Selected Node Set 对话框，如图 24-41 所示。在[NSORT] Glb measure to retrieve 后面的列表框中选择 Stress 和 Z-direction SZ 选项，在 Name of parameter to be defined 后面的文本框中输入 szmam，在 Retrieve max or min value？后面的下拉列表框中选择 Maximum value，单击 OK 按钮关闭该对话框。

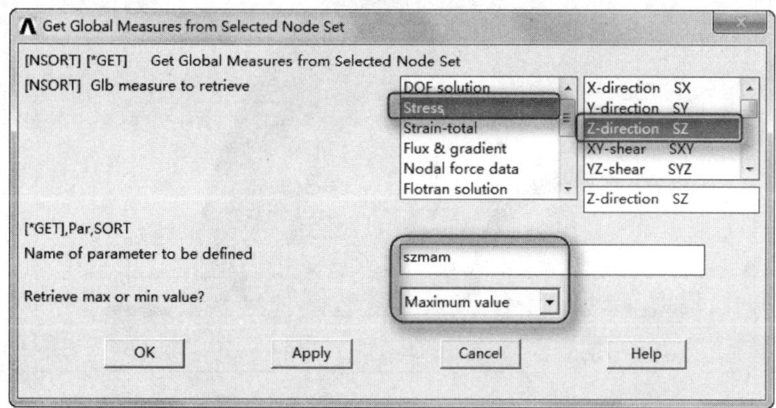

图 24-41 Get Global Measures from Selected Node Set 对话框

（13）选择实用菜单中的 Utility Menu > Parameters > Get Scalar Data 命令，打开 Get Scalar Data 对话框，在 Type of data to be retrieved 后面的列表框中选择 Results data 和 Global measures 选项。

（14）单击 OK 按钮打开 Get Global Measures from Selected Node Set 对话框。在[NSORT] Glb measure to retrieve 后面的列表框中选择 Stress 和 Z-direction SZ 选项，在 Name of parameter to be defined 后面的文本框中输入 szmin，在 Retrieve max or min value？后面的下拉列表框中选择 Minimum value，单击 OK 按钮关闭该对话框。

（15）选择实用菜单中的 Utility Menu > Parameters > Get Scalar Data 命令，打开 Get Scalar Data 对话框，在 Type of data to be retrieved 后面的列表框中选择 Results data 和 Global measures 选项。

（16）单击 OK 按钮打开 Get Global Measures from Selected Node Set 对话框。在[NSORT] Glb measure to retrieve 后面的列表框中选择 Stress 和 Y-direction SY 选项，在 Name of parameter to be defined 后面的文本框中输入 symax，在 Retrieve max or min value？后面的下拉列表框中选择 Maximum value，

Note

单击 OK 按钮关闭该对话框。

（17）选择实用菜单中的 Utility Menu > Parameters > Get Scalar Data 命令，打开 Get Scalar Data 对话框，在 Type of data to be retrieved 后面的列表框中选择 Results data 和 Global measures 选项。

（18）单击 OK 按钮打开 Get Global Measures from Selected Node Set 对话框。在[NSORT] Glb measure to retrieve 后面的列表框中选择 Stress 和 Y-direction SY 选项，在 Name of parameter to be defined 后面的文本框中输入 symin，在 Retrieve max or min value？后面的下拉列表框中选择 Minimum value，单击 OK 按钮关闭该对话框。

（19）选择实用菜单中的 Utility Menu > Select > Everything 命令。

（20）从主菜单中选择 Main Menu > General Postproc > Plot Results > Contour Plot > Nodal Solu 命令，打开 Contour Nodal Solution Date 对话框。在 Item to be contoured 列表框中依次选择 Nodal Solution > Stress > Z-Component of stress 选项，单击 OK 按钮关闭该对话框，ANSYS 窗口将显示 Z 方向应力分布等值线图，如图 24-42 所示。

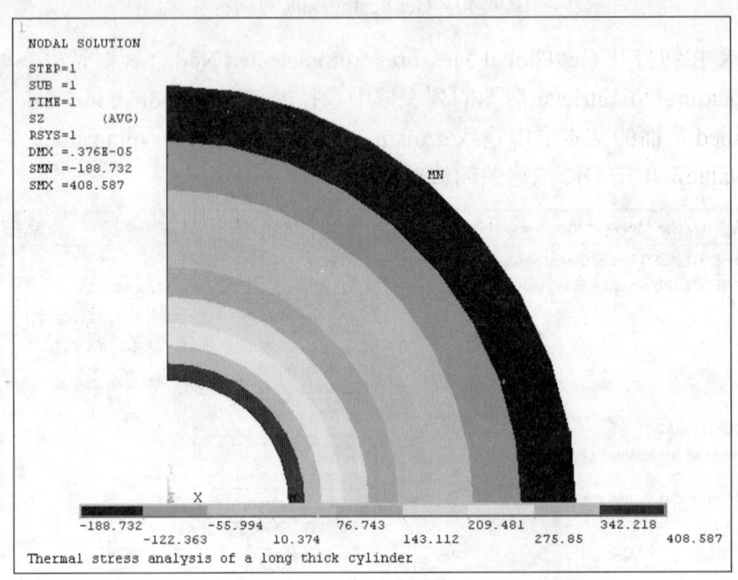

图 24-42 Z 方向应力分布等值线图

24.1.4 命令流方式

命令流方式这里不再详细介绍，读者可参见随书光盘中的电子文档。

24.2 圆钢坯的感应加热分析

本节实例描述的是瞬态感应加热问题。简化的几何模型是一根长条形的长钢坯，这可以简化为一维问题。几何模型示意图如图 24-43 所示。

其中，*row*=0.015；*ric*=0.0175；*roc*=0.0200；*ro*=0.05；*t*=0.001。

求解电磁场模型要用 PLANE53 单元；求解模型热问题要用 PLANE55 单元。

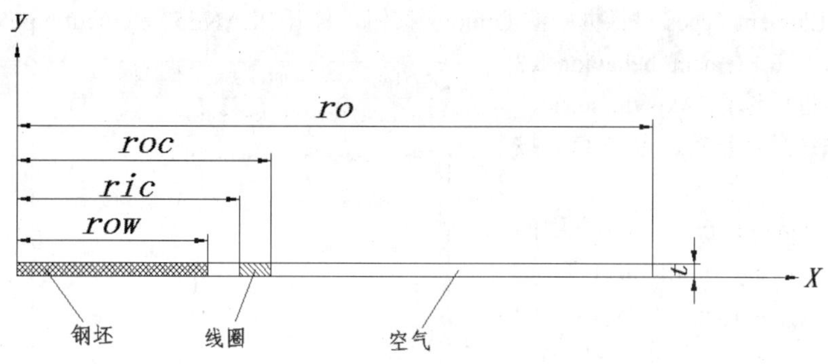

图 24-43　几何模型示意图

24.2.1　前处理

1．定义工作文件名和工作标题

（1）选择实用菜单中的 Utility Menu > File > Change Jobname 命令，打开 Change Jobname 对话框。在[/FILNAM] Enter new jobname 文本框中输入工作文件名 Solid_Cylinder，并将 NEW log and error files 设置为 Yes，单击 OK 按钮关闭对话框。

（2）选择实用菜单中的 Utility Menu > File > Change Title 命令，打开 Change Title 对话框，在对话框中输入工作标题 Induction heating of a solid cylinder billet，单击 OK 按钮关闭对话框。

2．定义单元类型

（1）从主菜单中选择 Main Menu > Preprocessor > Element Type > Add/Edit/Delete 命令，打开 Element Types 对话框，如图 24-44 所示。

（2）单击 Add 按钮，打开 Library of Element Types 对话框，如图 24-45 所示。在 Library of Element Types 后面的列表框中选择 Magnetic Vector 和 Quad 8 node 53 选项，在 Element type reference number 后面的文本框中输入 1，单击 OK 按钮关闭 Library of Element Types 对话框。

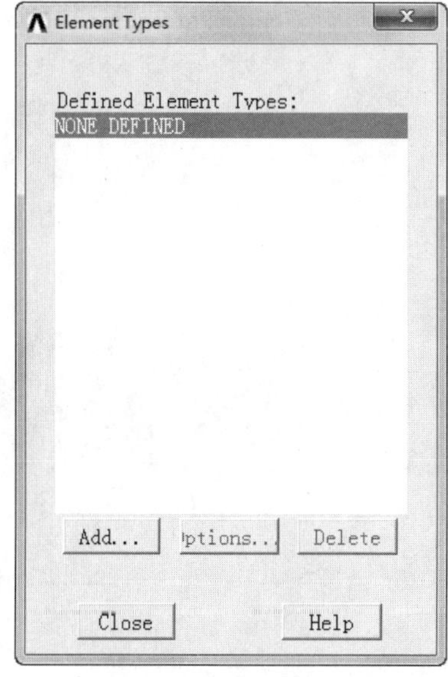

图 24-44　Element Types 对话框

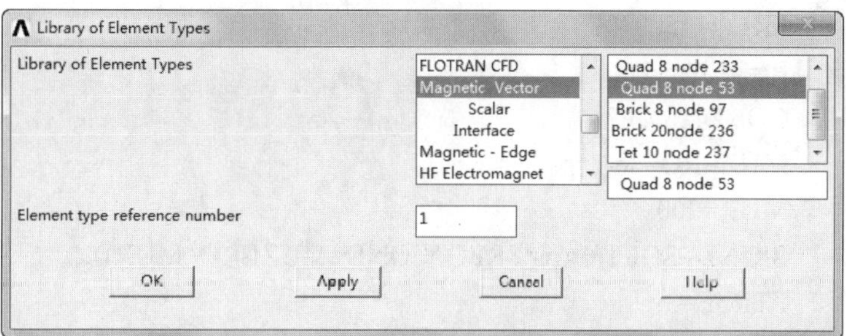

图 24-45　Library of Element Types 对话框

Note

（3）单击 Element Types 对话框中的 Options 按钮，打开 PLANE53 element type options 对话框，如图 24-46 所示。在 Element behavior K3 后面的下拉列表框中选择 Axisymmetric，其余选项采用系统默认设置，单击 OK 按钮关闭该对话框。

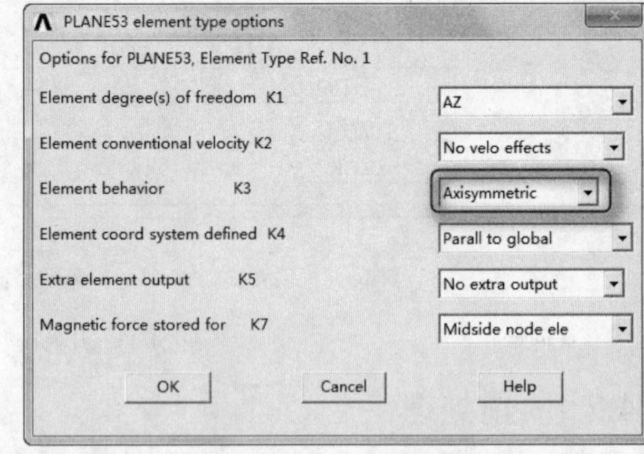

图 24-46　PLANE53 element type options 对话框

（4）单击 Element Types 对话框中的 Add 按钮，打开 Library of Element Types 对话框。在 Library of Element Types 后面的列表框中选择 Magnetic Vector 和 Vect Quad 8node53 选项，在 Element type reference number 后面的文本框中输入 2，单击 OK 按钮关闭 Library of Element Types 对话框。

（5）在 Defined Element Types 列表框中选择 Type 2 PLANE53，单击 Element Types 对话框中的 Options 按钮，打开 PLANE53 element type options 对话框。在 Element behavior K3 后面的下拉列表框中选择 Axisymmetric，其余选项采用系统默认设置，单击 OK 按钮关闭该对话框。

（6）单击 Element Types 对话框中的 Add 按钮，打开 Library of Element Types 对话框。在 Library of Element Types 后面的列表框中选择 Thermal Solid > Quad 4node55，在 Element type reference number 后面的文本框中输入 3，单击 OK 按钮关闭 Library of Element Types 对话框。

（7）在 Defined Element Types 列表框中选择 Type 3 PLANE55，单击 Element Types 对话框中的 Options 按钮，打开 PLANE55 element type options 对话框。在 Element behavior K3 后面的下拉列表框中选择 Axisymmetric，其余选项采用系统默认设置，单击 OK 按钮关闭该对话框。

（8）单击 Close 按钮关闭 Element Types 对话框。

3．设置标量参数

选择实用菜单中的 Utility Menu > Parameters > Scalar Parameters 命令，打开 Scalar Parameters 对话框，如图 24-47 所示。在 Select 文本框中依次输入：

ROW=0.015；

RIC=0.0175；

ROC=0.0200；

RO=0.05；

T=0.001；

FREQ=150000；

PI=4*atan(1)；

COND=.392e7；

MUZERO=4e-7*pi；

MUR=200；

SKIND=SQRT(1/(pi*FREQ*COND*MUZERO*MUR))；

FTIME=3；

TINC=0.05；

TIME=0；

DELT=0.01。

4. 定义材料性能参数

（1）从主菜单中选择 Main Menu > Preprocessor > Material Props > Electromag Units 命令，打开 Electromagnetic Units 对话框，如图 24-48 所示。在[EMUNIT] Electromagnetic units 后面的选项组中选中 MKS system 单选按钮，单击 OK 按钮关闭该对话框。

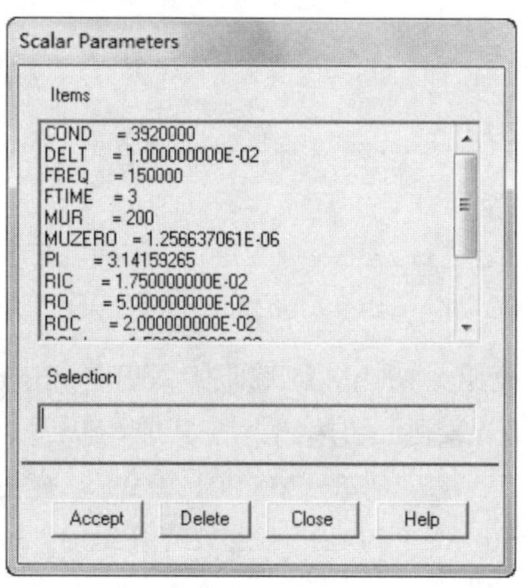

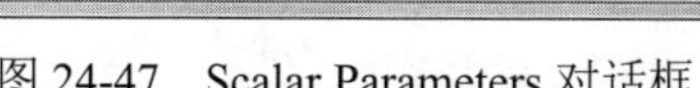

图 24-47　Scalar Parameters 对话框

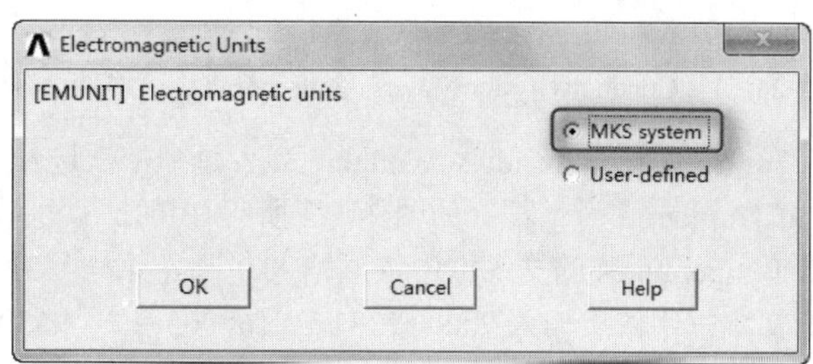

图 24-48　Electromagnetic Units 对话框

（2）从主菜单中选择 Main Menu > Preprocessor > Material Props > Material Models 命令，打开 Define Material Model Behavior 窗口。

（3）在 Material Models Available 列表框中依次选择 Electromagnetics > Relative Permeability > Constant 选项，打开 Permeability for Material Number 1 对话框，如图 24-49 所示。在 MURX 后面的文本框中输入 1，单击 OK 按钮关闭该对话框。

（4）在 Define Material Model Behavior 窗口中，选择 Material > New Model 命令，打开 Define Material ID 对话框，如图 24-50 所示。在 Define Material ID 文本框中输入 2，单击 OK 按钮关闭该窗口。

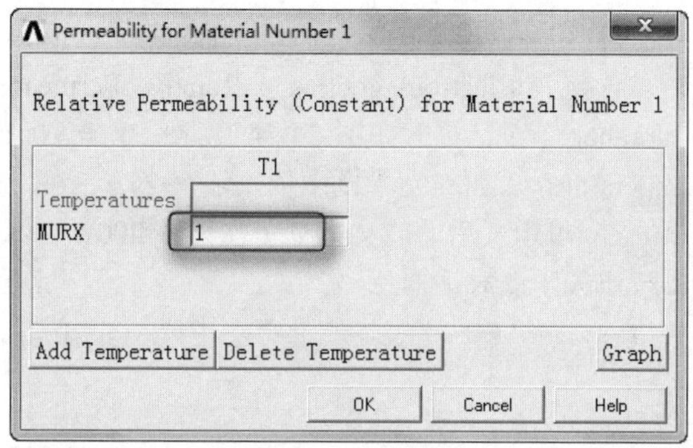

图 24-49　Permeability for Material Number 1 对话框

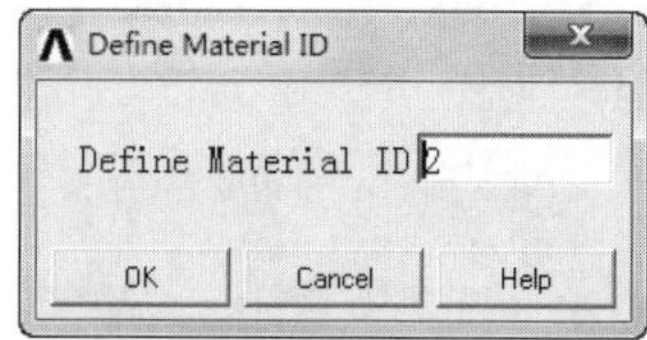

图 24-50　Define Material ID 对话框

（5）在 Material Models Available 列表框中依次选择 Thermal > Conductivity > Isotropic 选项，打开 Conductivity for Material Number 2 对话框，如图 24-51 所示。单击 3 次 Add Temperature 按钮，使其成为 4 列 2 行表格，在 Temperatures 后面的文本框中依次输入 0、730、930 和 1000，在 KXX 后面的文本框中依次输入 60.64、29.5、28 和 28，单击 OK 按钮关闭该对话框。

（6）在 Material Models Available 列表框中依次选择 Thermal > Emissivity 选项，打开 Emissivity for

Material Number 2 对话框，如图 24-52 所示。在 EMIS 后面的文本框中输入 0.68，单击 OK 按钮关闭该对话框。

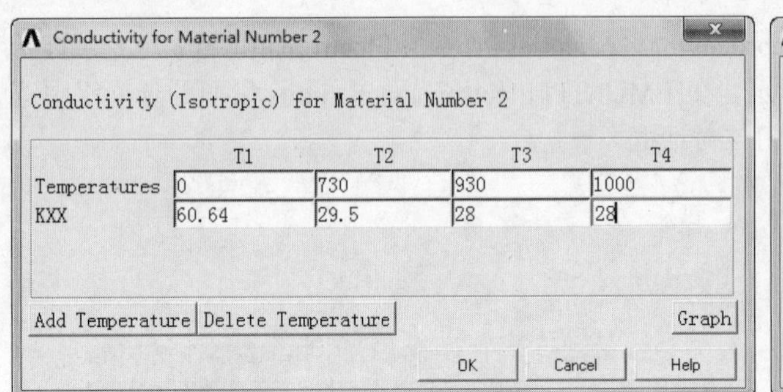

	T1	T2	T3	T4
Temperatures	0	730	930	1000
KXX	60.64	29.5	28	28

图 24-51　Conductivity for Material Number 2 对话框

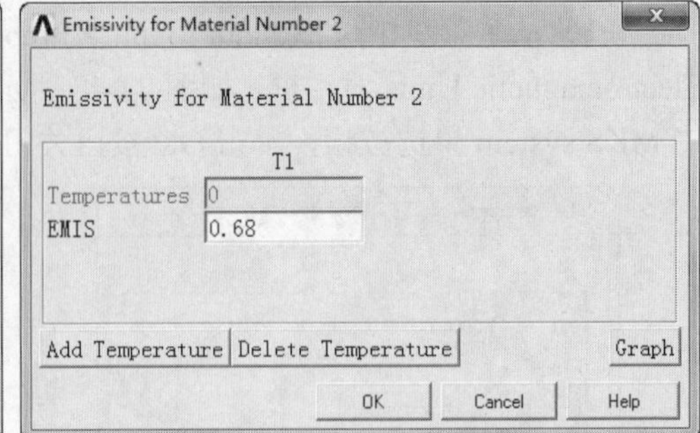

	T1
Temperatures	0
EMIS	0.68

图 24-52　Emissivity for Material Number 2 对话框

（7）在 Material Models Available 列表框中依次选择 Thermal > Enthalpy 选项，打开 Enthalpy for Material Number 2 对话框，如图 24-53 所示。单击 8 次 Add Temperature 按钮，使其成为 9 列 2 行表格，在 Temperatures 的文本框中依次输入 0、27、127、327、527、727、765、765.001 和 927，在 ENTH 后面的文本框中依次输入 7.8886E-31、9.1609056E7、4.53285756E8、1.2748E9、2.22519E9、3.3396E9、3.548547E9、3.548556E9 和 4.352E9，单击 OK 按钮关闭该对话框。

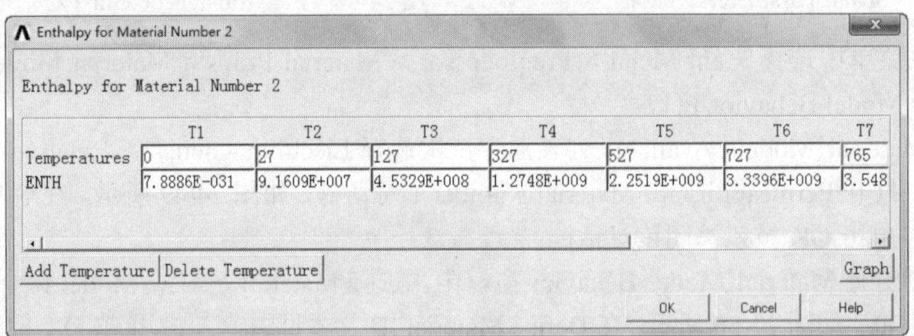

	T1	T2	T3	T4	T5	T6	T7
Temperatures	0	27	127	327	527	727	765
ENTH	7.8886E-031	9.1609E+007	4.5329E+008	1.2748E+009	2.2519E+009	3.3396E+009	3.548

图 24-53　Enthalpy for Material Number 2 对话框

（8）在 Material Models Available 列表框中依次选择 Electromagnetics > Relative Permeability > Constant 选项，打开 Permeability for Material Number 2 对话框，如图 24-54 所示。单击 10 次 Add Temperature 按钮，使其为 11 列 2 行表格，在 Temperatures 后面的文本框中依次输入 25.5、160、291.5、477.6、635、698、709、720.3、742、761 和 1000，在 MURX 后面的文本框依次输入 200、190、182、161、135、104、84、35、17、1 和 1，单击 OK 按钮关闭该对话框。

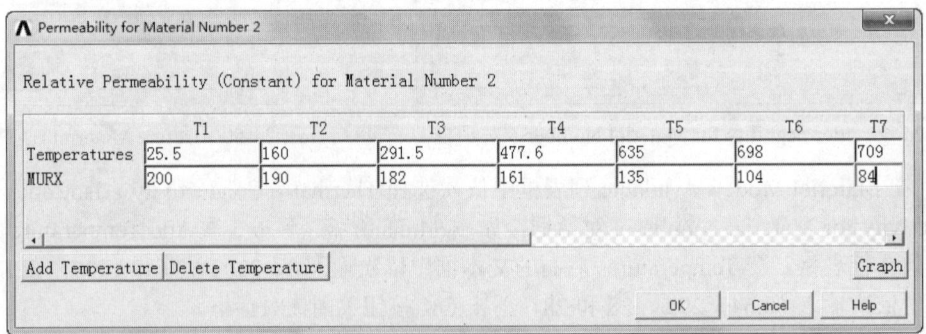

	T1	T2	T3	T4	T5	T6	T7
Temperatures	25.5	160	291.5	477.6	635	698	709
MURX	200	190	182	161	135	104	84

图 24-54　Permeability for Material Number 2 对话框

Note

（9）在 Material Models Available 列表框中依次选择 Electromagnetics > Resistivity > Constant 选项，打开 Resistivity for Material Number 2 对话框，如图 24-55 所示。单击 8 次 Add Temperature 按钮，使其为 9 列 2 行表格，在 Temperatures 后面的文本框中依次输入 0、125、250、375、500、625、750、875 和 1000，在 RSVX 后面的文本框中依次输入 1.84E-7、2.72E-7、3.84E-7、5.12E-7、6.56E-7、8.24E-7、1.032E-6、1.152E-6 和 1.2E-6，单击 OK 按钮关闭该对话框。

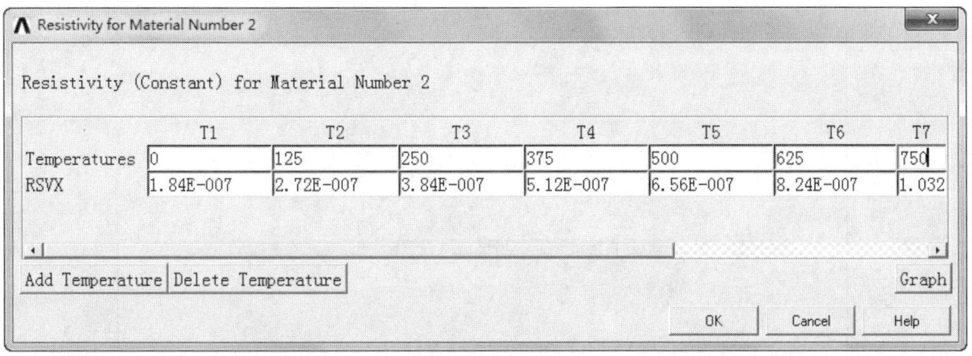

图 24-55　Resistivity for Material Number 2 对话框

（10）在 Define Material Model Behavior 窗口中，选择 Material > New Model 命令，打开 Define Material ID 对话框，在 Define Material ID 后面的文本框中输入 3，单击 OK 按钮关闭该对话框。

（11）在 Material Models Available 列表框中依次选择 Electromagnetics > Relative Permeability > Constant 选项，打开 Permeability for Material Number 3 对话框，在 MURX 后面的文本框中输入 1，单击 OK 按钮关闭该对话框。

（12）在 Define Material Model Behavior 窗口中选择 Material > Exit 命令，关闭该对话框。

5．建立电磁模型，划分网格及设置边界条件

（1）从主菜单中选择 Main Menu > Preprocessor > Modeling > Create > Areas > Rectangle > By Dimensions 命令，打开 Create Rectangle by Dimensions 对话框，如图 24-56 所示。在 X1,X2 X-coordinates 后面的文本框中依次输入 0 和 row，在 Y1,Y2 Y-coordinates 后面的文本框中依次输入 0 和 t。

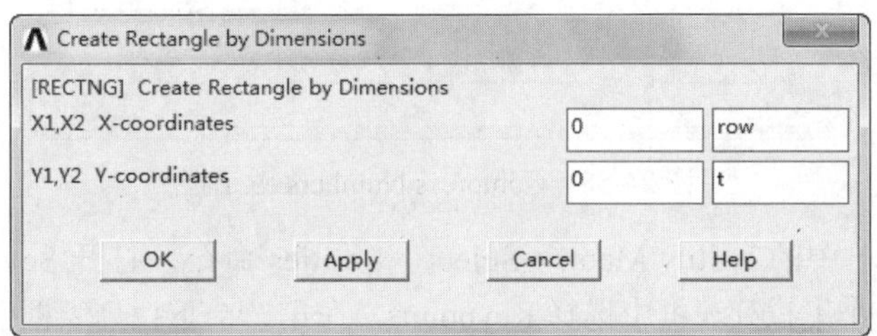

图 24-56　Create Rectangle by Dimensions 对话框

（2）单击 Apply 按钮会再次弹出 Create Rectangle by Dimensions 对话框，在 X1,X2 X-coordinates 后面的文本框中依次输入 row 和 ric，在 Y1,Y2 Y-coordinates 后面的文本框中依次输入 0 和 t。

（3）单击 Apply 按钮会再次弹出 Create Rectangle by Dimensions 对话框，在 X1,X2 X-coordinates 后面的文本框中依次输入 ric 和 roc，在 Y1,Y2 Y-coordinates 后面的文本框中依次输入 0 和 t。

（4）单击 Apply 按钮会再次弹出 Create Rectangle by Dimensions 对话框，在 X1,X2 X-coordinates 后面的文本框中依次输入 roc 和 ro，在 Y1,Y2 Y-coordinates 后面的文本框中依次输入 0 和 t，单击 OK 按钮关闭该对话框。

（5）从主菜单中选择 Main Menu > Preprocessor > Modeling > Operate > Booleans > Glue > Areas 命令，打开 Glue Areas 对话框，单击 Pick All 按钮关闭该对话框。

（6）选择实用菜单中的 Utility Menu > PlotCtrls > Style > Colors > Reverse Video 命令，ANSYS 窗口将变成白色，生成的平面几何模型如图 24-57 所示。

Note

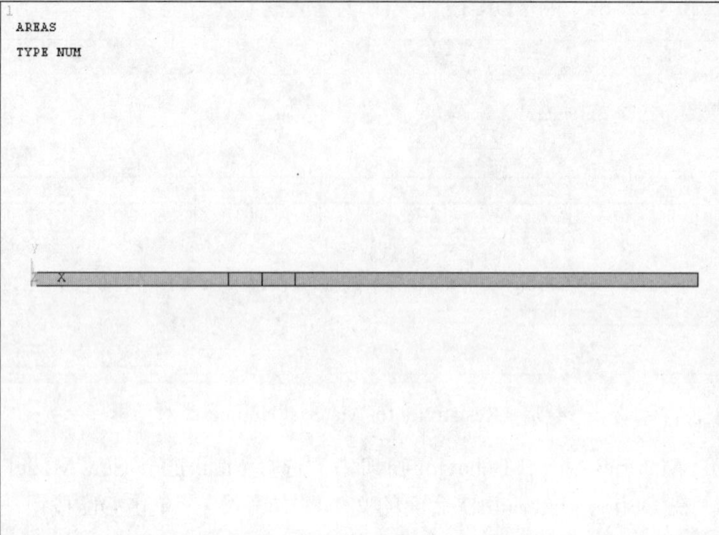

图 24-57　生成的平面几何模型

（7）从主菜单中选择 Main Menu > Preprocessor > Numbering Ctrls > Compress Numbers 命令，打开 Compress Numbers 对话框，如图 24-58 所示。在 Label Item to be compressed 后面的下拉列表框中选择 Areas，单击 OK 按钮关闭该对话框。

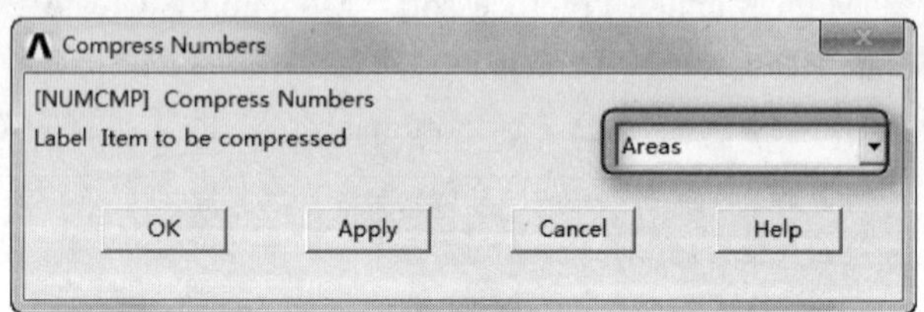

图 24-58　Compress Numbers 对话框

（8）选择实用菜单中的 Utility Menu > Select > Entities 命令，打开 Select Entities 对话框，如图 24-59 所示。在第一个下拉列表框中选择 Keypoints，在第二个下拉列表框中选择 By Location，选中 X coordinates 单选按钮，在文本框中输入 row，选中 From Full 单选按钮，单击 OK 按钮关闭该对话框。

（9）从主菜单中选择 Main Menu > Preprocessor > Meshing > Size Cntrls > ManualSize > Keypoints > Picked KPs 命令，打开 Element Size at Picked Keypoints 对话框，单击 Pick All 按钮，在 SIZE Element edge length 后面的文本框中输入 skind/2，如图 24-60 所示。单击 OK 按钮关闭该对话框。

（10）选择实用菜单中的 Utility Menu > Select > Entities 命令，打开 Select Entities 对话框。在第一个下拉列表框中选择 Keypoints，在第二个下拉列表框中选择 By Location，选中 X coordinates 单选按钮，在文本框中输入 0，选中 From Full 单选按钮，单击 OK 按钮关闭该对话框。

（11）从主菜单中选择 Main Menu > Preprocessor > Meshing > Size Cntrls > ManualSize > Keypoints

> Picked KPs 命令，打开 Element Size at Picked Keypoints 对话框，单击 Pick All 按钮，在 SIZE Element edge length 后面的文本框中输入 40*skind，单击 OK 按钮关闭该对话框。

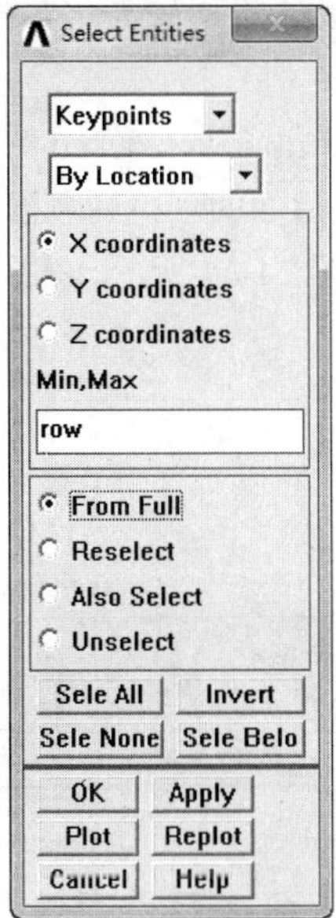

图 24-59　Select Entities 对话框

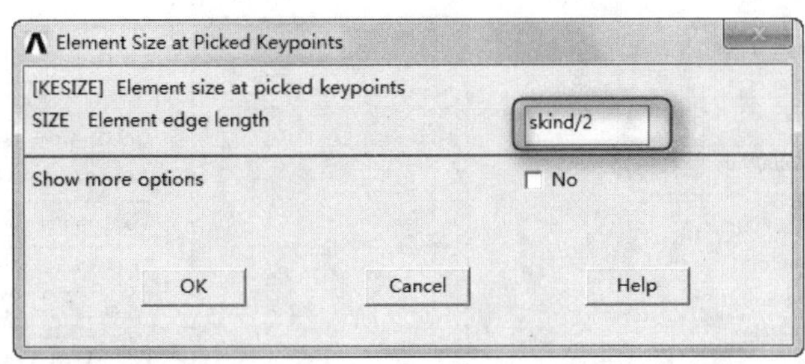

图 24-60　Element Size at Picked Keypoints 对话框

（12）选择实用菜单中的 Utility Menu > Select > Entities 命令，打开 Select Entities 对话框。在第一个下拉列表框中选择 Lines，在第二个下拉列表框中选择 By Location，选中 Y coordinates 单选按钮，在文本框中输入 t/2，选中 From Full 单选按钮，单击 OK 按钮关闭该对话框。

（13）从主菜单中选择 Main Menu > Preprocessor > Meshing > Size Cntrls > ManualSize > Lines > Picked Lines 命令，打开 Element Sizes on Picked Lines 对话框，单击 Pick All 按钮，在 NDIV No. of element divisions 后面的文本框中输入 1，如图 24-61 所示。单击 OK 按钮关闭该对话框。

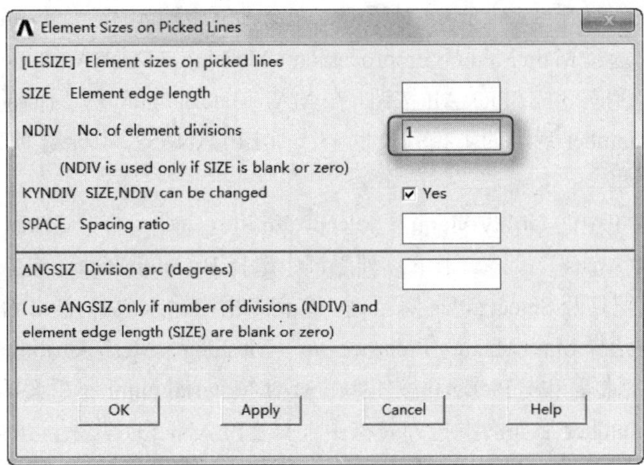

图 24-61　Element Sizes on Picked Lines 对话框

（14）选择实用菜单中的 Utility Menu > Select > Everything 命令。

（15）选择实用菜单中的 Utility Menu > Select > Entities 命令，打开 Select Entities 对话框，如图 24-62

所示。在第一个下拉列表框中选择 Areas，在第二个下拉列表框中选择 By Num/Pick，选中 From Full 单选按钮。

（16）单击 OK 按钮打开 Select areas 对话框，如图 24-63 所示。在文本框中输入 1，单击 OK 按钮关闭该对话框。

（17）从主菜单中选择 Main Menu > Preprocessor > Meshing > Mesh Attributes > Picked Areas 命令，打开 Area Attributes 对话框，单击 Pick All 按钮，在 MAT Material number 后面的下拉列表框中选择 2，在 TYPE Element type number 后面的下拉列表框中选择 1 PLANE53，如图 24-64 所示。其余选项采用系统默认设置，单击 OK 按钮关闭该对话框。

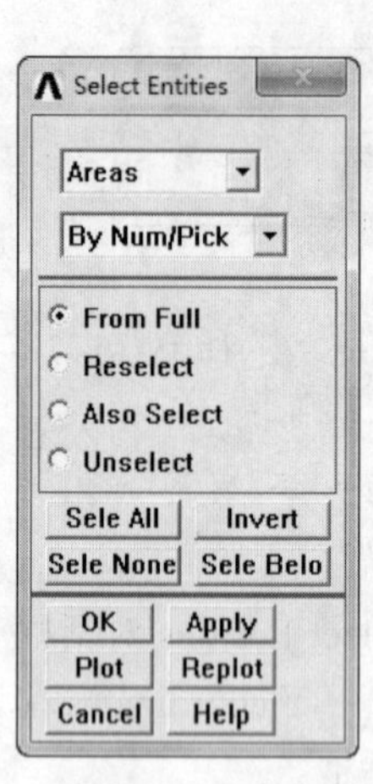

图 24-62 Select Entities 对话框

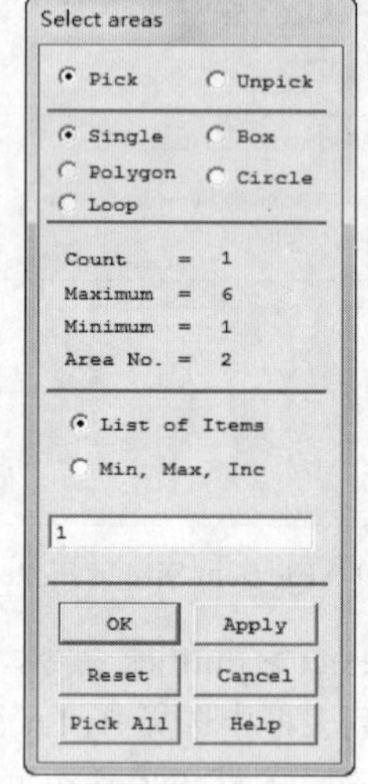

图 24-63 Select areas 对话框

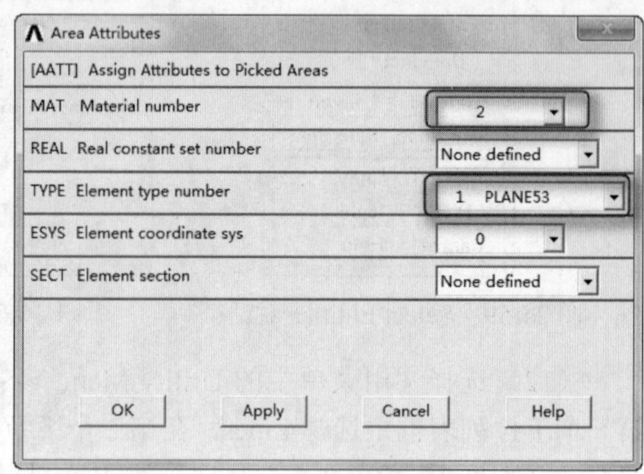

图 24-64 Area Attributes 对话框

（18）选择实用菜单中的 Utility Menu > Select > Entities 命令，打开 Select Entities 对话框。在第一个下拉列表框中选择 Areas，在第二个下拉列表框中选择 By Num/Pick，选中 From Full 单选按钮。

（19）单击 OK 按钮打开 Select areas 对话框，在文本框中输入 3，单击 OK 按钮关闭该对话框。

（20）从主菜单中选择 Main Menu > Preprocessor > Meshing > Mesh Attributes > Picked Areas 命令，打开 Area Attributes 对话框，单击 Pick All 按钮，在 MAT Material number 后面的下拉列表框中选择 3，在 TYPE Element type number 后面的下拉列表框中选择 2 PLANE53，其余选项采用系统默认设置，单击 OK 按钮关闭该对话框。

（21）选择实用菜单中的 Utility Menu > Select > Entities 命令，打开 Select Entities 对话框。在第一个下拉列表框中选择 Areas，在第二个下拉列表框中选择 By Num/Pick，选中 From Full 单选按钮。

（22）单击 OK 按钮打开 Select areas 对话框，在文本框中输入 2,4，单击 OK 按钮关闭该对话框。

（23）从主菜单中选择 Main Menu > Preprocessor > Meshing > Mesh Attributes > Picked Areas 命令，打开 Area Attributes 对话框，单击 Pick All 按钮，在 MAT Material number 后面的下拉列表框中选择 1，在 TYPE Element type number 后面的下拉列表框中选择 2 PLANE53，其余选项采用系统默认设置，单击 OK 按钮关闭该对话框。

（24）选择实用菜单中的 Utility Menu > Select > Everything 命令。

（25）从主菜单中选择 Main Menu > Preprocessor > Meshing > Mesh > Areas > Mapped > 3 or 4 sided 命令，打开 Mesh Areas 对话框，在文本框中输入 1，单击 OK 按钮关闭该对话框。

（26）选择实用菜单中的 Utility Menu > Select > Entities 命令，打开 Select Entities 对话框。在第一个下拉列表框中选择 Lines，在第二个下拉列表框中选择 By Location，选中 Y coordinates 单选按钮，在文本框中输入 0，选中 From Full 单选按钮，单击 OK 按钮关闭该对话框。

（27）选择实用菜单中的 Utility Menu > Select > Entities 命令，打开 Select Entities 对话框。在第一个下拉列表框中选择 Lines，在第二个下拉列表框中选择 By Location，选中 Y coordinates 单选按钮，在文本框中输入 t，选中 Also Select 单选按钮，单击 OK 按钮关闭该对话框。

（28）选择实用菜单中的 Utility Menu > Select > Entities 命令，打开 Select Entities 对话框。在第一个下拉列表框中选择 Lines，在第二个下拉列表框中选择 By Location，选中 X coordinates 单选按钮，在文本框中输入 row/2，选中 Unselect 单选按钮，单击 OK 按钮关闭该对话框。

（29）从主菜单中选择 Main Menu > Preprocessor > Meshing > Size Cntrls > ManualSize > Lines > Picked Lines 命令，打开 Element Size on Picked Lines 对话框，单击 Pick All 按钮，在 SIZE Element edge length 后面的文本框中输入 0.001，其余选项采用系统默认设置，单击 OK 按钮关闭该对话框。

（30）选择实用菜单中的 Utility Menu > Select > Everything 命令。

（31）从主菜单中选择 Main Menu > Preprocessor > Meshing > Mesh > Areas > Free 命令，打开 Mesh Areas 对话框，单击 Pick All 按钮，打开 Remesh Entities 对话框，如图 24-65 所示。使 Do you want to remesh them？项保持 No 状态，单击 OK 按钮关闭该对话框。

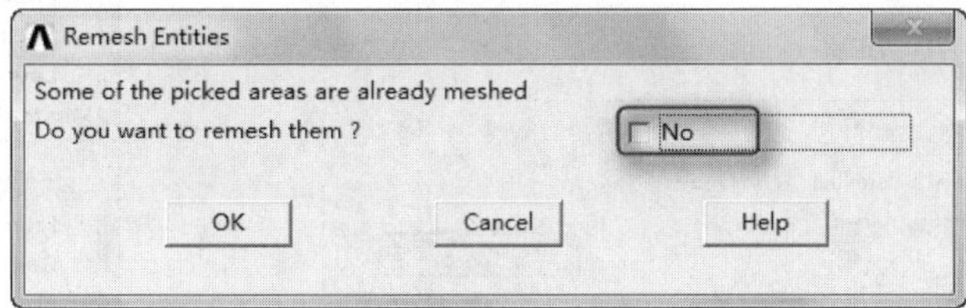

图 24-65　Remesh Entities 对话框

（32）ANSYS 窗口将显示网格模型，如图 24-66 所示。

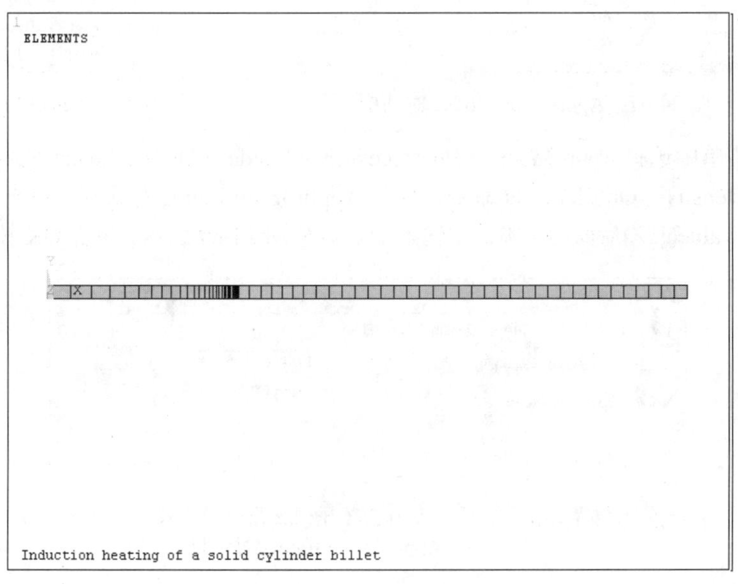

图 24-66　生成的网格模型

Note

（33）选择实用菜单中的 Utility Menu > Select > Entities 命令，打开 Select Entities 对话框。在第一个下拉列表框中选择 Nodes，在第二个下拉列表框中选择 By Location，选中 X coordinates 单选按钮，在文本框中输入 0，选中 From Full 单选按钮，单击 OK 按钮关闭该对话框。

（34）从主菜单中选择 Main Menu > Preprocessor > Loads > Define Loads > Apply > Magnetic > Boundary > VectorPot > On Nodes 命令，打开 Apply A on Nodes 对话框，单击 Pick All 按钮，在 Lab DOFs to be constrained 后面的列表框中选择 AZ，在 VALUE Vector poten(A)value 后面的文本框中输入 0，如图 24-67 所示。单击 OK 按钮关闭该对话框。

（35）选择实用菜单中的 Utility Menu > Select > Everything 命令。

（36）选择实用菜单中的 Utility Menu > Select > Entities 命令，打开 Select Entities 对话框，如图 24-68 所示。在第一个下拉列表框中选择 Elements，在第二个下拉列表框中选择 By Attributes，选中 Material num 单选按钮，在文本框中输入 3，选中 From Full 单选按钮，单击 OK 按钮关闭该对话框。

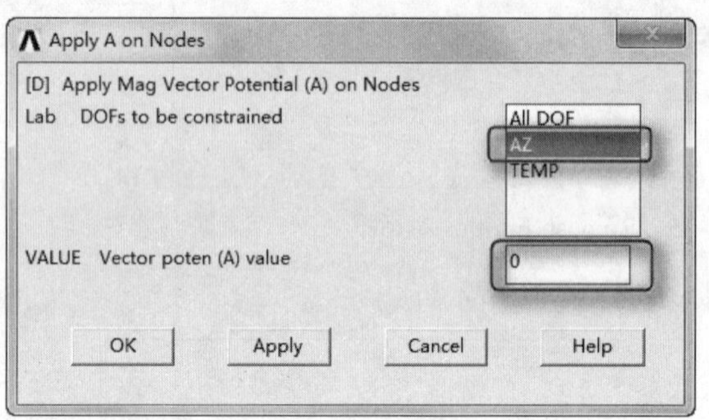

图 24-67 Apply A on Nodes 对话框

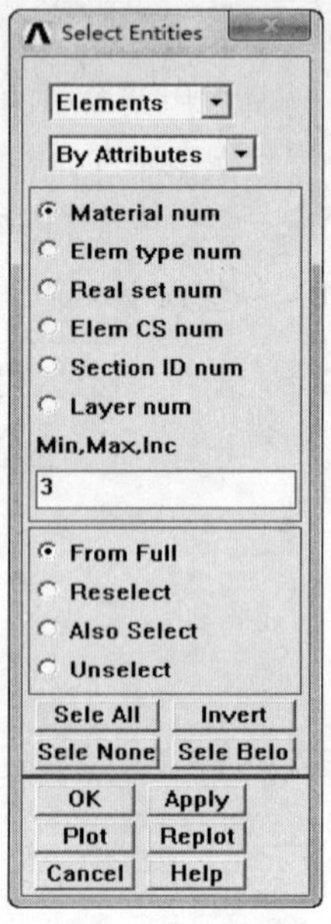

图 24-68 Select Entities 对话框

（37）从主菜单中选择 Main Menu > Preprocessor > Loads > Define Loads > Apply > Magnetic > Excitation > Curr Density > On Elements 命令，打开 Apply JS on Elems 对话框，单击 Pick All 按钮，在 VAL3 Curr density value(JSZ)后面的文本框中输入 15e6，如图 24-69 所示。单击 OK 按钮关闭该对话框。

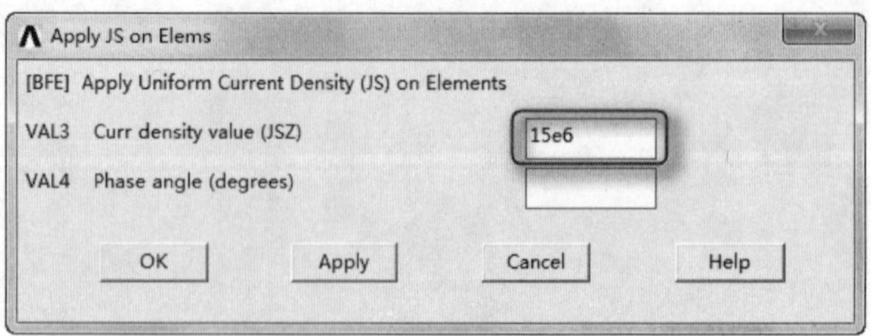

图 24-69 Apply JS on Elems 对话框

（38）选择实用菜单中的 Utility Menu > Select > Everything 命令。

Note

6. 建立热模型，划分网格及设置边界条件

（1）从主菜单中选择 Main Menu > Preprocessor > Modeling > Copy > Areas 命令，打开 Copy Areas 对话框，在文本框中输入 1，单击 OK 按钮，如图 24-70 所示。在 ITIME Number of copies 后面的文本框中输入 2，在 NOELEM Items to be copied 后面的下拉列表框中选择 Areas only，单击 OK 按钮关闭该对话框。

（2）从主菜单中选择 Main Menu > Preprocessor > Meshing > Mesh Attributes > Picked Areas 命令，打开 Area Attributes 对话框，在文本框中输入 5，单击 OK 按钮，在 MAT Material number 后面的下拉列表框中选择 2，在 TYPE Element type number 后面的下拉列表框中选择 3 PLANE55，其余选项采用系统默认设置，单击 OK 按钮关闭该对话框。

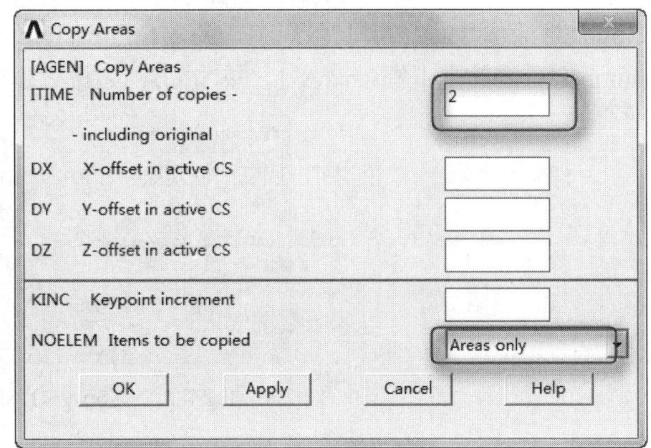

图 24-70 Copy Areas 对话框

（3）选择实用菜单中的 Utility Menu > Select > Entities 命令，打开 Select Entities 对话框。在第一个下拉列表框中选择 Keypoints，在第二个下拉列表框中选择 By Location，选中 X coordinates 单选按钮，在文本框中输入 row，选中 From Full 单选按钮，单击 OK 按钮关闭该对话框。

（4）从主菜单中选择 Main Menu > Preprocessor > Meshing > Size Cntrls > ManualSize > Keypoints > Picked KPs 命令，打开 Elem Size at Picked Keypoints 对话框，单击 Pick All 按钮，在 SIZE Element edge length 后面的文本框中输入 skind/2，单击 OK 按钮关闭该对话框。

（5）选择实用菜单中的 Utility Menu > Select > Entities 命令，打开 Select Entities 对话框。在第一个下拉列表框中选择 Keypoints，在第二个下拉列表框中选择 By Location，选中 X coordinates 单选按钮，在文本框中输入 0，选中 From Full 单选按钮，单击 OK 按钮关闭该对话框。

（6）从主菜单中选择 Main Menu > Preprocessor > Meshing > Size Cntrls > ManualSize > Keypoints > Picked KPs 命令，打开 Element Size at Picked Keypoints 对话框，单击 Pick All 按钮，在 SIZE Element edge length 后面的文本框中输入 40*skind，单击 OK 按钮关闭该对话框。

（7）选择实用菜单中的 Utility Menu > Select > Entities 命令，打开 Select Entities 对话框。在第一个下拉列表框中选择 Lines，在第二个下拉列表框中选择 By Location，选中 Y coordinates 单选按钮，在文本框中输入 t/2，选中 From Full 单选按钮，单击 OK 按钮关闭该对话框。

（8）从主菜单中选择 Main Menu > Preprocessor > Meshing > Size Cntrls > ManualSize > Lines > Picked Lines 命令，打开 Element Size on Picked Lines 对话框，单击 Pick All 按钮，在 NDIV No. of element divisions 后面的文本框中输入 1，单击 OK 按钮关闭该对话框。

（9）选择实用菜单中的 Utility Menu > Select > Everything 命令。

（10）从主菜单中选择 Main Menu > Preprocessor > Meshing > Mesh > Areas > Mapped > 3 or 4 sided 命令，打开 Mesh Areas 对话框，在文本框中输入 5，单击 OK 按钮关闭该对话框。

注意： 单击 OK 按钮后弹出 Warning 对话框，单击 Close 按钮将其关闭即可。

（11）选择实用菜单中的 Utility Menu > Select > Entities 命令，打开 Select Entities 对话框。在第一个下拉列表框中选择 Areas，在第二个下拉列表框中选择 By Num/Pick，选中 From Full 单选按钮。

（12）单击 OK 按钮打开 Select areas 对话框，在文本框中输入 5，单击 OK 按钮关闭该对话框。

（13）选择实用菜单中的 Utility Menu > Select > Everything Below > Selected Areas 命令。

（14）选择实用菜单中的 Utility Menu > Select > Entities 命令，打开 Select Entities 对话框。在第一个下拉列表框中选择 Nodes，在第二个下拉列表框中选择 By Location，选中 X coordinates 单选按钮，在文本框中输入 row，选中 Reselect 单选按钮，单击 OK 按钮关闭该对话框。

Note

（15）从主菜单中选择 Main Menu > Preprocessor > Loads > Define Loads > Apply > Thermal > Radiation > On Nodes 命令，打开 Apply RDSF on Nodes 对话框，单击 Pick All 按钮打开 Apply RDSF on Nodes 对话框，如图 24-71 所示。在 VALUE Emissivity 后面的文本框中输入 0.68，在 VALUE2 Enclosure number 后面的文本框中输入 1，单击 OK 按钮关闭该对话框。

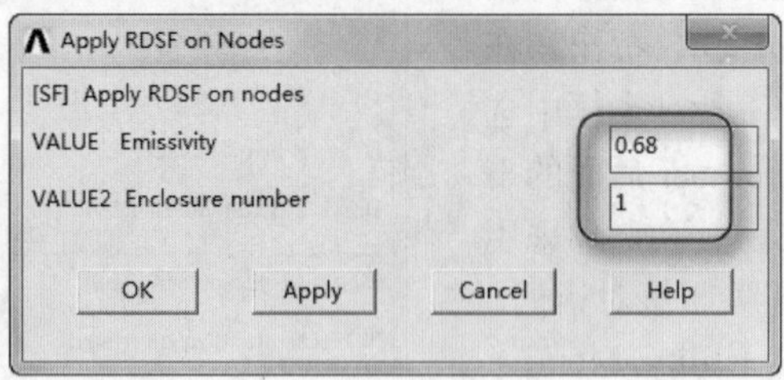

图 24-71 Apply RDSF on Nodes 对话框

（16）选择实用菜单中的 Utility Menu > Select > Everything 命令。

（17）从主菜单中选择 Main Menu > Preprocessor > Radiation Opts > Solution Opt 命令，打开 Radiation Solution Options 对话框，如图 24-72 所示。在[STEF] Stefan-Boltzmann Const.后面的文本框中输入 5.67e-008，在 Convergence tolerance 后面的文本框中输入 0.01，在[SPCTEMP/SPCNOD] Space option 后面的下拉列表框中选择 Temperature 选项，在 Value 后面的文本框中输入 25，其余选项采用系统默认设置，单击 OK 按钮关闭该对话框。

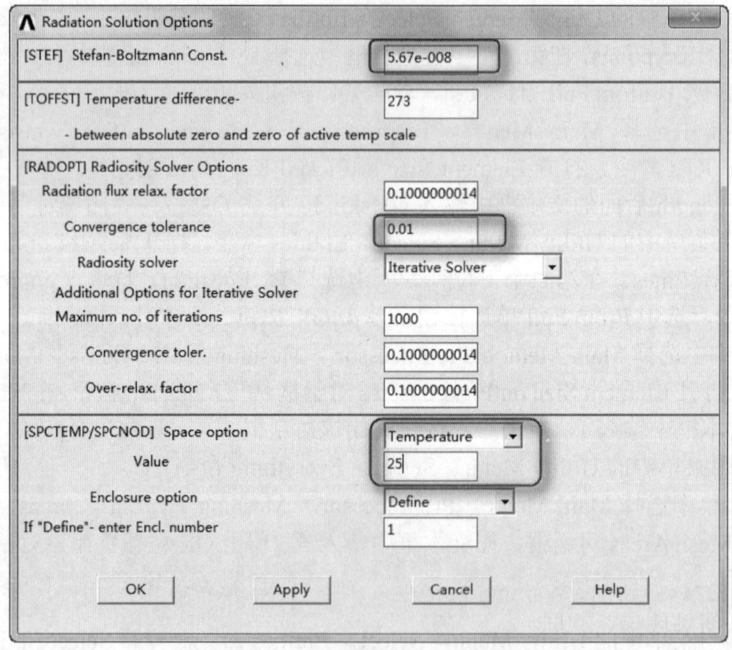

图 24-72 Radiation Solution Options 对话框

（18）从主菜单中选择 Main Menu > Preprocessor > Radiation Opts > View Factor 命令，打开 View

Note

Factor Options 对话框，如图 24-73 所示。在 Type of geometry 后面的下拉列表框中选择 Axisymmetric 选项，其余选项采用系统默认设置，单击 OK 按钮关闭该对话框。

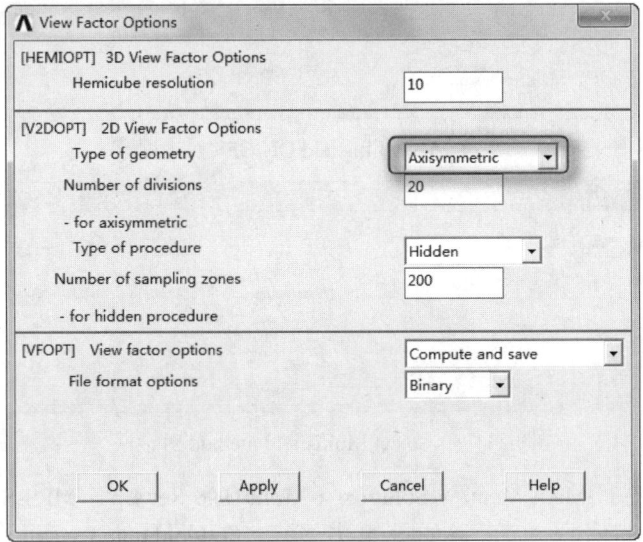

图 24-73 View Factor Options 对话框

（19）选择实用菜单中的 Utility Menu > Select > Entities 命令，打开 Select Entities 对话框。在第一个下拉列表框中选择 Elements，在第二个下拉列表框中选择 By Attributes，选中 Material num 单选按钮，在文本框中输入 2，选中 From Full 单选按钮，单击 OK 按钮关闭该对话框。

（20）从主菜单中选择 Main Menu > Preprocessor > Loads > Define Loads > Apply > Field Volume Intr > On Elements 命令，打开 Apply FVIN on Elements 对话框，单击 Pick All 按钮，打开 Apply FVIN on Elements 对话框，如图 24-74 所示。在 VAL1 Interface number 后面的文本框中输入 1，单击 OK 按钮关闭该对话框

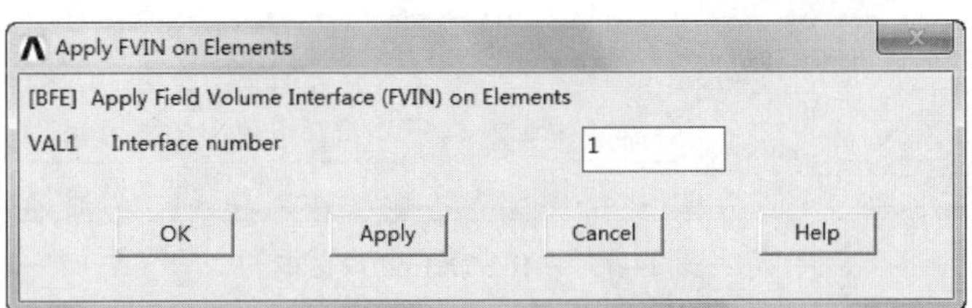

图 24-74 设置节点 FVIN 对话框

（21）选择实用菜单中的 Utility Menu > Select > Everything 命令。

24.2.2 求解

（1）从主菜单中选择 Main Menu > Solution > Multi-field Set Up > Select method 命令，打开 Multi-field ON/OFF 对话框，如图 24-75 所示。在[MFAN] MFS/MFX Activation key 后面选中 ON 单选按钮，单击 OK 按钮关闭该对话框。

（2）单击 OK 按钮打开 Select Multi-field method 对话框，如图 24-76 所示，在 Select MF method 后面选中 MFS-Single Code 单选按钮，单击 OK 按钮关闭该对话框。

Note

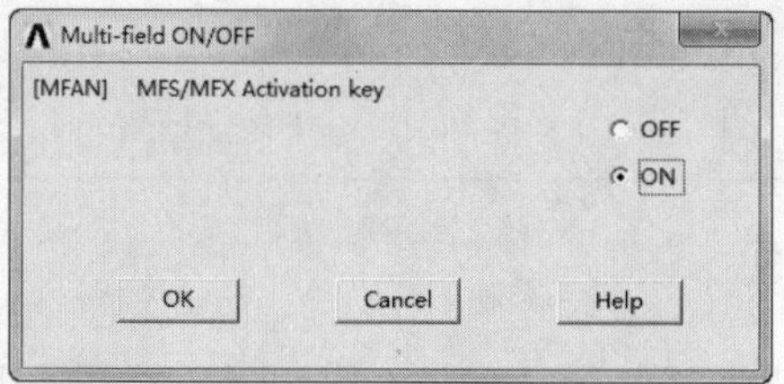

图 24-75 Multi-field ON/OFF 对话框

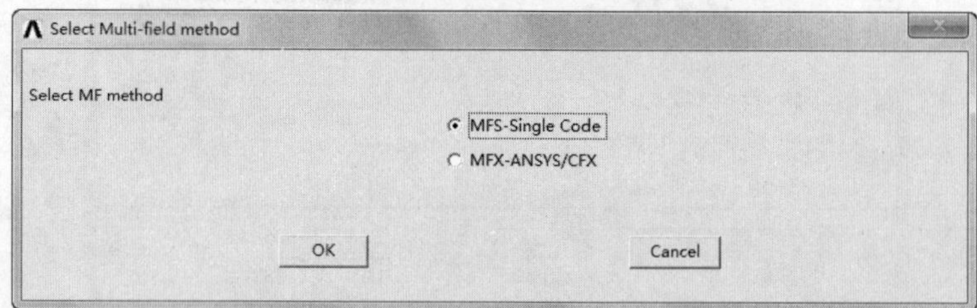

图 24-76 Select Multi-field method 对话框

（3）从主菜单中选择 Main Menu > Solution > Multi-field Set Up > MFS-Single Code > Define > Define 命令，打开 MFS Define 对话框，如图 24-77 所示。在 Field number 后面的文本框中输入 1，在 Element type 后面的列表框中选择 1 PLANE53 和 2 PLANE53，单击 OK 按钮关闭该对话框。

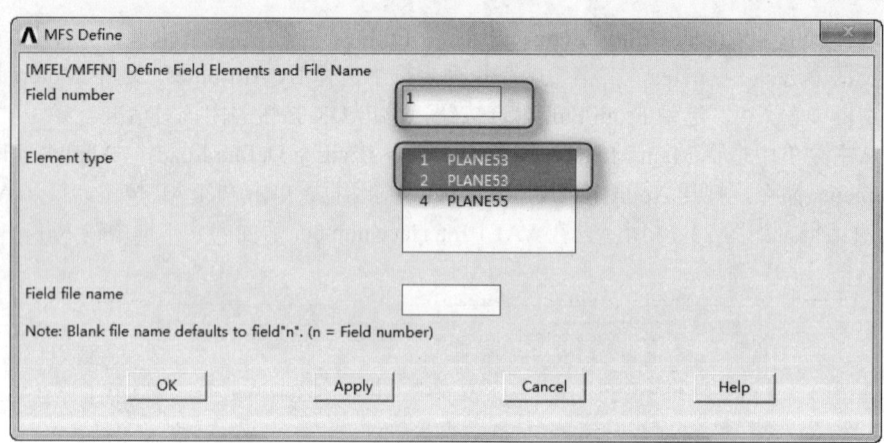

图 24-77 MFS Define 对话框

（4）从主菜单中选择 Main Menu > Solution > Multi-field Set Up > MFS-Single Code > Define > Define 命令，打开 MFS Define 对话框。在 Field number 后面的文本框中输入 2，在 Element type 后面的列表框中选择 3 PLANE55，单击 OK 按钮关闭该对话框。

（5）从主菜单中选择 Main Menu > Solution > Multi-field Set Up > MFS-Single Code > Setup > Order 命令，打开 MFS Solution Order Options 对话框，如图 24-78 所示。在第一个下拉列表框中选择 1，在第二个下拉列表框中选择 2，单击 OK 按钮关闭该对话框。

（6）从主菜单中选择 Main Menu > Solution > Multi-field Set Up > MFS-Single Code > Time Ctrl 命令，打开 MFS Time Control 对话框，如图 24-79 所示。在[MFTI] MFS End time 后面的文本框中输入 ftime，在 Initial Time step 后面的文本框中输入 tinc，在 Minimum Time step 后面的文本框中输入 tinc，在 Maximum Time step 后面的文本框中输入 tinc，其余选项采用系统默认设置，单击 OK 按钮关闭该对话框。

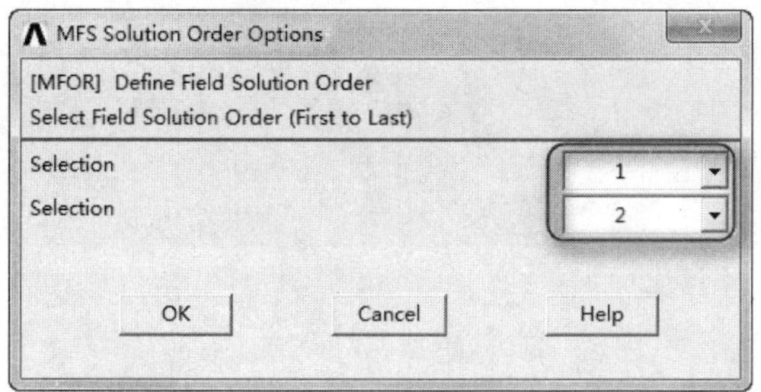

图 24-78 MFS Solution Order Options 对话框

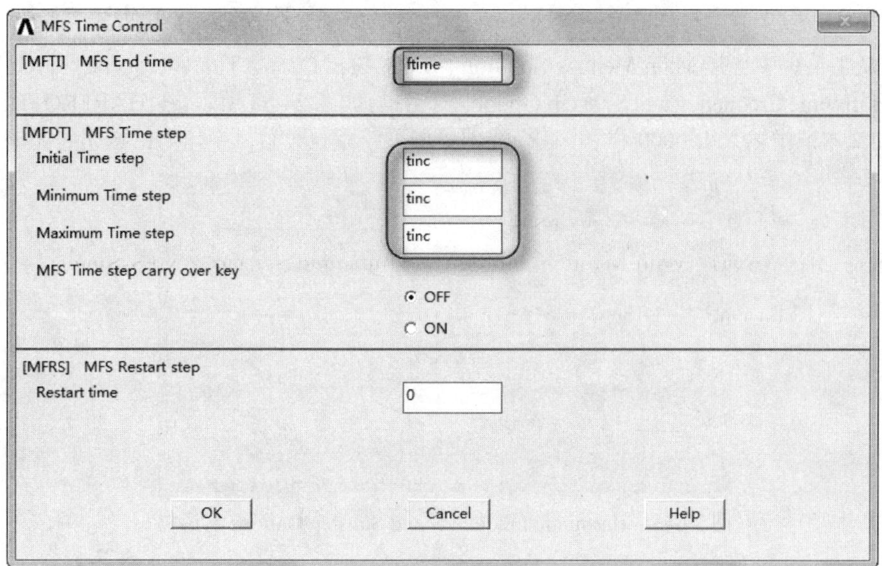

图 24-79 MFS Time Control 对话框

（7）从主菜单中选择 Main Menu > Solution > Multi-field Set Up > MFS-Single Code > Stagger > Convergence 命令，打开 MFS Convergence Options 对话框，在[MFCO] Convergence items 后面的列表框中选择 ALL，如图 24-80 所示。

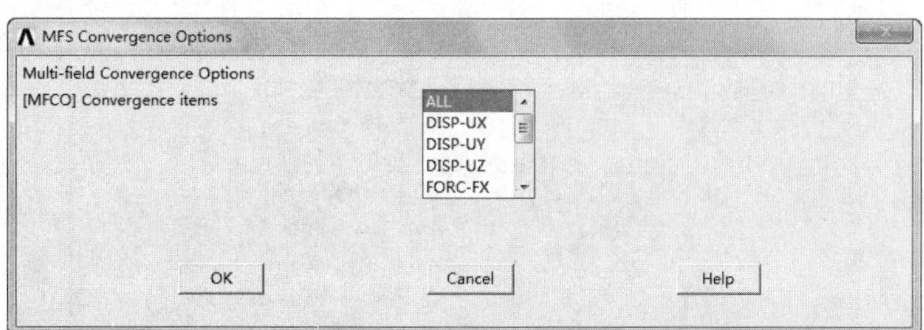

图 24-80 MFS Convergence Options 对话框

（8）单击 OK 按钮打开 Set Convergence values 对话框，如图 24-81 所示。在 Convergence values for ALL items 后面的文本框中输入 1e-3，单击 OK 按钮关闭该对话框。

（9）从主菜单中选择 Main Menu > Solution > Analysis Type > New Analysis 命令，打开 New Analysis 对话框，如图 24-82 所示。在[ANTYPE] Type of analysis 后面选中 Harmonic 单选按钮，单击 OK 按钮关闭该对话框。

Note

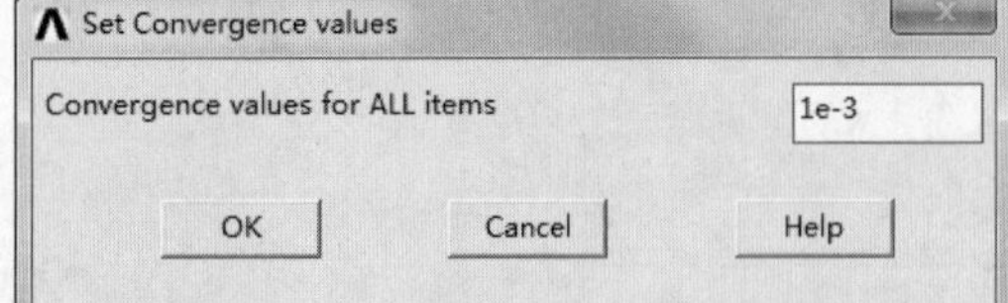

图 24-81 Set Convergence values 对话框

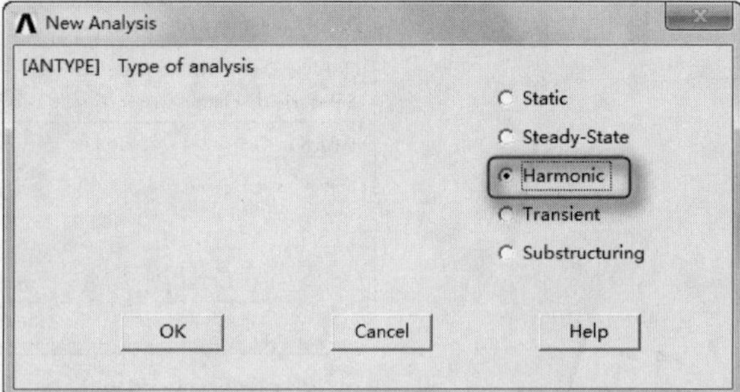

图 24-82 New Analysis 对话框

（10）从主菜单中选择 Main Menu > Solution > Load Step Opts > Time/Frequenc > Freq and Substps 命令，打开 Harmonic Frequency and Substep Options 对话框，如图 24-83 所示。在[HARFRQ] Harmonic freq range 后面的文本框中输入 150000 和 0，其余选项采用系统默认设置，单击 OK 按钮关闭该对话框。

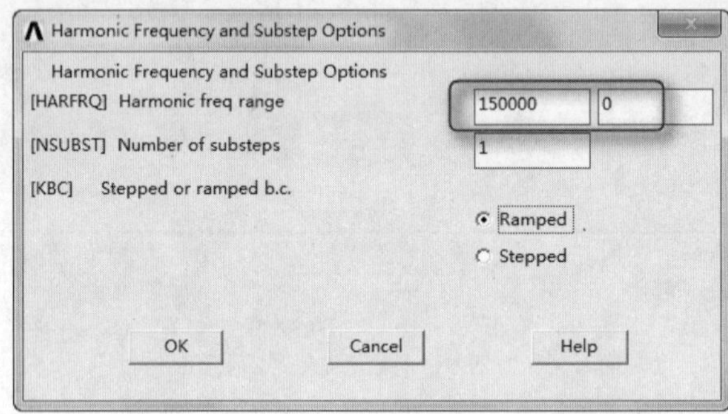

图 24-83 Harmonic Frequency and Substep Options 对话框

（11）从主菜单中选择 Main Menu > Solution > Load Step Opts > Output Ctrls > DB/Results File 命令，打开 Controls for Database and Results File Writing 对话框，如图 24-84 所示。在 Item Item to be controlled 后面的下拉列表框中选择 All items，在 Cname Component name 后面的下拉列表框中选择 All entities，其余选项采用系统默认设置，单击 OK 按钮关闭该对话框。

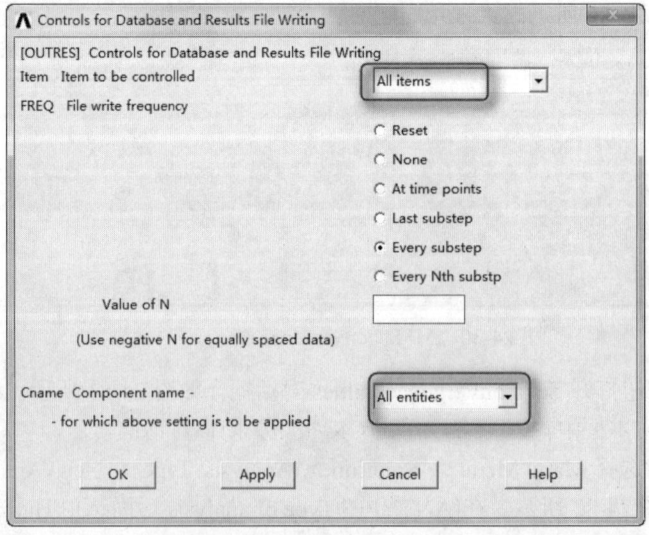

图 24-84 Controls for Database and Results File Writing 对话框

（12）从主菜单中选择 Main Menu > Solution > Define Loads > Settings > Uniform Temp 命令，打开 Uniform Temperature 对话框，如图 24-85 所示。在[TUNIF] Uniform temperature 后面的文本框中输入 100，单击 OK 按钮关闭该对话框。

（13）从主菜单中选择 Main Menu > Solution > Multi-field Set Up > MFS-Single Code > Capture 命令，打开 MFS Solution option capture 对话框，如图 24-86 所示。在 Field number 后面的下拉列表框中选择 1，单击 OK 按钮关闭该对话框。

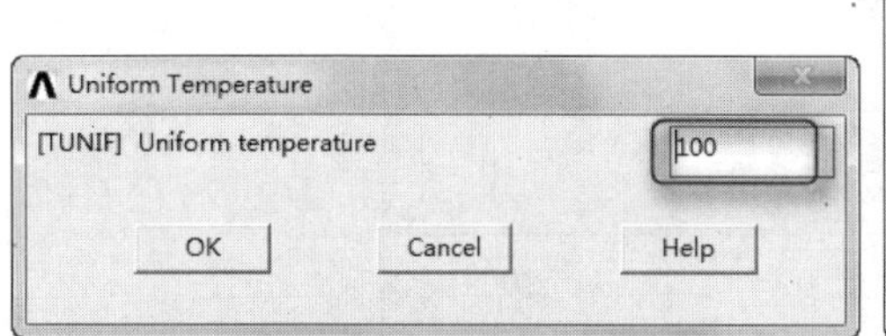

图 24-85　Uniform Temperature 对话框

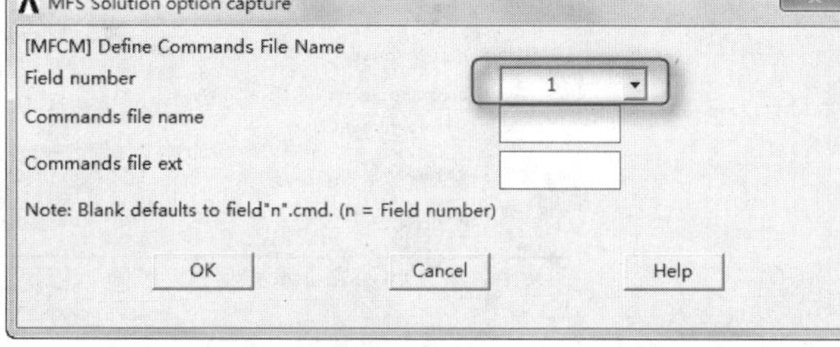

图 24-86　MFS Solution option capture 对话框

（14）从主菜单中选择 Main Menu > Solution > Multi-field Set Up > MFS-Single Code > Clear 命令，打开 MFS Clear 对话框，如图 24-87 所示。在 Clear Options 后面的下拉列表框中选择 SOLU，单击 OK 按钮关闭该对话框。

（15）从主菜单中选择 Main Menu > Solution > Analysis Type > New Analysis 命令，打开 New Analysis 对话框，在[ANTYPE] Type of analysis 后面选中 Transient 单选按钮。

（16）单击 OK 按钮打开 Transient Analysis 对话框，如图 24-88 所示。采用系统默认设置，单击 OK 按钮关闭该对话框。

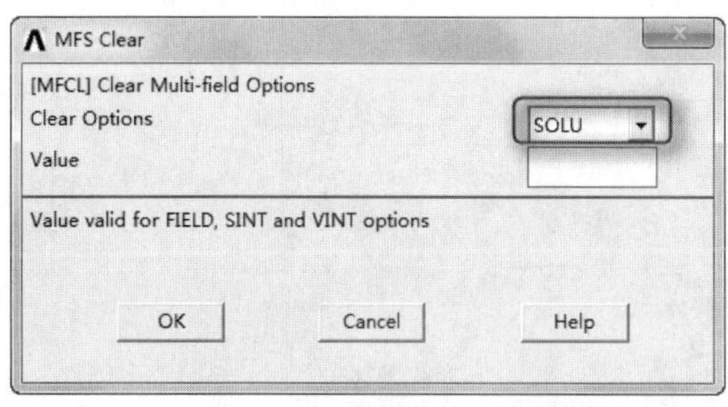

图 24-87　MFS Clear 对话框

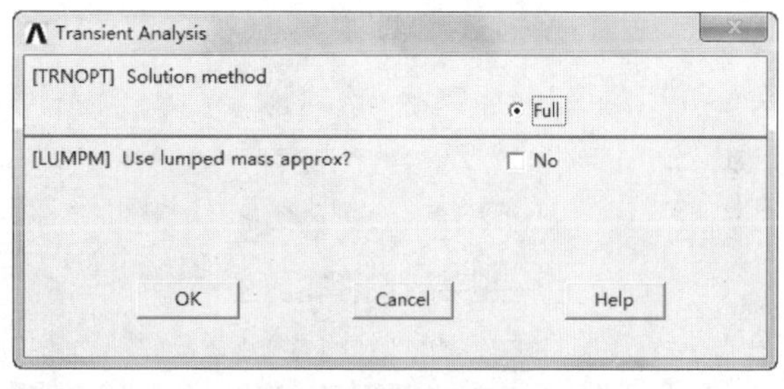

图 24-88　Transient Analysis 对话框

（17）从主菜单中选择 Main Menu > Solution > Radiation Opts > Solution Opt 命令，打开 Radiation Solution Options 对话框，如图 24-89 所示。在[TOFFST] Temperature difference 后面的文本框中输入 273，其余选项采用系统默认设置，单击 OK 按钮关闭该对话框。

（18）从主菜单中选择 Main Menu > Solution > Define Loads > Settings > Uniform Temp 命令，打开 Uniform Temperature 对话框，在[TUNIF] Uniform temperature 后面的文本框中输入 100，单击 OK 按钮关闭该对话框。

（19）从主菜单中选择 Main Menu > Solution > Load Step Opts > Time/Frequenc > Time - Time Step 命令，打开 Time and Time Step Options 对话框，如图 24-90 所示。在[DELTIM] Time step size 后面的文本框中输入 0.01，在[KBC] Stepped or ramped b.c.后面选中 Stepped 单选按钮，在[AUTOTS] Automatic time stepping 后面选中 ON 单选按钮，在[DELTIM] Minimum time step size 后面的文本框中输入 0.005，在 Maximum time step size 后面的文本框中输入 0.01，使 Use previous step size？项保持

Yes 状态，单击 OK 按钮关闭该对话框。

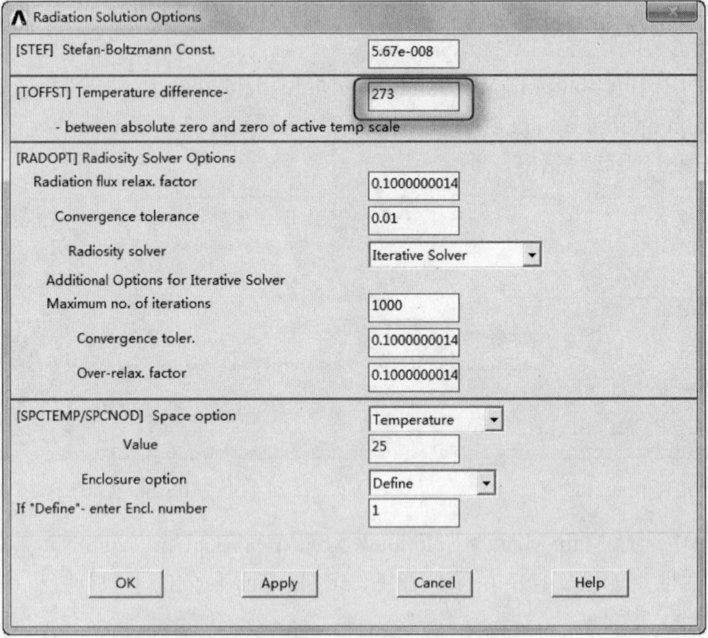

图 24-89 Radiation Solution Options 对话框

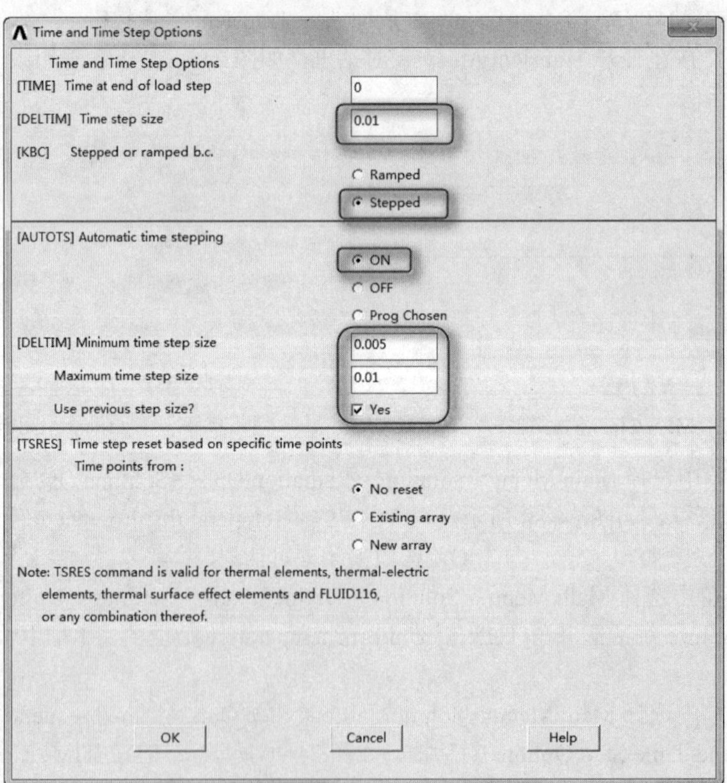

图 24-90 Time and Time Step Options 设置对话框

（20）从主菜单中选择 Main Menu > Solution > Multi-field Set Up > MFS-Single Code > Capture 命

令，打开 MFS Solution option capture 对话框，在 Field number 后面的下拉列表框中选择 2，单击 OK 按钮关闭该对话框。

（21）从主菜单中选择 Main Menu > Solution > Multi-field Set Up > MFS-Single Code > Interface > Volume 命令，打开 MFS Volume Transfer options 对话框，如图 24-91 所示。在 Transfer variable Label 后面的下拉列表框中选择 HGEN，在 From Field number 后面的下拉列表框中选择 1，在 To Field number 后面的下拉列表框中选择 2，在 Across interface number 后面的下拉列表框中选择 1，单击 OK 按钮关闭该对话框。

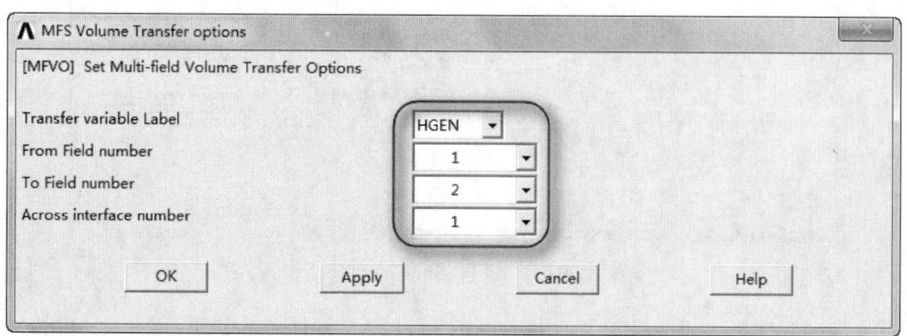

图 24-91　MFS Volume Transfer options 对话框

（22）从主菜单中选择 Main Menu > Solution > Multi-field Set Up > MFS-Single Code > Interface > Volume 命令，打开 MFS Volume Transfer options 对话框。在 Transfer variable Label 后面的下拉列表框中选择 TEMP，在 From Field number 后面的下拉列表框中选择 2，在 To Field number 后面的下拉列表框中选择 1，在 Across interface number 后面的下拉列表框中选择 1，单击 OK 按钮关闭该对话框。

（23）从主菜单中选择 Main Menu > Solution > Solve > Current LS 命令，打开/STATUS Command 和 Solve Current Load Step 对话框，关闭/STATUS Command 对话框，单击 Solve Current Load Step 对话框中的 OK 按钮，ANSYS 开始求解。

注意：求解期间会弹出两次 Verify 对话框，单击 Yes 按钮继续求解即可。

（24）求解结束后，弹出 Note 对话框，单击 OK 按钮关闭该对话框。

24.2.3　后处理

（1）从主菜单中选择 Main Menu > TimeHist Postpro 命令，打开 Select Results File 对话框，在工作目录下找到 field2.rth 文件，单击“打开”按钮关闭该对话框，然后打开 Result File Mismatch 对话框，单击“是（Y）”按钮关闭该对话框。

注意：如弹出 Time History Variables-field1.rst 对话框，则关闭它。

（2）选择实用菜单中的 Utility Menu > Select > Entities 命令，打开 Select Entities 对话框。在第一个下拉列表框中选择 Elements，在第二个下拉列表框中选择 By Attributes，选中 Elem type num 单选按钮，在文本框中输入 4，选中 From Full 单选按钮，单击 OK 按钮关闭该对话框。

（3）选择实用菜单中的 Utility Menu > Select > Entities 命令，打开 Select Entities 对话框。在第一个下拉列表框中选择 Nodes，在第二个下拉列表框中选择 Attached to，选中 Elements 和 From Full 单选按钮。

（4）选择实用菜单中的 Utility Menu > Select > Entities 命令，打开 Select Entities 对话框。在第一个下拉列表框中选择 Nodes，在第二个下拉列表框中选择 By Location，选中 X coordinates 单选按钮，在文本框中输入 row，选中 Reselect 单选按钮，单击 OK 按钮关闭该对话框。

Note

（5）选择实用菜单中的 Utility Menu > Select > Entities 命令，打开 Select Entities 对话框。在第一个下拉列表框中选择 Nodes，在第二个下拉列表框中选择 By Location，选中 Y coordinates 单选按钮，在文本框中输入 0，选中 Reselect 单选按钮，单击 OK 按钮关闭该对话框。

（6）选择实用菜单中的 Utility Menu > Parameters > Get Scalar Data 命令，打开 Get Scalar Data 对话框，在 Type of data to be retrieved 列表框中选择 Results data 和 Nodal results 选项，如图 24-92 所示。

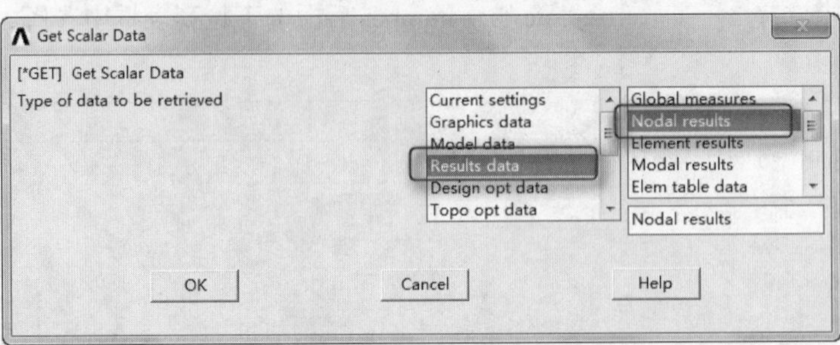

图 24-92 Get Scalar Data 对话框

（7）单击 OK 按钮打开 Get Nodal Results Data 对话框，如图 24-93 所示。在 Name of parameter to be defined 后面的文本框中输入 nor，在 Results data to be retrieved 后面的文本框中输入 num,min，单击 OK 按钮关闭该对话框。

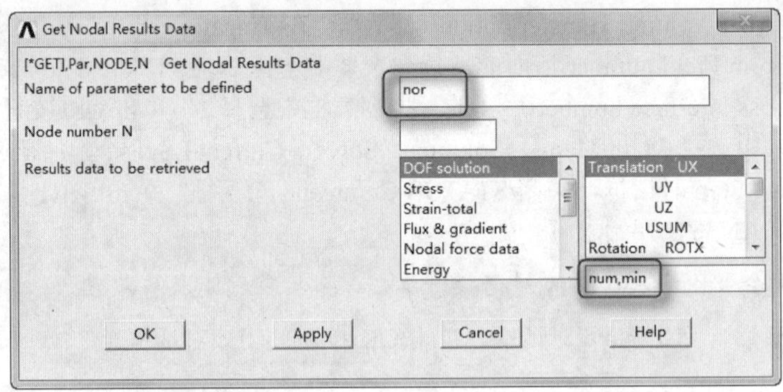

图 24-93 Get Nodal Results Data 对话框

（8）选择实用菜单中的 Utility Menu > Select > Entities 命令，打开 Select Entities 对话框。在第一个下拉列表框中选择 Nodes，在第二个下拉列表框中选择 Attached to，选中 Elements 和 From Full 单选按钮，单击 OK 按钮关闭该对话框。

（9）选择实用菜单中的 Utility Menu > Select > Entities 命令，打开 Select Entities 对话框。在第一个下拉列表框中选择 Nodes，在第二个下拉列表框中选择 By Location，选中 X coordinates 单选按钮，在文本框中输入 0，选中 Reselect 单选按钮，单击 OK 按钮关闭该对话框。

（10）选择实用菜单中的 Utility Menu > Select > Entities 命令，打开 Select Entities 对话框。在第一个下拉列表框中选择 Nodes，在第二个下拉列表框中选择 By Location，选中 Y coordinates 单选按钮，在文本框中输入 0，选中 Reselect 单选按钮，单击 OK 按钮关闭该对话框。

（11）选择实用菜单中的 Utility Menu > Parameters > Get Scalar Data 命令，打开 Get Scalar Data 对话框，在 Type of data to be retrieved 后面的下拉列表框中选择 Results data 和 Nodal results 选项。

（12）单击 OK 按钮打开 Get Nodal Results Data 对话框，在 Name of parameter to be defined 后面的文本框中输入 nir，在 Results data to be retrieved 后面的文本框中输入 num,min，单击 OK 按钮关闭

该对话框。

（13）选择实用菜单中的 Utility Menu > Select > Everything 命令。

（14）选择 ANSYS Main Menu > TimeHist Postpro > Define Variables 命令，打开 Defined Time-History Variables 对话框，如图 24-94 所示。

（15）单击 Add 按钮打开 Add Time-History Variable 对话框，在 Type of variable 下面选中 Nodal DOF result 单选按钮，如图 24-95 所示。

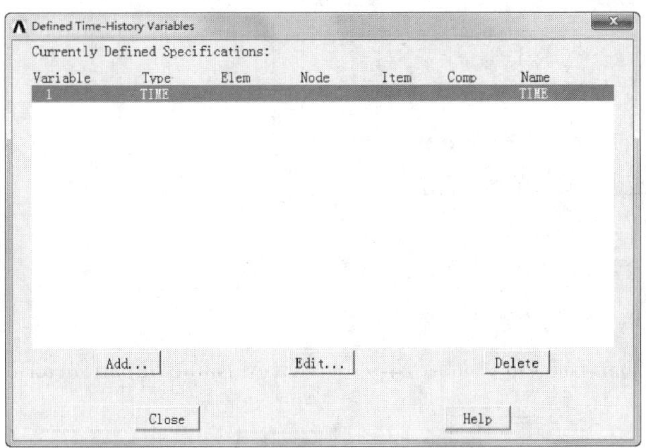

图 24-94　Defined Time-History Variables 对话框

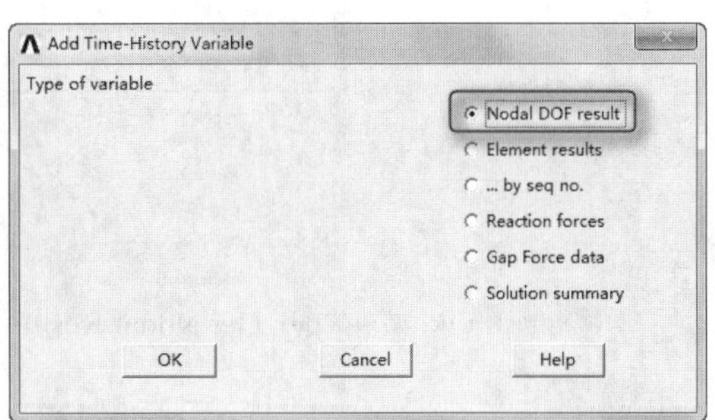

图 24-95　Add Time-History Variables 对话框

（16）单击 OK 按钮打开 Define Nodal Data 对话框，在文本框中输入 nor（或 360），单击 OK 按钮，在 Name User-specified label 后面的文本框中输入 outer，其余选项采用系统默认设置，如图 24-96 所示。单击 OK 按钮关闭该对话框。

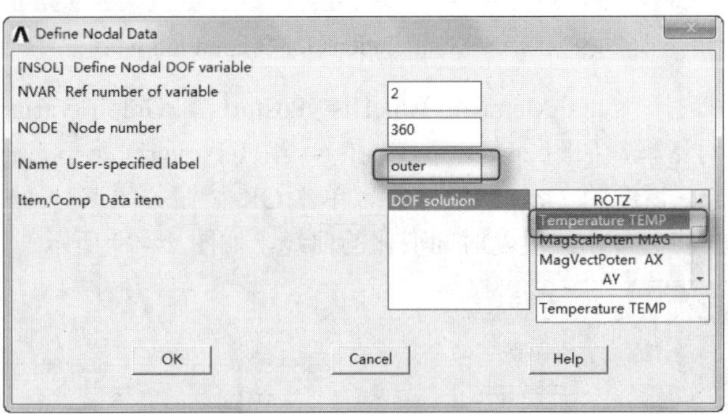

图 24-96　Define Nodal Data 对话框

（17）在 Defined Time-History Variables 对话框中单击 Add 按钮，打开 Add Time-History Variable 对话框，在 Type of variable 后面选中 Nodal DOF result 单选按钮。

（18）单击 OK 按钮打开 Define Nodal Data 对话框，在文本框中输入 nir（或 359），单击 OK 按钮。在 Name User-specified label 后面的文本框中输入 inner，其余选项采用系统默认设置，单击 OK 按钮关闭该对话框。

（19）单击 Close 按钮关闭 Defined Time-History Variables 对话框。

（20）选择实用菜单中的 Utility Menu > PlotCtrls > Style > Graphs > Modify Axes 命令，打开 Axes Modifications for Graph Plots 对话框，如图 24-97 所示。在[/AXLAB] Y-axis label 后面的文本框中输入 Temperature，其余选项采用系统默认设置，单击 OK 按钮关闭该对话框。

Note

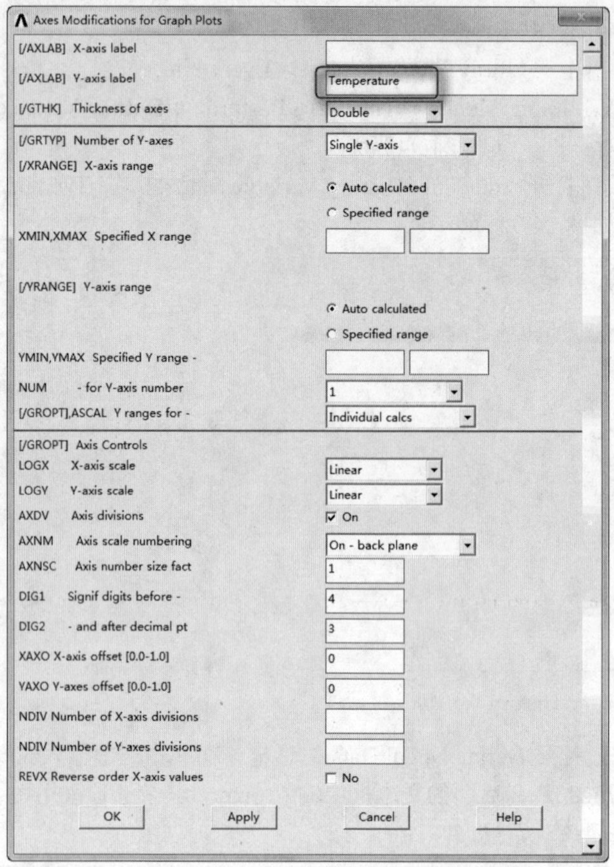

图 24-97　Axes Modifications for Graph Plots 对话框

（21）从主菜单中选择 Main Menu > TimeHist Postpro > Graph Variables 命令，打开 Graph Time-History Variables 对话框，如图 24-98 所示。在 NVAR1 1st variable to graph 后面的文本框中输入 2，在 NAVR2 2nd variable 后面的文本框中输入 3，单击 OK 按钮关闭该对话框。

（22）ANSYS 窗口将会显示温度随时间变化的曲线，如图 24-99 所示。

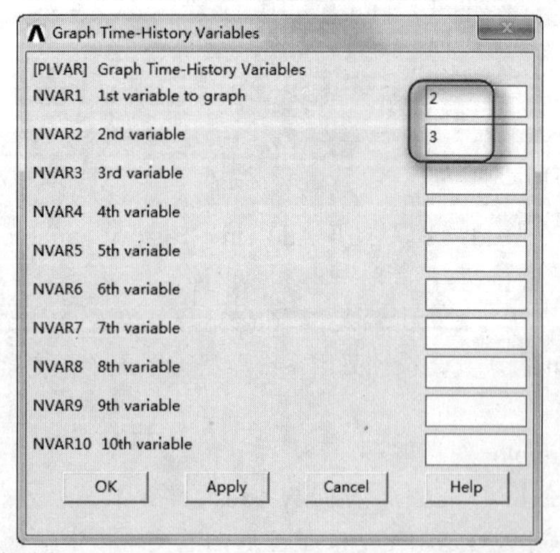

图 24-98　Graph Time-History Variables 对话框

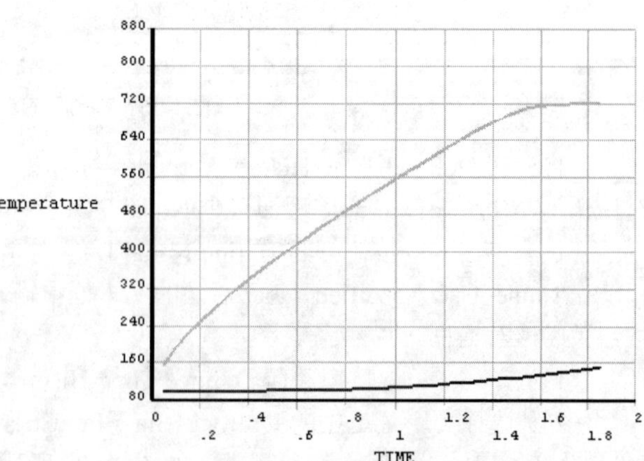

图 24-99　温度随时间变化的曲线

（23）从主菜单中选择 Main Menu > Finish 命令。

（24）从主菜单中选择 Main Menu > General Postproc > Data & File Opts 命令，打开 Data and File Options 对话框，如图 24-100 所示。在工作目录下找到 field2.rth 文件，单击 OK 按钮关闭该对话框。

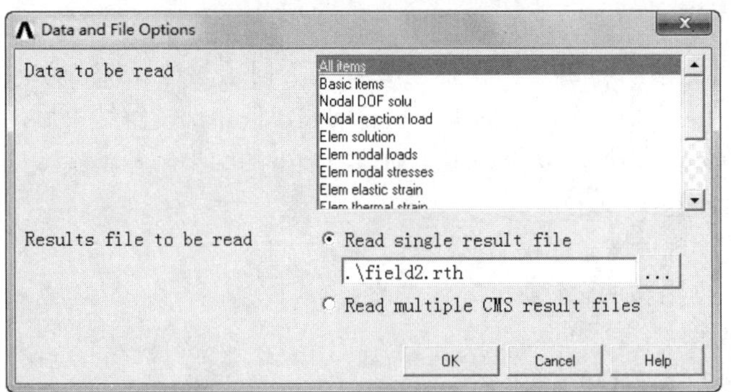

图 24-100　Data and File Options 对话框

（25）从主菜单中选择 Main Menu > General Postproc > Read Results > Last Set 命令。

（26）选择实用菜单中的 Utility Menu > Select > Entities 命令，打开 Select Entities 对话框。在第一个下拉列表框中选择 Elements，在第二个下拉列表框中选择 By Attributes，选中 Elem type num 单选按钮，在文本框中输入 4，选中 From Full 单选按钮，单击 OK 按钮关闭该对话框。

（27）选择实用菜单中的 Utility Menu > Plot > Results > Contour Plot > Nodal Solution 命令，打开 Contour Nodal Solution Date 对话框。在 Item to be contoured 列表框中选择 Nodal Solution > Nodal Temperature 选项，单击 OK 按钮关闭该对话框，ANSYS 窗口将显示温度场分布等值线图，如图 24-101 所示。

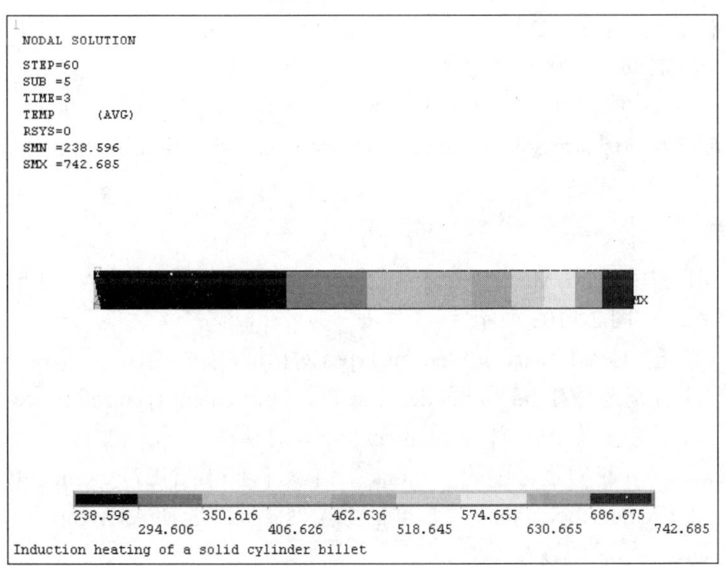

图 24-101　温度场分布等值线图

24.2.4　命令流方式

命令流方式这里不再详细介绍，读者可参见随书光盘中的电子文档。

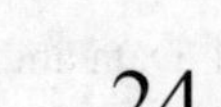

24.3 使用物理环境方法求解热-应力问题实例

Note

本节使用物理环境方法求解 24.2 节中描述的热-应力问题。对于非常简单的问题，物理环境方法无法体现其优越性，因为它是一个简单的单向耦合问题，但全部求解结束后，可以使用 PHYSICS 命令在不同物理环境之间迅速切换，以得到不同物理环境下的结果。基本步骤如下。

（1）定义热分析问题。

（2）写入热分析物理环境文件。

（3）清除热分析边界条件及选项。

（4）定义结构问题。

（5）写入结构分析物理环境文件。

（6）读入热分析物理环境文件。

（7）热分析求解并进行后处理。

（8）读入结构分析物理环境文件。

（9）从热分析结果文件中读入温度。

（10）结构问题求解并进行后处理。

24.3.1 前处理（热分析）

1．定义工作文件名和工作标题

（1）选择实用菜单中的 Utility Menu > File > Change Jobname 命令，打开 Change Jobname 对话框，在[/FILNAM] Enter new jobname 文本框中输入工作文件名 Thermal_stress，使 NEW log and error files 保持 Yes 状态，单击 OK 按钮关闭对话框。

（2）选择实用菜单中的 Utility Menu > File > Change Title 命令，打开 Change Title 对话框，在对话框中输入工作标题 Thermal stress in concentric cylinders - physics environment method，单击 OK 按钮关闭该对话框。

2．定义单元类型

（1）从主菜单中选择 Main Menu > Preprocessor > Element Type > Add/Edit/Delete 命令，打开 Element Types 对话框，如图 24-102 所示。

（2）单击 Add 按钮，打开 Library of Element Types 对话框，如图 24-103 所示。在 Library of Element Types 后面的列表框中分别选择 Solid 和 8node 77 选项，在 Element type reference number 后面的文本框中输入 1，单击 OK 按钮关闭 Library of Element Types 对话框。

（3）单击 Element Types 对话框中的 Options 按钮，打开 PLANE77 element type options 对话框，如图 24-104 所示。在 Element behavior K3 后面的下拉列表框中选择 Axisymmetric，其余选项采用系统默认设置，单击 OK 按钮关闭该对话框。

（4）单击 Close 按钮关闭 Element Types 对话框。

3．定义材料性能参数

（1）从主菜单中选择 Main Menu > Preprocessor > Material Props > Material Models 命令，打开 Define Material Model Behavior 窗口。

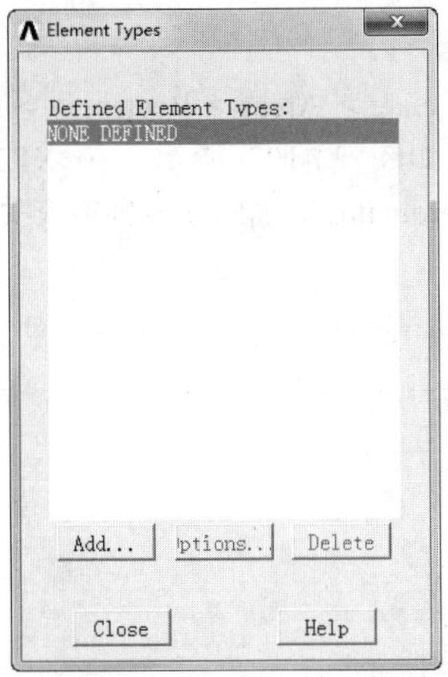

图 24-102 Element Types 对话框

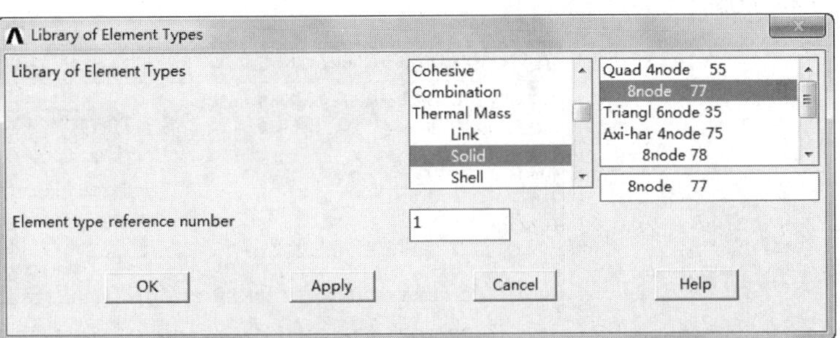

图 24-103 Library of Element Types 对话框

（2）在 Material Models Available 列表框中依次选择 Thermal > Conductivity > Isotropic 选项，打开 Conductivity for Material Number 1 对话框，如图 24-105 所示。在 KXX 后面的文本框中输入 2.2，单击 OK 按钮关闭该对话框。

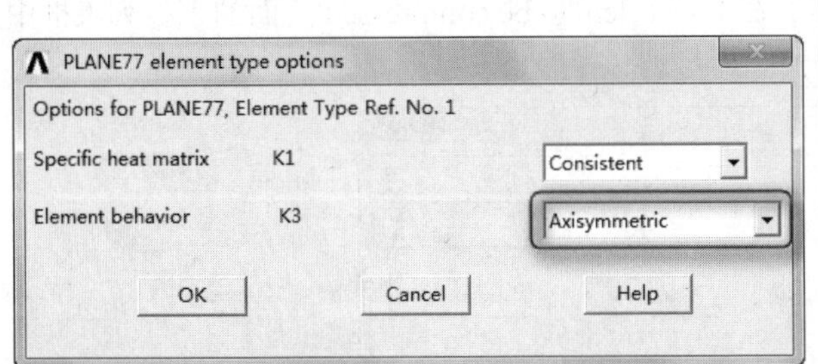

图 24-104 PLANE77 element type options 对话框

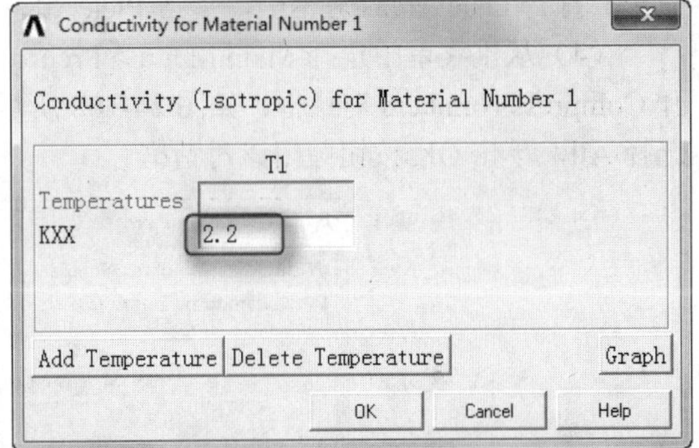

图 24-105 Conductivity for Material Number 1 对话框

（3）在 Define Material Model Behavior 窗口中，选择 Material > New Model 命令，打开 Define Material ID 对话框，如图 24-106 所示。在 Define Material ID 后面的文本框中输入 2，单击 OK 按钮关闭该对话框。

图 24-106 Define Material ID 对话框

（4）在 Material Models Available 列表框中依次选择 Thermal > Conductivity > Isotropic 选项，打开 Conductivity for Material Number 1 对话框，在 KXX 后面的文本框中输入 10.8，单击 OK 按钮关闭该对话框。

（5）在 Define Material Model Behavior 窗口中选择 Material > Exit 命令，关闭该窗口。

Note

4．建立几何模型

（1）从主菜单中选择 Main Menu > Preprocessor > Modeling > Create > Areas > Rectangle > By Dimensions 命令，打开 Create Rectangle by Dimensions 对话框，如图 24-107 所示。在 X1,X2 X-coordinates 后面的文本框中依次输入 0.1875 和 0.4，在 Y1,Y2 Y-coordinates 后面的文本框中依次输入 0 和 0.05。

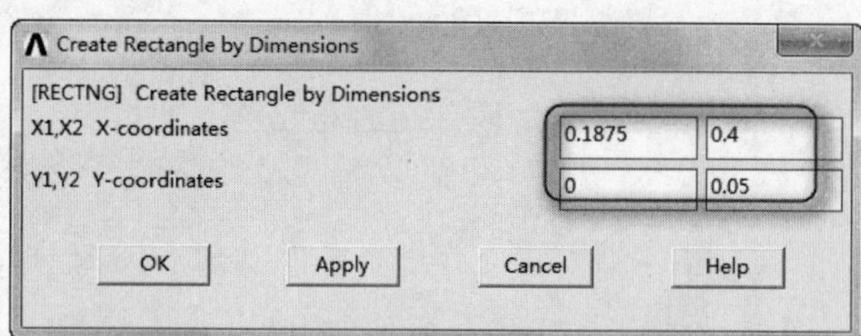

图 24-107　Create Rectangle by Dimensions 对话框

（2）单击 Apply 按钮会再次打开 Create Rectangle by Dimensions 对话框，在 X1,X2 X-coordinates 后面的文本框中依次输入 0.4 和 0.6，在 Y1,Y2 Y-coordinates 后面的文本框中依次输入 0 和 0.05，单击 OK 按钮关闭该对话框。

（3）从主菜单中选择 Main Menu > Preprocessor > Modeling > Operate > Booleans > Glue > Areas 命令，打开 Glue Areas 对话框，单击 Pick All 按钮关闭该对话框。

（4）从主菜单中选择 Main Menu > Preprocessor > Numbering Ctrls > Compress Numbers 命令，打开 Compress Numbers 对话框，如图 24-108 所示。在 Label Item to be compressed 后面的下拉列表框中选择 All，单击 OK 按钮关闭该对话框。

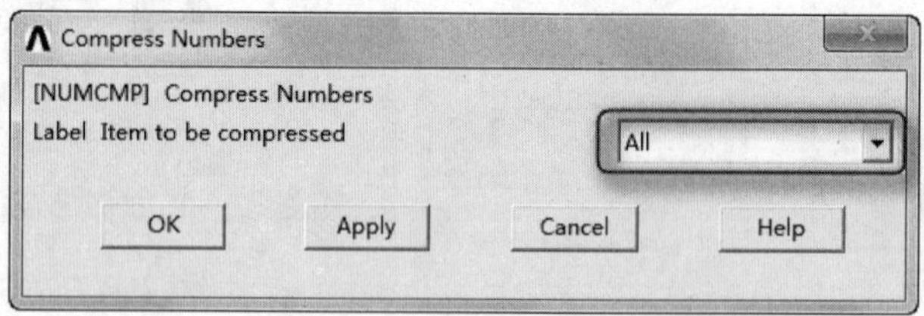

图 24-108　Compress Numbers 对话框

（5）选择实用菜单中的 Utility Menu > PlotCtrls > Style > Colors > Reverse Video 命令，ANSYS 窗口将变成白色，生成的几何模型如图 24-109 所示。

5．划分网格

（1）选择实用菜单中的 Utility Menu > Select > Entities 命令，打开 Select Entities 对话框，如图 24-110 所示。在第一个下拉列表框中选择 Areas，在第二个下拉列表框中选择 By Num/Pick，选中 From Full 单选按钮，单击 OK 按钮打开 Select areas 对话框，在文本框中输入 1，单击 OK 按钮关闭该对话框。

（2）从主菜单中选择 Main Menu > Preprocessor > Meshing > Mesh Attributes > Picked Areas 命令，打开 Areas Attributes 对话框，单击 Pick All 按钮，在 MAT Material number 后面的下拉列表框中选择 1，在 TYPE Element type number 下拉列表框中选择 1 PLANE77，如图 24-111 所示。单击 OK 按钮关闭该对话框。

（3）选择实用菜单中的 Utility Menu > Select > Entities 命令，打开 Select Entities 对话框。在第一个下拉列表框中选择 Areas，在第二个下拉列表框中选择 By Num/Pick，选中 From Full 单选按钮，单击 OK 按钮打开 Select areas 对话框，在文本框中输入 2，单击 OK 按钮关闭该对话框。

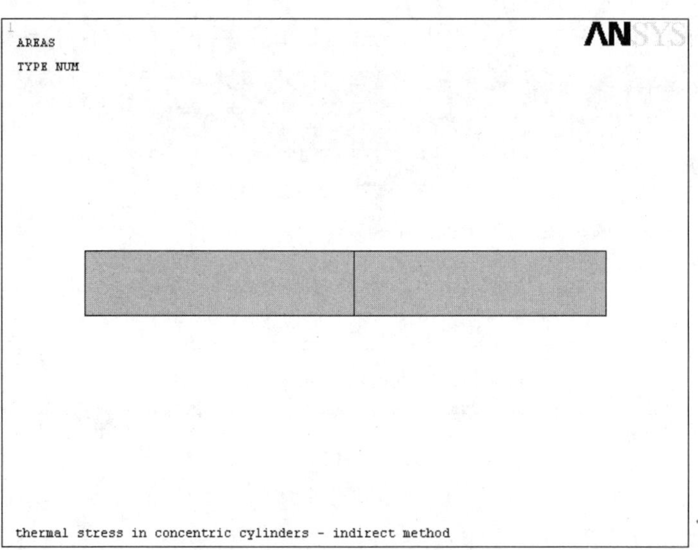

图 24-109 生成的几何模型

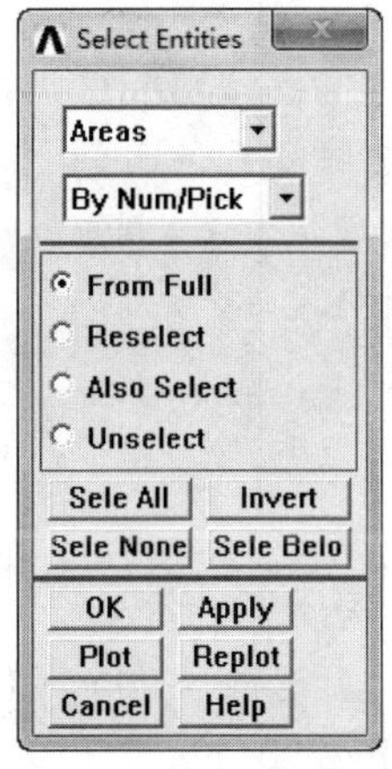

图 24-110 Select Entities 对话框

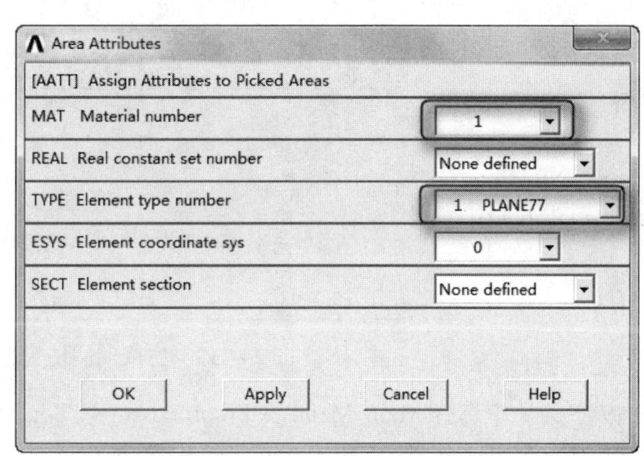

图 24-111 Areas Attributes 对话框

（4）从主菜单中选择 Main Menu > Preprocessor > Meshing > Mesh Attributes > Picked Areas 命令，打开 Areas Attributes 对话框，单击 Pick All 按钮，在 MAT Material number 后面的下拉列表框中选择 2，在 TYPE Element type number 后面的下拉列表框中选择 1 PLANE77，单击 OK 按钮关闭该对话框。

（5）选择实用菜单中的 Utility Menu > Select > Everything 命令。

（6）从主菜单中选择 Main Menu > Preprocessor > Meshing > Size Cntrls > ManualSize > Global > Size 命令，打开 Global Element Sizes 对话框，如图 24-112 所示。在 SIZE Element edge length 后面的文本框中输入 0.05，其余选项采用系统默认设置，单击 OK 按钮关闭该对话框。

（7）从主菜单中选择 Main Menu > Preprocessor > Meshing > Mesh > Areas > Free 命令，打开 Mesh Areas 对话框，单击 Pick All 按钮关闭该对话框。

（8）ANSYS 窗口将显示生成的网格模型，如图 24-113 所示。

6．设置边界条件

（1）选择实用菜单中的 Utility Menu > Select > Entities 命令，打开 Select Entities 对话框。在第一个下拉列表框中选择 Nodes，在第二个下拉列表框中选择 By Location，选中 X coordinates 单选按钮，在

Note

Min,Max 下面的文本框中输入 0.1875，选中 From Full 单选按钮，单击 OK 按钮关闭该对话框。

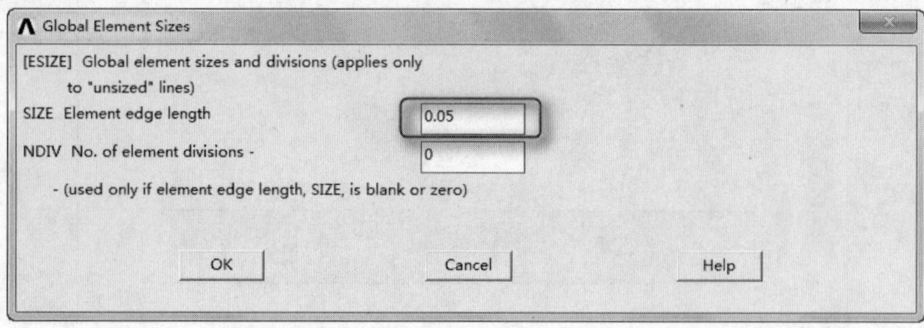

图 24-112　Global Element Sizes 对话框

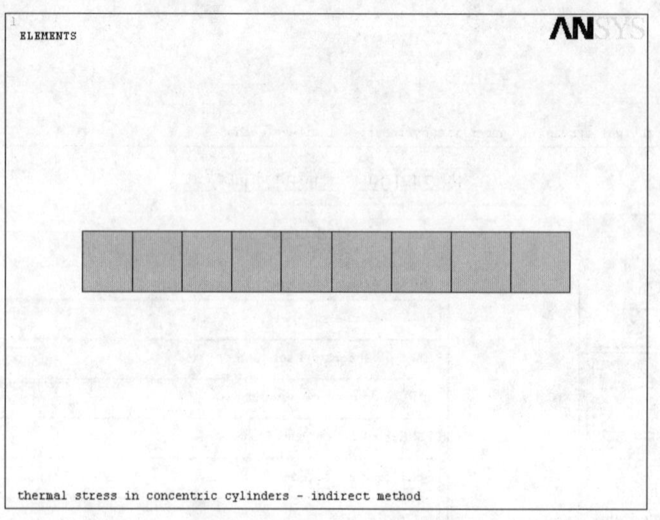

图 24-113　生成的网格模型

（2）从主菜单中选择 Main Menu > Preprocessor > Loads > Define Loads > Apply > Thermal > Temperature > On Nodes 命令，打开 Apply TEMP on Nodes 对话框，单击 Pick All 按钮，在 Lab2 DOFs to be constrained 后面的列表框中选择 TEMP 选项，在 VALUE Load TEMP value 后面的文本框中输入 200，单击 OK 按钮关闭该对话框。

（3）选择实用菜单中的 Utility Menu > Select > Entities 命令，打开 Select Entities 对话框。在第一个下拉列表框中选择 Nodes，在第二个下拉列表框中选择 By Location，选中 X coordinates 单选按钮，在 Min,Max 下面的文本框中输入 0.6，选中 From Full 单选按钮，单击 OK 按钮关闭该对话框。

（4）从主菜单中选择 Main Menu > Preprocessor > Loads > Define Loads > Apply > Thermal > Temperature > On Nodes 命令，打开 Apply TEMP on Nodes 对话框，单击 Pick All 按钮，在 Lab2 DOFs to be constrained 后面的列表框中选择 TEMP，在 VALUE Load TEMP value 后面的文本框中输入 70，单击 OK 按钮关闭该对话框。

（5）选择实用菜单中的 Utility Menu > Select > Everything 命令。

7．设置物理文件

（1）从主菜单中选择 Main Menu > Preprocessor > Physics > Environment > Write 命令，打开 Physics Write 对话框，如图 24-115 所示。在 Title Physics file title 后面的文本框中输入 thermal，单击 OK 按钮关闭该对话框。

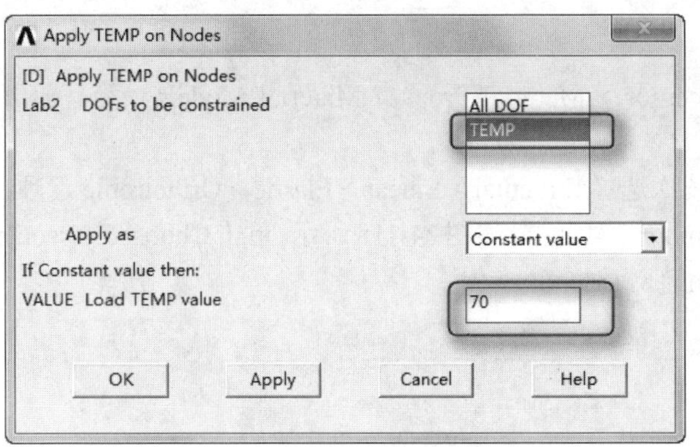

图 24-114 Apply TEMP on Nodes 对话框

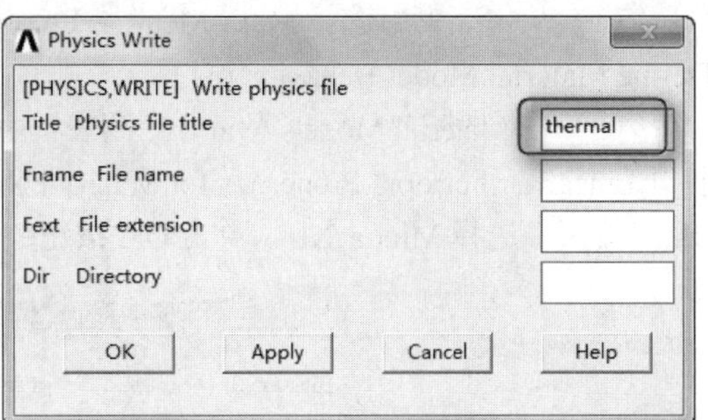

图 24-115 Physics Write 对话框

（2）从主菜单中选择 Main Menu > Solution > Physics > Environment > Clear 命令，打开 Physics Clear 对话框，如图 24-116 所示，单击 OK 按钮关闭该对话框。

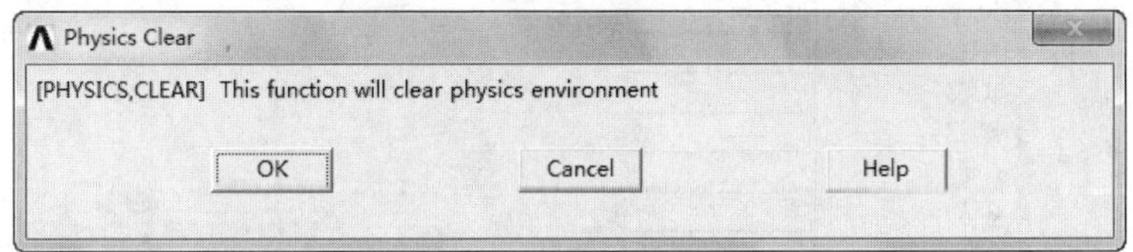

图 24-116 Physics Clear 对话框

24.3.2 前处理（结构分析）

1. 定义单元类型

（1）从主菜单中选择 Main Menu > Preprocessor > Element Type > Add/Edit/Delete 命令，打开 Element Types 对话框。

（2）单击 Add 按钮，打开 Library of Element Types 对话框。在 Library of Element Types 后面的列表框中分别选择 Structual Solid > Quad 8node 183 选项，在 Element type reference number 后面的文本框中输入 1，单击 OK 按钮关闭 Library of Element Types 对话框。

（3）单击 Element Types 对话框中的 Options 按钮，打开 PLANE183 element type options 对话框，如图 24-117 所示。在 Element behavior K3 后面的下拉列表框中选择 Axisymmetric，其余选项采用系统默认设置，单击 OK 按钮关闭该对话框。

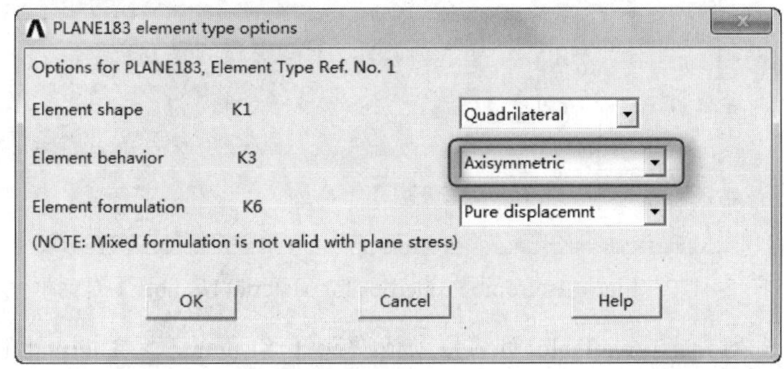

图 24-117 PLANE183 element type options 对话框

（4）单击 Close 按钮关闭 Element Types 对话框。

Note

2．定义材料性能参数

（1）从主菜单中选择 Main Menu > Preprocessor > Material Props > Material Models 命令，打开 Define Material Model Behavior 窗口。

（2）在 Material Models Available 列表框中依次选择 Structual > Linear > Elastic > Orthotropic 选项，打开 Linear Orthotropic Properties for Material Number 1 对话框，如图 24-118 所示。单击 Choose Poisson's Ratio 按钮，选择 Minor_NU，单击 OK 按钮关闭该对话框。

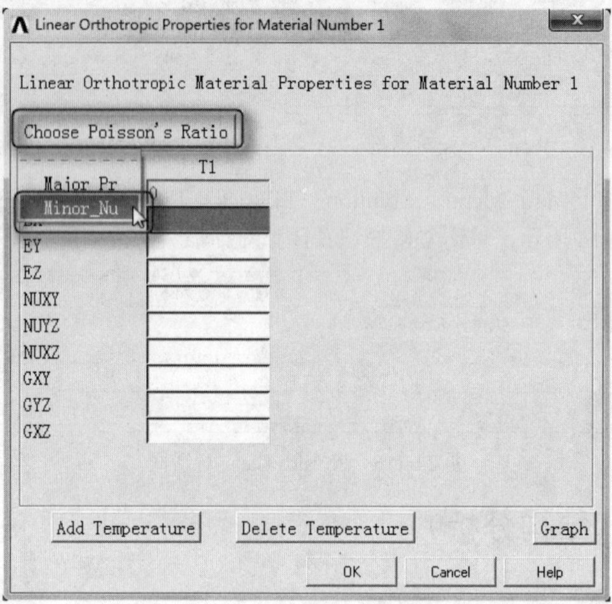

图 24-118　Linear Orthotropic Properties for Material Number 1 对话框

（3）在 Material Models Available 列表框中依次选择 Structual > Linear > Elastic > Isotropic 选项，打开 Linear Isotropic Properties for Material Number 1 对话框，如图 24-119 所示。在 EX 后面的文本框中输入 3E7，在 NUXY 后面的文本框中输入 0.3，单击 OK 按钮关闭该对话框。

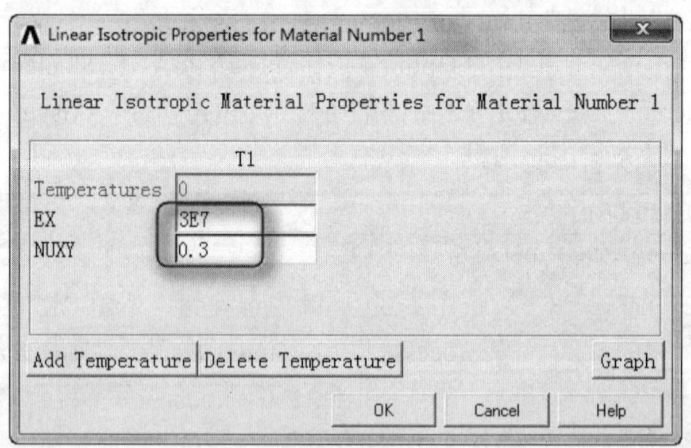

图 24-119　Linear Isotropic Properties for Material Number 1 对话框

（4）在 Material Models Available 列表框中依次选择 Structual > Thermal Expansion > Secant Coefficient > Isotropic 选项，打开 Thermal Expansion Secant Coefficient for Material Number 1 对话框，如图 24-120 所示。在 ALPX 后面的文本框中输入 6.5E-6，单击 OK 按钮关闭该对话框。

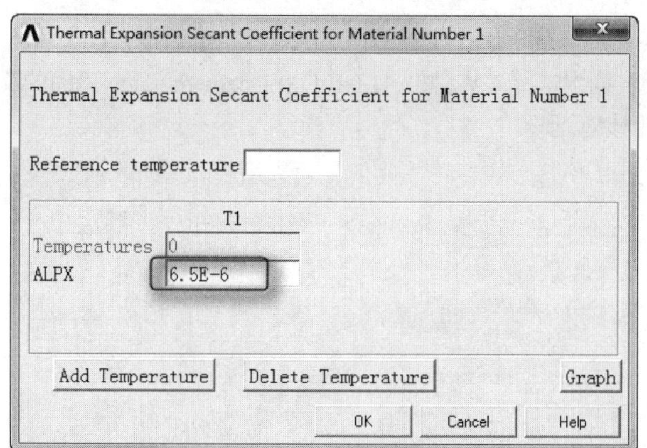

图 24-120 Thermal Expansion Secant Coefficient for Material Number 1 对话框

（5）在 Material Models Available 列表框中依次选择 Structual > Linear > Elastic > Orthotropic 选项，打开 Linear Orthotropic Properties for Material Number 1 对话框。单击 Choose Poisson's Ratio 按钮，选择 Minor_NU 选项，单击 OK 按钮关闭该对话框。

（6）在 Material Models Available 列表框中依次选择 Structual > Linear > Elastic > Isotropic 选项，打开 Linear Isotropic Properties for Material Number 1 对话框。在 EX 后面的文本框中输入 1.06E7，在 NUXY 后面的文本框中输入 0.33，单击 OK 按钮关闭该对话框。

（7）在 Material Models Available 列表框中依次选择 Structual > Thermal Expansion > Secant Coefficient > Isotropic 选项，打开 Thermal Expansion Secant Coefficient for Material Number 1 对话框，在 ALPX 后面的文本框中输入 1.35E-5，单击 OK 按钮关闭该对话框。

（8）在 Define Material Model Behavior 窗口中选择 Material > Exit 命令，关闭该窗口。

3. 设置边界条件

（1）选择实用菜单中的 Utility Menu > Select > Entities 命令，打开 Select Entities 对话框。在第一个下拉列表框中选择 Nodes，在第二个下拉列表框中选择 By Location，选中 Y coordinates 单选按钮，在 Min,Max 下面的文本框中输入 0.05，选中 From Full 单选按钮，单击 OK 按钮关闭该对话框。

（2）从主菜单中选择 Main Menu > Preprocessor > Coupling/Ceqn > Couple DOFs 命令，打开 Define Coupled DOFs 对话框，单击 Pick All 按钮，打开 Define Coupled DOFs 对话框，如图 24-121 所示。在 NSET Set reference number 后面的文本框中输入 1，在 Lab Degree-of-freedom label 后面的下拉列表框中选择 UY，单击 OK 按钮关闭该对话框。

（3）选择实用菜单中的 Utility Menu > Select > Entities 命令，打开 Select Entities 对话框。在第一个下拉列表框中选择 Nodes，在第二个下拉列表框中选择 By Location，选中 X coordinates 单选按钮，在 Min,Max 下面的文本框中输入 0.1875，选中 From Full 单选按钮，单击 OK 按钮关闭该对话框。

（4）从主菜单中选择 Main Menu > Preprocessor > Coupling/Ceqn > Couple DOFs 命令，打开 Define Coupled DOFs 对话框，单击 Pick All 按钮，在 NSET Set reference number 后面的文本框中输入 2，在 Lab Degree-of-freedom label 后面的下拉列表框中选择 UX，单击 OK 按钮关闭该对话框。

（5）选择实用菜单中的 Utility Menu > Select > Entities 命令，打开 Select Entities 对话框。在第一个下拉列表框中选择 Nodes，在第二个下拉列表框中选择 By Location，选中 Y coordinates 单选按钮，在 Min,Max 下面的文本框中输入 0，选中 From Full 单选按钮，单击 OK 按钮关闭该对话框。

（6）从主菜单中选择 Main Menu > Preprocessor > Loads > Define Loads > Apply > Structural >

Displacement > On Nodes 命令，打开 Apply U,ROT on Nodes 对话框，单击 Pick All 按钮，在 Lab2 DOFs to be constrained 后面的列表框中选择 UY，在 VALUE Displacement value 后面的文本框输入 0，如图 24-122 所示。单击 OK 按钮关闭该对话框。

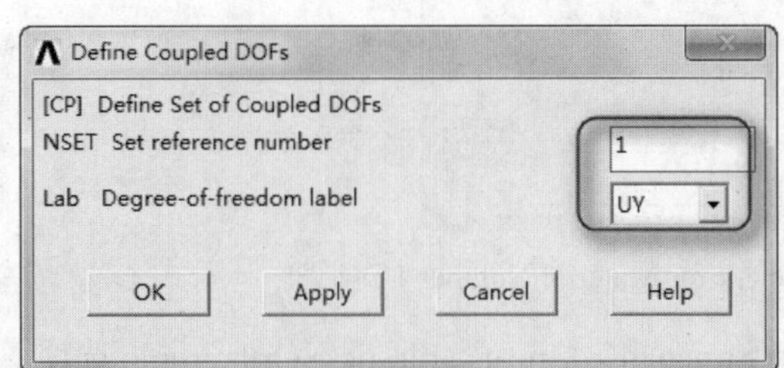

图 24-121 Define Coupled DOFs 对话框

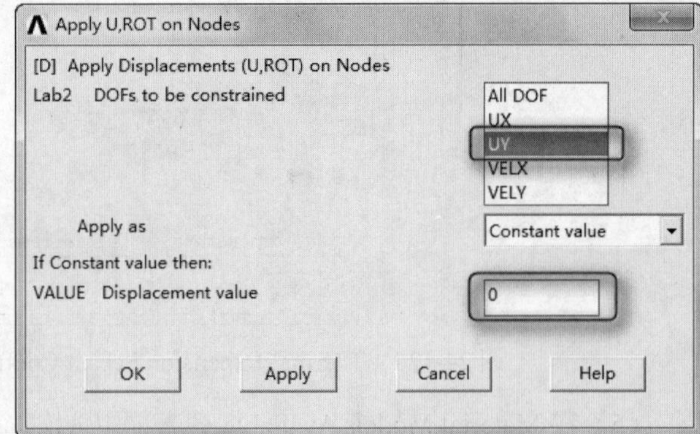

图 24-122 Apply U, ROT on Nodes 对话框

（7）选择实用菜单中的 Utility Menu > Select > Everything 命令。

（8）从主菜单中选择 Main Menu > Preprocessor > Loads > Define Loads > Settings > Reference Temp 命令，打开 Reference Temperature 对话框，如图 24-123 所示。在[TYPE] Reference temperature 后面的文本框中输入 70，单击 OK 按钮关闭该对话框。

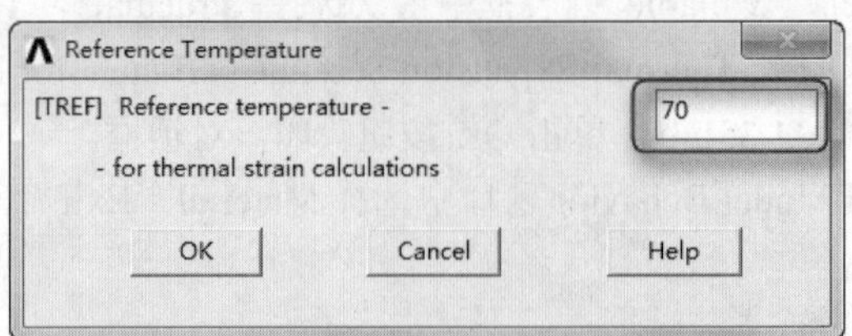

图 24-123 Reference Temperature 对话框

4．设置物理文件

（1）从主菜单中选择 Main Menu > Preprocessor > Physics > Environment > Write 命令，打开 Physics Write 对话框，在 Title Physics file title 后面的文本框中输入 struct，单击 OK 按钮关闭该对话框。

（2）选择实用菜单中的 Utility Menu > File > Save as Jobname.db 命令，保存数据。

24.3.3 求解（热分析）

（1）从主菜单中选择 Main Menu > Preprocessor > Physics > Environment > Read 命令，打开 Physics Read 对话框，如图 24-124 所示。在 Read Physics file with Title 后面的列表框中选择 THERMAL，单击 OK 按钮关闭该对话框。

（2）从主菜单中选择 Main Menu > Solution > Solve > Current LS 命令，打开/STATUS Command 和 Solve Current Load Step 对话框，关闭/STATUS Command 对话框，单击 Solve Current Load Step 对话框中的 OK 按钮，ANSYS 开始求解。

（3）求解结束后，打开 Note 对话框，单击 Close 按钮关闭该对话框。

（4）选择实用菜单中的 Utility Menu > File > Save as 命令，打开 Save DataBase 对话框，如图 24-125 所示。在 Save DataBase to 下面的文本框中输入 thermal.db，单击 OK 按钮关闭该对话框。

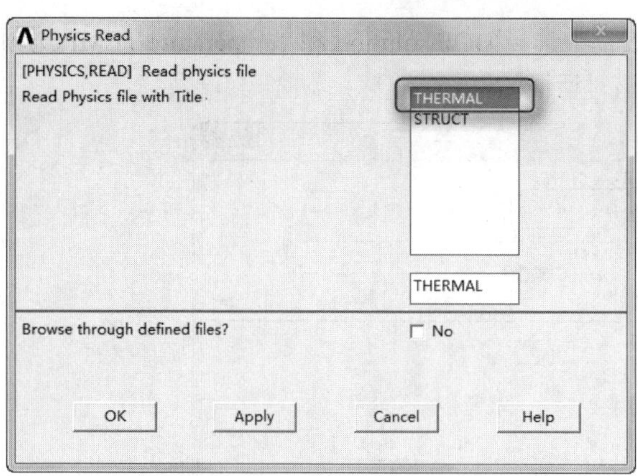

图 24-124 Physics Read 对话框

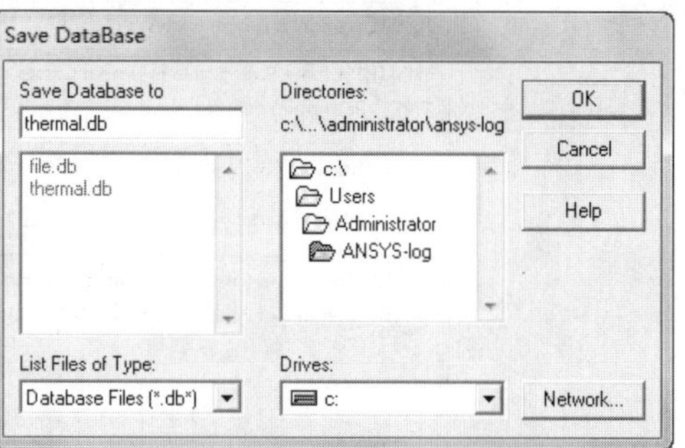

图 24-125 Save DataBase 对话框

24.3.4 后处理（热分析）

（1）从主菜单中选择 Main Menu > General Postproc > Path Operations > Define Path > By Location 命令，打开 By Location 对话框，如图 24-126 所示。在 Name Define Path Name 后面的文本框中输入 radial，在 nPts Number of points 后面的文本框中输入 2，其余选项采用系统默认设置。

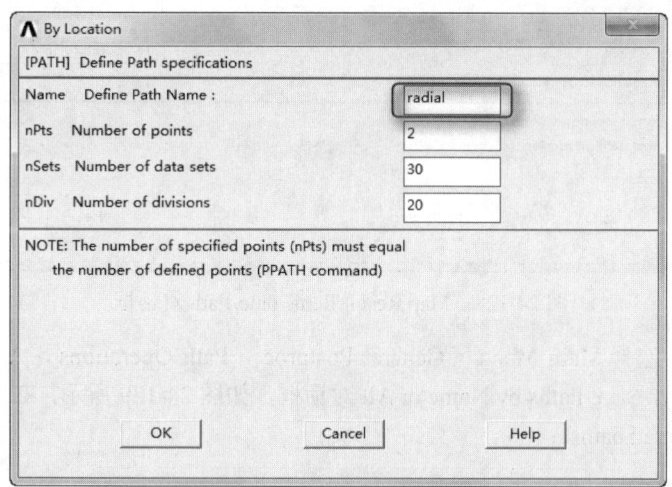

图 24-126 By Location 对话框

（2）单击 OK 按钮打开 By Location in Global Cartesian 对话框，如图 24-127 所示。在 NPT Path point number 后面的文本框中输入 1，在 X,Y,Z Location in Global CS 后面的第一个文本框中输入 0.1875，其余选项采用系统默认设置。

（3）单击 OK 按钮会再次打开 By Location in Global Cartesian 对话框。在 NPT Path point number 文本框中输入 2，在 X,Y,Z Location in Global CS 后面的第一个文本框中输入 0.6，其余选项采用系统默认设置。

（4）单击 OK 按钮会再次打开 By Location in Global Cartesian 对话框，单击 Cancel 按钮关闭该对话框。

（5）从主菜单中选择 Main Menu > General Postproc > Path Operations > Map onto Path 命令，打开 Map Result Items onto Path 对话框，如图 24-128 所示。在 Lab User label for item 后面的文本框中输入

Note

temp，在 Item,Comp Item to be mapped 后面的列表框中选择 DOF solution 和 Temperature TEMP 选项，其余选项采用系统默认设置，单击 OK 按钮关闭该对话框。

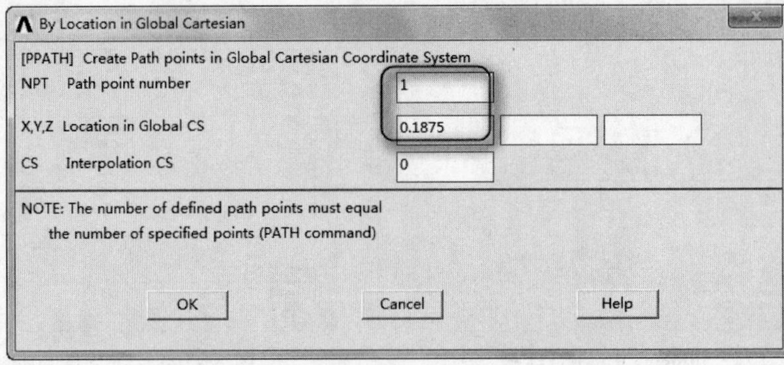

图 24-127　By Location in Global Cartesian 对话框

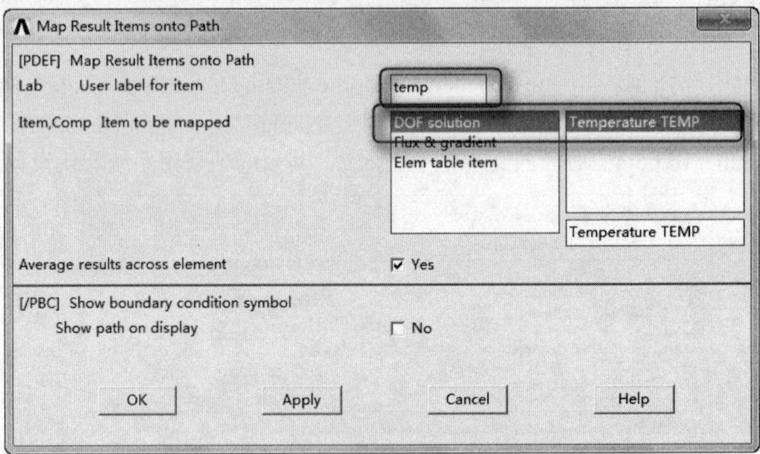

图 24-128　Map Result Items onto Path 对话框

（6）从主菜单中选择 Main Menu > General Postproc > Path Operations > Archive Path > Store > Paths in file 命令，打开 Save Paths by Name or All 对话框，如图 24-129 所示，在 Existing options 后面的列表框中选择 Selected paths。

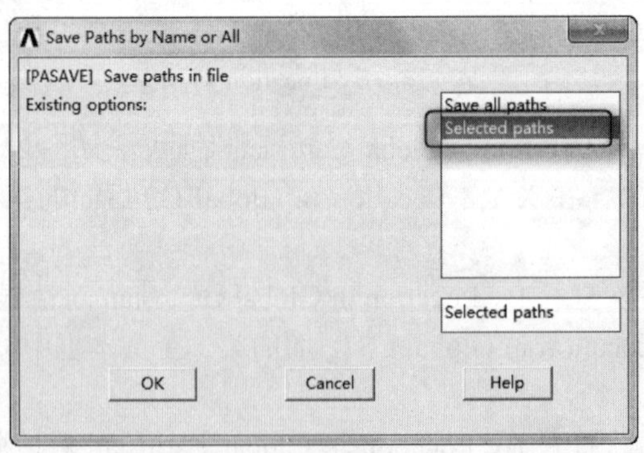

图 24-129　Save Paths by Name or All 对话框

（7）单击 OK 按钮打开 Save Path by Name 对话框，如图 24-130 所示。在 Name Save Path by Name 后面的列表框中选择 RADIAL，在 File,ext,dir Write to file 后面的文本框中输入 filea，单击 OK 按钮关

闭该对话框。

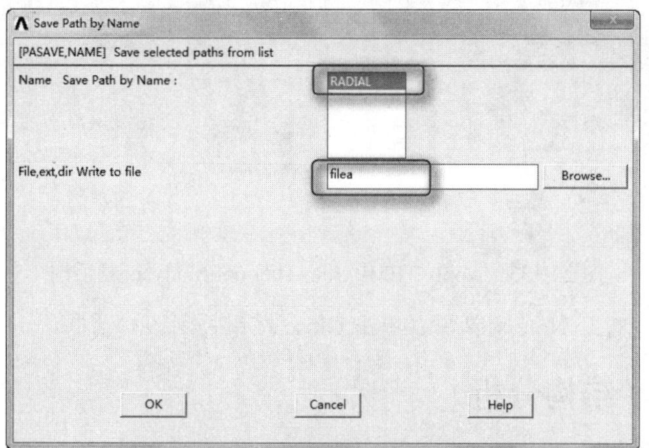

图 24-130　Save Path by Name 对话框

（8）从主菜单中选择 Main Menu > General Postproc > Path Operations > Plot Path Item > On Graph 命令，打开 Plot of Path Items on Graph 对话框，如图 24-131 所示。在 Lab1-6 Path items to be graphed 后面的列表框中选择 TEMP，单击 OK 按钮关闭该对话。

（9）ANSYS 窗口将会显示温度变化曲线，如图 24-132 所示。

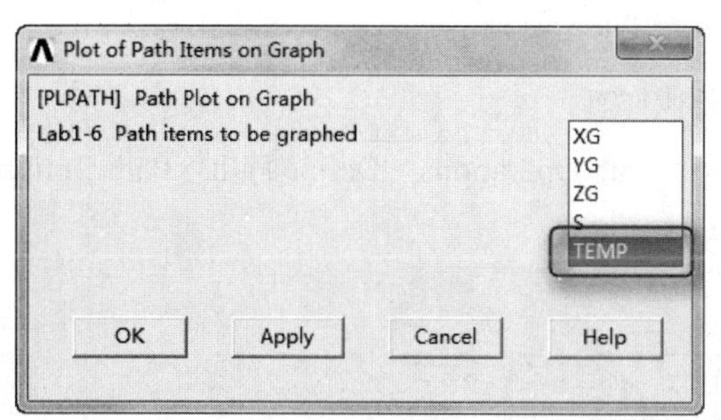

图 24-131　Plot of Path Items on Graph 对话框

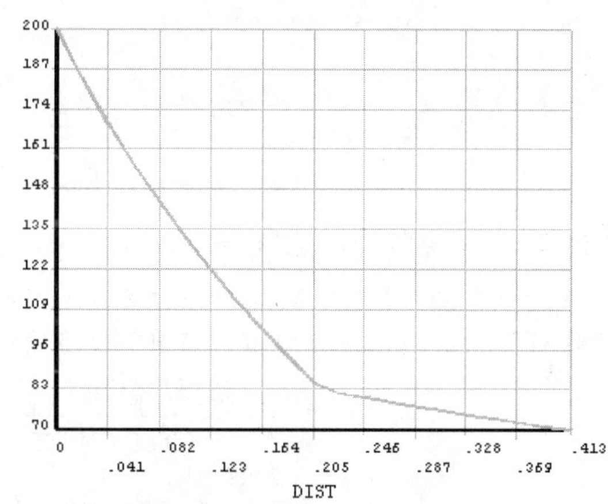

图 24-132　温度变化曲线

24.3.5　求解（结构分析）

（1）从主菜单中选择 Main Menu > Preprocessor > Physics > Environment > Read 命令，打开 Physics Read 对话框。在 Read Physics file with Title 后面的列表框中选择 STRUCT，单击 OK 按钮关闭该对话框。

（2）从主菜单中选择 Main Menu > Solution > Define Loads > Apply > Structural > Tempera ture > From Therm Analy 命令，打开 Apply TEMP from Thermal Analysis 对话框，如图 24-133 所示。在 Fname Name of results file 后面的文本框中输入 exercise2.rth（或者单击 Browse 按钮，在工作目录下寻找最新的 exercise1.rth 文件，单击“打开”按钮即可），单击 OK 按钮关闭该对话框。

（3）从主菜单中选择 Main Menu > Solution > Solve > Current LS 命令，打开/STATUS Command 和 Solve Current Load Step 对话框，关闭/STATUS Command 对话框，单击 Solve Current Load Step 对话框中的 OK 按钮，ANSYS 开始求解。

Note

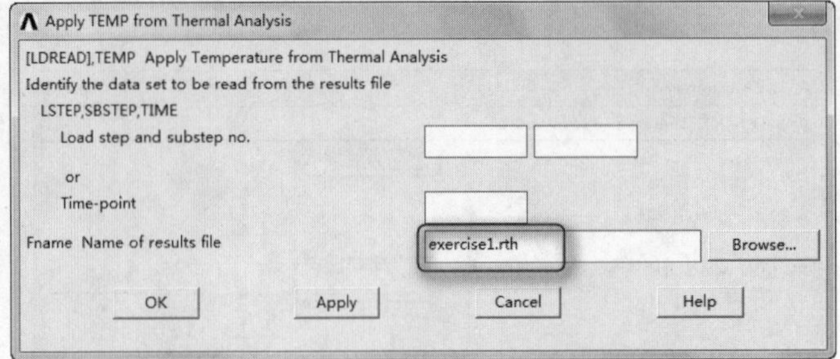

图 24-133 Apply TEMP from Thermal Analysis 对话框

（4）求解结束后，打开 Note 对话框，单击 Close 按钮关闭该对话框。

24.3.6 后处理（结构分析）

（1）从主菜单中选择 Main Menu > General Postproc > Path Operations > Archive Path > Retrieve > Paths from file 命令，打开 Resume Paths from File 对话框，如图 24-134 所示。在 File,ext,dir Read from file 后面的文本框中输入 filea（或者单击 Browse 按钮，在工作目录下寻找最新的 filea 文件，单击“打开”按钮即可），单击 OK 按钮关闭该对话框。

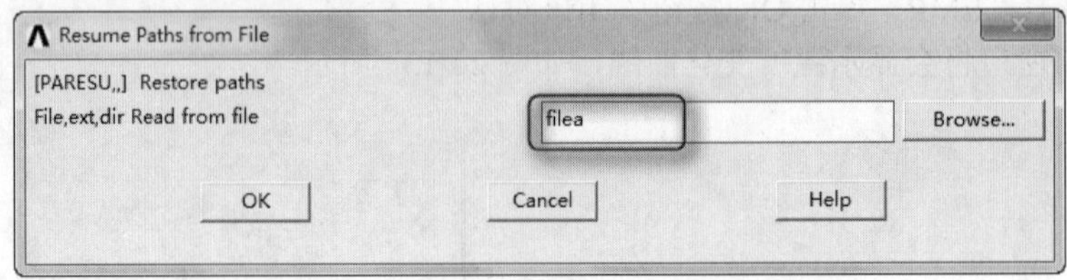

图 24-134 Resume Paths from File 对话框

注意：此时会弹出 PATH Command 对话框，将其关闭即可。

（2）从主菜单中选择 Main Menu > General Postproc > Path Operations > Define Path > Path Options 命令，打开 Path Options 对话框，如图 24-135 所示。

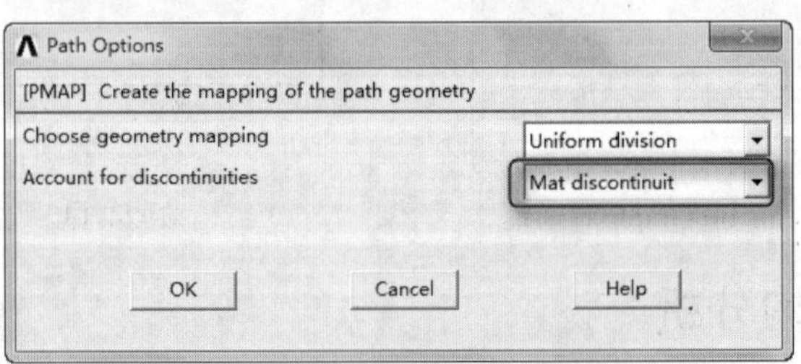

图 24-135 Path Options 对话框

在 Account for discontinuities 后面的下拉列表框中选择 Mat discontinuit，单击 OK 按钮关闭该对话框。

注意：此时会弹出 Warning 对话框，单击 Close 按钮将其关闭即可。

（3）从主菜单中选择 Main Menu > General Postproc > Path Operations > Map onto Path 命令，打开 Map Result Items onto Path 对话框。在 Lab User label for item 后面的文本框中输入 sx，在 Item,Comp Item to be mapped 后面的两个列表框中选择 Stress 和 X-direction SX 选项，其余选项采用系统默认设置。

（4）单击 Apply 按钮会再次打开 Map Result Items onto Path 对话框，在 Lab User label for item 后

Note

面的文本框中输入 sz，在 Item,Comp Item to be mapped 后面的两个列表框中选择 Stress 和 Z-direction SZ 选项，其余选项采用系统默认设置。

（5）从主菜单中选择 Main Menu > General Postproc > Path Operations > Plot Path Item > On Graph 命令，打开 Plot of Path Items on Graph 对话框。在 Lab1-6 Path items to be graphed 后面的下拉列表框中选择 SX 和 SZ 选项，单击 OK 按钮关闭该对话框。

（6）ANSYS 窗口会显示应力变化曲线，如图 24-136 所示。

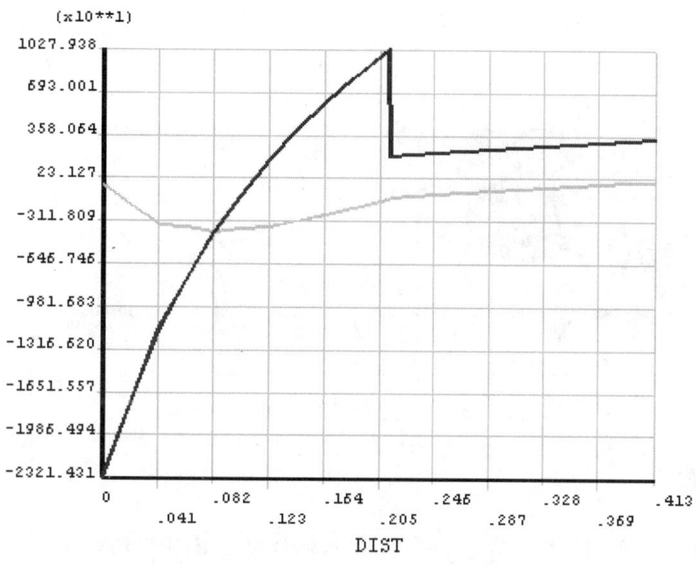

图 24-136　两种材料接触处的应力变化曲线

（7）从主菜单中选择 Main Menu > General Postproc > Path Operations > Plot Path Item > On Geometry 命令，打开 Plot of Path Items on Geometry 对话框，如图 24-137 所示。在 Item Path items to be displayed 后面的列表框中选择 SX，在 Nopt Display options 后面选中 With nodes 单选按钮，单击 OK 按钮关闭该对话框。

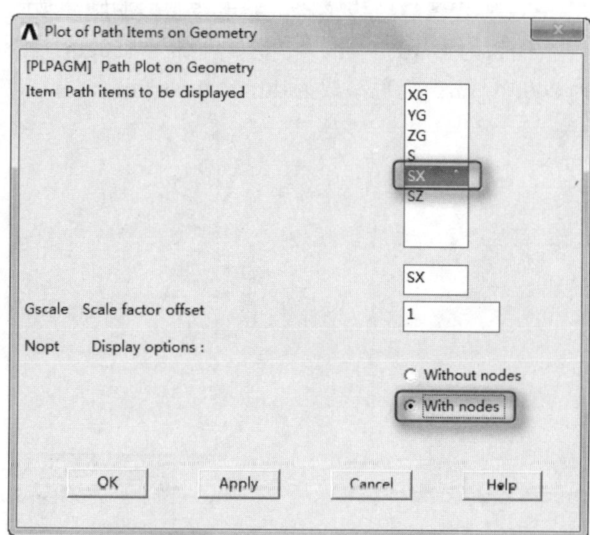

图 24-137　Plot of Path Items on Geometry 对话框

Note

（8）ANSYS 窗口将显示径向应力变化曲线和等值线图，如图 24-138 所示。

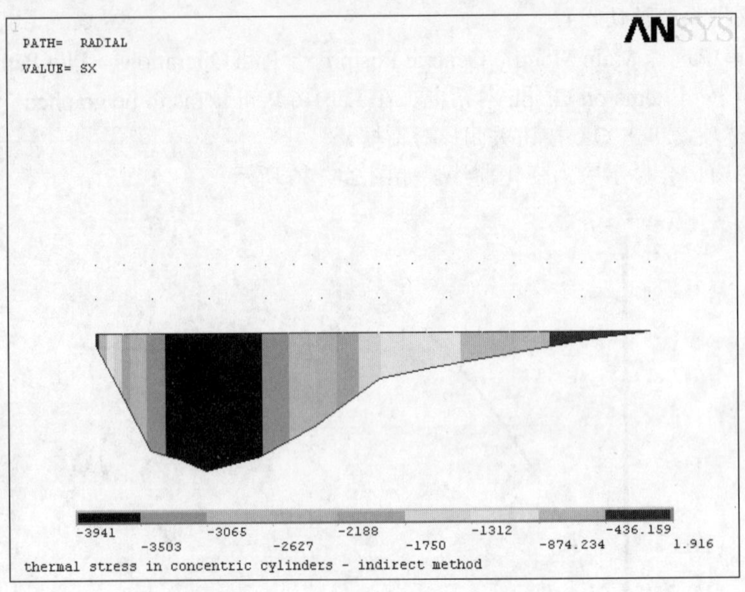

图 24-138　几何模型上径向应力显示

24.3.7　命令流

命令流实现方式这里不再详细介绍，读者可参见随书光盘中的电子文档。

24.4　机电-电路耦合分析实例

本节实例分析的是由静电传感器和机械谐振器组成的微机械系统，如图 24-139 所示。图中的 K1、M1 和 D1 代表机械谐振器，EMT1 代表静电传感器。静电传感器的脉冲激励电压如图 24-140 所示。此例需要输入的参数为：平板面积为 1×10^{8}（μm）^{2}；初始间隙为 150μm；相对介电常数为 1；质量为 1×24^{-4}kg；弹簧刚度系数为 200μN/μm；阻尼系数为 40×24^{-3}μNs/μm。

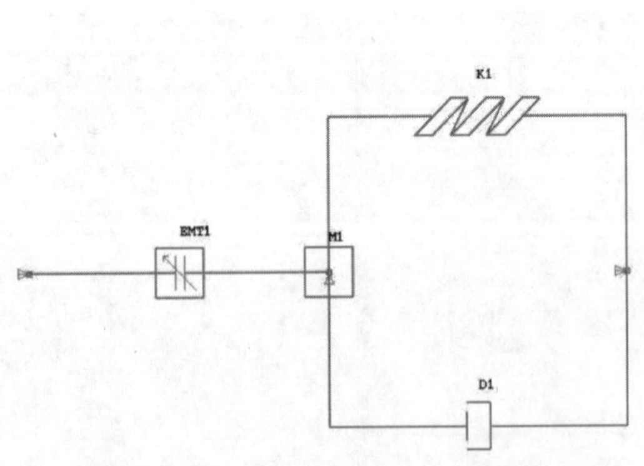

图 24-139　静电传感器和机械谐振器模型

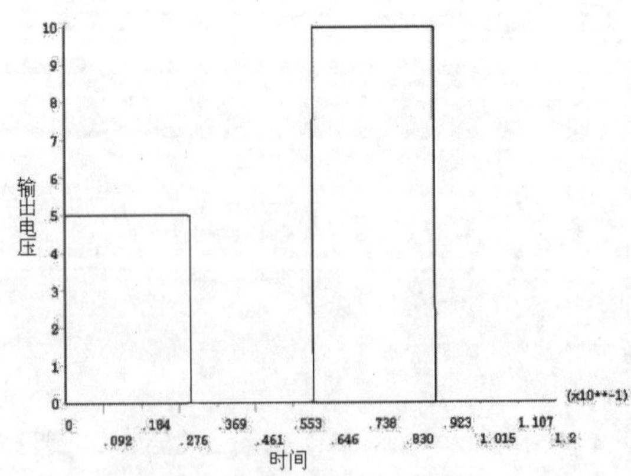

图 24-140　脉冲激励电压

24.4.1　前处理

1．定义工作文件名和工作标题

（1）选择实用菜单中的 Utility Menu > File > Change Jobname 命令，打开 Change Jobname 对话框，在对话框的文本框中输入工作文件名 exercise1，使 NEW log and error files 项保持 Yes 状态，单击 OK 按钮关闭对话框。

（2）选择实用菜单中的 Utility Menu > 的 File > Change Title 命令，打开 Change Title 对话框，在文本框中输入工作标题 Transient response of an electrostatic transducer-resonator，单击 OK 按钮关闭该对话框。

2．定义单元类型

（1）从主菜单中选择 Main Menu > Preprocessor > Element Type > Add/Edit/Delete 命令，打开 Element Types 对话框，如图 24-141 所示。

（2）单击 Add 按钮，打开 Library of Element Types 对话框，如图 24-142 所示。在 Library of Element Types 后面的列表框中选择 Coupled Field 和 Transducer 126 选项，在 Element type reference number 后面的文本框中输入 1，单击 OK 按钮关闭 Library of Element Types 对话框。

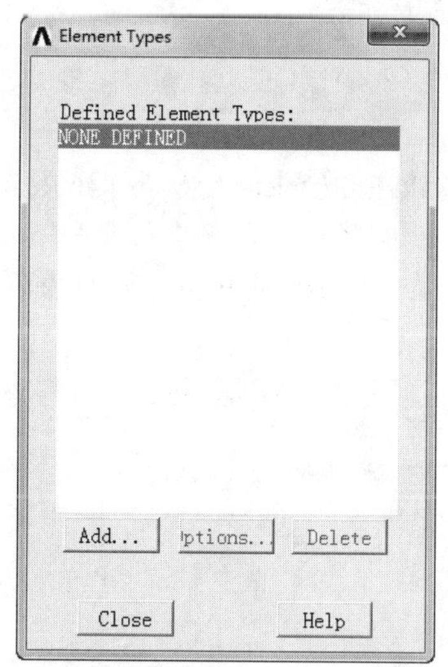

图 24-141　Element Types 对话框

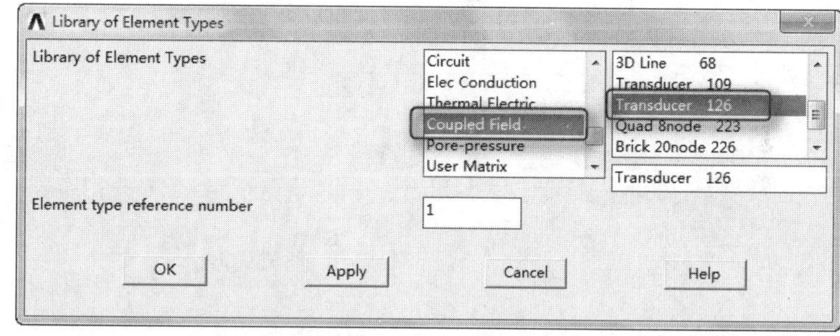

图 24-142　Library of Element Types 对话框

（3）单击 Add 按钮，打开 Library of Element Types 对话框。在 Library of Element Types 后面的列表框中选择 Structual Mass 和 3D mass 21 选项，在 Element type reference number 后面的文本框中输入 2，单击 OK 按钮，关闭 Library of Element Types 对话框。

（4）在 Defined Element Types 列表框中选择 Type 2 MASS21，单击 Options 按钮，打开 MASS21 element type options 对话框，如图 24-143 所示。在 Rotary intertia options K3 后面的下拉列表框中选择 2-D w/o rot iner，其余选项采用系统默认设置，单击 OK 按钮关闭该对话框。

（5）单击 Add 按钮，打开 Library of Element Types 对话框。在 Library of Element Types 后面的列表框中选择 Combination 和 Spring-damper 14 选项，在 Element type reference number 后面的文本框中输入 3，单击 OK 按钮关闭 Library of Element Types 对话框。

（6）在 Defined Element Types 列表框中选择 Type 3 COMBIN14，单击 Options 按钮，打开

Note

COMBIN14 element type options 对话框，如图 24-144 所示。在 DOF select for 1D behavior K2 后面的下拉列表框中选择 Longitude UX DOF，其余选项采用系统默认设置，单击 OK 按钮关闭该对话框。

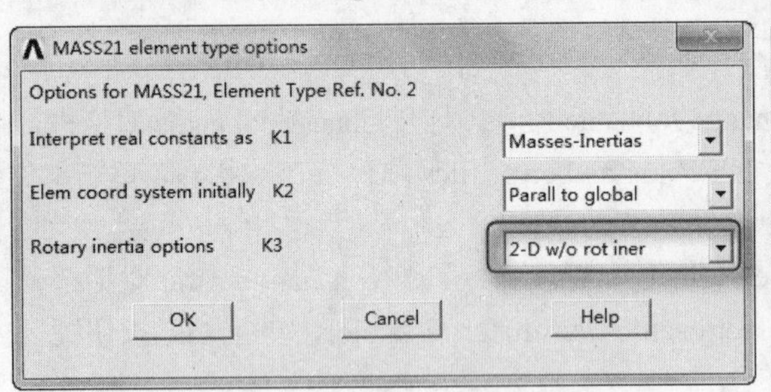

图 24-143 MASS21 element type options 对话框

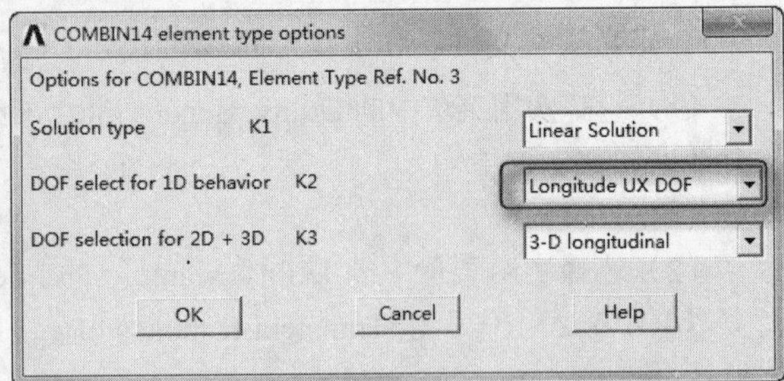

图 24-144 COMBIN14 element type options 对话框

（7）单击 Add 按钮，打开 Library of Element Types 对话框。在 Library of Element Types 后面的列表框中选择 Combination 和 Spring-damper 14 选项，在 Element type reference number 后面的文本框中输入 4，单击 OK 按钮关闭 Library of Element Types 对话框。

（8）在 Defined Element Types 列表框中选择 Type 4 COMBIN14，单击 Options 按钮，打开 COMBIN14 element type options 对话框。在 DOF select for 1D behavior K2 后面的下拉列表框中选择 Longitude UX DOF，其余选项采用系统默认设置，单击 OK 按钮关闭该对话框。

（9）单击 Close 按钮关闭 Element Types 对话框。

3．定义实常数并建立模型

（1）从主菜单中选择 Main Menu > Preprocessor > Real Constants > Add/Edit/Delete 命令，打开 Real Constants 对话框，如图 24-145 所示。

（2）单击 Add 按钮打开 Element Type for Real Constants 对话框，在 Choose element type 列表框中选择 Type 1 TRANS126，如图 24-146 所示。

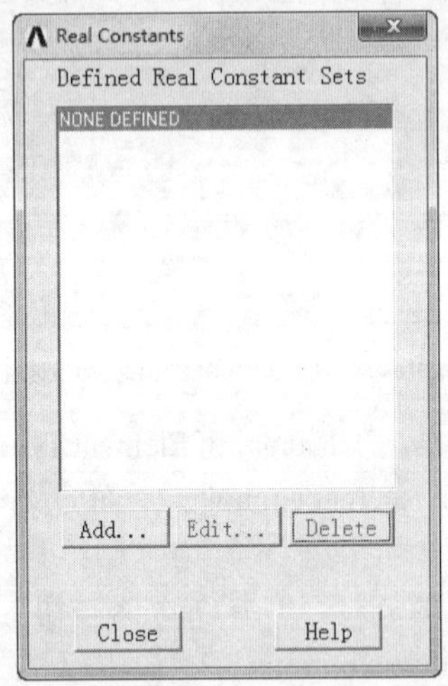

图 24-145 Real Constants 对话框

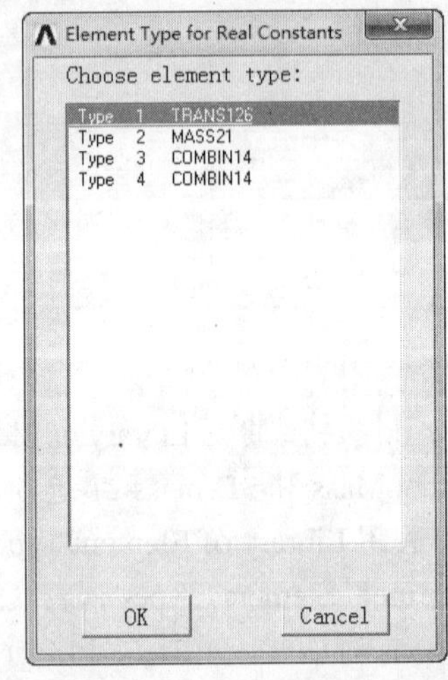

图 24-146 Element Type for Real Constants 对话框

（3）单击 OK 按钮打开 Real Constant Set Number 1,for EMT 126 对话框，如图 24-147 所示。在 Initial gap GAP 后面的文本框中输入 150，其余选项采用系统默认设置。

（4）单击 OK 按钮打开 Real Constant Set Number 1,for EMT 126 对话框，如图 24-148 所示。在 Eqn constant C0 C0 后面的文本框中输入 8.854e2，其余选项采用系统默认设置，单击 OK 按钮关闭该

Note

对话框，单击 Close 按钮关闭 Real Constant Set Number1,for EMT126 对话框。

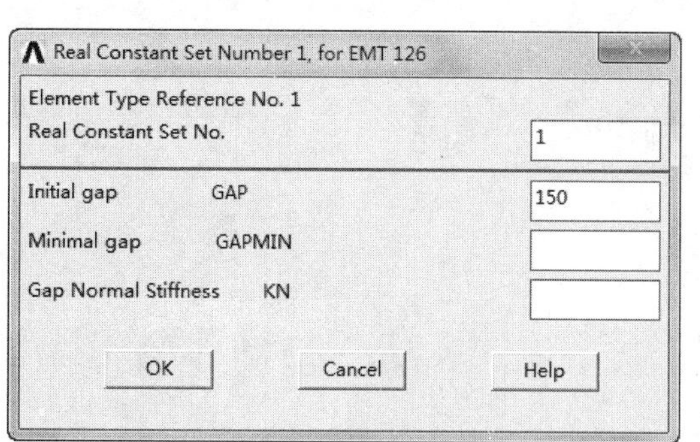

图 24-147 Real Constant Set Number 1,for EMT126 对话框（1）

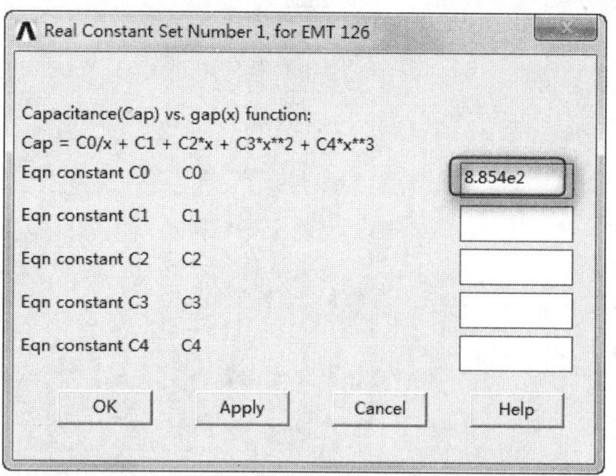

图 24-148 Real Constant Set Number 1,for EMT126 对话框（2）

（5）从主菜单中选择 Main Menu > Preprocessor > Modeling > Create > Nodes > In Active CS 命令，打开 Create Nodes in Active Coordinate System 对话框，如图 24-149 所示。在 NODE Node number 后面的文本框中输入 1，在 X,Y,Z Location in active CS 后面的文本框中输入 0 和 0。

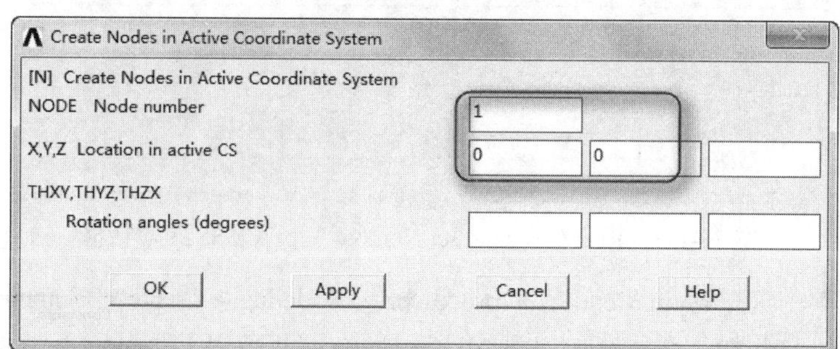

图 24-149 Create Nodes in Active Coordinate System 对话框

（6）单击 Apply 按钮应用设置，断续在 NODE Node number 后面的文本框中输入 2，在 X,Y,Z Location in active CS 后面的文本框中依次输入 0.1 和 0，单击 OK 按钮关闭该对话框。

（7）从主菜单中选择 Main Menu > Preprocessor > Modeling > Create > Elements > Auto Numbered > Thru Nodes 命令，打开 Elements from Nodes 对话框，在文本框中输入 1,2，单击 OK 按钮关闭该对话框。

（8）选择实用菜单中的 Utility Menu > PlotCtrls > Style > Colors > Reverse Video 命令，ANSYS 窗口将变成白色。选择实用菜单中的 Utility Menu > Plot > Elements 命令，ANSYS 窗口将显示 EMT1 模型，如图 24-150 所示。

（9）从主菜单中选择 Main Menu > Preprocessor > Real Constants > Add/Edit/Delete 命令，打开 Real Constants 对话框。

（10）单击 Add 按钮打开 Element Type for Real Constants 对话框，在 Choose element type 列表框中选择 Type 2 MASS21。

（11）单击 OK 按钮打开 Real Constant Set Number 2, for MASS21 对话框，如图 24-151 所示。在 2-D mass MASS 后面的文本框中输入 1e-4，其余选项采用系统默认设置，单击 OK 按钮关闭该对话框，单击 Close 按钮关闭 Real Constants 对话框。

Note

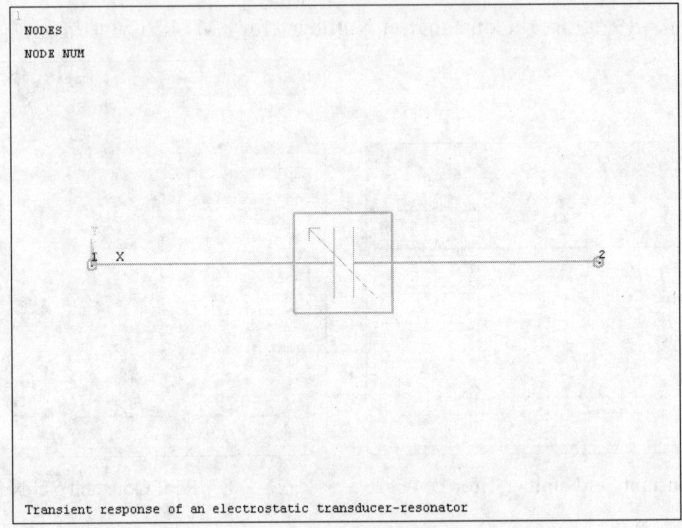

图 24-150　EMT1 模型

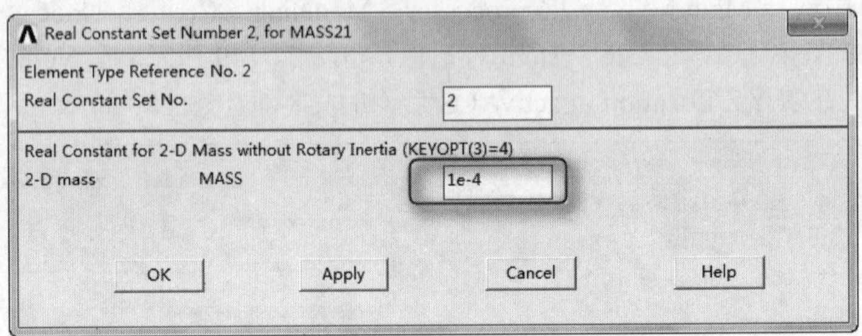

图 24-151　Real Constant Set Number 2,for MASS21 对话框

（12）从主菜单中选择 Main Menu > Preprocessor > Modeling > Create > Elements > Elem Attributes 命令，打开 Element Attributes 对话框，如图 24-152 所示。在[TYPE] Element type number 后面的下拉列表框中选择 2 MASS21，在[REAL] Real constant set number 后面的下拉列表框中选择 2，其余选项采用系统默认设置，单击 OK 按钮关闭该对话框。

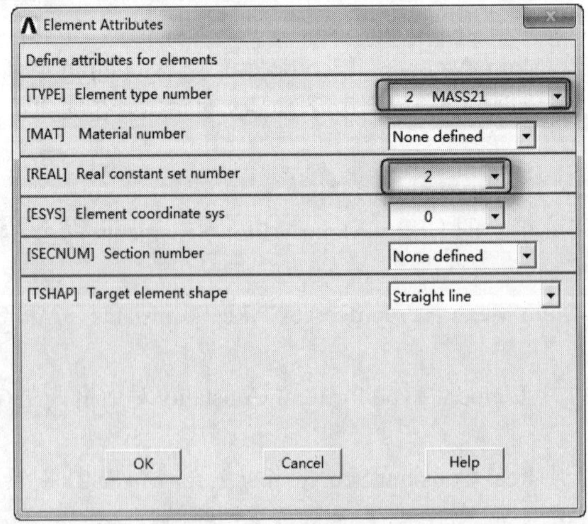

图 24-152　Element Attributes 对话框

（13）从主菜单中选择 Main Menu > Preprocessor > Modeling > Create > Elements > Auto Numbered > Thru Nodes 命令，打开 Elements from Nodes 对话框，在文本框中输入 2，单击 OK 按钮关闭该对话框。

（14）从主菜单中选择 Main Menu > Preprocessor > Real Constants > Add/Edit/Delete 命令，打开 Real Constants 对话框。

（15）单击 Add 按钮打开 Element Type for Real Constants 对话框，在 Choose element type 后面的列表框中选择 Type 3 COMBIN14。

（16）单击 OK 按钮打开 Real Constant Set Number 3,for COMBIN14 对话框，如图 24-153 所示。在 Spring constant K 后面的文本框中输入 200，其余选项采用系统默认设置，单击 OK 按钮关闭该对话框，单击 Close 按钮关闭 Real Constants 对话框。

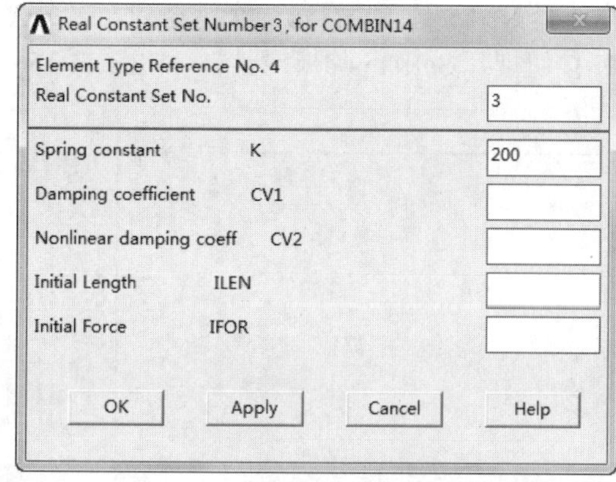

图 24-153　Real Constant Set Number 3,for COMBIN14 对话框

（17）从主菜单中选择 Main Menu > Preprocessor > Modeling > Create > Nodes > In Active CS 命令，打开 Create Nodes in Active Coordinate System 对话框。在 NODE Node number 文本框中输入 3，在 X,Y,Z Location in active CS 文本框中依次输入 0.2 和 0，单击 OK 按钮关闭该对话框。

（18）从主菜单中选择 Main Menu > Preprocessor > Modeling > Create > Elements > Elem Attributes 命令，打开 Element Attributes 对话框。在[TYPE] Element type number 后面的下拉列表框中选择 3 COMBIN14，在[REAL] Real constant set number 后面的下拉列表框中选择 3，其余选项采用系统默认设置，单击 OK 按钮关闭该对话框。

（19）从主菜单中选择 Main Menu > Preprocessor > Modeling > Create > Elements > Auto Numbered > Thru Nodes 命令，打开 Elements from Nodes 对话框，在文本框中输入 2,3，单击 OK 按钮关闭该对话框。

（20）从主菜单中选择 Main Menu > Preprocessor > Real Constants > Add/Edit/Delete 命令，打开 Real Constants 对话框。

（21）单击 Add 按钮打开 Element Type for Real Constants 对话框，在 Choose element type 列表框中选择 Type 4 COMBIN14。

（22）单击 OK 按钮打开 Real Constant Set Number 4,for COMBIN14 对话框，在 Damping coefficient CV1 后面的文本框中输入 40e-3，其余选项采用系统默认设置，单击 OK 按钮关闭该对话框，单击 Close 按钮关闭 Real Constants 对话框。

（23）从主菜单中选择 Main Menu > Preprocessor > Modeling > Create > Elements > Elem Attributes 命令，打开 Element Attributes 对话框。在[TYPE] Element type number 后面的下拉列表框中选择 4

COMBIN14，在[REAL] Real constant set number 后面的下拉列表框中选择 4，其余选项采用系统默认设置，单击 OK 按钮关闭该对话框。

（24）从主菜单中选择 Main Menu > Preprocessor > Modeling > Create > Elements > Auto Numbered > Thru Nodes 命令，打开 Elements from Nodes 对话框，在文本框中输入 2,3，单击 OK 按钮关闭该对话框。

（25）选择实用菜单中的 Utility Menu > Plot > Elements 命令，ANSYS 窗口将显示静电传感器和机械谐振器模型，如图 24-154 所示。

4．设置边界条件

（1）选择实用菜单中的 Utility Menu > Select > Entities 命令，打开 Select Entities 对话框，如图 24-155 所示。在第一个下拉列表框中选择 Nodes 选项，在第二个下拉列表框中选择 By Num/Pick 选项，选中 From Full 单选按钮，单击 OK 按钮打开 Select nodes 对话框，如图 24-156 所示。在文本框中输入 1,3，单击 OK 按钮关闭该对话框。

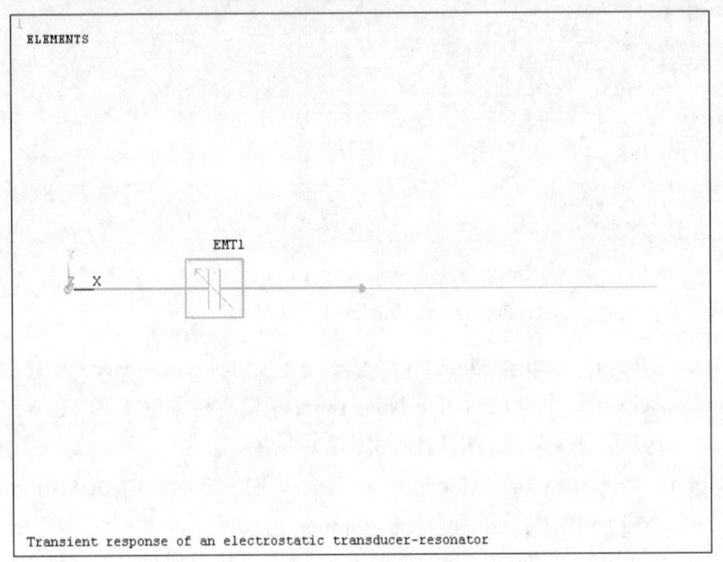

图 24-154　静电传感器和机械谐振器模型示意图

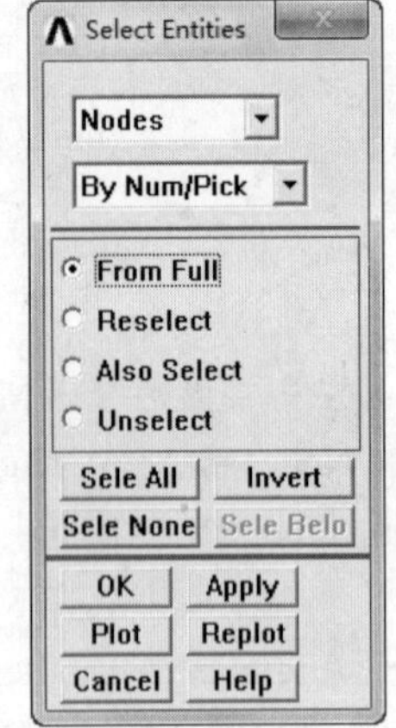

图 24-155　Select Entities 对话框

（2）从主菜单中选择 Main Menu > Preprocessor > Loads > Define Loads > Apply > Structural > Displacement > On Nodes 命令，打开 Apply U,Rot on Nodes 对话框，单击 Pick All 按钮，在 Lab2 DOFs to be constrained 后面的列表框中选择 UX 选项，在 VALUE Displacement value 后面的文本框中输入 0，如图 24-157 所示。单击 OK 按钮关闭该对话框。

（3）选择实用菜单中的 Utility Menu > Select > Everything 命令。

（4）从主菜单中选择 Main Menu > Preprocessor > Loads > Define Loads > Apply > Structural > Displacement > On Nodes 命令，打开 Apply U,Rot on Nodes 对话框，在文本框中输入 1，单击 OK 按钮打开 Apply U,Rot on Nodes 对话框，如图 24-157 所示。在 Lab2 DOFs to be constrained 后面的列表框中选择 VOLT 选项，在 VALUE Displacement value 后面的文本框中输入 0，单击 OK 按钮关闭该对话框。

（5）从主菜单中选择 Main Menu > Preprocessor > Loads > Define Loads > Apply > Structural > Displacement > On Nodes 命令，打开 Apply U,Rot on Nodes 对话框，在文本框中输入 2，单击 OK 按钮，在 Lab2 DOFs to be constrained 后面的列表框中选择 UY 选项，在 VALUE Displacement value 后面

的文本框中输入 0，单击 OK 按钮关闭该对话框。

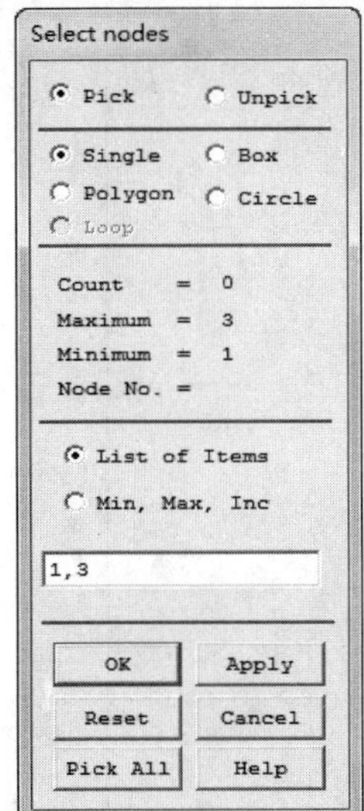

图 24-156　Select nodes 对话框

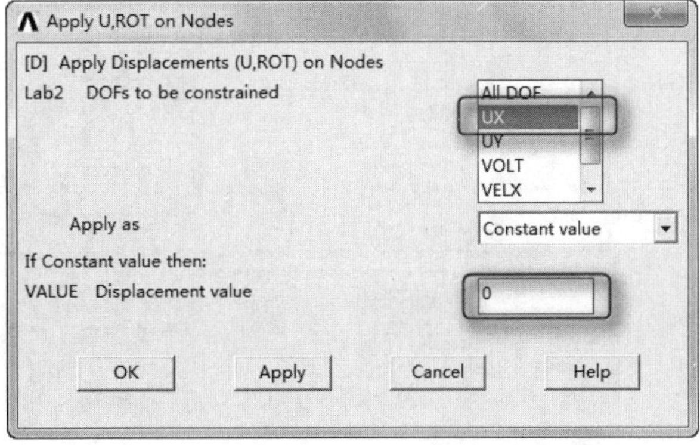

图 24-157　Apply U,Rot on Nodes 对话框

24.4.2　求解

（1）从主菜单中选择 Main Menu > Solution > Analysis Type > New Analysis 命令，打开 New Analysis 对话框，如图 24-158 所示。在[ANTYE] Type of analysis 后面选中 Transient 单选按钮，单击 OK 按钮打开 Transient Analysis 对话框，采用系统默认设置，单击 OK 按钮关闭该对话框。

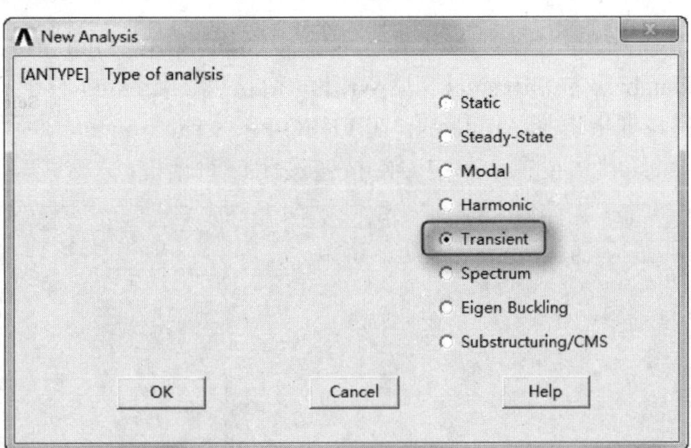

图 24-158　New Analysis 对话框

（2）从主菜单中选择 Main Menu > Solution > Load Step Opts > Time/Frequenc > Time- Time Step 命令，打开 Time and Time Step Options 对话框，如图 24-159 所示。在[TIME] Time at end of load step 后面的文本框中输入 0.03，在[DELTIM] Time step size 后面的文本框中输入 0.0005，在[KBC] Stepped or ramped b.c.后面选中 Stepped 单选按钮，使[AUTOTS] Automatic time stepping 保持 ON 状态，在[DELTIM] Minimum time step size 后面的文本框中输入 0.0001，在 Maximum time step size 后面的文本框中输入 0.01，其余选项采用系统默认设置，单击 OK 按钮关闭该对话框。

（3）从主菜单中选择 Main Menu > Solution > Define Loads > Apply > Structural > Displace ment > On Nodes 命令，打开 Apply U,Rot on Nodes 对话框，在文本框中输入 2，单击 OK 按钮，在 Lab2 DOFs

to be constrained 后面的列表框中选择 VOLT 选项，在 VALUE Displacement value 后面的文本框中输入 5，单击 OK 按钮关闭该对话框。

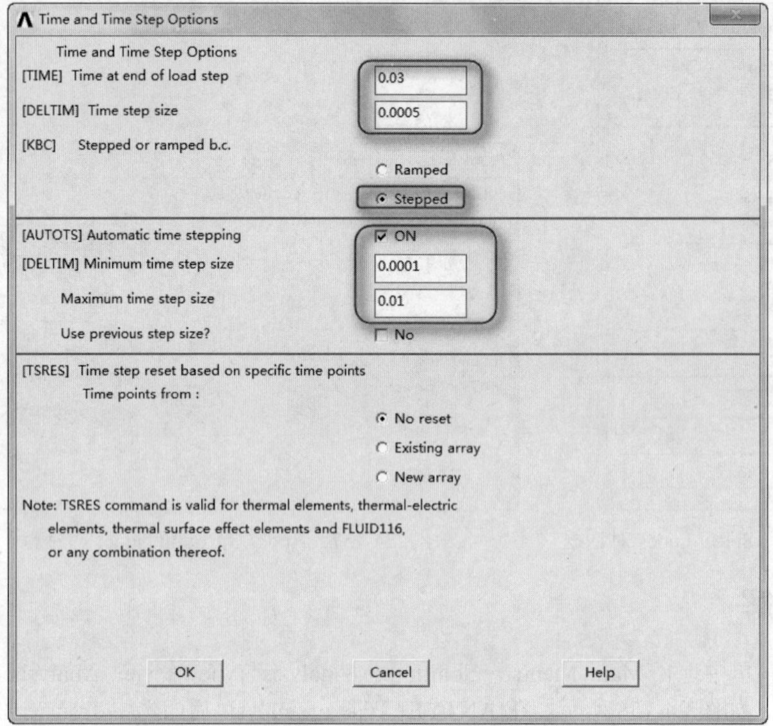

图 24-159　Time and Time Step Options 对话框

（4）从主菜单中选择 Main Menu > Solution > Load Step Opts > Output Ctrls > DB/Results File 命令，打开 Controls for Database and Results File Writing 对话框，如图 24-160 所示。在 Item Item to be controlled 后面的下拉列表框中选择 All items，在 FREQ File write frequency 后面选中 Every substep 单选按钮，其余选项采用系统默认设置，单击 OK 按钮关闭该对话框。

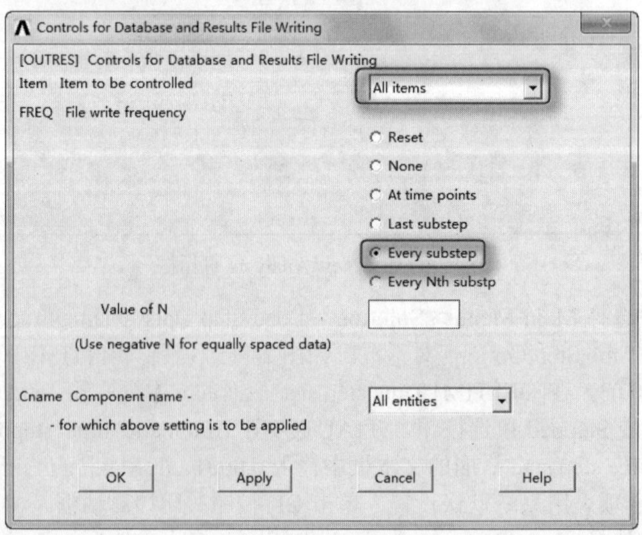

图 24-160　Controls for Database and Results File Writing 对话框

（5）从主菜单中选择 Main Menu > Solution > Load Step Opts > Nonlinear > Convergence Crit 命令，打开 Nonlinear Convergence Criteria 对话框，单击 Replace 按钮，在 Lab Convergence is based on 后面的列表框中选择 Structural 和 Force F 选项，在 VALUE Reference value of Lab 后面的文本框中输入 1，其余选项采用系统默认设置，如图 24-161 所示。单击 OK 按钮关闭该对话框，单击 Close 按钮关闭 Nonlinear Convergence Criteria 对话框。

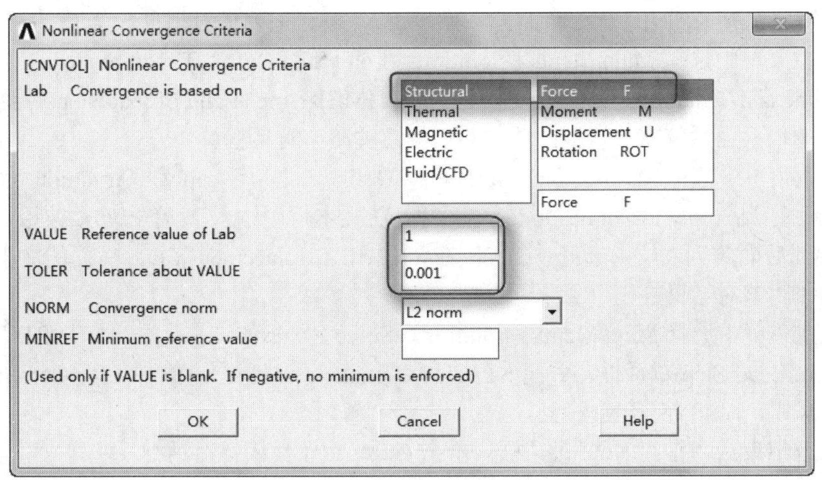

图 24-161 Nonlinear Convergence Criteria 对话框

（6）从主菜单中选择 Main Menu > Solution > Solve > Current LS 命令，打开/STATUS Command 和 Solve Current Load Step 对话框。关闭/STATUS Command 对话框，单击 Solve Current Load Step 对话框中的 OK 按钮，ANSYS 开始求解。

注意：单击 OK 按钮之后打开 Verify 对话框，单击 Yes 按钮即可。

（7）求解结束后，打开 Note 对话框，单击 Close 按钮关闭该对话框。

（8）从主菜单中选择 Main Menu > Solution > Load Step Opts > Time/Frequenc > Time- Time Step 命令，打开 Time and Time Step Options 对话框。在[TIME] Time at end of load step 后面的文本框中输入 0.06，其余选项采用系统默认设置，单击 OK 按钮关闭该对话框。

（9）从主菜单中选择 Main Menu > Solution > Define Loads > Apply > Structural > Displace ment > On Nodes 命令，打开 Apply U,Rot on Nodes 对话框，在文本框中输入 2，单击 OK 按钮，在 Lab2 DOFs to be constrained 后面的列表框中选择 VOLT，在 VALUE Displacement value 后面的文本框中输入 0，单击 OK 按钮关闭该对话框。

（10）从主菜单中选择 Main Menu > Solution > Solve > Current LS 命令，打开/STATUS Command 和 Solve Current Load Step 对话框，关闭/STATUS Command 对话框，单击 Solve Current Load Step 对话框中的 OK 按钮，ANSYS 开始求解。

（11）求解结束后，打开 Note 对话框，单击 Close 按钮关闭该对话框。

（12）从主菜单中选择 Main Menu > Solution > Load Step Opts > Time/Frequenc > Time-Time Step 命令，打开 Time and Time Step Options 对话框。在[TIME] Time at end of load step 后面的文本框中输入 0.09，其余选项采用系统默认设置，单击 OK 按钮关闭该对话框。

（13）从主菜单中选择 Main Menu > Solution > Define Loads > Apply > Structural > Displace ment > On Nodes 命令，打开 Apply U,Rot on Nodes 对话框，在文本框中输入 2，单击 OK 按钮，在 Lab2 DOFs

Note

to be constrained 后面的列表框中选择 VOLT，在 VALUE Displacement value 后面的文本框中输入 10，单击 OK 按钮关闭该对话框。

（14）从主菜单中选择 Main Menu > Solution > Solve > Current LS 命令，打开/STATUS Command 和 Solve Current Load Step 对话框，关闭/STATUS Command 对话框，单击 Solve Current Load Step 对话框中的 OK 按钮，ANSYS 开始求解。

（15）求解结束后，打开 Note 对话框，单击 Close 按钮关闭该对话框。

（16）从主菜单中选择 Main Menu > Solution > Load Step Opts > Time/Frequenc > Time-Time Step 命令，打开 Time and Time Step Options 对话框。在[TIME] Time at end of load step 后面的文本框中输入 0.12，其余选项采用系统默认设置，单击 OK 按钮关闭该对话框。

（17）从主菜单中选择 Main Menu > Solution > Define Loads > Apply > Structural > Displacement > On Nodes 命令，打开 Apply U,Rot on Nodes 对话框，在文本框中输入 2，单击 OK 按钮，在 Lab2 DOFs to be constrained 后面的列表框中选择 VOLT，在 VALUE Displacement value 后面的文本框中输入 0，单击 OK 按钮关闭该对话框。

（18）从主菜单中选择 Main Menu > Solution > Solve > Current LS 命令，打开/STATUS Command 和 Solve Current Load Step 对话框，关闭/STATUS Command 对话框，单击 Solve Current Load Step 对话框中的 OK 按钮，ANSYS 开始求解。

（19）求解结束后，打开 Note 对话框，单击 Close 按钮关闭该对话框。

24.4.3 后处理

（1）从主菜单中选择 Main Menu > TimeHist Postpro > Define Variables 命令，打开 Defined Time-History Variables 对话框，单击 Add 按钮打开 Add Time-History Variable 对话框，在 Type of variable 后面选中 Nodal DOF result 单选按钮，如图 24-162 所示。

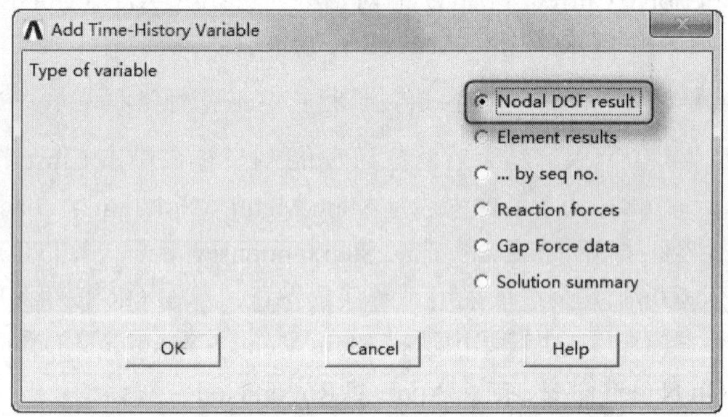

图 24-162 Add Time-History Variable 对话框

（2）单击 OK 按钮打开 Define Nodal Data 对话框，在文本框中输入 2，单击 OK 按钮打开 Define Nodal Data 对话框，如图 24-163 所示。在 Item,Comp Data item 后面的列表框中分别选择 DOF solution 和 Translation UX 选项，其余选项采用系统默认设置，单击 OK 按钮关闭该对话框。

注意：若弹出其他对话框，关闭即可。

（3）选择实用菜单中的 Utility Menu > PlotCtrls > Style > Graphs > Modify Axes 命令，打开 Axes Modifications for Graph Plots 对话框，如图 24-164 所示。在[/AXLAB] X-axis label 后面的文本框中输入 Time（sec.），在[/AXLAB] Y-axis label 后面的文本框中输入 Displacement（micro meters），在[/XRANGE] X-axis range 后面选中 Specified range 单选按钮，在 XMIN,XMAX Specified X range 后面的文本框中依次输入 0 和 0.12，在[/YRANGE] Y-axis range 后面选中 Specified range 单选按钮，在 YMIN,YMAX Specified Y range 后面的文本框中依次输入-0.02 和 0.01，其余选项采用系统默认设置，单击 OK 按钮关闭该对话框。

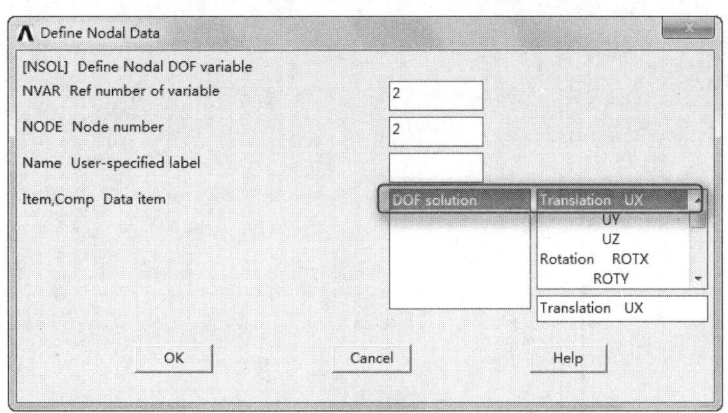

图 24-163 Define Nodal Data 对话框

（4）从主菜单中选择 Main Menu > TimeHist Postpro > Graph Variables 命令，打开 Graph Time-History Variables 对话框，如图 24-165 所示。在 NVAR1 1st variable to graph 后面的文本框中输入 2，单击 OK 按钮关闭该对话框。

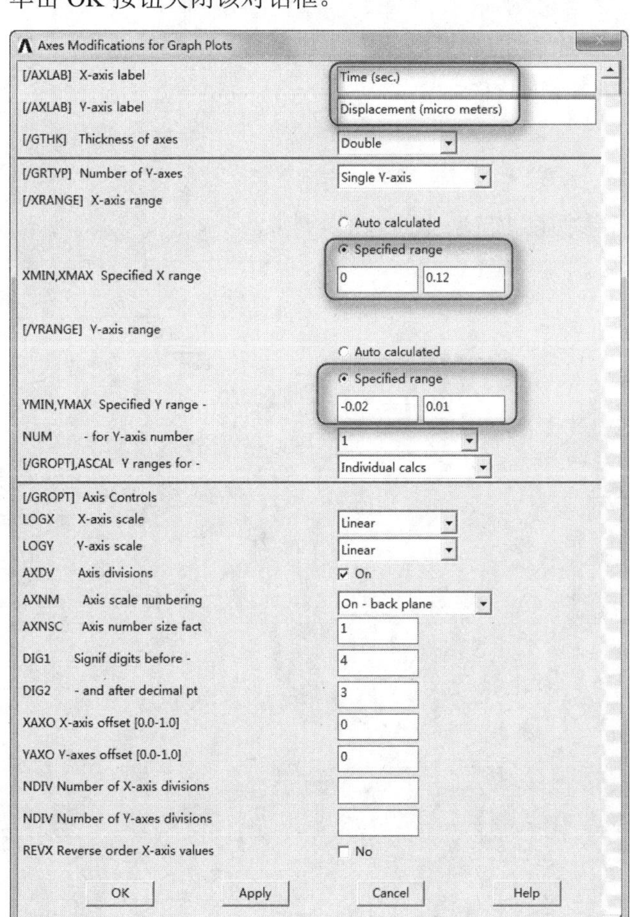

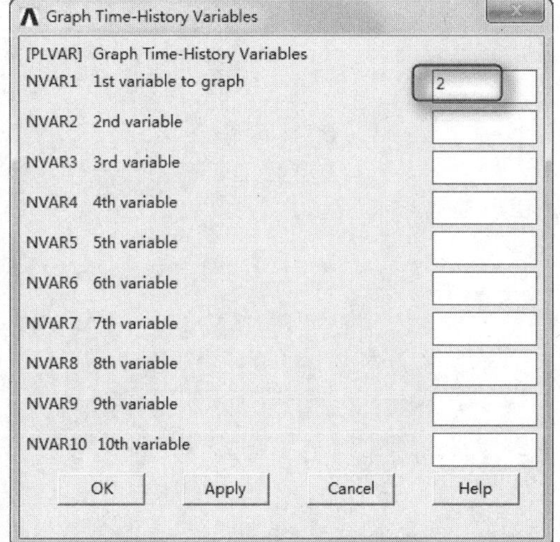

图 24-164 Axes Modifications for Graph Plots 对话框　　图 24-165 Graph Time-History Variables 对话框

（5）ANSYS 窗口将显示节点 2 上的机械谐振位移曲线，如图 24-166 所示。

Note

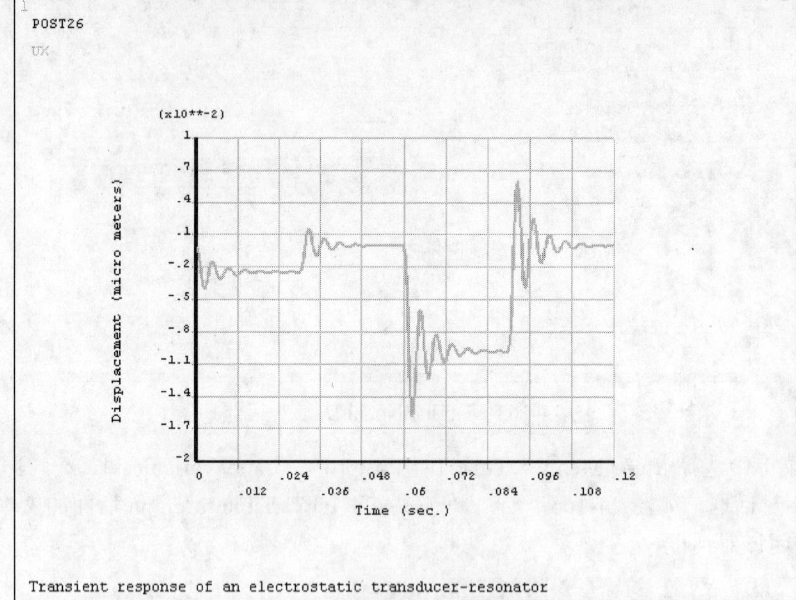

图 24-166　机械谐振位移曲线

24.4.4　命令流方式

命令流实现方式这里不再详细介绍，读者可参见随书光盘中的电子文档。

精品图书　推荐阅读

《CAD/CAM/CAE 自学视频教程》是一套面向自学的 CAD 行业应用入门类丛书，该丛书由 Autodesk 中国认证考试中心首席专家组织编写，科学、专业、实用性强。

丛书细分为入门、建筑、机械、室内装潢设计、电气设计、园林设计、建筑水暖电等。每个品种都尽可能通过实例讲述，并结合行业案例，力求“好学”、“实用”。

另外，本丛书还配套自学视频光盘，为读者配备了极为丰富的学习资源，具体包括以下内容：

- 应用技巧汇总
- 典型练习题
- 常用图块集
- 快捷键速查
- 疑难问题汇总
- 全套图纸案例
- 快捷命令速查
- 工具按钮速查

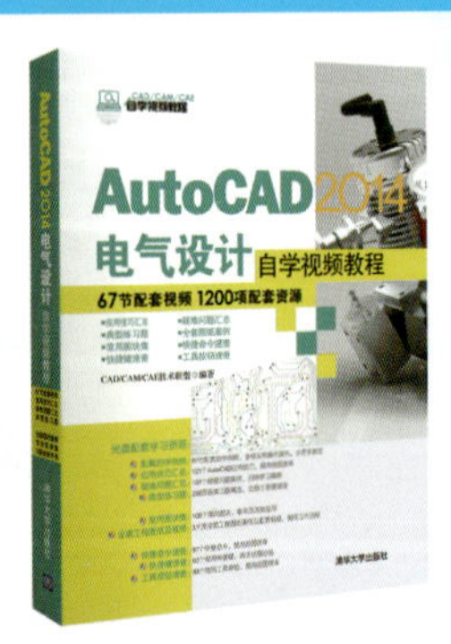

（以上图书在各地新华书店、书城及当当网、亚马逊、京东商城等网店有售）